Stübben · Der Städtebau

Joseph Stübben

DER STÄDTEBAU

Reprint der 1. Auflage
von 1890

vieweg

HANDBUCH

DER

ARCHITEKTUR.

Unter Mitwirkung von Fachgenoffen

herausgegeben von

Baudirector

Profeffor Dr. **Jofef Durm**

in Karlsruhe,

Geheimer Regierungsrath

Profeffor **Hermann Ende**

in Berlin,

und

Geheimer Baurath

Profeffor Dr. **Eduard Schmitt**

in Darmftadt

Geheimer Baurath

Profeffor **Heinrich Wagner**

in Darmftadt.

Vierter Theil:

ENTWERFEN, ANLAGE UND EINRICHTUNG DER GEBÄUDE.

9. Halb-Band:

Der Städtebau.

Von **J. Stübben**,

Stadt-Baurath in Köln.

SPRINGER FACHMEDIEN WIESBADEN GMBH

1890

CIP-Kurztitelaufnahme der Deutschen Bibliothek

Stübben, Joseph:
Der Städtebau/Joseph Stübben. – Repr. d. 1. Aufl. von 1980. – Braunschweig, Wiesbaden: Vieweg, 1980.
1. Aufl. als: Handbuch der Architektur. Teil 4. Halb-Bd. 9.

Reprint der 1. Auflage 1890

Ursprünglich erschienen bei Friedr. Vieweg & Sohn Verlagsgesellschaft mbH,
Braunschweig und Wiesbaden 1980

Softcover reprint of the hardcover 1st edition 1980
Additional material to this book can be downloaded from http://extras.springer.com.

Druck und Verarbeitung: Hubert & Co, Göttingen
Einbandgestaltung: Vincenzo Todeschini

ISBN 978-3-322-80318-4 ISBN 978-3-322-80317-7 (eBook)
DOI 10.1007/978-3-322-80317-7

Handbuch der Architektur.

IV. Theil.

Entwerfen, Anlage und Einrichtung der Gebäude.

9. Halb-Band.

INHALTS-VERZEICHNISS.

Neunte Abtheilung:

Der Städtebau.

3. Abfchnitt.

Die Ausführung des Stadtplanes.

4. Abfchnitt.

Die baulichen Anlagen unter und auf der Strafse.

5. Abfchnitt.

Die ftädtifchen Pflanzungen.

Anhang.

Verzeichnifs
der in den Text eingehefteten Tafeln.

ENTWERFEN, ANLAGE UND EINRICHTUNG DER GEBÄUDE.

NEUNTE ABTHEILUNG.

DER STÄDTEBAU.

VON J. STÜBBEN.

DER STÄDTEBAU.

Einleitung.

Während in den vorhergehenden 8 Halbbänden des IV. Theiles vom »Handbuch der Architektur« die Betrachtung der verfchiedenen Gebäudearten enthalten ift, foll der vorliegende letzte (9.) Halbband einer Zufammenfaffung aller Gebäudearten im Städtebau, welcher den Einzelbauten als gemeinfame Unterlage, als gemeinfamer Rahmen dient, gewidmet fein. 1. Gegenftand des Städtebaues.

Der Städtebau in unferem Sinne hat alle diejenigen baulichen Anlagen zum Gegenftande, welche dazu beftimmt find, einerfeits der ftädtifchen Bevölkerung die Errichtung zweckmäfsiger Wohnungen und Arbeitsftätten, den Verkehr unter einander und die Bewegung im Freien, andererfeits dem Gemeinwefen die Errichtung der Baulichkeiten für Verwaltung, Gottesdienft, Unterricht, Gefundheits- und Krankenpflege, Lebensmittelverforgung, Sicherheit und Vergnügungen, Kunft und Wiffenfchaft, Verkehr und fonftige öffentliche Zwecke zu ermöglichen. Der Städtebau bereitet alfo in der That den allgemeinen Boden vor, auf welchem fich die bauliche Einzelthätigkeit entfaltet; er fchafft die örtlichen Vorbedingungen, welche für das bürgerliche Wohnen, den ftädtifchen Verkehr, die Beforgung der öffentlichen Angelegenheiten vorhanden fein müffen; er ftellt den Rahmen auf, welcher die mit einander wetteifernden und fich bekämpfenden Einzelbeftrebungen umfafft, das Programm, nach welchem die private und öffentliche Bauthätigkeit, fo wie der grofse und kleine Verkehr fich einrichten follen.

Das ftädtifche Wohnen, das bürgerliche Erwerbsleben, der Fern- und Ortsverkehr, die ftädtifchen Gemeinfamkeitsanlagen find daher die Ausgangs- und die Zielpunkte alles deffen, was unter den Begriff des Städtebaues fällt. Die Anlage einer neuen Stadt oder eines neuen Stadttheiles, wie die Verbefferung alter Stadtviertel hat auszugehen von den obwaltenden örtlichen Erforderniffen des Wohnens, der gewerblichen Thätigkeit, des Verkehres und der Gemeinfamkeit; fie hat an die örtlichen Gepflogenheiten und Beftrebungen anzuknüpfen und diefelben verbeffernd und umgeftaltend einer vollkommeneren Entwickelung entgegen zu führen. Ehe wir defshalb zu den verfchiedenen Gebieten des Städtebaues übergehen, haben wir vorab im 1. Abfchnitt die Grundlagen des Städtebaues zu beleuchten, nämlich die ftädtifche Wohnungsfrage unter Berückfichtigung focialer und gewerblicher Verhältniffe, das ftädtifche Verkehrswefen in Beziehung auf Strafsen, Eifenbahnen und Wafferwege, und die öffentlichen Bauanlagen in ihrem Zufammenhange mit dem Stadtplane und in ihrem Einflufs auf denfelben. 2. Ausgangspunkte u. Ziele; Ueberficht.

Das Ergebnifs diefer Betrachtung werden wir dann im 2. Abfchnitt zu verwerthen fuchen, welcher den Entwurf des Stadtplanes nach Grundrifs und Höhenlage behandeln foll. Der 3. Abfchnitt foll die Ausführung des Stadtplanes, die Uebertragung des Entwurfes in die Wirklichkeit zum Gegenftand haben. Der 4. Abfchnitt foll fich mit der technifchen und künftlerifchen Ausftattung der Strafsen und Plätze befchäftigen, fich alfo auf die Verforgung mit Waffer, Licht, Wärme und Kraft, auf die Entwäfferung, Befeftigung, auf Strafsenbaulichkeiten und künftlerifchen Schmuck erftrecken, während endlich im 5. Abfchnitt die gärtnerifchen Anlagen, nämlich Baumreihen, bepflanzte Plätze und Parkanlagen befprochen werden follen. In einem Anhange follen ferner einige mafsgebende gefetzliche Beftimmungen, örtliche Vorfchriften, Vereinsbefchlüffe und Gutachten beigefügt werden.

Literatur

über »Städtebau im Allgemeinen«.

WILLEBRAND, J. P. Grundrifs einer fchönen Stadt, in Abficht ihrer Anlage und Einrichtung etc. Hamburg und Leipzig 1775.

Théories des villes. Comment les villes fe font formées. Revue gén. de l'arch. 1854, S. 292.

EITELBERGER, R. Ueber Städteanlagen und Stadtbauten. Wien 1858.

BAUMEISTER, R. Stadterweiterungen in technifcher, baupolizeilicher und wirthfchaftlicher Beziehung. Berlin 1876.

LANCK, L. *Hygiène générale des villes. Gaz. des arch. et du bât.* 1878, S. 165, 172, 209, 221, 229, 237.

MATHIEU, A. *Projet d'une capitale modèle.* Paris 1881.

PETTENKOFER, v. & v. ZIEMSSEN's Handbuch der Hygiene und der Gewerbekrankheiten. Theil II, Abth. I, 1. Hälfte: Anlage von Ortfchaften. Von C. FLÜGGE. Leipzig 1882.

Deutfche Zeit- und Streit-Fragen. Heft 7: Moderne Stadterweiterungen. Von R. BAUMEISTER. Hamburg 1887.

HECHT, E. Ueber Stadterweiterungen. Wochbl. f. Baukunde 1887, S. 32, 42.

SITTE, C. Der Städte-Bau nach feinen künftlerifchen Grundfätzen. Wien 1889.

1. Abfchnitt.

Die Grundlagen des Städtebaues.

1. Kapitel.

Die ftädtifchen Wohnungen.

Die Behandlung des Wohnungswefens gehört in fo fern nothwendig in den Rahmen des Städtebaues, als die verfchiedenen Löfungsformen der Wohnungsfrage auf die Geftaltung und Ausbildung des Stadtplanes beftimmend einwirken. Die Anlage einer neuen Stadt oder eines neuen Stadttheiles hat fich nach der ortsüblichen Bauweife zu richten, kann aber auch zur Verbefferung und Umgeftaltung diefer Bauweife benutzt werden. Selbftverftändlich handelt es fich hier nur um die ftädtifche und vorftädtifche Bauweife, während das ländliche Wohnungswefen aufser Betracht bleibt. Die ftädtifche Wohnungsfrage ift unter drei Gefichtspunkten zu betrachten, nämlich:

a) nach den Beziehungen zwifchen dem Haufe und dem Baugrundftück,
b) nach der Zahl der Wohnungen im Haufe und
c) nach der Art oder den Anfprüchen der Bewohner.

a) Beziehungen zwifchen Wohnhaus und Baugrundftück.

1) Offene Bebauung.

3. Häufer von allen Seiten frei.

Wir unterfcheiden die **offene** und die **gefchloffene** Bebauung; erftere wird auch **Villenbau**, letztere **Reihenbau** genannt. Der Villenbau verlangt, dafs die Häufer von allen Seiten oder wenigftens von drei Seiten frei ftehen. Die auf allen Seiten freie Stellung ift Regel bei herrfchaftlichen Vorftadthäufern oder eigentlichen Villen (Fig. 2). Das Haus empfängt Luft und Licht von allen Seiten; es ift ganz umgeben vom Garten oder Park, in welchem der Wirthfchaftshof und etwaige Nebengebäude möglichft wenig ftörend untergebracht find. Die Baulichkeiten treten in der Regel auch hinter der Strafsenfluchtlinie zurück, fo dafs fich eine von letzterer verfchiedene Baufluchtlinie ergiebt, wie dies u. a. in § 1 des preufsifchen Fluchtlinien-Gefetzes (fiehe Anhang) vorgefehen ift. Fig. 1 zeigt, wie aus folchen einzelnen Villenbauftellen ein ganzer, von vier Strafsen umgebener Block fich zufammenfetzt. Der Raum

Fig. 1.

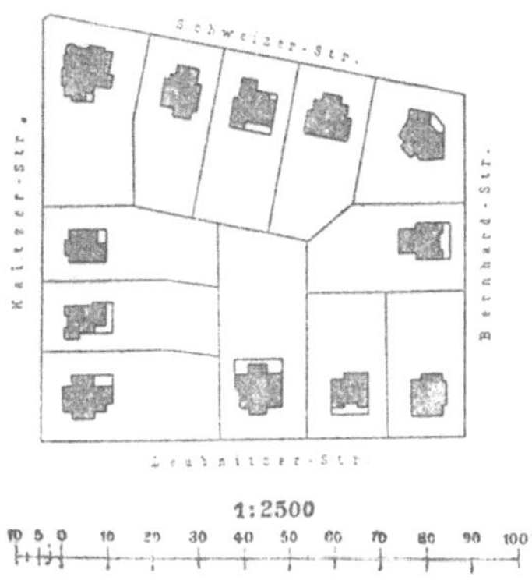

Villenblock zu Dresden.

Fig. 2.

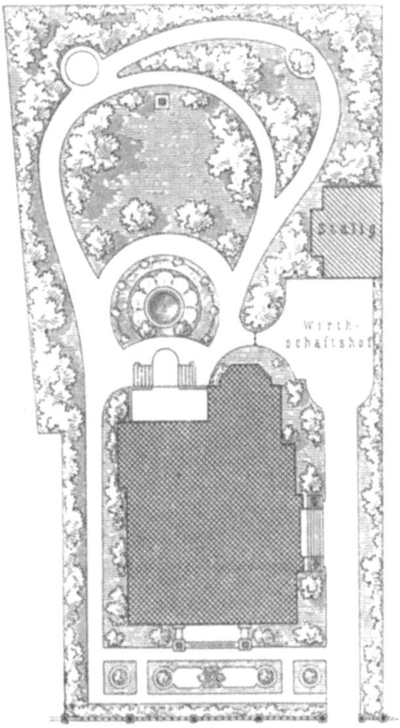

Frei ftehendes ftädtifches Wohnhaus, bezw. Villa.

Fig. 3.

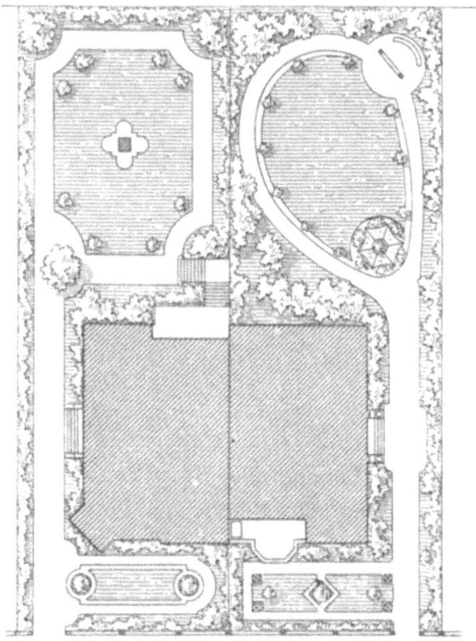

Doppel-Villa zu Köln.

1:500

zwifchen Baulinie und Strafsenlinie pflegt als Vorgarten ausgebildet und der Strafse entlang durch ein Gitter eingefriedigt zu werden.

4. Häufer von drei Seiten frei. Das von drei Seiten frei ftehende Gebäude entfteht, wenn man zwei Häufer mit einer gemeinfchaftlichen Scheidemauer an einander lehnt, im Uebrigen aber in der vorbefchriebenen Art behandelt. Es bildet fich dann die fog. Doppel-Villa (Fig. 3). Ausnahmsweife erftreckt fich die zufammenfaffende Gruppirung auf drei Häufer, deren mittleres alsdann den frei ftehenden Charakter verliert.

5. Abftände. Der Abftand der Häufer von der Nachbargrenze ift ein fehr verfchiedener, nämlich 3 bis 10 m und mehr. In Köln hat fich der Abftand von 3 m von der Grenze, alfo von 6 m von Haus zu Haus, bei Gebäuden mit einem Obergefchofs als zu gering erwiefen; es follte die Entfernung des Haufes von der Grenze mindeftens 4 m, beffer 5 m betragen, damit die beabfichtigte fchönheitliche und gefundheitliche Wirkung erzielt werde. Je höher die Häufer, um fo gröfsere Abftände find erwünfcht. Niedrige Nebengebäude im Hintergrunde der Grundftücke können unter feft zu ftellenden Befchränkungen auf die Grenze gebaut werden. Im Anhange werden wir einige hierauf bezügliche Polizei-Vorfchriften aus den Städten Wiesbaden und Köln mittheilen. Befonders bekannt find aufserdem die Villenviertel in Dresden, Erfurt, Kopenhagen, Budapeft und in Vororten von Wien und Berlin.

6. Wich. Ein Mittelding zwifchen freier und gefchloffener Bebauung ift in alten Städten vielfach durch die Vorfchrift des fog. »Wich« hervorgerufen worden, d. h. durch die Vorfchrift, dafs jedes Haus von der Grenze des Nachbars um ein gewiffes Mafs

zurück-»weichen« muſste. Der Wich des preuſsiſchen Landrechtes beträgt, zwiſchen den Gebäuden gemeſſen, 0,314 m (= 3 Fuſs). Während der Wich in Vorſtädten und zwiſchen herrſchaftlichen Einzelhäuſern zur maleriſchen, landſchaftlichen Geſtaltung der Stadt Anlaſs giebt, wie ſich dies beſonders ſchön auf den äuſseren Thorſtraſsen von Frankfurt a. M. entwickelt hat, wo in reichsſtädtiſcher Zeit ein Wich von $2^2/_3$ m vorgeſchrieben war, pflegt der im Inneren alter Städte, z. B. in Weſtfalen und Heſſen, zwiſchen je zwei Häuſern liegende freie Grenzſtreifen der Sicherheit und Reinlichkeit nachtheilig zu ſein; er pflegt die Traufe der Dächer und die Abfluſsrinne der Höfe aufzunehmen, auch als Zugang zu Hintergebäuden, als Aufbewahrungsort von Abfällen, zur Unterbringung von Bedürfniſs-Anſtalten u. dergl. zu dienen. Im Inneren der Städte kann deſshalb die offene Bauart nur ausnahmsweiſe als wünſchenswerth bezeichnet werden; hier begünſtigen vielmehr die Bauordnungen mit Recht den geſchloſſenen Reihenbau [1]).

Fig. 4.

Häuſerblock zu Stuttgart.

7. Stuttgarter Syſtem.

Ein ähnliches Mittelding zwiſchen offener und geſchloſſener Bauweiſe, welches vermuthlich aus der alten Gepflogenheit des Wichs hervorgegangen iſt, bildet das Stuttgarter »Pavillon-Syſtem«. Dort iſt geſetzlich vorgeſchrieben, daſs auf einer Seite des Hauſes für eine Einfahrt ein Grenzabſtand von wenigſtens 2,3 m, auf der anderen Seite ein ſolcher von wenigſtens 0,565 m, zuſammen alſo eine unbebaute Fläche von 2,865 m (= 10 Fuſs württemb.) Breite vorhanden ſein muſs. Bei Neben- und Hintergebäuden wird dieſe Beſtimmung nicht durchgeführt. Die Bebauungsart eines Stuttgarter Häuſerblocks zeigt Fig. 4. Bei Anlage neuer Straſsen und bei einigen älteren Straſsen, wo die vorhandene freie Ausſicht möglichſt wenig beſchränkt werden ſoll, ſind indeſs in der württembergiſchen Hauptſtadt gröſsere Häuſerabſtände, bis zu 14 m Breite, vorgeſchrieben und zugleich auch die Gebäudehöhen beſchränkt worden, wovon in Abſchn. 3, Kap. 2 u. 8 noch die Rede ſein wird.

8. Geſetzl. Regelung der offenen Bauweiſe.

Geſetzlich geregelt iſt auſserdem die offene Bebauung in den Königreichen Bayern und Sachſen. Nach der Dresdener Bauordnung muſs z. B. überall da, wo im Bebauungsplane die offene Bauweiſe feſt geſetzt iſt, jedes Haus in der Regel um ein Drittel ſeiner Höhe, mindeſtens aber um 5 m von der Grenze des Nachbars entfernt bleiben. In Preuſsen wird die Frage, ob die offene Bauweiſe durch eine baupolizeiliche Vorſchrift den Grundbeſitzern zur Pflicht gemacht werden kann, für eine ſtreitige gehalten. Zwei preuſsiſche Städte, Wiesbaden und Erfurt, beſitzen

[1]) Vergl.: Roessler, G. v. Zur Bauart deutſcher Städte. Deutſche Bauz. 1874, S. 153, 162.

zwar Landhausbezirke, in welchen der geſchloſſene Reihenbau durch die Bauordnung unterſagt iſt (Näheres hierüber ſiehe in Abſchn. 3, Kap. 2); auch der Stadt Köln iſt es gegenüber dem Widerſpruch der Grundbeſitzer gelungen, zwei eng begrenzte Theile der Stadterweiterung durch Polizei-Verordnung der offenen Bauweiſe vorzubehalten.

9. Privatrechtl. Vorſchrift der offenen Bauweiſe.

Aus allgemein geſundheitlichen Gründen hat der »Deutſche Verein für öffentliche Geſundheitspflege« in ſeiner Verſammlung zu Freiburg i. Br. im Jahre 1885 und bei anderen Gelegenheiten das Verlangen ausgeſprochen, daſs in allen deutſchen Staaten die geſetzliche Möglichkeit geſchaffen werde, für beſtimmte neue Straſsen und Stadttheile den Villenbau obrigkeitlich vorzuſchreiben. Bis dieſer Wunſch erfüllt ſein wird, wird in den meiſten deutſchen Städten die offene Bauweiſe auf diejenigen Fälle beſchränkt ſein, wo ſie vom Grundbeſitzer freiwillig gewählt oder von der Gemeinde den Ankäufern gemeindlicher Baugrundſtücke privatrechtlich zur Bedingung gemacht wird. Die dauernde Erhaltung von Villenvierteln, welche freiwillig oder auf Grund privatrechtlicher Verpflichtung angelegt ſind, iſt aber leider nicht immer gewährleiſtet; nur zu oft ſind allmählig aus frei ſtehenden Villen geſchloſſene, hohe Häuſerreihen entſtanden, ſobald erſt ein Beſitzer ſeinen Vortheil darin fand, mit der Umwandelung den Anfang zu machen. Auch an dieſer Stelle muſs daher der Wunſch wiederholt werden, daſs die offene Bauweiſe allgemein geſetzlich geregelt werde.

10. Vortheile der offenen Bebauung.

Die Vorzüge derſelben beſchränken ſich nicht auf die anmuthige, hübſche Erſcheinung, auf die beſſere Wirkung der Architektur und die gröſsere Annehmlichkeit für die Bewohner; die freie Bebauung einzelner Stadttheile iſt zugleich eine für die Geſundheit dieſer Stadttheile und der ganzen Stadt wichtige Maſsregel. Durch ihren Vorrath an unverdorbener Luft und ihren Reichthum an Pflanzenleben kommen ſie auch den benachbarten Stadttheilen zu gute. Ihre geſundheitliche

Fig. 5.

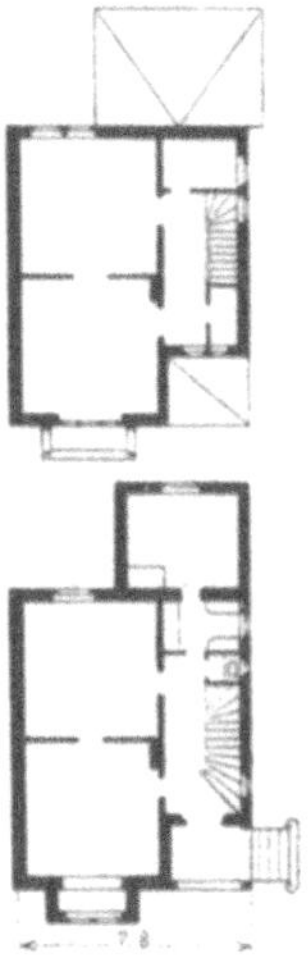

Villa nach *Hintz*.

Fig. 6.

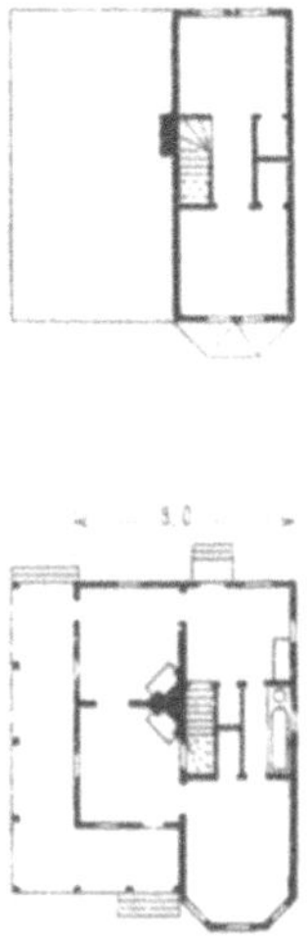

Amerikaniſche Villa nach *Shoppel*.

Fig. 7.

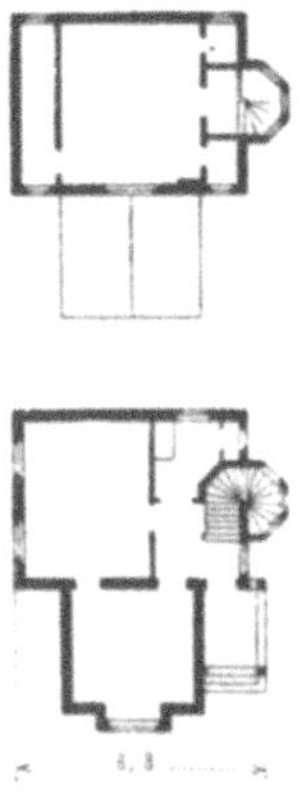

Kleine dreizimmerige Villa.

Fig. 8.

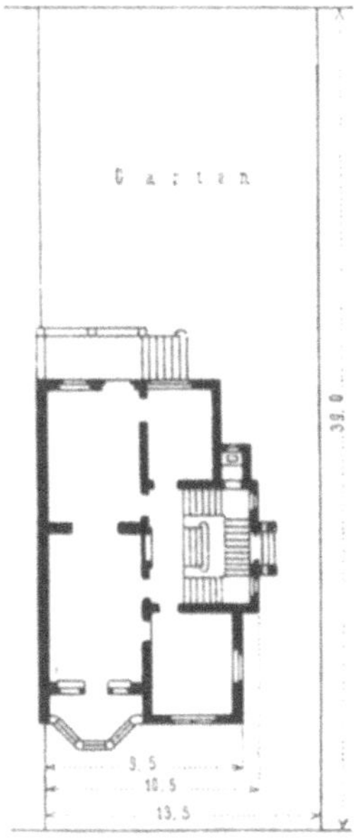

Villa zu Köln.

1 : 500

Fig. 9.

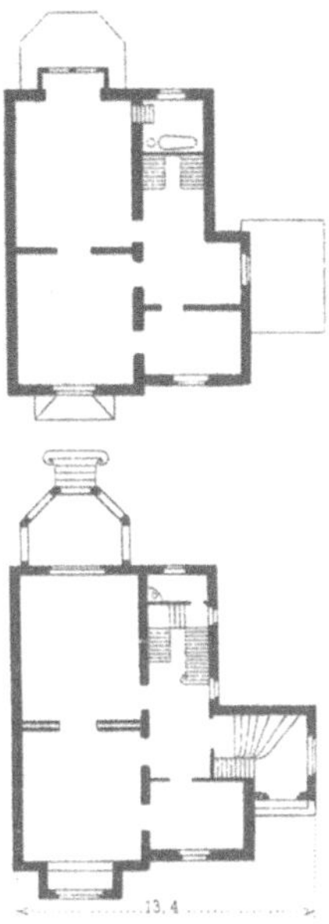

Villa nach *Hintz.*

Fig. 10.

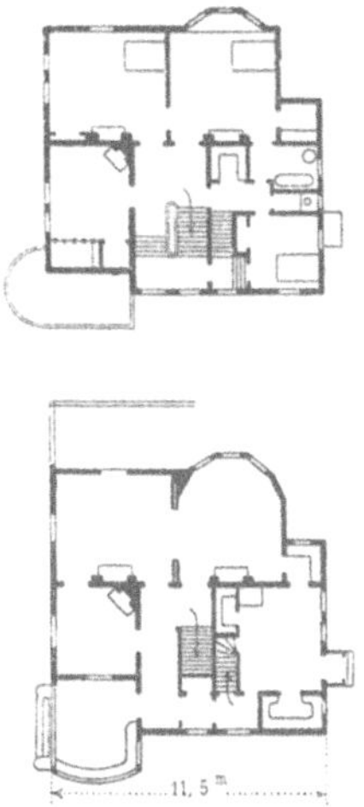

Gröſseres amerikaniſches Landhaus.

1/500 n. Gr.

Wirkung iſt derjenigen der öffentlichen Gärten ähnlich, ihre Bedeutung daher um ſo gröſser, je ärmer die Stadt an Pflanzungen und Parkanlagen iſt.

Die gröſsten Vortheile genieſsen natürlich die Bewohner der Villen ſelber, da ſie ſich faſt nach Belieben mit Licht und Luft verſehen und von den Einwirkungen der Nachbarn ſich faſt unabhängig machen können. Einige Villengrundriſſe ſind zur Erläuterung in Fig. 5 bis 10 beigefügt[2]). 11. Beiſpiele.

Die Grundriſſe in Fig. 5, 6 u. 7 verlangen ſehr geringen Raum. Fig. 5 bedarf, bei 7,8 m Hausbreite und je 4 m Abſtand von den Nachbargrenzen, eine Bauſtelle von 15,8 m Breite; es iſt jedoch nur eine Bauſtellenbreite von 11,8 m erforderlich, wenn man das Haus mit einem anderen kuppelt, was zuläſſig iſt, weil die eine Langſeite Fenſteröffnungen nicht beſitzt. Die amerikaniſche Villa in Fig. 6 läſſt ſich nicht kuppeln, bedarf daher einer Bauſtelle von 16 m Breite; in Amerika werden ſolche kleine Landhäuſer in Holzbau fabrikmäſsig hergeſtellt und zum Aufſchlagen fertig auf Lager gehalten. Fig. 7 läſſt ſich ebenfalls nicht kuppeln, verlangt deſshalb eine 16,8 m breite Bauſtelle. Der vierzimmerige Grundriſs in Fig. 8 beanſprucht bei einſeitigem Grenzabſtand von 4 m ein Baugrundſtück von 14,5 m Breite, während die im Grundriſs ungünſtiger geſtaltete Fig. 9 unter der gleichen Vorausſetzung eine Bauſtellenbreite von 17,4 m verlangt. Das gröſsere amerikaniſche Landhaus in Fig. 10 ſetzt ein Grundſtück von 19,5 m Breite voraus. Die Tiefe der beſprochenen Bauſtellen wird in der Regel 30 bis 50 m betragen. Geringere Grundriſs- und Bauſtellenmaſse ſind übrigens keineswegs ausgeſchloſſen. Eben ſo iſt es ſelbſtverſtändlich, daſs eigentliche herrſchaftliche Villen weit mehr Raum beanſpruchen; die reichliche Bemeſſung aller Räume im Hauſe und in der Umgebung deſſelben iſt ja für den Rang des Hauſes am meiſten bezeichnend.

2) Geſchloſſene Bebauung.

Die Vorzüge der geſchloſſenen Bebauung beſtehen darin, daſs weniger Bodenfläche für ein Wohnhaus erforderlich iſt, daſs die Baulichkeiten ſich mehr zu Geſchäfts- und Gewerbezwecken eignen, daſs endlich das nur von der Vorderſeite zugängliche Grundſtück in der Regel mehr Sicherheit gewährt. Es wäre alſo Thorheit, wollte man in einer Stadt die offene Bauweiſe zur allgemeinen Regel machen. Das Wünſchenswerthe iſt vielmehr, daſs gewiſſe, nach der Oertlichkeit geeignete Bezirke für offene Bebauung beſtimmt und daſs gleichzeitig die Nachtheile des geſchloſſenen Reihenbaues durch Ortsgeſetze und Polizei-Vorſchriften nach Möglichkeit gemildert werden. 12. Vor- und Nachtheile der geſchloſſenen Bebauung.

Dieſe Nachtheile ſind dreifacher Art, nämlich erſtens die Beeinträchtigung der Architektur durch Aneinanderreihen von Façaden verſchiedener Höhe, ungleicher

2) Vergl. u. A.: Villen und Wohnhäuſer. Sammlung von kleineren ländlichen Wohnhäuſern, entworfen und ausgeführt von hervorragenden Architekten. Berlin 1884.

Shoppel's modern houſes, liſt of publications of the cooperative Building-Plan-Aſſociation-Architects. New-York 1887.

HINTZ's moderne Häuſer. Eine illuſtrirte architectoniſche Zeitſchrift. Herausg. von der Berliner Bauplan-Vereinigung zu Groſs-Lichterfelde bei Berlin. Berlin 1887.

Amerikaniſche Landhäuſer. Deutſche Bauz. 1887, S. 337, 369, 433.

Fig. 11.

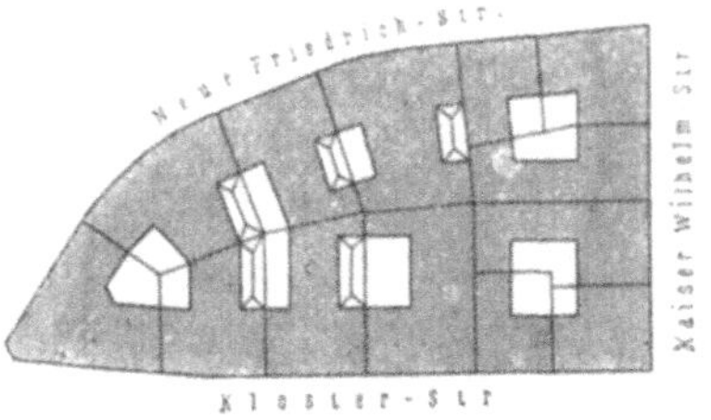

Baublock zu Berlin.

Fig. 12.

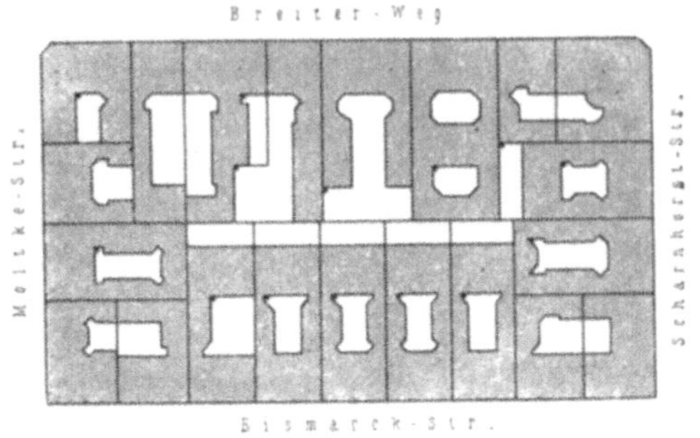

Baublock zu Magdeburg.

Fig. 13.

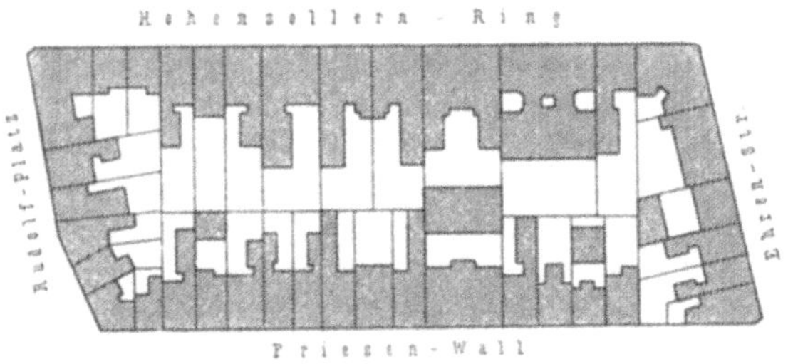

Fig. 14.

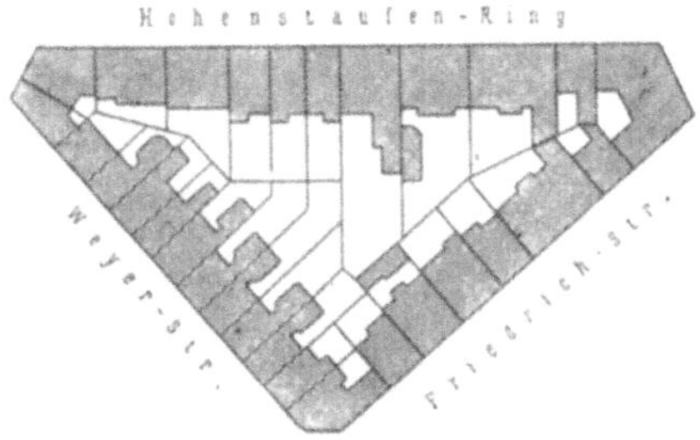

Baublöcke zu Köln.

Fig. 15.

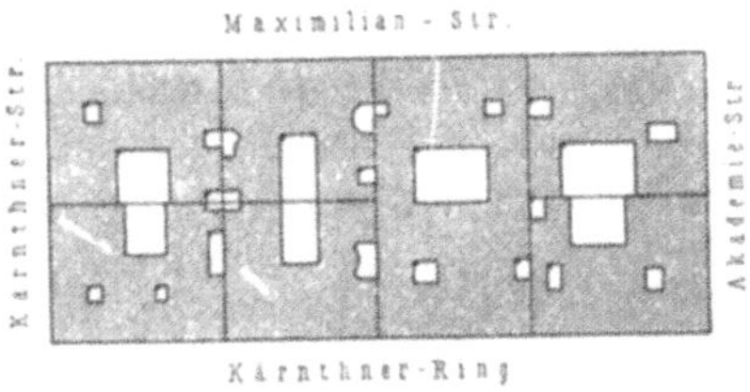

Baublock zu Wien.

Fig. 16.

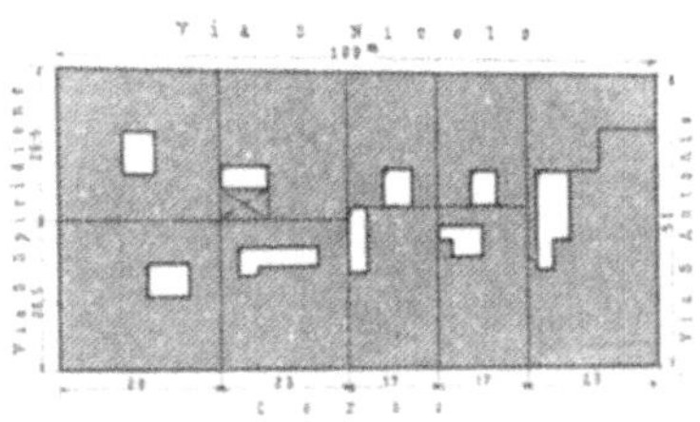

Baublock zu Trieft.

Fig. 17.

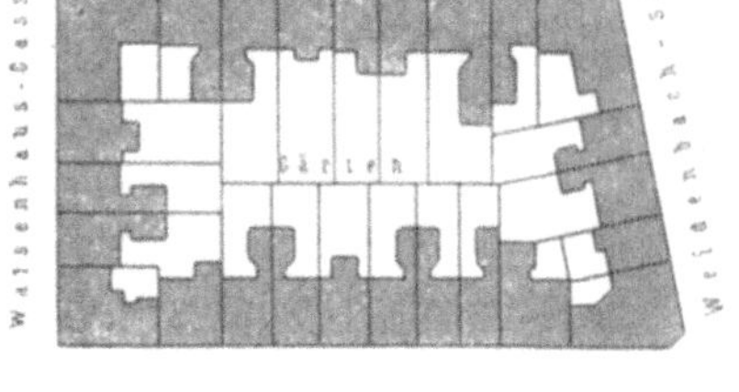

Häuferblock zu Köln
mit Gärten und Vorgärten.

Fig. 18.

Block von Einfamilienhäufern
zu Rotterdam.

1:2500

Axentheilung und Ausbildung; zweitens die Begünſtigung einer Menge von Beläſtigungen, welche vielfach durch unnöthige Gemeinſchaftlichkeiten herbeigeführt werden, beiſpielsweiſe durch gemeinſchaftliche Scheidemauern, gemeinſchaftliche Schornſteine, gemeinſame Entwäſſerungs-Anlagen und Aborte, gemeinſame Zugänge und Dienſtbarkeiten anderer Art; drittens die Gefahr der gegenſeitigen Beſchränkung von Luft, Licht und Sonne.

Gegen die erſtgenannte Art von Nachtheilen kann die Behörde kaum etwas ausrichten; gegen die Uebelſtände der zweiten Art kann von der Behörde dadurch mit Erfolg vorgegangen werden, daſs ſie die Schaffung nachtheiliger Gemeinſamkeiten, z. B. gemeinſchaftlicher Abortgruben, Canalanſchlüſſe, Schornſteine etc., unterſagt. Alle nachbarlichen Gemeinſamkeiten zu verbieten, würde offenbar zu weit gehen und undurchführbar ſein; ſo würde das Verbot gemeinſchaftlicher Scheidemauern, mit welchen viele Miſslichkeiten verknüpft ſind, für ſchmale Grundſtücke ſehr ſchädigend wirken, zudem in Ländern des franzöſiſchen Rechtes ungiltig ſein. 13. Gegenmaſsregeln.

Die dritte Art von Uebelſtänden, welche beſonders darauf ſich gründen, daſs das in der geſchloſſenen Reihe ſtehende Haus nur von zwei Seiten, von der Straſse und vom Hofe, Luft und Licht erhalten kann, an der Hofſeite aber von den Anbauten und Hinterbauten des Nachbars und von den eigenen An- und Hinterbauten in Bezug auf Luft und Licht beeinträchtigt wird, verſucht man in allen Städten durch polizeiliche Baubeſchränkungen zu bekämpfen, aber nirgend wo mit vollem Erfolge. Die Beſchränkungen beziehen ſich auf die Höhe der Gebäude, auf die Feſtſtellung eines geringſten Abſtandes der Fenſtermauern von anderen Baulichkeiten, ſo wie auf die Vorſchrift, daſs ein beſtimmter Flächenantheil der Bauſtelle unbebaut bleiben muſs. In Abſchn. 3, Kap. 2 u. 8 werden wir hierauf näher eingehen.

Die mit der geſchloſſenen Bauweiſe unvermeidlich verbundene Ineinanderſchachtelung der Gebäude iſt aus Fig. 11 bis 16 erſichtlich, welche ſechs ausgeführte Baublöcke aus Berlin, Magdeburg, Köln, Wien und Trieſt zeigen. Auf das allergeringſte zuläſſige Maſs pflegen die Lichtflächen in den Eckgrundſtücken, welche in der Regel von den Nachbarbauten auf das engſte umfaſst werden, eingeſchränkt zu werden. Der Berliner, der Wiener und der Trieſter Block zeigen aber durchweg die Armuth an freien Hofräumen. 14. Beiſpiele.

Fig. 19.

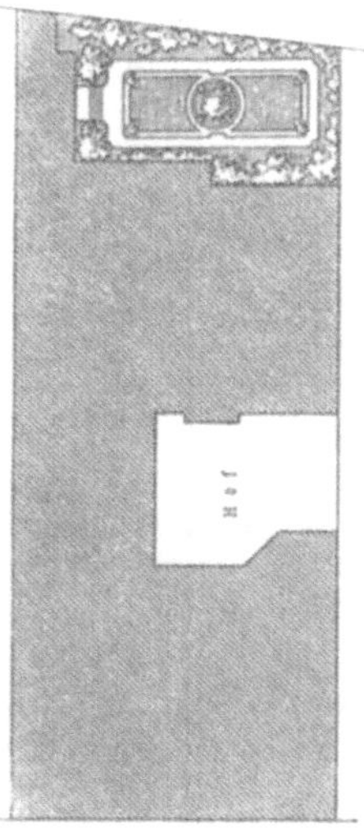

Wohnhaus mit Hof und Garten zu Berlin.

$^1/_{750}$ n. Gr.

Im Gegenſatz zur Villa oder zum frei ſtehenden Wohngebäude heiſsen die bei der geſchloſſenen Bebauung ſich an einander reihenden Gebäude *eingebaute Häuſer*. Das eingebaute Haus κατ᾽ ἐξοχήν iſt dasjenige, welches auſser den bebauten Flächen (Vorder-, Neben-, Quer-, Hintergebäude) nur noch Hofraum oder Lichthöfe enthält.

Fig. 19, 20, 24[3]), 25, 26 u. 27[4]), Hausgrundriſſe aus Magdeburg, Berlin, Wien, Budapeſt, Paris, Madrid und London darſtellend, zeigen Beiſpiele ſolcher eingebauter Häuſer, zum Theile im ausgeprägteſten Sinne. In Fig. 19 u. 22 iſt der Garten noch nicht ganz verſchwunden. In Fig. 23, 24, 25 u. 27 ſind Lichthöfe zu Hilfe genommen, um das Innere der Gebäudekörper noch einigermaſsen zu erhellen. Sogar das Herrſchaftshaus in Fig. 24 entbehrt jeder Gartenfläche; den Erſatz ſoll nach italieniſcher Sitte

3) Nach: Deutſche Bauz. 1884, S. 381.

4) Nach: Centralbl. d. Bauverw. 1884, S. 299.

die Halle um den Hofraum darbieten. In Fig. 26 ift die Enge der Bauftelle weniger empfindlich, weil das Haus nur von einer einzigen Familie bewohnt wird.

Fig. 20.

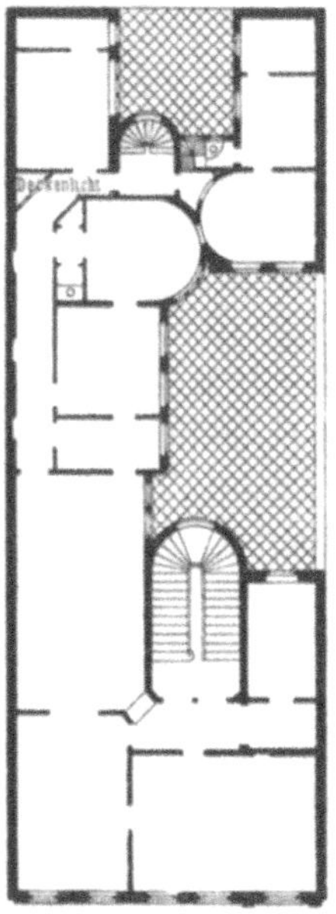

Wohnhaus zu Berlin.

Fig. 21.

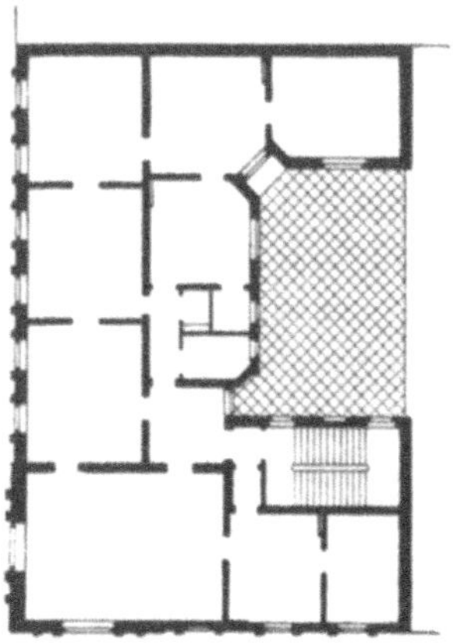

Wohnhaus zu Magdeburg.

Fig. 22.

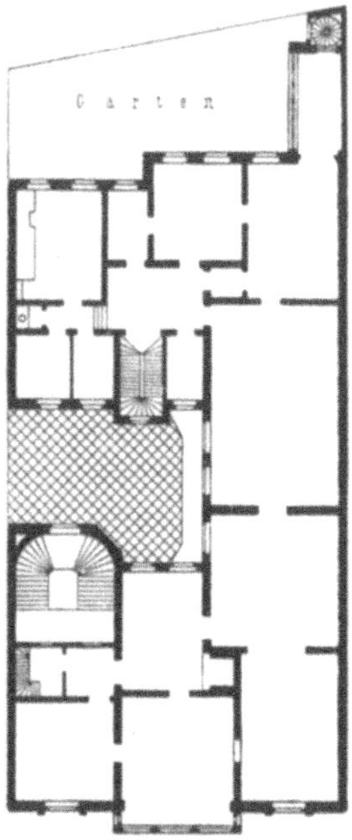

Wohnhaus mit Hof und Garten zu Berlin.

1:500

Fig. 23.

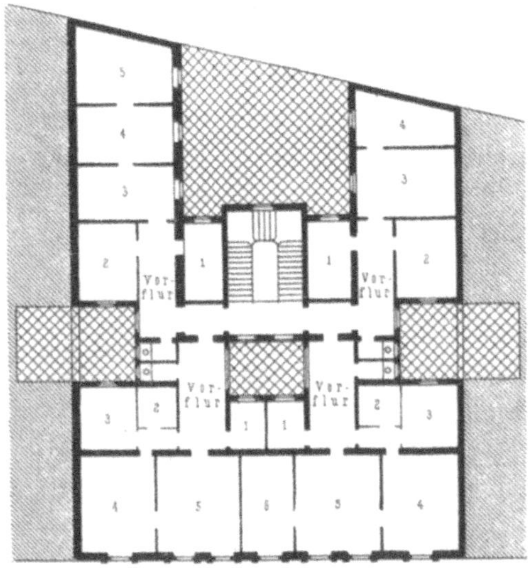

Stockwerkshaus mit je 4 Wohnungen zu Wien.

Fig. 24.

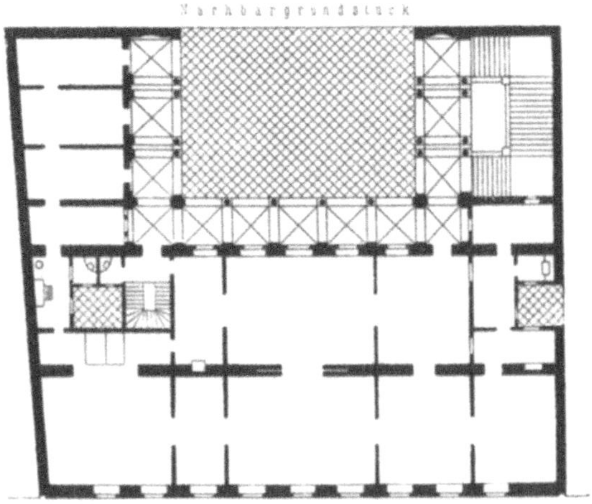

Herrfchaftliches Wohnhaus zu Budapeft.

15. Urfachen der engen Bebauung.

Veranlafft wurde und wird diefe dichte Bebauung im Inneren alter Städte durch die Enge der mittelalterlichen Grundftücke, in neuen Städten, befonders in Grofsftädten, durch die in Folge der Speculation fo hoch als möglich gefteigerten Bodenpreife.

Fig. 25.

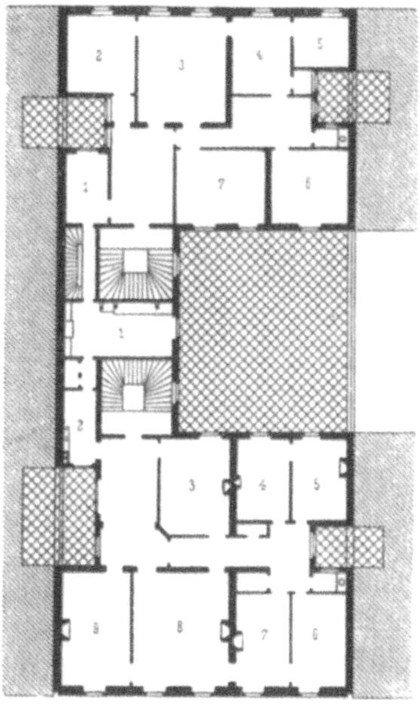

Stockwerkshaus mit je 2 Wohnungen zu Paris.

Fig. 26.

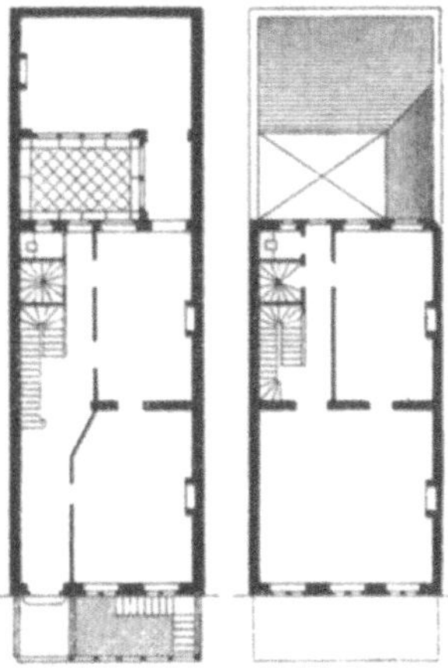

Einfamilienhaus zu London.

Fig. 27.

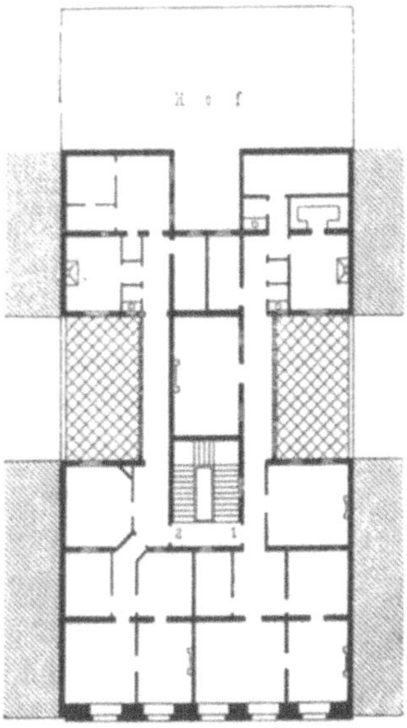

Stockwerkshaus mit je 2 Wohnungen zu Madrid.

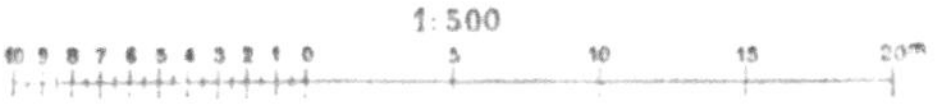

Fig. 28.

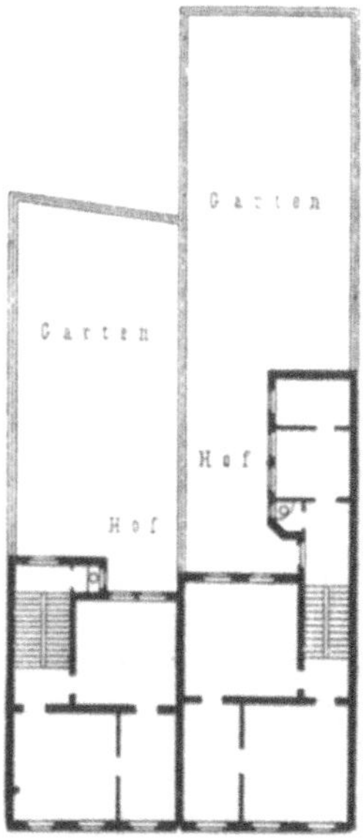

Gewöhnliche Einzelhäuſer zu Köln.

Fig. 29.

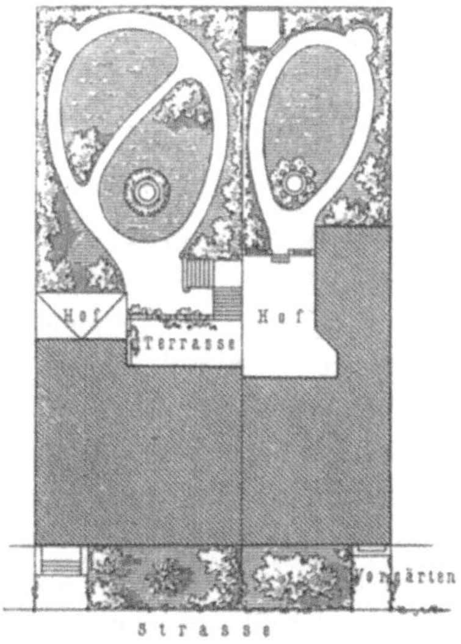

Zwei Baugrundſtücke mit Gärten und Vorgärten zu Köln.

Fig. 30.

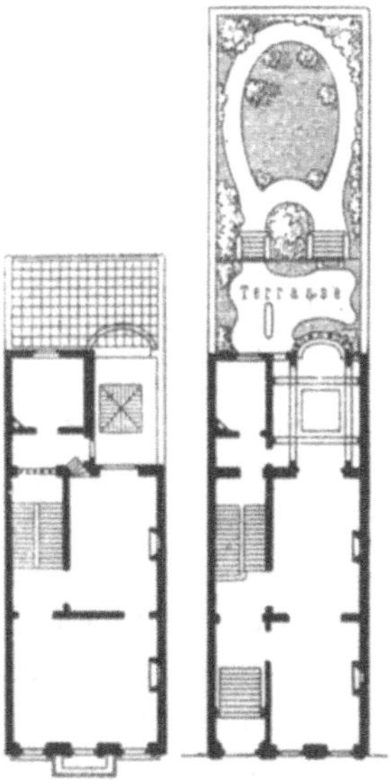

Einfamilienhaus zu Brüſſel.

Freundlicher, geſunder und nachahmenswerther iſt diejenige Art des eingebauten Hauſes, bei welcher an den Wirthſchaftshof ſich noch ein Gärtchen anſchlieſst. Fig. 13 u. 14, ferner Fig. 28, 29 u. 30 zeigen hierfür Beiſpiele aus Köln und

16. Eingebaute Häuſer mit Gärtchen.

Fig. 31.

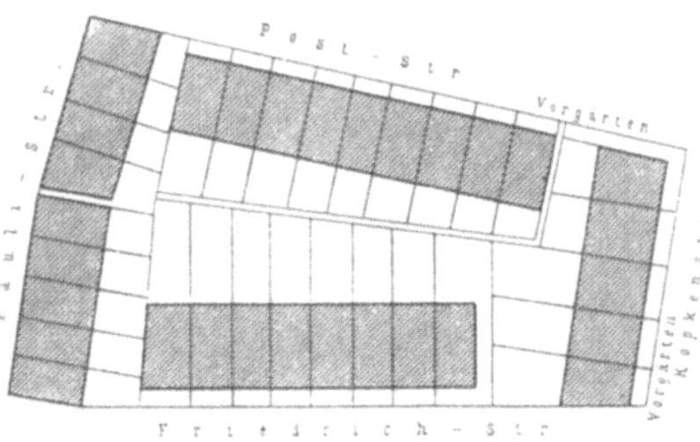

Block von Einfamilienhäuſern zu Bremen.

1:1250

Brüſſel. In den rheiniſchen, holländiſchen und belgiſchen Städten iſt dieſe Ausſtattung der Bauſtelle mit einem Gärtchen, wenigſtens in ſolchen Stadttheilen, welche nicht vorwiegend zum Betriebe von Geſchäften dienen, die Regel. Da die Gärten oder Gärtchen oft neben einander und hinter einander liegen, ſo kann ſich bei dieſer Art des eingebauten Wohnhauſes im Inneren eines Baublocks eine zuſammenhängende, nur durch niedrige Grenzmauern getrennte, geräumige Gartenfläche bilden; Beiſpiele hierfür ſind Fig. 17, 18 u. 31. In England hat man das Syſtem der zuſammenhängenden Gartenfläche derart weiter ausgebildet, daſs man mitunter die Zwiſchenmauern fortgelaſſen, alſo einen einheitlichen groſsen Garten im Inneren des Blocks geſchaffen hat, welcher den anſtoſsenden Wohnhäuſern als gemeinſame Erholungsſtätte dient.

17. Vorgärten. Auf dem Continent hat man dieſe engliſche Einrichtung eines gemeinſamen Privatgartens, welcher oft auch einen von Straſsen umgebenen Block für ſich bildet, nicht nachgeahmt. Mehr aber, als in England iſt bei uns die freundlichere Geſtaltung der Wohnungen in geſchloſſenen Reihenbauten und die gleichzeitige Verſchönerung der Straſsen durch Anlage von Vorgärtchen üblich, wie ſolches für Villen ſchon oben erwähnt wurde. In Geſchäftsſtraſsen ſind dieſe Vorgärten (ſiehe Fig. 1, 2, 3, 17, 29, 31) unzweckmäſsig, um ſo ſchmuckhafter und angenehmer aber in ruhigen Wohnungsſtraſsen. Die Tiefe der Gärtchen pflegt 3 bis 10 m zu betragen (ſiehe auch die Straſsen-Querſchnitte in Abſchn. 2, Kap. 5).

b) Zahl der Wohnungen im Hauſe.

18. Einfamilien- und Stockwerkshaus. Auf die Form und Gröſse des Baugrundſtückes und ſomit auf die Entwickelung des Stadtbauplanes iſt in zweiter Linie die Zahl der Wohnungen von Einfluſs, für welche das Haus oder die Mehrzahl der Häuſer dienen ſoll. Wir haben in dieſer Hinſicht grundſätzlich zu unterſcheiden: das Wohnhaus, welches für eine einzige Familie beſtimmt iſt, und das zum Wohnen mehrerer Familien beſtimmte Gebäude. Erſteres wird Einfamilienhaus, Einzelhaus, Privathaus genannt, letzteres mit dem Namen Miethhaus, Etagenhaus, Stockwerkhaus, Zinshaus bezeichnet. Beide Arten von Häuſern kommen in allen Städten vor. In vielen Gegenden beſchränkt ſich indeſs das Einzelhaus auf die oberſte Claſſe der Bevölkerung, hat alſo auf das Ausſehen und die Anlage der Städte und auf die Wohnungsfrage keinen oder geringen Einfluſs, während in anderen Ländern das Einzelhaus auch für die mittlere ſtädtiſche Bevölkerung in möglichſt allgemeiner Uebung ſteht, demnach für die Erſcheinung und Anordnung der ſtädtiſchen Straſsen, ſo wie für die Art des Wohnens maſsgebend iſt, wenn auch das Miethhaus ſein gelegentliches Vorkommen findet.

19. Geographiſche Grenze. Zieht man in Europa von der Nordſeeküſte bis zur Küſte des atlantiſchen Meeres eine annähernd halbkreisförmige Linie, welche die Städte Bremen,

Münſter i. W., Köln, Koblenz, Luxemburg und Amiens umſchlieſst, ſo iſt auf dem nordweſtlich dieſer Linie liegenden Ausſchnitt des europäiſchen Feſtlandes und in England das Einfamilienhaus mehr oder weniger ausſchlieſslich in Gebrauch, während im übrigen Europa das Miethhaus herrſcht. England, das nördliche Frankreich, Luxemburg, Belgien, Holland, die Rheinprovinz, Theile der Provinzen Weſtfalen und Hannover, endlich Bremen und Oldenburg ſind hiernach die Länder des Einfamilienhauſes, welches ſich in Nord-Frankreich, Rheinland und Weſtfalen mit Miethhäuſern mittlerer Gröſse zu miſchen beginnt. Dagegen wohnt die ſtädtiſche Bevölkerung im mittleren und ſüdlichen Frankreich und in den anderen lateiniſchen Ländern, in Nordoſt-, Mittel- und Süddeutſchland, in der Schweiz, in Oeſterreich, Ungarn und Ruſsland der Regel nach in groſsen Miethhäuſern, von welchen jedes eine Gruppe von Familien umfaſst. Es wäre ein Fehler, wollte man das eine oder das andere Wohnſyſtem durchweg als das beſſere bezeichnen; bei dem perſönlichen Empfinden pflegen die Gewöhnung und örtliche Gepflogenheiten das Urtheil zu beeinfluſſen.

20. Vergleich der beiden Wohnungsarten.

Beide Wohnungsarten haben ihre Vorzüge. Das Stockwerkhaus — ſo benannt, weil jedes Stockwerk für ſich eine oder mehrere abgeſchloſſene Wohnungen (Quartiere) bildet — liefert beſonders in den unteren Geſchoſſen bequemere, auf gleicher Höhe liegende, für die Hauswirthſchaft und für Geſellſchaftszwecke mehr geeignete Wohnungen, welche zudem billiger ſind, als die Wohnung des Einzelhauſes, weil die Koſten für Treppe, Hof, Dach u. ſ. w. und namentlich die Koſten des Grundſtückes, welche 20 bis 50 Procent des Geſammtpreiſes zu betragen pflegen, auf mehrere über und neben einander liegende Wohnungen ſich vertheilen. Das Einzelhaus iſt trotz des häufigen Treppenſteigens, einer Folge der Vertheilung der Wohnung in mehrere Geſchoſſe, unvergleichlich behaglicher und wegen Verhütung aller häuslichen Gemeinſchaftlichkeiten angenehmer, aber auch etwas koſtſpieliger.

Das Miethhaus liefert groſse ſtattliche Straſsenfronten, allerdings auch, wenn nicht beſondere Mittel aufgewendet werden, nur zu oft caſernenhafte Einförmigkeit. Die beſonders in ſüdlichen Ländern übliche architektoniſche Behandlung des Zinshauſes als Gruppenbau, ja als Palaſt, enthält ſtets etwas Unwahres und deſshalb Unkünſtleriſches; es iſt im beſten Falle eine groſsartige Schein-Monumentalität. Die Architektur des Einzelhauſes iſt, ſo fern nicht die Maſſenherſtellungs-Schablone platzgreift, wie leider in England und Nordamerika, individuell, daher das Haus eben ſo verſchiedenartig wie die Bedürfniſſe des Bauenden, in Grundriſs und Anſicht mannigfaltig und zur künſtleriſchen Ausbildung auch bei einfachen Verhältniſſen ſtets geeignet, wenn auch weniger groſsartig als das Miethhaus.

21. Höhe und Bauvorſchriften.

Das Einzelhaus iſt zwei- oder dreigeſchoſſig, ſelten höher; das Miethhaus iſt vier- oder fünfgeſchoſſig, ſelten niedriger. In Paris und Rom ſind ſieben Wohngeſchoſſe über einander nichts Ungewöhnliches; in New-York ſteigt die Zahl der Geſchoſſe bei Zinshäuſern bis auf vierzehn. Für das Einzelhaus würden wenige baupolizeiliche Beſtimmungen genügen, da Jedermann für ſein eigenes Intereſſe die beſte Polizei-Behörde iſt. Für das Miethhaus dagegen iſt zu Gunſten der künftigen Einwohner die groſse Zahl von Bauvorſchriften nothwendig, an deren Ergänzung ſtets gearbeitet wird; aber nicht verhindert wird dadurch der unaufhörliche Zwiſt der Bewohner, gewöhnlich herbeigeführt durch die Gemeinſchaftlichkeiten, durch Kinder, Dienſtboten und Hausthiere.

22. Zweck.

Das Miethhaus hat in erster Linie den Zweck der Kapitalanlage, sich stützend auf das Wohnbedürfnis Anderer; seine Aufgabe ist, eine thunlichst hohe Rente abzuwerfen, wie es der Name »Zinshaus« deutlich angiebt. Die Aufgabe des Einzelhauses ist, eine thunlichst angenehme, den Verhältnissen der Familie entsprechende Wohnung zu bilden.

23. Beziehungen zwischen Haus und Bewohnern.

Das Miethhaus wechselt seine Einwohner und seinen Eigenthümer, wie die Waare den Besitzer; es hat keine vertraulichen, man könnte sagen, seelischen Beziehungen zu den Bewohnern. Es muss Allen passen, auf Eigenartiges verzichten. Die Bewohner lieben nicht ihr Haus; sie sorgen nur für die von ihnen benutzten Theile desselben. Der Eintrittsflur, die Treppe sind eigentlich ein Zubehör der öffentlichen Strasse und in der Regel Jedermann zugänglich. Ein besonderer Pförtner muss das Haus bewahren und den Treppenraum für den allgemeinen Verkehr beleuchten. Die Unterhaltung und Reinlichkeit der allgemein benutzten Haustheile, besonders der Höfe und Entwässerungs-Anlagen, lässt oft genug zu wünschen übrig; die Verunreinigung der Luft wird begünstigt, die Fortpflanzung ansteckender Krankheiten erleichtert. Ein Garten ist beim Zinshause eine Seltenheit; sollte er vorhanden sein, so kann er in der Regel nur von einer Familie unter allen benutzt werden.

Das Einzelhaus dagegen wird gebaut oder sollte wenigstens gebaut werden für die Bedürfnisse einer einzelnen bestimmten Familie. Es wechselt, wenn es nicht gerade von einem Unternehmer zum Verkaufe errichtet wird, seine Einwohner und Besitzer selten; es entspricht dem sesshaften Bürgerstande; es ist die Heimath im engsten traulichsten Sinne des Wortes. »Lieber klein und wie mir's passt, als zur Miethe im Palast«, heisst es am Rhein. »*My house is my castle*,« sagt der Engländer. Der Bewohner des Zinshauses kann in diesem Sinne nicht von seiner Burg sprechen; sein Kind hat kein Vaterhaus.

24. Wohndichtigkeit.

Bei allgemeiner Verbreitung des Einfamilienhauses in englischen und holländischen Städten wohnen auf 1 ha trotz geschlossener Bebauung nicht mehr als 200 bis 250 Personen; in festländischen Grossstädten dagegen ist eine Bevölkerungszahl von 500 Seelen auf 1 ha nichts Ausserordentliches. In Neapel, wo auch die Dächer, und in San Francisco, wo sogar die Keller in mehreren unterirdischen Geschossen bewohnt werden, ist die Menschendichtigkeit noch grösser.

Wie der Bau des ersten Wohnhauses das Ende der Urgeschichte der Menschheit und der Bau der ersten Stadt den Anfang einer höheren Cultur bezeichnet, so ist die Anhäufung vieler Familien in fremdem Hause, wenn nicht ein Rückschritt, so doch eine schlimme Schattenseite unserer Civilisation.

Nicht weniger als 90 bis 96 Procent der städtischen Bevölkerung wohnen im östlichen Deutschland zur Miethe [5]); ein wachsender Bruchtheil, welcher schon 1871 in Dresden 10 Procent der Einwohnerschaft betrug, wohnt sogar in Aftermiethe. In 1880 wechselten 28,7 Procent der Dresdener Bevölkerung ihre Wohnung!

Die Zahl der Einwohner beträgt durchschnittlich für jedes Haus in London 7, in Lüttich 7,6, in Rotterdam 8,4, in Philadelphia 9, in Brüssel 9, in Köln 14, in Düsseldorf 16,8, in Aachen 17,5, in Dortmund 18,5, in Stuttgart 22, in München 28, in Chemnitz 34, in Paris 36, in der Magdeburger Stadterweiterung 47,5, in Breslau 50, in St. Petersburg 55, in Wien und Berlin je 63. In diesen Zahlen, welche in den

[5]) Siehe: SCHMOLLER's Jahrbuch für Gesetzgebung, Verwaltung und Volkswirthschaft im Deutschen Reich 1887, Heft II, S. 7.

letztgenannten Städten noch ſtetig wachſen, prägt ſich der Unterſchied zwiſchen den Städten mit Einzelhäuſern und denjenigen mit Miethhäuſern deutlich aus. Wien und Berlin zählen durchſchnittlich in jedem Hauſe 12 Familienwohnungen! Die rheiniſch-weſtfäliſchen Städte mit ihrem gemiſchten Syſtem und Stuttgart mit dem beſprochenen »Pavillon-Syſtem« bilden in der mitgetheilten Reihe den Uebergang.

25. Nothwendigkeit beider Wohnungsarten.

Es kann nach dem Geſagten keinem Zweifel unterliegen, daſs das Einzelhaus in ſittlicher, geſundheitlicher, ſocialer und künſtleriſcher Beziehung vor jeder Art von Zinshaus den Vorzug verdient. Das Einfamilienhaus ſollte, wie *Luthmer* ſo ſchön ſagt, das »Normalhaus« ſein [6]). Dadurch aber ſoll dem Etagenhaus durchaus nicht die Berechtigung beſtritten werden. Für die zahlreichen beweglichen Volksclaſſen, welche, wie die meiſten Mitglieder des immer der Verſetzung entgegenſehenden Beamtenſtandes, ein eigenes Heim nicht zu erwerben in der Lage ſind, und für die ſehr groſse Zahl von Familien, deren Geldmittel zur Erwerbung oder Anmiethung eines Einzelhauſes nicht ausreichen, iſt das Etagenhaus ein unabweisbares Bedürfniſs. Man wird ſogar behaupten dürfen, daſs für unſere ſtädtiſchen Verhältniſſe, wie ſie ſich leider durch den Bauſtellenwucher, die Bauſpeculation und die gewerbliche Entwickelung herausgebildet haben, das Miethhaus praktiſch noch weniger entbehrlich iſt, als das Einzelhaus.

26. Gemiſchtes Syſtem.

Wir ſtreben ſomit dem gemiſchten Wohnungsſyſteme zu. Nicht in dem Sinne, daſs wir empfehlen, das Einzelhaus dort, wo es noch Sitte iſt, gedankenlos in ſeiner ſchmalen Bauart immer fort zu wiederholen und durch Anbauten und Stockwerkaufſätze zu vergröſsern, ſo daſs das entſtehende Zwitterhaus für eine Familie zu groſs, für mehrere Familien aber wegen der Unabgeſchloſſenheit und Unſelbſtändigkeit der Zimmergruppen ungeeignet iſt — leider ſind Beiſpiele dieſer falſchen Entwickelung in den rheiniſchen und belgiſchen Städten zahlreich vorhanden —; ſondern in der Richtung, daſs Einfamilienhäuſer und Zinshäuſer als ſtreng unterſchiedene Hausarten neben einander vorkommen. Es iſt nicht auffallend, daſs die beiden Wohnungsformen, das »verticale« und das »horizontale« Wohnſyſtem, wie man ſcherzweiſe geſagt hat, thatſächlich in ſolchen Städten, welche der oben bezeichneten geographiſchen Grenzlinie nahe liegen, ſich zu durchdringen beginnen. In Lille, Köln, Dortmund gewinnt das Etagenhaus immer mehr Boden; in Mannheim, Frankfurt, Hannover, Osnabrück ſcheint das Einzelhaus ſich einbürgern zu wollen. Es ſollte das Beſtreben aller Einſichtigen ſein, die Durchdringung der beiden Bauweiſen zu begünſtigen und beſonders dem Einfamilienhauſe auch dort Eingang zu verſchaffen, wo die Gewohnheit und der Geſchäftsmarkt noch hindernd im Wege ſtehen.

27. Amerikaniſches Wohnungsweſen.

Die Entwickelung des nordamerikaniſchen Wohnungsweſens, fuſsend auf der engliſchen und holländiſchen Gewohnheit des Einzelhauſes, iſt unſerer Entwickelung vorausgeeilt [7]). Die Grundlage der Hausgeſtaltung iſt der 25 Fuſs (= 7,62 m) breite, 100 Fuſs (= 30,5 m) tiefe Bauplatz; es iſt die Bauſtelle des normalen »Dreifenſterhauſes«. Aus dieſem normalen Einzelhauſe (Fig. 32 u. 33), welches ſich von dem europäiſchen durch gröſsere Ausnutzung der Tiefe des Grundſtückes unterſcheidet, ſind nämlich einerſeits, um die Baukoſten zu vermindern und das Bewohnen von Einzelhäuſern auch weniger bemittelten Familien zu ermöglichen, noch ſchmalere Einzelhäuſer (Fig. 34 u. 36) derart entwickelt worden, daſs aus zwei 25-füſsigen Bauplätzen deren drei, oder aus drei normalen Plätzen vier geſchnitten wurden; anderer-

[6]) Siehe: Der Zeitgenoſſe 1883, S. 139.
[7]) Siehe: Centralbl. d. Bauverw. 1887, S. 211, 223. — Deutſche Bauz. 1884, S. 461.

Fig. 32.

Fig. 33.

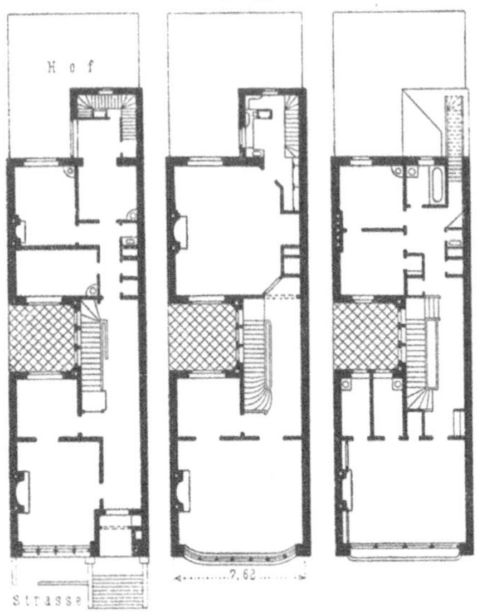

Amerikanifche Einzelhäufer.

Fig. 34.

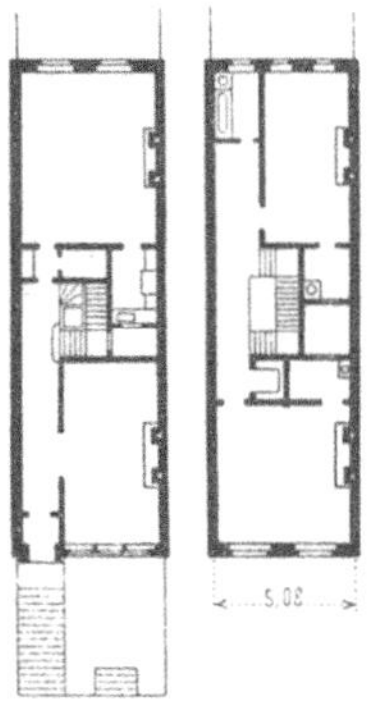

Kleineres amerika-
nifches Einzelhaus.

Fig. 35.

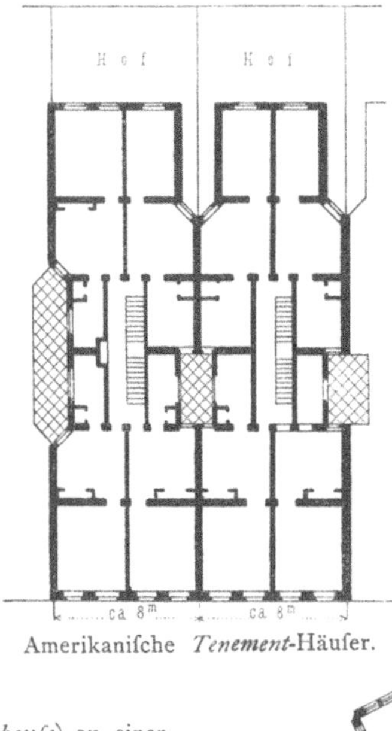

Amerikanifche *Tenement*-Häufer.

Fig. 36.

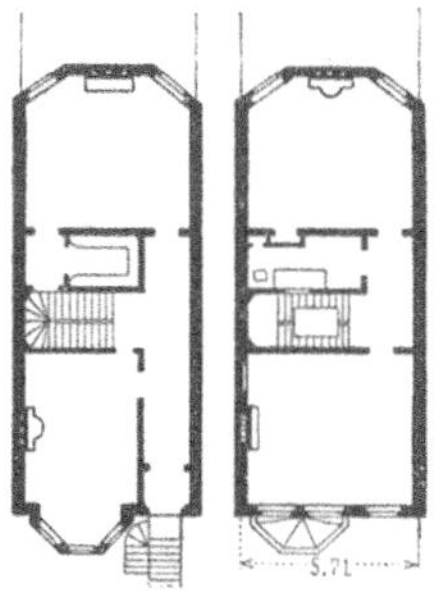

Kleineres
amerikanifches Einzelhaus.

Fig. 37.

Miethhaus (*Appartement-houfe*) an einer
Strafsenecke zu New-York.

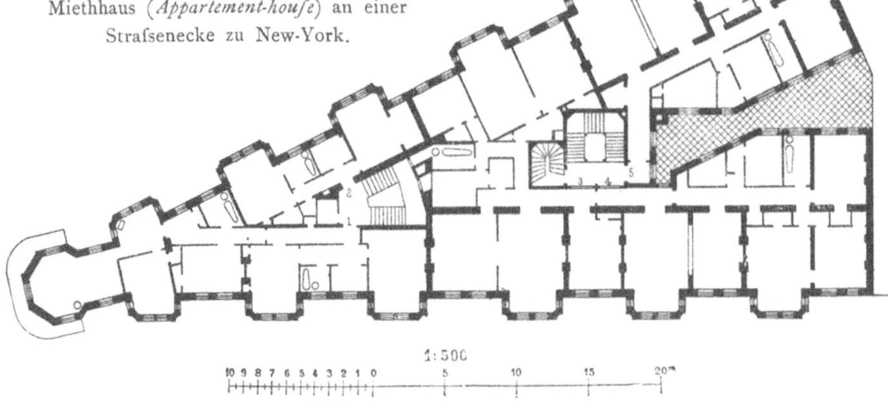

Fig. 38.

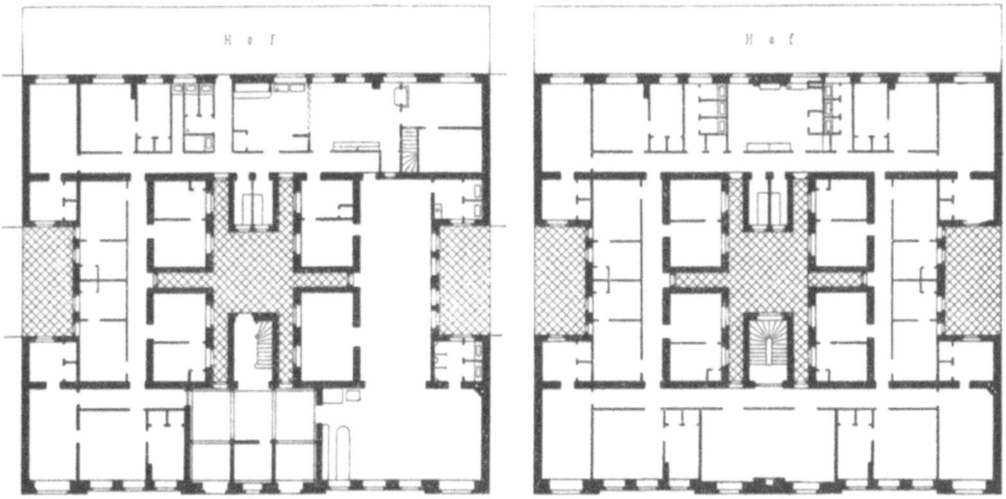

Erdgefchofs. 1:500 Obergefchofs.

10 9 8 7 6 5 4 3 2 1 0 5 10 15 20m

Amerikanifches Miethhaus (*Flat*) mit kleineren Wohnungen.

feits aber hat man das 25 Fufs breite Gebäude als Etagenhaus eingerichtet (Fig. 35) oder aber durch Zufammenlegen mehrerer normaler Bauftellen Platz für geräumigere Miethhäufer gefchaffen (Fig. 37 u. 38). Mufs fchon die allzu grofse Tiefenausnutzung der Einzelhaus-Grundftücke und die dadurch hervorgerufene geringe Luftverforgung im Inneren der Häufer Bedenken erregen, fo ift die Umbildung des gewohnten Dreifenfterhaufes in ein Miethhaus nach Fig. 35 mit je vier Wohnungen auf einem Stockwerk (das fog. *Tenement-houfe*) noch tadelnswerther. Für kleinere Miethwohnungen bildet die ausgedehnte Anlage des *Flat* in Fig. 38 mit Pförtner, Aufzug, gemeinfamen Räumen für Wafchzwecke, Heizung, Kinderfpiel u. dergl. einen bedeutfamen Fortfchritt, obwohl auch hier die fchwache Verforgung mit Licht und Luft zu beklagen ift. Paffende Miethwohnungen für wohlhabendere Familien mit abgefchloffenen Gängen nach europäifcher Sitte, jedoch mit mehr centralifirtem Wirthfchaftsbetrieb, bieten die grofsen *Appartement-houfes*; Fig. 37 zeigt ein folches auf fpitzwinkeliger Strafsenecke.

Fig. 39.

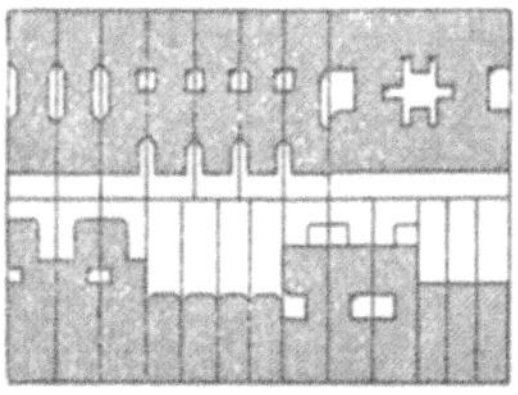

Amerikanifcher Häuferblock.

1/2500 n. Gr.

Auf die Geftaltung der amerikanifchen Stadtpläne fcheinen indefs die Miethhäufer bislang nur geringen Einflufs ausgeübt zu haben. Da die Normalbauftelle hergebrachter Weife 100 Fufs (engl.) Tiefe bei 25 Fufs Breite befitzt, fo find die Blöcke faft durchweg rechtwinkelig mit einer Ausdehnung von 200 Fufs in der einen, 1000 Fufs in der anderen Richtung zugefchnitten (vergl. die Zufammenftellung der mitgetheilten Hausarten in Fig. 39). 28. Amerikanifche Blöcke.

Obwohl die Einbürgerung des Miethhaufes in Nordamerika neben dem gewohnten Einzelhaufe als Fortfchritt zu begrüfsen ift, fo darf doch nicht verfchwiegen werden, dafs auch die Ausartungen des Miethhaufes fich dort bereits bemerkbar machten. In New-York find Zinshäufer entftanden, welche bei 36 m Höhe 100 und mehr Wohnungen in 14 Stockwerken über einander enthalten! Man fucht diefe 29. Uebertreibungen.

Fig. 40.

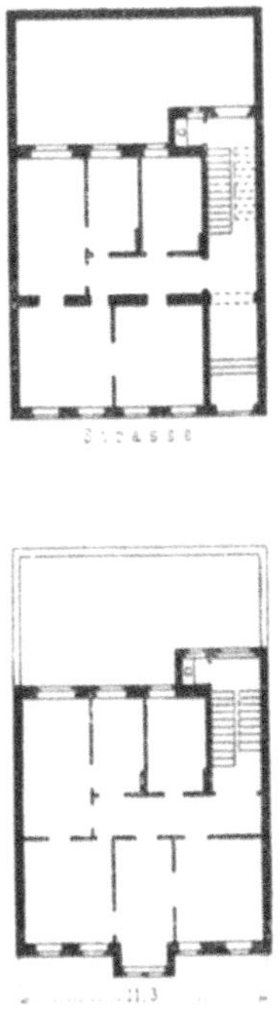

Miethhaus mittleren Ranges zu Köln.

Fig. 41.

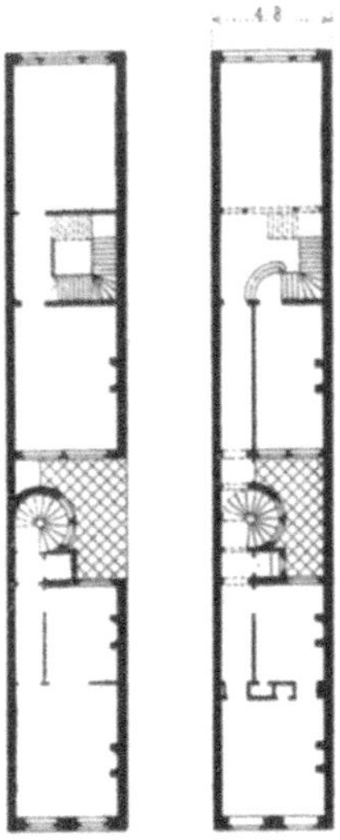

Holländifches Einzelhaus.

Fig. 42.

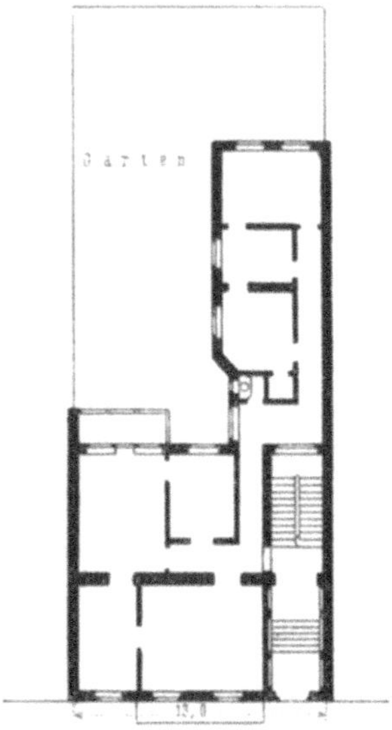

Miethhaus befferen Ranges zu Köln.

1:500

Fig. 43.

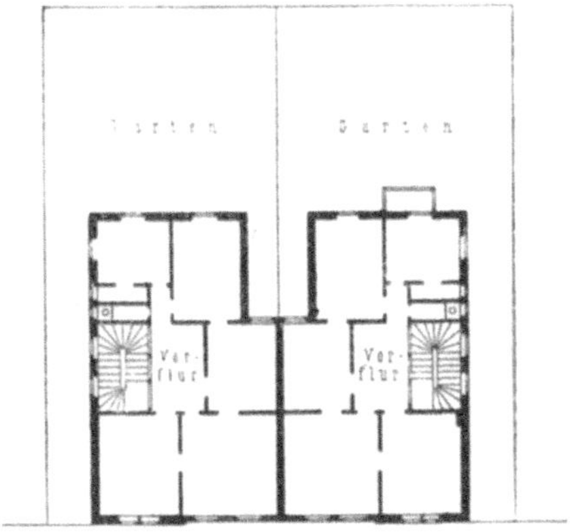

Doppelhaus zu Stuttgart.

Fig. 44.

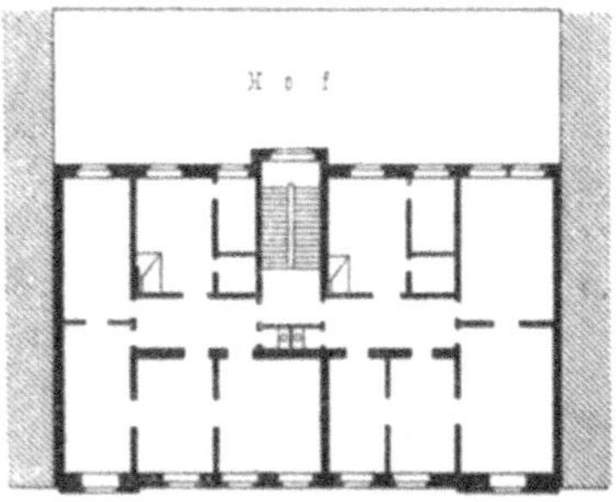

Miethhaus zu Hamburg.

Fig. 45.

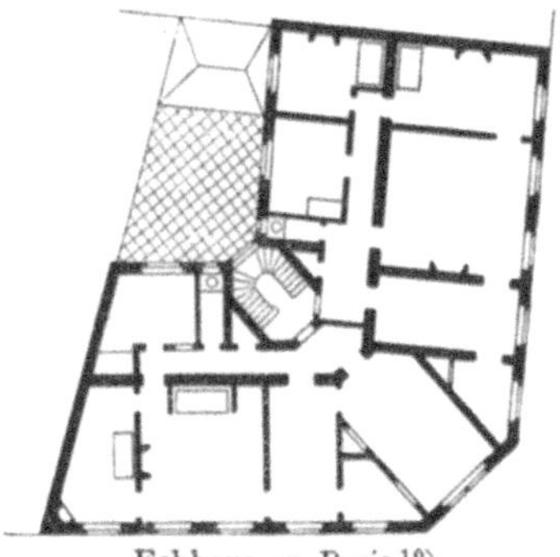

Eckhaus zu Paris[10]).

Fig. 46.

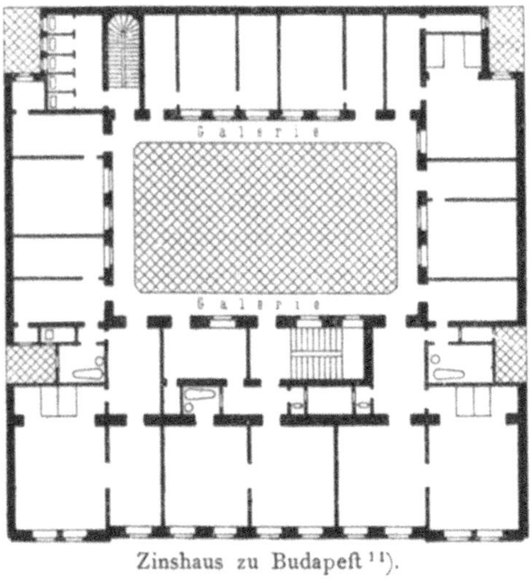

Zinshaus zu Budapeft[11]).

Uebertreibungen durch neuere Baugefetze dadurch zu befchränken, dafs die zuläffige Gebäudehöhe 24,38 m (= 80 Fufs) nicht überfchreiten darf, um dadurch daffelbe zu erreichen, was in deutfchen, franzöfifchen und italienifchen Städten das Verbot bezweckt, mehr als fünf Wohngefchoffe über einander zu errichten. Eine andere amerikanifche Entwickelung, welche auch in Paris fchon Eingang gefunden hat, ift die, dafs in einem grofsen Zinshaufe gemeinfchaftliche Erfrifchungs- und Wirthfchaftsräume, Kochküchen zur Bedienung aller Infaffen, gemeinfchaftliche Lefefäle u. dergl. eingerichtet werden, alfo ein Mittelding zwifchen einem europäifchen Miethhaufe und einem Gafthofe gefchaffen wird. Auch die Verbreitung diefer Ausfchweifung möchten wir, im Intereffe des Familienlebens, der Kindererziehung und der focialen Erhaltung, von unferen Städten fern gehalten wiffen.

30. Europäifche Einzelhäufer.

Europäifche Grundrifsbeifpiele von Einzelhäufern in gefchloffener Reihe find bereits in Fig. 26, 28 u. 30, ferner in Fig. 41 enthalten. Befonders die belgifchen Dreifenfterhäufer erfreuen fich der aufmerkfamften und dem Familienleben am meiften angepafften Durchbildung im Inneren; eine ähnliche liebevolle Behandlung des Einzelhaufes in befcheidenerer Verhältniffen finden wir in Bremen. Eigenartig, aber kaum nachahmenswerth find die älteren holländifchen Häufer mit hinter einander gereihten Räumen auf fehr fchmaler und fehr tiefer Bauftelle [8]). In London herrfcht leider in beklagenswerther Weife die Schablone vor; die immerwährende Wiederholung deffelben Haufes macht nicht blofs die Strafsen einförmig und langweilig, fondern hindert auch die individuelle Berückfichtigung der Familienbedürfniffe im Inneren. Am Rhein wird die Ausbildung des Einfamilienhaufes im Inneren und Aeufseren auf anerkennenswerthe Art gepflegt.

31. Europäifche Zinshäufer.

Zinshäufer europäifcher Städte find in den Grundrifsbeifpielen Fig. 20 bis 25, 27 [9]), 40, 42 bis 44 [10]), 45, 46 [11]) u. 47 vertreten. Der Stuttgarter Grundrifs zeigt zugleich die Anwendung des Zinshaufes bei offener Bebauung; derfelbe, fo wie der Wiener Grundrifs ftellen auch die füddeutfche Gepflogenheit dar, die Räume einer Wohnung um einen gemeinfchaftlichen Vorplatz zu gruppiren. In den Magdeburger und Berliner Grundriffen find die am Hofe liegenden fog. Berliner Eckzimmer, die Hintertreppen und der Hintercorridor zu bemerken, an deren Stelle in Fig. 22 ein Balcongang getreten ift. Der Parifer Grundrifs in Fig. 25 ift in Vorder- und Hofwohnung, der Wiener, Hamburger und Madrider find in je zwei neben einander liegende Wohnungen getheilt. Uebrigens find Stockwerk-Grundriffe, welche aus vier und mehr Wohnungen beftehen, keine Seltenheit. Die ungarifchen Grundriffe zeigen den Binnenhof nach füdländifcher Sitte mit einem Umgange, von welchem die verfchiedenen Zimmer oder Wohnungen zugänglich find. Der Magdeburger und die beiden Parifer Grundriffe in Fig. 45 u. 47 zeigen Grundriffe von Miethwohnungen in Eckhäufern. Von den Kölner Grundriffen hat der in Fig. 40 dargeftellte, für befcheidene Anforderungen beftimmte nur 11,8 m Strafsenbreite; im Uebrigen find

Fig. 47.

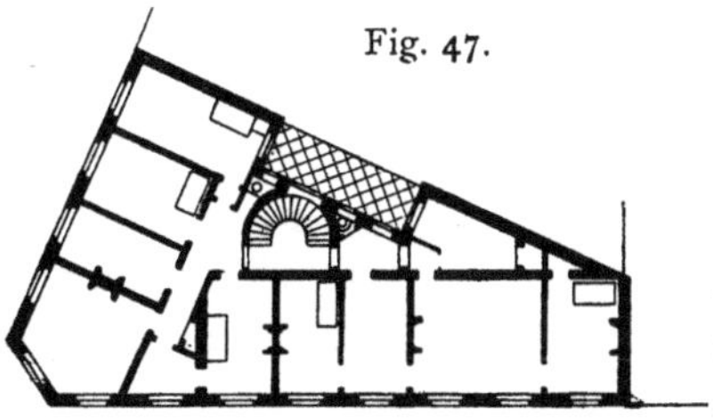

Eckhaus zu Paris.

1/500 n. Gr.

8) Vergl.: Allg. Bauz. 1883, S. 32 u. Bl. 18.

9) Nach: Centralbl. d. Bauverw. 1884, S. 299.

10) Nach: Baugwks.-Ztg. 1886, S. 959.

11) Nach: Deutfche Bauz. 1884, S. 381.

die Kölner und Stuttgarter Gefchofs-Grundriffe meift nur für je eine Familie beftimmt und entbehren gewöhnlich der Nebentreppen [12]).

32. Abmeffungen der Baugrundftücke. Die Breite des Haufes an der Strafse wird Frontbreite (oder Frontlänge) genannt. Die Frontbreite des eingebauten Einzelhaufes beträgt in den mitgetheilten Beifpielen wenigftens 4,8 m; in alten Städten kommen allerdings noch geringere Breiten vor. In der Regel fchwankt indefs das Breitenmafs bei dreifenftriger Anlage zwifchen 6,5 und 10,0 m, bei vierfenftriger Anlage zwifchen 9 und 13 m. Die Tiefe des eingebauten Einzelhaus-Grundftückes (Haustiefe plus Hof und Garten) mag zwifchen 20 und 50 m wechfeln; meiftens beträgt fie 28 bis 35 m. Eigentliche herrfchaftliche Einzelhäufer verlangen, wie bei offener, fo auch bei gefchloffener Bebauung, gröfsere Bauftellen, als die angegebenen.

Die Abmeffungen der Baugrundflächen für Zinshäufer find naturgemäfs gröfser als diejenigen für Einfamilienhäufer, weil alle Bedürfniffe der Familie in einer Ebene befriedigt werden müffen. Der Typus, welcher in den Hausgrundriffen einer Stadt vorwiegt, beherrfcht auch die Bildung der Bauftellen und Blöcke. Je nachdem in die Frontbreite des Haufes fich zwei Wohnungen auf jedem Stockwerk theilen oder aber die Strafsenfront nur von einer Wohnung eingenommen wird, betragen die Hausbreiten 9 bis 40 m, im Mittel etwa 18 m. Die Grundftückstiefen find in eben fo weiten Grenzen verfchieden. Da der Garten für ein Miethhaus Nebenfache ift, auch wegen der gewöhnlich fehr hoch aufgeführten Gebäude fchwieriger gedeiht, fo darf man folgern, dafs für Miethhäufer geringere Grundftückstiefen mehr zweckmäfsig find, wie für Einzelhäufer. Andererfeits aber können die zuläffigen gröfseren Flügelbauten beim Miethhaufe wegen des vermehrten Bedarfes an Zimmern tiefer ausgenutzt werden, als beim Einzelhaufe. Das Grundftück befteht defshalb in der Regel aus Vorderhaus, Seitenflügel, Hintergebäude und Hofraum ohne Garten. Bei fehr tiefen Grundftücken kann das Syftem der Seiten- und Hinter- oder Quergebäude, zum Nachtheil der Bewohner, beliebig oft wiederholt werden. In Berlin z. B. giebt es Fälle, wo fünf Hofräume und Quergebäude hinter einander folgen und mehr als 200 Familien auf demfelben Grundftück wohnen (Fig. 48 [13]). Diefe hohe Zahl der Wohnungen ift begreiflich, wenn man bedenkt, dafs der beffer geftellte Theil der Bevölkerung folche abfcheuliche Unterkünfte verfchmäht, dafs daher die ganze Gebäudegruppe in kleine und kleinfte Wohnungen eingetheilt ift! Wenn darum 30 bis 40 m eine normale Grundftückstiefe für Zinshäufer fein mag, fo kommen doch auch Tiefen von 15 und bis 100 m vor, letztere nicht zum Segen der Einwohnerfchaft.

Allzu grofse, wie allzu kleine Grundftückstiefen find zu vermeiden: die letzteren, weil fie den Bauherrn oder Bauunternehmer nöthigen, fich mit der geringften zuläffigen Hoffläche zu begnügen; die erfteren, weil auch bei fehr ausgedehnter Fläche die polizeilich erlaubte dichtefte Bebauung zur Steigerung der Rente nicht ausgefchloffen ift.

33. Ausnutzung tiefer Grundftücke. Wo das Baufyftem des Einfamilienhaufes herrfcht, find Grundftückstiefen bis zu 40 m erwünfcht, weil fie die Anlage eines Gärtchens begünftigen; gröfsere Tiefen, felbft bis zu 60 und 70 m, find wohl im Geldpunkte, doch kaum in anderen Beziehungen bedenklich, weil die Hinterflächen nur zu Garten- oder Gefchäftszwecken verwendet werden können. Die Beforgnifs, das Innere folcher tiefer Baublöcke

---

12) Vergl. Rowald. Die neueren Formen des ftädtifchen Wohnhaufes in Deutfchland etc. Zeitfch. d. Arch.- u. Ing.-Ver. zu Hannover 1889, S. 247 u. ff.

13) Vergl.: Berlin und feine Bauten. Berlin 1877. Theil II, S. 450.

könne demnächst zu gewerblichen Anlagen, Lagerhäusern oder dergl. benutzt werden, hält indess meist von der Schaffung derselben ab. Ausnahmsweise findet man bei sehr grosser Grundstückstiefe in hübscher Weise den Hintertheil des Grundstückes zur Errichtung besonderer Gartenwohnungen benutzt (Fig. 49). Dass es besser ist, durch mässigere Bemessung der Blöcke eine solche künstliche Ausnutzung entbehrlich zu machen, jedem Hause vielmehr eine Strassenfront zuzuweisen, liegt auf der Hand.

Fig. 48.

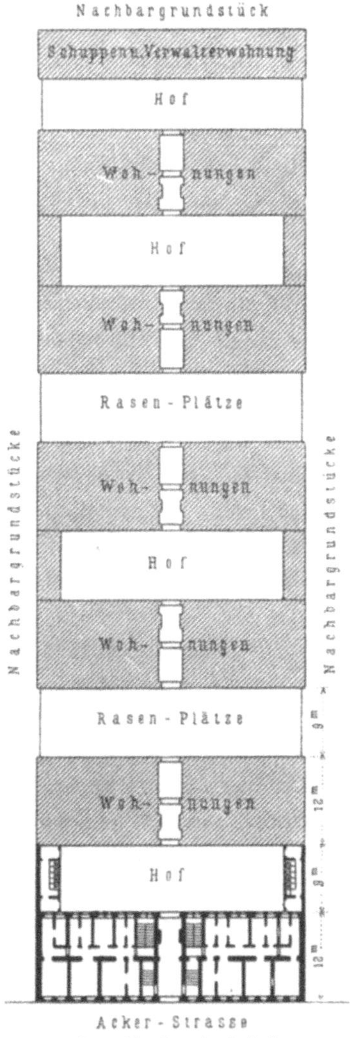

Tiefes Grundstück mit Arbeiterwohnungen zu Berlin.

Fig. 49.

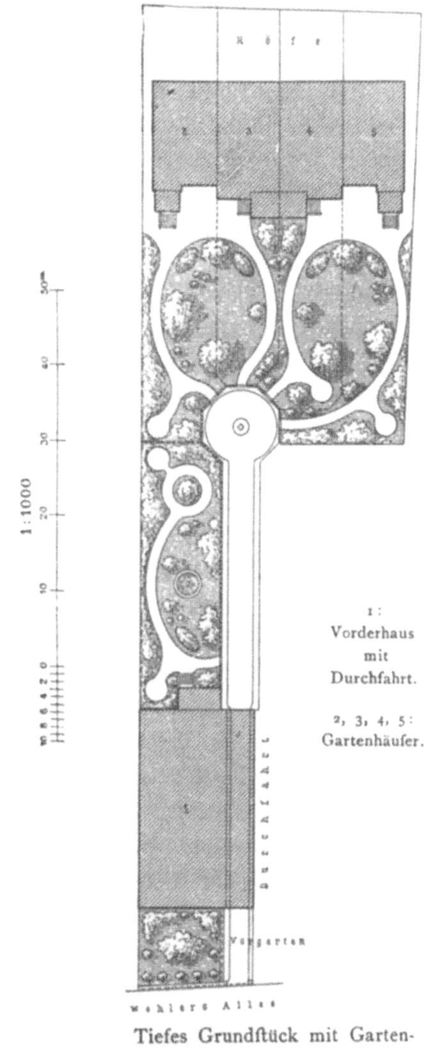

Tiefes Grundstück mit Gartenhäusern zu Altona.

Eckgrundstücke verlangen auch beim Einfamiliensystem grössere Abmessungen, als die gewöhnlichen Frontbreiten der Einzelhäuser. Immerhin aber wird das Eckgrundstück in der Regel des Gartens entbehren müssen und daher für ein Einfamilienhaus wenig geeignet sein. Besser eignen sich dagegen die Eckgrundstücke für Miethhäuser (vergl. Fig. 21, 37, 45 u. 47), weil die erhebliche Frontenausdehnung die Anlage zahlreicher Zimmer in einer Geschossebene an der Strasse ermöglicht, unter Einschränkung der Zahl derjenigen Zimmer, welche von dem kleinen Hofe aus erhellt

34. Eckgrundstücke.

und gelüftet werden, oft fogar unter gänzlicher Vermeidung derfelben; ftets aber wird das Fehlen eines ausgiebig grofsen, freien Hofraumes die Annehmlichkeit des Wohnens erheblich beeinträchtigen.

c) Art der Bewohner.

35. Verfchiedenheit der Bewohner.

Aus der Vermögenslage, der gefellfchaftlichen Stellung, der Erwerbsthätigkeit der Bewohner folgt eine weitere wefentliche Verfchiedenheit der Wohnhäufer und Baugrundftücke, wenn diefelbe auch nicht fo fcharf ausgeprägte Typen hervorgerufen hat. Der Palaft des Fürften oder Millionärs, das Privathaus des reichen Mannes, das Ladenhaus, das Wirthshaus, der Gafthof, das Handwerkerhaus mit Werkftätte, das Handlungshaus mit Comptoirs und Lagerräumen, die Fabrik, das Arbeiter-Wohnhaus und fonftige Häuferarten verlangen die Erfüllung anderer Rückfichten, als die nur für bürgerliche Wohnungszwecke ohne eigentliche Gefchäftsräume beftimmten Einzel- und Etagenhäufer. Alle diefe Rückfichten können hier nicht erfchöpfend dargelegt werden; wir müffen uns darauf befchränken, einzelne Gefichtspunkte hervorzuheben, welche auf die Stadtanlage von befonderem Einflufs fein können.

36. Vornehme Wohnhäufer.

Der Palaft und das vornehme Privathaus beanfpruchen einerfeits fehr geräumige Baugrundftücke, andererfeits eine bequeme Lage zum ftädtifchen Verkehre und eine befonders fchöne Strafsenausftattung. Die Baugrundftücke müffen die Anlage eines Vorhofes (Ehrenhofes), die Einrichtung von Gärten, Stallungen und Remifen, wenn möglich mit befonderen Einfahrten von Seiten- oder Nebenftrafsen, zulaffen. Die Strafsenanlage mufs fchon im Stadtplan als eine vornehme entworfen, d. h. mit Baumreihen, mit gärtnerifchem und künftlerifchem Schmuck ausgeftattet fein, erhebliche Breitenmafse, wo möglich auch landfchaftliche Reize befitzen und weite Ausfichten geftatten, zugleich aber in der Nähe der bedeutfamften Gefchäftsftrafsen und Erholungsftätten fich befinden.

37. Mittlere Wohnhäufer.

Herrfchaftliche Wohnhäufer geringeren Ranges, Häufer für Rentner, höhere Beamte und fonftige Angehörige des befferen Mittelftandes verlangen eine weniger hervorragende Lage. Stille, nicht zu entlegene Strafsen, welche keinen oder geringen Frachtverkehr, möglichft aber Spazierverkehr haben, find für die fragliche Häuferart befonders geeignet, Vorgärten und offene Bauweife für diefelbe befonders empfehlenswerth.

38. Ladenhäufer.

Dagegen find umgekehrt Ladenhäufer und andere Gefchäftshäufer vornehmlich auf Hauptverkehrsftrafsen angewiefen. Die Verkaufswaaren werden feiner, die Läden aufwandvoller, je mehr man von aufsen in den Stadtkern eindringt: auf den Thorftrafsen Gefchäfte für die zur Stadt kommenden Landbewohner, im Herzen der Stadt Schmuck-, Gold- und Kunftgegenftände. Bevorzugt für Ladenzwecke find ftets die Eckgrundftücke der Baublöcke, bei welchen die Augenfälligkeit, die lange Frontenentwickelung, die weit gehende Ausnutzungsfähigkeit des Bodens für die Anordnung von Schaufenftern, für die Anbringung von Firmenfchildern und Gefchäftsanzeigen, für die anziehende Aufftellung der Waaren und für die Unterbringung derfelben von entfcheidendem Vortheile find.

39. Gafthöfe und Wirthshäufer.

Auch Gafthöfe und Wirthshäufer (Reftaurants, Cafés, Conditoreien) fuchen die Hauptverkehrsftrafsen, die »Gefchäftslage« auf. Eckhäufer find für diefe Zwecke beliebt, grofse Grundftückstiefen für Gafthöfe und Reftaurants nicht ungeeignet.

40. Handwerker- u. Handlungshäufer.

Für Handwerkerhäufer und Handlungshäufer find grofse Grundftückstiefen ein Erfordernifs wegen der Werkftätten und Lagerräume. Die Lage an der Hauptverkehrsftrafse ift zwar entbehrlich; eine bequeme Zufahrt und eine nahe, gute

Verbindung mit allen ſtädtiſchen Verkehrsanlagen iſt aber weſentliche Bedingung. Von beſonderem Werthe iſt die Zugänglichkeit von zwei Straſsen, nämlich der Wohnungen von einer Hauptſtraſse, der Höfe, Lager, Comptoirs und Werkſtätten von einer im paſſenden Verkehre liegenden Nebenſtraſse. Zum Theile hierauf ſtützt ſich die Zweckmäſsigkeit des beſonders in engliſchen und amerikaniſchen Städten zu beobachtenden Wechſels in der Breite, in der Ausſtattung und im Range paralleler Straſsenzüge.

41. Fabriken.

Die Fabrik verlangt mehr Raum zur Entwickelung ihrer Baulichkeiten, als gewöhnliche Wohn- oder Geſchäftshäuſer. Für Fabriken und ähnliche gewerbliche Anſtalten bedarf daher der Stadtplan groſser, ausgedehnter Blöcke in geeigneter Gegend, wo gute und geeignete nahe Verbindungen, wo möglich unmittelbare Anſchlüſſe zu Eiſenbahnen und Waſſerwegen geſichert und Arbeiterwohnungen in der Nachbarſchaft vorhanden oder zweckmäſsig zu errichten ſind, aus örtlichen Gründen der Landpreis aber noch mäſsig iſt. Läſſt man in ſolchen Theilen der Stadterweiterung die zwiſchen den nöthigen Hauptverkehrsſtraſsen ſich bildenden Landblöcke noch ungetheilt und ſucht die ſonſtigen Anforderungen an den Stadtbauplan in anderen Theilen des Geländes zu befriedigen, ſo kann man das Uebrige der natürlichen Entwickelung anheimgeben.

42. Arbeiter-Wohnungsnoth.

Die Sorge für Arbeiterwohnungen [14]) iſt bei der Erweiterung der Städte die ſchwierigſte und vielleicht auch die bedeutſamſte; ſie ſollte um ſo ſtärker ſein und um ſo mehr zur Thätigkeit anregen, je mehr die Klagen des ohnehin an Unzufriedenheit krankenden Arbeiterſtandes über die Wohnungsverhältniſſe begründet ſind. In groſsen Städten ſind die Arbeiter vielfach einem Wohnungswucher preisgegeben, der ſie zu immer weiterer Einſchränkung ihres Wohnungsbedürfniſſes zwingt. Die Zahl der im IV. Obergeſchoſs liegenden Wohnungen hat ſich in Berlin von 1861 bis 1880 verneunfacht, in Dresden von 1875 bis 1880 verdreifacht. Die Wohnungen mit nur einem heizbaren Zimmer bilden in Berlin 49, in Dresden 55, in Breslau 59, in Königsberg 62, in Chemnitz 70 Procent aller Wohnungen. In Wien beſtehen, wenn man die Küchen nicht mitrechnet, faſt 30 Procent aller Wohnungen nur aus einem Wohnraume. Die Zuſtände in den groſsen Miethcaſernen für Arbeiterfamilien, wo oft zahlreiche Familien an demſelben Flurgang in je einem Zimmer wohnen, ſind in vielen Fällen mitleiderregend. Für Licht und Luft, für Reinlichkeit, Entwäſſerung und Aborte iſt häufig ſchlecht geſorgt. Die Schar der Kinder iſt auf die halbdunklen Flurgänge, auf die engen und hoch umbauten Höfe und auf die Straſse angewieſen! Die Eltern können ſich ihrer Häuslichkeit nicht freuen; Wirthshausleben, Unſittlichkeit, Verbrechen ſind die Folgen. Es iſt ein unangenehmes Geſchäft, Arbeiterwohnungen zu vermiethen. Daher wird von wohlmeinenden Privaten nur höchſt ſelten Kapital in ſolchen Häuſern angelegt. Auch die Bauſpeculation hält ſich von ſolchen Unternehmungen gewöhnlich fern, weil es ſchwierig iſt, für

---

[14]) Unter Hinweis auf die einſchlägigen Kapitel in Theil IV, Halbband 2, Heft 1 dieſes »Handbuches« und auf die bezüglichen Literatur-Angaben am Schluſſe dieſes Kapitels ſeien aus der reichhaltigen Literatur über Arbeiterwohnungen hier beſonders hervorgehoben:

SCHMOLLER. Ein Mahnruf in der Wohnungsfrage. Jahrb. f. Geſ., Verw. u. Volkswirthſch. im deutſchen Reich 1887, Heft 2, S. 1.

KALLE, F. Die Wohnungsgeſetzgebung. Gegenwart, Bd. 32, S. 33.

Die Arbeiterwohnungsfrage. Wochbl. f. Baukde. 1887, S. 451.

Die Ausſtellung von »Entwürfen zu kleinen, billigen Familienhäuſern für Arbeiter, Unterbeamte, Werkmeiſter« u. ſ. w. Deutſche Bauz. 1889, S. 325.

TRÜDINGER, O. Die Arbeiterwohnungsfrage und die Beſtrebungen zur Löſung derſelben etc. Jena 1889.

Verhandlungen des Deutſchen Vereins für öffentliche Geſundheitspflege zu Frankfurt 1888 und Straſsburg 1889. Deutſche Viert. f. öff. Geſundheitspfl. 1889, S. 1 u. ff.; 1890, S. 20 u. ff.

Arbeiter-Caſernen Käufer zu finden. So kommt es, daſs das Geſchäft der Vermiethung kleiner Wohnungen leicht in Hände fällt, die ein halbes oder ganzes, zuweilen recht hartes Wuchergeſchäft daraus machen. Die Miethe pflegt einen um ſo höheren Procentſatz vom Einkommen zu bilden, je kleiner das letztere iſt!

43. Abhilfe.

Die Abhilfe iſt ſchwierig. Auſser den geſetzlichen und polizeilichen Vorſchriften über die geſundheitliche Einrichtung der Wohnhäuſer iſt es die Frage, wer für angemeſſene Arbeiterwohnungen ſorgen ſoll und wie ſie einzurichten ſind. Die Fürſorge kann von der Gemeinde, von einzelnen Groſsgewerbetreibenden, von Baugenoſſenſchaften und von gemeinnützigen Actiengeſellſchaften oder Stiftungen getroffen werden. Die Gemeinden haben ſeither wenig auf dieſem Gebiete geleiſtet; nur von Osnabrück und Frankfurt a. M. ſind dem Verfaſſer entſprechende Ausführungen bekannt geworden. Dagegen iſt die Zahl der Arbeitgeber, welche ihre Arbeiter mit Wohnungen verſorgten, eine ſehr groſse; *Dolfus* in Mülhauſen i. E., *Krupp* in Eſſen, die preuſsiſche Staatsbahn-Verwaltung, die preuſsiſche Bergwerks-Verwaltung zu Saarbrücken, der Bochumer Verein für Bergbau und Guſsſtahlfabrikation (ſiehe Fig. 57), *Schöller-Meviſſen & Bücklers* in Düren, *Felten & Guilleaume* in Köln ſtehen in erſter Reihe. Arbeiter-Baugenoſſenſchaften, welche ihr Vorbild an den engliſchen und amerikaniſchen *Building Societies* haben, ſind auf dem Feſtlande nur an wenigen Orten, darunter Halle, Inſterburg, Flensburg und Kopenhagen, mit Erfolg in das Leben getreten. Einen gröſseren Umfang ſcheint die Wirkſamkeit von Stiftungen und gemeinnützigen Geſellſchaften anzunehmen, welche in jüngſter Zeit in vielen Städten gegründet worden ſind.

44. Einfamilienhäuſer.

Die Bauart des Arbeiterhauſes entwickelt ſich viel mehr in der Richtung zum Miethhauſe, als zum Einfamilienhauſe. So menſchenfreundlich das Ziel iſt, den Arbeiter allmählig zum Eigenthümer werden zu laſſen, ſo iſt dies doch, wie mehrere Beiſpiele, auch das Mülhauſener, gezeigt haben, mit manchen Bedenken verknüpft. Der Arbeiter bindet ſich durch den Hauskauf an ein gewerbliches Werk unter Umſtänden feſter, als es ihm zuträglich iſt. Als Eigenthümer beginnt der Arbeiter zu vermiethen wie jeder andere, und die alten Miſsſtände der Uebervölkerung, des Schlafgängerweſens u. ſ. w. treten wieder ein. Auch wiſſen Andere ihm das Haus abzukaufen und dann ſelbſt den Wohnungswucher zu treiben. Dennoch iſt in ländlichen Fabrikorten und in gewerblichen Vororten groſser Städte die durch Arbeitgeber, Genoſſenſchaften oder gemeinnützige Geſellſchaften zu betreibende, planmäſsige Errichtung kleiner Einzelhäuſer für Arbeiterfamilien mit etwas Garten und wo möglich mit einem kleinen Acker, ja die Errichtung ganzer, aus kleinen Häuschen beſtehender Arbeiterdörfer oder Arbeiterſtädtchen nach engliſchem Vorbilde, keineswegs auszuſchlieſsen. Fig. 50 zeigt das Erdgeſchoſs eines ſolchen Arbeiterwohnhauſes der »M.-Gladbacher Actien-Baugeſellſchaft«; nur die beiden Vorderräume ſind mit Dachſtuben überbaut. Je zwei Häuſer bilden eine Gruppe; auf jede Wohnung entfallen wenigſtens 114 qm Bodenfläche.

Fig. 50.

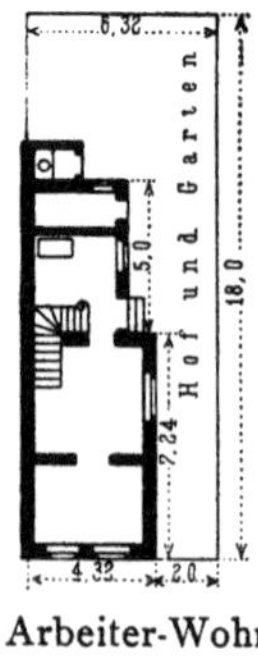

Arbeiter-Wohnhaus für eine Familie.

$^{1}/_{500}$ n. Gr.

45. Miethhäuſer.

Für Städte und namentlich Groſsſtädte indeſs iſt dieſe Wohnungsart ungeeignet, ſowohl wegen des zu theueren Bodens, als wegen der anders gearteten Arbeiterſchaft. Hier handelt es ſich um die Schaffung zweckdienlicher Miethhäuſer mit möglichſt ſelbſtändig gruppirten, kleinen Wohnungen. Am Werkſtättenbahnhof Leinhauſen bei Hannover wurde als Bedürfniſs einer Arbeiterfamilie eine Stube von 20, eine Kammer von 12 und ein Küchen- oder Flurraum von 11 qm angesehen. Dies ist für eine Familie von geringer Kopfzahl schon reichlich. In den meisten Grossstädten ist das Wohnbedürfniss der Arbeiter, je nach dem höheren Lohn und nach der Kopfzahl der Familie, mit zwei bis drei Räumen befriedigt. Bei der einen Familie würde die Hinzufügung eines dritten, bei der anderen diejenige eines vierten Raumes nicht bloss entbehrlich sein, weil das Bedürfniss und das Mobiliar dafür fehlt, sondern sogar nachtheilig, weil Aftervermiethung oder Schlafburschenwirthschaft dadurch begünstigt wird. Ein besonderes Gärtchen ist schon desshalb unangebracht, weil der städtische Arbeiter dasselbe nicht zu bewirthschaften versteht. Eben so ist ein besonderer Küchenraum meist entbehrlich, dagegen ein eigener Abort nothwendig.

Die Frage, wie viele solcher kleiner Wohnungen in einem Hause zu vereinigen sind, ist nach den örtlichen und Preisverhältnissen zu beantworten. In äusseren Stadttheilen, wo noch der Bodenpreis mässig ist, wird das Vierfamilienhaus, je zwei Wohnungen im Erd- und Obergeschoss enthaltend, ausführbar und empfehlenswerth sein, wie es schon vom Prinzen *Albert* auf der Londoner Weltausstellung im Jahre 1851 ausgestellt war. Das frei stehende Achtfamilienhaus, im Erd- und Obergeschoss über Kreuz in je 4 Wohnungen getheilt, zeigt eine ähnliche Anordnung (Fig. 54 u. 56); auf jede Wohnung entfällt hierbei immer noch eine Landfläche von 64 qm. Leicht verlangt desshalb die Verzinsung des Boden- und Herstellungspreises solcher Häuser eine so hohe Miethe, dass der Zweck vereitelt wird. Um an Kosten zu sparen, ist man hiernach meist genöthigt, die Häuser in geschlossenen Reihen mit gemeinschaftlichen Scheidemauern an einander zu bauen, sie mit einem II. und III. Obergeschoss zu versehen, also die Baukosten und die Grösse der Landfläche für die einzelne Wohnung zu vermindern. 46. Offene u. geschlossene Bauweise.

Fig. 51 verlangt bei dreigeschossiger Anlage 33 qm, Fig. 52 unter derselben Annahme 30 qm Landfläche bei gleichzeitig geringeren Baukosten. Fig. 53 zeigt zwar eine etwas theurere Anordnung; dafür ist aber die Hälfte der Anzahl der Wohnungen dreizimmerig. Einen Vergleich der Flächen lässt Fig. 55 zu. 47. Beispiele.

Fig. 51.

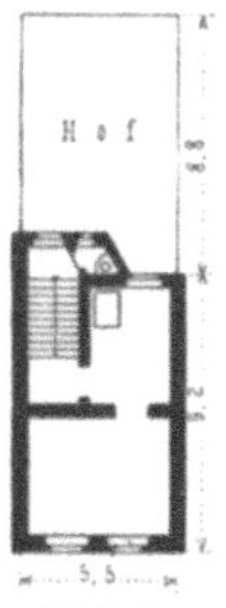

Kleinstes Stockwerk-Miethhaus für Arbeiterfamilien.

Fig. 52.

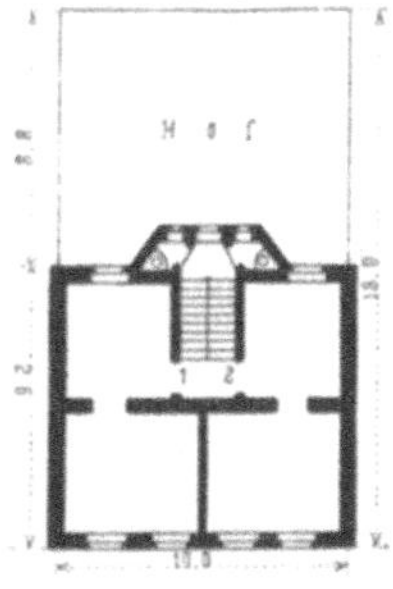

Fig. 53.

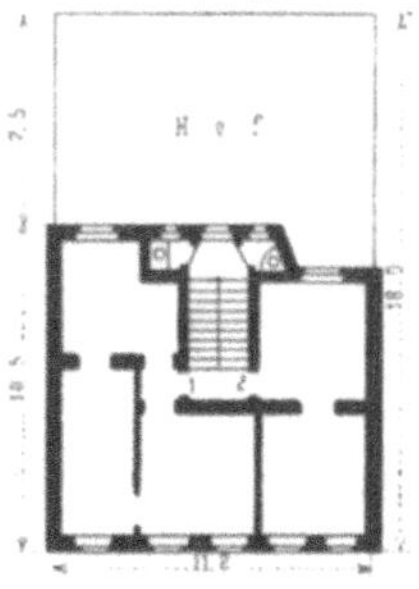

Stockwerks-Miethhäuser für Arbeiterfamilien.

1:500

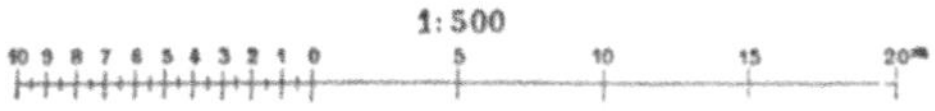

Fig. 54.

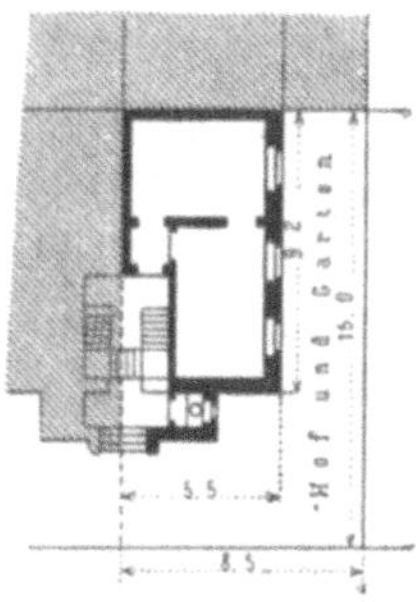

Viertheiliges Haus mit 4 Arbeiterwohnungen in jedem Geschoss.

Artet das begründete Bestreben, Land- und Baukosten einer Arbeiterwohnung thunlichst zu ermässigen, dahin aus, dass in jedem Geschoss in Seiten- und Hintergebäuden, an Höfen und Gängen so viele Wohnungen oder vielmehr Räume an einander gereiht werden, als polizeilich zugelassen wird; fällt ferner die Sorge für möglichste Abtrennung der einzelnen Wohnungen, Anweisung besonderer Aborte, Keller- und Bodenräume fort, wird schliesslich ein Hausverwalter angestellt, der als 48. Ausartung.

einziges Ziel die Herauspreſſung einer thunlichſt hohen Rente kennt, der unnachſichtlich die Vorausforderung der Miethe, die Pfändung und Ausweiſung betreibt: ſo werden die Arbeiterfamilien allmählig in einzelne Kammern ohne Wahl zuſammengepfercht, und es zeigt ſich das ganze Elend der modernen groſsſtädtiſchen Arbeiter-Caſernen. Fig. 48 iſt hiervon nur in ſo fern ein ungewöhnliches Beiſpiel, als die übertrieben groſse Grundſtückstiefe zur Errichtung der zahlreichen Hintergebäude geführt hat. Ein laut mahnendes Zeichen der Wohnungsverſchlechterung iſt die Thatſache, daſs in Berlin während der letzten fünfjährigen Zählperiode die Bewohnerſchaft der Hinterhäuſer ſich um ein Drittel vermehrte, während die Einwohnerzahl der Vorderhäuſer nur um ein Achtel zunahm [15])!

Fig. 55.

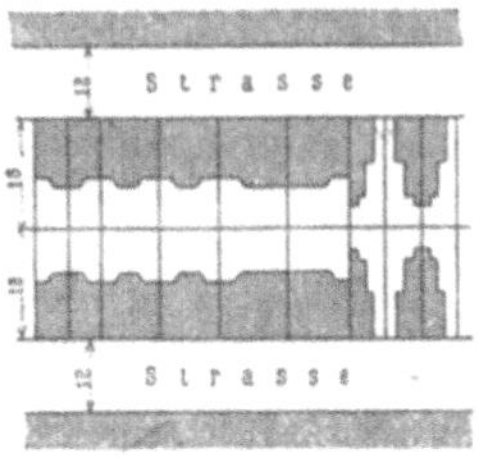

Fig. 56.

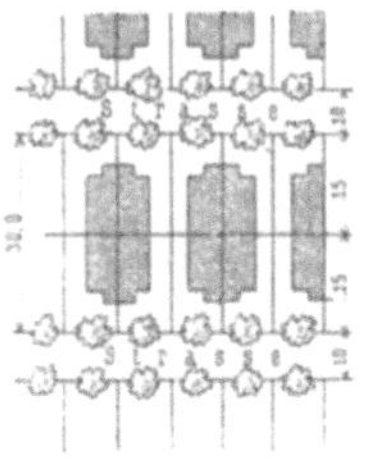

Geſchloſſener bebauter Block — Offener Block von Arbeiter-Wohnhäuſern.

1:2500

49. Gegenmaſsregeln. Dieſe ausartende Entwickelung zu bekämpfen, iſt Aufgabe der Gemeinden, Genoſſenſchaften und gemeinnützigen Geſellſchaften, welche für die groſsſtädtiſche Arbeiterbevölkerung ſorgen wollen. Sie müſſen kleinere Miethhäuſer in der Stadterweiterung und gröſsere im Stadtinneren errichten, eineſtheils um recht vielen Arbeiterfamilien angemeſſene, menſchenwürdige Wohnungen zu mäſsigen Miethpreiſen darzubieten, anderentheils um durch den Wettbewerb die Eigenthümer jener Speculations- und Wucher-Caſernen zu Preisnachläſſen und baulichen Verbeſſerungen zu nöthigen. Vielleicht iſt dieſer mittelbare Nutzen gröſser, als jener unmittelbare. Reicht derſelbe aber, wie anzunehmen iſt, zur Beſeitigung der ſchlimmen Nothſtände noch nicht aus, ſo muſs gleichzeitig die Geſetzgebung und die ortspolizeiliche Regelung die anerkannt ſchlechten Wohnungen unterdrücken und an neu einzurichtende ſtrenge Anforderungen ſtellen. In England iſt man in dieſem Sinne mit den *Torrens-Acts* und *Croſs-Acts* zuerſt vorgegangen. Für Deutſchland hat auf *Miquel*'s Anregung der »Deutſche Verein für öffentliche Geſundheitspflege« die geſetzliche Feſtſtellung der (im Anhang des vorliegenden Halbbandes mitgetheilten) Mindeſtanforderungen zum Schutze des geſunden Wohnens beantragt. Je ſchärfer aber Geſetz und Polizei das Schlechte verhindern, deſto thätiger muſs andererſeits Gutes geſchaffen werden.

50. *Block-buildings.* Kleine Miethhäuſer von drei oder vier Geſchoſſen mit ein bis vier abgetrennten Wohnungen in jedem Stockwerk bilden die eine, groſse Blockhäuſer die andere, beſonders von gemeinnützigen Baugeſellſchaften zu fördernde Form der Arbeiterwohnungen. Die Errichtung der engliſchen *Block-buildings*, welche meiſt einen ganzen, von vier Straſsen umgebenen, mit geräumigem Binnenhof verſehenen Block einnehmen, beruht darauf, daſs billige Wohnungen im Inneren der Stadt nur durch groſse, vier- oder fünfgeſchoſſige, zum Theile mit Läden ausgenutzte Bauten erzielt werden können. Nach *Schmoller* iſt man in England beſtrebt, die ſämmtlichen Zugänge bis zur Abſchluſsthür der einzelnen Familienwohnung ſo frei zu legen, daſs ſie ſtets von der Straſse oder vom Hofe aus überſehen werden können; die Treppen liegen im Freien; die Höfe ſind von freien Galerien nach italieniſcher Sitte umrahmt;

[15]) Siehe: Wasserfuhr, H. Die Geſundheitsſchädlichkeiten der Bevölkerungsdichtigkeit in den modernen Miethshäuſern etc. Deutſche Viert. f. öff. Geſundheitspfl. 1886, S. 185.

die Gemeinfamkeit von Aborten ift befeitigt; andere Gemeinfchaftlichkeiten find auf das geringfte Mafs befchränkt. Die hinfichtlich Sittlichkeit, Gefundheit, Familienleben und Sterblichkeit in diefen *Block-buildings* erzielten Ergebniffe find überrafchend, ftrenge Hausordnung, wöchentliche Einziehung der Miethe und pünktliche Verwaltung dabei allerdings unentbehrlich.

Auch in den deutfchen Städten beginnt es fich überall in der Arbeiter-Wohnungsfrage zu regen, hoffentlich mit den beften Erfolgen. Diefe können nur dann 51. Logirhäufer

Fig. 57.

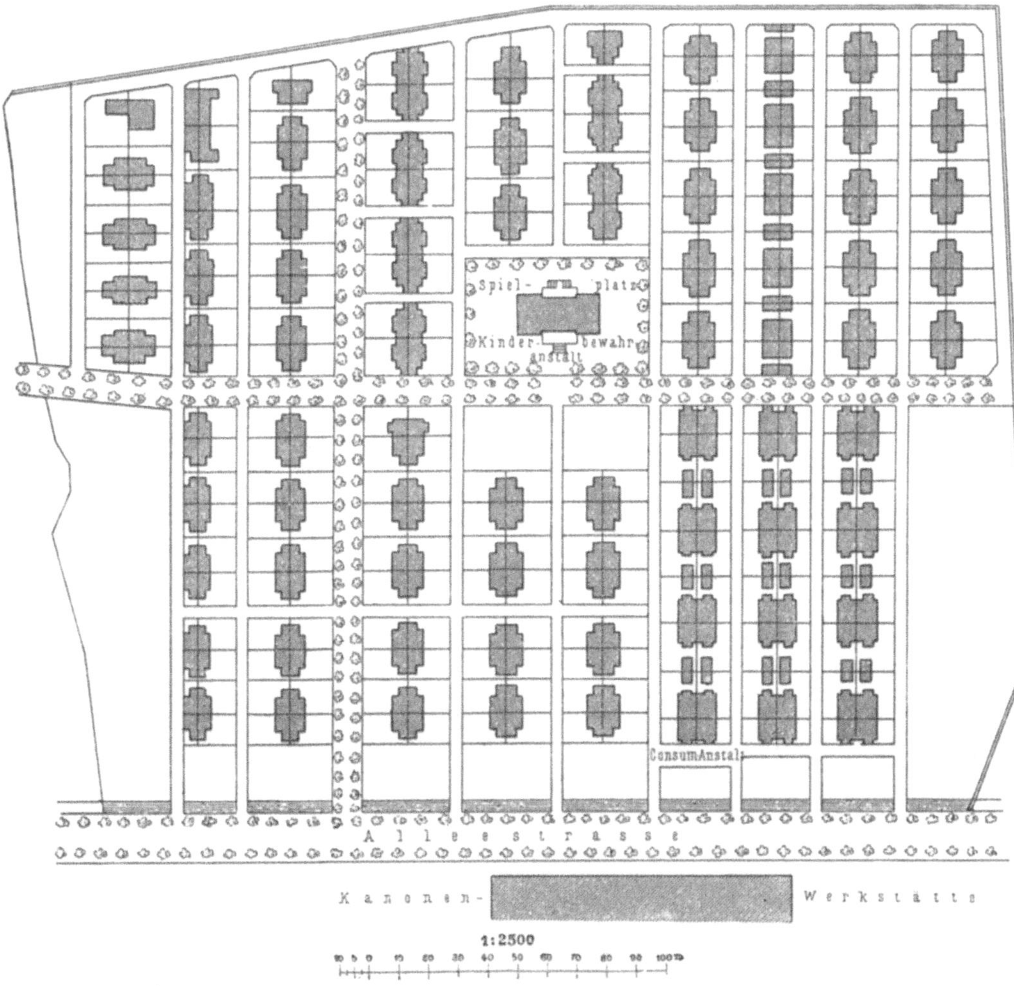

Arbeiter-Anfiedelung Stahlhaufen bei Bochum.

vollftändig fein, wenn es zugleich gelingt, das Aftermiethwefen und die Schlafburfchenwirthfchaft durch gefetzliche und polizeiliche Befchränkungen, fo wie durch Errichtung von befonderen Wohn- und Schlafgebäuden für Unverheirathete thunlichft zurückzudrängen. Arbeiter-Cafernen oder Arbeiter-Herbergen in diefem Sinne können nur fegensreich wirken. Ein ganz vortreffliches Beifpiel hierfür ift das von dem fchon genannten Bochumer Verein errichtete Koft- und Logirhaus für 1500 unverheirathete Arbeiter[16]).

[16]) Siehe Theil III, Bd. 4 (S. 261) diefes »Handbuches«.

52.
Mifchung
der
Claffen.

Es wäre ein Fehler, wollte man in der Stadt oder im Stadterweiterungsplane die Arbeiterwohnungen an einem Punkte zufammendrängen. Schon das tägliche Lebens- und Befchäftigungsbedürfnifs verlangt die Mifchung der Claffen. Es ift zwar nicht nöthig, dafs die Mifchung fogar im einzelnen Haufe ftattfindet (wie in

Fig. 58.

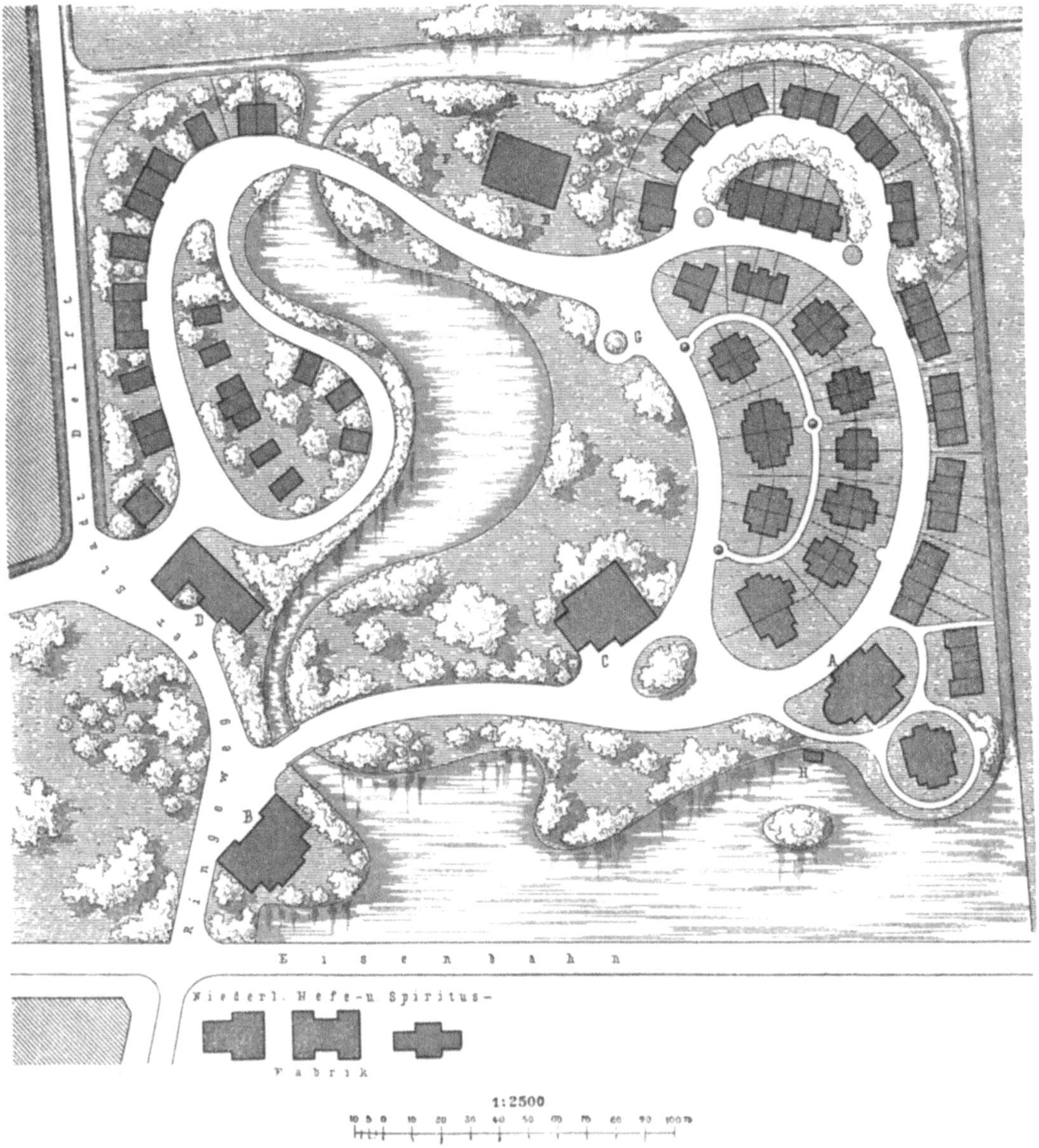

Arbeiter-Anfiedelung im Agneta-Park zu Delft.

A. Kofthaus.	*C.* Director-Wohnung.	*F.* Kinder-Spielplatz.
B. Verkaufshaus und Bäckerei.	*D.* Gemeindefchule.	*G.* Mufikzelt.
	E. Vereinshaus.	*H.* Bootsfchuppen.

Berlin) oder dafs die Mifchung zwangsweife vorgefchrieben wird; wohl aber finden fich in faft allen Stadttheilen geringwerthige Lagen, in welchen die Schaffung von Arbeiter-Wohnhäufern zu mäfsigen Miethfätzen möglich, zweckentfprechend und von den Behörden zu begünftigen ift. Ueberall aber ift den hierzu beftimmten Baugrundstücken eine nicht zu grofse Tiefe zu geben, damit die unerfreulichen Hof- und Hintergebäude nach Möglichkeit vermieden werden.

Das kleine Arbeiter-Miethhaus mit nur einer Wohnung auf jedem Stockwerk beansprucht eine Baustelle von 5,5 bis 6,0 m Frontbreite bei 15 bis 20 m Tiefe (Fig. 51). Ein Haus mit zwei Wohnungen in jedem Geschofs, welche von derselben Treppe zugänglich sind, verlangt, wenn beide Wohnungen an der Strafse liegen sollen, schon 10 bis 12 m Front bei 18 bis 20 m Tiefe (Fig. 52 u. 53). Durch Anbauten und Flügelbauten läfst sich natürlich die Zahl der Wohnungen vermehren, wenn die Tiefe eine gröfsere ist, jedoch nicht zum Vortheil der Sache. Somit sind für Arbeiterwohnungen geringe Blocktiefen von zweimal 15 bis 20, d. h. 30 bis 40 m Tiefe erwünscht. Die Tiefe von 30 m und etwas mehr pafst auch für das offene Bausystem von Arbeiter-Wohnhäusern mit viertheiligem Grundrifs und zwei bis drei Geschossen (Fig. 54 u. 56). Eben so sind für den Bau grofser Arbeiter-Miethhäuser und ganzer Blockgebäude solche Blocktiefen zu empfehlen, welche viel Luft und Licht an den Strafsenfronten und eine gemeinschaftliche oder getheilte Hoffläche im Inneren des Blockes von ausreichender Gröfse gewährleisten. 53. Blocktiefen.

Zwei Beispiele ganzer Arbeiter-Ansiedelungen in der Nähe der Stadt und der Arbeitsstelle zeigen Fig. 57 u. 58. 54. Ganze Arbeiter-Ansiedelungen.

Die Colonie Stahlhausen besteht aus viertheiligen Wohnhäusern (zum Theile mit Stallungen), Consum-Anstalt, Kinder-Bewahrhaus und Kinderspielplatz. Die Arbeiter-Ansiedelung im Agneta-Park zu Delft wurde vom Arbeitgeber *van Marken* auf genossenschaftlichem Wege in das Leben gerufen; sie besteht aus viertheiligen und Einzelhäusern in ungemein ansprechender Anordnung und ist mit den Gemeinsamkeits-Anstalten ausgestattet, welche in Fig. 58 näher bezeichnet sind[17]).

Literatur.

Bücher über »Städtische Wohnungen«.

EITELBERGER, R. & H. FERSTEL. Das bürgerliche Wohnhaus und das Wiener Zinshaus. Wien 1860.

FELLNER, F. Wie soll Wien bauen? Wien 1860.

SCHASLER, M. Villa oder Miethskaserne? etc. Berlin 1868.

GÄRTNER, J. Nicht Villa, nicht Miethskaserne in der Vorstadt! Berlin 1868.

LASPEYRES, E. Der Einflufs der Wohnung auf die Sittlichkeit. Berlin 1869.

SCHÜLKE, H. Gesunde Wohnungen etc. Berlin 1880.

ROUILLET, A. *Congrès international des habitations à bon marché, tenu à Paris les 26, 27 et 28 juin 1889. Compte rendu.* Paris 1889.

Literatur

über »Arbeiter-Ansiedelungen«.

MÜLLER. *Cités ouvrières de Mulhouse. Types executés. Nouv. annales de la const.* 1856, S. 79.

Kolonistenhäuser des Kohlenwerks Brandeisl in Böhmen. Allg. Bauz. 1858, S. 86.

Die Arbeiterstadt zu Mülhausen im Elsafs. ROMBERG's Zeitsch. f. pract. Bauk. 1861, S. 213.

KESTNER, H. Die Arbeiterstadt zu Mülhausen im Elsafs. Zeitsch. d. Arch.- u. Ing.-Ver. zu Hannover 1863, S. 463.

Cité ouvrière de 128 logements (Type du Creusot). Nouv. annales de la const. 1863, S. 66.

Habitations ouvrières cité Jouffroy-Renault, à Clichy. Revue gén. de l'arch. 1867, S. 158 u. Pl. 44.

STAUB, A. Beschreibung des Arbeiter-Quartiers und der damit zusammenhängenden Institutionen von *Staub & Co.* in Kuchen bei Geislingen in Württemberg. Stuttgart 1868.

Cités ouvrières de MM. Staub et Ce. à Küchen. Nouv. annales de la const. 1869, S. 100.

17) Siehe: Centralbl. d. Bauverw. 1889, S. 396.

Colonie ouvrière des mines de houille de Brandeisl. Nouv. annales de la conſt. 1870, S. 25.

Home colonies for our workmen. Builder, Bd. 28, S. 589.

MEURANT. *Compagnie des mines d'Aniche. Cité ouvrière. Moniteur des arch.* 1870—71, Pl. 35; 1872, Pl. 15, 16, 23.

MANEGA, R. Die Anlage von Arbeiterwohnungen etc. Weimar 1871. — 2. Aufl. 1883.

Die Arbeiter-Colonie bei Görz. ROMBERG's Zeitſch. f. pract. Bauk. 1872, S. 161.

FLATTICH, W. Die Arbeiter-Colonie bei der Werkſtätte der Südbahn-Geſellſchaft in Marburg in Steiermark. Wien 1874.

RAETZ. Kolonie von Wohnungen für die Niederbedienſteten der königlichen württembergiſchen Verkehrs-Anſtalten. Allg. Bauz. 1874, S. 78.

RICHARD. Die Maſchinen- und Lokomotivenfabrik der Hannoverſchen Maſchinen-Aktien-Geſellſchaft zu Linden vor Hannover. Arbeiter-Quartier. Zeitſch. d. Arch.- u. Ing.-Ver. zu Hannover 1874, S. 70.

BEYER. Die Arbeitercolonien der Gufsſtahlfabrik von *Friedrich Krupp* in Eſſen. Deutſche Viert. f. öff. Geſundheitspfl. 1874, S. 615.

Die Einrichtungen zum Beſten der Arbeiter auf den Bergwerken Preuſsens. Bd. I u. II. Berlin 1875 u. 1876.

SCHALL, M. Das Arbeiterquartier in Mülhauſen im Elſaſs. Berlin 1876.

Wohlfahrtseinrichtungen der *Friedr. Krupp*'ſchen Gufsſtahlfabrik zu Eſſen zum Beſten ihrer Arbeiter. Eſſen 1876.

Die Arbeiterwohnungen des Bochumer Vereins für Bergbau und Gufsſtahlfabrikation. Bochum 1876.

RACINE. *Cité ouvrière de la maiſon Mame de Tours. Moniteur des arch.* 1876, S. 114 u. Pl. 37.

Krupp's Arbeiter-Colonie Cronenberg. HAARMANN's Zeitſch. f. Bauhdw. 1877, S. 171.

Cités ouvrières de Bolbec. Nouv. annales de la conſt. 1878, S. 162.

KLASEN, L. Die Arbeiter-Wohnhäuſer in ihrer baulichen Anlage und Ausführung, ſowie die Anlage von Arbeiter-Kolonien. Leipzig 1879.

GOSSET, A. *Cité ouvrière de l'uſine de l'Eſperance au Gaulier. Encyclopédie d'arch.* 1879, S. 84 u. Pl. 591, 595.

Cité ouvrière de Courlancy. Nouv. annales de la conſt. 1879, S. 4.

GOSSET, A. *Étude ſur les conditions hygiéniques et les convenances générales à remplir dans la conſtruction des maiſons à bon marché, et cités ouvrières des Faubourgs ou uſines. Nouv. annales de la conſt.* 1879, S. 6.

Die Arbeiter-Kolonie Leinhauſen. Baugwks.-Ztg. 1880, S. 596.

JEMOT & LAVY. *Cité ouvrière d'Épernay. Nouv. annales de la conſt.* 1880, S. 34.

Anſtalt zum Wohle der Arbeiter von *Caſpar Jenny* in Ziegelbrück. Eiſenb., Bd. 15, S. 25.

The artiſans' eſtate at Hornſey. Builder, Bd. 44, S. 880.

SCHWERING, L. Die Arbeiterkolonie Leinhauſen bei Hannover. Zeitſch. d. Arch.- u. Ing.-Ver. zu Hannover 1884, S. 555. (Auch als Sonderabdruck erſchienen: Hannover 1884.)

SCHWERING. Die Arbeiter-Kolonien von *Krupp*, in Mülhauſen, Stuttgart und Leinhauſen. Deutſche Bauz. 1884, S. 548.

ROYER DE DOUR, H. DE. *La queſtion des habitations ouvrières en Belgique.* Brüſſel 1889.

2. Kapitel.

Der ſtädtiſche Verkehr.

55. Einfluſs des Verkehres.

Dem ſtädtiſchen Verkehr im engeren Sinne dienen die öffentlichen Straſsen und Plätze. Im weiteren Sinne gehören zum ſtädtiſchen Verkehr auch diejenigen Beförderungsmittel, welche ſich beſondere Wege neben, über oder unter den ſtädtiſchen Straſsen unabhängig von dieſen zu ſchaffen pflegen, nämlich Stadtbahnen, Bahnen für den Fernverkehr und Waſſerwege.

a) Verſchiedene Richtungen des Straſsenverkehres.

Die ſtädtiſchen Straſsen ſind, wie die Landwege, in erſter Reihe Verkehrslinien; erſt in zweiter Reihe dienen ſie zum Anbau der Häuſer. Mit dem regelmäfsigen Verkehr auf einer ftädtifchen Strafse wächst auch deren Werth für den Anbau von Wohn- und Gefchäftshäufern, und zwar in beftimmten, wenn auch durch Zahlen kaum ausdrückbaren Graden und Abftufungen. Ueberfchreitet der regelmäfsige Verkehr ein gewiffes Mafs, fo vermindert fich die Annehmlichkeit und Eignung der Strafsen zum Bewohnen, während die »Lage« fich mehr für den Gefchäftsbetrieb, für Kleingewerbe und Läden eignet. Die befte »Gefchäftslage« fällt im Allgemeinen mit dem gröfsten Strafsenverkehre zufammen. Nimmt letzterer einen fehr hohen Grad an, wie in Theilen von London, Paris und Berlin, ja in einzelnen Strafsen von Provinzialftädten, wie Köln und Leipzig, fo verwandeln fich die Häufer allmählig ganz in Läden und Waarenlager und find nur der Auffícht wegen mit Pförtner- oder Wächterwohnungen ausgeftattet, während die Wohnungen der Miether und felbft der Laden- oder Lagerbefitzer nach anderen Stadttheilen verdrängt werden.

Die Gröfse des Verkehres auf einer ftädtifchen Strafse ift nichts Zufälliges oder Willkürliches, fondern eine unbedingte Folge ihrer Lage im Stadtplane. Selbft einzelne den Verkehr anziehende Gebäude, wie Bahnhöfe, Poft, Rathhaus, Markthallen u. f. w. haben auf die Geftaltung des ftädtifchen Verkehres einen viel geringeren Einflufs, als gemeiniglich angenommen zu werden pflegt. Weit mehr, als durch Bahnhöfe und fonftige zeitweilige Sammelpunkte wird der Strafsenverkehr durch Brücken, Feftungsthore und ähnliche Einfchnürungen des Strafsennetzes beeinflufft, weil die beftändigen innerftädtifchen Verkehrsbewegungen den ftofsweife ftattfindenden Verkehrspulfungen einzelner Punkte an Gefammtftärke in der Regel fehr überlegen find. Es giebt manche Städte, die in einzelnen Strafsen, an gewiffen Brücken und Einfchnürungen den Verkehr kaum zu faffen vermögen, während die Bahnhofsftrafse, der Rathhausplatz u. f. w. faft verödet find, falls nicht gerade ein Bahnzug angekommen ift, eine Bürgerverfammlung ftattfindet oder ähnliche Veranlaffungen wiederkehren. 56. Gröfse des Verkehres.

In jeder Stadt ift derjenige Verkehr der ftärkfte, welcher nach dem »Mittelpunkt« gerichtet ift, alfo der centrale oder radiale. Derfelbe verzweigt fich, an Stärke zunehmend, im alten Stadtkerne gewöhnlich fo fehr, dafs die beftimmte Richtung verwifcht wird, während er nach aufsen hin lange, vom Anbau mit Vorliebe aufgefuchte Linien in das Land hinein zu ftrecken pflegt. Der »Mittelpunkt« einer Stadt im vorliegenden Sinne ift nicht rein geographifch zu nehmen; er ift vielmehr als der Schwerpunkt der Verkehrsadern zu betrachten. Zeichnet man auf einem Stadtplane die Strafsen als Linien von folcher Breite, dafs überall diefe Breiten dem Verkehr proportional find, beftimmt dann den Schwerpunkt des fo erhaltenen Netzes, fo ift der gefundene Punkt der Verkehrsmittelpunkt. Je weniger derfelbe vom geographifchen Mittelpunkte abweicht, defto wirthfchaftlich gefunder ift die Entwickelung der Stadt. 57. Radial-Verkehr; Verkehrs-mittelpunkt.

Der Verkehrsmittelpunkt ift nicht etwas Feftftehendes, Unbewegliches; oft ift er im merklichen Fortrücken begriffen, eine Folge einfeitig ftärkerer Ausdehnung der Stadt. Dem Rücken des Mittelpunktes entfpricht ftets eine gleichzeitige allmählige Verfchiebung der Bodenwerthe, verhältnifsmäfsige Werthzunahme in der einen, verhältnifsmäfsige Werthabnahme in der anderen Richtung. Mehr noch, als die Uebereinftimmung des geographifchen mit dem Verkehrsmittelpunkte, ift defshalb eine möglichft unveränderliche Lage des Verkehrsmittelpunktes für eine allfeitig gefunde wirthfchaftliche Entwickelung der Stadt erwünfcht.

Um den Verkehrsmittelpunkt gruppirt fich in manchen Grofsftädten, wie London, Paris, Wien, Hamburg, ein vom dichteften Gefchäftsverkehr eingenommener Kern, die fog. *City*. In anderen Grofsftädten, wie Berlin, Budapeft, Rom, Marfeille, find die Hauptgefchäfts- und Verkehrsftrafsen in mehreren Stadtgegenden vertheilt. Diefe Vertheilung ift unzweifelhaft jener Anhäufung vorzuziehen.

58. Ringverkehr. Die in den Stadtkern hineinführenden Radialftrafsen könnte man »Radialen erfter Ordnung« nennen. Sie divergiren nach aufsen und begrenzen ausgedehnte Sectorflächen, deren Theilung durch Einfchaltung neuer Radialftrafsen, »Radialen zweiter Ordnung«, ein Bedürfnifs ift. Letztere werden durch eine andere Art von Strafsen, die ringförmig verlaufenden, aufgenommen.

Die zweite Art des Strafsenverkehres ift nämlich die peripherifche. Abgefehen von Strafsen, deren Beftimmung es ift, als Spazierwege für Fufsgänger, Reiter und Wagen zu dienen, ift der peripherifche Verkehr im Wefentlichen nur die Ausgleichung der radialen Bewegungen oder aber auf rein örtliche Bewegungen befchränkt. Er fteht defshalb dem radialen Verkehre an Stärke nach, wächst aber wie jener mit der Annäherung an den Mittelpunkt. Nur in wenigen Städten, wie Paris, Genf, Köln, Wien und Budapeft, ift der Ringverkehr, und zwar der innere Ringverkehr, dem radialen Verkehre annähernd gleich oder überlegen; befondere Ortsverhältniffe, wie unvollkommene Zugänglichkeit des Stadtkernes wegen Enge (Wien, Köln) oder Steilheit (Genf) oder eine dem Verkehrsmittelpunkte fehr nahe Ringlage (Paris und Budapeft) find in folchen Fällen mafsgebend.

59. Diagonalverkehr. Sind die Verkehrslinien auf radiale und peripherifche Richtungen befchränkt, fo ift die Führung des Verkehres eine unvollkommene. Denn in diefem Falle ift zur Ausführung der nothwendigen Ausgleichungen, der Uebergänge von einer Radialen zur anderen, der Verkehr vielfach genöthigt, weite Umwege und fcharfe Winkel zu befchreiben. Beim Wachfen der Stadt, beim Steigen des Verkehres und beim Anhäufen deffelben an einzelnen Punkten werden defshalb Diagonallinien nöthig, die felbftredend beffer von vornherein entworfen und ausgelegt, als fpäter durchgebrochen werden. Die Anfangs- und Endpunkte der Diagonalftrafsen find Schnittpunkte von Ring- und Radialftrafsen, freie Plätze, Bahnhöfe und fonftige den Verkehr anziehende Baulichkeiten. Wie die Streben für den Verband des Fachwerkes nöthig find, fo die Diagonalftrafsen zur Vervollftändigung des Strafsennetzes; zu viel ift aber hier wie dort vom Uebel.

60. Knotenpunkte. Durch die Zufammenführung radialer, peripherifcher und diagonaler Strafsen bilden fich Knotenpunkte, an welchen die Baufluchtlinien naturgemäfs zurücktreten, alfo freie Platzfiguren entftehen, welche Gelegenheit bieten, von einer Linie in jede andere überzugehen. Es ift dies allerdings nur eine befondere Art von freien Plätzen, Verkehrsplätze genannt; die meiften öffentlichen Plätze dienen anderen Zwecken, als der Verkehrsvermittelung, wie in Abfchn. 2, Kap. 8 erörtert werden wird. Die Verkehrsplätze kennzeichnen fich als grofse Strafsenkreuzungen; fie find die fchwierigften Punkte des Strafsenverkehres. Die Regelung und Erleichterung deffelben ift meiftens nicht in der möglichft geräumigen Ausdehnung, fondern in der Einfchränkung und paffenden Eintheilung der Platzfläche zu fuchen.

61. Fehlen der Diagonalrichtungen. Nicht in allen Städten treten die drei Verkehrsrichtungen: centrale, peripherifche und diagonale, gleichmäfsig in Erfcheinung. Sowohl in kleineren Orten, als in mangelhaft angelegten gröfseren Stadtplänen pflegt die Diagonalrichtung gar nicht oder in unzureichendem, geringem Mafse ausgebildet zu fein.

In den nach dem Rechteck-Schema gebauten Städten (Mannheim, Krefeld, Nancy, Turin, Nordamerika) oder Stadttheilen (Berlin, Chemnitz, Kaſſel, München, Wiesbaden, Darmſtadt) wird die centrale und peripheriſche Richtung in unvollkommener Weiſe durch Längs- und Querſtraſsen vertreten; diagonale Linien ſind auch hier unentbehrlich.

62. Form des Stadt-Grundriſſes.

Dem centralen Verkehrs-Syſtem liegt die Vorausſetzung eines annähernd kreisförmigen (oder halbkreisförmigen) Stadtgrundriſſes zu Grunde. Der halbkreisartige Grundriſs iſt häufig bei Städten auf dem einen Ufer eines groſsen Fluſſes (Köln, Baſel, Antwerpen, Orléans, Szegedin); der kreisförmige iſt die Regel bei groſsen Städten, welche entweder nicht an einem Fluſſe liegen oder von einem verhältniſsmäſsig kleinen Fluſſe durchſchnitten werden (Paris, Wien, Mailand, Bologna, Brüſſel, Aachen, Dortmund, Leipzig, Moskau). Die Fächerform der Karlsruher Straſsen hat in Beziehung auf das Reſidenzſchloſs eine gewiſſe äſthetiſche Berechtigung, entſpricht aber nicht den Verkehrsanforderungen, weil das Schloſs nicht der Verkehrsmittelpunkt der Stadt iſt. Zum Rechteck-Schema der Straſsen gehört naturgemäſs auch eine annähernde Rechteckfigur des Stadtgrundriſſes (Krefeld, Wiesbaden, Turin).

63. Längenverkehr und Verkehrszerſtreuung.

Oft jedoch überwiegt die Längenausdehnung einer Stadt derart die Quere, daſs der Hauptverkehr ſich faſt ausſchlieſslich als Längsverkehr kennzeichnet. Beſonders iſt dies der Fall in Städten, welche in engen Fluſsthälern oder am Meeresufer ſich ausſtrecken, wie Elberfeld-Barmen, Karlsbad, Trieſt. Eben ſo wird das Syſtem der Verkehrsrichtungen mehr oder weniger verwiſcht in Städten, welche von breiten Flüſſen durchſchnitten werden, wie Florenz, Lyon, Lüttich, Stettin, Danzig und Dresden. Es führt dies zur Decentraliſation des Verkehrs, zur Bildung mehrerer Verkehrsmittelpunkte von verſchiedenem Werthe, einer Erſcheinung, welche auch dort ſich geltend macht, wo mehrere Orte allmählig zu einer Stadt zuſammengewachſen ſind (London, Antwerpen, Budapeſt).

b) Verſchiedene Arten des Straſsenverkehres.

64. Trennung des Verkehres nach Arten.

Auf den öffentlichen Straſsen und Plätzen gliedert ſich der Verkehr in denjenigen der Fuſsgänger, der Reiter, des Laſtfuhrwerkes, der Perſonenwagen (Droſchken, Equipagen) und der Straſsenbahnen. Für Fuſsgänger werden beſondere Streifen den Häuſern entlang (Bürgerſteige oder Trottoirs) oder inmitten der Straſsen- und Platzflächen (baumbeſetzte Gehwege, Fuſsweginſeln) vorbehalten; ſie werden gegen Ueberfahren in der Regel durch Erhöhung der Kanten, ſeltener und weniger zweckmäſsig durch Prellſteine oder Geländer geſchützt. Reitwege werden in ähnlicher Weiſe von der allgemeinen Straſsenfläche abgetrennt, wo die Straſsenbreite es zuläſſt und das Bedürfniſs ſich geltend macht; ſie können jedoch niemals den Häuſern und nur ausnahmsweiſe den Hausbürgerſteigen entlang angelegt werden, weil ſie den Zugang und die Anfahrt zu den Häuſern ſtören würden.

Die nicht durch Kantenerhöhung oder andere Mittel abgetrennten Straſsen- und Platzflächen dienen der allgemeinen Benutzung, alſo namentlich dem Laſtfuhrwerk, den Perſonenwagen und Straſsenbahnen. Auf ſehr breiten Straſsen laſſen ſich unter beſonders günſtigen Verhältniſſen auch dieſen drei Verkehrsarten getrennte Wege anweiſen; in der Regel aber iſt die Benutzung eine gemeinſchaftliche. Die Trennung iſt leicht, wenn eine breite Straſse mehrere Fahrwege, z. B. einen mit Steinpflaſter verſehenen für Laſtfuhrwerk und einen macadamiſirten oder mit Holz gepflaſterten für Equipagen, ferner mehrere Alleen für Reiter und Fuſsgänger darbietet; aber fie kann auch ein unabweisbares Bedürfnifs werden in engen Strafsen, fobald die Stärke des Verkehres eine gewiffe Grenze überfchreitet.

65. Grenzen des Verkehres.

Man mifft den Verkehr, indem man die Zahl der Perfonen oder Wagen ermittelt, welche ftündlich auf 1 m Wegebreite fich bewegen; als annähernd zuläffiger Grenzwerth kann in diefem Sinne die Zahl 100 für den Fuhrwerks-, die Zahl 1000 für den Fufsgängerverkehr gelten [18]). Bei gröfserem Verkehre ift eine polizeiliche Regelung derart nöthig, dafs durchgehendes Fuhrwerk entweder in einer Richtung oder in beiden Richtungen von der überlafteten Strafse ausgefchloffen, alfo auf andere ähnlich verlaufende Strafsenzüge verwiefen wird. Ift dies nicht durchführbar, fo bleibt nur die Schaffung von neuen Strafsen, meift alfo von Strafsendurchbrüchen übrig. Der Fufsgängerverkehr kann natürlich für keine Strafse verhindert werden, die Anbringung von Fuhrwerk an die in der Strafse befindlichen Häufer nur dann, wenn diefelbe beftimmungsgemäfs nur dem Fufsverkehre zu dienen hat, wie z. B. Verkaufshallen, glasbedeckte Durchgänge u. dergl.

66. Strafsenbahnverkehr.

Das feit kaum zwei Jahrzehnten bei uns eingeführte, in Amerika feit längerer Zeit für den Stadtverkehr mafsgebende Strafsenbahnwefen fcheint noch am Anfange feiner Entwickelung zu ftehen. Die Bauart der Städte und der Plan der Stadterweiterungen find meift ein Hemmnifs diefer Entwickelung, weil die vorhandenen Verkehrslinien an und für fich bereits durch die übrigen Verkehrsbewegungen voll in Anfpruch genommen und hinfichtlich der Biegungen, Winkel und Steigungen für Bahngeleife wenig günftig zu fein pflegen. Mittels Abbruch von Häufern auf hinderlichen Strafsenecken oder in Strafsenengen, mittels Durchbrechen von Verbindungs- und Entlaftungsftrafsen hat man fich in vielen alten Städten helfen müffen und wird fich noch fernerhin zu helfen fuchen. Ungeeignete Stadterweiterungspläne hat man abzuändern, bei Aufftellung neuer Stadtpläne aber die Erforderniffe des Strafsenbahnwefens von vornherein aufmerkfam zu berückfichtigen.

Für die Feftlegung und Anordnung der Strafsenbahnlinien ift die Art des Motors von verhältnifsmäfsig geringem Einfluffe. Bis jetzt hat der Pferdebetrieb noch gegen die Einführung der Dampfkraft oder der Elektricität im Stadtinneren faft überall fiegreich Stand gehalten. Zwar ift die Beförderung der Strafsenbahnwagen durch Pferde eine höchft unvollkommene und oft genug thierquälerifche Einrichtung. Aber es fcheint, als ob der Dampf als bewegende Kraft im Wefentlichen auf vorftädtifche Landftrafsen (Wien, Strafsburg, Darmftadt, Rom) und wenige von aufsen in die Stadt führende Radialen (Hamburg, Brüffel, Mailand, Kaffel) befchränkt fein wird. Die Mittel, welche angewendet wurden, um dem Dampfbetrieb den Zugang in die Städte zu erleichtern, find einestheils die Verhinderung der Rauchentwickelung, anderentheils der Betrieb von feft ftehenden Mafchinen aus. Das läftige Ausftofsen des Rauches wird durch Feuerungseinrichtungen verhindert, welche die unverbrannten Rauchtheile nachträglich verbrennen, und durch die *Honigmann*'fche Erfindung der feuerlofen Locomotive, deren Dampf durch Aetznatron-Lauge während der Fahrt regenerirt wird. Der Betrieb mit ftehenden Mafchinen gefchieht bei den amerikanifchen, auf dem

---

[18]) Amtliche Verkehrszählungen find leider in ausreichender Weife nicht bekannt geworden. Verf. zählte auf *London-bridge* zu London während 10 Minuten durchfchnittlich 128 Perfonen und 35 Wagen in der Minute, alfo bei 6,4 m Bürgerfteig- und 10 m Fahrdammbreite für die Stunde und das Meter 1200 Perfonen und 210 Fuhrwerke, wobei jedoch der Fahrverkehr nur mit Stockungen vor fich ging. In derfelben Weife zählte in einer Mittagsftunde Verf. auf der Langen Brücke zu Berlin 840 Perfonen und 90 Wagen für die Stunde und das Meter. Für die Hochftrafse zu Köln, welche nur geringen Wagenverkehr hat, wurde bei 8 m Breite der ftärkfte, ohne Stocken vor fich gehende Fufsgängerverkehr für das Meter der Gefammtftrafsenbreite zu 1500 bis 1600 ermittelt.

europäischen Festlande nicht eingebürgerten »Taubahnen« derart, dafs an ein in beständige Bewegung versetztes Tau ohne Ende der Strafsenbahnwagen sich mittels eines Greifers nach Belieben anhängen, nach Bedarf sich auch davon ablösen kann.

Mehr Aussicht für den Strafsenbahnbetrieb im Inneren der Städte scheinen die Prefsluft und die Elektricität zu haben, letztere entweder derart, dafs die Dynamos des Wagens durch Accumulatoren in Bewegung gesetzt werden, oder in der Weise, dafs fest stehende Maschinen den elektrischen Strom erzeugen und dafs dieser an oberirdischen Gestängen (in vorstädtischen Bezirken) oder mittels unterirdischer Rohre (in Stadtstrafsen) den Dynamos der Wagen zugeführt wird. In mehr eingehender Weise wird das Strafsenbahn- und Stadtbahnwesen in Abschn. 2, Kap. 11 behandelt werden. Je stärker der Strafsenbahnverkehr wird, desto mehr ist es angezeigt, denselben auf den Hauptlinien in einen selbständigen Stadtbahnverkehr umzuwandeln, indem man ihn auf besondere, von den städtischen Strafsen unabhängige Bahnen verlegt.

c) Nicht auf Strafsen und Plätzen sich vollziehender Verkehr.

Der von den städtischen Strafsen unabhängige Verkehr besteht entweder in der Eisenbahn- oder in der Wasserbeförderung. Die Eisenbahnbeförderung dient entweder dem Ortsverkehr oder dem Fernverkehr; im ersteren Falle handelt es sich um Stadtbahnen (Berlin, London), im zweiten um Eisenbahnen gewöhnlicher Art. Desgleichen ist der Wasserverkehr entweder blofs örtlich (Hamburg, Amsterdam, Köln, Budapest) oder in die Ferne gerichtet (Flufs- und Seeverkehr). Sind diese Verkehrsbewegungen auch an sich unabhängig von dem auf den Strafsenflächen stattfindenden Verkehre, so steht doch die Anordnung der Bahnen und Wasserwege in sehr enger Beziehung zum Strafsenplane, da städtische Strafsen, Eisenbahnen und Wasserwege sowohl in ihrer Situation, als in ihrer Höhenlage sich nach einander richten müssen. Aufserdem bilden Bahnhofs-Vorplätze, Eisenbahn-Verladungsstrafsen, Uferstrafsen, Landeplätze u. f. w. die Verbindungsglieder zwischen den verschiedenen grofsen Verkehrsarten und müssen daher dem Stadtplane einerseits, dem Plane der Eisenbahn oder der Wasserstrafse andererseits organisch eingefügt werden. Besonders innig werden diese Wechselbeziehungen, wenn Eisenbahnen oder Wasserwege bis in das Innere der Stadt vorgeschoben werden oder wenn die Stadterweiterung sich nachträglich um die vorhandenen Bahnhöfe und Häfen ausdehnt. So ist es bei Kopfbahnhöfen und Durchgangsbahnhöfen in grofsen Städten (London, Birmingham, München, Hamburg, Hannover), bei der Ausdehnung von Berlin, Düsseldorf, Mainz, bei den Schifffahrts-Canälen und Häfen zu Amsterdam, Antwerpen, Hamburg. 67. Eisenbahn- und Wasserverkehr.

In solchen Fällen gehört die sachgemäfse Befriedigung aller Erfordernisse durch den Stadtplan zu den schwierigsten und verwickeltesten Aufgaben, die dem Techniker gestellt sind. Erwünscht wäre es, dafs die Aufgabe von einer Stelle bearbeitet und gelöst würde oder dafs wenigstens die betheiligten Behörden und Gesellschaften ihre Bedürfnisse und Wünsche offen mit einander austauschten. Aber die einseitige Vertretung der entgegenstehenden Interessen und eine mitunter beobachtete, allzu grofse Fiscalität führen oft einen Zustand herbei, in welchem die Interessen sich auf das lebhafteste bekämpfen, bis schliesslich ein Ausgleich erzielt wird, der ohne den Zeitverlust von vornherein vollkommener und befriedigender 68. Interessenkampf.

möglich gewefen wäre. Es ift dies ein mit vielfachen Mifsftänden verknüpfter, wunder Punkt des Städtebaues, an deffen Befeitigung einzelne Perfonen vergeblich fich abmühen, deffen Heilung eine dankbare und weit tragende Aufgabe der höchften Gewalten im Staatsleben fein würde.

---

3. Kapitel.

Die öffentlichen Bauanlagen in ihren Beziehungen zum Stadtplane.

69. Oeffentliche Bauanlagen.

Aufser den am Schluffe des vorigen Kapitels behandelten Verkehrsanftalten giebt es noch eine ganze Reihe von öffentlichen Bauanlagen, welche mit der Geftaltung und Ausbildung des Stadtplanes in Wechfelwirkung ftehen. Wie Bahnhöfe, Landeplätze, Häfen und Werfte gewiffen Theilen des Verkehres beftimmte Orte und Richtungen anweifen, fo thun dies in demfelben oder in ähnlichem Grade die fonftigen Verkehrsanftalten für Poft, Telegraphie und Fernfprache; die Märkte (Marktplätze, Markthallen und Viehhöfe); die Verwaltungs-, Gerichts- und Volksvertretungsgebäude; die Kirchen und Schulen, die Gebäude für Gefundheits- und Krankenpflege, die Börfen und Banken; die Mufeen, Ausftellungshallen, Bibliotheken und Theater; die Waifenhäufer, Afyle und Gefängniffe; die Vereinshäufer und Vergnügungsanftalten, Parks und Promenaden; die Schlachthöfe; die Cafernen und Exercirplätze, endlich die Friedhöfe.

Der Stadtbauplan wird von allen diefen und ähnlichen öffentlichen Bauanlagen in zweierlei Beziehungen beeinflufft, nämlich im Allgemeinen bezüglich ihrer geographifchen Lage im Gefammtplane und im Befonderen bezüglich ihrer Lage und Anordnung zu den benachbarten Strafsenzügen.

a) Geographifche Lage im Gefammtplane.

70. Eintheilung.

Wir haben drei Gruppen öffentlicher Bauanlagen zu unterfcheiden, nämlich: Centralanftalten, welche ftets dem Verkehrsmittelpunkte fo nahe als möglich gebracht werden müffen; Vertheilungsanftalten, welche über die verfchiedenen Stadtviertel zu vertheilen find, und Aufsenanftalten, deren Errichtung in den äufseren Stadttheilen oder gar am äufserften Rande der Stadt zuläffig, zweckmäfsig oder nothwendig ift.

71. Central-anftalten.

Zu den Centralanftalten gehören Rathhaus, Börfe, Bank, Hauptpoft, Gerichts- und Parlamentshäufer, Gafthöfe, Mufeen und Bibliotheken.

72. Zu vertheilende Anftalten.

Zu vertheilen über die verfchiedenen Stadtviertel einer grofsen Stadt find die Nebenämter für Poft, Telegraphie und Fernfprache, Kirchen und Schulen, ftaatliche und communale Verwaltungsgebäude, die offenen und bedeckten Märkte, Ausftellungsgebäude, Theater, Vereinshäufer, Bade- und Wafchanftalten, Feuerwehrwachen und Feuerwehr-Cafernen, endlich Afyle, Erholungsplätze, Kinderfpielplätze und Promenaden. In kleineren Städten werden diefe Anftalten nach Möglichkeit fich der Mitte der Stadt zu nähern fuchen.

73. Aufsenanlagen.

Aufsenanlagen find Cafernen und Exercirplätze, Gefängniffe, Krankenhäufer und Waifenhäufer, grofse Vergnügungsanftalten, Parks und Friedhöfe, Schlachthöfe und Viehmärkte, endlich Gasfabriken und Anſtalten zur Verarbeitung und Reinigung der feſten und flüſſigen ſtädtiſchen Abgangsſtoffe. Für die letztgedachten Fabriken und Anſtalten iſt die Entfernung von der bebauten Stadt, ferner für Friedhöfe, Schlachthöfe und Viehmärkte die Lage am Rande des ſtädtiſchen Weichbildes eine Forderung der Zweckmäſsigkeit, ja Nothwendigkeit, weniger aus Gründen der öffentlichen Geſundheitspflege, als aus Rückſichten der Annehmlichkeit und des ſtädtiſchen Verkehres; denn dieſe Anſtalten verbreiten in ihrer Umgebung eine mehr oder weniger groſse Unbehaglichkeit des Wohnens und behindern wegen ihrer erheblichen, räumlichen Ausdehnung den durchgehenden Verkehr. Für Viehmärkte und Schlachthöfe iſt ferner zur Vermeidung des Viehtreibens auf den Straſsen der Anſchluſs an die Eiſenbahn nothwendig; für Friedhöfe, Parks und groſse Vergnügungsanſtalten iſt ein ſolcher Anſchluſs ebenfalls erwünſcht.

Auch die Hochbehälter und Gewinnungsanſtalten der ſtädtiſchen Waſſerwerke gehören in der Regel zu den Auſsenanlagen der Stadt; erſtere unter Vorausſetzung geeigneter Höhenlage wegen der geringeren Bau- und Grunderwerbskoſten, letztere wegen der Rückſicht auf die Unverdorbenheit des Grundwaſſers oder auf eine geeignete Schöpf- und Filterſtelle des Fluſswaſſers.

Die Bahnhöfe und Hafenanſtalten ſind gleichfalls in der Regel als Auſsenanlagen der Stadt zu betrachten. Die Rückſicht auf Grunderwerbs- und Baukoſten führen in den meiſten Fällen dazu, daſs Güter-, Rangir- und Perſonenbahnhöfe am Umfange der Stadt ihren Platz finden. Je gröſser aber die Stadt wird, deſto mehr tritt das Bedürfniſs ein, die Wege von und zu den Bahnhöfen dadurch zu verkürzen, daſs Perſonen- und Güterſtationen dem Stadtkerne näher gerückt werden. Es handelt ſich dann um Städte, für welche mehrere getrennte Stationen für Perſonen- und eben ſo für Güterverkehr nöthig ſind; die Bahnhöfe treten ſomit unter diejenigen öffentlichen Bauanlagen, deren thunlichſte Vertheilung auf die verſchiedenen Stadtviertel erwünſcht iſt. (Vergl. auch Abſchn. 2, Kap. 11.) 74. Bahnhöfe und Häfen.

Gleiches gilt für Hafen-, Werft- und Lagerhausanlagen; je gröſser die Stadt wird, deſto mehr tritt das Vertheilungsbedürfniſs hervor.

In Groſsſtädten iſt, obwohl das Geſchäftsleben ſich immer mehr im Stadtkerne, in der *City*, vereinigt und daher die Anſtalten der Börſen und Banken, der Poſt und Telegraphie in der Nähe des Verkehrsmittelpunktes nicht entbehrt werden können, doch der Unterſchied zwiſchen den übrigen Centralanſtalten und den Auſsenanlagen weit geringer als in kleineren Städten. Wollte man in der groſsen Stadt, ähnlich wie in der kleinen, mit allen öffentlichen Bauanlagen der Mitte zuſtreben, ſo würde einestheils den äuſseren Stadtgebieten ein weſentlicher Theil ihrer Entwickelungsbedingungen entzogen oder beſchränkt, anderentheils im ohnehin geſchäftlich überlaſteten Stadtkerne eine Hypertrophie des Verkehres und der Intereſſen erzeugt werden, welche dem Gemeinweſen nur ſchädlich ſein kann. Diejenigen Gegenſätze im Verkehre einer groſsen Stadt, welche ſich in voll gepfropften, engen Hauptſtraſsen und todten Nebenſtraſsen, durch übertriebenen, künſtlich noch geſteigerten Verkehr im Inneren und öde Verlaſſenheit in äuſseren Bezirken ausſprechen, ſind eben ſo nachtheilig für das Leben der Stadt, wie der unvermittelte Gegenſatz zwiſchen Reich und Arm im ſocialen Leben. Es iſt eine der bedeutungsvollſten Aufgaben des Städtebaues, dieſe Gegenſätze zu mildern und verkehrsausgleichend zu wirken, damit nach Möglichkeit alle Stadttheile den befruchtenden Segen des Verkehres, des pulſirenden Lebens genieſsen, nicht aber einzelne Stadt- 75. Ausgleichung.

theile oder Strafsenzüge als erftarrende Glieder dem ganzen Körper zum Schaden gereichen.

b) Lage und Anordnung in Beziehung zu den benachbarten Strafsen.

76. Forderungen. Zweckmäfsigkeits- und Schönheitsrückfichten kommen bei Beftimmung der Stellung eines öffentlichen Gebäudes zu den benachbarten Strafsen in Frage. Die Zweckmäfsigkeit verlangt bequeme Zugänge, leichte Auffindung, viel Licht und Luft. Die Schönheit verlangt eine auszeichnende Lage im Vergleich zu den benachbarten Häufern und eine künftlerifch wirkfame Stellung im ganzen Stadttheile. Faft immer unterftützen fich die Zweckmäfsigkeits- und Schönheitsrückfichten gegenfeitig; felten ftehen fie im Widerfpruch zu einander.

77. Zweckmäfsigkeit. Aus Zweckmäfsigkeitsrückfichten empfiehlt es fich, ein öffentliches Gebäude in der Regel nicht blofs von einer Strafse zugänglich zu machen, fondern denfelben, wenn es auch in die gefchloffene Reihe der gewöhnlichen Häufer geftellt wird, die Zugänglichkeit und eben fo Luft und Licht von zwei Strafsen zu fichern. Die letztere Rückficht weist ferner auf die Wahl einer Bauftelle an breiten Strafsen oder an einem freien Platze, ja wo möglich auf eine von allen Seiten freie Stellung, hin. Weit leichter auffindbar wird ein folches Gebäude, wenn es aufserdem in die Axe einer Strafse, wo möglich der Hauptzugangsftrafse, oder an die Hauptfeite einer Schmuckanlage, eines künftlerifch ausgebildeten Platzes geftellt wird, wenn ferner nicht blofs die gewöhnlichen radialen und peripherifchen, bezw. Längs- und Querftrafsen die Zufahrten bilden, fondern zudem directe Diagonalftrafsen und befondere Strafsenvermittelungen oder ein wirklicher Vorplatz fchon aus einer gewiffen Entfernung Verkehr und Blick auf das Bauwerk hinleiten.

Fig. 59.

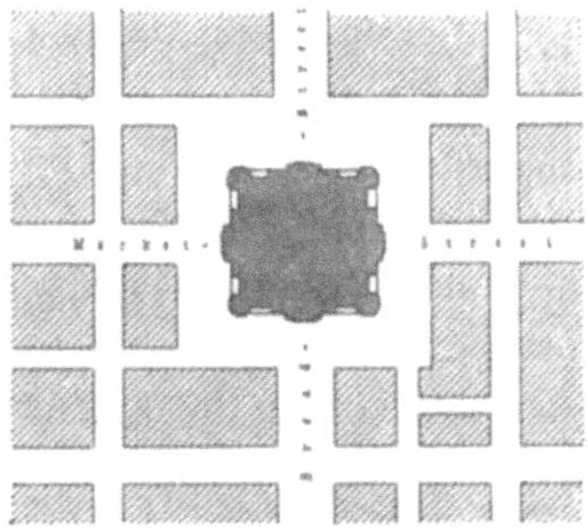

Rathhausplatz zu Philadelphia.

Fig. 60.

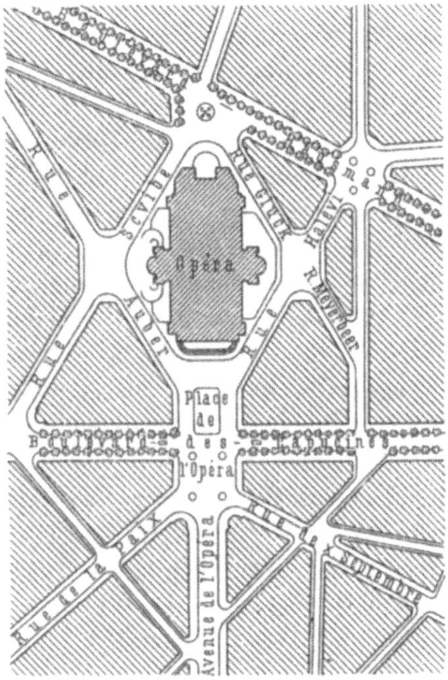

Opernplatz zu Paris.

1:1250

78. Schönheit. Den Forderungen der Schönheit wird in gleicher Weife dadurch Rechnung getragen, dafs das Gebäude den Zielpunkt einer oder mehrerer Strafsen bildet, dafs es durch einen Vorplatz, durch erhöhte Lage, durch ringsum genügende Stellung den Blick des Stadtbefuchers feffelt, fich ihm in anziehender Perfpective gegenüber ftellt, von dem Gewöhnlichen fich unterfcheidet, aus dem allgemeinen Häuferganzen fich

Fig. 61.

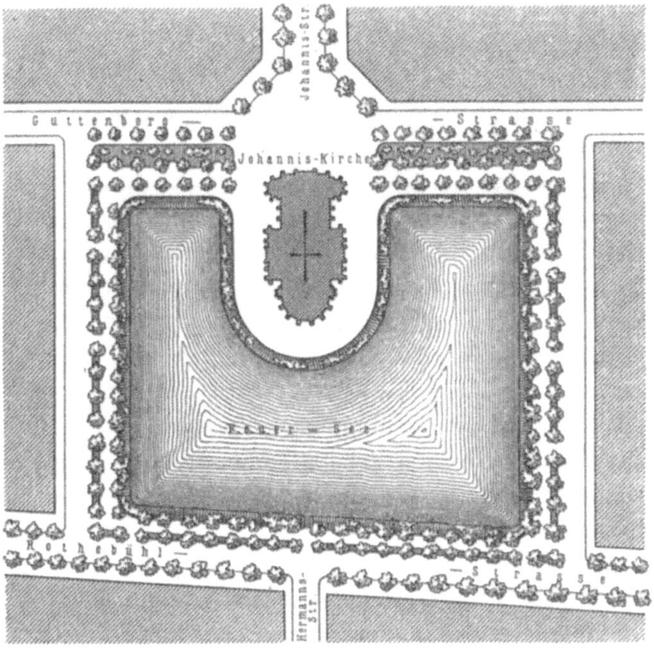

Johannis-Kirchplatz zu Stuttgart.

Fig. 62.

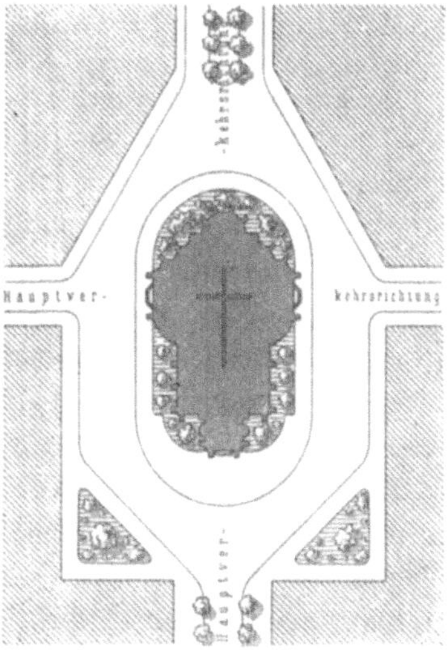

Kirche auf einer Strafsenkreuzung.

Fig. 63.

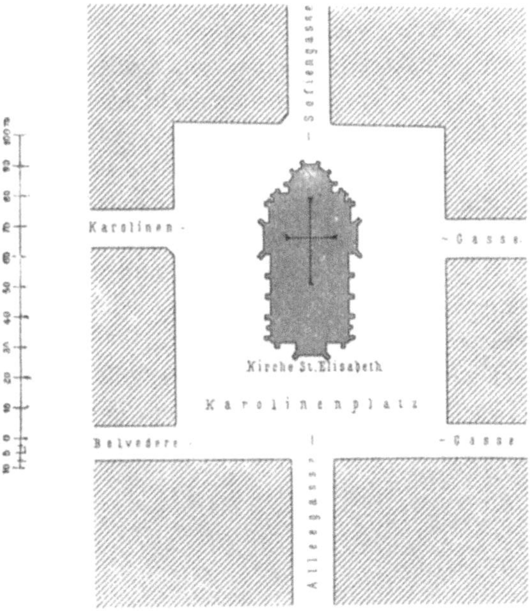

Kirchplatz zu Wien.

Fig. 64.

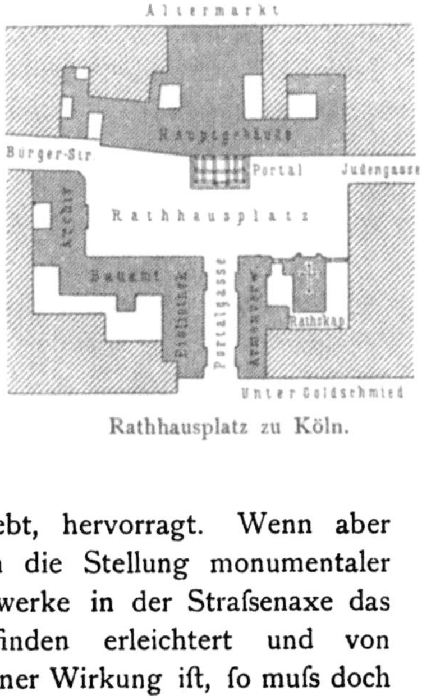

Rathhausplatz zu Köln.

abhebt, hervorragt. Wenn aber auch die Stellung monumentaler Bauwerke in der Strafsenaxe das Auffinden erleichtert und von schöner Wirkung ift, fo mufs doch in der Regel vermieden werden, dafs das Gebäude den einen oder anderen wichtigen Strafsenzug unterbricht, alfo den Verkehr ftört und unbequeme Umwege erzeugt.

79. Beifpiele. Fig. 59, 62 u. 63 ftellen hiernach fehlerhafte Anlagen dar; fowohl die *Elifabeth*-Kirche zu Wien, als in weit ftärkerem Grade das Rathhaus zu Philadelphia find empfindliche Verkehrshinderniffe. Das Opernhaus zu Paris (Fig. 60) dagegen ftört den Verkehr nicht, obwohl es den Zielpunkt der *Avenue de l'opéra* bildet und, von der Umrahmung der Langfeiten abgefehen, einen künftlerifch

fehr wirkfamen Platz einnimmt. Andere den Verkehr nicht hindernde Gebäudeaufftellungen zeigen Fig. 61 u. 64; im erfteren Falle fteht die Kirche nicht blofs in der Axe der Zugangsftrafse, fondern es verbindet fich aufserdem, von der Chorfeite gefehen, die Wirkung der Architektur mit derjenigen der Wafferfläche. In Fig. 64 dagegen ift die Stellung des Hauptgebäudes in der Zugangsaxe mit der Gruppirung mehrerer Monumentalbauten rings um einen (leider zu befchränkten) freien Platz vereinigt.

Eingehender wird die Stellung öffentlicher Gebäude, namentlich auf und an freien Plätzen, in Abfchn. 2, Kap. 8 u. 9 behandelt werden.

80.
Einflufs d. öffentlichen Gebäude auf die Erfcheinung der Stadt.

Oeffentliche Gebäude, welche nicht in künftlerifcher Beziehung zu den Strafsenlinien ftehen oder eine fonft hervorragende Lage befitzen, find nicht allein fchwer aufzufinden; fie dienen auch viel weniger zum Schmuck der Stadt, weil fie weniger gefehen werden. Vornehmlich die axial errichteten Gebäude verleihen der Stadt einen monumentalen Charakter; fie erwecken den Eindruck der durchdachten Ordnung; fie erleichtern den ficheren und fchnellen Ueberblick über den Stadtplan. Paris erfcheint defshalb fo reich an monumentalen Werken der Baukunft, während man in Berlin und anderen deutfchen Städten viele willkürlich zerftreuten und eingebauten öffentlichen Gebäude mit Mühe in verfteckter und unfcheinbarer Lage hervorfuchen mufs. Die Lage an einer breiten Strafse ohne fonftige äfthetifche Beziehung genügt weder für das Bauwerk an fich, noch für feine Wirkung im Gefammtbilde der Stadt.

81.
Freie Stellung; Vorplätze und Axenbeziehungen.

Je mehr Bedeutung die öffentliche Bauanlage für den Verkehr oder im künftlerifchen Sinne hat, defto ftrenger follten die Forderungen der Schönheit erhoben werden. Dafs Kirchen und Theater, Mufeen und Börfen von allen oder doch von drei Seiten frei zu errichten find, verlangt fchon die Zweckmäfsigkeit. Dafs die Anordnung angemeffener Vorplätze und axialer Strafsenbeziehungen möglich fei, follte bei der Bauplatzwahl für monumentale Gebäude aller Art ausfchlaggebend fein. In Deutfchland wird auf die fchönheitlich und künftlerifch befriedigende Stellung der Monumentalbauten immer noch viel zu wenig Werth gelegt.

82.
Ausgleich.

Allerdings laffen fich nicht bei allen öffentlichen Bauanlagen die Forderungen der Schönheit vollauf befriedigen. Wenn es fich nicht gerade um Gebäude erften Ranges handelt, wird defshalb in Wirklichkeit oft genug ein billiger Ausgleich zwifchen der äfthetifchen Forderung und der örtlichen Durchführbarkeit zu fuchen fein. Der Ausgleich wird vom fchönheitlichen Standpunkte leider um fo befcheidener ausfallen müffen, je mehr man fich in das Herz der Altftadt begiebt, je mehr man alfo vorhandene Verhältniffe zu fchonen und nach theueren Bodenpreifen fich zu richten hat. Es würde aber ein folgenfchwerer Fehler fein, wollte man bei der Aufftellung des Bauplanes für die Stadterweiterung nicht in ausgiebiger Weife für die Schaffung von Bauplätzen und freien Plätzen forgen, welche den an öffentliche Gebäude zu ftellenden Forderungen der Zweckmäfsigkeit und Schönheit in vollem Mafse Rechnung tragen. Leider finden wir diefen Fehler bisher in der Mehrzahl der heutigen Stadterweiterungspläne.

2. Abfchnitt.

Der Entwurf des Stadtplanes.

1. Kapitel.

Die Anordnung des Stadtplanes im Allgemeinen.

In Europa gründet man in unferer Zeit voraussichtlich keine neuen Städte mehr; wohl aber gefchieht dies in anderen Erdtheilen: in Amerika, in Afrika, in Auftralien. Man verfährt dabei, wie die Fürften verfuhren, welche im XVII. und XVIII. Jahrhundert neue Refidenzftädte fich anlegten, und wie die Römer es machten, als fie ihre Colonien gründeten, jedoch unter befonderer Berückfichtigung der heutigen Bedürfniffe. Gute Verkehrsverbindungen zu Waffer und zu Lande, gefunde und hochwafferfreie Lage, guter Baugrund, Ausdehnungsfähigkeit, bequeme Wafferverforgung und leichte Entwäfferung find für die Wahl des Ortes entfcheidend. Wie die Römer nach Feftftellung des Grundplanes den Bau der Stadt im Anfchlufs an die Heerftrafsen mit den Gebäuden für die Heeresleitung begannen, wie die Fürften zunächft ihre Schlöffer errichteten, fo nehmen die Amerikaner zuerft die Bauten für den Verkehr (Hafen und Eifenbahn) und für die Verwaltung in Angriff. Der Anfang des Strafsenplanes pflegt heute, wie damals, ein Rechteck-Schema zu fein, die Ergänzung und Ausdehnung dem Bedürfnifs der Zukunft überlaffend. Eine der merkwürdigften amerikanifchen Städtegründungen ift diejenige von La Plata [19]) bei Buenos-Ayres, welche im Jahre 1882 von den Bundesftaaten der Republik Argentinien als ihre neue Hauptftadt gefchaffen wurde, um dem übermächtigen Einflufs des leitenden Staates Buenos-Ayres ein Gegengewicht zu bieten. Entfcheidend für die Wahl des Ortes war die Möglichkeit einer guten Hafenanlage und die Höhenlage des Baugrundes. Der Bau der Stadt begann mit der Errichtung der Regierungsgebäude. 83. Gründung neuer Städte.

In Europa gründen wir einzelne Gehöfte, allein ftehende Fabriken, neue Vororte grofser Städte. Um die Gehöfte und gewerblichen Anftalten gruppiren fich die Wohnungen der Befitzer, Pächter und Arbeiter; es entftehen Weiler und Dörfer. Aus den Vororten und Dörfern entwickeln fich allmählig, hauptfächlich in Folge des Gewerbfleifses, zuweilen auch in Folge einer Heilquelle oder einer reizvollen und gefunden Lage, Vorftädte und Städte. 84. Entwickelung neuer Städte.

Wir erweitern die Städte und einverleiben ihnen die Vororte. So fetzt fich bei uns die Thätigkeit des Städtebaues ftets an Vorhandenes an. Selbft nach gewaltigen Naturereigniffen, wie nach der Ueberfchwemmung von Szegedin und nach 85. Erweiterung u. Wiederaufba von Städten.

19) Siehe: Centralbl. d. Bauverw. 1883, S. 60.

dem Brande zu Hamburg, ift das Vorhandene oder Uebriggebliebene von mafsgebender Bedeutung. Die Aufgabe ift eine doppelte.

86. Verbefferung der Altftadt. Der Entwurf des Stadtplanes bezieht fich nämlich einestheils auf das Neue, die Stadterweiterung, anderentheils auf das Beftehende, die Verbefferung der Altftadt. Die richtige Löfung diefer Doppelaufgabe bildet, wie *Baumeifter* zutreffend fagt, »einen fehr wichtigen Beftandtheil aller focialer Reformen«.

Die Art, wie die Aufgabe anzufaffen und zu löfen fei, ift von den örtlichen Bedürfniffen abhängig. Diefen find indefs manche allgemeine Grundzüge gemeinfam. Nur die letzteren eignen fich zu einer fyftematifchen Darlegung und Behandlung; im Uebrigen beruht die Richtigkeit des Entwurfes auf der forgfältigen Erkenntnifs, Abwägung und Beeinfluffung der örtlichen Verhältniffe, Sitten und Beftrebungen nach Mafsgabe des gefunden Menfchenverftandes und auf Grund einer technifch klaren und äfthetifch gefchulten Auffaffung.

a) Zeit der Planaufftellung.

87. Anbau an die äufseren Radial-Strafsen. Jede Stadterweiterung, fei es, dafs fie fich im Laufe der Zeit allmählig vollzieht, fei es, dafs eine fprungweife Ausdehnung nach jeweiliger Befeitigung von Hinderniffen (Aufhebung von Feftungswällen, Verlegung von Flufsläufen u. f. w.) vorgenommen wird, nicht minder der Wiederaufbau einer Stadt oder eines Stadttheiles nach einem zerftörenden Naturereignifs, fetzt fich an die radialen Wegelinien an, welche aus dem alten Stadtkern in das Land hinausführen, weil auf diefen Radialen der gröfste Verkehr des ftädtifchen Bebauungsgebietes ftattfindet und weil diefelben als zuerft fertige Strafsen dem Anbau die geringften Schwierigkeiten bieten. Befonders die offenen Städte ftrecken in Folge deffen lange Strahlen in das Land hinaus (Frankfurt, Aachen, Leipzig). Selbft da, wo ein Flufs oder Feftungswerke hindernd im Wege liegen, ift die ftrahlenförmige Ausdehnung jenfeits des Hinderniffes deutlich zu beobachten (Strafsburg, Köln, Antwerpen). So entfteht oft kilometerweit vor der Stadt an den Landftrafsen »Bauterrain«, während in den Kreis-Sectoren zwifchen den äufseren Radialen die Ländereien von den unberührten Feldwegen her als Aecker bewirthfchaftet werden. Einige Gärten und Landhäufer vermögen den landwirthfchaftlichen Charakter der Sectorflächen nicht wefentlich zu ändern.

88. Bebauung der Sectoren. Diefer Zuftand ift ein normaler und unbedenklich bis zu dem Zeitpunkte, wo die Entfernung der unbebauten Grundftücke an den Landftrafsen fo grofs wird, dafs die Speculation und die Bauluft fich auf die Aecker und Gärten in den Sectorflächen zu werfen fucht, fei es durch Errichtung einzelner Bauanlagen (Fabriken u. dergl.), fei es durch Auslegung ganzer Strafsen und Strafsenviertel. Sowohl das Eine, als das Andere ift bedenklich: das Eine, weil ein planlofer Anbau herbeigeführt wird, das Andere, weil das Intereffe der Speculation und dasjenige der Allgemeinheit felten übereinftimmen. Die blofse beauffichtigende, gelegentlich berichtigende Thätigkeit der Gemeinde oder des Staates genügt gegenüber diefen dem Bedürfnifs entfpringenden Beftrebungen nicht mehr; fondern es ift der Zeitpunkt gekommen, wo die politifche Gemeinde, welche durch die neuere Gefetzgebung faft überall zur Trägerin des Städtebauwefens geworden ift, felbft plangeftaltend auftreten mufs.

89. Verfpätete Planfeftftellung. Oft genug wird diefer Zeitpunkt aus Mangel an Sachkenntnifs oder aus Scheu vor Verantwortung und Koften verpafft. Sieht aber fpäter die Gemeinde ihr

Verfäumnifs ein, fo bemerkt fie zugleich, dafs fich nunmehr der zweckmäfsigen Plangeftaltung Hinderniffe fchwierigfter Art entgegenftellen, die erft kürzlich erwachfen find. Diefe Schwierigkeiten beftehen darin, dafs an den bebauten Radialen nicht mehr die Lücken zur Anordnung peripherifcher und diagonaler Strafsen vorhanden find und dafs der Entwurf der für die Stadtftrafsen zweckmäfsigften Lage, Höhe und Entwäfferung nicht mehr durchführbar ift, weil er mit den an den bisherigen Landwegen ftellenweife entftandenen Baulichkeiten nicht in Einklang zu bringen ift. Das zu fpäte Aufftellen des Stadtbauplanes ift daher nicht blofs mit erheblichen Unkoften verknüpft, welche bei rechtzeitiger Arbeit hätten vermieden werden können, fondern auch das Ergebnifs der verfpäteten Arbeit: die Befchaffenheit des Planes, wird eine mangelhafte.

Allerdings kann auch die zu frühe Aufftellung des Planes in fo fern 90. Zu frühe Aufftellung des Planes.
zur Unvollkommenheit führen, als die zukünftigen Bedürfniffe nicht hinreichend haben überfehen werden können. Nachträgliche Aenderungen des Entwurfes find aber nicht ausgefchloffen und jedenfalls leichter, als die Aenderung ausgeführter Baulichkeiten.

Die Wahl des Zeitpunktes für die Planaufftellung ift hiernach eine wichtige 91. Wahl des Zeitpunktes.
Obliegenheit der Gemeindebehörde. Ohne dafs eine bauliche Entwickelung fich angebahnt oder das Bedürfnifs derfelben fich deutlich bemerkbar gemacht hat, einen Bebauungsplan feft zu ftellen, dies wäre unnütz und fchädlich. Noch fchädlicher aber ift das Auffchieben der Planbearbeitung trotz der vorfchreitenden Entwickelung.

Was für das Stadterweiterungsfeld gilt, ift in befchränktem Mafse auch für die 92. Altftädtifcher Verbefferungsplan.
Verbefferung der altftädtifchen Bebauungsverhältniffe zutreffend. Es wäre thöricht, für eine alte Stadt mit geringer Bauthätigkeit umfaffende Fluchtlinienpläne, Verkehrsverbefferungen und Strafsendurchlegungen zu entwerfen; fehlerhafter aber ift es, in einer alten Stadt, deren Gebäude lebhaft in der Erneuerung begriffen find, der Neugeftaltung planlos zuzufchauen oder nur gelegentlich das Zurückfetzen von Neubauten vorzufchreiben. Hier ift vielmehr im Inneren, wie im Aeufseren eine fyftematifche Bearbeitung und Feftfetzung der Bebauungslinien vorzunehmen.

»Jede in der Entwickelung begriffene Stadt,« fo lautet die erfte Stadterweite- 93. Leitfatz.
rungs-Thefe des »Deutfchen Vereines für öffentliche Gefundheitspflege« (fiehe Anhang), »bedarf für die äufsere Erweiterung und die innere Verbefferung eines einheitlichen umfaffenden Stadtbauplanes.«

b) Ausdehnung des Planes.

In dem vorhin genannten Leitfatze wird vom Stadtbauplane verlangt, dafs er 94. Leitfatz.
»umfaffend« fein foll. Dem entfpricht die erfte der Stadterweiterungs-Thefen, welche auf Anregung von *Baumeifter* der »Verband deutfcher Architekten- und Ingenieur-Vereine« im Jahre 1874 befchloffen hat. Sie lautet: »Die Projectirung von Stadterweiterungen befteht wefentlich in der Feftftellung der Grundzüge aller Verkehrsmittel: Strafsen, Pferdebahnen, Dampfbahnen, Canäle, die fyftematifch und defshalb in einer beträchtlichen Ausdehnung zu behandeln find.« In diefem Satze liegt zugleich feine Begründung. Man kann keinen fyftematifch klaren, einheitlichen Plan fchaffen, welcher nicht über ein im Verhältnifs zur beftehenden Stadt »beträchtliches« Gelände fich erftreckt. Wie diefe Forderung auf die einzelne Stadt anzuwenden ift, das mufs der fachkundigen örtlichen Beurtheilung unterliegen.

95. Bedürfniſs der nächſten Zukunft.

Die bloſse Berückſichtigung des unmittelbaren Bedürfniſſes, des gelegentlichen Anſtoſses von Baulauſtigen vermag keinesfalls einen ſachgemäſsen Plan hervorzurufen. Der im preuſsiſchen Fluchtlinien-Geſetz vom 2. Juli 1875 gewählte Ausdruck, daſs die Bebauungspläne »nach dem vorausſichtlichen Bedürfniſs der nächſten Zukunft« aufzuſtellen ſind, kann als zutreffend bezeichnet werden, wenn man unter der »nächſten Zukunft« nicht einige Jahre, ſondern einige Jahrzehnte begreift.

96. Einfluſs von Verkehrs- und Gewerbeanlagen.

Aus der Entwickelung der Stadt in der Vergangenheit, ſo wie aus dem Einfluſs neuer Verkehrs- oder Gewerbeanlagen muſs nach Möglichkeit auf die Entwickelung der Zukunft geſchloſſen werden. Die ſeitherige procentuale Gröſse des jährlichen Bevölkerungszuwachſes, die Ausführung oder das Bevorſtehen neuer Eiſenbahnen, Bahnhöfe, Häfen und Schifffahrts-Canäle, der Fortfall von Feſtungswerken u. dergl. ſind für die örtliche Beurtheilung grundlegend.

97. Einfluſs der Bevölkerungszunahme.

Der Anſchluſs des Stadtbauplanes an die genannten öffentlichen Bauten iſt eine Nothwendigkeit; der allgemeine Entwurf der Stadterweiterung für eine 25-jährige Zukunft, alſo bei vierprocentigem Bevölkerungszuwachs für mehr als das $2\frac{1}{2}$-fache, bei zweiprocentiger Vermehrung allerdings nur auf wenig mehr als das $1\frac{1}{2}$-fache der ſeitherigen Ausdehnung, iſt in keinem Falle übertrieben[20]).

Für die Stadt Düſſeldorf, welche bei 120 000 Einwohnern (damals) und vierprocentiger Zunahme eine ſehr zerſtreute Auſsenbebauung beſitzt, wurde ein Stadtbauplan für eine Fläche als nöthig erachtet, auf welcher 500 000 Menſchen wohnen können. Köln innerhalb der Umwallung begnügte ſich mit einem Stadterweiterungsplane, innerhalb deſſen die Volkszahl von (damals) 160 000 auf 300 000 ſollte ſteigen können; die Stadt Köln dagegen mit den Vororten hält einen Stadtbauplan für $^3/_4$ Millionen Einwohner für nöthig, obwohl gegenwärtig die Volkszahl noch nicht 300 000 beträgt.

98. Unſicherheit.

Allerdings kann Niemand mit Sicherheit in die Zukunft ſehen, und beſonders die Entwickelung der Bahnen und Waſſerwege entzieht ſich der ſicheren Vorausſicht. Auch der beſte Stadterweiterungsplan wird deſshalb nach Ablauf des Zeitraumes, für welchen ſeine Ausführung gedacht war, Unvollkommenheiten und Fehlgriffe aufweiſen. Dieſer Umſtand iſt aber um ſo weniger geeignet, die Feſtſtellung eines ausgedehnten Planes als entbehrlich zu kennzeichnen, als die zweckentſprechende Abänderung und Umgeſtaltung unausgeführter Plantheile jederzeit möglich und in ihren Folgen zu überſehen iſt. Die Stadterweiterung ohne umfaſſenden Plan würde dagegen ein unzweckmäſsiges Ganze hervorrufen, aus welchem zweckmäſsige Einzelheiten nur mit Mühe hervorzuſuchen wären.

99. Erſter und zweiter Schritt der Planfeſtſtellung.

Iſt, wie oben erwähnt, die Feſtſetzung der Baufluchtlinien an den äuſseren Thorſtraſsen, und zwar zu einer Zeit, wo der Anbau ſich noch auf der Anfangsſtufe der Entwickelung befindet, der naturgemäſs erſte Schritt der Planarbeit, ſo iſt Gegenſtand der zweiten Feſtſetzung, des eigentlichen Bebauungsplanes: die Lage und Höhe der die radialen Thorſtraſsen verbindenden Ringſtraſsen, die Einſchiebung neuer Radialen, die Anordnung diagonaler Straſsen zur Vertheilung des Verkehres von den äuſseren Radialen nach den verſchiedenen Stadttheilen und umgekehrt. Beherrſcht wird dieſe Planarbeit von den Verkehrsanlagen der Dampfbahnen und Waſſerwege, in ſo fern ſie ſchon beſtehen, entworfen ſind und gleichzeitig mit der Stadterweiterung geplant werden (Mainz, Frankfurt, Köln); umgeändert oder umgeſtoſsen wird der Stadtbauplan durch ſolche Verkehrsanlagen, welche erſt ſpäter entworfen werden und eingefügt werden ſollen (Berlin, Hamburg, Düſſeldorf).

---

20) Von den ſieben gröſsten deutſchen Städten iſt im Laufe dieſes Jahrhundertes die Einwohnerzahl in Berlin auf das 8-fache, in Hamburg auf das 5-fache, in Breslau auf das 5-fache, in München auf das 7-fache, in Dresden auf das 6-fache, n Köln auf das 7-fache und in Leipzig auf das 9-fache geſtiegen; die Vororte ſind dabei mit berückſichtigt.

Die Grenze, wie weit die Planbearbeitung ſich nach auſsen erſtreckt, iſt, abgeſehen von der Berückſichtigung des Einwohnerzuwachſes, in den meiſten Fällen durch die Ortsbeſchaffenheit vorgeſchrieben oder vorbereitet. Ein Park, eine Eiſenbahn, ein Waſſerlauf, ein Deich, eine Anhöhe, eine Gemeindegrenze bilden die natürliche Schranke. Bei weiter fortſchreitender Entwickelung werden Parks, Bahnhöfe, Häfen von der ſtädtiſchen Bebauung umfaſſt. Eiſenbahnlinien werden verändert, verlegt oder durch neue Straſsen-Unter- und Ueberführungen gekreuzt. Kleine Waſſerläufe werden überwölbt oder verlegt, gröſsere überbrückt; ſelbſt an groſsen Flüſſen, wie Rhein und Donau, Rhône und Po, pflanzt die wachſende Stadt ſtets ihre Bebauung auch auf das andere Ufer fort. An Stelle der Deiche treten ſtädtiſche Uferbauten; Berglehnen und Anhöhen werden ſchlieſslich vom Anbau trotz der Schwierigkeiten erſtiegen (z. B. Stuttgart, Zürich, Hâvre). Allerdings bleiben breite Flüſſe und ſteile Bodenerhebungen dauernd von beſchränkendem oder ablenkendem Einfluſs auf Bebauung und Verkehr. 100. Grenze der Planfeſtſtellung.

Gemeindegrenzen ſind in ſo fern eine Schranke, als ſie die einheitliche Aufſtellung und Ausführung des Stadtbauplanes behindern; die Beſeitigung des Hinderniſſes geſchieht am einfachſten durch rechtzeitige Aufnahme der kleineren Gemeinde in die groſse Stadtgemeinde. Die Städte Berlin, Köln, Leipzig, Magdeburg und Trier haben die meiſten ihrer Vororte »eingemeindet«. Wo dies zur rechten Zeit verſäumt wurde, wachſen die Schwierigkeiten der Vereinigung zum Schaden des Allgemeinen mitunter in das Unbeſiegliche. In London, Brüſſel, Aachen iſt die Vereinigung mit den Auſsen-, bezw. Nachbargebieten anſcheinend ausſichtslos; mögen in Wien die nach dieſem Ziele gerichteten Beſtrebungen bald von Erfolg ſein! 101. Eingemeindung.

Es iſt nicht nothwendig und zuweilen ſchädlich, das ganze zwiſchen den Hauptradialen und der Plangrenze zukünftig mögliche Straſsennetz von vornherein endgiltig feſt zu ſtellen, weil man dadurch leicht einer Entwickelung vorgreifen kann, deren Grundbedingungen noch nicht bekannt ſind, weil man beiſpielsweiſe Unternehmungen von gröſserem Landbedarf erſchweren oder eine individuelle unſchädliche, ja wünſchenswerthe Bauſpeculation vereiteln könnte. Um ſo hinderlicher kann die vorzeitige Detaillirung wirken, wenn der Plan weniger beſtrebt iſt, den örtlich gegebenen Vorbedingungen ſich ſo eng wie möglich anzuſchlieſsen, als vielmehr ein »jeder vernünftigen Anforderung leicht ſich anſchmiegendes Schema« zu ſein. 102. Aufſchieben der Untertheilung.

Deſshalb lautet ein Satz des »Deutſchen Vereines für öffentliche Geſundheitspflege«: »Die Feſtſetzung und Offenlegung des Planes hat in der Regel nur für ſeine Hauptſtraſsen und, dem Bedürfniſſe folgend, für diejenigen Untertheilungen zu erfolgen, deren Bebauung für die nächſte Zukunft zu erwarten ſteht«. Die gröſste Bedeutung hat dieſer Satz für weit gebaute, offene Städte, deren Wachsthum oft ſehr zerſtreut vor ſich geht; die Untertheilungen werden dort zweckmäſsig nur entworfen, aber nicht öffentlich feſt geſtellt. Erſt wenn ein baulicher Anlaſs vorliegt, nimmt man die Feſtſtellung der Baulinien nach nochmaliger Prüfung des Entwurfes auf Grund der inzwiſchen eingetretenen Verhältniſſe vor. Dagegen iſt bei kleineren Städten und in ſolchen Fällen, wo für gröſsere Städte nur ein beſchränktes Feld der Ausdehnung gegeben iſt, wie in Feſtungen, die Planfeſtſtellung meiſt ſofort bis in die letzte Einzelheit nothwendig. 103. Leitſatz.

c) Allgemeine Anforderungen.

104. Verkehr, Bebauung, Gefundheit, Schönheit.

Von den verfchiedenen Anforderungen, welche der Stadtbauplan zu erfüllen hat, ift die erfte und wichtigfte diejenige des Verkehres. In zweiter Linie ftehen die Rückfichten auf die Bebauung; nicht minder wichtig aber als diefe find die gefundheitlichen und fchliefslich die fchönheitlichen Anforderungen. Aus der Verfchiedenheit und der Werthabftufung diefer Anfprüche ift leicht zu folgern, wie fchwierig und unwahrfcheinlich es ift, dafs aus der gelegentlichen Planarbeit von Grundbefitzern und Baufpeculanten ein zweckmäfsiger Gefammtplan entftehe.

105. Planaufftellung durch Unternehmer.

Denn die genannten Unternehmer finden ftets ihr wefentlichftes und oft ihr einziges Intereffe darin, viele leicht und theuer verkäufliche Baugrundftücke zu erzielen, während ihnen die übrigen drei Rückfichten des Verkehres (und zwar des gefammten Stadtverkehres), der Gefundheit und Schönheit naturgemäfs weniger am Herzen liegen, zuweilen fogar gleichgiltig find. Fehlt es aber dem eigentlich Schaffenden an Intereffe, fo kann diefer Grundmangel nicht durch eine prüfende und verbeffernde Thätigkeit der Gemeinde (durch Vorfchrift gröfserer Strafsenbreiten u. dergl.) erfetzt werden; das Ergebnifs wird ein für die Zukunft ftets unbefriedigendes fein. Zahlreiche Städte haben dies an ihrer eigenen Entwickelung erfahren; ein warnendes Beifpiel ift namentlich Aachen, wo mehrere von Unternehmern gegründete neue Stadttheile weder mit der Altftadt, noch unter fich, noch mit der ausgedehnten Stadterweiterung in befriedigender Verbindung ftehen.

106. Planaufftellung durch die Gemeinde.

Nur die Gemeinde ift im Stande und berufen, vom Standpunkte der Gefammtintereffen den Stadtbauplan zu entwerfen. Ueber den manchmal unvermeidlichen Widerftreit zwifchen den allgemeinen und den Intereffen des einzelnen Grundbefitzers ift der höhere Selbftverwaltungskörper oder die Staatsgewalt der berufene Richter (vergl. im Anhang: Preufsifches Fluchtlinien-Gefetz vom 2. Juli 1875).

Die Anforderungen des Verkehres, der Bebauung, der Gefundheit und Schönheit find fo vielfeitig und weichen fo oft von einander ab, dafs es nur felten möglich ift, alle Anforderungen in vollem Mafse zu erfüllen. Jeder durchdachte Stadtplan ift defshalb ein Ausgleich zwifchen den verfchiedenen Erforderniffen; diefer Ausgleich pflegt um fo weniger gut zu fein, je mehr dem eigennützigen Streben nach Schaffung bequemer Bauftellen in fchematifch hergebrachter Form Rechnung getragen wird.

107. Studium der Verkehrsanlagen.

Die vornehmften Grundzüge des Stadtbauplanes müffen, wie erwähnt, die Verkehrsrichtungen und Verkehrsanlagen bilden; ihr Studium, fowohl bezüglich der beftehenden, als wie der durch den Ausbau der Stadterweiterung entftehenden Verhältniffe ift daher die erfte wichtige Aufgabe desjenigen, der einen Stadterweiterungsplan entwerfen will. Eifenbahnanlagen und Schiffahrtsanftalten müffen vorweg feft gefetzt werden, bevor die Linien des Strafsenverkehres mit Sicherheit beftimmt werden können. Diefe Forderung ift um fo fchwieriger zu erfüllen, als die Arbeit des Entwerfens faft immer in der Hand verfchiedener Behörden liegt, welche mitunter entgegenftehende Intereffen vertreten. Aber trotz aller Schwierigkeiten mufs die gemeinfchaftliche Bearbeitung von der Gemeinde angeregt und nach Kräften betrieben werden, wenn fie nicht Gefahr laufen will, durch Feftftellung ihrer Pläne fchwere Fehler zu begehen. Durch die Beftimmung des preufsifchen Fluchtlinien-Gefetzes, dafs diejenigen Fluchtlinienpläne, welche vorhandene Eifenbahnanlagen u. dergl. berühren, den Verkehrsbehörden zur Wahrung ihrer Intereffen mitgetheilt werden müffen, wird zwar die Verletzung augenblicklich vorhandener Intereffen verhütet; nicht aber wird der zukünftigen Entwickelung der erforderliche, zweckmäſsige Rahmen geſteckt. Die gemeinſchaftliche Arbeit iſt daher unentbehrlich; ſie iſt um ſo wichtiger, je gröſser die Stadt wird und je mehr die groſsen Verkehrsanlagen (Hauptbahnhöfe, Stadtbahnen) in das Innere der Stadt vorgeſchoben werden.

Die Richtungen des Straſsenverkehres wurden in Kap. 2 des vorigen Abſchnittes (unter a) erläutert; ſie müſſen in dem Stadtbauplane ſo klar wie möglich als radiale oder Thorſtraſsen, diagonale oder Schrägſtraſsen, peripheriſche oder Ringſtraſsen ausgeprägt werden. Es iſt unrichtig, ſich durch entſtehende ſpitzwinkelige oder kleine Blöcke von der Anordnung der verkehrsnothwendigen Schrägſtraſsen abhalten zu laſſen; wohl aber gebietet das Intereſſe der Bebauung ein weiſes Maſshalten in den diagonalen Richtungen. Auch die Straſsenbreiten richten ſich vorwiegend nach dem Verkehre. Fuhrwerke und Fuſsgänger müſſen auf beſonderen Straſsenſtreifen ausreichenden Raum zur Bewegung finden. Bei ſtärkerem Verkehre iſt eine weitere Abtrennung der Reiter, der Spaziergänger, der Straſsenbahnen erwünſcht. 108. Anforderungen des Straſsenverkehres.

Die Anforderungen der Bebauung erſtrecken ſich auf die Bildung von Bauplätzen für öffentliche Gebäude und für Privatgebäude aller Art. Die Anordnung und Schaffung von Bauplätzen für öffentliche Bauanlagen wurde ſchon im Abſchnitt 1, Kap. 3 beſprochen. Es iſt ein Hauptfehler der meiſten Stadtbaupläne, daſs ſie dieſen Geſichtspunkt viel zu wenig beobachten. Die Gemeinde ſollte nicht allein die Bauſtellen öffentlicher Gebäude im Stadtbauplane entwerfen laſſen, damit bei eintretendem Bedarf angemeſſene Baugründe wirklich vorhanden ſind; ſie ſollte auch, wenigſtens auf mehrere Jahre hinaus, danach trachten, die geeigneten Bauplätze zu erwerben, bevor ſie vom Kreiſe der Privatbauthätigkeit umſchloſſen und im Preiſe nach Möglichkeit geſteigert ſind. 109. Bauplätze für öffentliche Gebäude.

Für die Schaffung und Anordnung der Bauſtellen zum Zwecke der Privatbauthätigkeit iſt die ortsübliche Bauweiſe, wie ſie in Abſchn. 1, Kap. 1 an zahlreichen Beiſpielen beſchrieben wurde, in erſter Linie maſsgebend. Je nachdem Einfamilienhäuſer, kleine oder groſse Miethhäuſer, frei ſtehende Einzelhäuſer, frei ſtehende Zinshäuſer, Geſchäftshäuſer, Arbeiterwohnungen, Fabriken erbaut werden ſollen, ſind die Anforderungen an die Blockgröſsen, alſo an die Untertheilungen des Straſsenplanes verſchieden. Deſshalb ſind, während die Hauptſtraſsenzüge ſich unbedingt nach den Verkehrsanforderungen richten müſſen, die Nebenſtraſsen im Weſentlichen von den Anforderungen der Bebauung abhängig. 110. Anforderungen der Privat-Bauthätigkeit.

Die geſundheitlichen Rückſichten erheiſchen Reinhaltung des Bodens und der Flüſſe durch die Feſtſtellung und Vorbereitung derjenigen Einrichtungen und Maſsnahmen, welche die beſtmögliche Entwäſſerung und Reinigung der Stadt ſicher ſtellen; Schutz gegen Ueberſchwemmung; ferner Verſorgung mit gutem Trink- und Wirthſchaftswaſſer, was bei gröſseren Ortſchaften nur durch allgemeine Waſſerleitung von auſsen zu erzielen iſt; ausreichende Verſorgung mit Luft und Licht durch Anordnung von angemeſſenen Straſsenbreiten, freien Plätzen, Vorgärten, Gartenplätzen und Parkanlagen, durch baupolizeiliche Vorſchriften über die offene Bebauung, Gebäudehöhe, Hofgröſse, Zimmerbeleuchtung; endlich die Vermeidung fäulniſsfähiger Stoffe bei der Anſchüttung des Straſsenkörpers. 111. Geſundheitliche Anforderungen.

Von manchen Hygienikern wird ſchlieſslich ein groſses Gewicht auf die Wahl ſolcher Straſsenrichtungen gelegt, daſs die Beſonnung der Gebäude möglichſt geſichert werde. Die für die Beſonnung günſtigſte Straſsenrichtung iſt nach *Vogt*[21]) 112. Geſundheitlich beſte Straſsenrichtungen.

21) Siehe: Zeitſch. f. Biologie 1879, S. 319 — ferner: Eiſenb., Bd. 11, S. 52, 58, 70.

die meridionale; weniger gut ift die äquatoriale, d. h. die Richtung von Weft nach Oft; am ungünftigften find die zu den Haupthimmelsrichtungen diagonal gezogenen Strafsen. Aber um eine nur zweiftündige Befonnung der Hausfronten an den kürzeften Tagen zu erhalten, müfften nach *Clément* unter dem 50. Breitegrade die Meridionial-Strafsen bei 20 m Haushöhe 47 m breit, die Aequatorial-Strafsen fogar 66 m breit werden, wobei für letztere felbftredend die Befonnung nur auf einer Seite erzielt würde. *Trélat* fchlug daher auf dem Wiener hygienifchen Congrefs des Jahres 1888 [22]) für Meridional-Strafsen die doppelte, für Aequatorial-Strafsen die vierfache Haushöhe als Breite vor, ferner eine derartige Anlage des Stadtplanes, dafs das Strafsennetz aus zahlreichen Nordfüdftrafsen in geringen, und wenigen Weftoftftrafsen in grofsen Abftänden beftehe. Von anderen Hygienikern werden diefe Forderungen für unangebracht gehalten. Am fchärfften und vollftändigften ift diefer Gegenftand von *v. Gruber* [23]) unterfucht worden, deffen Schlufsfätze dahin gehen, dafs äquatoriale Strafsen und insbefondere Wohnfronten gegen Norden möglichft zu vermeiden, im Uebrigen aber die zum Aequator und Meridian diagonalen Strafsenrichtungen Südoft-Nordweft und Südweft-Nordoft zu bevorzugen find. Es mag manche Fälle geben, wo bei den Untertheilungen der Blöcke diefe gefundheitlichen Erwägungen für die Anordnung der Strafsenrichtungen mafsgebend werden können; im Allgemeinen aber werden die Strafsenrichtungen vom Verkehre vorgefchrieben [24]).

113. Anforderungen der Schönheit.

Die Anforderungen der Schönheit ftehen eigentlich nicht für fich felbftändig da. Wie die wirkliche Schönheit fich an die Zweckmäfsigkeit unmittelbar anlehnt, fo ift auch beim Entwurfe des Stadtplanes die Grundforderung des Schönen durch aufmerkfame Befolgung der Verkehrs-, Bebauungs- und Gefundheitsbedürfniffe erfüllt. Im Weiteren handelt es fich dann noch um eine kunftverftändige, äfthetifch gefchulte Durchbildung im Einzelnen. Die Gebäudemaffen und Strafsenzüge find gefällig zu gruppiren, die Hauptlinien entfchieden zu betonen, die Kreuzungen und befonders die Knotenpunkte in regelmäfsigen oder fonft anziehenden Formen zu geftalten. Für fchöne Perfpectiven und feffelnde Ausfichtspunkte, Anfichten und Gefichtsziele ift zu forgen. Freie Plätze und Pflanzungen find in ihren Gröfsenverhältniffen abzuftimmen und möglichft gefchloffen zu umrahmen; die Einförmigkeit fowohl im

---

22) Vergl. den Bericht über denfelben in: Deutfche Viert. f. öff. Gefundheitspfl. 1888, S. 220 — fo wie die am Schlufs der Fufsnote 24 angeführten Referate von *Clément* und *Trélat*.

23) Siehe: Die Verforgung der Gebäude mit Sonnenwärme und Sonnenlicht. Wochfchr. d. öft. Ing.- u. Arch.-Ver. 1888, S. 261, 269, 277, 285.

24) Aus der einfchlägigen Literatur fei fchliefslich hervorgehoben:

VOGT, A. Ueber die Richtung ftädtifcher Strafsen nach der Himmelsgegend und das Verhältnifs ihrer Breite zur Häuferhöhe, nebft Anwendung auf den Neubau eines Cantonshofpitals in Bern. Eifenb., Bd. 11, S. 52, 58, 70.

VOGT, A. Ueber die Richtung ftädtifcher Strafsen nach der Himmelsgegend und das Verhältnifs ihrer Breite zur Häuferhöhe etc. Zeitfchr. f. Biologie 1879, S. 319.

VOGT, A. Refultate von Verfuchen über die Einwirkung der Wärmeftrahlen der Sonne auf die Hauswandungen. Zeitfchr. f. Biologie 1879, S. 605.

KNAUFF, F. Das neue academifche Krankenhaus in Heidelberg. München 1879. S. 6 u. ff.

Die Wirkungen der Infolation auf Hauswandungen. Eifenb., Bd. 13, S. 27.

TERRIER, Ch. *De l'orientation et de la largeur des rues. Encyclopédie d'arch.* 1881, S. 7.

MÖLLINGER, O. Ueber die Anlage von Neubauten bei Berückfichtigung der Infolationsverhältniffe. Schweiz. Bauz., Bd. 1, S. 129.

CLÉMENT, E. *De la largeur des rues fous le rapport de la lumière et de l'infolation. Revue d'hyg.* 1885, S. 89, 189.

NUSSBAUM, Ch. Ueber Forderung zweckmäfsiger Strafsenorientirung bei Stadterweiterungen. Gefundh.-Ing. 1886, S. 159.

VI. Internationaler Congrefs für Hygiene und Demographie zu Wien 1887. Arbeiten der hygienifchen Sectionen. Heft 11: Mittel die Gebäude mit Sonnenlicht und Sonnenwärme zu verforgen. Berichte von *E. Clément* u. *É. Trélat.* — Ergänzungen zu den Heften 1—18, 20, 21 u. 23. Wien 1887—88.

Strafsennetz, als in der Strafsenausbildung und Strafsenbreite ift zu vermeiden; in der Profilirung, Bepflanzung und Ausfchmückung der Hauptftrafsen ift ein angemeffener Wechfel durchzuführen; übertriebene Längen gerader Strafsen find zu umgehen; Höhenrücken (convexe Nivellements) find durch Krümmung, Knickung oder Schmuckanlagen dem Auge zu entziehen. Schliefslich verlangt die Schönheit die technifch und künftlerifch möglichft aufmerkfame Herftellung der Strafsenfläche, der Pflanzungen, Schmuckgegenftände und der zahlreichen, für das Stadtleben erforderlichen kleinen Baulichkeiten auf Strafsen und Plätzen. Dabei ift das äfthetifche Grundgefetz von der Einheit in der Mannigfaltigkeit niemals zu verleugnen.

Antike Prachtanlagen können wir nur felten, malerifche mittelalterliche Städte, wie Danzig, Nürnberg, Schaffhaufen, Ypern, Brügge, können wir überhaupt nicht nachbilden; denn Gewordenes kann man, wie *Baumeifter* fagt, nicht nachmachen. »Die Weihe des Alters mit den Zuthaten, Aenderungen und Verfchönerungen ganzer Generationen würde ftets fehlen«, und befonders fehlt im Modernen der Reiz des Ungewöhnlichen, des unter anderen Lebensverhältniffen aus gewefenen Bedürfniffen Hervorgegangenen. 114. Altes nicht nachbilden; Zeitgemäfses fchaffen.

Unfere Aufgabe ift es, vom Alten zu lernen, aber Zeitgemäfses zu fchaffen. Dabei wird es von dem perfönlichen Verftändnifs, dem Gefchmack und dem künftlerifchen Empfinden des Entwerfenden ftets abhängig fein, in wie weit er Schönes, Anziehendes, Eigenartiges hervorzubringen vermag, ohne gefucht und unnatürlich zu werden, oder in wie weit der entftehende Plan der Schablone und Geiftesarmuth verfällt.

Die Art der Erfüllung der befchriebenen allgemeinen Forderungen des Verkehres, der Bebauung, der Gefundheit und Schönheit wird bei Befprechung der Einzelheiten erörtert werden.

---

2. Kapitel.

Die Gruppirung verfchiedenartiger Stadttheile.

So fchwierig und unficher es ift, die Art der Entwickelung einer Stadt und die Gruppirung der Zukunftsbevölkerung vorherfehen zu wollen, fo ift es doch unerläfslich, bei Aufftellung des Stadterweiterungsplanes für die verfchiedenen Theile des Erweiterungsfeldes eine mehr oder weniger beftimmte Art der zukünftigen Benutzung und Bewohnung in das Auge zu faffen. Ohne eine folche Rückfichtnahme würde der Stadtplan Gefahr laufen, ein willkürliches Liniennetz, eine baupolizeiliche Anordnung ohne ausreichende Begründung zu werden. Der vom »Verbande deutfcher Architekten- und Ingenieur-Vereine« in diefer Beziehung befchloffene Satz lautet: »Die Gruppirung verfchiedenartiger Stadttheile foll durch geeignete Wahl der Situation und fonftiger charakteriftifcher Merkmale herbeigeführt werden, zwangsweife nur durch fanitarifche Vorfchriften über Gewerbe.« Anftatt der Worte »Wahl der Situation« dürfte es beffer heifsen: »Berückfichtigung der Lage«; denn in Wirklichkeit pflegt es fich beim Entwerfen des Bebauungsplanes weniger um die Frage zu handeln, wo diefe oder jene Bevölkerungsclaffe der Zukunft unterzubringen fei, fondern um die Unterfuchung, für welche Art der baulichen Ausnutzung ein ge- 115. Rückficht auf zukünftige Benutzung.

gebenes Baufeld fich nach Mafsgabe feiner Lage und fonftigen Merkmale am beften eigne.

116. Arten der Benutzung. Es find vornehmlich fünf Arten der Benutzung und Bevölkerung, welche im Stande find, einer Stadtgegend ein beftimmtes Gepräge aufzudrücken, nämlich: 1) Grofsgewerbe und Grofshandel, 2) die Arbeiterbevölkerung, 3) Ladengefchäfte, 4) die Handwerke und 5) derjenige Theil der wohlhabenderen Bürgerfchaft, welcher innerhalb der Wohnung eine befondere Berufsthätigkeit nicht ausübt (Rentner, Kaufleute, Induftrielle, Beamte u. f. w.).

117. Fabriken u. Handelsniederlagen. Die Lage an Eifenbahnen und Wafferwegen, der geringe Bodenwerth (wegen Entlegenheit und reizlofer Umgebung), endlich das Vorhandenfein geräumiger, ausdehnungsfähiger, wenig parzellirter Grundflächen — dies find Merkmale für ein Bauland, welches zum Anbau von Fabriken und Handelsniederlagen fich eignen foll. Grofsgewerbetreibende und Grofskaufleute find nicht, wie ihre kleineren Berufsgenoffen, genöthigt, ihre Wohnung mit den Gefchäfts-, Lager- und Fabrikräumen zu vereinigen.

118. Arbeiterviertel. Die Wohnftätten der Arbeiterbevölkerung werden mit Vorliebe die Nähe des Grofsgewerbes und Grofshandels, und, eben fo wie jene, befonders billige Baugründe auffuchen. Uebrigens ift, wenn auch lagenweife die Bildung kleiner Arbeiterviertel oder Arbeiterftrafsen durchaus natürlich erfcheint, die Anfammlung der Arbeiterfamilien auf einem Punkt, die Abfonderung derfelben von der wohlhabenderen Bürgerfchaft keineswegs erwünfcht. Sowohl aus focial-politifchen, wie aus gefundheitlichen und wirthfchaftlichen Gründen ift die Durchdringung der verfchiedenen Bevölkerungsclaffen zu begünftigen. Die freiere Bauart und geräumigere Wohnungsart der Wohlhabenderen kommt dann den Aermeren wenigftens mittelbar in etwas zu gute; die Ernährung der Arbeiterfamilie wird durch die Möglichkeit, dafs die einzelnen Familienglieder in der Nähe auf die verfchiedenfte Weife einen Broterwerb finden, wefentlich erleichtert.

119. Ladengefchäfte. Für Ladengefchäfte eignen fich die Hauptverkehrslinien, alfo die Thorftrafsen und mehr noch die Radialftrafsen der inneren Stadt. Der ftets lebhafte und wechfelnde Verkehr ift für Ladengefchäfte Vorbedingung. Den Thoren zunächft finden die Gefchäfte, welche mit den Landbewohnern verkehren, die befte Stelle; mehr im Inneren liegen die Läden für anfpruchsvollere Käufer. Den Stadtkern pflegen die Ladengefchäfte nach allen Richtungen einzunehmen und zuweilen ganze Gefchäftsviertel auszufüllen (vergl. S. 24 u. 34).

120. Handwerker. Im Mittelalter nahmen oft auch die Handwerke ganze Strafsen oder Viertel ein, und zwar pflegten gleichartige Handwerke fich örtlich zufammenzulegen. Alte Strafsennamen wie »Löhergraben«, »Kupfergaffe«, »Unter Hutmacher« u. f. w. erinnern an diefe Abfonderung der Gewerbe und Stände, welche heute nicht mehr üblich ift. Heute find die Handwerksbetriebe faft in der ganzen Stadt unter die übrigen Bewohner zerftreut. Die verkehrreichen Thor- und Radialftrafsen find zwar für die Handwerke die befte Lage; fie folgen aber auch den Bevölkerungsclaffen, für welche fie arbeiten, von denen fie leben, in entlegenere Theile der Stadt, fowohl in die Fabrik- und Arbeiterviertel als in die vornehmen Wohngegenden. Sind auch Promenaden- und Luxusftrafsen für die Anfiedelung von Handwerkern, wegen der Höhe des Bodenpreifes und der Miethe, ungeeignet, fo ift doch in den grofsen Miethhäufern das Zufammenwohnen des Handwerksmeifters im Erd- oder Kellergefchofs mit dem Reichen in den oberen Stockwerken nichts Ungewöhnliches. Nicht weniger

oft findet man in den Städten mit kleineren Häufern, dafs vornehme Wohnftrafsen mit untergeordneteren Parallel- und Nebenftrafsen abwechfeln, welche dem Handwerkerftande die zweckmäfsigfte Anfiedelung geftatten.

Für die letzte Gruppe der Bevölkerung, welche die gefchäftslofen Wohnungsviertel auffucht, eignen fich folche an der Aufsenfeite der Stadt liegende Theile, die durch Annehmlichkeit der Umgebung, Freiheit von läftigen Gewerbebetrieben, Nähe von Vergnügungsanftalten und Spaziergängen bei guten Verbindungen zur inneren Stadt fich auszeichnen. 121. Wohnviertel.

Scharf ausfchliefsend kann und foll nach dem Gefagten die Gruppentrennung niemals fein; es wird ftets ein gewiffes Durchdringen und Theilen ftattfinden. Die lebhaften Thorftrafsen werden beifpielsweife in allen Stadttheilen ftets die Gefchäfte und Wirthshäufer anlocken, die Hauptringlinien werden in der Regel die beften und vornehmften Wohnftrafsen bilden. 122. Durchdringung der Gruppen.

Der Stadtplan kann nicht blofs, er mufs die Eigenthümlichkeiten der genannten Gruppen berückfichtigen. Die Fabrikgegend verlangt Vermeidung kleiner Blöcke, ein regelmäfsiges Strafsenfchema ohne Luxus in der Ausftattung und ohne übermäfsige Breiten. Ein Arbeiterviertel erfordert kleine Blöcke, befcheidene Strafsen, befondere Pflege aller gefundheitlichen Anlagen, namentlich freie Spielplätze und Baumpflanzungen. Dem Gefchäftsviertel find eine überlegte, mäfsig grofse Bauftellentheilung, fo wie zahlreiche directe Verkehrslinien, befonders Diagonalftrafsen, dienlich. Die ftille Wohngegend erhält Alleen, Vorgärten, Squares, und beim Vorwalten des Einfamilienhaufes Baublöcke mit geräumigen Gartenflächen. Für Stadtgegenden letztgedachter Art ift die offene Bauart nach Möglichkeit zur Anwendung zu bringen. 123. Anforderungen der verfchiedenen Gruppen.

Es ift hiernach unerläfslich, dafs der den Stadtbauplan entwerfende Architekt fich fo weit als möglich aus gegebenen Verhältniffen ein Bild über die Art der Bebauung und Bewohnung abzuleiten fucht, welche für die Projectftrafsen zu erwarten fteht; es ift weniger fchlimm, wenn im Einzelnen unvermeidliche Irrthümer vorkommen, die ja nicht immer unverbefferlich find, als wenn der Mangel der erforderlichen Rückfichtnahme fich bei dem wirklichen Fortfchreiten des Anbaues in zahlreichen »vermeidbar gewefenen« Schwierigkeiten rächt.

Ein Zwang ift — neben der polizeilichen oder gefetzlichen Regelung der offenen Bauart — nur nöthig, aber auch nur ftatthaft für folche gewerbliche Betriebe, welche erfahrungsmäfsig die Nachbarfchaft beläftigen oder benachtheiligen. Der § 16 der deutfchen Reichsgewerbeordnung fchreibt für eine Reihe folcher Gewerbebetriebe ein befonderes behördliches Verfahren vor, durch welches fowohl der Gemeinde als allen Betheiligten Gelegenheit gegeben wird, ihre Bedenken gegen die beabfichtigte Errichtung eines derartigen Werkes geltend zu machen, bevor die zuftändige Behörde über die Zulaffung deffelben befchliefst. Grobe Mifsftände werden durch diefes Verfahren, in Verbindung mit einer entfprechenden Geftaltung des zu beobachtenden Bebauungsplanes (z. B. Anordnung von Vorgärten, Anlage von Promenaden, Vorfchrift der offenen Bebauung etc.), zwar in der Regel verhütet werden können in dem Sinne, dafs wirklich läftige Fabriken aus den befferen Wohnungsvierteln möglichft fern gehalten werden. Aber einestheils ift das Ergebnifs des Verfahrens in jedem einzelnen Falle zweifelhaft, und anderentheils wird es auf Grund deffelben kaum durchführbar fein, läftige und ftörende Gewerbe aus folchen Theilen der Stadterweiterung fern zu halten, welche erft angenehme, ruhige Wohnviertel werden follen. 124. Befchränkung gewerblicher Betriebe.

125. Verbot gewerblicher Betriebe.

Es ist darum erfreulich, dass der § 23 der Reichs-Gewerbeordnung eine weiter gehende Fürsorge anbahnt, indem er sagt: »Der Landesgesetzgebung bleibt ferner vorbehalten, zu verfügen, in wie weit durch Ortsstatuten darüber Bestimmung getroffen werden kann, dass einzelne Ortstheile vorzugsweise zu Anlagen der im § 16 erwähnten Art zu bestimmen, in anderen Ortstheilen aber dergleichen Anlagen entweder gar nicht oder nur unter besonderen Beschränkungen zuzulassen sind.« In Sachsen, Württemberg, Baden, Hessen, Braunschweig und Anhalt ist ein solches Verfügungsrecht den Gemeinden verliehen worden; in Dresden ist in Folge dessen die Bestimmung getroffen, dass für einzelne neue Stadttheile nicht bloss eigentlich lästige Gewerbe, sondern überhaupt alle Gewerbe, die mit Dampfbetrieb arbeiten, ausgeschlossen, andere Stadttheile ausdrücklich dafür bezeichnet sind. Aehnliche Beschränkungen sind in Bautzen, Heilbronn, Darmstadt, Worms und anderen Städten eingeführt worden[25]).

In Preussen und, so viel bekannt, in den anderen deutschen Staaten besteht ein entsprechendes Landesgesetz z. Z. noch nicht; Vereine und Gemeinden sind indess wiederholt in diesem Sinne vorstellig geworden. Oft hat es aber doch die Gemeinde in der Hand, durch andere, oben bereits angedeutete Massregeln des Bebauungsplanes, ferner durch Vertragsbedingungen beim Verkauf ihrer eigenen Baugrundstücke oder bei ihrer Mitwirkung zur Anlegung neuer Strassen und Stadttheile die Errichtung störender Gewerbebetriebe zu verhüten. Dass diese Einwirkung nicht immer hinreichend ausgeübt, jedenfalls nicht von ausreichendem Erfolge ist, zeigen die Ortsverhältnisse in manchen Städten.

---

3. Kapitel.

Die Baublöcke.

126. Blocktheilung.

Die von Strassen- und Baufluchtlinien rings umschlossenen, zur Bebauung bestimmten Felder werden »Baublöcke« oder schlechthin »Blöcke« genannt. Sie entstehen dadurch, dass man die zwischen den Hauptverkehrsstrassen des Erweiterungsplanes liegenden Grundflächen durch Einlegung von Nebenstrassen weiterhin auftheilt, bis man die für die bauliche Ausnutzung zweckmässige Feldergrösse erzielt hat. Oft wird diese Auftheilung nicht sogleich beim Entwerfen und Feststellen des Stadtplanes vollzogen, sondern bis zu dem späteren Zeitpunkte aufgeschoben, wo die Bebauung wirklich in Angriff genommen wird. Diese bereits in Art. 103 (S. 47) erwähnte Theilung der Arbeit in die zwei zeitlich verschiedenen Feststellungen des Erweiterungsplanes und des eigentlichen Bebauungsplanes hat Nachtheile und Vortheile. Erstere bestehen besonders darin, dass man an den Hauptverkehrsstrassen, an welchen die Bebauung stets vorschreitet, über die offen zu haltenden Abzweigungen der Nebenstrassen und über die Lage der Strassenecken im Ungewissen ist, dass demnach vielleicht gerade dort Neubauten entstehen, wo man später die Nebenstrassen anzulegen genöthigt ist, oder dass neben der Querstrassenabzweigung nicht die Seitenfaçaden von Eckhäusern, sondern rohe Giebelmauern entstehen, welche das Stadtbild auf lange Zeit verunzieren. Beispiele dieser Unzuträglichkeiten und Unschönheiten

[25]) Vergl. den Vortrag *Lent*'s und die Verhandlungen auf der Versammlung des »Deutschen Vereines für öffentliche Gesundheitspflege« zu Frankfurt a. M. in: Deutsche Viert. f. öff. Gesundheitspfl. 1889, S. 42 u. ff.

find in den neuen Theilen unferer Städte leider fehr häufig. Die fpätere Untertheilung der Blöcke hat aber den grofsen Vortheil, dafs man ficherer ift, die für die Anordnung der Nebenftrafsen und die Bemeffung der Blöcke mafsgebenden Anforderungen in zutreffender Weife zu befriedigen. Es erfordert viel Aufmerkfamkeit und Einficht, diefen Vortheil durch rechtzeitige Feftftellung der Abzweigungen zu erreichen und zugleich jenen Uebelftänden zu entgehen.

Die an die Baublöcke und Bauftellen zu richtenden Anforderungen, welche fchon im 1. Kapitel des 1. Abfchnittes und im 2. Kapitel des vorliegenden Abfchnittes erörtert wurden, find fehr verfchiedenartig. Fabriken verlangen grofse ungetheilte Flächen; für Arbeiterwohnungen find umgekehrt kleine Blöcke erwünfcht. Gefchäftsviertel bedürfen grofser Front-Entwickelung und directer (auch diagonaler) Verkehrslinien; fpitzwinkelige Eckbauftellen find für Gefchäftszwecke unter Umftänden fehr vortheilhaft. Blöcke für Einfamilienhäufer beanfpruchen angemeffene Gartenflächen, fowohl bei gefchloffener Bauart, als in erhöhtem Mafse bei offener Bauart; Eckbauftellen, befonders fpitzwinkelige, find für Einfamilienhäufer wenig geeignet, Blöcke von rechteckiger oder annähernd rechteckiger Form alfo befonders erwünfcht. Bei Miethhäufern find die Gärten in der Regel nebenfächlich; eine geringere Tiefe der Blöcke ift daher um fo zweckmäfsiger, als die Ausnutzung der Baugrundftücke durch Hinter- und Quergebäude zu fchlechten Wohnungsverhältniffen führt; Ecken, auch fpitzwinkelige, find für Miethhäufer vortheilhaft. 127. Gröfse und Geftalt der Blöcke.

Geeignete Abmeffungen der Baublöcke find folgende: 128. Normal-Mafse.

Für gewerbliche Anftalten	Für Einfamilienhäufer	Für Mieth- und Gefchäftshäufer	Für Arbeiterwohnungen
100 m tief, 200 m lang und mehr.	80 m tief, 160 m lang; bei offener Bauart bis 100 × 200 m.	60 m tief, 120 m lang.	35 m tief, 140 m lang.

Bei diefen Blockmafsen ift das Verhältnifs der Tiefe (Breite) zur Länge in der Regel als 1 : 2, für Arbeiterwohnungen jedoch als 1 : 4 angenommen. Sowohl bei diefen Verhältniffen als bei den Mafsen felbft kann es fich indefs hier nur um eine fehr ungefähre Norm handeln, welche gegenüber den Verkehrsanforderungen und der örtlichen Bauweife, die in erfter Linie, fo wie im Hinblick auf vorhandene Wege und Grundftücksgrenzen, welche gleichfalls nach Möglichkeit zu berückfichtigen find, nur einen relativen Einflufs ausüben kann. Die in Fig. 1, 4, 11 bis 16, 17 u. 18 dargeftellten Baublöcke von Dresden, Stuttgart, Berlin, Magdeburg, Köln, Trieft, Bremen, Rotterdam und Wien weifen defshalb die gröfsten Verfchiedenheiten auf. Die gleichförmige Gröfsenbeftimmung der Blöcke ift auch in derfelben Stadt verwerflich, da die Bedürfniffe an Tiefe und Fläche fehr mannigfaltig find.

Wünfchenswerth find, von öffentlichen Gebäuden und Arbeiterwohnungen abgefehen, Blöcke von 120 × 300 m bis 50 × 100 m. Kleinere Baublöcke als folche von 5000 qm Inhalt find zwar unerwünfcht, fehr oft aber an den Durchfchneidungsftellen wichtiger Strafsenzüge nicht zu vermeiden. In der Stadterweiterung von Köln enthält der gröfste, vielleicht noch der Theilung unterliegende Block 65000 qm, der kleinfte 2200 qm; die durchfchnittliche Gröfse ift 14000 qm. Bebauungsfähig find noch Blöcke von fehr kleinen Abmeffungen; in der Kölner Alt- 129. Gröfste und kleinfte Mafse.

ftadt giebt es beifpielsweife folche von nur 130 qm. Allzu kleine Blöcke haben die Nachtheile, dafs im Inneren derfelben zu geringe Hof- und Gartenflächen verbleiben und dafs für Strafsenflächen ein übertriebener Antheil des Bebauungsfeldes verloren geht. Allzu grofse Blöcke find eben fo wenig zu empfehlen, weil die einzelne Bauftelle zu koftfpielig, daher der Anbau verlangfamt und erfchwert wird. Auch ift das anfänglich vielleicht freie Innere eines geräumigen Baublocks auf die Dauer keineswegs als folches gefichert. Beim Steigen des Bodenwerthes pflegen fich dort gewerbliche Betriebe, Vergnügungsanftalten und ähnliche, auf die Strafsenfront nicht angewiefene Baulichkeiten anzufiedeln und einen Zuftand zu erzeugen, der für die Wohnungen noch unangenehmer ift, als die Raumbefchränkung eines kleinen Blocks. Mittlere Blockabmeffungen unter Abwägung der Lageverhältniffe und der Beftimmung find daher der Regel nach anzuftreben.

130. Blöcke für öffentliche Gebäude.

Blöcke für öffentliche Gebäude bedürfen eine fchöne Lage und eine Geftalt von entfprechender Regelmäfsigkeit (Rechteck, Dreieck, Trapez etc.); das Gröfsenbedürfnifs ift felbftredend mannigfaltig. Beifpielsweife gebrauchen in der Regel Kirchen 30×60 m bis 40×80 m, Markthallen etwa 3000 qm, Gymnafien etwa 5000 qm.

131. Blöcke für Arbeiterwohnungen.

Eine zweckmäfsige Anordnung der Blöcke für Arbeiterwohnungen zeigt die in Fig. 57 dargeftellte Colonie Stahlhaufen bei Bochum. Das im Grundrifs in vier Wohnungen getheilte frei ftehende Arbeiterhaus hat hier einen Bauplatz von 4×170 qm Gröfse; die Zwifchenwege könnten breiter fein. Empfehlenswerth find

Fig. 65.

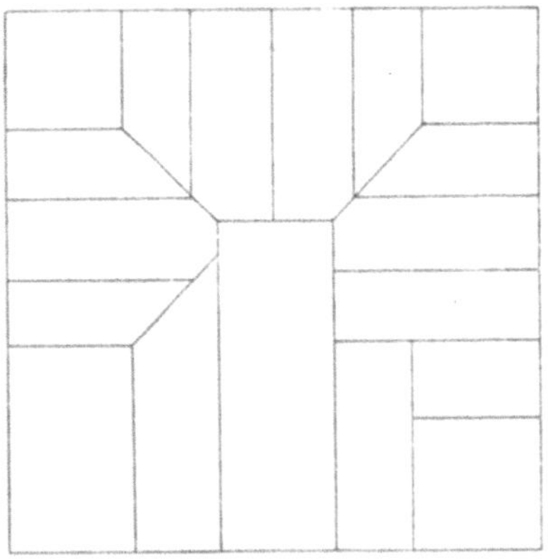

Quadratblock.

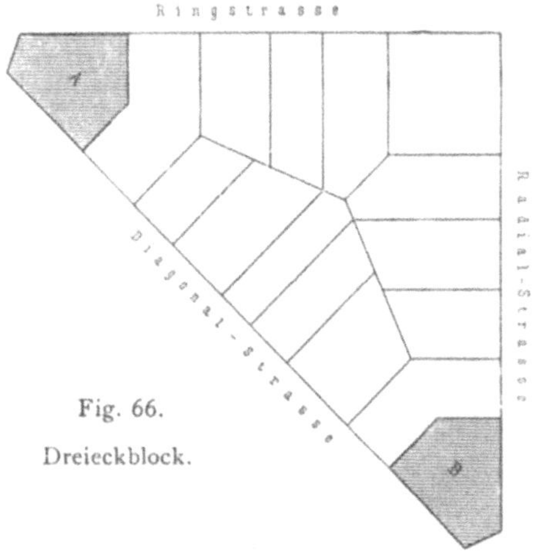

Fig. 66.

Dreieckblock.

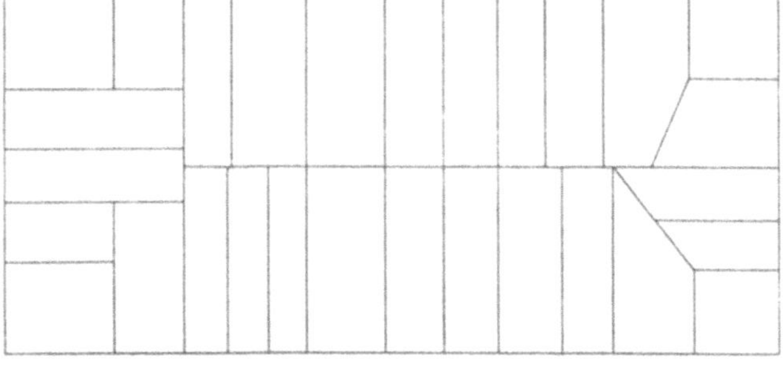

Fig. 67.

Rechteckblock.

ferner die Anordnungen in Fig. 56 für offen bebaute, in Fig. 55 für geſchloſſen bebaute Arbeiterblöcke. (Vergl. auch Art. 53 u. 54, S. 31.)

132. Rechteckige Blöcke.

Die am leichteſten und gewöhnlich auch am vortheilhafteſten zu bebauende Blockfigur iſt das Rechteck; das Streben, thunlichſt viele rechteckige oder annähernd rechteckige Blöcke im Stadtplane zu erzielen, iſt daher nicht ungerechtfertigt. Es iſt aber vom Standpunkte des Verkehres und der Schönheit verkehrt, wenn die Bildung rechtwinkeliger Baublöcke das Hauptmotiv oder gar das einzige Streben des Bebauungsentwurfes iſt und jenes langweilige Schachtbrettmuſter erzeugt, welches wir z. B. in Mannheim und in vielen amerikaniſchen Städten zu beobachten Gelegenheit haben, wo man die Straſsen und Blöcke mit Nummern und Buchſtaben benennt und leider auch in Wirklichkeit kaum anders als an ihren Nummern unterſcheiden kann. Dies entſpricht nicht den wirklichen Bedürfniſſen unſeres Lebens und noch weniger den gewordenen Verhältniſſen in alten Städten und gut entworfenen Stadterweiterungen, wo faſt jede Straſse, ja faſt jeder Block eine ausgeprägte Individualität beſitzt.

133. Quadratiſche Blöcke.

Weniger zweckmäſsig für die Bebauung als das Rechteck iſt die quadratiſche Blockform. Da nämlich das Beſtreben vorwalten muſs, alle Fronten des Blocks auszunutzen, ſo entſteht im Quadratblock die unfreie, geräumige Hof- und Gartenbildungen erſchwerende Bauſtelleneintheilung nach Fig. 65, während das Rechteck oder überhaupt das geſtreckte Viereck nach Fig. 67 auſser den unvermeidlich beſchränkten Eckbauplätzen eine groſse Zahl zweckmäſsiger und angenehmer Baugrundſtücke mit anſehnlicher Tiefe liefert. Die genannten Figuren zeigen zugleich verſchiedene Anordnungen der Bauſtellengrenzen an den Blockecken.

134. Abkantung der Blockecken.

Es iſt ſehr gebräuchlich und zweckmäſsig, die rechtwinkeligen Ecken der Blöcke unter 45 Grad abzuſtumpfen, theils um den Fuſsgängern auf dem Bürgerſteig das Wenden um die Ecke zu erleichtern und die Fahrbahnkreuzung entſchiedener ausrunden zu können (Fig. 68 u. 69), theils um den beſonders für Geſchäftshäuſer vortheilhaften Eingang auf der Ecke zu gewinnen. Die diagonal gemeſſene Gröſse der Abſtumpfung pflegt 2 bis 4 m zu betragen. Normalvorſchriften für dieſe Abſchrägungen empfehlen ſich nicht wegen der zu groſsen Verſchiedenheit der Fälle. Die Abſchrägung ſtumpfer Straſsenecken wirkt oft flau und unſchön; für die ſpitzwinkeligen Ecken dagegen iſt die Abkantung ein Bedürfniſs, ſowohl des äuſseren Anſehens, als der inneren Benutzung wegen. Die Abſchrägung ſpitzer Winkel verlangt gröſsere Maſse als diejenige der rechtwinkeligen Ecken, und zwar pflegen dieſe Maſse zwiſchen 5 und 15 m zu ſchwanken. Die ſtarken

Fig. 68.

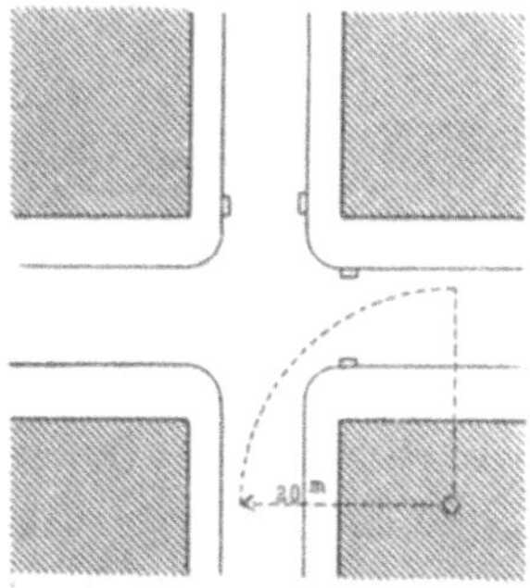

Straſsenkreuzung: ohne

Fig. 69.

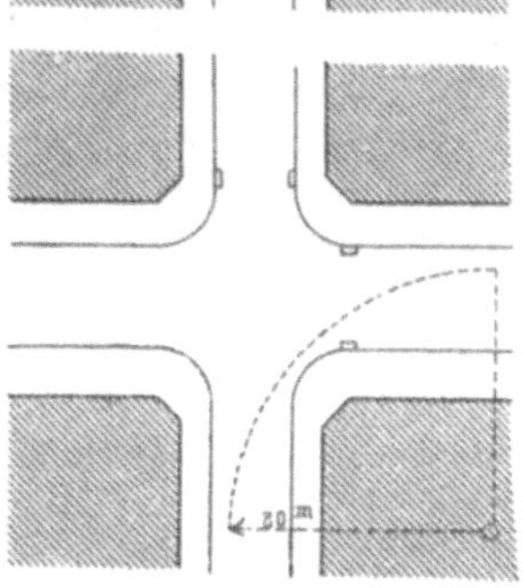

mit Abſchrägung der Ecken.

Abſchrägungen eignen ſich in vielen Fällen zur Vorlage von halbrunden Ausbauten oder rechtwinkeligen Erkern. Oft auch wird die geradlinige Abkantung durch eine kreisförmige Abrundung der Ecke erſetzt. (Vergl. Fig. 77 [26]).

135. Dreieckige Blöcke.

Eine dritte Blockform iſt das Dreieck. Zwar iſt die zweckmäſsige Bauſtelleneintheilung bei dieſer Form noch ſchwieriger, als beim Quadrat; aber dieſer Erſchwerniſs ſteht der ungemein groſse Vortheil gegenüber, welcher nicht allein dem Stadtbauplane, ſondern auch den Bauſtellen aus der Durchlegung diagonaler Verkehrsſtraſsen erwächst. Denn ſelbſtredend ſind es faſt nur die Diagonalſtraſsen, welche die Entſtehung dreieckiger Blockformen herbeiführen. Die ſpitzen Ecken bei *A* und *B* in Fig. 66 bilden, weil am Hauptverkehr liegend und eine groſse Front-Entwickelung darbietend, die geſuchteſten und beſten Geſchäftslagen. Ungeſchickte Architekten oder Bauunternehmer haben allerdings zuweilen ſolche Eckbauſtellen unſchön bebaut, oft z. B. nach Fig. 70 derart, daſs das Gebäude der einen Straſse die Rückſeite in häſslicher Weiſe zukehrt; aber ſchon Fig. 71 u. 72 deuten an, wie

Fig. 70.

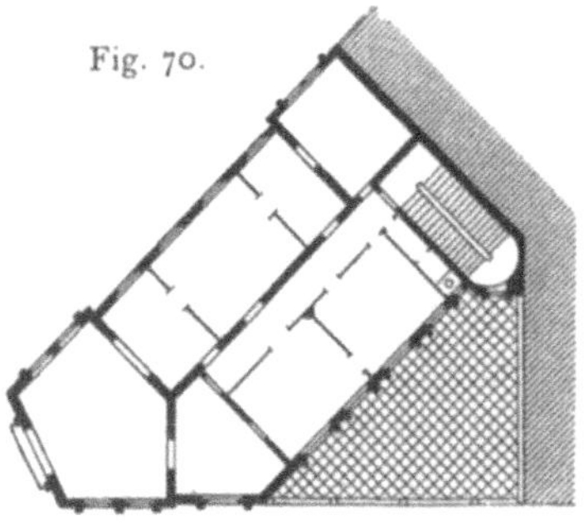

Fig. 71.

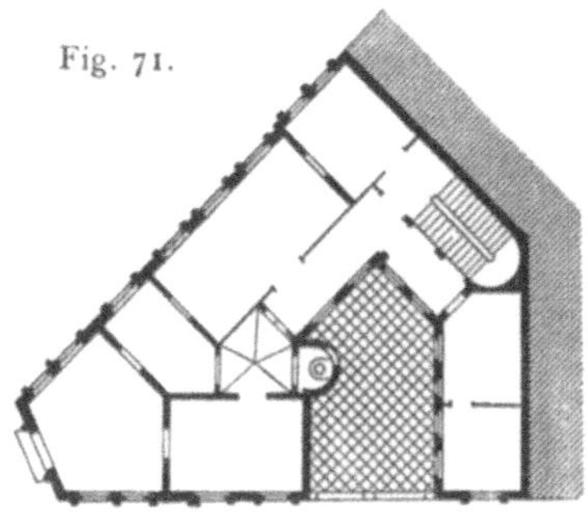

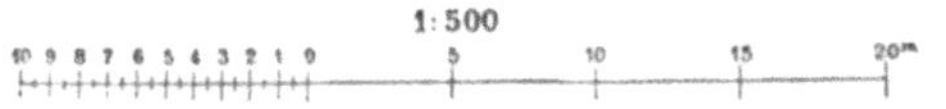

Fig. 72.

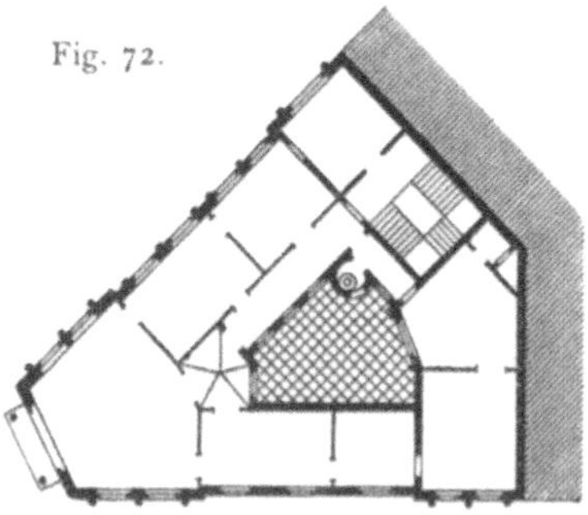

Bebauung einer ſpitzwinkeligen Bauſtelle.

ein ſolches Eckhaus mit offenem oder geſchloſſenem Hofe von allen Seiten anſehnlich ausgebildet werden kann. Eben ſo können die den Eckhäuſern benachbarten Gebäude, wenn ſie wegen geringer Tiefe der Bauſtellen ihre nackte Rückſeite der anderen Straſse zuwenden, Unſchönheiten im Straſsenbilde hervorrufen, welche bei geſchickter Bebauung leicht zu vermeiden ſind. Dieſe kleinen Schwierigkeiten dürfen aber nicht hindern, Dreieckblöcke überall dort anzuordnen, wo der Verkehr es verlangt. In franzöſiſchen Stadterweiterungs-Plänen ſind die dreieckigen Blöcke ſo häufig, daſs ſie mitunter ganze Stadttheile bilden. Während man in Deutſchland vorwiegend geneigt iſt, ein zu groſses, zwiſchen Ring- und Radialſtraſsen liegendes Feld durch ein Kreuz in vier Rechteckblöcke zu theilen (Fig. 73), zerlegen die Franzoſen das Feld mit Vorliebe durch ein aus zwei

[26]) Siehe auch:

Welche Maſse eignen ſich am beſten für die in den Fluchtlinienplänen gröſserer Städte nothwendigen Abſchrägungen oder Abrundungen der Straſsenecken? Wochbl. f. Baukde. 1887, S. 29.

Dehnhardt. Die Abkantung der Ecken in den ſtädtiſchen Fluchtlinien-Plänen. Deutſche Bauz. 1889, S. 94.

Die Abkantung der Ecken in ſtädtiſchen Fluchtlinien-Plänen. Deutſche Bauz. 1889, S. 199; 1890, S. 20.

Fig. 73. Fig. 74.

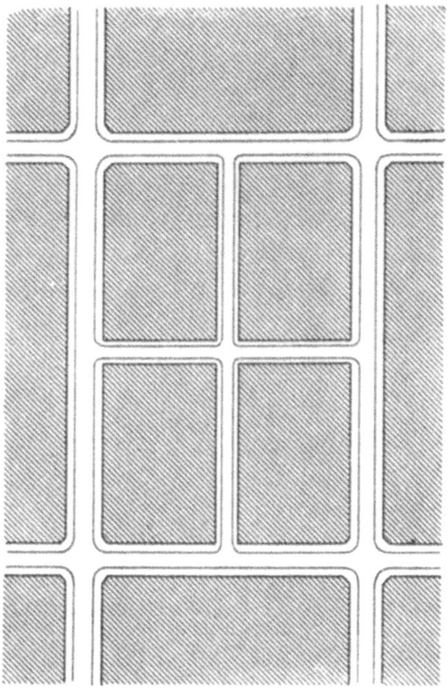

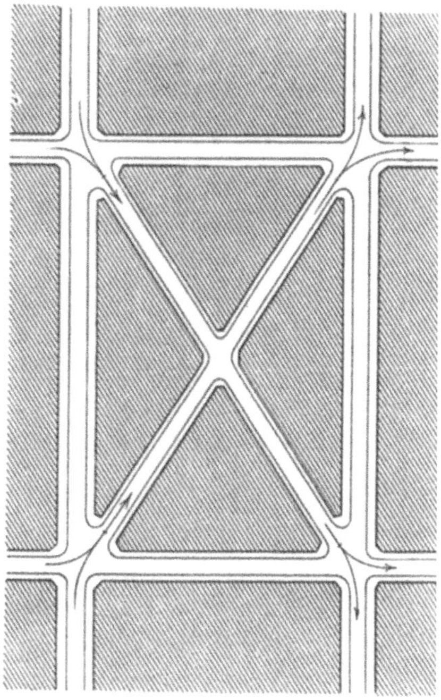

1:5000

Rechtwinkelige Diagonale

Untertheilung eines Blocks.

Fig. 75.

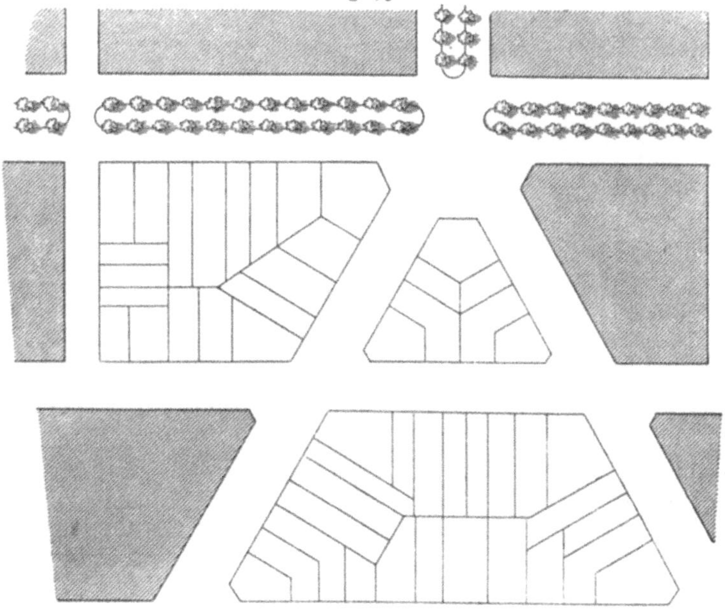

1:2500

Trapezblöcke.

Fig. 76.

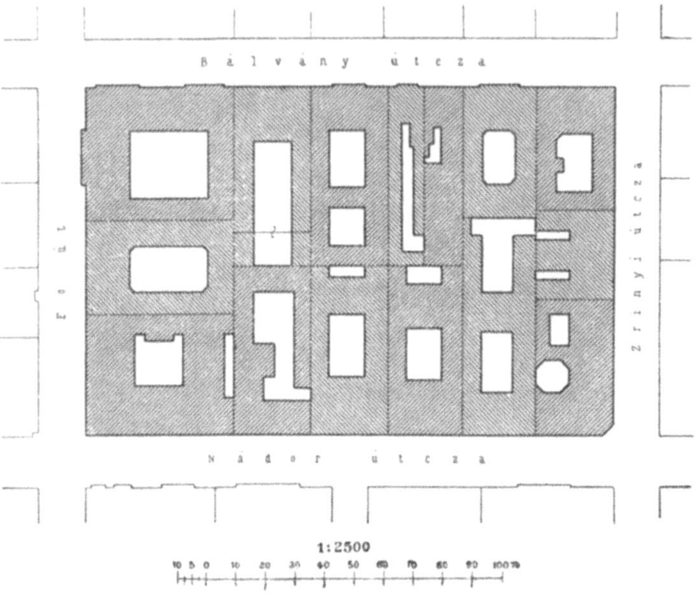

Block aus Budapeſt.

Diagonalen beſtehendes Kreuz in vier Dreieckblöcke (Fig. 74); ſie nehmen dabei einige Unbequemlichkeiten der Bebauung in den Kauf, opfern auch etwas mehr Straſsenland, ziehen aber Nutzen aus dem Umſtande, daſs die Diagonalen im Gegenſatz zu dem erſtgenannten Theilungskreuz Verkehr haben, alſo den Werth des Baulandes erhöhen.

136.
Trapezblöcke.

Völlige Regelmäſsigkeit der Blockformen iſt in einem Stadtbauplane nur ſtellenweiſe zu erzielen; Trapezblöcke nach Fig. 75 u. 77 ſind daher häufig.

137.
Bauſtellen-Eintheilung.

Die Bauſtellen-Eintheilung in Fig. 75 bis 79 zeigt die Anordnung, daſs die Bauſtellen an den wichtigeren Straſsen, deren Fronten dem Baulande einen höheren Werth verleihen, mit gröſserer Tiefe abgetheilt ſind, als die Bauſtellen an den weniger werthvollen Straſsen. In Fig. 79 fällt zugleich die auſserordentlich kleine Bauſtellentheilung belgiſcher Städte auf. Fig. 77 zeigt, wie das Innere des für gewöhnliche Bauſtellen zu tiefen Oſtender Blocks in Verbindung mit einer Eingangsbauſtelle zu einem

Fig. 77.

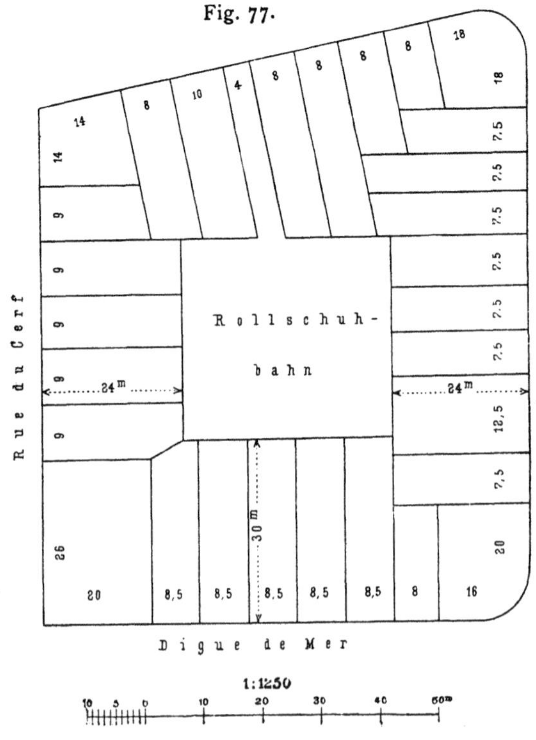

Eintheilung eines Trapezblocks zu Oſtende.

Fig. 78.

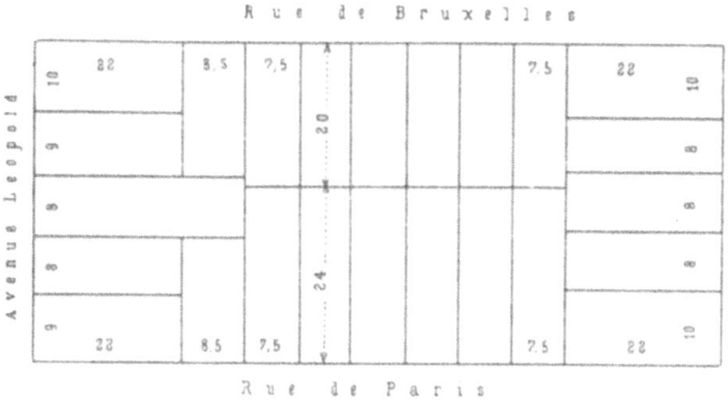

Eintheilung eines Rechteckblocks zu Oftende.

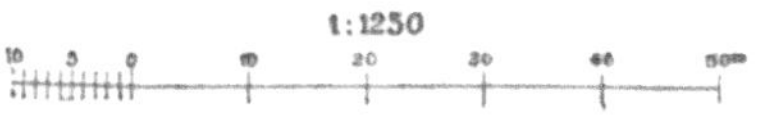

Fig. 79.

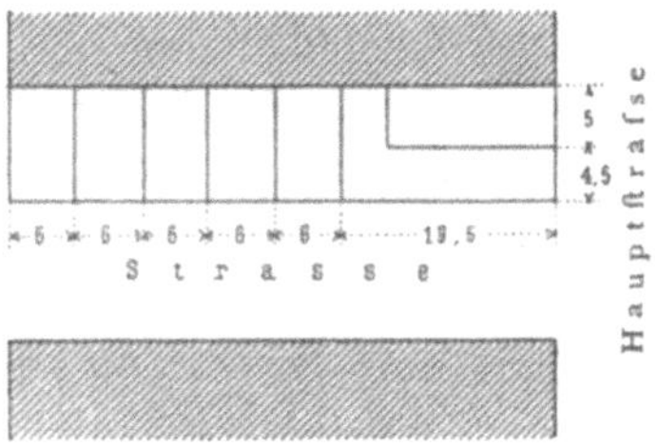

Bauftelleneintheilung zu Blankenberghe.

Fig. 80.

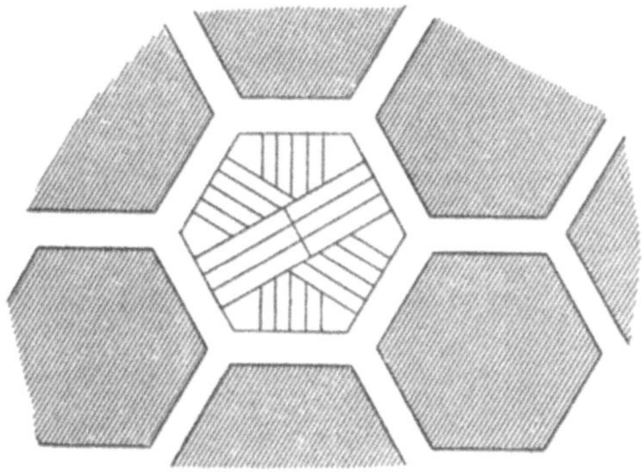

Amerikanifche Sechseckblöcke. — $^1/_{5000}$ n. Gr.

Zwecke benutzt ift, welcher der Strafsenfront nicht bedarf. Einen in gröfsere Baugrundftücke (für Miethhäufer) eingetheilten Block aus Budapeft ftellt Fig. 76 dar. (Vergl. auch Fig. 11 bis 16, S. 10.)

Nur der Sonderbarkeit wegen foll erwähnt werden, dafs es in Amerika auch Stadttheile nach dem Sechseckmufter (Fig. 80) geben foll, was felbftredend, da durchgehende Verkehrsftrafsen hierbei nicht möglich find, eine Thorheit ift. 138. Sechseckige Blöcke.

4. Kapitel.

Die verfchiedenen Strafsenarten, ihre Breiten und Längen.

a) Strafsenarten.

Die im Stadtplane nach Verkehrs-, Bebauungs-, Gefundheits- und Schönheits-Rückfichten feft geftellten fowohl, als auch die gefchichtlich gewordenen Strafsen unterfcheiden fich fchon äufserlich durch die ihnen beigelegten Namen, in welchen ihre Eigenart und Bedeutung theilweife zum Ausdruck gelangt. In den Strafsennamen finden wir Bezeichnungen wie: Gaffe, Gäfschen, Hof, Klofter, *Cité*, Paffage, Galerie, *Lane, Row, Terrace, Back-road,* Weg, Damm, Garten, Ufer (Staden, Quai, Kade, Lände, Stapel, Gracht, Rakpart, Werft), Twiete, Gang, Graben, Wall, Sträfschen, Strafse, Allee, Promenade, Ring (Cingel, Bollwerk, *Boulevard*), *Avenue*, *Corfo* (*Cours*). 139. Strafsennamen.

Diefe Bezeichnungen find gewiffermafsen die Familiennamen, während die Glieder derfelben Familie durch Vornamen unterfchieden werden (Elftergaffe, *Gereonshof,* Breiter Weg, Fuhlen-Twiete, *Luifen*-Ufer, *Kolowrat*-Ring u. f. w.). Ausnahmsweife find Vor- und Familiennamen in Eines verfchmolzen, z. B. der »Graben«

in Wien und Prag, die »Linden« in Berlin, die »Kukelke« in Dortmund, »Unter Fettenhennen«, »Im Laach« zu Köln, der »Büchel« in Aachen, die »Zeil« in Frankfurt, die »*Treille*« zu Genf, die »*Canébière*« in Marſeille, der »Corſo« in Rom.

140. Gaſſen. Der Familienname der Gaſſen, ſo geachtet er in allen deutſchen Städten früher war, in Süddeutſchland und Oeſterreich (in Ungarn *útcza* genannt) heute noch iſt, erfreut ſich in Norddeutſchland keiner Beliebtheit mehr, weil man dort irriger Weiſe mit der Bezeichnung »Gaſſe« gern den Begriff der Enge und Unſauberkeit verbindet. Während die Sackgaſſen, d. h. die nur mit einem Zugang verſehenen Gaſſen, eben ſo die zahlreichen nicht bewohnten Zwiſchengäſschen in mittelalterlichen Städten mit Recht allmählig zum Verſchwinden gebracht werden (die Zwiſchengäſschen durch Abſperren, durch Verkauf an die Anſtöſser u. dergl.), haben ſich die »Höfe« noch vielfach erhalten.

141. Höfe. Es ſind meiſt ehemalige Privatſtraſsen oder Privatgrundſtücke, die der allmähligen Umbauung eines gemeinſchaftlichen geräumigen Hofes mit zwei untergeordneten Zugängen oder nur einem Zugange ihre Entſtehung verdanken. Auch dieſe »Höfe« werden der verkehrsverbeſſernden Zeit ſchlieſslich zum Opfer fallen, bezw. in durchgehende Straſsen umgewandelt werden, wie es mit dem Sparwaldshof in Berlin und dem Gereonshof in Köln in neuerer Zeit geſchehen iſt.

Fig. 82.

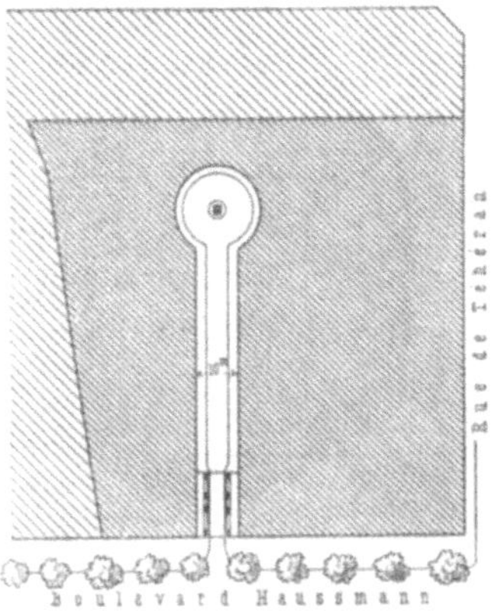

Cité Beaujon zu Paris. — 1/2500 n. Gr.

Fig. 81.

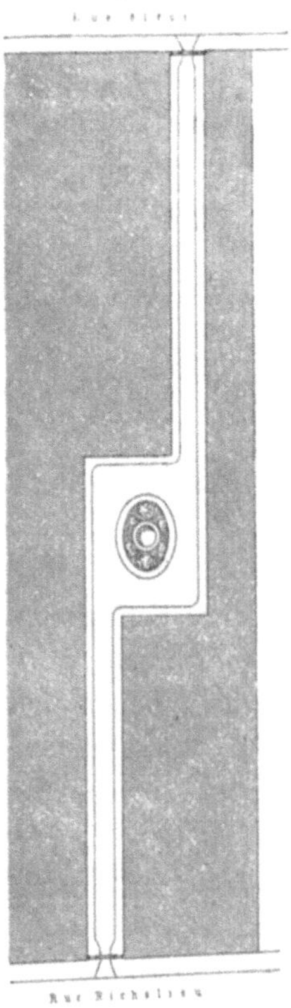

Cité Trévise zu Paris.

1/2000 n. Gr

Fig. 83.

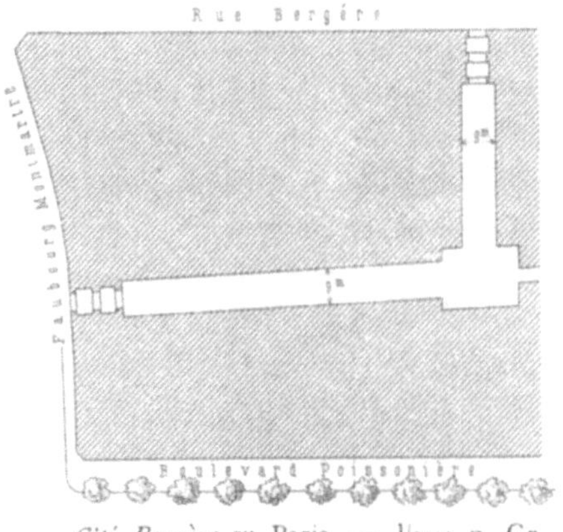

Cité Bergère zu Paris. — 1/2800 n. Gr.

Fig. 84.

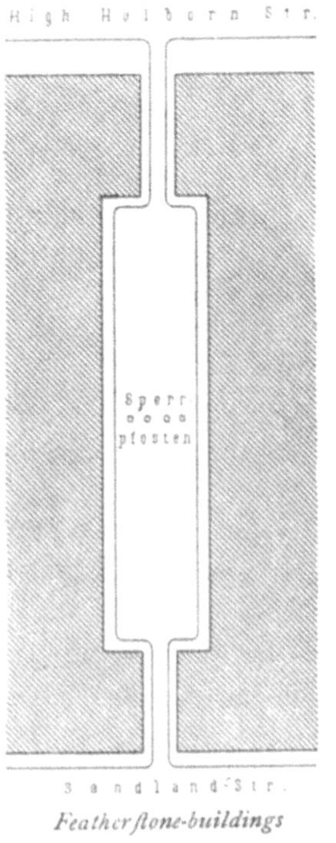

Featherſtone-buildings zu London.

1/1250 n. Gr.

Mit den »Höfen« verwandt ſind die in alten Städten noch vielfach vorhandenen »Klöſter«, die auf gleiche Art aus der Umbauung ehemaliger Kloſterhöfe oder unmittelbar aus Kloſtergebäuden und Kloſtergärten entſtanden ſind, während zwiſchenzeitlich die ehemaligen Kloſterzugänge und das Kloſterinnere die Eigenſchaft öffentlicher Straſsen oder Plätze erhalten haben. 142. Klöſter.

Weniger in deutſchen, als in franzöſiſchen und engliſchen Städten kommt es noch vor, daſs ſolche Sackgaſſen, »Höfe« und »Klöſter« als Privatunternehmungen neu angelegt werden. Beſonders in Paris giebt es zahlreiche ſog. *Cités,* in London unzählige *Courts, Places, Buildings* u. dergl., welche in die Baublöcke als Sackgaſſen, hakenförmig oder in ähnlicher Geſtalt einſchneiden, tagsüber öffentlich zugänglich ſind, Nachts aber meiſt durch Thore geſchloſſen werden. Fig. 81 bis 84 zeigen als Beiſpiele die *Cités Beaujon, Bergère* und *Tréviſe* zu Paris und die *Featherſtone-Buildings* zu London. Der Zweck ſolcher Anlagen beſteht in der vollkommeneren baulichen Ausnutzung gröſserer Grundflächen, deren Straſsenfront zu einer ergiebigen Bebauung nicht ausreicht. In Paris iſt es meiſt die zu groſs bemeſſene Ausdehnung vieler Baublöcke, welche die Bildung der *Cités* hervorgerufen hat. Wichtig iſt eine 143. *Cités, Courts, Buildings.*

Fig. 85.

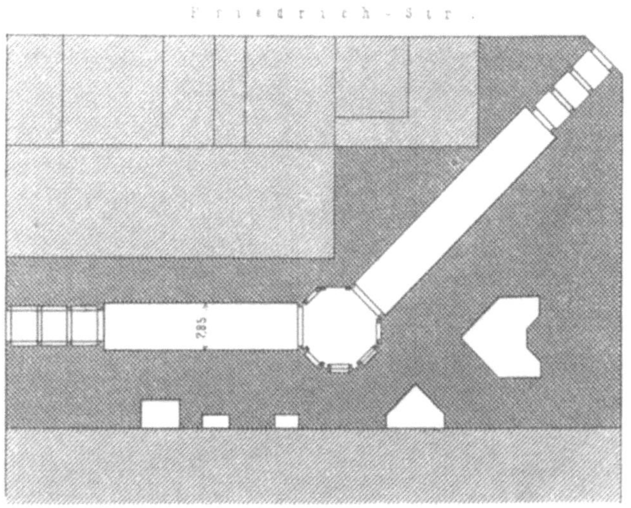

Kaiſer-Galerie zu Berlin.

Fig. 86.

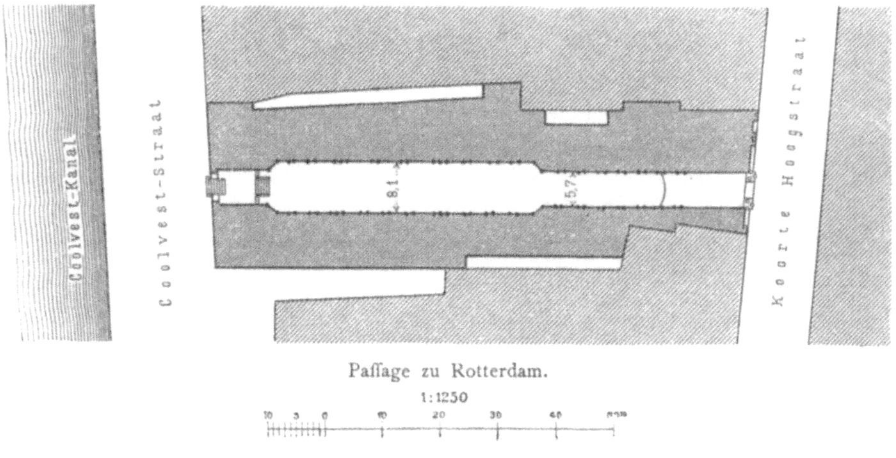

Paſſage zu Rotterdam.

1:1250

folche Anordnung derfelben, dafs den Fuhrwerken das Wenden ermöglicht wird. Oft find die Zugänge der franzöfifchen *Cités* und der englifchen *Courts* überbaut, was aber weder für die Bewohner angenehm, noch gefundheitlich zuträglich ift. Die haken- oder knieförmige Grundrifsgeftalt, welche man bei diefen Privatanlagen häufig findet, pflegt man bei öffentlichen Strafsen für unzuläffig zu halten, obwohl fie auch hier zuweilen vorkommt (*Nowack*-Anlage zu Karlsruhe, *Quirin*-Strafse zu Köln).

144. Paffagen und Galerien.

Eine Abart der *Cités* find die »Paffagen« oder »Galerien«, die auch in deutfchen Städten eine Rolle zu fpielen anfangen. Sie pflegen nur für Fufsgänger beftimmt, an den Eingängen überbaut, mit Glasdächern verfehen und beiderfeits von Verkaufsläden, Kaffeehäufern u. dergl. eingefafft zu fein. Zu den bedeutendften Paffagen gehören die Kaifer-Galerie zu Berlin, von knieförmigem Grundrifs, 7,85 m breit und 125 m lang (Fig. 85); die Paffage zu Rotterdam, 8,1 m, bezw. 5,7 m breit und 95 m lang (Fig. 86); die *Galleria Mazzini* zu Genua, 10,5 m breit und 190 m lang (Fig. 87) und die *Galleria Vittorio Emanuele* zu Mailand (Fig. 89), 14,5 m breit, in Geftalt eines Kreuzes, deffen Schenkel 210 m, bezw. 105 m lang find. Sowohl die Rotterdamer, als die Genuefer Paffage verbinden Strafsen, welche in fehr verfchiedener Höhe liegen. In Rotterdam ift der Höhenunterfchied durch Treppen überwunden, während der Fufsboden der *Galleria Mazzini* fehr ftark anfteigt und die Seiten-

Fig. 87.

Galerie *Mazzini* zu Genua.

Fig. 88.

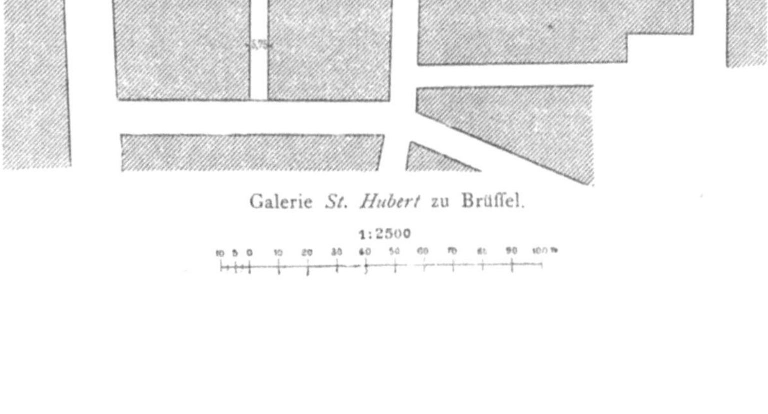

Galerie *St. Hubert* zu Brüffel.

1:2500

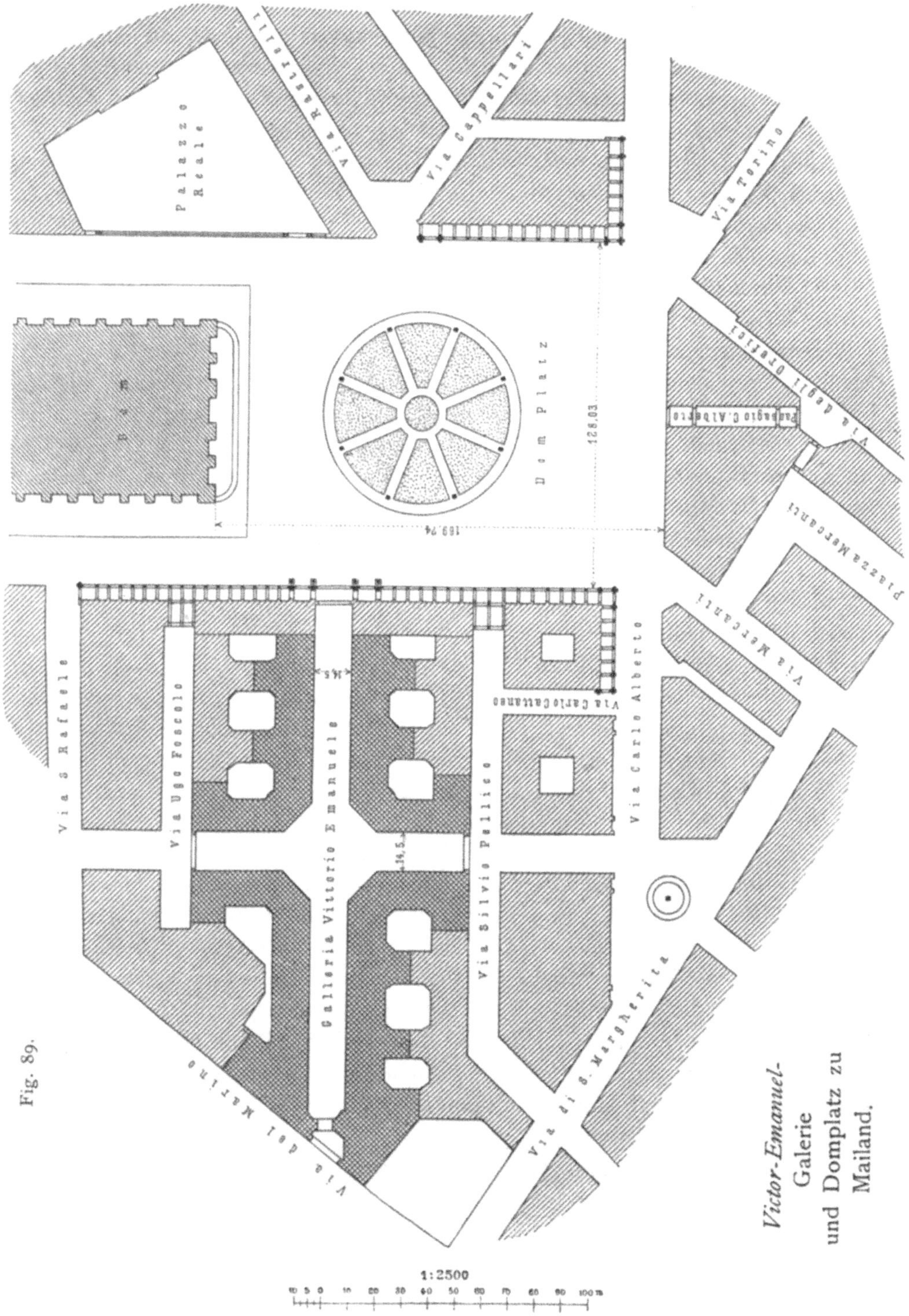

Fig. 89.

Victor-Emanuel-
Galerie
und Domplatz zu
Mailand.

façaden in einzelnen Theilen abgefetzt find, deren Höhenlagen durch eingefchaltete Kuppeln, welche die wagrechten Firfte des Glasdaches unterbrechen, vermittelt werden.

Solche bedeckte Paffagen find im Inneren grofser Städte als Verkaufshallen für Schmuckfachen, Luxusgegenftände, Photographien u. dergl. und mehr noch als Wandelgänge angenehm und zweckmäfsig. Sie find vom künftlerifchen Standpunkte ein willkommenes, anziehendes Mittelding zwifchen Strafsen- und Innen-Architektur und oft glänzend ausgeftattet. Als Kapitalanlage haben fie jedoch in der Regel die gehegten Erwartungen nicht erfüllt. Die geringfte Breite follte 6 m betragen; engere Paffagen, wie diejenigen zu Amiens (*Galerie du commerce,* 4 m breit), zu Köln (*Augufta*-Halle, 3,92 m breit) und zu Lüttich (*Paffage Lemonnier,* 3,8 m breit), laffen bezüglich der Lüftung und Erhellung der anftofsenden Räume viel zu wünfchen übrig. Die *Galerie St. Hubert* zu Brüffel (Fig. 88) dürfte mit 5,75 m Breite die Grenze der Zuläffigkeit bezeichnen.

145. *Lanes, Rows, Terraces, Places, Back-roads.*

Die englifchen *Lanes* find gewöhnlich einfpurige Gaffen, die *Rows* einfeitig bebaute Strafsen, die *Terraces* abgefonderte Häufergruppen (vergl. Fig. 302). *Terraces, Places* und die englifchen *Back-roads,* welche den hinteren untergeordneten Zugang zu Grundftücken bilden, deren Hauptfronten an anderen Strafsen liegen, find auf dem Continent wenig gebräuchlich. Die *Back-roads* oder Hinterftrafsen haben den Nachtheil der nächtlichen Unficherheit und des verftärkten polizeilichen Auffichtsbedürfniffes, fonft aber fo viele Vortheile, dafs fie bei geeigneter Oertlichkeit in Gefchäfts- und Fabrikvierteln wohl in Erwägung zu ziehen find.

146. Bezeichnung nach der Ortsbefchaffenheit.

Die Namen »Weg, Damm, Bleiche, Bahn, Garten, Berg, Hügel, Brücke, Infel, Ufer« entfpringen unmittelbar aus der Oertlichkeit, in fo fern als »Weg, Damm, Bahn, Bleiche, Garten« aus früheren Landwegen, Eindeichungen, Seilerbahnen u. dergl. oder parcellirten Wiefen und Gärten entftanden find, während »Berg, Hügel, Brücke, Infel« die jetzige oder frühere Ortsbefchaffenheit bezeichnen und endlich mit »Ufer, Staden, Quai, Kade, Lände, Stapel, Gracht, Rakpart, Werft« Uferftrafsen an Flüffen und fonftigen Gewäffern benannt werden. Im 6. Kapitel diefes Abfchnittes werden diefe Strafsen näher befprochen werden.

147. Twieten und Gänge.

»Twiete« und »Gang« find norddeutfche, befonders Hamburgifche Bezeichnungen; erftere, den englifchen *Lanes* verwandt, für enge Zwifchenftrafsen oder Zwifchengaffen, in welchen zwei Fuhrwerke fich nicht begegnen können, letztere Bezeichnung für enge und winkelige Gaffen ohne Fahrverkehr.

148. Gräben und Wälle.

Die Namen »Graben« und »Wall« erinnern an ehemalige Befeftigungslinien; mitunter find es die hervorragendften, zuweilen die untergeordnetften Strafsen der Stadt, je nachdem fie auf gefchleiften Feftungswerken mit befonderer Aufmerkfamkeit neu gefchaffen wurden (Krefeld, Dortmund) oder aber in ihrem mangelhaften Zuftande als Unterkunft armer Leute oder fchlechten Gefindels der alten Walllinie entlang noch erhalten find.

149. Strafsen fchlechthin.

Die Hauptmenge aller ftädtifchen Strafsen trägt fchlechthin den Familiennamen »Strafse«, ohne dadurch im mannigfaltigften Wechfel vom befcheidenften »Sträfschen« bis zur ftattlichften Prunkftrafse gehindert zu fein. In der Namengebung unterfcheiden wir nicht klar zwifchen innerftädtifchen Pflafterftrafsen und äufseren, in das Land hinausführenden, meift macadamifirten Strafsen, wenn auch die Namen »Steinweg, Landftrafse« u. f. w. vorkommen. Bei den Franzofen find die inneren *Rues* und die äufseren *Routes* beffer unterfchieden, eben fo die englifchen *Streets* und *Roads.*

Der Fahrweg in der Mitte, die Fufswege (Bürgerſteige, Trottoirs) zu beiden Seiten, dies iſt die übereinſtimmende Eintheilung aller dieſer »Strafsen«, ſo lange nicht das Pflanzen von Baumreihen zu anderen Anordnungen führt.

In Italien iſt diejenige Strafsenart verbreitet, welche den Bürgerſteig als bedeckten Bogengang in die Erdgeſchoſſe der Häuſer hineinlegt oder den Häuſern vorlegt. Auch in Süd-Frankreich ſind ſolche ſchattige Bürgerſteig-Hallen, hie und da auch »Lauben« genannt, beliebt; ſtellenweiſe finden ſie ſich auch in der Schweiz, in Deutſchland und in Oeſterreich (Bern, München, Münſter, Strafsburg, Lübeck, Prag u. ſ. w.). 150. Bedeckte Seitengänge.

Einer reichen Ausbildung ſind die breiten Strafsen fähig, ſobald ſie zum Spazierengehen, Spazierenfahren und Reiten dienen ſollen und theils des Schmuckes, theils des Schattens wegen mit Bäumen bepflanzt werden. Dadurch entſtehen diejenigen Strafsen, die unter dem Namen »Allee« oder »Promenade« bekannt ſind, die auch ihrer Oertlichkeit entſprechend »Graben, Wall, Bollwerk, *Boulevard*« genannt werden, wenn ſie den Platz ehemaliger Feſtungswerke einnehmen, oder »Ring«, »Cingel«, falls der die Stadt umſchliefsende Verlauf derſelben beſonders betont werden ſoll. Die franzöſiſche, auch bei uns zuweilen benutzte Bezeichnung *Avenue* drückt dagegen meiſtens die radiale Richtung aus; man hat darunter in der Regel eine mit Bäumen beſetzte Zugangsſtrafse von einem Vorort oder einem äufseren Stadttheile zur Innenſtadt oder den Zugang zu einem Stadtthor, einem Park, einem Palaſt oder dergl. zu verſtehen. 151. Alleen, *Boulevards*, Ringe, *Avenuen*.

In New-York heifsen die Strafsen der Längsrichtung *Avenues*, diejenigen der Querrichtung *Streets*. In Ungarn überträgt man die ſtrahlenförmige oder ringförmige Richtung der Strafse auch ausdrücklich auf den Strafsennamen; die Radialſtrafsen heifsen *Sugárút*, z. B. *Váſárhelyi Sugarút*, die Ringſtrafsen *Körút*, z. B. *Váczi Körút*. 152. Amerikaniſche u. ungariſche Bezeichnungen.

Der anſpruchsvollſte, in Deutſchland nicht gebräuchliche Strafsenname iſt *Corſo* oder *Cours*. Die Italiener verbinden mit *Corſo* kaum einen anderen Sinn als den der ſtädtiſchen Fahr-Promenade (die Fufs-Promenade oder der Parkfahrweg heifst *Paſſegio*); der *Corſo* zu Rom hat ſogar nur 12 bis 15 m Breite. Die Franzoſen jedoch verlangen von einem *Cours*, dafs er beſonders breit und reich ausgebildet ſei, mindeſtens eine beſondere Equipagen-Strafse und abgetrennte Reitwege enthalte. Der Italiener gebraucht im letzteren Falle die Pezeichnungen *Largo* oder *Viale*. Der Name drückt indefs hier, wie in allen Verhältniſſen des Lebens, die Bedeutung eines Gegenſtandes nur in unvollkommener Weiſe aus. Wir haben uns nur aus dem Grunde ausführlicher mit den Strafsennamen beſchäftigt, weil ſich uns dabei ein Ueberblick über die grofse Verſchiedenartigkeit ſtädtiſcher Strafsen darbot. Mafsgebend für die wirkliche Bedeutung einer Strafse ſind — neben der Verkehrslage, Bebauung, Profilirung und Ausſchmückung — vor Allem die Breite und Länge derſelben. 153. *Corſo, Cours*.

b) Strafsenbreite.

Im Hinblick auf den Verkehr ſind die Strafsen nach ihrer Breite in den Ausführungsbeſtimmungen des Preufsiſchen Miniſteriums der öffentlichen Arbeiten zum Fluchtlinien-Geſetz vom 2. Juli 1875 (ſiehe Anhang) eingetheilt in Nebenſtrafsen von 12 bis 20 m Breite, in Verkehrsſtrafsen mittleren Ranges von 20 bis 30 m Breite und in Hauptverkehrsſtrafsen von 30 m und mehr Breite. Für die lebhaften Theile der Millionenſtädte iſt dieſe Eintheilung unzweifelhaft zutreffend. Für verkehrsreiche Mittelſtädte, wie Leipzig, Frankfurt, Hannover etc., ſind jene Mafse ſchon 154. Breitenabſtufung bez. des Verkehres.

reichlich groſs; für dieſe würde eine Eintheilung in die drei Claſſen von 12 bis 18 m, von 18 bis 26 m, von 26 bis 36 m wohl zweckentſprechender ſein. Bei gewöhnlichen Verhältniſſen aber genügen bezüglich des Verkehres geringere Maſse; daneben ſind aber auch die Rückſichten auf Geſundheit, Schönheit und Ausſchmückung für die Beſtimmung der Breite maſsgebend.

Obige Maſse gelten zudem nur für neu anzulegende Stadttheile, da in alten Stadttheilen die Straſsenbreiten, ſogar bei Hauptſtraſsen, viel tiefer hinabgehen und auch bei Straſsendurchbrüchen geringere Anſprüche gemacht werden müſſen, als im freien Felde.

155. Mindeſtmaſse.

Als eine der engſten ſtädtiſchen Hauptſtraſsen ſei die Hochſtraſse in Köln genannt, welche ſtreckenweiſe nicht breiter, als 5,5 m iſt und jetzt erſt durch allmähliges Zurücktreten der Neubauten auf 8,16 m Breite gebracht wird. Zu den engſten Nebenſtraſsen gehören die 1,53 m breite, beiderſeits mit neungeſchoſſigen Häuſern eingefaſſte Friedensgaſſe *(Vico della pace)* in Genua und die nur 0,72 m breite *Calle ſtretta* zu Venedig, an der die Häuſer ſechsgeſchoſſig ſind! Nicht unter dem ſüdlichen und noch viel weniger unter dem nördlichen Himmel ſind ſolche Gaſſen und enge Straſsen zu billigen; man wird vielmehr darauf Bedacht nehmen, bei Zulaſſung von Neubauten auch die engſten Straſsen auf wenigſtens 6 bis 7 m zu verbreitern und neue Straſsenanlagen auch bei der ungünſtigſten Raumbeſchränkung nicht unter 10 m Breite zu geſtatten. Bei Straſsendurchbrüchen von gröſserer Verkehrsbedeutung ſollte man aber eine Breite von 13 bis 15 m als Mindeſtmaſs feſt halten. Für Durchbrüche erſten Ranges ſind Breiten von 20 bis 25 m erforderlich; die *Kaiſer-Wilhelm*-Straſse in Berlin hat beiſpielsweiſe 22, bezw. 26 m Breite erhalten.

156. Normalmaſse.

Für die neuen Stadttheile von Düſſeldorf wurden durch ein Sachverſtändigen-Gutachten (ſiehe Anhang) Straſsenbreiten von 15, 20 und 26 m empfohlen, auſserdem jedoch Ringſtraſsen von 30 m Breite und mehr.

In der Stadterweiterung von Köln ſind folgende Abſtufungen bezüglich der Straſsenbreite gebildet: 12, 14, 16, 18, 20, 22, 26, 30 m, ferner eine abwechſelnde Ringſtraſsenbreite von 32 bis 70 m.

Bremen begnügt ſich mit den Abſtufungen 10, 14 und 18 m als Mindeſtmaſse.

In Leipzig werden für Nebenſtraſsen wenigſtens 13 m, für Hauptſtraſsen wenigſtens 17 m gefordert. Das letztgenannte Maſs gilt auch als Mindeſtbreite für Verkehrsſtraſsen in Hamburg. Für neue Straſsen in Wien gelten die Maſse 15, 19 und 23 m als zweckmäſsig, ſelbſtredend von Promenaden- und Luxusſtraſsen abgeſehen.

Das Maſs von 26 m bezeichnet nach § 15 des Preuſsiſchen Fluchtlinien-Geſetzes diejenige Breite, bis zu welcher die beiderſeitigen Anlieger, jeder bis zur Straſsenmitte, die Straſsenanlage-Koſten beſtreiten müſſen; es iſt zugleich unter gewöhnlichen Verhältniſſen das gröſste Breitenmaſs, welches der geſchäftliche Straſsenverkehr überhaupt verlangt.

157. Promenaden-Straſsen.

Ueber dieſes Maſs hinaus beginnt der Luxus, übrigens ein durchaus berechtigter und nützlicher Luxus, da Baumreihen und Promenaden der ganzen Bevölkerung zu ſtatten kommen und auch Reitwege und Equipagen-Fahrwege für den wohlhabenden Theil der Bürgerſchaft ſo lange nicht für entbehrlich gelten dürfen, als man dieſen Bevölkerungstheil ſelbſt nicht für überflüſſig hält.

Die geringſte Breite einer Promenadenſtraſse iſt 26 m, da man erſt bei dieſer Breite im Stande iſt, auf jeder Straſsenſeite eine haltbare Baumreihe in wenigſtens 6,5 bis 7,0 m Entfernung von den Häuſern zu pflanzen; die Breite kann bis auf 100 m wachſen, wie wir dies im nächſten Kapitel bei Beſprechung der Querprofile näher betrachten werden.

Die Straſsen amerikaniſcher Städte pflegen, auch ohne Baumreihen, in ſehr erheblichen Breiten angelegt zu werden. Für bloſse Wohnſtraſsen ſind 20 bis 30 m, für Verkehrs- und Geſchäftsſtraſsen 40 bis 50 m gebräuchliche Breiten; allerdings überläſst man in der Regel einen beträchtlichen Theil der Bürgerſteig-Breite der privaten Benutzung der anſtoſsenden Geſchäftshäuſer. 158. Amerikaniſche Straſsen.

Die Anforderungen der Geſundheit an die Breite einer Straſse werden durch die richtige Berückſichtigung der Verkehrsverhältniſſe gleichfalls erfüllt ſein, vorausgeſetzt, daſs die zuläſſige Haushöhe, wie dies in den meiſten Bauordnungen der Fall iſt, zur Straſsenbreite in einem angemeſſenen Verhältniſſe ſteht. Einige Bauordnungen (z. B. diejenige von Dresden) ſetzen den einfachen Grundſatz feſt, daſs 159. Geſundheitliche Anforderungen.

Fig. 90.

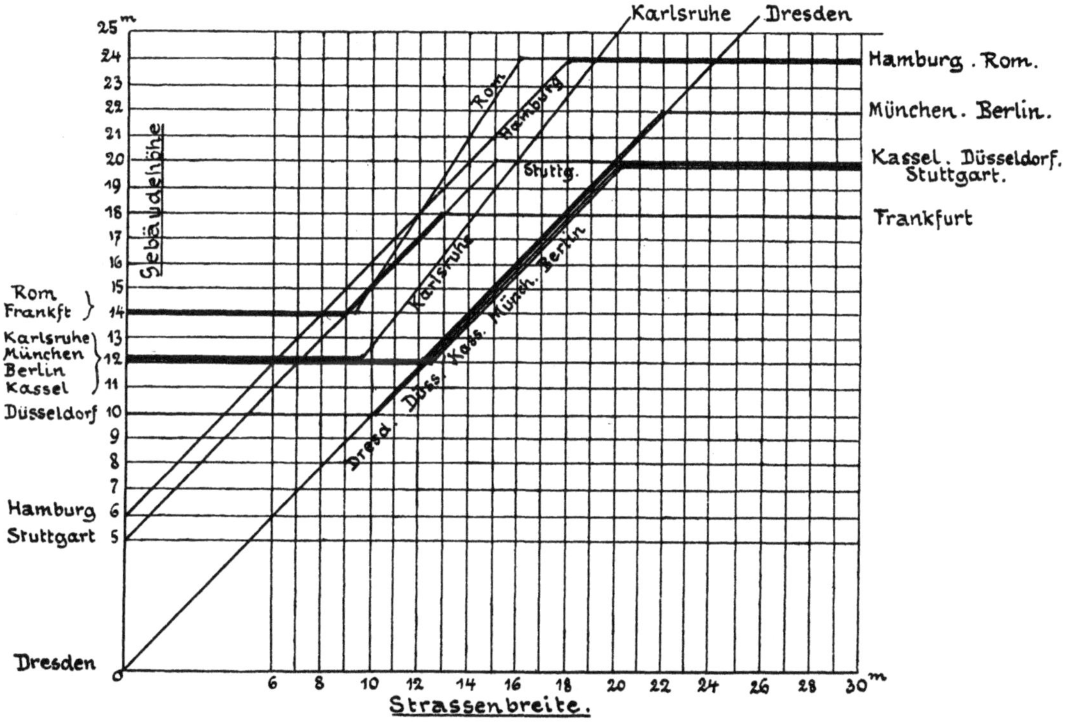

Verhältniſs zwiſchen Straſsenbreiten und Gebäudehöhen in verſchiedenen Städten.

ein Haus vom Bürgerſteig bis zum Dachgeſims nicht höher ſein ſoll, als die Straſse breit iſt.

Andere Bauordnungen vereinigen mit dieſer Vorſchrift die Beſtimmung, daſs auch für engere Straſsen eine Haushöhe von beiſpielsweiſe 10 oder 12 m immer zuläſſig iſt, daſs ferner über eine gewiſſe Höhe, z. B. 20 oder 22 m, hinaus Wohngebäude überhaupt nicht aufgeführt werden dürfen (München, Berlin, Kaſſel, Düſſeldorf). Die Mehrzahl der Städte ſchlägt indeſs einen Mittelweg ein (vergl. Fig. 90), indem ſie beſtimmt, daſs zwiſchen den zuläſſigen abſoluten Grenzzahlen die Haushöhe einige Meter (3 bis 6 m) mehr betragen darf, als die Straſsenbreite (Frankfurt, Stuttgart, Köln, Hamburg). In Karlsruhe iſt die gröſste zuläſſige Höhe zwiſchen den äuſserſten Grenzzahlen gleich der 1¼-fachen, im ſonnigeren Rom gleich der 1½-fachen Straſsenbreite. *Trélat* verlangt, daſs die Straſsen behufs ausreichender 160. Beziehungen zwiſchen Haushöhe und Straſsenbreite.

Beleuchtung der Wohnräume eine Breite erhalten, welche der $1^1/_2$-fachen Gebäudehöhe gleich ift [27]).

161. Himmelslicht. Ein leitender Gefichtspunkt ift oft derjenige, dafs in jeden Wohnraum das Himmelslicht unter 45 Grad bis an die Rückwand des Zimmers einfallen foll. Obwohl diefe Forderung an Strafsen und Höfen anfcheinend ziemlich leicht erfüllt werden kann, da die Lichtftrahlen von allen Theilen des Himmelsgewölbes ausgehen, haben doch die meiften Bauordnungen fich genöthigt gefehen, Höfe von fo geringen Abmeffungen zuzulaffen, dafs den unteren Gefchoffen der genannte Licht-Einfallswinkel durchaus nicht gewährt wird (vergl. Fig. 11 bis 16 u. 76). Sehr häufig wird die Forderung nicht einmal für die Erdgefchofs-Zimmer an der Strafse erfüllt.

162. Sonnenftrahlen. Weit fchwieriger, ja oft unmöglich, ift es jedoch, in ähnlicher Weife dafür zu forgen, dafs die unmittelbaren Sonnenftrahlen täglich wenigftens eine oder zwei Stunden lang in alle Wohnräume einfallen. Es hängt dies nicht blofs von der Breite der Strafsen (und Höfe) ab, fondern mehr noch von der Strafsenrichtung, welche gewöhnlich etwas Gegebenes oder vom Verkehre Vorgefchriebenes ift (vergl. Art. 12, S. 49 u. 50), und von der Stellung der An- und Hinterbauten, alfo von der Art der Bebauung des Grundftückes. Leider find auch in diefer Hinficht die Rückfichten auf die räumliche Geftaltung und auf die Rentabilität oft ftärker, als die Forderung der Befonnung. Der Architekt fowohl, als der Bauherr könnten ihre Gebäude in vielen Fällen den Richtungen der Sonnenftrahlen weit mehr anpaffen, als dies gewöhnlich gefchieht; der Gefundheit und Behaglichkeit der Einwohner würden fie dadurch einen grofsen Dienft erweifen. So wenig mafsgebend die Befonnung bei der Feftftellung der Strafsenrichtungen und Strafsenbreiten leider fein kann, einen fo entfcheidenden Einflufs kann und foll fie auf die Stellung der Anbauten und Hofgebäude ausüben. Laffen fich auch die vortheilhaften Befonnungsverhältniffe der offenen Bauweife nicht auf alle Stadttheile übertragen, fo ift es doch durch die gedachte Rückfichtnahme möglich, die Nachtheile der gefchloffenen Bebauung erheblich zu mildern [28]).

163. Uebertriebene Strafsenbreiten. Eine allzu grofse Ausdehnung der Strafsenbreiten und der freien Verkehrsplätze ift keineswegs als gefundheitsfördernd zu betrachten, da der Strafsenftaub mit feinen mineralifchen und faulenden Beftandtheilen den Lungen nichts weniger als zuträglich ift. Auch pflegen die Häufer um fo höher emporgeführt zu werden, je breiter die Strafsen find; Licht und Sonnenfchein werden alfo in faft demfelben Verhältnifs befchränkt, wie in weniger breiten Strafsen, während die Unbequemlichkeit des Wohnens und die Nachtheile der Bevölkerungsdichtigkeit gefteigert werden. In der Regel foll daher der Flächeninhalt des freien Strafsenkörpers nicht über das zu erwartende Verkehrsbedürfnifs und das einer mäfsigen Gebäudehöhe entfprechende Lichtbedürfnifs hinausgehen.

164. Bepflanzungen. Da, wo aus befonderen Gründen fehr breite Strafsen und Plätze angelegt werden, ift es eine Forderung der öffentlichen Gefundheitspflege, den nicht für den Verkehr nöthigen Flächen durch Bepflanzung oder Berafung die fchädlichen

---

27) Vergl.: VI. Internationaler Congrefs für Hygiene und Demographie zu Wien 1887. Arbeiten der hygienifchen Sectionen. Heft Nr. XI: Mittel, die Gebäude mit Sonnenlicht und Sonnenwärme zu verforgen. Berichte von *E. Clément* & *E. Trélat.* Wien 1887 — ferner *Baumeifter*'s Referat über die betreffenden Congrefs-Verhandlungen in: Deutfche Viert. f. öff. Gefundheitspfl. 1888, S. 220 — endlich die im Anhange diefes Halbbandes abgedruckten Münchener Leitfätze des »Deutfchen Vereins für öffentliche Gefundheitspflege«.

28) Siehe auch: *De la hauteur des bâtiments en dehors de voies publiques. Gaz. des arch. et du bât.* 1878, S. 1.

Eigenſchaften zu nehmen, zugleich aber durch Polizei-Vorſchriften der Gebäudehöhe ein angemeſſenes Ziel zu ſetzen.

165. Antheil der Straſsen etc. am Geſammtfelde.

Der Antheil der Straſsen- und Platzflächen am geſammten Stadtfelde pflegt zwiſchen 25 und 50 Procent zu ſchwanken; ein gutes Mittelmaſs iſt 35 Procent. Die untere Grenze von 25 Procent pflegt auf Unvollſtändigkeit des Planes, auf zu ſchmale Straſsen oder zu ſparſame Anordnung von freien Plätzen hinzudeuten. Die obere Grenze von 50 Procent zeugt von ſtarker Eintheilung des Straſsennetzes und kleinen Blöcken bei geſchloſſener Bebauung; in manchen neuen Theilen franzöſiſcher Städte, z. B. in Genf, deſſen Bauart einen durchaus franzöſiſchen Charakter hat, wird der Satz von 50 Procent ſogar überſchritten. Eine Vorſchrift, daſs überhaupt Straſsen- und Platzflächen einen beſtimmten geringſten procentualiſchen Antheil des Bebauungsgebietes bilden müſſen, wäre von keinem entſcheidenden Werthe, da ſie für Bebauungspläne, in denen nur die Hauptlinien feſt gelegt werden, nicht anwendbar iſt und da gröſsere Parkanlagen, Gärten und Gewerbeniederlaſſungen auch bei der Untertheilung die Rechnung vereiteln.

Fig. 91.

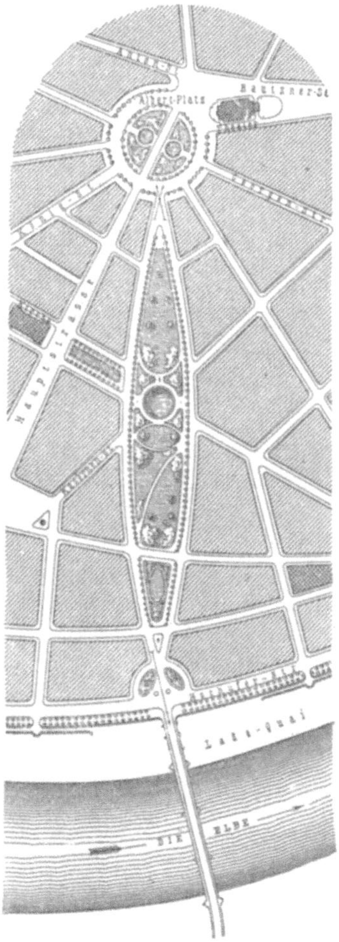

Aus einem Bebauungsplan für Dresden-Neuſtadt.

1/1000 n. Gr.

166. Maſshalten in der Breite.

Auch die Schönheit verlangt Maſshalten in der Straſsenbreite. So unfreundlich und bedrückend Straſsen und Gaſſen von weniger als 8 oder gar 5 m ſind, eben ſo unbehaglich und langweilig ſind unnöthig weit angelegte, verkehrsarme Straſsen von 20 oder 30 m Breite mit niedrigen, d. h. ein- oder zweigeſchoſſigen Häuſerreihen. Es iſt deſshalb eine aufmerkſame Abſtufung der Straſsenbreiten, je nach der Bedeutung des Verkehres und des Anbaues, erforderlich. Zwiſchen einem freien Platze und den abzweigenden Straſsen muſs ein wohlthuendes Verhältniſs, ein geordnetes Gleichgewicht beſtehen; eine bepflanzte Ringſtraſse, eine Promenadenſtraſse, kurz jede Hauptſtraſse muſs ſich in ihrer ganzen Anlage deutlich von Zweig- und Nebenſtraſsen unterſcheiden.

167. Keilförmige Straſsen.

Die Oertlichkeit kann zuweilen Anlaſs geben, eine Straſse keilförmig zu geſtalten, d. h. die Breite einer geraden Straſse von einem Ende zum anderen allmählig abnehmen zu laſſen. Ein bekanntes Beiſpiel iſt die Neuſtädtiſche Hauptſtraſse zu Dresden (Fig. 91). Man könnte es für einen ſchönheitlichen Vortheil halten, daſs, wie in mittelalterlichen Choranlagen, durch die Verjüngung der Breite die perſpectiviſche Wirkung geſteigert wird. Aber dieſe Steigerung tritt nur in der einen Richtung ein und findet in der flaueren Wirkung nach der anderen Richtung ihre Schattenſeite. Deſshalb wird die Verjüngung der Straſsenbreite, ſo zweckmäſsig ſie in manchen Fällen iſt, z. B. bei der Ueberleitung verſchiedenartiger Fluchtlinien oder bei der Mündung breiter Straſsen auf einen Knotenpunkt, immer nur ausnahmsweiſe anzuwenden ſein.

Additional information of this book

(Der Städtebau; 978-3-322-80318-4; 978-3-322-80318-4_OSFO1) is provided:

http://Extras.Springer.com

168. Wechfel. Eine der vornehmften Forderungen der Schönheit ift der Wechfel in der Strafsenausbildung, fowohl bezüglich der allgemeinen Form, als hinfichtlich der Breite, der Profilirung und der Ausfchmückung. Je nachdem die letztere in blofsen Baumreihen, oder in Rafenbändern mit Ziergefträuch, oder in gröfseren gärtnerifchen Anlagen, in Zierteichen, Springbrunnen, Denkmälern u. dergl. beftehen foll, kann die erforderliche Strafsenbreite, wie fchon erwähnt, bis auf 100 m und mehr wachfen, indem fie in ihrer wechfelnden Geftaltung die anziehendften Stadtbilder hervorruft. Beifpiele langer Strafsenzüge mit wechfelnden Breiten find die *Boulevards* zu Brüffel, die äufseren *Boulevards* zu Paris, die neue Ringftrafse zu Köln (vergl. Kap. 12), welche fpäter noch befprochen werden wird, endlich die *Andraffy*-Strafse zu Budapeft (Fig. 92 [29]).

Diefe jetzt fo herrliche Strafse wäre bei ihrer aufsergewöhnlichen Länge von 2320 m eine langweilige Anlage geworden, wenn die Erbauer nicht für den Wechfel der Breite, der Profilirung und der Bebauung geforgt hätten. Auf eine 34,14 m breite, aus einem Fahrweg und zwei baumbefetzten Bürgerfteigen beftehende Strecke folgt eine folche von 45,5 m Breite, deren Profil zwei Mittelalleen zwifchen drei Fahrftrafsen zeigt; auf der dritten Strecke find diefem Profil beiderfeits Vorgärten von je 5,7 m Tiefe hinzugefügt, welche den Uebergang zu der Villenbebauung der in den Stadtpark mündenden Schlufsftrecke vorbereiten.

c) Strafsenlänge; gerade und gekrümmte Strafsen.

169. Befchränkung der Länge. Vom Verkehrsftandpunkte follte eine Strafse fo lang als möglich in gerader Linie fortgeführt werden. Vom gefundheitlichen Standpunkte empfiehlt fich fchon wegen des Staubtreibens und wegen der fcharfen Winde, die in langen geraden Strafsen, befonders wenn diefe der herrfchenden Windrichtung entfprechen, recht unangenehm werden können, eine vorfichtige Befchränkung der Länge. Die Schönheit verlangt diefe Befchränkung auf das beftimmtefte. Soll eine Strafse dem Schönheitsgefühl entfprechen, foll der Verkehr auf derfelben das Auge nicht ermüden, vielmehr ein befriedigendes Bild gewähren, fo mufs ihre Länge gewiffermafsen eine Function ihrer Breite fein. Wie man für Wohnräume und Feftfäle als äufserftes Verhältnifs der Länge zur Breite dasjenige wie 2 : 1 annimmt, fo giebt es auch für die Stadtftrafsen gewiffe Schönheitsverhältniffe, die nicht überfchritten werden follten. Die »Linden« in Berlin, der »Hohenzollernring« in Köln, beides wohl proportionirte, ohne Uebertreibung den Eindruck der »Länge« machende Strafsen, zeigen das Verhältnifs der Breite zur Länge, wie 50 m zu 1000 m, bezw. wie 36 m zu 700 m. Die bekannte Parifer *Boulevard*-Strecke *Italiens-Capucines-Madeleine* zeigt ein Verhältnifs von ungefähr 1 : 30, dürfte aber die Grenze des Schönen vielleicht fchon überfchritten haben. Wir möchten daher das Verhältnifs 1 : 25 als die fchönheitliche Grenze für gleichmäfsig fallende, gleichmäfsig breite, gerade Strafsen bezeichnen, auch vor Strafsenanlagen warnen, deren Länge 1 km bei gleicher Richtung und Breite überfchreitet, in welchen defshalb das Auge auf das entfernte Ende der Strafse geleitet wird, wo es die Gegenftände nicht mehr zu unterfcheiden vermag. Gleichmäfsig gerade Strafsen, wie die *Boulevards de Sébaftopol* und *de Strasbourg* zu Paris mit 2,3 km, die *Friedrich*-Strafse zu Berlin mit 3 km Länge und die *Rue Lafayette* zu Paris, welche mit der *Rue d'Allemagne* eine gerade Linie von mehr als 4,5 km Länge bildet, find offenbar in ihrer Entwickelung übertrieben und unfchön. Das Längenverhältnifs darf ein geftreckteres werden und vielleicht bis 1 : 40 oder 1 : 50 reichen, wenn, wie bei der oben befprochenen *Andraffy*-Strafse, ein entfchiedener Breiten-

[29]) Vergl.: Wochbl. f. Baukde. 1886, S. 476.

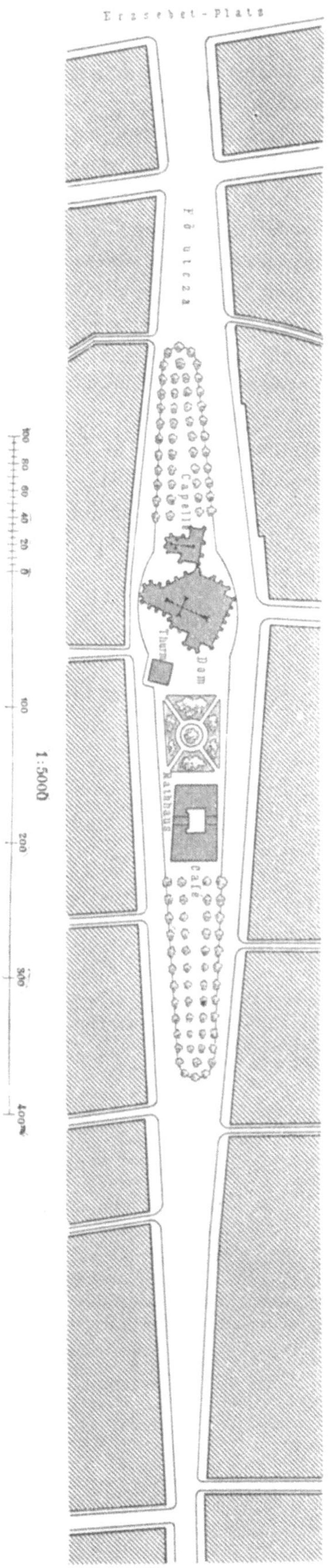

Fig. 94.

Doppelt-concave Hauptſtraſse zu Kaſchau.

und Profilwechſel angeordnet wird, wenn die Straſse ein concaves Gefälle hat — was im nächſten Kapitel behandelt werden wird — oder wenn die Straſse gekrümmt iſt.

170. Gekrümmte Straſsen.

Die gekrümmten Straſsen ſind in ihrer Längenentwickelung und ihrem Nivellement weniger gebunden, als die geraden Straſsen, weil ſie dem Auge ein vielgeſtaltigeres Bild darbieten. Sie beſitzen die vortheilhafte Eigenſchaft, daſs beim Begehen derſelben die auf der concaven Seite ſtehenden Häuſer, eines nach dem anderen, voller in die Erſcheinung treten, daſs alſo ein ſteter Wechſel des Bildes vor ſich geht, daſs endlich der Blick in eine krumme Straſse ſich durch die beiden Straſsenfronten ſelbſt begrenzt, was wohnlicher, behaglicher, als die lange Perſpective einer geraden Straſse ausſieht, die zu ihrem Abſchluſs eines beſonderen Gegenſtandes von Bedeutung bedarf, dann aber allerdings an Monumentalität und Groſsartigkeit dem gekrümmten Straſsenzuge weit überlegen ſein kann. Der Nachtheil der Straſsenkrümmung beſteht darin, daſs die Häuſer auf der convexen Seite ſo wenig ſich geltend machen, indem der Blick immer auf der concaven Seite ruht, und daſs der Verkehr weniger überſichtlich iſt. Auf alle Fälle iſt die gekrümmte Straſse eine angenehme Abwechslung in dem gewohnten geradlinigen Schema; die völlige Verwerfung krummer Straſsen aus modernen Stadtplänen iſt daher ungerechtfertigt. In vielen Fällen, wo der Uebergang aus einer Straſsenrichtung in eine andere zu vermitteln, wo die gerade Straſse den Grundſtücksgrenzen oder dem hügeligen Gelände ſich nicht ohne Zwang anpaſſen läſſt, wo alte Gebäude zu ſchonen ſind u. ſ. f., kann eine ſchlanke Straſsenkrümmung ſchön und zweckmäſsig ſein. Die krummen Straſsen zur Regel erheben zu wollen, wäre eine Thorheit. Eben ſo iſt es ein Unding, krumme und unregelmäſsige mittelalterliche Straſsen wegen ihrer maleriſchen Erſcheinung zur abſichtlichen, willkürlichen Nachbildung empfehlen zu wollen. Die maleriſche Erſcheinung würde wohl meiſtens einem ſehr unvortheilhaften Bilde Platz machen, wenn man ſich die mittelalterlichen Gebäude durch ſolche erſetzt denkt, die den heutigen Anforderungen und Gepflogenheiten entſprechen.

Die Krümmung durch eine Polygonlinie zu erſetzen, iſt unnöthig und oft unſchön; die Erſetzung der Curve durch eine Gerade für die Länge der einzelnen Hausfront iſt indeſs nicht ausgeſchloſſen.

171. Beiſpiele. Schöne Beiſpiele krummer Straſsen ſind der *Canal Grande* zu Venedig, die »Zeil« zu Frankfurt, die *Maximilian*-Straſse zu Augsburg, die *Place Meir* zu Antwerpen, die *Rue Esquermoiſe* zu Lille, der *Boulevard Richard-Lenoir* zu Paris, auch der Hanſa-Ring zu Köln (ſiehe Kap. 12). Allerdings macht die Biegung allein eine Straſse noch nicht ſchön, wie der *Regents-Quadrant* zu London zeigt, wo dieſelbe langweilige fünfſtöckige Façaden-Architektur in der ganzen Straſsenlänge durchgeführt und ſogar über die Querſtraſsen fort verbunden iſt.

172. Doppelt gekrümmte Straſsen. Der Umſtand, daſs in der gebogenen Straſse die concave Seite ſo vorwiegend ſich geltend macht, während die convexe als untergeordnet zurücktritt, hat zum Entwurf und zur Anlage von Straſsen geführt, deren beide Seiten concav ausgebaucht ſind, deren Fläche alſo eine linſenförmige Geſtalt erhält und durch Gartenanlagen, Laufbrunnen u. dergl. ausgefüllt bezw. geſchmückt werden kann. Oertliche Verhältniſſe können ſolche Straſsenanlagen, wovon der von *Blonden* entworfene und ausgeführte *Quai d'Avroy* in Lüttich (Fig. 93 [30]) ein glänzendes Beiſpiel iſt, nicht allein rechtfertigen, ſondern ſie zu einer vorzüglichen Stadtverſchönerung machen. Es wäre aber verwerflich, ohne die örtlichen Vorbedingungen in geſuchter Weiſe ſolche Ausnahmsanlagen herrichten zu wollen.

173. Beiſpiele. In Lüttich lag die örtliche Vorbedingung darin, daſs die weſtliche Straſsenfront vorhanden war, daſs die öſtliche Bogenfront die Verlängerung der zum Bahnhof kommenden *Guillemins*-Straſse bildet und daſs ferner die linſenförmige Parkanlage hauptſächlich den Platz eines früheren Schifffahrtsbeckens einnimmt. Auch die neue concave Straſsenfront am Maasufer in Fig. 93 iſt von prächtiger Wirkung. — Eine mächtige concave Uferſtraſse beſitzt Antwerpen an der Schelde; am Rheinufer zu Köln iſt ſie im Werden.

Nach dem Lütticher Vorbilde hat der Verfaſſer im Jahre 1878 bei der Dresdener Bebauungsplan-Concurrenz eine doppelt-concave Straſsenanlage vorgeſchlagen, deren weſtlicher Fahrweg die Verlängerung der Elbebrücke bildet, während die Zuſammenziehung am entgegengeſetzten Ende durch die organiſche Einmündung in den *Albert*-Platz bedingt iſt (Fig. 91). Die Durchfahrung dieſes Platzes lieſse ſich leicht ſo umgeſtalten, daſs nicht bloſs die Hauptſtraſse, ſondern auch die neue Straſse und die Königsſtraſse aufgenommen werden; leider muſs die Hochuferſtraſse an der Elbe die unwirkſame convexe Form erhalten.

Von beſonderem Reiz iſt die nach linſenförmigen Grundlinien angelegte Hauptſtraſse (*Fö utcza*) zu Kaſchau in Ober-Ungarn (Fig. 94) dadurch, daſs die breite Mittelſtrecke zur Errichtung von öffentlichen Gebäuden, insbeſondere der Domkirche, benutzt worden iſt.

Brunnen und Denkmäler pflegte das Mittelalter und die ihm folgende Zeit ſogar mit Vorliebe in die Mitte breiter Straſsen zu ſetzen. Eines der ſchönſten Beiſpiele dieſer Art iſt die oben ſchon erwähnte *Maximilian*-Straſse zu Augsburg, deren eine Häuſerflucht einen concaven Bogen bildet, während die andere, ſich mehr der geraden Linie anpaſſende ſo viel Raum läſſt, daſs zwei Erzbrunnen einen angemeſſenen Standort finden [31]).

---

30) Facſ.-Repr. nach: Zeitſch. d. Arch.- u. Ing.-Ver. zu Hannover 1878, Bl. 743.

31) Siehe auch: HUGGINS, S. *Remarks on the form, diſpoſition, and treatment of ſtreets. Building news,* Bd. 4, S. 73.
HENRICI, K. Konkurrenz-Entwurf zu der nordweſtlichen Stadterweiterung von Deſſau etc. Aachen 1890.

5. Kapitel.

Die Längen- und Querfchnitte der Strafsen.

a) Längenprofil.

Das Längenprofil ftädtifcher Strafsen hat den Forderungen der Zweckmäfsigkeit und der Schönheit Rechnung zu tragen. Die Zweckmäfsigkeitsrückfichten beziehen fich auf Verkehr, Abwäfferung und Anbaufähigkeit. 174. Anforderungen des Verkehres.

Der Verkehr verlangt, dafs die Strafsen möglichft wenig fteil find. Nach den vom Preufsifchen Minifterium der öffentlichen Arbeiten zum Fluchtlinien-Gefetz erlaffenen Ausführungsbeftimmungen vom 28. Mai 1876 foll bei Hauptverkehrsftrafsen ein Längengefälle von nicht mehr als 1 : 50, bei Nebenverkehrsftrafsen von beträchtlicher Länge ein folches von nicht mehr als 1 : 40 angeftrebt werden. Bei Stadterweiterungen im Flachlande oder in der Thalebene werden diefe Gefällsverhältniffe fogar nur ausnahmsweife, z. B. bei der Kreuzung von Eifenbahnen und anderen örtlichen Hinderniffen, anzuwenden fein, vielmehr in der Regel gröfste Gefälle von 1 : 100 bis 1 : 80 ausreichen. Ein ftärkeres Gefälle wie 1 : 70 hat auch den Nachtheil, dafs die für elegante Stadtftrafsen mit Recht beliebte Herftellung der Strafsendecke aus Afphalt nicht mehr zuläffig ift. In hügelig und gebirgig gelegenen Städten find oft felbft bei Hauptftrafsen Steigungen bis 1 : 25 oder 1 : 30 nicht zu vermeiden; in Nebenftrafsen mufs man fich fogar Steigungen bis 1 : 8 gefallen laffen, ja Treppen anlegen, um die vorhandenen Höhenunterfchiede zu vermitteln.

Nach dem Geldpunkte ausgedrückt, foll das Längenprofil einer Strafse derart beftimmt werden, dafs die Summe der jährlichen Verzinfungs-, Tilgungs-, Unterhaltungs- und Transportkoften ein Minimum werde.

Die Abwäfferung verlangt, dafs die Strafsen nicht zu flach angelegt werden. Ein Längengefälle von 1 : 200 bis 1 : 400 wird je nach der Befchaffenheit der Strafsendecke als das kleinfte zuläffige Gefälle der Strafsenrinnen betrachtet. Flachere Strafsen bedürfen alfo der unterirdifchen Entwäfferung, welche eine derartige Anlage der Strafsenrinnen erlaubt, dafs deren Gefälle gebrochen wird und nach den Einfallfchächten hin ftärker ift, als das allgemeine Gefälle der Strafse. 175. Abwäfferungs-Rückfichten.

Um den Anbau nicht unnöthig zu erfchweren, foll die Strafsenkrone nicht zu hoch über dem Baulande liegen. Ein angenehmes Höhenmafs zwifchen der Sohle des Baublocks und der Strafsenkrone ift $1{,}5$ bis $2{,}0$ m, weil dabei der Ausfchachtungsboden aus Keller und Fundamenten zur Aufhöhung des Hofes und des Gartens benutzt werden kann. Ift man behufs Befriedigung anderer Anforderungen genöthigt, die Strafsen in den Boden einzufchneiden (in Marfeille kommen Felseinfchnitte bis zu 15 m Tiefe vor) oder die Strafsenkrone höher als 2 m über den Boden zu legen (bei der Stadterweiterung von Köln giebt es Strafsendämme bis zu 6 m Höhe), fo find dies Nachtheile, die man in den Kauf nimmt, um beftimmte Vortheile, z. B. Hochwafferfreiheit, paffende Canalifation, bequeme Steigungsverhältniffe u. f. w., zu erzielen oder um fchlimmeren Uebelftänden auszuweichen. Nur unter diefen Vorausfetzungen find folche Nivellements ftädtifcher Strafsen ftatthaft. 176. Höhen-unterfchiede zwifchen Strafsenfläche u. Bauland.

Eben fo wichtig ift bei der Längenprofilirung einer ftädtifchen Strafse der fchönheitliche Gefichtspunkt, da das Längenprofil auf die perfpectivifche Erfcheinung der Strafse in demfelben Grade, ja oft in höherem Grade von Einflufs ift, wie die Lage, Richtung, Breite und Länge derfelben. 177. Schönheits-rückfichten.

178. **Concaves Nivellement.**

Das ſchönſte Nivellement iſt das concave (Fig. 95), das aus der Horizontalen oder aus einer ſchwächeren Steigung in eine ſtärkere Steigung übergehende. Während auf der gleichmäſsig fallenden oder ſteigenden Straſse die entfernteren auf oder an der Straſse befindlichen Gegenſtände durch die näheren Gegenſtände dem Auge des Beſchauers verdeckt werden, löſen ſich auf der concav profilirten Straſse die entfernteren Dinge von den näheren ab, ſowohl wenn man von der unteren zur oberen Strecke hinſchaut, als in umgekehrter Richtung. Wenn »der Kopf der Straſse ſich hebt«, ſo erſcheint die Straſse ſtattlicher, das Bild reicher, die Perſpective wirkſamer, der Verkehr beſſer überſehbar. Die Länge der Straſse, d. h. das Verhältniſs der Länge zur Breite derſelben, kann hierbei das in Art. 169 (S. 74) beſprochene Verhältniſs 1 : 30 ohne Schaden überſchreiten, da, in jeder Richtung geſehen, das Ende deutlicher hervortritt. Herrliche Beiſpiele concav nivellirter Straſsen ſind in Paris die vom Triumphbogen zum Eintrachtplatz hinabführende *Avenue* der *Champs-Élyſées* und die *Rue Lafayette* von *St. Vincent de Paul* abwärts[32]). Andere Beiſpiele dieſer Art ſind der *Boulevard du Jardin botanique* und der *Boulevard du Midi* zu Brüſſel, die *Via Nazionale* zu Rom, die *Via Roma* zu Genua, die *Olga*-Straſse zu Stuttgart. Auch auf groſsen freien Plätzen kommt das concave Nivellement zur entſcheidenden Wirkung, z. B. auf dem *St. Peters*-Platze zu Rom, welcher im 8. Kapitel dieſes Abſchnittes beſprochen werden wird.

Fig. 95.

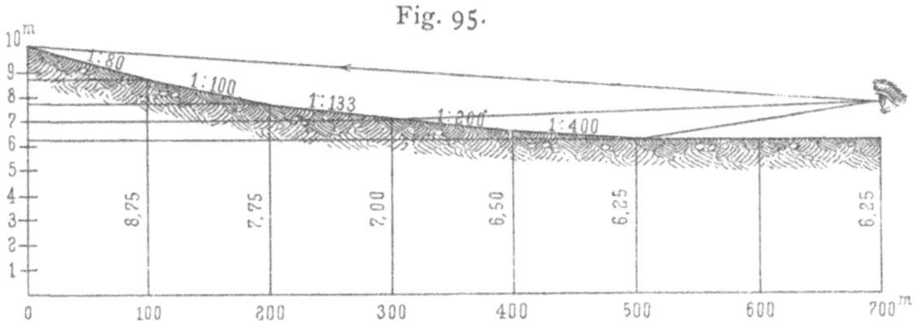

Concaves Straſsen-Nivellement.

Es iſt ein ungemein anziehendes Bild, des Abends auf ſolchen in leicht gekrümmtem Hohlbogen abfallenden Straſsen die guirlandenartige Linie der Straſsenlaternen zu verfolgen, zwiſchen welchen bei ſtarkem Verkehre ein Schwarm von Wagenlichtern hindurchzittert; bei feſtlichen Gelegenheiten wird die Wirkung beiſpielsweiſe auf den *Champs-Élyſées* zu Paris in das Feenhafte geſteigert.

179. **Lange Straſsen ohne Gefällwechſel.**

Die gleichmäſsig anſteigende oder wagrechte Straſse ſieht dem gegenüber ſteif und leer aus. Eben ſo wenig wie man eine Straſse auf Stunden Länge geradlinig durchführen darf, was den unbefriedigenden Eindruck hervorruft, als ob man etwa mit einem Meſſer die Stadt nach Art eines Kuchens in zwei Theile getrennt und etwas aus einander geſchoben hätte, eben ſo reizlos iſt es, eine gerade Straſse von beträchtlicher Längenausdehnung ohne jeden Gefällwechſel anzulegen. Viele moderne Straſsen mögen dieſem Umſtande in noch höherem Maſse ihre langweilige, einförmige Erſcheinung verdanken, als der ununterbrochen geradlinigen Häuſerflucht.

180. **Convexes Nivellement.**

Die Straſse mit gerader Gefällslinie könnte man äſthetiſch neutral nennen; aber verletzend und unſchön wird das Straſsenbild, wenn das Nivellement ein convexes iſt, d. h. wenn im Längenprofil der Straſse ſich ein Rücken bildet. Das Auge vermag dann die Straſsenfläche nur bis zu dem Rückenpunkte zu verfolgen; hinter dieſem verſchwindet die Straſsenfläche oder verkürzt ſich plötzlich (Fig. 96). Beiſpiele ſolcher Straſsen ſind die Theaterſtraſse zu Aachen, die Königsſtraſse zu Altona, die Königsſtraſse zu Stuttgart, die Bahnhofsſtraſse zu Augsburg, der *Boulevard de la Répu-*

[32]) Vergl.: Stübben, J. Paris in Bezug auf Straſsenbau und Stadterweiterung. Zeitſchr. f. Bauw. 1879, S. 377.

blique zu Marſeille, ferner eine Reihe von Straſsen im ſüdlichen Theile von Darmſtadt, welche geradlinig über Thal und Hügel gelegt ſind (*Heinrich-*, *Wilhelminen-*, Hügelſtraſse). Noch rückſichtsloſer in Bezug auf Gefällbrüche pflegt man in amerikaniſchen Städten vorzugehen, wo, wie z. B. in San Francisco, die beſchriebene häſsliche Straſsenbildung etwas Gewöhnliches iſt.

Die Häuſer ſcheinen jenſeits der Rückenlinie in die Erde zu ſinken. Die auf der Straſse jenſeits der Höhe ſich bewegenden Menſchen und Wagen ſieht man nur ſtückweiſe. Wie auf hoher See zeigt ſich zuerſt der oberſte Theil des entfernten Gegenſtandes. Vom Menſchen ſieht man zuerſt den Kopf, dann den mittleren, dann den unteren Theil des Körpers; die Füſse kommen erſt zum Vorſchein, wenn man ſich dem Straſsenrücken ſo weit genähert hat, daſs das Auge hinüber zu ſehen vermag. Da hiernach das Straſsenbild von dem erſten Gefällrücken gewiſſermaſsen abgeſchnitten wird, ſo können ſolche Straſsen eine wirkſame Perſpective nicht darbieten; jedenfalls wird das perſpectiviſche Bild weſentlich beeinträchtigt. Oft iſt man leider gegen Willen genöthigt, derartige unſchöne Rücken in langen geraden Straſsen anzulegen. Wenn möglich ſollte man in ſolchen Fällen wenigſtens danach trachten, daſs das Auge des aufrecht ſtehenden Menſchen die Straſsenfläche jenſeits des Rückens noch überſchauen kann. In Stadterweiterungsplänen iſt es aber weit beſſer, den ſtörenden Eindruck des unvermeidlichen Rückens dadurch zu beſeitigen oder zu mildern, daſs man die Straſse entweder krümmt oder daſs man ſie am Gefällrücken knickt oder theilt (Fig. 97 u. 98). Die Nöthigung, die Straſsenrichtung am Rückenpunkte zu ändern, bringt die veränderte Strecke vielleicht in die gerade Linie eines folgenden Straſsenzuges, oder es bildet ſich eine ſymmetriſche Gabelung; kurz, es tritt irgend eine andere, viel-

Fig. 96.

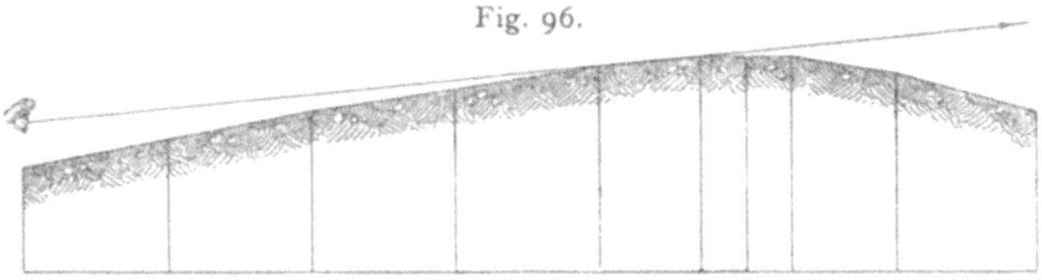

Convexes Straſsen-Nivellement.

Fig. 97.

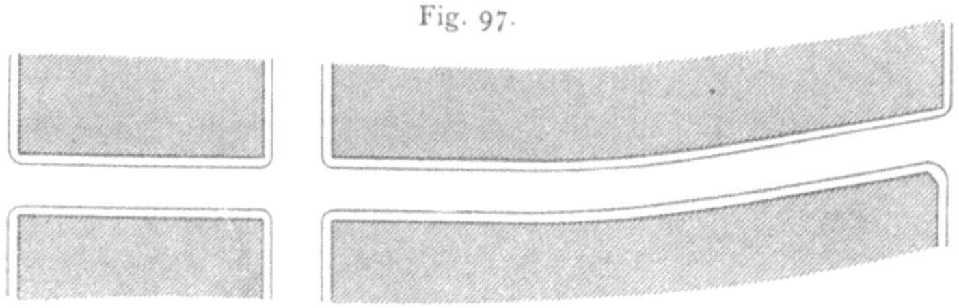

Straſsenkrümmung bei convexem Nivellement.

Fig. 98.

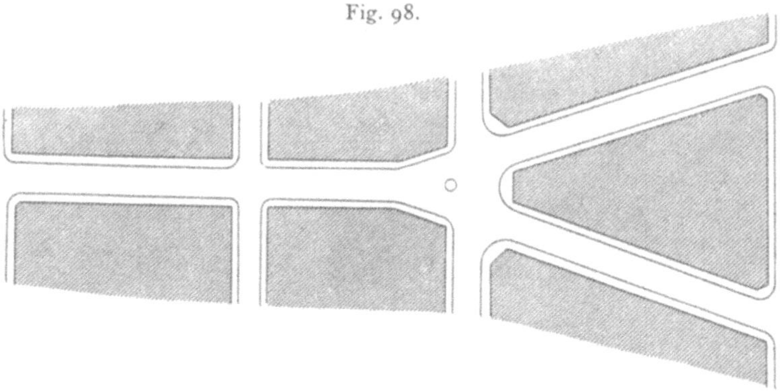

Straſsengabelung bei convexem Nivellement.

1:2500

leicht reizvolle Gruppirung des Stadtplanes ein. Die Krümmung läfst den Gefällsbruch weniger auffallend erfcheinen, unter Umftänden fogar für das Auge verfchwinden. Die Theilung kann entweder in wagrechter Ebene erfolgen durch Gabelung (Fig. 98) oder in lothrechter Ebene durch eine befondere Betonung und Ausbildung des Rückenpunktes, derart, dafs der Blick auf dem Rücken feinen Ruhepunkt findet, die Durchficht aber verfchloffen ift. Hierfür ift es zweckmäfsig, den Rücken mit einer Strafsenkreuzung oder einer Strafsenerweiterung zufammenzulegen, wo die ange-

Fig. 99.

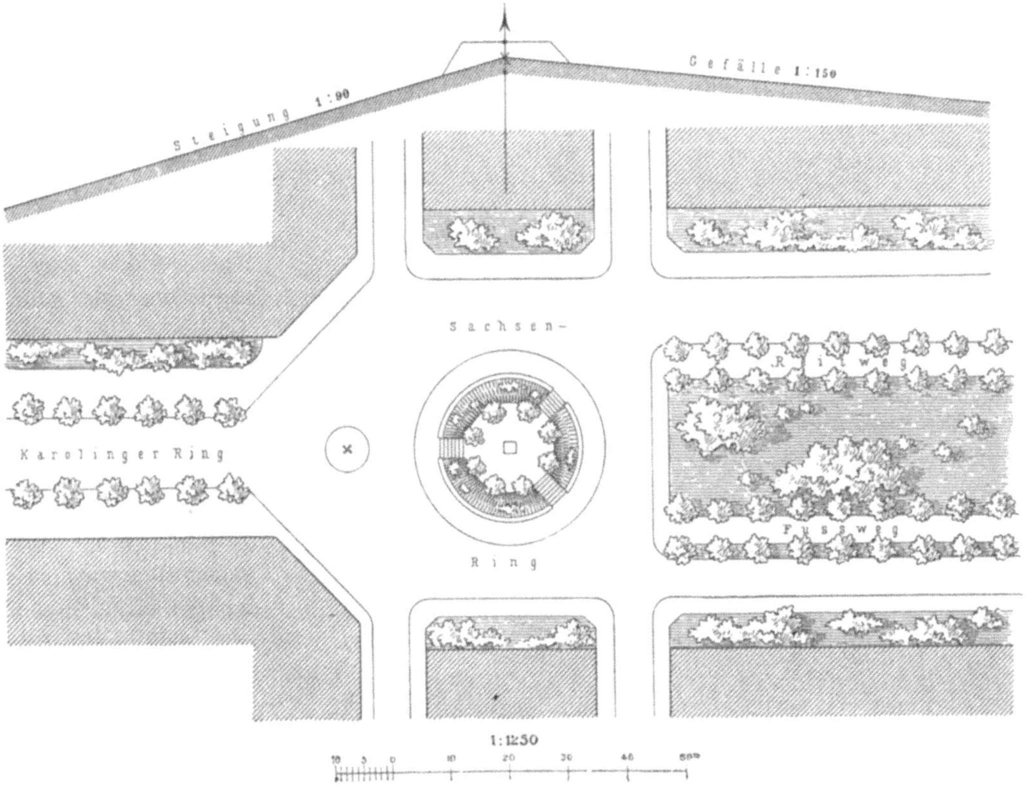

Ausbildung eines Nivellement-Rückens.

meffene Aufftellung eines Laufbrunnens, eines Denkmals, eines Ausfichtshügels, einer Terraffe oder dergl. möglich ift. Als Beifpiel diene der Uebergang des Carolinger-Rings in den Sachfenring zu Köln, wo durch die Errichtung eines mit einem Denkmal zu fchmückenden Ausfichtshügels auf dem Strafsenrücken eine anmuthige Anlage erzielt ift (Fig. 99). Ein weit hervorragenderes Beifpiel aber ift der Triumphbogen auf der *Place de l'Étoile* zu Paris, welcher nicht blofs im Zielpunkte, fondern auch im Höhenbrechpunkte der auf ihn gerichteten Strafsen fteht. (Vergl. Fig. 347 [83]).

b) Querprofil.

181. Querprofil ohne Höhenabfätze.

Am deutlichften prägt fich der Werth und die Bedeutung einer ftädtifchen Strafse in der Behandlung des Querprofils aus. Die Wahl deffelben ift defshalb eine fehr wichtige Aufgabe, bei deren Löfung allen örtlichen Verhältniffen gebührend Rechnung getragen werden mufs.

83) Siehe auch: CONTY, A. *Du nivellement des rues. Gaz. des arch. et du bât.* 1875, S. 106, 113, 134, 137.

Abgeſehen von nur dem Fuſsverkehr dienenden, glasgedeckten Paſſagen, welche der Quere nach wagrecht und auch der Länge nach möglichſt wagrecht angeordnet werden, ſo wie von ganz untergeordneten Gaſſen und »Höfen«, deren Pflaſter einfach in der Mitte eine flache Rinne zur Abwäſſerung erhält, pflegen alle Stadtſtraſsen bis zu 20 bis 25 m Breite in einen mittleren Fahrweg und zwei ſeitliche Fuſswege eingetheilt zu werden. Manche italieniſche Städte machen allerdings eine Ausnahme, in ſo fern ſie entweder, wie Genua und Palermo, die ganze Straſsenfläche in einer Ebene ohne Unterſcheidung von Fuſs- und Fahrweg mit Marmorplatten belegen, oder, wie Turin und Mailand, in das aus kleinen Feldſteinen beſtehende Straſsenpflaſter, und zwar in gleiche Höhe, Plattenbahnen von Granit oder Marmor legen, welche theils für die Fuſsgänger, theils für die Wagenräder dienen; die Straſsenrinnen und Einläufe werden dabei zwiſchen die Plattenbahnen ſo vertheilt, daſs jeder Fahrſtreifen für ſich getrennt in ſeiner Mitte entwäſſert wird (Fig. 199, 200, 205 bis 207).

182. Querprofil mit erhöhten Fuſswegen.

Fig. 100.

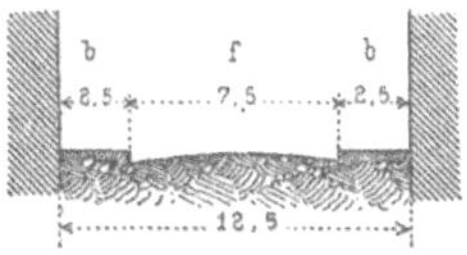

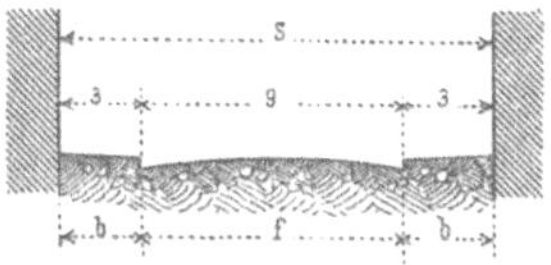

Fig. 101.

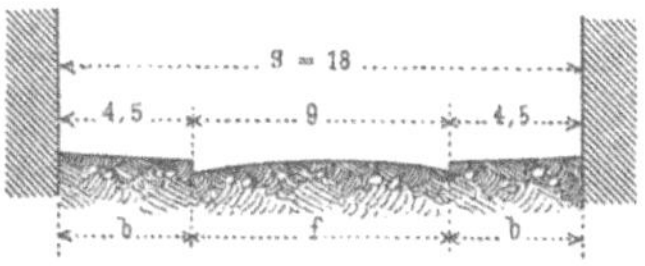

Die Regel iſt dagegen, daſs der Fuſsweg um ein gewiſſes Maſs (9 bis 16 cm) über die Fahrſtraſse erhöht und mit Randſteinen eingefaſst wird. Der erhöhte Gehweg heiſst bei uns Bürgerſteig [34]), in Frankreich *Trottoir,* in England einfach *Footway.* Der Zweck der Erhöhung iſt, das Auffahren der Fuhrwerke zu verhindern, damit den Gehenden ein geſicherter und beſonders geebneter Weg vorbehalten ſei und damit die Häuſer vor dem Anprall der Wagen geſchont werden. In gewöhnlichen Straſsen mit ſtarkem Fahrverkehr pflegt die Bürgerſteigbreite b ein Fünftel, die Fahrdammbreite f alſo drei Fünftel der Straſsenbreite s einzunehmen, d. h. es iſt $b = \frac{s}{5}$ und $f = \frac{3}{5}\,s$. Bei minder lebhaftem Fahrverkehr empfiehlt es ſich, den Fahrweg auf die Hälfte der Straſsenbreite einzuſchränken, die Bürgerſteige ſomit auf je $\frac{1}{4}$ der Straſsenbreite anzulegen, d. h. $b = \frac{s}{4}$ und $f = \frac{s}{2}$ zu machen. Dieſe Anordnung verbindet mit der Ermäſsigung der Anlagekoſten ein freundlicheres Ausſehen (Fig. 100 u. 101).

183. Fahrbahnbreite.

Einen anderen Geſichtspunkt zur Beſtimmung der Fahrdammbreite giebt die Frage, wie viel Fuhrwerke gleichzeitig neben einander auf der Straſse Platz finden ſollen. Nimmt man die normale Spurweite eines Laſtwagens (von Auſsenkante zu Auſsenkante der Radkränze) zu $1{,}8$ m, die Breite der Ladung zu $2{,}3$ m, jedoch einſchl. Sicherheitsabſtand zu $2{,}5$ m an, ſo findet man, wenn die Ladung nicht über die Bürgerſteigkante hinüberragen ſoll, die geringſte Breite für einen einſpurigen Fahrdamm zu $2{,}5$ m, für einen zweiſpurigen zu $5{,}0$ m, für einen dreiſpurigen, welcher nicht bloſs das Begegnen zweier Wagen, ſondern das gleichzeitige Halten eines Wagens erlaubt, zu $7{,}5$ m, für einen vierſpurigen Fahrdamm zu $10{,}0$ m. Letztgenanntes Maſs

[34]) Es wäre ohne Zweifel erwünſcht, ſtatt des ſchwerfälligen Wortes »Bürgerſteig« ein kürzeres und einfacheres anzuwenden; die mitunter angewendeten Bezeichnungen »Schrittweg, Fuſsweg, Schrittbahn, Gehbahn« decken ſich aber nach Meinung des Verf. nicht mit dem Begriff des ſtädtiſchen »Trottoirs«.

ift zugleich die untere Grenze der Fahrbahnbreite für eine zweifpurige Strafsenbahn, mit Einfchlufs zweier Seitenftreifen, auf denen die ungeftörte Vorfahrt von Strafsenfuhrwerk an die Bürgerfteige ftattfinden foll; unter Hinzufügung der 3 bis 4 m breiten Bürgerfteige erhält man fomit in diefem häufigen Falle eine Strafsenbreite von mindeftens 16 bis 18 m (vergl. im Anhang das Gutachten über den Bebauungsplan von Düffeldorf).

Da indefs auch eine grofse Anzahl fchmalerer Fuhrwerke, befonders Drofchken und Handwagen, auf den Strafsen verkehren, da ferner der Verkehr ficherer von ftatten geht, wenn die Fahrftreifen nicht fo eng an einander liegen, fo haben alle zwifchen den genannten Fahrbahnmafsen liegende Dammbreiten ebenfalls ihre Bedeutung und Berechtigung. Zur Noth können in alten Städten die genannten Mafse noch um ein Geringes eingefchränkt, die Zweifpur nämlich bis auf 4,5 m, die Dreifpur bis auf 7,0 m verfchmälert werden, wenn man fich durch die Enge der Verhältniffe gezwungen fieht, den Umftand zu Hilfe zu nehmen, dafs ein ausweichendes Fuhrwerk mit dem Rade bis an den Bürgerfteigrand heranfahren, alfo einen Streifen des Bürgerfteiges von $\frac{2{,}3 - 1{,}8}{2} = 0{,}25$ m in Anfpruch nehmen kann.

184. Strafsenbreite für Baumreihen.

Unter Annahme des Verhältniffes $b = \frac{s}{4}$ erhalten 18 m breite Strafsen fchon recht anfehnliche Bürgerfteige, beginnt bei 20 m Strafsenbreite fogar fchon die Möglichkeit der Pflanzung von Baumreihen an den Bürgerfteigkanten. Allerdings ift eine gedeihliche Entwickelung zweier Baumreihen, wie fchon früher bemerkt, bei einer Strafsenbreite unter 26 m nur ausnahmsweife zu erwarten; in engeren Strafsen ift eine häufige Auswechfelung der Bäume und der Verzicht auf fchöne Baumkronen nothwendig (Fig. 102).

Sicherer ift defshalb in Strafsen von 20 bis 25 m Breite die Pflanzung einer einzigen Baumreihe, was zu den unfymmetrifchen Querprofilen (Fig. 103, 104 u. 105) führt. Der Mittelfteig in Fig. 105 ift zum Befteigen von Strafsenbahnwagen oder Drofchken bequem; zum Spazierengehen empfiehlt fich die Verbreiterung deffelben nach Fig. 106. Man erreicht dann aber zugleich die Strafsenbreite von 26 m, welche nach Fig. 107, 108 oder 109 die Anpflanzung zweier Baumreihen in fymmetrifcher, nach Bedürfnifs auch in unfymmetrifcher Anordnung zuläfft. Fig. 107 ift der Typus der zweireihigen Mittelallee, Fig. 108 derjenige der baumbefetzten Bürgerfteige, zu welchen in Fig. 109 noch die Vorgärten hinzutreten. Als normaler Abftand der Bäume von einander und von Gebäuden kann das Mafs von 7 m betrachtet werden. In 6 m breiten Alleen (Fig. 107), welche bei mäfsigem Verkehre fehr angenehme Spaziergänge bilden, follte man den Baumabftand in der Längsrichtung auf 8 m feft fetzen.

Ift der Bürgerfteig fo breit, dafs er zwei Baumreihen aufnehmen kann, fo entfteht die in franzöfifchen Städten fehr beliebte Seitenallee oder Gegenallee (*Contre-allée*). Diefelbe wird gewöhnlich auf einem befonderen, nur bekiesten Strafsenftreifen gepflanzt, von welchem der mit Afphalt oder Steinplatten belegte eigentliche Bürgerfteig durch einen erhöhten Randftein mit Rinne getrennt ift (Fig. 111). Auch die Abtrennung eines befonderen Wegeftreifens bei nur einer Baumreihe auf jeder Strafsenfeite (Fig. 110) ift in Frankreich häufig, aber wenig empfehlenswerth, weil der Abfatz zwifchen Bürgerfteig und Baumftreifen für den Verkehr unbequem ift.

Für die Anordnung einer zweireihigen Seitenallee auf jeder Seite der Strafse bedarf es fchon einer Strafsenbreite von 40 m; für eine dreireihige Mittelallee

Fig. 102.

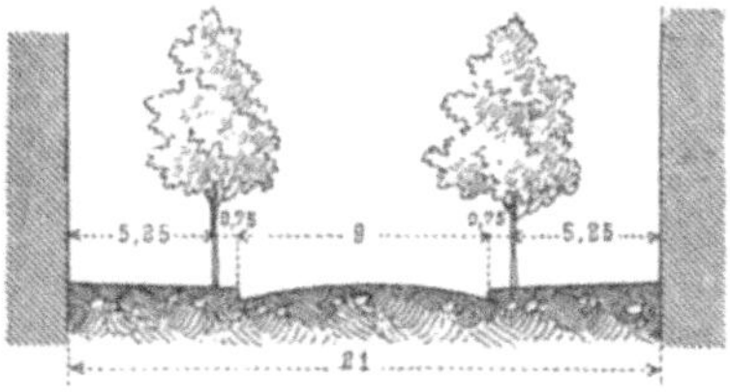

Fig. 103.

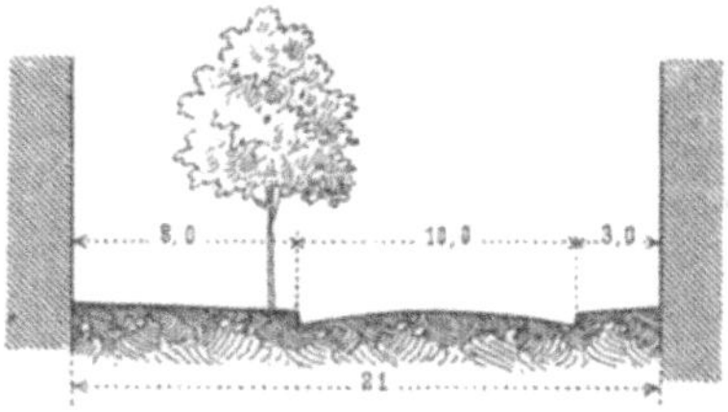

Fig. 104.

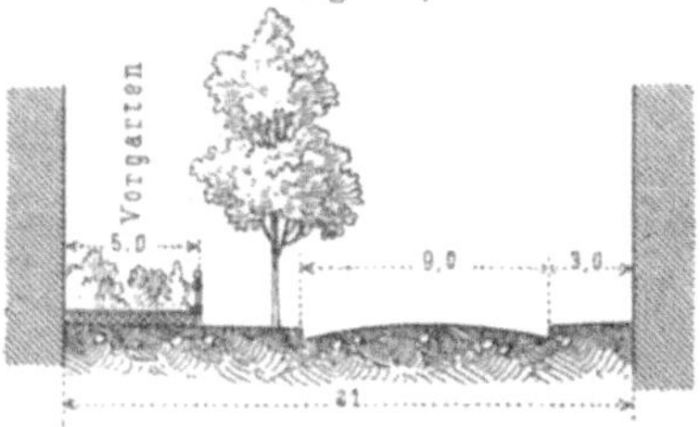

Fig. 105.

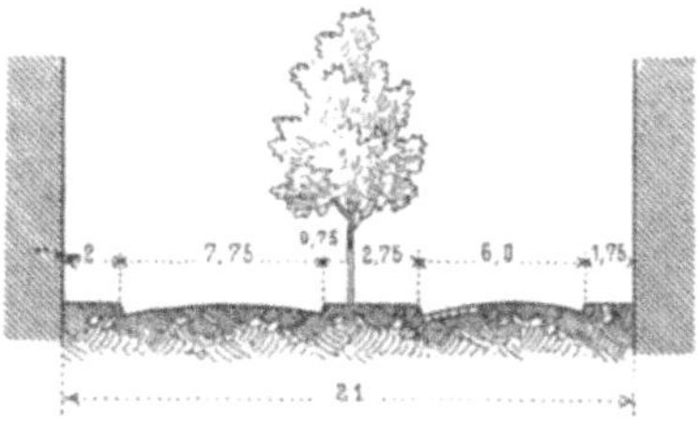

Fig. 106.

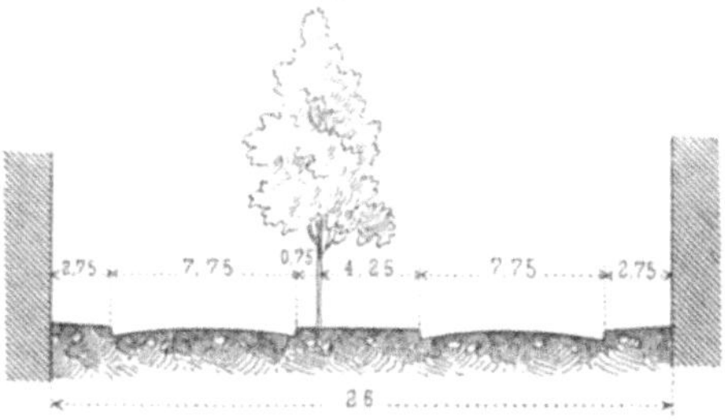

Fig. 107.

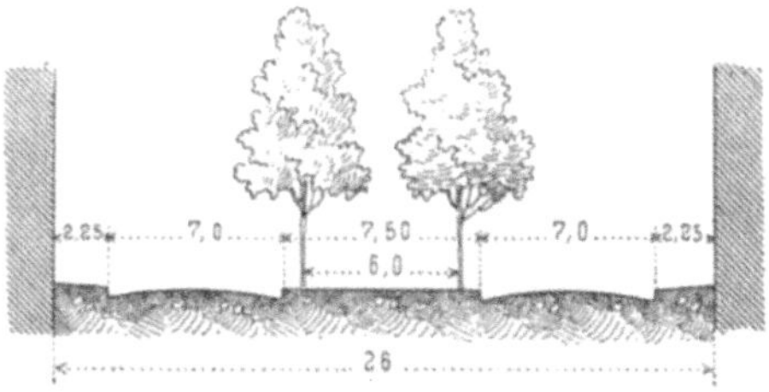

Fig. 108.

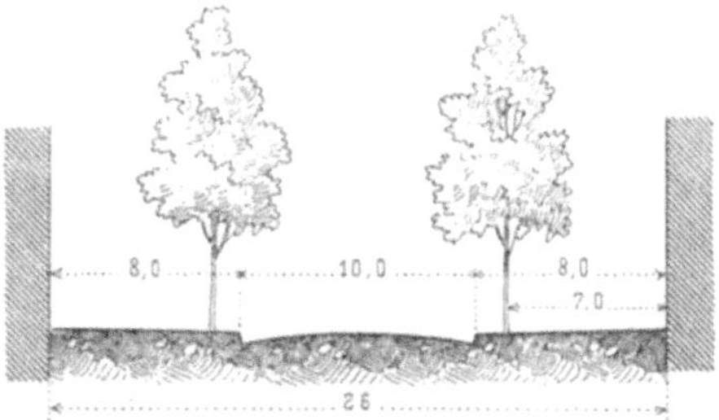

Fig. 109.

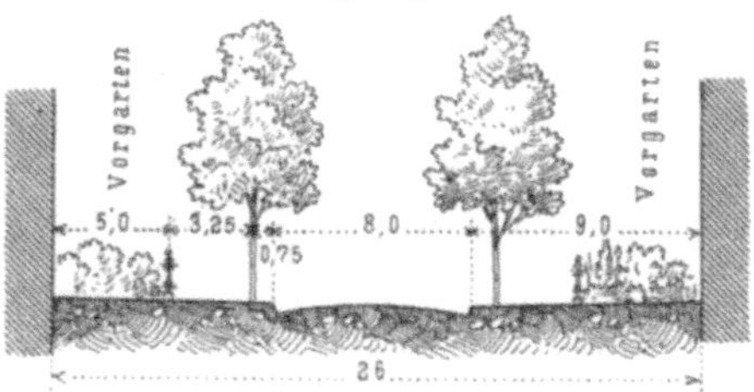

Fig. 110.

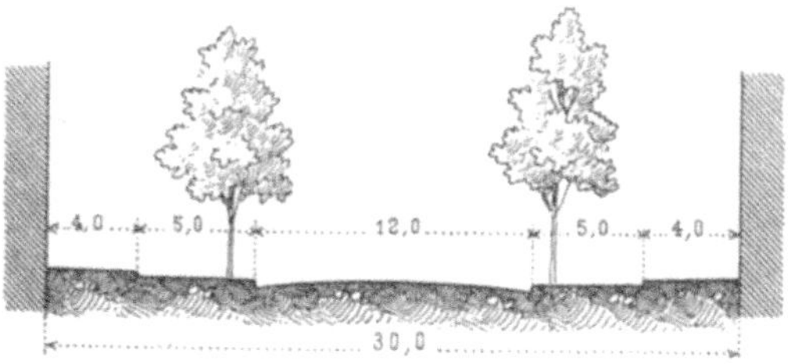

1:500

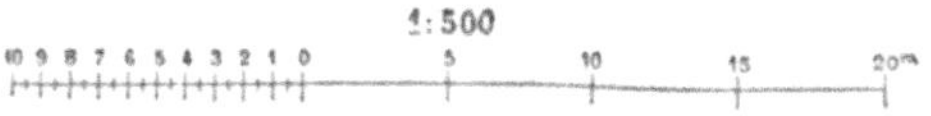

Strafsen-Querprofile.

(zwifchen zwei Fahrdämmen) kann eine Strafsenbreite von 44 m, für zwei zweireihige Mittelalleen (zwifchen drei Fahrdämmen) eine folche von 50m als normal angenommen werden (Fig. 111, 112, 113). Eine vierreihige Mittelallee zeigt Fig. 114.

Fig. 111.

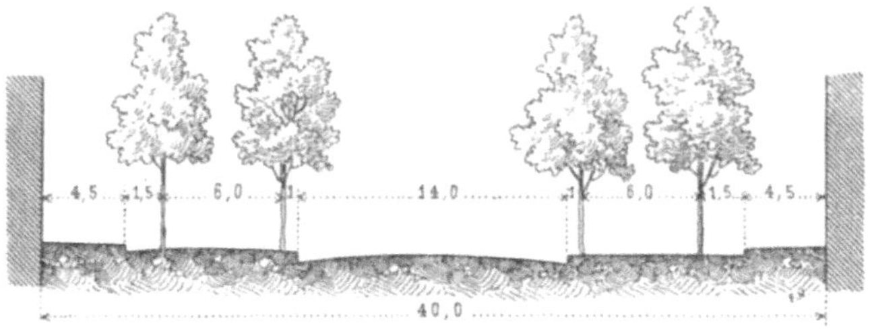

Avenue Wagram zu Paris.

Fig. 112.

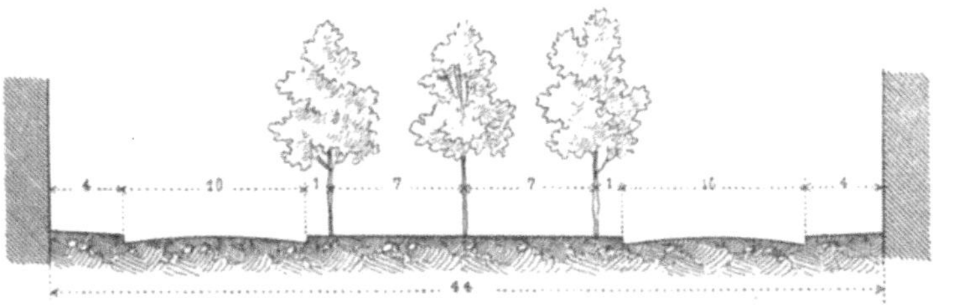

Fig. 113.

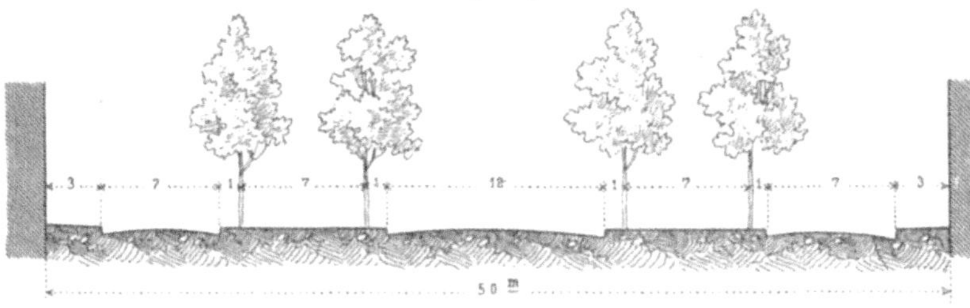

Fig. 114.

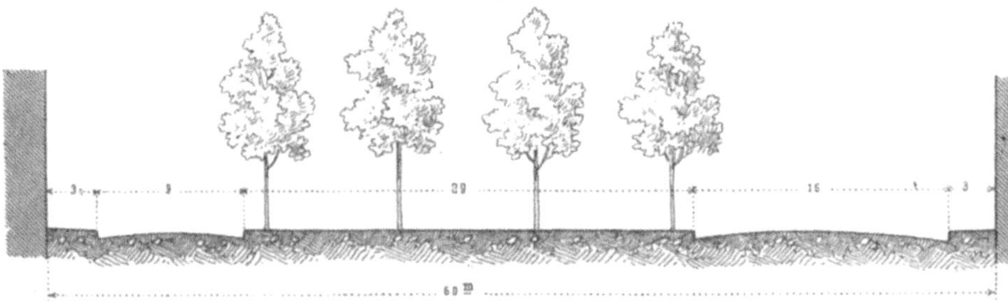

Boulevard du Midi zu Brüffel.

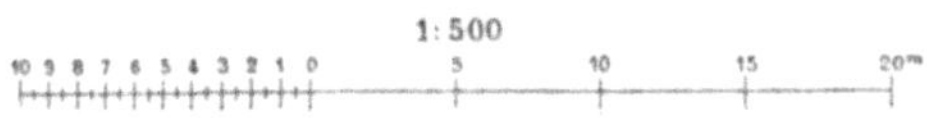

Strafsen-Querprofile.

185.
Symmetrifche und unfymmetrifche Anordnung.

Es ift erfichtlich, welche grofse Mannigfaltigkeit fymmetrifcher und unfymmetrifcher Strafsen-Profile durch die verfchiedene Anordnung und Zahl der Baumreihen, namentlich durch Verbindung von Mittel- und Seitenalleen und durch Einfügung von Rafenftreifen oder Zierpflanzungen erzeugt werden kann. Die fymmetrifche

Anordnung ift keineswegs überall erforderlich, es kommt dabei auf die Befchaffenheit und Bebauung der die Strafsen begleitenden Grundftücke an. Ift beifpielsweife die eine Seite einer Strafse mit Häufern befetzt, während die andere Seite von einem Park eingefafft wird, fo wird man dem letzteren entlang Baumpflanzungen, den Häufern entlang gewöhnlich einen breiten freien Bürgerfteig vorziehen. Eben fo ift eine unfymmetrifche Anlage angezeigt, wenn etwa auf der einen Strafsenfeite vorwiegend Gefchäftshäufer und Verkaufsläden, auf der anderen vorwiegend Privathäufer fich befinden, was an breiten Ringftrafsen (z. B. in Brüffel) fehr wohl vorkommen kann. Aehnlich verhält es fich mit Strafsen, welche einerfeits offene, andererfeits gefchloffene Bauart zeigen, ferner mit Uferftrafsen, Promenaden-Strafsen u. dergl. Für beiderfeits gleichwerthige Strafsen, insbefondere für grofse Radialftrafsen, *Avenuen*, und fonftige Hauptverkehrsftrafsen ift die fymmetrifche Anordnung die Regel.

Einen bemerkenswerthen Unterfchied führen Mittel- und Seitenalleen herbei. 186. Mittel- und Seitenalleen.
Erftere find in Deutfchland und Belgien, letztere in Frankreich beliebter. Die Seitenalleen (Fig. 108, 110, 111 u. 135) haben den Vorzug, dafs der Fahrverkehr auf dem einen breiten Mittelwege überfichtlicher, der Eindruck der Strafse und des Strafsenverkehres ein mehr einheitlicher und grofsartiger ift. Der Umftand jedoch, dafs die Baumkronen, nachdem fie fich entwickelt haben, die Hausfaçaden zum Theile verdecken, fo wie dafs der Weg vom Strafsenfuhrwerk zum Haufe bei der Anfahrt fowohl von Perfonen, als von Haushaltungsgegenftänden unnöthig verlängert wird, ift den Seitenalleen und den Baumreihen auf den Bürgerfteigen ungünftig.

Die Strafsen-Profile mit Mittelalleen (Fig. 107, 124 u. 135) find weniger ftattlich in der Erfcheinung, aber behaglicher fowohl für die Spaziergänger, wie für die Anwohner; auch ift der Anblick der Façaden freier. Beim Entwurf und bei der Anlage von Stadtvierteln wird man es aber vermeiden, fich grundfätzlich für die eine oder andere Art der Reihenpflanzung zu entfcheiden, da die Einförmigkeit vermieden werden mufs, auch bei der einen Strafse der breite ungetheilte Fahrdamm, bei der anderen angenehme Spazier- und Reitwege von gröfserer Bedeutung find.

Zur Erkenntnifs der Befonderheiten, Schattenfeiten und Vorzüge mancher Anordnungen wird es zweckmäfsig fein, eine Anzahl ausgeführter Strafsenquerfchnitte, welche in Fig. 115 bis 215 angegeben find, kurz zu befprechen. 187. Beifpiele:

Von den vier Berliner Strafsen in Fig. 115, 116, 117 u. 118 befitzt die Landgrafenftrafse baumbefetzte Bürgerfteige und Vorgärten, die Mohrenftrafse (vor dem Kaiferhof) eine Mittelallee, die *Bülow*ftrafse eine Mittelallee und Vorgärten; die Strafse »Unter den Linden« zeigt vier mittlere Baumreihen, welche in der Strafsenaxe einen prächtigen breiten Spazierweg, nördlich davon einen Reitweg, füdlich einen abgetrennten Fahrweg einfaffen. Auf der Landgrafenftrafse wäre der Fahrweg zu Gunften der Bürgerfteige zweckmäfsiger auf 10^{m} oder 9^{m} eingefchränkt worden. »Unter den Linden« war die Herrichtung eines dritten Fahrweges in einer der Alleen eine Nothwendigkeit, weil die beiden Hauptfahrftrafsen, und namentlich die weitaus verkehrsreichere füdliche Hauptftrafse, zu fchmal find. Ungünftig ifolirt fteht die Baumreihe zwifchen den beiden füdlichen Fahrwegen auf einem nur $1{,}5^{m}$ breiten, erhöhten Streifen. Durch Anlage von Rafenbändern foll jetzt die Strafse verfchönert und das Wachsthum der Bäume befördert werden. Von anderer Seite wird eine völlige Umgeftaltung des Strafsenquerfchnittes vorgefchlagen [35]). Ob es gelingt, etwas wefentlich Befferes an die Stelle des Vorhandenen zu fetzen, mag dahin geftellt fein; heute ift jedenfalls die Strafse »Unter den Linden« trotz der Uebelftände wegen der breiten Mittelallee, der fchönen Verhältniffe und der fymmetrifchen Anlage eine der herrlichften Triumphftrafsen, die es giebt. 188. Aus Norddeutfchland.

Zwei Königsberger Strafsenprofile zeigen Fig. 119 u. 120. Beide find für mäfsige Verkehrsverhältniffe paffend; den Baumreihen des Nachtigallenftiegs würde allerdings ein etwas gröfserer Abftand von den Häufern zuträglich fein.

[35]) Siehe: Deutfche Bauz. 1888, S. 182.

Fig. 115.

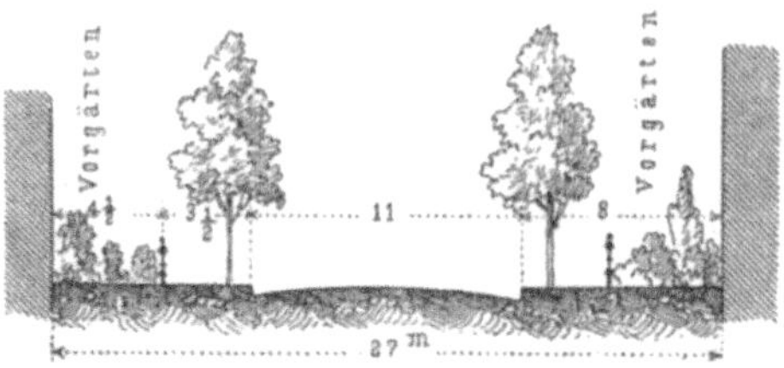

Landgrafen-Strafse zu Berlin.

Fig. 116.

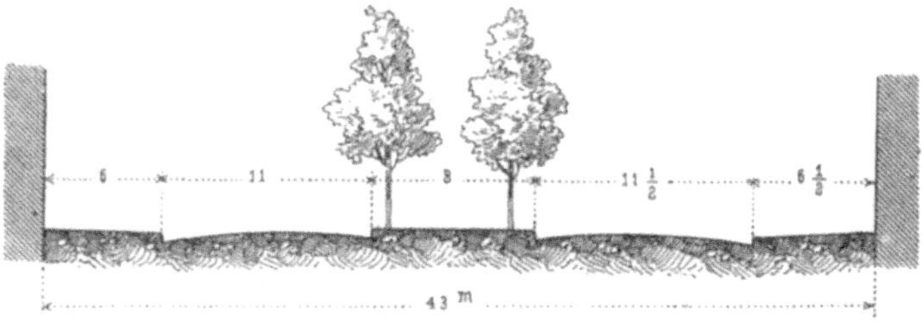

Mohrenftrafse am Kaiferhof zu Berlin.

Fig. 117.

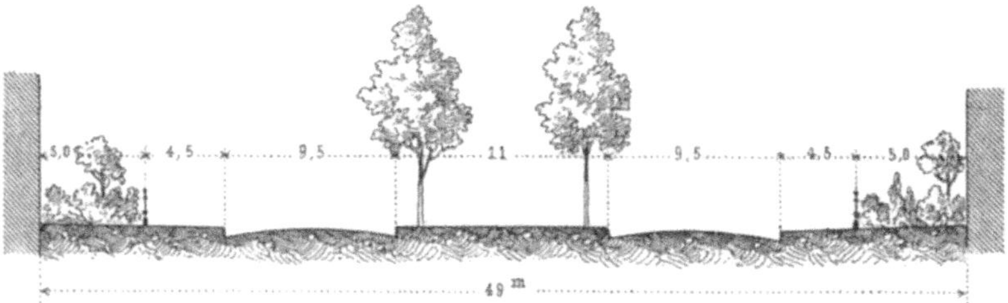

Bülow-Strafse zu Berlin.

Fig. 118.

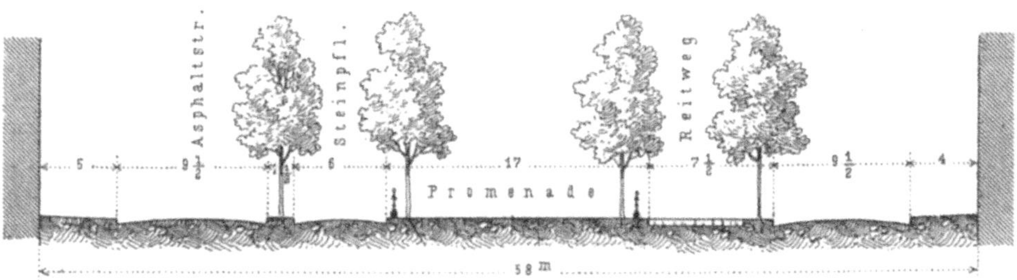

Strafse »Unter den Linden« zu Berlin.

Fig. 119.

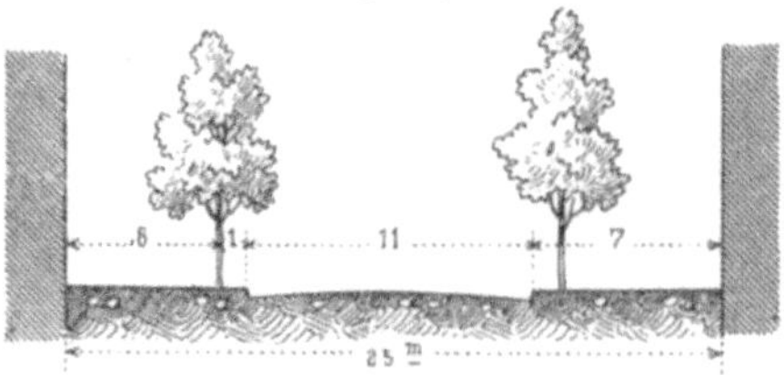

Nachtigallenftieg zu Königsberg i. P.

Fig. 120.

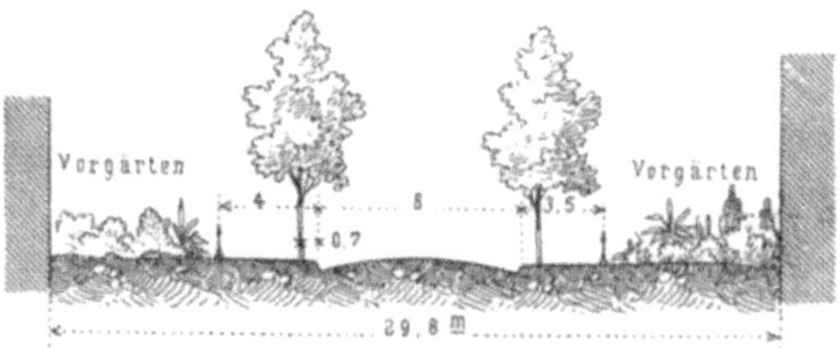

Klapperwiefe zu Königsberg i. P.

1:500

Strafsen-

Fig. 121.

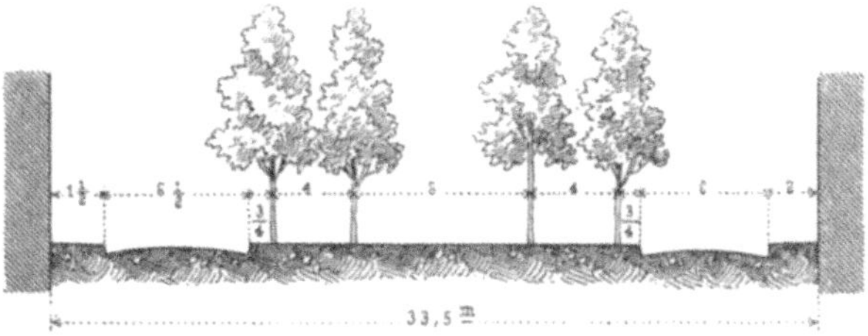

Palmaille zu Altona.

Fig. 122.

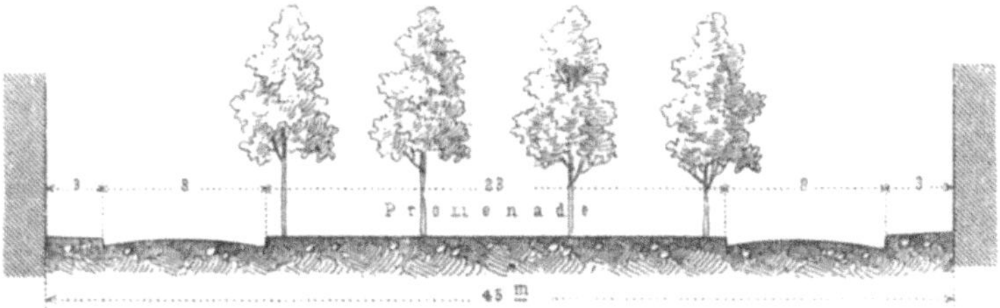

Esplanade zu Hamburg.

Fig. 123.

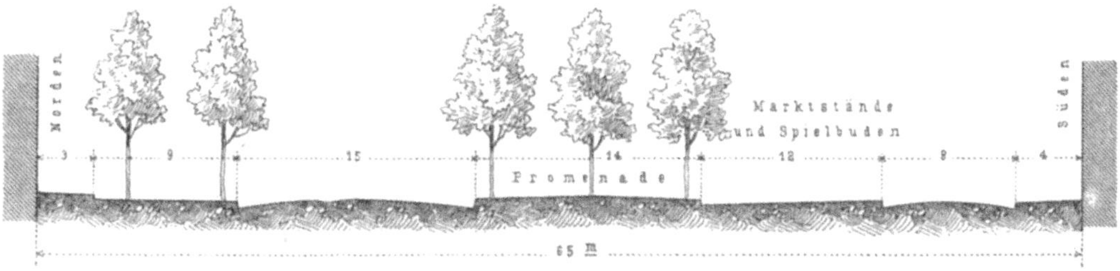

Reeperbahn zu Hamburg.

Fig. 124.

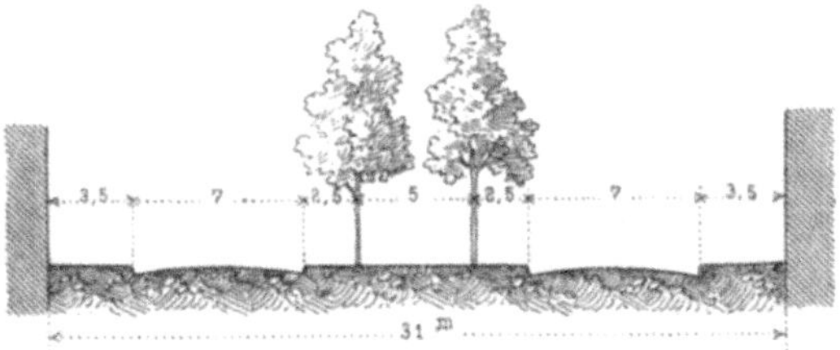

Bahnhofstrafse zu Hannover.

Fig. 125.

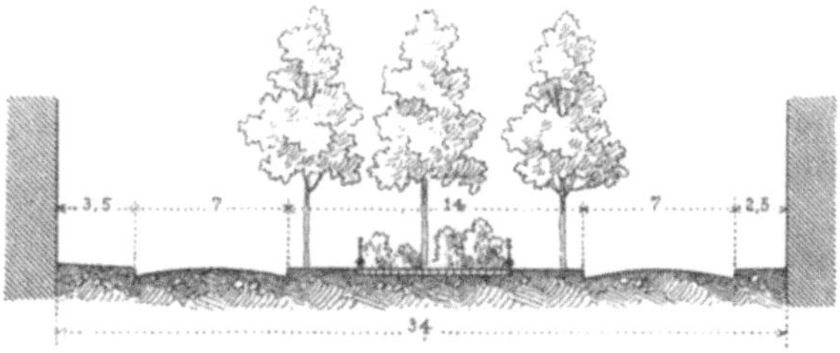

Weftwall mit } Gartenanlagen zu Dortmund.
Oftwall ohne }

Fig. 126.

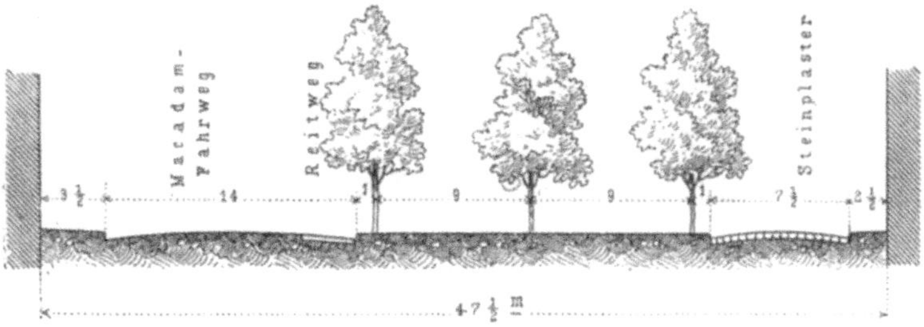

Alleeftrafse zu Düffeldorf.

Querprofile.

Fig. 127.

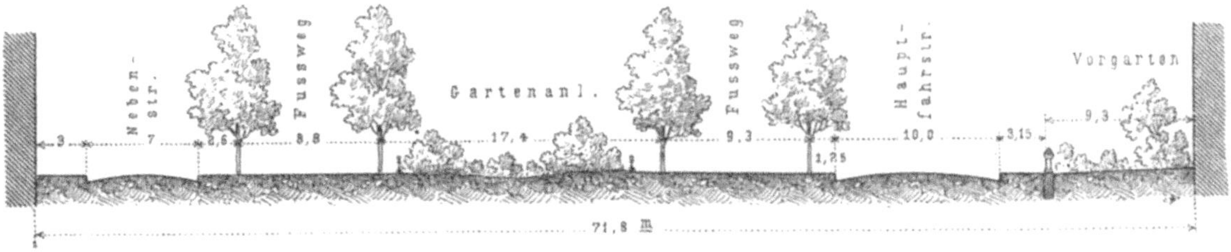

Monheims-Allee zu Aachen.

Fig. 128.

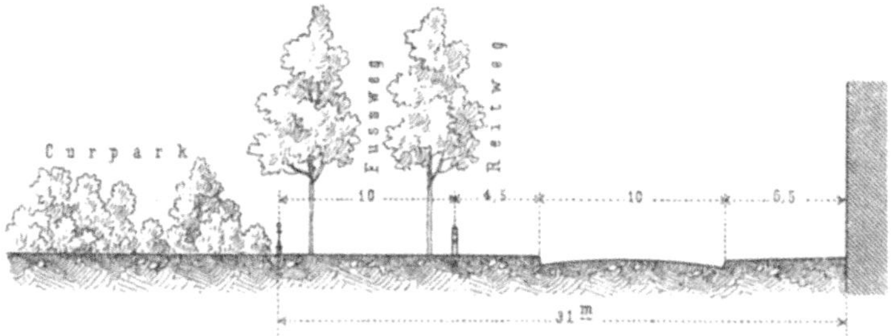

Wilhelm-Strafse zu Wiesbaden.

Fig. 129.

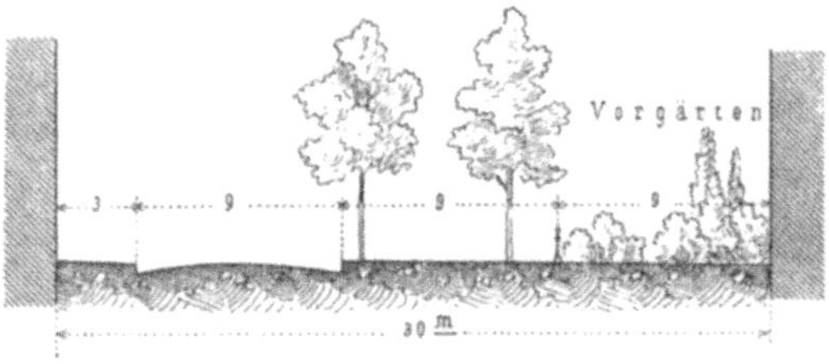

Röder-Strafse zu Wiesbaden.

Fig. 130.

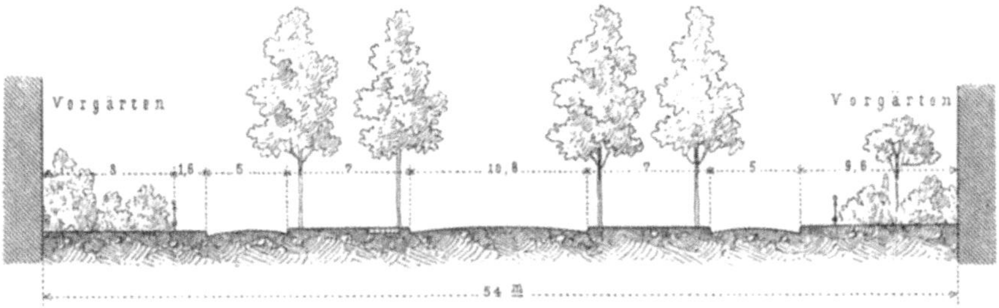

Adolfs-Allee zu Wiesbaden.

Fig. 131.

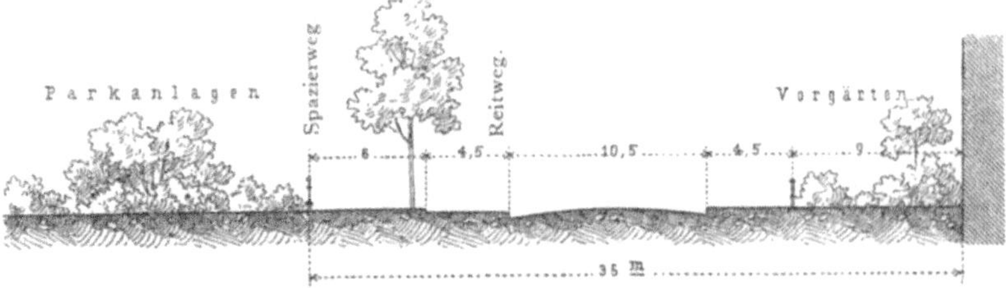

Untermain-Anlage zu Frankfurt a. M.

1:500

Strafsen-Querprofile.

Die *Palmaille* zu Altona (Fig. 121) iſt nach dem ſtattlichen Profil von »Unter den Linden« angelegt, aber wenig mehr als halb ſo breit. Sowohl die nur 4^{m} breiten ſeitlichen Alleen, als die Fahrwege und Bürgerſteige ſind entſchieden zu ſchmal; eine gedeihliche Entwickelung der Bäume iſt nicht möglich. Man thäte gut daran, die ſeitlichen Baumreihen zu beſeitigen und den gewonnenen Raum der Fahrweg- und Bürgerſteigbreite beizufügen.

Eine ſchöne Anlage, weniger für groſsen Fuhrwerksverkehr als für Spaziergänger, iſt die Eſplanade zu Hamburg (Fig. 122). Dem groſsen Verkehre dient der 15^{m} breite Hauptfahrweg der Reeperbahn (Fig. 123) daſelbſt. Im Uebrigen iſt das Profil dieſer Straſse unſymmetriſch; die Nordſeite zeigt die in Deutſchland ſeltene Anordnung einer Gegenallee, deren äuſsere Baumreihe leider den Häuſern bedenklich nahe rückt; die Südſeite beſitzt einen 12^{m} breiten, für Spiel- und Marktbuden vorbehaltenen Streifen.

Die Bahnhofſtraſse in Hannover (Fig. 124) iſt nach einem zu kleinlichen Profil angelegt; Mittelallee und Fahrſtraſsen ſind zu ſchmal; die Bäume werden wegen der fehlenden Randſteine vielfach verletzt. Hier wäre eine mittlere Fahrſtraſse von beiläufig 13^{m} Breite mit baumbeſetzten Bürgerſteigen entſchieden ſchöner und zweckmäſsiger.

Der Weſt- und Oſtwall zu Dortmund (Fig. 125) zeigen ein für den geringen Verkehr ſehr hübſches Profil; auch die Vereinigung der Baumreihen mit einer etwas eingeſenkten Gartenfläche auf dem Weſtwall wirkt recht anſprechend. 189. Aus Weſt-deutſchland.

Die Alleeſtraſse zu Düſſeldorf (Fig. 126) beſitzt einen breiten Hauptfahrweg auf der einen Seite, einen Nebenfahrweg auf der anderen; die geräumig angelegten Mittelalleen bilden eine ausgezeichnete Promenade.

Auch auf der Monheimsallee, einem Theile der Ringſtraſse zu Aachen (Fig. 127), ſind die beiderſeitigen Fahrwege, dem Verkehre entſprechend, ungleich. Die Gartenanlage in der Straſsenmitte iſt zwar eine Verſchönerung; ſie würde es aber in weit höherem Grade ſein, wenn ſie in Wirklichkeit unter die Ebene der Fuſswege eingeſenkt wäre.

Die Profile der neuen Ringſtraſse zu Köln ſind in der ſpäter folgenden Grundriſs-Darſtellung abgebildet und werden in Kap. 12 dieſes Abſchnittes näher beſprochen werden.

Zwei ſchöne, unſymmetriſche Querprofile beſitzen in Wiesbaden die *Wilhelm*-Straſse mit Reitweg und Spazierallee entlang des Curparks (Fig. 128) und die *Röder*-Straſse mit Gegenallee und Vorgärten auf einer Seite (Fig. 129). Die *Adolfs*-Allee (Fig. 130) zeigt die ſtattliche, in Belgien und Frankreich beliebte Theilung in drei Fahrwege mit zwei Mittelalleen, auſserdem noch 8^{m} tiefe Vorgärten auf jeder Straſsenſeite, Alles innerhalb einer Breite von 54^{m}; die angewendeten, nur für mittleren Verkehr ausreichenden Maſse erreichen indeſs die für eine ſolche Anordnung zuläſſige untere Grenze.

Das unſymmetriſche Profil der Ringſtraſse zu Frankfurt a. M. an der Untermain-Anlage (Fig. 131) iſt auf das zweckmäſsigſte durchgebildet; der Spazierweg liegt an der angenehmſten, der Reitweg an der am wenigſten ſtörenden Stelle. Auch der Bürgerſteig den Vorgärten entlang würde Platz für eine Baumreihe gewähren; dieſelbe würde aber die Ausſicht von den Häuſern auf die Parkanlage beeinträchtigen.

Die Mainzer Kaiſerſtraſse (Fig. 132) iſt der Aachener Monheimsallee ähnlich, aber ſymmetriſch; Fahr- und Fuſsverkehr können ſich daher gleichmäſsig vertheilen. Die eingeſenkte Lage der Gartenfläche wirkt vortrefflich; die tiefere Lage der rechtsſeitigen (macadamiſirten, in der Abbildung irrthümlich als gepflaſtert dargeſtellten) Fahrbahn iſt nur vorläufig angeordnet, um die bleibende Straſsendecke demnächſt auf dieſelbe aufbringen zu können. 190. Aus Süd-deutſchland.

Aehnlich iſt das Profil der Ringſtraſse zu Mannheim (Fig. 133), deren Verhältniſſe allerdings für einen gröſseren Verkehr zu beengt ſind.

Zweckmäſsige Straſsen-Profile von 30^{m} Breite zeigt die Straſsburger Stadterweiterung in Fig. 134 mit Mittelallee, angenehm für Spaziergänger, und in Fig. 135 mit baumbeſetzten Bürgerſteigen und breiter Mittelſtraſse für groſsen Fahrverkehr. Es wäre aber zu wünſchen, daſs man in Straſsburg den Wechſel der Straſsenausbildung nicht auf dieſe beiden Profile beſchränkte. Von Intereſſe iſt auch der Querſchnitt der bedeutendſten Promenade in der Altſtadt von Straſsburg, des *Broglie*-Platzes (Fig. 136), welcher auf der einen Seite der breiten Wandelalleen einen Fahrweg, auf der anderen Seite aber ein 6^{m} breites Trottoir neben den Vorgärten der Kaffeehäuſer zeigt.

Baumbeſetzte Straſsen von kleineren Verhältniſſen hat Freiburg i. B. (Fig. 137 u. 138). Die 21^{m} breite äuſsere Kaiſerſtraſse zeigt die Theilung des Bürgerſteiges in einen mit Platten belegten Gehweg und einen nur bekieſten Baumſtreifen. Die 27^{m} breite Eiſenbahnſtraſse beſitzt auf jeder Seite $5{,}5^{m}$ breite Vorgärten, welche nur vor dem Poſtgebäude des Verkehres wegen durch einen gepflaſterten Vorplatz erſetzt ſind.

Die $24{,}8^{m}$ breite Königsſtraſse in Stuttgart (Fig. 139) trägt keine Bäume; der ſtarke Verkehr und die Nähe der Häuſer würde dieſelben nicht aufkommen laſſen; wohl aber könnten die nur $4{,}4^{m}$ breiten

Fig. 132.

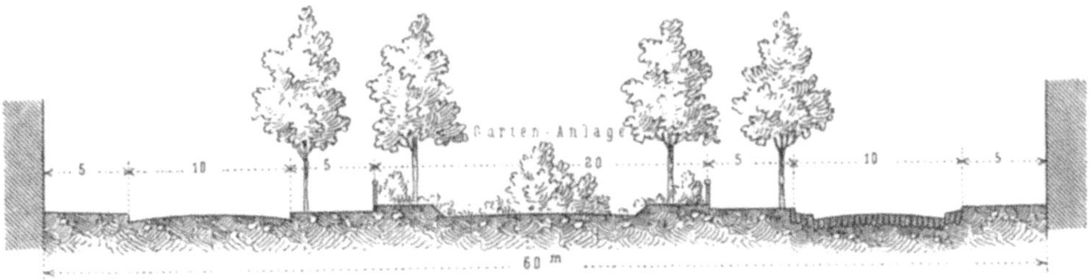

Kaiserſtraſse zu Mainz.

Fig. 133.

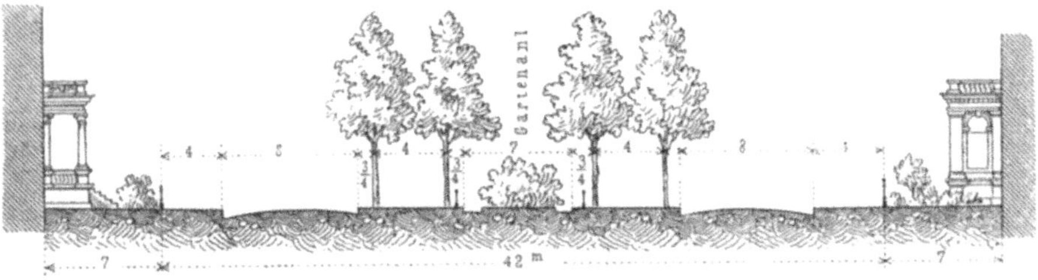

Bahnhofſtraſse zu Mannheim.

Fig. 134.

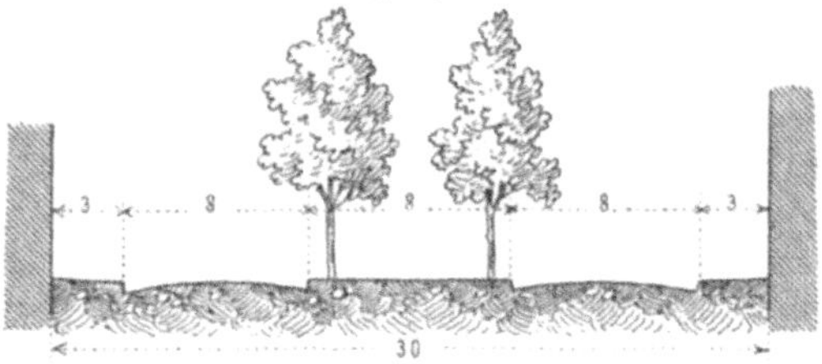

Fig. 135.

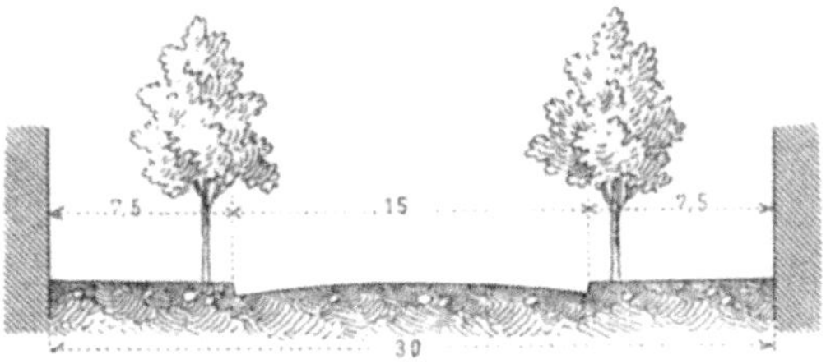

Straſsen-Profile in der Stadterweiterung zu Straſsburg.

Fig. 136.

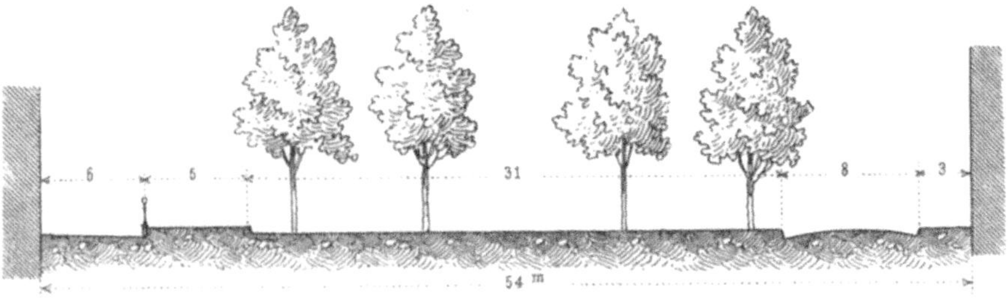

Broglie-Platz zu Straſsburg.

Fig. 137.

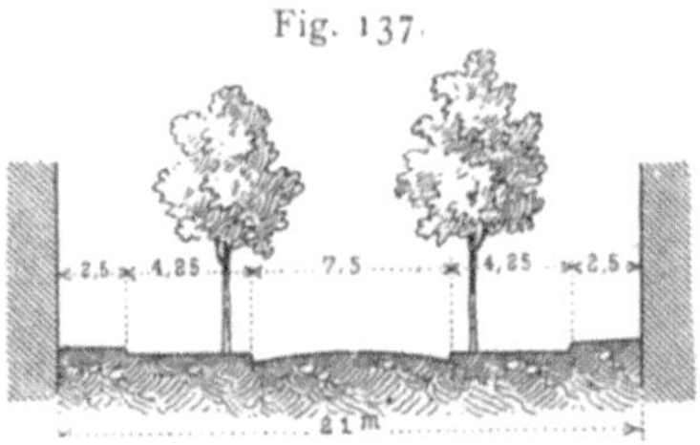

Aeuſsere Kaiſerſtraſse zu Freiburg i. B.

Fig. 138.

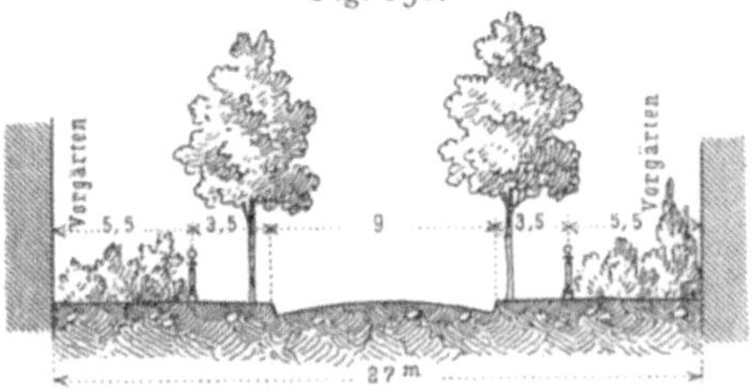

Bahnhofſtraſse zu Freiburg i. B.

Straſsen-Querprofile.

Fig. 139.

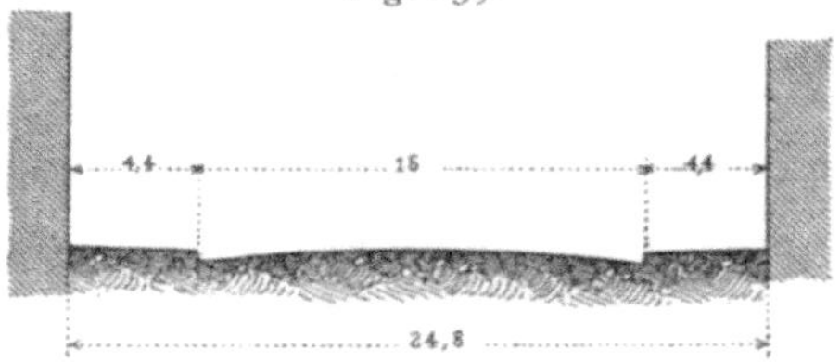

Königftrafse zu Stuttgart.

Fig. 140.

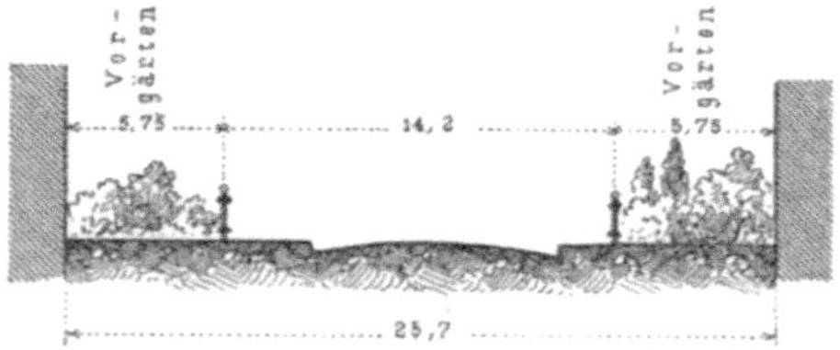

Olga-Strafse zu Stuttgart.

Fig. 141.

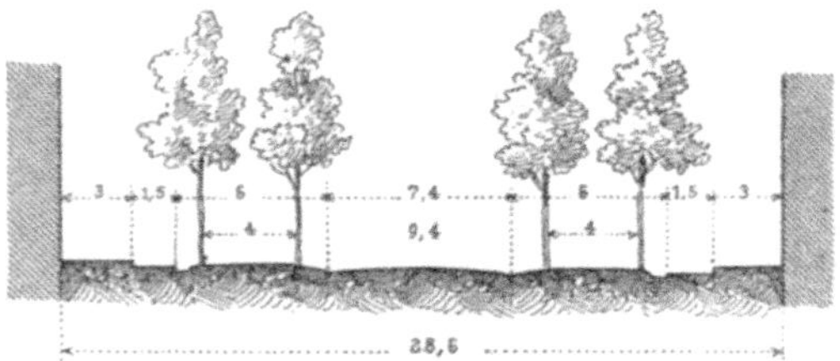

Hohenheimer Strafse zu Stuttgart.

Fig. 142.

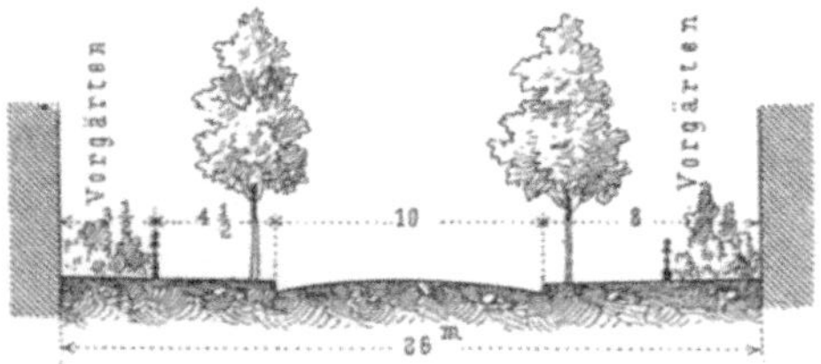

Ludwig-Strafse zu Würzburg.

Fig. 143.

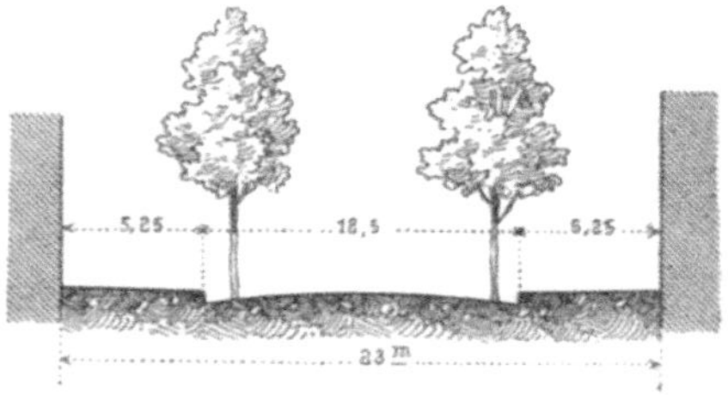

Maximilian-Strafse zu München.

Fig. 144.

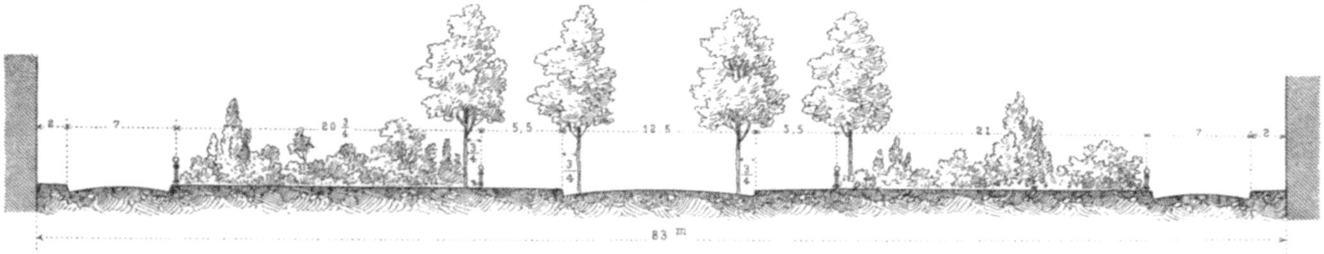

Verbreiterte *Maximilian*-Strafse zu München.

1:500

Strafsen-Querprofile.

Fig. 145.

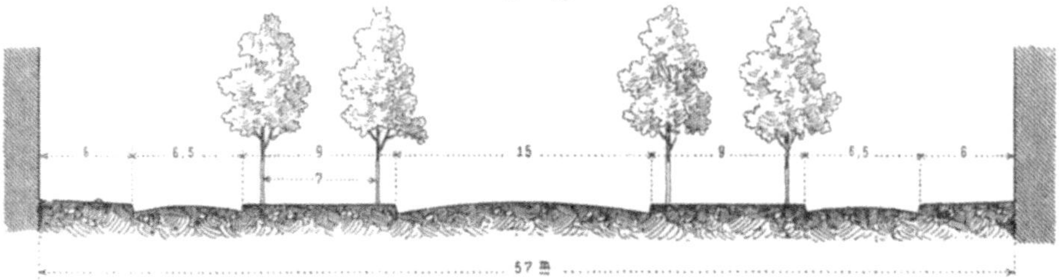

Ringstrafse zu Wien.

Fig. 146.

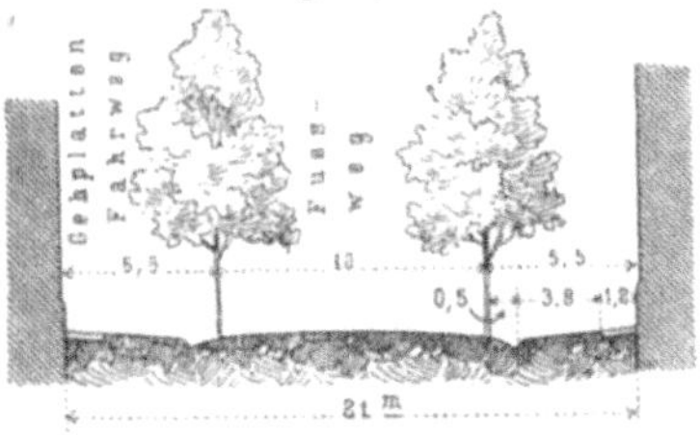

Via dell Acquedotto zu Triest.

Fig. 147.

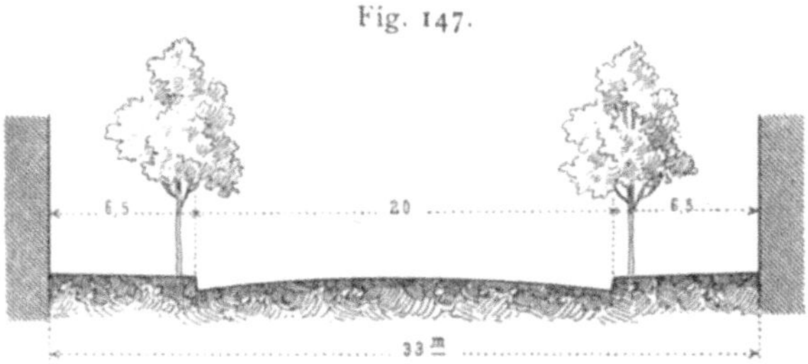

Neue Ringstrafse zu Budapest.

Fig. 148.

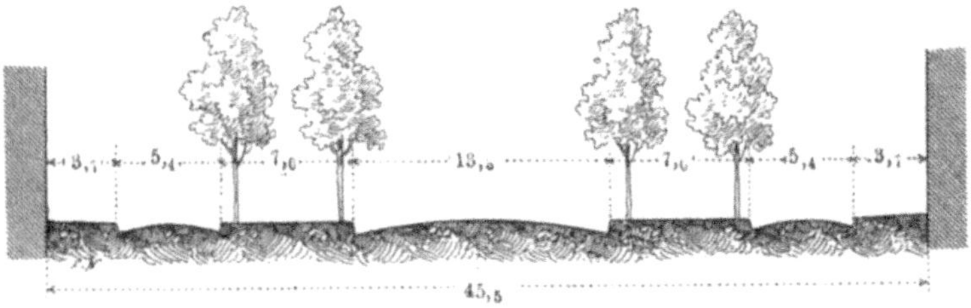

Andrassy-Strafse zu Budapest.

Fig. 149.

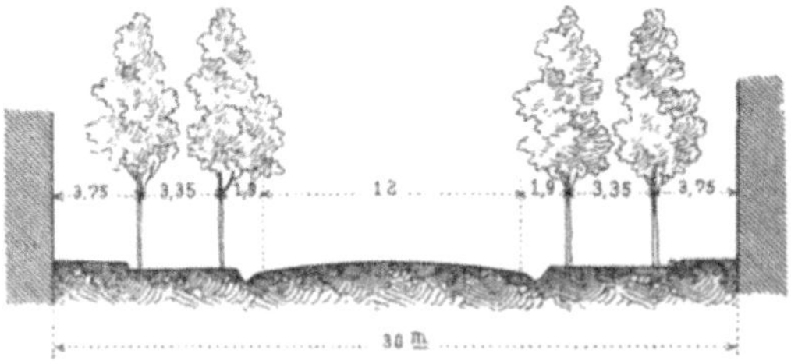

Tisza-Lajos-Ring zu Szegedin.

Fig. 150.

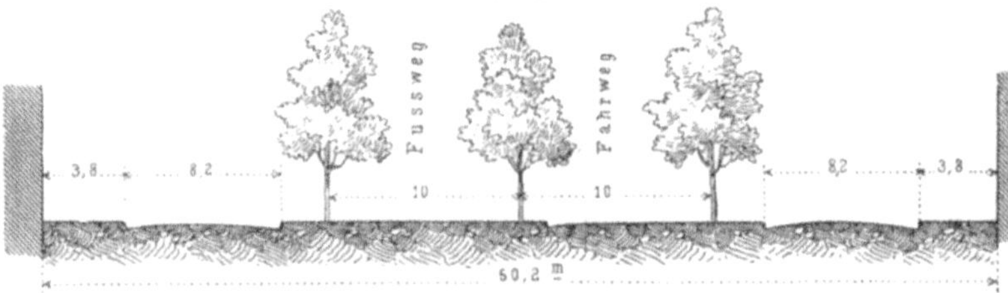

Aeltere Ringstrafse zu Kopenhagen.

1:500

10 9 8 7 6 5 4 3 2 1 0 5 10 15 20m

Strafsen-Querprofile.

Bürgerſteige zweckmäſsig auf 5,5 bis 6,0 m verbreitert werden. Ein hübſches Profil für geringen Verkehr zeigt die mit Vorgärten geſchmückte *Olga*-Straſse (Fig. 140); dagegen ſind die doppelten Seitenalleen der Hohenheimer Straſse (Fig. 141) bei nur 4 m Baumabſtand nicht lebensfähig; bei der geringen Straſsenbreite von 28,6 m hätte man ſich mit je einer Baumreihe beiderſeits begnügen, den Fahrweg aber einige Meter breiter anordnen dürfen.

Das Profil der 26 m breiten *Ludwigs*-Straſse zu Würzburg iſt ein ſchönes; für die Vorgärten wäre aber eine gröſsere Tiefe erwünſcht (Fig. 142).

Der 23 m breite Theil der *Maximilian*-Straſse zu München (Fig. 143) iſt ein oft vorkommendes Beiſpiel unrichtiger Baumpflanzung; die Bäume ſind nicht auf den Fahrdamm, ſondern auf den Bürgerſteig in einen Abſtand von 60 bis 120 cm von der Randſteinkante zu ſtellen, damit ſie vom Fuhrwerk nicht zerſtört werden und nicht zur Schmutzanſammlung Gelegenheit geben. Prellſteine ſind als Baumſchutzmittel ungenügend und unſchön und ſtören zudem den Verkehr. Die unrichtige Baumſtellung iſt auch in der auf 83 m verbreiterten Strecke der *Maximilian*-Straſse beibehalten, welche im Uebrigen eine auſserordentlich ſtattliche und ſchöne Querſchnittsanordnung zeigt (Fig. 144). Die ſeitlichen Fahrwege ſind durch zahlreiche Querfahrten mit dem Mittelwege verbunden; die ganze Straſse erſcheint nicht übertrieben breit; ſie würde noch freundlicher ausſehen, wenn die Gartenanlagen etwas vertieft lägen.

191. Aus Oeſterreich-Ungarn.

Die Ringſtraſse zu Wien (Fig. 145) iſt eine der groſsartigſten ſtädtiſchen Straſsen, welche es giebt; das Profil, aus drei Fahrwegen und zwei Mittelalleen beſtehend, iſt ſtattlich und zweckmäſsig. Die eine Allee dient für den Fuſsverkehr, die andere als Reitweg. Die Geſammtanlage wird in Kap. 12 dieſes Abſchnittes näher beſprochen werden.

Die *Via dell' Acquedotto* zu Trieſt (Fig. 146) iſt bei 21 m Breite eine der engſten Promenaden-Straſsen; die Fahrwege, welche im Gegenſatz zu Fig. 137 an den Seiten liegen, ſind zu ſchmal, die Bäume daher ſehr leidend.

Die Ringſtraſse zu Budapeſt (Fig. 147) hat baumbeſetzte Bürgerſteige, deren Breite im Intereſſe der Bäume zweckmäſsiger auf ein gröſseres Maſs als 6,5 m feſt geſetzt worden wäre, da der Fahrdamm reichlich breit iſt. Dagegen zeigt die herrliche *Andraſſy*-Straſse daſelbſt eine vortreffliche Querſchnittsanordnung (Fig. 148).

Nicht zweckmäſsig iſt hingegen das Querprofil der *Tisza-Lajos*-Ringſtraſse zu Szegedin (Fig. 149), in ſo fern als die äuſseren Baumreihen der beiden Seitenalleen ſowohl den Häuſern, als den inneren Baumreihen viel zu nahe ſtehen; ſie müſſen unbedingt beſeitigt werden, damit wenigſtens die jungen Bäume der Innenreihen ſich entwickeln können.

192. Aus Dänemark.

Die Kopenhagener Ringſtraſsen (Fig. 150 u. 151) unterſcheiden ſich durch die Anordnung der Baumreihen, während die Geſammtbreite und die ſeitlichen Fahrwege in beiden übereinſtimmen. Die Fahrwege dürften breiter ſein; im Uebrigen iſt die Anordnung der neuen Ringſtraſse, wenn dem Reitvergnügen eine beſondere Berückſichtigung zuſteht, eine vortreffliche zu nennen. Ungewöhnlich, aber ſtattlich ſind die Profile der Friedrichsberg-Allee (Fig. 153) und der Straſse Oſterbro-Gade (Fig. 154), deren Seitenalleen mit dem beſprochenen Nachtheile für die Häuſerzugänge verknüpft ſind.

193. Aus Holland und Belgien.

Die beiden Straſsen aus dem Haag (Fig. 152 u. 155) zeigen hübſche, jedoch nur für kleinen Verkehr zweckmäſsige Anordnungen. Zum beſſeren Verſtändniſs des unſymmetriſchen Querſchnittes iſt in Fig. 152 der Grundriſs beigefügt.

Auch das in Fig. 156 angegebene Profil der *Wilhelm*-Straſse zu Breda, deren mittlere Gartenanlage mit den erforderlichen Querwegen durchbrochen iſt, darf als recht zweckmäſsig bezeichnet werden.

Eine unſymmetriſche, durch den ſpäter wiederzugebenden Grundriſs beſſer verſtändliche Profilirung zeigt die *Chauſſée de Malines* in Antwerpen (Fig. 157). Das Profil des *Boulevard Léopold* daſelbſt (Fig. 158) hat ſich als unzweckmäſsig erwieſen; der 5 m breite Abſtand der Bäume iſt zu gering; die Kronen müſſen deſshalb von Zeit zu Zeit beſchnitten und künſtlich ſchlank gehalten werden; auch ſind die Fahr- und Fuſswege zu ſchmal. Die Abſicht, das Profil in ein ſolches mit einfacher Mittel-Promenade umzuändern, wird wohl inzwiſchen ausgeführt worden ſein. Sehr ſtattlich iſt die Querſchnittsanordnung der Hauptringſtraſse (Fig. 159); der breite Mittelfahrweg, die beiden Alleen und ſchmaleren Seitenfahrwege entſprechen auf das beſte dem groſsſtädtiſchen Verkehre. Zu bedauern iſt, daſs in Antwerpen, wie in Wien, das nämliche Ringſtraſsen-Profil unverändert auf dem ganzen, mehrere Kilometer langen Straſsenzuge beibehalten wurde.

Von den 40 m breiten Querſchnitten der Ringſtraſse von Gent (Fig. 160 u. 161) iſt der unſymmetriſche der intereſſantere; die 15 m breite Mittel-Promenade des anderen wird bis zur vollen Entwickelung der Baumkronen zu kahl ſein, es ſei denn, daſs man bis auf Weiteres ein Raſenfeld mit Geſträuchgruppen und Blumenbeeten in der Straſsenaxe anlegt oder inzwiſchen bereits angelegt hat.

Fig. 151.

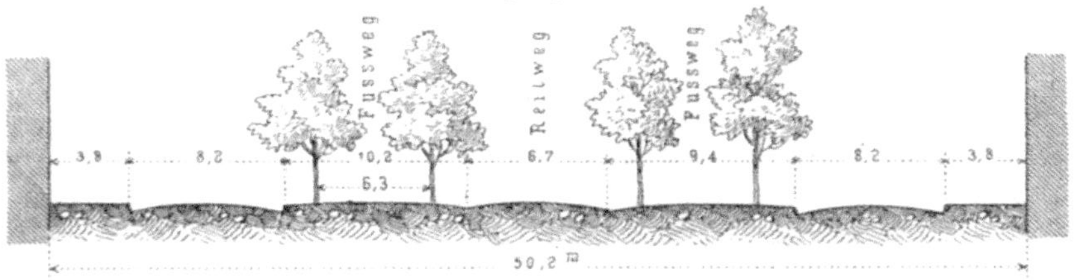

Neue Ringſtraſse zu Kopenhagen.

Fig. 152.

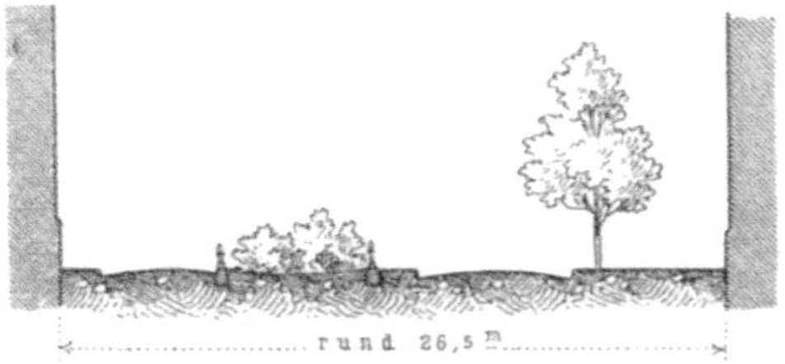

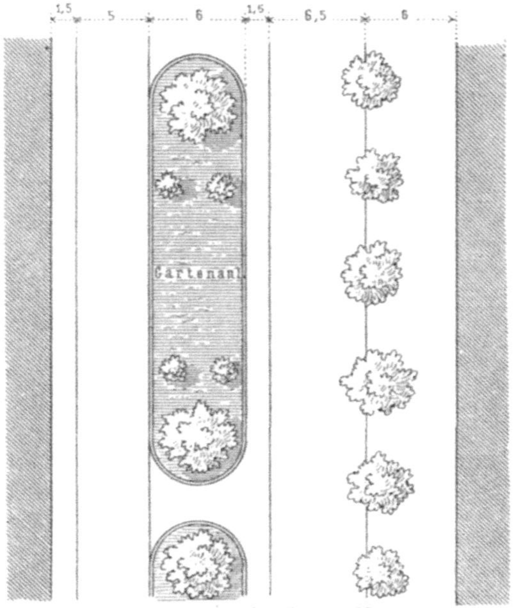

Beszuiden-Hout-Straſse im Haag.

Fig. 153.

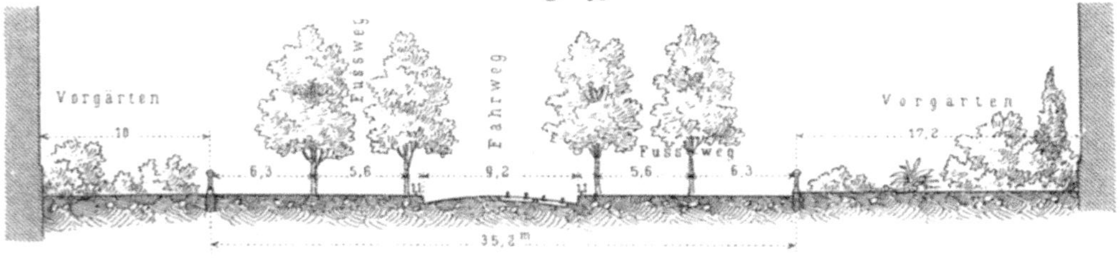

Friedrichsberg-Allee zu Kopenhagen.

Fig. 154.

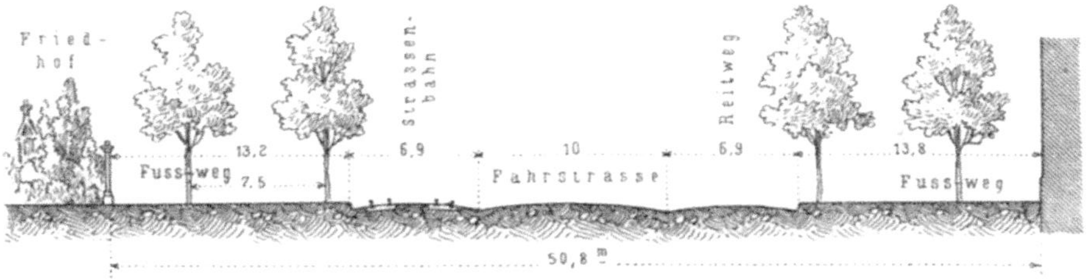

Oſterbro-Gade zu Kopenhagen.

1:500

Straſsen-Querprofile.

Fig. 155.

Sophie-Laan im Haag.

Fig. 156.

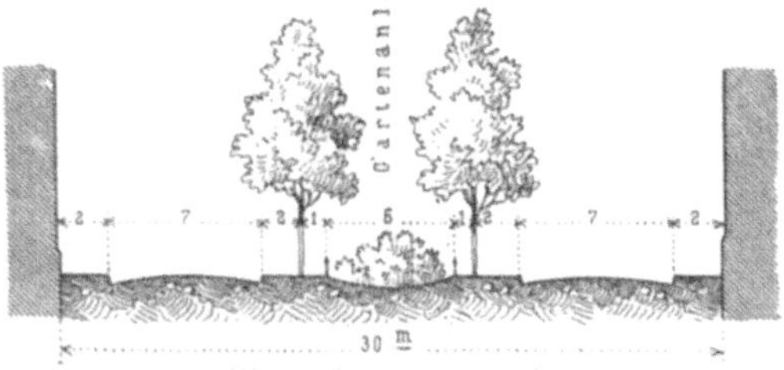

Willem-Straat zu Breda.

Fig. 157a.

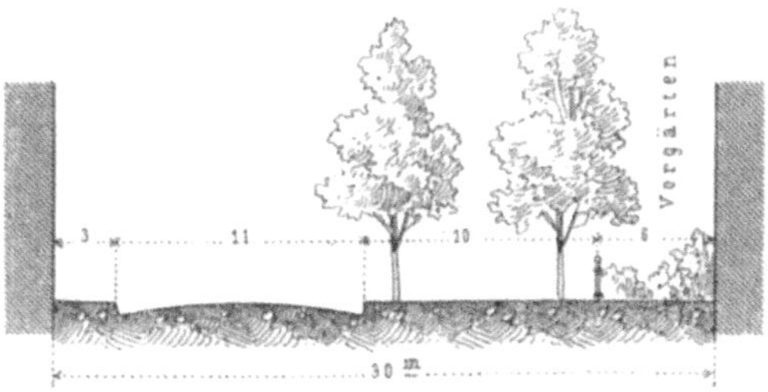

Fig. 157b.

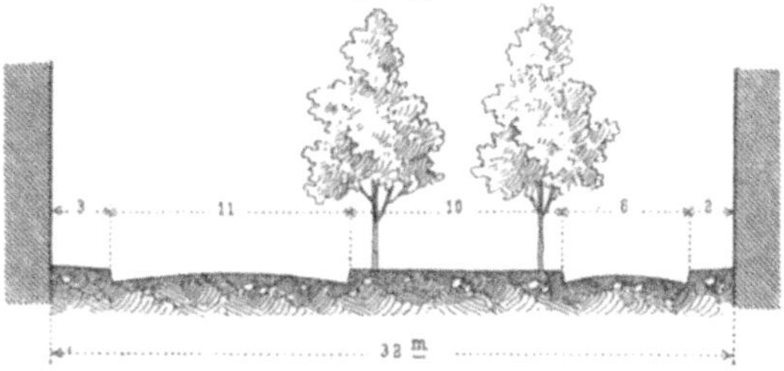

Chauffée de Malines zu Antwerpen.

Fig. 158.

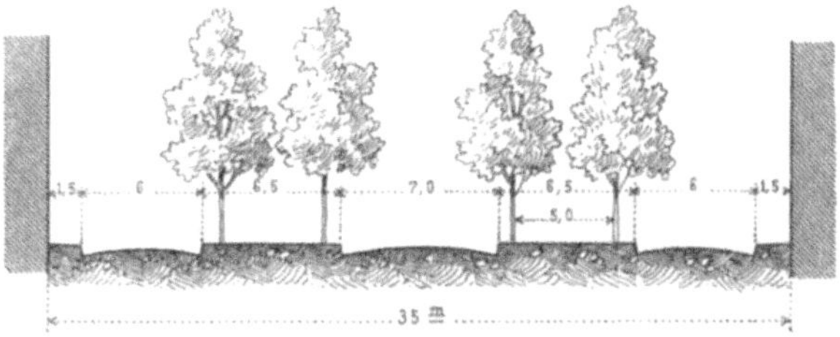

Avenue Charlotte und *Boulevard Léopold* zu Antwerpen.

Fig. 159.

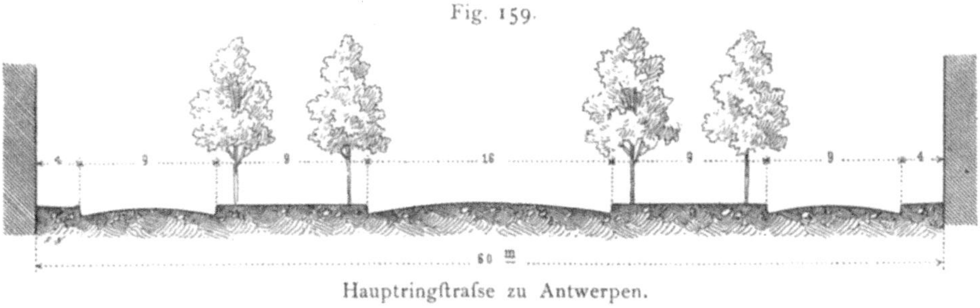

Hauptringftrafse zu Antwerpen.

Fig. 160.

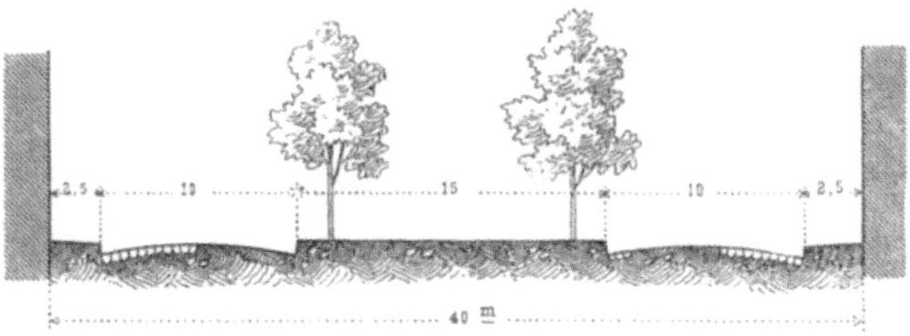

Boulevard de la Citadelle zu Gent.

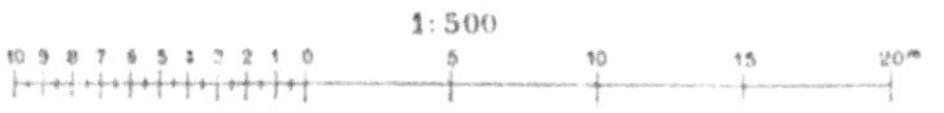

Strafsen-Querprofile.

Fig. 161.

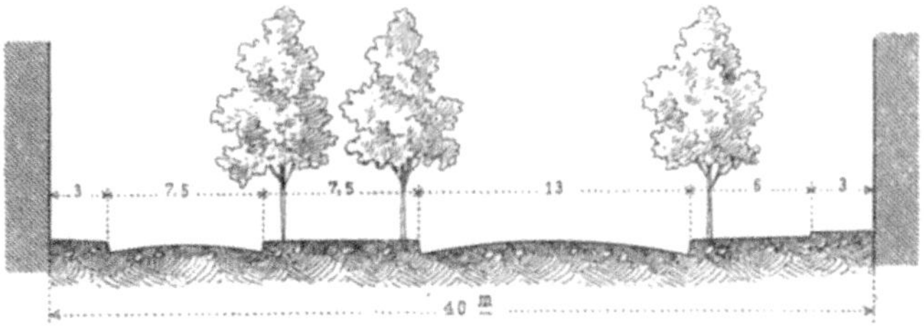

Boulevard des Hospices zu Gent.

Fig. 162.

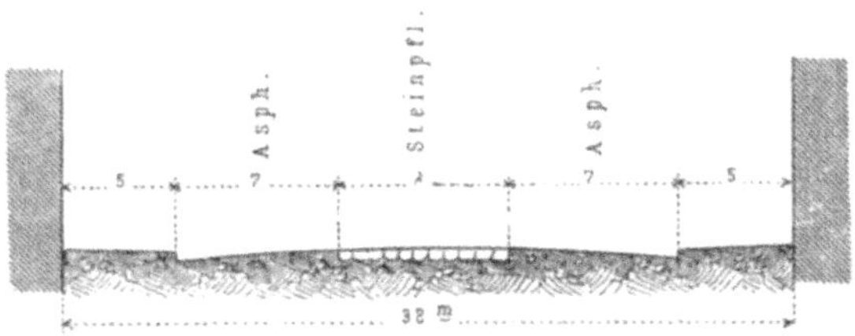

Boulevard central zu Brüssel.

Fig. 163.

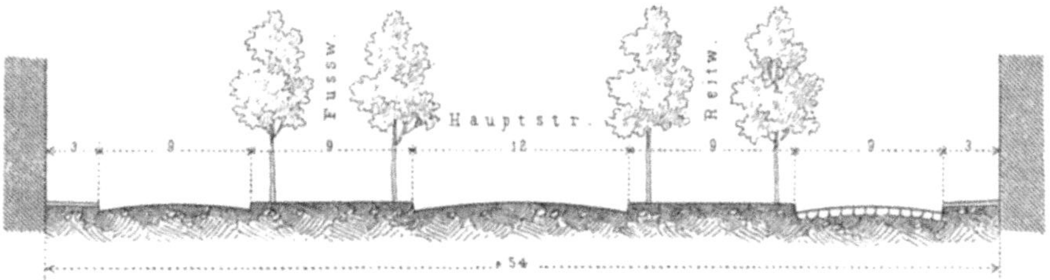

Boulevard de Waterloo zu Brüssel.

Fig. 164.

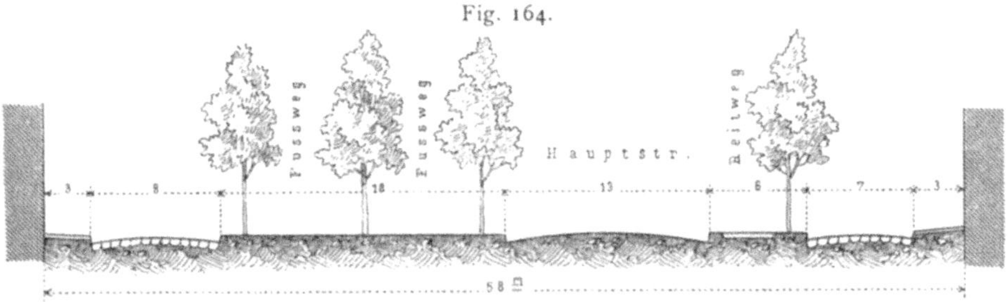

Boulevard de l'observation zu Brüssel.

Fig. 165.

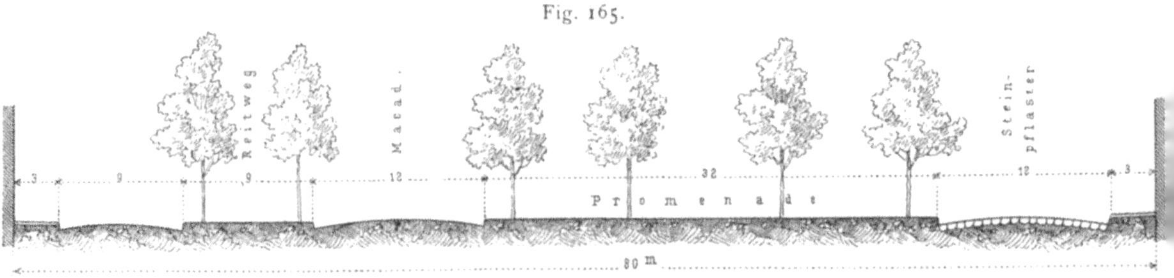

Boulevard du Régent zu Brüssel.

Strafsen-

Fig. 166.

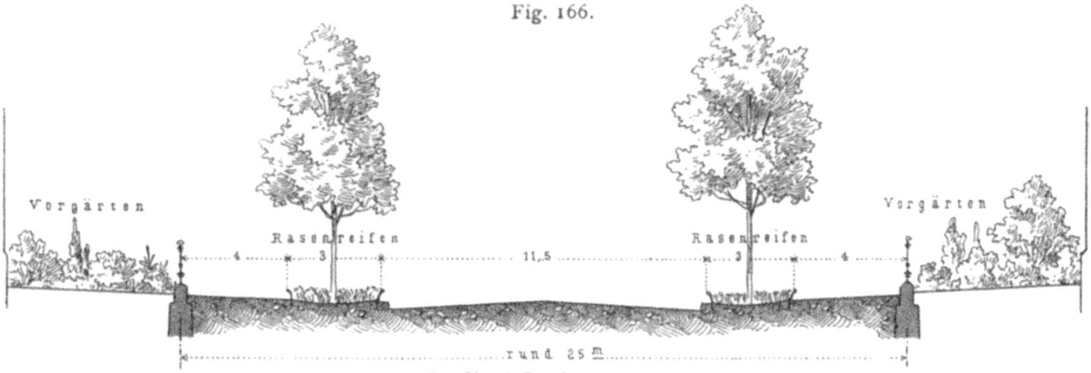

St. Jacob-Strafse zu Bafel.

Fig. 167.

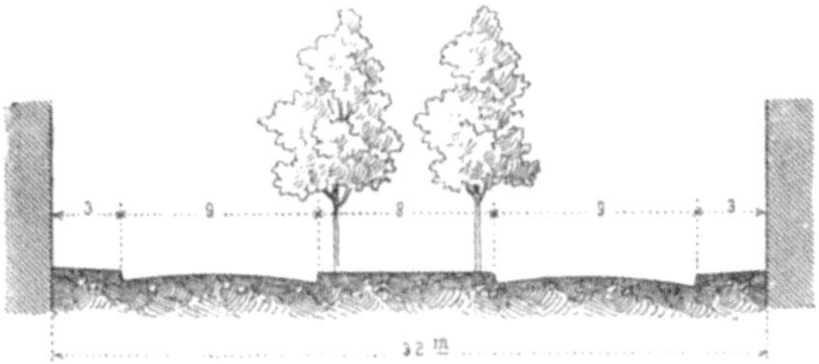

Grabengaffe zu Winterthur.

Fig. 168.

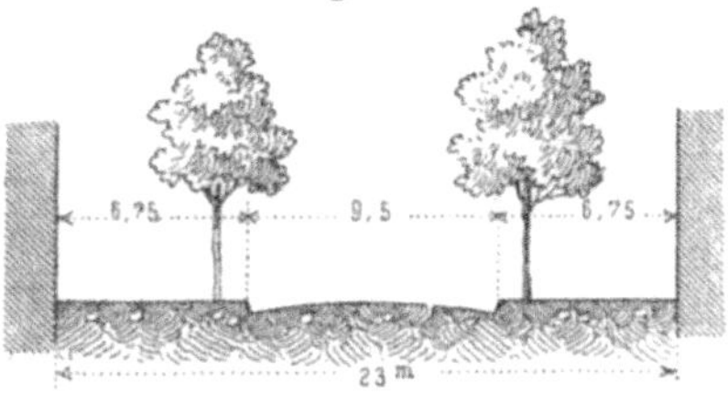

Bahnhofftrafse zu Zürich.

Fig. 169.

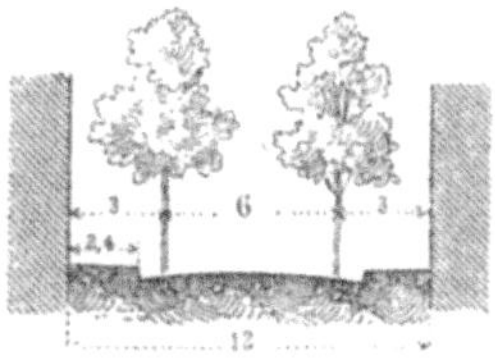

Bahnhofftrafse zu Ragaz.

1/500 n. Gr.

Fig. 170.

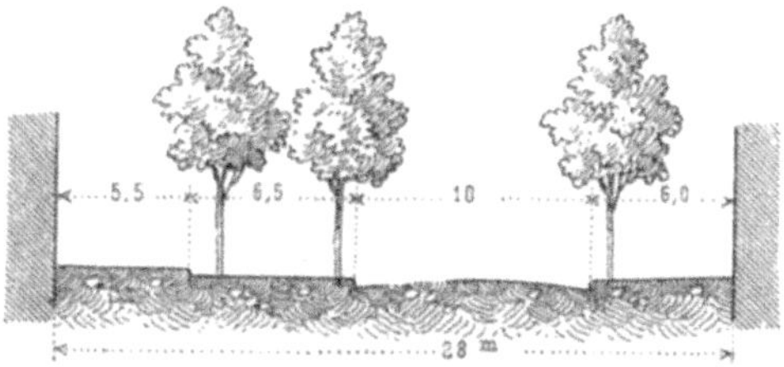

Boulevard St. Gervais zu Genf.

Fig. 171.

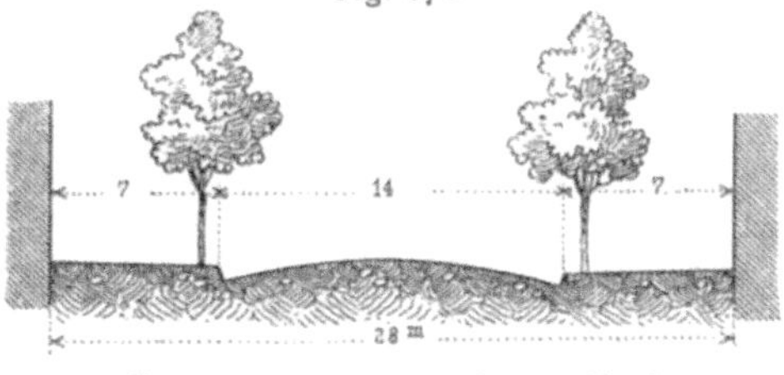

Boulevard des philofophes zu Genf.

Fig. 172.

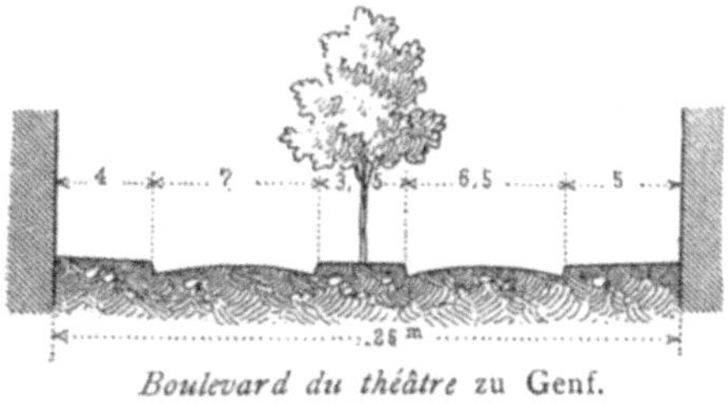

Boulevard du théâtre zu Genf.

Fig. 173.

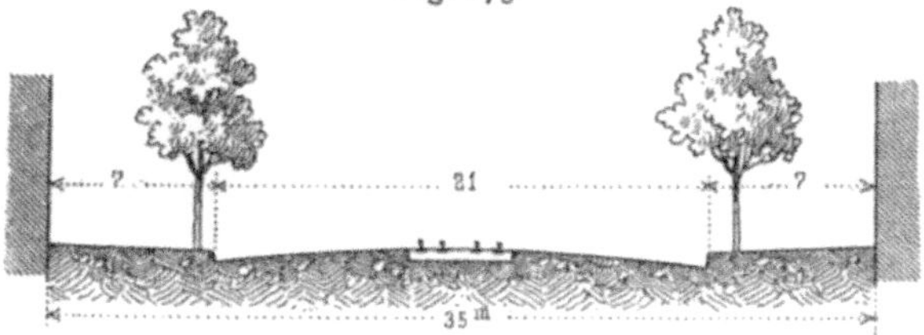

Cours de Rive zu Genf.

Fig. 174.

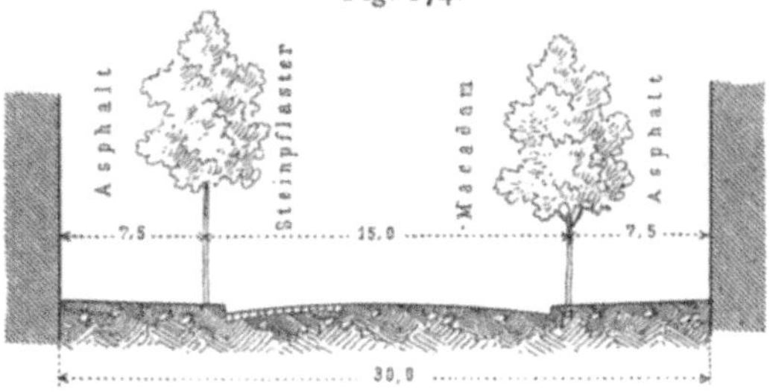

Boulevard Haufsmann (und andere *Boulevards*) zu Paris.

Querprofile.

Fig. 175.

Avenue du Roi de Rome zu Paris.

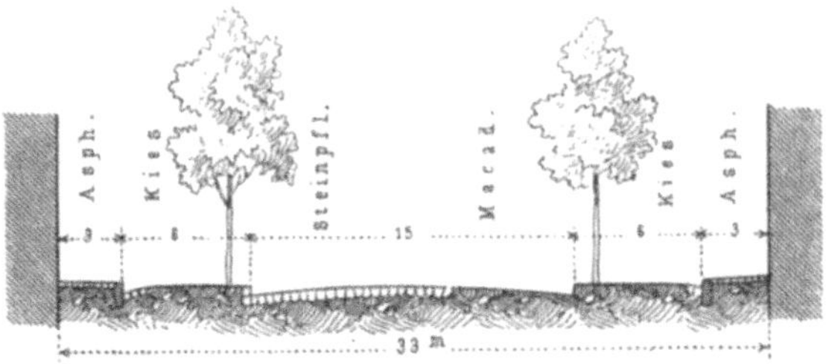

Mehrere *Avenuen* zu Paris.

Fig. 176.

Avenue du Trocadéro zu Paris.

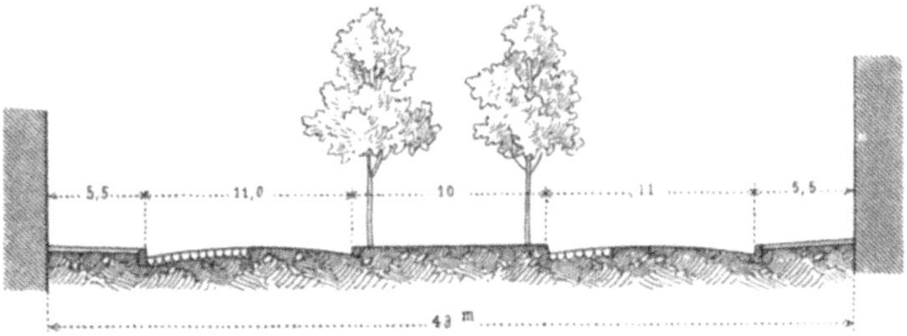

Mehrere *Avenuen* zu Paris.

Fig. 177.

1/500 n. Gr.

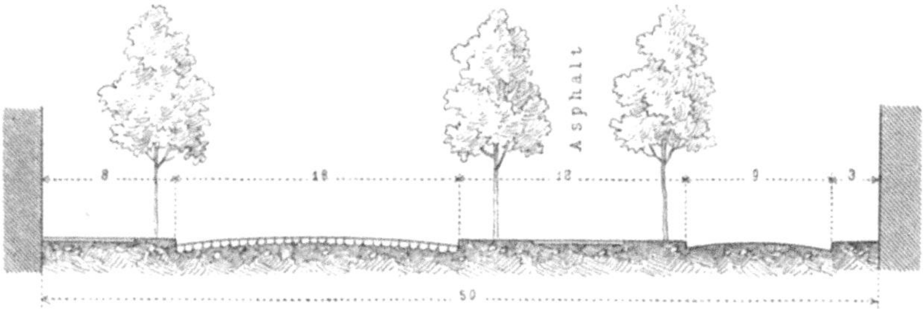

Boulevard de la Madeleine zu Paris.

Fig. 178.

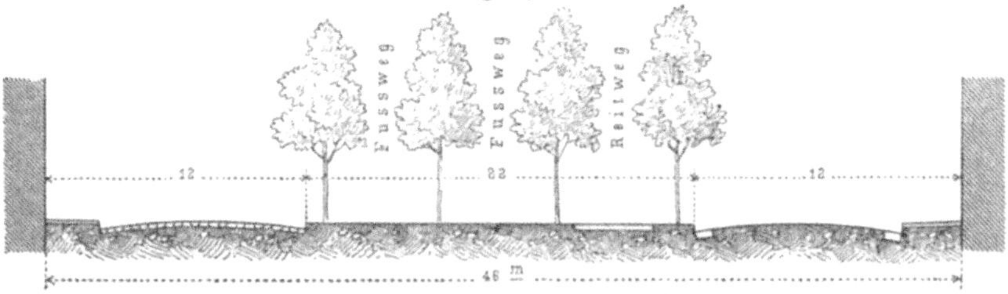

Avenue de Clichy (und andere Straſsen) zu Paris.

Fig. 179.

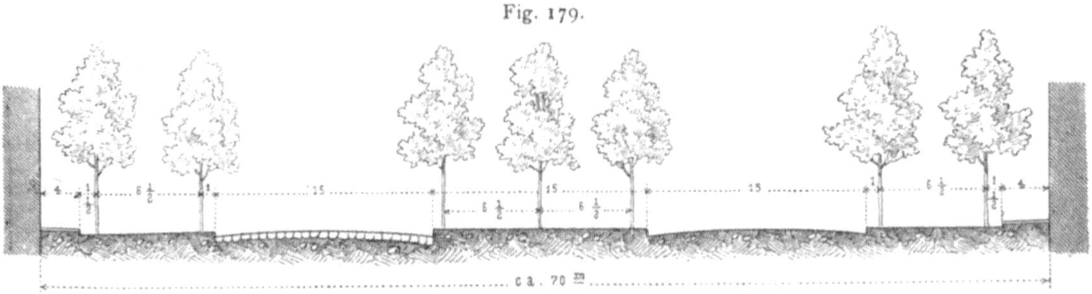

Boulevard d'Italie (äuſsere Ringſtraſse) zu Paris.

Straſsen-Querprofile.

Fig. 180.

$^1/_{500}$ n. Gr.

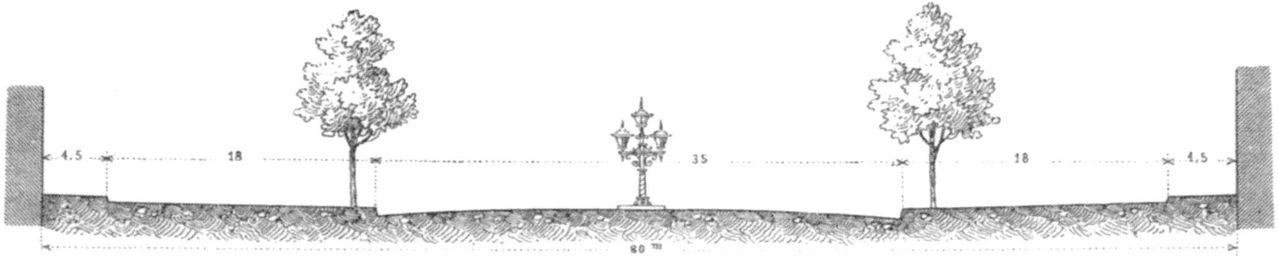

Avenue des Champs-Élysées zu Paris.

Fig. 182.

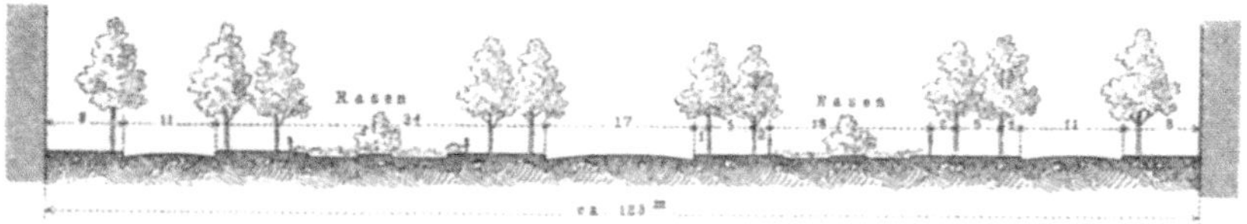

Fig. 181.

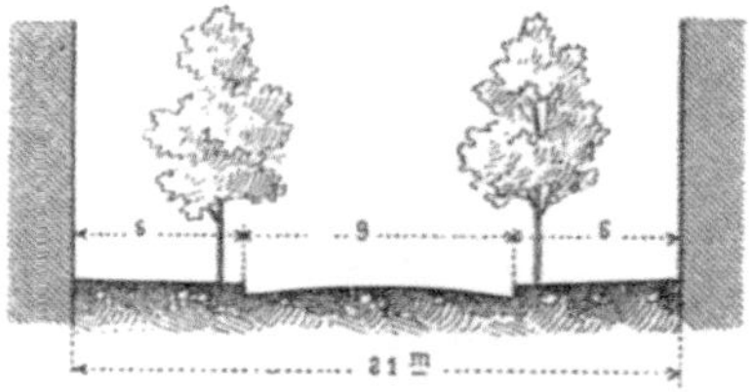

Rue St. Sauveur zu Lille.

Fig. 183.

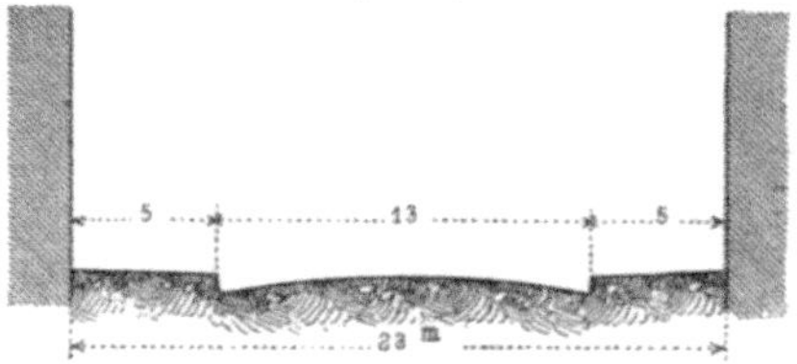

Rue de la Gare und *Rue Nationale* zu Lille.

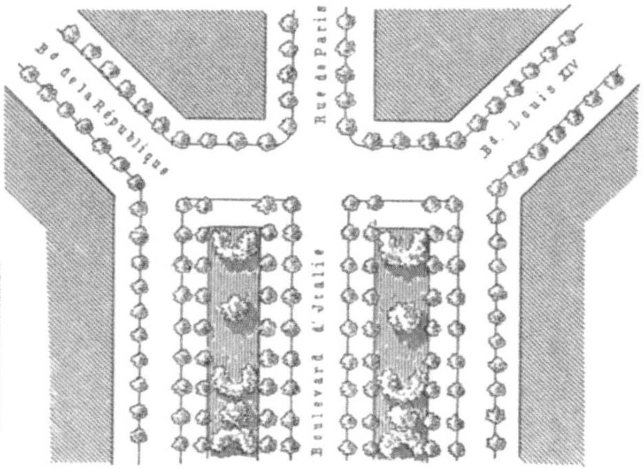

Boulevard d'Italie zu Lille.

Fig. 184.

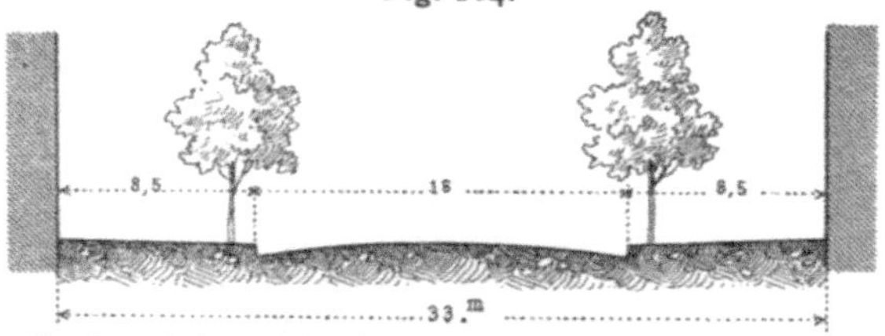

Boulevard de la Liberté (und andere *Boulevards*) zu Lille.

Fig. 185.

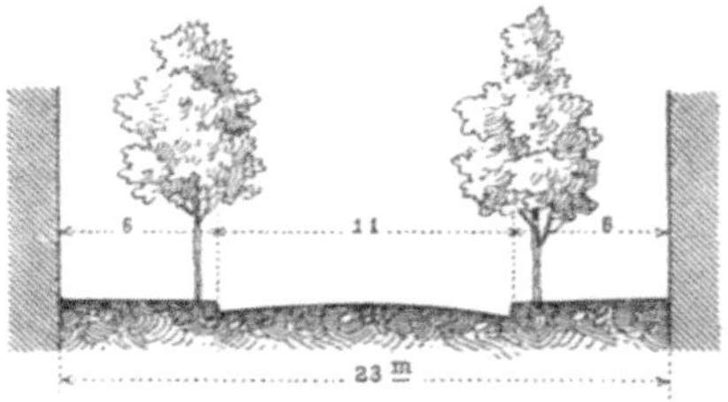

Rue de Crosne zu Rouen.

Strafsen-Querprofile.

Brüffel befitzt einen reichen Wechfel an fchönen Strafsenprofilen. Fig. 162 zeigt den durch die Altftadt gebrochenen *Boulevard central* oder *Boulevard Anfpach*, 32 m breit, ohne Bäume, deffen Bürgerfteige leicht etwas breiter hätten gewählt werden dürfen. Fig. 114, 163, 164 u. 165 zeigen die Mannigfaltigkeit der öftlichen Ringftrafse. Spazierwege, Reitwege, Equipagen-Fahrwege liefsen fich auf allen diefen Strafsenftrecken von den Laftfuhrwerkftrafsen und Bürgerfteigen trennen.

Mehrere prächtige Strafsenprofile Lüttichs, alle mehr oder weniger unfymmetrifch, find fchon bei Fig. 93 (S. 72) mitgetheilt worden. Von Intereffe ift die Anpflanzung einer engeren Allee junger Bäume neben den breiten alten Baumreihen des *Quai Cockerill*, ferner die Fortlaffung der Baumreihen auf der neuen Oftfeite des *Square d'Avroi*, um den Häufern eine möglichft freie Ausficht auf die Gartenanlage darzubieten.

194. Aus der Schweiz.

Ein freundliches Vorftadt-Strafsenprofil ift dasjenige aus Bafel (Fig. 166); die Scheidung zwifchen Fufsweg und Fahrweg bildet hier ein gärtnerifch gefchmücktes Rafenband unter der Baumreihe. Die Querfchnitte der Bafeler Ringftrafse werden bei der Befprechung diefer reizvollen Strafsenanlage in Kap. 12 diefes Abfchnittes mitgetheilt werden. Fig. 167 aus Winterthur zeigt ein einfach hübfches Profil mit Mittelallee, Fig. 168 aus Zürich eine etwas beengte Anordnung von Baumreihen auf den Bürgerfteigen, Fig. 169 aus Ragaz die engftmögliche, für gröfsere Städte ungeeignete Anlage einer Alleeftrafse bei nur 12 m Strafsenbreite mit beiderfeitiger offener Bebauung.

Unter den Genfer Strafsenprofilen (Fig. 170, 171, 172 u. 173) find befonders bemerkenswerth die felten vorkommende, in Genf fehr gefällig ausfehende Anordnung eines mit einer Baumreihe befetzten Bürgerfteiges in der Strafsenaxe (Fig. 172) und das breite freie *Corfo*-Profil in Fig. 173.

195. Aus Frankreich.

Paris, die in Hinficht des Stadtplanes und der Strafsenanlagen ohne Zweifel fchönfte Stadt der Neuzeit, bietet natürlich eine Fülle reizvoller und zweckmäfsiger Beifpiele für die Anordnung der Strafsen-Profile; nur wenige derfelben find in Fig. 174 bis 180 mitgetheilt. Fig. 174 ift das gewöhnliche Profil der im Inneren der Stadt durchgebrochenen Verkehrsadern; Fig. 175 u. 176 find Strafsen der eleganten Aufsenviertel; Fig. 178 u. 179 find äufsere *Boulevard*-Strecken. Dafs die den Häufern zunächft ftehenden Baumreihen des *Boulevard d'Italie* fich gut entwickeln werden, ift zweifelhaft. Fig. 180 zeigt das aufsergewöhnlich breite und freie Profil der verkehrsvollen Promenaden-Strafse von den *Champs-Élyfées* zum Triumphbogen.

Die nur 21 m breite Strafse *St. Sauveur* zu Lille (Fig. 181) ift bei dem ftarken Verkehre für Bäume zu fchmal; der Zuftand der letzteren ift leidend; die nach Fig. 183 profilirten Liller Strafsen *Nationale* und *de la Gare* fehen defshalb ohne Bäume weit ftattlicher aus. Gegen die Strafsenquerfchnitte nach Fig. 184 ift kaum etwas zu erinnern. Lille zeichnet fich in den neuen Stadttheilen durch übertrieben breite Strafsen aus; ein Beifpiel davon ift der in Fig. 182 fkizzirte, rund 120 m breite *Boulevard d'Italie*.

Fig. 185 ift wieder eine zu enge Strafse aus Rouen; Fig. 186 u. 187 find Beifpiele für Strafsen mit Seitenalleen aus derfelben Stadt. Fig. 188, 189 u. 191 find Strafsenprofile mit Trottoir-Bäumen und Seitenalleen aus dem benachbarten Le Hâvre. Aus Lyon zeigt Fig. 190 das Beifpiel einer als *Corfo* bezeichneten, zugleich für öffentliche Schauftellungen dienenden Strafse, nämlich den 125 m breiten *Cours du Midi*. Zwei übertrieben breite Strecken der nur fchwachen Verkehr aufweifenden, mit niedrigen Häufern bebauten Ringftrafse von Nîmes zeigt Fig. 192. Auch die in Fig. 193 dargeftellte Zufahrtsftrafse zum Bahnhofe könnte etwas weniger breit fein; ihr Ausfehen ift indefs befriedigender, weil die Häufer höher und die Flächen für den Verkehr beffer vertheilt find.

Schöne Strafsenprofile von Marfeille find in Fig. 194, 195 u. 196 angegeben. Der *Cours Belfunce* ift eine fehr volkreiche Fufspromenade; glänzender noch ift die zum grofsen Theile mit Vorgärten verfehene *Avenue de Meilhan*, am ftattlichften aber der für Wagen, Reiter und Fufsgänger prächtig ausgeftattete *Cours du Prado*. Sehr beengt für die übrigens wohl gepflegten Baumreihen ift die *Rue Longchamps* (Fig. 197), welcher daffelbe Profil zu wünfchen wäre, welches die Bahnhofftrafse in Nizza (Fig. 202) zeigt.

196. Aus Italien.

In Italien find die Baumreihen auf den Strafsen weniger häufig. Um Schatten zu erzielen, liebt man mehr die Befchränkung der Strafsenbreite und die Ueberbauung der Bürgerfteige mit Bogenhallen. Im letzteren Falle pflegen innerhalb der eigentlichen Strafsenbreite erhöhte Fufswege nicht angeordnet zu werden, deren Anwendung auch dann nicht allgemeine Regel ift, wenn es an Wandelhallen fehlt. Fig. 205 zeigt das gewöhnliche Turiner Strafsen-Profil ohne, Fig. 199 u. 200 dasjenige mit Hallen; die Geh- und Fahrplatten liegen in der Pflafterebene. Fig. 198 u. 201 find fehr ftattliche Profile der Turiner Ringftrafse. In Fig. 203, 206, 207 u. 210 find ähnliche Strafsenquerfchnitte von Mailand dargeftellt, fämmtlich ohne Bäume[36]). Genua hat theils einen ebenen Marmorplattenbelag in der ganzen Strafsenbreite, theils erhöhte

[36]) Die Köpfe der in den Abbildungen angegebenen Strafsenbahnfchienen liegen natürlich überall in der Pflafterebene.

Fig. 186.

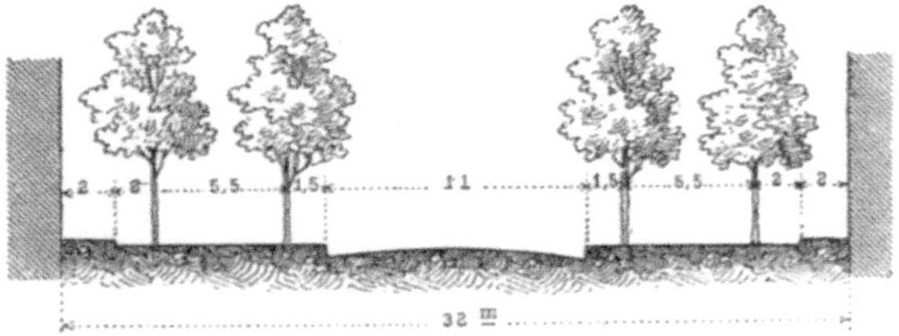

Boulevard Cauchoife zu Rouen.

Fig. 187.

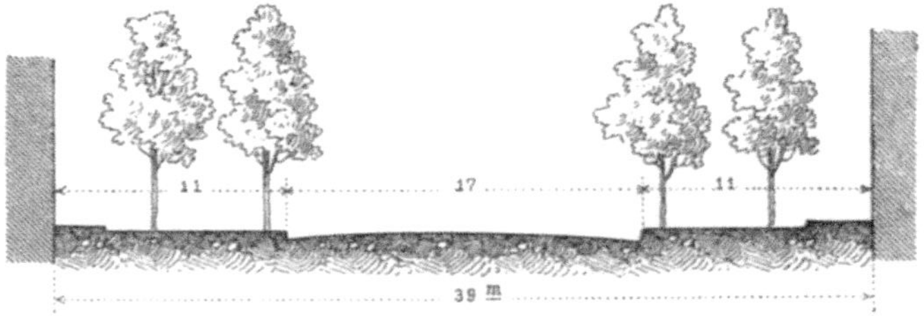

Boulevard du Mont Ribondet zu Rouen.

Fig. 188.

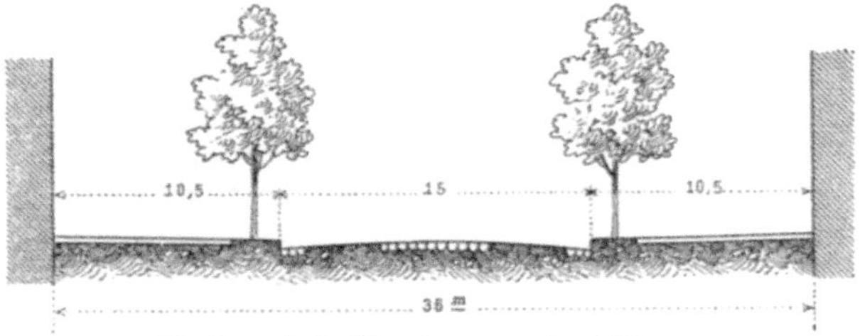

Boulevard de Strasbourg zu Le Hâvre.

Fig. 189.

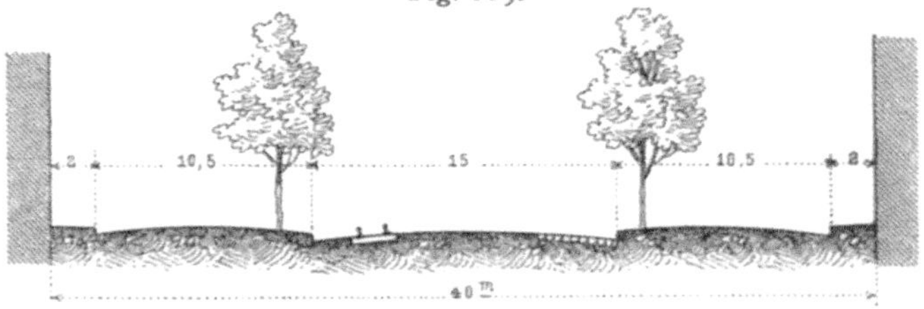

Cours de la Republique zu Le Hâvre.

Fig. 190.

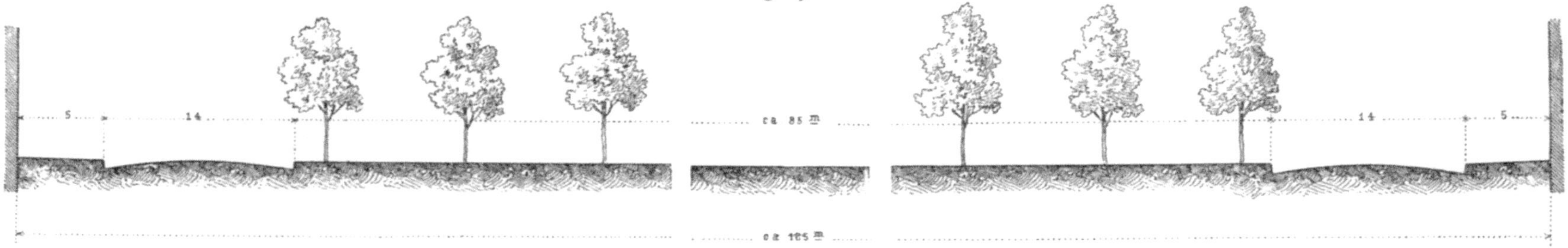

Cours du Midi zu Lyon.

1:500

Strafsen-Querprofile.

Fig. 191.

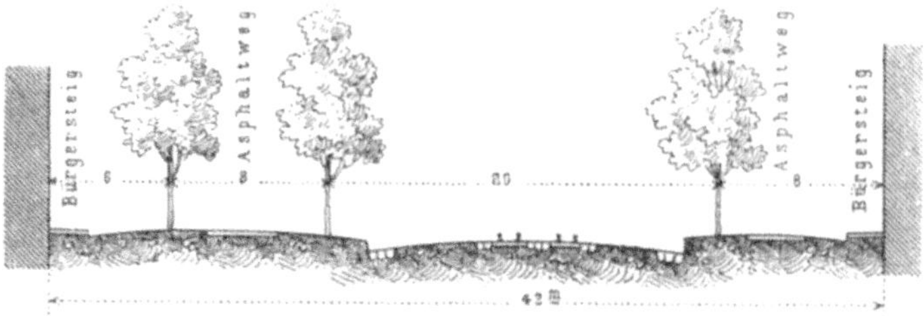

Rue Thiers zu Le Hâvre.

Fig. 192.

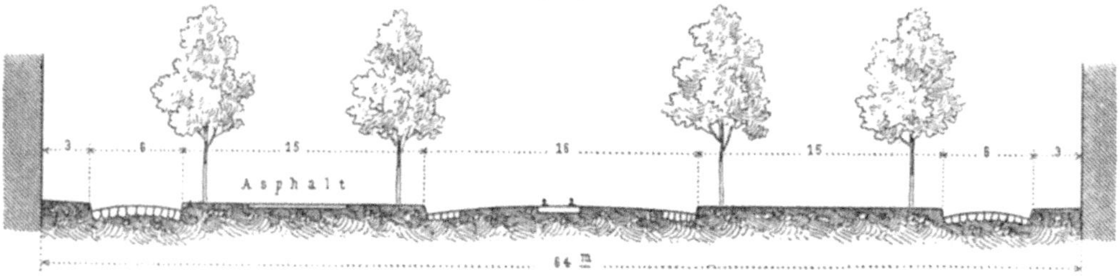

Cours Neuf und *Boulevard de la Fontaine* zu Nîmes.

Fig. 193.

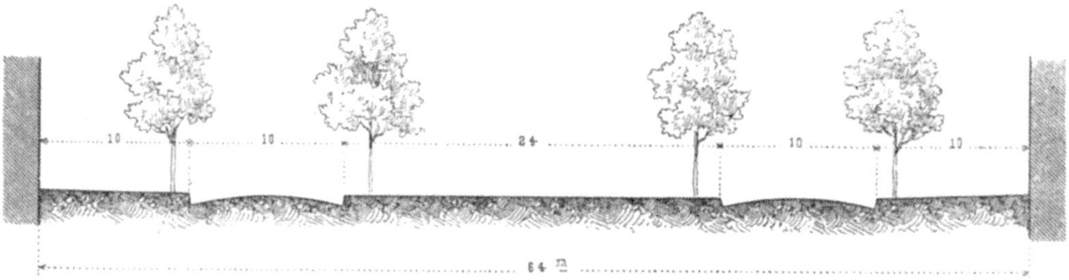

Avenue Fenchères zu Nîmes.

Fig. 194.

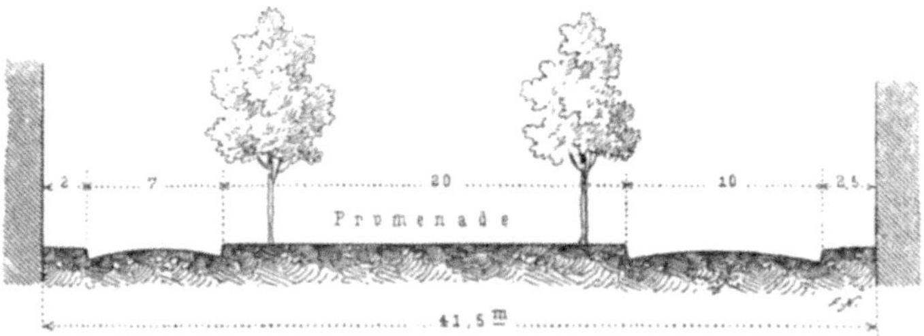

Cours Belfunce zu Marfeille.

Fig. 195.

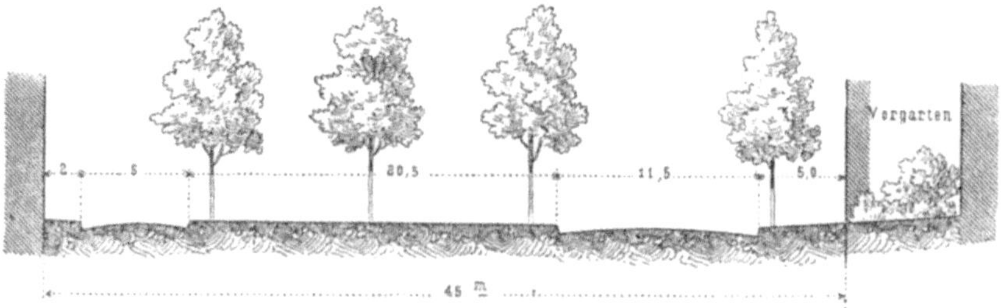

Avenue de Meilhan zu Marfeille.

1:500

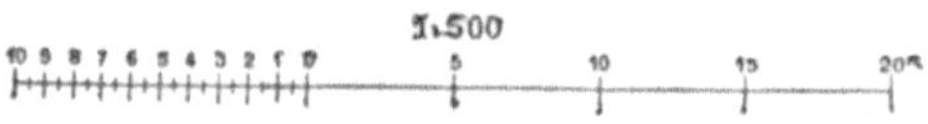

Strafsen-Querprofile.

Fig. 196.

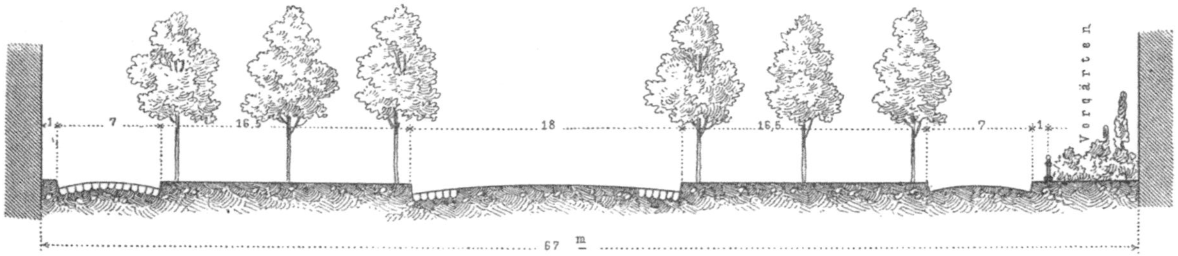

Cours du Prado zu Marfeille.

Fig. 197.

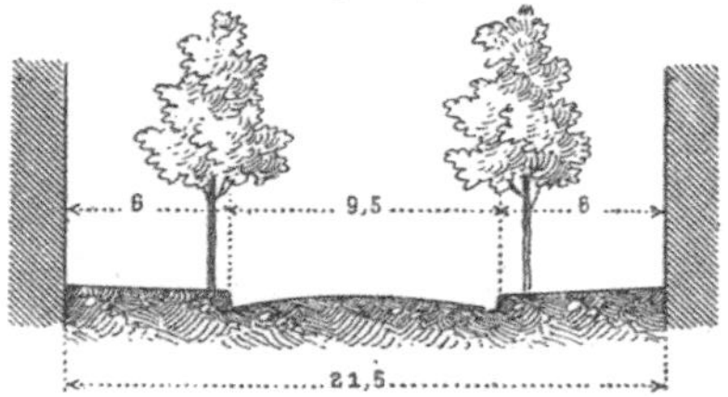

Rue Longchamps zu Marfeille.

Fig. 198.

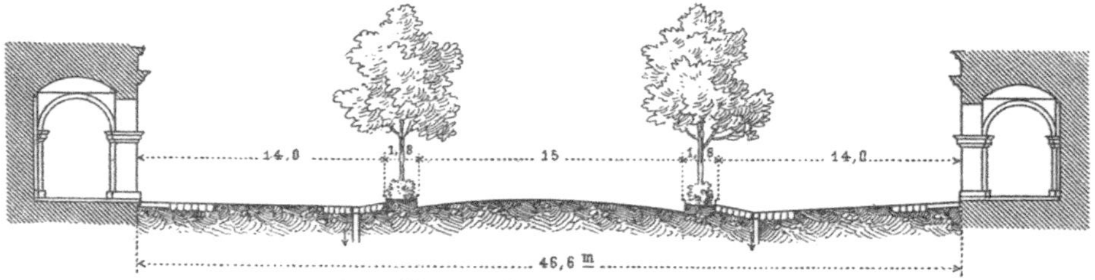

Corfo Vittorio Emanuele zu Turin.

Fig. 199.

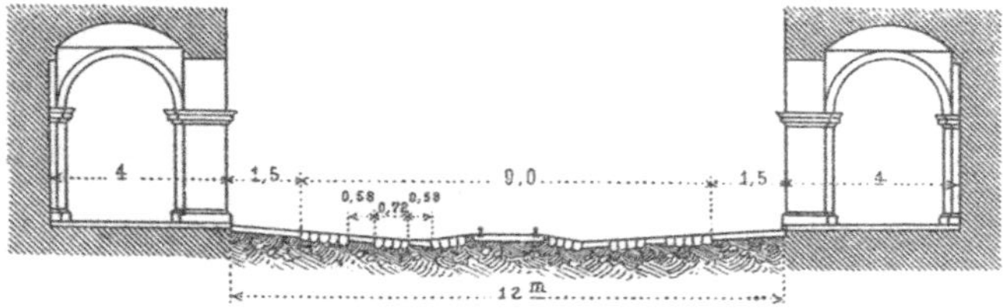

Via Maffini zu Turin.

Fig. 200.

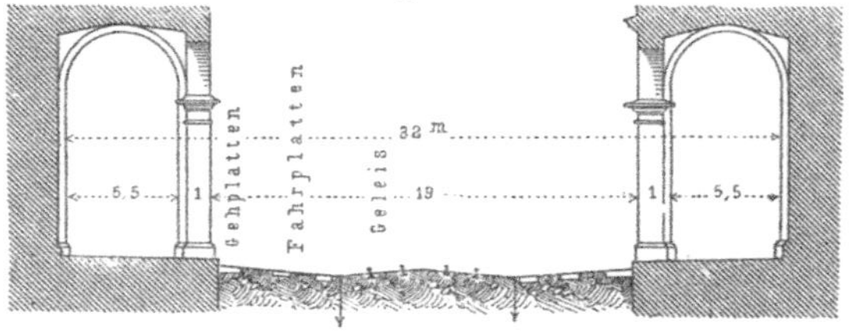

Via di Po zu Turin.

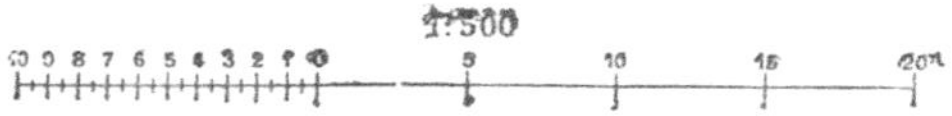

Strafsen-Querprofile.

Fig. 201.

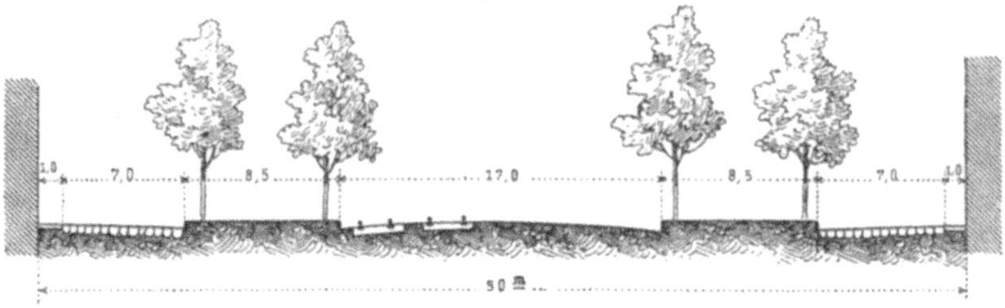

Corſo Regina Margherita zu Turin.

Fig. 202.

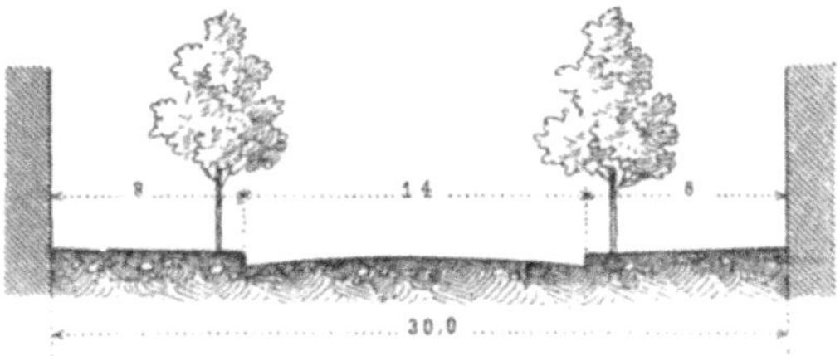

Bahnhofſtraſse zu Nizza.

Fig. 203.

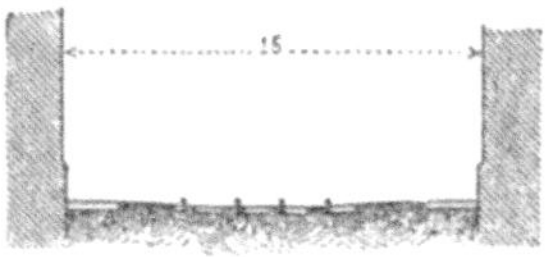

Corſo Vittorio Emanuele zu Mailand.

Fig. 204.

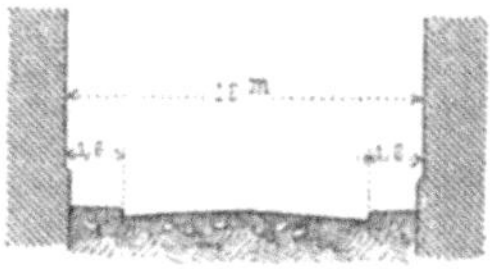

Corſo zu Rom.

Fig. 205.

Via San Domenico zu Turin.

Fig. 206.

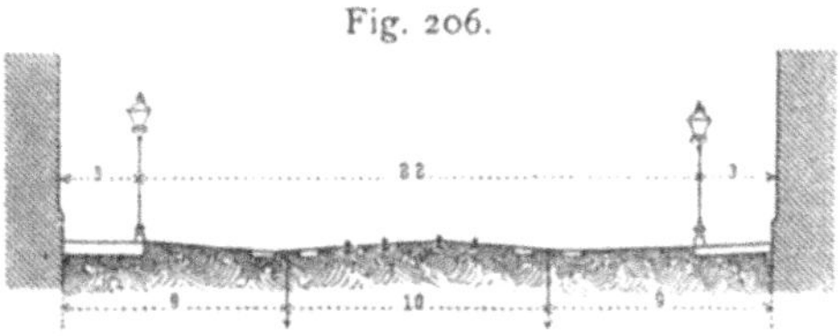

Corſo Venezia zu Mailand.

Fig. 207.

Via Broletto zu Mailand.

Fig. 208

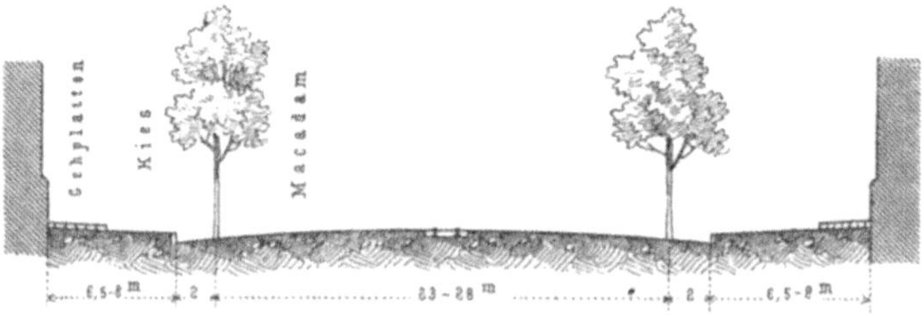

Viale Principe Eugenio (Amadeo und *Margherita)* zu Florenz.

Fig. 209.

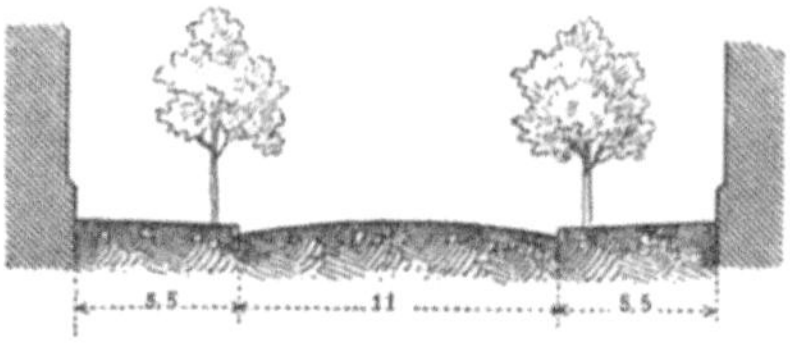

Via nazionale zu Rom.

1:500

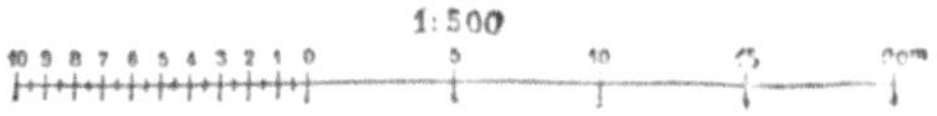

Straſsen-Querprofile.

Fig. 210.

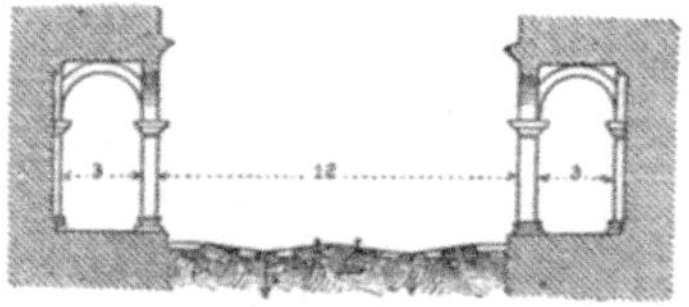

Strafse zu Mailand.

Fig. 211.

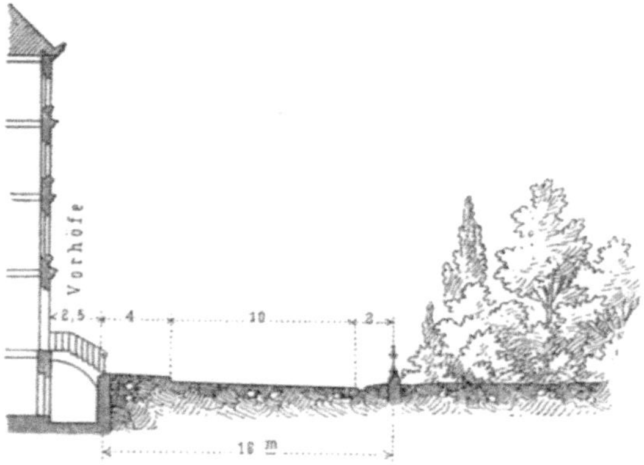

Finsbury-Circus zu London.

Fig. 212.

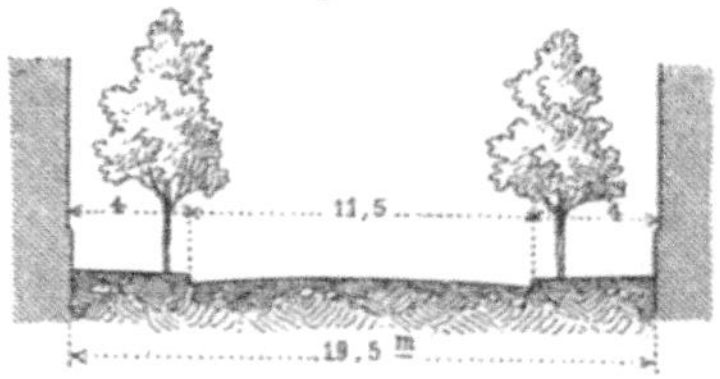

Shaftesbury-Avenue zu London.

Fig. 213.

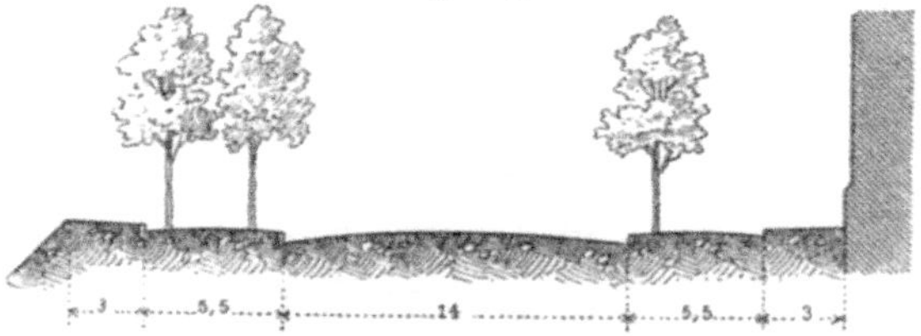

Via Emanuele Filiberto (und andere Strafsen) zu Rom.

Fig. 214.

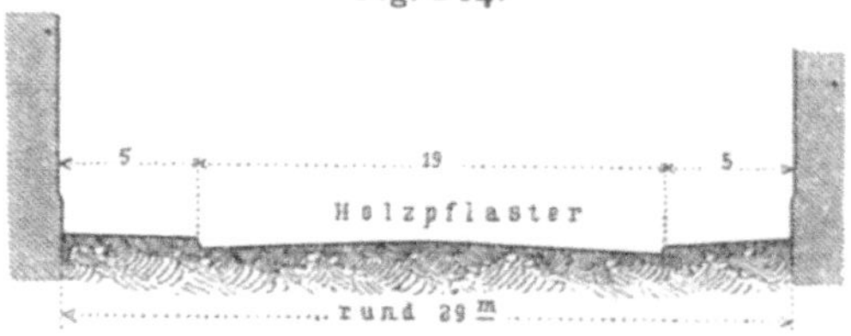

Farringdon-Street zu London.

Fig. 215.

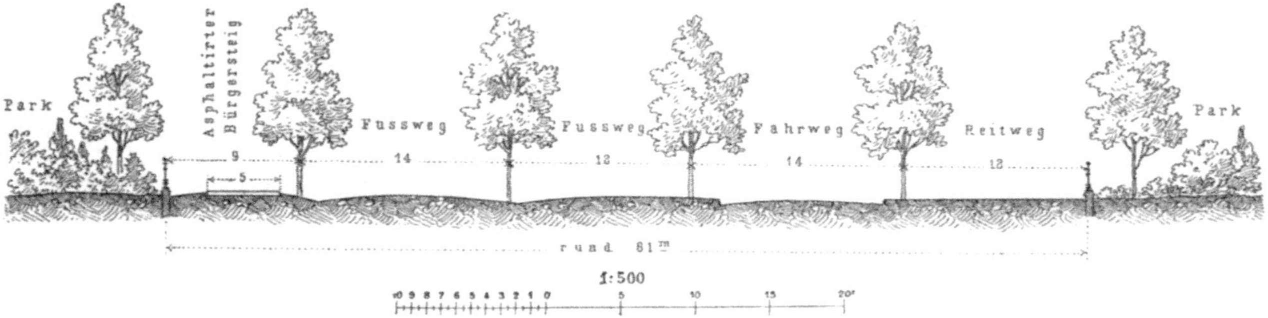

The Mall zu London.

Strafsen-Querprofile.

Gehwege in gewöhnlicher Anordnung den Häufern entlang, feltener Wandelhallen. In Florenz find Bürgerfteige gewöhnlicher Art vorwiegend; die Ringftrafse zeigt Baumreihen in der ungefchickten, fchattenlofen Anordnung nach Fig. 208. Im Gegenfatz hierzu darf nicht unerwähnt bleiben die wahrhaft monumentale Anlage der *Galleria degli Uffizi*, eine etwa 150 m lange, 19 m breite, auf den Langfeiten und an einer Kopffeite von den Bogenhallen der bekannten Uffizien eingefafste Strafse; von der freien Kopffeite können Wagen einfahren; die Hallen der anderen Kopffeite bilden ein Durchgangs-Portal zum *Lungarno*; Treppenftufen trennen die Strafsenfläche von den Hallen.

Die alten Strafsen in Rom find meift in der ganzen, allerdings geringen Breite mit kleinen Kopffteinen gepflaftert; über Ecke gelegte Quaderfteine (Schrittfteine) begrenzen ohne Höhenunterfchied den eigentlichen Fahrweg. Nur wenige römifche Strafsen, wie der *Corfo* und die *Via de' Condotti*, befitzen unfere üblichen Bürgerfteige (Fig. 204). Der neue Strafsendurchbruch der *Via nazionale* hat leidlich unterhaltene Baumreihen (Fig. 209); mehrere Strafsen der neuen Stadttheile zeigen das in Fig. 213 angegebene Profil mit zweireihigen Seitenalleen, deren äufsere Baumreihe beim Anbau der Häufer befeitigt werden mufs.

197. Aus England.

Einige Strafsen-Profile aus London find in Fig. 211 bis 215 dargeftellt. Das einfache Profil der *Farringdon*-Strafse (Fig. 214) findet man, zumeift in einer Gefammtabmeffung von 15 bis 25 m, in faft allen Verkehrsftrafsen Londons; nur ganz ausnahmsweife fieht man junge Baumreihen auf den Bürgerfteigen nach Fig. 212. Ein Beifpiel der zahlreichen *Square*-Strafsen zeigt Fig. 211; die Häufer mit kleinen Vorhöfen liegen an der Aufsenfeite der Strafse rings um einen, viereckigen oder runden, eingefriedigten gemeinfchaftlichen Garten. So reich London an Parkanlagen und *Squares* ift, fo arm ift es an ftattlichen, mit Baumreihen und fonftigen Pflanzungen gefchmückten Promenaden- und Prunkftrafsen. Die Parifer *Boulevards* und *Avenuen* fehlen faft gänzlich. Wohl giebt es zahlreiche Strafsendurchbrüche in der *City* und in Weftend; aber die Erbauer dachten nur an die Bedürfniffe des Verkehres; Schmuck und Schönheit waren Nebenfache. Spazierfahrer, Spaziergänger und Reiter find auf die Strafsen an und in den Parks angewiefen, wovon die in Fig. 215 fkizzirte *Mall*, der Zugang durch *St. James'-Park* zum *Buckingham*-Palaft, ein hervorragendes Beifpiel ift.

6. Kapitel.

Die Strafsen von befonderer Art.

198. Ueberficht.

Die Oertlichkeit bringt es oft mit fich, dafs in den Bebauungsplan eines neuen Stadttheiles oder in den Strafsenplan der Altftadt Strafsen von befonderer Art eingefügt werden müffen, welche mit den im vorigen Kapitel behandelten normalen Strafsen nicht übereinftimmen. Dahin gehören die nur einfeitig zu bebauenden Strafsen, Strafsen an der Berglehne, Doppelftrafsen, Treppenftrafsen, Rampen und endlich Strafsen mit abweichend hohen Bürgerfteigen.

Vorgartenftrafsen, d. h. Strafsen, deren Baufluchtlinie hinter der Verkehrsfluchtlinie zurück liegt, ferner folche Strafsen, bei welchen die gärtnerifche Behandlung vorwiegt, werden im 5. Abfchnitt ausführlicher behandelt werden.

199. Einfeitig bebaute Strafsen.

Einfeitige Strafsen kommen entlang der Flufsufer (Quai-Strafsen), fo wie entlang von fonftigen Gewäffern, von Parkanlagen und öffentlichen Plätzen vor. Sie finden fich auch an Berglehnen derart, dafs nur die eine Seite bebaut werden kann, während die andere wegen der Höhenlage den Anbau nicht oder nur mit aufsergewöhnlichen Schwierigkeiten geftattet. Alle diefe einfeitigen Strafsen werden nach der Häuferfeite hin den normalen Strafsen entfprechend ausgebildet, während die Ausbildung der anderen Seite fich nach der Oertlichkeit richtet.

200. Quai-Strafsen.

Die Anordnung der Wafferfeite der Quai-Strafsen (Werft, Kade, Staden, Stapel, Ufer, Strand) hängt von den Bedürfniffen der Schifffahrt ab und fällt daher in das Gebiet des Wafferbaues. Für den Stadtplan ift indefs auf alle Fälle zu berück-

Fig. 216.

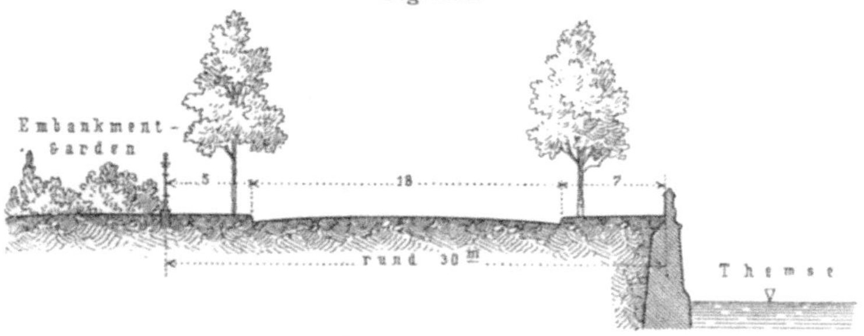

Victoria-Embankment zu London.

Fig. 217.

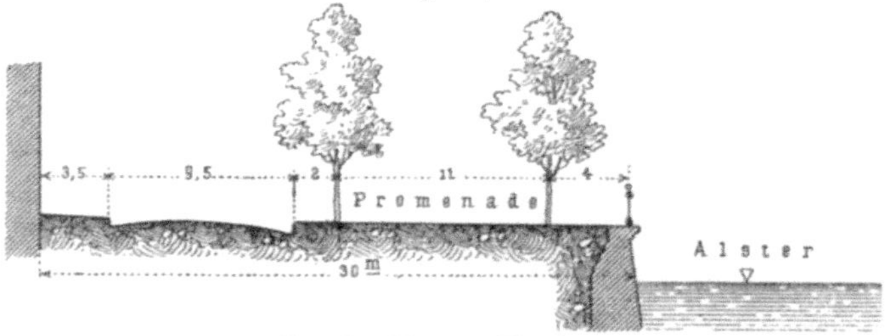

Jungfernstieg zu Hamburg.

Fig. 218.

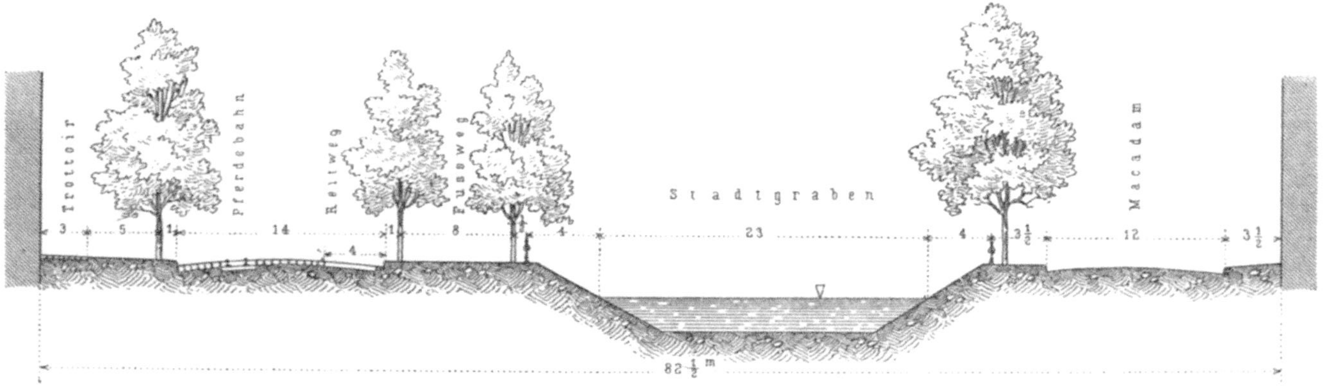

Königsallee.

Canal-Strafse.

Strafsen-Profil aus Düffeldorf.

1:500

Quai-Strafsen.

Fig. 219.

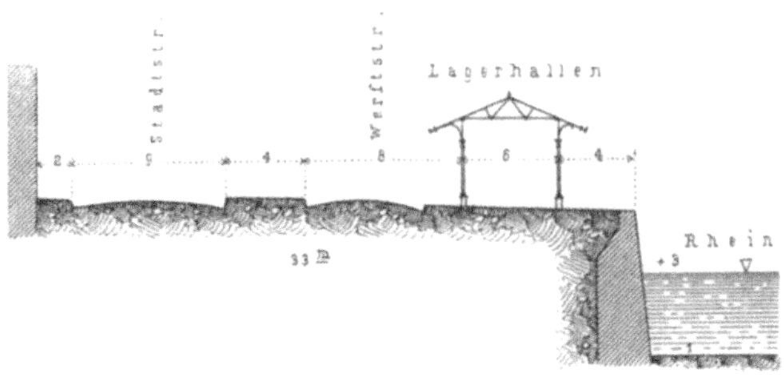

Leyenstapel zu Köln.

1/500 n. Gr.

Fig. 220.

Rheinufer-Straſse zu Mainz.

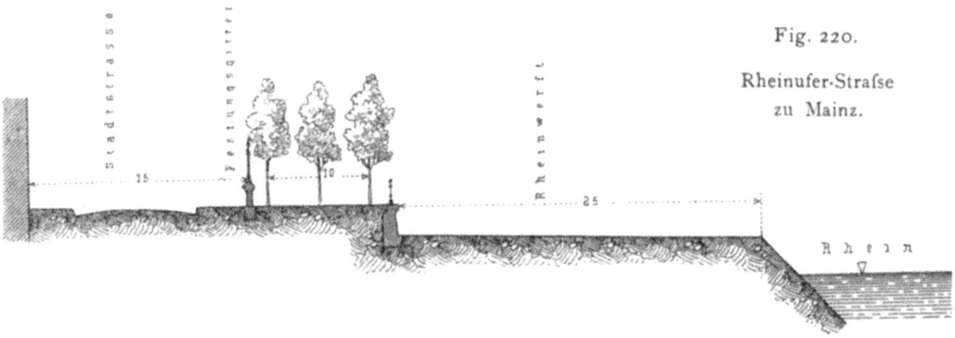

Fig. 221.

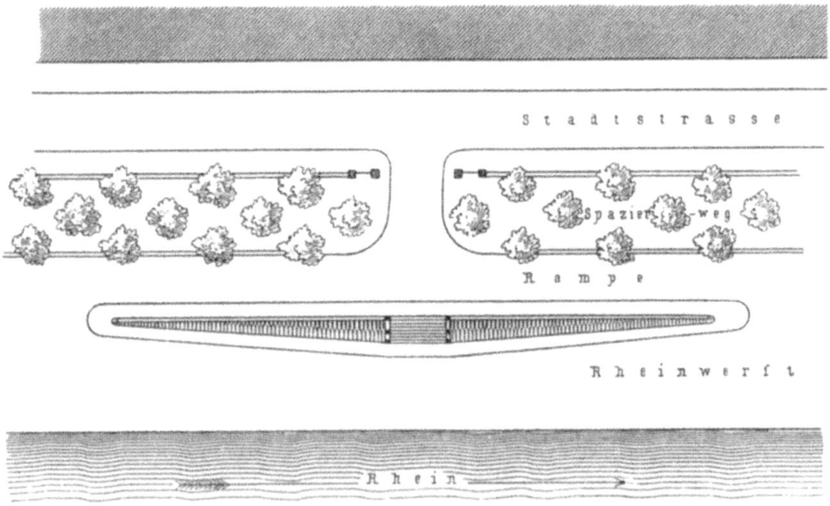

Grundriſs zu Fig. 220. — 1/1000 n. Gr.

Fig. 222.

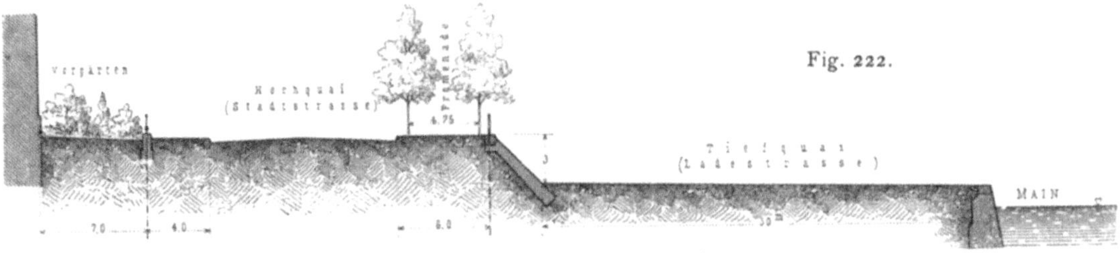

Schaumain-Quai zu Frankfurt a. M. — 1/500 n. Gr.

Quai-

Fig. 223.

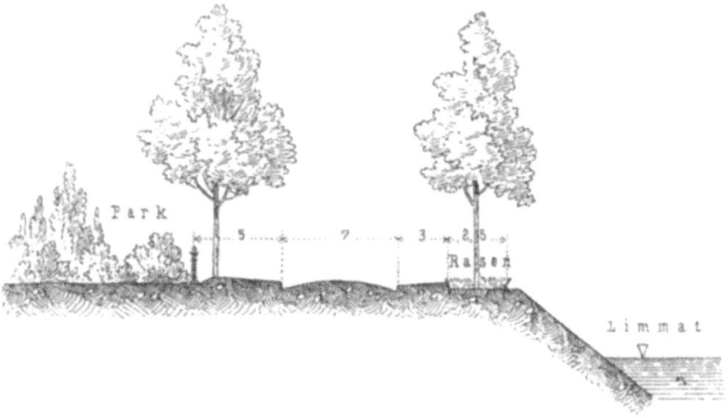

Platzſpitz-Promenade zu Zürich.

Fig. 224.

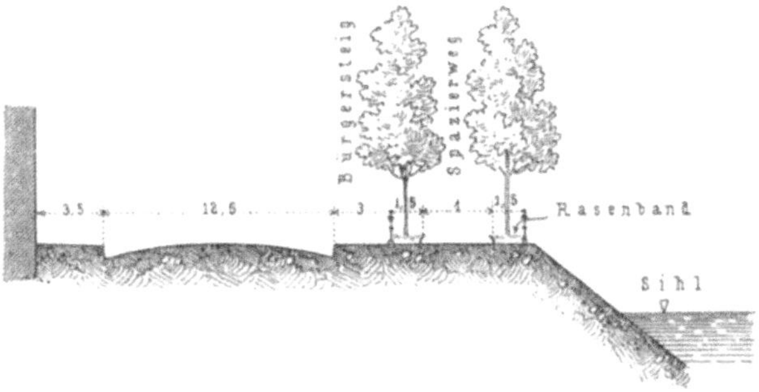

Caſernen-ſtraſse zu Zürich.

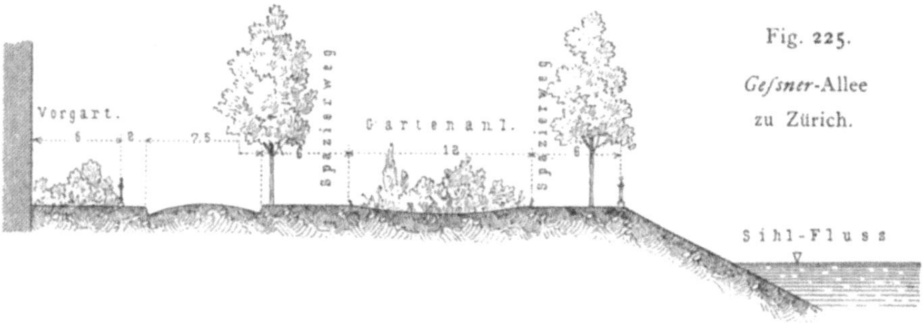

Fig. 225.

Geſsner-Allee zu Zürich.

Fig. 226.

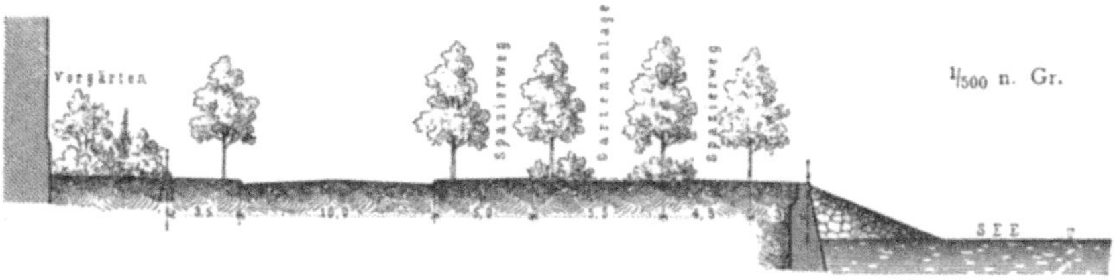

1/500 n. Gr.

Alpen-Quai zu Zürich.

Fig. 227.

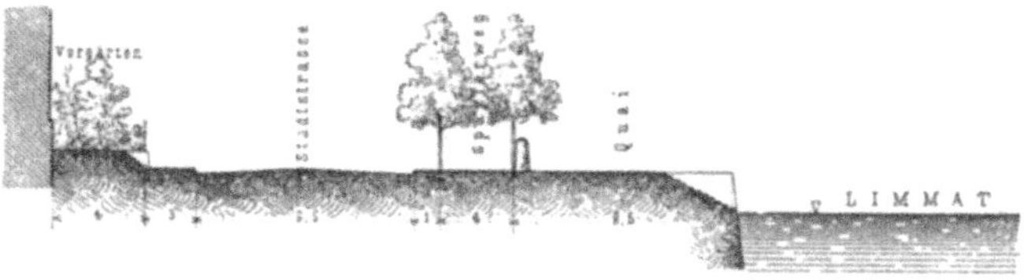

Uto-Quai zu Zürich.

Straſsen.

Fig. 228.

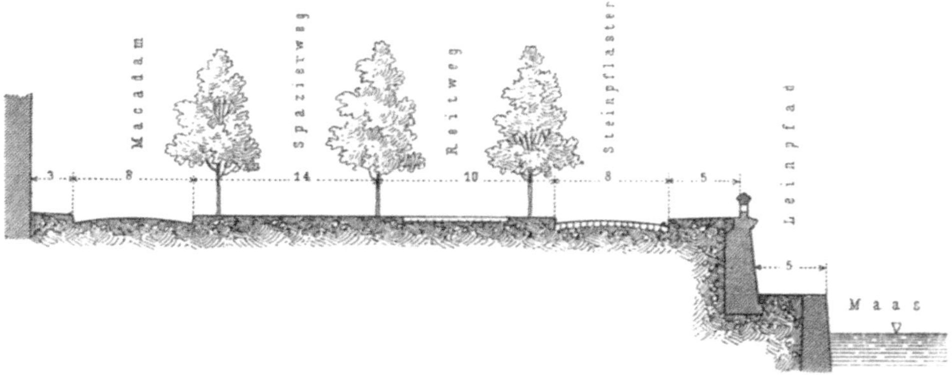

Quai-Strafse zu Lüttich.

$^{1}/_{500}$ n. Gr.

Fig. 229.

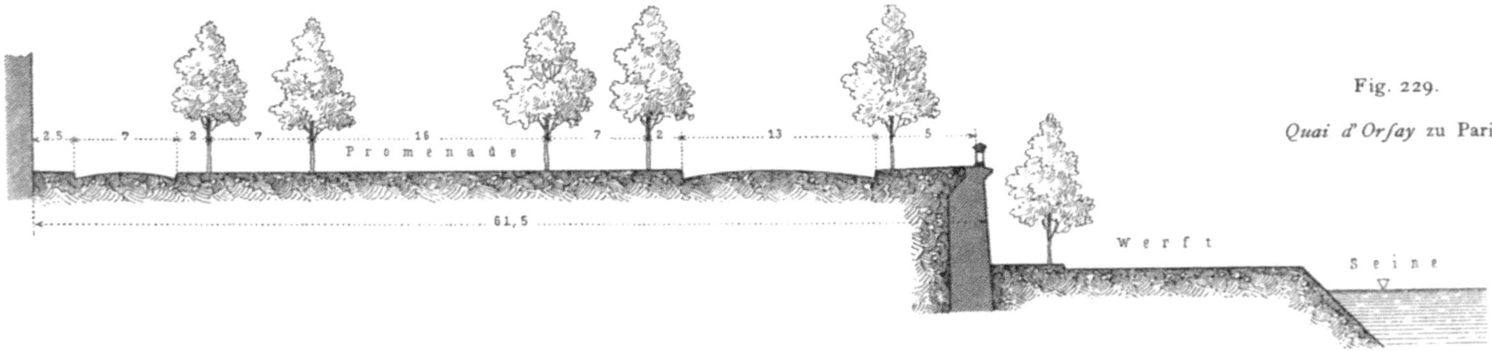

Quai d'Orſay zu Paris.

Fig. 230.

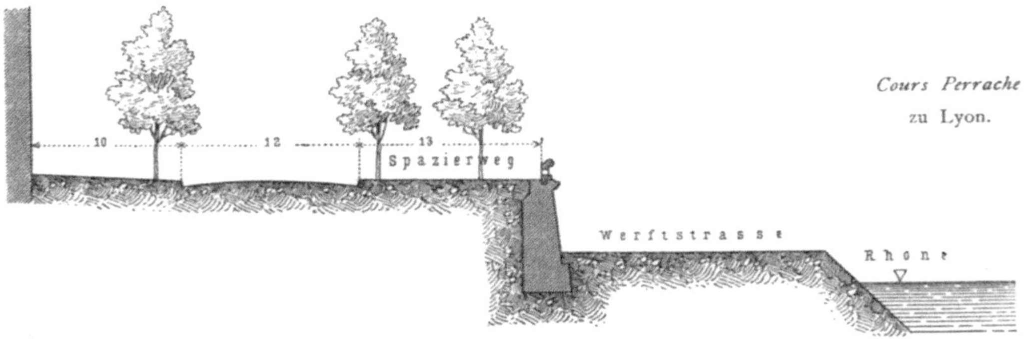

Cours Perrache zu Lyon.

Quai-Strafsen.

Fig. 231.

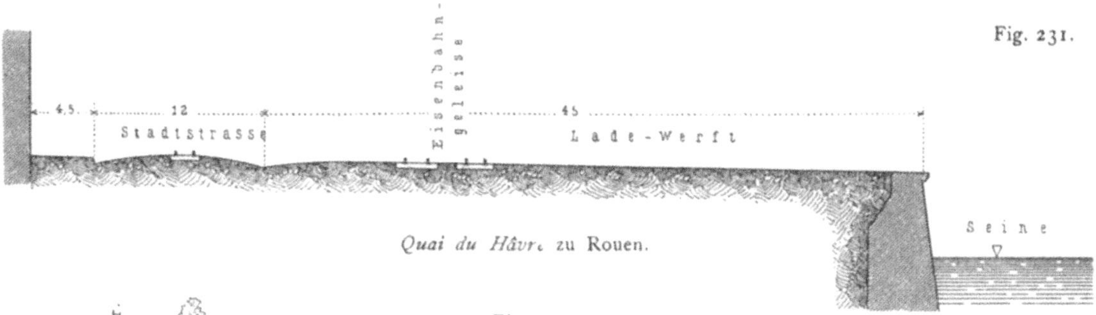

Quai du Hâvre zu Rouen.

Fig. 232.

Rôhne-Quai zu Arles.

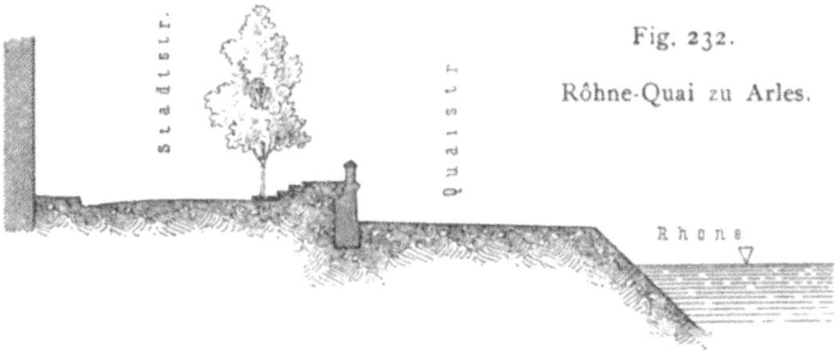

Fig. 233.

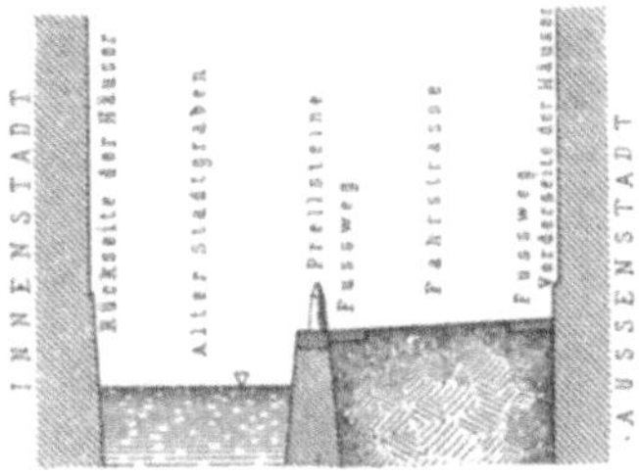

Innere Ringstrafse zu Mailand.

Fig. 234.

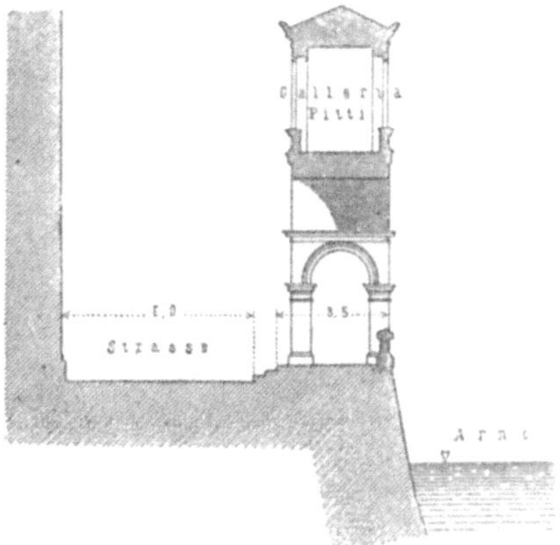

Lungarno zu Florenz.

Fig. 235.

Lungo-Tevere zu Rom

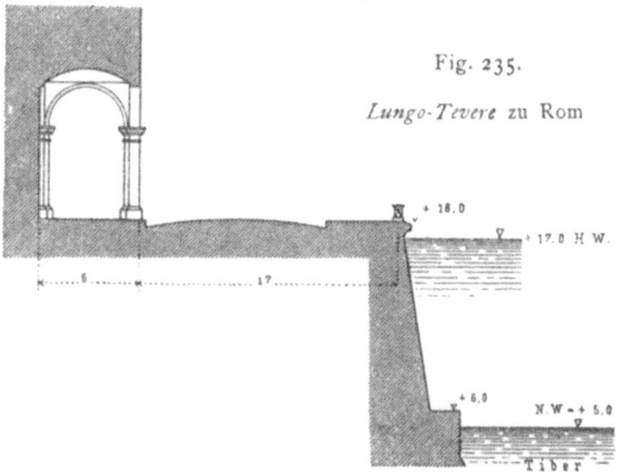

Fig. 236.

Meeresstrand zu Norderney.

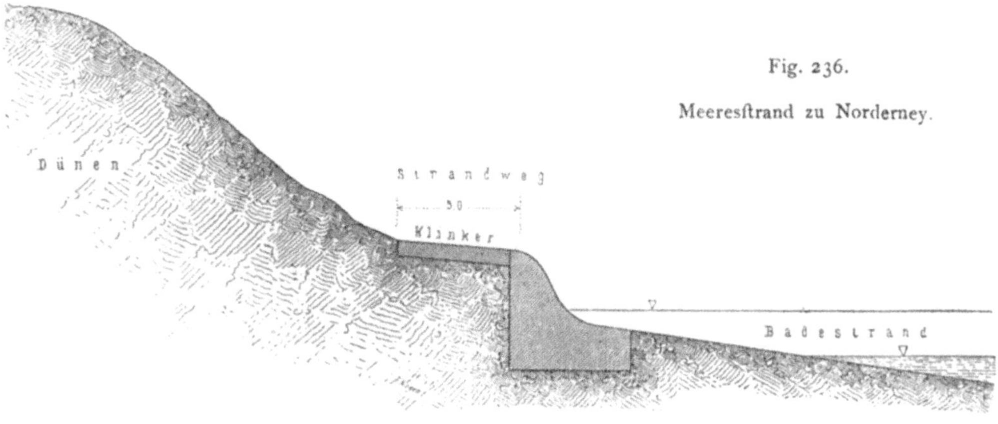

1:500

10 9 8 7 6 5 4 3 2 1 0 5 10 15 20^m

Quai-Strafsen.

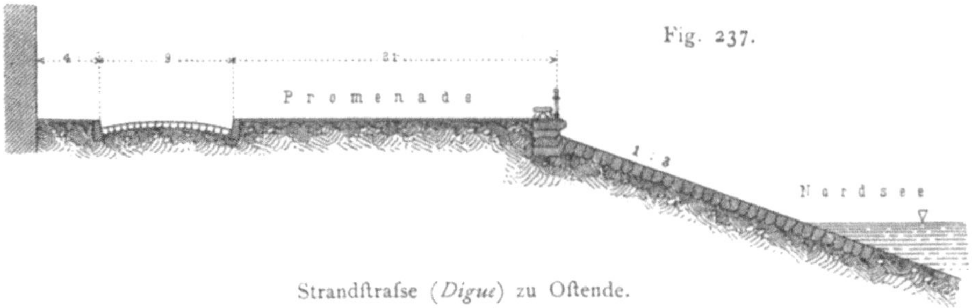

Strandftrafse (*Digue*) zu Oftende.

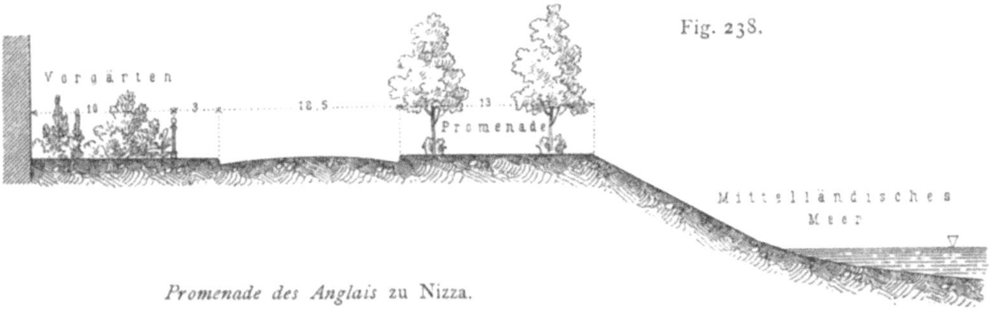

Promenade des Anglais zu Nizza.

fichtigen, dafs die dem allgemeinen Verkehre dienende Fläche der Strafse in irgend einer Art wo möglich zu trennen und vom eigentlichen Quaibetrieb frei zu halten ift. Dient das Ufer der Schifffahrt nicht oder nur der Perfonenfchifffahrt, fo wird die dem Waffer entlang führende Strafsenfläche in der Regel als Spazierweg ausgebildet.

201. Beifpiele. Eine Anzahl mannigfaltiger Beifpiele zeigen Fig. 216 bis 238.

Das *Victoria-Embankment* zu London (Fig. 216) ift landfeitig theils von Gebäuden, theils von Gartenplätzen, den *Embankment-Gardens*, begrenzt, während der Themfe entlang ein breiter Bürgerfteig führt.

Der 30 m breite Jungfernftieg zu Hamburg (Fig. 217) ift als verkehrsreiche Fahrftrafse und Promenade bekannt, an deren Wafferfeite die Alfterboote anlegen. Die Königsallee zu Düffeldorf (Fig. 218) hat zur Seite des ehemaligen Feftungsgrabens einen vielbefuchten Spazierweg; die gegenüber liegende Canalftrafse ift an Verkehr arm. Einen ähnlichen Querfchnitt zeigt die Ringftrafse zu Breslau (fiehe Fig. 329).

Der Leyenftapel zu Köln (Fig. 219) zeigt die Trennung des Stadtverkehres vom Rheinuferverkehr. Auf der Rheinuferftrafse zu Mainz (Fig. 220 u. 221) find die ftädtifche Fahrftrafse, der Spazierweg für Fufsgänger und das Rheinwerft noch entfchiedener von einander getrennt. Aehnlich ift der in Fig. 222 dargeftellte Schaumain-Quai zu Frankfurt a. M. angeordnet.

Verfchiedenartige Anordnungen zeigen die fünf in Fig. 223 bis 227 dargeftellten Uferftrafsen des wafferreichen Zürich; auf der Limmat-Promenade und der Cafernenftrafse ftehen die wafferfeitigen Baumreihen innerhalb von Rafenbändern, welche zugleich eine zweckmäfsige Trennung gegen das Waffer bilden. Die *Gefsner*-Allee und der neue Alpen-Quai find einander fehr ähnlich; der Uto-Quai zeigt die Trennung von Quai-Strafse und Stadtftrafse.

Sollen die Bäume den an der Landfeite der Strafse errichteten Häufern die Ausficht auf das Waffer nicht nehmen, fo werden die Kronen geftutzt, wie man dies befonders oft an den vielen Städtchen am Rhein bemerkt, deren Uferftrafsen mit kurz gefchnittenen laubenartigen Alleen gefchmückt find. Fig. 228, 229 u. 230 find Beifpiele aus Lüttich, Paris und Lyon mit tiefer liegenden Uferwegen; der Seine-Quai zu Rouen (Fig. 231) hat den Stadt- und den Werftverkehr in gleicher Ebene. Der Rhône-Quai zu Arles (Fig. 232) befitzt die Eigenthümlichkeit, dafs der Bürgerfteig der Stadtftrafse gegen den Uferweg und zugleich gegen hohe Wafferftände mittels Treppenftufen befonders emporgehoben ift. In Fig. 233 ift die fehr dürftig angelegte innere Ringftrafse von Mailand fkizzirt. Der *Lungarno* zu Florenz (Fig. 234) zeigt an der Wafferfeite nicht blofs den erhöhten Bürgerfteig; fondern der letztere ift zudem von einem bedeckten zweigefchoffigen Bogengange überbaut, welcher unter dem Namen *Galleria Pitti* die Uffizien mit der Galerie des *Ponte Vecchio* und dadurch mit dem anderen Flufsufer verbindet. In Rom, wo die Tiber-Ufer bisher in dem denkbar vernachläffigteften Zuftande fich befinden, ift der *Lungo Tevere* (Fig. 235) mit freiem Bürgerfteig an der Flufsfeite und bedecktem Hallengang an der Stadtfeite im Bau begriffen.

Strafsen am Meeresftrande zeigen Fig. 236, 237 u. 238, und zwar von Norderney, wo wegen der Springfluthen der den Spazierweg bildende Dünenfufs durch eine **S**-förmig profilirte Mauer befeftigt ift; von Oftende, wo der breite, baumlofe Promenaden-Deich nach dem Meere hin durch ein flaches Böfchungsmauerwerk gefichert wird, und von Nizza, wo Baumreihen in Bändern von Ziergefträuch die Strand-Promenade einfaffen. Eine andere bekannte Strandftrafse ift diejenige von Trieft nach Miramare, leider zum Theile durch Eifenbahnanlagen vom Meeresufer abgetrennt, auf der freien Strecke aber unmittelbar aus dem Meere auffteigend, derart, dafs die Brüftungsmauer fich meift auf den Felsblöcken des Meergrundes erhebt. Dies fordert einen Vergleich heraus mit der herrlichen Promenaden-Strafse, welche um das Alfterbecken zu Hamburg angelegt ift und ein ungleich lieblicheres Bild darbietet, weil der zwifchen Strafse und Wafferfläche liegende, mitunter fich erweiternde Uferftreifen in aufmerkfamfter Weife gärtnerifch und landfchaftlich gefchmückt ift.

Entlang von Parkanlagen und öffentlichen Plätzen kann das Strafsenprofil nicht minder mannigfaltig ausgebildet werden. **202. Strafsen an Parkanlagen.**

Fig. 239.

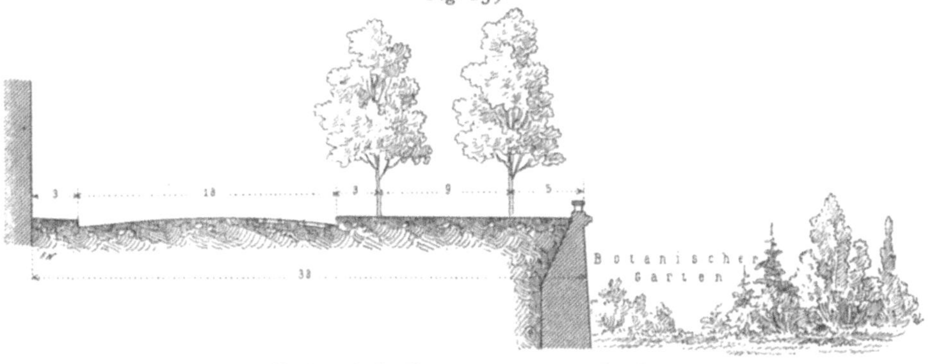

Boulevard du Jardin botanique zu Brüffel.

Fig. 240.

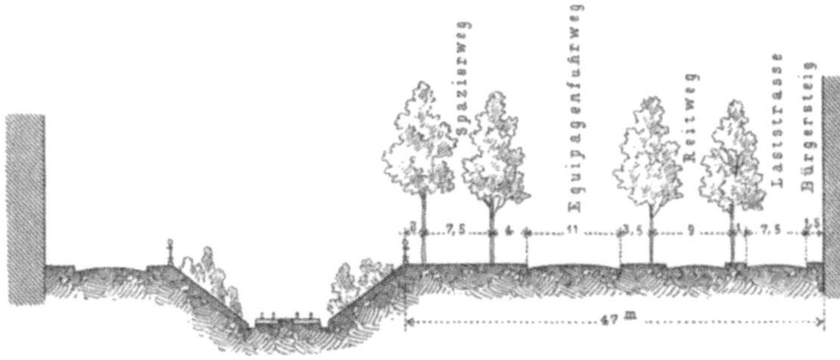

1/500 n. Gr.

Boulevard St. Charles zu Amiens.

Fig. 241.

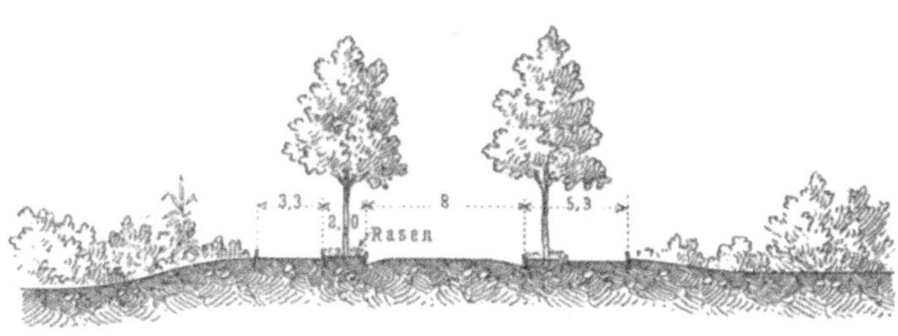

Promenaden-Strafse zu Baden-Baden.

Fig.

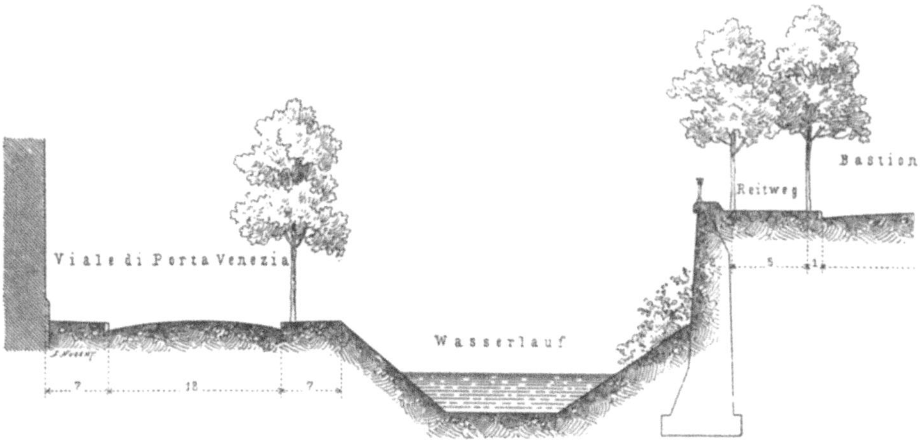

Promenaden-Strafse (äufsere

Fig. 243.

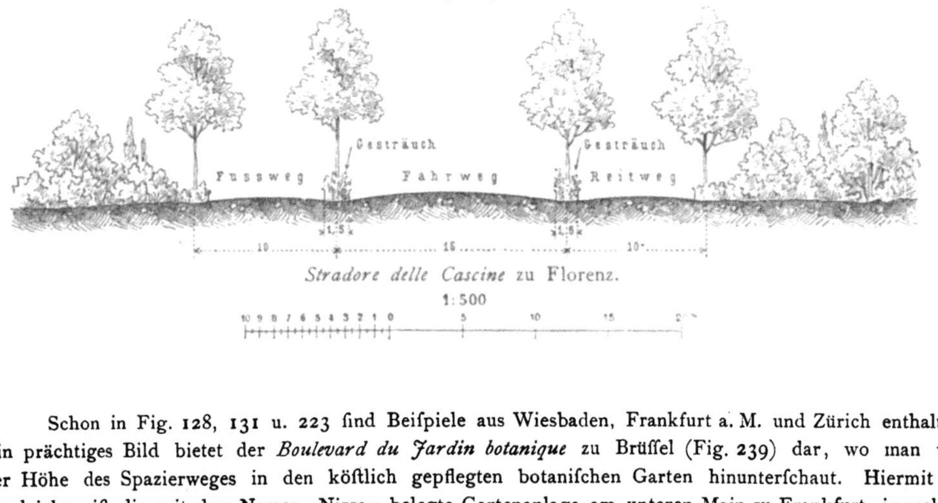

Stradore delle Cascine zu Florenz.

1:500

Schon in Fig. 128, 131 u. 223 find Beifpiele aus Wiesbaden, Frankfurt a. M. und Zürich enthalten. Ein prächtiges Bild bietet der *Boulevard du Jardin botanique* zu Brüffel (Fig. 239) dar, wo man von der Höhe des Spazierweges in den köftlich gepflegten botanifchen Garten hinunterfchaut. Hiermit zu vergleichen ift die mit dem Namen »Nizza« belegte Gartenanlage am unteren Main zu Frankfurt, in welche man von der Uferftrafse hinabfchaut. Von ähnlicher Wirkung ift ferner die Promenaden-Strafse des *Baftione di Porta Venezia* zu Mailand (Fig. 242), welche einerfeits in die öffentlichen Gärten fich hinabfenkt, andererfeits den Blick auf die um den alten Feftungsgraben führende äufsere Ringftrafse geftattet (vergl. Fig. 233). Zu der in Rede ftehenden Strafsengattung gehört auch der mit Fig. 218 verwandte *Boulevard St. Charles* zu Amiens (Fig. 240); den Düffeldorfer Stadtgraben vertritt indefs hier ein Eifenbahneinfchnitt, deffen ftellenweife erweiterte Böfchungen promenadenartig gefchmückt find. Oft genug werden fich ähnliche Promenaden-Strafsen mit Eifenbahnanlagen in Städten verbinden laffen, wenn die Entwürfe von vornherein in diefem Sinne beeinflufft werden.

Nur der Vollftändigkeit wegen und um fpäter darauf zurückzugreifen, find in Fig. 241 u. 243 noch zwei Beifpiele ftädtifcher Promenaden-Strafsen beigefügt, welche für den Anbau überhaupt nicht beftimmt find und daher eigentlich wie Fig. 215 zu den Parkwegen gehören. Sie haben durch die Dreitheilung des Weges und die Rafen- und Strauchbänder in den Baumreihen mit einander Aehnlichkeit, wenn auch die Strafse *delle Cascine* zu Florenz die doppelte Breite der Promenaden-Strafse zu Baden-Baden hat.

203. Strafsen an Berglehnen.

Die Anlage einfeitig bebauter oder zu bebauender Strafsen an Berglehnen ift in Fig. 244, 245 u. 247 fkizzirt. Die Häufer kommen entweder an die Bergfeite oder an die Thalfeite zu ftehen. Erftere Anordnung ift im Stadtbauplane zu bevorzugen, weil fie den Vortheil hat, dafs den Spaziergängern auf der Strafse die Ausficht erhalten bleibt und dafs vom Thale her nicht die Hinterfeiten, fondern die

242.

Ringſtraſse) zu Mailand.

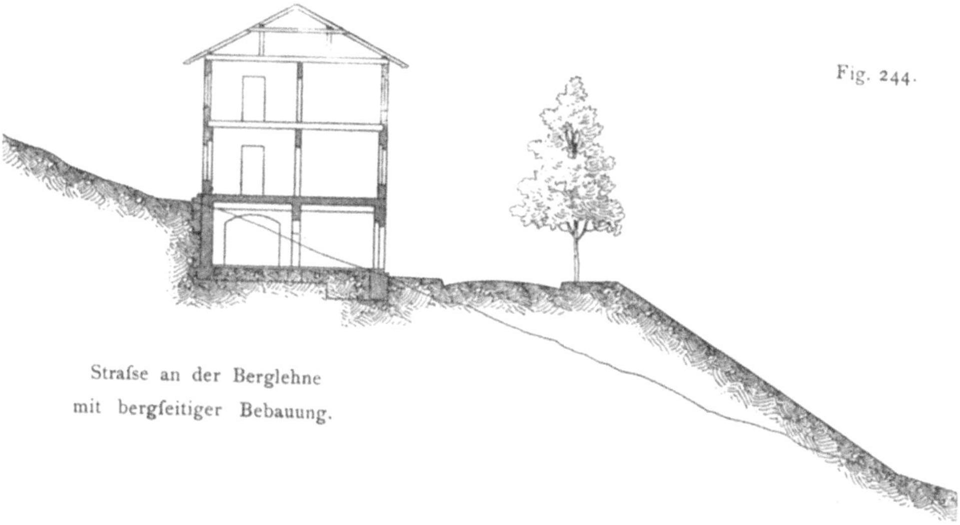

Fig. 244.

Straſse an der Berglehne
mit bergſeitiger Bebauung.

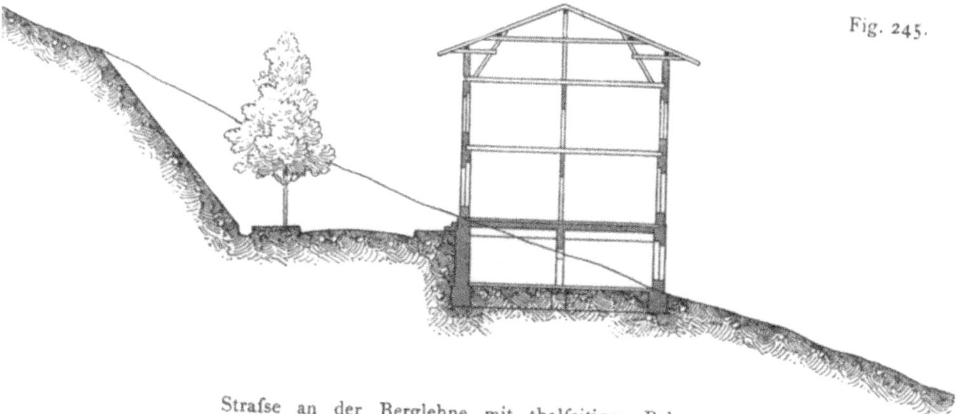

Fig. 245.

Straſse an der Berglehne mit thalſeitiger Bebauung.

1:500

10 9 8 7 6 5 4 3 2 1 0 5 10 15 20m

Fig. 246.

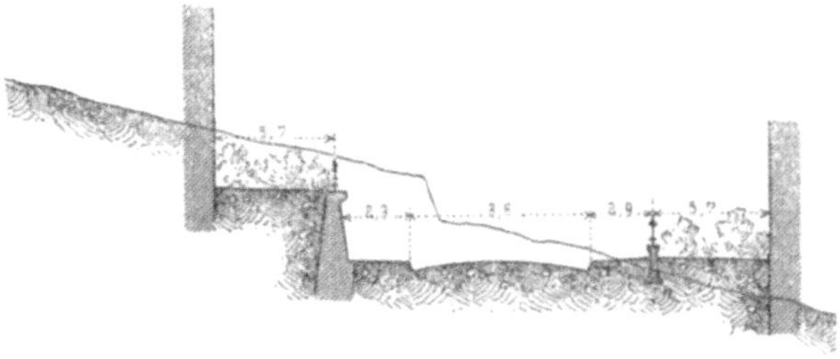

Vorgartenſtraſse an der Berglehne zu Stuttgart.

Fig. 247.

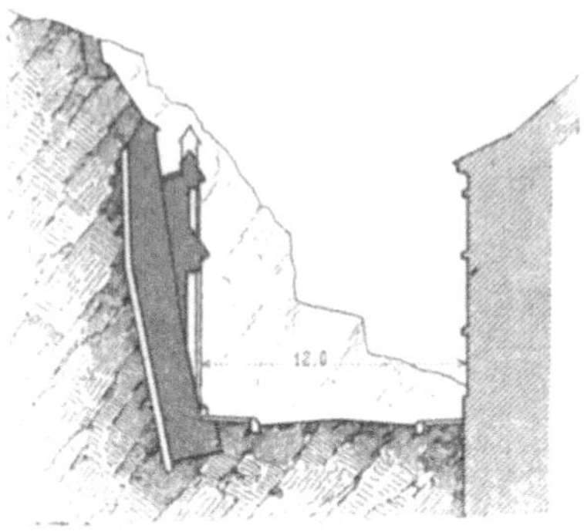

Mühlſtraſse zu Tübingen.

Vorderſeiten der Häuſer ſich entfalten; letztere Anordnung, nämlich die Stellung der Häuſer an der Thalſeite, wird dagegen in der Regel für die Hausbewohner angenehmer ſein, weil das Haus freier und luftiger ſteht, nach vorn den Blick auf den Straſsenverkehr, nach rückwärts den Blick in das Thal geſtattet. Die Bebauung der Bergſeite ſolcher Straſsen wird oft durch die Anlage von Vorgärten erleichtert, welche, wenn ſie ſich terraſſenartig über der Straſsengleiche erheben, eine breitere Bauebene herſtellen (z. B. im Nero-Thal zu Wiesbaden). Die Errichtung von zweiſeitig zu bebauenden Straſsen iſt an Berglehnen meiſt mit Schwierigkeiten verknüpft; Fig. 246 zeigt das hierfür in Stuttgart übliche Profil. Bei Bodenverhältniſſen, wie in dem in Fig. 247 dargeſtellten Falle zu Tübingen, wo die Bergſeite der Straſse durch eine hohe Futtermauer gebildet wird[37]), iſt der Anbau überhaupt nur auf einer Seite ſtatthaft.

204. Doppelſtraſsen. Eine andere Straſsenanordnung, die ſowohl an der Berglehne angewendet wird, um beide Seiten bebauen zu können (Fig. 248), als beim Umbau vorhandener Stadttheile, um beſtehende Verhältniſſe zu ſchonen, iſt die Doppelſtraſse. Bei der Auslegung neuer Straſsen in theilweiſe bereits bebautem Gelände iſt es oft nöthig, um Hochwaſſerfreiheit oder angemeſſene Steigungs- und Entwäſſerungsverhältniſſe

Fig. 248.

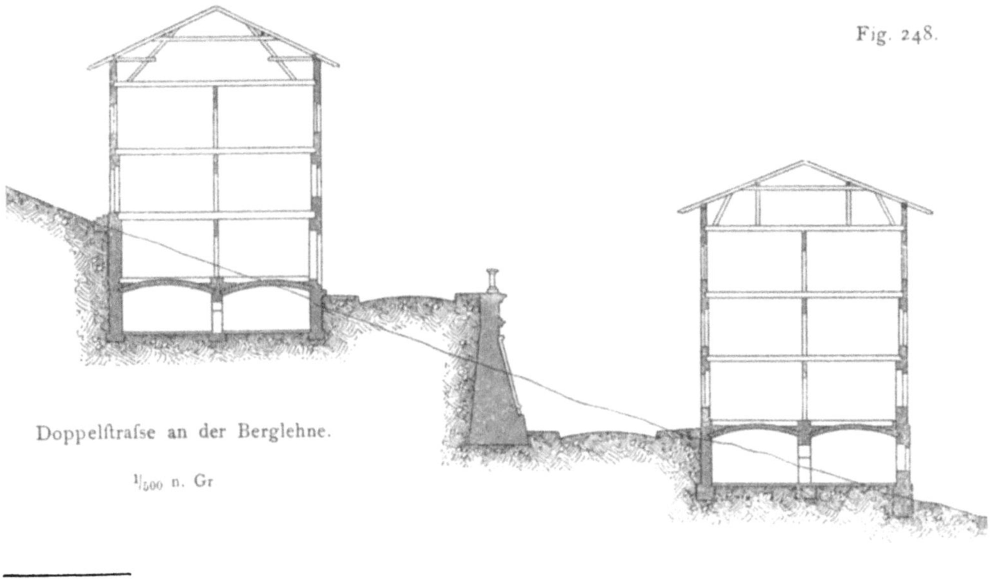

Doppelſtraſse an der Berglehne.

1/500 n. Gr

[37]) Siehe: Deutſche Bauz. 1887, S. 544.

Fig. 249.

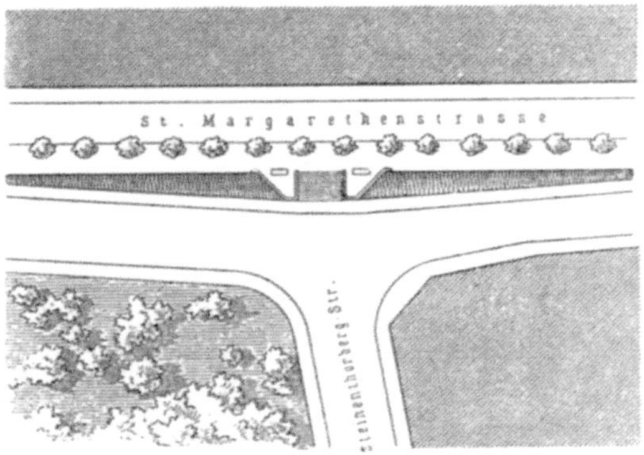

Doppelstrafse zu Bafel.

$^{1}/_{1250}$ n. Gr.

Fig. 250.

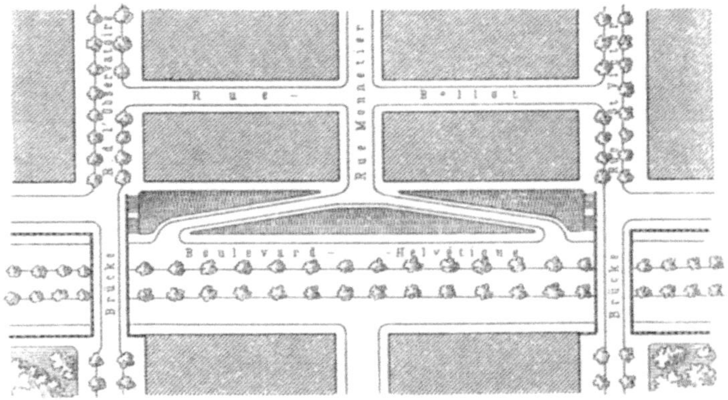

Strafsenanlage in verfchiedenen Ebenen zu Genf.

Fig. 251.

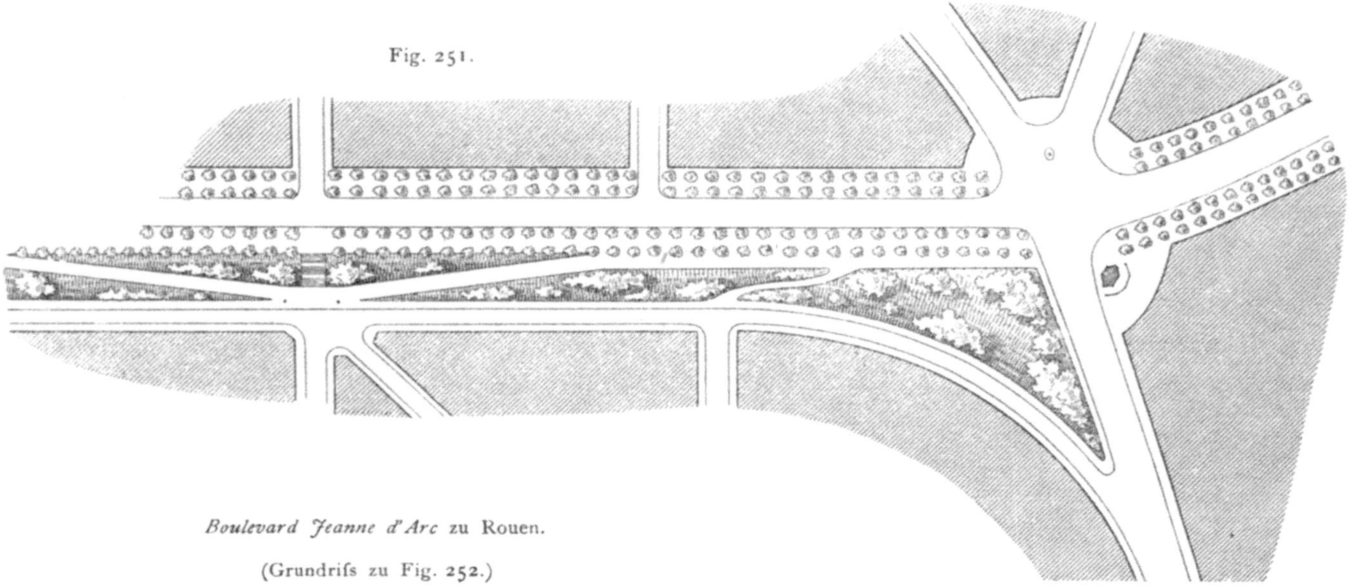

Boulevard Jeanne d'Arc zu Rouen.

(Grundrifs zu Fig. 252.)

Fig. 252.

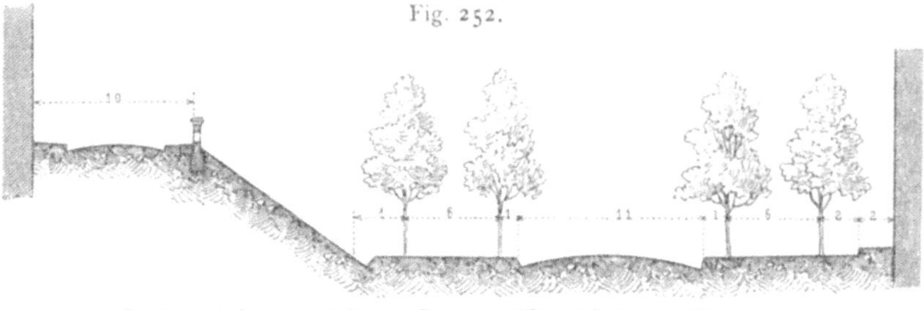

Boulevard Jeanne d'Arc zu Rouen. (Querfchnitt zu Fig. 251.)

Fig. 253.

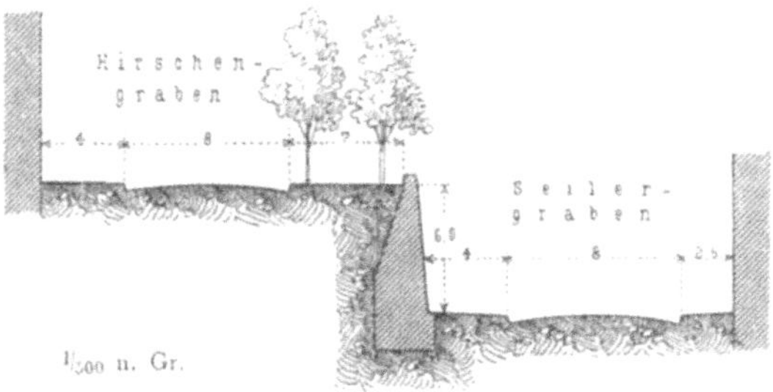

$^{1}/_{500}$ n. Gr.

Doppelftrafse zu Zürich.

zu erzielen, eine neue Hochftrafse neben einen vorhandenen Weg zu legen, welcher erft beim Neubau der an ihm ftehenden Häufer auf die neue Höhe emporgehoben

Fig. 254.

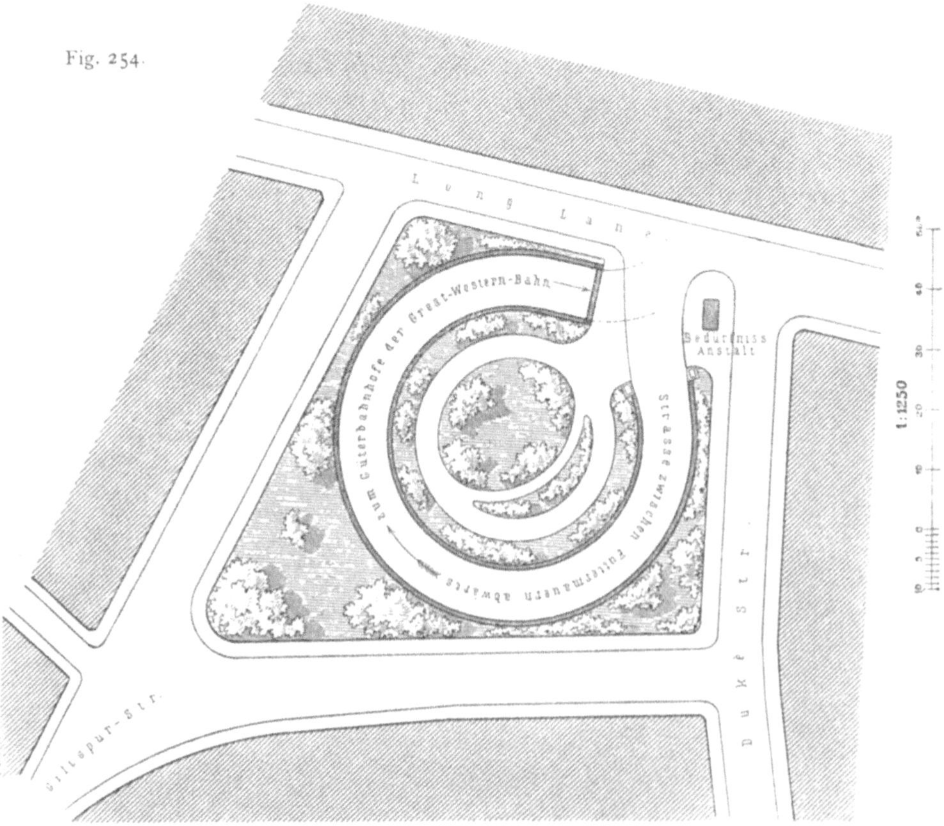

Smithfield-Square zu London.

Fig. 255.

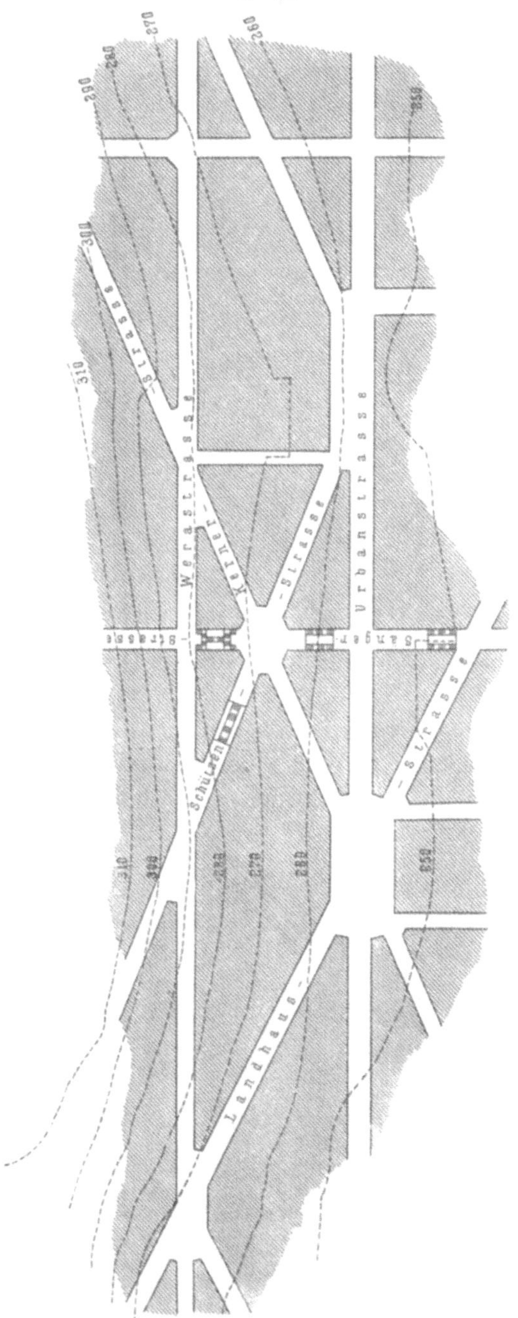

Bebauung
einer Berglehne zu Stuttgart.

und zur Verbreiterung der Hochſtraſse benutzt werden ſoll. Zuweilen aber kommen ſolche Doppelſtraſsen auch in der inneren Stadt oder neben Bahnhofs- und Brückenzufahrten als bleibende Anlagen vor. Als Beiſpiele mögen dienen Fig. 249: die *St. Margarethen*-Straſse zu Baſel, Fig. 250: der *Boulevard Helvétique* zu Genf, Fig. 251 u. 252: der *Boulevard Jeanne d'Arc* zu Rouen, Fig. 253: der Hirſchen- und Seilergraben zu Zürich. Der Höhenunterſchied wird entweder durch Futtermauern oder Böſchungen überwunden; zur Erleichterung des Fuſsverkehres pflegen erſtere mit Treppen, letztere mit Treppen und Rampenpfaden verſehen zu werden. Genf iſt reich an Doppelſtraſsen; auch die *Rue des Caſemates* und die *Treille* gehören darunter. Der in Fig. 250 dargeſtellte *Boulevard Helvétique* zeigt ſtreckenweiſe Futtermauern beiderſeits, ſtreckenweiſe eine Böſchungsanlage mit Rampenpfaden. Eine eigenthümliche Art von Straſsen in verſchiedener Ebene zeigt der *Smithfield-Square* zu London, wo die Zufahrt zu einem unterirdiſchen Güterbahnhofe ſpiralförmig zwiſchen Futtermauern in die Platzfläche eingeſchnitten iſt (Fig. 254).

205. Bebauung an der Berglehne.

Um eine Berglehne dem geordneten ſtädtiſchen Anbau zugänglich zu machen, giebt es im Weſentlichen zwei Arten des Straſsenentwurfes. Entweder man legt ein Netz anſteigender fahrbarer Straſsen ſchräg an das Gehänge, die Horizontal-Curven unter ſpitzen Winkeln ſchneidend, oder man legt wagrechte, bezw. ſchwach anſteigende Straſsen, wenn nöthig Doppelſtraſsen, parallel zum Gehänge und verbindet ſie in den der Bebauung entſprechenden Abſtänden durch ſcharfe Steigſtraſsen ſenkrecht zum Gehänge. Das erſtere Syſtem iſt für den Verkehr zweckmäſsiger und deſshalb in der Regel vorzuziehen, das letztere Syſtem aber oft nicht zu umgehen und für den Anbau bequemer. Die Verbindung beider Syſteme iſt in Stuttgart vortrefflich durchgebildet und unzweifelhaft am beſten (vergl. Fig. 255). Die nicht bloſs in Gebirgsdörfern, ſondern mitunter auch in Städten, beſonders Badeorten, beliebte Bauart, daſs man von einer Straſse an der Berglehne auſser den unmittelbar an der Straſse ſtehenden Häuſern noch andere, mehr rückwärts, d. h. höher erbaute Häuſer (oder gar Häuſerreihen und Häuſergruppen) durch Treppen, Pfade oder kurze Straſsenſtümpfe zugänglich macht, kann nur als Nothbehelf, nicht als eine geordnete Art des Städtebaues betrachtet werden.

Fig. 256.

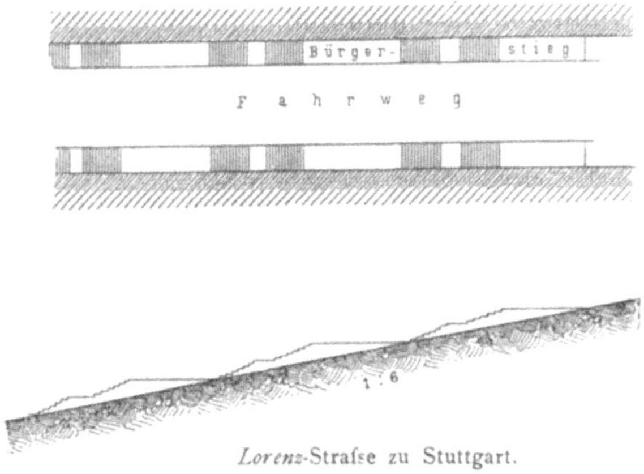

Lorenz-Straſse zu Stuttgart.

$^1/_{625}$ n. Gr.

Fig. 257.

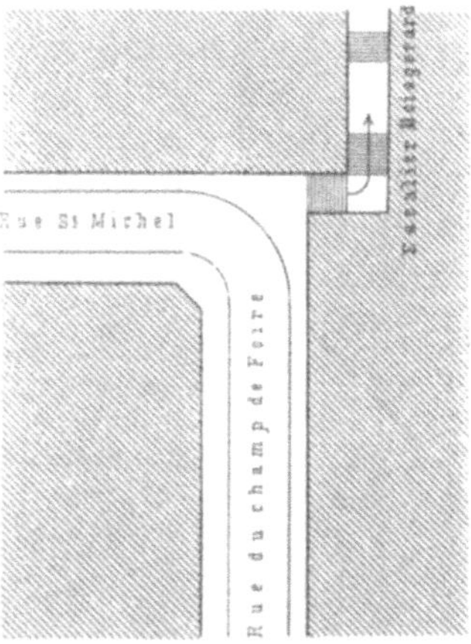

Fahrſtraſse und Treppenſtieg an der Berglehne zu Le Hâvre.

206. Treppenſtraſsen. Die zur Berglehne ſenkrecht gerichteten Steigſtraſsen nehmen oft die Eigenſchaft der Treppenſtraſsen an, und zwar nimmt die von Podeſten unterbrochene Treppe entweder die ganze Straſsenbreite ein, oder der Fahrweg führt ſteil bergan und iſt beiderſeits von treppenförmigen Fuſswegen mit langen Podeſten eingefaſst. Die *Lorenz*-Straſse zu Stuttgart (Fig. 256) iſt ein Beiſpiel der letztgedachten Anordnung. Mangelhafte Straſsenbildungen an der Berglehne zeigt die landſchaftlich ſo prächtige *Côte d'Ingouville* zu Hâvre; ein Beiſpiel iſt Fig. 257, wo aus dem Winkel der unter 90 Grad wendenden Fahrſtraſse ein Treppenſtieg zur höher gelegenen Straſsenſtufe emporführt. Eine lange Treppenſtraſse mit Hauseingängen auf den Podeſten iſt die *Ruprecht*-Stiege zu Wien (vergl. auch Fig. 274 u. 275).

Fig. 258.

Piazza de la Zucca zu Genua.

$^1/_{1250}$ n. Gr.

207. Straſsentreppen und -Rampen. Straſsentreppen und Straſsenrampen ſind übrigens auch im Inneren der Städte nicht

ſelten. Rom, Genua, Genf, Lüttich, Elberfeld und die meiſten hügelig oder bergig gelegenen Städte ſind reich an ſolchen Wegverbindungen, die man in Stadterweiterungen zu vermeiden ſucht. Oft geben ſie indeſs Anlaſs zu monumentalen Straſsengeſtaltungen. Eine der groſsartigſten Anlagen dieſer Art iſt die bekannte Spaniſche Treppe zu Rom, welche mit 125 Stufen in mehrfachen Abſätzen und Zweigen von der *Piazza di Spagna* zum Vorplatze der Kirche *Trinità de' Monti*

Fig. 259.

Treppenſtraſse zu Nürnberg.

Fig. 260.

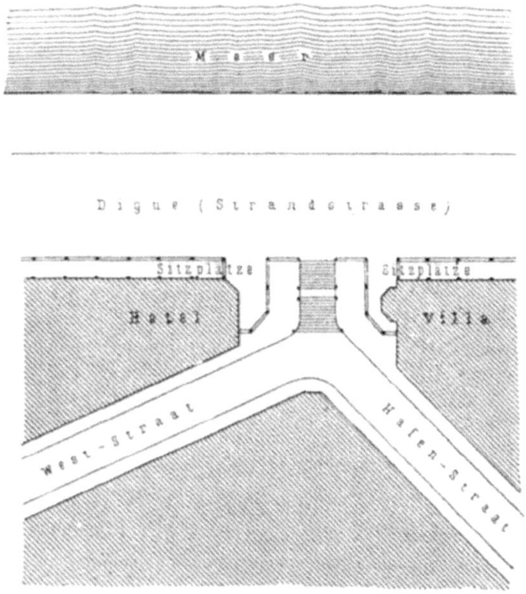

Straſsentreppe zu Blankenberge.

1:1250

Fig. 261.

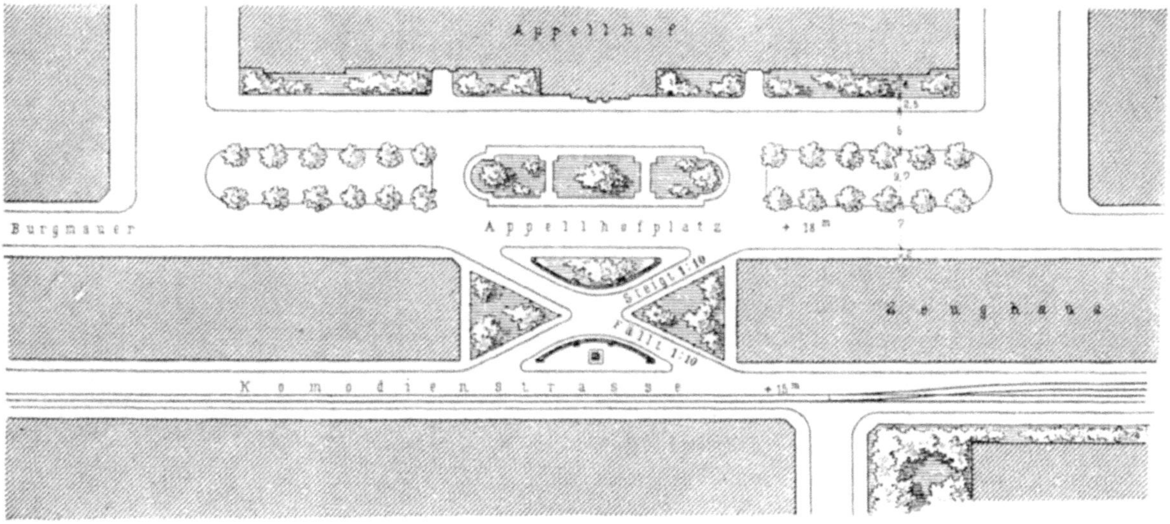

Rampen-Anlage am Appelhofs-Platz zu Köln.

emporsteigt. (Vergl. Fig. 461.) Bescheidenere Beispiele sind dargestellt in Fig. 258: *Scala della Zucca* zu Genua, Fig. 259: Treppe zwischen Kaiser- und Adlersstrasse zu Nürnberg, Fig. 260: Treppe zur hoch gelegenen Strandstrasse in Blankenberge. Auch die im 8. Kapitel dieses Abschnittes zu besprechenden öffentlichen Plätze *del Popolo* und *del Campidoglio* zu Rom (Fig. 343 u. 409), *Colombo* und *Corvetto* zu Genua (Fig. 441 u. 346) sind mit solchen Treppen- und Rampen-Anlagen verbunden. Rampen verdienen für den Verkehr stets den Vorzug, sei es, dass sie hinreichend sanft zum Befahren angelegt werden können, sei es, dass sie absatzweise eine Stufe erhalten und so ein Mittelding zwischen Fahrrampe und Treppe bilden, wie z. B. die Treppenrampe zum römischen Capitol. Zwei sich kreuzende, leider zu kleinlich angelegte Rampen zeigt Fig. 261, zum Appellhofs-Platz in Köln hinaufführend.

Fig. 262.

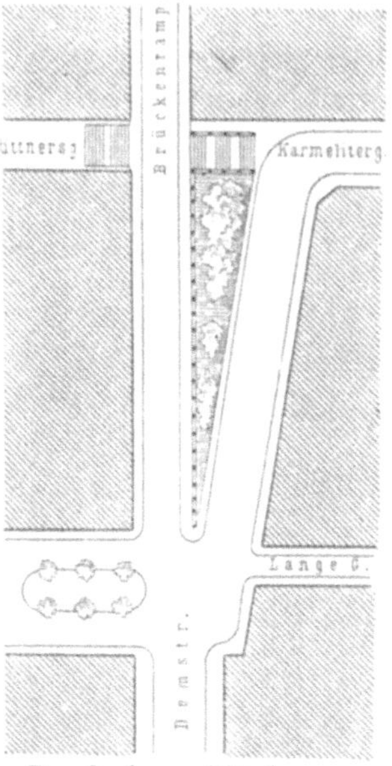

Domstrasse zu Würzburg.

208. Brückenrampen. Als besondere Art von Rampenstrassen sind die städtischen Brückenrampen zu erwähnen, welche entweder im Inneren der Stadt in der Brückenrichtung beginnen und senkrecht zum Strom führen oder als Seitenrampen parallel zum Ufer gelegt werden. Im ersteren Falle ist gewöhnlich die Uferstrasse zu überbrücken (London, Köln, Koblenz); eine alte senkrecht zum Fluss hinabfallende Strasse bleibt oft am Rampenfusse liegen (Köln), und andere dem Ufer parallele Strassen werden treppenförmig mit der Brückenrampe verbunden (Würzburg, Fig. 262). Beispiele für den zweiten Fall sind Mainz und Rotterdam (Fig. 263); die Seitenrampen stören den Verkehr am Ufer entlang, wenn der Platz nicht, wie in Mainz, die Anordnung derselben in erheblichem Abstande vom Ufer gestattet, und bilden gewöhnlich eine unvollkommene Verbindung zwischen der Brücke und den Stadtstrassen.

Fig. 263.

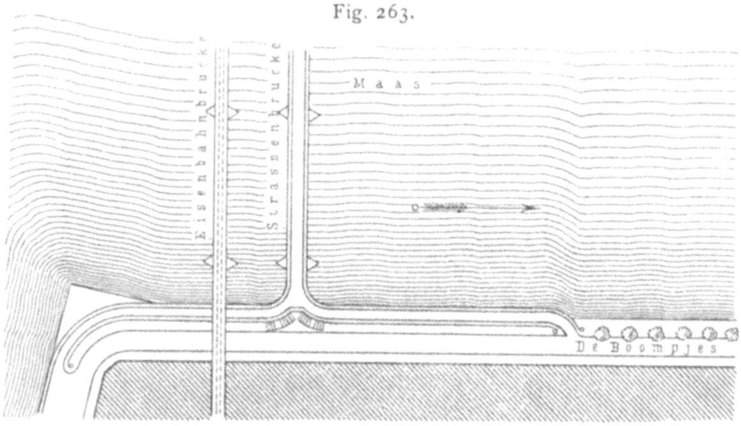

Aus Rotterdam.

1/5000 n. Gr.

Fig. 264.

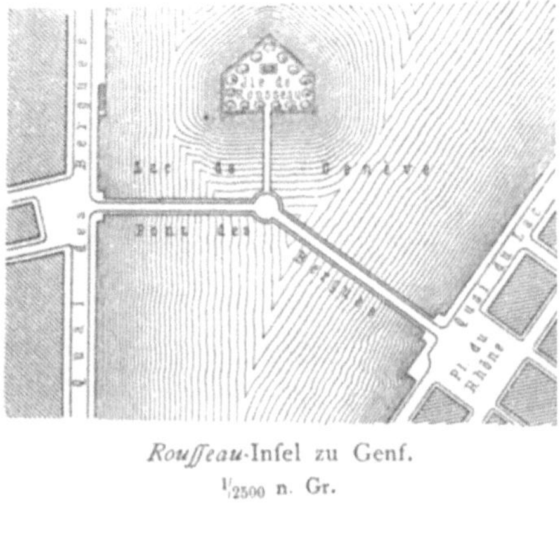

Rousseau-Insel zu Genf.

1/2500 n. Gr.

Die Behandlung der Brückenfahrbahn felbft gehört in das Gebiet des Brückenbaues. Hier fei nur der Fall erwähnt, wo die Brücke als Zugang zu Flufsinfeln in noch innigere Beziehung zum Stadtplane kommt, wie in Zürich und Genf (Fig. 264), wo eine dreifchenkelige Brücke ehemals befeftigte Infeln mit der Stadt verbindet, wie in Paris und Rouen, wo die Brücke zugleich das Strafsenfyftem der Flufsinfel aufnimmt. In folchen Fällen werden oft anziehende Ausbildungen herbeigeführt; es ift zu bedauern, dafs eine derartige Anlage nicht durch Verbindung der *Margarethen*-Brücke mit der *Margarethen*-Infel in Budapeft zur Ausführung gekommen ift.

209. Strafsen mit abweichend hohen Bürgerfteigen.

Strafsen mit abweichend hohen Bürgerfteigen, d. h. mit Gehwegen, welche tiefer oder höher liegen als der Fahrdamm, kommen in neuen Stadtplänen nicht vor, werden jedoch in der Altftadt als Auskunftsmittel fehr oft angewendet, wenn Eifenbahnbauten, Brückenrampen oder fonftige nachträgliche Umgeftaltungen der Stadt eine Hebung oder Senkung der Strafse nothwendig machen. Verlangt die Unterführung einer Strafse unter die Eifenbahngeleife die Senkung derfelben um einen oder mehrere Meter, fo ift man oft genöthigt, neben dem gefenkten Fahrwege die Bürgerfteige in urfprünglicher Höhe zu belaffen, damit die Häufer ihre Zugänglichkeit behalten und unerfchwingliche Schadensansprüche umgangen werden. An dem einen Ende oder an beiden Enden mufs dann die Bürgerfteigfläche rampen- oder treppenartig mit der neuen Strafsengleiche verbunden werden. Oft läfft man vom urfprünglichen Bürgerfteig nur kurze Stücke ftehen, welche ausreichen, um mittels Treppenftufen oder Rampen die Hausthüren zugänglich zu erhalten; in diefem Falle ift es noch mehr, als bei zufammenhängendem Hoch-Trottoir, geboten, einen befonderen, wenn auch fchmalen Bürgerfteig gewöhnlicher Art in der Fahrweghöhe anzuordnen (Fig. 265).

Das Umgekehrte tritt ein, wenn die Verbindung mit einer Strafsenüberführung, einer Brücke oder einem

Fig. 265.

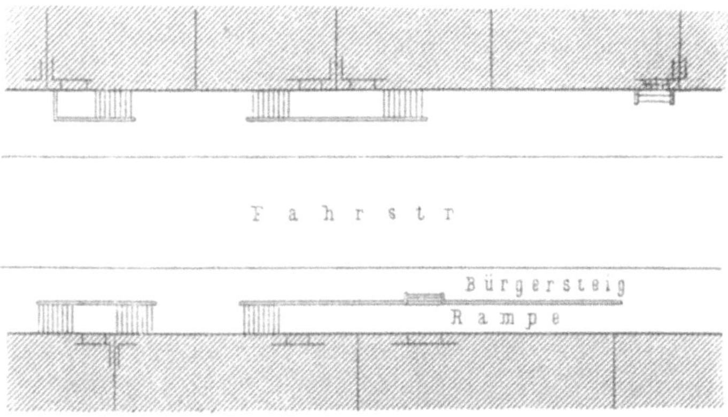

Senkung der Eigelftein-Strafse zu Köln.

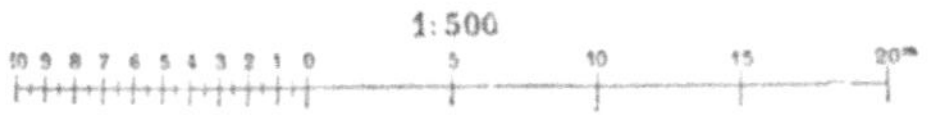

Fig. 266.

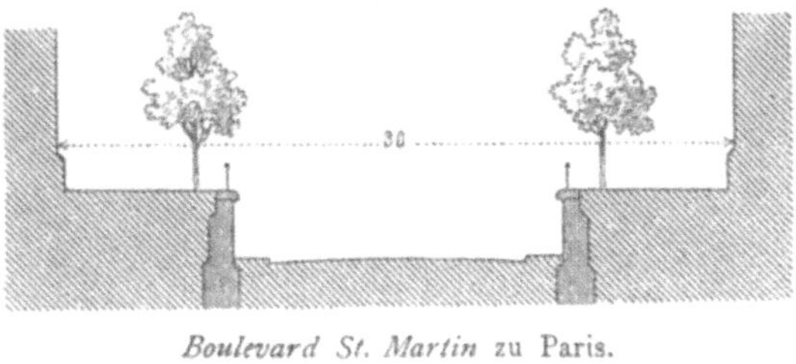

Boulevard St. Martin zu Paris.

Fig. 267.

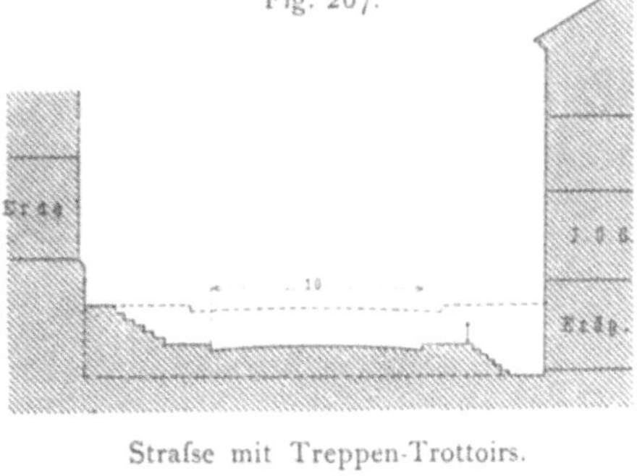

Strafse mit Treppen-Trottoirs.

Strafsendurchbruch die Hebung einer Strafse beanfprucht; den Häufern entlang bleiben dann unter Umftänden tief liegende Bürgerfteige liegen. Auch bei der Hebung ganzer Strafsenzüge oder Stadtviertel (über Hochwaffer) treten folche Fälle häufig ein, z. B. in Mainz, Hamburg, Paris und Brüffel. In Paris find die Strafsen nicht felten, wo vom Fahrdamm Treppenftufen in ganzer Strafsenlänge oder ftreckenweife zur Trottoirhöhe hinauf- oder hinabführen (Fig. 267).

Nur ausnahmsweife können Strafsen mit abweichenden Bürgerfteighöhen als dauernde Anlagen angefehen werden, wie z. B. der *Boulevard St. Martin* zu Paris (Fig. 266). Der Regel nach wird feft gefetzt, dafs die entftehenden Neubauten fich nach der neuen Strafsenhöhe zu richten haben, wodurch allmählig die Unregelmäfsigkeiten verfchwinden.

---

7. Kapitel.

Die Strafsenkreuzungen, Strafsenerweiterungen und Strafsenvermittelungen.

a) Strafsenkreuzungen.

Fig. 268.

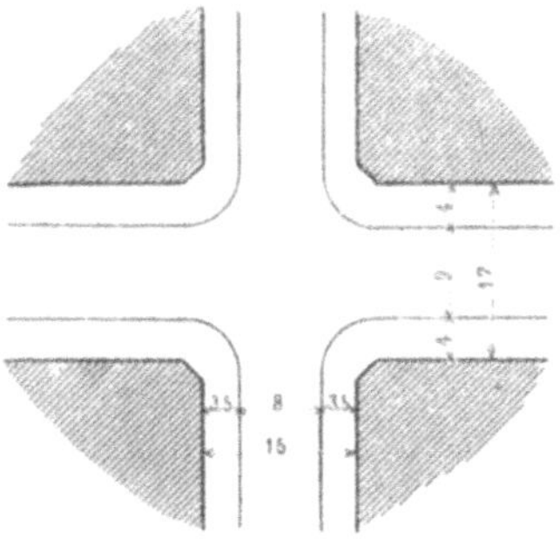

210. Recht- und fpitzwinkelige Kreuzung.

Die für die Bebauung bequemfte Kreuzung oder Verzweigung der Strafsen ift die rechtwinkelige (Fig. 268). Schon in Art. 134 (S. 57) wurden die Vortheile erörtert, welche die Abfchrägung der rechtwinkeligen Ecken für den Verkehr und unter Umftänden für den Gefchäftsbetrieb mit fich führt. Sowohl den Fufsgängern, als auch den Wagen wird das Umbiegen um die Ecke erleichtert; letztere verlangen indefs aufser der Abfchrägung der Hausecken

Fig. 269.

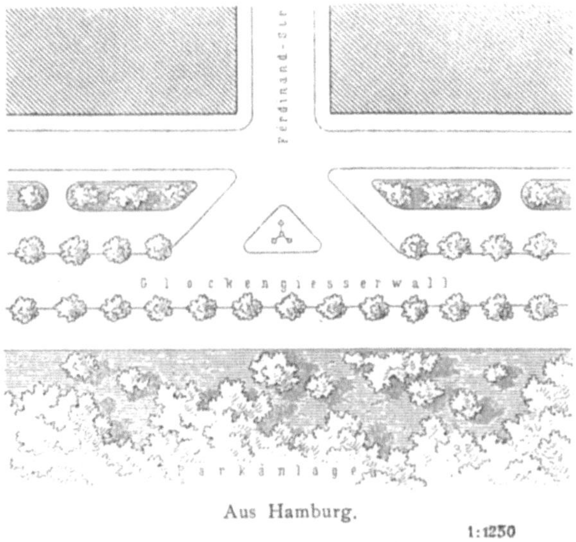

Aus Hamburg.

Fig. 270.

1:1250

Fig. 271.

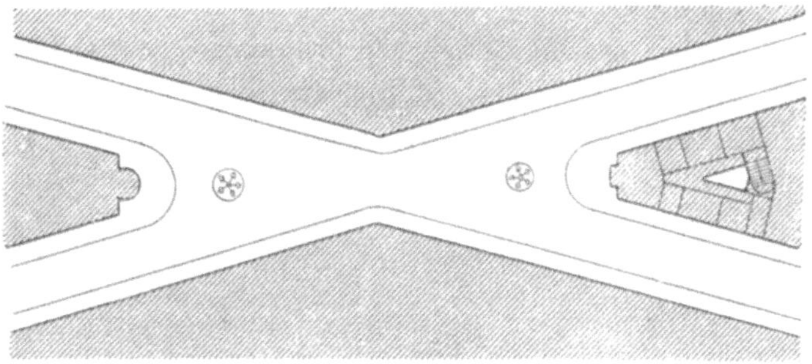

Fig. 272.

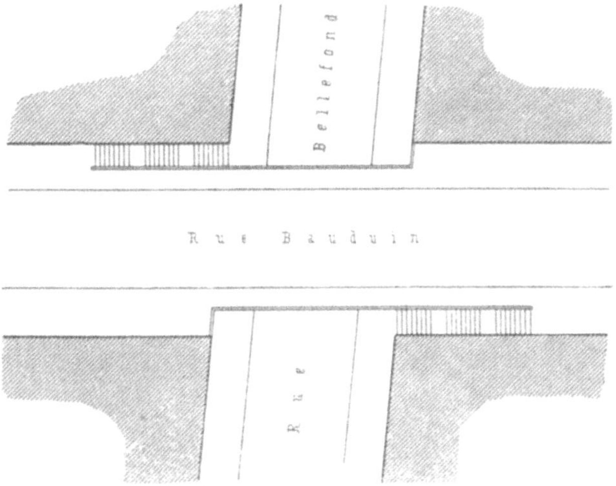

Aus Paris.

Fig. 273.

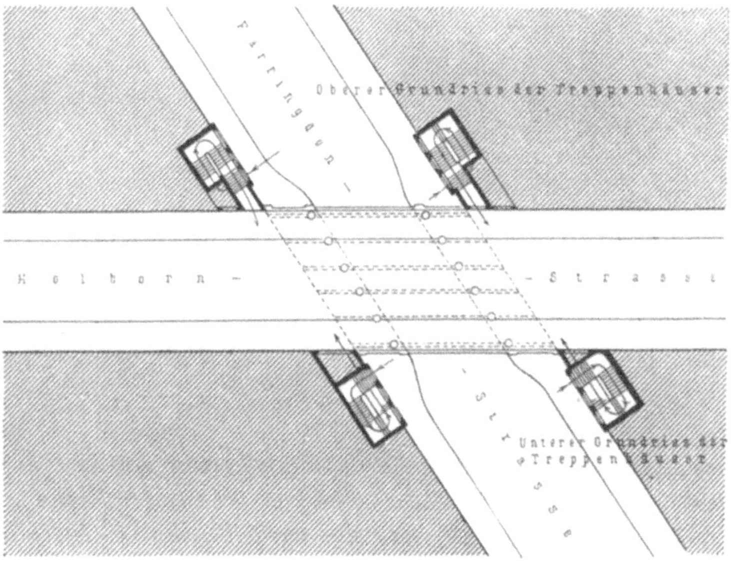

Holborn-Viaduct zu London.

1:1250

auch eine entſprechend weite Abkantung oder beſſer die Abrundung der Bürgerſteigecken nach möglichſt groſsem Krümmungshalbmeſſer. Die Nothwendigkeit, die rechtwinkeligen Gebäudeecken zu brechen, tritt indeſs in breiten Straſsen nur bei lebhaftem Verkehre hervor; alle Ecken abſchrägen zu wollen, würde einförmig und deſshalb unſchön ſein. In Fig. 270 iſt z. B. die Abſchrägung der Ecken der Nebenſtraſse entbehrlich. Dasſelbe gilt für Fig. 269, welche zugleich zeigt, wie eine Seitenſtraſse in eine breite Hauptſtraſse auf ſehr zweckmäſsige Art gabelförmig eingeführt werden kann.

Die ſchiefwinkelige Kreuzung iſt indeſs in einem naturgemäſs entwickelten Stadtplane faſt eben ſo häufig wie die rechtwinkelige; es entſtehen dann ſpitze Blockwinkel, welche ſowohl des Verkehres, als der Bebauung wegen ſtets eine kräftige Abſchneidung mit oder ohne Ausbau verlangen (Fig. 271), und ſtumpfe Blockwinkel, deren Abkantung meiſtens entbehrlich und oft ſogar unſchön ſein würde. In manchen Städten, z. B. in London, wird mit Vorliebe die Abkantung der Ecken durch die Abrundung, welche bei ſtumpfen und ſpitzen Winkeln ausführbar iſt, erſetzt.

211. Straſsenkreuzung in verſchiedenen Ebenen.

Mitunter bilden ſich, beſonders bei nachträglichen Straſsenanlagen auf bebautem Gelände, Straſsenkreuzungen in verſchiedenen Ebenen. Fig. 272 zeigt eine ſolche Straſsenüberbrückung aus Paris; Treppen führen von den Bürgerſteigen der

Fig. 274.

Durchſchnitt zu Fig. 275 (in der Richtung der *Grignan*-Straſse).

Fig. 275.

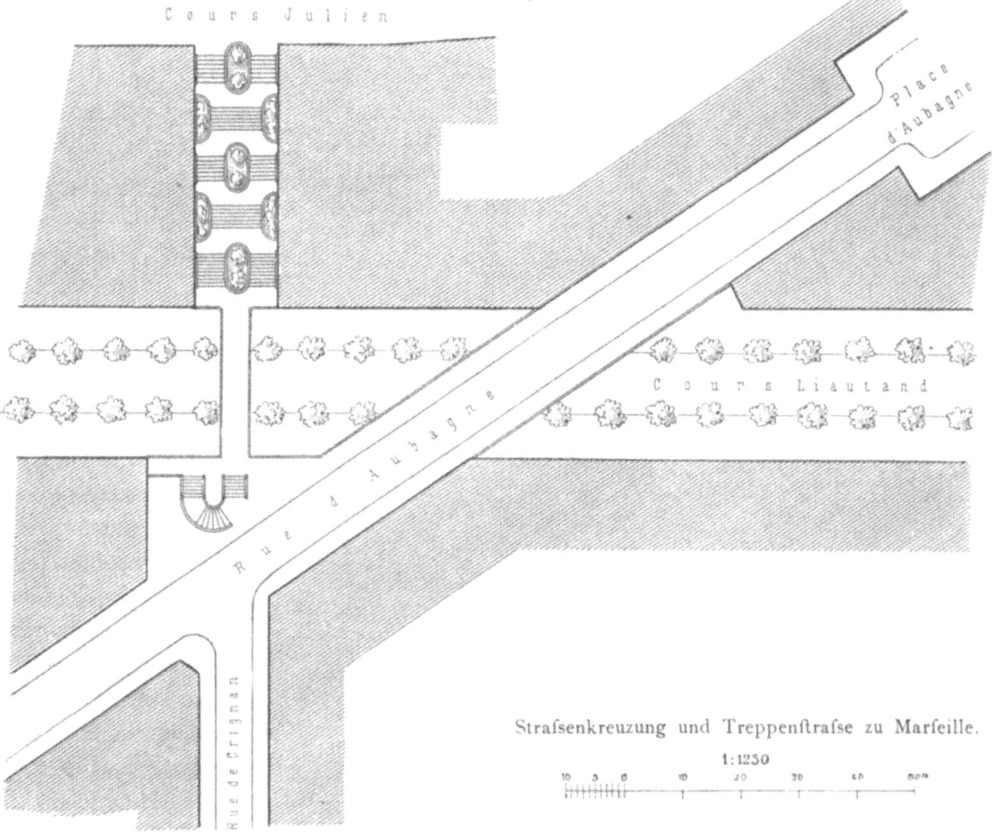

Straſsenkreuzung und Treppenſtraſse zu Marſeille.

1:1250

Bauduin-Straſse auf diejenigen der *Bellefond*-Straſse hinab, während auf die Fahrverbindung verzichtet werden muſs. Die Eckhäuſer erhalten nach der tieferen Straſse ein oder zwei Stockwerke mehr, als nach der höheren. Bei der Erbauung des *Holborn*-Viaducts in London (Fig. 273) ſind die vier Eckhäuſer zur Unterbringung ſtattlicher Treppen von der unteren zur oberen Straſse benutzt worden. Schon in Fig. 250 wurde die Ueberbrückung des *Boulevard Helvétique* zu Genf durch zwei Radialſtraſsen dargeſtellt.

Eine hoch intereſſante Anlage iſt die Ueberbrückung des *Cours Liautand* zu Marſeille durch die *Aubagne*- und die *Grignan*-Straſse (Fig. 274 u. 275). Während die *Aubagne*-Straſse mit anſteigender Fahrbahn auf Eiſenbogen den durch die Altſtadt durchgebrochenen *Liautand-Corſo* unter ungefähr 30 Grad kreuzt, iſt für die *Grignan*-Straſse nur ein Fuſsſteg ſenkrecht zum *Corſo* über denſelben erbaut worden, welcher auf der anderen Seite ſich als Treppenſtraſse fortſetzt, deren Treppenläufe mit anſteigenden Zierpflanzen- und Blumenbeeten geſchmückt ſind, während an den Podeſten die Hauseingänge liegen. Alle drei Straſsen ſind durch eine gewundene Freitreppe mit einander in Verbindung geſetzt.

Fig. 276.

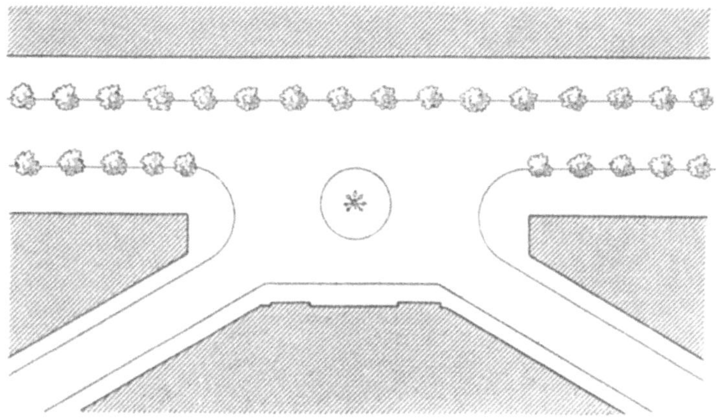

Fig. 277.

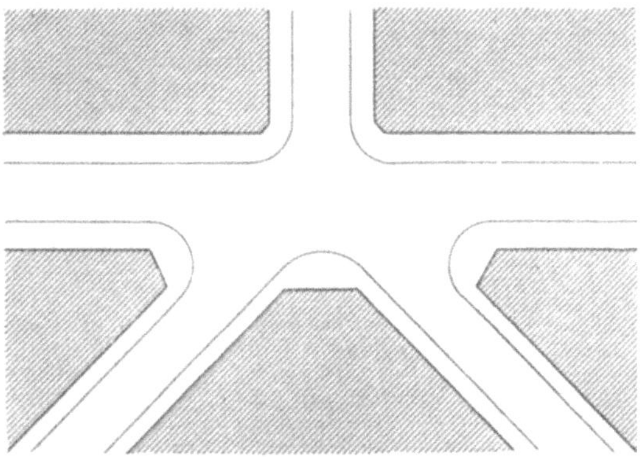

Fig. 278.

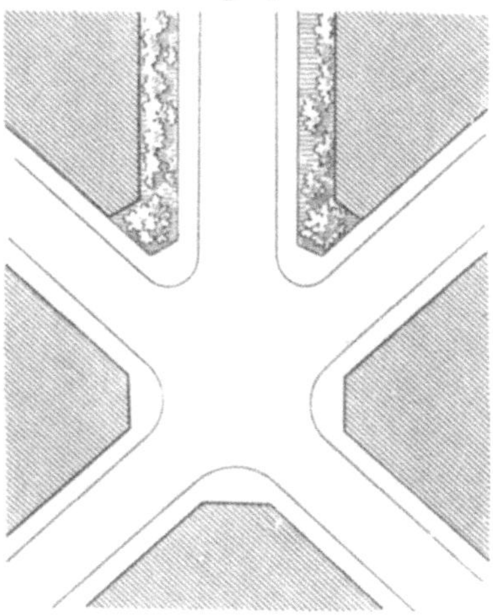

212. Abzweigungen und fünfarmige Kreuzungen.

Fig. 276 iſt keine Kreuzung mehr, ſondern nur eine Abzweigung, welche durch Ausweitung der Hauptſtraſse und Abkantung der ſpitzen Ecken eine gefälligere Geſtalt erhalten hat. Die Abkantungslinien ſtehen hier ſenkrecht zur Hauptſtraſsenfront, während es für die äuſsere Erſcheinung und innere Eintheilung des Gebäudes zweckmäſsiger und deſshalb üblicher iſt, die Abſchrägung ſo einzurichten, daſs an den beiden Straſsenfronten gleiche Winkel gebildet werden (vergl. die regelmäſsigen fünfarmigen Straſsenkreuzungen in Fig. 277 u. 278).

213. Kreuzungsplätze.

Unregelmäſsige fünfarmige Kreuzungen rufen dadurch, daſs der Entwerfende die Unregelmäſsigkeit zu verdecken und durch Zurückziehen der Ecken oder gröſsere Abkantungen einiges Gleichgewicht zu erzielen ſucht, gewöhnlich platzähnliche Geſtaltungen hervor, z. B. Fig. 279 bis 282. Der unſchönen Anordnung in Fig. 279 iſt die Behandlung deſſelben Knotenpunktes in Fig. 280 bedeutend überlegen. Durch Hinzufügen eines ſechsten Zweiges würde Fig. 282 in einen ſymmetrischen Kreuzungsplatz umgewandelt werden, wie überhaupt ein Knotenpunkt von sechs und mehr Strafsenstrecken ohne platzförmige Erweiterung sich nicht ausbilden läfst (Fig. 283 u. 285). Einer der lebhaftesten Kreuzungsplätze der Welt ist

Fig. 279.

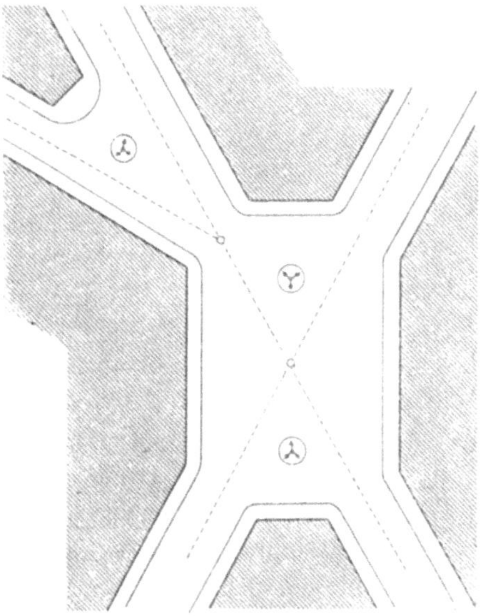

Fig. 280.

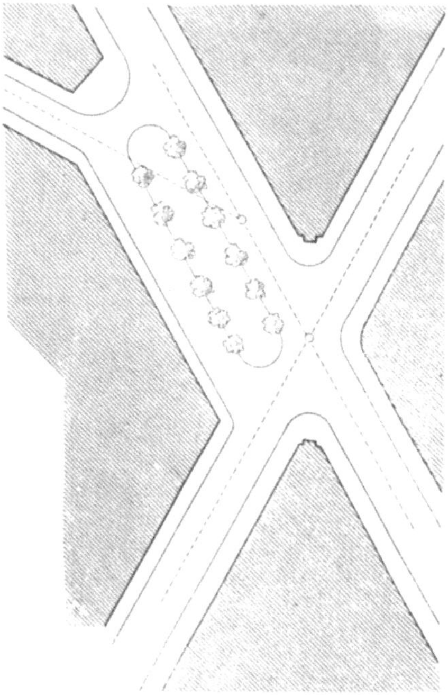

Fig. 281.

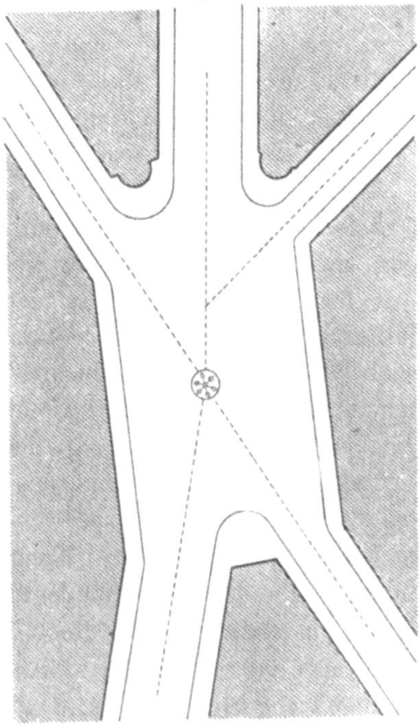

Fig. 282.

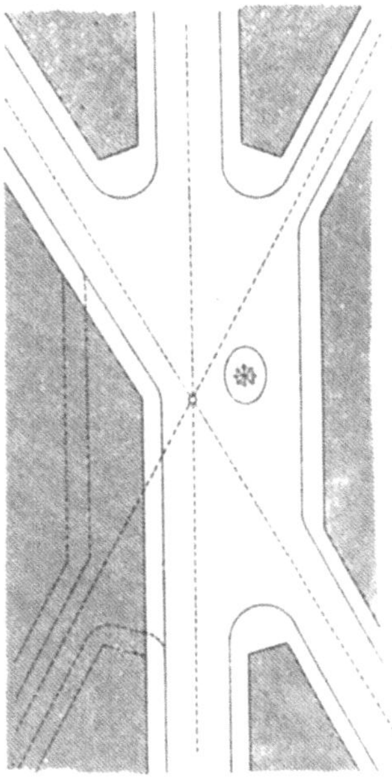

Mansionhouse-Place zu London (Fig. 286), wo sieben Hauptstrafsenrichtungen sich vereinigen. Die räumliche Enge der Londoner *City* bringt es mit sich, dafs hier auf die Anlage eines gröfseren Platzes zur besseren Vertheilung des Verkehres ver-

Fig. 283.

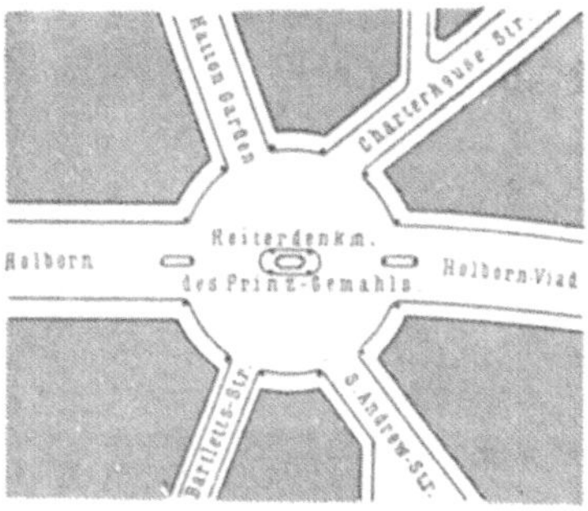

Holborn-Circus zu London.

$^{1}/_{1250}$ n. Gr.

Fig. 284.

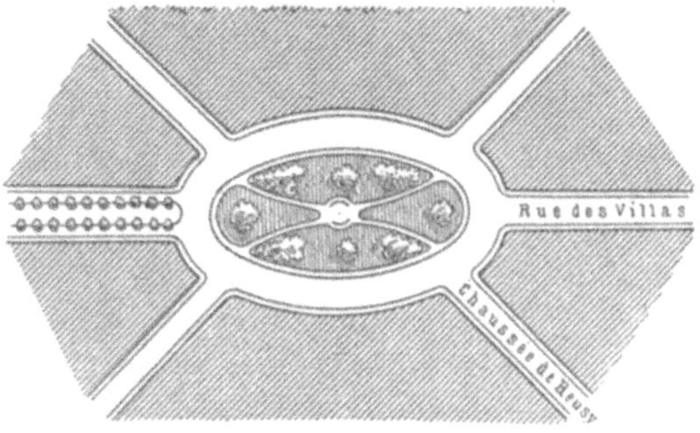

Kreuzungsplatz zu Verviers.

Fig. 285.

Place centrale zu Marfeille.

zichtet werden mufste; vier Bürgerfteig-Infeln und einige Polizei-Beamte müffen zur Regelung des ungeheueren Verkehres ausreichen. Es gehört oft grofse Gefchicklichkeit dazu, ungefährdet zu Fufs von einem Bürgerfteige zum anderen zu gelangen. Der Gedanke, an folchen lebhaften Punkten die Bürgerfteige durch Brücken über oder durch Tunnel unter der Fahrwegkreuzung mit einander zu verbinden, ift daher wohl erklärlich, unferes Wiffens aber noch nirgend wo zur Ausführung gebracht.

Wie behaglich ift hiergegen der ovale, mit einer Gartenanlage gefchmückte Kreuzungsplatz in Verviers (Fig. 284).

214. Unnöthige Kreuzungsplätze.

Obwohl die Anlage gröfserer Kreuzungsplätze ohne befonderes Bedürfnifs beim Zufammenflufs von nur vier oder fünf Strafsenzweigen in der Regel nicht zweckmäfsig ift, findet man an folchen Punkten nur zu oft unnöthige freie Plätze von viereckiger, achteckiger oder runder Geftalt (Fig. 287 bis 292).

Die diagonal gelegten Kreuzungsplätze nach Fig. 287 haben den grofsen Nachtheil, dafs fie zwar den Wagen das Einlenken in die andere Strafsenrichtung

Fig. 286.

$^{1}/_{2500}$ n. Gr.

Manfionhoufe-Place zu London.

Fig. 287.

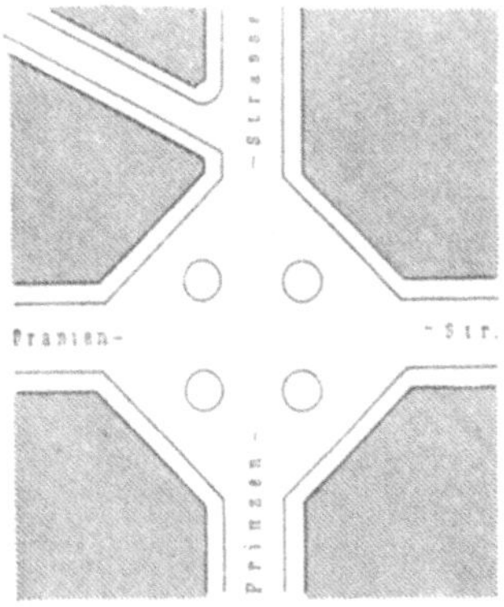

Moritz-Platz zu Berlin.

Fig. 288.

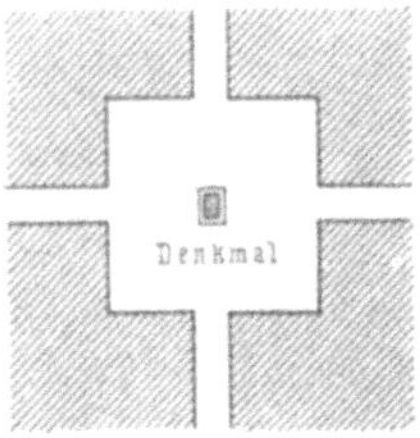

Piazza Savoia zu Turin.

Fig. 289.

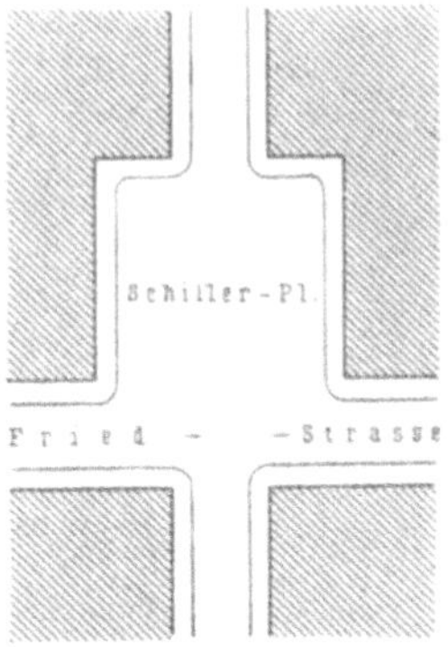

Schiller-Platz zu Wiesbaden

etwas erleichtern, den geradeaus gehenden Fufsgänger aber nöthigen, anftatt eines Fahrdammes deren drei zu überfchreiten. Wird gar die Einlegung der angedeuteten Bürgerfteig-Infeln unterlaffen, fo ift der Fufsgänger, wenn er nicht einen weiten Umweg machen will, auf der ganzen Länge der Platz-Diagonale dem Zufammenftofs mit dem Fuhrwerk ausgefetzt. Auch fchönheitliche oder gefundheitliche Vorzüge vermögen folche, in unferen Stadterweiterungen leider fehr häufige Platzfiguren nicht aufzuweifen; die gewöhnliche Abkantung der Ecken ift daher in der Regel vorzuziehen.

In den Kreuzungsplätzen nach Fig. 288 u. 289 ift

Fig. 290.

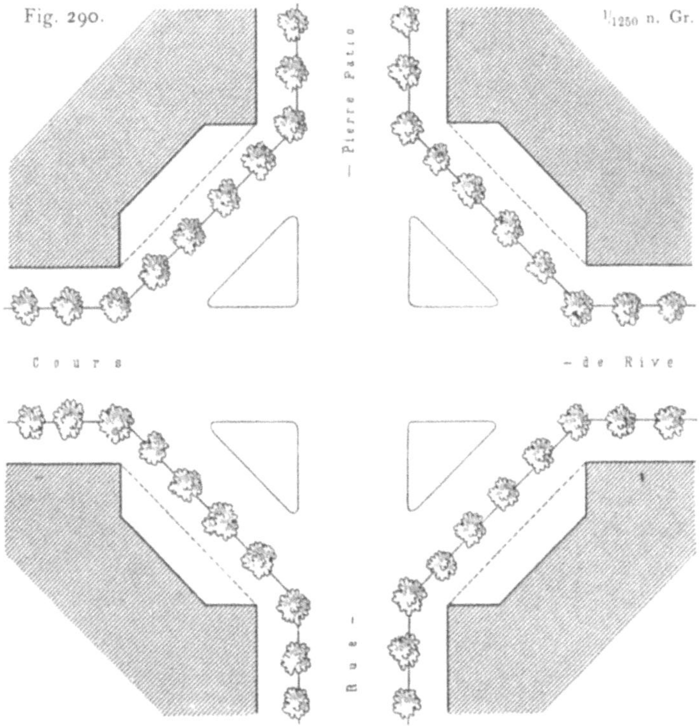

Kreuzungsplatz zu Genf.

Fig. 291.

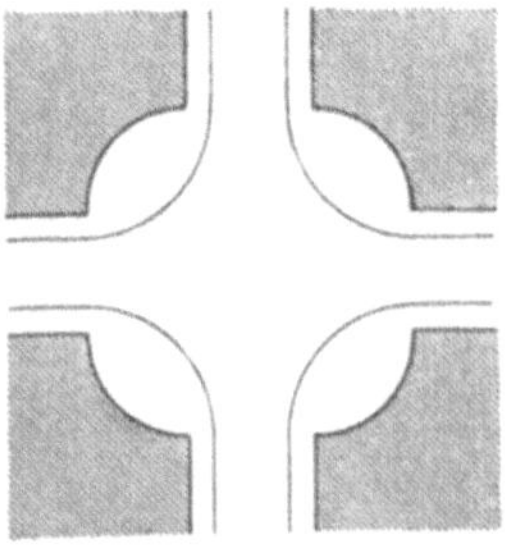

Kreuzungsplatz mit vier Viertelkreifen an den Ecken.

Fig. 292.

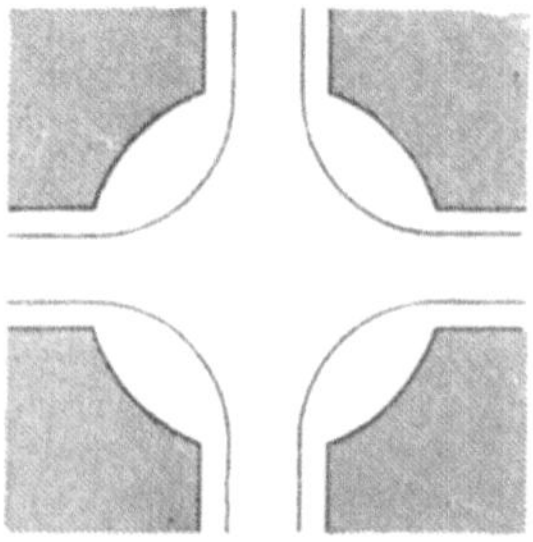

Kreisförmiger Kreuzungsplatz.

Fig. 293.

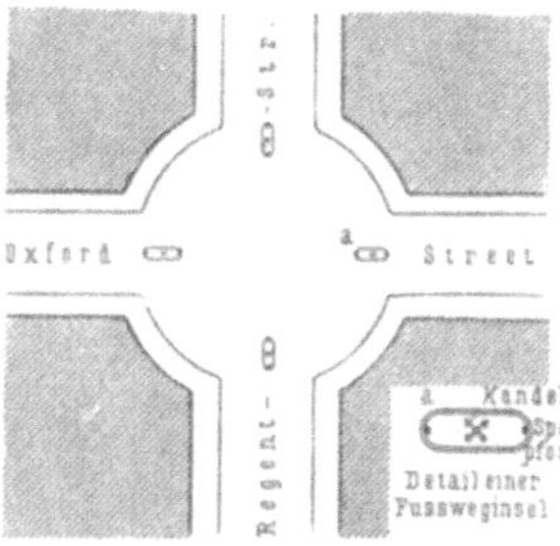

Oxford-Circus zu London.

Fig. 294.

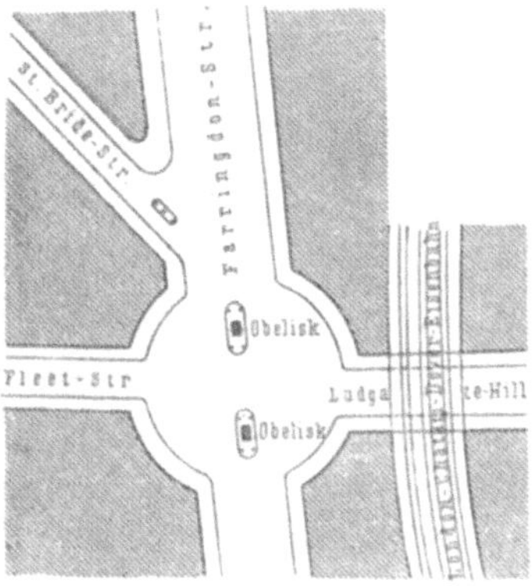

Ludgate-Circus zu London.

1:2500

zwar die Platzumrahmung um ein Geringes mehr ausgeprägt; aber der Uebelſtand der Erſchwerung des Fuſsverkehres bleibt vorhanden. Es tritt ſogar noch der Nachtheil hinzu, daſs in den dem Verkehre unzugänglichen Winkeln Schmutz und Unkraut ſich anſammeln, daſs ferner in dieſen Winkeln die Fenſter der benachbarten Häuſer ſich unangenehm nahe liegen.

Eben ſo ſind die achteckigen und kreisrunden Kreuzungsplätze (Fig. 290, 291, 292) im Allgemeinen nicht zweckmäſsig und können auch nur bei einheitlicher, monumentaler Geſtaltung die Anſprüche der Schönheit erfüllen. Für gewöhnlich ſind die hinter der Bürgerſteig-Linie ſich bildenden verkehrsloſen Zwickel unſauber und zwecklos. In London iſt die Anwendung ausgerundeter Kreuzungsplätze unter dem Namen *Circus* ſehr verbreitet. Die Bürgerſteig-Kanten laufen dort im Gegenſatze zu Fig. 291 u. 292 parallel den Hausfluchten; die dem Verkehre ſchlecht zugänglichen Zwickel ſind alſo Theile des Fahrdammes und dienen vorwiegend zur Aufſtellung wartender Fuhrwerke (Fig. 293 u. 294). In der Londoner *City*, wo der Verkehr die ganze Straſsenfläche gewiſſermaſsen bedeckt und an den Kreuzungen nicht ſelten ſich ſtaut, mag der Gewinn eines ſolchen Aufſtellungsortes die *Circus*-Anlage rechtfertigen; der Fuſsgänger hat kaum Nutzen davon.

Bei Abmeſſungen von erheblicher Gröſse fallen die erwähnten Miſsſtände zwar zum Theile fort, indem eine anderweitige Ausbildung und Ausſchmückung der Platzfläche zuläſſig wird (Fig. 295 bis 297). Aber wenn auch gärtneriſcher und künſt- 215. **Gröſsere Kreuzungsplätze.**

Fig. 295.

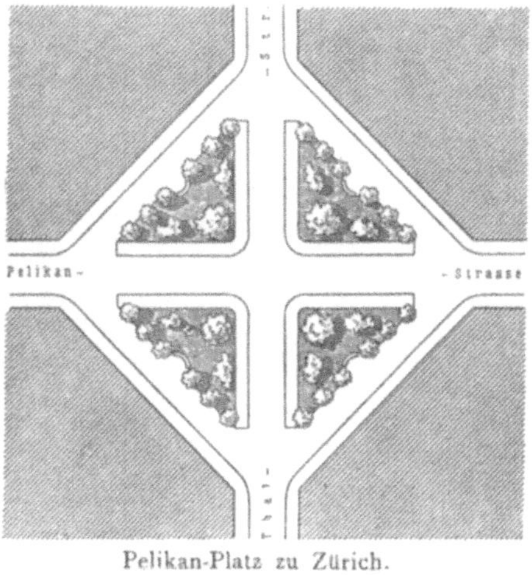

Pelikan-Platz zu Zürich.

Fig. 296.

Tauenzien-Platz zu Breslau.

$^1/_{2500}$ n. Gr.

lerifcher Schmuck folchen Plätzen einen gewiffen Reiz verleihen kann, fo liegen doch die Schattenfeiten auf der Hand. In Fig. 295 u. 296 find die Gartenanlagen durch die Hauptftrafsenrichtungen unangenehm zerftückelt; die Seitenftrafsen in Fig. 296 find faft unbenutzt. In Fig. 297 müffen die Fuhrwerke der Querrichtung einen halbkreisförmigen Umweg machen; von Intereffe ift hier, dafs die gärtnerifche Mittelfläche des Platzes wagrecht gelegt ift, obwohl die Heros-Strafse ftark anfteigt, was für die Fufsgänger, welche den Platz quer überfchreiten wollen, die Anlage von Freitreppen nothwendig machte. In allen vorgeführten Fällen würde der Schmuck wirkfamer und die Fläche weniger zerriffen fein, wenn für den Platz eine andere Stelle gewählt worden wäre. Man darf fomit im Allgemeinen behaupten, dafs der Kreuzungspunkt zweier Strafsen nur unter befonderen Ortsverhältniffen fich zu einer Platzanlage eignet.

Fig. 297.

Place de la Rotonde zu Marfeille.

1/2500 n. Gr.

b) Strafsenerweiterungen.

216. Axiale und feitliche Erweiterungen. Sowohl an Kreuzungen und Abzweigungen, als auf der gefchloffenen Strecke werden oft erweiterte Strafsentheile eingefügt, um in langen Häuferfluchten und reizlofen Strafsenzügen Abwechslung zu erzeugen oder beftimmte Punkte hervorzuheben. Es find meiftens einfache Anlagen nach Fig. 298 bis 303.

Wenig zu empfehlen ift die Anordnung nach Fig. 298; die fpärliche Baumpflanzung ift leicht der Verkümmerung preisgegeben, und die todten Ecken haben die fchon erwähnten Nachtheile. Die Anlagen in Fig. 299 u. 300 verdienen fchon eher nachgeahmt zu werden, obfchon fie ebenfalls an den todten Winkeln leiden und die mittlere Anlage, fei es ein Denkmal, ein Laufbrunnen, eine Allee, immer in etwas den Fahrverkehr ftört. Aber ein befonderer, berechtigter Zweck folcher Anordnungen ift die Verdeckung eines Gefällrückens (fiehe Art. 180, S. 79).

Eine freundliche Anlage zeigt Fig. 301, die auch doppelfeitig angeordnet werden kann. Sowohl der in Gefchäften geradeaus eilende Wanderer, als der einen kleinen Umweg liebende Spaziergänger wird eines wohlthuenden Eindruckes theilhaftig. Die um eine kleine Garteninfel gruppirten Häufer geniefsen in gewiffem Grade den doppelten Vortheil der Lage an einer Verkehrsader und der angenehmen Zurückgezogenheit vom Staub und Lärm der Strafse; die Abfchrägung der Winkel vermindert die fonft hier auftretenden Unzuträglichkeiten. Vortreffliche Anlagen diefer Art findet man in London (vergl. Fig. 302 u. 303), wo eine Seitenftrafse neben der Hauptftrafse den hinter den Vorgärten zurückliegenden Häufern die Zufahrt vermittelt, fo dafs die Bewohner den Vortheil der Hauptverkehrsftrafse geniefsen, ohne von der Unruhe derfelben zu fehr zu leiden.

Fig. 298.

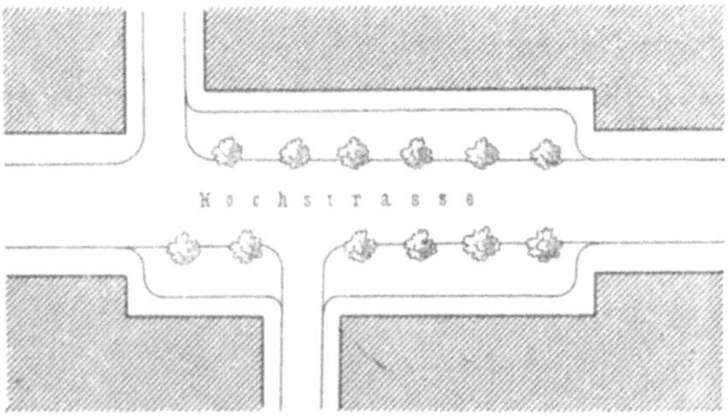

Hochftrafse zu Aachen.

Fig. 299.

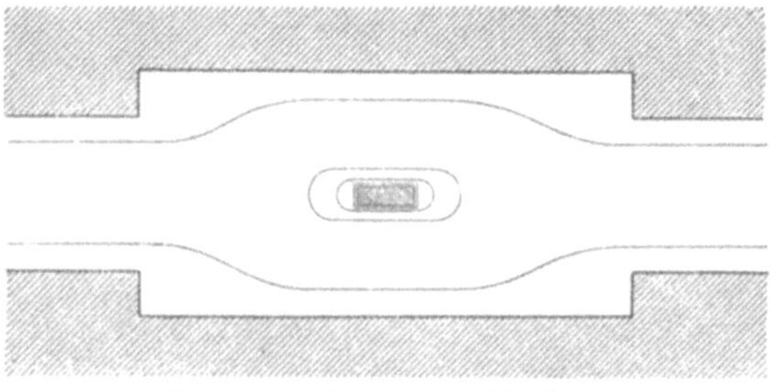

Strafsenerweiterung mit Denkmal.

Fig. 300.

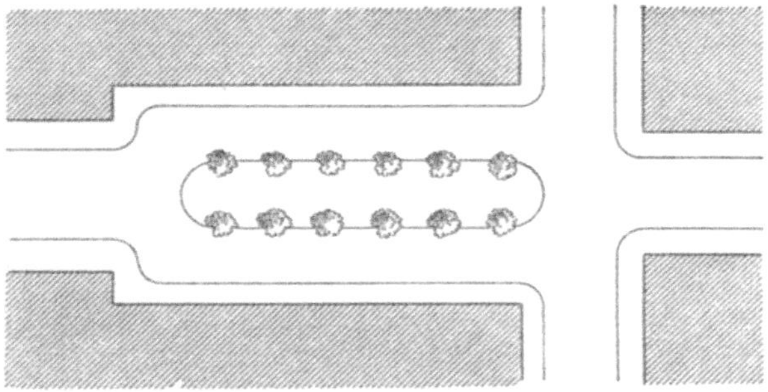

Strafsenerweiterung mit Baumpflanzung.

Fig. 301.

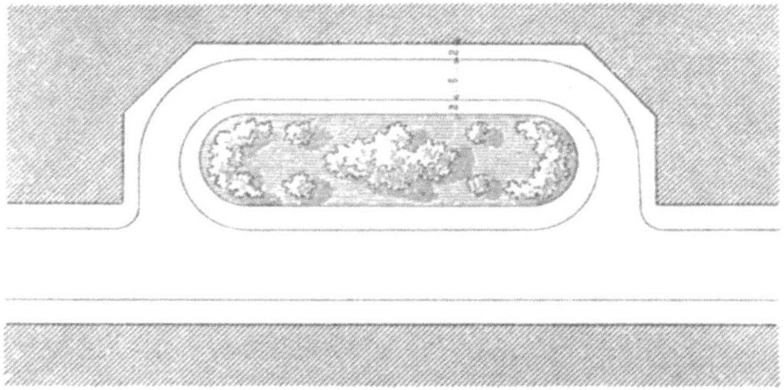

Seitliche Strafsenerweiterung mit Gartenanlage.

Fig. 302.

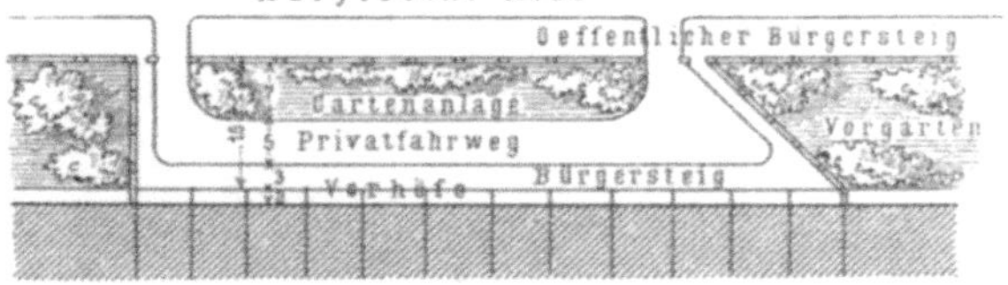

Nottingham Terrace zu London.

$^{1}/_{1250}$ n. Gr.

Fig. 303.

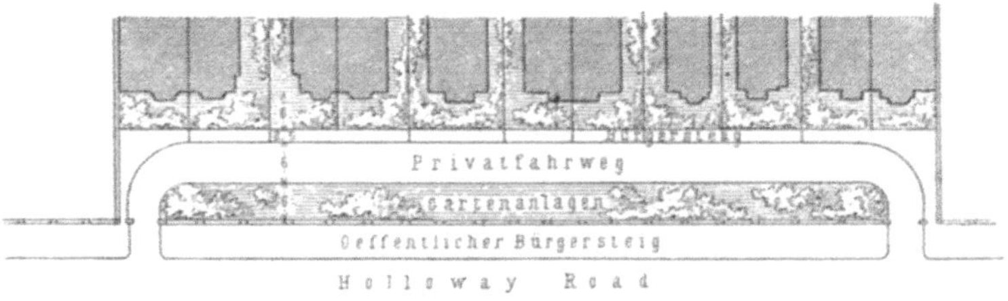

Lorain-Place zu London.

Fig. 304.

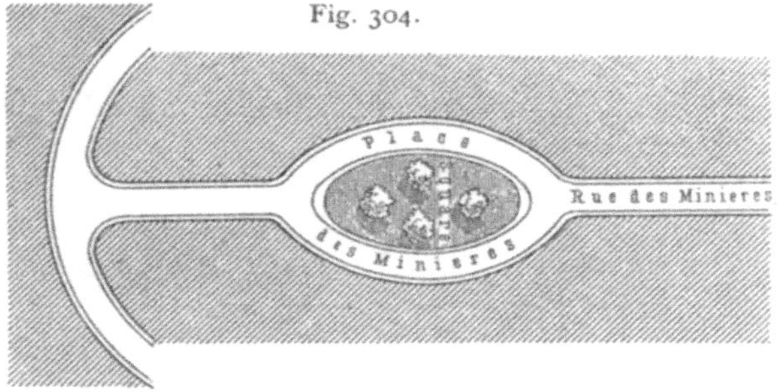

Strafsenerweiterung mit Gartenanlage zu Verviers.

Fig. 305.

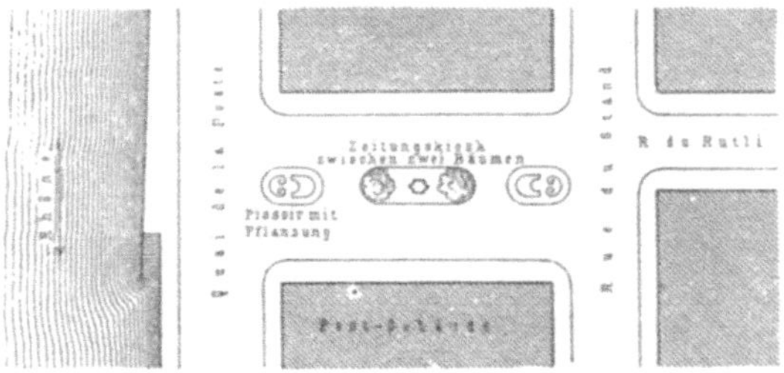

Place de la Poste zu Genf.

Strafsenerweiterungen.

Fig. 306.

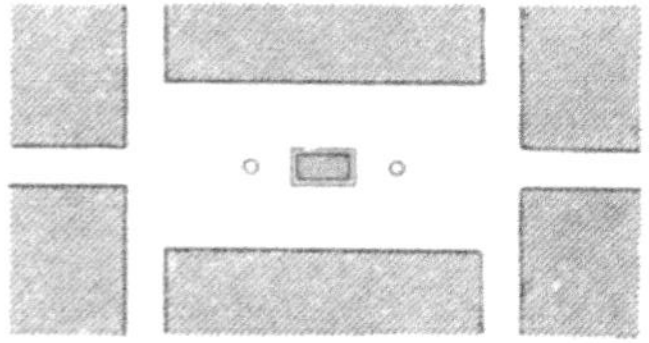

Piazza San Carlo zu Turin.

Fig. 307.

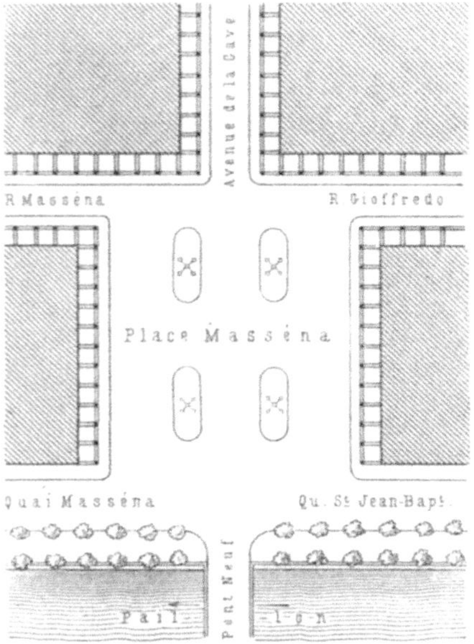

Place Masséna zu Nizza.

Fig. 308.

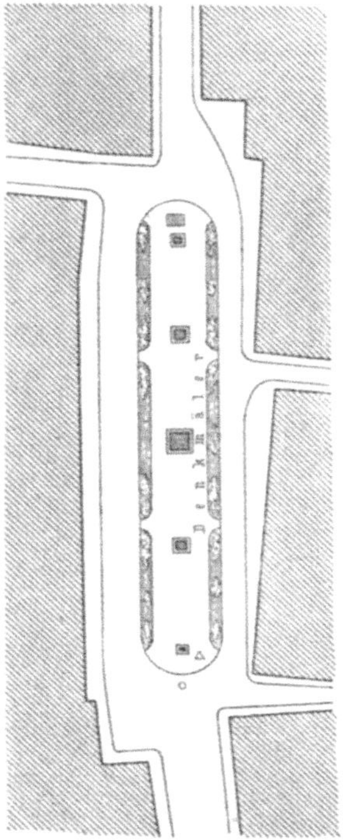

Promenaden-Platz zu München.

Fig. 309.

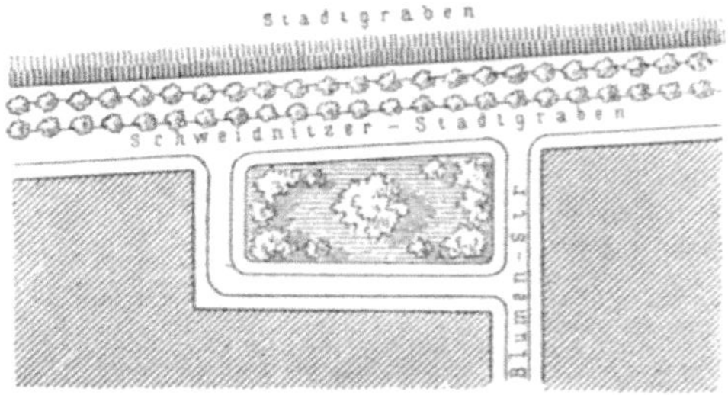

Salvator-Platz zu Breslau.

Fig. 310.

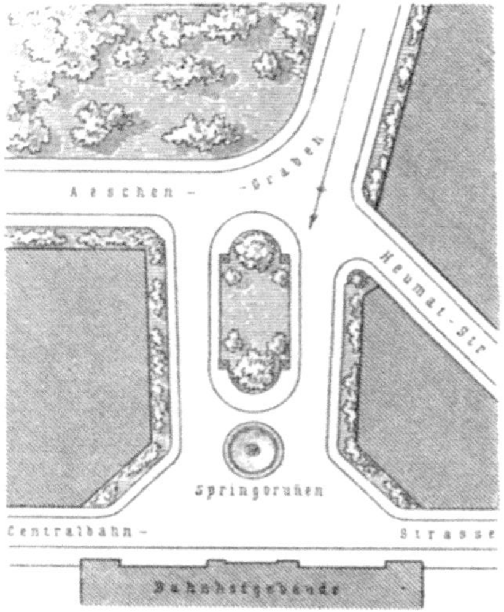

Centralbahnplatz zu Basel.

Fig. 311.

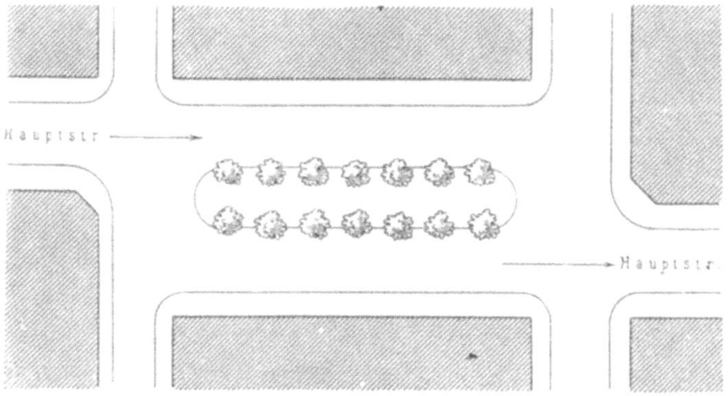

Erweiterung und Axenverſchiebung der Gartenfeldſtraſse zu Mainz.

Fig. 312.

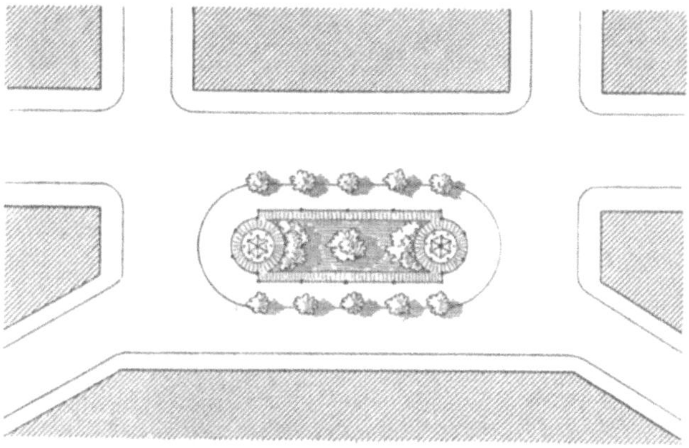

Straſsenerweiterung mit Schmuckanlage.

217.
Erweiterungen in Form von Plätzen.

Eine groſse Zahl ſtädtiſcher »Plätze« ſind nicht mehr, als eine Erweiterung der Straſsenfluchten. Als Beiſpiele mögen angeführt werden die *Place des Minières* zu Verviers (Fig. 304), der Poſtplatz zu Genf (Fig. 305), der *San-Carlo*-Platz zu Turin mit Denkmal (Fig. 306), der von Wandelhallen umgebene *Maſséna*-Platz zu Nizza (Fig. 307). Auch den *Salvator*-Platz zu Breslau (Fig. 309), den Centralbahnplatz zu Baſel (Fig. 310) und ſelbſt den ſchönen Promenaden-Platz zu München (Fig. 308) kann man hierher rechnen. In noch höherem Grade trifft dies für den Opernplatz zu Berlin und den *Schwarzenberg*-Platz zu Wien zu, welche eigentlich nur Theile der Straſsenfläche ſind.

218.
Erweiterungen zur Vereinigung mehrerer Straſsenrichtungen.

Wichtig für den Stadtplan ſind ſchlieſslich ſolche Straſsenerweiterungen, welche die gefällige Zuſammenführung verſchiedener Straſsenrichtungen bezwecken. Schon in Fig. 276, 280, 281 u. 282 ſind derartige Erweiterungen enthalten. Andere Bei-

Fig. 313.

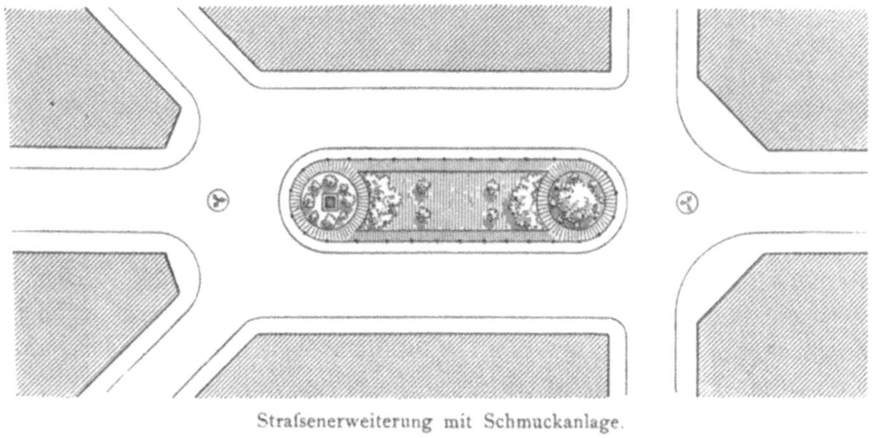

Straſsenerweiterung mit Schmuckanlage.

Fig. 314.

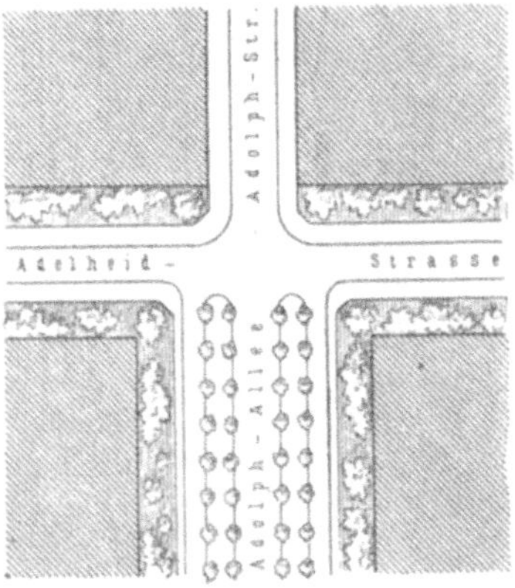

Straſsenvermittelung zu Wiesbaden.

Fig. 315.

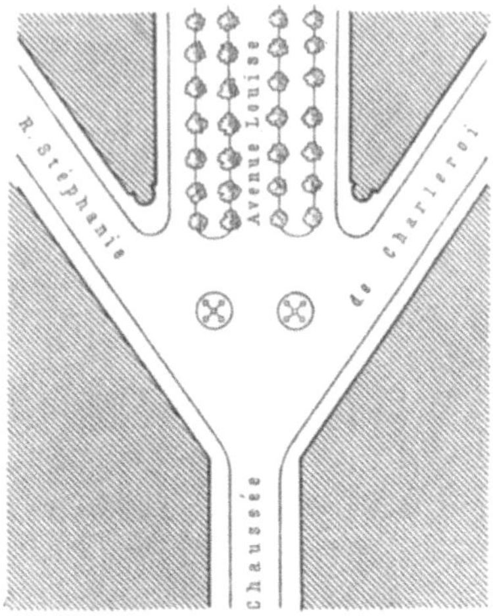

Straſsenvermittelung zu Brüſſel.

Fig. 316.

Kaiſer-*Wilhelm*-Straſse zu Breslau.

1/2500 n. Gr.

Fig. 317.

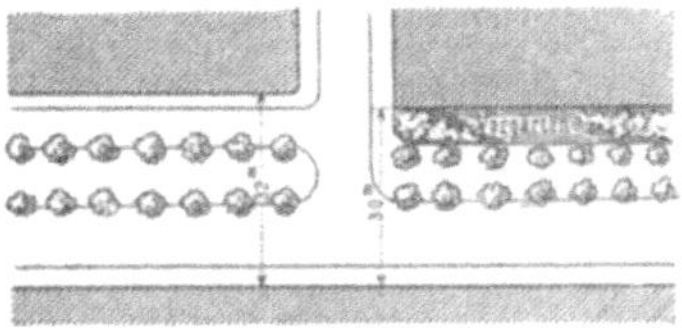

Mechelner Landſtraſse zu Antwerpen.

Fig. 318.

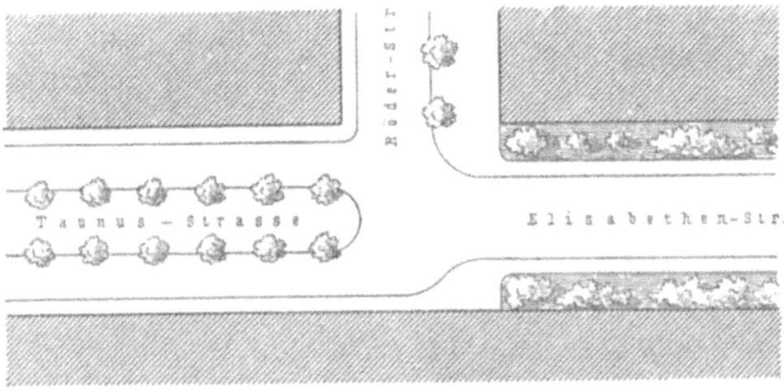

Straſsen-vermittelung zu Wiesbaden.

ſpiele mit Anwendung gärtneriſchen Schmuckes zeigen Fig. 311, die Richtungsänderung einer Hauptſtraſse, ſo wie Fig. 312 u. 313, die Abzweigung von Schrägſtraſsen vermittelnd.

Dies führt uns auf das Gebiet der

c) Straſsenvermittelungen.

219. Vermittelung verſchiedener Straſsen-querſchnitte.

Bei denſelben handelt es ſich entweder um die Vermittelung verſchiedener Straſsenbreiten, bezw. Straſsen-Querprofile oder um die Vermittelung verſchiedener Straſsenrichtungen. Fig. 314 u. 315 zeigen die Ueberleitung ſchmaler Straſsen-Profile in breite, Fig. 317 den Profilwechſel der *Chauſſée de Malines* zu Antwerpen, Fig. 318 denjenigen der *Eliſabethen*-Straſse zu Wiesbaden, Fig. 316 denjenigen der

Fig. 319.

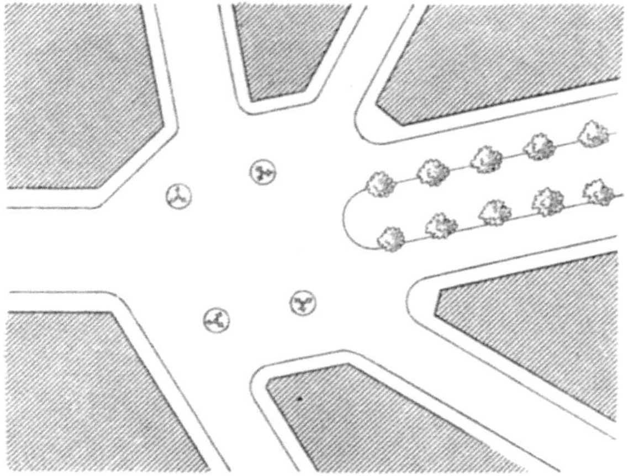

Unregelmäſsige Straſsenvermittelung.

Fig. 320.

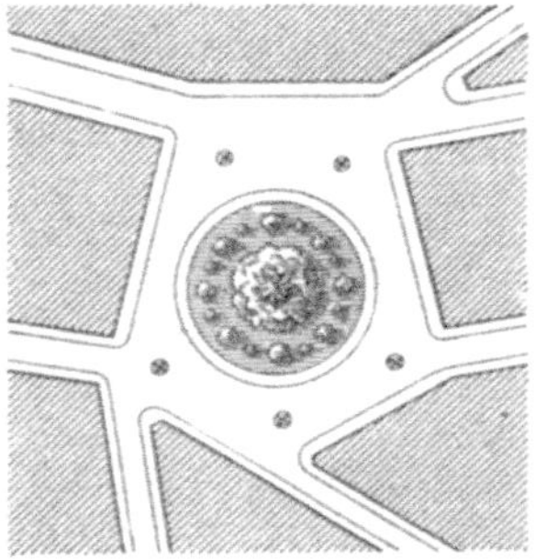

Marien-Platz zu Stuttgart.

Fig. 321.

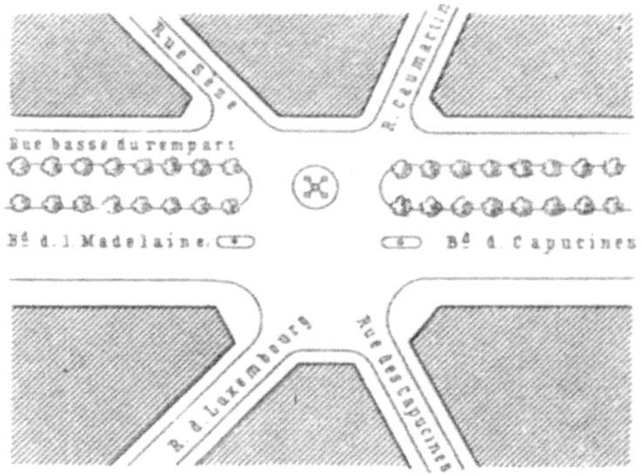

Straſsenvermittelung zu Paris.

Fig. 322.

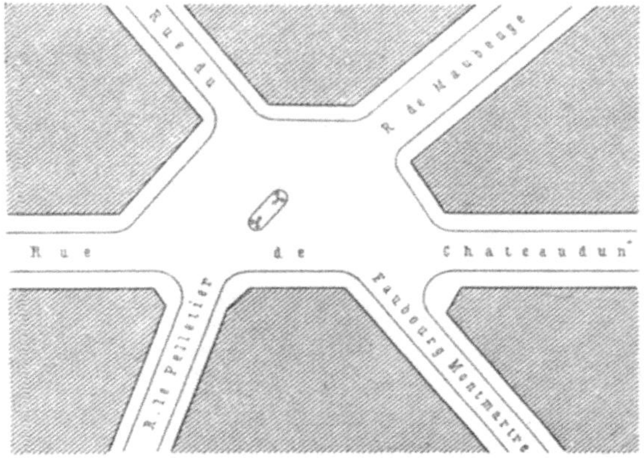

Straſsenvermittelung zu Paris.

Fig. 323.

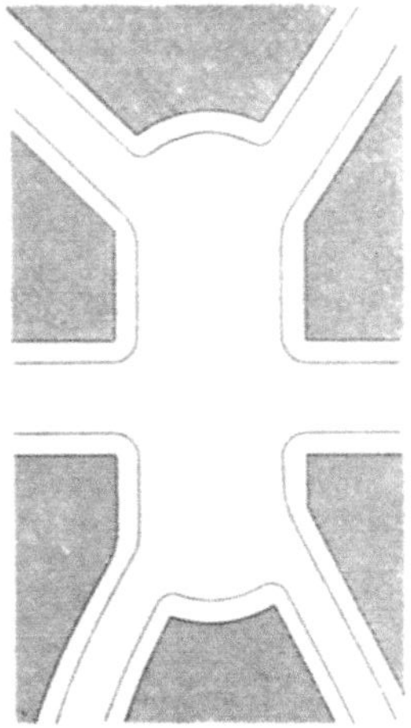

Place Périgord zu Amiens.

Fig. 324.

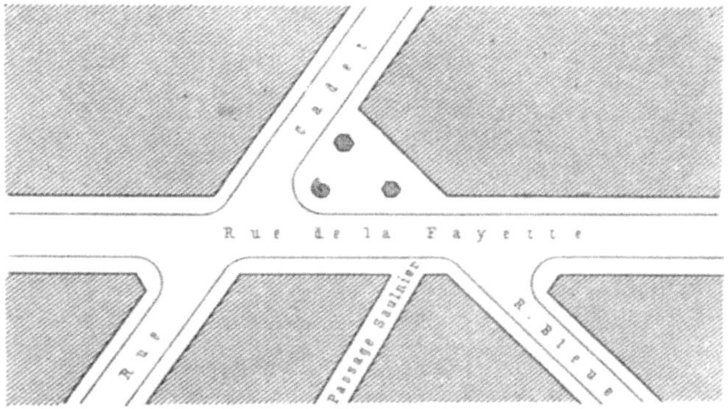

Straſsenvermittelung zu Paris.

Straſsenvermittelungen.

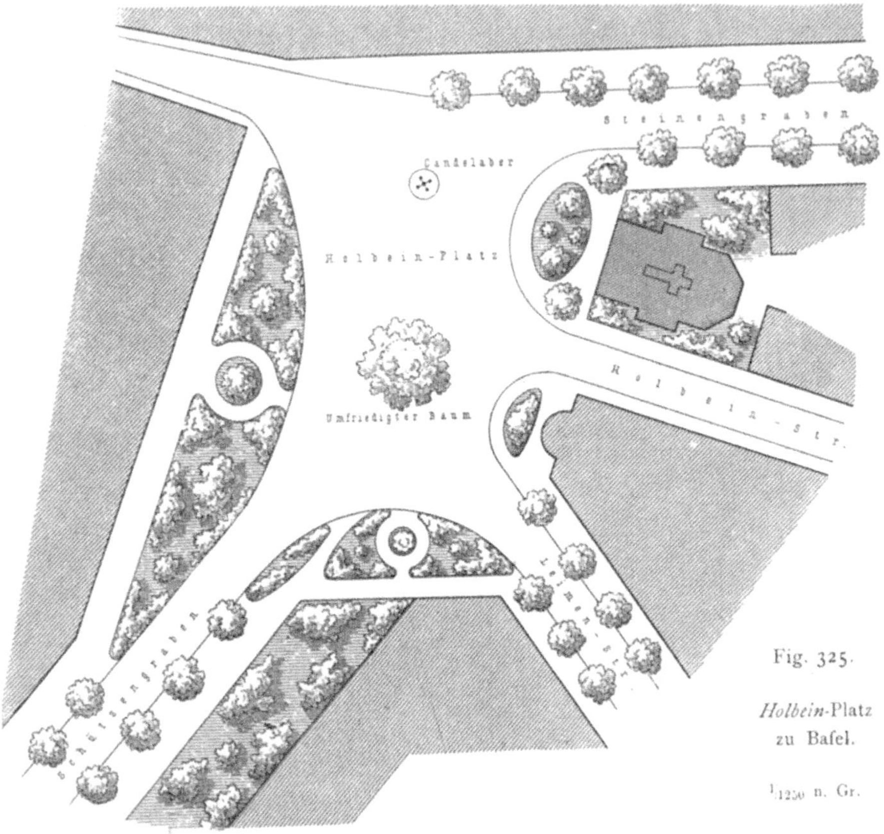

Fig. 325.

Holbein-Platz
zu Basel.

$^1/_{1250}$ n. Gr.

Fig. 326.

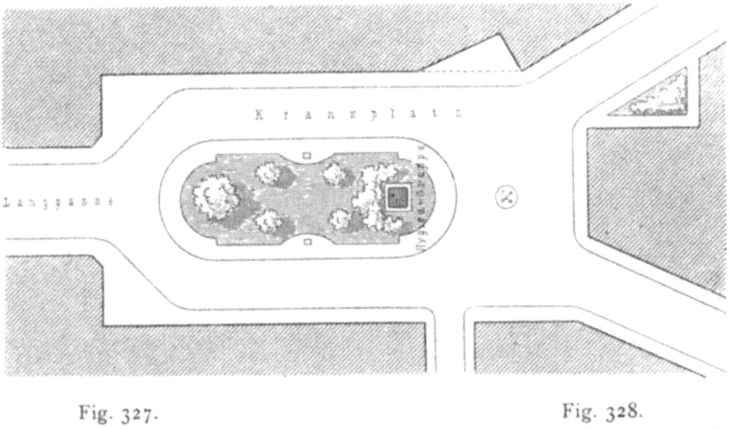

Kranzplatz
zu
Wiesbaden.

Fig. 327.

$^1/_{5000}$
n. Gr.

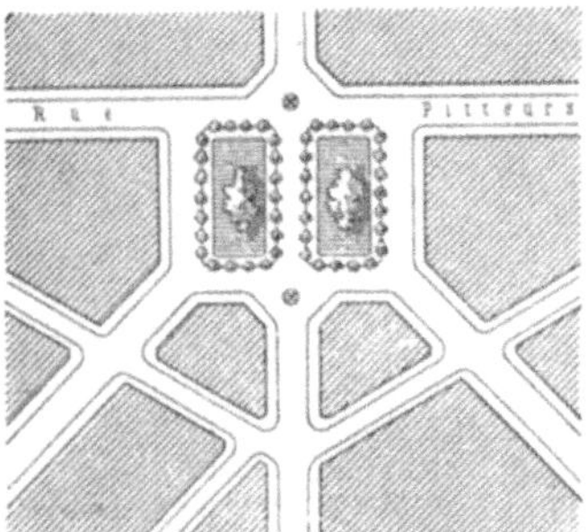

Place Delcour zu Lüttich.

Fig. 328.

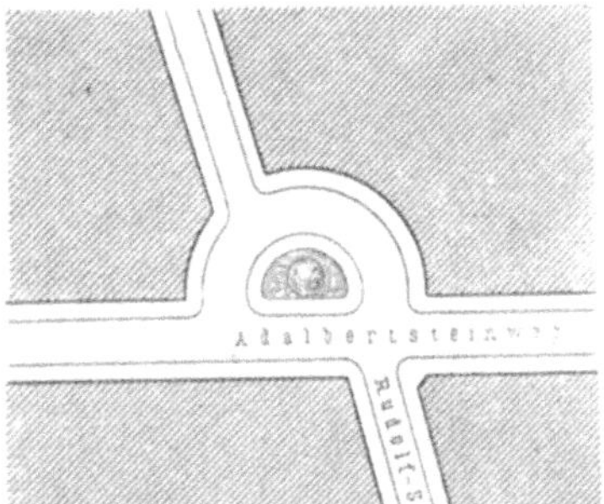

Steffens-Platz zu Aachen.

Plätze zur Vermittelung

Fig. 329.

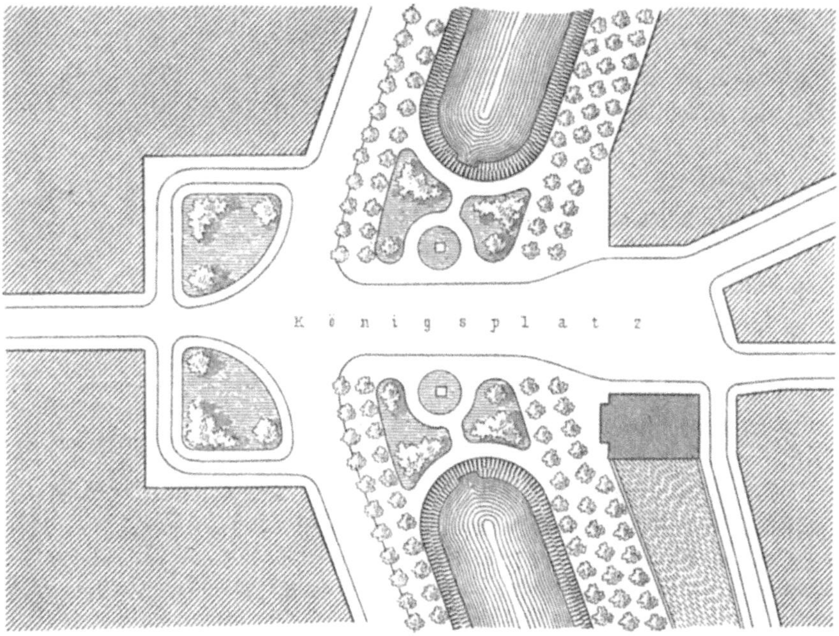

1/2500 n. Gr.

Königsplatz zu Breslau.

Fig. 330.

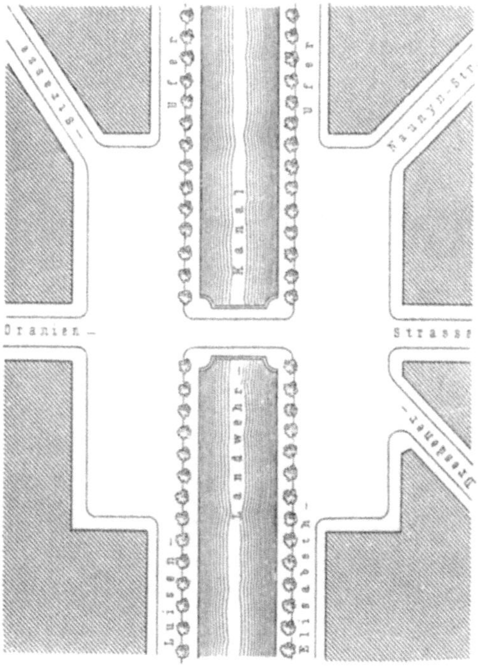

Oranien-Platz zu Berlin.

Fig. 331.

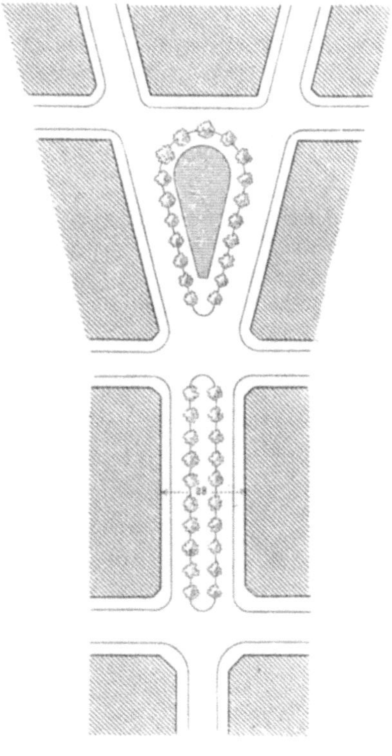

von Straſsenrichtungen.

Kaiſer-*Wilhelm*-Straſse zu Breslau. Die letztere hat gerade, parallele Baufluchten an gekrümmter Fahrſtraſse, wodurch eine erhebliche Verſchiedenheit der Vorgartentiefen und ſchlieſslich der Profilwechſel hervorgerufen wird. Auch bei der *Andraſſy*-Straſse zu Budapeſt (ſiehe Fig. 92, S. 72) haben wir ſchon den Wechſel des Straſsenquerſchnittes beſprochen. Wichtig iſt bei dieſen Profilübergängen, daſs ſich die Hauptaxe oder gewiſſe Hauptlinien über den Wechſelpunkt fortſetzen und daſs nicht Theile des folgenden Profils (z. B. Bürgerſteig-Kanten, Baumreihen u. ſ. w.) ſtörend in die Fahrrichtung oder die Sehlinien ſich vorſchieben.

Fig. 332.

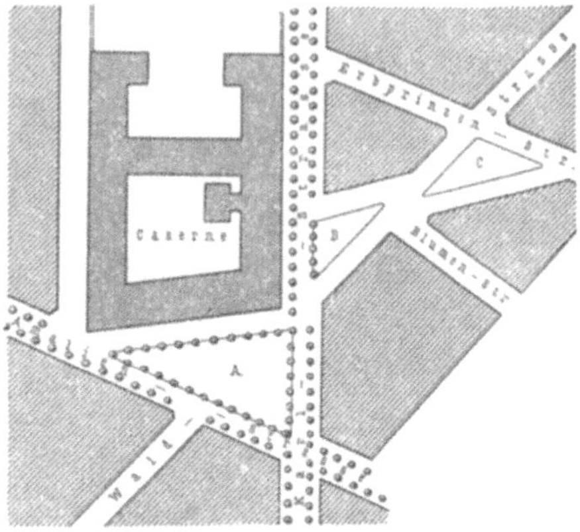

Ludwigs-Platz zu Karlsruhe.

1/5000 n. Gr.

220. Richtungsvermittelung.

Die Richtungsvermittelung unregelmäſsig zuſammenlaufender Straſsenzüge führt oft zu platzähnlichen Bildungen, wie in Fig. 319 bis 322 u. 324.

In Fig. 324 wäre es leicht geweſen, die Fahrverbindung der *Rue bleue* mit der *Rue Cadet* geradlinig durchzuführen; die Herſtellung einer geräumigen Bürgerſteig-Fläche iſt zu Gunſten der Fuſsgänger vorgezogen worden, um Platz zur Errichtung zweier Verkaufs-Kioske und einer Bedürfniſs-Anſtalt zu gewinnen.

221. Plätze zur Vermittelung von Straſsenrichtungen.

Viele unſerer ſog. Plätze ſind in Wirklichkeit nichts mehr, als eine Vergröſserung der freien Straſsenfläche zum Zwecke der Vermittelung verſchiedener zuſammenlaufender Straſsenrichtungen, in oft ſehr geſchickter Anordnung, ſogar mit gärtneriſchem und figürlichem Schmuck, oft auch ungeſchickt und unzweckmäſsig.

Fig. 323 iſt eine hübſche Anlage in Amiens, Fig. 320 iſt eine nicht minder glückliche Anordnung in Stuttgart; Fig. 325, den *Holbein*-Platz zu Baſel darſtellend, zeigt eine ſehr aufmerkſame und nachahmenswerthe Ausſchmückung des Mittelpunktes durch einen einzelnen, umfriedigten Baum und der Bürgerſteig-Bogen durch kleine Pflanzungen. Der Kranzplatz zu Wiesbaden (Fig. 326), urſprünglich nichts als eine Zuſammenführung verſchiedener Straſsen, iſt in Folge ſeines gärtneriſchen und künſtleriſchen Schmuckes einer der ſchönſten Punkte der Stadt geworden. Eine freundliche Anlage ähnlicher Art, aber den Verkehrsrichtungen weniger angepaſſt, iſt die *Place Delcour* zu Lüttich (Fig. 327).

Fig. 333.

So gut und nachahmenswerth dieſe »Straſsenvermittelungsplätze« find, fo wenig fchön oder zweckmäfsig find andere, z. B. Fig. 328 bis 330.

Der *Steffens*-Platz zu Aachen ift ungefchickt und willkürlich. Den Königsplatz zu Breslau erkennt man als zufammengehörige Anlage nur auf dem Stadtplane; in Wirklichkeit ift der Zufammenhang der durch die Ringftrafse getrennten Theile unkenntlich. Noch fchlimmer ift der *Oranien*-Platz zu Berlin (Fig. 330) durch den Landwehr-Canal getheilt; die ganze Fläche ift fo zerriffen, dafs man an Ort und Stelle die Abficht, einen ftädtifchen Platz zu fchaffen, kaum bemerkt, wie man auch nur mit Mühe erkennt, dafs die Dresdener Strafse jenfeits des Canals fich geradlinig fortfetzt. Der in Karlsruhe durch Vermittelungsverfuche an der Kreuzung der Waldftrafse mit mehreren anderen Strafsen entftandene *Ludwigs*-Platz (Fig. 332) endlich ift eine höchft unglückliche, in drei Platztheile *A*, *B* und *C* zertrennte Anlage.

Strafsenerweiterungen und -Vermittelungen können bei aufmerkfamer Bearbeitung eines Stadtbauplanes zu reizvollen Anlagen verbunden werden, die um fo anziehender werden, je mehr die Befonderheit der Oertlichkeit beobachtet wird. Fig. 331 u. 333 zeigen zwei nahe liegende Beifpiele derartiger Verbindungen. 222. Combinationen

---

8. Kapitel.

Die öffentlichen Plätze nach ihrer Bedeutung im Stadtplane.

Die im vorigen Kapitel behandelten Strafsenanlagen, welche nicht in der ausdrücklichen Abficht gefchaffen werden, gröfsere Flächen aus Verkehrs- und Schönheitsrückfichten frei zu laffen, deren Zweck vielmehr darin befteht, den Strafsenflächen einerfeits und den Baugrundftücken andererfeits eine für das Auge angenehme, für die Bebauung und den Verkehr zweckmäfsige Geftalt zu verleihen, bilden den Uebergang von den Strafsen und gewöhnlichen Strafsenkreuzungen zu den öffentlichen Plätzen. Der Zweck der letzteren ift ein verfchiedener. Sie follen entweder den aus mehreren Richtungen kommenden Verkehr aufnehmen und nach anderen Richtungen vertheilen, oder eine freie Fläche für Marktftände und andere öffentliche Benutzungsarten gewähren, oder aber eine Schmuckanlage meift gärtnerifcher Art aufnehmen, oder fchliefslich einen geeigneten Ort zur Errichtung von Monumentalbauten und Denkmälern fchaffen. Man hat hiernach zu unterfcheiden zwifchen Verkehrsplätzen, Nutzplätzen (Marktplätzen, Volksplätzen), Schmuckplätzen (Gartenplätzen, *Squares*) und Architekturplätzen (monumentalen Plätzen). 223. Zweck.

Es ift nicht ausgefchloffen, dafs die Erfüllung zweier oder mehrerer diefer verfchiedenen Zwecke durch eine Platzanlage erreicht wird oder dafs zwei Plätze, welche verfchiedenen Zwecken dienen, zu einer Anlage verbunden werden. Vereinigungen erftgenannter Art find z. B. die grofsen Parifer Sternplätze (Fig. 343, 345, 346), welche den Verkehr aufnehmen und vertheilen und doch in der Mitte oder am Rande mit Gartenflächen, Springbrunnen u. dergl. gefchmückt find; ferner die von Pflanzungen umgebenen Kinder-Spielplätze und diejenigen Nutz- oder Gartenplätze, welche zugleich den Vordergrund öffentlicher Gebäude bilden. Die Vereinigung zweier verfchiedenartiger Plätze zu einer zufammenhängenden Anlage läfft fich durch den Namen »Doppelplatz« bezeichnen.

a) Verkehrsplätze.

Wenn die im vorhergehenden Kapitel befprochenen Strafsenkreuzungen und Strafsenvermittelungen fich zur Bewältigung gröfserer Verkehre weiter ausdehnen, 224. Entftehung und Eigenfchaften.

Fig. 334.

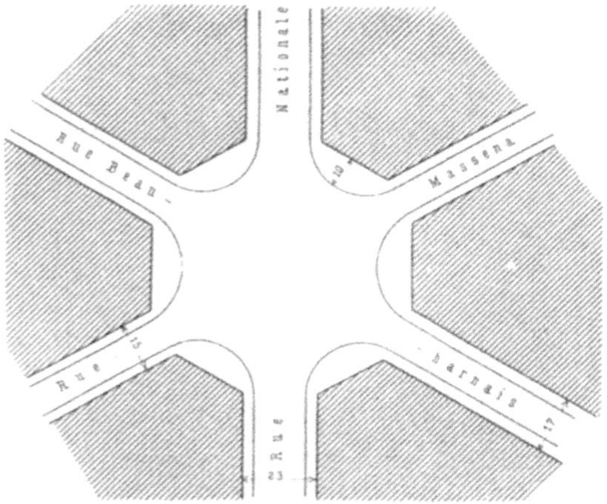

Strafsburger Platz zu Lille.

Fig. 335.

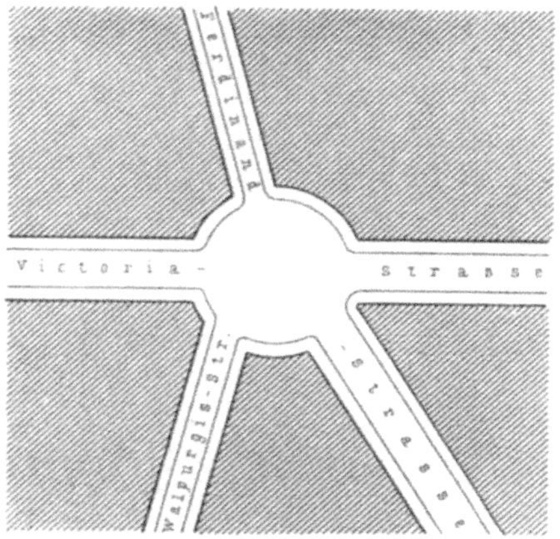

Ferdinands-Platz zu Dresden.

1:2500

Fig. 336.

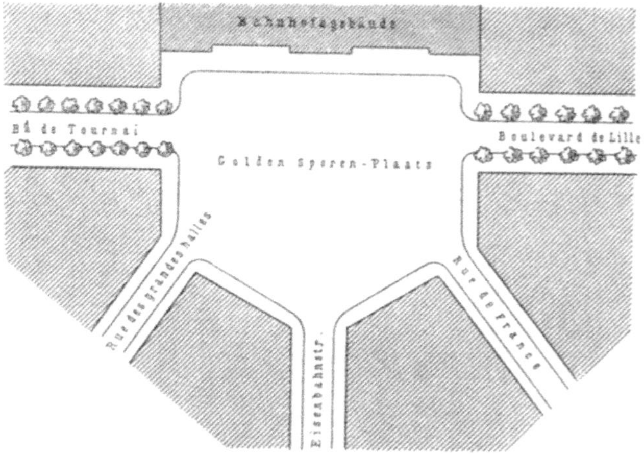

Golden Sporen-Plaats zu Kortryk.

Fig. 337.

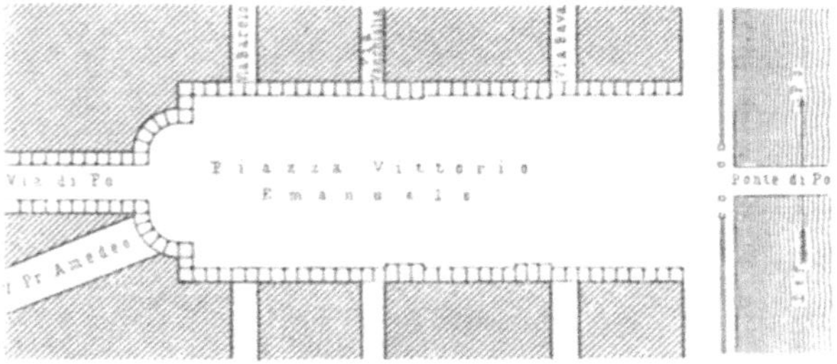

Victor-Emanuel-Platz zu Turin.

Fig. 338.

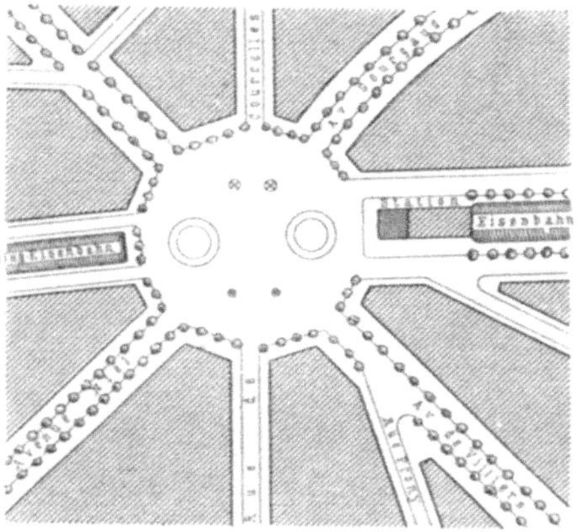

Place Pereire zu Paris.

1:5000

Fig. 339.

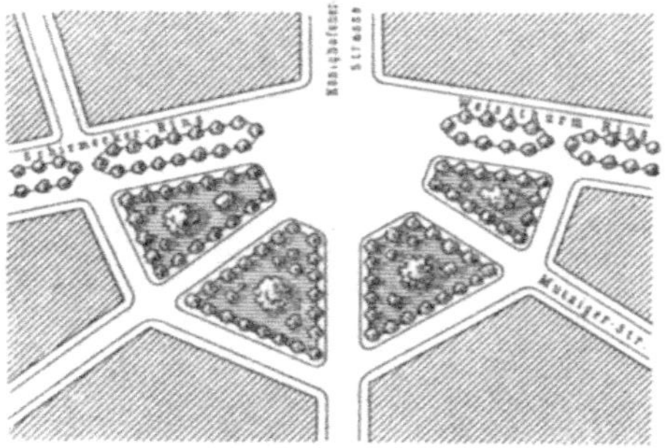

Weifsthurmplatz zu Strafsburg.
(Nicht ausgeführt.)

Verkehrsplätze.

Fig. 340.

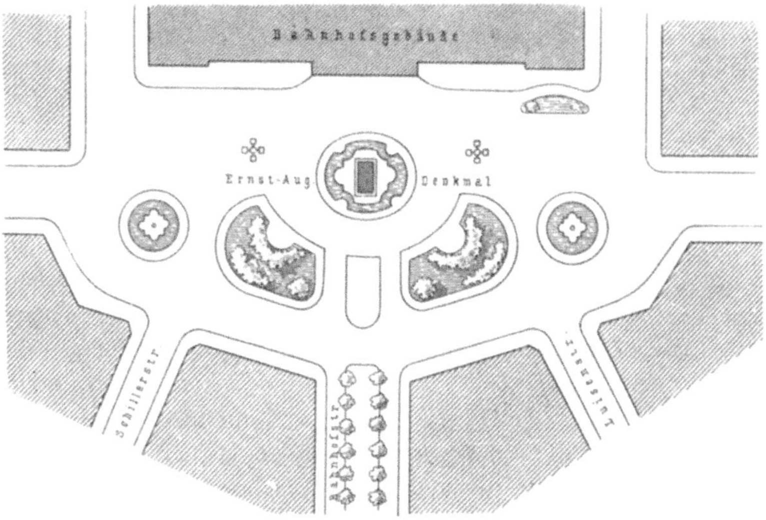

Ernst-August-Platz zu Hannover.

Fig. 341.

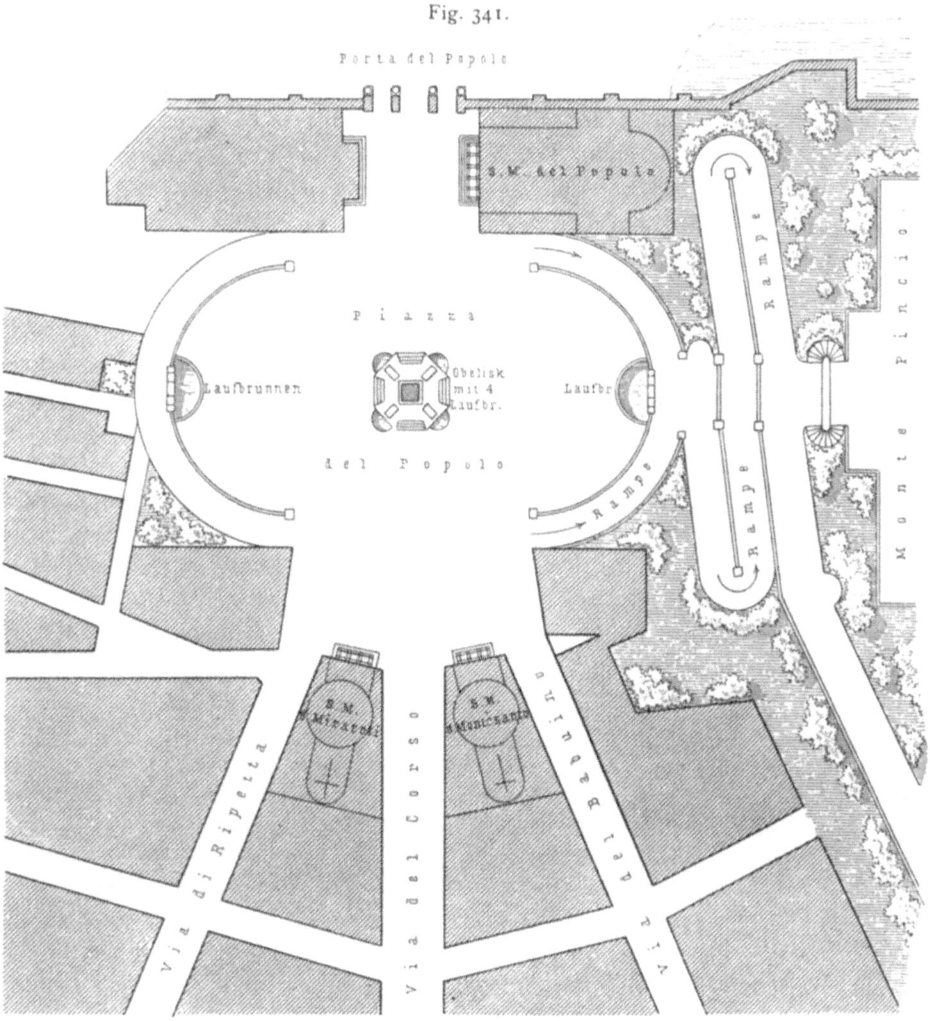

Piazza del popolo zu Rom.

1:2500

10 5 0 10 20 30 40 50 60 70 80 90 100 m

Verkehrsplätze.

als die angemessene Gestaltung der Baustellen und der Strafsenfläche es verlangt, so entstehen die eigentlichen Verkehrsplätze, welche bestimmungsgemäfs in ganzer Ausdehnung dem Verkehre der Fuhrwerke, Strafsenbahnen u. s. w. frei gegeben sind. Fig. 334 bis 349 sind Beispiele hierfür. Die kreisförmige Umfassungslinie ist bei geringem Durchmesser für die Bebauung unbequem. Für den Fufsgänger, welcher entweder die ganze Platzfläche zwischen den sich bewegenden Fuhrwerken schutzlos zu überschreiten oder auf den Bürgersteigen am Platzrande einen Umweg zu machen hat, sind solche Anlagen überhaupt unerwünscht und unbehaglich. Diese unangenehme Eigenschaft wird gemildert durch Anordnung von Bürgersteig-Inseln oder kleinen Kandelaber-Inseln innerhalb der Platzfläche, auf denen der Hinübergehende Schutz findet (Fig. 338).

225. Theilung und Verschönerung. Eine solche Theilung der freien Fläche wird um so nöthiger, je gröfser die letztere wird. Die Theilung führt zugleich zur Verschönerung, sei es durch eine mosaikartige oder eine sonstige, dem Auge wohlthuende Behandlung der Inselflächen, sei es durch theilweise Bepflanzung derselben oder durch Errichtung von Springbrunnen und Zierbauten. Gartenbeete und Baumpflanzungen zeigen z. B. der Weifsthurmplatz und der Bahnhofplatz zu Strafsburg (Fig. 339 u. 342), auch der Bahnhofplatz zu Hannover (Fig. 340). Springbrunnen oder Laufbrunnen besitzen der Eylau-Platz zu Paris (Fig. 344), die *Piazza del popolo* zu Rom (Fig. 341) und viele andere; Springbrunnen und Pflanzungen sind in reicher Anordnung vereinigt auf den Plätzen *des Nations* und *d'Italie* (Fig. 343 u. 346) zu Paris. Standbilder auf einer Mittelinsel finden wir auf dem *Corvetto*-Platz zu Genua (Fig. 348) und auch auf dem schon genannten Bahnhofplatz zu Hannover (Fig. 340). Stadtthore oder Triumphthore zieren die *Place de l'Étoile* zu Paris (Fig. 345), so wie die Thorplätze *alla Croce* und *San Gallo* zu Florenz (Fig. 347 u. 349). Wenn auch den beiden letztgenannten Plätzen eine weitere Durchbildung zu wünschen wäre, so zeigen doch die genannten Beispiele nicht blofs die Möglichkeit, sondern auch nachahmenswerthe Lösungen zur freundlichen, ja monumentalen Gestaltung dieser durch den Zusammenflufs mehrerer Verkehrsrichtungen veranlassten Anlagen.

226. Gestalt. Die Gestalt der Verkehrsplätze ist, wenn der Verkehr nach allen Seiten zu vertheilen ist, meist ein Kreis (Fig. 335, 343, 344, 345, 346, 347, 348) oder ein regelmäfsiges Vieleck (Fig. 334 u. 338), seltener ein Quadrat (Fig. 349) oder Rechteck (Fig. 337). Die Hälfte eines Kreises oder Vieleckes pflegt die Grundform des Platzes zu bilden, wenn der aus einer Richtung kommende Verkehr fächerartig zu verbreiten ist, also besonders bei Thor- und Bahnhofsplätzen (Fig. 336, 339, 340, 342). Eine eigenthümliche Form von grofsem Reize zeigt der Thorplatz *del popolo* zu Rom (Fig. 341).

Durch das Stadtthor gelangt man in der kurzen Axe auf einen elliptischen Platz, dessen Mittelpunkt ein Obelisk mit vier Laufbrunnen (Tränkebrunnen) einnimmt, während die Längenaxe ebenfalls auf Laufbrunnen mündet, hinter welchen bogenförmige Rampenauffahrten, mit Bildwerken geziert, den Platz umgrenzen. Die östlichen Rampen führen in Windungen aufwärts zum *Monte Pincio*. An die kurze Axe der Ellipse legt sich dann stadtwärts ein Vertheilungsplatz an, von welchem die *Via di Ripetta*, die *Via del Corso* und die *Via del Babuino* ausstrahlen. Die beiden Kuppelkirchen zwischen diesen drei Verkehrsstrahlen und die beiden Gebäude zur Seite des Stadtthores erhöhen den wahrhaft monumentalen Charakter dieses herrlichen Platzes.

227. Bürgersteig-Inseln und Denkmäler. Die Bürgersteig-Inseln, in Frankreich *Réfuges* und in England *Resting places* genannt, frei oder bepflanzt, welche auch bei breiten Strafsenkreuzungen, bei Strafsenerweiterungen und -Vermittelungen Verwendung finden, sind auf den Verkehrs-

Fig. 342

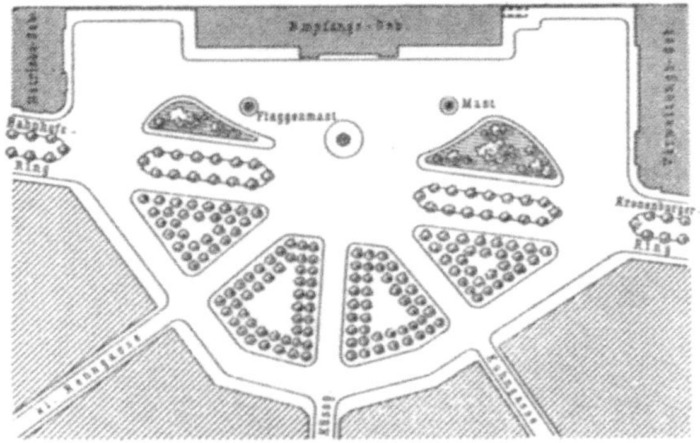

Bahnhofsplatz zu Strafsburg.

Fig. 343.

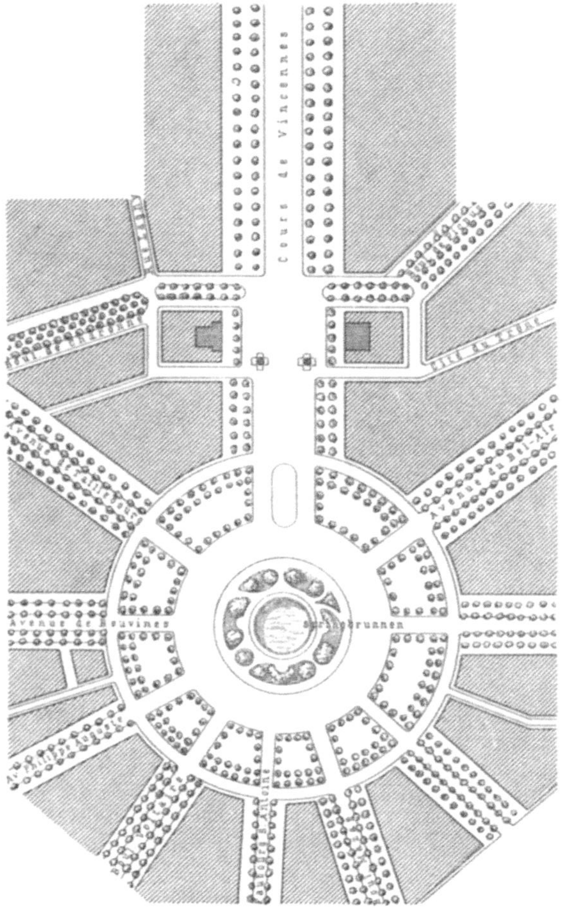

Places des Nations zu Paris.

Fig. 344.

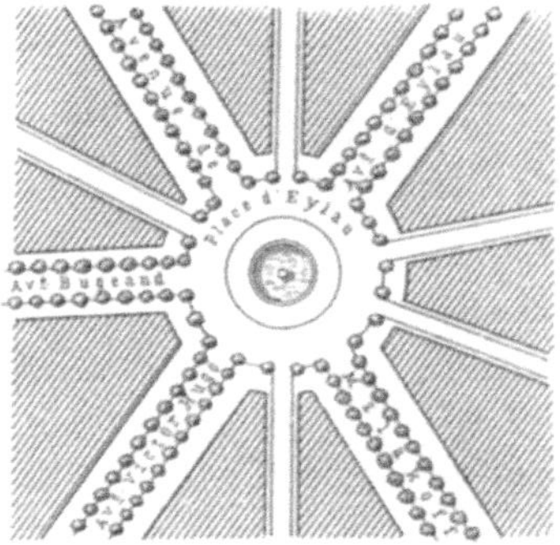

Place d'Eylau zu Paris.

Fig. 345.

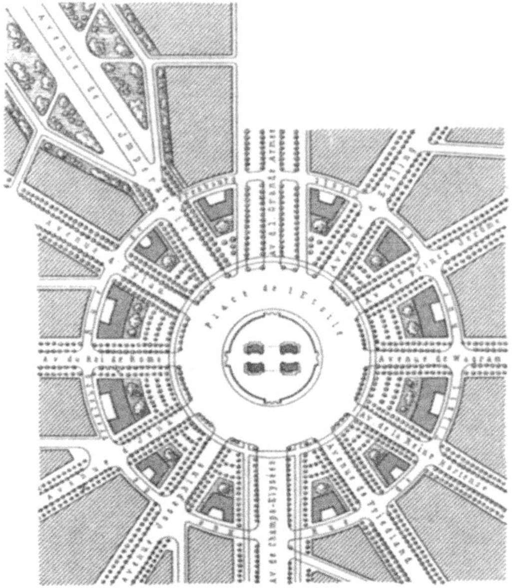

Place de l'Étoile zu Paris.

Fig. 346.

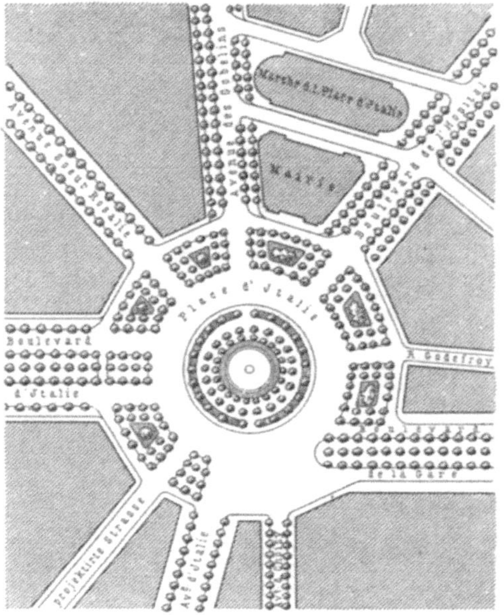

Place d'Italie zu Paris.

1:5000

Verkehrsplätze.

Fig. 347.

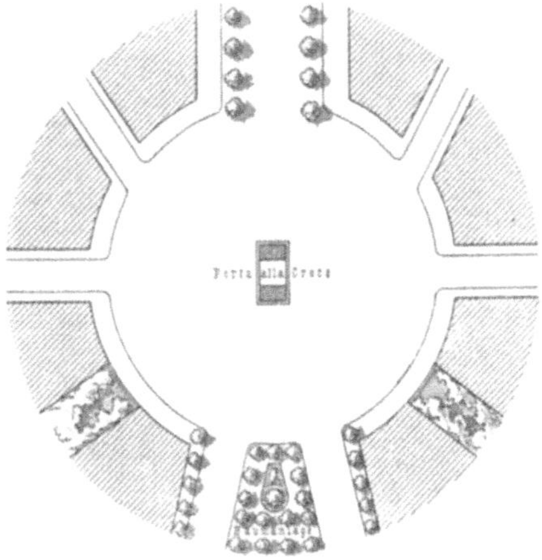

Thorplatz *alla Croce* zu Florenz.

Fig. 348.

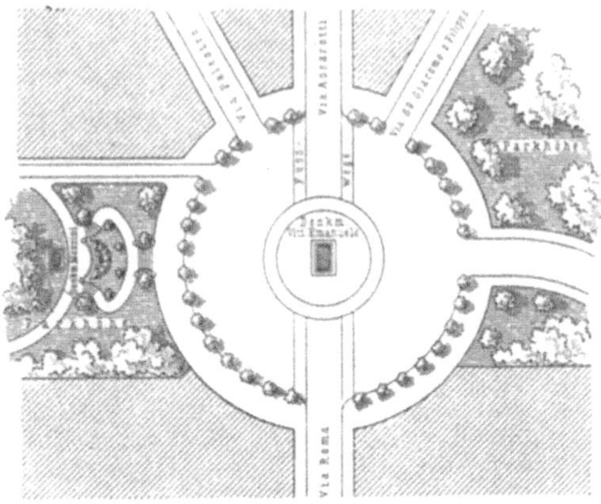

Corvetto-Platz zu Genua.

Fig. 349.

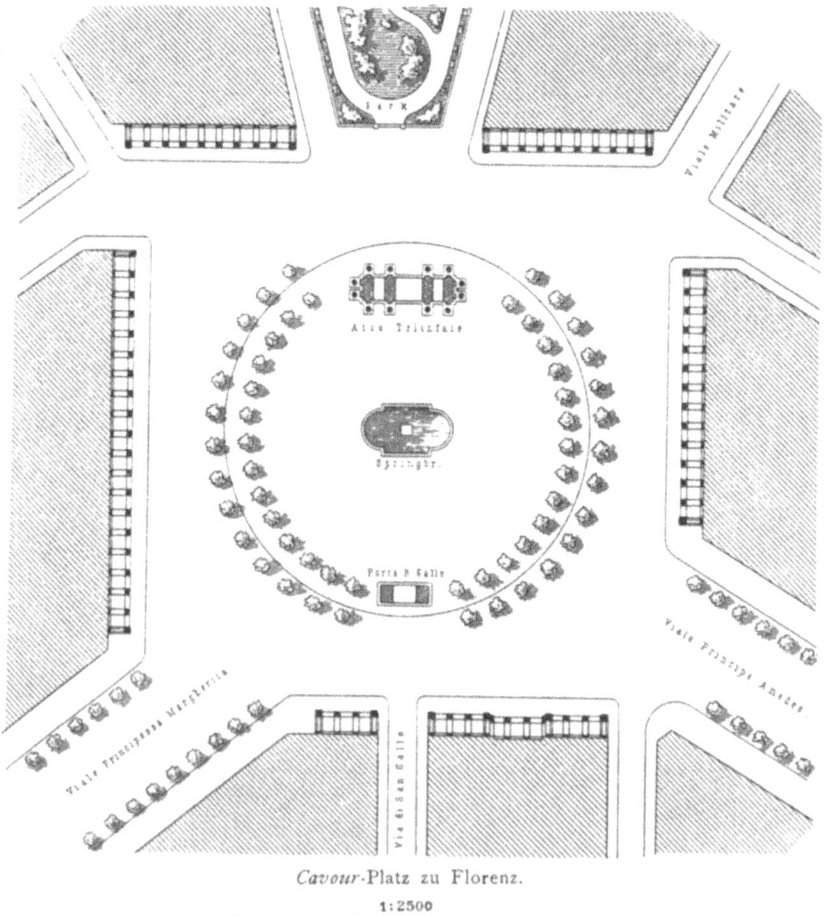

Cavour-Platz zu Florenz.

plätzen für die Bewegung der Fuſsgänger von groſser Bedeutung. Sie ſind am meiſten in den Groſsſtädten Paris und London ausgebildet, wo man alle zwiſchen den Hauptfahrrichtungen fich bildenden neutralen Stellen um eine Stufe zu erhöhen pflegt, oft genug, ohne auf eine gefällige Form diefer Infeln Bedacht zu nehmen. Wir machen an die Form, die fymmetrifche Anlage und gefällige Vertheilung derfelben gröfsere Anfprüche. Die Randfteine der Infeln legt man gewöhnlich fo, dafs fie von den Verlängerungslinien der Bürgerfteig-Kanten der anftofsenden Strafsen tangirt werden, dafs alfo die Gehrichtungen fich möglichft klar und bequem fortfetzen. Geräumige Infeln werden benutzt, um Candelaber, Anfchlagfäulen, felbft Bedürfnifs-Anftalten, Verkaufsftände und Strafsenbahn-Wartehallen aufzuftellen. Baumreihen, Gartenbeete, Springbrunnen find erft bei gröfserer Ausdehnung unter der Vorausfetzung zuläffig, dafs die nöthigen Fufswegrichtungen nicht verfperrt werden.

Aufmerkfam vertheilte Infeln find auch für den Fahrverkehr mehr vortheilhaft als ftörend, weil fie die Fuhrwerke zu geregelten Bewegungen nöthigen und dadurch den Verwirrungen vorbeugen.

Denkmäler, Prachtthore und fonftige gröfsere Bauwerke gehören auf Verkehrsplätzen zu den Seltenheiten; einige fchöne Beifpiele haben wir oben mitgetheilt.

Eine anziehende Eigenfchaft der Sternplätze befteht darin, dafs man von der Platzmitte aus die Perfpectiven der mehr oder weniger ftrahlenförmig verlaufenden Strafsenzüge nach einander geniefsen kann, dafs fich alfo panoramaartig eine Reihe grofsftädtifcher Strafsenbilder vor dem Befchauer aufrollen. Befonders der thatkräftige und mufterhafte Umbau von Paris zeichnet fich in diefer Beziehung aus. Die herrlichen Rundblicke von der *Place de l'Étoile*, von der *Place d'Italie*, von der *Place d'Eylau*, vom *Rond Point* und anderen Punkten aus find dem fremden Befucher unvergefslich; die glänzenden Strafsen-Perfpectiven, meift mit Anpflanzungen verfchönert, durch künftlerifche Schlufspunkte betont, find recht geeignet, Vielen die Kleinlichkeit der heimifchen Verhältniffe klar vor die Seele zu führen. Auch Antwerpen, Brüffel, Berlin, Dresden u. a. verdanken der ftrahlenförmigen Strafsengruppirung um gewiffe Verkehrsplätze wirkungsvolle Verfchönerungen. 228. Sternplätze.

Leider aber vermögen nicht alle Städte und nicht alle Stadttheile ähnliche Bilder darzubieten, wenn man noch fo viele Sternplätze anlegen wollte. Dazu gehört grofsftädtifches Leben und mannigfaltige Architektur. Ohne diefes haftet den Sternplätzen leicht etwas Drehbrettartiges und defshalb Verwirrendes an. In der Regel bleiben fomit die Verkehrsplätze, deren Lage durch den Zufammenflufs mehrerer Strafsenrichtungen naturgemäfs vorgefchrieben ift, unbehagliche Punkte der Stadt. Sie find ein nothwendiges Uebel, deffen Schattenfeiten nur in wenigen Fällen (Rom, Florenz, Paris) durch glänzende Lichter überftrahlt werden. Im Allgemeinen, und namentlich bei mittleren und kleineren Städten, thut man wohl, die Feftftellung eigentlicher Verkehrsplätze im Stadterweiterungsplane auf das wirklich Nothwendige zu befchränken. Die gewöhnliche Strafsenkreuzung und die freundlich geftaltete Strafsenvermittelung erfüllt in den meiften Fällen den gleichen Zweck ohne die gleichen Uebelftände. 229. Unbehaglichkeit.

b) Nutzplätze.

Der Name zeigt an, dafs es fich hier um freie Flächen handelt, welche nicht dem allgemeinen Strafsenverkehre unterworfen fein, fondern zum gefchäftlichen Aufenthalt, zum An- und Verkauf, zu Schauftellungen, zu Volksfeften u. dergl. benutzt werden follen. Man fpricht in diefem Sinne von Marktplätzen, Mefsplätzen, Börfenplätzen, Schauplätzen, Feftplätzen, Volksplätzen. Sie bilden, in fo 230. Zweck.

fern ſie vom allgemeinen ſtädtiſchen Fahrverkehre, zeitweiſe ſogar vom durchgehenden Fuſsverkehre, ausgeſchloſſen ſind, den geraden Gegenſatz zu den vorhin behandelten Verkehrsplätzen.

231. Marktplätze. In den kleineren Provinzſtädten, beſonders in alten Orten, pflegt der »Markt« diejenige freie Fläche in der Mitte der Stadt zu ſein, wo das Rathhaus, die Börſe oder Halle, die Wache, auch wohl die Zunfthäuſer, ſtehen und in deſſen Nähe auch die Hauptkirche ſich erhebt. Hier wurden und werden die Kaufgeſchäfte an beſtimmten Tagen oder auch gelegentlich, beim Beſuche der genannten öffentlichen Gebäude, beſorgt; hier fanden und finden Schauſtellungen, Volksfeſte, auch militäriſche Aufzüge ſtatt. In ſchleſiſchen und böhmiſchen Städten iſt es der »Ring«, in belgiſchen und franzöſiſchen Städten die *Place d'armes*, in italieniſchen Städten die *Piazza* oder die *Signoria*, welche alle dieſe Zwecke in ſich vereinigt.

232. Markthallen. Ein Uebergang vom offenen Marktplatze zu den geſchloſſenen und bedeckten Markthallen iſt die in Belgien, Frankreich, Italien und Oeſterreich vielfach übliche, auch in Breslau und anderen oſtdeutſchen Städten vorhandene Einrichtung, daſs rings um den Marktplatz oder auf demſelben niedrige, offene Hallen ſtehen, welche entweder in einzelnen Verkaufsſtänden verpachtet werden oder doch dem Marktvolk bei ſchlechter Witterung Unterkunft gewähren.

Die Neuzeit ſtrebt überall, beſonders in den gröſseren Städten, nach bedeckten und geſchloſſenen Hallen, welche die freien Marktplätze überhaupt erſetzen.

233. Sonſtige Nutzplätze. Dennoch wird das Bedürfniſs nach ſolchen freien Plätzen für den Verkauf von Gemüſen, Obſt, Blumen, für Jahrmärkte und Schauſtellungen nicht verſchwinden, weder in den Auſsenbezirken der Groſsſtädte, noch in den Mittel- und Kleinſtädten. Der Stadtplan und die Stadterweiterung müſſen daher geeignete Marktplätze (Nutzplätze) vorſehen auf die Gefahr hin — in ſo fern hier von einer Gefahr die Rede ſein kann — daſs der betreffende Platz in Zukunft ſeine Beſtimmung wechſelt, beiſpielsweiſe zu einer Schmuckanlage, zu einem Kinder-Spielplatze oder als Bauſtelle für ein öffentliches Gebäude verwendet wird. Ungefähr 1 qm Nutzfläche auf je 10 Einwohner iſt das Allermindeſte, um dem Bedürfniſs zu entſprechen.

234. Eigenſchaften. Ein Marktplatz muſs dem Verkehrsmittelpunkte des zu verſorgenden Stadttheiles oder des ſtädtiſchen Weichbildes überhaupt thunlichſt nahe gerückt ſein; der Hauptverkehr muſs wenigſtens an einer Seite vorbeiführen, und zwar wo möglich der Verkehr einer Thorſtraſse oder einer anderen, zu den Vororten bequem liegenden Straſse; die Fuhrwerke und Straſsenbahnen dürfen den Platz in keiner Weiſe durchkreuzen. Es iſt ſelten leicht, dieſe drei Bedingungen vereinigt beim Entwerfen des Stadtplanes zu erfüllen; aus dieſem Grunde iſt es in manchen Städten ſo ſchwer, neben dem zufolge des Wachsthums der Stadt nicht mehr ausreichenden alten Markte einen der anderen freien Plätze zum zweiten Markte zu machen. Man iſt daher nicht ſelten auf eine minder gute Platzwahl oder auf das Abwarten angewieſen.

235. Schmuck. Noch mehr als die Verkehrsplätze ſind auch die Marktplätze geeignet, mit Baumpflanzungen, Laufbrunnen und Denkmälern geziert zu werden. Die Baumreihen ſind für die Eintheilung der Stände günſtig und für den Aufenthalt angenehm; Laufbrunnen ſind als Trink- und Tränkegelegenheit für Menſchen und Thiere erwünſcht.

236. Bedeckte Märkte. Für die theilweiſe oder ganz bedeckten Märkte gelten dieſelben Grundbedingungen, wie für freie Marktplätze. Hier tritt noch die Forderung einer regelmäſsigen Geſtalt und nach Möglichkeit die gute Verbindung mit den Eiſenbahnen,

Fig. 350.

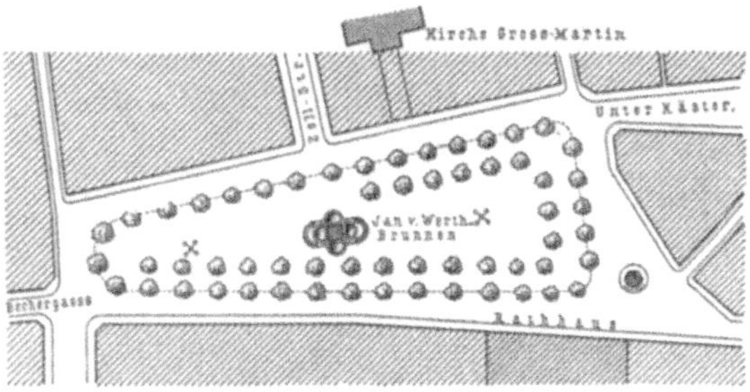

Altenmarkt zu Köln.

Fig. 351.

Marktplatz zu Düsseldorf.

Fig. 352.

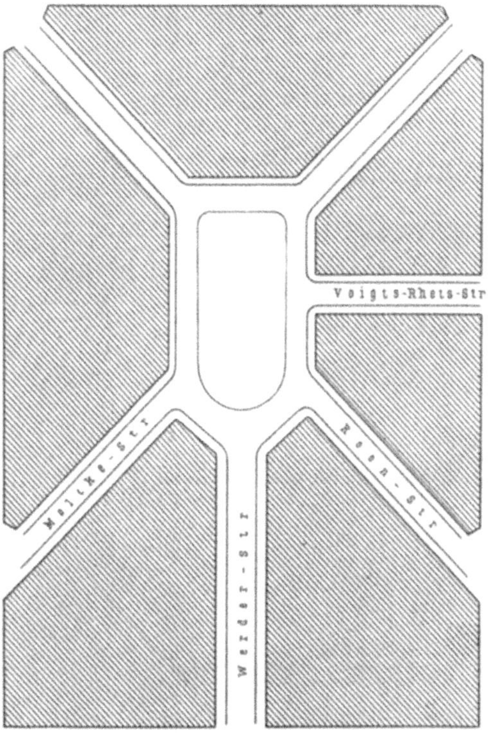

Strafsburger Platz zu Osnabrück.

Fig. 353.

Piazza Navona zu Rom.

Fig. 354.

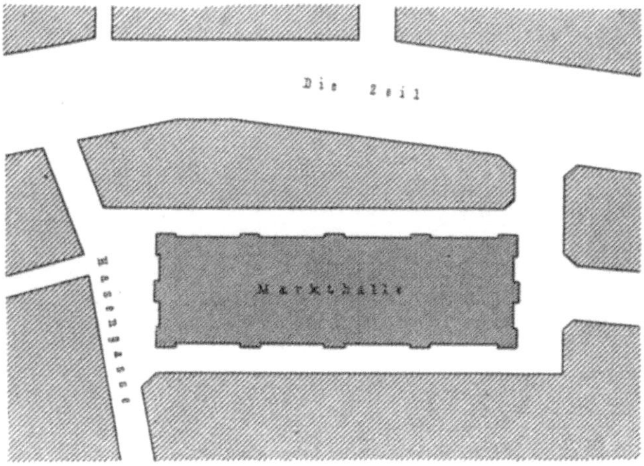

Markthalle zu Frankfurt a. M.

Markt-
und
Volksplätze.

$^1/_{2500}$ n. Gr.

Fig. 355.

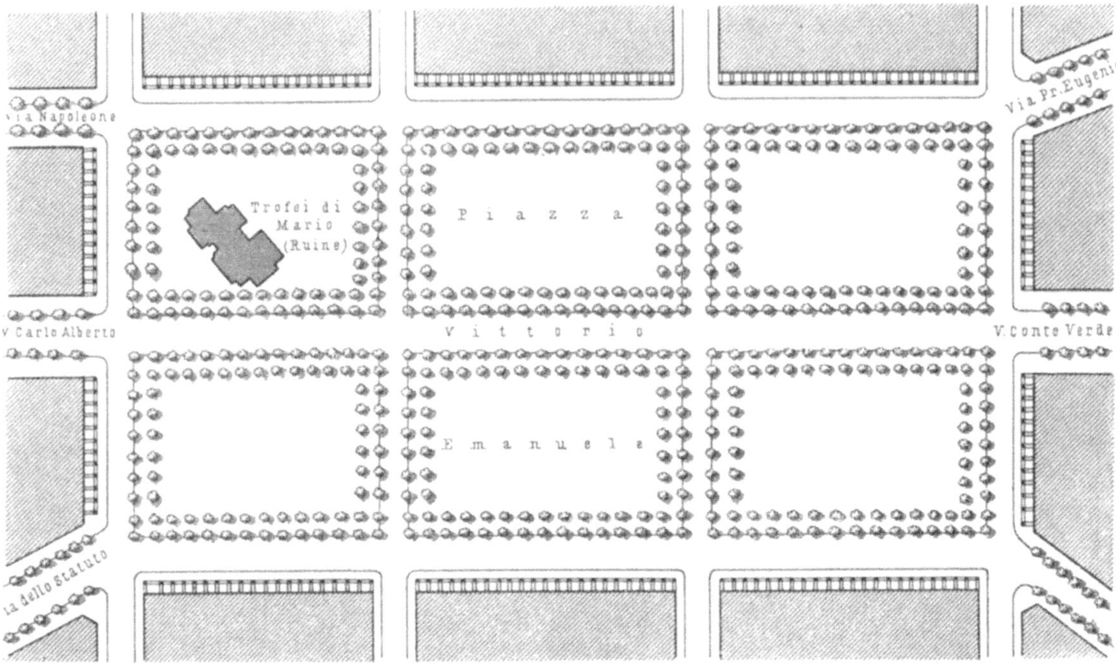

Victor-Emanuel-Platz zu Rom.

Fig. 356.

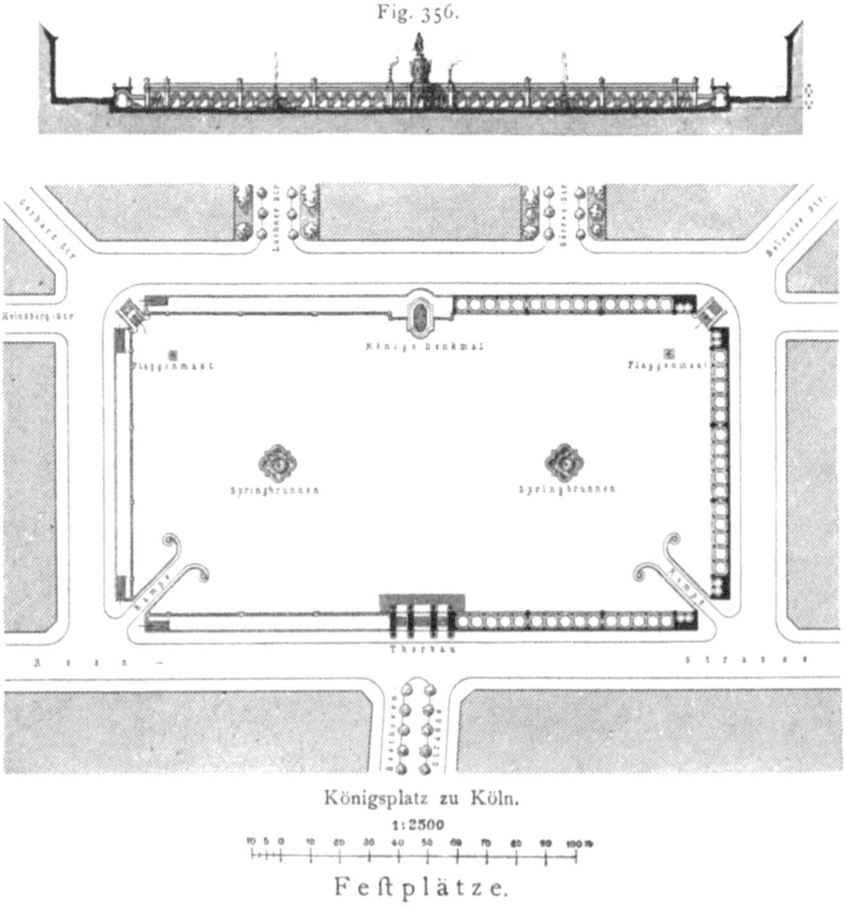

Königsplatz zu Köln.

1:2500

Festplätze.

beſonders den Vorortbahnen, hinzu; bei gröſseren Anſprüchen endlich der Bedarf an Keller- und Kühlräumen.

Auch für die ſonſtigen oben genannten Benutzungsarten, als Schauſtellungen, Jahrmeſſen oder Kirmeſſen, ferner für Volksfeſte und Volksbeluſtigungen ſind die Marktplätze bei hinreichender Gröſse ihrer Lage und Beſchaffenheit nach geeignet. Die Abmeſſungen müſſen dem Zwecke entſprechen; in der Regel ſind erhebliche Maſse nothwendig. 237. Volksplätze.

Namentlich aber ſollte in groſsen Städten für eine angemeſſene künſtleriſche Ausſtattung der Schau- und Feſtplätze, mehr als bisher üblich, geſorgt werden. Die Griechen und Römer ſollten in dieſer Hinſicht wieder unſere Vorbilder werden. Offene Hallen oder Terraſſen mögen die freie Fläche umgeben; die letztere müſſte der beſſeren Ueberſichtlichkeit wegen um einige Stufen gegen die umgebenden Straſsen geſenkt werden. Unzweifelhaft würden die Volkstänze auf der *Piazza Navona* zu Rom und das Carnevalsleben auf dem Neumarkte zu Köln ein doppelt reizvolles Bild gewähren, wenn man ringsum von Straſsen und Terraſſen das Feld des Feſtes überſchauen könnte, während heute nur die oberen Geſchoſſe der umgebenden Häuſer den vollen Genuſs darbieten. Thorbauten, Figuren, Obelisken, Laufbrunnen können zur Zierde des Platzes dienen, welcher dadurch zugleich in die ſpäter zu behandelnde Claſſe der Architekturplätze erhoben würde[38]).

Fig. 350 u. 351 ſtellen den Altenmarkt zu Köln und den Marktplatz zu Düſſeldorf dar; Fig. 352 einen neuen Platz in Osnabrück, welcher zwar als Markt etwas beengt, als Verkehrsplatz aber zu groſs ſein wird. 238. Beiſpiele.

In Fig. 354, 357 u. 358 iſt die Lage von Markthallen in Frankfurt a. M. und Paris angegeben, welche indeſs der Eiſenbahnverbindung entbehren. In allen drei Fällen iſt gewiſſermaſsen das Innere eines Häuſerblockes für die Markthalle benutzt, letztere aber allſeitig von Straſsen umgeben.

Fig. 355 zeigt den übertrieben groſsen *Victor-Emanuel*-Platz im neuen Stadtviertel auf dem Esquilin zu Rom, eine Anlage, welche durch Fahrſtraſsen in ſechs Einzelplätze zerlegt wird, von denen jeder noch als Markt oder *Square* benutzt werden kann. Nur in dem Falle würde eine ſo rieſige Platzanlage, welche

Fig. 357.

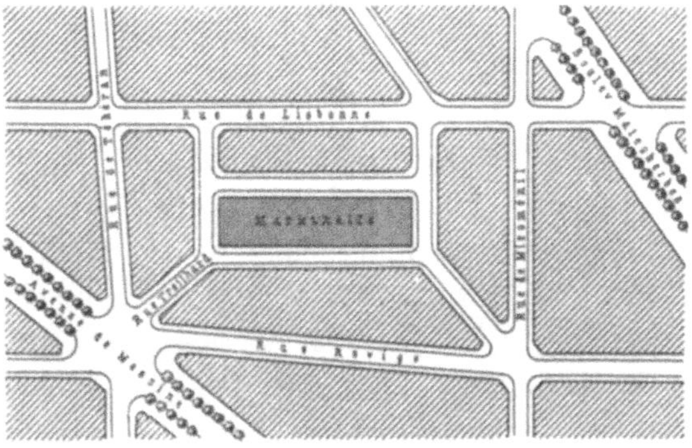

Marché de l'Europe zu Paris.

Fig. 358.

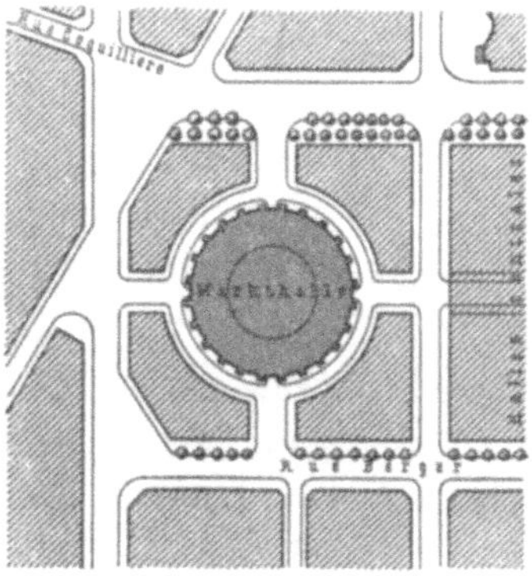

Halle au blé zu Paris.

1:5000

38) Vergl.: HEUSER, G. Ueber öffentliche Plätze und ihre Einrichtung zu feſtlichen Zwecken etc. Deutſche Bauz. 1889, S. 508.

nach italieniſcher Art zudem mit Colonnaden und gleich hohen Häuſern (Scheinpaläſten) umgeben iſt, gebilligt werden können, daſs die Abſicht vorliegt, dieſelbe bei Volksfeſten einheitlich zu benutzen, indem die den Platz ſchneidenden Straſsen geſperrt werden, wobei allerdings die Baumreihen den Ueberblick ſtören. Der Eindruck der den Platz umrahmenden Gebäude ſowohl, als der auf dem Platze etwa zu errichtenden Bauten und Denkmäler wird ſtets unter der Rieſengröſse der Fläche erheblich leiden.

Weit ſchöner iſt die alte, lang geſtreckte, mit drei herrlichen Brunnen geſchmückte *Piazza Navona* zu Rom (Fig. 353), als Marktplatz vortrefflich und als Volkstanzplatz für italieniſche Nächte mit entſprechender Beleuchtung zauberhaft ſchön.

Hoffentlich gelingt es, auch aus dem Königsplatz in der Kölner Stadterweiterung (Fig. 356) einen würdigen Feſtplatz herzuſtellen. Nach Gröſse (27 000 qm), Lage und Geſtalt iſt er für Volksfeſte, für militäriſche Schauſpiele und insbeſondere für die Aufſtellung des alljährlichen Faſtnachtszuges vorzugsweiſe geeignet.

Fig. 359.

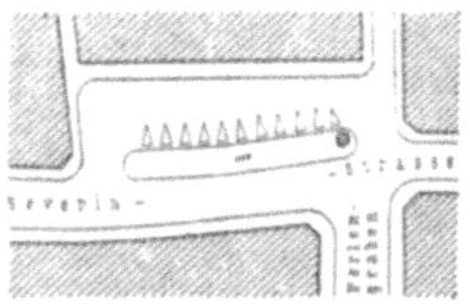

Johannis-Plätzchen zu Köln.

Fig. 360.

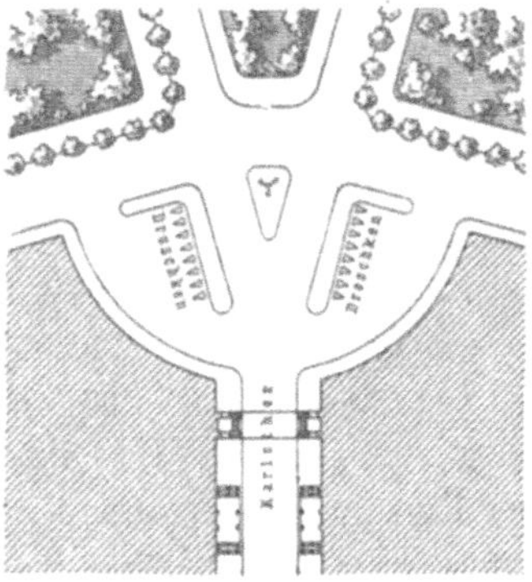

Carls-Platz zu München.

1/2500 n. Gr.

239. Droſchken-Standplätze.

Eine beſondere Art von Nutzplätzen, welche wir noch nicht erwähnt haben, ſind die Droſchken-Standplätze. In Ermangelung geeigneter Sonderplätze läſſt man die Lohnfuhrwerke am Rande von Märkten, auf Vorplätzen öffentlicher Gebäude, auf Straſsenerweiterungen oder am Anfang von Seitenſtraſsen neben den Hauptverkehrsadern Aufſtellung nehmen. In London pflegt die Aufſtellung in den Zwickeln der *Circus*-Plätze und in der Mittellinie breiter Fahrdämme (wie *Farringdon Street*, *Haymarket Street* u. ſ. w.) ſtattzufinden. Fig. 359 u. 360 ſtellen zwei Droſchkenſtände dar, wie ſie für dieſen Zweck beſonders paſſend ſind. Die Wagen halten ſo, daſs ſie den Verkehr nicht beeinträchtigen; zur Verhandlung mit den Kutſchern und zur Beſteigung des Fuhrwerkes gewähren die Bürgerſteig-Inſeln einen ſicheren Platz.

c) Gartenplätze.

240. Eigenſchaften.

Die Gartenplätze, auch Schmuckplätze oder *Squares* genannt, dienen vorwiegend der öffentlichen Geſundheit, Behaglichkeit und Erholung, ſind aber zugleich die freundlichſten Schmuckmittel unſerer Städte. Sie bieten Gelegenheit zum Ausruhen auf ſchattigen Sitzen und in anmuthender Umgebung; ſie erfreuen durch den friſchen Pflanzenwuchs, durch Blumen und grünen Raſen das Auge. In Verbindung mit Promenaden und Parkanlagen erſetzen ſie der Stadtbevölkerung die Naturſchönheiten des Landes; ſie mildern die Rohheit und wirken bei aufmerkſamer Pflege erziehlich auf die Jugend; ſie erquicken Körper und Geiſt. Es iſt eine bekannte Thatſache: je enger und dumpfer die Stadtviertel, je dichter und unfreundlicher die Wohnungen, je weiter entfernt vom hellen Sonnenſchein und von der lachenden Natur — deſto roher das Volk, deſto verwilderter die heranwachſende Jugend, deſto verwahrloſter die Kinder. Eben ſo wichtig wie die Anforderungen des Verkehres, der Bebauung und der Schönheit ſind die Grundbedingungen der

Fig. 361.

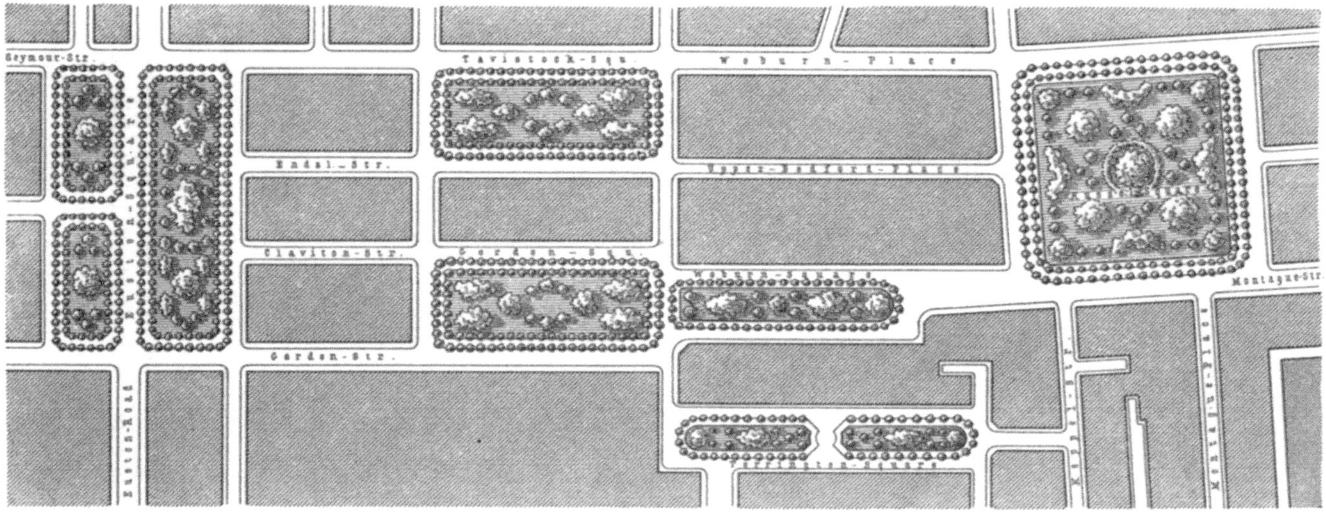

Stadttheil aus dem Londoner Weſtend.

Fig. 362.

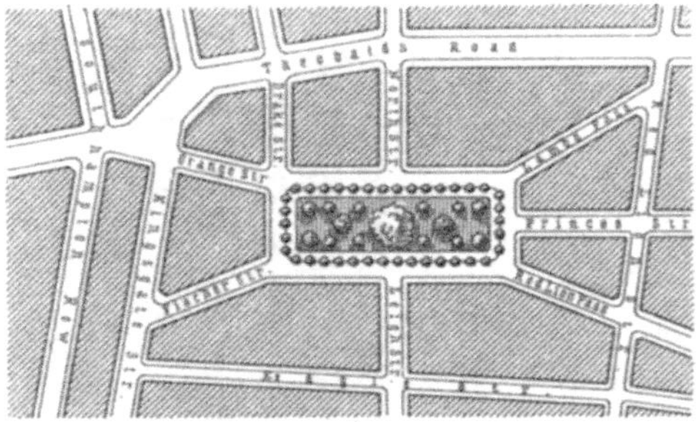

Red Lion Square zu London.

Fig. 363.

Carl-Felix-Platz zu Turin.

Fig. 364.

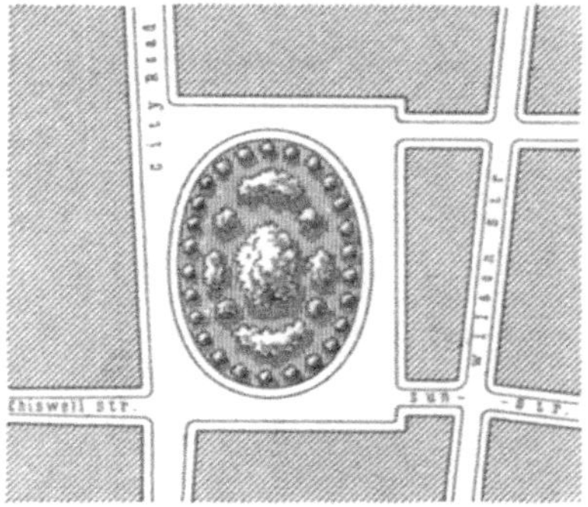

Finsbury-Square zu London.

1:5000

Gartenplätze.

öffentlichen Geſundheit an Leib und Seele. Die Rückſicht auf dieſe macht es dem Entwerfer eines Stadtplanes zur Pflicht, dafür zu ſorgen, daſs die Stadt der Zukunft mit grünen Ruheplätzen in hinreichender Zahl und Gröſse, in richtiger Lage und Anordnung verſehen werde. Beſonders wichtig iſt dieſe Pflicht gegenüber den mittleren und unteren Schichten der Bevölkerung, die meiſt auf enge Wohnungen ohne Gärten oder ſonſtigen Pflanzenwuchs angewieſen ſind.

241. *Squares.* Das Vaterland der *Squares* iſt England. Namentlich in London und Edinburgh finden ſie ſich in reichſter Auswahl und anmuthigſter Gruppirung. Der groſse Bezirk des Londoner Weſtend vom *Holborn-Viaduct* bis zum *Regents-Park* iſt hierfür ein zuſammenhängendes Beiſpiel; ein kennzeichnendes Stück dieſes Stadttheiles iſt die in Fig. 361 ſkizzirte Gruppe der *Ruſſel-*, *Torrington-*, *Woburn-*, *Gordon-*, *Taviſtock-* und *Euſton-Squares*. Nicht minder reizend ausgeſtattet mit Gartenplätzen iſt

Fig. 365.

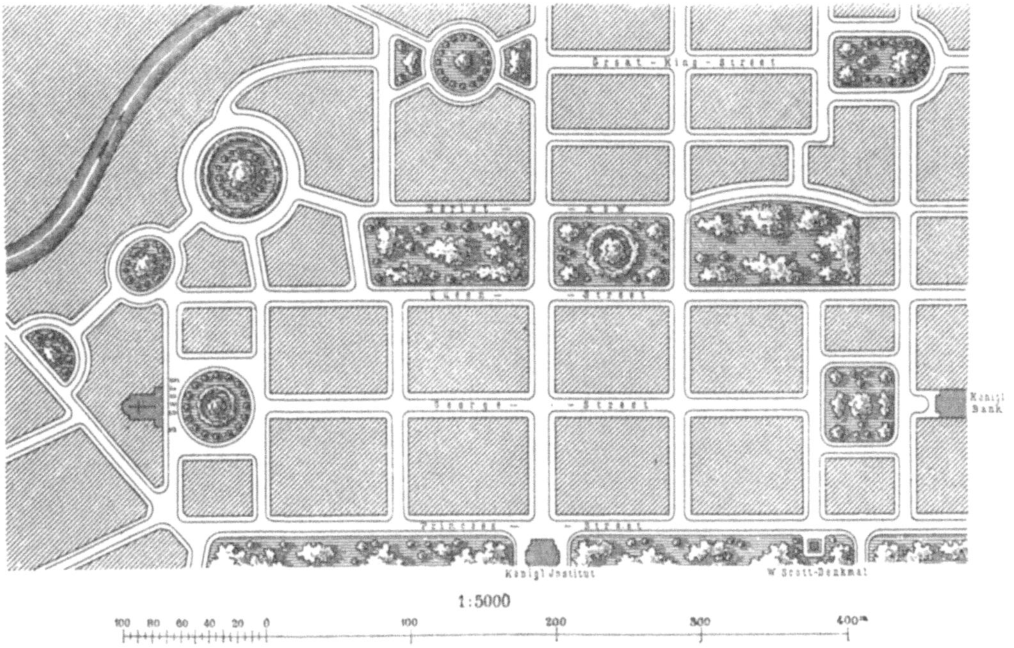

Stadtplan-Skizze von Edinburgh.

der neue Stadttheil Edinburghs von der *Princeſs*-Straſse bis zur *St. Stephans*-Kirche, von welchem die Stadtplan-Skizze in Fig. 365 ein annäherndes Bild liefert. Die Liebe zur Natur, die überall als nothwendig empfundene Nähe derſelben, das ſorgſame Vertheilen ländlicher Anklänge in die Steinmaſſen der Stadt iſt eine ungemein erfreuliche Seite des engliſchen Lebens und Wohnens. Die Gartenplätze erſcheinen gewiſſermaſsen als Grundlage des Bebauungsplanes, was durch engliſche Eigenthumsverhältniſſe — zuſammenhängende groſse Flächen im Beſitze eines Privatmannes, der dieſelben behufs Bebauung eintheilt und auf 99 Jahre verkauft — weſentlich erleichtert und begünſtigt wird.

Der *Square* in England iſt übrigens in der Regel ein Mittelding zwiſchen dem öffentlichen Platze und dem Privatgarten. Er iſt zwar von allgemein zugänglichen Straſsen umgeben, aber meiſtens nicht allgemein betretbar. Er pflegt eingefriedigt und nur für diejenigen Familien — gewöhnlich die umwohnenden — zugänglich zu fein, welche einen Schlüffel zum Eingange befitzen. Die Oeffentlichkeit fällt ganz fort, wenn der abgefchloffene gemeinfchaftliche Garten von den Rückfeiten der Häufer begrenzt wird, wenn er alfo im Inneren eines Baublockes liegt, was ausnahmsweife in England ebenfalls vorkommt. Fig. 362 u. 364 zeigen zwei beliebte Anordnungen im Strafsennetz; die eiförmige oder in anderer Weife abgerundete Geftalt der Gartenplätze ift fehr beliebt. Die innere Eintheilung diefer *Squares* ift in unferen Abbildungen wegen des kleinen Mafsftabes nicht angegeben; Spielplätze (*Play-grounds*), Lauben, Springbrunnen, Vogelbauer u. dergl. dienen zur Erholung und Verfchönerung.

242. Sonftige Gartenplätze.

In Frankreich und Belgien haben die Gartenplätze fich erft in den letzten Jahrzehnten Eingang verfchafft; der Franzofe neigt mehr zu äufserem Glanz und Prunk, als zur ländlichen Behaglichkeit. Hier dient die eingefriedigte Pflanzung

Fig. 366.

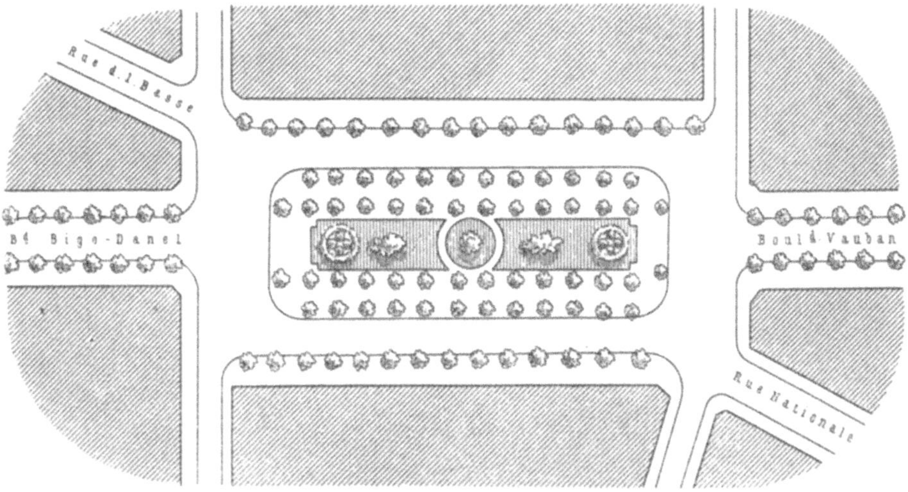

Tourcoing-Platz zu Lille.

Fig. 367.

Square des Arts et Métiers zu Paris.

1:2500

Fig. 368.

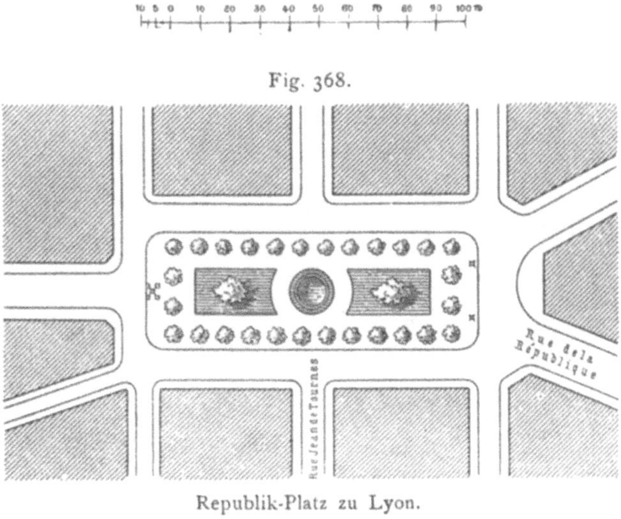

Republik-Platz zu Lyon.

Fig. 369.

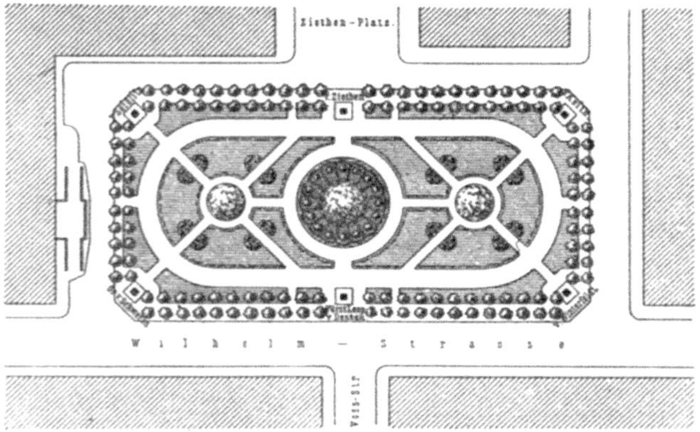

Wilhelms-Platz zu Berlin.

Fig. 370.

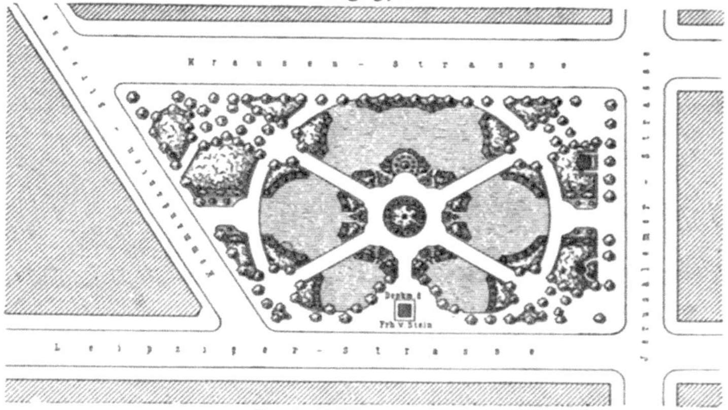

Dönhoffs-Platz zu Berlin.

Fig. 371.

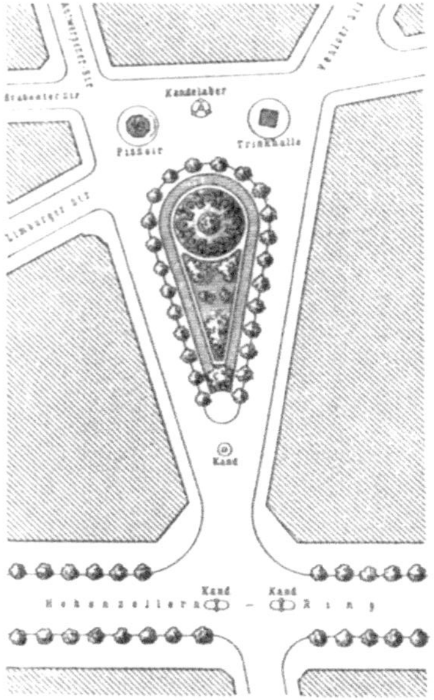

Friefen-Platz zu Köln.

Fig. 372.

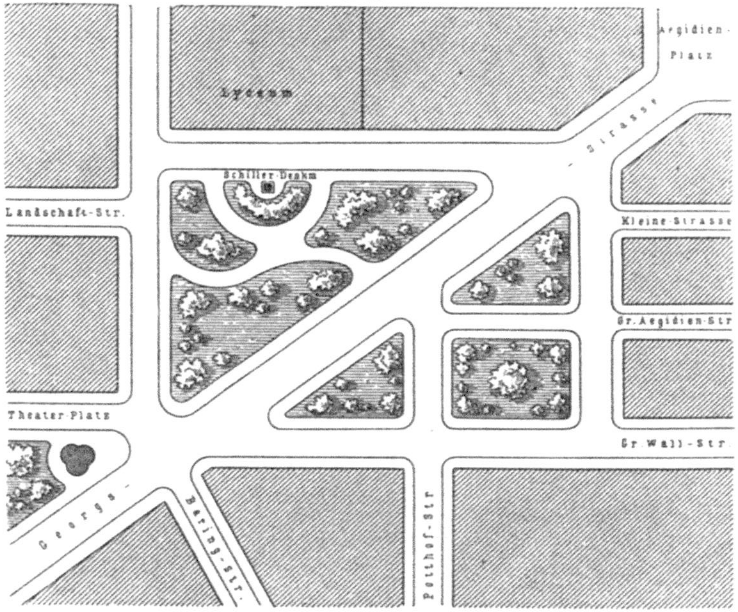

Georgs-Platz zu Hannover.

Fig. 373.

Wafferthurmplatz zu Mannheim.

1:2500

10 5 0 10 20 30 40 50 60 70 80 90 100 m

Gartenplätze.

entweder nur als Schmuck der Strafse, ohne überhaupt betreten zu werden, oder fie ift allgemein zugänglich. Zwei Beifpiele erfterer Art zeigen Fig. 366 u. 368; öffentlich zugänglich find dagegen die meiften Parifer Gartenplätze, z. B. Fig. 367, 391, 401 u. 456.

Ein reizvolles Beifpiel letzterer Art ift auch die *Piazza Carlo Felice* zu Turin (Fig. 363), welche, mit Springbrunnen und Kunftfachen geziert, von Säulenhallen umgeben, den vom Centralbahnhofe in die Stadt Eintretenden in der freundlichften Weife bewillkommnet.

In Deutfchland und Oefterreich war die Stelle der *Squares* bis vor Kurzem meiftens vertreten durch lange Baumreihen in den Strafsen oder die mit Recht beliebten Spaziergänge auf den ehemaligen Feftungswällen (Frankfurt a. M., Aachen, Leipzig, Braunfchweig, Bremen, Breslau, Krakau u. f. w.). Erftere friften in verkehrsvollen, mäfsig breiten Strafsen nur zu oft ein kümmerliches Dafein und beeinträchtigen die Wirkung der Architektur; letztere können mit all ihrem Reize dem inneren Stadtkern oder den äufseren Vierteln nur wenig zu gute kommen.

243. Neuere Beftrebungen.

Seit einem Jahrzehnt ift daher in den deutfchen Städten ein erfreulicher Wetteifer lebendig geworden, in allen Stadttheilen Pflanzenleben und Rafenfchmuck zu verbreiten, alte Märkte oder Kiesplätze umgeftaltend, öffentliche Bauwerke mit Rafen und Laubwerk umgebend, in neuen Bebauungsplänen von vornherein für Gartenplätze Vorforge treffend.

244. Beifpiele.

Die Reichshauptftadt fteht an der Spitze diefer wohl thuenden Bewegung: der *Wilhelms*-Platz (Fig. 369), der *Dönhoffs*-Platz (Fig. 370) und der Königsplatz (Fig. 374) find wirklich grofsftädtifche Anlagen. Hier find die Plätze nicht ringsum eingefriedigt; fondern quer und fchräg hinüber führen die für den Verkehr und den Anblick der Pflanzungen erwünfchten Fufswege, welche die Anlage in eine entfprechende Zahl regelmäfsig eingetheilter, leicht umzäunter Felder zerlegen. Aufser den Fufswegen führt über den Königsplatz ein Syftem breiter Fahrwege, wodurch die in diefer Beziehung ungünftig gelegene, fonft fo grofsartige Platzanlage mehr als erwünfcht zerftückelt und in ihrer Wirkung beeinträchtigt wird. Denkmäler fchmücken alle drei Berliner Plätze; beim Königsplatz bildet die gewaltige Siegesfäule überhaupt den tonangebenden und beherrfchenden Mittelpunkt.

Eine ähnliche ftattliche Anlage ift der Schlofsplatz zu Stuttgart (Fig. 375). Mit einer Denkfäule und zwei Springbrunnen gefchmückt, von Fufswegen durchtheilt, auf das forgfältigfte unterhalten, ift er einer der fchönften Vorplätze eines Königsfchloffes. Verwandt damit ift der Schlofsplatz zu Karlsruhe (fiehe die bez. Abbildung in Abfchn. 4, Kap. 7, unter a).

Als Beifpiel kleiner Gartenplätze, welche nicht durchgangen werden, fondern völlig verfchloffen find und nur als Schmuckanlage dienen, fei der Friefenplatz zu Köln (Fig. 371) erwähnt, der an feinem breiteren Ende zwifchen den Bürgerfteig-Infeln die verfchiedenen Fahrrichtungen ohne Durchfchneidung der Gartenanlage vermittelt.

Grofse Abmeffungen erhielt der Wafferthurmplatz zu Mannheim (Fig. 373), deffen nach der Ringftrafse hin gelegener Theil durch Fahrwege zertheilt ift; der Wafferthurm ift hier neben feiner eigentlichen Beftimmung als Zierbau gedacht. Wenn man aber erwägt, dafs die meiften Befchauer auf der Ringftrafse fich bewegen oder von dort kommen, fo follte man wünfchen, das Bauwerk fei in der Mitte des halbkreisförmigen Abfchluffes errichtet worden, um von den gärtnerifchen Anlagen möglichft wenig zu verdecken.

Fig. 374.

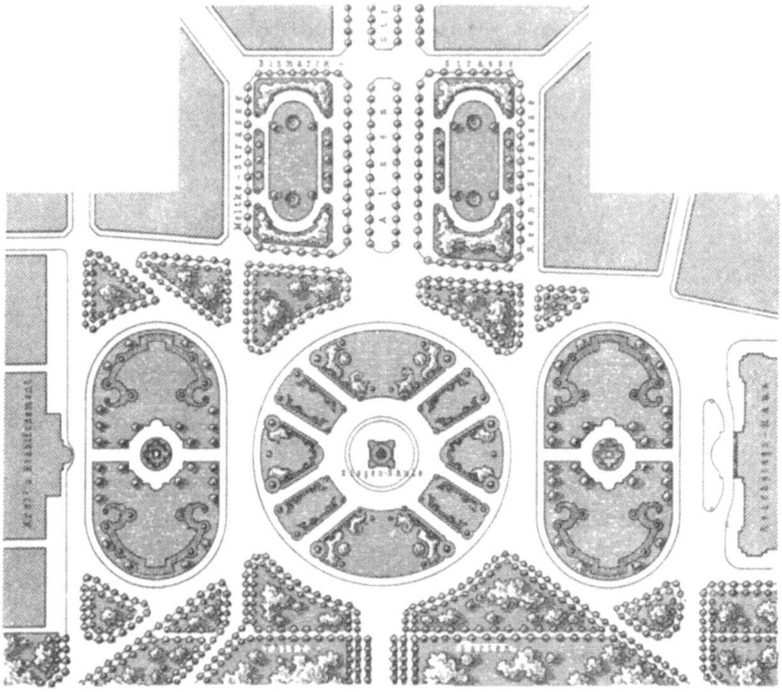

Königsplatz zu Berlin.

Fig. 375.

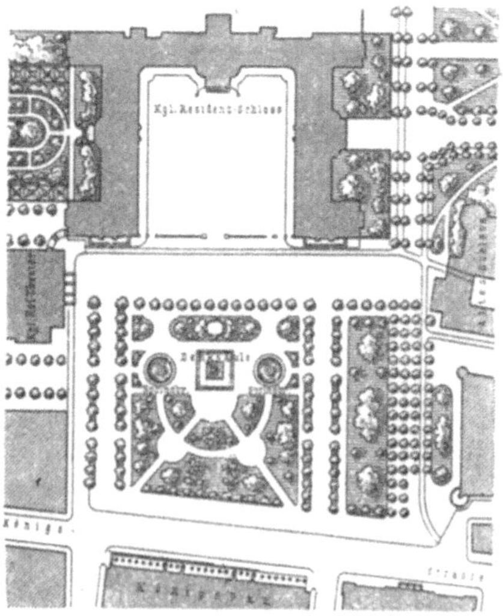

Schlofsplatz zu Stuttgart.

Fig. 376.

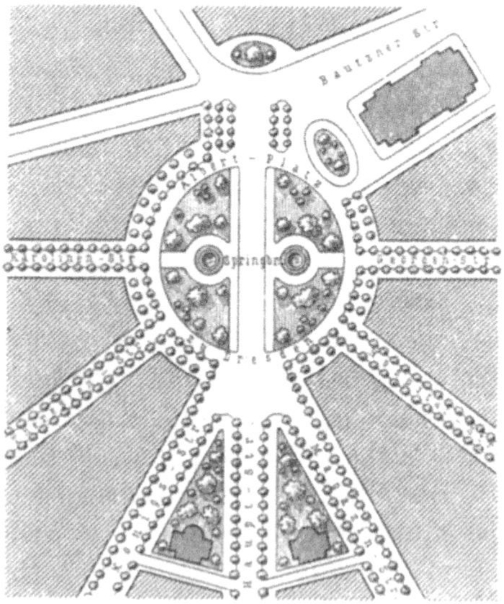

Albert-Platz zu Dresden.

1:5000

Eine unglückliche Lage hat der *Georgs*-Platz zu Hannover (Fig. 372), welcher von der Hauptfahrftrafse in der Diagonale in zwei Dreieckflächen zerlegt wird, von denen die eine fich eine nochmalige Zerftückelung durch Fahrwege gefallen laffen mufs. Möglichft wenig getheilt ift der *Albert*-Platz zu Dresden (Fig. 376), der defs-

Fig. 377.

Abſeits liegender Gartenplatz.

Fig. 378.

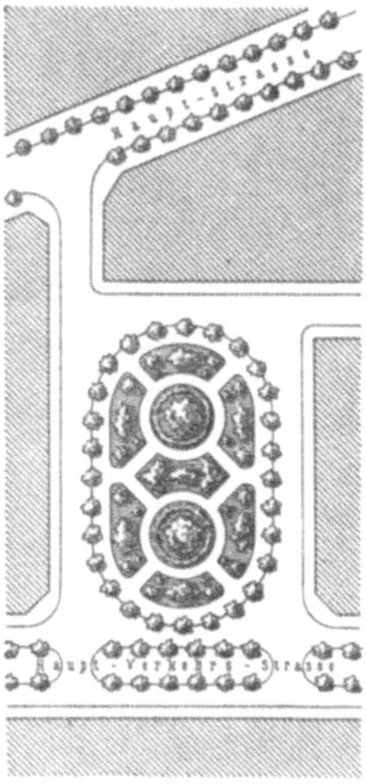

Gartenplatz,
an einer Seite an der
Verkehrsſtraſse gelegen.

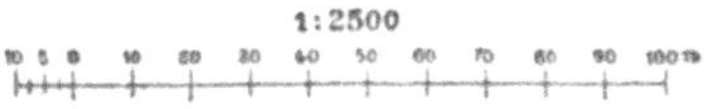

halb Anſpruch hat, als Gartenplatz behandelt zu werden, während bei den verwandten Anlagen in Fig. 339, 340, 342, 343, 345 u. 347 die Eigenſchaft als Verkehrsplatz vorherrſcht.

Im Gegenſatz zu den Verkehrs- und Marktplätzen ſollten Gartenplätze abſeits vom groſsen Verkehre liegen (Fig. 377), ſtill und zurückgezogen vom Lärm und Staub der Straſsen; höchſtens ſollte der Verkehr an einer Seite den Platz berühren (Fig. 378). Die Zerſchneidung der Gartenanlage durch eine oder mehrere Fahrſtraſsen iſt zu vermeiden; ſie iſt jedenfalls nur zuläſſig, wenn die Theile noch groſs genug bleiben, um ſelbſtändige Felder zu bilden. 245. Zurückgezogene Lage.

Der Gartenplatz, wie jede Gartenanlage überhaupt, wird am beſten nicht auf der Anhöhe, ſondern im Thale, in der Mulde angelegt, eineſtheils wegen der geſchützteren und für den Pflanzenwuchs vortheilhafteren Lage, anderentheils weil der Blick auf Gartenfelder, Raſen, Pflanzungen und Blumenbeete um ſo ſchöner und genuſsreicher iſt, wenn dem Beſchauer in etwas die Vogelſchau zu Hilfe kommt. Gröſsere Beiſpiele hierfür ſind der Botaniſche Garten neben der Ringſtraſse zu Brüſſel, der Park zu Laeken, der neue Volksgarten zu Köln, ferner die Karls-Aue zu Kaſſel, die am Main-Ufer gelegene, mit dem Namen »Nizza« bezeichnete Parkanlage zu Frankfurt a. M., die *Giardini pubblici* zu Mailand, deren Erſcheinung von den benachbarten hoch gelegenen Straſsen eine beſonders maleriſche iſt. 246. Tieflage der Pflanzungen.

Der Pflanzenwuchs eines Gartenplatzes darf nicht waldähnlich, nicht der eines Haines oder Parkes, ſein; ſondern er muſs, um in den binnenſtädtiſchen Charakter zu paſſen und die Architektur nicht zu ſtören, im Allgemeinen niedrig und untergeordnet erſcheinen, beſonders dort, wo das Grün ausdrücklich als Vordergrund der Bauwerke gedacht iſt. Einzelne hohe Baumgruppen ſind aber keineswegs ausgeſchloſſen, zuweilen ſogar nöthig, um einen unſchönen Ausblick zu verdecken oder ein künſtleriſches Bild zu umrahmen und Maſsſtabsvergleiche zu ermöglichen. Bei kleinen Abmeſſungen ſind geometriſche Muſter für die Feldertheilung zweckmäſsig, wobei die Raſenflächen etwas tiefer als die Wege zu legen ſind. Geſchloſſene, zum Betreten beſtimmte Gartenplätze werden dagegen oft ſehr vortheilhaft als kleine Parklandſchaften nach engliſcher Art behandelt. Näheres über 247. Pflanzenwuchs.

diefen Gegenftand findet man in Abfchn. 5, welcher von den zum Städtebau gehörigen gärtnerifchen Anlagen handelt.

Fig. 379.

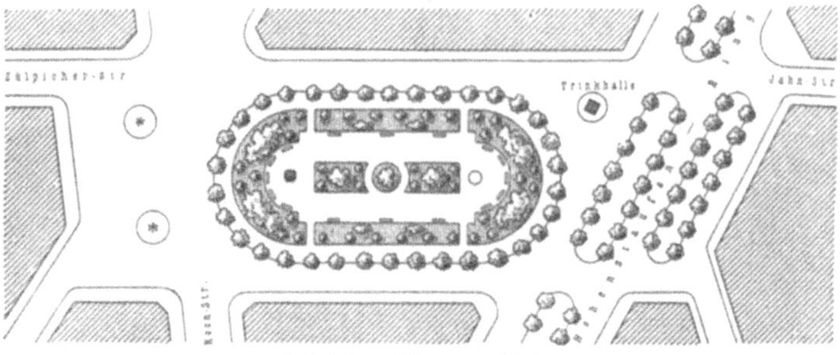

Zülpicher Platz zu Köln.

248. Kinder-Spielplätze. Eine befondere Gattung von Gartenplätzen, welche wir hier noch befprechen müffen, find die öffentlichen Kinder-Spielplätze. Sie find die eigentlichen Erholungsplätze der ftädtifchen Jugend und darum von hervorragendem Werthe. Fig. 379, 380 u. 381 geben drei Beifpiele aus der Kölner Stadterweiterung.

Fig. 380.

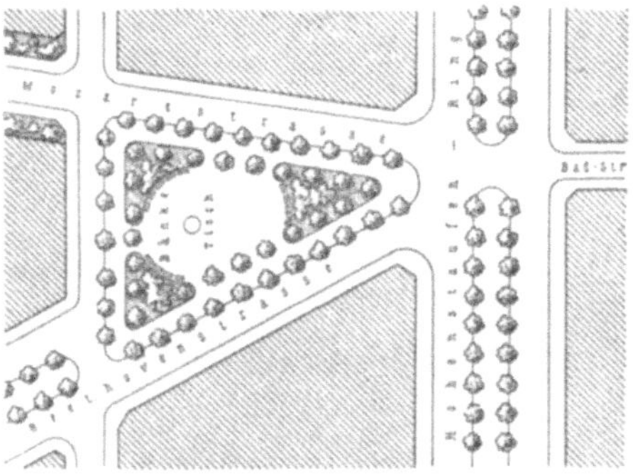

Beethoven-Platz zu Köln.

Die Gartenanlage des Zülpicher Platzes (Fig. 379) ift rings umzäunt und wird nur zu den geeigneten Tagesftunden für die Kinder und ihre Pflegerinnen unter Auffícht eines Beamten geöffnet. Bänke, Sandhügel, Tifche zum Spielen mit Sand, Schaukelbäume u. dergl. bilden die befondere Einrichtung; Trinkhallen für Milch und Waffer find erwünfcht. Die gärtnerifche Bepflanzung des *Beethoven*-Platzes (Fig. 380) läfft den Zutritt ftets frei; die Ausrüftung ift die gleiche. Eine Verbindung von offenem und gefchloffenem Spielplatz zeigt ein Theil des Sachfenringes (Fig. 381): der obere Kinderplatz ift an zwei Eingängen offen, der untere, aus einem Theile des alten Stadtgrabens gebildete, von einem Reft der alten Stadtmauer gefchützte Platz wird dagegen nur zeitweilig geöffnet und erfreut fich alsdann des lebhafteften Befuches.

Fig. 381.

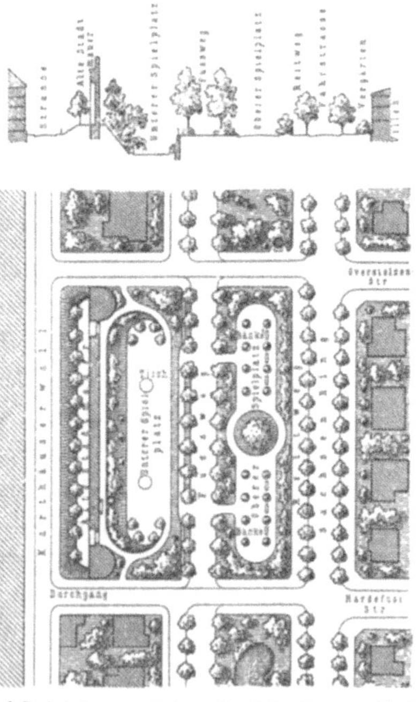

Doppel-Spielplatz auf dem Sachfenring zu Köln.

1:2500

In Deutfchland find folche Spielplätze noch wenig verbreitet, defto mehr in England, wo Behörden und Vereine deren Einrichtung im Intereffe der öffentlichen Gefundheitspflege lebhaft pflegen. London befafs im Jahre 1889 28, Manchefter 11, Birmingham 9, Bradford 7 öffentliche Spielplätze, welche von der Schuljugend unter Auffícht der Lehrer benutzt werden.

249. Vertheilung der Gartenplätze. Mehrere Spielplätze oder Schmuckplätze von kleineren Abmeffungen find offenbar zweckmäfsiger, als ein grofser, weil durch erftere der Vortheil des freundlichen, gefunden Wohnens verallgemeinert und die Abftände der Gefchäfts- und Arbeitshäufer von einer Erholungsftätte, von einem grünen Fleck Erde verringert werden. Der Entwerfer eines Stadtplanes, welcher diefe Erwägung ftets beherzigt,

wird über eine grofse Zahl von Gelegenheiten verfügen, den zukünftigen Bewohnern Wohlthaten zu erweifen, ohne fich in unerfüllbare Vorfchläge zu verirren. Aber auch im Inneren alter Städte läfft fich in diefem Sinne für die Behaglichkeit und Gefundheit der Bevölkerung oft mit leichten Mitteln viel erreichen, indem man die leere Umgebung öffentlicher Gebäude, überflüffig gewordene Mefsplätze, gewefene Klofterhöfe, ehemalige Begräbnifsftätten u. dergl. zu Gartenplätzen oder Baumpflanzungen umwandelt.

d) Architekturplätze.

Schon in Abfchn. 1, Kap. 3 wurden die Anforderungen befprochen, welche 250. Arten.
an die Lage der öffentlichen Bauanlagen im Stadtplane und befonders an die Lage und Anordnung derfelben zu den benachbarten Strafsen zu ftellen find. Hier handelt es fich um die Anordnung der Plätze felbft, *auf* oder *an* welchen öffentliche Gebäude errichtet werden. Einen Platz, *auf* welchem ein Monumentalbau, von allen Seiten frei ftehend, errichtet ift, kann man als *bebauten* öffentlichen Platz bezeichnen, während ein Platz, *an* welchem ein öffentliches Gebäude fteht, den *Vorplatz* deffelben bildet oder aber, falls mehrere Monumentalbauten ihn umgeben, als *umbauter* freier Platz fich vom bebauten unterfcheidet.

Als zwei befondere Gruppen möchten wir ferner hervorheben die *Thorburgenplätze*, welche bei zahlreichen Stadterweiterungen angelegt wurden, um vorhandene Stadtthore vor dem Abbruch zu fchützen, und die *Denkmalplätze*, deren Geftaltung und Anordnung wefentlich oder zum Theile von der Errichtung eines Standbildes, einer Denkfäule oder mehrerer Denkmäler bedingt find.

1) Vorplätze.

Der Bauplatz eines monumentalen Gebäudes ift fo zu beftimmen, dafs aus 251. Forderungen.
der Nähe das Bauwerk ohne Mühe als ein einheitliches Bild zu überfehen ift, deffen Einzelheiten hinreichend erkennbar find, dafs aber auch aus angemeffener Entfernung der Bau in vortheilhafter Perfpective erfcheint und zur näheren Befichtigung einladet, Beides jedoch ohne die Verkehrsbewegungen zu ftören.

Fig. 382.

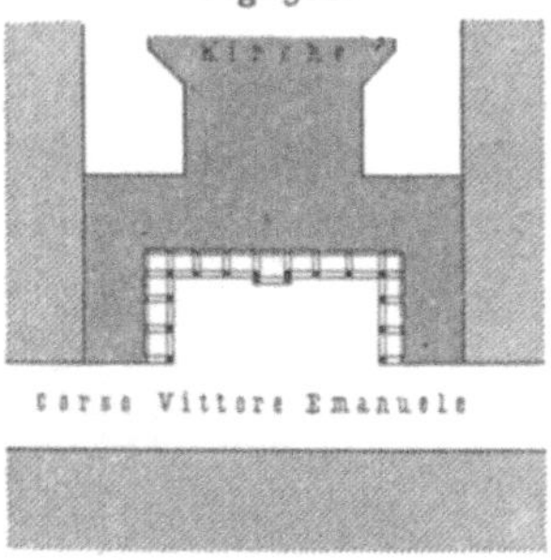

Vorplatz von *San Carlo* zu Mailand.

Fig. 383.

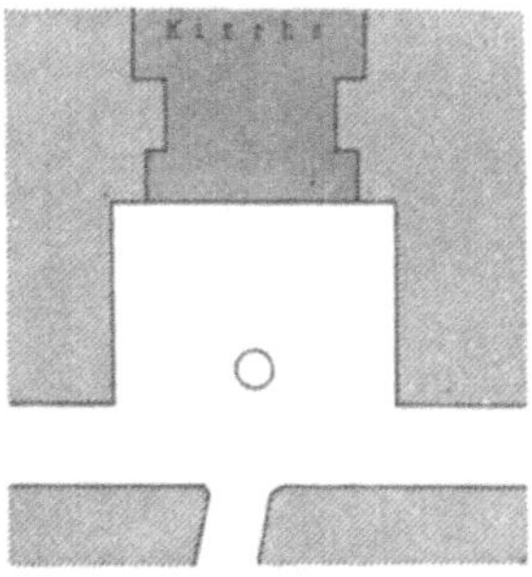

Vorplatz der Piariften-Kirche zu Wien [39]).

Fig. 384.

Vorplatz der Kirche zu Mariahilf in Wien [39]).

1:2500

10 5 0 10 20 30 40 50 60 70 80 90 100 m

39) Nach: Sitte, C. Der Städte-Bau nach feinen künftlerifchen Grundfätzen. Wien 1889.

Fig. 385.

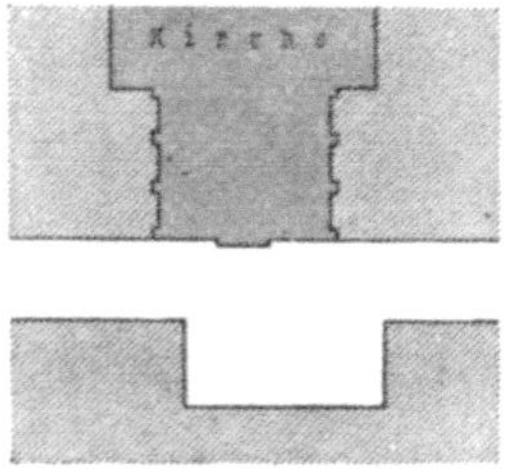

Von *San Giovanni* zu Brescia [39]).

Fig. 388.

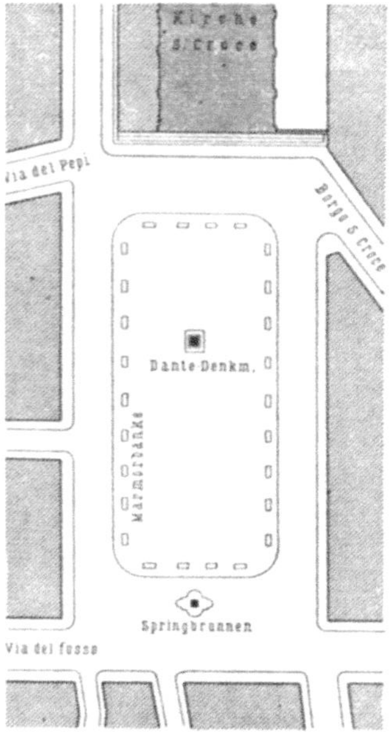

Piazza Santa Croce zu Florenz.

Fig. 386.

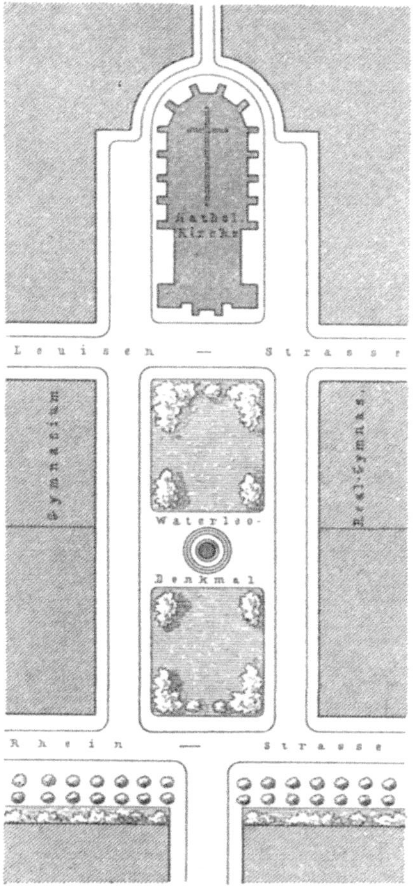

Luisen-Platz zu Wiesbaden.

1:2500

Fig. 387.

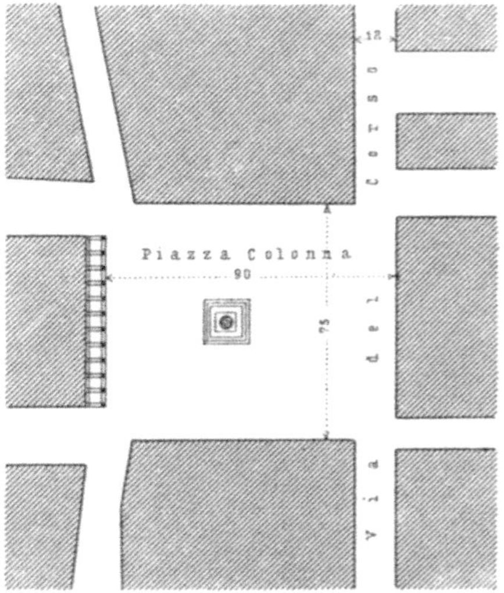

Piazza Colonna zu Rom.

Fig. 389.

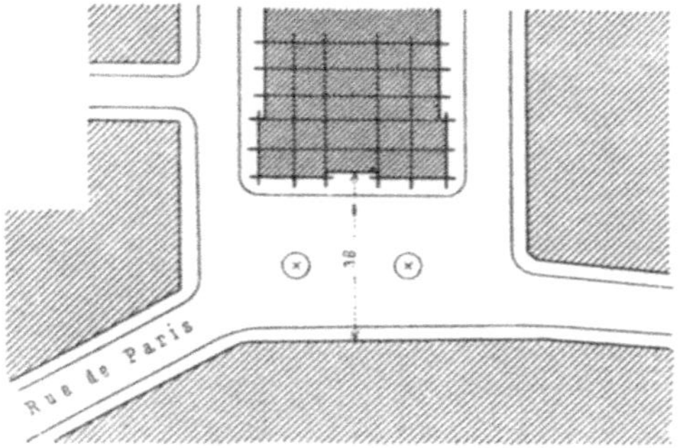

St. Moritz-Platz zu Lille.

Vorplätze.

Fig. 390.

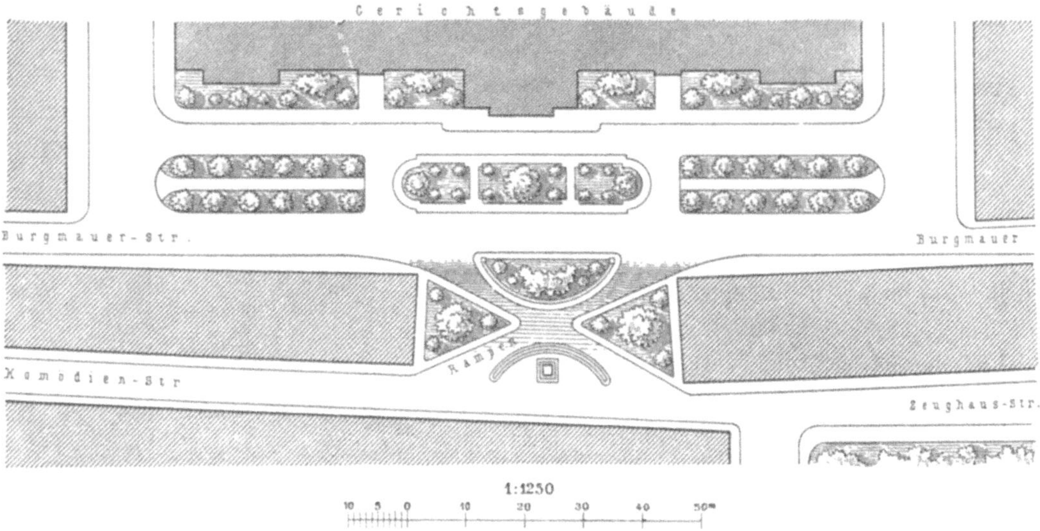

Appellhof-Platz zu Köln.

Daraus folgt die Unzuläſſigkeit, Bauten von hervorragender Bedeutung ohne Auszeichnung in der Reihe der übrigen Häuſer in die gewöhnliche Straſsenfluchtlinie zu ſetzen. Es iſt ein Zeichen eines fehlerhaften Stadtplanes, wenn man ſich nothgedrungen zu einer ſolchen unkünſtleriſchen Anordnung entſchlieſsen muſs. Ein Auskunftsmittel in dieſem Falle iſt, das Hauptgebäude von der Straſsenlinie zurückzuziehen und durch Seitenflügel, welche bis zur Fluchtlinie vortreten, die Nachbarbauten zu verdecken (z. B. Vorplatz des *Palazzo Pitti* zu Florenz, Vorplatz der Kirche *San Carlo* zu Mailand, Fig. 382). Bei Herrſchaftshäuſern wird, namentlich in Frankreich, dieſe Bauart derart angewendet, daſs der zwiſchen den Flügeln verbleibende Platz durch einen geeigneten Abſchluſs von der Straſse getrennt und ſo ein Ehrenhof (*Cour d'honneur*) gebildet wird. Aehnliche Anordnungen zeigen Fig. 383 u. 384[39]; in Fig. 385[39] iſt der Vorplatz zur Betrachtung der Kirche aus der gegenüber liegenden Straſsenſeite ausgeſchnitten.

Ungleich vortheilhafter aber iſt die Erſcheinung des Bauwerkes, wenn es an oder auf einem freien Platze von angemeſſener Gröſse und zugleich in geeigneten Beziehungen zu den hier mündenden Straſsen ſteht. Nur bei ſolcher Platzwahl kann dem Beſchauer die Betrachtung aus der Nähe und der Blick aus der Ferne in befriedigender Weiſe geſichert werden.

Die Vorplätze ſind nur geeignet, die eine Seite des Gebäudes, die Hauptanſicht, zur Geltung zu bringen; ihre Gröſse richtet ſich nach dieſem Zwecke. Da die eigentliche Verkehrsſtraſse einen ruhigen Standpunkt nicht gewähren kann, ſo wird man annehmen dürfen, daſs die Tiefe des Vorplatzes ohne die Straſsenbreite mindeſtens gleich der Höhe des Gebäudes ſein, beſſer aber das Anderthalb- bis Zweifache derſelben betragen ſoll[40]). 252. Gröſse.

Als Beiſpiele mögen die ſchon genannten Bahnhofsvorplätze von Kortryk, Hannover und Straſsburg (Fig. 336, 340 u. 342), ferner der Appellhof-Platz zu Köln (Fig. 390) und der *St. Moritz*-Platz zu Lille (Fig. 389) dienen; die letzteren 253. Beiſpiele.

[40]) Vergl. das nächſte Kapitel (unter c).

beiden ſind für die Betrachtung der mächtigen Bauwerke entſchieden zu beſchränkt. Von günſtigeren Abmeſſungen ſind die *Piazza Colonna* zu Rom, mit der Säule des *Marc Aurel* geſchmückt (Fig. 387), die *Piazza Sta. Croce* zu Florenz (Fig. 388) und der *Gutenbergs*-Platz mit dem *Gutenberg*-Denkmal vor dem Theatergebäude zu Mainz (Fig. 455). Dieſer Platz zeigt zugleich in ſeiner kreisförmigen Fahrbahn, wie auf einem an ſich ungünſtig gelegenen und geſchnittenen Platze der Fahr- und Fuſsverkehr geregelt werden kann. Der *Luiſen*-Platz zu Wiesbaden (Fig. 386) würde für die *Hoffmann*'ſche Kirche ſchon reichlich groſs ſein, wäre er nicht durch den Waterloo-Obelisken getheilt und mit gärtneriſchen Anpflanzungen verſehen. Der groſse leere Platz vor dem Dome zu Mailand (ſiehe Fig. 89, S. 65) macht einen ſehr weiträumigen Eindruck und iſt vielleicht ſchon übertrieben groſs. Schöner und anziehender iſt jedenfalls der durch Werke der Bildhauerkunſt gezierte, von Baluſtraden umrahmte Domplatz zu Palermo. Ein Vorplatz ſchönſter Art iſt derjenige an der Dreifaltigkeits-Kirche zu Paris (Fig. 391); mehrere Meter erhebt ſich die den Platz umfaſſende Auffahrtsrampe über die Straſsenfläche; ſtolz wächst das Bauwerk empor, zugleich den Schluſspunkt der Straſse *Chauſſée d'Antin* bildend. Die monumentalſte Platzanlage dieſer Art iſt unſtreitig der *St. Peters*-Platz zu Rom (Fig. 392), mit Einſchluſs der *Piazza Ruſticucci* und der Säulengänge 340 m lang und 240 m breit! Die Verhältniſſe ſind gewaltig, aber kaum übertrieben zu nennen.

Der Platz beſteht aus drei Theilen, der ſchon genannten, von Wirthſchaften und Läden umgebenen *Piazza Ruſticucci*, dem groſsen, von den *Bernini*'ſchen Säulenhallen umgebenen Oval und dem eigentlichen Kirchenvorplatz, einem nach der Kirche hin ſich erweiternden, von geſchloſſenen Hallen eingefaſſten Viereck. Der Boden des Ovals ſenkt ſich ſanft nach der Mitte hin, wo der berühmte Obelisk auf einem Stufenbau aufgerichtet iſt, von vier Candelabern umgeben. Seitlich, gewiſſermaſsen in den Brennpunkten, richtiger in den Sehnen der Säulengänge, werfen die doppelgeſchoſſigen, ehernen Springbrunnen ihre mächtigen Waſſergarben. Die Steigung von der Mitte des Ovals in der Queraxe ſetzt ſich fort bis zu den Freitreppenſtufen, die zunächſt auf eine Vorhöhe,

Fig. 391.

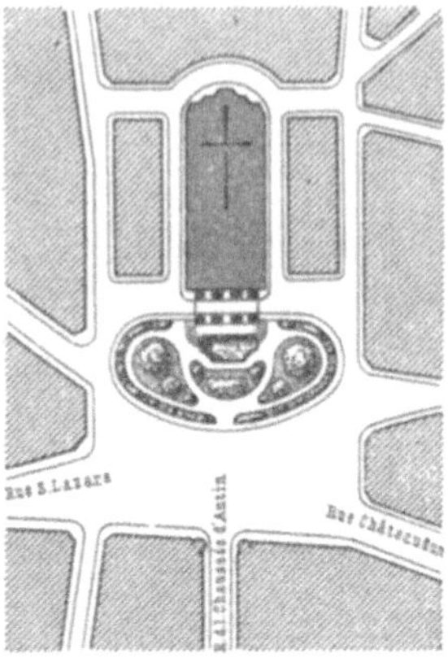

Vorplatz der Dreifaltigkeits-Kirche zu Paris.

Fig. 392.

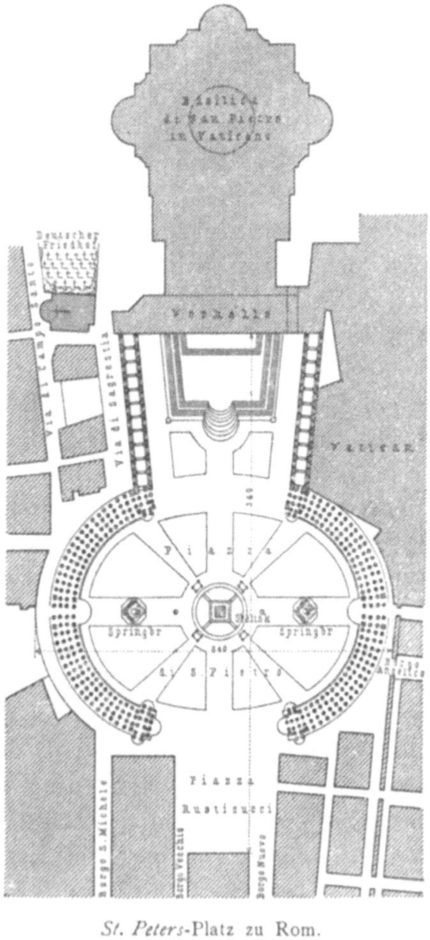

St. Peters-Platz zu Rom.

1/5000 n. Gr.

dann erft zur Vorhalle des Domes hinauf führen. Steigend, wie die Ebene des Vorplatzes, find auch die Horizontal-Gefimfe der umrahmenden Hallen angeordnet, fo dafs der Blick des Befchauers in faft ergreifender Weife überall zu den Thoren des erften Tempels der Chriftenheit hinauf geleitet wird!

Sowohl die Dreifaltigkeits-Kirche zu Paris als der *St. Peters*-Dom zu Rom find uns lehrreiche Beifpiele für die äfthetifche Forderung, dafs der Boden für ein monumentales Bauwerk fich über die umgebenden Flächen erheben foll. An die Akropolis zu Athen, an die *Villa d'Efte* zu Tivoli, an die Kirchen *S. Maria Maggiore* und *S. Trinità de' Monti* zu Rom, an die Votiv-Kirche auf dem Montmartre und an den *Trocadéro*-Palaft zu Paris, an die Wallfahrtskirchen auf den Höhen bei Lyon und Marfeille, an den Juftizpalaft zu Brüffel, an den Bundespalaft zu Bern und an die Hofburg zu Ofen foll hier wenigftens erinnert werden. Monumentale Bauwerke gehören auf die Höhen, öffentliche Gärten in die Thäler oder Mulden des Stadtplanes! 254. Hohe Lage der Bauwerke.

2) Bebaute Plätze.

Bei Anlage eines befonders betonten Vorplatzes vor einem Gebäude werden die anderen Seiten des letzteren überhaupt vernachläffigt (wenn fie zwifchen fremden Grundftücken eingebaut find), oder fie werden doch untergeordnet behandelt (wenn fie von fchmalen Strafsen oder Gaffen umfchloffen find). In dem Beftreben, ein Gebäude von mehreren oder allen Seiten derart frei aufzuftellen, dafs die Architektur gewürdigt werden kann, gelangt man zu denjenigen Platzanlagen, welche wir oben als bebaute Plätze bezeichnet haben. Das Verlangen geeigneter Abftände und Betrachtungspunkte follte hier für alle freien Seiten des Bauwerkes gelten, die Forderung der wirkfamen Erfcheinung aus der Ferne und der erhöhten Lage wird man gern auf die Hauptfehrichtungen befchränken. Meiftens handelt es fich dabei um Kirchen, Theater und Mufeen, welche einer von drei oder vier Seiten freien Stellung faft unbedingt bedürfen und welche auch an fich wegen ihrer architektonifchen Bedeutung einen vornehmen Bauplatz beanfpruchen. Da es in einem fertig angelegten Stadtplane aufserordentlich fchwer und oft unmöglich ift, folche Bauplätze nachträglich zu fchaffen — Berlin ift hierfür ein warnendes Beifpiel — fo ift es, wie fchon in Abfchn. 1, Kap. 3 erörtert wurde, bei Aufftellung eines Bebauungsplanes eine der vornehmften Pflichten, auch für die Schaffung angemeffener Bauplätze für öffentliche Gebäude auf und an freien Plätzen Sorge zu tragen. 255. Eigenfchaften und Forderungen.

Wie man fich hat behelfen müffen, um für das *Leffing*-Theater in Berlin und die neue reformirte Kirche zu Barmen eine freie Bauftelle zu gewinnen, zeigen Fig. 397 u. 399. Nur die Nothlage, ein frei ftehendes Bauwerk in einem Stadttheile errichten zu müffen, in deffen Strafsenplan diefes Bedürfnifs nicht vorgefehen war, kann für eine folche Anordnung als Entfchuldigung dienen, da die Verunftaltung des Gefammtbildes durch die Giebelmauern und Hintergebäude von Nachbargrundftücken unabwendbar erfcheint. 256. Nothbehelfe.

In ähnlicher Art, aber weit beffer, ift die *Johannis*-Kirche zu Kopenhagen auf der Blockecke anfcheinend nachträglich angeordnet worden (Fig. 398). Die den Hintergrund bildende Nachbargrenze ift hier durch Anpflanzungen verdeckt, würde aber zweckmäfsiger durch eine den Kirchenbauplatz abtrennende Querftrafse gebildet worden fein.

Es genügt nicht, zufällig im Strafsenfchema fich ergebende Reftflächen als Bauplätze öffentlicher Gebäude zu beftimmen, wie dies bei der Bethlehem- und der Dreifaltigkeits-Kirche in Berlin (Fig. 400) gefchehen ift, ohne axiale Beziehung oder 257. Reftblöcke als Bauplätze.

fonftige fchönheitliche Rückficht. Wie aber ein folcher Reftblock, der fich oft bei fpitzwinkeligen Strafsendurchfchneidungen bildet, in vorzüglicher Weife für einen Monumentalbau benutzt werden kann, wenn man feine Lage und Geftaltung nicht

Fig. 393.

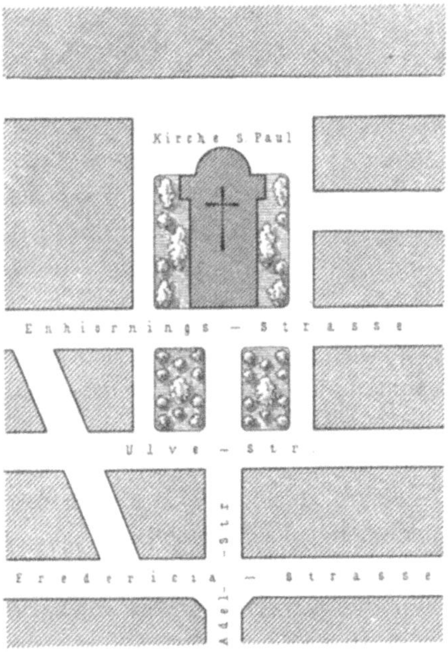

Umgebung der *St. Pauls*-Kirche zu Kopenhagen.

Fig. 394.

Münfterplatz zu Ulm[41]).

Fig. 395.

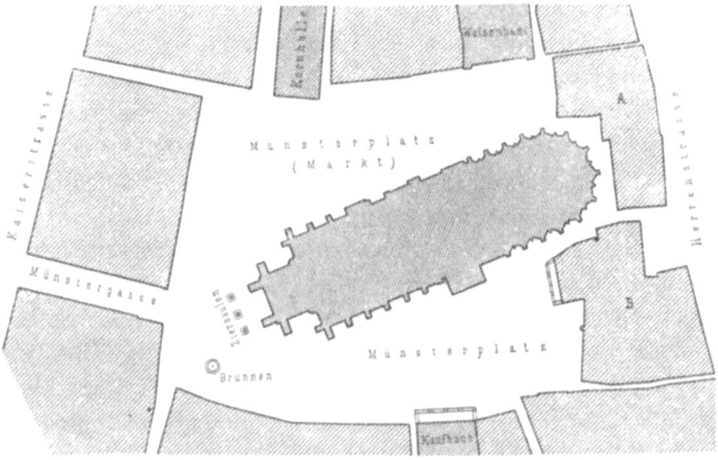

Münfterplatz zu Freiburg i. Br.

1:2500

ganz dem Zufalle überläfft, zeigt Fig. 401. Die Parifer *St. Auguftin*-Kirche liegt nicht blofs ringsum frei, fie fteht auch in der Axe und auf der Höhe des *Boulevard Malesherbes*, und für die Betrachtung aus der Nähe bildet der *Square Delaborde* einen fchönen Vordergrund.

41) Nach: SITTE, a. a. O., S. 71.

Fig. 396.

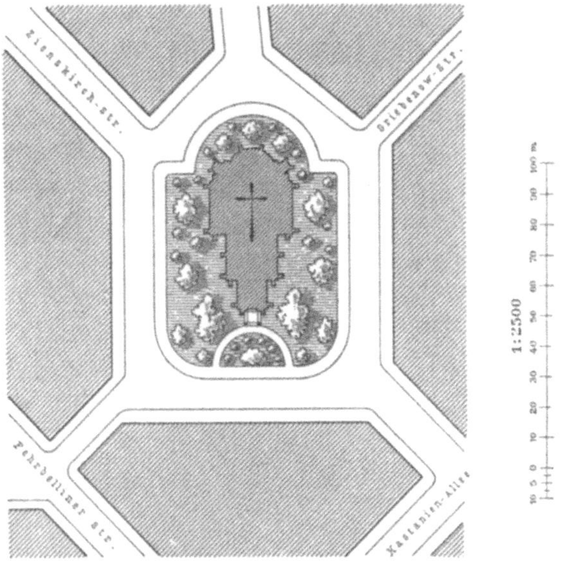

Zions-Kirchplatz zu Berlin.

Fig. 397.

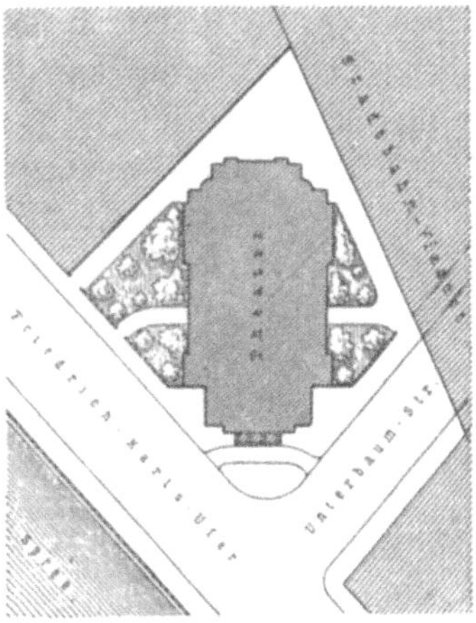

Lessing-Theater zu Berlin.

Fig. 398.

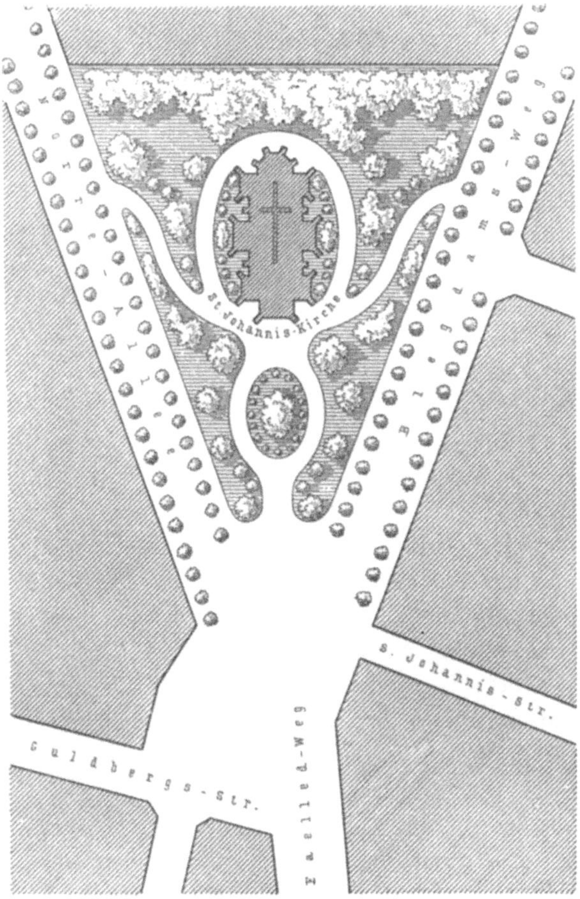

St. Johannis-Platz zu Kopenhagen.

258. Unvollkommene und beffere Bauplätze.

Eine eben fo wirkfame Anordnung eines monumentalen Bauplatzes haben wir bereits in Fig. 60 (S. 40), das Parifer Opernhaus darftellend, mitgetheilt; als ungefchickte, weil den Verkehr ftörende Bauplätze haben wir den *Carolinen*-Platz zu Wien (Fig. 63, S. 41) und den Rathhausplatz zu Philadelphia (Fig. 59, S. 40) bezeichnet. Selbft die *Piazza di Caftello* zu Turin ift trotz ihrer grofsen Abmeffungen in diefer Hinficht zu tadeln, weil das Gebäude den Verkehrsrichtungen einen zu grofsen Zwang auferlegt. Diefer Fehler ift vermieden beim *Herwarth*-Platze zu Köln (Fig. 454) und dem *St. Pauls*-Platze zu Kopenhagen (Fig. 393), wo die axiale Stellung der Kirchengebäude ohne Beeinträchtigung des Verkehres erreicht und wo auch die Betrachtung der Architektur aus der Nähe ermöglicht ift.

Minder zu loben ift der Zions-Kirchplatz zu Berlin (Fig. 396), noch weniger der *St. Pauls*-Platz zu London, der *Stephans*-Platz zu Wien, der *St. Gudula*-Platz zu Brüſſel, der *Marien*-Platz zu Aachen, welche zwar Perſpectiven aus einiger Entfernung darbieten, aber in ihren Abmeſſungen ſo beſchränkt ſind, daſs die Betrachtung der Bauwerke in der Nähe nur mit dem Kopfe im Nacken möglich iſt.

Beiſpiele entgegengeſetzter Art ſind nicht ſelten; durch Anpflanzungen, Theilung des Platzes, weitere Ausſtattung deſſelben mit Zierbauten kleinerer Art läſſt ſich in ſolchem Falle der Eindruck der Leere beſeitigen oder mildern. Ein Beiſpiel hierfür iſt der Belle-Alliance-Platz zu Berlin (ſiehe Fig. 441), durch deſſen neuere Umgeſtaltung das früher ungünſtig auffallende Miſsverhältniſs zwiſchen der dünnen Säule und der groſsen freien Fläche erheblich ausgebeſſert iſt. Vielleicht leidet auch der Feuerſee-Platz zu Stuttgart (Fig. 61, S. 41) im Verhältniſs zur *St. Johannis*-Kirche an einem zu groſsen Maſsſtabe. Die die Votiv-Kirche zu Wien umgebenden Platzflächen dürften ſchon die Grenze des Zuläſſigen überſchreiten (vergl. Fig. 449).

Fig. 399.

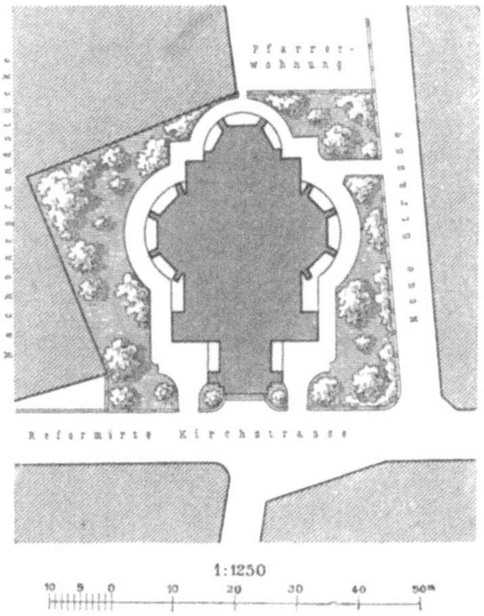

Bauplatz der neuen reformirten Kirche zu Barmen.

259. Erwägungen beim Entwurf des Stadtplanes.

Es iſt natürlich ſchwierig, beim Entwurf des Stadtplanes von vornherein Maſsſtabsfehler zwiſchen den freien Plätzen und den darauf zu errichtenden Gebäuden zu verhüten, weil man gewöhnlich die letzteren noch nicht kennt. Viele Fehler werden aber vermieden, wenn der Entwerfer nur die Abmeſſungen des Platzes, wie er dieſelben feſt ſtellt, mit der Gröſse des Gebäudes, wie er ſie ſich denkt, in Einklang bringt; das Weitere muſs er dann in der Regel einer vernünftigen Handlungsweiſe Anderer in der Zukunft überlaſſen.

260. Nachzuahmende Beiſpiele.

Als ſchöne bebaute Plätze ſeien ſchlieſslich noch namhaft gemacht: der *Madeleine*-Platz zu Paris, der Domplatz zu Orléans, der Münſterplatz zu Reims, *Thomas*-Kirch-Platz und *Michaels*-Kirch-Platz zu Berlin, alle mit axialen Beziehungen und hinreichend freier Umgebung; ferner die Münſterplätze zu Ulm (Fig. 394) und zu Freiburg i. Br. (Fig. 395). Ueberraſchend wirkt in Freiburg der Blick aus der Kaiſerſtraſse durch die kurze Münſtergaſſe auf den mächtigen Thurm; die Beſeitigung des Blockes *A* an der Herrenſtraſse und des Blockes *B* daſelbſt, ganz oder theilweiſe, wird gegenwärtig zur beſſeren Freilegung des Chores angeſtrebt. Auch der Domplatz zu Köln tritt durch die in Ausführung begriffenen Freilegungen an der ſüdlichen und nördlichen Langſeite zu dem Bauwerk in paſſende Verhältniſſe. Hier fehlt noch die Eröffnung eines Straſsendurchbruches von Weſten zur Erzielung eines angemeſſenen Freiblickes auf die Thurmfront; aber die theilweiſe Bepflanzung der Freilegungsflächen iſt nothwendig, um den Eindruck der Leere zu verhüten.

Einen beſonderen Rang unter den bebauten Plätzen nimmt der Gensdarmen-Markt zu Berlin ein (Fig. 402), in ſo fern als er nicht einem einzelnen Gebäude, ſondern dreien als Bauplatz dient. Im Allgemeinen iſt die Bildung des Platzes, durch Freilaſſung dreier neben einander liegender rechteckiger Baublöcke, keineswegs musterhaft; auch darf der Entwerfer eines Stadtplanes der sich leicht aufdrängenden Versuchung, einen Platz zu schaffen, dessen Bebauung nur mit zwei gleichwerthigen Gebäuden oder mit einer Gruppe von Gebäuden erfolgen kann, nur dann nachgeben, wenn dieses seltene Bedürfniss wirklich obwaltet. Am Berliner Gensdarmen-Markt muss man aber anerkennen, dass seine Abmessungen zu den drei Gebäuden vortrefflich passen, und dass, fände nicht die unschöne, aber nothwendige Strassenkreuzung vor dem *Schiller*-Standbild statt, die ganze Anlage einen klaren, grossstädtischen Eindruck macht. So schön es ist, den Vordergrund der Bauwerke

Fig. 400.

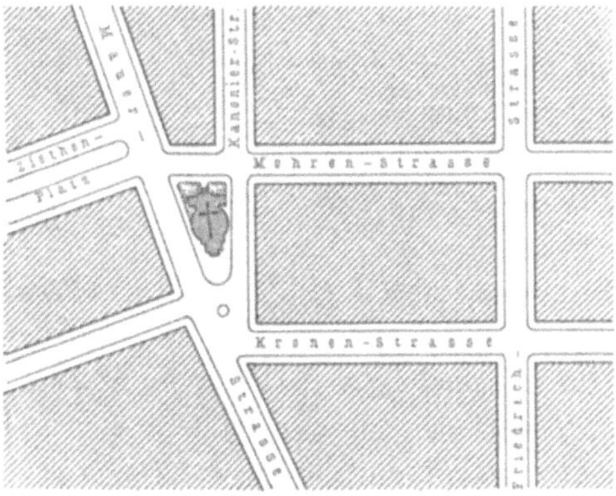

Dreifaltigkeits-Kirche zu Berlin.

Fig. 401.

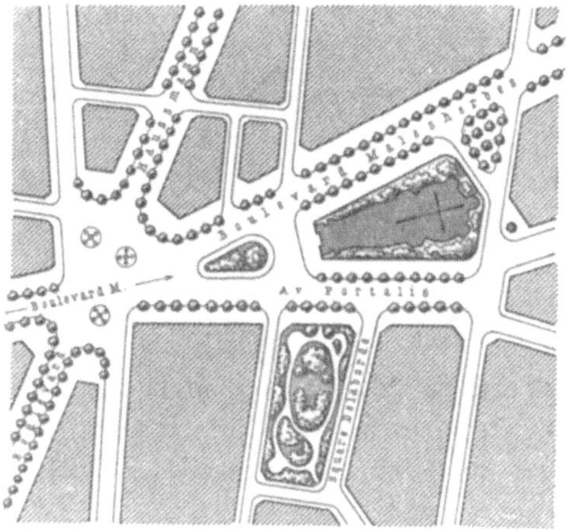

Umgebung der *St. Augustin*-Kirche zu Paris.

Fig. 402.

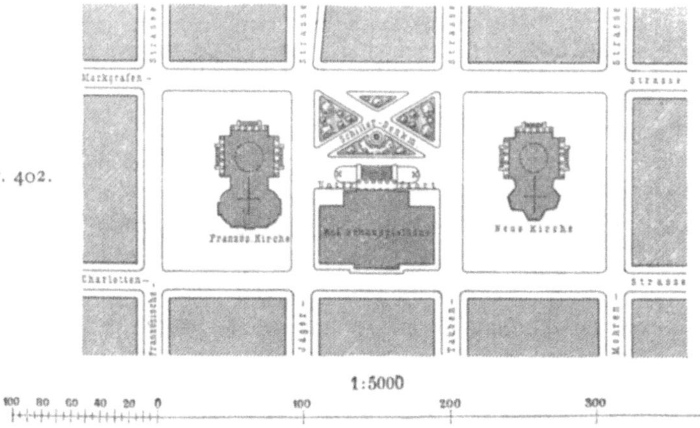

Gensdarmen-Markt zu Berlin.

landschaftlich zu gestalten, so unruhig wirken Zerschneidungen der erwähnten Art. Hoffentlich werden die beiden Kirchen demnächst mit weniger zertheilten Pflanzungen umgeben, damit der stets wohl thuende Gegensatz zwischen Baukunst und Natur dem zu den schönsten Plätzen Berlins gehörigen Gensdarmen-Markt nach Möglichkeit zu statten komme.

Die auf bebauten Plätzen von allen Seiten frei stehenden Gebäude sind diejenigen, welche am meisten die Erscheinung der Stadt beherrschen, weil sie mehr als andere geeignet sind, die Richtungen der Strassen zu bestimmen, den Schlusspunkt langer Sehlinien zu bilden. Es ist bekannt, dass in dieser Beziehung die

Weltftadt an der Seine allen anderen Grofsftädten weit überlegen ift. Der *Arc de Triomphe,* die Oper, die fchon erwähnten Kirchen *St.-Auguftin* und *Ste.-Trinité,* die Kirchen *Notre-Dame-de-Lorette, St.-Vincent de Paul, de la Madeleine,* der Strafsburger Bahnhof, die Centralhallen, der *Trocadéro*-Palaft, der Invaliden-Dom, der Palaft Luxemburg, das Odeon, das Pantheon, das Belvedere der *Buttes Chaumont* und viele andere bekannte Bauwerke bilden die Zielpunkte von gröfseren oder kleineren, von einer oder mehreren Strafsen-Perfpectiven. Manche andere Strafsen find in reizvoller Weife fo gerichtet, dafs fie nicht unmittelbar, fondern über zwifchenliegende Häufergruppen hinweg einen architektonifchen Schlufspunkt befitzen; fchöne Beifpiele diefer Art find der *Boulevard St.-Michel,* welcher, von Süd nach Nord gefehen, jenfeits der Seine über der Gruppe der Juftizgebäude auf den Dachreiter der *Sainte-Chapelle* zielt, und die *Avenue de Friedland,* welche mittelbar auf die Kuppel der Auguftiner-Kirche zuführt. Daher ift die Stadt aufserordentlich reich an architektonifchen Bildern, deren Wirkung mit Vorliebe dadurch gefteigert wird, dafs die Bauwerke auf erhöhten Stellen errichtet und oft zu tief liegenden Pflanzungen in Beziehung gefetzt find (*Madeleine, Ste.-Trinité, St.-Vincent de Paul, St.-Sulpice, Ste.-Clotilde, Trocadéro, Sacré-Coeur* u. f. w.).

Andere Beifpiele fchöner indirecter Strafsen-Perfpectiven find die *Whitehall*-Strafse zu London, welche über zwifchenliegende Gebäude auf das Parlamentshaus zielt; ferner der Blick vom Hauptbahnhof zu Elberfeld über die Wupper-Brücke in die Stadt hinein, über welcher in der Strafsenaxe die auf der Anhöhe errichtete Herz-Jefu-Kirche emporragt, der Blick vom Steinenthor auf die *Elifabeth*-Brücke zu Bafel u. f. w.

261. Mafshalten.

Indefs, auch in den Strafsen-Perfpectiven ift weifes Mafshalten nöthig. Lange, breite Verkehrsftrafsen können nicht auf zierliche Gebäude oder Standbilder gerichtet werden, ohne die Wirkung der letzteren zu fchwächen. Ein warnendes Beifpiel ift der grofse, auf das Rathhaus zu Löwen gerichtete Durchbruch der Bahnhofsftrafse dafelbft, der das zierliche Bauwerk in wirklich unbehaglicher Weife blofs ftellt. Befonders die mittelalterlichen Gebäude bedürfen eines nicht zu weit gefpannten Rahmens; mit Strafsen-Perfpectiven und Freilegungen kann man bei denfelben leicht zu weit gehen, wie es thatfächlich mit dem Mailänder Dom und der Kathedrale *Notre-Dame* zu Paris gefchehen ift. (Vergl. auch Kap. 9, unter c.)

3) Umbaute Plätze.

262. Vergleich des Stadtplanes mit dem Hausgrundrifs.

Die umbauten Plätze können als die Prunkfäle der Städte bezeichnet werden — wie fich die Strafsen mit den Gängen, die Thor- und Verkehrsplätze mit den Vorräumen und Veftibulen, die Marktplätze mit den Gefchäftsräumen, die Gartenplätze mit den Wohnftuben eines Hausgrundriffes vergleichen laffen. Die umbauten Architekturplätze bedürfen weniger der langen Strafsenfernfichten; fie tragen meift die Sicherheit der künftlerifchen Wirkung in fich felbft, wenn für eine überfichtliche Geftalt, günftige Höhenverhältniffe, eine gefchloffene Umrahmung, eine angemeffene Gruppirung der Gebäude und richtige Mafsftabsverhältniffe geforgt ift.

263. Geftalt.

Die Regelmäfsigkeit der Geftalt ift nicht Bedürfnifs, wie bekannte monumentale Plätze uns beweifen. Die Unregelmäfsigkeit kann aber nicht willkürlich oder abfichtlich gefchaffen werden; fie mufs gefchichtlich entftehen oder in der Natur oder in den Bebauungsverhältniffen begründet fein. Alsdann kann ein unregelmäfsig umbauter Platz fogar befonders fchön und malerifch fein.

Fig. 403.

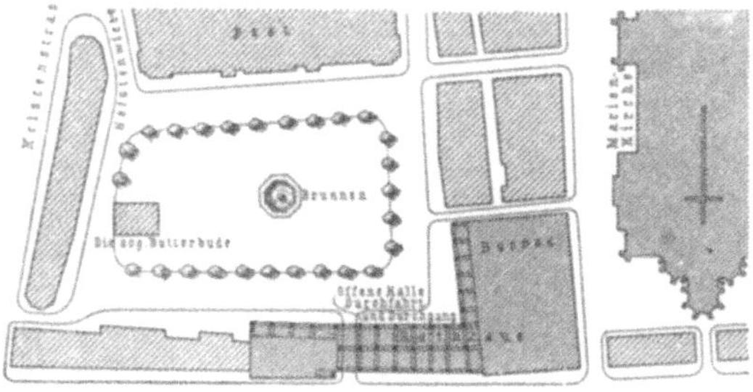

Marktplatz zu Lübeck.

Fig. 404.

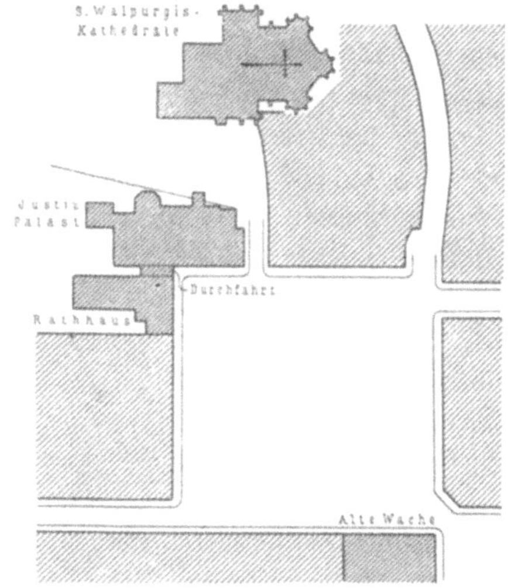

Groote Plaats zu Veurne.

1:2500

10 5 0 10 20 30 40 50 60 70 80 90 100 m

Fig. 405.

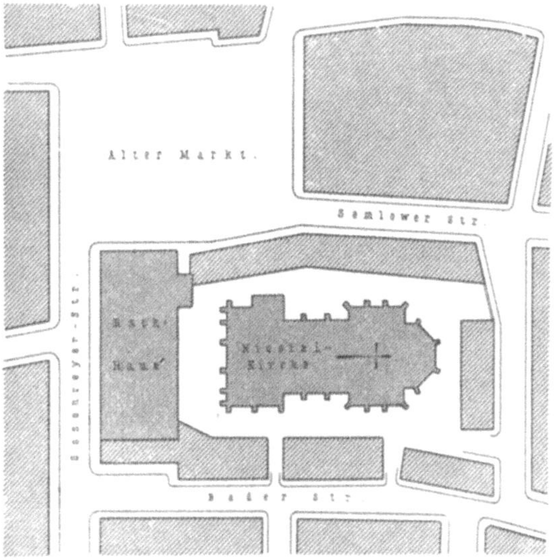

Alter Markt zu Stralfund.

Fig. 406.

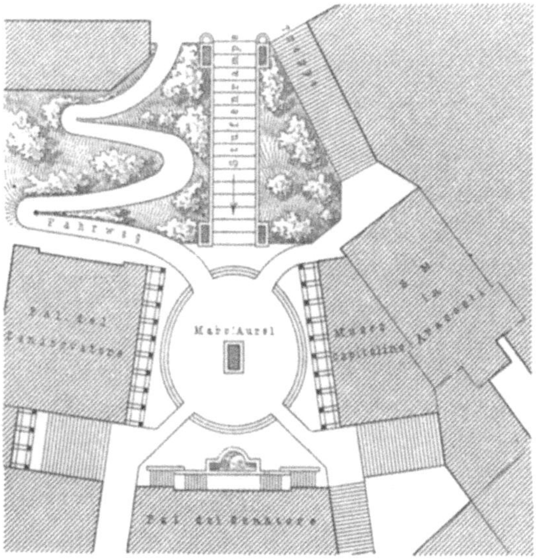

Piazza del Campidoglio zu Rom.

Die Höhenanordnung ift von grofser Wichtigkeit. Eine Platzfläche, welche in der Hauptfehrichtung ein entfchiedenes Gefälle hat oder welche merklich windfchief ift, eignet fich nicht zur Umbauung mit monumentalen Gebäuden. Da die letzteren eine erhöhte Stellung verlangen, fo ift es wohl möglich, die obere Seite eines anfteigenden Platzes als Bauftelle zu wählen, die fchräge Fläche fomit als terraffirten, bepflanzten Vorplatz zu benutzen; aber die übrigen drei Seiten find für monumentale Gebäude mehr oder weniger unbrauchbar. Schwache Steigungen fallen nicht auf oder find leicht zu verdecken. Ein Beifpiel von abfichtlicher Senkung der Platzmitte theilten wir fchon in Fig. 392 (S. 164) bei Befprechung des *St. Peters*-Platzes zu Rom mit. Wenn auch eine folche künftliche Senkung oft mit Bedenken verknüpft fein wird, fo wird doch das ihr zu Grunde liegende Princip uns ftets davon abhalten, die Platzmitte künftlich zu erhöhen, was man leider oft genug unnöthiger Weife ausgeführt fieht. 264. Höhenverhältniffe.

265. Umrahmung. Der umbaute Platz bedarf wie ein Bild der geſchloſſenen Umrahmung. Eine nach vielen Seiten durch Straſsen geöffnete Platzfläche kann nicht mehr als beſchaulicher Architekturplatz wirken, ſondern nur als eine unruhige Erweiterung der Straſsenflächen betrachtet werden. Auch künſtleriſch ausgebildete Umfriedigungsmauern oder Pflanzungen ſind als Einrahmung unzureichend. Geſchloſſene Gebäude, zwiſchen welchen die Straſsenmündungen als Nebenſache erſcheinen, oder mindeſtens Bogenſtellungen und offene Hallen müſſen die Fläche einfaſſen, und zwar in einer Gruppirung, welche das Gleichgewicht in der Maſſenvertheilung und die Mannigfaltigkeit in der Einheit ſichert.

Fig. 407.

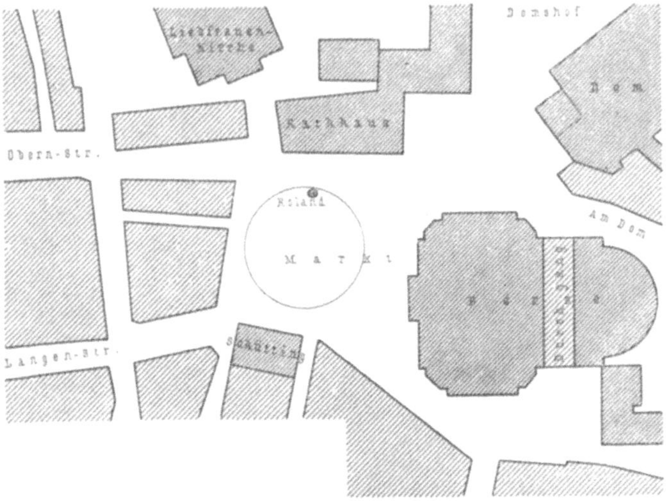

Marktplatz zu Bremen.

Fig. 408.

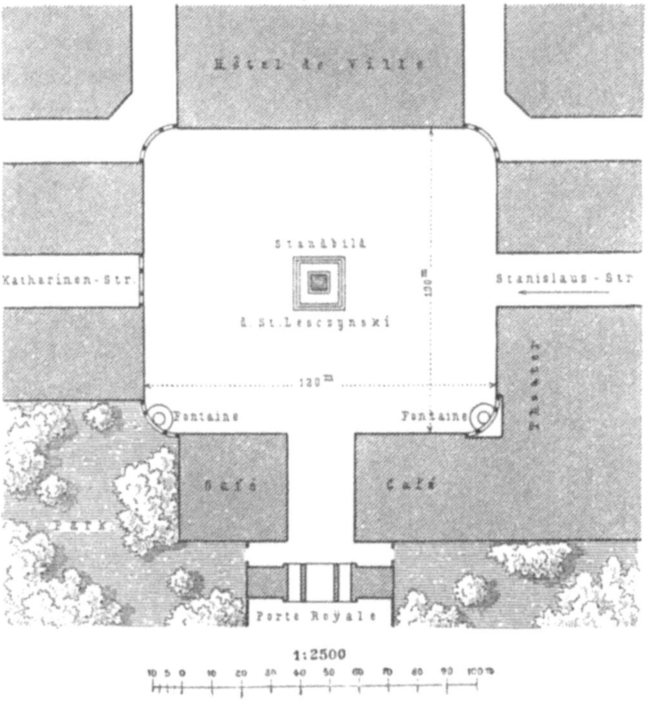

Stanislaus-Platz zu Nancy.

266. Maſsſtab. Richtige Maſsſtabsverhältniſſe laſſen ſich wohl kaum in allgemein giltigen Zahlen ausdrücken. Wenn daher auch die von *Maertens* [42]) entwickelten, im nächſten Kapitel (Art. 294) zum Theile noch anzugebenden Regeln keine unbedingte Richtigkeit werden beanſpruchen können, ſo liefern ſie doch dem Entwerfenden eine Reihe wichtiger Geſichtspunkte. Die Platzfläche muſs geſtatten, daſs man alle ſie umgebenden Gebäude in dem für die Anſchauung erwünſchten Abſtande betrachte. An zu groſsen Plätzen (*Friedrichs*-Platz in Kaſſel, Rathhausplatz in Wien, *Szechenyi*-Platz in Szegedin, auch Königsplatz in München, *Auguſtus*-Platz

---

42) Nach: MAERTENS, H. Der optiſche Maſsſtab etc. 2. Aufl. Berlin 1884.

zu Leipzig, Kaiferplatz in Strafsburg) verlieren die Gebäude an Bedeutung und Wirkung; auf zu kleinen Plätzen fehlen die erwünfchten Betrachtungspunkte.

Eine Reihe von Beifpielen umbauter Plätze zeigen Fig. 403 bis 413. Wir betrachten zuerft in Fig. 404 die *Grande Place* in dem leider wenig bekannten, aber durch feine alten Bauwerke höchft reizvollen vlämifchen Städtchen Veurne (franz. Furnes). 267. Beifpiele.

Die Hauptgebäude: Rathhaus und Gerichtshaus, liegen, mit einer Durchfahrt verfehen, ohne axiale Beziehung in der einen Ecke des Platzes; die Kathedrale erhebt fich daneben über den kleinen Häufern, welche die nach der Mitte hin gefenkte Platzfläche umrahmen. Es ift ein wundervoll malerifches Bild, welches allerdings nur gefchichtlich werden, kaum aber in unferer Zeit neu gefchaffen werden kann.

Fig. 409.

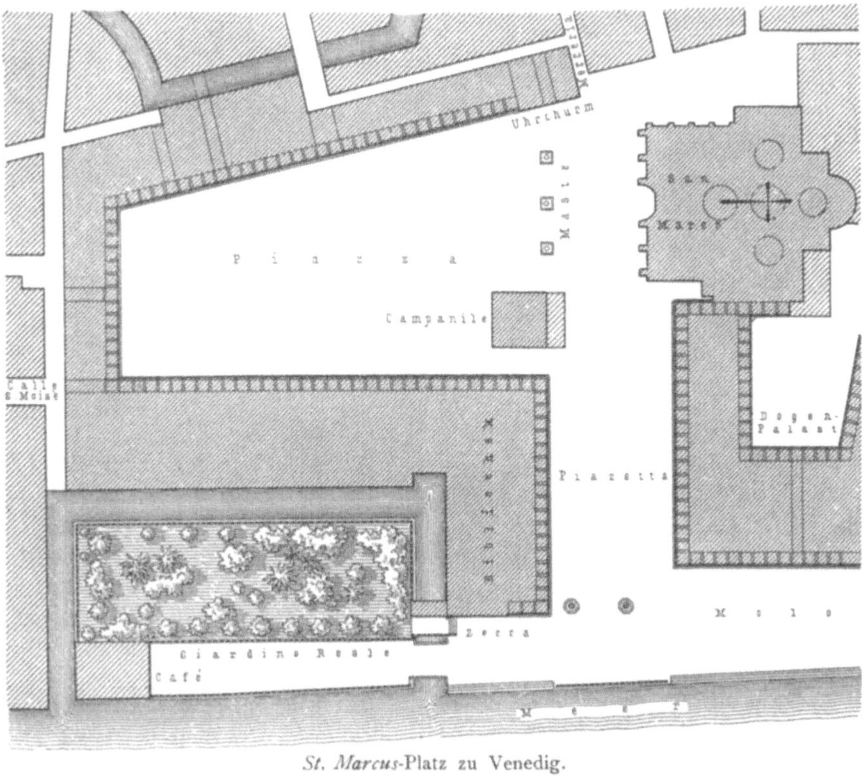

St. Marcus-Platz zu Venedig.

Der Marktplatz zu Lübeck (Fig. 403) zeigt eine fehr verwandte Anlage.

Die eine Ecke umfafft das Rathhaus nebft Börfe mit zwei Flügeln; eine offene Halle vermittelt auch hier den Verkehr zu den benachbarten Strafsen. Die gegenüber liegende Langfeite nimmt das Poftgebäude ein, während die *Marien*-Kirche über die kleinen Markthäufer emporragt. Der in Veurne leider fehlende Brunnen verfchönert die Platzfläche.

Auch der Alte Markt zu Stralfund (Fig. 405) zeigt neben dem alterthümlichen Rathhaufe die *Nicolai*-Kirche hinter der Häuferreihe.

Aehnliche Anordnungen findet man bei den mittelalterlichen »Marktplätzen« mancher anderen Städte, z. B. Köln (fiehe Fig. 350, S. 149), Bremen (Fig. 407), Breslau, Krakau u. a., deren nähere Befprechung hier zu weit führen würde. Bezeichnend ift die fehr oft vorkommende Anordnung, dafs das Rathhaus am freien Hauptplatze, die Kirche aber zurückgezogen in der Nähe deſſelben erbaut iſt (Aachen, Schwerin, Stralſund, Kiel, Lübeck, Neuſs, Geldern, Veurne, Krakau u. ſ. w.).

Einer der bekannteſten und berühmteſten Plätze iſt der *St. Marcus*-Platz zu Venedig (Fig. 409), deſſen Breite, bei 175 m Länge, von 58 m auf 90 m zunimmt.

Umſchloſſen iſt er von den beiden Procurazien, der *St. Marcus*-Kirche und einem Theile des Dogen-Palaſtes. Der Hauptblick in der Längsrichtung iſt auf die *St. Marcus*-Kirche gerichtet, die aber nicht in der Axe des Platzes ſteht. Die ſchiefe Stellung iſt verdeckt durch den *Campanile*, welcher an der breiteren Querſeite auf dem Platze errichtet iſt, und die bekannten drei Flaggenmaſten. Die durch den *Campanile* von der *Piazza* ſcharf abgetrennte *Piazzetta* iſt eigentlich nur die von den Lagunen zum Platze führende Zugangsſtraſse, wirkt aber in Folge der Umrahmung durch die Bauwerke und durch die beiden Zierſäulen am Strande zugleich als ſelbſtändige Platzfläche.

Fig. 410.

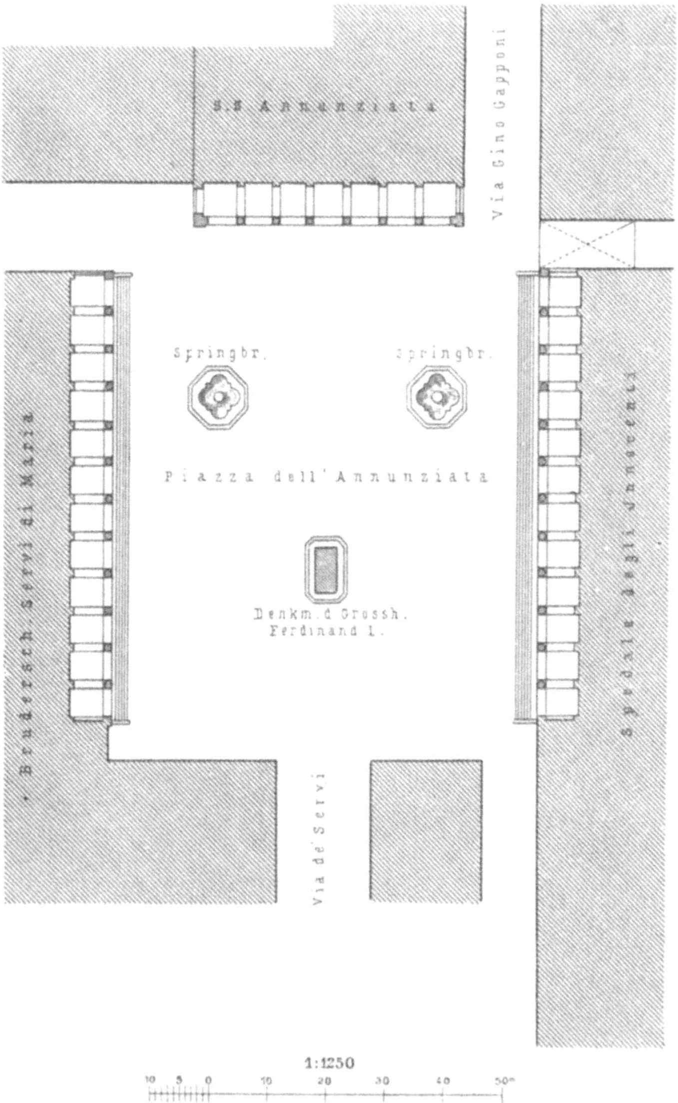

Piazza dell' Annunziata zu Florenz.

Von groſsem Reize iſt auch die in den Maſsen beſcheidene *Piazza dell' Annunziata* zu Florenz (Fig. 410), umſchloſſen von der Vorhalle der *Annunziata*-Kirche und den Säulengängen zweier anderer Monumentalbauten, geziert mit dem Reiterſtandbilde *Ferdinand*'s *I.* und zwei hübſchen Springbrunnenſchalen. Aus Verona gehören hierher die ſehr ſchöne, kleine *Piazza de' Signori* und die geräumige *Piazza Brà*. Allein der edelſte Platz der in Rede ſtehenden Art, den es überhaupt giebt, iſt wohl der Capitol-Platz zu Rom, von *Michel Angelo* ſelbſt derart entworfen, daſs er nach der Tiefe breiter wird; dadurch wird das Bild enger umrahmt, während die Platzfläche dem Auge gröſser erſcheint, als ſie iſt (Fig. 406).

Fuſsgänger ſteigen auf der ſteilen Rampe aufwärts und treten zwiſchen den beiden die Rampe bekrönenden Dioskuren in die Axe des Platzes, der an drei Seiten von ehrwürdigen Monumentalbauten um-

Fig. 411.

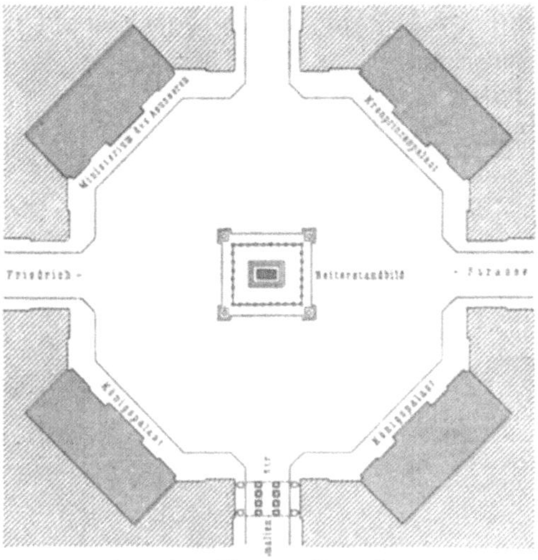

Amalieborg-Platz zu Kopenhagen.

Fig. 412.

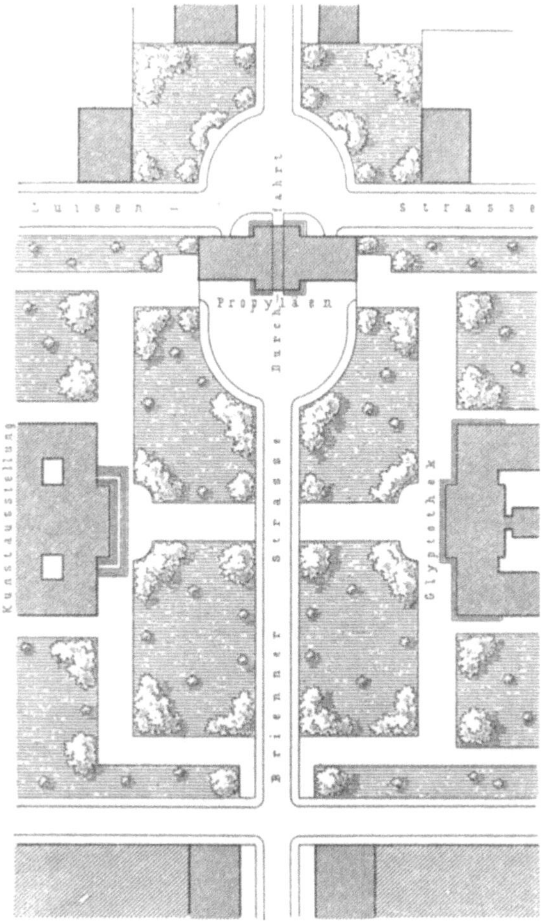

Königsplatz zu München.

1:2500

geben ift und in der Mitte das berühmte eherne Reiterbild *Marc Aurel's* trägt. Zu den Seiten der Aufftieg-Rampe führt rechts in Schlangenwindungen ein Fahrweg zur Höhe des Platzes, links eine mächtige Freitreppe zur Kirche *Sta. Maria in Aracoeli.*

Zu den fchönften Plätzen Europa's gehört ferner der *Stanislaus*-Platz zu Nancy (Fig. 408).

Die Hauptfeite bildet das prächtige Stadthaus; die beiden Querfeiten find von gleich hohen Palaft-Façaden eingefafft; die vierte Seite endlich bilden niedrige Kaffeehäufer, welche den Vordergrund abgeben für den fchönen Triumphbogen, der den Weg zur *Place de la Carrière* bezeichnet. Die vier Ecken des Platzes und die abgehende *Rue Ste.-Catherine* find durch vergoldete Eifengitter gefchloffen, davon drei mit Thoren, zwei mit herrlichen Laufbrunnen. Nur die Hauptzufahrt der *Stanislaus*-Strafse führt offen auf die im Uebrigen gefchloffen umrahmte Platzfläche, deren Mitte das Standbild des *Stanislaus Lesczynski* einnimmt.

Der Parifer *Vendôme*-Platz (Fig. 414) kann mit dem *Stanislaus*-Platze nicht wetteifern, obwohl er ringsum von gleich hohen Paläften umgeben und mit der berühmten Säule gefchmückt ift. Die Ecken des Platzes find abgefchrägt, die Mitten der Langfeiten durch Vorfprünge betont. Ein Uebelftand bei diefem, wie bei dem vorigen Platze ift es übrigens, dafs die Fläche in ihrer Hauptrichtung von Fuhrwerken befahren werden mufs.

Derfelbe Umftand beeinträchtigt auch den in Fig. 411 dargeftellten *Amalieborg*-Platz zu Kopenhagen, der im Uebrigen durch die vier ihn umfchliefsenden gleichartigen Staatsgebäude, das Triumphthor am Hauptzugang der *Amalien*-Strafse und das Reiterftandbild in feiner Mitte faft einzig in feiner Art ift. Die Nachahmung deffelben ift indefs immerhin nur ausnahmsweise statthaft; denn einestheils ist die Kreuzungsstelle zweier Strassen für eine solche Anlage nur statthaft, wenn wenigstens der Fahrverkehr unbedeutend ist und bleibt, und andererseits ist die Möglichkeit einer regelmässigen Gruppirung von vier gleichartigen Monumentalbauten äusserst selten.

Die Verhältnisse des *Amalieborg*-Platzes sind gute, diejenigen des in Fig. 412 mitgetheilten Königsplatzes zu München aber schon übertrieben. Die drei Bauten, nämlich die Glyptothek, das Kunstausstellungsgebäude und die Propyläen würden bedeutungsvoller erscheinen, wenn der Platz in seinen Abmessungen um etwa ein Drittel ermässigt worden wäre. Der Rathhausplatz zu Wien (siehe die Tafel bei S. 253) leidet auch an der Uebertreibung des Massstabes. Selbst so mächtige Bauten, wie das neue Rathhaus, die Universität, das Parlamentshaus und das neue Burgtheater vermögen eine Fläche von 200 × 400 m Grösse nicht wirksam zu umrahmen. Es war nöthig, den Platz mit zwei parkähnlichen Anlagen zu bedecken; die Folge davon ist, dass man die gewaltige Fläche so, wie sie auf dem Plane gedacht ist, nur von den oberen Geschossen der Gebäude überschauen kann. Ungleich schöner ist in dieser Hinsicht der Luftgarten zu Berlin, welcher kaum die halbe

Fig. 413.

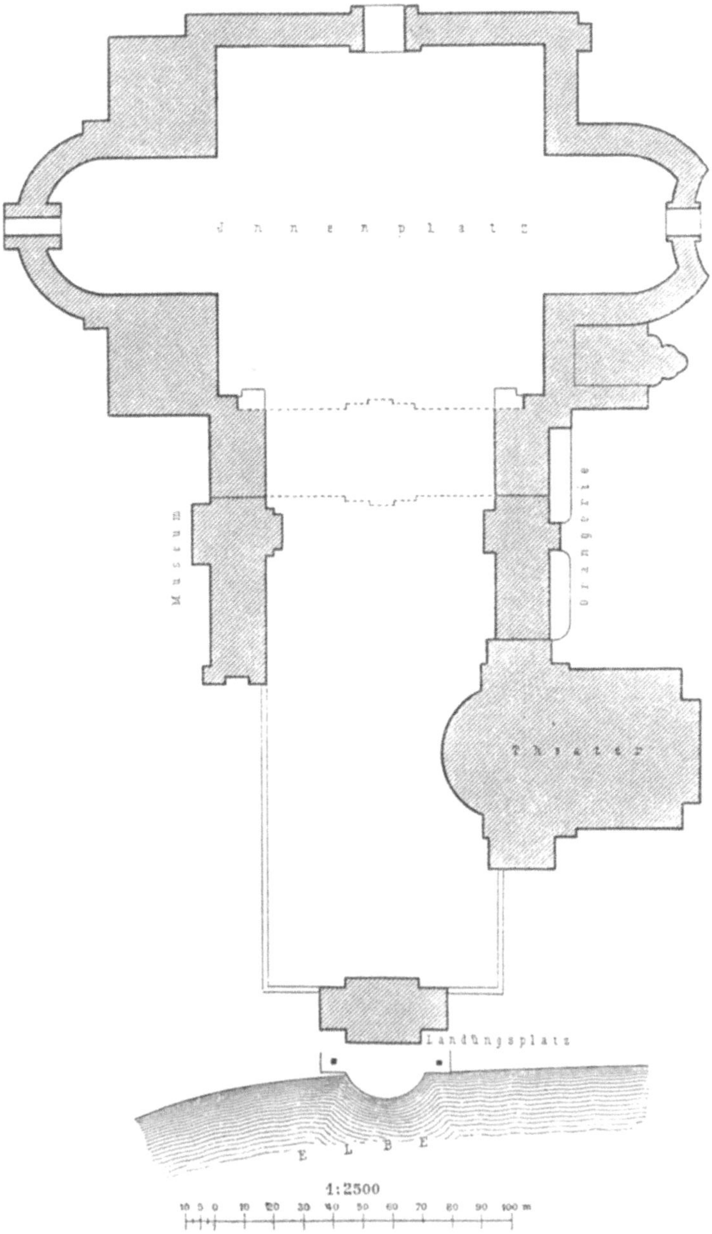

Zwinger zu Dresden.

43) Nach: Sitte, a. a. O., S. 125.

Gröfse hat, in Folge deffen aber die Bauwerke ringsum als Gefammtbild zur Geltung kommen läfft. Der Schlofsplatz zu Stuttgart (fiehe Fig. 375, S. 158), welcher als Gartenplatz hervorragend fchön, ift als Architekturplatz fchon reichlich grofs.

Fig. 414.

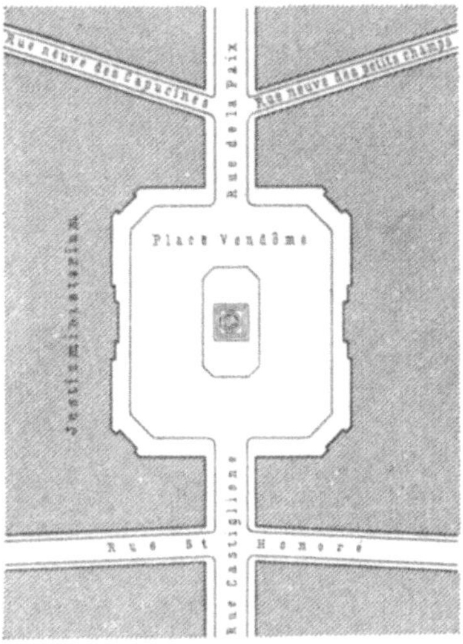

Vendôme-Platz zu Paris.

Fig. 415.

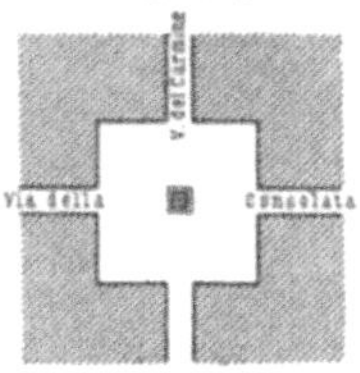

Piazza Savoia zu Turin.

Fig. 416.

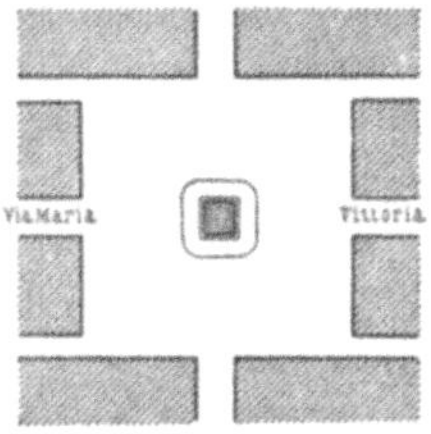

Piazza Carlo Emanuele zu Turin.

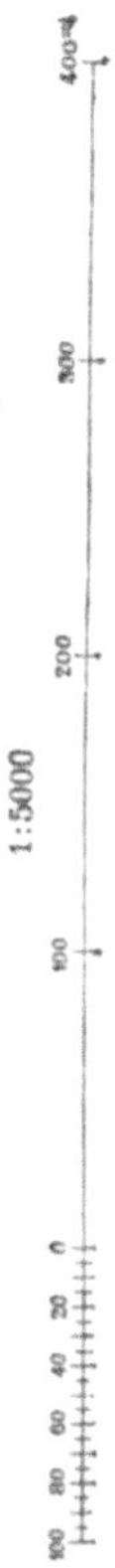

Fig. 417.

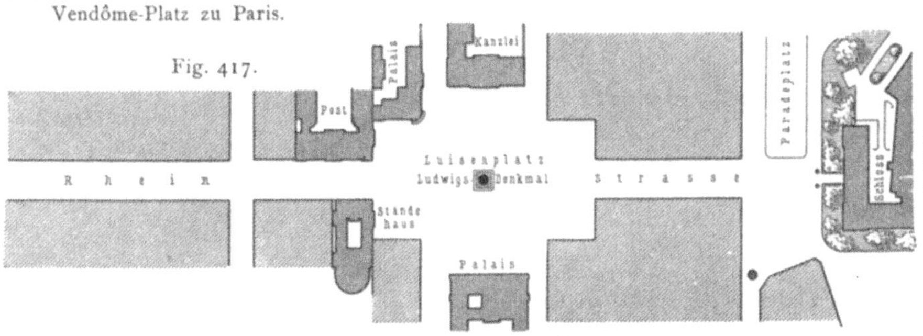

Louifen-Platz zu Darmftadt.

Fig. 418.

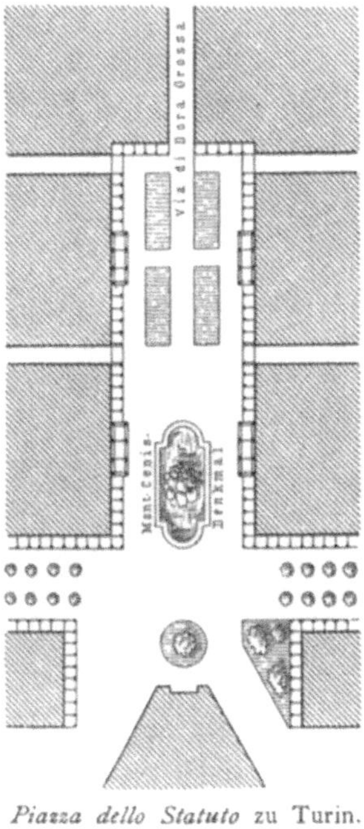

Piazza dello Statuto zu Turin.

Fig. 419.

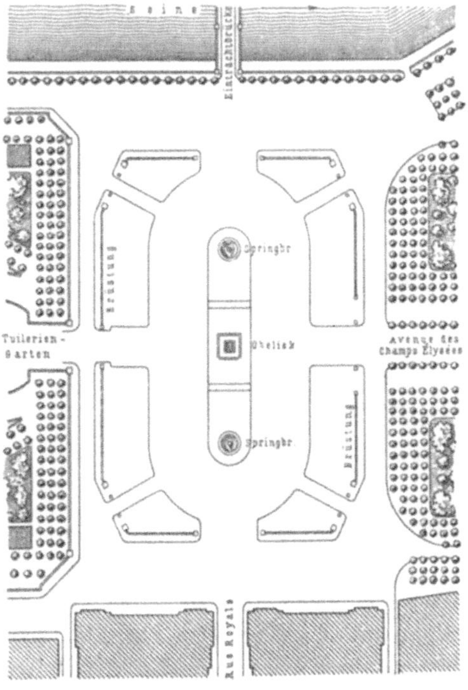

Eintrachtplatz zu Paris.

268. Innenplätze.

Eine Abart der umbauten Architekturplätze ſind die mitunter im Inneren groſser Gebäude ſich bildenden, dem öffentlichen Verkehre dienenden Plätze. Solche »Innenplätze« kommen indeſs nur ausnahmsweise, und zwar meiſtens nur in fürſtlichen Paläſten

Fig. 420.

Karolinen-Platz zu München.

Fig. 421.

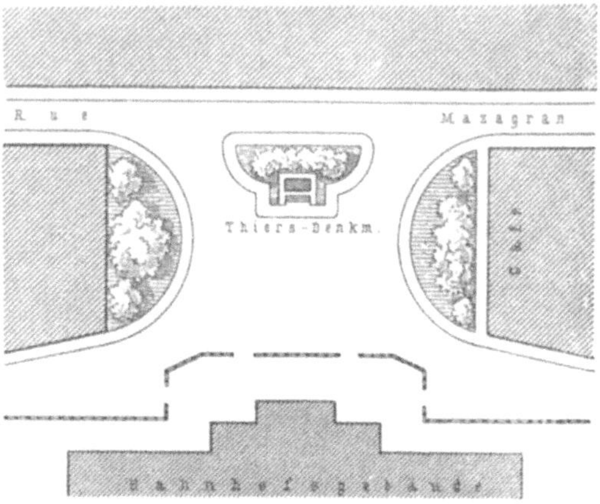

Thiers-Platz zu Nancy.

Fig. 422.

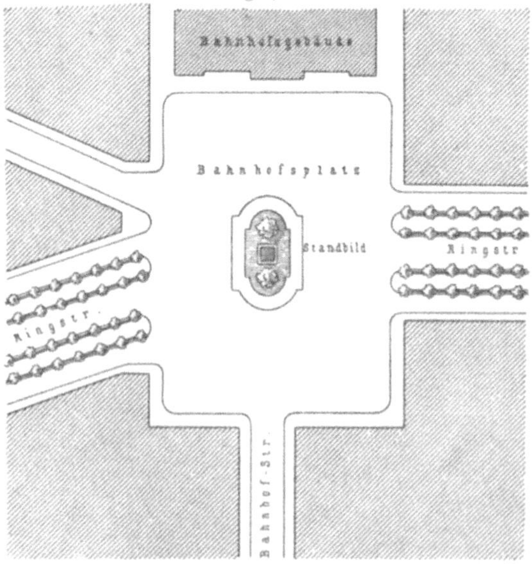

Bahnhofsplatz zu Löwen.

Fig. 423.

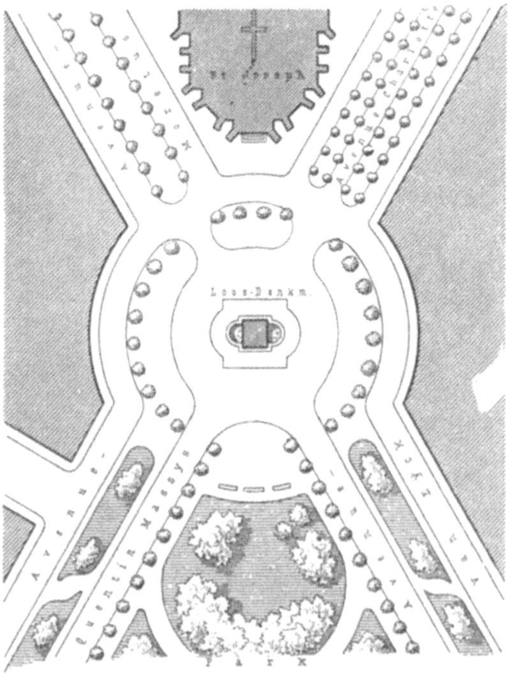

Platz des *Loos*-Denkmals zu Antwerpen.

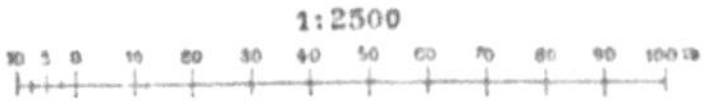

vor; es wird genügen, als Beiſpiele den *Franzens*-Platz in der Hofburg zu Wien, den Zwinger zu Dresden, den Hof des Dogen-Palaſtes in Venedig, die *Place du Carrouſſel* in den Tuilerien und den mit Gartenanlagen geſchmückten, von Säulengängen und Läden umgebenen Innenplatz im *Palais Royal* zu Paris zu nennen.

In Fig. 413 ift der Zwinger zu Dresden ohne feinen inneren Schmuck in der Geftalt fkizzirt, welche er nach *Semper's* Vorfchlag erhalten follte; die heutige Queraxe follte als Längenaxe bis zur Elbe fich erftrecken.

Solche Anordnungen bilden den Uebergang zu deutfchen Burg- und Schlofshöfen und italienifchen Palafthöfen, welche hier nicht zu behandeln find[44]).

269. Gleichartige Architektur.

Von den Innenplätzen und Höfen hat fich das Beftreben, eine gleichartige architektonifche Umrahmung zu fchaffen, auch auf offene Stadtplätze, ja auf ganze Strafsen übertragen. Aufser bei den oben genannten Platzanlagen findet man die einheitlichen Palaft-Façaden befonders viel bei italienifchen Plätzen (z. B. *Piazza alla Croce* und *Piazza Cavour* zu Florenz, *Piazza Vittorio Emanuele* zu Rom). Im Allgemeinen ift indefs diefes Beftreben nur zu billigen, wenn es fich um wirkliche Monumentalbauten handelt, und felbft dann ift das Gleichgewicht in den Maffen bei verfchiedenartiger Architektur der Einförmigkeit vorzuziehen. Zwangsweife gewöhnliche Wohnhäufer hinter langen gleichförmigen Façaden unterzubringen, ift verwerfliches Scheinwefen und zugleich unfchön. Ein warnendes Beifpiel folcher Einförmigkeit bietet *Regents Quadrant* in London dar.

4) Denkmalplätze.

270. Nicht als befondere Platzart zu betrachten.

Dafs hier die Denkmalplätze als eine befondere Art der monumentalen Plätze behandelt werden, foll nicht etwa den Sinn haben, als ob für die Errichtung von Standbildern, Denkfäulen u. dergl. ausfchliefslich die Schaffung einer eigenen Art von Aufftellungsorten nöthig wäre. Wir haben im Gegentheile bei den bisherigen Erörterungen und Beifpielen gefunden, wie Denkmäler in paffender Weife auf Strafsenerbreiterungen, auf Verkehrs-, Markt-, Garten- und Vorplätzen öffentlicher Gebäude und umbauten Architekturplätzen errichtet werden können. Aber viele Plätze find überhaupt für Denkmäler ungeeignet, und andere eignen fich dazu in

Fig. 424.

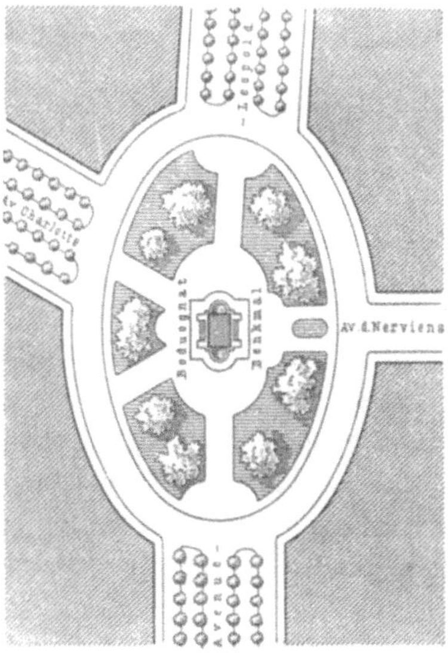

Platz des *Boduognatus*-Denkmals zu Antwerpen.

Fig. 425.

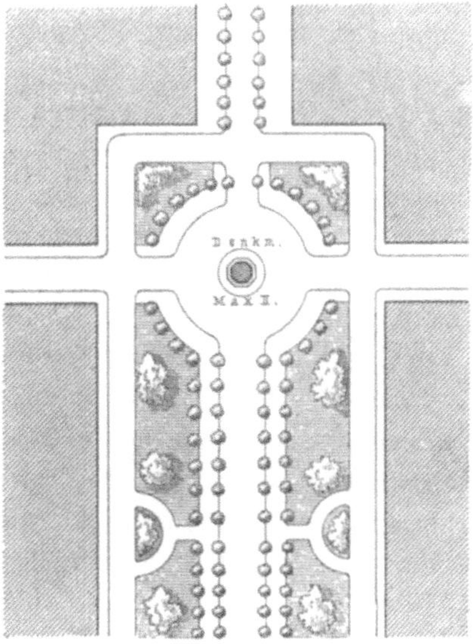

Platz des *Max*-Denkmals zu München.

[44]) Siehe in diefer Beziehung Theil IV, Halbbd. 1 (Abth. I, Abfchn. 5, Kap. 3: Hof-Anlagen) diefes »Handbuches«.

hervorragendem Grade; namentlich iſt erhöhte Aufmerkſamkeit erforderlich, wenn das Denkmal den hauptſächlichſten Gegenſtand des Platzes bildet, dieſer ſomit ein Denkmalplatz im engeren Sinne iſt.

271. Beiſpiele. Es iſt unzuläſſig, ein Denkmal ohne Weiteres in eine oder mehrere Sehrichtungen zu ſtellen, unbekümmert darum, ob die Verkehrs- und Sehlinien dadurch geſtört werden und ob der Straſsenblick zu dem Kunſtwerk in einem richtigen Verhältniſs ſtehe. So iſt die *Piazza Savoia* (Fig. 415) zu Turin, abgeſehen von der ungeſchickten Platzanordnung an ſich, für das Standbild ein ungeeigneter Ort. Der ähnliche Tadel trifft die *Piazza Carlo Emanuele* zu Turin (Fig. 416), obſchon hier dem Verkehre etwas mehr Spielraum gelaſſen iſt. Beſſer ſteht der Obelisk auf dem *Karolinen*-Platz in München (Fig. 420), wo der groſse Durchmeſſer der Kreisfläche eine weite Ausbiegung des Verkehres geſtattet, die aber immerhin für den Straſsenbahnbetrieb noch recht unbequem iſt. Selbſt auf dem *Louiſen*-Platze zu Darmſtadt macht ſich die breit unterbaute Säule, welche einen ſo ſtattlichen Abſchluſs der Rheinſtraſse bildet, in gewiſſem Grade als Verkehrserſchwerniſs bemerkbar (Fig. 417). Weniger wird dies fühlbar auf dem Bahnhofsplatz zu Löwen (Fig. 422), wo der zum und vom Bahnhof ſich bewegende Verkehr das *Van de Weyer*-Denkmal ungezwungen umfährt. Auch das *Thiers*-Denkmal auf dem Bahnhofsplatze zu Nancy (Fig. 421) ſtört den Verkehr eben ſo wenig, wie das *Ernſt-Auguſt*-Denkmal auf dem Bahnhofsplatze zu Hannover (Fig. 340, S. 143). Sehr reizvoll iſt die Aufſtellung des *Loos*-Denkmals und des *Boduognatus*-Denkmals zu Antwerpen (Fig. 423 u. 424); der Fahrweg um das *Loos*-Denkmal herum iſt nur für Perſonenfuhrwerk beſtimmt; die Fahrt von der *Avenue Charlotte* zur *Rue des Nerviens* iſt durch die das *Boduognatus*-Denkmal umgebende Gartenanlage allerdings erheblich beeinträchtigt, ein Uebelſtand, der bei dem *Lys*-Denkmal in Fig. 426 ganz fortfällt, dagegen beim *Max*-Denkmal auf der *Maximilians*-Straſse zu München (Fig. 425) ziemlich fühlbar iſt. In allen zuletzt genannten Beiſpielen wird die Wirkung des Bildwerkes durch die gärtneriſchen Anlagen weſentlich geſteigert.

Fig. 426.

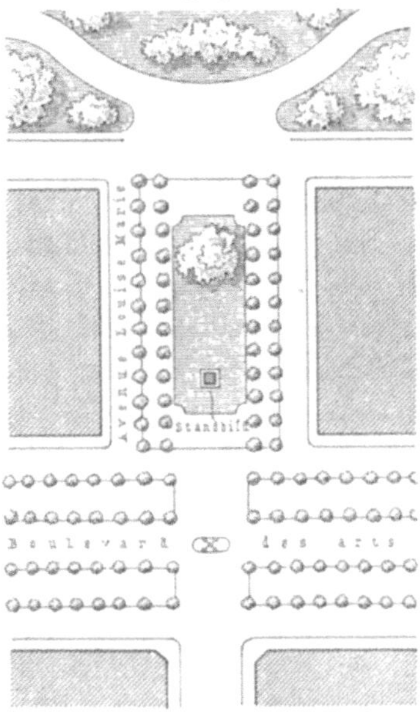

Platz des *Lys*-Denkmals zu Antwerpen.
$^1/_{2500}$ n. Gr.

Ein Denkmalplatz von hervorragender Art iſt die in Fig. 418 dargeſtellte *Piazza dello Statuto* zu Turin. Als Schluſspunkt der langen *Via di Dora Groſſa* erhebt ſich, vorbereitet durch gärtneriſche Schmuckflächen, umgeben von den Colonnaden prächtiger Gebäude, jene hohe, wirkungsvolle, durch Waſſerkünſte belebte Felspyramide, an welcher bewegte Marmorfiguren die erfolgreiche Arbeit darſtellen, bekrönt von einer allegoriſchen Engelsgeſtalt — zum Andenken an die völkerverbindende Durchbohrung des Mont Cenis.

Groſsartiger noch iſt der Eintrachtplatz zu Paris (Fig. 419), nach Gröſse und Anlage der reichſte Denkmalplatz Europas. Eingefaſſt iſt derſelbe von einer monumentalen Steinbrüſtung, deren acht Ecken die Koloſſalbilder von acht franzöſiſchen Städten einnehmen, gewiſſermaſsen die durch prächtige Candelaber bezeichneten

Eingänge bewachend. Die fo umrahmte Fläche trägt auf einem länglichen Mittelfelde den berühmten Obelisk von Luxor und zwei mehrgefchoffige, herrliche Springbrunnen. Von der Mitte aus geniefst man in den hierher zielenden Strafsenzügen vier prachtvolle Fernfichten auf hervorragende Bauwerke der Stadt. Es würde indefs die Wirkung des Platzes fteigern, wenn die Umgebung deffelben, die auf drei Seiten vom Tuilerien-Garten, von den elyfeifchen Feldern und von der Seine gebildet wird, eine mehr gefchloffene Begrenzung herftellte. Das Letztere ift ein Vorzug des *Trafalgar-Square* zu London (Fig. 427), welcher, obwohl in feiner von Brüftungen eingefafften Innenfläche wenig mehr als 100×100 m grofs, den Befchauer mächtiger ergreift. Beide Plätze dienen übrigens, weil fie, frei von gärtnerifchem Schmucke, überall zu betreten find, zugleich für Volksverfammlungen und Fefte. Die

Fig. 427.

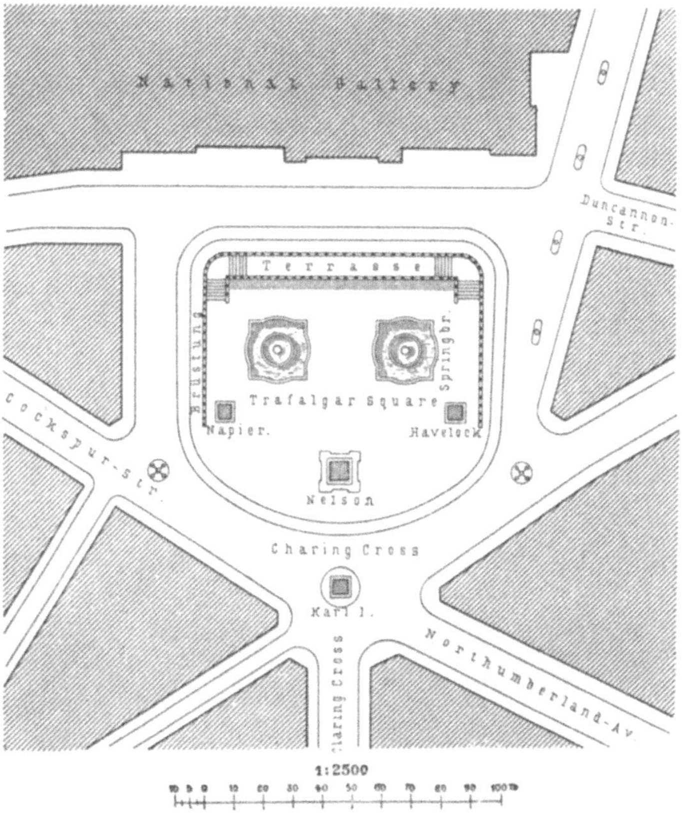

Trafalgar-Square zu London.

fehr hohe *Nelfon*-Säule, die Standbilder von *Napier* und *Havelock* und zwei Springbrunnenfchalen bilden den künftlerifchen Schmuck der nach der National-Galerie hin von einer mächtigen Terraffe überragten Fläche des *Trafalgar*-Platzes. Das Reiterftandbild *Carl's I.* auf der Strafsenkreuzung des *Charing Crofs* nimmt fich allerdings gegenüber den anderen Bildwerken recht unbedeutend aus.

Eine eingehendere Betrachtung werden wir der Aufftellung von Denkmälern in Abfchn. 4, Kap. 7 widmen.

5) Stadtthorplätze.

Wenn wir unter den Architekturplätzen die »Stadtthorplätze« befonders hervorheben, fo liegt der Grund darin, dafs bei den heutigen Stadterweiterungen die 272. Erhaltung alter Stadtthore.

Fig. 428.

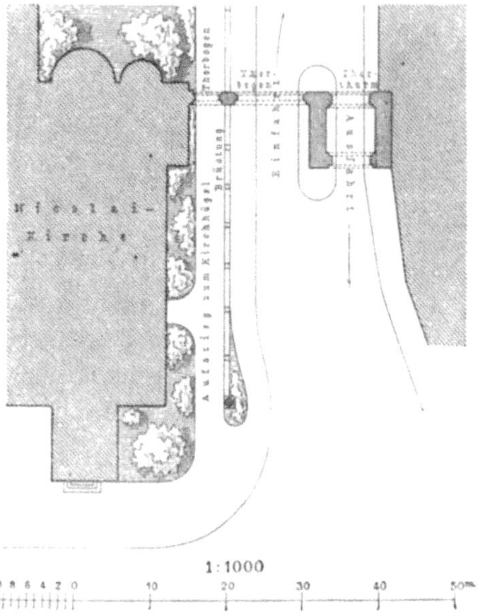

Bahnhofsthor zu Eifenach.

Fig. 429.

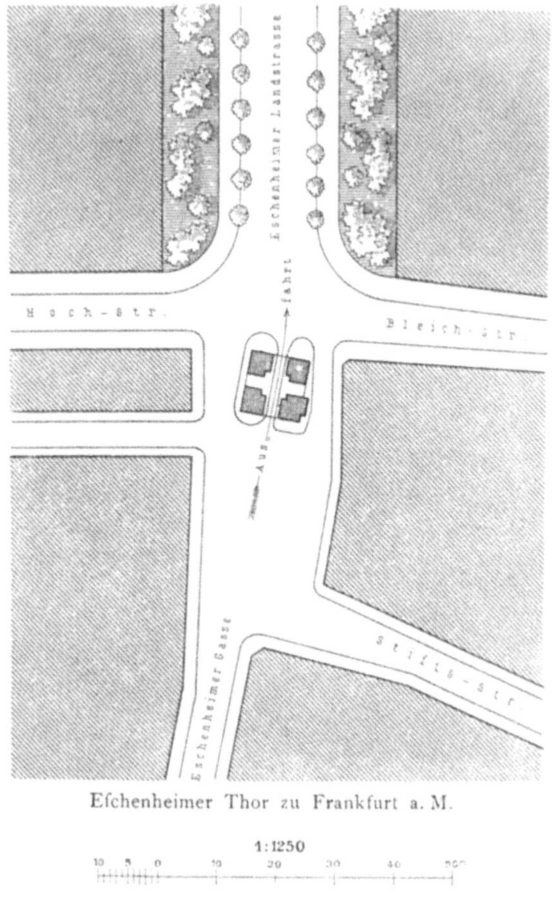

Efchenheimer Thor zu Frankfurt a. M.

Fig. 430.

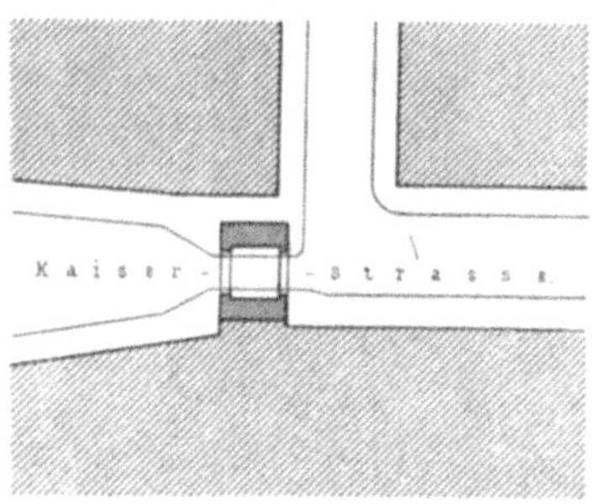

Martins-Thor zu Freiburg i. Br.

Fig. 431.

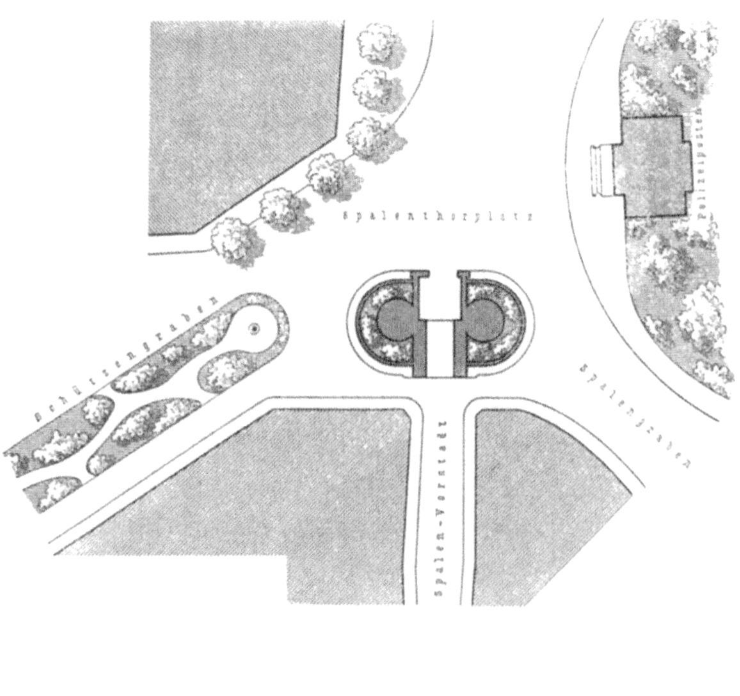

Spalenthor zu Bafel.

Fig. 432.

Parifer-Thorplatz zu Lille. — $^1/_{1250}$ n. Gr.

Aufgabe fo oft fich wiederholt, die Anforderungen des vergröfserten Verkehres zu befriedigen, bei gleichzeitiger Erhaltung werthvoller Thorbauten, fei es mittelalterlichen, fei es neueren Urfprunges. Theils die aus dem Zwange, welchen folche Bauten lange Zeit dem Verkehre anthaten, entfprungene Abneigung, theils gefchichtlicher oder künftlerifcher Unverftand haben unfere deutfchen Städte vieler mittelalterlicher Thorburgen beraubt. Nur wenige, und nicht einmal überall die hervorragendften, find uns erhalten geblieben. Aber allerorts, wo folche Stadtthore vor der Niederlegung gerettet wurden und die Geftaltung ihrer Umgebung den neuen Verkehrsbedürfniffen angepafft worden ift, da bilden fie ehrwürdige Zeugen der Gefchichte und zum Theile herrliche Denkmale alter Kunft. In unferen Abbildungen (Fig. 428 bis 436) theilen wir eine Reihe von Beifpielen mit.

273. Beifpiele.

Fig. 430 zeigt, wie am alten *Martins*-Thor zu Freiburg i. Br. für den Fufsverkehr, welcher neben dem Fahrverkehre im Thorbogen keinen Platz findet, ein feitlicher Nebengang gefchaffen ift. Wenn das Bedürfnifs dringend wird, fo könnte ein ähnlicher Umgang an der anderen Strafsenfeite frei gelegt werden; den malerifchen Thorthurm felbft werden aber die Freiburger fich hoffentlich nicht fortnehmen laffen. In Eifenach (Fig. 428) geht die Einfahrt zur Stadt an dem von *Stier* unter Befiegung der Nivellements-Schwierigkeiten glücklich wieder hergeftellten *Nicolai*- oder »Bahnhofsthor« vorbei, während der alte Thorthurm nur für die Ausfahrt dient. Um den Efchenheimer Thurm zu Frankfurt a. M. (Fig. 429) find Fahrwege beiderfeits eröffnet, fo dafs die Thordurchfahrt nach Möglichkeit entlaftet ift. Aehnliche Anordnungen finden fich in Nürnberg, Heidelberg, Stendal, Bafel (Spalenthor, Fig. 431), Schaffhaufen u. a. O.

Temple-Bar, der alte Thorbau zwifchen der Londoner *City* und dem Weftend, hat zwar dem ungeheueren Verkehr weichen müffen; aber das *Temple-Bar-Memorial*, ein Pfeileraufbau, an deffen Seiten die Statuen der Königin *Victoria* und des Prinzen von Wales angebracht find, ift zur bleibenden Bezeichnung

Fig. 433.

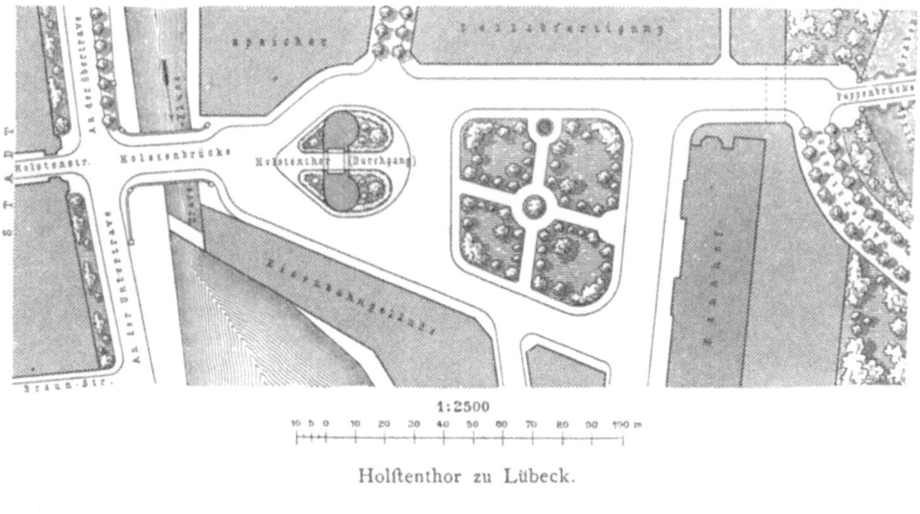

Holftenthor zu Lübeck.

der denkwürdigen Stelle mitten auf der Strafsenfläche errichtet worden, obwohl auch hierdurch der Verkehr fühlbar beengt wird.

Während um die bisher genannten Thorburgen eigentliche Platzflächen nicht angelegt find, zeigt das Ifarthor zu München (Fig. 434), welches nebft dem Zwinger als Durchfahrt erhalten ift, eine förmliche Platzanlage, auf welche fechs Strafsenzüge münden. Die alte Hahnenthorburg zu Köln (Fig. 436) ift mit einem freien, gärtnerifch ausgefchmückten Platze, dem *Rudolfs*-Platze, derart verbunden, dafs nur der Fufsverkehr durch den Thorbogen geht, die Fuhrwerke aber Umfahrten benutzen. Der Hauptverkehr geht hier nicht in die hinter der Thorburg beginnende Hahnenftrafse, fondern in die zu diefem Zwecke feitwärts durchgebrochene Mittelftrafse.

Mehr landfchaftlich find die Umgebungen des Hal'fchen Thores in Brüffel, welches feinem urfprünglichen Zwecke nicht mehr dient, fondern innerhalb einer Gartenanlage neben dem *Boulevard* fteht und als Waffen-Mufeum eingerichtet ift.

Das Holftenthor zu Lübeck (Fig. 433) wird wie das Kölner Hahnenthor nur noch als Durchgang benutzt, während zwei Fahrwege herumführen. Wenn auch die Bepflanzung des Platzes recht freundlich

Fig. 434.

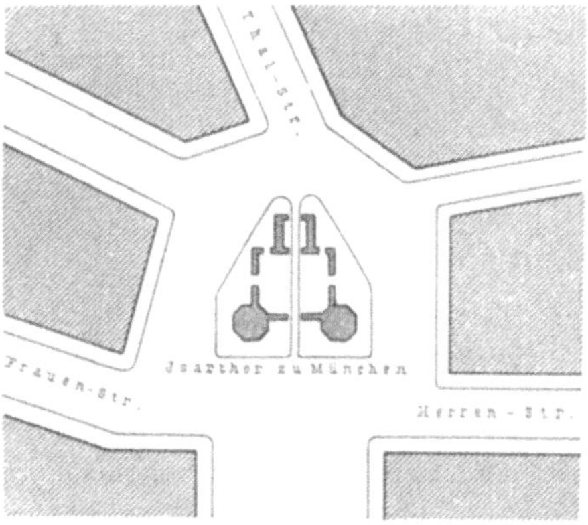

Ifar-Thor zu München.

Fig. 435.

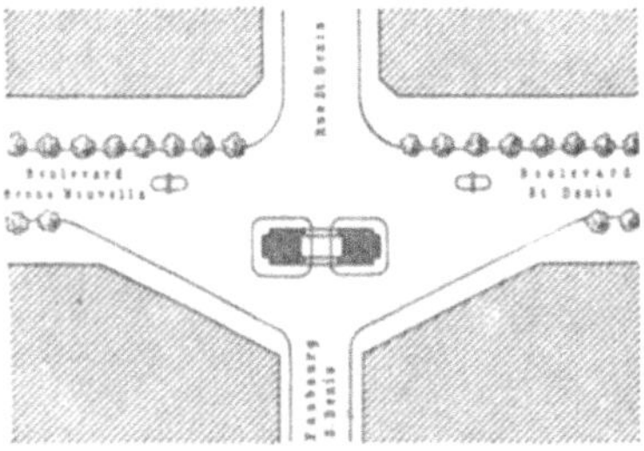

Porte de St.-Denis zu Paris.

Fig. 436.

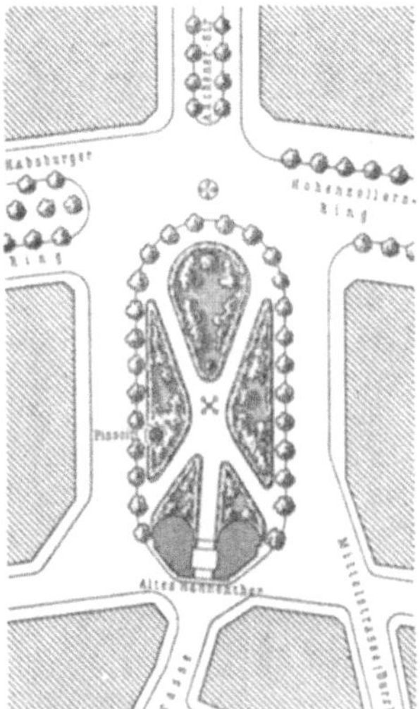

Rudolfs-Platz zu Köln.

Fig. 437.

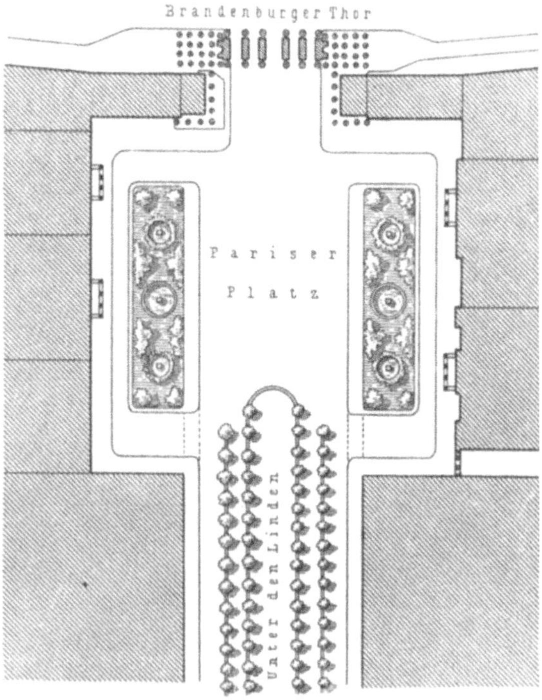

Brandenburger Thor und Parifer Platz zu Berlin.

1:2500

10 5 0 10 20 30 40 50 60 70 80 90 100 m

Fig. 438.

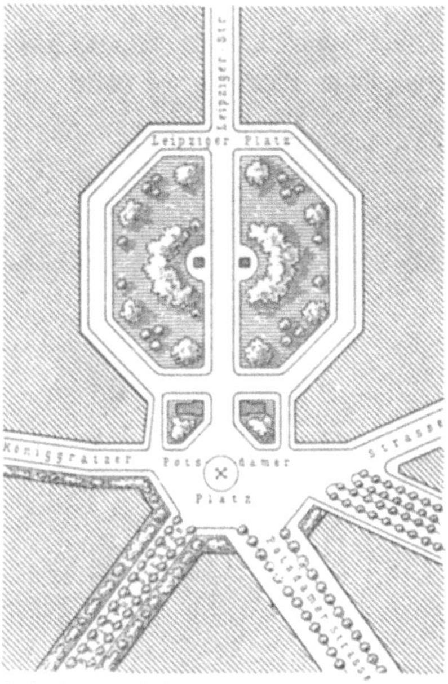

Leipziger und Potsdamer Platz zu Berlin.
$^1/_{5000}$ n. Gr.

wirkt, fo erfcheint der Thorbogen doch leider fehr in die Erde verfunken; auch wäre der Umgebung eine würdigere Ausbildung zu wünfchen.

Das Holzthor zu Mainz fteht jetzt in Folge der durch Zweckmäfsigkeitsgründe bedingten Aufhöhung der umliegenden Strafsen leider in einer fo tiefen Grube, dafs es für den Verkehr überhaupt nicht mehr benutzt werden kann.

Das Parifer Thor zu Lille (Fig. 432) fteht nach Art eines Triumphbogens auf einer ausgerundeten Strafsenkreuzung. Die *Porte de St.-Denis* zu Paris (Fig. 435) hat eine ähnliche Stellung; die Fahrftrafse des *Boulevards* geht aber ungeftört am Thorbau vorüber, während der Verkehr zum *Faubourg St.-Denis* einigermafsen behindert ift. Zwei Florenzer Stadtthorplätze haben wir bereits in Fig. 347 u. 349 (S. 146) behandelt.

Zum Schluffe möge noch ein modernes Stadtthor nebft dem anftofsenden Platze hier erwähnt werden, das Brandenburger Thor zu Berlin (Fig. 437).

Es enthält eine Hauptdurchfahrt und vier Nebenfahrten, während die angebauten Säulenhallen nur dem Fufsverkehre dienen. Eine freie Quadratfläche, der Parifer-Platz, fchliefst fich an den Thorbau an und bildet den fchönen Anfangspunkt der Prachtftrafse »Unter den Linden«. In voller Strafsenbreite ift die Platzfläche dem Verkehre frei gelaffen, während die feitlichen Erweiterungen durch zierliche Gartenflächen gefchmückt find. Mit feinen Umgebungen bildet der Parifer Platz ein würdiges Veftibulum für die deutfche Reichshauptftadt, wie die *Piazza del popolo* (fiehe Fig. 341, S. 143) für Rom.

Fig. 439.

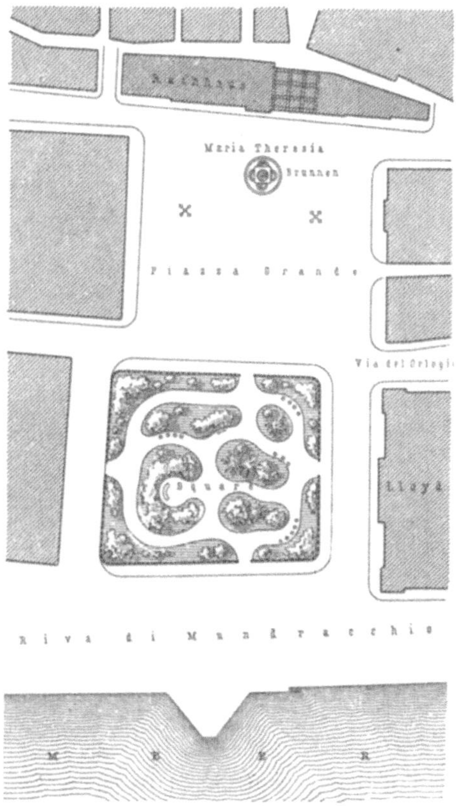

Piazza Grande zu Trieft.

Fig. 440.

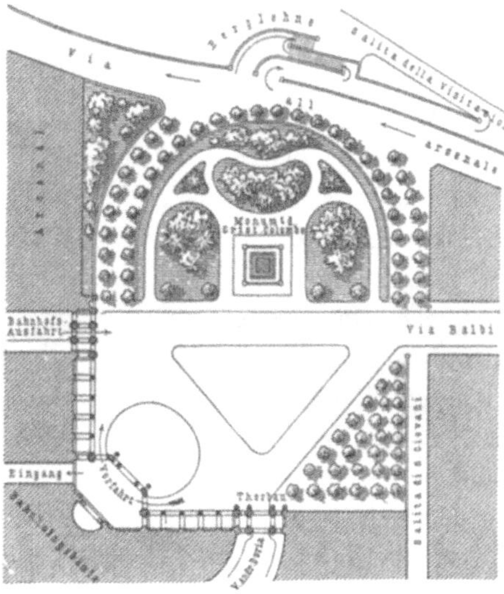

Piazza Acquaverde zu Genua.

$^1/_{2500}$ n. Gr.

e) Doppelplätze.

274. Eine Platzanlage für verschiedene Zwecke.

In Art. 223 (S. 141) wurde ausgeführt, dafs eine und dieſelbe Platzanlage oft mehreren verſchiedenen Zwecken dient. Die vorhandenen Plätze einer Stadt werden ſich daher nicht immer mit einer entſchiedenen Trennung in die bisher behandelten Platzarten einreihen laſſen. Auch bei der Aufſtellung eines Stadterweiterungs-planes wird der Entwerfende mitunter das Bedürfnifs empfinden, eine freie Platzfläche für mehrere Zwecke gleichzeitig zu beſtimmen, beiſpielsweiſe für Markt- und Architekturplatz, für Denkmal- und Gartenplatz. Um ſo aufmerkſamer ſind in ſolchen Fällen die Erforderniſſe zu erwägen und nach Möglichkeit zu befriedigen, welche mit den verſchiedenen Zwecken verknüpft ſind. Am wenigſten eignen ſich für eine gleichzeitige andere Beſtimmung die Verkehrsplätze; man iſt daher in der Regel genöthigt, wenn jener zweite Zweck an derſelben Stelle befriedigt werden ſoll, neben dem Verkehrsplatze eine zweite Platzanlage von der verlangten Beſchaffenheit zu ſchaffen. So entſtehen die Zwillings- oder Doppelplätze.

Fig. 441.

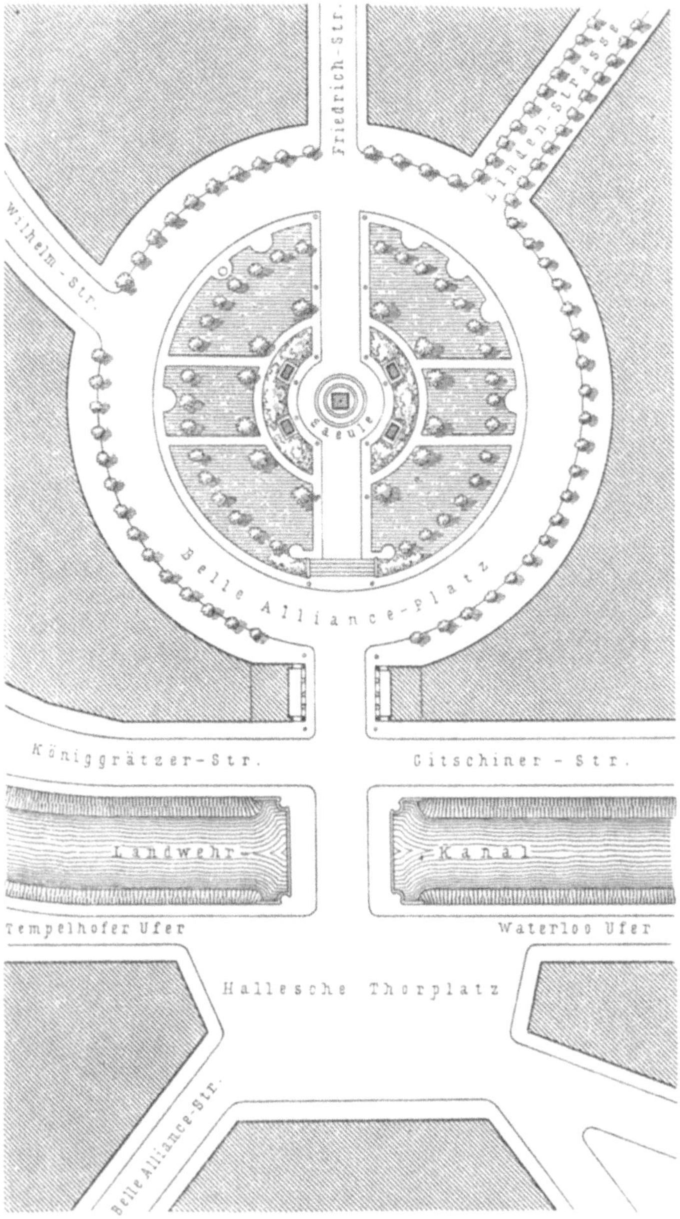

Belle-Alliance-Platz und Halle'ſcher Thorplatz zu Berlin.

1:2500

275. Beiſpiele.

Sehr entſchieden iſt die Doppelanlage am Potsdamer und am Halle'ſchen Thor zu Berlin (Fig. 438 u. 441) ausgeprägt. Auſserhalb des eigentlichen Stadteinganges vereinigen ſich die Straſsenlinien auf einem ausgeſprochenen Verkehrsplatze, während

Fig. 442.

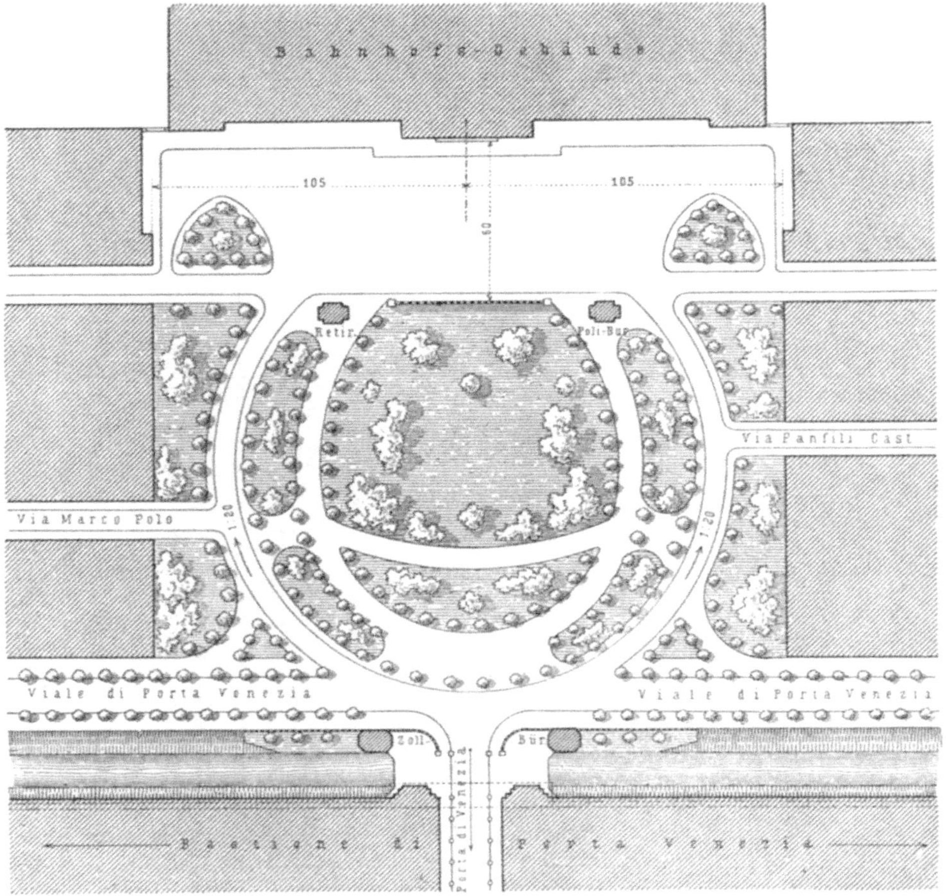

Bahnhofsplatz zu Mailand.

Fig. 443.

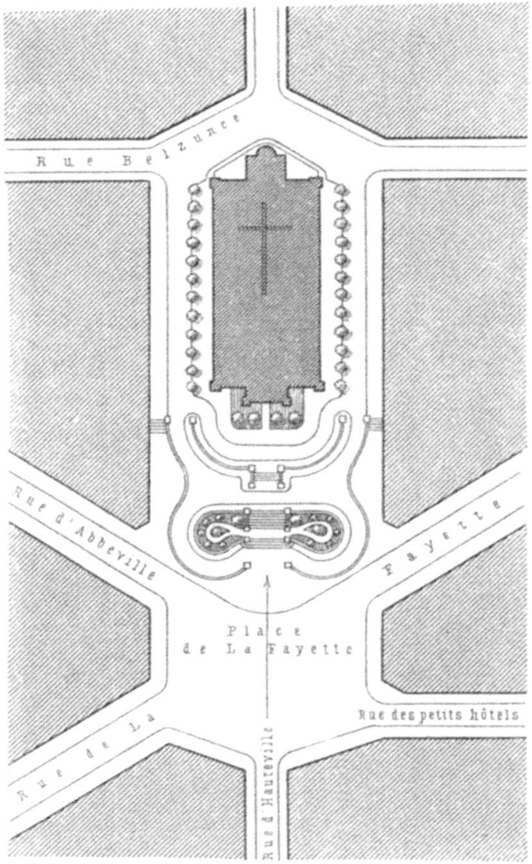

Place de la Fayette und Vorplatz der Kirche
St.-Vincent de Paul zu Paris.

auf der Innenſeite beider ehemaliger Thore je ein geräumiger Gartenplatz angelegt iſt.

Vor dem Hauptbahnhofe zu Mailand (Fig. 442) dient eine groſse freie Fläche als öffentlicher Verkehrsplatz; die zum Venediger Thor hinabführenden Straſsen umſchlieſsen dagegen eine geräumige Gartenanlage, über welche ſich jene Verkehrsfläche als Vorplatz des Bahnhofsgebäudes auf hoher Stützmauer emporhebt — eine Doppelanlage von ungewöhnlich groſsen Abmeſſungen und günſtiger Wirkung.

Eben ſo anziehend iſt die Zuſammenſetzung der *Piazza Acquaverde* zu Genua (Fig. 440). Die vor der Unterfahrt des Bahnhofsgebäudes und vor dem Thorbau der *Via Andrea Doria* ſich ausdehnende untere Hälfte des Platzes dient, durch Erhöhungen geſchickt in Fuſs- und Fahrwegflächen eingetheilt, als Verkehrsplatz, während die obere Platzhälfte, durch die von der *Via Balbi* zur Berglehne emporſteigenden Straſsen prächtig umrahmt, als Denkmalplatz für *Chriſtoph Columbus* ausgebildet und mit ſchönen Pflanzungen bedeckt iſt.

Die *Piazza Grande* zu Trieſt (Fig. 439) zeigt das Beiſpiel einer oft vorkommenden Verbindung eines für ſich abgeſchloſſenen, hier zum Betreten und Ergehen eingerichteten Gartenplatzes und eines Architekturplatzes; die freie Fläche iſt der Vorplatz des Rathhauſes und ſelbſt mit einem Laufbrunnen und zwei figürlich behandelten Monumental-Candelabern geziert.

Schlieſslich theilen wir noch in Fig. 443 eine ebenfalls nicht ſeltene Art der Verbindung von Verkehrsplatz und Architektur-Vorplatz mit. Ueber der *Place de la Fayette* erhebt ſich auf einer gärtneriſch geſchmückten Terraſſen-Anlage die Kirche *St.-Vincent de Paul*, zugleich den wirkungsvollen Schluſspunkt der vom *Boulevard Bonne-nouvelle* in ſanfter Concavlinie aufſteigenden *Rue d'Hauteville* bildend.

276. Plätze als vornehmſter Schmuck des Bebauungsplanes.

Die öffentlichen Plätze ſind bei der Durchbildung eines Bebauungsplanes das vornehmſte Verſchönerungsmittel, welches dem Entwerfenden zu Gebote ſteht. Einmal feſt gelegt, iſt die Abänderung und Verbeſſerung um ſo ſchwieriger, je inniger und überlegter der Zuſammenhang mit den Straſsenzügen und den Gebäudegruppen iſt. Die örtliche Beſtimmung, die Geſtaltung und Ausſchmückung der Plätze iſt deſshalb eine der wichtigſten Aufgaben beim Entwurfe des Stadtplanes. Das geringe Verſtändniſs, welches man auf dieſem Gebiete in feſt geſtellten Bebauungsplänen leider ſo oft antrifft, möge als Rechtfertigung dienen für die Ausführlichkeit, mit welcher der Verfaſſer glaubte, dieſe Sache behandeln zu müſſen. Die eigentlich künſtleriſchen Rückſichten werden übrigens im nächſtfolgenden Kapitel zuſammenhängend erörtert werden.

f) Gröſsenvergleich verſchiedener Plätze.

277. Gröſsenangaben.

Da es leider nicht möglich war, bei unſeren bildlichen Darſtellungen überall den gleichen Maſsſtab zu benutzen, ſo möge der Leſer einen Gröſsenvergleich bekannter Stadtplätze aus der neben ſtehenden Zuſammenſtellung entnehmen, in welcher die Plätze nach abgerundeten Maſsen ihrer Gröſse nach geordnet ſind.

278. Bemerkungen dazu.

In dieſen Maſsen ſind die den Platz umgebenden Straſsen ſtets mitgerechnet, ſo daſs die letzte Spalte die lichten Flächengröſsen zwiſchen den Gebäuden angiebt. Die Zuſammenſtellung zeigt deutlich, daſs die Schönheit des Platzes keineswegs mit der Gröſse zunimmt. Die reizvollen Plätze zu Lübeck, Bremen und auf dem Capitol zu Rom haben nur 4300 bis 5000 qm Flächeninhalt; die berühmten Plätze zu Nancy und Venedig liegen zwiſchen 10 000 und 15 000, die *Piazza del popolo*

	Breite	Länge	Flächeninhalt (abgerundet)
Königsplatz, Berlin . .	230	460	105 000
Derſelbe mit Einſchluſs des ſog. Kleinen Königsplatzes	—	—	134 000
Rathhausplatz, Wien . .	200	400	80 000
Eintrachtplatz, Paris . .	220	360	79 000
Place de l'Étoile, Paris .	275 m Durchm.		59 000
St. Peters-Platz, Rom .	240	340	57 000
Friedrichs-Platz, Kaſſel .	165	340	56 000
Place des Nations, Paris	262 m Durchm.		54 000
Gensdarmen-Markt, Berlin	155	340	53 000
Victor - Emanuel - Platz, Rom	165	315	52 000
Szechenyi-Platz, Szegedin	170	300	51 000
Bahnhofsplatz, Mailand .	200	210	42 000
Luftgarten, Berlin . . .	180	230	41 000
Schloſsplatz, Stuttgart .	180	210	38 000
Cavour-Platz, Florenz .	180	180	32 000
Kaiſerplatz, Straſsburg .	170	185	31 000
	Meter		Quadr.-Met.

	Breite	Länge	Flächeninhalt (abgerundet)
Königsplatz, Köln . . .	120	232	28 000
Neumarkt, Köln . . .	113	240	27 000
Trafalgar-Square, London	145	155	22 000
Königsplatz, München .	120	185	22 000
Dönhoff-Platz, Berlin . .	120	180	22 000
Piazza del popolo, Rom .	150	180	20 000
Piazza Grande, Trieſt .	100	190	19 000
Albert-Platz, Dresden . .	155 m Durchm.		19 000
Bahnhofsplatz, Hannover	100	200	18 000
Wilhelms-Platz, Berlin .	98	176	17 000
Königsplatz, Kaſſel . .	140 m Durchm.		15 400
St. Marcus-Platz, Venedig	$\frac{58+90}{2}$	175	13 000
Stanislaus-Platz, Nancy .	100	120	12 000
Altermarkt, Köln . . .	48	145	7 000
Marktplatz, Lübeck . .	60	85	5 000
Capitol-Platz, Rom . .	$\frac{48+68}{2}$	79	4 500
Marktplatz, Bremen . .	63	68	4 300
	Meter		Quadr.-Met.

und der *Trafalgar-Square* um 20 000 qm. Die gewaltigen Abmeſſungen des Gensdarmen-Marktes zu Berlin und des *St. Peters*-Platzes zu Rom beeinträchtigen die ſchöne Erſcheinung dieſer Anlagen nur aus dem Grunde nicht, weil in dem einen Falle mehrere Monumentalbauten die Fläche theilen, während in dem anderen die bewegte Umriſslinie, die groſsartigen Einfaſſungen und die wirkſame Höhenanordnung den Blick machtvoll auf die *St. Peters*-Kirche hinleiten. Die vier gröſsten Plätze und eine Reihe anderer leiden dagegen mehr oder weniger an den Uebertreibungen des Maſsſtabes [45]).

---

9. Kapitel.

Die öffentlichen Plätze in künſtleriſcher Beziehung.

279. Wichtigkeit der künſtleriſchen Aufgabe.

Die Anlage und die Ausbildung der öffentlichen Plätze bildet die künſtleriſch wichtigſte Aufgabe des Städtebaues. Die glückliche Löſung dieſer Aufgabe gehört zu den Grundbedingungen für die befriedigende Geſtaltung der Stadt. Es iſt desſhalb zweckmäſsig, die im vorigen Kapitel zerſtreuten Schönheitsanforderungen öffentlicher Plätze hier in geordneter Weiſe zu ſammeln und durch eine ſyſtematiſche Erörterung der künſtleriſchen Geſichtspunkte zu ergänzen. Nach Vorausſchickung eines kurzen geſchichtlichen Rückblickes ſollen zu dieſem Zwecke die Umrahmung

[45]) Ueber Platzanlagen ſiehe auch:

Dietrich, E. Die Ausnutzung der öffentlichen Plätze als Stätten der Erholung. Baugwks.-Ztg. 1882, S. 242.

Mühlke. Thorplätze der Florentiner Stadterweiterung. Wochbl. f. Arch. u. Ing. 1882, S. 124.

Mühlke. Studien über römiſche Platzanlagen. Wochbl. f. Arch. u. Ing. 1883, S. 46.

Seibertz. Ueber die monumentale Geſtaltung öffentlicher Plätze Berlins. Deutſche Bauz. 1885, S. 107.

Sitte, C. Ueber alte und neue Städteanlagen mit Bezug auf die Plätze und Monument-Aufſtellung in Wien. Wochſchr. d. öſt. Ing.- u. Arch.-Ver. 1889, S. 261, 269.

der Plätze, die Form- und Gröfsenverhältniffe derfelben, die Beziehungen zu Monumentalbauten, die Gruppirung, Ausftattung, Eintheilung und Höhenanordnung der Plätze befprochen werden.

a) Gefchichtlicher Rückblick.

280. Plätze im Alterthum.

Mehr, als heute, wurde im Alterthum der Bau einer Stadt im Allgemeinen und die Anlage eines öffentlichen Platzes im Befonderen als ein Kunftwerk betrachtet. Sowohl der König *Paufanias*, als der Philofoph *Ariftoteles* bezeichneten den Befitz von öffentlichen Plätzen und öffentlichen Gebäuden als für den Begriff einer Stadt nothwendig, und *Ariftoteles* entwickelte weife Grundfätze für die künftlerifche Schönheit und behagliche Einrichtung des Städtebaues. Die antiken Stadtplätze vertraten als Volksplätze und Feftorte zugleich die heutigen Verfammlungsfäle.

Die griechifche Bezeichnung des öffentlichen Platzes ift defshalb ἀγορά (urfprünglich »Volksverfammlung« bedeutend). Die *Agora* war quadratifch oder rechteckig, gewöhnlich mit einer doppelten Säulenhalle und darüber mit einem offenen Umgang eingefafft, von Tempeln und anderen öffentlichen Gebäuden umgeben, mit Standbildern von Göttern und Helden und mit fonftigen Kunftfchätzen gefchmückt; ein Säulenthor bezeichnete den Eingang. Dies war der griechifche Rathsplatz. Ein zweiter, weniger reicher Platz pflegte als Markt zu dienen; von noch gröfserer künftlerifcher Bedeutung aber waren die Cultplätze. Die Tempelbezirke der Akropolis, zu Pergamon, zu Eleufis, zu Olympia und an anderen Orten waren edle Schöpfungen der Stadtbaukunft, Volks- und Feftplätze erften Ranges.

Der römifche öffentliche Platz ift das *Forum*. Die erhaltenen Refte von *Forum*-Anlagen in Rom, in Pompeji (fiehe die bez. Abbildung in Abfchn. 4, Kap. 7, unter a) u. a. O. geben uns einen Begriff von der ehemaligen Pracht diefer antiken »Feftfäle« der Stadt. Von *Vitruv* ift uns die Conftruction, von anderen Schriftftellern das Leben auf den römifchen *Foren* befchrieben. Auch hier finden wir Säulenftellungen, Tempel und fonftige Monumentalbauten ringsum, fo wie Denkmäler, Altäre, auch wohl ganze Cultusgebäude auf dem Platze felbft. Zu unterfcheiden find das *Forum civile*, der eigentliche Raths-, Gerichts-, Wahlplatz u. f. w., und die *Fora venalia*, die Verkaufsmärkte. Auch zu Schauftellungen, Gladiatoren-Kämpfen u. dergl. wurden die *Fora* benutzt, wenn auch die Theater, Paläftren und Thermen zu gleichen und ähnlichen Zwecken dienten. Viele öffentliche Plätze in italienifchen Städten (z. B. *Piazza Navona*, *Piazza di Termini* in Rom) find die Refte folcher antiker Anlagen, deren grundlegende Eigenfchaften: Unbedecktheit und feitliche Umfchloffenheit fich wiederfpiegeln in den Binnenhöfen des altrömifchen Wohnhaufes und in den von jenen abzuleitenden, mit Galerien umgebenen Höfen der Wohnhäufer in füdeuropäifchen Städten.

281. Mittelalterliche Plätze.

Das Mittelalter unterfchied in Italien deutlich zwifchen drei Platzarten, nämlich der *Signoria*, dem weltlichen Platze, gewöhnlich dem vornehmften Palafte als Vorplatz dienend und von anderen öffentlichen Gebäuden umgeben, oft auch mit einer Säulenhalle *(Loggia)* als Redebühne und Hauptwache gefchmückt; dem Dom- oder Kirchenplatze, auf und an welchem das Gotteshaus, das befondere Baptifterium, der *Campanile*, der Bifchofspalaft vereinigt waren; endlich dem *Mercato*, d. h. dem Marktplatze mit Brunnen und Wage und ftädtifchen Verwaltungsgebäuden. *Signoria* und *Mercato* haben in den antiken Anlagen ihr Vorbild, nicht aber der Kirchenplatz; die Kirche ift auf demfelben felten ganz frei ftehend errichtet, fteht vielmehr gewöhnlich auf einer oder mehreren Seiten mit Klofter- und Schulgebäuden und ähnlichen Bauanlagen in Zufammenhang. Zuweilen wird aus dem Domplatz mit feinen verfchiedenen Bauwerken der Glanzpunkt der Stadt, den griechifchen Tempelbezirken vergleichbar; fo in Pifa, wo noch heute Dom und Baptifterium, Glockenthurm und *Campo Santo* in monumentalem Einklang ihre Marmorfprache reden.

Die deutfchen Städte des Mittelalters benutzten als Volks- und Feftplätze den Markt, der zugleich den Rathhausplatz bildet, Brunnen und Denkfäulen trägt. Wir haben im vorhergehenden Kapitel zahlreiche Beifpiele angegeben und fchon auf den Umftand verwiefen, dafs im Gegenfatze zu dem frei am Markte fich erhebenden Rathhaufe die Kirchengebäude gewöhnlich zurückgezogen, an fchmalen Gaffen oder doch in beengter Umgebung, liegen. Sie lehnen fich an Kreuzgänge, Stifte, Seminar-Gebäude an, ftehen jedoch auch oft frei auf den fie umgebenden Friedhöfen und Zugangsplätzen. Die letztere Art der Aufftellung hat nach Aufhebung der Friedhöfe und nach Niederlegung der kleinen Baulichkeiten, welche in fpätmittelalterlicher oder nachmittelalterlicher Zeit die Dome und Kirchen mit einem Schmarotzerring umklammerten, unfere heutigen Städte mit vielen fchönen Kirchplätzen ausgeftattet.

Die Renaiffance griff in ihren Platzanlagen auf altrömifche Vorbilder zurück, auf die *Fora*, aber auch auf die Thermen, Theater und Circusbauten. Befonders in Italien wurde die Umrahmung durch Säulenhallen, letztere entweder felbftändig oder mit den Häufern vereinigt, in geraden und bogenförmigen Grundrifslinien gepflegt; Obelisken, Statuen und Brunnen bildeten den mannigfaltigften Schmuck. Die Barock-Zeit war die Blüthe diefer Kunftübung. Den *St. Marcus*-Platz mit gerader Umrahmung nach Art der *Foren* befprachen wir fchon in Art. 267 (S. 174, Fig. 409), den *Popolo*- und den *St. Peters*-Platz mit gekrümmten Umrifsbauten in Art. 226 u. 253 (Fig. 341 u. 392). Aufser den ganz umrahmten Plätzen finden wir diejenigen, welche bühnenartig an drei Seiten gefchloffen, an der vierten (der Schaufeite) offen find; dahin gehören der Vorplatz vom *Palazzo Pitti* und der *Annunziaten*-Platz in Florenz (Fig. 410), der *Colonna*-Platz in Rom (Fig. 387), namentlich aber der Capitol-Platz dafelbft (Fig. 406). Mit der neuen Kunftweife drangen auch die italienifchen Platzanlagen nach Norden vor; befonders aber fchufen in Frankreich und Deutfchland die fpätere Renaiffance und die Barock-Zeit viele bemerkenswerthe Werke diefer Art. Den *Stanislaus*-Platz in Nancy (Fig. 408), die Tuilerien und den Vogefen-Platz in Paris (fiehe die bez. Abbildung in Abfchn. 4, Kap. 7, unter a), die Plätze am Schloffe und am Brandenburger Thor zu Berlin, die Refidenzplätze zu Wien, Verfailles, Stuttgart, Karlsruhe, Würzburg, Koblenz, Braunfchweig, Gotha und zahllofe Vorplätze öffentlicher Gebäude, mit Vorliebe an der Hauptfront und an zwei Nebenfeiten vom Bauwerk und deffen Flügeln umfafft, verdanken wir jenem in der grofsen Maffenanordnung fo unternehmenden und erfolgreichen Zeitabfchnitte. Fig. 444 giebt uns ein Bild, wie es ähnlich an fehr vielen Orten wiederkehrt.

282. Renaiffance-Plätze.

Das XIX. Jahrhundert hat trotz *Schinkel* und *Semper* auf dem Gebiete des Städtebaues wenig Künftlerifches geleiftet, obwohl in der zweiten Hälfte deffelben der Auffchwung des Städtelebens und die bauliche Ausdehnung der Städte vielleicht gröfser gewefen find, als zu irgend einer Zeit. Die Arbeit des Geometers und die parcellirende Thätigkeit des nach Gewinn trachtenden Unternehmers erfetzen noch heute vielfach den Entwurf des Baukünftlers. Des Landmeffers und

283. Städtebau im XIX. Jahrhundert.

des Unternehmers Thätigkeit ſind zwar nicht zu entbehren; aber erſt die Durchdringung des Ganzen durch den baukünſtleriſchen Gedanken vermag den Städtebau aus ſeiner gegenwärtigen Verflachung zu erheben und den Leiſtungen früherer Kunſtperioden ebenbürtig an die Seite zu ſtellen. Am ſchwächſten ſcheint die

Fig. 444.

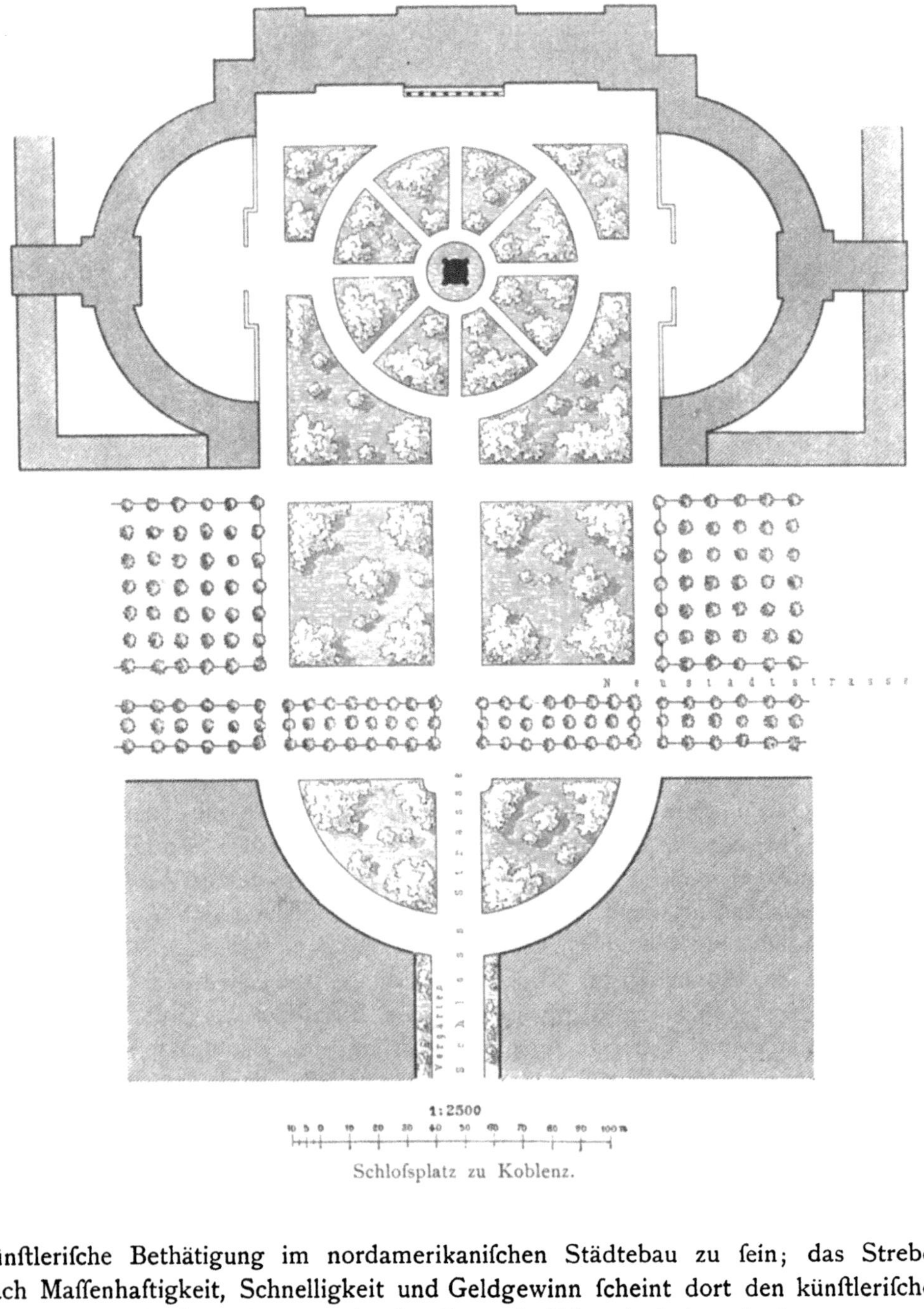

Schloſsplatz zu Koblenz.

künſtleriſche Bethätigung im nordamerikaniſchen Städtebau zu ſein; das Streben nach Maſſenhaftigkeit, Schnelligkeit und Geldgewinn ſcheint dort den künſtleriſchen Erwägungen bis jetzt den Eintritt in die techniſche Aufgabe überhaupt zu verwehren.

b) Umrahmung.

Erft durch die Umrahmung wird aus der freien, unbebauten Fläche ein Platz. So lange die Umrahmung nur eine Linie im Lageplan, eine Einfaffungsmauer, eine Pflanzung ift, alfo nicht den Charakter der architektonifchen Wand befitzt, fehlt dem Platze die Eigenfchaft des Körperlichen, des Baukünftlerifchen. 284. Architektonifcher Platz-Charakter.

Die in Kap. 7 befprochenen Strafsenkreuzungen, -Erweiterungen und -Vermittelungen gehören hiernach auch vom künftlerifchen Standpunkte nicht unter die Stadtplätze, und den in Kap. 8, unter a, behandelten »Verkehrsplätzen«, welche beftimmungsgemäfs von vielen Seiten für den durchgehenden Verkehr offen find, wohnt nur in Ausnahmefällen der architektonifche Platzcharakter bei, in fo fern trotz der Verkehrsdurchbrechung die gefchloffene Umrahmung möglichft gewahrt ift; fo in Fig. 336, 340 u. 342 durch die gefchloffene Bahnhofswand an der einen Langfeite, in Fig. 349 und befonders in Fig. 337 durch die die freie Fläche umfchliefsenden Bogenhallen, endlich in Fig. 341 durch den Thor- und Gebäudeabfchlufs an der einen Langfeite und die einfaffenden Rampenbauten an den Querfeiten. Im Allgemeinen ift der von vielen Seiten geöffnete, von Wagen und Fufsgängern nach allen Richtungen gekreuzte Verkehrsplatz etwas künftlerifch Unbefriedigendes, etwas Unruhiges und Unbehagliches; die Warnung, folche Plätze — welche die Urfache der mit dem Namen »Platzfcheu« belegten modernen Krankheit fein mögen —, befonders die Sternplätze, allzu oft dem Stadtplane einzufügen, wird daher wiederholt gerechtfertigt fein.

Selbftredend kann die Platzumrahmung nicht vollftändig gefchloffen fein, da Zugangsftrafsen unentbehrlich find; aber einestheils zeigten uns fchon Fig. 337, 363, 341 u. 440, wie die über die Strafsenmündungen fortgefetzten Colonnaden oder ein Thorbau den Zufammenhang herftellen, und anderentheils kann die Art der Einführung der Strafsenrichtungen in den Platz eine folche fein, dafs die Umrahmung möglichft wenig zertheilt wird. 285. Schliefsung der Lücken.

Die Colonnaden find entweder den Häufern vorgelegt, bezw. in die Untergefchoffe der Häufer eingebaut und über die Strafsenöffnungen durch weiter gefpannte Bogen verbunden, oder es handelt fich um felbftändige Säulenhallen, deren Zweck darin befteht, dem Platze eine fchmuckhafte Umrahmung zu verleihen. In beiden Fällen pflegen die Hallen zugleich als gefchützte Wandelgänge zu dienen. Das grofsartigfte Beifpiel der zweiten Art bietet der in Fig. 392 dargeftellte *St. Peters*-Platz zu Rom. 286. Colonnaden.

Auch die Thorbauten bilden entweder Theile der den Platz umgebenden Häufer, wie beim *Jofef*-Platz in Wien, beim Kerkboog in Nymwegen, bei den Durchfahrten und Durchgängen unter den Rathhäufern des Mittelalters und der Renaiffance (München, Lübeck, Emden etc.), auch bei der *Piazza Grande* zu Trieft (Fig. 439) und beim Vogefen-Platz in Paris (fiehe a. a. O.), oder es find felbftändige Bauwerke: Triumphthore, Ehrenpforten, Stadtthore. Der *Stanislaus*-Platz zu Nancy (Fig. 408), der *Amalieborg*-Platz zu Kopenhagen (Fig. 411), der *Carls*-Platz und der Königsplatz zu München (Fig. 360 u. 412), der Parifer-Platz zu Berlin (Fig. 374) gewähren Beifpiele hierfür. Als Umrahmungen eigenthümlicher Art find die fchmiedeeifernen Gitter an den Ecken und der öftlichen Strafsenöffnung des *Stanislaus*-Platzes, die Brüftungsgeländer des Parifer Eintrachtplatzes (Fig. 419), fo wie die Brüftungen an den Querfeiten und die Terraffe an der oberen Langfeite des 287. Thorbauten, Gitter, Brüftungen.

Trafalgar-Square zu London zu bezeichnen. Der Abbruch vieler mittelalterlicher Stadtthore war nicht blofs eine Verirrung vom kunftgefchichtlichen Standpunkte der Denkmalspflege aus, fondern eben fo fehr defshalb, weil dadurch eine Lücke, ein Nichts gefchaffen wurde an Stellen, wo für das Strafsenbild, für die Umrahmung vorhandener oder anzulegender Plätze die Gefchloffenheit entfchieden Bedürfnifs war.

288. Verdeckte Einmündung der Strafsen.

Als Erfatzmittel für die Schliefsung der Strafsenöffnungen kann eine folche Anordnung der in den Platz einmündenden Strafsen dienen, dafs die Lücke fich im Platzbilde (im Gegenfatz zu den Verkehrsplätzen) möglichft wenig geltend macht und dafs der auf der Strafse ankommende Befchauer eine gefchloffene Platzwand vor fich fieht, nicht aber über den Platz hinweg in eine neue Strafse fich mit feinen Blicken verliert. Da die Einführung zweier fich kreuzender Strafsen auf der Platzecke eine unerwünfcht grofse Lücke hervorruft, fo ift es gerathener, an der Platzecke nur eine Strafse münden zu laffen, falls die Verkehrsverhältniffe es zulaffen. In alten Städten ift diefen Erwägungen oft in eigenartiger Weife dadurch Rechnung getragen, dafs die Hauptftrafsen nach Art von Turbinenflügeln in die Platzfläche münden, z. B. in Stralfund, Köln und Düren (alte Marktplätze), Braunfchweig (Kohlmarkt), Ravenna (Domplatz, Fig. 445), Mantua (*St. Peters*-Platz, Fig. 446).

Fig. 445.

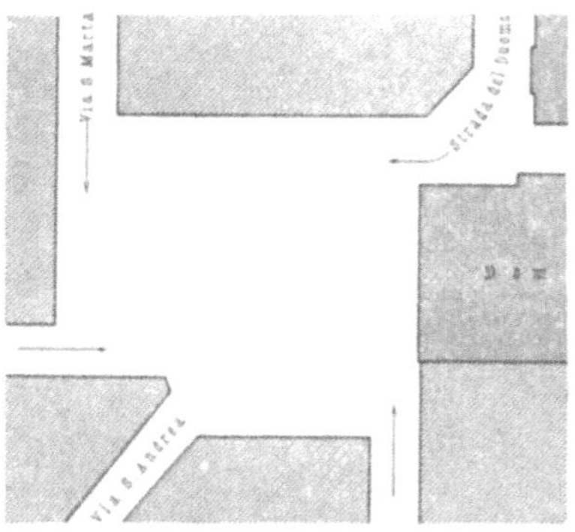

Domplatz zu Ravenna [46]).

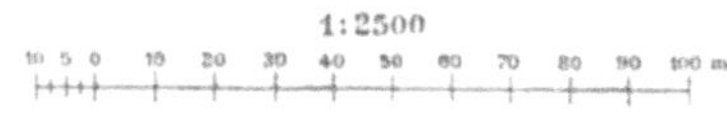

Fig. 446.

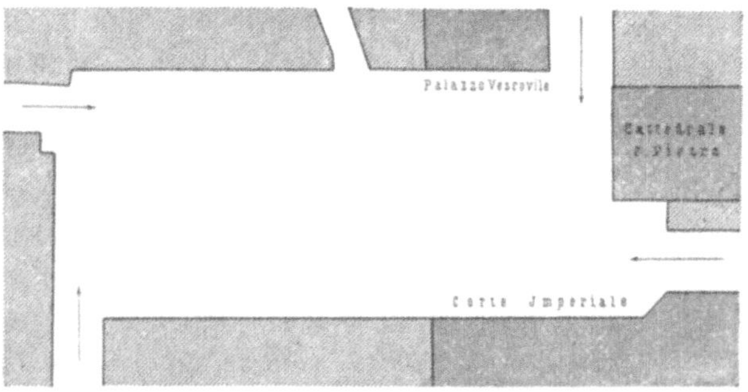

Piazza San Pietro zu Mantua [46]).

289. Symmetrifche und malerifche Anordnung von Bauwerken.

Die den Platz umrahmenden Gebäude bedürfen eines gewiffen harmonifchen Zufammenklanges, welcher vielerorts durch eine gleichförmige oder fymmetrifche Anordnung erzielt ift (*Amalieborg*-Platz, Vendôme-Platz, *St. Marcus*-Platz, Capitol-Platz u. f. w.), aber eben fo wohl durch ein malerifches Gleichgewicht verfchiedenartiger Einzelgebäude hervorgerufen werden kann, wie es viele mittelalterliche Marktplätze fo anmuthig zeigen (Lübeck, Bremen, Stralfund, Breslau, Krakau, Brüffel, Veurne, Brügge u. f. w.). Zumeift wird das Rathhaus, ein Gerichtsgebäude, eine Kirche das Hauptftück in der Umrahmung bilden, dem die übrigen Gebäude (Zunfthäufer, Wirthshäufer, Wache u. f. w.) fich als zierende Faffung anfchliefsen. Auch ift die Aufftellung zweier verfchiedenartiger Hauptgebäude an den einander gegenüber liegenden Platzfeiten (Vor- und Rückfeite) ohne Schwierigkeit durchzuführen, da fie fich dem Blicke nicht paarweife darftellen.

---

46) Fig. 445 bis 450 u. 458 bis 460 find dem fchon genannten *Sitte*'fchen Werk, unter Zuhilfenahme der Reifehandbücher von *Baedeker*, entnommen.

Bedenklich ift dagegen die in neuen Stadtbauplänen oft zu beobachtende Anordnung in der Weife, dafs zwei Bauwerke, beifpielsweife zu beiden Seiten der Hauptfehaxe oder zufammen eine Platzwand bildend, gepaart neben einander erfcheinen. Das Bedürfnifs nach zwei derartigen, gleichwerthigen Gebäuden ift, wie fchon in Art. 260 (S. 169) erwähnt wurde, ein recht feltenes; es follte jedenfalls nicht durch den Stadtbauplan künftlich herbeigeführt werden. 290. Gepaarte Aufftellung gleichartiger Gebäude.

Die wohl überlegte künftlerifche Umfchliefsung der freien Platzfläche ift ein unentbehrliches Mittel, wenn die Aufgabe erfüllt werden foll, trotz der veränderten Gefellfchafts- und Verkehrsverhältniffe moderne Stadtplätze wieder auf die künftlerifche Höhe antiker *Foren* zu bringen oder den Schöpfungen der Renaiffance gleich zu ftellen. Sie führt den Platzgedanken auf feinen Urfprung zurück; fie entfpricht der Verwandtfchaft zwifchen dem *Atrium* des antiken Haufes und dem *Forum* der antiken Stadt, zwifchen dem Binnenhofe der mittelalterlichen Burg oder des Renaiffance-Schloffes und dem Stadtplatze der Neuzeit. Je mehr diefe Verwandtfchaft fich ausprägt, um fo vollendeter wird die künftlerifche Wirkung fein. 291. Verwandtfchaft des Stadtplatzes mit dem Binnenhofe.

c) Geftalt und Gröfse.

Soll dem ftädtifchen Platze im Sinne der vorftehenden Schlufsfätze eine Raumwirkung innewohnen, fo wird er eine Grundrifsform erhalten müffen, deren Seiten geeignet find, das Ganze als einheitlichen Raum zwifchen Gebäudewänden erfcheinen zu laffen. Zertheilte Umrifslinien, wie beifpielsweife am *Louifen*-Platz zu Darmftadt (Fig. 417, S. 177) und an den platzartigen Erweiterungen der *Karl-Friedrich*-Strafse zu Karlsruhe (fiehe die bez. Abbildung in Abfchn. 4, Kap. 7, unter a) mit vielen einfpringenden Ecken, zerftören die Raumwirkung. Die Concavität ift, wie bei den Fluchtlinien und Höhenlinien der Strafsen, fo auch bei den Platzumrahmungen anzuftreben, die Convexität zu vermeiden; dies gilt nicht in dem Sinne, dafs der Entwerfer alle Platzlinien im Hohlbogen zu zeichnen habe, fondern etwa derart, wie ein Photograph eine gröfsere Gefellfchaft aufftellen wird, um ein vortheilhaftes Gefammtbild zu erzielen. Er wird die Perfonen im Allgemeinen in concaver Linie mit der nöthigen künftlerifchen Freiheit vor fich gruppiren und nur wenigen, etwa befonders wichtigen Perfönlichkeiten den entfchiedenen Vortritt geftatten. Auf diefe Erwägung ftützt fich die gute Wirkung von Plätzen, wie der Leipziger Platz in Berlin, der Vendôme-Platz in Paris, die *St. Peters*-Colonnaden in Rom u. f. w. Ja, viele nach allen Seiten geöffnete Verkehrsplätze gewähren, trotz aller Zerriffenheit, in Folge der in der Kreisform oder in einer fonftigen Hohllinie gruppirten Gebäude ein gutes Bild. 292. Vermeidung einfpringender Ecken; Concavität.

Einer regelmäfsigen Geftalt im ftreng geometrifchen Sinne bedarf der Platz nicht; eben fo wenig ift eine ftrenge Symmetrie von Nöthen. Wohl aber ift das äfthetifche Gleichgewicht erforderlich und die Hervorbringung von Verzerrungen und Mifsbildungen zu vermeiden. Die anfcheinend willkürlichen, im Laufe von Jahrhunderten aus beftimmten Gründen entftandenen Unregelmäfsigkeiten mittelalterlicher Plätze können wir trotz ihrer reizvollen Erfcheinung nicht nachahmen; denn an die Plätze, welche wir fchaffen, vermögen wir nicht den malerifchen Niederfchlag vergangener Zeiten hin zu zaubern; fondern die von uns entworfenen Plätze werden in wenigen Jahren oder Jahrzehnten von den Wohnungen und Gebäuden moderner Menfchen umrahmt fein. Daraus folgt für uns die Herrfchaft — nicht des Lineals und des Zirkels, fondern des fchaffenden Geiftes, der fich aber des Lineals und des 293. Regelmäfsigkeit, Symmetrie, Gleichgewicht, Unregelmäfsigkeit.

Zirkels vorwiegend zu bedienen hat und der ſich in grundloſen Willkürlichkeiten nicht bethätigen kann.

Aber trotz dieſer Grundverſchiedenheit von jetzt und ehemals lernen wir aus der Ungebundenheit alter Plätze, daſs wir in der Durchbildung des Einzelnen uns von ängſtlicher Regelmäſsigkeit und Symmetrie frei machen ſollen, wenn wir das Ganze nach einem unſerer Zeit angepaſſten Grundgedanken geſtaltet haben. Die ſchöne Form der *Piazza delle Erbe* in Verona (ſiehe die bez. Abbildung in Abſchn. 4, Kap. 7, unter a) kommt voll zur Geltung (vergl. Art. 172 u. 173, S. 76), obwohl die beiderſeitige Linienführung weder genau ſymmetriſch, noch im Einzelnen regelmäſsig iſt. Durch derartige Unregelmäſsigkeiten, Rückſprünge und Ausbuchtungen können ſogar unſchöne Platzfiguren, wie die Dreieckfläche, die ſich in unſeren neuen Stadtplänen dem Zeichner ſo oft aufdrängt, erträglich, ja maleriſch gemacht werden, während am regelmäſsigen Dreieckplatze die Gebäudelinien hart und verletzend auf einander ſtoſsen.

294. Platzgröſse.

Die Gröſse einer Platzanlage ſoll ſich nach ihrem Benutzungszwecke und nach der Gröſse der auf oder an dem Platze zu errichtenden Gebäude richten. Aus den Marktgeſchäften, aus dem Wagen- und Fuſsverkehre, aus der Annehmlichkeit gärtneriſcher Erholungsplätze und aus ſonſtigen praktiſchen Bedürfniſſen läſſt ſich die erforderliche Gröſse der Platzflächen ableiten; aber die Grenze der zuläſſigen Gröſse und insbeſondere die Grenze der zuläſſigen Abmeſſungen nach oben und nach unten iſt nach künſtleriſchen Erwägungen feſt zu ſetzen. Das verdienſtvolle Werk von *H. Maertens*: Der optiſche Maſsſtab etc. (2. Aufl. Berlin 1884) und das vergleichende Studium bekannter Stadtplätze liefern uns hierfür den nöthigen Anhalt[47]).

Nach den *Maertens*'ſchen, bisher im Weſentlichen nicht widerſprochenen Theorien iſt:

1) ein Abſtand gleich der »maſsgebenden Höhe« des Bauwerkes, alſo ein Aufſchlagswinkel der Augen von ungefähr 45 Grad, beſonders geeignet, die Einzelheiten des Werkes zu beſichtigen;

2) ein Abſtand gleich der doppelten Gebäudehöhe (Augenaufſchlagswinkel 27 Grad) als normal zu bezeichnen, um das ganze Gebäude als Bild für ſich zu betrachten, während

3) ein Abſtand gleich der dreifachen Höhe (Augenaufſchlagswinkel ungefähr 18 Grad) das Bild des Bauwerkes mit der Umgebung vereinigt und die Einzelheiten verwiſcht; ſchlieſslich

4) ein vier- oder fünffacher Abſtand überhaupt nur ein maleriſches Geſammtbild gewährt, in welchem das Bauwerk weſentlich durch ſeine Umriſslinie wirkt.

Für die Beſtimmung der »maſsgebenden Höhe« ſollen Thürme und ähnliche Aufbauten, auch hohe Dächer u. ſ. w. gewöhnlich nicht mitgerechnet werden. Der gröſste Augenſeitenwinkel, bei welchem noch ein deutliches Sehen ſtattfindet, wird etwa 70 Grad betragen.

Nach dieſen Sätzen iſt die Breite einer Straſse oder eines Platzes, an welchem ein auf Beachtung Anſpruch machendes Gebäude errichtet werden ſoll, allermindeſtens gleich der Höhe deſſelben zu beſtimmen. Die meiſten Bauordnungen (vergl. Art. 160, S. 69) laſſen hiernach ſchon etwas zu groſse Haushöhen zu. Andererſeits aber iſt auch unſere Warnung vor allzu groſsen Straſsenbreiten (ſiehe Art. 154 u. 163, S. 68 u. 70) gerechtfertigt. Eben ſo ergiebt ſich, daſs die meiſten mittelalterlichen Kirchenplätze zu klein bemeſſen, während andererſeits viele moderne

[47]) Vergl. auch: MAERTENS, H. Optiſches Maſs für den Städte-Bau. Bonn 1890.

Plätze übertrieben grofs angelegt find. Denn aus den Sätzen von *Maertens* folgt ferner, dafs eine Platzbreite, welche die doppelte bis dreifache Gebäudehöhe überfchreitet, für die Betrachtung und Wirkung des Bauwerkes ungünftig ift. Dadurch foll aber nicht ausgefchloffen fein, dafs an einzelnen Punkten des Platzes der Betrachtungsabftand ein gröfserer ift (bis zu ungefähr der vierfachen Höhe), um auch die malerifch-architektonifche Vereinigung des Bauwerkes mit feiner Umgebung geniefsen zu können, und eben fo wenig find folche Strafsenführungen zu beanftanden, welche den Blick aus gröfserer Entfernung auf das Bauwerk als Schlufsbild des Blickes hinleiten. Aber auch in derartigen weiten Strafsendurchblicken ift Mafs zu halten, weil bei der Steigerung der Sehlänge auf etwas mehr als das Sechsfache der Höhe die Bedeutung des Bauwerkes in unvortheilhafter Weife abgefchwächt werden kann, wenn nicht der unmittelbare Gröfsenvergleich mit kleineren Gebäuden fich geltend macht.

Nach *Maertens* fieht man von der Mitte des *Marcus*-Platzes die alte Procurazie unter einem Augenauffchlagwinkel von 29 Grad, die neue unter 33 Grad, die *Marcus*-Kirche unter 28 Grad, während, von den Langfeiten aus gemeffen, die beiden erften Winkel fich auf 16 Grad und 18 Grad ermäfsigen. Die durchfchnittliche Platzbreite beträgt etwa das Dreifache der Gebäudehöhe. 295. Beifpiele.

Unfere Angabe in Art. 252 (S. 163) über die Mindeftgröfse der Vorplätze vor öffentlichen Gebäuden ift durch die *Maertens*'fchen Sätze beftätigt. Die Höhe des Gerichtsgebäudes am Appellhofplatze zu Köln ift ungefähr 30 m, die Platzbreite nur 32 m; man mufs defshalb die Rampen hinab in die Comödienftrafse fteigen, um das Gebäude möglichft überfehen zu können. An der *Piazza dell' Colonna* zu Rom fieht man dagegen den dem *Corfo* gegenüber liegenden Palaft vom *Corfo* aus in einem Abftande, welcher der 2 1/2- bis 3-fachen Höhe entfpricht, die 29 m hohe Säule des *Marc Aurel* dagegen in einer Entfernung von ungefähr 40 m.

Beim Mailänder Dom beträgt das Verhältnifs der Platztiefe zur Fronthöhe (169 : 56 m) ungefähr 3 : 1; daher ift der Eindruck um fo weniger ein gewaltiger, als die Dom-Façade auch über die den Platz umfaffenden hohen Gebäude nicht entfchieden genug emporragt und als hier die Zwifchen-Staffage einer Säule oder eines ähnlichen monumentalen Schmuckes oder einer Baumpflanzung fehlt. Auf dem Domplatz zu Palermo dagegen erblickt man das Bauwerk von der Langfeite des Platzes in einem Abftande, welcher etwas weniger als das Doppelte der Höhe beträgt; daher der grofsartigere Eindruck. Der *St. Peters*-Dom macht auf den Befchauer, wenn er die *Piazza Rufticucci* betritt, nicht den erwartet grofsartigen Eindruck; denn wenn auch die Höhe der Kuppel über dem Standorte etwa 143 m betragen mag, fo ift doch der Augenabftand (340 m) von der Vorhalle faft das 2 1/2-fache und von der Vierung (480 m) faft das 3 1/2-fache der Höhe. Daher ift der Eindruck des Domes mehr ein malerifcher; er ift ein Theil des herrlich fich entwickelnden Gefammtbildes.

Das fchöne Verhältnifs wie ungefähr 1 : 2 bis 1 : 2 1/2 zwifchen Platzbreite und Gebäudehöhe zeigen der Capitol-Platz zu Rom und die *Piazza dell' Annunziata* zu Florenz. Das Verhältnifs zwifchen der Breite des Kaiferplatzes zu Strafsburg und dem neuen Kaiferpalafte dafelbft ift gröfser als 1 : 4; es ift daher nicht zu verwundern, dafs der Palaft von den meiften Betrachtungspunkten aus durchaus nicht den erwünfchten majeftätifchen Eindruck macht. Am Königsplatz und *Friedrichs*-Platz zu Kaffel, am Rathhausplatz zu Wien, am *Szechenyi*-Platz zu Szegedin fteigt das Verhältnifs bis auf 1 : 8 und mehr. Umgekehrt finkt daffelbe z. B. bei den Rathhausplätzen in

Brüffel und Köln (fiehe Fig. 64, S. 41), fo wie auf den Langfeiten der Münfter zu Regensburg und Strafsburg (Nordfront) unter 1 : 1.

296. Tiefen- und Breitenplätze. Kehren wir von der Gröfse der Plätze zur Geftalt derfelben zurück, fo ift es nach dem Gefagten klar, dafs Thurmfronten und hohe Kuppelbauten eine Platzform verlangen, welche eine entfprechende Entfernung von den hohen Bautheilen geftattet; die Plätze beanfpruchen eine grofse »Tiefe« (vergl. Fig. 386, S. 162, Fig. 388, S. 162, Fig. 446, S. 194, und Fig. 447). *Sitte* bezeichnet diefe Platzanordnung mit dem Namen »Tiefenplätze«. Lang geftreckten Gebäuden von nicht fo ausgeprägter Höhenentwickelung, wie Rathhäufer, Mufeen, auch Seitenfronten von Kirchen, entfpricht dagegen eine längliche Platzgeftalt von geringerer Tiefe, »Breitenplätze« oder »Seitenplätze« genannt (vergl. Fig. 340, S. 143; Fig. 342, S. 145; Fig. 390, S. 163, fo wie Fig. 448). Der *St. Marcus*-Platz zu Venedig (Fig. 409) trägt in feiner Grundrifsanordnung fowohl dem Aufbau der Kirche, als der geftreckten Anlage der Procuratien Rechnung.

Fig. 447.

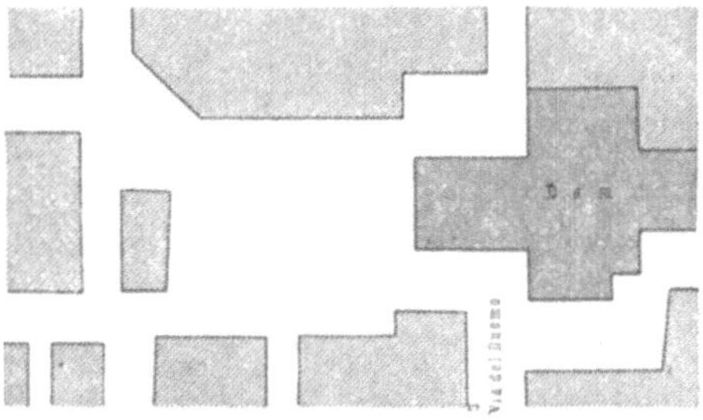

Domplatz zu Verona [46]).

1:2500

297. Verhältnifs zwifchen Länge und Breite eines Platzes. Es wäre eine vergebliche Mühe, fchönheitliche Grenzen für das Verhältnifs zwifchen der Länge und der Breite eines Platzes feft ftellen zu wollen. Der Quadratform fich nähernde Plätze, wie Fig. 403, 404, 405, 406, 408, 410 u. f. w., können in Wirklichkeit eben fo wohl äfthetifch befriedigen, wie fehr lang geftreckte Plätze, z. B. Fig. 353 u. 356. Es kommt lediglich der perfpectivifche Eindruck in Betracht, welcher vom Standpunkte des Befchauers, von der Umbauung und der Ausftattung des Platzes abhängig ift. Je geftreckter allerdings der »Platz« wird, defto mehr erfcheint er als »Strafse«; vielleicht bezeichnet daher das Verhältnifs des Navona-Platzes in Rom (1 : 4) die Grenze zwifchen Platz und Strafse. Der fog. *Friedrich-Wilhelms*-Platz in Aachen (Verhältnifs 1 : 6) und der fog. Ständeplatz in Kaffel (Verhältnifs 1 : 7) wirken thatfächlich nur als Strafsen.

Fig. 448.

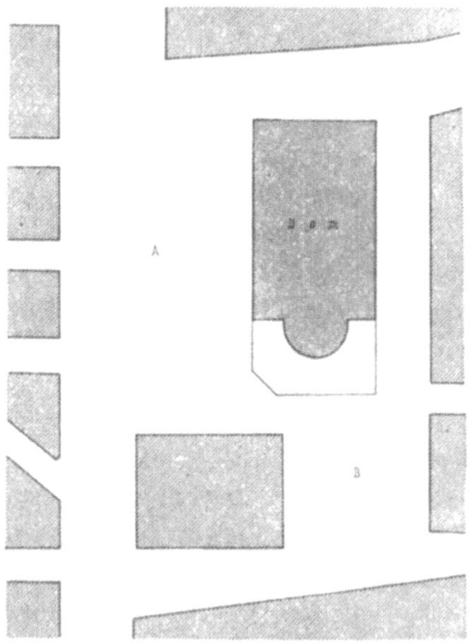

Domplatz zu Palermo [46]).

298. Vergröfserung und Einfchränkung von Plätzen. Die lobenswerthen Beftrebungen, zu enge Plätze zu vergröfsern, eingebaute oder zu nahe umbaute Monumentalbauten »frei zu legen«, find gegenwärtig vielerorts verbreitet, in Italien, wie in Frankreich und Deutfchland. Vorgekommene Uebertreibungen fcheinen aber jetzt die Gegenwirkung hervorzurufen, dafs auch Beftrebungen erwachen, zu grofse Plätze zu verkleinern, allzu frei liegende Monumentalbauten durch eine engere Umbauung einzufchränken. *Sitte* hat in feinem mehrgenannten Werke Vorfchläge ausgearbeitet, die freie Umgebung des Juftizgebäudes,

des Burgtheaters, des Rathhauſes und der Votiv-Kirche zu Wien durch Einfügung neuer Baugruppen zu beſchränken. Wenn auch die meiſten *Sitte*'ſchen Vorſchläge vom Standpunkte des Verkehres als unausführbar bezeichnet werden müſſen und

Fig. 449.

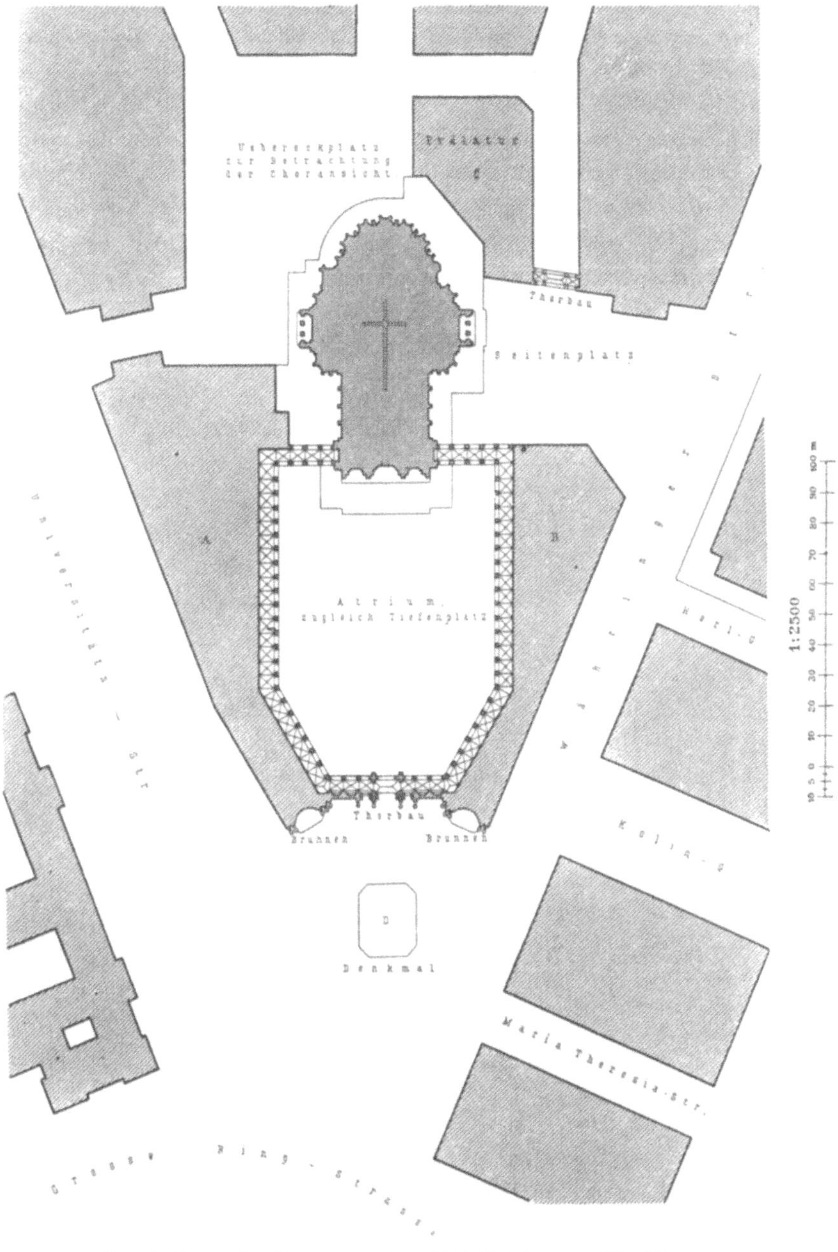

Umgeſtaltung der Umgebung der Votiv-Kirche zu Wien[46]).

zugleich manche äſthetiſche Bedenken wach rufen, ſo enthalten dieſelben doch künſtleriſche Wahrheiten, welche für die Entwickelung des Städtebaues hoffentlich von ſegensreichen Folgen ſind. In Fig. 449 geben wir eine Skizze der von *Sitte* empfohlenen Umbauung der Votiv-Kirche in Wien.

Der fehr grofse Platz zwifchen der Ringftrafse und der Kirche und der kleinere Platz hinter dem Chor derfelben follen durch die Blöcke *A*, *B* und *C* theilweife verbaut werden, fo dafs fich vor der Thurmfront ein *Atrium* als Tiefenplatz von befchränkter Ausdehnung, an der Währingerftrafse ein Platz zur Betrachtung der Seitenanficht ergiebt, während hinter dem Chor noch eine freie Fläche verbleibt, welche hinreichen foll, um den Chor und das Kreuzfchiff über Ecke zu betrachten. Die Seitentheile der Ringftrafsenfront würden durch monumentale Brunnen gefchmückt, bei *D* ein Standort für ein »Denkmal erfter Gröfse« gewonnen werden, dem der gefchloffene architektonifche Hintergrund wirkfam zu Statten käme.

d) Stellung von Monumentalbauten an oder auf freien Plätzen.

299.
Freiftellung der Monumente.

Der Anfchauung, nach welcher im vorhergehenden Kapitel die Vorplätze, umbauten und bebauten Plätze von einander unterfchieden wurden, läfft fich, wenn man nicht von den Plätzen, fondern von den Bauwerken ausgeht, auch in der Weife Ausdruck geben, dafs man unterfcheidet, ob das Bauwerk (oder die Bauwerke) von einer Seite, von mehreren Seiten oder von allen Seiten frei ftehen.

Die nur von einer Seite freien Gebäude erfcheinen dem äufseren Befchauer weniger als Baukörper, denn als Schaufront, als Platzwand. Bei Befprechung der

Fig. 450.

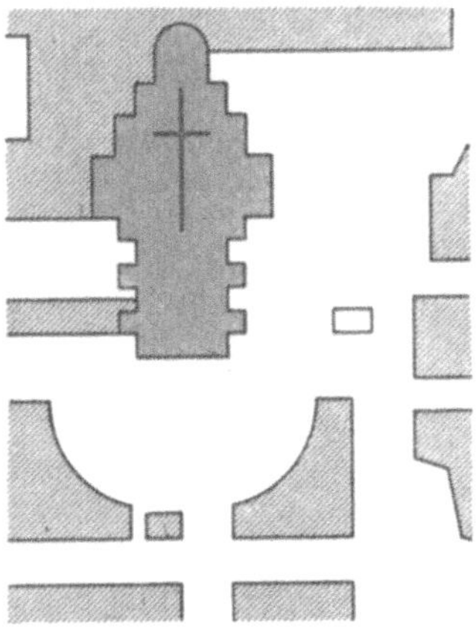

Umgebung der Kirche *San Nicolo* zu Catania [46]).

Fig. 451.

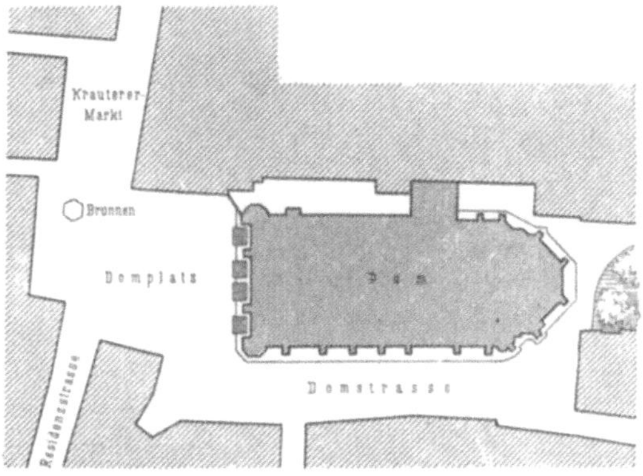

Umgebung des Domes zu Regensburg.

1:2500

10 5 0 10 20 30 40 50 60 70 80 90 100 m

Vorplätze und umbauten Plätze im vorhergehenden und unter b des gegenwärtigen Kapitels find zahlreiche Beifpiele angegeben. Auch die griechifche *Agora* und das römifche *Forum* zeigen uns meift die Gebäude nur von der Hauptfchaufeite. Es ift diefe nur einfeitige Freiftellung zwar eine für die Erfcheinung des Bauwerkes weniger vollkommene Anordnung, als die mehrfeitig freie Umgebung; dennoch laffen die Vorplätze, und mehr noch die von mehreren Monumentalbauten rings umgebenen Plätze, wie unfere Beifpiele zeigen, eine fo grofsartige und wirkfame Ausbildung zu, dafs nicht felten die Platzanordnung als die monumentale Hauptfache und die Gebäude als Theile derfelben erfcheinen.

Die auf zwei an einander ftofsenden Seiten, d. h. an einer Lang- und einer Querfeite, frei liegenden Bauwerke find verhältnifsmäfsig felten. Eine folche Platzanordnung hat, wenigftens in regelmäfsig gebauten Städten, meift etwas Gezwungenes, da das Gebäude in die Platzfläche mit der Ecke hineinfpringt (fiehe Fig. 417).

In alten Städten, z. B. Catania (Fig. 450), kann die Anordnung dadurch malerifch wirken, dafs der Platz in zwei felbftändige Platztheile zerlegt ift, von welchen jeder der ihm zugewandten Seite des Bauwerkes entfpricht; auch ift eine

Nachahmung solcher malerischen Anlage keineswegs ausgeschlossen. Wir finden sie in ähnlicher Form beim Domplatz zu Siena, bei *Notre-Dame* zu Rouen, bei mehreren Kölner Kirchen, so wie in Würzburg, wo der Chor des Domes frei am Parade-Platz, die nördliche Langseite frei an dem damit zusammenhängenden Münsterplatze liegt.

Ein anderer Fall ist der, dass ein Bauwerk mit seiner Vorderseite und seiner Rückseite oder, besser gesagt, mit zwei parallelen, bezw. nicht zusammenhängenden Seiten, frei steht. Dies führt überhaupt zu zwei verschiedenen Platzanlagen, wie z. B. am Berliner Schloss, am Kölner Rathhaus und an vielen mittelalterlichen Kirchen.

Fig. 452.

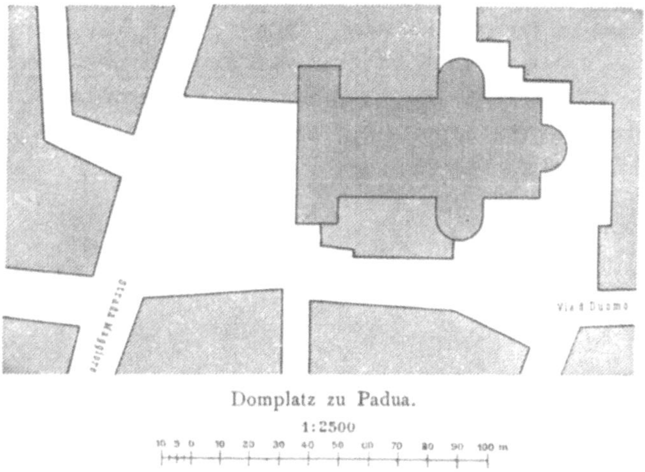

Domplatz zu Padua.

1:2500

Fig. 453.

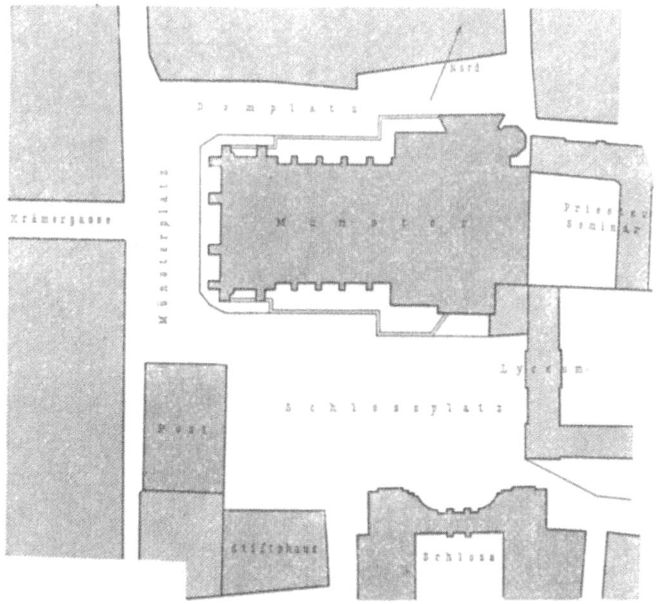

Münsterplatz zu Strassburg [46]).

Meistens aber wurde auch im Mittelalter eine freiere Stellung der Monumentalbauten angestrebt. Man suchte drei Seiten frei zu lassen, während die vierte mit den zur Kirche (oder zur Burg etc.) gehörigen Nebengebäuden zusammenhing. Einige der zahlreichen uns überkommenen Beispiele zeigen Fig. 451, 452 u. 453. In Padua ist die eine Langseite als ursprünglich eingebaut zu betrachten, während die Anbauten an der anderen Langseite spätere, unorganische Zuthaten sind. An den Domen zu Regensburg und Münster i. W., an der Apostelnkirche zu Köln u. s. w. ist ebenfalls die eine Langseite, in Strassburg die Chorseite mit zugehörigen Baulichkeiten verbunden. Dass heute die gänzliche Freistellung der Kirchen üblich ist, liegt einestheils daran, dass das Bedürfniss des unmittelbaren Zusammenhanges der Kirchengebäude mit Schulen, Klöstern, Wohnungen der Geistlichen u. s. w. abgenommen hat, anderentheils aber an einer zu weit getriebenen Gewohnheit. Aus Zweckmässigkeitsgründen diese Gewohnheit in geeigneten Fällen zu verlassen, ist nicht bloss unbedenklich, sondern zur Herbeiführung malerischer

Wirkungen oft durchaus zu empfehlen. Die Vorfchläge *Sitte's*, welcher die gänzliche Freiftellung überhaupt bekämpft, gehen indefs in diefer Hinficht viel zu weit.

Kirchen und andere Bauwerke aus alter und neuer Zeit, welche von allen Seiten frei ftehen, haben wir in grofser Zahl bereits in Fig. 59 bis 63 u. 393 bis 401 mitgetheilt. Dem inneren künftlerifchen Organismus eines Bauwerkes entfpricht es durchaus, wenn derfelbe auch nach aufsen von allen Seiten fichtbar in die Erfcheinung tritt. Aufser den Kirchen kommen defshalb für die ringsum freie Stellung die Rathhäufer, Gerichtsgebäude, Parlamentshäufer, Markthallen, Ausftellungsgebäude, Bade-Anftalten, Börfen u. f. w. in Betracht, ferner der Feuerficherheit wegen in noch erhöhtem Grade die Bibliotheken, Archive, Mufeen, Concerthäufer und Theater. Poftgebäude, Cafernen, höhere Schulen und Krankenhäufer beanfpruchen zwar zweckmäfsig einen felbftändigen, von fremden Baulichkeiten freien Block;

Fig. 454.

Herwarth-Platz zu Köln.

Fig. 455.

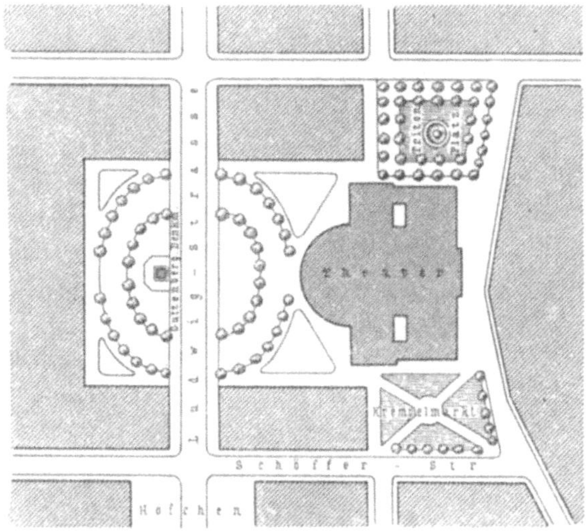

Umgebung des Stadttheaters zu Mainz.

1:2500

nicht aber die freie Platzumgebung, weil diefe Baulichkeiten mit Höfen für Wirthfchafts-, Erholungs- und andere Zwecke, fo wie für Nebengebäude zu verfehen find.

Ein Bauwerk, welches von allen Seiten frei liegen foll, braucht defshalb nicht etwa im Mittelpunkt des freien Platzes aufgeftellt zu werden; Fig. 385, 391, 393, 398, 401, 412, 431, 443 zeigen das Gegentheil. Eine Hauptanficht oder auch mehrere Anfichten werden zweckgemäfs zu bevorzugen, alfo mit gröfseren Vorplätzen, mit einer geräumigeren Freifläche auszuftatten fein. So zeigt auch Fig. 454 einen entfchiedenen Vorplatz an der Thurmfront und eine freiere Choranficht von der linken oberen Ecke des Lageplanes.

300. Mehrere Plätze um ein Bauwerk.

Bei Gebäuden von grofser Ausdehnung entfteht aus der Vertheilung der freien Umgebung naturgemäfs eine Mehrheit von (zwei, drei, vier) Plätzen an den verfchiedenen Seiten des Bauwerkes. So liegt beifpielsweife an der Südfeite des Kölner Domes der Domhof, an der Weftfeite das Domklofter, an der Nordfeite der Bahnhofsplatz, Alles freie Flächen von nicht unbeträchtlicher Ausdehnung. Die freie Um-

Fig. 456.

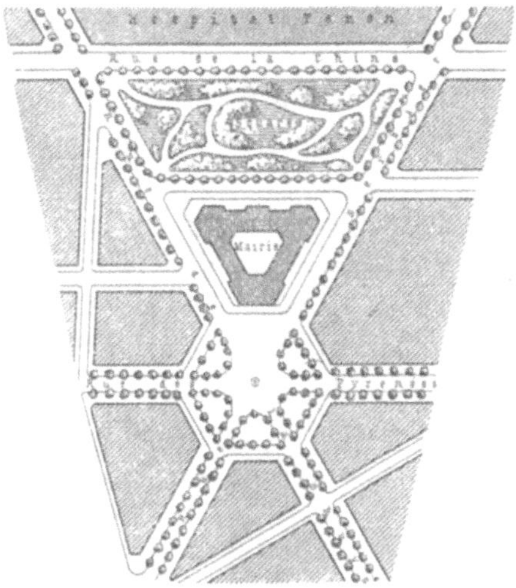

Pyrenäen-Platz und *Square Tenon* zu Paris.

$^1/_{5000}$ n. Gr.

gebung von *S. Maria Maggiore* in Rom bildet an der Chorfeite die *Piazza dell' Esquilino*, an der Portalfeite die *Piazza S. Maria Maggiore*. Auch kleinere Gebäude find zuweilen von verfchiedenartigen Plätzen umgeben, fo das Theater zu Mainz (Fig. 455), welches an drei verfchiedenen Seiten drei felbftändige Plätze, den *Gutenberg*-Platz, den Triton-Platz und den Krempelmarkt aufweist; die *Mairie* des XX. Parifer Bezirkes, welche mit der einen Seite am Pyrenäen-Platze, dem Knotenpunkte von fechs Strafsen, mit der anderen am *Square Tenon* liegt (Fig. 456) u. f. w. Die Kirche *St. Auguftin* zu Paris (Fig. 401), der Dom zu Palermo (Fig. 448), die *Sitte*'fche Umgeftaltung der Umgebung der Wiener Votiv-Kirche (Fig. 449), die Kathedralen zu Amiens und Orleans und viele andere Bauwerke zeigen ähnliche Anordnungen. Eine befonders reizvolle Platzgruppirung finden wir in der Umgebung des Domes zu Salzburg (Fig. 457), beftehend aus dem Refidenzplatze, dem Kapitelplatze und dem Domplatze, welche durch offene Pfeilerhallen von einander getrennt find.

Es leuchtet ein, wie ungemein mannigfaltig und malerifch durch eine folche Gruppirung der freien Fläche, deren einzelne Theile als befondere Platzbilder um-

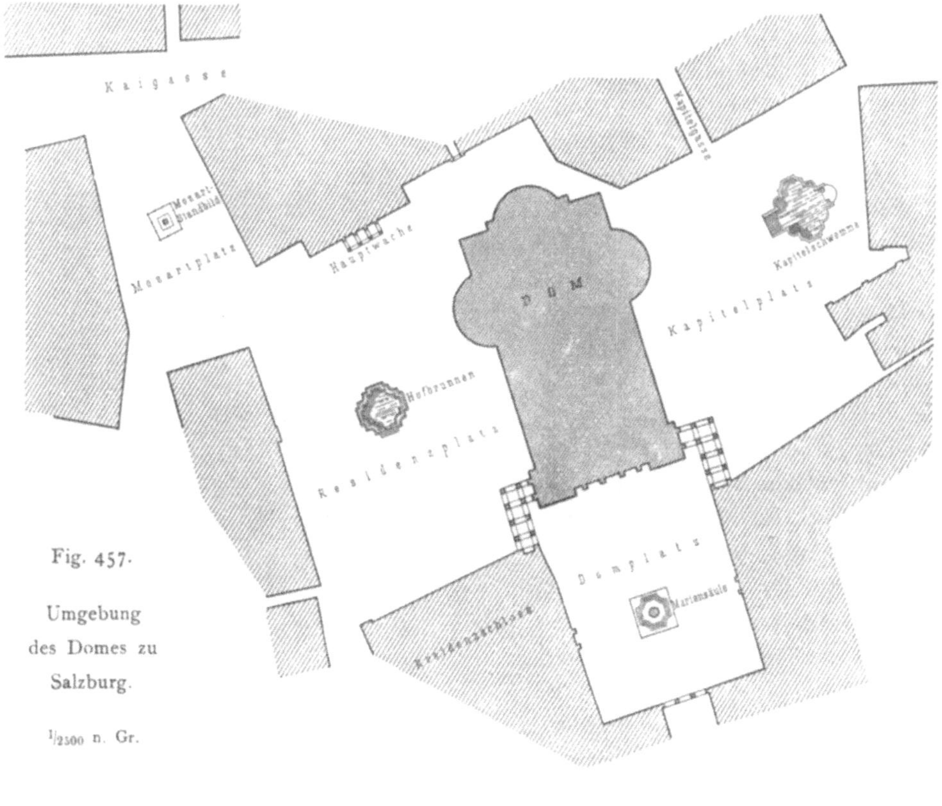

Fig. 457.

Umgebung des Domes zu Salzburg.

$^1/_{2500}$ n. Gr.

rahmt find, die Umgebung eines Bauwerkes ausgebildet und zugleich die Wirkung deffelben gefteigert werden kann. Die Umgebung des Salzburger Domes, zu welcher fich noch der *Mozart*-Platz hinzugefellt, würde, da auch die einzelnen Plätze möglichft gefchloffen umrahmt, fo wie mit Brunnen und Standbildern geziert find, als vollendetes Vorbild gelten können, wenn der Domplatz nicht doch zu befchränkt und die Umbauung des Kapitelplatzes dem Chor zu nahe gerückt wäre.

301. Mehrere Bauwerke auf einem Platze.

Seltener und fchwieriger ift das umgekehrte Verfahren, nämlich die Theilung einer Platzfläche durch Errichtung mehrerer Monumentalbauten auf derfelben. Von alten Beifpielen haben wir fchon früher die Akropolis zu Athen und den Domplatz zu Pifa genannt; neuere Beifpiele find der Theaterplatz in Dresden und der Gensdarmen-Markt in Berlin (Fig. 402). Die Schwierigkeiten des Mafsftabes, wie der Umrahmung fteigern fich hier wefentlich; ihre Ueberwindung ift in jedem Falle eine eigenartige und gefahrvolle Aufgabe, die übrigens in den angeführten Beifpielen im grofsen Ganzen vortrefflich gelöst ift.

e) Platzgruppen.

302. Gruppirung von Plätzen.

Betrachteten wir bisher die Theilung und Gruppirung einer Platzfläche, welche ein einzelnes Bauwerk (oder ausnahmsweife mehrere zufammengehörige Bauwerke) umgiebt, fo machen wir jetzt einen weiteren Schritt, um diejenigen Platzgruppen, d. h. Gruppen verfchiedenartiger Plätze, zu unterfuchen, welche nicht eine gemeinfchaftliche künftlerifche Beziehung zu einem beftimmten Bauwerke befitzen.

Eine befondere Art folcher Anlagen haben wir fchon im vorhergehenden Kapitel (unter e) befprochen, nämlich die Doppelplätze, welche ihren Urfprung den verfchiedenartigen praktifchen Bedürfniffen verdanken, die durch die Platzanlage befriedigt werden follen.

Fig. 458.

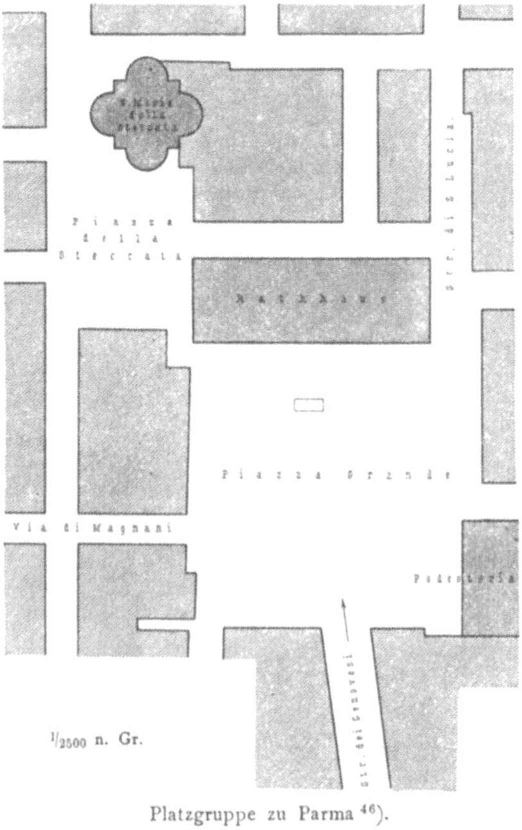

Platzgruppe zu Parma [46]).

Eine andere Art der Gruppirung verfchiedener Plätze ift die nach künftlerifchen Erwägungen mit Beziehung auf verfchiedene Gebäude. *Piazetta* und *Marcus*-Platz in Venedig unterfcheiden fich nicht nach Nützlichkeitsrückfichten, defto bedeutfamer aber nach ihrer künftlerifchen Anordnung. Sie find durch den *Campanile* entfchieden von einander abgefondert; die *Piazetta* erfüllt ihre Beftimmung als Vorplatz für die Bibliothek und den Dogen-Palaft, der *Marcus*-Platz als Vorplatz der *Marcus*-Kirche und monumentaler Volksplatz; ihre Vereinigung zu einer Gruppe liefert die herrlichften Stadtbilder. Kleiner, aber ebenfalls kennzeichnend, iſt die Gruppe des *Dominicus*-Platzes und des Königsplatzes in Modena (Fig. 459), der eine Vorplatz der gleichnamigen Kirche, der andere Vorplatz des mächtigen *Palazzo Ducale* oder *Reale*. Aehnlich iſt die in Fig. 458 angegebene Gruppirung in Parma, wo ebenfalls Palaſt und Kirche zur Bildung eines Doppelplatzes Anlaſs gegeben haben. Eines der ſchönſten Beiſpiele aus Deutſchland iſt die in Fig. 460 nur annähernd ſkizzirte Platzgruppe zu Braunſchweig: der Altſtadtmarkt mit ſeinem Brunnenſchmuck, umrahmt von Rathhaus, *Martini*-Kirche und Gewandhaus, der zweite Platz als Seitenplatz zur Betrachtung der genannten Kirche.

Fig. 459.

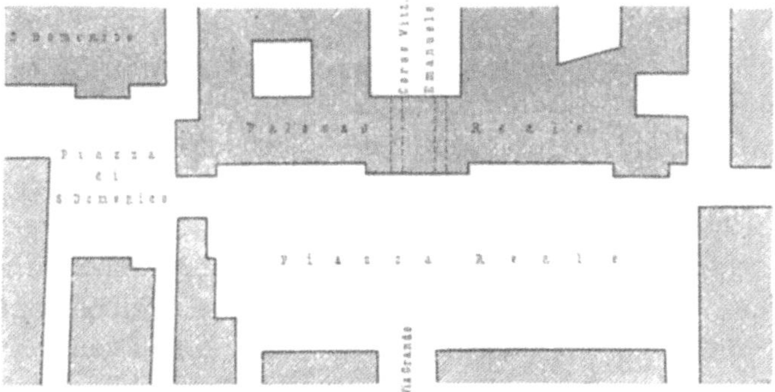

Platzgruppe zu Modena [46]).

1:2500

10 5 0 10 20 30 40 50 60 70 80 90 100 m

Fig. 460.

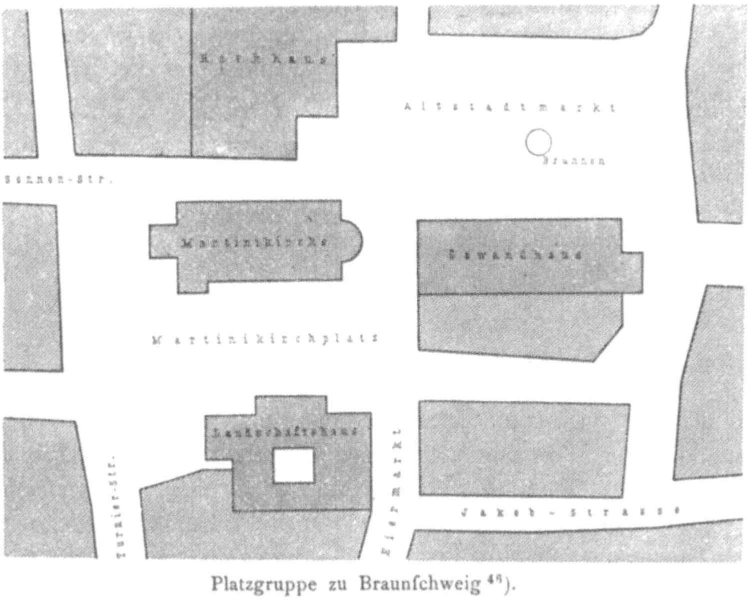

Platzgruppe zu Braunſchweig [46]).

Aus Bremen, Lübeck, Stettin, Magdeburg, Köln und anderen deutſchen Städten laſſen ſich ähnliche Beiſpiele anführen; auch wurde ſchon in Art. 267 (S. 173) auf die im Mittelalter beliebte Gruppirung von Rathhaus und Kirche hingewieſen. Franzöſiſche Beiſpiele ſind *Hôtel-de-Ville* und *St.-Gervais* in Paris, Dom und Juſtizpalaſt in Reims, Rathhaus und Kathedrale zu Orleans. Wir erkennen aus all dieſen anziehenden Platzgeſtaltungen an benachbarten Gebäuden, aus den maleriſchen Bildern und Gruppen, welche ſie erzeugen, wie ſehr die planmäſsige, enge Gruppirung freier Plätze auch in neuen Stadtplänen zur künſtleriſchen Verſchönerung der Stadt beitragen kann, wenn die Anordnung ſich auf dem Boden des wirklichen Bedürfniſſes aufbaut und in aufmerkſam erwogener, richtig empfundener Weiſe durchgeführt wird. Willkürliche Erfindungen ohne thatſächlichen Untergrund haben natürlich einen geringen Werth; es leuchtet deſshalb auch hier die Nothwendigkeit hervor, den Stadtplan nicht als blofses Verkehrs- und Bebauungs-Schema aufzufaffen, fondern vorher die Bedürfniffe und Ziele der Zukunft genau zu ergründen und diefen die Planung anzupaffen.

303. Künftlerifche Gruppirung in weiterem Sinne. Auch im weiteren Sinne ift in einem durchdachten Stadtplane eine künftlerifche Gruppirung der öffentlichen Plätze anzuftreben. Wenn *Ariftoteles* die Vereinigung der öffentlichen Gebäude an einer Stelle der Stadt verlangte, fo pafft dies auch heute noch für unfere kleinen Städte und für neue Städtegründungen. Mit dem Wachfen der Stadt tritt aber die Zerftreuung der Monumentalbauten von felber ein, und eine der vornehmlichften Aufgaben des Stadterweiterungsplanes ift es, diefe Zerftreuung nach Grundfätzen nicht blofs der Zweckmäfsigkeit, fondern auch der Kunft zu leiten, die öffentlichen Gebäude und die öffentlichen Plätze künftlerifch und dem Bedürfnifs entfprechend zu gruppiren und in gegenfeitige Beziehung zu fetzen. Dadurch entfteht jener Reichthum an Motiven, jene erfreuende Mannigfaltigkeit des Stadtbildes, welche wir nicht blofs in den Städten alter Kunftpflege (z. B. Rom, Florenz, Nürnberg, Braunfchweig), fondern auch in durchaus modernen Stadtfchöpfungen, befonders in Paris und Brüffel, bewundern. Gegenüberftellungen wie *Madeleine* und *Palais Bourbon,* Tuilerien und Triumphbogen, *Palais Luxembourg* und Sternwarte; Platzvertheilungen wie Eintrachtplatz, *Rond-Point* und *Place de l'Étoile,* Eylauer, Jenaer und *Trocadéro*-Platz; endlich einander folgende Fernfichten mit Schlufsbildern, wie diejenigen, welche fich dem Parifer *Boulevard*-Wanderer nach einander auf die Kirchen *Trinité, Loretto* und *St.-Vincent de Paul* darbieten — eine derartige künftlerifche Gruppirung der Stadt im weiteren Sinne, welche vom Verfaffer auch bei der Kölner Stadterweiterung nach Möglichkeit angeftrebt wurde, gewährt nicht etwa blofs ein anziehendes Bild auf dem Papier, fondern ift in der Wirklichkeit im höchften Grade anregend und im beften Sinne unterhaltend. Der Unterfchied gegenüber dem reizlofen Rechteckfyftem oder irgend einem anderen blofsen Netzfchema, welches einer künftlerifchen Durchbildung und Zufammenfaffung von Strafsen, Bauwerken und Plätzen entbehrt, drängt fich dem Befchauer überzeugend auf und belehrt ihn, wie fehr auch der Bau einer Stadt Anfpruch darauf erheben kann, ein Kunftwerk zu fein.

f) Ausftattung, Eintheilung und Nivellement der Plätze.

304. Ausftattung. Wurden fchon in Art. 262 (S. 170) die Strafsen einer Stadt mit den Gängen, die Plätze mit den Zimmern einer Wohnung verglichen, fo dürfen wir diefes Bild hinfichtlich der Ausftattung der Strafsen- und Platzflächen noch weiter verfolgen. Wie die Flurgänge nur untergeordneten Schmuck, nur gelegentliche künftlerifche Ausftattung an Erweiterungsftellen, Durchfichten u. dergl. empfangen, eben fo die Strafsen. Der Platz jedoch ift als leere Fläche nichts als ein leeres Zimmer, ein Zimmer ohne Möbel und künftlerifche Zier. Die Candelaber, Anfchlagfäulen, Zeitungs-Kioske u. dergl. find mit dem Haushalt-Mobiliar, die Laufbrunnen, Ziermaften, Bildfäulen u. f. w. find mit den Kunftgegenftänden der Wohnung zu vergleichen; Pflanzenwuchs und Blumen erhöhen die Behaglichkeit drinnen wie draufsen. Zur Umrahmung der freien Platzfläche mufs fonach die Ausftattung derfelben hinzutreten. In Abfchn. 4 u. 5 diefes Halbbandes werden die verfchiedenen Ausftattungsgegenftände und deren Aufftellung ausführlich befprochen; wir befchränken uns hier auf die Hervorhebung weniger allgemeiner Gefichtspunkte.

An die Formgebung der Nützlichkeits-Einrichtungen, wie Laternenpfosten, Warnungstafeln, Verkaufsbuden, Einfriedigungen, Prellsteine u. dergl. sind weiter gehende künstlerische Ansprüche zu stellen, als diejenigen, welche gegenwärtig in den meisten Städten beobachtet werden; denn mehr als die Innen-Architektur öffentlicher Gebäude wirkt auf den Geschmack und das Gemüth des Volkes die Klein-Architektur — wenn das Wort gestattet ist — der Strafsen und Plätze. Die Beschaffung und Errichtung von Werken der Kunst auf den öffentlichen Plätzen ist mehr zu pflegen, als bisher. Welch trauriger Unterschied herrscht in dieser Beziehung zwischen der grofsen Mehrzahl unserer modernen Städte, und zwar nicht blofs unserer Industrie- und Handelsorte, und den antiken Städten Griechenlands und Roms! Heute zwar ein Reichthum von Bildwerken und sonstigen Kunstschöpfungen in den Museen und in den Häusern der Reichen, aber eine künstlerische Leere auf den Plätzen; damals *Agora* und *Forum*, herrlich ausgestattet mit Werken der Architektur und der plastischen Kunst, eine monumentale Sprache redend zu dem lebenden Geschlecht von den Göttern und Helden, von den Grofsthaten der Vorfahren und der Liebe zum Vaterlande! Das Museum besucht der Bürger wenige Male im Jahre oder — noch seltener. Den öffentlichen Platz überschreitet und sieht er absichtslos wöchentlich oder täglich. Die malerischen Zierbrunnen der mittelalterlichen Städte und die figürlichen Bildwerke Italiens müssen mehr und mehr, den gegenwärtigen Ansprüchen Rechnung tragend, in den heutigen Städtebau eingeführt werden.

Verkehrslinien und Sehlinien dürfen von Nützlichkeitsbauten und Kunstwerken nicht gestört werden. Nur ein Werk von Bedeutung kann den Platzmittelpunkt oder den Schlufspunkt einer langen Sehlinie bilden. Die militärische Aufstellung von Denkmälern in einer geraden Linie ist selten erwünscht; anziehender ist Gruppirung und malerische Vertheilung.

Die Eintheilung der Platzfläche ist überhaupt von grofser Wichtigkeit. Fahrwege, Fufswege, Schutzinseln, Pflanzungen, Orte für Brunnen- und Denkmalaufstellung, für Verkaufs- und Kundmachungs-Einrichtungen, Ruhesitze u. s. w. sind zu erwägen und zu sondern, wie im Zimmer Teppiche und Läufer, Sessel und Tische, Plauderecken und künstlerischer Schmuck nicht willkürlich und ungeordnet, aber auch nicht nach Zirkel und Schnur zu vertheilen sind. Die Hauptfahrwege dürfen wohl nach Bedarf ausgebogen, aber nicht versperrt werden. Die vom Fuhrwerk freien Flächen sind — abgesehen von den in Art. 227 (S. 144) besprochenen Schutzinseln — möglichst zusammenhängend anzuordnen, da nur auf diesen Flächen ein Stehenbleiben, ein Betrachten, eine Verschönerung stattfinden kann. Für ausgedehnte Wegeflächen empfiehlt sich die Eintheilung in Felder und Friese, die Einzeichnung geometrischer und architektonischer Muster durch verschiedene Arten der Pflasterung, z. B. Plattenbahnen und Mosaik (vergl. Abschn. 4, Kap. 4). Beispiele hierfür sind der Capitol- und der *St. Peters*-Platz in Rom, der Domplatz in Mailand, der Domhof in Köln, der *Amalieborg*-Platz in Kopenhagen u. a. 305. Eintheilung der Fläche.

Das Linienspiel der Wegekanten und Einfriedigungen, der Strafsenbahngeleise und Rinnen, das plastische Bild der Pflanzen und Ausstattungsgegenstände eines Platzes mufs zweckmäfsig und gefällig, geregelt aber ungezwungen das Auge erfreuen. Geometrie, Kunst und Natur sollen sich zu einem wohlthuenden Ganzen vereinen. Architektur und Pflanzung, Denkmäler und Baumschlag, Pflanzengrün und Wasser — diese Gegensätze, welche den Eindruck des einen durch die Eigenart des anderen steigern, sind auch auf öffentlichen Plätzen die besten Mittel zur künstlerischen Wirkung.

306. Nivellement. Von ganz befonderer Bedeutung ift fchliefslich das Nivellement des Platzes. Mehr noch, als für Strafsen (vergl. Kap. 5, unter a) gilt für freie Plätze die Vermeidung des Convexen, die Bevorzugung des Concaven. Unterfcheidet man wagrechte, bezw. annähernd wagrechte und anfteigende Plätze, fo eignen fich die erfteren im Allgemeinen zur monumentalen Umbauung und Bebauung oder zur künftlerifchen Ausftattung mehr, als die letzteren, ohne dadurch die fchrägen Plätze überhaupt auszufchliefsen. Es ift höchft unfchön, eine an fich wagrechte Platzfläche der Abwäfferung wegen nach der Mitte hin entfchieden anfteigen zu laffen, fo dafs das Auge, welches die wagrechte Abmeffung in ftarker Verkürzung fieht, auf eine Tonne oder ein Zeltdach zu fchauen glaubt. Wird alsdann auf der mittleren Höhe des Platzes eine Rafen- und Schmuckfläche angeordnet, fo hat von diefer das Auge eines am Platzrande gehenden Beobachters kaum noch einen Genufs; erft die Bewohner der Obergefchoffe der den Platz umgebenden Gebäude erblicken das fchöne Platzbild, welches der Entwerfer beabfichtigte.

307. Senkung der Mitte. Das Alterthum, das Mittelalter und die Renaiffance-Zeit haben uns manche Vorbilder hinterlaffen, welche das gegentheilige Beftreben der Alten zeigen, die Platzmitte zu fenken, wodurch das Bild überfichtlicher und fchöner wird. Bemerkenswerthe Beifpiele find aus dem Alterthum die uns erhaltenen *Foren* in Rom und Pompeji, aus dem Mittelalter der in Fig. 404 mitgetheilte Marktplatz zu Veurne und der Römerberg (Platz vor dem Römer) zu Frankfurt a. M., aus der Renaiffance die Strafsenfläche zwifchen den Uffizien zu Florenz, der Refidenzplatz zu Salzburg, fo wie der *Popolo*-Platz und der *St. Peters*-Platz in Rom. Die in Rede ftehende Eigenfchaft des letztgenannten Platzes wurde bereits in Art. 253 (S. 164, Fig. 392) befprochen; manche Abbildungen deffelben, z. B. das grofse Modell im Sydenham-Palaft zu London, nehmen allerdings von der Senkung der Mitte keine Notiz. Befonders, wenn die Platzfläche bepflanzt oder mit Wafferbecken verfchönert werden foll, ift die Senkung faft eine Nothwendigkeit. In der Neuzeit, wo die unterirdifche Entwäfferung der Städte ohnehin unentbehrlich ift, macht ja die concave Geftaltung der Oberfläche keine Schwierigkeiten.

308. Vertiefung der ganzen Platzfläche. Noch gröfser ift die künftlerifche Bedeutung der Vertiefung der Platzfläche innerhalb eines höher liegenden Rahmens, wenn es fich darum handelt, Feftplätze (Schauplätze, Volksplätze) anzulegen [48]). Wir haben fchon im vorhergehenden Kapitel, unter b, auf die Annehmlichkeit hingewiefen, folche Plätze von den Rändern her überfehen zu können; ein erhöhter Spaziergang ringsum, von welchem Treppenftufen hinab führen, Wandelhallen und Thorbauten als Umrahmung, Terraffen auf den Hallendächern — eine folche eindrucksvolle Gefammtanordnung würde uns einen Schimmer antiker Herrlichkeit zurückrufen.

309. Anfteigende Plätze. Die anfteigenden Plätze find auf unebenem Stadtgelände nicht zu vermeiden. Zwar ift ihre Geftaltung und künftlerifche Behandlung fchwieriger, als die der wagrechten Plätze; dennoch aber können fie zu reizvollen Theilen der Stadt werden. Ein monumentales Gebäude am oberen Platzrande oder auch ein grofses Denkmal mit terraffirtem Unterbau dafelbft kommen in hervorragender Weife zur Geltung. Eines der herrlichften Beifpiele hierfür ift der *Trocadéro*-Palaft zu Paris, der, von der Seine oder vom Marsfelde aus gefehen, majeftätifch über dem oberen Rande feines emporftrebenden Vorplatzes fich aufbaut. Aus Rom möge an die Kirche *S. Maria Maggiore* erinnert werden, deren Chor am oberen Rande des anfteigenden

48) Vergl. HEUSER, G. Ueber öffentliche Plätze und ihre Einrichtung zu feftlichen Zwecken etc. Deutfche Bauz. 1889, S. 508.

Fig. 461.

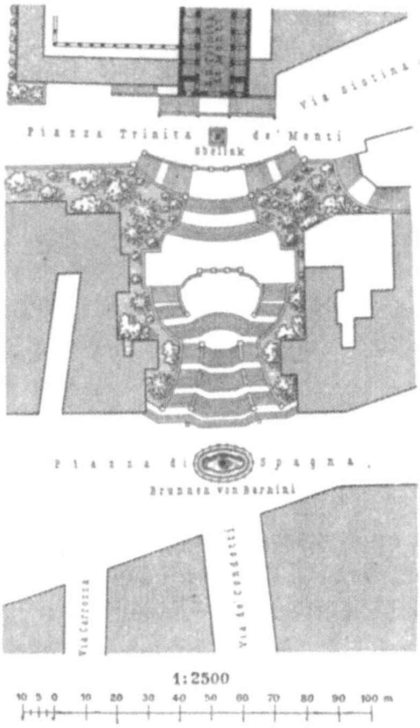

Spaniſcher Platz, Spaniſche Treppe und Vorplatz von *S. Trinità de' Monti* zu Rom.

Esquilin-Platzes ſtolz au einem Unterbau von 30 Stufen ſich erhebt, ferner an die Kirche *Trinità de' Monti*, zu deren ſchmalem Vorplatz die 125 Stufen zählende Spaniſche Treppe von der *Piazza di Spagna* in vielen geſchwungenen Läufen emporführt (Fig. 461 [49]).

Wenig ſind die anſteigenden Platzſeiten für Monumentalbauten geeignet, gar nicht die untere Seite, an welcher das Gebäude, vom oberen Rande geſehen, gleichſam in die Erde geſunken erſcheint. Standbilder und Laufbrunnen finden dagegen oft gerade am unteren Rande oder auf der anſteigenden Fläche einen durch Pflanzenhintergrund wirkſam zu verſchönernden Aufſtellungsort, jedoch nur, wenn diejenige wagrechte Entwickelung, welche in die Steigung der Platzfläche einſchneidet, vermieden wird. Wie höchſt unſchön die Anordnung eines wagrechten Waſſerbeckens für einen Springbrunnen in die anſteigende Platzfläche einſchneiden kann, zeigt das warnende Beiſpiel des »Herrenackers« zu Schaffhauſen, wo der Miſsklang der Linien um ſo ſtörender wirkt, weil das Becken in die Mitte des Platzes gelegt iſt. Die Waſſerfläche ſieht man überhaupt nur von der oberen Platzhälfte. Wollte man durchaus eine Waſſerkunſt hier anbringen, ſo wäre eine Cascade angebracht geweſen, nicht aber dieſe für einen wagrechten Sternplatz oder eine Gartenanlage berechnete Beckenanlage.

Das Anſteigen des Platzes kann entweder ein gleichmäſsiges, geradliniges oder ein concaves oder ein convexes ſein. Das wenig gehöhlte Anſteigen iſt dem Auge am angenehmſten, beſonders wenn die Fläche durch Anpflanzung belebt iſt. Das convexe Nivellement, d. h. eine ſolche Höhenanlage, daſs der obere Platztheil ſchwächer anſteigt, als der untere, oder daſs gar an eine rampenartige Steigung ſich eine wagrechte Fläche anſchlieſst, iſt häſslich. Die Erdgeſchoſstheile der an der oberen Seite des Platzes ſtehenden Gebäude werden, von der unteren Seite des Platzes geſehen, durch den Platzrücken verdeckt. Zwar giebt es auch in ſolchen Fällen Mittel zur Verdeckung des Buckels (vergl. Art. 180, S. 79); die Anwendung iſt aber ſchwierig und koſtſpielig. Meiſtens wird es ſich um eine Trennung der Platzflächen durch Brüſtungsgeländer, Terraſſen-Stufen, dichte Pflanzungen und Aehnliches handeln. Beſſer iſt es, in neuen Stadtplänen derartige »Rückenplätze« zu vermeiden. Die Umgebung mancher monumentaler Bauten, z. B. ſogar die des Kölner Domes, iſt leider nicht frei von der erwähnten Unſchönheit.

Ein anſteigender Platz kann dadurch ungemein reizvoll geſtaltet werden, daſs man nach dem Grundſatze der Concavform zwar die ſeitlichen Straſsen anſteigen läſst, das eigentliche Platzfeld aber wagrecht oder beſſer in ſchwacher Steigung anlegt, was zu einer abgeſtuften oder terraſſenartigen Einfaſſung deſſelben an den Seiten

[49]) Vergl.: Wochbl. f. Baukde. 1883, S. 57.

und am oberen Rande Anlafs giebt. Werden diefe Stufen, Brüftungen und Terraffen architektonifch ausgebildet, vielleicht auch durch Figurenfchmuck verfchönt, fo können künftlerifche Platzanlagen erften Ranges entftehen. Beifpiele find *Trafalgar-Square* zu London mit feitlichen Treppen und oberer Terraffe, und der *Petit-Sablon*-Platz in Brüffel mit reichem Figurenfchmuck auf der abgeftuften Umrahmung. Für Vorplätze öffentlicher Gebäude ift eine derartige Anordnung, dafs über dem gärtnerifchen Vordergrund das Gebäude fich mittels Stufen und Rampen erhebt, eine befonders empfehlenswerthe; Beifpiele aus Paris wurden bereits in Fig. 391 (S. 164) u. Fig. 443 (S. 187) angegeben.

---

10. Kapitel.

Die Gewäffer.

310. Gefichtspunkte.

Für die Behandlung der das ftädtifche Weichbild berührenden Wafferläufe und Wafferbecken, Bäche, Gewerbsgräben, Ziergräben, nicht fchiffbaren und fchiffbaren Flüffe, Seen und Meeresufer find, neben der wirthfchaftlichen Benutzung derfelben, zwei Gefichtspunkte mafsgebend, nämlich die Eigenfchaft der Wafferläufe und Wafferflächen als Verfchönerungsmittel der Städte und der Schutz derfelben vor der Verunreinigung durch den ftädtifchen Anbau. Beide Gefichtspunkte verlangen, dafs man alle Wafferflächen nach Möglichkeit fichtbar und zugänglich erhalte, dafs man fie alfo vor der Ueberbauung oder der Umbauung im Inneren der Baublöcke fchütze und nur da die Bebauung unmittelbar an oder über das Waffer treten laffe, wo die gewerbliche Benutzung es nothwendig macht.

311. See- und Flufsufer.

Dafs das ftädtifche Ufer am Meere, an Seen und fchiffbaren Flüffen für den Verkehr im Allgemeinen frei zu halten fei, verfteht fich faft von felbft. Nur für die befonderen Zwecke des Hafen- und Handelsverkehres und gewiffer Induftriezweige (Lagerhäufer, Umladeplätze, Schiffsbauwerften u. f. w.) wird man beftimmte Uferftrecken, namentlich an den Hafenbecken, der allgemeinen Zugänglichkeit entziehen. In allen Fällen ift es zweckmäfsig, den Uferverkehr der Schiffahrt vom eigentlichen ftädtifchen Strafsenverkehre abzufondern (vergl. Art. 200 u. 201, S. 106 u. 112), entweder dadurch, dafs man den beiden in gleicher Höhenlage fich vollziehenden Verkehrsarten getrennte Flächen anweist (Hamburg, Köln, Zürich), oder dadurch, dafs man eine Doppelftrafse anlegt, beftehend aus einer hoch liegenden Stadtftrafse und einer auf die bequeme Schiffsentladungshöhe gefenkten Quaiftrafse (Paris, Lyon, Budapeft, Mainz u. f. f.).

Dient die Uferftrafse dem Schiffsverkehre nicht oder ift das Gewäffer überhaupt nicht fchiffbar, fo bietet fich auf dem Uferrande oder auf den Böfchungen die fchönfte Gelegenheit zu Promenaden-Anlagen und gärtnerifchem Schmuck, wie Hamburgs Alfterbecken, Breslaus Ringftrafse, die Dreifam-Strafse zu Freiburg, die »Rheinanlagen« zu Koblenz in herrlichfter Weife zeigen. In folchen Städten, wo für Handel und Gewerbe beträchtliche Uferftrecken der allgemeinen Zugänglichkeit entzogen werden müffen, ift das Bedürfnifs doppelt grofs, auf die Verfchönerung der für den Verkehr und die Erholung frei gebliebenen Uferftrafsen befondere Aufmerkfamkeit zu verwenden. Sowohl in den Seeftädten (nicht blofs in den Seebädern), als in den Flufsftädten find die freien Strandftrafsen gewöhnlich die fchönften und befuchteften der

Stadt. Die liebevolle und liebliche Art, wie die Alsterufer in Hamburg dadurch verschönert sind, dass zwischen den Wegen und dem Wasser parkähnlich überall Rasen und Ziergesträuch eingefügt sind, ist für ähnliche Verhältnisse musterhaft.

Im Inneren der Stadt muss dagegen der gärtnerische Schmuck gewöhnlich fortfallen; am Meeresstrande ist er wegen der wechselnden Wasserstände in der Regel nicht möglich. Florenz und Pisa haben ihren berühmten *Lungarno*; Rom schafft sich gegenwärtig mit grossen Kosten seinen *Lungo Tevere*; Neapel, Venedig und Triest haben ihre *Riva*. Marseille hat entlang seiner felsigen Küste eine ausgedehnte Spazierfahrt angelegt. Hier, wie in Triest sind die Hamburger Parkanlagen durch Felsblöcke oder Klippen vertreten, welche die Strasse säumen und stützen und an ihren zackigen Kanten die brausende Brandung zurückwerfen. Antwerpen war genöthigt, seinem Handel zu Liebe das Schelde-Ufer mit Ladeplätzen und Schuppen zu verbauen; aber über den Dächern der Schuppen legte die Stadt eine freie Fahrstrasse an, welche man zu Fuss oder zu Wagen auf kostspieligen Rampenbauten ersteigt, um sich des Blickes über den von Schiffen belebten Strom erfreuen zu können. Mit Riesenkosten schuf London sein *Victoria-Embankment*. Dort, wie anderswo (Bremen, Berlin, Breslau, Köln, Deutz, Mainz, Rom u. s. w.) hatte eine frühere Zeit den Werth des freien Flussufers für den städtischen Verkehr, für die Erholung, für die Verschönerung verkannt, und neue Generationen sorgen für die nachträgliche Wiederbefreiung der Ufer. 312. Sonstige Uferstrassen.

Glücklich die Stadt, wo frühere Zeiten die Ufer frei hielten und darauf bedacht waren, sie durch Parkanlagen doppelt reizend zu gestalten, vielleicht sogar den Fluss oder den Bach auf langer Strecke einer öffentlichen Parkanlage einzuverleiben, die gerade dadurch am wirksamsten belebt und geschmückt wird. Der Englische Garten zu München, der Hofgarten zu Düsseldorf, auch die *Karls*-Aue zu Kassel, das *Bois de Boulogne* zu Paris u. a. sind Beispiele hierfür. 313. Flussufer und Bäche in Parkanlagen.

Für den Stadterweiterungsplan von Düsseldorf haben die zugezogenen Sachverständigen diesen Punkt einer besonderen Erwägung empfohlen (vergl. Anhang), da die beiden die Stadt durchschneidenden Arme des Düsselbaches auf längeren Strecken bisher innerhalb der Baublöcke liegen und der Beschmutzung ausgesetzt sind, während sie, in den mit grün bewachsenen und wohl gepflegten Strassen, Promenaden und öffentlichen Plätzen liegend, im neuen Bebauungsgebiete eine vorzügliche Stadtverschönerung bilden werden.

Die in so vielen Städten gemachte Erfahrung, dass überall da, wo die Wasserläufe in das Innere der Privatgrundstücke eingeschlossen oder von den menschlichen Wohnungen unmittelbar berührt sind, aus früher klaren Bächen sich allmählig schmutzige Cloaken bilden (Paubach in Aachen, Berne in Essen, Pegnitz in Nürnberg, Birsig in Basel, Dyle in Löwen, Grüner Graben in Berlin u. s. w.), hat zu der vom »Verbande Deutscher Architekten- und Ingenieur-Vereine« im Jahre 1878 gefassten Resolution geführt, welche lautet: »Bei Aufstellung städtischer Bebauungspläne sind die Strassen- und Platzflächen so anzuordnen, dass sie die Bäche und sonstigen nicht schiffbaren Wasserläufe, welche das Bebauungsgebiet durchschneiden, in sich aufnehmen. Nur ausnahmsweise ist es, namentlich zur Befriedigung gewerblicher Zwecke, statthaft, die genannten Wasserläufe in das Innere der Baublöcke zu legen; in diesem Falle ist für ungehinderte, thunlichst bequeme Revidirbarkeit der Gewässer durch öffentliche Organe Sorge zu tragen.« 314. Wasserläufe in Baublöcken.

315. Wafferläufe in Strafsen.

In Strafsen von gewöhnlicher Breite müffen die Wafferläufe überwölbt und mit den erforderlichen Befichtigungs- und Spülungs-Einrichtungen verfehen werden. Soll ein Gewäffer offen erhalten werden, fo ift man zu breiteren Strafsenanlagen genöthigt, welche zur Ausbildung als Promenaden befonders geeignet find (vergl. die Strafsen-Profile in Fig. 218, 233 u. 242, fo wie den Bebauungsplan für Freiburg in Fig. 493). Ein Mittelding von theils eingewölbter, theils offener Lage eines Gewäffers in einer breiten Strafse zeigt Fig. 462, die reizvolle Anlage des *Boulevard Richard Lenoir* in Paris darftellend; der Schiffahrts-Canal *St.-Martin* hat in kurzen Abftänden in der Mitte der Strafsenfläche Lichtöffnungen, welche von Zieranlagen umgeben find.

Fig. 462.

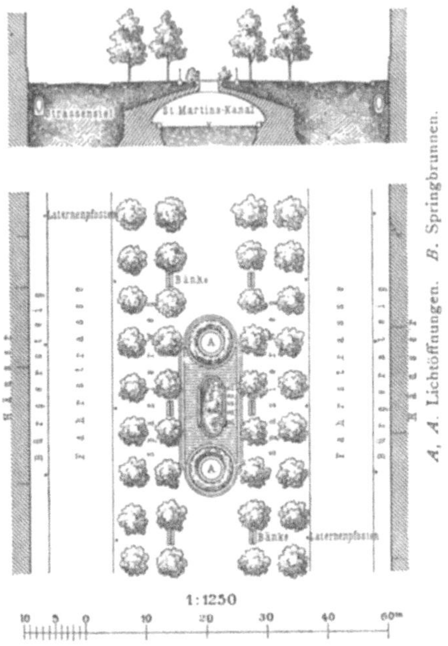

Boulevard Richard Lenoir zu Paris.

316. Verlegen von Wafferläufen.

Wo ein Wafferlauf die ftädtifche Bebauung durchfchneidet und in Folge deffen von grober Verunreinigung aus Höfen, Küchen, Aborten und Gewerbeftätten heimgefucht ift, da ift eine zuverläffige Abhilfe nur dadurch möglich, dafs man entweder nachträglich den Bach aus den Baugrundftücken hinaus in die öffentliche Strafse verlegt oder, dem Wafferlaufe folgend, neue Strafsen durch die bebauten Blöcke hindurchzieht. Derartige Arbeiten find in neuerer Zeit in Brüffel ausgeführt, wo über der gänzlich verfchmutzten Senne nach Säuberung und Einfaffung derfelben in einen Doppel-Canal mit feitlichen Strafsenfielen die bekannten glänzenden *Boulevards Central* und *de la Senne* angelegt wurden; ferner in Wien, Breslau, Aachen, Bafel, Marfeille u. a. O. Da indeffen folche nachträgliche Regelungen oft mit fchwierigen Rechtsverwickelungen und grofsen Koften verbunden find, fo ift es geboten, im Stadterweiterungsfelde durch einen zweckmäfsigen und frühzeitig feft geftellten Bebauungsplan der Wiederholung ähnlicher Mifsftände vorzubeugen.

317. Gewerbsgräben.

Die Gewerbsgräben und Mühl-Canäle können naturgemäfs den bebauten Grundftücken nicht ganz entzogen werden; fie find aber für dicht bevölkerte, eng bebaute Stadttheile ftets ein Uebel, welches in feinem Umfange nach Kräften eingefchränkt werden follte. Gewerbegerechtfame, welche durch Stau oder grobe Verunreinigung des Waffers empfindliche Nachtheile herbeiführen (Mühlen, Gerbereien, Färbereien u. f. w.), find wo möglich abzukaufen oder abzulöfen. Unberechtigten Einrichtungen diefer Art ift mit Entfchiedenheit entgegenzutreten; Neuanlagen find auf Dampfkraft oder fonftigen Kraftbezug, auf die ftädtifche Wafferleitung und das ftädtifche Canalnetz (mit vorheriger Klärung der Abwaffer) zu verweifen. Die Verdrängung läftiger, nachtheiliger Gewerbe aus dem Inneren der Stadt ift in diefem Sinne durchaus zu rechtfertigen. Was aber an Gewerbsgräben in den Baugrundftücken der Stadt geduldet werden mufs, ift beftändiger, nachhaltiger Auffìcht zu unterwerfen.

318. Zierteiche und Seebuchten.

Wie für die Flufsufer und Bäche, fo gilt erft recht für die öffentlichen Ziergewäffer (Teiche, Seebuchten) der Grundfatz als Regel, dafs fie der Einwirkung von Privatbefitzern möglichft zu entziehen, alfo in öffentlichen Gärten oder entlang öffentlicher Strafsen anzuordnen find. Auch können Zierteiche ausnahmsweife die Stelle öffentlicher Plätze vertreten, wie wir bereits beim Feuerfee in Stuttgart (Fig. 61, S. 41) kennen gelernt haben. Dafs die Reinhaltung folcher Gewäffer, wenn fie von Privatgrundftücken umgeben find, fehr gefährdet ift, zeigt das Beifpiel vieler alter Stadtgräben, welche allmählig durch Aufnahme häuslicher und gewerblicher Abwaffer zu übel riechenden Pfützen werden, während fie früher von den anftofsenden Gärten zum Kahnfahren und fonftigen Vergnügen benutzt wurden. Ein anderes hierher gehöriges Beifpiel der Verfchmutzung ift die mit dem Namen »Beutel« bezeichnete Seebucht zu Schwerin. Andererfeits aber darf nicht verkannt werden, dafs ein öffentliches Wafferbecken, welches leicht zugänglich und zu bewachen ift, gerade durch die Umbauung mit Privatgärten und Villen zu einer Stadtverfchönerung erften Ranges werden kann, wie dies in reizvollfter Weife eine kleine, faft ganz umfchloffene Nebenbucht der Aufsenalfter in Uhlenhorft bei Hamburg zeigt. Auch der von freundlichen Gärten umgebene Schlofsteich zu Königsberg i. Pr. gereicht diefer Stadt zur hohen Zierde. Im Bebauungsplan für Freiburg (Fig. 493) wurde in ähnlicher Weife ein kleiner See vorgefehen, welcher theils von Strafsen und öffentlichen Spaziergängen, theils von den Gärten der Villen-Grundftücke umrahmt wird.

319. Waffer-Canäle als Strafsen.

Wie die Zierteiche die Stelle von Plätzen, fo können Waffergräben und Canäle die Stelle von Strafsen vertreten, d. h. fowohl dem ftädtifchen Verkehre, als dem Anbau dienen. Das klaffifche Beifpiel einer Wafferftadt ift Venedig, wo die Drofchke und die Strafsenbahn durch die Gondel und das »Tramway«-Schiff erfetzt werden. Die Canäle, dort *Rii* genannt, befpülen zumeift die Häufer und Paläfte unmittelbar; oft auch werden fie einfeitig, felten zweifeitig von fchmalen Strafsen gefäumt. Damit zu vergleichen find die »Fleete« in Hamburg, die »Delfte« und »Grachten« in Emden, in Groningen, Amfterdam, Vliffingen und vielen anderen holländifchen Städten. Die Hamburger »Fleete« beftreichen meiftens die Rückfeiten der Grundftücke, deren Vorderfeiten an der Strafse liegen; hier handelt es fich nicht um den ftädtifchen Perfonenverkehr, fondern um den Verkehr der Frachtfchuten, welche ihre Ladung an den das Fleet begrenzenden Speichern löfchen. In holländifchen Städten, befonders Amfterdam, dienen die Grachten, welche gewöhnlich von einer Strafse begleitet find, fowohl zu Perfonen- als zu Waarenfahrten, für welche jedoch, im Gegenfatz zu Venedig, wo es Strafsenfuhrwerke nicht giebt, auch ein vollftändiges Netz ftädtifcher Fahrftrafsen zur Verfügung fteht [50]).

---

11. Kapitel.

Die Eifenbahnen.

320. Arten des Eifenbahnverkehres.

Die Verkehrsanlagen und Verkehrseinrichtungen, insbefondere diejenigen, welche wir mit dem allgemeinen Namen »Eifenbahnen« bezeichnen, find für die Entwickelung der Städte von hervorragender Bedeutung, von einer Wichtigkeit, welche mit dem Wachsthum der Städte einerfeits und mit der wirthfchaftlichen Hebung derfelben andererfeits beftändig zunimmt. Der Verkehr ift für das ftädtifche Leben und für die ftädtifche Wohlfahrt befruchtend, fördernd, ausgleichend; nicht blofs der

---

50) Siehe auch: Wochbl. f. Arch. u. Ing. 1880, S. 366.

Verkehr in die Ferne, fondern auch der Verkehr in die Umgebung (Vorortverkehr) und der Verkehr im Orte felbft. Den Fernverkehr vermitteln die Voll- oder Hauptbahnen. Dem Vorortverkehre dienen Stadtbahnen (welche zugleich Hauptbahnen fein können) auf Geleifen, die vom Strafsenverkehre ganz abgetrennt find, oder Strafsenbahnen. Den Orts- oder Stadtverkehr endlich vermitteln gleichfalls fowohl Stadtbahnen, als Strafsenbahnen. Wir haben defshalb an diefer Stelle drei Eifenbahngattungen, nämlich die Hauptbahnen, die Stadtbahnen und die Strafsenbahnen in ihren Beziehungen zum Stadtplane und zur ftädtifchen Bebauung zu betrachten.

a) Hauptbahnen.

321. Rangir- und Betriebs-bahnhöfe.

Schon in Abfchn. 1, Kap. 2 u. 3 find die Beziehungen zwifchen dem Stadtplane und den die Stadt berührenden, d. h. ein- und ausgehenden oder durchgehenden Hauptbahnen kurz angedeutet worden. Hier follen diejenigen Gefichtspunkte näher beleuchtet werden, welche im Intereffe des ftädtifchen Verkehres und der ftädtifchen Entwickelung bei Anlage der Perfonen- und Güterbahnhöfe, fo wie bei Anlage der freien Bahnftrecke nach Möglichkeit geltend zu machen find.

Die Bahnhöfe find in Art. 74 (S. 39) unter die »Aufsenanlagen« und für grofse Städte unter die »Vertheilungsanlagen« gerechnet, d. h. unter diejenigen Baulichkeiten, welche zweckmäfsig der Regel nach an der Aufsenfeite kleiner und mittlerer Städte ihren Platz finden, jedoch bei Grofsftädten in verfchiedene Stadttheile, in das Innere und Aeufsere des ftädtifchen Weichbildes, zu vertheilen find.

Am entfchiedenften gehören zu den Aufsenanlagen die mit der ftädtifchen Bevölkerung in geringer Berührung ftehenden Verfchiebe- und Sammelbahnhöfe, Betriebs- und Werkftattbahnhöfe. Je weiter diefe Anlagen vom ftädtifchen Bebauungsfelde hinausgefchoben werden (in Berlin: Rangirbahnhöfe Rummelsburg, Tempelhof und Schöneberg), defto beffer ift es für den Stadtbauplan, da fie, wenn in zu grofser Nähe der Stadt angelegt, wegen ihrer bedeutenden Ausdehnung und wegen der Niveau-Uebergänge ftets die ftädtifche Bebauung ftark beeinträchtigen.

322. Güter-bahnhöfe.

Für die Güterbahnhöfe, mit Ausnahme der Eilgutbahnhöfe, gilt dies ebenfalls, aber nur in befchränkter Weife, da die allzu grofse Entfernung zwifchen Güterbahnhof und Stadt wegen des lebhaften Verkehres unter einander nicht erwünfcht fein kann. Die Eilgut-Stationen müffen der Stadt am nächften liegen, am beften im Perfonenbahnhof; die Stückgutbahnhöfe können in einer entfernteren Zone liegen; eine noch weitere Entfernung ift zuläffig und im Sinne des Bebauungsplanes erwünfcht für Wagenladungs-, Maffengüter-, Producten- und Freilade-Bahnhöfe.

Um die Beeinträchtigung der Stadterweiterung durch weit ausgedehnte Bahnhofsflächen zu mildern, empfiehlt es fich, für grofse Städte die Güterbahnhöfe zu zerlegen in die dem eigentlichen Bahnbetrieb dienenden Theile (Verfchiebegeleife, Ein- und Ausfahrtgeleife, Uebergabegeleife des Tranfitverkehres, Locomotivfchuppen, Umladeplätze) und die Güterftation im engeren Sinne (Güterfchuppen, Laderampen). Nur die Nähe der letzteren Anlagen ift für die Stadt von Intereffe, während die erftgenannten Bahnhofstheile in das freie Feld gelegt werden follten, wo die Züge, ohne Störung zu verurfachen, getrennt und zufammengeftellt werden, ein- und auslaufen können, während die nach Bedürfnifs in mehrere Stadtviertel zu vertheilenden, innerftädtifchen Güterftationen auf eine kleine Ausdehnung befchränkt und durch einen Zweigbetrieb bedient werden. Ein lehrreiches Beifpiel hierfür bietet die Vertheilung der Güterabfertigungsftellen auf verfchiedene Punkte entlang den in die

Stadt eintretenden Endftrecken der Hauptbahnen Londons. Man darf annehmen, dafs die durch die Theilung erwachfenden Mehrkoften des Betriebes durch die Beförderung des Verkehres und durch die Erfparnifs an Grunderwerbs- und Baukoften mehr als ausgeglichen werden, weil im Inneren oder in unmittelbarem Anfchlufs der Stadt eine über die Strafsengleiche erhöhte oder unter diefelbe vertiefte Bahnhofsebene künftlich gefchaffen werden mufs, während im Freien Bahnanlagen zu ebener Erde mit Niveau-Uebergängen gemeiniglich ftatthaft find.

Die Anlage grofser Perfonenbahnhöfe, namentlich grofser Endbahnhöfe, welche mit vielfachen Verfchiebe- und Nebengeleifen ausgeftattet werden müffen, innerhalb des bebauten ftädtifchen Weichbildes ift fowohl für die Eifenbahn, als für die Stadt mit fchwer wiegenden Nachtheilen verknüpft. Die Eifenbahn mufs fehr hohe Grunderwerbs- und Baukoften aufwenden und zugleich auf die Leichtigkeit der Ausdehnung und Entwickelung verzichten. Die Stadt leidet durch die Unterbrechung oder lange, tunnelartige Unterführung ihrer Verkehrsftrafsen; an vielen Orten fitzen die Bahnhofsanlagen wie ein fremder Keil im Fleifche der Stadt (z. B. in Berlin), ganze Stadttheile von einander trennend und kilometerlange Umwege veranlaffend. Dennoch wird die Eifenbahnverwaltung, befonders wenn fie den Wettbewerb mit anderen Unternehmungen zu beftehen hat, wie in England, oder wenn der Staat als Eifenbahneigenthümer, wie in Deutfchland, hohe Summen zum allgemeinen Wohle aufzuopfern in der Lage ift, beftrebt fein, die Reifenden dem Ziele, alfo dem Stadtkern, möglichft nahe zu bringen. Diefes Beftreben führt zur Vorfchiebung der Perfonenbahnhöfe in das Stadtinnere, und zwar entweder in der Geftalt von Kopfftationen, welche für den Verkehr zwifchen Stadt und Bahnzug wegen der frei zugänglichen Kopfperrons von grofsem Vortheil, aber, wie fchon bemerkt, aus betriebstechnifchen Gründen der Ausftattung mit vielen Neben- und Verfchiebegeleifen bedürftig find; oder in der Geftalt von Durchgangsftationen. Die letztere Anordnung ift zwar für die Annäherung der Bahn an den Stadtkern doppelt fchwierig, erfordert aber wefentlich geringere Bahnhofsflächen. 323. Perfonenbahnhöfe.

Läfft hiernach die Oertlichkeit die Wahl zwifchen Endbahnhof und Durchgangsbahnhof frei, was wohl meiftens nicht der Fall ift, fo find im Sinne des Bebauungsplanes Durchgangsftationen vorzuziehen, namentlich dann, wenn die Vertheilung derfelben auf mehrere Stadttheile ausführbar ift. Zuweilen auch ift ein Bahnhof für gewiffe Richtungen naturgemäfs Endpunkt, für andere Durchgangsftelle.

Das Annäherungsftreben der Eifenbahn deckt fich mit dem natürlichen Wunfche der ftädtifchen Bevölkerung, die Eifenbahn-Fahrgelegenheit nach allen Richtungen auf kurzem Wege erreichen zu können.

Sowohl für die Eifenbahn, als auch für die Stadt ftehen demnach bei der Anlage von Perfonenbahnhöfen im Inneren der Stadt gewichtige Vortheile und grofse Nachtheile einander gegenüber, deren Abwägung fchwierig ift und je nach der Oertlichkeit bald zu Gunften der inneren Stadt, bald zu Gunften des Aufsenfeldes die Entfcheidung herbeiführt. So find beifpielsweife in Preufsen in neuefter Zeit für Hannover (Durchgangsftation) und Köln (verbundene Durchgangs- und Kopfftation) Innenbahnhöfe, für Düffeldorf (Durchgangs-) und Frankfurt a. M. (Endftation) Aufsenbahnhöfe vorgezogen worden.

Bei den Innenbahnhöfen für Perfonenverkehr gilt noch mehr, als für Güterbahnhöfe der Satz, dafs die eigentlichen Eifenbahn-Betriebsanlagen, alfo die Einrichtungen für das Bilden und Trennen der Züge, für den Locomotiv- und Wagendienft abzutrennen und an einem Aufsenpunkte anzubringen, dafs ferner die Perfonenftationen felbft in ihrer Ausdehnung thunlichft zu befchränken, räumlich auf das innigfte auszunutzen und wo möglich über das Stadtgebiet zu vertheilen find (Vertheilungsbahnhöfe).

324. Central- oder Hauptbahnhöfe.

Zwar wird eine Staatsbahnverwaltung oder eine Gefellfchaft als Befitzerin mehrerer Bahnlinien im Intereffe des Durchgangsverkehres und in ihrem eigenen Betriebsintereffe danach trachten, den Austaufch des Verkehres der verfchiedenen Linien wo möglich an einem einzigen Punkte vorzunehmen. So entftanden und entftehen in Deutfchland zahlreiche, in England und Frankreich feltene Central- oder Hauptbahnhöfe für grofse Städte. Das Intereffe der Städte deckt fich nicht immer mit diefem Vereinigungsbeftreben. Daffelbe kann leicht die Verkehrsüberlaftung des einen Stadttheiles am Hauptbahnhofe und die Verkehrsarmuth anderer Stadttheile zur Folge haben. Je gröfser indefs die Stadt wird, defto mehr fchwindet die Ausführbarkeit eines einzigen Hauptperfonenbahnhofes für alle Reiferichtungen; defto mehr verlangt aber auch neben dem ftädtifchen das Eifenbahnintereffe die Decentralifation der Bahnhöfe, damit die Anftauung von Menfchenmaffen auf einzelnen Punkten durch Vertheilung der Aufnahme- und Abgabeftellen über das ganze Stadtgebiet verhindert werde. London, Paris, Berlin, Wien, Budapeft, Brüffel find Beifpiele für eine folche zwar nicht nach einheitlichem Plane, fondern durch das Privatbahnfyftem entftandene Vertheilung von Bahnhöfen, welche fich zumeift als Kopfftationen um den Stadtkern gruppiren. In München plant man gegenwärtig neben dem Süd- und Oftbahnhof noch einen Nordbahnhof zur Entlaftung des »Centralbahnhofs«; in Köln wurde aufser dem Hauptbahnhof ein Süd- und ein Weftbahnhof errichtet. London und Berlin zeigen zugleich, wie der Nachtheil der Kopfftationen, dafs die Züge oft die Verkehrsmittelpunkte nicht erreichen und dafs es an durchgehenden Verkehrslinien fehlt, ausgeglichen werden kann durch Anlage von Stadtbahnen, welche unter b befprochen werden follen.

325. Befeitigen der Niveau-Uebergänge.

Die freie Bahnftrecke der Hauptbahnen liegt noch vielfach in der Strafsengleiche, wodurch fowohl für den Eifenbahnverkehr, als befonders auch für den Strafsenverkehr die gröfsten Störungen, Unzuträglichkeiten und Gefahren herbeigeführt werden. Aufserordentlich hohe Summen haben in den letzten beiden Jahrzehnten aufgewendet werden müffen und find in Zukunft noch aufzuwenden, um jene Mifsftände zu befeitigen. Beim Umbau oder Neubau der Bahnftrecken werden die Niveau-Uebergänge in Städten grundfätzlich vermieden. In den hügelig liegenden Städten find Ueber- oder Unterführungen, Viaducte und Tunnel die Mittel, durch welche die Bahn- und Strafsenoberfläche von einander getrennt werden; die Städte in der Ebene find faft ausfchliefslich auf die Hochlage der Bahn angewiefen. Die Anerkennung, welche die Eifenbahn-Verwaltungen bezüglich ihrer Um- und Neubauten in grofsen Städten verdienen, erftreckt fich leider nicht fo unbedingt auf die Bahnbauten in kleineren und Mittelftädten oder in den Vororten der grofsen Verkehrscentren. Auch in diefen Vororten, welche erfahrungsgemäfs fchnell zunehmen, und in den Mittelftädten, welche in Folge der Entwickelung des Grofsgewerbes im rafchen Auffchwunge fich befinden, follten die Bahnverwaltungen die Trennung der Bahnebene von der Strafsengleiche fo bald als möglich vornehmen, da das Zögern nur die Koften erhöht; namentlich aber follten Neu- und Umbauten nicht mehr in der Strafsengleiche vorgenommen werden. Als Beifpiele unhaltbarer Zuftände diefer Art mögen Karlsruhe, Krefeld und Deffau [51]) angeführt werden.

[51]) Vergl.: Der Stadterweiterungsplan von Deffau. Deutfche Bauz. 1890, S. 50.

326. Umleitung der Güterzüge.

Durch die Trennung der Bahn von der Straſsenebene wird das Eindringen des Perſonenverkehres in das Herz der Städte erleichtert, zugleich aber auf eine Abtrennung des Güterverkehres auch von der die Stadt durchſchneidenden freien Bahnſtrecke hingewirkt. Bei groſsen Städten iſt es meiſt billiger und zweckmäſsiger, den Güterzugsverkehr, in ſo fern er nicht die Stadt ſelbſt betrifft, um das ſtädtiſche Weichbild herumzuführen, als die innerſtädtiſchen Perſonengeleiſe mit Güterzügen noch zu belaſten oder gar beſondere Gütergeleiſe durch die Stadt hindurchzubrechen.

327. Bahnkörper in Straſsen und Blöcken alter Stadttheile.

In beſtehenden Stadtvierteln wird nur ſelten eine neue Hauptbahn als Damm oder Viaduct in der Straſsenmitte Platz finden; der Regel nach wird die Bahnlinie vielmehr quer durch die Baublöcke zu legen und mittels Brücken über die gekreuzten Straſsen zu führen ſein. Leider ruft dieſe Bauweiſe leicht groſse Unſchönheiten hervor, ſowohl für die auf der Straſse Gehenden, denen die Hausgiebel an den Eiſenbahndurchbrüchen in nackter Rohheit ſich entgegenſtellen, als beſonders für die Eiſenbahnreiſenden, die auf der Fahrt durch die Stadt eine Reihe abſtoſsender Bilder von Höfen und Hinterbauten, ja widerwärtiger Einblicke in die Jammerverhältniſſe groſsſtädtiſchen Lebens und Wohnens zu koſten haben, noch bevor ſie den erſten Schritt in die glänzenden Straſsen der Groſsſtadt ſetzen. Die Berliner Stadtbahn giebt hierfür ein häſsliches, und noch nicht das häſslichſte Beiſpiel. Vermeiden laſſen ſich ſolche Unſchönheiten beim nachträglichen Eindringen der Bahnen in die Städte nicht; aber ganz erhebliche Milderungen ſind zu erzielen, wenn beim Entwurf der Bahnlinie dieſe Seite der Sache nicht, wie oft, gänzlich vernachläſſigt wird. Schon durch den Miterwerb und die freundliche Bebauung von Trennſtücken, durch Bepflanzung nicht bebauungsfähiger Grundſtücksreſte, durch Geſtattung von Fenſtern und Vorkragungen an der Bahnſeite laſſen ſich manche Unſchönheiten vermeiden oder verdecken.

328. Bahnkörper in Bebauungsplänen.

Auch in neuen Stadtbauplänen, welche gleichzeitig mit der Bahnanlage feſt geſtellt werden (Straſsburg, Düſſeldorf), oder bei der Einlegung von Eiſenbahnlinien in einen zwar feſt geſtellten, aber noch nicht ausgeführten Bebauungsplan, findet die Bahn unnöthiger Weiſe leider meiſtens ihren Platz innerhalb der Blöcke. Zwar ſind in ſolchen Fällen die Grundbeſitzer im Stande, ſich nach der Lage der Bahn zu richten, bei ihren Bauten den Anblick vom Bahngeleiſe her zu berückſichtigen. Die gröbſten Unſchönheiten können alſo vermieden werden; ja, in den Einzelhausſtädten oder in Villenvierteln kann ſogar der Blick von der Bahn in die Gärten ſich freundlich und anmuthig geſtalten. Aber die Regel iſt auch hier, daſs vieles Häſsliche erzeugt wird, weil die Baugrundbeſitzer keineswegs alle auf die Eiſenbahnreiſenden Rückſicht nehmen, die Hinterſeiten der ſtädtiſchen Wohnhäuſer ſelten ihre Unſchönheiten verlieren und die Durchbrüche durch die Häuſerreihen an den Straſsenkreuzungen kaum freundlich geſtaltet werden können, es ſei denn, daſs man ausnahmsweiſe, wie in England, die tief liegende oder hoch liegende Bahn mit Häuſern an den Straſsenfronten überbaut.

329. Geldpunkt nicht allein maſsgebend.

Der Grund für die Einſchachtelung der Eiſenbahnen in die Bebauungsblöcke eines Stadtplanes iſt in der Regel der Geldpunkt. Man ſucht die Koſten zu vermeiden, welche mit der Anlage zweier Straſsen auf den beiden Seiten des Bahndammes oder des Bahnviaductes verbunden und für die Gemeinde um ſo unerwünſchter ſind, da die Anbauer nur die halbe Straſsenbreite zu bezahlen, in dieſem Falle alſo die ſtädtiſchen Steuer-Caſſen für zwei halbe Straſsen dauernd aufzukommen haben (wenn es nicht etwa gelingt, jede Seitenſtraſse den Anliegern als eine halbe Straſse anzurechnen). Aber der Koſtenpunkt darf allein nicht entſcheidend ſein; auch die ſchöne Geſtaltung der Stadt für den Bürger, wie für den Reiſenden iſt einiger Opfer werth. Wenn es daher auch zu weit ginge, zu verlangen, daſs alle Perſoneneiſenbahnen in den Straſsen, und zwar derart anzulegen ſeien, daſs die Reiſenden nur die Vorderſeiten der Häuſer erblicken, ſo wird doch das Beſtreben, das Häſsliche zu vermeiden, auch beim Entwerfen ſtädtiſcher Eiſenbahnſtrecken dahin zu richten ſein, wenigſtens nach Möglichkeit die Bahnlinien mit den Straſsenlinien, mit öffentlichen Anlagen, Waſſerflächen u. ſ. w. zu vereinigen, kurz die häſsliche Blockdurchſchneidung zu vermeiden.

Noch entſchiedener iſt es zu vermeiden, daſs die Bahn auf einer Seite neben einer Straſse, auf der anderen aber neben den Hintergrundſtücken einer zweiten Straſse liegt (z. B. in Breslau), da in dieſem Falle der unſchöne Einblick in die Höfe und Hinterhäuſer nicht bloſs den Eiſenbahnreiſenden, ſondern auch den Bewohnern der erſtgenannten Straſse ſich beſtändig darbietet.

330. Beiſpiele. Ein Beiſpiel von der Lage der Bahn im Einſchnitt zwiſchen beiderſeitigen Straſsen haben wir bereits in Fig. 240 (S. 113) mitgetheilt. Die Viaducte können

Fig. 463.

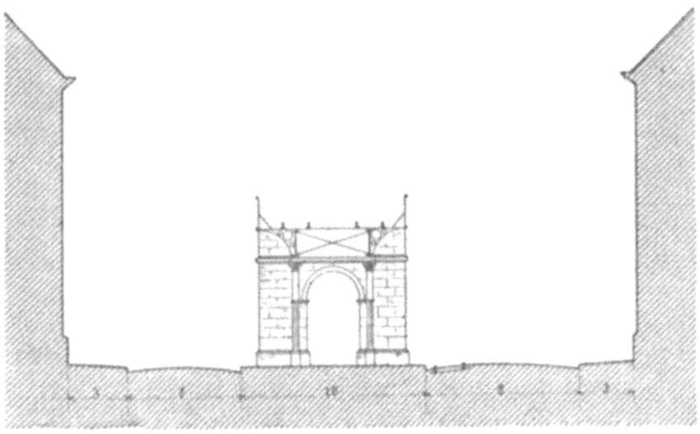

Eiſenbahn-Viaduct auf einer Straſse zu Rotterdam.

Fig. 464.

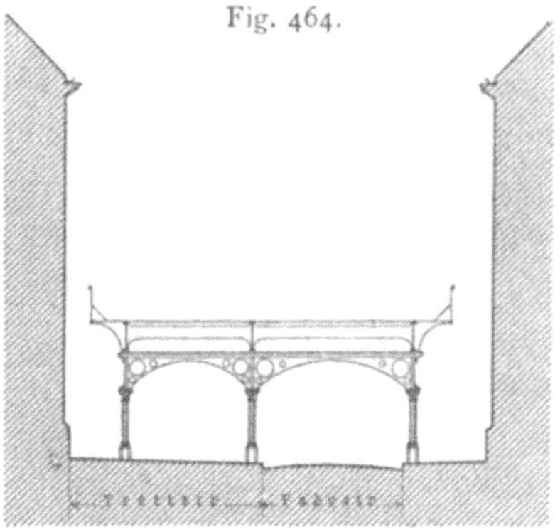

Eiſenbahn-Station an der Börſe zu Rotterdam.

1:500

entweder offen hergeſtellt werden, ſo daſs der ſtädtiſche Verkehr auch unter denſelben ſich vollzieht (vergl. die Anordnungen in Fig. 463 u. 464 aus Rotterdam), oder es ſind die Gewölbe oder Stützenfelder als Läden, Wirthſchaften und öffentliche Verkaufsſtellen zu verwerthen (z. B. Berliner Stadtbahn, Wiener Verbindungsbahn). Beiſpiele von Eiſenbahnſtrecken in oder an Parkanlagen ſind aus Mannheim, Hamburg, Köln, Berlin (Thiergarten), Paris (*Buttes Chaumont*) zu nennen; ſie ſind unzweifelhaft für den Reiſenden die denkbar ſchönſte Einführung der Bahnen vom Lande in die Stadt, und bei einigem Bodenwechſel läſſt auch der Bahnkörper ſich mit der Parklandſchaft in erträglicher Weiſe vereinigen. An anderen Orten gewährt ſchon die gärtneriſche Bepflanzung der Eiſenbahnböſchungen freundliche Bilder ſowohl für die Reiſenden im Bahnzuge, als für die Wanderer auf der ſtädtiſchen Straſse (Elberfeld, Amiens).

b) Stadtbahnen.

331. Arten von Stadtbahnen. Mit dem Worte »Stadtbahnen« werden Bahnanlagen innerhalb des ſtädtiſchen Weichbildes bezeichnet, welche nach ihrem Zwecke grundſätzlich von einander ver-

fchieden find. Die für uns minder wichtige Art diefer Bahnen find die bei faft allen grofsen Städten vorkommenden Verbindungs- oder Gürtelbahnen, welche die verfchiedenen Aufsenbahnhöfe gewöhnlich in grofsen, die Stadt umziehenden Bogenlinien in gegenfeitigen Verkehr fetzen; fie dienen in der Regel nur der Güterbewegung, den Militär-Transporten u. dergl. und haben auf den Stadtbauplan und die ftädtifche Bebauung vorläufig geringen Einflufs. Erft für eine weitere Zukunft können fie für den Orts- und Vororte-Verkehr Bedeutung gewinnen.

Die zweite Art von Stadtbahnen ift diejenige, welche die verfchiedenen Aufsenbahnhöfe auf einer oder mehreren Durchmefferlinien mit einander verbindet, alfo den Perfonenverkehr von aufsen (den Fernverkehr) bis an die Halteftellen im Herzen der Stadt führt und zugleich den durchgehenden Verkehr ohne Umweg ermöglicht (z. B. Berliner Stadtbahn, Kölner Stadtbahn, *Siemens & Halske*'s Project für Wien, Breslauer und Frankfurter Verbindungsbahn). Bei hinreichender Länge kann diefe Art von Stadtbahnen auch dem Ortsverkehre dienen; dies ift aber nicht ihr eigentlicher Zweck. Selbft die Berliner Stadtbahn erhält ihre Bedeutung als örtliche Verkehrsanftalt erft dadurch, dafs fie, die Durchmefferlinie, mit der das ganze ftädtifche Weichbild umkreifenden, die Aufsenbezirke und Vororte berührenden Verbindungsbahn oder »Ringbahn« in Verbindung gefetzt ift. So entfteht der wichtige Berliner Eifenbahnverkehr vom Stadtkern nach den Vororten, der Vororte-Verkehr, welchem befondere Geleife neben dem Fernverkehre angewiefen find.

Die dritte Art von Stadtbahnen, die eigentlichen Stadtbahnen, haben den Zweck, den Verkehr innerhalb der Stadt felbft, den Stadtverkehr, auf gröfsere Entfernungen zu vermitteln, entfernte Stadttheile durch fchnell laufende Fahrzeuge mit einander in Verbindung zu fetzen (Londoner Untergrundbahn, New-Yorker Hochbahn, *Siemens & Halske*'s Projecte elektrifcher Bahnen für Wien, Budapeft und Barmen-Elberfeld). Die Verbindung mit den Aufsenbahnhöfen und mit dem Fernverkehr ift für diefe eigentlichen Stadtbahnen zwar willkommen, aber an fich nebenfächlich. Sie follen ein Syftem oder Netz felbftändiger, d. h. vom Strafsenverkehre abgelöster Localbahnen fein, welche fich den örtlichen Verhältniffen und Bedürfniffen in Bauart und Betrieb möglichft innig anfchliefsen. Während die Stadtbahnen nach Berliner Art für den Fernverkehr und unter Umftänden für den Zugverkehr nach den Vororten beftimmt find, alfo grofse Bahnhöfe für den Betrieb mit langen Zügen befitzen müffen, wird die dem Ortsverkehr dienende eigentliche Stadtbahn, möge fie durch Dampf oder durch Elektricität betrieben werden, ihrem Grundgedanken entfprechend, durch zahlreiche, fchnell einander folgende, kurze Züge oder einzelne Wagen befahren, die an kleinen Einfteigeplätzen in kurzen Strecken Halt machen. So ift die eigentliche Stadtbahn ein Mittelglied des Verkehres zwifchen den den Fernverkehr an die Stadt heran und in die Stadt hinein bringenden Hauptbahnen und den Strafsenbahnen, welche den Ortsverkehr nur auf kleinere Entfernungen in geringerer Gefchwindigkeit und in kleineren Maffen zu bewältigen vermögen. Allerdings wird nur für volkreiche Städte von grofser Ausdehnung ein folches Mittelglied nothwendig fein; in kleineren Städten genügen neben den Hauptbahnen einerfeits die Strafsenbahnen andererfeits.

332. Beftehende und geplante Stadtbahnen.

Stadtbahnen für den Stadtverkehr im eigentlichen Sinne find die *Metropolitan-*, *Metropolitan-Diftrict-* und *Metropolitan-Extenfion-Railways*, fo wie die unterirdifche *City-Southwark*-Linie in London, ferner die Hochbahnen zu New-York, St. Paul und anderen amerikanifchen Städten. Paris ift reich an Stadtbahn-Entwürfen, von welchen die einen die oberirdifche Führung auf Säulenftellungen, die anderen die unterirdifche Anlage beabfichtigen; zur Ausführung ift es noch nicht gekommen. Auch Wien hat eine vollftändige Stadtbahngefchichte, aber noch keine Stadtbahn; hoffentlich haben die neueren Entwürfe von *Siemens & Halske* für Wien, wie für Budapeft Erfolg. Für die lang geftreckte Doppelftadt Elberfeld-Barmen fteht eine Stadtbahn als Hochbahn, gröfstentheils im Wupperbett zu errichten, in Ausficht. In Frankfurt a. M. ift eine die Nordfeite der Stadt umkreifende »Gürtelbahn« als Stadtbahn geplant. Für Berlin fchlägt *Dietrich*[52]) eine innere Ringbahn als Hochbahn vor, welche die verfchiedenen Endbahnhöfe der in die Stadt eindringenden Hauptbahnen verbindet und im Gegenfatze zur beftehenden, aufserhalb des bebauten Weichbildes liegenden Ringbahn eine wirkliche Stadtbahn fein würde. Eine Ringlinie zur Verbindung aller äufseren Stadttheile unter fich, mit einer oder mehreren Durchmefferlinien und mit ausftrahlenden Zweiglinien nach Vororten, dürfte überhaupt die normale Form des Stadtbahnnetzes für eine Grofsftadt von rundlicher Geftalt des Weichbildes fein.

Hinfichtlich der Haupt- und Stadtbahnen ftehen die continentalen Grofsftädte Europas hinter London und New-York noch fehr erheblich zurück. Innerhalb der ungefähren Grenze der dichten Bebauung haben Berlin 18 km, London 75 km Eifenbahnen; Berlin hat 15, London 95 Halteftellen, während die zu vergleichenden Einwohnerzahlen $1\frac{1}{2}$ und 4 Millionen betragen (im Jahre 1888). Die Untergrundbahnen in London waren im Jahre 1887 61, die Hochbahnen in New-York 51, in Berlin 12 km lang; auf diefen Strecken betrug die Zahl der Fahrgäfte im genannten Jahre in London 122, in New-York 159, in Berlin $15\frac{1}{2}$ Millionen.

333. Wichtigkeit der Stadtbahnen für die Zukunft.

Wir dürfen aus diefen Zahlen folgern, dafs wir auf dem europäifchen Feftlande erft am Anfange der Entwickelung des Stadtbahnwefens ftehen und dafs wir beim Entwurfe von Stadtbauplänen und von Verkehrsanlagen in grofsen Städten dem zukünftigen Stadtbahnverkehre mehr als bisher vorzuarbeiten haben. Diefe Forderung ift um fo wichtiger, als die Verkehrsfteigerung erfahrungsmäfsig die Bevölkerungszunahme bei Weitem übertrifft. London nahm vom Jahre 1864 ab in 10 Jahren um 40 Procent, in 20 Jahren um 64 Procent zu, während die Summe des Stadtbahn-, Strafsenbahn- und Omnibusverkehres fich gleichzeitig verdreifachte, bezw. verfechsfachte. Der Volkszuwachs von New-York betrug in 20 Jahren 59 Procent, die Verkehrsfteigerung[53]) 262 Procent. Auch in weniger grofsen Städten, deren Bewohner nicht nach Millionen, fondern nach Hunderttaufenden zählen, empfiehlt es fich, bei Feftftellung der Strafsen- und Erweiterungspläne auf das zukünftige Verkehrsmittel der Stadtbahnen gebührende Rückficht zu nehmen; in manchen Fällen wird zu erwägen fein, in wie weit es erreichbar ift, die äufseren Verbindungsbahnen der verfchiedenen Bahnhöfe, fo wie die in den Stadtkern eindringenden Hauptbahnftrecken fo einzurichten, dafs fie beim Wachsthum der Stadt in Zukunft als Stadtbahnen für den Ortsverkehr geeignet find.

334. Unterirdifche u. überirdifche Stadtbahnen.

Stadtbahn-Entwürfe werden zunächft ftets vor der Entfcheidung ftehen, ob »unterirdifche« oder »überirdifche« Anlage vorzuziehen fei, da in Strafsenhöhe eine abgetrennte Bahnftrecke nur ausnahmsweife in Frage kommt. Die unterirdifche Führung kann in einem doppelgeleifigen Tunnel oder in zwei eingeleifigen Tunneln

---

52) In: Deutfche Bauz. 1888, S. 162.

53) Siehe: Zeitfchr. f. Transportwefen u. Strafsenbau 1888, S. 286 — ferner: DIETRICH, E. Die Entwickelung der ftädtifchen Verkehrsmittel mit befonderem Hinweife auf London und Berlin. Wochbl. f. Baukde. 1887, S. 506, 515.

entweder ſo tief erfolgen, daſs die ſtädtiſchen Leitungsnetze für Waſſerverſorgung, Gas, Entwäſſerung u. ſ. w. unberührt bleiben (Londoner *Underground*-Bahn und Stadtbahn *City-Southwark*, letztere aus zwei Tunnelröhren von $3{,}16^{m}$ Durchmeſſer beſtehend), oder unmittelbar unter die Straſsenfläche, ſo daſs in oder neben dem herzuſtellenden Hohlraume auch die ſtädtiſchen Leitungen eine geordnete Lagerung finden (Entwürfe für Wien und für die Londoner *City*). Die erſtgenannte Löſung, welche eine hügelige Bodenbeſchaffenheit vorausſetzt, erlaubt auch das Ablenken der Bahn von den Straſsenlinien (wie bei der Londoner Untergrundbahn) und das Unterfahren der Baublöcke unter den Kellerſohlen, ja eines Fluſsbettes, wie zwiſchen *London-City* und *Southwark*. Die letztgenannte Löſung bindet ſich zwar an die Straſsenzüge, bleibt aber gerade dadurch den vorhandenen Verkehrslinien in vortheilhafter Weiſe nahe und gewährt eine leichtere Zugänglichkeit der Haltepunkte. Andererſeits iſt die überirdiſche Anordnung für die Bahnfahrt freundlicher, heller und luftiger, aber in der Breitenentwickelung mehr beſchränkt und für den gewöhnlichen Verkehr auf der Straſse, für den Anblick der Straſsen, Plätze und Gebäude, ſo wie für die Bewohner der Obergeſchoſſe durch Lärm und Lichtentziehung mehr oder weniger ſtörend; auch ſie iſt an das Straſsennetz mit den Plätzen und öffentlichen Anlagen gebunden, da eine Ueberſchreitung der Hausblöcke in der Luft nur als vereinzelte Ausnahme in Betracht kommt. Um die Lichtentziehung bei ſtädtiſchen Hochbahnen auf ein geringſtes Maſs zurückzuführen und ſehr ſcharfe Curven befahren zu können, wird die *Lartigue*'ſche einſchienige Bahn empfohlen, bei welcher eine einzige Fahrſchiene (Tragſchiene) auf ſchmiedeeiſernen Böcken befeſtigt iſt, während zwei Leitſchienen an den Seiten der Bockgerüſte angebracht ſind, Schwellen und Belag aber vollſtändig fehlen [54]). Bei hoher Lage des Grundwaſſerſpiegels (wie z. B. in Berlin) iſt die Anordnung unterirdiſcher Stadtbahnen faſt ausgeſchloſſen.

Als Betriebskraft dient Dampf oder Elektricität. Iſt die feuerungsbedürftige, rauch- und ruſsentwickelnde Locomotive für Stadtbahnen und beſonders für Untergrundbahnen ſchon an ſich mit groſsen Uebelſtänden behaftet, ſo verdient die elektriſche Bewegung vor der Dampfkraft um ſo mehr den Vorzug, als der Locomotivbetrieb für den beweglichen Stadtverkehr zu ſchwerfällig iſt und eine Locomotive wirthſchaftlich zweckmäſsig nur für die gleichzeitige Förderung mehrerer Fahrzeuge benutzt werden kann. Zudem vermag der elektriſche Einzelwagen ſchärfere Steigungen und engere Curven leichter zu überwinden. Einzelne Wagen oder kurze Züge in thunlichſt geringen Zeitabſtänden ſind aber ein weſentliches Erforderniſs der Stadtbahnen. 335. Betriebskraft.

Der elektriſche Strom wird für Stadtbahnen am zweckmäſsigſten in der Art zur Bewegung benutzt, daſs die an einer oder mehreren Centralſtellen erzeugte Elektricität dem Bahnwagen durch eine Leitung zugeführt und mittels einer unter dem Wagen befindlichen elektro-dynamiſchen Maſchine in Kraft umgeſetzt wird, welche die Fortbewegung des Fahrzeuges bewirkt. Die Art der Zuführung des elektriſchen Stromes iſt eine verſchiedene, je nachdem das Geleis auf einer abgeſonderten Bahn liegt, wie es für Stadtbahnen nöthig iſt, oder das Geleis auf der gewöhnlichen, allgemein benutzten Straſsenfläche geſtreckt iſt, was bei den Straſsenbahnen (ſiehe unter c) beſprochen werden wird. Auf abgeſonderter Bahn können die Schienen ſelbſt als Elektricitätsleiter dienen,

54) Siehe: Centralbl. d. Bauverw. 1889, S. 216.

was auf öffentlichen Strafsen wegen der Gefahren für Pferde und Menfchen unzuläffig ift. Die Steigung der Bahn kann unbedenklich bis zu 3, ja 4 Procent betragen; der kleinfte Krümmungshalbmeffer bei 1 m Spurweite dürfte, je nach der Bauart der Wagen, auf 35 bis 25 m, die gröfste Fahrgefchwindigkeit auf 600 m, in der Regel 450 m in der Minute zu bemeffen fein; der Abftand der Halteftellen wird zweckmäfsig 600 bis 1000 m betragen. Uebrigens bietet die Normalfpurweite von 1,435 m vor jeder Schmalfpur den Vortheil des leichteren Ueberganges der Fahrzeuge auf andere Eifenbahnen und auf Strafsenbahnen.

336. Kabelbahnen. Auch die Herftellung der Stadtbahnen als Kabelbahnen, d. h. derart, dafs die Fahrzeuge durch Anheften an ein fich in oder unter dem Geleife bewegendes, von feft ftehenden Mafchinen getriebenes Tau ohne Ende mittels Greifer bewegt werden, ift nicht ausgefchloffen; die Untergrundbahn zwifchen der Londoner *City* und Southwark mit Unterfahrung der Themfe follte nach dem einen Entwurf als Kabelbahn, nach dem anderen als Locomotivbahn mit elektrifchem Betrieb eingerichtet werden; die letztere Betriebsart wurde vorgezogen.

In einzelnen Städten find Drahtfeilbahnen auf geneigter Ebene in Betrieb, fo in Budapeft zur Erfteigung der Ofener Burg, in Lyon zum Stadttheile *Croix-rouffe* hinauf, in Pittsburgh für Perfonen und Fuhrwerke zur Verbindung der Niederftadt mit den hoch gelegenen Hügelftadttheilen [55]), ferner zwifchen Ouchy und Laufanne, zwifchen Rives und Thonon. Die bewegende Kraft kann bei den Seilbahnen eben fo wohl Wafferdruck, wie Elektricität oder Dampf fein.

337. Elektrifche Stadtbahnen. So zahlreich die elektrifchen Strafsenbahnen bereits find, fo felten find bisher noch die Stadtbahnen mit elektrifchem Betriebe.

Die mehrfach genannte *London-City-Southwark*-Bahn benutzt elektrifche Lokomotiven von 100 Pferdeftärken, welche die aus mehreren Wagen beftehenden Züge mit 40 km Gefchwindigkeit in der Stunde (666 m in der Minute) zu befördern vermögen; die Züge follen in Abftänden von 3 Minuten einander folgen; der auf der Endftation in Stockwell erzeugte elektrifche Strom wird mittels Bleikabel den Locomotiven von oben zugeführt. — Die bereits im Jahre 1888 verfuchsweife betriebene Hochbahn in St. Paul (Minnefota [56]) befteht aus einzelnen fchmiedeeifernen Gitterpfoften, welche auf Auskragungen je eine obere Tragfchiene und eine untere Leitfchiene tragen. Auf der Tragfchiene laufen mittels Rädern fchmiedeeiferne Bügel, welche die elektrifchen Motoren und die herabhängenden Perfonenwagen tragen; letztere find durch ein unter 45 Grad gegen die Lothrechte geneigtes Räderpaar an der Leitfchiene geführt. Die Schienen find ifolirt und dienen zugleich zur Hin- und Rückleitung des Stromes; durch Nebenfchliefsung des Stromes werden die Glühlampen der Wagen bedient (Fig. 465 u. 466). — Auch auf der New-Yorker Hochbahn fcheint der elektrifche Betrieb bevorzuftehen.

Die Entwürfe von *Siemens & Halske* für Wien und Budapeft find von grofsem Intereffe. Die Wiener Hauptlinie liegt theils unterirdifch, theils überirdifch, namentlich kann die eigentliche Stadt wegen ihrer Höhenlage nur unterirdifch durchfahren werden. Monumentale Gebäude follen nirgend wo verdeckt, grofse Strafsen-Perfpectiven nicht verdorben werden. Der Querfchnitt des lichten Raumes ift, abweichend vom Normalprofil für Hauptbahnen, auf 2,50 m Breite bei 3,25 m Höhe bemeffen, die fchärffte Krümmung foll 35 m Halbmeffer haben, die gröfste Steigung 1 : 40 betragen; die Anfangs auf 1 m bemeffene Spurweite wird vorausfichtlich im Normalmafs ausgeführt werden. Querfchnitte der Tunnelanordnung unter und der Viaducte über der Strafsenfläche find in Fig. 467 bis 469 dargeftellt. Grundriffe, Längenfchnitte und Längenanficht der Viaducte zeigen Fig. 468 u. 469. Die an den Hauptftrafsenkreuzungen anzulegenden Halteftellen werden durch Verbreiterung der Tunnel und Viaducte derart hergeftellt, dafs, wie bei der New-Yorker Hochbahn, neben jedem Geleife in Höhe der Wagenfufsböden ein Bahnfteig von drei bis vier Wagenlängen entfteht, welcher durch Treppen oder Aufzüge zugänglich ift. Die Viaduct-Stationen und die Tunneltreppen werden leicht überdacht. Die Wagen find zweiaxig

---

55) Siehe: *American engineer* 1887, 10. April.

56) Siehe: Centralbl. der Bauverw. 1889, S. 184.

57) Nach: Wochbl. f. Baukde. 1886, S. 467.

Fig. 465.

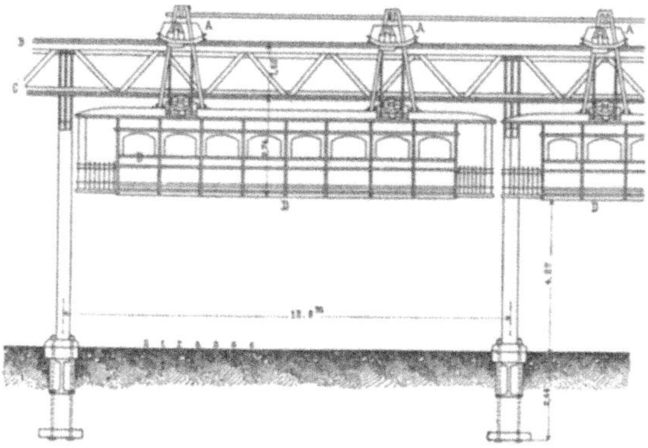

Anficht.

Fig. 466.

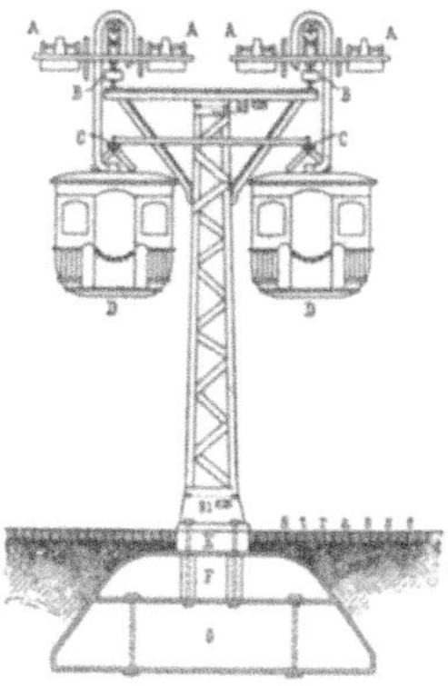

Querfchnitt.

A, *A*. Elektrifche Motoren.
B, *B*. Lauffchienen (Tragfchienen).
C, *C*. Leitfchienen.
D, *D*. Wagen.
E. Granitfockel.
F. Gufseiferne Schwelle.
G. Beton.

1/250 n. Gr.

Elektrifche Stadtbahn zu St. Paul.

Fig. 467.

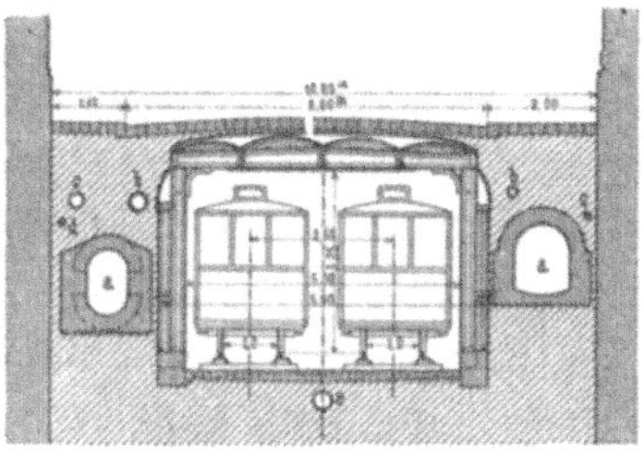

a. Entwäfferungs-Canäle.
b. Wafferröhren.
c. Gasröhren.
d. Telegraphenkabel.
e. Tunnel-Entwäfferung.

Querfchnitt der Tunnel-Anordnung für

Fig. 468.

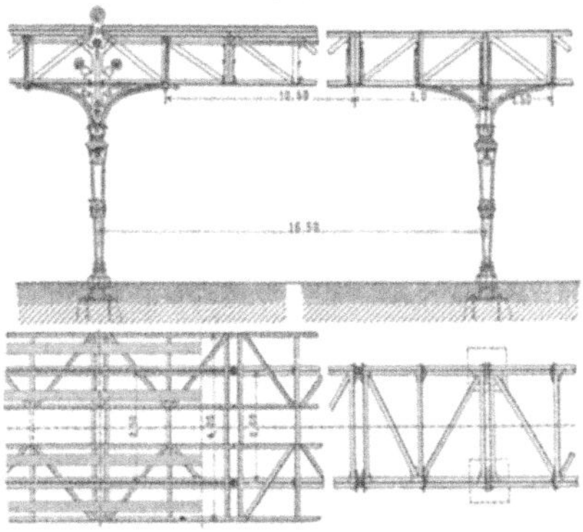

Fig. 469.

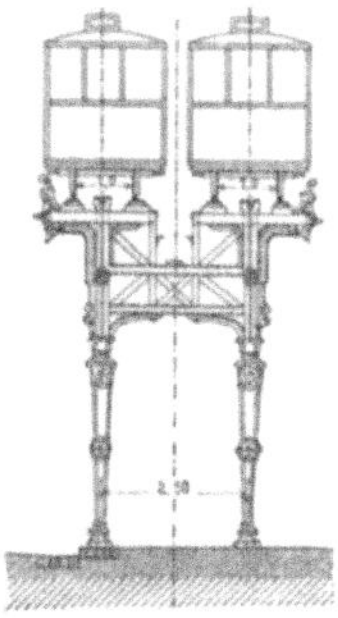

Längenanficht, Längenfchnitt, Grundriffe und Querfchnitt der Viaduct-Anordnung für

die elektrifche Stadtbahn von *Siemens & Halske* in Wien.

Fig. 470.

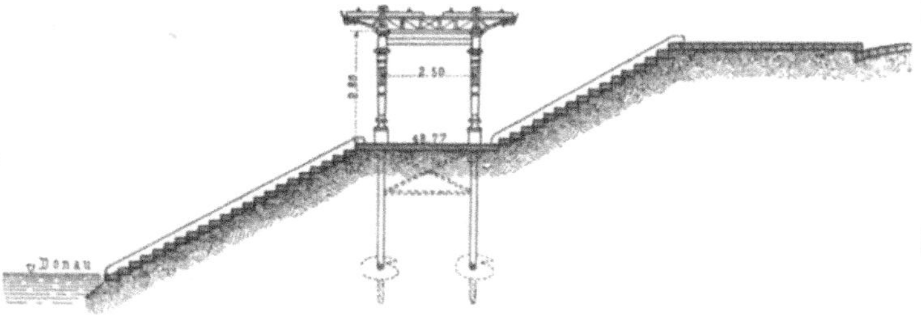

Elektrifche Stadtbahn am Donau-Ufer zu Budapeft[57]).

1/250 n. Gr.

Fig. 471.

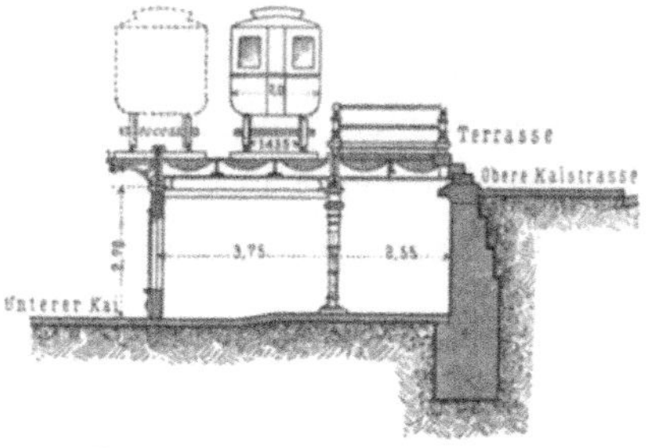

Elektrifche Eifenbahn am *Franz-Jofef*-Rakpart zu Budapeft[57]).

1/250 n. Gr.

Viaduct auf dem Treppen-Quai.

und faffen 30 Perfonen. In kurzen Zeitabftänden von wenigen Minuten follen nach Bedürfnifs einzelne Wagen oder je zwei bis drei Wagen gekuppelt abgelaffen werden; die mittlere Fahrgefchwindigkeit foll 25 bis 30 km in der Stunde betragen[58]).

Die Buda-Pefter Stadtbahn (ftreckenweife Strafsenbahn) ift als Ringbahn mit elektrifchem Betriebe gedacht, und zwar wird auf der die Stadt durchziehenden grofsen Ringftrafse und am Donau-Ufer eine (zum Theile bereits ausgeführte) Kreislinie hergeftellt werden, welche mit zwei ebenfalls elektrifch betriebenen Radial-Linien durch die *Leopold*- und durch die *Jofeph*-Stadt in Verbindung fteht. Die Anordnung der Bahn auf dem Treppen-Quai an der Donau und auf dem die obere Ufer-Promenade begleitenden Tief-Quai ift in Fig. 470 u. 471 [56]) nach *Schwieger*'s Entwürfen angegeben.

c) Strafsenbahnen.

338. Zweck.

Während die Hauptbahnen für den Maffenverkehr nach aufsen, die Stadtbahnen für den Verkehr zwifchen entfernten Theilen und Vororten derfelben Stadt dienen und beide Bahnarten vermöge ihrer grofsen Fahrgefchwindigkeit, ihrer Betriebsmittel und ihres Betriebsumfanges auf den ftädtifchen Strafsenflächen nicht Platz finden können, dienen die Strafsenbahnen, d. h. die auf der Strafsenfläche angelegten Geleisbahnen, für den Verkehr auf kleinere Entfernungen mit geringerer Gefchwindigkeit, fei es von Stadttheil zu Stadttheil, fei es zwifchen Stadt und Vororten, ferner zum Theile zur Erleichterung und Förderung des Strafsenverkehres felber. Wenn auch die Strafsenbahnen nach den angewendeten Motoren in Pferdebahnen, elektrifche, Prefsluft-, Kabel-, Locomotiv-Bahnen u. f. w., nach der Geleisbreite in normal- und fchmalfpurige zerfallen, fo ift dies zwar von Einflufs auf die Leiftungsfähigkeit und auf das betriebsfähige Höchftmafs der Steigungen und Mindeftmafs der Krümmungshalbmeffer, hat jedoch im Uebrigen für die Anordnung auf den Strafsen geringe Bedeutung.

339. Grenzen der Anwendbarkeit.

Sehr dichter Strafsenverkehr, wie in den inneren Stadttheilen von Paris und London, läfft die Anlage und den Betrieb von Strafsenbahnen nicht zu; eben fo find diefelben aus einem engen, ungeordneten und fehr hügeligen Strafsennetz, wie in der Innenftadt von Wien, ausgefchloffen. Hier ift die Perfonenbeförderung im Sammelverkehre für vorgefchriebene Richtungen und Ziele auf Omnibuffe, im Einzelverkehr für beliebig zu wählende Richtungen und Ziele auf Lohnkutfchen (Drofchken, Fiaker, Stellwagen, *Cabs*, *Hanfoms*) angewiefen. Zwar ift es richtig, dafs der Strafsenbahnbetrieb bei fchwachem Strafsenverkehr auf breiten Strafsen den fonftigen Verkehr »regelt«; aber unzutreffend ift dies für folche Strafsen, welche mit ftädtifchem Verkehre aller Art bereits völlig in Anfpruch genommen find. Hier wirken die Strafsenbahnwagen, welche felbft nicht ausweichen können, welche alles andere Fuhrwerk in der freien Bewegung befchränken und beim Stillftehen Verkehrsftauungen hervorrufen, durchaus nicht regelnd und fördernd, fondern eher ftörend und hemmend. Das von Nordamerika ausgegangene Strafsenbahnwefen findet defshalb am Kerne alter Verkehrsftädte feine natürliche Grenze. Je vollkommener zudem die Strafsenfläche mit einer ebenen, geräufchlofen Decke verfehen ift, defto mehr entfällt das Bedürfnifs der nur durch die Reibungsverminderung berechtigten, in den fchlechten amerikanifchen Strafsenverhältniffen unentbehrlichen Geleisbahn. Dafs man bei gut gepflafterten Strafsen und einem zweckmäfsig eingerichteten Omnibusbetrieb die Strafsenbahnen nicht vermifft, zeigen Londons *City* und *Weftend*, welche Strafsenbahnen nicht befitzen, auf das deutlichfte.

58) Siehe: Bautechniker 1884, Nr. 45—47.

Die zweite Grenze für die Anwendbarkeit der Strafsenbahnen wird durch die Fahrgefchwindigkeit gebildet. Diefelbe darf auf der ftark befuchten Strafse nicht wefentlich gröfser fein, als diejenige des trabfahrenden Strafsenfuhrwerkes; fie beträgt daher in den Städten gewöhnlich etwa 150 m in der Minute, während auf Landftrafsen — unter Umftänden auch verkehrsarmen, fehr breiten Stadtftrafsen — eine Gefchwindigkeitsfteigerung auf 200 bis 300 m in der Minute (12 bis 18 km in der Stunde) für zuläffig erachtet wird, was natürlich nur bei mechanifchem Betriebe zu erreichen ift. Es leuchtet hiernach ein, dafs das Bedürfnifs für fchnellere Bewegung mittels Stadtbahnen in der inneren Stadt fchon bei verhältnifsmäfsig geringen Entfernungen, im Verkehre mit den Vororten dagegen erft bei gröfseren Abftänden fich geltend macht.

Allein innerhalb der Grenzen, die den Strafsenbahnen durch den dichten Stadtverkehr einerfeits und die verhältnifsmäfsig geringe Gefchwindigkeit andererfeits geftellt find, haben diefelben doch ein fehr ausgedehntes Feld der Entwickelung gefunden, welches fich noch täglich erweitert. In der Umgebung italienifcher und belgifcher Städte bewähren fich Dampfftrafsenbahnen auf Entfernungen bis zu 30 km und mehr.

Die Vervollkommnung des Strafsenbahnwefens geht mit der Erweiterung desfelben Hand in Hand. Sie erftreckt fich fowohl auf die Anordnung und den Bau der Bahn, als auch auf die Art ihres Betriebes.

Da die Strafsenbahn einen Theil des Strafsenverkehres felbft aufnehmen foll, fo ift es nothwendig, dafs fie die Hauptverkehrslinien — radiale, peripherifche, diagonale — inne hält, oder, in fo fern gewiffe Strecken mit einem für die Bahnwagen zu dichten Verkehre belaftet find, diefelben möglichft parallel verfolgt. Sie kann nur demjenigen Theile des Strafsenverkehres dienen, welcher innerhalb deffelben Stadttheiles oder zwifchen verfchiedenen, von derfelben Linie berührten Stadttheilen Entfernungen von folcher Gröfse (wenigftens etwa 1,5 km) zurückzulegen hat, dafs die Erfparnifs an Zeit und Mühe gegenüber dem Abwarten des Wagens oder dem Umwege bis zur Bahn und gegenüber dem Fahrgelde einen wirthfchaftlichen Vortheil gewährt. Sind die Abftände zu klein, fo lohnt die Strafsenbahn fich nicht; überfteigen die Entfernungen ein gewiffes Mafs (etwa 5 km), fo ift behufs Erzielung gröfserer Gefchwindigkeit der Pferdezug durch mechanifche Kraft und bei ftarkem Verkehre die Strafsenbahn durch die Stadtbahn zu erfetzen. 340. Liniennetz.

Da die Haupt-Radialen die lebhafteften Verkehrslinien find, fo find fie auch von vornherein die zunächft gegebenen Strafsenbahnlinien; mit ihrer Länge wächst ihre Bedeutung. Von den Vororten in die Stadt und den Stadtkern hinein und gegebenen Falles durch die Stadt hindurch in den gegenüber liegenden Vorort führen daher die verkehrsreichften Strafsenbahnen. An manchen Orten ift diefer natürliche Vorzug der mit Bahngeleifen belegten, in das Land hinein fich erftreckenden Radialftrafsen dazu benutzt worden, um an denfelben in gröfserem Abftande von der Stadt neue Anfiedelungen für Privatwohnungen, Sommerwohnungen oder Fabriken zu gründen, die erft fehr allmählig durch Bebauung des Zwifchenraumes mit der Stadt zufammenwachfen.

Dem Radial-Syftem der Strafsenbahnlinien (Fig. 472) fteht gegenüber die Ringlinie nach Fig. 473 oder 474, d. h. entweder die Radialen in fich aufnehmend oder felbftändig neben denfelben beftehend. Die Ringlinie letzterer Art ift nur von Bedeutung für Grofsftädte und für volk- und verkehrsreiche Mittelftädte von

Fig. 472.

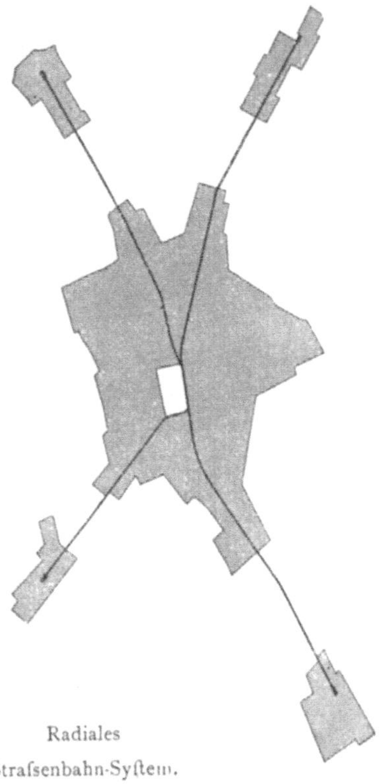

Radiales
Strafsenbahn-Syftem.

Fig. 473.

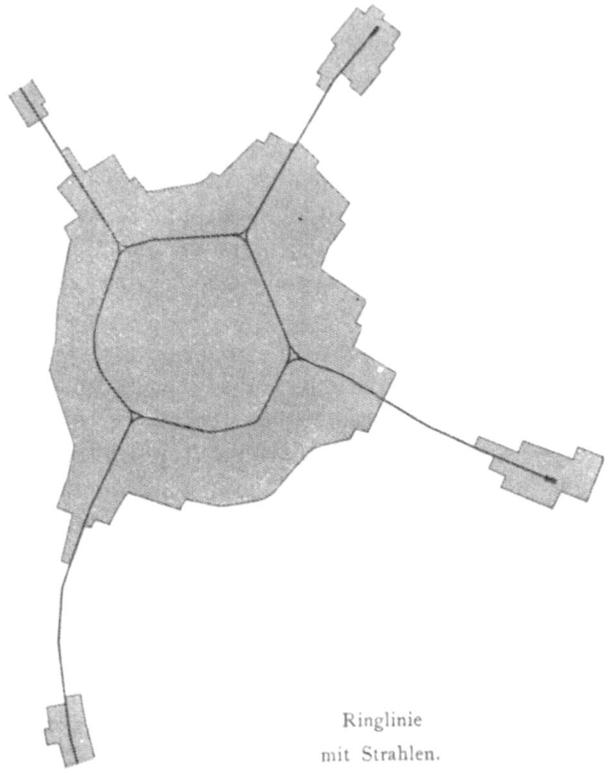

Ringlinie
mit Strahlen.

Fig. 474.

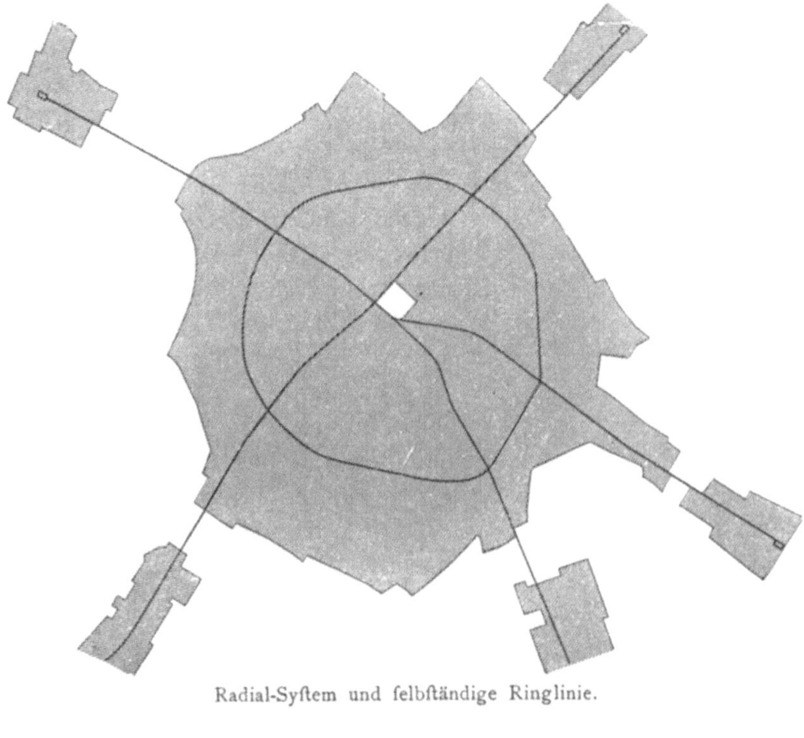

Radial-Syftem und felbftändige Ringlinie.

Fig. 475.

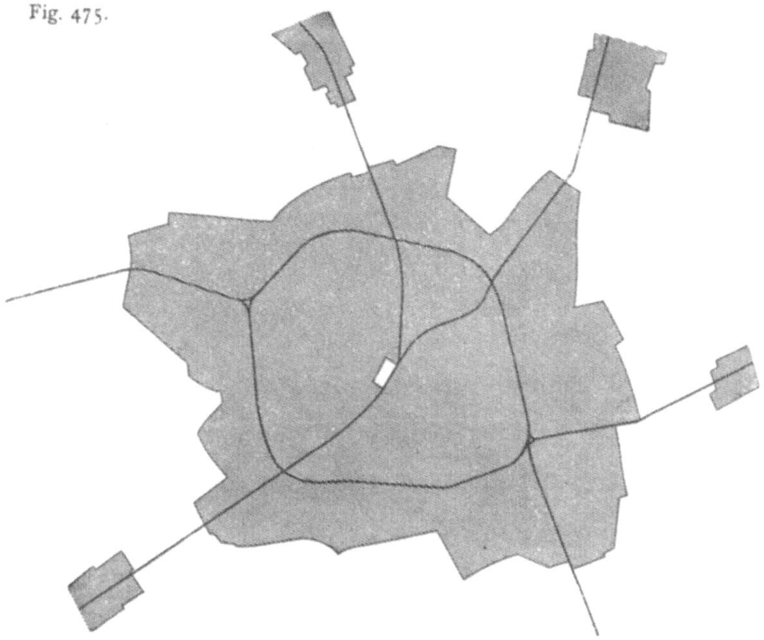

Combinirtes Strafsenbahnnetz.
(Selbftändige Radien, felbftändige Ringlinie und Ringlinie mit Strahlen.)

wenigftens 150000 bis 200 000 Einwohnern, da in minder grofsen Orten der Ringverkehr nicht ausgebildet ift. Die Berliner Ringbahn hat etwa 4, die Hamburger Rundbahn etwa 2, die Wiener und Kölner etwa $1^{3}/_{4}$ km Durchmeffer; ein wefentlich kleinerer Kreis würde den Betrieb nicht lohnen, weil die Entfernung der Ringpunkte alsdann nicht hinreichend grofs ift, um den peripherifchen Umweg auf der Strafsenbahn dem kürzeren Fufswege in der Durchmefferlinie oder Sehne vorzuziehen. Dagegen kann der die Radialen aufnehmende Ring (Fig. 473), welcher zur Nothwendigkeit wird, wenn das Strafsennetz des engbebauten Stadtkernes das Durchlegen

Fig. 476.

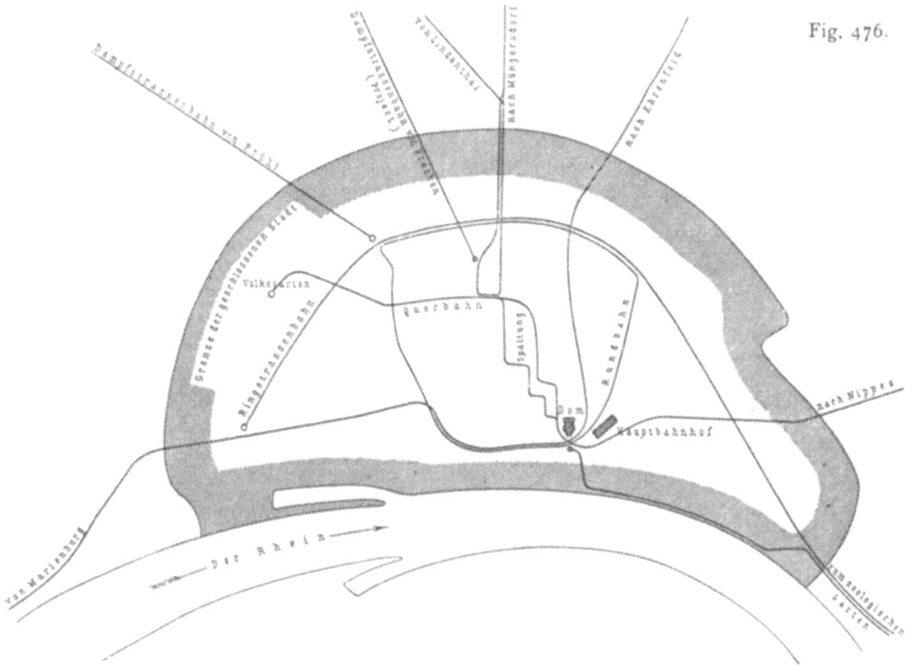

Strafsenbahnnetz zu Köln. — $^{1}/_{50000}$ n. Gr.

von Bahngeleiſen nicht geſtattet, ſchon bei geringerer Einwohnerzahl und kleinerem Durchmeſſer dem Bedürfniſs entſprechen. Von auſsen kommende Bahnwagen können, wenn der Ring zweigeleiſig iſt, unbedenklich auf denſelben übergehen, ihre Fahrgäſte an den gewünſchten Punkten abſetzen und entweder nach ihrem Urſprungsorte zurückkehren oder auf einer anderen Radialen ihren Lauf fort-

Fig. 477.

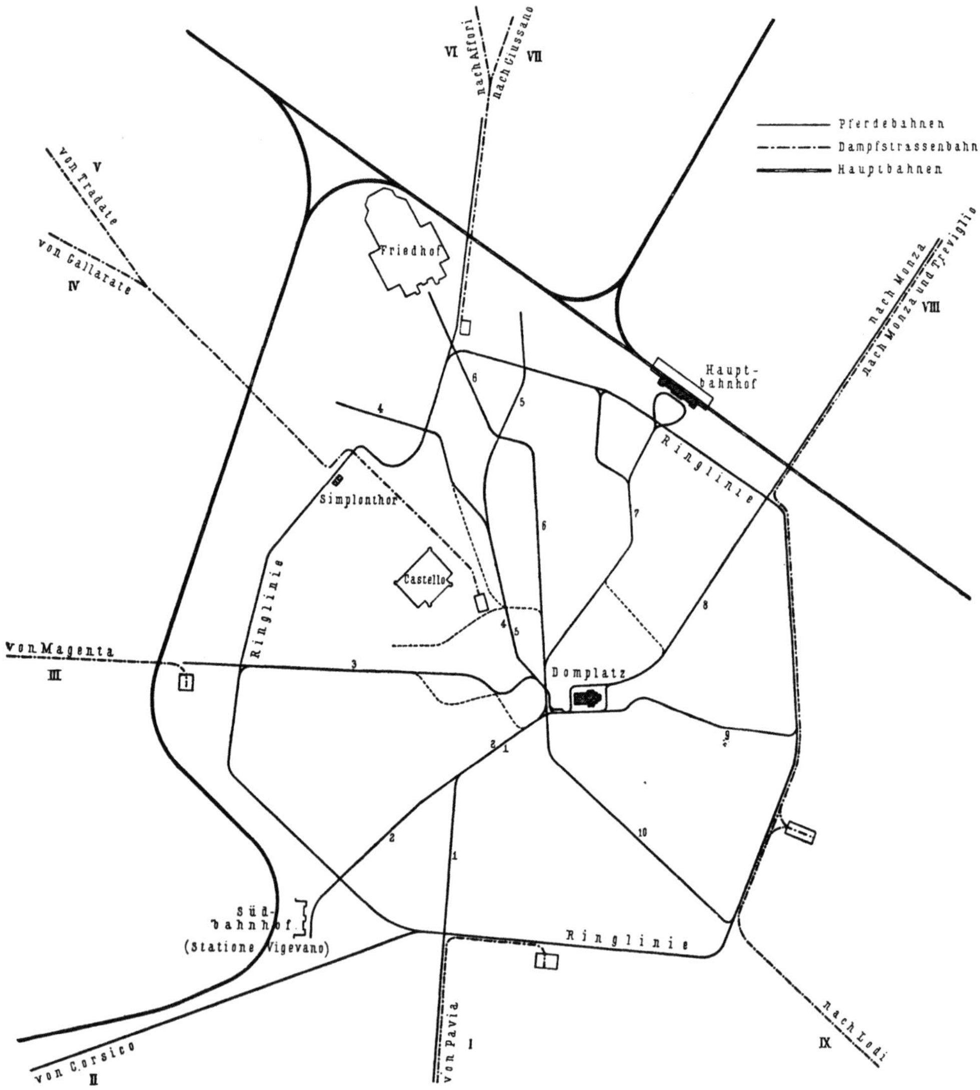

Straſsenbahnnetz zu Mailand. — ca. $^1/_{50000}$ n. Gr.

ſetzen; Letzteres giebt indeſs ſelten einen zweckmäſsigen Betrieb. Auch ſteht nichts im Wege, den Ring bei hinreichender Gröſse mit beſonderen, nicht nach auſsen verkehrenden Wagen zu befahren, was in der Regel richtiger iſt. Eine Combination durchgehender Strahlen mit ſolchen, die von der Ringlinie aufgenommen werden, zeigt Fig. 475. Ueberall ſind ſelbſtredend die örtlichen Verkehrs- und Straſsenverhältniſſe für die Geſtaltung des Bahnnetzes entſcheidend, welches dem zufolge zuweilen fehr verzerrte Formen annimmt. Das Kölner Strafsenbahnnetz, aus Rundbahn, Querbahn, Ringftrafsenbahn, einer von Marienburg nach Ehrenfeld führenden Durchmefferlinie und mehreren Aufsenradialen zeigt fchematifch Fig. 476. Das Mailänder Strafsenbahnnetz (Fig. 477) fetzt fich zufammen aus einer beträchtlichen Zahl innerer Radialen und Nebenlinien, von denen die erfteren vom Domplatz als Mittelpunkt ausgehen, ferner aus einer Ringlinie und meift mit Dampf betriebenen Aufsen-Radialen von 4 bis 32 km Länge, welche zum Theile mit den Pferdebahnlinien zufammenliegen.

Für die verwickelten Verkehrsverhältniffe der Grofsftädte genügen die einfachen Elemente der Radien und des Ringes, wie fchon die beiden zuletzt genannten Städte zeigen, überhaupt nicht; fondern daneben treten die diagonalen Verkehrslinien in ihrer ganzen Vielgeftaltigkeit in ihr Recht. Hierbei handelt es fich darum, zwifchen den Mittelpunkten und Schwerpunkten des Stadtverkehres die kürzeften und bequemften Verbindungen zu finden und auszubilden. Die Bahnhöfe der Haupt- und Stadtbahnen, die Märkte, die Gefchäftsftrafsen, die Vergnügungsorte, die Häfen und Landungsplätze, Börfe, Poft u. f. w. find die gegebenen Knotenpunkte des Strafsenbahnnetzes, in welchem die Ringlinien und die langen Vorortlinien zwar wefentliche, aber doch nicht ausfchliefslich mafsgebende Glieder find. Syftematifche Regeln laffen fich hierfür nicht aufftellen.

Wo, wie in amerikanifchen und ruffifchen Städten, die ganze Stadt nach dem Rechteck-Schema angelegt ift, können die natürlichen Verkehrslinien: Radius, Ring und Diagonale, im Strafsenbahnnetz nicht zur Ausbildung gelangen; daffelbe mufs fich vielmehr auf Längs- und Querlinien befchränken, wobei Umwege und Unbequemlichkeiten, Verlufte an Zeit und Kraft unvermeidlich find. In lang geftreckten Städten und Doppelftädten, wie Krakau, Vliffingen, Stolberg, Elberfeld-Barmen, fo wie zur Verbindung zweier getrennter Städte, wie München-Gladbach und Rheydt, Duisburg und Ruhrort, Altena und Lüdenfcheid, vereinfacht fich das Bahnnetz im Wefentlichen oft auf eine einzige Hauptlinie.

341. Zahl und Anordnung der Geleife.

Ob eine Strafsenbahn ein- oder zweigeleifig anzulegen fei, das ift zwar vorab eine Frage der Kapitalbefchaffung, aber in noch höherem Grade eine Frage der Betriebsführung. Die eingeleifige Strafsenbahn ift ftets etwas fehr Unvollkommenes, weil das Begegnen der Wagen nur in den Weichen ftattfinden kann, der Fahrplan daher ein eng befchränkter ift und die beim Strafsenverkehre fo leicht möglichen Störungen eines Wagens fich auf alle übertragen. Die Strafsenbahn wird in Folge deffen unbeliebt; fie zieht den Verkehr nicht an und kann fich felbft nicht entwickeln. Nur bei fchwachem Verkehre auf grofse Entfernungen, z. B. nach Vororten oder Vorftädten hinaus, ift der eingeleifige Betrieb brauchbar. Die Entfernung der Weichen richtet fich nach den Zeitabfchnitten der Aufeinanderfolge der Wagen und deren Gefchwindigkeit. Für eine Aufeinanderfolge von 10, bezw. 5 Minuten in beiden Richtungen und eine normale Gefchwindigkeit von 150 m in der Minute ergiebt fich ein Weichenabftand von $\frac{1500}{2} = 750$, bezw. $\frac{750}{2} = 375$ m. Je rafcher die Wagen auf einander folgen, defto geringer wird für die eingeleifige Bahn, da die Ausweichgeleife eine beträchtliche Länge einnehmen und die Weichen felbft Mehrkoften verurfachen, die Erfparnifs an Anlagekapital.

In alten Städten läfft fich wegen der Enge und der Krümmungen der Strafsen und wegen der zu befahrenden fcharfen Ecken oft genug ein zweites Geleis neben dem erften nicht anlegen; zuweilen ift fogar zur Durchführung des erften Geleifes und der nöthigen Ausweichungen der Abbruch von Häufern vorzunehmen. Bei fo befchränkten räumlichen Verhältniffen empfiehlt fich, fobald der Verkehr die Anlage eines zweiten Geleifes erfordert, die Anwendung der Geleisfpaltung, indem man das zweite Geleis auf einen anderen, möglichft parallelen Strafsenzug zu verlegen fucht. Dadurch wird der Vortheil der zweigeleifigen Bahn erzielt, dafs die Fahrt der einzelnen Wagen von einander und namentlich von den entgegenkommenden Wagen unabhängig ift (z. B. Elberfeld, Hundsthurmer Linie in Wien, Querbahn in Köln in Fig. 476). Auf dem nicht gefpalteten Doppelgeleife ift allerdings der Betrieb klarer und das Publicum leichter orientirt.

Auch auf einer im Wefentlichen eingeleifigen Strecke läfft fich unter Umftänden ein zweigeleifiger Betrieb, d. h. ein durchgehender Betrieb ohne beftimmte Begegnungspunkte, einrichten, indem man die Weichen möglichft nahe bei einander legt und derart anordnet, dafs der Kutfcher von Weiche zu Weiche fchauen kann und feinen Wagen erft anhält, wenn er den entgegenkommenden Wagen im nächften Weichenabfchnitte erblickt. Kurze eingeleifige Strecken in zweigeleifiger Bahn find oft nothwendig; fie können zur Vermeidung der Weichen durch Geleisverfchlingung gebildet werden.

Scharfe Curven find bei Strafsenbahnen ftörend fowohl wegen der gröfseren Anforderung an die Zugkraft und wegen der vermehrten Entgleifungsgefahr, als wegen des Zeitverluftes und der Unbequemlichkeiten für das gewöhnliche Fuhrwerk, deffen Räder zwar das Geleis ohne Schwierigkeit rechtwinkelig kreuzen oder demfelben in der Längsrichtung folgen, aber in das Gleiten und Schleudern gerathen, fobald fie im fpitzen Winkel über eine etwas hervorragende Schiene hinüberfahren follen. Der zuläffige geringfte Krümmungshalbmeffer ift, wenn man nicht Wagen mit Drehgeftellen anwendet, vom Radftand und von der Spurweite abhängig. Erfterer wird defshalb fo gering als möglich gemacht, z. B. bei einpferdigen Wagen 1,40 bis 1,60 m, wobei die vordere und hintere Plattform fo weit ausladen, als es ohne Gefahr des Kippens möglich ift. Zumeift wird die normale Spurweite der Hauptbahnen (1,435 m) auch auf die Strafsenbahnen übertragen; dabei find Curven ohne Schwierigkeit bis zu 20 m und mit einiger Mühe bis zu 13 m Halbmeffer befahrbar. Für geringere Spurweiten, meift 1 m, find natürlich noch geringere Halbmeffer zuläffig; für folche Fälle ift alfo unter Umftänden ein fehr enges Strafsengewirr zugänglich.

342. Geleifezahl und Strafsenbreite.

Der gewöhnliche Strafsenbahnwagen foll nicht über 2 m breit fein, er nimmt alfo einfchl. eines Sicherheitsftreifens mindeftens 2,5 m (beffer 3,0 m) Strafsenbreite für fich in Anfpruch; eine zweigeleifige normalfpurige Strafsenbahn nimmt demnach einen 5,0 bis 6,0 m breiten Strafsenftreifen ein. Auch für jedes andere gröfsere Fuhrwerk ift ein Strafsenftreifen von 2,5 m Breite zu rechnen. Es ergeben fich fomit bei normaler Spurweite folgende Mindeftmafse:

1) Fahrbahnbreite für eine eingeleifige Strafsenbahn mit der Möglichkeit des Ausweichens für gewöhnliches Fuhrwerk: 5,0 m. Nur auf der geleisfreien Strafsenfeite darf ein Fuhrwerk am Bürgerfteig halten; neben einem haltenden Fuhrwerk kann kein Begegnen ftattfinden. Die Entfernung der Bürgerfteigkante von der nächften Schiene beträgt 0,5 m (Fig. 478).

2) Fahrbahnbreite für eine zweigeleifige Strafsenbahn ohne befonderen Streifen für gewöhnliches Fuhrwerk: 5,0 m. Da keine Strafsenfeite geleisfrei ift, fo kann ein

Fig. 478.

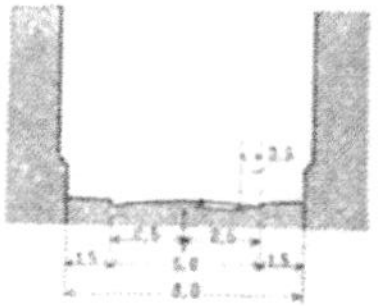

Eingeleifige Strafsenbahn auf 5 m breitem Fahrdamm.

Fig. 479.

Zweigeleifige Strafsenbahn auf 5 m breitem Fahrdamm.

Fig. 480.

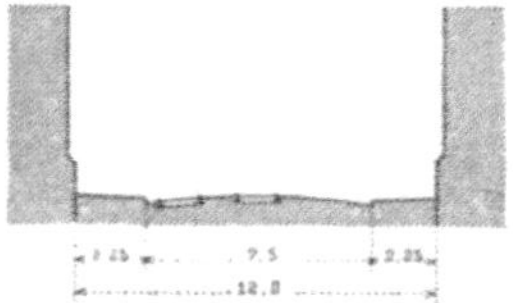

Zweigeleifige Strafsenbahn auf 7,5 m breitem Fahrdamm.

Fig. 481.

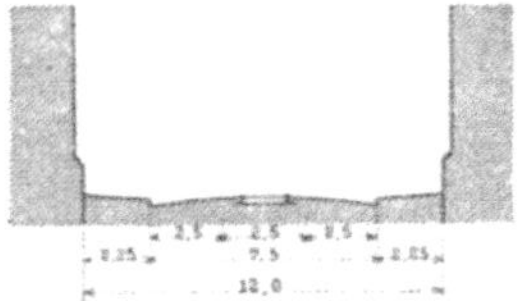

Eingeleifige Strafsenbahn auf 7,5 m breitem Fahrdamm.

Fig. 482.

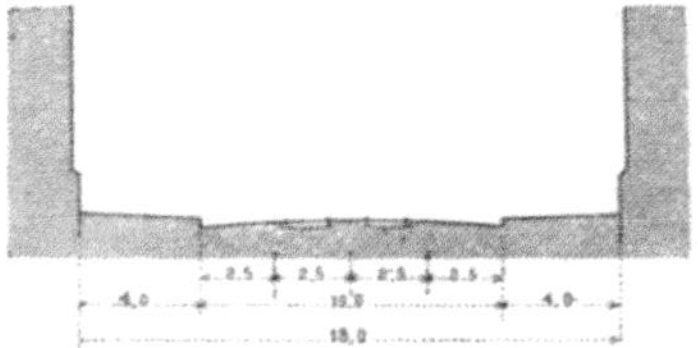

Zweigeleifige Strafsenbahn auf 10 m breitem Fahrdamm.

Fig. 483.

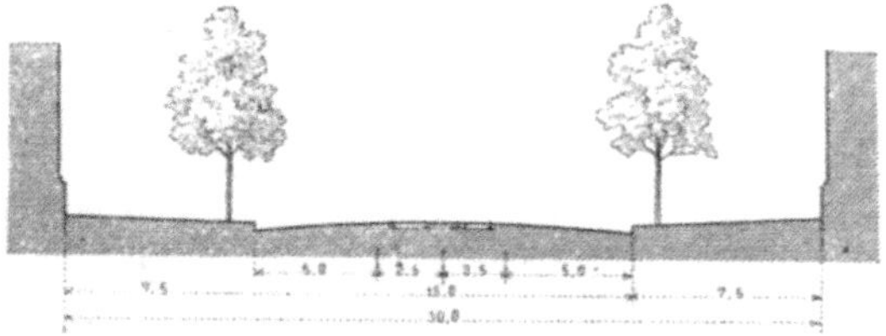

Zweigeleifige Strafsenbahn auf 15 m breitem Fahrdamm.

Fig. 484.

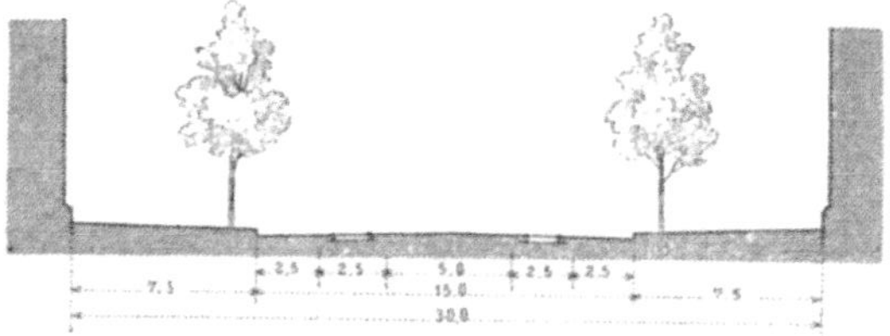

Zweigeleifige Strafsenbahn auf 15 m breitem Fahrdamm.

1/500 n. Gr.

Fig. 485.

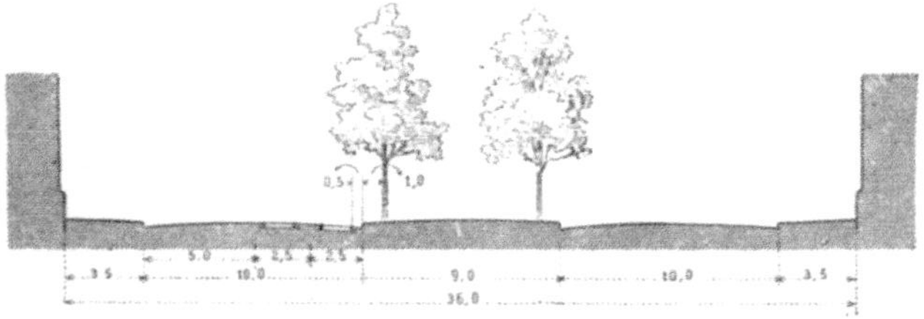

Strafsenbahn an einer Mittelallee.

Fig. 486.

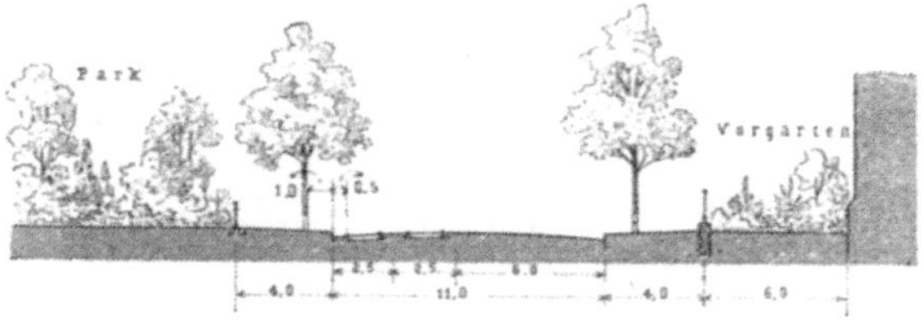

Strafsenbahn am Park.

Fig. 487.

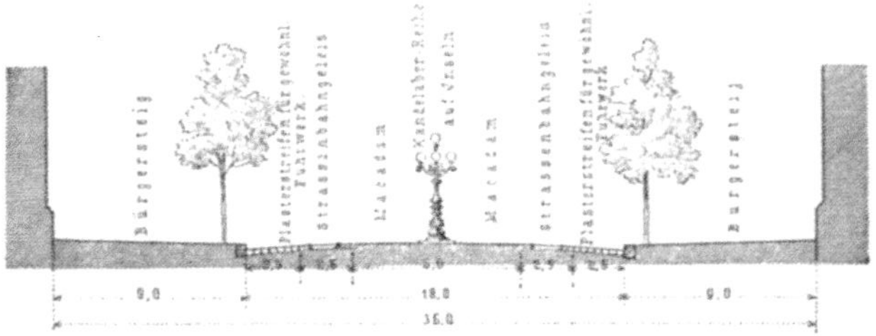

Zweigeleifige Strafsenbahn auf 18 m breitem Fahrdamm.

1/500 n. Gr.

Fuhrwerk nur im Intervall zweier auf einander folgender Strafsenbahnwagen am Bürgerfteig halten. Die Anwohner werden hierdurch ftark beeinträchtigt, und Störungen werden, obwohl die beiden Geleife auch die Bewegungen des gewöhnlichen Verkehres gewiffermafsen zwangsweife regeln, leicht herbeigeführt (Fig. 479).

3) Fahrbahnbreite für eine zweigeleifige Strafsenbahn mit freiem Streifen auf einer Seite (Fig. 480) oder für eine eingeleifige Bahn mit freiem Streifen auf jeder Seite: 7,5 m (Fig. 481). Im erfteren Falle entfteht Benachtheiligung des gewöhnlichen Verkehres, da nur an einem Bürgerfteig ein Fuhrwerk halten kann, im letzteren Falle unvollkommener Strafsenbahnbetrieb.

4) Fahrbahnbreite für eine zweigeleifige Bahn mit einem freien Streifen auf jeder Seite: 10,0 m (Fig. 482).

5) Fahrbahnbreite für eine zweigeleifige Bahn mit freiem Doppelftreifen auf jeder Seite (für Anfahren und Ausweichen): 15,0 m (Fig. 483).

6) Fahrbahnbreite für eine zweigeleifige Bahn mit einem freien Doppelftreifen in der Strafsenmitte und einem einfachen Anfahrtftreifen auf jeder Seite: ebenfalls 15,0 m (Fig. 484).

Erft der Fall 4 liefert eine für lebhaften Strafsen- und Pferdebahnverkehr ungeftört geeignete Strafse; bei je 3,0 m breiten Bürgerfteigen würde die Gefammtbreite derfelben 16,0 m betragen. Die Vermehrung diefes Mafses auf 18,0 m (wovon 10,0 m Fahrbahn, je 4,0 m Bürgerfteig), auf 20,0 m (wovon 11,0 m bis 12,0 m Fahrbahn, je 4,0 m bis 4,5 m Bürgerfteig) oder 22,0 m (wovon 11,0 m bis 13,0 m Fahrbahn, je 4,5 m bis 5,5 m Bürgerfteig) ift ftärkerem Verkehre durchaus entfprechend. Mit Rückficht auf Locomotivbetrieb empfahl *Andreas Meyer* bei den Verhandlungen über die Strafsburger Stadterweiterung, für eine zweigeleifige Bahn keine geringere Strafsenbreite als 20,0 m zu nehmen. Daraus folgt für alle neue ftädtifche Hauptftrafsen eine geringfte Breite von 20,0 m.

343. Lage der Geleife.

Die befte Lage des Bahngeleifes oder der Bahngeleife ift im Allgemeinen die Fahrbahnmitte, weil dabei die Abwäfferung am wenigften geftört und das Halten der gewöhnlichen Fuhrwerke am Bürgerfteig ftatthaft ift; zugleich macht fich leider der Uebelftand geltend, dafs Ein- und Ausfteigende vom Strafsenfuhrwerk leicht überfahren oder gefchädigt werden können. Bei fchmalen Strafsen (Fälle 1, 2 und 3) ift indefs diefe Anordnung unmöglich, und auch bei breiten Strafsen ift oft eine feitliche Lage der Bahngeleife vorzuziehen, wenn das Halten gewöhnlichen Fuhrwerkes an dem einen Fufswege kein Bedürfnifs ift, wie z. B. bei Mittelalleen oder entlang von Gartenanlagen. In Fig. 485 u. 486 wird daher meift die gezeichnete feitliche Geleislage den Vorzug verdienen, weil die freie Fahrbahnfeite den gewöhnlichen Verkehr um fo ungeftörter aufzunehmen vermag und die Gefahr des Ueberfahrenwerdens wenigftens auf der einen Seite fortfällt. Eine andere fymmetrifche feitliche Geleisführung zeigt Fig. 487 (Hohenzollern-Ring in Köln), wo die Axe der 18,0 m breiten Fahrbahn durch eine Reihe mehrflammiger Candelaber eingenommen, die 8,0 m breite Mittelfläche der Strafse für Wagen und Reiter macadamifirt ift, während die je 5,0 m breiten Seitenftreifen für je ein Pferdebahngeleis und je einen Streifen gewöhnliches Fuhrwerk, letzteres an der Bürgerfteigkante, gepflaftert find. Diefe für breite Fahrdämme empfehlenswerthe Anordnung verbindet mit dem ungeftörten Verkehre der Strafsenfuhrwerke die Gelegenheit zum Anhalten am Bürgerfteig und die Verminderung der Gefahr des Ueberfahrenwerdens, da fchnell fahrende Wagen in der Regel die Strafsenmitte einhalten.

Die Oberbau-Conſtruction der Straſsenbahnen hat fortwährende Verbeſſerungen erfahren, welche hauptſächlich eine gröſsere Haltbarkeit, die Vervollkommnung der Stoſsverbindungen und den innigeren Anſchluſs des Pflaſters betreffen. Querſchwellen und hölzerne Langſchwellen ſind vom Standpunkte der Straſsenunterhaltung zu verwerfen, eben ſo Stühle oder ſonſtige Einzelunterſtützungen. Die Querverbindungen werden durch ſtehende Flacheiſen, welche in den Plaſterfugen Platz finden, gebildet. Die Herſtellung des ganzen Oberbaues aus Eiſen oder Stahl iſt mehr und mehr eingeführt worden. Die in Deutſchland zumeiſt angewendeten Syſteme ſind das *Demerbe*'ſche, das *Haarmann*'ſche und die eingerillte Phönix-Schiene. Ohne Schattenſeite iſt keines derſelben. *Ganz & Co.* in Budapeſt haben in neueſter Zeit ein »Geleiſe mit ſenkrechter Spur« vorgeſchlagen, beſtehend aus einer aufgeſchlitzten Fahrſchiene in der Straſsenfläche und zwei darunter in einem Canal liegenden Leitſchienen, an welche zwei vom Wagen hinabhängende Eiſenſtäbe mittels Rollen entlang geführt werden. Dieſem *Zypernowsky*'ſchen Syſtem wird namentlich der Vortheil der geringen Inanſpruchnahme der Straſsenfläche zugeſchrieben. 344. Oberbau.

Das betriebsfähige gröſste Maſs der Steigungen, die Betriebskoſten, die Leiſtungsfähigkeit und die Geſchwindigkeit ſind vom Motor abhängig. Eine kurze Ueberſicht der Hauptbetriebsarten zeigt uns die Anwendung des Pferdezuges, der Dampfkraft, der Preſsluft und der Elektricität. 345. Betriebsarten.

Der einſpännige Pferdebetrieb iſt in kleineren Städten und in den meiſten Mittelſtädten, in ſo fern dieſelben in der Ebene liegen, eingeführt. Gebräuchlich ſind leichte, zum Umſpannen eingerichtete Wagen mit zwölf Sitzen (je ſechs an jeder Langſeite, ſeltener Querſitze), einer hinteren und einer vorderen Plattform mit je fünf Stehplätzen. Im Sommer werden mit Vorliebe offene Wagen mit Querſitzen eingeſtellt. Der Betrieb mit einem Pferde wird beim Steigungsverhältniſs 1 : 60 beſchwerlich, bei 1 : 40 eine Quälerei; ſteilere Straſsen erfordern unbedingt Vorſpann. Ein Pferd kann täglich 20 bis 25 km laufen, iſt aber in fünf bis ſechs Jahren verbraucht; die Beſchaffungs- und Unterhaltungskoſten der Pferde bilden 25 bis 30 Procent der Geſammtausgaben. 346. Pferdebetrieb.

Iſt die Lage der Stadt eine hügelige oder genügen die kleinen Wagen zur Bewältigung des Verkehres nicht, ſo muſs zweiſpänniger Pferdebetrieb ſtattfinden. Zu den Plattformen treten vielfach Sitzreihen auf dem Deck, welche mittels Wendeltreppen von auſsen zugänglich ſind. Mit beſonderem Vorſpann werden an einzelnen Orten, z. B. Brüſſel und Wien, Steigungen bis 1 : 15 überwunden.

Der Dampflocomotiv-Betrieb iſt für das Innere der Städte im Allgemeinen ungeeignet, weil einestheils die Dichtigkeit des Straſsenverkehres eine die beſchleunigte Gangart der Pferde überſteigende Geſchwindigkeit nicht zuläſſt, und weil andererſeits die Locomotiven, trotz rauchverzehrender und ringsum ſchützender Einrichtungen, den Anwohnern läſtig und zudem, beſonders wenn ſie mehr als einen Wagen ziehen, minder gefahrlos ſind, als Pferde. Dampfbetrieb im Inneren findet ſich in Deutſchland nur in wenigen Städten, ſo in Hamburg, Berlin und Darmſtadt. Wenn dagegen der Verkehr auf der Straſse ſchwach, die Linie aber lang iſt, ſo tritt der Dampfbetrieb wegen der zuläſſigen gröſseren Geſchwindigkeit, wegen der gröſseren Leiſtungsfähigkeit auf einer Fahrt und mit Rückſicht auf die geringere Bedeutung der Beläſtigungen durch Lärm und Rauch in ſein Recht. Auch als Ergänzung zum Pferdebetrieb bei zeitweiliger Verkehrsſteigerung (Sonntagsverkehr) iſt die Anwendung der Locomotive am Platze. Es iſt deſshalb eine zunehmende Einrichtung 347. Dampflocomotiv-Betrieb.

von Dampfbetrieben zu beobachten, allerdings fast ausschliesslich zur Verbindung der Städte mit ihren Vororten, zuweilen auch auf den Thorstrassen tief in die Städte eindringend (z. B. Wien, Brünn, Rom, Mailand, Brüssel, Strassburg, Darmstadt, Frankfurt, Kassel, Hamburg, Berlin). Gewöhnlich wird möglichstes Vermeiden von Geräusch, Rauch und Funken verlangt, auch das Dampfablassen in bewohnten Strassen untersagt. Steigungen bis 1 : 15 werden ohne grosse Schwierigkeit befahren. Für die sog. Waldbahn bei Frankfurt a. M. sind 9 km auf den Stadtstrassen, 15 km auf freier Landstrasse, 30 km auf eigener Bahn als grösste Geschwindigkeit zugelassen. In England betrachtet man eine Geschwindigkeit von 16 km in der Stunde als zulässige Grenze; die Locomotiven müssen mit Selbstregulirung versehen sein, welche bei Ueberschreitung dieser Grenze in Wirksamkeit tritt.

348. Feuerlose Locomotiven.

Die Rauchbeseitigung wird vollständig erreicht durch die feuerlose Natron-Locomotive von *Honigmann*, bei welcher der abgehende Dampf durch Condensation zur Erhitzung einer Natron-Lösung und dadurch zur weiteren Verdampfung von Wasser benutzt wird, so wie durch die *Lamm-Francq*'sche feuerlose Heisswasser-Locomotive, deren Wirkung darauf beruht, dass bei allmähliger Druckabnahme hoch gepressten Heisswassers selbstthätig Dampf entwickelt wird. Trotz ermuthigender Versuche scheint die *Honigmann*'sche Locomotive zur allgemeineren Einführung nicht geeignet zu sein, hauptsächlich wohl, weil die periodische Ladung an bestimmten Ladestationen, welche ausserhalb der Städte oder abseits der Strasse liegen müssen, mit dem ununterbrochenen Betriebe schwer zu vereinigen ist. Aehnliche Schwierigkeiten walten bei der *Lamm-Francq*'schen Maschine vor, welche, übrigens mit hohen Betriebskosten, auf der Strecke Rueil-Marny, in den Umgebungen von Lille und in amerikanischen Städten verwendet wird.

349. Dampfwagen.

Eine Vereinfachung des Dampfbetriebes stellt der *Rowan*'sche Dampfwagen dar, welcher die Maschine und den Raum für die Fahrgäste auf einem Fahrzeug vereinigt. Ob die Einrichtung auch wirthschaftlich hinreichend ergründet ist, dies wird der kürzlich in Berlin auf dem Kurfürstendamm eingeführte Betrieb lehren. Ein Uebelstand besteht darin, dass für den *Rowan*-Wagen, weil der Führer immer vorn sein muss, am Ende jeder Linie eine grosse Drehscheibe oder ein Weichendreieck erforderlich ist.

350. Taubahnen.

An die Stelle der fahrenden Dampfmaschinen tritt bei den Tau- oder Kabelbahnen die fest stehende Maschinenanlage, die ein unter der Strassenoberfläche liegendes Drahtkabel durch Auf- und Abwickeln an den Endpunkten bewegt und dadurch auch die Strassenbahn-Fahrzeuge in Bewegung setzt, welche mittels besonderer Greifer an das durch einen Schlitz erreichbare Tau sich anheften. In den nordamerikanischen und englischen Städten sind die Taubahnen mit unterirdischer Tauführung stark entwickelt, sowohl in der Ebene, wie auf hügeligen Strecken (New-York, Chicago, Philadelphia, San Francisco u. s. w., auch Birmingham und Edinburgh); dem Pferdebetriebe haben sie sich dort durchweg als überlegen erwiesen. Die vorzüglichste Eigenschaft des Taubetriebes ist seine Anwendbarkeit für die stärksten Steigungen, auf welchen andere Betriebsarten unausführbar sind (z. B. Highgate Hill bei London).

351. Betrieb mittels Pressluft und Gas.

An Stelle des Dampfes kann auch gepresste Luft, Gas oder Elektricität als Betriebskraft dienen. Die mit Pressluft getriebenen Strassenbahnwagen von *Mekarski* sind zu Nantes, zu Vincennes bei Paris und in Holloway, einem nördlichen Stadttheile von London, in Betrieb. Die Wagen sind normalspurig und zweistöckig mit zweimal 18 Plätzen. Die Pressluft wird unter einem Drucke von 317 kg für 1 qcm in fechs unter dem Wagenboden liegenden Gefäfsen mitgeführt; fie wird vor dem Eintritt in die Bewegungscylinder durch heifses Waffer geführt, um die Eisbildung in den Cylindern zu verhüten. Zu diefem Zwecke ftehen zwei cylindrifche Heizgefäfse mit Ventil-Einrichtungen auf der vorderen und hinteren Plattform, welche vom Mafchiniften bedient werden. Die Wagen bewegen fich auf denfelben Geleifen, wie die durch Pferde gezogenen, und mit letzteren in gleicher Gefchwindigkeit; Beläftigungen des Verkehres oder der Anwohner find nicht vorhanden.

Eine Strafsenbahn, welche mittels *Connelly*'fcher Gaskraftmafchine mit elektrifcher Zündung betrieben wird, befindet fich in Brooklyn; jeder Wagen führt die tägliche Verbrauchsmaffe mit fich.

Der elektrifche Strafsenbahnbetrieb wird entweder, wie bei den Dampfkabelbahnen, von einer feft ftehenden Mafchinenanlage bedient, oder derart, dafs jeder laufende Wagen, ähnlich wie der *Rowan*'fche Dampf- und der *Mekarski*'fche Prefsluftwagen, feine felbftändige Triebkraft mit fich führt, oder endlich fo, dafs, wie bei den gewöhnlichen Dampfbahnen, ein Zug von mehreren Wagen (Beiwagen) durch eine elektrifche Locomotive (oder einen befonderen Zugwagen) bewegt wird. 352. Elektrifcher Betrieb.

Im erfteren Falle mufs der elektrifche Strom dem fich bewegenden Wagen durch eine Leitung zugeführt und mittels einer unter dem Wagen angebrachten elektro-dynamifchen Mafchine in Kraft umgefetzt werden, welche die Fortbewegung des Wagens bewirkt. Die Art der Zuführung ift eine verfchiedene, je nachdem das Geleis (wie bei Stadtbahnen) auf einer abgefonderten Bahn oder auf der gewöhnlichen, allgemein benutzten Strafse liegt. Auf abgefonderter Bahn kann der Strom durch die Schienen felbft hin- und hergeleitet werden, während auf öffentlicher Strafse eine ifolirte Zuleitung, oberirdifch oder unterirdifch, erfolgen mufs, damit nicht Menfchen und Thiere durch elektrifche Schläge gefährdet werden.

Die oberirdifche Leitung an Telegraphenftangen gefchah früher allgemein mittels Seile, auf welchen ein Contact-Wagen rollte. In Amerika ift diefe Anordnung noch heute im Betriebe; in Europa werden jetzt Schlitzröhren vorgezogen, in welchen kleine Schiffchen fchleifen (Sachfenhaufen-Offenbach, Mödling-Hinterbrühl). Das Contact-Wägelchen oder -Schiffchen führt der Motor-Mafchine des Bahnwagens den Strom zu und wird von dem fich bewegenden Wagen mit fortgezogen. Bei elektrifchen Bahnen zur Verbindung benachbarter Vororte (Vorortbahnen) ift ein folches Telegraphengeftänge in der Regel unbedenklich anwendbar, jedoch nicht innerhalb verkehrsreicher Stadttheile. In Amerika fcheint man zwar an den Geftängen in den ftädtifchen Strafsen wenig Anftofs zu nehmen; bei uns verlangt man aber mit Recht, dafs im Inneren der Städte die Leitung unterirdifch angebracht werde, und zwar wird zu diefem Zwecke ein ifolirter Leiter in einem unter dem Strafsenpflafter verlegten Canal oder einer eben folchen Röhre angeordnet, welche durch einen Schlitz mit der Strafsenoberfläche in ununterbrochener Verbindung ftehen. An dem Leiter entlang rollen oder gleiten die Contact-Vermittler der Bahnwagen. Diefes Syftem fteht z. B. zu Blackpool in England im Betriebe. Der Schlitz ift in Blackpool oben 12, unten 24 mm breit, hat alfo keilförmigen Querfchnitt, wodurch Verftopfungen verhütet werden follen; der Rückftrom geht durch die Schienen. In Budapeft befteht das Geleis aus zwei Doppelfchienen; unter einer derfelben liegt der Beton-Canal, in welchem zwei Winkelfchienen, zwifchen denen das Contact-Schiffchen gleitet, als Stromleiter befeftigt find; in wie weit der Contact durch Unreinigkeiten und klimatifche Einflüffe beeinträchtigt werden kann, wird die Erfahrung lehren.

Die Stromzuleitung wird erfpart bei der zweiten der oben genannten Betriebsarten, wo jeder Wagen feine felbftändige Triebkraft in Form von Accumulatoren oder Auffpeicherungszellen mit fich führt. Die Durchführbarkeit des Accumulatoren-Betriebes im Grofsen ift zwar vielfach bezweifelt, dürfte aber durch die neueften amerikanifchen und Brüffeler Verfuche wahrfcheinlicher gemacht werden. Die aus gelochten oder fonft zubereiteten Bleiplatten beftehenden Accumulatoren werden in Brüffel in vier Gruppen von aufsen feitwärts unter die Längsfitze gefchoben. Am Platze des Kutfchers befindet fich eine Kurbel zur Bewegung der Steuerung (des Commutators), welche jede beliebige Combination der Batterien der Accumulator-Gruppen ermöglicht und dadurch Tourenzahl und Kraftaufwand nach Bedarf regelt. Es bedarf einer befonderen Mafchinen-Station zur Erzeugung der Elektricität, zur Ladung der Accumulatoren und zum Einfetzen derfelben in die Wagen. Die Accumulatoren werden in Brüffel nach 55^{km} langem Laufe ausgewechfelt. Dem Accumulator-Betrieb wird der Vorzug der befferen Ausnutzung der elektrifchen Anlage zugefchrieben; er hat jedoch den Nachtheil des Energie-Verluftes bei der elektrifchen Kraftübertragung. Gelingt es, den Accumulatoren-Betrieb fo weit zu vervollkommnen, dafs er wirthfchaftlich durchführbar wird, fo ift er für grofsftädtifche Strafsen die erwünfchtefte Betriebsart.

Die dritte Betriebsart, diejenige mit elektrifchen Locomotiven, hat keine grundfätzlichen Eigenthümlichkeiten. In Birmingham erhält die Locomotive ihren Antrieb durch 100 Auffpeicherungszellen, die in zwei Längsreihen angeordnet find und einen mittleren Durchgang für den Führer frei laffen; das Dienftgewicht der Zellen wird dort auf $5{,}5^{t}$ angegeben. Auf der London City-Southwark-Untergrundbahn dagegen find elektrifche Locomotiven in Betrieb gefetzt, welche je 100 Pferdeftärken entwickeln, um einen Zug von 3 Wagen mit 100 Perfonen mit 40^{km} Gefchwindigkeit in der Stunde bewegen zu können; diefe Locomotiven befitzen keine Accumulatoren, fondern es wird ihnen der Strom durch ein mit Blei bekleidetes Kabel, welches die ganze Bahn entlang geleitet ift, von einer feften Stromerzeugungs-Anlage zugeführt. Züge von mehreren Wagen find übrigens nur auf Stadtbahnen oder Aufsenbahnen ftatthaft, nicht auf innerftädtifchen Strafsen.

Auch in Geftalt der Taubahn ift der elektrifche Betrieb ausführbar, wie die Seilbahn auf den Bürgenftock bei Luzern zeigt.

Während in Nordamerika im Juni 1888 bereits 36 elektrifche Strafsenbahnen in Betrieb ftanden, befchränkte fich die Zahl derfelben in Europa bisher auf 13. Eine der bedeutendften amerikanifchen Bahnen ift diejenige in Richmond, 19^{km} lang mit Steigungen bis zu 10 Procent und Curven bis zu 9^{m} Halbmeffer. Die Zuleitung ift eine oberirdifche, und zwar befindet fich über jeder Geleismitte eine Leitung, gegen welche eine auf dem Wagendach angebrachte Contact-Rolle federnd drückt. Die Gefchwindigkeit beträgt 200^{m} in der Minute. Jeder Wagen fafft 40 Perfonen und wird durch Zwillings-Motoren von je $7\frac{1}{2}$ Pferdeftärken bewegt. Die Betriebskoften follen nur 40 Procent des Pferdebetriebes betragen.

353. Koften-vergleich. Nach *Lindheim*'s Mittheilungen ftehen die Betriebskoften bei elektrifchen, Pferde- und Kabelbahnen im Verhältnifs $1 : 1{,}47 : 1{,}55$. Nach Hamburger Betriebserfahrungen und Verfuchen foll fich ein Wagen-Kilometer bei elektrifchem (Accumulatoren-) Betrieb auf $14{,}5$ Pfennige, bei Dampflocomotiven auf $14{,}6$ Pfennige,

bei Pferdezug auf 21 Pfennige ftellen; es fcheinen indefs nicht alle Unkoften bei diefen Zahlen berückfichtigt zu fein. Nach einer Aufftellung von *Siemens & Halske* betragen die Betriebsausgaben, welche fich aus Gehältern, Löhnen, Unterhaltungskoften, Verbrauchsftoffen, Bureau-Bedürfniffen, Inventar, Uniformen, Steuern und Abgaben u. f. w. zufammenfetzen, bei der elektrifchen Bahn Mödling-Hinterbrühl 19 Pfennige, bei der elektrifchen Bahn Sachfenhaufen-Offenbach 18,57 Pfennige, bei 9 angegebenen Pferdebahnen 25,80 bis 37,65 Pfennige für das Wagen-Kilometer.

Wir fehen das Strafsenbahnwefen gegenwärtig in einem keineswegs abgefchloffenen Zuftande der Entwickelung und Vervollkommnung. Wenn auch bei fehr dichtem Verkehre auf den engen innerftädtifchen Strafsen nur der Omnibus und höchftens die Pferdebahn als Maffenbeförderungsmittel für zuläffig gelten, fo tritt doch bei geringerer Dichte und gröfserer Entfernung — befonders nach den Vorftädten hin — der Dampfbetrieb immer mehr in Anwendung, fei es auf der Locomotiv- oder auf der Kabelbahn. Aber als vollkommeneres Betriebsmittel fowohl im Inneren der Städte, als auf den Vorortlinien gewinnt die Elektricität immer mehr Anwendung, fowohl wegen des Fortfalles vieler Beläftigungen, als wegen wirthfchaftlicher Vortheile [59]). 354. Schlufs.

---

12. Kapitel.

Beifpiele ganzer Stadttheile und Städte.

a) Städtegründung und deren Anlafs.

Als Urfache der Städtegründung haben wir, wie *Baumeifter* im Eingange feines Werkes über Stadterweiterungen [60]) treffend hervorhebt, die Theilung der Arbeit anzufehen. Sie führte von dem in fich abgefchloffenen Einzelgehöft zur Bildung des Dorfes und in weiterer Entwickelung der verfchiedenen Berufe zur Bildung der Städte. Der Gewerbefleifs in allen feinen Verzweigungen wies die Menfchen immer mehr auf das Zufammenwohnen und den Austaufch der Erzeugniffe an; an den Gewerbefleifs knüpften fich der Handel und die Anfammlung materieller und geiftiger Güter. 355. Urfache der Städtegründung.

---

59) Vergl.: SIEMENS & HALSKE. Erläuterungen zu dem Project eines Netzes elektrifcher Stadtbahnen für Wien. Wien 1883.
Das Stadtbahn-Project von Siemens & Halske. Wien 1886.
BALAZS, M. Budapefter Dampftramway-Netz. Budapeft 1886.
LINDHEIM, W. v. Strafsenbahnen in Belgien, Deutfchland, Grofsbritannien u. f. w. Wien 1888.
Ueber die Einführung der Eifenbahnen in Grofsftädte. Deutfche Bauz. 1881, S. 517, 532, 537.
Ueber den gegenwärtigen Stand der Strafsenbahn-Entwickelung in England. Deutfche Bauz. 1887, S. 379.
Die Stadtbahnen von Berlin und London. Deutfche Bauz. 1888, S. 162, 228.
HASELMANN. Betriebsmotoren für Strafsenbahnen. Deutfche Bauz. 1883, S. 106, 130.
DIETRICH, E. Die Entwickelung der ftädtifchen Verkehrsmittel, mit befonderem Hinweife auf London und Berlin. Wochbl. f. Baukde. 1887, S. 506, 515.
Ueber Strafsenbahnen mit Accumulator-Betrieb. Wochbl. f. Baukde. 1887, S. 411, 422.
Handbuch der Ingenieurwiffenfchaften. Anhang zu Band IV: Die Elektrotechnik in ihrer Anwendung auf das Bauwefen. Von H. GÖRGES & K. ZICKLER. Leipzig 1890.
Ferner:
Zeitfchrift für das gefammte Local- und Strafsen-Bahnwefen. Herausg. von W. HOSTMANN, J. FISCHER-DICK & F. GIESECKE. Wiesbaden. Erfcheint feit 1881.
Die Strafsenbahn. Zeitfchrift für Transportwefen und Strafsenbau. Red. von A. BAERMANN. Berlin. Erfcheint feit 1883.

60) BAUMEISTER, R. Stadterweiterungen in technifcher, baupolizeilicher und wirthfchaftlicher Beziehung. Berlin 1876.

356. Feſtungswälle. In den unruhigen Zeiten des Mittelalters waren die Feſtungswälle ein nothwendiges Zubehör aller Städte. Unter dem Schutze ihrer Vertheidigungswerke gingen die Bürger ſicher ihrem Erwerbe nach; während das Land von Kriegsheeren verwüſtet wurde, glichen die Städte nicht ſelten blühenden Oaſen. So fallen z. B. in der Geſchichte der Stadt Köln bedeutſame Blüthezeiten von Kunſt und Wiſſenſchaft zeitlich mit den langen Wirren des dreiſsigjährigen und des Jülichſchen Erbfolgekrieges zuſammen. Leider aber beſchränkten zugleich die Feſtungswälle die örtliche Ausdehnung der Städte und veranlaſſten die Entſtehung der engen Gaſſen, ſo wie der dichten und hohen Bebauung, welche nebſt der mit ihr in Wechſelwirkung ſtehenden Preisſteigerung ſtädtiſcher Baugründe die bedenklichſte Schattenſeite des ſtädtiſchen Wohnens iſt. Zwar iſt die groſse Mehrzahl der ſtädtiſchen Befeſtigungen ſeit den Befreiungskriegen gefallen; aber jene Schattenſeite iſt geblieben; ſie haftet ſogar den meiſten derjenigen jüngeren Städte an, welche als offene Orte im XVIII. und XIX. Jahrhundert neu gegründet wurden oder aus vorhandenen kleinen Anfängen ſich neu entwickelt haben.

357. Künſtlich geſchaffene und natürlich gewordene Städte. Es iſt nicht ganz richtig, wenn man dieſe neuen Städte in künſtlich geſchaffene und natürlich gewordene unterſcheidet. Künſtlich geſchaffen ſind alle Städte; der Unterſchied liegt nur darin, ob das Schaffen aus dem willkürlichen Gebote eines Herrſchers oder der Abſicht Einzelner hervorging, wie bei manchen deutſchen Städten, welche ihr Entſtehen einem Fürſtenſchloſſe, einer Militär-Station, einer Heilquelle etc. verdanken, oder ob das Begründen und Anwachſen des Ortes auf einem allgemeineren Bedürfniſs, insbeſondere auf ſtark entwickelter gewerblicher Thätigkeit beruhte. Die Städte erſterer Art tragen das »Künſtliche« ihres Werdens meiſtens deutlich an der Stirn, während die neuen gewerblichen Orte ſich oft in ihren Stadtplänen nur zu »natürlich«, d. h. frei von planmäſsiger Regelung, entwickelt haben. Wenigſtens trifft dies für Europa zu, wo die nachträgliche Regelung junger Fabriksorte zu den häufigſten Aufgaben des Städtebaues gehört.

358. Städtegründung in Amerika. In Amerika dagegen ſcheint ein planmäſsiges Vorgehen bei Gründung neuer Städte allgemein üblich zu ſein; planmäſsig im Sinne einer ſchematiſchen Klarheit, nicht im Sinne einer überlegten, individuellen Berückſichtigung der Oertlichkeit. Die jugendliche Kraft des Landes und der ungeſtüme Erwerbsdrang der immer noch im Werden begriffenen Bevölkerung macht ſich hierbei oft in wunderlicher Art geltend, wie beiſpielsweiſe die Gründung der Städte Paisly und Middlesborough in Nord-Amerika und La Plata in Süd-Amerika zeigt.

Die Stadt Paisly, *the Magic City,* verdankt ihr Entſtehen dem Bau der Bahnlinie Philadelphia-Barnegat, an welcher ein New-Yorker Speculant ein groſses Stück Landes in der Abſicht kaufte, eine neue Stadt in das Leben zu rufen. Er lieſs einen vollſtändigen Plan der Stadt mit allem Zubehör an öffentlichen Gebäuden und Einrichtungen ausarbeiten, theilte die Bauplätze ein, benannte die Straſsen und machte Reclame. Er erkaufte die Anlage einer Bahnſtation, lieferte ſogar den Bauplatzkäufern unentgeltlich die Entwürfe zu den Häuſern, und — ein Jahr ſpäter wählten die Anſiedler bereits ihren Bürgermeiſter und begannen den Bau einer Kirche.

Middlesborough im Staate Tenneſſee wurde in der Nähe von Bergwerken »auf Actien« gegründet: Rathhaus, Schulen, Kirchen, Gerichtshaus, Fabriken, Gaſthöfe und 400 Privathäuſer ſollen gegenwärtig (1890) mit einem Schlage erbaut, auch eine elektriſche Beleuchtung eingerichtet und Eiſenbahnanſchlüſſe nach allen Richtungen angelegt werden.

Die Gründung von La Plata hat einen ernſteren, politiſchen Hintergrund. Die Bundesſtaaten der Republik Argentinien beſchloſſen im Jahre 1882, um das Uebergewicht des führenden Staates Buenos-Aires zu mäſsigen, den Bau einer neuen Hauptſtadt an der für Hafenzwecke vortrefflich gelegenen Enſenada-Bucht. Heute hat die Stadt bereits beiläufig 50 000 Einwohner und einen vorzüglichen Hafen, Eiſenbahnen, Strafsenbahnen, einen Park, Wafferverforgung, Canalifation, Kirchen, Schulen, Mufeum, Theater und öffentliche Staats- und Verwaltungsgebäude. Der Bau der Stadt begann mit der Anlage des Hafens, der Eifenbahnen und der öffentlichen Gebäude. Den Grundrifs derfelben bildet ein von einer 100 m breiten »Ring«-Strafse umgebenes Quadrat, deffen Seitenlänge 1 (engl.) Meile beträgt. Zwei rechtwinkelig fich kreuzende Hauptftrafsen von 30 m Breite theilen das Weichbild in vier gleiche Bezirke. Die weitere Theilung ergiebt viereckige Blöcke von 120 m Seitenlänge. Die Zahl der öffentlichen Plätze beträgt 33; einzelne follen den *Peters*-Platz zu Rom und den Eintrachtplatz zu Paris an Gröfse übertreffen. Die Breite der Nebenftrafsen ift 18 m.

b) Städte-Erweiterung und deren Anlafs.

Mit folchen amerikanifchen Städtegründungen läfft fich die Entwickelung unferer europäifchen Städte nicht vergleichen. Aber es ift diefelbe Haupturfache, die Bevölkerungszunahme, welche drüben zum fchnellen Wachsthum älterer und zur rafchen Gründung neuer Städte führt, und welche bei uns die fortwährenden Städte-Erweiterungen hervorruft. 359. Entwickelung europäifcher Städte.

Im Deutfchen Reiche beläuft fich der jährliche Ueberfchufs der Geburten über die Sterbefälle auf ungefähr 1 Procent der Bevölkerung; im Jahre 1887 ftieg die Seelenzahl von 47 103 000 um 512 395. Für mehr als 1/2 Million Menfchen müffen alfo jährlich in Deutfchland Wohnungen befchafft werden. Dies entfpricht bei gleich bleibendem Wohlftande dem Bedarfe an neu zu errichtenden Wohnungen; bei abnehmendem Wohlftande ift in Folge der ftattfindenden Einfchränkungen der Bedarf geringer; bei dem wachfenden Wohlftande, deffen fich, Gott lob, die Deutfchen in den letzten Jahrzehnten erfreuen, überfteigt der Bedarf an Wohnungen das Verhältnifs der Volkszunahme. Erleichterter Erwerb und erhöhter Lebensgenufs bilden die Anziehungskraft der Städte, fo dafs faft die ganze Volksvermehrung in Deutfchland den Städten und vorwiegend den grofsen Städten zu gute kommt.

Nimmt die Bevölkerung im Reiche jährlich um 1 Procent zu, fo beträgt die gleichzeitige Zunahme in den meiften Städten 2 bis 5 Procent; die Bevölkerung diefer Städte würde fich fomit, wenn der Vorgang ein dauernd gleichmäfsiger wäre, in 35 bis 14 Jahren verdoppeln. In Wirklichkeit find 25 Jahre eine mittlere Verdoppelungszeit für die Einwohnerfchaft deutfcher Städte; zu den fchneller anwachfenden Orten gehören beifpielsweife Berlin, Düffeldorf, Görlitz. Der Regel nach verringert fich übrigens der Procentfatz der Zunahme mit dem Wachsthum der Bevölkerungszahl [61]). Gleichzeitig fteht die Volksziffer der meiften Dörfer und mancher kleiner Städte faft ftill oder zeigt fogar ftellenweife eine Abnahme. Befonders in Frankreich vollzieht fich das Wachsthum der Städte auf Koften der Landbevölkerung, weil der nur 0,14 Procent betragende Ueberfchufs der Geburten (auf 38 219 000 Einwohner kam im Jahre 1887 ein Zuwachs von 52 560 Seelen) für die ftädtifche Bevölkerungsvermehrung nicht ausreicht.

---

[61]) *Kuichling* in Rochefter (N.-Y.) hat durch vergleichende Unterfuchung einer grofsen Reihe von amerikanifchen, englifchen, deutfchen und franzöfifchen Städten die folgende mittlere Tabelle für die ftädtifche Bevölkerungszunahme ermittelt:

Tabelle
der wahrfcheinlichen durchfchnittlichen Jahreszunahme der Bevölkerung.

Bevölkerungs-zahl:	100 000	125 000	150 000	175 000	200 000	225 000	250 000	275 000	300 000	325 000	350 000	375 000	400 000
Amerikanifche	4,63	4,30	4,04	3,79	3,55	3,36	3,20	3,04	2,92	2,80	2,70	—	—
Deutfche . .	3,57	3,33	3,10	2,87	2,66	2,46	2,26	2,09	1,93	—	—	—	—
Englifche . .	3,16	2,99	2,83	2,67	2,52	2,38	2,26	2,13	2,00	1,92	1,84	1,75	1,68
Franzöfifche .	—	—	—	—	—	—	—	—	—	—	1,70	—	—
Städte	Procent												

360. Volksabnahme im Stadtkerne.

Neben der Zunahme der Bevölkerung und des Wohlftandes ift noch ein dritter Grund für die Erweiterung der Städte zu nennen, nämlich die Vermehrung der Gefchäftsräume im Inneren der Stadt. Dadurch werden die Wohnungen im Stadtkern in der Gröfse befchränkt und an Zahl vermindert und die Bewohner mehr und mehr nach aufsen getrieben. Das lehrreichfte Beifpiel der Entvölkerung des Stadtkernes bietet die *City* von London dar, deren Einwohnerzahl in den Jahren 1861 bis 1881 von 112412 auf 50526, alfo auf weniger als die Hälfte zurückging. Ein ähnlicher, wenn auch weniger auffälliger Rückgang der Bevölkerungszahl wird in Gefchäftsvierteln anderer Städte, wie Paris, Amfterdam, Köln, Leipzig, beobachtet, bei gleichzeitiger Erweiterung nach aufsen.

361. Oertliche Grenzen der Erweiterung.

Die Erweiterung vollzieht fich allmählig und fortwährend, wenn auch in bald fchnellerem, bald langfamerem Schritte. Immer mehr wächst die ftädtifche Bebauung in die Ländlichkeit, in die Dörfer hinein, bis ein Flufs, eine Bergwand, ein Feftungswerk, ein Wald den Ausläufern der Erweiterung die Grenze fteckt und die Verdichtung derfelben veranlafft. Hinderniffe der angegebenen Art werden nur von Zeit zu Zeit befeitigt (verlegt, überbrückt). Am fühlbarften find die ein ftädtifches Weichbild rings umfchliefsenden Feftungswerke, feien es Wälle und Gräben, feien es Einzel-Forts mit Zwifchenwerken. Hier ift die ftädtifche Erweiterung genöthigt, die Feftungslinie und ihren »Rayon«, alfo eine ganze Landzone, zu überfpringen. Es entftehen neue Vororte, während die Innenftadt fich immer mehr und immer unerfreulicher verdichtet und verengt, bis das periodifche Befeitigen und Hinausfchieben der Feftungswerke die freie Ausdehnung geftattet und nach langer Zurückhaltung eine fchwunghafte Entwickelung veranlafft. Verkehr, Zuzug, Wohlftand vermehren fich und fordern bald gebieterifch, dafs zu der Stadterweiterung nach aufsen fich die Erweiterung nach innen gefelle, d. h. die Verbreiterung enger Strafsen, der Durchbruch neuer Verkehrslinien, die Niederlegung alter Baulichkeiten, ja der Abbruch und die Umgeftaltung ganzer, verkehrswidriger und gefundheitswidriger Stadttheile.

c) Allgemeine Bauart der Städte.

362. Zufammenflufs der Verkehrslinien.

Die Bauart der Städte ift ein Ergebnifs ihrer geographifchen und topographifchen Lage und ihrer Gefchichte. Der Bauplatz der meiften gröfseren Städte entfpricht dem natürlichen Zufammenflufs der Verkehrslinien zur Zeit ihrer Gründung oder ihres Aufblühens. Wefentliche Veränderungen der Verkehrslinien haben den Rückgang diefer, den Auffchwung jener Städte zur Folge. Im Kleinen, wie im Grofsen, in der Vergangenheit, wie in der Gegenwart find die Beifpiele diefes Vorganges zahllos. Glücklich die Stadt, deren Lage fo günftig ift, dafs bei keiner der jeweiligen Veränderungen der Verkehrsftrom ihr entzogen werden konnte.

363. Günftige Anfiedelungspunkte.

Günftige Punkte in diefem Sinne find die Stellen, wo die Flufsthäler, jene unvergänglichen Verkehrswege aller Zeiten, aus dem Gebirge oder dem Hügellande hervortreten, um fich mit der weiten Ebene zu vereinigen (Turin, Touloufe, Wien, Bafel, Köln, Leipzig, Dresden); ferner die Vereinigungspunkte zweier Flüffe (St. Louis, Lyon, Paris, Lüttich, Koblenz, Mainz, Mannheim, Belgrad), die Flufsmündungen an der See oder in geringem Abftande von derfelben (Marfeille, Le Hâvre, Antwerpen, London, Rotterdam, Hamburg, Stettin, Alexandrien, New-Orleans, Buenos-Aires) und die tiefften Punkte der Meerbufen und Buchten (Genua, Trieft, Chriftiania,

St. Petersburg, Odeffa, Calcutta); endlich die Mittelpunkte fruchtbarer oder gewerbreicher Landftriche (Brüffel, Dortmund, Budapeft, Moskau, Mailand).

Die geographifche Lage, von welcher das Klima, die Zweckbeftimmung, die Art und die Thätigkeit der Bewohner abhängig find, prägt der Bauart der Stadt den erften Stempel auf; nicht minder aber ift die topographifche Befchaffenheit der Erdoberfläche für die Geftaltung der Stadt mafsgebend. Die Erftreckung der Stadt am Seeftrande (Fiume), am natürlichen Hafen (Marfeille), an einem oder an beiden Flufsufern (Lyon), an der Berglehne (Stuttgart), das Ausbreiten der Stadt im länglichen Thale (Barmen-Elberfeld) oder in unbefchränkter Ebene (Mailand), das Hinauffteigen derfelben auf Hügel und Hochebenen (Brüffel, Paris, Zürich) — diefe und andere Eigenthümlichkeiten des Bodens find beherrfchend und bezeichnend für die Art der ftädtifchen Entwickelung. Die Bebauung des Meeresftrandes und der vom Strande anfteigenden Höhen ruft die amphitheatralifche Bauart hervor, welche wir beifpielsweife in Conftantinopel, Trieft und befonders fchön in Genua bewundern. An breiten Flüffen dient das eine Flufsufer zum Bau der Stadt; auf der gegenüber liegenden Seite veranlafft gewöhnlich eine Fähre, ein Brückenkopf, ein Feftungswerk oder eine Eifenbahn-Station einen Anbau von geringem Umfange (Bonn, Mainz, Strafsburg, Turin, Antwerpen); feltener entwickelt fich drüben eine vollftändige, wenn auch kleinere Stadt (Köln, Bafel, Mannheim, Frankfurt a. M., Dresden, Budapeft). Immer aber bildet der breite Flufs eine entfchiedene Trennung, welche durch eine oder mehrere Brücken wohl gemildert, aber nicht verwifcht wird. Anders bei kleineren Flüffen in grofsen Städten, wie in Rom, Florenz, Berlin, Paris, felbft in London. Hier verliert der Flufs in Folge zahlreicher Ueberbrückungen feine trennende Eigenfchaft immer mehr, und als Wafferftrafse, als Verkehrsweg tritt er in den Dienft des ftädtifchen Gemeinwefens.

364. Geographifche und topographifche Lage.

Entfchiedener noch als Flüffe vermögen Bergwände eine Stadt zu theilen, können Berglehnen die Ausdehnung befchränken und beeinfluffen. Edinburgh und Zürich find Beifpiele hierfür. In Stuttgart und Le Hâvre, in Barmen und Genf klimmt die Stadt langfam die Berge aufwärts. Brüffel und Pittsburg, Trieft und Altona theilen fich in Ober- und Unterftadt. Ein Bergrücken war die urfprüngliche Trennung der jetzt in einander gewachfenen Städte Aachen und Burtfcheid. Anhöhen und Wafferbecken bilden zugleich die anziehendfte Verfchönerung des Stadtbildes; was für Rom und Paris die Hügel in der Stadt und rings um diefelbe, das find für Hamburg und Schwerin die Alfterbecken und die Seen.

365. Einwirkung der Gefchichte.

Als dritte Grundlage für die Bauart der Stadt nannten wir oben ihre Gefchichte. Sowohl die politifchen, als die kunftgefchichtlichen und wirthfchaftlichen Ereigniffe üben auf Art und Umfang der ftädtifchen Entwickelung den gröfsten Einflufs aus. Als Refidenz kunftfinniger Fürften, als Mittelpunkt eines mächtigen Landes oder einer blühenden Provinz, als Sitz einer hohen Kunftentwickelung oder gewinnbringender Induftrie empfängt die Stadt eine bezeichnende Erfcheinung, beftimmte Antriebe des Fortfchrittes. Welcher Unterfchied zwifchen unferen Städten des frühen Mittelalters, den italienifchen Schöpfungen der Renaiffance und den modernen Städtegründungen Amerikas!

366. Städtebau-Syfteme.

Das frühe Mittelalter fchuf meift Städte, deren Strafsen mehr oder weniger radial nach einem Mittelpunkte (dem »Markt«, dem »Platz«, dem »Ring«) zufammenliefen und durch eine Kreis- oder Halbkreislinie verbunden, aufserdem durch Nebenftrafsen getheilt waren, z. B. Aachen, Münfter i. W., Braunfchweig, München, Lennep

Lüdenſcheid u. ſ. w.; zumeiſt entſtand eine krummlinige maleriſche Anlage [62]). Dieſes »radiale« oder »centrale« Syſtem wurde jedoch im ſpäteren Mittelalter verlaſſen. Beiſpielsweiſe zeigt die im XII. Jahrhundert gegründete flandriſche Stadt Nieuwpoort bereits das öde Schachbrettmuſter, deſſen gerade Straſsen und rechtwinkelige Blöcke ſich unbekümmert um Berg und Thal an einander reihen; auch in den alten Theilen von Köslin, Leipzig, Breslau, Krakau u. ſ. w. iſt das Rechteckſyſtem klar ausgeſprochen. Die »centralen« Städte wuchſen und ſetzten einen Ring an den andern, nicht immer beſtimmt ausgeprägt, aber doch ſtets noch erkennbar (z. B. Mainz, Koblenz, Köln, Aachen, Antwerpen, Würzburg, Wien, Baſel, Mailand, Paris, Moskau); die Rechteckſtädte wuchſen in das Feld hinein, bis irgend ein Hindernifs zur Aenderung des Schemas nöthigte. Die Anlagen der Renaiſſance zeigen, beſonders in Italien und Frankreich, das Streben nach künſtleriſcher Geſtaltung und Wirkung unter Anwendung geradliniger oder gekrümmter geometriſcher Grundriſſe (z. B. Rom, Venedig, Paris, Nancy). In Deutſchland fielen die Städtegründungen des XVII. u. XVIII. Jahrhundertes wieder meiſtens in das Schematiſche zurück, wie uns Mannheim, Darmſtadt, Hanau, Berlin mit ihrem Rechtecknetz, Karlsruhe mit ſeinem Fächerſyſtem beweiſen.

Die Gegenwart zeigt in ihren Stadterweiterungen und Städtegründungen leider noch vorwiegend das Schachbrettmuſter, bei verſtändiger Behandlung jedoch meiſt das Radial-Syſtem und die Einfügung diagonaler Straſsenlinien ſowohl in dieſes, als auch in das Rechtecknetz. Aus dem letzeren entſteht bei der diagonalen Vervollſtändigung das für verkehrsreiche Stadttheile beſonders in Frankreich beliebte Dreieck-Syſtem.

Man nennt das radiale Syſtem oft auch das »natürliche«, weil es in die Landſtraſsen und Landwege am ungezwungenſten übergeht; allein ohne künſtliche und oft ſehr entſchiedene Umgeſtaltung des vorhandenen Land- und Feldwegnetzes kann auch ein zweckmäſsiges Radial-Syſtem nicht durchgeführt werden; dieſe Umgeſtaltungen ſind zuweilen ſchwierig, ſind aber um ſo weniger zu beanſtanden, je mehr die nothwendige Veränderung der Höhenlage ohnehin die Eigenthümer zu einem künſtlichen Straſsenbau zwingt, bevor ein ſtädtiſcher Anbau erfolgen kann.

Jene Fälle, in denen die Erweiterung der Stadt ſich ohne Nachtheil in völlig »natürlicher« Weiſe vollziehen kann, indem die vorhandenen Land- und Feldwege allmählig bebaut und, im Weſentlichen unverändert, ohne Bedenken für die Zukunft dem Stadtbauplane einverleibt werden, ſind höchſt ſelten. Sie ſtellen in obigem Sinne die eigentliche natürliche Bauweiſe dar, deren beſondere Abart, die Planloſigkeit, leider noch in vielen mittleren und kleineren Städten zum groſsen Nachtheile derſelben die Herrſchaft behauptet.

Das Gegentheil des natürlichen, das eigentlich künſtliche und unnatürliche Bauſyſtem iſt das Rechtecknetz, für den Fremden eintönig und langweilig, den Einheimiſchen gleichgiltig ſtimmend, Gemüth und Lebensluſt verflachend, den höheren Flug der Phantaſie ertödtend und beſonders unſchön, wenn, wie in Nieuwpoort, Darmſtadt, Wiesbaden, San Francisco u. ſ. w., das Schachbrettmuſter über wellige Hügel und tiefe Thalmulden einfach geradlinig und rechteckig ausgebreitet iſt. Radial-Syſtem und Dreieck-Syſtem hingegen, mit vorſichtiger Einlegung gekrümmter Straſsenlinien, können ſich der Bodenoberfläche leicht und gefällig anſchlieſsen. Wohlthuender Wechſel, wirkſame Ausſtattung, künſtleriſche Schluſsbilder ſind beim

[62]) Siehe auch Theil II, Bd. 4, Heft 1 (Kap. 3: Städte-Anlagen) dieſes »Handbuches«.

Schachbrett faſt unmöglich; weder Pflanzenwuchs, noch Architektur kommen befriedigend zur Geltung.

Den Amerikanern ſcheint indeſs dieſe Bauart der Städte völlig zu behagen; ihre äſthetiſchen Anforderungen an das Stadtbild ſind überaus gering, und zur Ueberwindung der Verkehrsnachtheile ſcheinen ihnen die mechaniſchen Einrichtungen für Stadt- und Straſsenbahnweſen im Allgemeinen zu genügen. Die amerikaniſchen Straſsenbreiten ſind ſehr beträchtlich: 40 bis 50 m für Haupt-, 20 bis 30 m für Nebenſtraſsen; Diagonalſtraſsen ſind ſelten. Wenn ein Fluſslauf oder ein ähnliches Hinderniſs die Stadt in mehrere Theile trennt, ja ſogar wenn etwa ein alter Verkehrsweg das Bebauungsfeld in einer für das Schema nicht paſſenden Richtung durchſchneidet, ſo wird jeder Stadttheil für ſich mit einem ſelbſtändigen Schachbrettnetz überzogen, welches in Richtung und Blocktheilung vom benachbarten beliebig abweicht. So macht, wie *Baumeiſter* treffend ſagt, z. B. der Stadtplan von Philadelphia den Eindruck, »als ob einige willkürlich zerriſſene Stücke Tabellenpapier verſchiedener Art ohne Wahl an einander geflickt worden wären«. Während wir unſere Straſsen zu individualiſiren ſuchen und denſelben eigene Namen verleihen, behilft man ſich in Amerika mit Nummern und Buchſtaben; auſserdem unterſcheidet man in New-York und anderen Städten Längs- und Querſtraſsen als *Avenues* und *Streets*: überall Schema, keine Eigenart. 367. Städtebau in Amerika.

In Mannheim wirkt das Schema ſo ſtark, daſs die nachträglich verfügten Straſsenbezeichnungen wenig Anwendung finden, ſondern vorwiegend die Bezeichnung der Blöcke maſsgebend iſt, welche in der einen Richtung nach Buchſtaben, in der anderen nach Ziffern benannt ſind. In jedem Block findet darauf die Unternumerirung der Häuſer ſtatt; die Hausbezeichnung lautet alſo z. B. *Q, 5, Nr. 12*. Man könnte noch weiter gehen und die Familien eines Hauſes mit groſsen, die einzelnen Familienglieder mit kleinen Buchſtaben bezeichnen, um jeden Mannheimer Einwohner in klarſter Weiſe zu kennzeichnen: *Q, 5, Nr. 12, A, c.* 368. Mannheimer Schema.

Glücklicher Weiſe werden in den letzten Jahren die Stimmen immer häufiger und lauter, welche aus wirthſchaftlichen Rückſichten die Planloſigkeit und aus künſtleriſchen Rückſichten die bloſs ſchematiſche Planarbeit verurtheilen. Wir dürfen hoffen, den Städtebau einer neuen Blüthe entgegenzuführen, indem wir einerſeits die Ueberlieferungen der Antike, des Mittelalters und der Renaiſſance auf ihren praktiſchen und künſtleriſchen Werth prüfen, andererſeits aber die Bedürfniſſe der nächſten Zukunft zu ermitteln ſuchen und alsdann mit dem Blicke auf Vergangenheit und Zukunft die Planarbeit der Gegenwart feſt ſtellen. Die Jahrhunderte haben die Gewohnheiten des Lebens und des Wohnens umgeſtaltet; der Verkehr im heutigen Sinne war den Alten unbekannt. Antike oder mittelalterliche Städteanlagen laſſen ſich daher nicht einfach nachbilden. Wie die Alten nicht etwa unbewuſſt das Richtige getroffen haben — es wäre ein Irrthum, dies zu glauben —, ſondern mit Zirkel und Reiſsſchiene, mit Kopf und Hand den Plan ihrer Stadt, die Entwürfe ihrer Straſsen und Plätze bearbeiteten, ſo iſt dies auch unſere Aufgabe. Zirkel und Reiſsſchiene können und dürfen wir nicht verdrängen; aber ſie ſollen uns nicht beherrſchen. Herrſchen ſollen die techniſche Erwägung und die künſtleriſche Erfindung. Dann iſt auch heute noch der Städtebau eine Kunſt! Die Fürſorge, daſs der Bau einer Stadt wirklich ein Kunſtwerk werde, ſollte um ſo gröſser ſein, als dieſes Werk Allen und Jedem, dem Gebildeten und Ungebildeten, täglich und ſtündlich vor Augen ſteht, ſomit ſeinen veredelnden, bildenden, erziehenden Einfluſs in ausgedehnteſter Weiſe 369. Künſtleriſche Beſtrebungen.

Fig. 488.

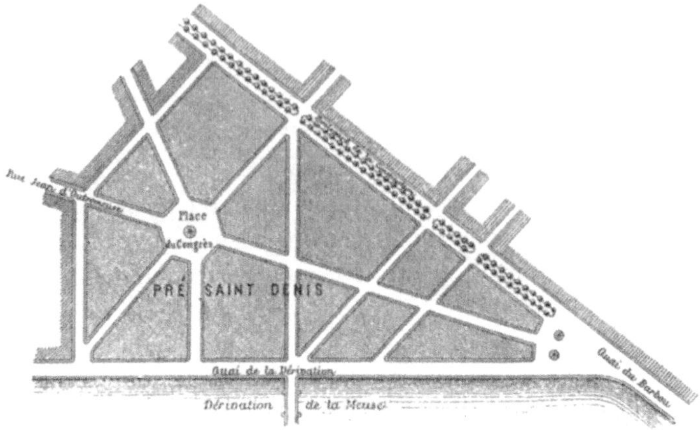

Stadttheil *Pré St.-Denis* zu Lüttich [62]).

Fig. 489.

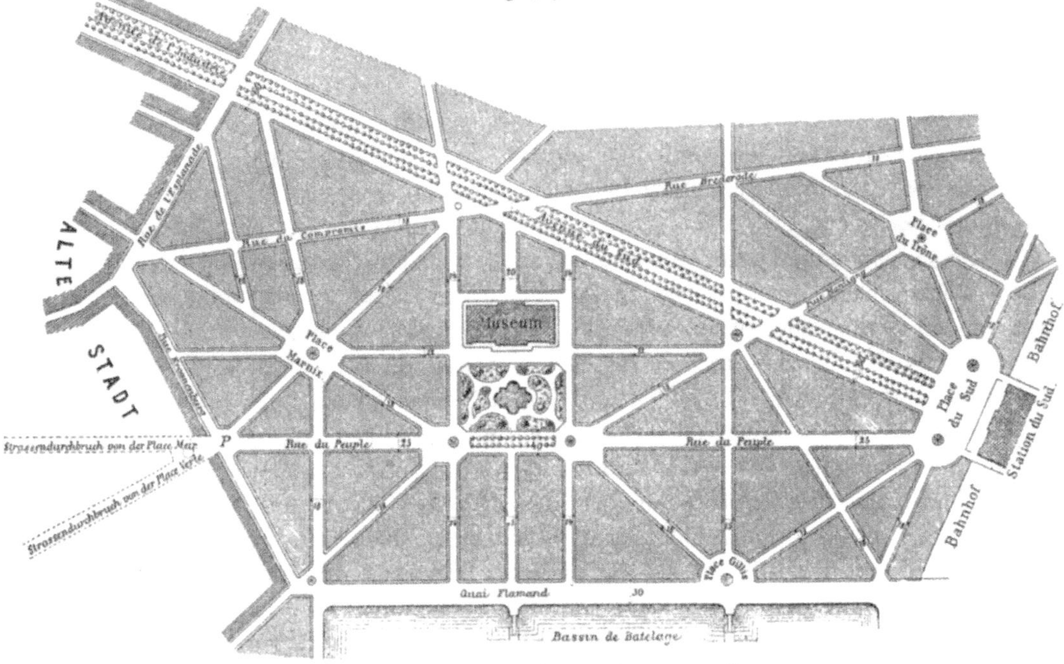

Stadttheil *Quartier du Sud* zu Antwerpen [62]).

Fig. 490.

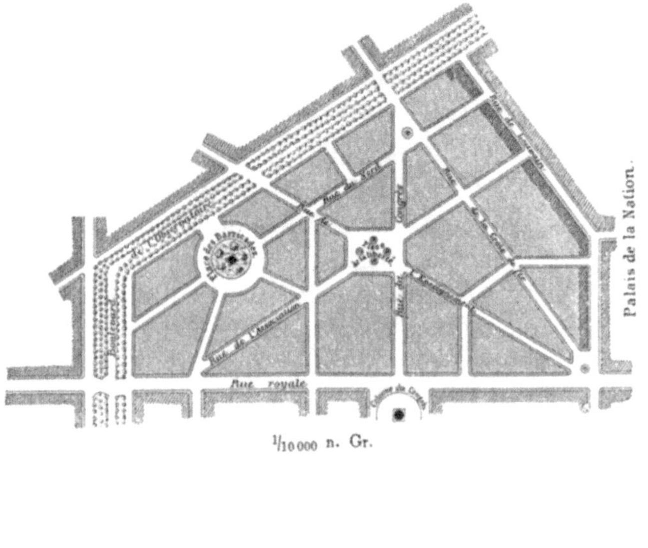

Stadttheil *Ste.-Marie aux Neiges* zu Brüffel [62]).

1/10000 n. Gr.

auszuüben vermag. Dies gilt nicht blofs für grofse, fondern auch für kleinere Städte; gerade in den letzteren läfft fich alles Künftlerifche der tieferen Wirkung wegen leicht an einer Stelle vereinigen, während in der gröfseren Stadt die Vertheilung und Zerfplitterung unvermeidlich find. Je weniger die Stadtanlage von künftlerifchem Streben durchdrungen ift, defto geringer ift auch die künftlerifche Wirkung der Gebäude; defto weniger bietet die Stadt dem Fremden wie dem Einheimifchen; defto fpärlicher walten zwifchen der Stadt und ihren Bürgern die Gefühle der Anhänglichkeit, der Zufammengehörigkeit und des ftolzen Heimathgefühles!

d) Beifpiele neuer Stadttheile.

Die vorhin befprochenen Baufyfteme beziehen fich wie auf ganze Städte, fo auch auf einzelne Stadttheile, bei deren Anlage das gemifchte Radial- und Dreieck-Syftem, aus Radialftrafsen, Ringlinien und Diagonalen beftehend, unferen Anfprüchen am meiften zu entfprechen pflegt. Das reine Rechteck-Schema follte nur für die Untertheilung folcher Bezirke in Frage kommen, in welchen der durchgehende Verkehr ausgefchloffen, alfo die Erzielung regelmäfsiger Bauplätze die mafsgebende Aufgabe ift. 370. Stadttheile.

Schon in Fig. 87 bis 93 (S. 64 bis 73) find Pläne verfchiedener Stadttheile von befonderen Eigenfchaften mitgetheilt. Fig. 488 bis 491 ftellen neue Theile von Lüttich, Brüffel, Antwerpen und Köln dar[63]).

Fig. 488 zeigt die Ausbildung eines dreieckigen Bebauungsfeldes in Lüttich nach dem centralen und Dreieckfyftem, Fig. 490 eine ähnliche Combination für einen durch Abbruch zahlreicher alter Häufer frei gelegten und neu geebneten Brüffeler Stadttheil von fünfeckiger Geftalt, Fig. 489 das faft nach dem reinen Dreieckfyftem eingerichtete, die Strafsen an mehreren Punkten ftrahlenförmig fammelnde Südviertel der Antwerpener Stadterweiterung, Fig. 491 endlich einen weftlichen Ausfchnitt der Stadterweiterung von Köln. Hier ift das radiale Syftem ausgeprägt durch die Ringlinien und die ftrahlenförmig convergirende Richtung der Thorftrafsen (fiehe auch die Tafel bei S. 252); die Dreieckbildung zeigt fich an den fächerförmigen Strafsentheilungen in der Nähe des Linden- und Maftrichter Thores und an den Knotenpunkten der Ringftrafse (vergl. die angezogene Tafel), während an dem zum Friedhof führenden Aachener Thor das Rechteckfyftem in der Untertheilung zur Erfcheinung kommt. (Die eingezeichnete Kirche bildet den axialen Schlufspunkt der auf fie gerichteten Radialftrafse.)

Fig. 492 giebt ein Bild der von *Boeckmann* entworfenen Umgeftaltungen in Tokio.

Zwifchen dem Perfonenbahnhofe einerfeits und dem kaiferlichen Schlofs und dem Parlamentshaufe andererfeits wird in Dreiecklinien ein mit öffentlichen Gebäuden, Baumfchmuck und Gartenanlagen reich ausgeftatteter Stadttheil, mit grofsftädtifchen Abmeffungen und mächtigen Perfpectiven, eingefchoben.

Grundverfchieden hiervon ift der vom Verfaffer entworfene Plan eines Landhausbezirkes im Stadterweiterungsgelände von Freiburg i. Br. (Fig. 493).

Ein künftlicher See an einer vorhandenen, quellenreichen Thalftufe, zwei gärtnerifch gefchmückte Mittelftrafsen, davon eine mit fliefsendem Bachwaffer, ein Sternplatz mit Springbrunnen, die nach Günttersthal führende Hauptftrafse und mehrere gerade oder leicht gekrümmte Nebenftrafsen mit Vorgärten bilden das Netz für eine ftädtifche Bebauung mit Zwifchenräumen, die des ländlichen Reizes nicht entbehren und fich in einem Thalgrunde ausbreiten foll, welcher beiderfeits von bewaldeten Höhen eingefafft ift.

Eine vornehme, bei den meiften Stadterweiterungen auftretende Aufgabe ift die Ausbildung einer grofsen Ringftrafse nebft Plätzen und Nebenftrafsen auf dem eingeebneten Boden einer bisherigen Feftungs-Umwallung. Es verlohnt fich daher, diefen Gegenftand durch einige befondere Erwägungen zu beleuchten. 371. Ehemalige Feftungswälle.

---

63) Nach einem Auffatze des Verf. über belgifche Strafsenbauten in: Zeitfchr. d. Arch.- u. Ing.-Ver. zu Hannover 1878, S. 169 u. Taf. 742.

Fig. 491.

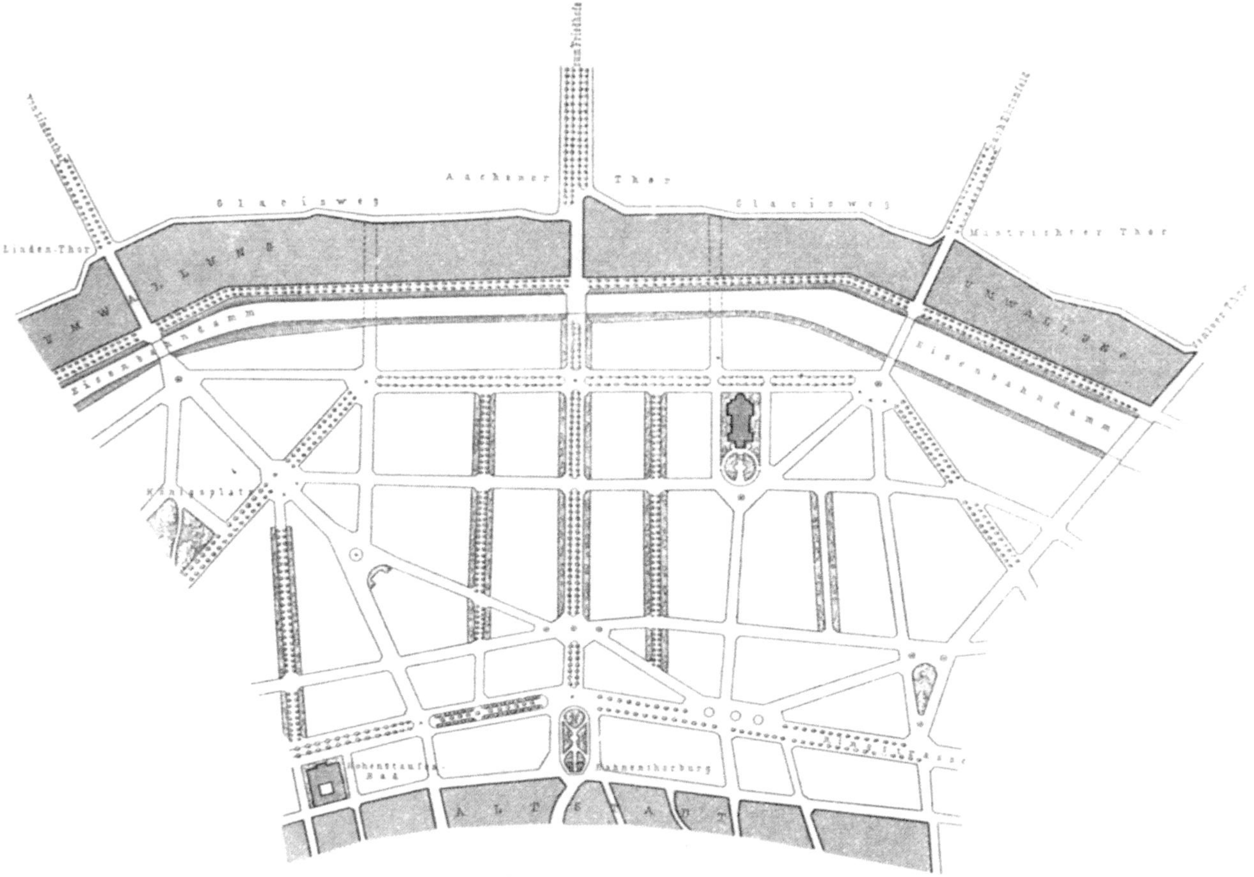

$^{1}/_{16\,000}$ n. Gr.

Stadttheil aus Köln.

Fig. 492.

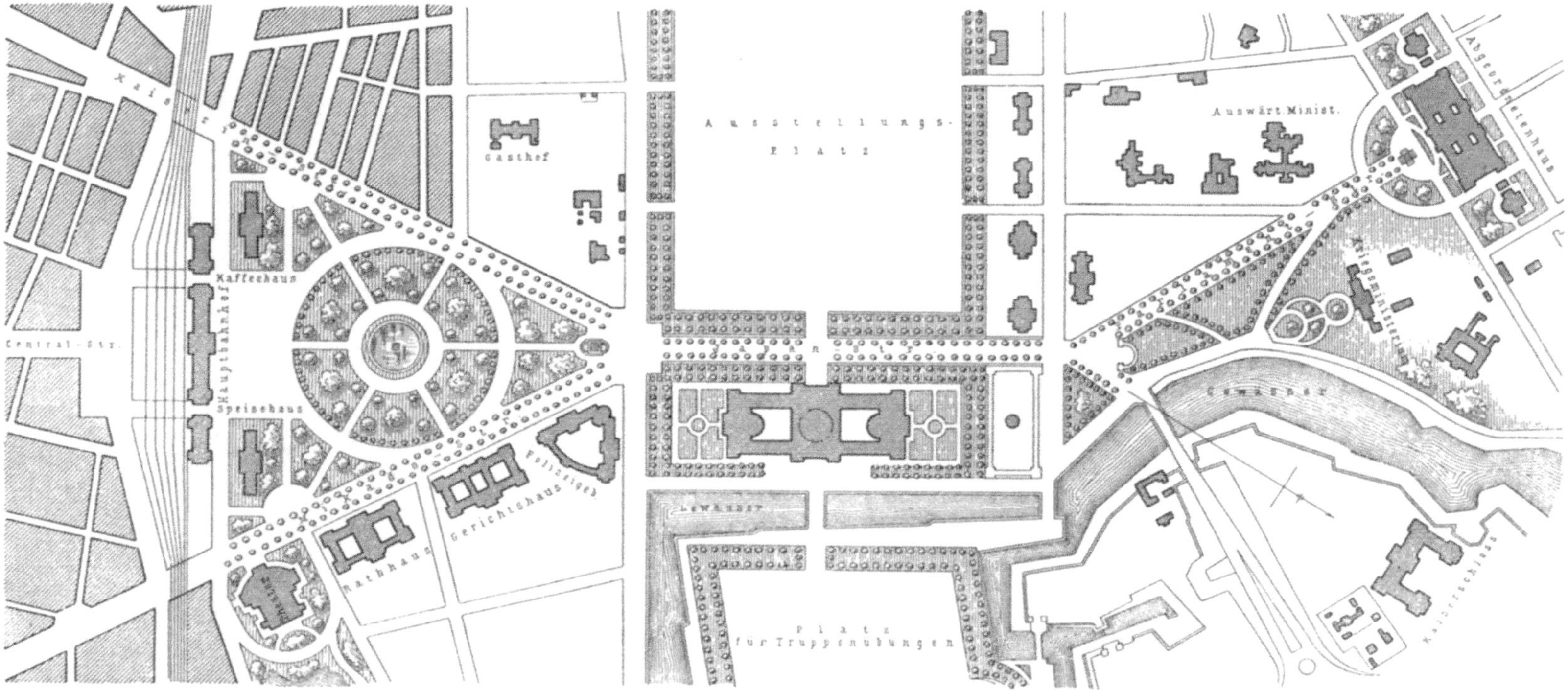

Stadttheil aus Tokio.

$^{1}/_{12500}$ n. Gr.

Fig. 493.

Bebauungsplan des Hölderle-Stadttheiles
zu Freiburg i. Br.

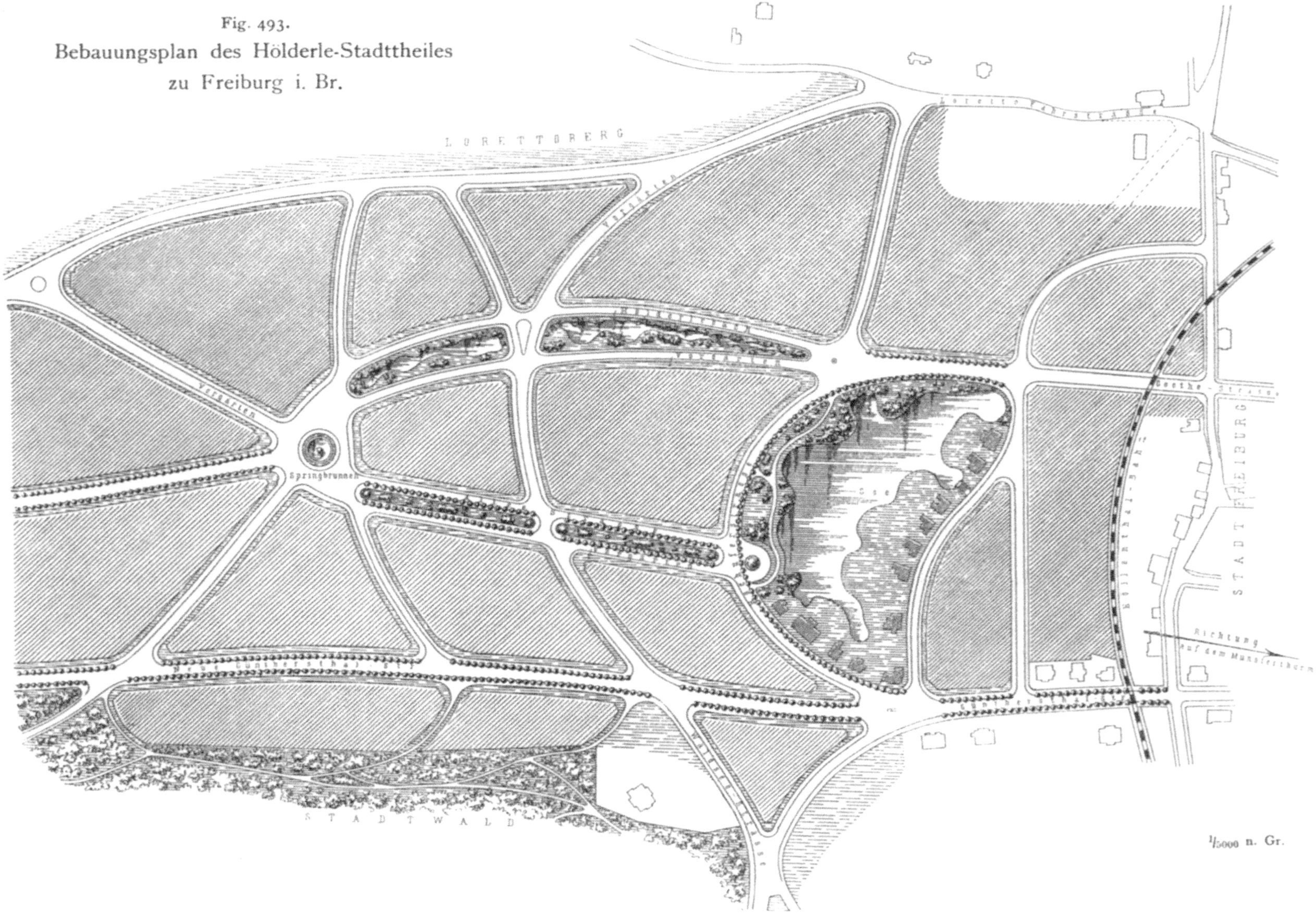

$^1/_{5000}$ n. Gr.

Unter den Städten, welche über ihre frühere Umwallung hinausgewachſen ſind, giebt es, Gott lob, manche, deren Vertheidigungswerke zwar geſchleiſt oder als ſolche aufgegeben, deren Feſtungsgelände aber im Weſentlichen unbebaut erhalten worden ſind. Dahin gehören Braunſchweig, Bremen, Leipzig, Frankfurt a. M., Krakau. Meiſt ſind die Gräben eingeebnet und aus alten Baumbeſtänden und neuen Anpflanzungen herrliche Parkanlagen und Baumgänge gebildet, welche als grüner Ring die Innenſtadt umſchlieſsen und zur dauernden Beibehaltung beſtimmt ſind. Nürnberg beſitzt noch die gröſsten Theile ſeiner Mauern, Gräben, Thore und Zwinger, deren zukünftiges Schickſal indeſs trotz mehrfacher Durchbrechungen und vielfacher Pläne noch immer ſtreitig zu ſein ſcheint; hoffentlich gelingt es, das Maleriſche und geſchichtlich Werthvolle zu erhalten, das Unſchöne und Störende aber zu beſeitigen, anmuthige Spaziergänge zu bilden und dem Verkehre freie Bahn zu ſchaffen. Auch viele kleinere Städte, wie Andernach, Bacharach, Worms, Neuſs, Emden, haben bereits ihre Wälle und Mauern ſtellenweiſe überſchritten, ohne daſs eine hinreichend planmäſsige Feſtſtellung, in welcher Art der alte Feſtungsgürtel in Uebereinſtimmung mit dem neuen Straſsen- und Bebauungsplane erhalten werden ſoll, ſtattgefunden hat. An den meiſten dieſer Orte iſt eine baldige Planverfaſſung nöthig, wenn nicht der willkürliche Anbau die Löſung der Aufgabe ſehr erſchweren und vertheuern ſoll.

Gröſser iſt die Reihe derjenigen Städte, wo wenigſtens erhebliche Theile der alten Befeſtigungen erhalten wurden und jetzt als Promenaden und Ziergewäſſer der Stadt zur Verſchönerung und Wohlthat gereichen. Hamburg, Halle, Hildesheim, Münſter i. W., Würzburg, Freiburg i. Br., München erfreuen ſich beträchtlicher Gartenanlagen an Stelle der ehemaligen Wälle und Gräben; Breslau und Düſſeldorf ſind noch theilweiſe von gereinigten und freundlich umpflanzten Stadtgräben umgeben; an anderen Orten ſind die Feſtungswälle zu breiten Promenaden-Straſsen umgeſtaltet, welche z. B. Brüſſel und Dortmund ringsum, Lüttich und Aachen zum gröſseren, Hannover zum kleineren Theile umgeben.

Fig. 494.

Fig. 495.

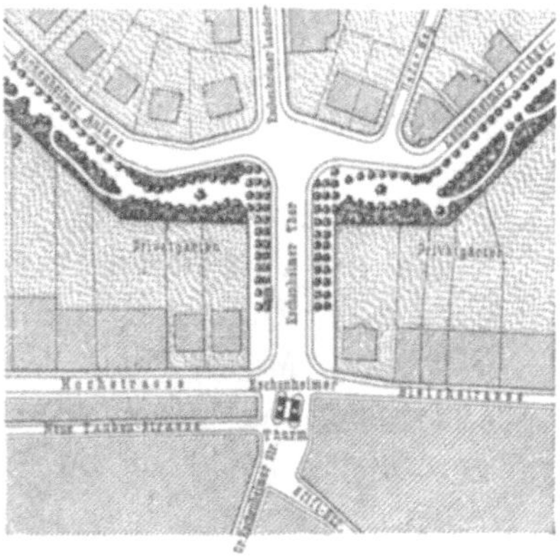

Theil der Ringſtraſse zu Frankfurt a. M.

zwiſchen Taunus- und Eſchenheimer Thor. beim Eſchenheimer Thor.

1:5000

100 80 60 40 20 0 100 200 300 400m

372. Ringftrafse auf ehemaligem Feftungs-gelände.

In allen Fällen find übrigens die Wallanlagen zugleich als Ringftrafse eingerichtet, und zwar auf fehr verfchiedene Art. Die beiden Hauptarten find:

1) die Befchränkung der Ringftrafse auf eine Glacis-Strafse mit einfeitiger Bebauung an der Aufsenfeite, während die innere Stadt mit ihren Grundftücken, Höfen und Gärten unmittelbar an die Wallanlagen anftöfst;

2) die Herftellung zweier Ringftrafsen, zwifchen welchen die Wallanlagen fich erftrecken, während die innere Strafse nach der Altftadtfeite und die äufsere Strafse nach der Neuftadtfeite bebaut wird.

Das bedeutendfte Beifpiel der erfteren Art liefert Frankfurt a. M. (Fig. 494 u. 495).

Die »Anlagen« find an der Aufsenfeite, alfo am ehemaligen Glacis-Fufse, von einer breiten Strafse eingefafft, welche fogar die ausfpringenden Winkel der ehemaligen Baftionen umfchreibt, was vom Standpunkte des Verkehres nicht gerade Nachahmung verdient. Nach der Altftadt hin grenzen die »Anlagen« an die mit gewiffen Baubefchränkungen belafteten Privatgrundftücke, deren Häufer mit der Vorderfeite an einem der ehemaligen inneren Wallftrafse entfprechenden Strafsenzuge ftehen.

Aehnlich ift die Geftalt der Ring-Promenade zu Krakau.

Auch dort ift im Wefentlichen nur an der Aufsenfeite eine Strafse angelegt. Während jedoch in Frankfurt auch die Hauptfpazierwege an der Aufsenfeite liegen, verfolgen diefelben in Krakau vorwiegend die Innenlinie, anfchliefsend an alte Mauerrefte, Thorburgen und Zwinger.

In Worms ift auf längeren Strecken der alte Stadtgraben erhalten, an deffen Aufsenfeite die Ringftrafse liegt, während an der inneren Grabenkante ein Fufsweg die Häufer und Grundftücke begrenzt. Auch Mailand befitzt an der zuletzt aufgegebenen Feftungszone nur die äufsere Ringftrafse; die Wälle find in ihrer hohen Lage erhalten und als mächtiger Baumgang — leider noch unvollkommen — ausgebildet. (Vergl. Fig. 242, S. 114 u. 115.)

Als doppelte Ringftrafse in dem vorhin angegebenen Sinne find die früheren Feftungswälle von Rouen, Brüffel, Aachen, Düffeldorf, Dortmund, Bremen, zum Theile auch Leipzig, behandelt. Befonders prächtig ift die Ringausbildung in Bremen (Fig. 496).

Breite hügelige Parkanlagen find auf der Innenfeite von der Strafse »Am Wall«, auf der Aufsenfeite von dem Stadtgraben und der Strafse »Contre-Escarpe« eingefafft. Die Aufsenbezirke zeigen fehr anfchaulich die Bauftellentheilung des herrfchenden Einzelhaus-Syftemes. Zur Errichtung von Standbildern und einzelnen öffentlichen Gebäuden bietet der geräumige Parkgürtel geeignete Punkte; fo hat in Bremen wie in Leipzig, Braunfchweig und Frankfurt a. M. das Stadttheater einen fchönen Platz in den Feftungsanlagen gefunden.

Ungünftigere Verhältniffe liegen in zahlreichen anderen Städten vor, wo die Feftungszone nicht blofs in gärtnerifche Anlagen und Verkehrswege, fondern zum grofsen Theile in Baugrundftücke umgewandelt und als folche verkauft wurde. Geldrückfichten waren in den meiften Fällen zu diefem Vorgehen die zwingende Veranlaffung. Gewöhnlich handelte es fich darum, die Mittel für die Errichtung einer neuen Umwallung von erweitertem Durchmeffer aufzubringen; fo in Magdeburg, Strafsburg, Mainz, Köln, Antwerpen, Lille. Die Feftungsbehörden konnten die alte Umwallung nur gegen erhebliche Zahlung preisgeben, und die Gemeinden waren genöthigt, im Verkauf von Baugründen wenigftens theilweifen Erfatz zu fuchen. In Wien, Augsburg, Arnheim, Florenz werden ebenfalls Geldgründe und zugleich Beftrebungen nach monumentaler Geftaltung mafsgebend gewefen fein. Gewiffe Theile der Feftungszone find aber auch in allen diefen Fällen als öffentliche Gartenanlagen unbebaut geblieben, befonders in Antwerpen und Wien, am wenigften wohl in Magdeburg und Lille. Entfcheidend für die Art der Bebauung find überall die Lage und Breite der Hauptringftrafse.

Fig. 496.

Theil der Ring-Promenade zu Bremen. — 1/5000 n. Gr.

373.
Alte
Wallſtraſse.

Eine Schwierigkeit beſteht gewöhnlich in der Unterdrückung oder Verbeſſerung der äuſseren Häuſerflucht der alten Stadt, die nach Abbruch der Feſtungsmauern oft ein Bild ungewöhnlicher Häſslichkeit liefert, oft auch mit den Stadtmauern ſtreckenweiſe zuſammengebaut iſt. Iſt es keine Nothwendigkeit, den alten Baulichkeiten das Thür- und Fenſterrecht und die Zufahrt von der Wallſeite dauernd zuzugeſtehen, ſo wird man zweckmäſsig die neue Ringſtraſse im Abſtande einer mittleren Bauſtellentiefe, alſo 25 bis 45 m, von der alten Bebauungsgrenze entfernt anlegen, ſo daſs die entſtehenden Neubauten die häſslichen Rückſeiten verdecken (z. B. Mainz). Laſſen ſich die Wege-Gerechtſame der Altſtadt-Häuſer zum Theile oder überhaupt nicht unterdrücken oder ablöſen, ſo muſs die alte Mauer- oder Wallgaſſe im Bebauungsplane als Straſse beibehalten, bezw. ausgebaut werden, welche, wenn ſie die ganze Stadt umzieht, eine Ringſtraſse, und zwar in der Regel eine ſolche von untergeordneter Bedeutung, bildet. Immerhin aber muſs ihre Breite und Ausbildung der Bedeutung im zukünftigen Straſsennetz entſprechen. Es wäre alſo verkehrt, auf die Verbreiterung und Verbeſſerung der alten Wallgaſſen, wenn ſie ſich unter dem Zwang bisheriger Verhältniſſe auch noch ſo unſchön geſtaltet haben, zu verzichten. In Köln ist z. B. aus den stellenweise auf das schlimmste verkommenen alten Wallgassen in Folge ihrer Oeffnung und Verbreiterung bei Ausführung der Stadterweiterung ein ganz ansehnlicher Strassenzug geworden, welcher an Bedeutung fortwährend zunimmt.

374. Neue Hauptringstrasse.

Die neue Hauptringstrasse pflegt man indess in einem angemessenen Abstande vor die alte Walllinie vorzuschieben, sowohl behufs besserer Verwerthung des Baulandes, als behufs Erzielung einer beiderseitigen stattlicheren Bebauung. An einzelnen Orten, z. B. Antwerpen, hat man den Abstand nur gleich einer Bautiefe (25 bis 40 m) fest gesetzt, so dass das Haupthaus an die neue Ringstrasse zu stehen kommt, an der alten Wallgasse aber nur Hintergebäude und Höfe liegen. Es kann dies nur ausnahmsweise richtig sein; in der Regel wird man auch zwischen Wall- und Ringstrasse eine Blocktiefe gleich der doppelten Baustellentiefe (also 50 bis 80 oder 90 m) fest setzen, einestheils damit grössere Besitzungen hier Platz finden, anderentheils um eine normale Bebauung der Wallstrasse herbeizuführen, wie die neben stehende Tafel darstellt.

Diese Abbildung zeigt zugleich, wie bei der Kölner Stadterweiterung der Versuch gemacht wurde, eine mannigfaltige Ausbildung der nahe an 6 km langen Ringstrasse (deren Breiten mit Einschluss der Vorgärten zwischen 32 m und 128 m wechseln), die Erhaltung mehrerer Thorburgen, Mauer- und Grabenstrecken, die Anlage sonstiger landschaftlicher Unterbrechungen und die angemessene Gestaltung der alt- und neustädtischen Strassenverbindungen mit den Forderungen der wirthschaftlichen Ausnutzung des theuer erkauften Geländes in Einklang zu bringen.

Nur dem Sachsen-Ring entlang sind die Baublöcke nach der alten Wallstrasse hin bloss eine Baustelle tief angeordnet, und zwar zu dem besonderen Zwecke, einen herrlichen alten Baumgang vor dem Untergange zu bewahren. Uebrigens tritt hierdurch eine Verunstaltung der betreffenden Strecke der Wallstrasse nicht ein, weil für die Bebauung des Sachsen-Ringes, wie des Deutschen Ringes, nur frei stehende Häuser (Villen) zugelassen sind. Der Hansa-Ring ist eine schlanke Bogenlinie, deren Krümmung sich auf dem Plane nur schwach, in der Natur aber sehr wirksam ausprägt. Vielleicht ist noch bemerkenswerth, dass enge, krumme Radialstrassen nicht sprungweise am alten Wall, sondern allmählig, d. h. trichterförmig, zwischen Wall und Ring auf eine grössere Breite übergeführt sind.

Ein wesentlich anderes Bild liefert die 4 km lange Ringstrasse zu Wien, welche als Polygonzug in gleichmässiger Breite von 57 m die innere Stadt umgiebt (vergl. die neben stehende Tafel).

Hier sind die Knotenpunkte leider nicht ganz organisch durchgebildet; es fehlt die geregelte Endigung der Baumgänge an den Kreuzungsplätzen. Für klare Verkehrslinien zwischen der inneren Stadt und den Aussenbezirken ist nicht überall hinreichend gesorgt. Die Strassenzüge der Stadterweiterungszone haben stellenweise weder nach aussen, noch nach innen geordnete Beziehungen; besonders fällt dieser Mangel bei dem Stadttheile auf, welcher das Rathhaus, das Reichsraths- und das Universitätsgebäude enthält und den Anschein erweckt, als ob hier eine fremde Stadt eingeschoben worden sei. Die Lösung der Wienthal-Schwierigkeiten und mancher Nivellements-Fragen ist unterlassen worden. Nach diesem Tadel aber muss die glänzende Erscheinung der Wiener Ringstrasse um so rückhaltsloser anerkannt werden. Im Reichthum an stattlichen Privatbauten und monumentalen öffentlichen Gebäuden kann keine Strasse der Erde mit dem Wiener Ring sich messen. Auch ist die Stellung der Monumentalbauten fast durchweg vortrefflich erwogen worden; insbesondere sind die Gebäudegruppen des Franzens- und Burgrings fast einzig in ihrer Art. Allerdings hat der Justiz-Palast eine ungünstig verschobene Baustelle erhalten, und die Plätze am Rathhause und an der Votiv-Kirche leiden, wie schon in Art. 266 (S. 172), 294 (S. 196) u. 298 (S. 198) erörtert wurde, an einer übertriebenen Ausdehnung. Die Abmessungen der Blöcke für Privatgebäude sind sehr mässige, scheinen aber der örtlichen Bauart zu entsprechen.

375. Zweite Ringstrasse.

Wird die Umwallung einer Festungsstadt hinausgeschoben, so bildet das neue Wallgelände im Falle einer abermaligen Erweiterung die natürliche Gelegenheit zur Anlage einer neuen Ringstrasse. In Wien ist diese zweite Ringstrasse unter der Bezeichnung »Gürtelstrasse« gegenwärtig im Bau begriffen, als Doppelstrasse mit

Additional information of this book

(Der Städtebau; 978-3-322-80318-4; 978-3-322-80318-4_OSFO2) is provided:

EXTRA MATERIALS extras.springer.com

http://Extras.Springer.com

mittlerem »Spiegel« für Gartenanlagen, leider aber ohne einheitlichen Plan mit vielen Unvollkommenheiten, weil politifch zu verfchiedenen Gemeindebezirken gehörig. In Paris ift der zweite Ring, die *Boulevards extérieurs,* glänzend ausgebildet worden. In anderen Städten, auch in offenen, ift der äufsere Ring durch den Bebauungsplan feft geftellt oder in Ausführung begriffen, fo in Düffeldorf, Brüffel, Budapeft. Auch für Frankfurt a. M., Leipzig, Breslau, München wäre die Anlage einer ftattlichen äufseren Ringftrafse eine angemeffene und zweckentfprechende Aufgabe. Um die Stadt Köln wird gegenwärtig die dritte Gürtelftrafse geplant; in Amfterdam wiederholt fich fogar die Ringbildung in fünf bis fechs mit beiderfeitigen Strafsen eingefafften Grachten.

Berlin hat zwar die Bildung einer Ringftrafse begonnen, aber nicht fyftematifch durchgeführt; es wäre zu bedauern, wenn die Reichshauptftadt auf eine folche dauernd verzichten müffte. Ohne jede ausgefprochene Ringftrafsenanlage ift London, die verkehrsreichfte Stadt Europas, ein Zeichen dafür, dafs in Hinficht der Verkehrsbedeutung die radialen und diagonalen Strafsenzüge den Ringlinien überlegen find. Die Ringftrafsen find eben ein Mittelding zwifchen lärmenden Verkehrsftrafsen und verkehrsarmen Nebenftrafsen und laden defshalb zur ftattlichen Ausbildung und zum angenehmen Wohnen befonders ein. 376. Fehlen der Ringftrafse.

e) Beifpiele ganzer Städte.

In Fig. 497 bis 500, fo wie auf zwei den folgenden Artikeln beigehefteten Tafeln find die Bilder von mehreren Stadtplänen in ganzer Ausdehnung fkizzirt, und zwar 377. Lennep.

Fig. 497.

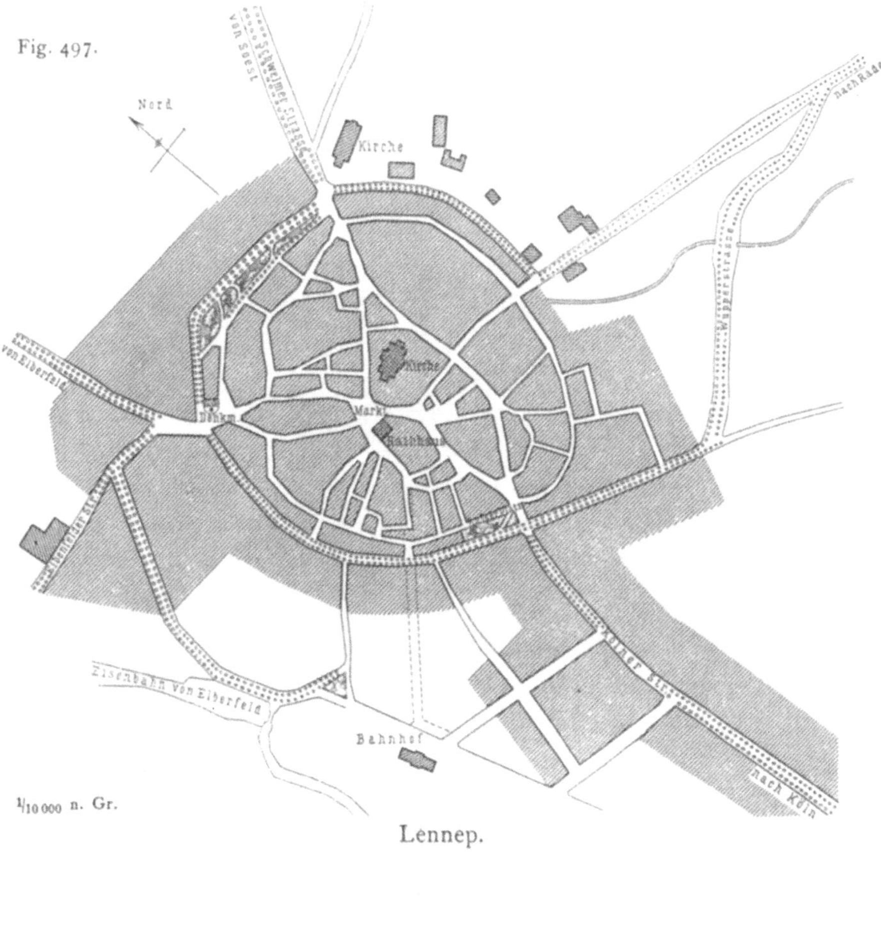

Lennep.

Fig. 498.

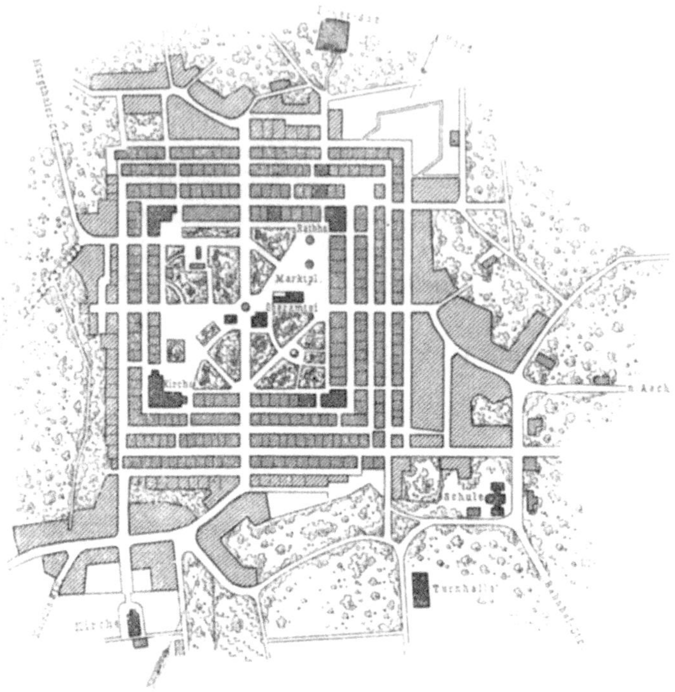

Freudenstadt
i. W.

$^{1}/_{10000}$ n. Gr.

Fig. 499.

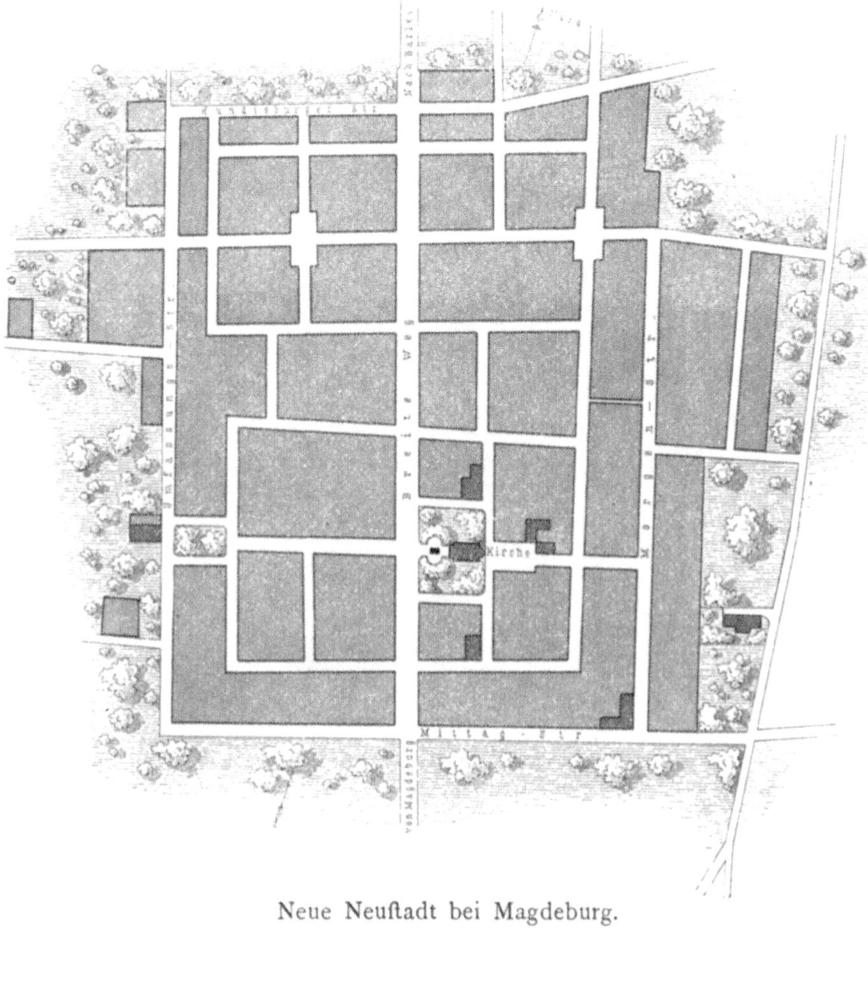

Neue Neustadt bei Magdeburg.

Fig. 500.

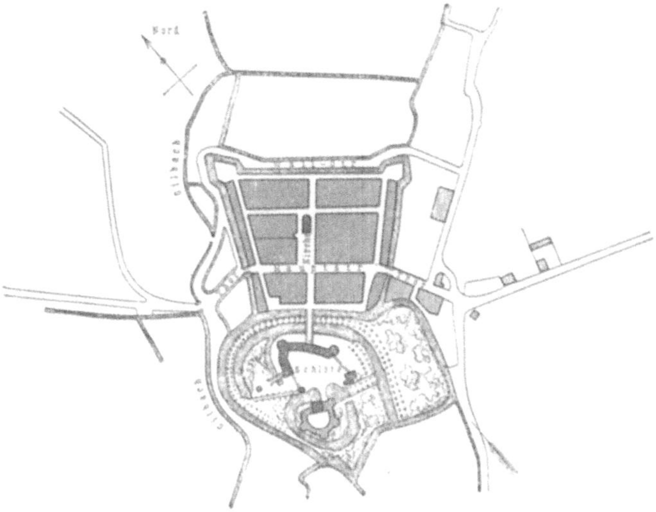

Hülchrath. — 1/10000 n. Gr.

ift die Darftellung bei den gröfseren Städten auf die Hauptftrafsenzüge befchränkt, während die Untertheilungen fortgelaffen find.

Unter den kleineren Städten ift der Grundrifs von Lennep im ehemaligen Grofsherzogthum Berg (Fig. 497) entfchieden central ausgebildet.

Das aus dem frühen Mittelalter ftammende Städtchen liegt in einer Gebirgsmulde auf dem Knotenpunkte der beiden alten Landftrafsen Köln-Soeft und Elberfeld-Rade. Eine doppelte Ringlinie zeigt die Lage des alten Walles und des ehemaligen Glacis an; leider ift der durch die Glacis-Strafse gebildete Hauptring an der Südoftfeite nicht ganz gefchloffen. Für die Erweiterung der in der Gegenwart wieder aufblühenden Stadt ift eine abermalige äufsere Ringlinie vorgefehen und zum Theile fchon ausgeführt.

Fig. 501.

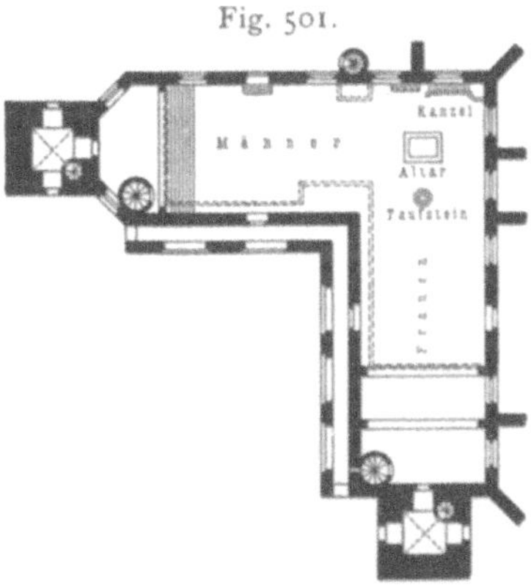

Kirche zu Freudenftadt. — 1/500 n. Gr.

Fig. 500 u. 502 beziehen fich auf zwei ehemalige kurkölnifche Feftungsftädtchen, Hülchrath und Zons, deren gezeichnete Anlage dem fpäteren Mittelalter entftammen dürfte. Beide Orte befitzen noch ihre Burgen oder Schlöffer, wenn auch halb verfallen, ferner beträchtliche Ueberrefte der Feftungsmauern, Thürme, Baftionen und Gräben; das Strafsennetz ift regelmäfsig und annähernd rechtwinkelig. 378. Hülchrath und Zons.

Fig. 502.

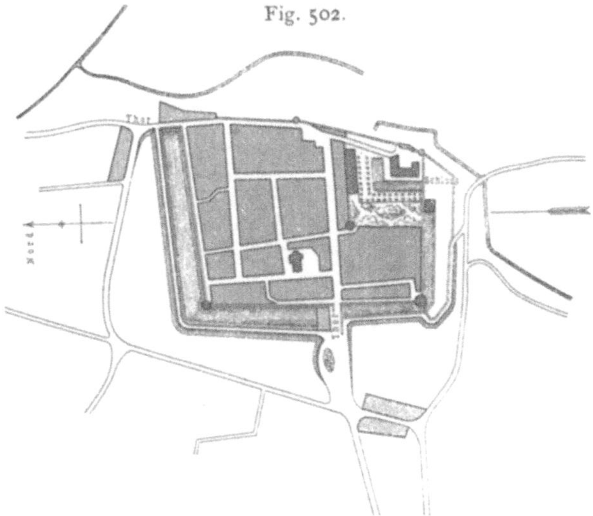

Zons a. Rh. — 1/10000 n. Gr.

Der in Fig. 498 angegebene Grundrifs des Luft-Curortes Freudenftadt in Württemberg zeigt die eigenthümliche Form mehrerer in einander gelegter Quadrate, welche einen ausgedehnten freien Platz umgeben. 379. Freudenftadt.

Der letztere ift fo geräumig, dafs nur eine Ecke deffelben als Markt benutzt wird, während er im Uebrigen von Gärten, Wegeflächen und untergeordneten Gebäuden eingenommen ift. Die Tiefe der Baublöcke ift fo gering, dafs nur ein Haus mit feinem Zubehör einen befchränkten Platz findet. Die Häufer wenden defshalb der einen

Fig. 503.

Strafse ihre Vorderfeite, der anderen ihre mit Ackergeräth und Düngerhaufen verzierte Rückfeite zu; Wirthfchaftshöfe fehlen. Nach dem urfprünglichen, im Jahre 1599 vom Baumeifter *Schickhard* entworfenen Stadtplane follte übrigens jede zweite, mit dem Marktplatz parallel laufende Strafse in Fortfall kommen, um zu Hofräumen verwendet zu werden. Die Quadratecken find zumeift gefchloffen, fo dafs die Gebäude im rechten Winkel zufammenftofsen. Diefe fonderbare Anordnung ift fogar bei der

Fig. 504.

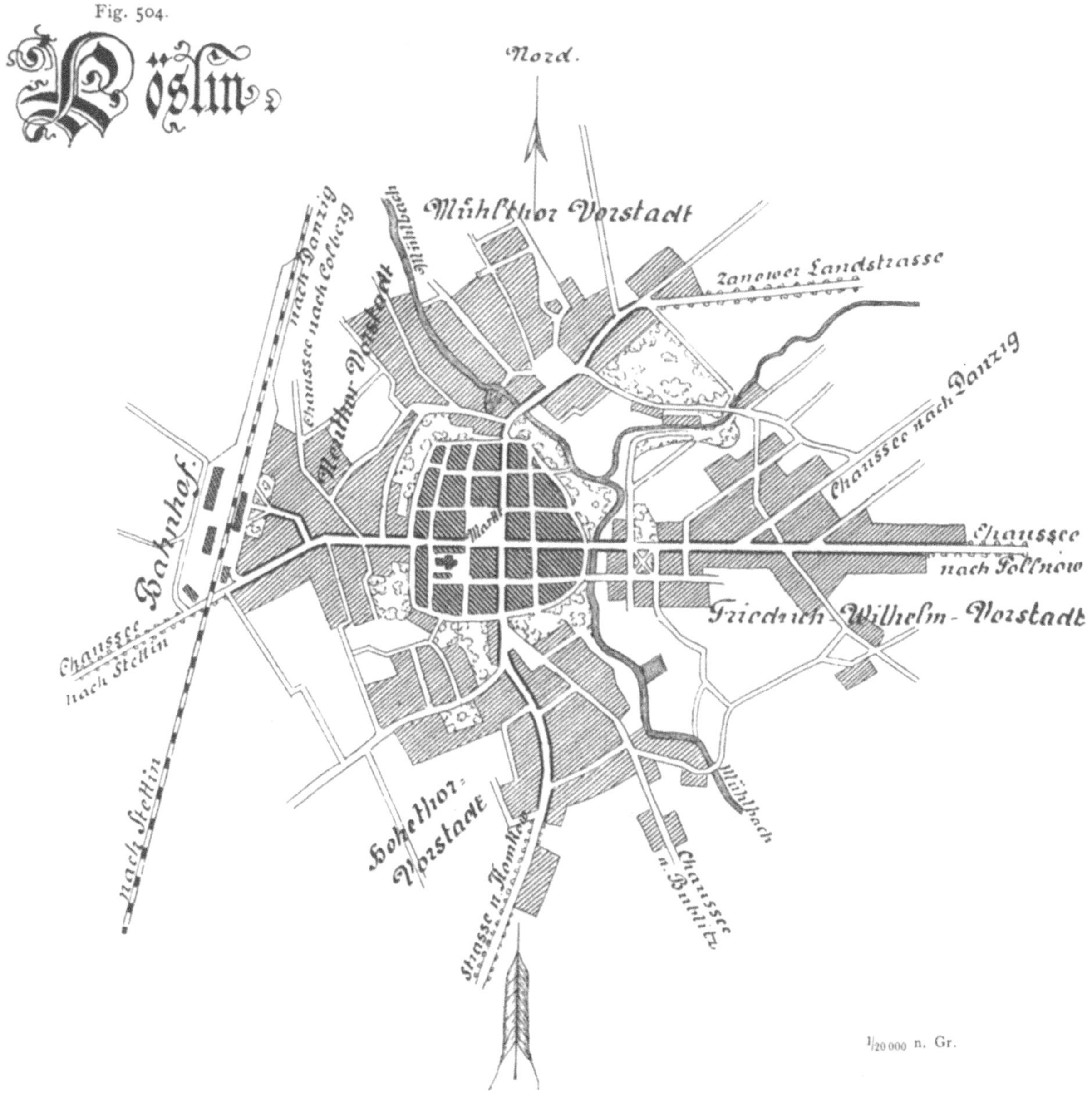

$^{1}/_{20\,000}$ n. Gr.

Kirche angewendet, welche die eine Ecke der Umfaffung des Innenplatzes bildet: die Kirche befteht aus zwei im rechten Winkel an einander gefetzten Schiffen, von welchen das eine für die Männer, das andere für die Frauen beftimmt ift, während die Kanzel in der Spitze des Winkels fich befindet (vergl. den Grundrifs in Fig. 501). Der grofse Mittelplatz war vom Gründer der Stadt, Herzog *Friedrich I.*, für einen über Ecke geftellten Schlofsbau beftimmt, deffen vier Eckthürme auf die vier Zweige des Hauptftrafsenkreuzes fchauen follten.

Eine gewiffe Aehnlichkeit mit dem Freudenftadter Plane befitzt der fpäter entftandene Grundrifs der fog. Neuen Neuftadt bei Magdeburg, in fo fern als auch dort die Ineinanderfchachtelung der Strafsenrechtecke und die Bildung gefchloffener Winkel zu beobachten ift (Fig. 499). Als Grund für die Anordnung der Winkelftrafsen wird die Erleichterung der Vertheidigung angegeben, die fich auf eine oder zwei durchgehende Hauptftrafsen befchränken konnte. Für unfere gegenwärtigen Aufgaben, 380. Neue Neuftadt bei Magdeburg.

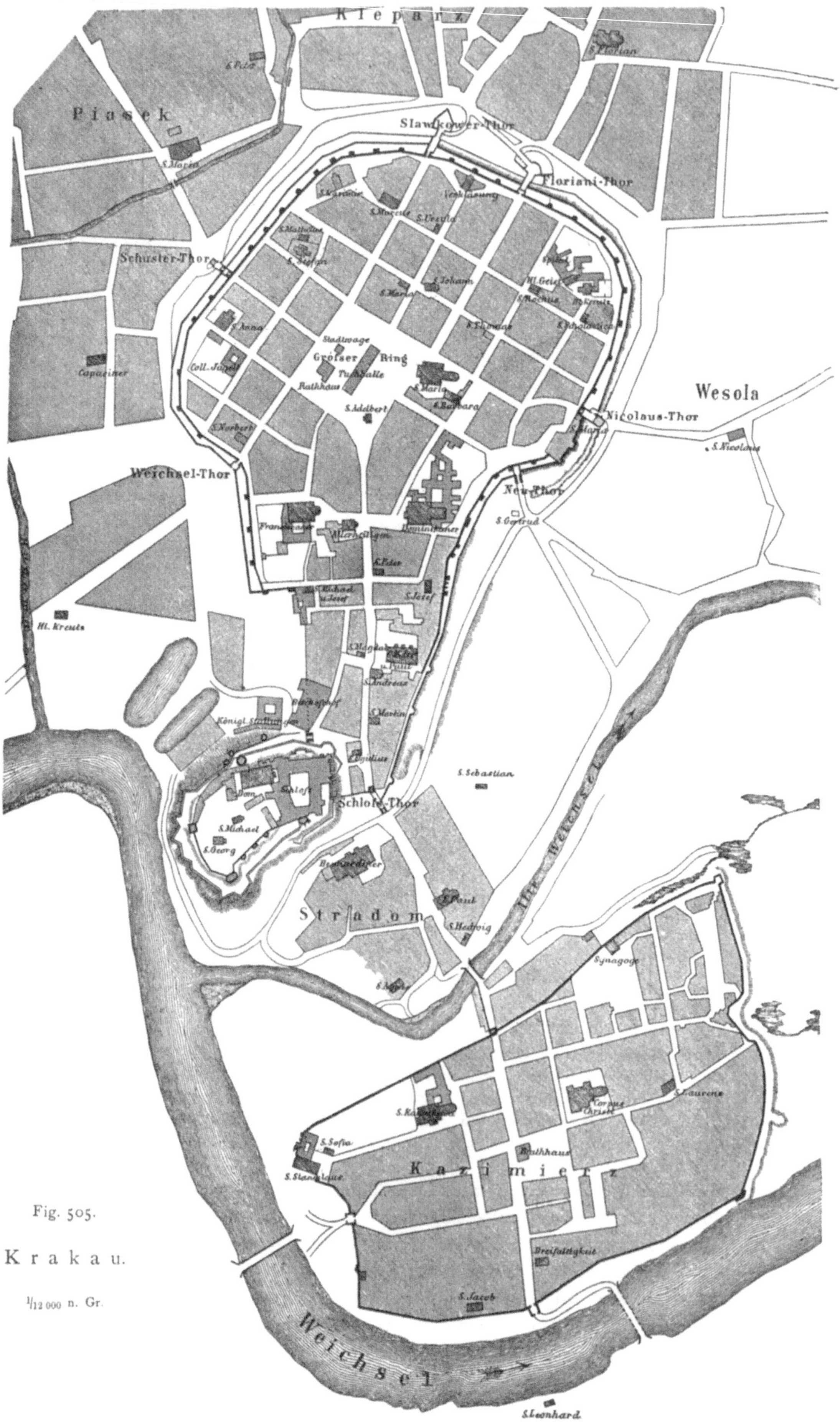

Fig. 505.

Krakau.

1/12 000 n. Gr.

Fig. 506.

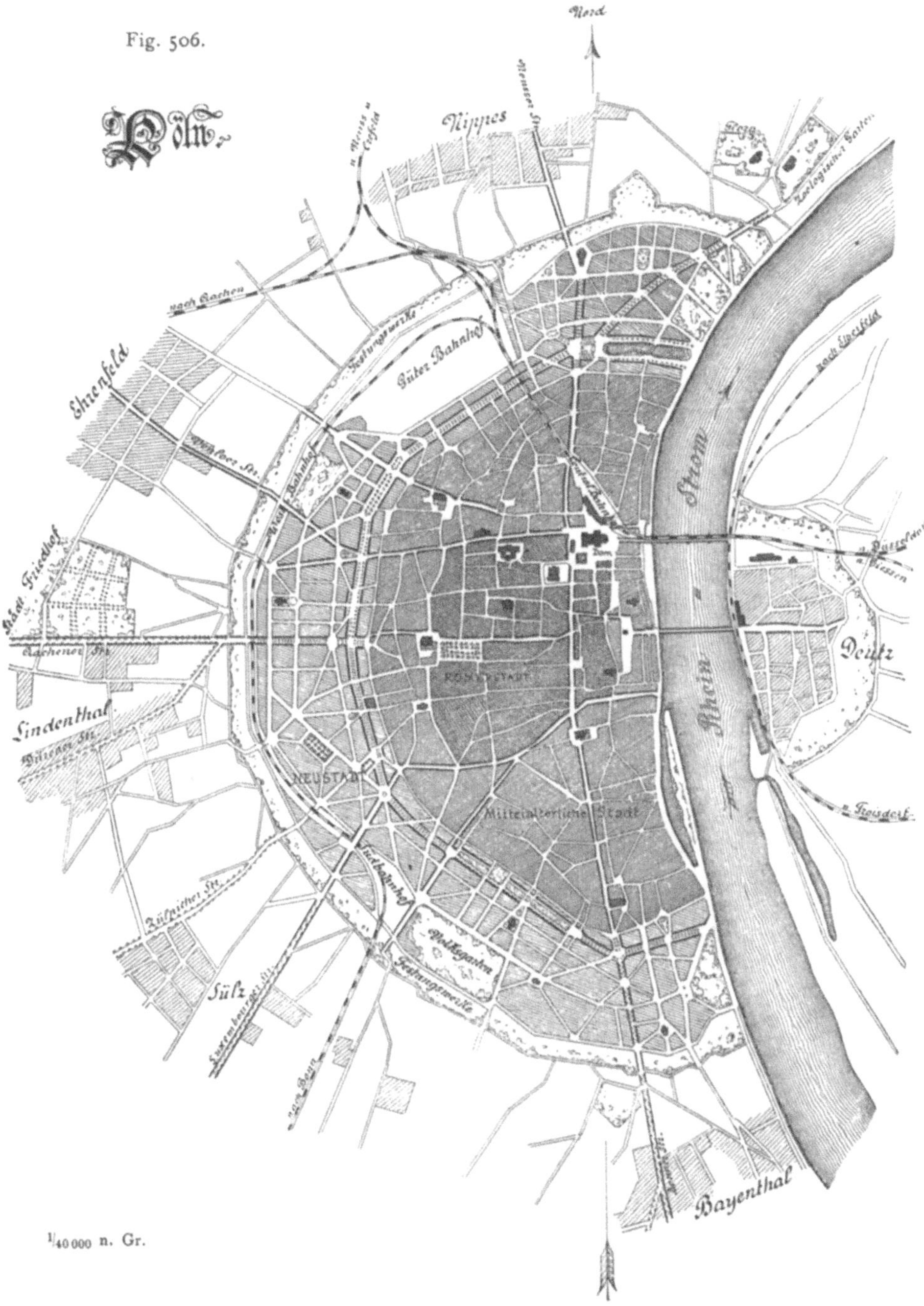

$^1/_{40000}$ n. Gr.

bei welchen die Anforderungen des Verkehres in erster Linie maßgebend sind, sind solche ungewöhnliche Stadtgrundrisse zwar nicht von vorbildlicher, aber doch von geschichtlicher Bedeutung.

381. Dortmund, Braunschweig, Leipzig und Köslin.

Von den mittleren Städten, welche in den folgenden Text-Abbildungen und auf einigen beigehefteten Tafeln dargestellt sind, zeigen Dortmund und Braunschweig (siehe die neben stehende Tafel und Fig. 503) die unregelmäßige centrale Gestaltung

Fig. 507.

des frühen Mittelalters, während Leipzig in feiner Altftadt (fiehe die umftehende Tafel) und befonders Köslin (Fig. 504) die mehr regelmäfsigen und rechtwinkeligen Figuren des fpäteren Mittelalters aufweifen. In allen vier Orten ift der mittelalterliche Feftungsring deutlich ausgeprägt; aufserhalb deffelben läfft der Bebauungsplan gleichmäfsig zu wünfchen übrig. So wäre für Dortmund, und mehr noch für das ftark entwickelte Leipzig, eine äufsere Ringftrafse dringend erwünfcht.

382. Krakau und Aigues Mortes.

Zu den mittelalterlichen Orten von rechteckiger Anlage gehören auch die Städte Krakau (Fig. 505) und Aigues Mortes (Fig. 508 [64]).

383. Köln und Szegedin.

Während die vorgenannten Städte fich nach allen Seiten auszudehnen vermochten, find viele andere Orte durch ihre Lage an einem grofsen Fluffe auf die

[64]) Siehe auch Theil II, Band 4, Heft 1 (S. 31 u. 32) diefes »Handbuches«.

Fig. 508.

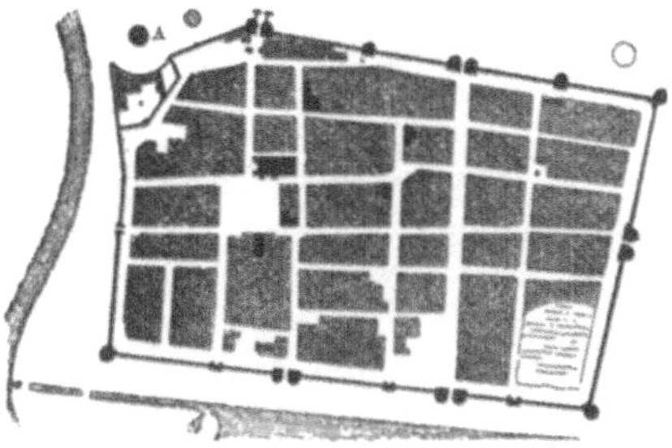

Aigues Mortes. — $^1/_{12000}$ n. Gr.

einseitige, also bei centraler Anlage halbkreisförmige Entwickelung angewiesen, z. B. Köln (Fig. 506) und Szegedin (Fig. 507).

Im Kölner Stadtplane sind die nach der Entstehungszeit verschiedenen Haupttheile durch Schraffirungen von verschiedener Dunkelheit gekennzeichnet; das mittlere unregelmäfsige Viereck ist die römische Colonie, um welche sich die mittelalterliche Stadt bis zur Umwallung des XII. Jahrhundertes lagert; dann folgt die heutige Stadterweiterung bis zum gegenwärtigen Festungsring, und aufserhalb des letzteren breiten sich die Vororte aus, welche gegenwärtig durch eine breite Gürtelstrafse verbunden werden sollen; den römischen und heutigen Brückenkopf auf dem gegenüber liegenden Rheinufer bildet die Vorstadt Deutz.

Eine grofse Aehnlichkeit mit Köln, wenn auch im Mafsstabe kleiner, besitzt Szegedin in Ober-Ungarn (Fig. 507). Das System der Radien und Ringe ist in

Fig. 509. Bern.

$^1/_{20000}$ n. Gr.

Fig. 510.

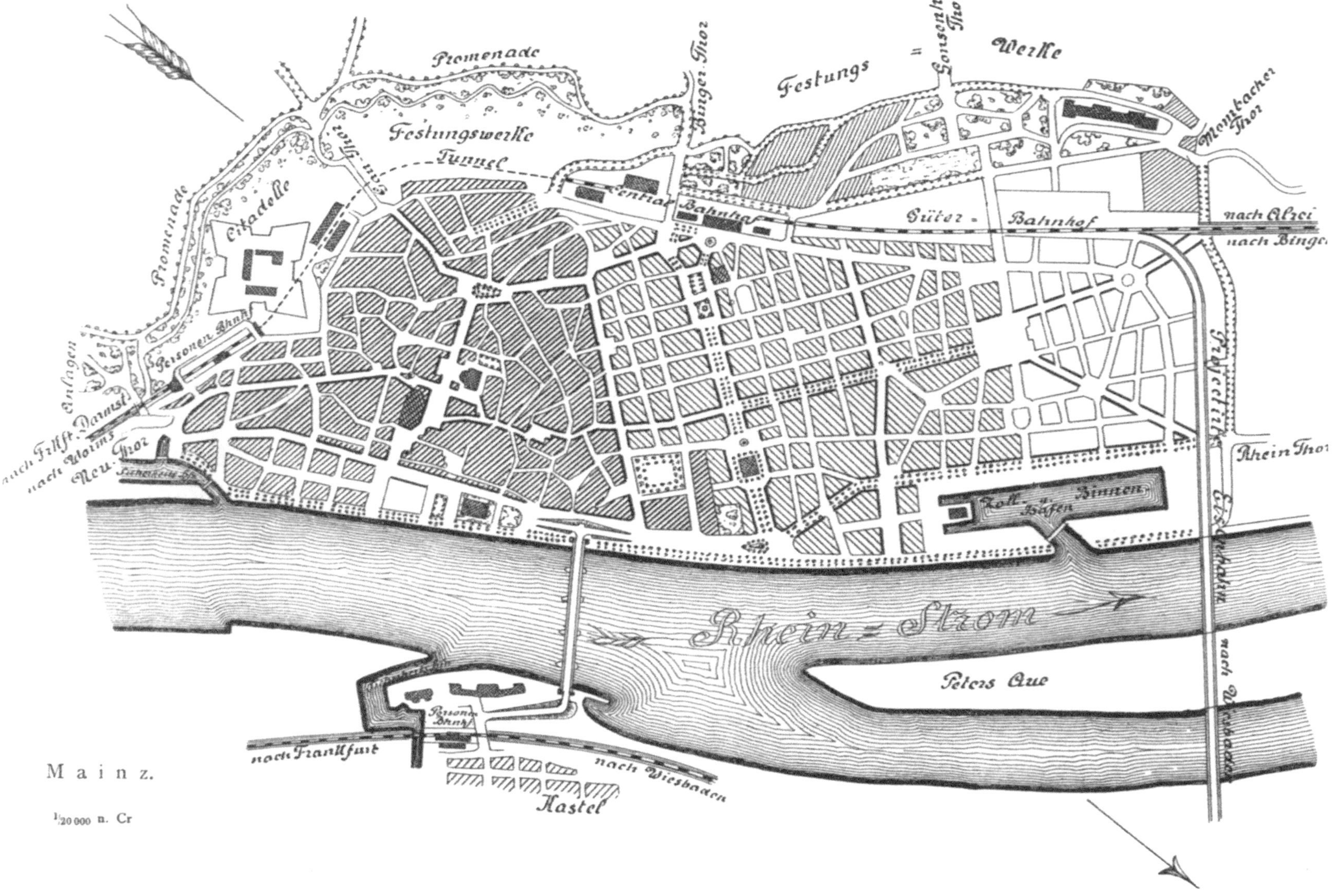

Mainz.

1/20 000 n. Gr

Fig. 511.

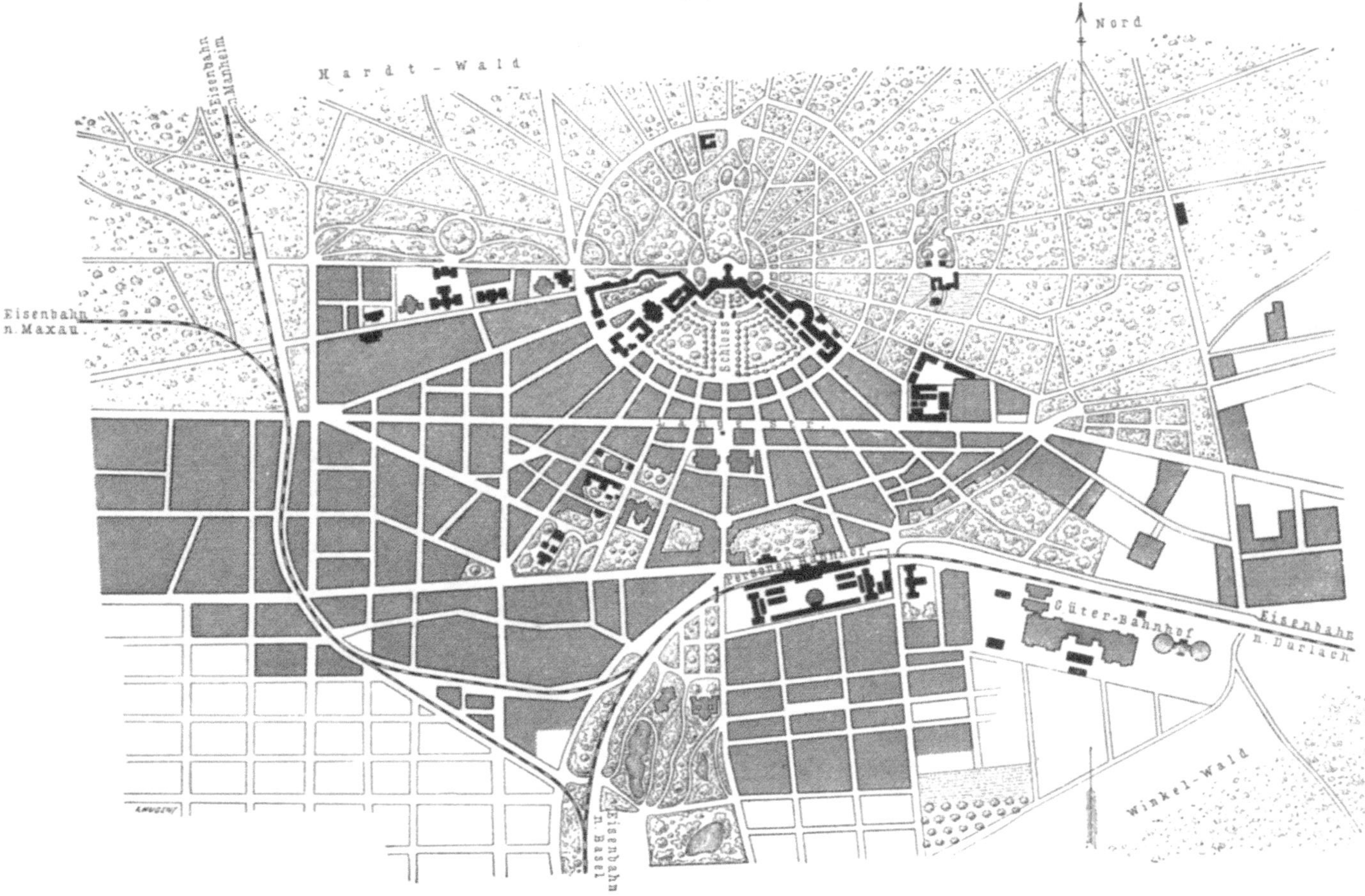

Karlsruhe.

1/20000 n. Gr.

dem nach der grofsen Ueberfchwemmung von 1879 durch *Lechner* aufgeftellten neuen Stadtplane deutlich ausgeprägt.

384. Bern, Mainz und Strafsburg. Einfeitige Erweiterungen haben auch Bern, Mainz und Strafsburg erfahren.

Bern, urfprünglich auf den öftlichften, im Bogen der Aare gelegenen Theil befchränkt (Fig. 509), hat feine Stadtgrenze in beftimmten, heute noch erkennbaren Zeit- und Bauabfchnitten nach Weften vorgefchoben; dabei hat die Oertlichkeit eine vorwiegend rechteckige Geftaltung des Strafsennetzes begünftigt. — Aehnlich ift die Lage und Ausdehnung von Verona an der Etfch. — In Mainz und Strafsburg war es die einfeitige Hinausfchiebung der Feftungswerke, welche auch die einfeitige Stadterweiterung bedingte.

Fig. 512.

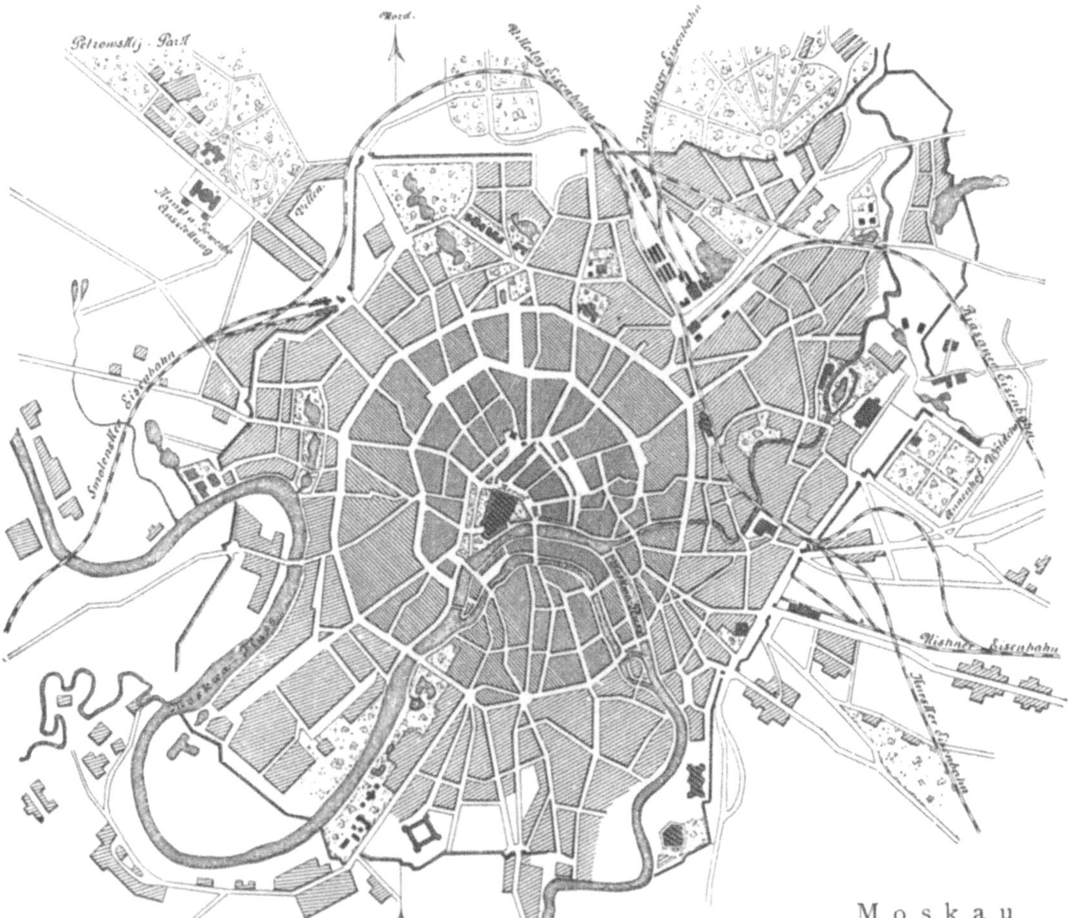

$^1/_{100000}$ n. Gr.

Moskau

in den Hauptftrafsenzügen.

In beiden Erweiterungsplänen (Fig. 510 und die neben ftehende Tafel) herrfcht das Rechteckfyftem, aber nach Bedarf mit Diagonalen durchfetzt, vor; das Strafsburger neue Strafsennetz hat durch reichliches Einlegen von Hauptdiagonalen ftellenweife eine grundlegende Dreieckform angenommen.

385. Karlsruhe. Als Befonderheit ift in Fig. 511 noch der aus der erften Hälfte des XVIII. Jahrhundertes ftammende Plan der Stadt Karlsruhe mitgetheilt.

Für die Erweiterung der Stadt hat die Fortfetzung des vom Schlofs ausftrahlenden, durch eine lange Sehne, die »Lange Strafse« (jetzt Kaiferftrafse), gefchnittenen Fächerfyftemes nicht beibehalten werden können. Die Aufsenbezirke find vielmehr meift nach dem Schachbrett angelegt und entbehren des organifchen Zufammenhanges mit der Innenftadt.

Additional information of this book

(Der Städtebau; 978-3-322-80318-4; 978-3-322-80318-4_OSFO4) is provided:

EXTRA MATERIALS extras.springer.com

http://Extras.Springer.com

Vier Grundriſſe von Groſsſtädten zeigen Fig. 512 bis 515. Das centrale Syſtem der Strahlen und wiederholten Ringe iſt in Moskau (Fig. 512) und Paris (Fig. 513) deutlich ausgeprägt, bezüglich der letztgenannten Stadt aber zugleich durch nachträglich eingelegte Diagonalen in den älteren und planmäſsig feſt geſtellte Diagonalen in den neueren Ortstheilen vervollſtändigt. 386. Moskau und Paris.

Der dreifache Gürtel der inneren *Boulevards*, der äuſseren *Boulevards* und der gegenwärtigen Umwallung iſt für Paris bezeichnend; zahlreiche ſonſtige breite Straſsen, *Boulevards* und *Avenues* genannt, je

Fig. 513.

$^{1}/_{100000}$ n. Gr.

nachdem dieſelben mehr ringförmig oder mehr central verlaufen, bringen die dem Verkehre ſo dienlichen groſsen Dreieckszüge hervor. Die Abbildung zeigt ferner die acht Kopfſtationen der in die Stadt eindringenden Eiſenbahnen und die für den Stadtverkehr noch wenig nutzbare Gürtelbahn von 9 km Durchmeſſer; Paris bedarf eines inneren Stadtbahnringes und mehrerer Durchmeſſerbahnen auf das dringendſte.

Turin iſt trotz ſeines vorchriſtlichen Urſprunges in ſeiner heutigen Erſcheinung eine moderne Stadt im einförmigſten Rechteckſchema, welches nur durch wenige Schrägen unterbrochen iſt (Fig. 515). Auch die Ringſtraſse daſelbſt iſt ein Rechteck mit zwei Abſchrägungen. 387. Turin.

Fig. 514.

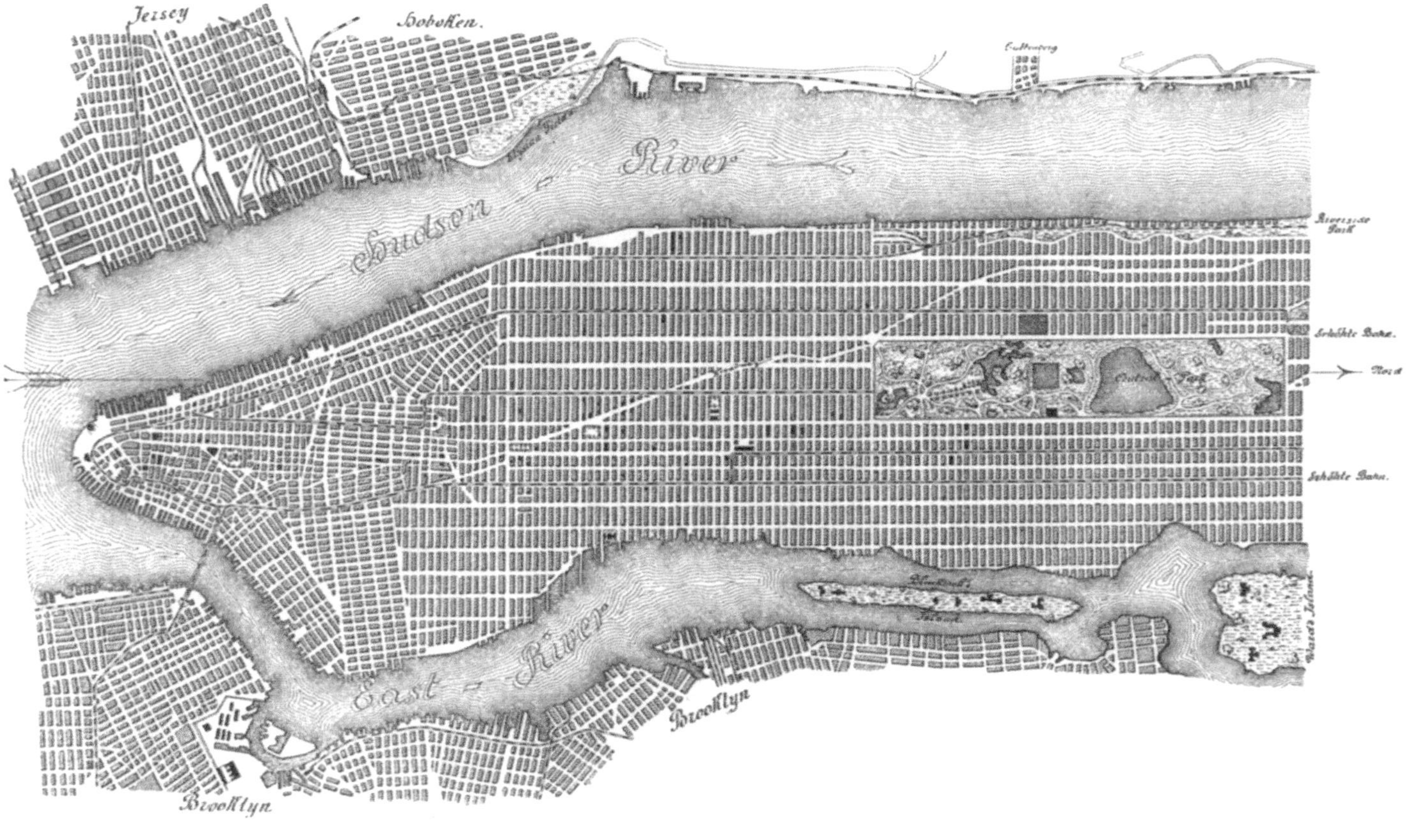

New-York.

1/75 000 n. Gr.

Sehr verwandt mit dem Turiner Stadtplan ift die Anlage der Stadt Krefeld, deren Wallftrafse ebenfalls im Rechteck das Strafsennetz umgiebt, während das Schachbrett der Stadt Mannheim von einem nur am Schlofsgarten unvollftändigen Kreisring umfchloffen ift.

Als ein Beifpiel amerikanifcher Städteanlagen diene fchliefslich der in Fig. 514 dargeftellte Grundrifs von New-York, langweilig und vierkantig, fchwung- und ruhelos, aber echt »amerikanifch«. Bezeichnend ift die unvermittelte Aneinanderfetzung verfchiedener Stadttheile, die rückfichtslofe Fortfetzung des Schachbrettmufters über die Schlangenlinie des *Broadway* und die formlofe Endigung der Strafsenblöcke an den Flufsufern. Kein Wunder, dafs die Stadt von den Wafferfeiten einen unfchönen und im Inneren einen freudlofen Eindruck macht. 388. New-York.

Fig. 515.

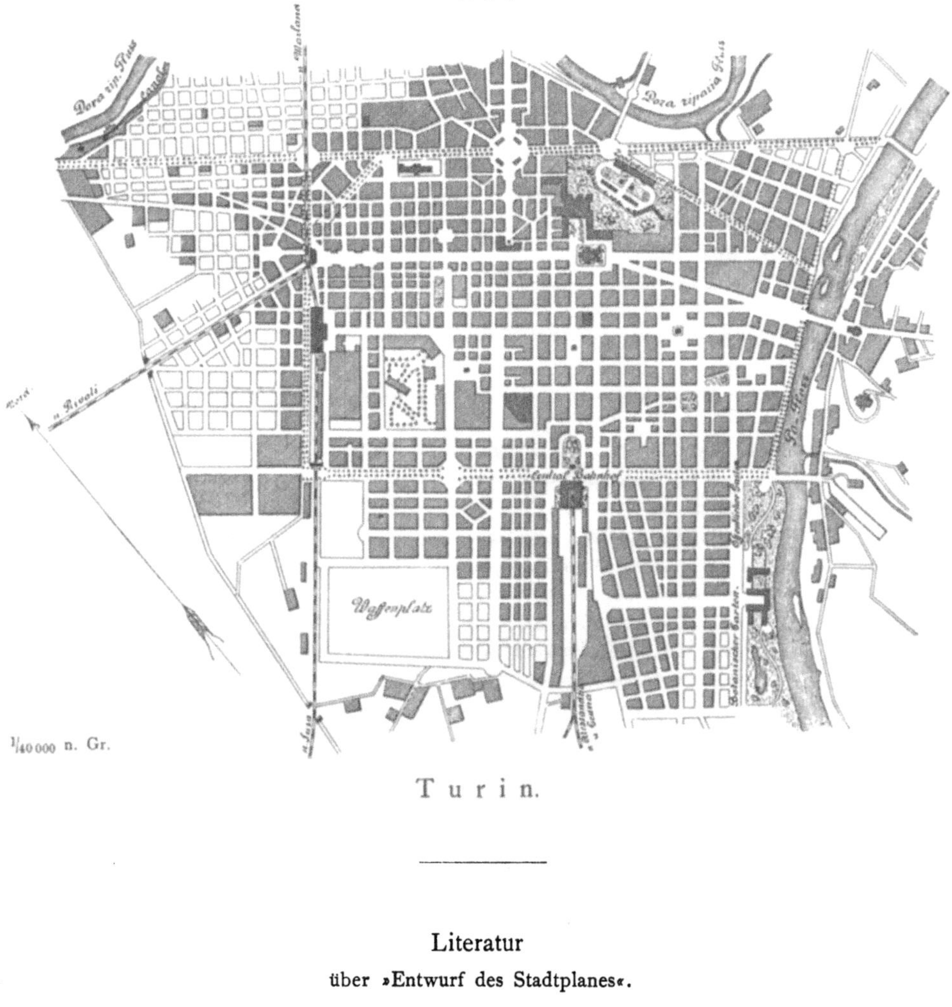

Turin.

Literatur

über »Entwurf des Stadtplanes«.

Travaux de Paris. Voies publics. Principes de diftribution des voies de circulation dans les grandes villes. Revue gén. de l'arch. 1862, S. 165.

On the laying out of cities. Builder, Bd. 31, S. 279.

BAUMEISTER, R. Stadterweiterungen in technifcher, baupolizeilicher und wirthfchaftlicher Beziehung. Berlin 1876. (Kap. 1 u. 8.)

UNGER. Grofsftädtifche Grundpläne und Hannovers Ringftrafse. Zeitfchr. d. Arch.- u. Ing.-Ver. zu Hannover 1877, S. 192.

Protokolle über die Sitzungen der Commiffion zur Feftftellung des Bebauungsplans für die Stadt Strafsburg. 1879.

TURNER, M. A. Ueber Strafsenverhältniffe und Bebauungsart gröfserer Städte. ROMBERG's Zeitfchr. f. pract. Bauk. 1880, S. 405, 428, 451.

WIECK, B. Anlage der Städtebebauungspläne. Deutfche Bauz. 1883, S. 579. Wochbl. f. Arch. u. Ing. 1883, S. 490.

Deutfche Bauz. 1886, S. 583, 593.

Deutfche Zeit- und Streitfragen. Heft 7: Moderne Stadterweiterungen. Von R. BAUMEISTER. Hamburg 1887.

Literatur

über »Ausgeführte Bebauungspläne« und »Bebauungsentwürfe« [65]).

GOTTGETREU, R. Façaden für die neue Maximiliansftrafse in München. Zeitfchr. f. Bauw. 1855, S. 313.

Die neuen Anlagen von Genf. Allg. Bauz. 1858, S. 325.

FÖRSTER, L. Der preisgekrönte Konkurrenz-Plan zur Stadterweiterung von Wien. Allg. Bauz. 1859, S. 1.

RÖMER. Grund-Idee des neuen Bebauungsplanes für Madrid. Zeitfchr. f. Bauw. 1864, S. 609.

Agrandiffement de la ville de Madrid. Nouv. annales de la conft. 1864, S. 2.

Situationsplan vom Stadttheil Hamburgs vor dem Brande 1842 und nach demfelben. Allg. Bauz. 1865, S. 20.

Agrandiffement de la ville de Saint-Nazaire. Nouv. annales de la conft. 1865, S. 1.

DEMMLER, G. A. Der Erweiterungs- und Verfchönerungsplan der Refidenzftadt Schwerin in feiner Entftehung und gefchichtlich actenmäfsigen Entwickelung von 1862 bis Ende Auguft des Jahres 1866 mitgetheilt. Schwerin 1867.

SEESTERN-PAULY. Strafsenanlage in Frankfurt a. M. Allg. Bauz. 1868—69, S. 287.

THOMÉ DE GAMOND, A. *Mémoire fur le projet d'agrandiffement de la ville de Lisbonne, comprenant l'établiffement d'un grand port maritime, la création de quartiers nouveaux et le chemin de fer de Collarès.* Paris 1870.

Konkurrenz für Anlage eines Stadtparkes und der Stadterweiterung zu Barcellona. Deutfche Bauz. 1871, S. 128.

HOBRECHT. Stadterweiterung von Mainz. Gutachten. Mainz 1873.

LIPPOLD, H. Bemerkungen zu dem Gutachten des kgl. Baurath Hobrecht in Berlin über die Stadterweiterung von Mainz. Mainz 1873.

LIPPOLD, H. Ueber den Entwurf und die Ausführung der Mainzer Stadterweiterung. Mainz 1873.

London: as arranged by Sir Chriftopher Wren. Builder, Bd. 33, S. 587.

L'avenue de l'opéra. Nouv. annales de la conft. 1876, S. 176.

Les démolitions de l'avenue de l'opéra. Gaz. des arch. et du bât. 1876, S. 187.

FLATTICH, W. Betrachtung über den Plan der Donauftadt längs der regulirten Donau in Wien etc. Zeitfchr. des öft. Ing.- u. Arch.-Ver. 1877, S. 1.

ORTH, A. Entwurf zu einem Bebauungsplan für Strafsburg. Leipzig 1878.

Konkurrenz für Pläne zur Bebauung des nördlichen Theils der Stadt Aachen. Deutfche Bauz. 1878, S. 90, 290.

Die Stadterweiterung von Strafsburg. Deutfche Bauz. 1878, S. 343, 356, 411, 428, 516.

MEYER, F. A. Die Neugeftaltung des Wall-Terrains zwifchen dem Damm- und dem Holften-Thor zu Hamburg. Deutfche Bauz. 1879, S. 238.

Ein Entwurf zur Anlage einer Ringftrafse an Stelle der alten Vertheidigungswerke Nürnberg's. Deutfche Bauz. 1879, S. 453, 481.

Stadterweiterung von Mainz. Deutfche Bauz. 1879, S. 484.

Noch einmal die projektirte Ringftrafse Nürnberg's. Deutfche Bauz. 1879, S. 500.

STÜBBEN, J. Die Stadterweiterung von Köln. Wochbl. f. Arch. u. Ing. 1879, S. 25, 41.

STÜBBEN, J. Stadterweiterung von Oftende. Zeitfchr. f. Bauw. 1879, S. 229.

STÜBBEN, J. Paris in Bezug auf Strafsenbau und Stadterweiterung. Zeitfchr. f. Bauw. 1879, S. 377. (Auch im Buchhandel erfchienen. Berlin 1879.)

WALLBRECHT. Die Durchbruchs-Projekte für die Altftadt Hannover. Zeitfchr. d. Arch.- u. Ing.-Ver. zu Hannover 1879, S. 491.

---

65) Es fei auch auf die lehrreiche Sammlung von Relief-Plänen im Zeughaus zu Berlin hingewiefen.

Agrandiſſement de la ville de Neuchâtel. Eiſenb., Bd. 10, S. 45.

STÜBBEN. Aachens Bebauungsplan und bauliche Zukunft. Deutſche Bauz. 1880, S. 100.

Die Stadterweiterung von Straſsburg. Deutſche Bauz. 1881, S. 13, 26.

Die rationelle Vergröſserung der Stadt Bern. Eiſenb., Bd. 15, S. 139.

STEGMAN, R. Der neue Bebauungsplan der Stadt Riga. Rigaſche Ind.-Ztg. 1881, S. 133.

MÜHLKE, C. Die Stadterweiterung Roms. Wochbl. f. Arch. u. Ing. 1882, S. 206.

The propoſed improvements at Hyde park corner. Builder, Bd. 42, S. 479.

Die Bebauung der Kaiſer Wilhelm-Straſse in Berlin. Centralbl. d. Bauverw. 1885, S. 53.

Die Entwickelung des Stadttheiles Moabit und die Bauten auf dem Gelände der Baugeſellſchaft »Am kleinen Thiergarten«. Deutſche Bauz. 1885, S. 413.

Köln und ſeine Bauten. Köln 1888. Theil II, Kap. 2.

STÜBBEN. Der Wiederaufbau der Stadt Szegedin. Deutſche Bauz. 1889, S. 3.

ADAM, B. Die König Johannſtraſse in Dresden. Civiling. 1889, S. 175.

BOKELBERG. Bebauungsplan der Stadt Hannover. Zeitſchr. d. Arch.- u. Ing.-Ver. zu Hannover 1889, S. 240.

3. Abfchnitt.

Die Ausführung des Stadtplanes.

1. Kapitel.

Die Aufgaben des Staates, der Gemeinde und der Privaten.

389. Ausführung vorwiegend Sache des Technikers.

Mufs fchon beim Entwurf eines Stadtplanes oder Stadterweiterungsplanes eine beträchtliche Zahl von Dingen berückfichtigt werden, welche weder architektonifcher, noch überhaupt bautechnifcher Art find, fo tritt bei der Ausführung des Planes eine noch gröfsere Menge von Fragen und Intereffen auf, welche gegen einander abzuwägen, mit einander zu verföhnen oder aber zurückzuweifen find. Im Wefentlichen entfpringen diefe Intereffen dem Rechte des Eigenthümers und dem Nachbarrecht, oder fie beziehen fich auf die Pflege der öffentlichen Ordnung, des Verkehres und der öffentlichen Gefundheit. Die Ausführung eines Stadtplanes ift defshalb keineswegs alleinige Sache des Bautechnikers; dennoch ift er in erfter Linie der berufene Leiter, weil das Studium und die Ausübung feines Faches eine eingehendere Erkenntnifs und Beherrfchung des Gegenftandes vorbereitet, als irgend eine andere Berufsart. Dem vorbereiteten Techniker wird die Löfung der Aufgabe nicht fchwer fallen, fobald ihm für die fchwierigeren Rechts- und Wirthfchaftsfragen die geeigneten Kräfte zur Seite ftehen, wie es im Staats- und Gemeindeleben in reichlichem Mafse der Fall zu fein pflegt. Es wird defshalb zweckmäfsig fein, den Ausführungsfragen an diefer Stelle zur Belehrung des Technikers näher zu treten.

Träger der Mafsnahmen zur Ausführung der Stadterweiterung ift zwar vorwiegend die Gemeinde; aber auch dem Staate einerfeits und den Privatperfonen andererfeits find wichtige Aufgaben zuzuweifen.

390. Aufgaben des Staates.

Dem Staate liegt die Gefetzgebung ob, welche bezüglich des Städtebaues durchaus nicht als abgefchloffen betrachtet werden kann, ferner die Wahrnehmung der landespolizeilichen, der Strom- und Feftungs-Intereffen, die gerichtliche und die Verwaltungs-Rechtspflege, die Abgrenzung und Erweiterung der Gemeindebezirke, endlich die gefetzlich geordnete Auffícht über die Thätigkeit der Gemeinde. Der Staat ift ferner Bauherr für zahlreiche öffentliche Gebäude und kann unter Umftänden als Verkehrsunternehmer (Eifenbahnen, Wafferwege, Brücken etc.) oder in feiner Eigenfchaft als Landeigenthümer auch als Stadterweiterungs-Unternehmer auftreten, oder als Bauherr zur Errichtung von Wohnungen für feine Beamten und Arbeiter.

Mit den letztgenannten Arten feiner Thätigkeit übernimmt der Staat indefs eigentlich die Rolle einer Privatperfon und hat die gleichen Pflichten und Rechte zu beobachten, wie diefe.

Der Gemeinde liegt der Erlafs der ortsftatutarifchen und ortspolizeilichen Beftimmungen [66]) ob, ferner die Aufftellung und Feftftellung des Stadtbauplanes, die Ausführung der Wafferverforgungs-, Entwäfferungs- und Beleuchtungs-Anlagen, die Herftellung des Strafsenbaues oder wenigftens die Beauffichtigung deffelben, die Sorge für zweckmäfsige Geftaltung der Baugrundftücke, die Pflege der öffentlichen Ordnung, des Verkehres und der öffentlichen Gefundheit, die rechtzeitige Errichtung der öffentlichen Gebäude und Gartenanlagen. Unter Umftänden ift auch die Gemeinde felbft Stadterweiterungs-Unternehmerin, namentlich bei der Erweiterung von Feftungsftädten (Magdeburg, Strafsburg, Mainz, Köln, Wefel, Jülich), oder Unternehmerin von Wohnungsbauten für Beamte und Arbeiter, oder endlich Verkehrsunternehmerin (für Stadt- und Strafsenbahnen, Häfen, Brücken und Fähren). 391. Aufgaben der Gemeinde.

Privatperfonen als Landeigenthümer und Bau-Gefchäftstreibende find die eigentlichen Stadterweiterungs-Unternehmer, fei es im Kleinen durch Verwerthung einzelner Grundftücke, fei es im Grofsen durch Auslegung und Ausnutzung ganzer Strafsenbezirke. Im letzteren Falle kann die Privatwirthfchaft auch an der Aufftellung des Stadtbauplanes und an der Ausführung des Strafsenbaues einen mafsgebenden Antheil nehmen. Der Hauptantheil der Privaten am Städtebau bezieht fich aber naturgemäfs auf die Errichtung von Wohnhäufern. 392. Thätigkeit von Privatperfonen.

Ungefähr 37 Procent der Bewohner des deutfchen Reiches wohnen in Städten, und diefer Procentfatz ift in anfcheinend dauerndem Steigen begriffen. Schon hieraus und aus dem gefetzlichen Auffichtsrechte über die Mafsnahmen der Stadtgemeinden folgt das lebhafte Intereffe, welches der Staat den Fragen des Städtebaues entgegenzubringen hat. Seine Gefetzgebung hat die Rechtsgrundfätze und Rechtsformen feft zu fetzen, nach welchen die Aufftellung und Ausführung des Stadtbauplanes fich vollzieht. 393. Staatliche Gefetzgebung und Polizei.

In manchen Ländern wird noch die Feftftellung der Baufluchtlinien als eine Angelegenheit des Staates, insbefondere der ftaatlichen Polizei, betrachtet, oder es fehlen gefetzliche Beftimmungen über die Aufftellung von Ortsbauplänen gänzlich. In Frankreich und namentlich in Preufsen (durch Gefetz vom 2. Juli 1875, fiehe Anhang) find Gemeindevorftand und Gemeindevertretung als die Träger diefer Aufgabe anerkannt. Der Polizei-Behörde ift indefs das Recht der Anregung und des Einfpruches gewahrt mit der Mafsgabe, dafs die Anregung zu befolgen und der Einfpruch zu beachten ift, in fo fern nicht die höhere ftaatliche oder Selbftverwaltungsbehörde in anderem Sinne entfcheidet. Auch anderen Behörden, falls fie nach der Ortslage am Bebauungsplane intereffirt find, ift Gelegenheit zur Aeufserung zu geben, fo der Feftungsbehörde, der Eifenbahnbehörde, der Verwaltung von Staats- und Provinzialftrafsen. Unter Umftänden aber wird durch die gleich berechtigte Betheiligung mehrerer Behörden, welche ihre Intereffen gegen einander geltend machen, die Planfeftftellung Jahre lang verzögert, ohne dafs das planlofe Vorfchreiten des Anbaues in der Zwifchenzeit verhindert werden kann. Gemifchte Commiffionen (wie in Strafsburg) oder die Einfetzung einer befonderen Centralbehörde (wie in

66) Die nur ausnahmsweife berechtigten Fälle, wo die örtliche Bau- und Strafsenbau-Polizei nicht von der Gemeinde, fondern vom Staate ausgeübt wird, find hier übergangen worden.

Wien und London) haben in folchen Fällen fich bewährt. Ift das Einvernehmen der betheiligten Gemeinde- und Staatsbehörden hergeftellt, fo wird der Plan zur Kenntnifsnahme der Grundbefitzer öffentlich ausgelegt; etwaige Einwendungen derfelben find von den oberen Selbftverwaltungsbehörden, gegebenenfalles vom zuftändigen Minifterium zu entfcheiden. Dann erft kann der Plan vom Gemeindevorftande rechtsverbindlich feft geftellt werden.

Die ftaatliche Gefetzgebung hat ferner die Fragen der Befchränkung des Bauens behufs Sicherung des feft geftellten Planes (fiehe das folgende Kapitel), die Vorbedingungen und das Verfahren der Enteignung (fiehe Kap. 3), fo wie der Zufammenlegung und Grenzregelung (fiehe Kap. 4), ferner die Grundfätze für die Aufbringung der Strafsenanlage- und Unterhaltungskoften (fiehe Kap. 5), endlich die allgemeinen Grundlagen der Bauordnung (fiehe Kap. 7) feft zu fetzen.

Als Landes-Polizei tritt die Staatsgewalt zum Schutze des Städtebaues bei Durchfchneidung des Bebauungsplanes durch Eifenbahnen, Schifffahrts-Canäle und ähnliche Veranftaltungen ein; auch liegt ihr der Schutz der öffentlichen Gewäffer, der Deiche und der Landesvertheidigungs-Einrichtungen ob. Zahlreich find die durch ftaatliche Verwaltungsgerichte oder ordentliche Gerichte zu entfcheidenden Rechtsfragen, welche namentlich aus der Baubefchränkung, der Enteignung und der Bauordnung entfpringen.

394. Erweiterung der Gemeindebezirke.

Sache des Staates ift es aber auch, für eine zweckentfprechende Abgrenzung und Erweiterung der Gemeindebezirke zu forgen, fobald die überkommenen Grenzen den neuen, zur Sicherung eines guten Stadtbauplanes nöthigen Anforderungen nicht mehr entfprechen. Die Ausdehnung mancher Städte ift gehemmt oder entwickelt fich in einer ungeregelten, den öffentlichen Intereffen nachtheiligen Weife, weil die politifchen Grenzen der Gemeinde nicht denjenigen der baulichen Zweckmäfsigkeit entfprechen. Aufserhalb des Stadtbezirkes bilden fich z. B. neue Vororte, die wegen ihrer Mittellofigkeit genügende öffentliche Einrichtungen nicht zu treffen vermögen, denen gefundes Waffer und geregelte Entwäfferung fehlt, deren Ortsbauplan zu demjenigen der Mutterftadt nur geringe Beziehungen hat. Nachtheiliger wird es noch, wenn mehrere Vororte fich allmählig ftädtifch ausbilden, ohne auf einander und auf einen geeigneten Erweiterungsplan der Hauptftadt gebührende Rückficht zu nehmen, weil dazu weder der Beruf, noch die Einficht, noch die Geldmittel der einzelnen Vorortgemeinden ausreichen. Eine einheitliche, zweckmäfsige Ordnung der Verkehrsanftalten (Strafsenbahnen u. f. w.) oder die durchgreifende Einführung allgemeiner Gefundheitsmafsregeln ift noch weniger zu erzielen. Dazu kommt, dafs die Städte, fobald das bebaute Weichbild fich zu fehr den Gemeindegrenzen nähert, nicht mehr den erforderlichen Raum für ihre gemeindlichen Anftalten finden, dafs fie alfo genöthigt find, ihre Schlachthöfe, Beleuchtungswerke, Parkanlagen, Friedhöfe aufserhalb der Grenze unterzubringen, was allerlei Unzuträglichkeiten im Gefolge hat.

395. Eingemeindungen.

Wefentlich aus diefen Gründen, fo wie aus anderen wirthfchaftlichen Rückfichten haben mehrere gröfsere Städte in den jüngften Jahren unter dem Beiftande der Staatsgewalt ihre Vororte ganz oder theilweife »eingemeindet«, fo Magdeburg, Altona, Leipzig, Köln, Trier. Gewöhnlich find es Steuer- und Vermögensrückfichten, auch wohl parteipolitifche Erwägungen und die Eiferfuchtsgefühle der Selbftändigkeit, welche die Eingemeindung erfchweren. Die Stadt Köln, welche gegenwärtig über die Geftaltung ihrer Umgebung felbft beftimmt, hat dies wefentlich der kräftigen

Anregung der Staatsregierung zu danken, welche die feitherige Zerlegung des ftädtifchen Bezirkes in 8 Gemeinden als fehlerhaft erkannte und allen betheiligten Gemeindevertretungen den wirkfamen Rath ertheilte, fich durch friedliche Verträge zu einer grofsen Stadtgemeinde zu vereinigen; leider liegen draufsen immer noch zwei bedeutende Vorftädte, deren Einverleibung unterlaffen wurde.

Auch Berlin hat mehrere Vororte in fich aufgenommen, ift aber mit diefem Werke noch keineswegs zu Ende. Paris und Antwerpen haben innerhalb ihrer Feftungswerke alle Ortstheile fich einverleibt. Andere Städte, wie Zürich, Brüffel, Wien, London, beftehen immer noch aus einer hinderlichen Vielheit von Gemeinden. Die Unbeholfenheit und Unfähigkeit diefer Vielheit auf manchen Gebieten (befonders hinfichtlich der Verkehrsanftalten, der gefundheitlichen Anlagen und der Stadterweiterungspläne) würde von noch fchlimmeren Folgen fein, wenn nicht die Centralgewalt des Staates mitunter eingriffe, fo in Brüffel, wo der König felbft für den erweiterten Gefammtftadtplan forgt, und in London, wo ganze Zweige der öffentlichen Verwaltung an einheitliche Staatsbehörden übertragen find.

396. Auffícht des Staates über die Gemeinden.

Dies führt uns zu einer weiteren wichtigen Aufgabe des Staates, welche in der Auffícht über die Gemeindeverwaltungen befteht, nicht nach Willkür oder als Vormund, fondern nach der Ordnung der Gefetze. Diefe ftaatliche Auffícht ift eine nothwendige und bei verftändiger Handhabung eine befonders für Stadterweiterungen höchft wohlthätige Einrichtung. Sie vermag die Trägheit mancher Gemeinden aufzurütteln; fie kann unterftützen, wenn Zwift oder Privatintereffen die Thätigkeit der Gemeinden lähmen; fie kann Auswüchfe des Gemeindelebens befchneiden und eine zweckmäfsige Durchführung gefetzlicher Mafsregeln fichern. Aber zwei Klippen hat die Staatsauffícht zu vermeiden, nämlich den Verfuch, fich felbft fchaffend an die Stelle der Gemeinde zu fetzen, weil fie dazu aufser Stande ift, und die Gefahr, durch Zuvielregieren ein Hemmfchuh zu werden.

397. Staat als Bauherr und Verkehrsunternehmer.

Für die mit der Erweiterung der Stadt nöthig werdenden öffentlichen Staatsgebäude (Verwaltungs- und Gerichtsgebäude, Gefängniffe, Bahnhöfe, Cafernen, höhere Schulen u. f. w.) follte der Staat frühzeitig die geeigneten Bauplätze befchaffen, um nicht fpäter zur Zahlung hoher Preife oder zur Wahl untergeordneter und mangelhaft geeigneter Plätze genöthigt zu fein. Als Verkehrsunternehmer hat der Staat den Verhältniffen und Bedürfniffen der wachfenden Stadt aufmerkfam zu folgen und zeitig Rechnung zu tragen. Unthätigkeit auf diefem Gebiete rächt fich fehr, und Unterlaffungen laffen fich fchwer nachholen. Die gewaltigen Umbauten, welche die Gegenwart in faft allen gröfseren Städten an Bahnhöfen und Bahnftrecken vornimmt, zeigen die grofse Wichtigkeit diefer an manchen Orten fchon zu lange aufgefchobenen Aufgabe.

398. Staat als Stadterweiterungs-Unternehmer und als Arbeitgeber.

Tritt der Staat in der Eigenfchaft als Landeigenthümer felbft als Stadterweiterungs-Unternehmer auf, fo begiebt er fich in die Gefahr des Conflictes der Pflichten. Als Auffíchtsbehörde über der Gemeinde, als Unternehmer unter der Gemeindeverwaltung ftehend, ift, felbft bei einer vorfichtigen Theilung der Zuftändigkeit, der fachgemäfse Ausgleich der Intereffen fchwierig. Der fchlimmfte Eigennutz ift bekanntlich der fiscalifche. Der Staat follte fich defshalb von diefem Unternehmungsgebiete möglichft fern halten, fich dagegen mehr als bisher der ftaatlichen Errichtung von Wohnungen für feine Beamten und Arbeiter zuwenden. Nicht »Dienftwohnungen« find hier gemeint, fondern gewöhnliche Miethwohnungen. Wir loben und empfehlen, ja wir erwarten es faft von einem wohlwollend gefinnten Grofsgewerbetreibenden, daſs er ſich um die Wohnungsverhältniſſe ſeiner Arbeiter durch Errichtung geeigneter Häuſer bekümmere, in welchen wenigſtens ein Theil der von ihm Abhängigen auf Wunſch gegen mäſsige Verzinſung ſeines Kapitals menſchenwürdige, preiswerthe Wohnungen findet. Iſt es zu viel verlangt, daſs auch die Stadtgemeinde für ihre Hunderte von Arbeitern und kleinen Beamten, und daſs beſonders der Staat für die Tauſende und aber Tauſende der von ihm unmittelbar Abhängigen in ähnlicher Weiſe ſorge? Manche Bergwerks- und Eiſenbahnverwaltung hat zwar ſchon einen löblichen Anfang gemacht; aber es iſt eben nicht mehr, wie ein Anfang. Sehr viel mehr könnten namentlich die Eiſenbahnbehörden thun. Wollte der preuſsiſche Miniſter der öffentlichen Arbeiten, der weitaus bedeutendſte Arbeitsgeber des Reiches, ſich dieſer Frage recht thatkräftig annehmen, ſo würde ein beträchtliches Stück der Wohnungsfrage der ärmeren Bevölkerungs-Claſſen ſeiner Löſung entgegengeführt werden.

399. Gemeinde als Geſetzgeberin, Polizei-Obrigkeit und Wohlfahrtsbehörde.

Als erſte Aufgabe der Gemeindeverwaltung bezeichneten wir oben den Erlaſs ortsſtatutariſcher und ortspolizeilicher Beſtimmungen. Gegenſtand der Ortsſtatuten iſt die örtliche Ausbildung der Beſtimmungen über Baubeſchränkung, Grenzregulirung, Zuſammenlegung der Baugrundſtücke und Aufbringung der Straſsenkoſten nach Maſsgabe der landesgeſetzlichen Grundlagen, ferner über die Benutzung der Gemeindeanſtalten und des Gemeindeeigenthumes (Sielnetz, Waſſerverſorgung, Beleuchtung, Straſsenreinigung und Abfuhr, Bauzäune, Erker und Balcons u. ſ. w.; vergl. Kap. 7 dieſes Abſchnittes). Die ortspolizeiliche Regelung erſtreckt ſich auf dieſelben Gegenſtände, ſo wie auf den Straſsenverkehr und beſonders auf die eigentliche Bauordnung (ſiehe Kap. 8). Die Thätigkeit der Gemeinde zur Aufſtellung und Feſtſtellung der Straſsen- und Baufluchtlinien wurde ſchon oben erläutert. Auch die Ausführung der Straſsenbauten mit ihrem ganzen Zubehör liegt in der Regel am beſten in der Hand der Gemeindeorgane, weil hierdurch eine ſachgemäſsere Bauweiſe geſichert iſt, als bei Ueberlaſſung dieſer Thätigkeit an intereſſirte Grundbeſitzer. Es wäre allerdings ein Fehler, hier die unter behördlicher Aufſicht ſtehende Privatthätigkeit überhaupt ausſchlieſsen zu wollen; unter Umſtänden iſt ſogar die Arbeit einer groſsen Erwerbsgenoſſenſchaft, geleitet von einſichtigen Technikern, der mitunter zerfahrenen und umſtändlichen Communalthätigkeit vorzuziehen.

Behufs Erzielung einer zweckmäſsigen Geſtaltung der Baugrundſtücke ſoll die Gemeinde ſich nicht bloſs auf ſtatutariſche Vorſchriften beſchränken; ſie ſoll ſelbſt die Grenzausgleiche, die Umlegungen und Zuſammenlegungen fördern und leiten; ſie ſoll im Fortſchreiten des Straſsenausbaues die öffentliche Ordnung und den öffentlichen Verkehr wahren. Sie iſt die berufene Beſchützerin der öffentlichen Geſundheit hinſichtlich der Trinkwaſſerbeſchaffung, der Beſeitigung der Hausabfälle, der Entwäſſerung, des Auffüllungsmaterials für Straſsen und Plätze, der Reinhaltung öffentlicher Waſſerläufe, der Anpflanzungen und der Verhinderung allzu dichter Bebauung.

400. Gemeinde als Bauherrin.

Die Nothwendigkeit der frühzeitigen Beſchaffung geeigneter Bauſtellen für die erforderlichen öffentlichen Gebäude gilt für die Gemeinde wie für den Staat, und zwar auch bezüglich ſolcher Bauwerke, deren Bauplätze nicht bei der Planaufſtellung aus architektoniſchen oder wirthſchaftlichen Rückſichten bereits von vornherein in den Baulinien vorgeſehen ſind. Je früher die Gemeinde ſich zur wirklichen Ausführung der geplanten öffentlichen Gartenanlagen, der Schmuckplätze und der in Ausſicht genommenen Gemeindebauten entſchlieſst, deſto wirkſamer und wohlthuender beeinflufft fie den geregelten Fortfchritt und die freundliche Geftaltung neuer Stadttheile.

Als Selbftunternehmerin einer Stadterweiterung endlich erfüllt die Gemeinde einen wefentlichen Theil ihres Berufes. Indem fie eigenes oder angekauftes fiscalifches oder privates Gelände mit einem zweckmäfsigen, gefundheitlich und künftlerifch durchdachten Bebauungsplane überzieht, die Strafsen und Plätze und Pflanzungen felbft herftellt, die Baugründe felbft zerlegt und mit beftimmten Bauvorfchriften verkauft, ift fie in der Lage, Einheitliches und Grofsartiges zu fchaffen und zugleich auf die Bebauung der Privatgelände vorbildlich einzuwirken, die Speculation einzufchränken und die Wohnungspreife zu ermäfsigen. 401. Gemeinde als Stadterweiterungs-Unternehmerin.

Sie kann ferner die Bebauung begünftigen durch erleichterte Bedingungen für die Bezahlung des Baulandes, durch frühzeitige Schaffung öffentlicher Verkehrsmittel und öffentlicher Gebäude und Gartenanlagen, ferner durch Gewährung von Steuererleichterungen oder Abgabenfreiheit für einen gewiffen, dem Neubau folgenden Zeitraum, fo wie durch Unterftützung von kirchlichen oder gemeinnützigen Bauabfichten.

Erfolgreicher noch kann die Gemeinde zur Löfung der Wohnungsfrage beitragen, wenn auch fie für ihre Beamten und ftändigen Arbeiter Wohnungen errichtet und diefelben auf Wunfch gegen mäfsige Verzinfung miethweife abgiebt, wie dies oben bereits für den Staat als Arbeitgeber empfohlen wurde; die Stadt Frankfurt a. M. giebt auf diefem Gebiete ein hoffentlich fruchtbringendes Beifpiel. Und wie der Staat Verkehrsunternehmer im Grofsen geworden ift, fo kann die Gemeinde zum allgemeinen Nutzen in ihren Grenzen Verkehrsanftalten anlegen und betreiben. Städtifche Häfen, Brücken und Fähren find keine Seltenheit. Stadtbahnen in communalem Betriebe giebt es noch nicht; wohl aber ift wieder Frankfurt a. M. mit der »Verftadtlichung« von Strafsenbahnen pfadweifend vorgegangen. Wer die grofsen Schwierigkeiten kennt, welche in Folge der Ueberlaffung öffentlicher Strafsentheile an private Erwerbsgefellfchaften zwifchen diefen Gefellfchaften und den Gemeinden faft regelmäfsig fich einftellen, und zwar zum Schaden der Bürger, der wird vielleicht mit dem Verfaffer der Meinung fein, dafs, wenn auch von einer allgemeinen Verftadtlichung des Strafenbahnwefens nicht die Rede fein kann, doch zahlreiche Städte beim Ablauf der gegenwärtigen Conceffionen oder bei Schaffung neuer Linien die Frage der eigenen Uebernahme des Betriebes fich prüfend vorzulegen haben. In Berlin ift zwar vorläufig diefe Frage zu Gunften einer Conceffions-Verlängerung beantwortet worden. Ift doch auf anderen Gebieten, beifpielsweife bei der Feuerwehr, bei der Gas- und Wafferverforgung, bei der Abfuhr und Strafsenreinigung, bei Schlacht- und Viehhöfen, Bade-Anftalten (für Erfrifchungs- und für Heilbäder), bei Krankenhäufern, bei Kunft- und Alterthumsfammlungen u. f. w. der Gemeindebetrieb fo unbeanftandet durchgeführt, dafs derfelbe faft für felbftverftändlich gehalten wird. 402. Gemeinde als Arbeitgeberin und Verkehrsunternehmerin.

Aber was bleibt, wenn die Gemeindethätigkeit eine folche Ausdehnung gewinnt, der Privatwirthfchaft übrig, in welcher doch Gemeinde, Provinz und Staat die Wurzeln ihrer Kraft finden? Diefe Frage erfcheint allerdings nicht unberechtigt Angefichts der Vermehrung der durch Staats-, Provinzial- und Gemeindebehörden geführten Betriebe. Andererfeits aber hat auch die Erwerbs- und Gewerbethätigkeit der Privatperfonen in den letzten Jahrzehnten an Vielgeftaltigkeit und Lebhaftigkeit gewaltig zugenommen, und bezüglich der vorhin befprochenen Verkehrsanftalten fteht der 403. Privatwirthfchaft neben den öffentlichen Verkehrseinrichtungen.

Verfaffer keineswegs auf dem Standpunkte, die Privatwirthfchaft grundfätzlich ausfchliefsen zu wollen. Der Betrieb von Vollbahnen, Stadtbahnen und Strafsenbahnen wird hoffentlich trotz des Mitbewerbs von Staat und Gemeinde tüchtigen Gefellfchaften ftets zugänglich fein; und den letzteren dürfte jedenfalls vorwiegend der Betrieb der ländlichen Nebenbahnen zweiter und dritter Ordnung zuftehen, eine fegensreiche Verkehrsart, welche bekanntlich in Deutfchland und Frankreich gegenüber anderen Ländern, wie Holland, Belgien und Italien, noch recht wenig ausgebildet ift.

404. Baugrund-Speculation.

Auf dem Gebiete des eigentlichen Städtebaues find der Privatwirthfchaft weite Gebiete erfchloffen. Der An- und Verkauf von Baugründen ift leider zum Gewerbe geworden, und zwar zu einem fchwunghaften und gewinnreichen in den fchnell wachfenden Städten. Das Wort »leider« ift eingefchoben, weil gerade die meift unthätig erfeffenen oder mühelos erworbenen Speculationsgewinne die Preife der Grundftücke zuweilen faft mafslos fteigern, die immer dichtere Bebauung herbeiführen, die Miethen erhöhen und die ftädtifche Wohnungsfrage verfchärfen.

Um eine eigentliche Stadterweiterungsthätigkeit zu entwickeln, bedarf es des Befitzes nicht blofs einzelner Grundftücke, fondern einer zufammenhängenden Landfläche von folcher Gröfse, dafs wenigftens eine Strafse oder eine Strafsenftrecke zwifchen zwei Kreuzungen zum Gegenftande der Unternehmung gemacht werden kann. Der Befitzer einer folchen Fläche oder, bei zertheiltem Befitze, die Gemeinfchaft der Befitzer kann die Strafse »eröffnen«, d. h. das Strafsenland nach dem öffentlich feft geftellten Stadtbauplane frei legen und der Gemeinde übereignen und auf Grund eines mit der Gemeinde abzufchliefsenden Vertrages den Strafsenbau entweder den Ortsregeln entfprechend felbft ausführen oder durch die Gemeinde gegen Zahlung ausführen laffen.

Ift der zufammenhängende Befitz von gröfserer Ausdehnung, fo kann der Eigenthümer unter Beobachtung der von der Gemeinde beftimmten Hauptlinien die Untertheilung des Strafsennetzes felbft entwerfen und, nachdem der Plan von der Gemeinde und den fonft zuftändigen Behörden geprüft und feft geftellt ift, die Strafsen felbft ausführen.

In beiden Fällen wird es im Intereffe fowohl des Unternehmers, als der Allgemeinheit liegen, dafs die neuen Strafsen, fobald fie dem öffentlichen Verkehre in erheblichem Mafse dienen und insbefondere mit einer beträchtlichen Zahl von Häufern bebaut find, von der Gemeinde »übernommen« werden, d. h. in das Eigenthum und die Unterhaltungspflichten der Gemeinde übergehen.

Es handelt fich alfo hierbei um öffentliche Strafsen, welche von Privaten ausgeführt und zum Theile auch entworfen werden, allerdings unter Mitwirkung der Gemeinde, welche die Planfeftftellung nicht aus der Hand geben kann und die Herftellung der Wafferverforgungs- und Siel-Anlagen ebenfalls nur ausnahmsweife Anderen überlaffen wird. (Vergl. das Ortsftatut über die Bebauung von Köln im Anhang diefes Halbbandes.)

405. Privat-ftrafsen.

Anders liegen die Verhältniffe bei folchen Strafsen, welche von Privaten geplant und hergeftellt werden und nicht zur Uebernahme Seitens der Gemeinde beftimmt find. Dies find nicht mehr öffentliche, fondern Privatftrafsen, welche von den Befitzern dauernd zu unterhalten find, übrigens auch abgefchloffen und veräufsert werden können. Das preufsifche Fluchtlinien-Gefetz enthält über folche Anlagen nichts; auch andere Gefetzgebungen regeln diefen Gegenftand wenig. Die gewöhnlichen, für den allgemeinen Verkehr nöthigen Glieder des Strafsennetzes find zur Behandlung als Privatftrafsen ungeeignet; zweckmäfsig find aber die letzteren zur Auftheilung fehr geräumiger Baublöcke, zur Erfchliefsung grofser, im Inneren von Blöcken liegenden Grundftücke oder zur ftärkeren Ausnutzung werthvoller Grundflächen im Inneren der Altftadt. Paris und London find reich an folchen Privatanlagen, *Cités*, *Inns*, *Terraces*, *Buildings* genannt (vergl. Fig. 81 bis 84, S. 62; Fig. 302 u. 303, S. 133); namentlich aber gehören hierher die »Paffagen« (Fig. 85 bis 89, S. 63 bis 65) und viele fog. »Höfe«, d. h. Strafsenflächen, welche in das Innere von Grundftücken fich hinein erftrecken und dort mit felbftändigen Wohngebäuden befetzt werden. Diefe Höfe find eine für die Gefundheit und Sicherheit verwerfliche Einrichtung; die Entftehung neuer follte defshalb von Gemeinde und Polizei nach Möglichkeit verhindert werden.

Aufserdem giebt es, befonders in unentwickelten oder mangelhaft verwalteten Städten, oft noch eine Reihe fog. »Privatftrafsen«, welche mehr oder weniger willkürlich durch ungeregelten Anbau ohne Zuthun der Gemeinde oder unter Duldung der Gemeinde, jedoch ohne regelrechten Strafsenbau, entftanden find. Solche Anlagen, um welche fich Niemand recht kümmert oder die nur gelegentlich auf polizeilichen Befehl vom Eigenthümer unterhalten werden, find vielfach ein öffentliches Aergernifs. In gut verwalteten Städten follten fie nicht vorkommen. Die Uebernahme derfelben in die Hand der Gemeinde ift fchliefslich unvermeidlich.

Der Antheil, den die Privatwirthfchaft am Städtebau durch Errichtung von Wohn- und Gefchäftshäufern, fo wie von gewerblichen Anftalten nimmt, entfpricht naturgemäfs der bedeutendften und berufenften Thätigkeit der Privatperfonen. Es handelt fich dabei fowohl um den Bau von Wohn- und Gefchäftshäufern zum eigenen Bewohnen und von gewerblichen Anlagen zum eigenen Betriebe, als um die Errichtung von Gebäuden auf den Verkauf und die Vermiethung. Die letztere Art des Bauens wird durch Kapitaliften bezüglich einzelner Gebäude oder durch Gefellfchaften und Genoffenfchaften hinfichtlich ganzer Gruppen oder Stadttheile ausgeübt. Markt und Preife richten fich darnach, ob die Bauthätigkeit dem Bedürfnifs entfpricht, ob fie demfelben folgt oder ihm voraneilt. Bezüglich der Wohnungen für die unteren Bevölkerungs-Claffen folgt gemeiniglich die Bauthätigkeit dem Bedürfnifs langfam nach, was eine beftändige Art von Wohnungsnoth der genannten Claffen zur Folge hat. Der Grund diefer Erfcheinung liegt in der fchwierigen Verkäuflichkeit und der unangenehmen Verwaltung derartiger Wohngebäude. Das oft empfohlene, aber bei Weitem nicht ausreichend gehandhabte Mittel zur Abhilfe befteht in dem Eintreten gemeinnütziger Gefellfchaften zur Errichtung von Arbeiterwohnungen (fiehe Art. 42 bis 54, S. 25 bis 31) und in der oben befprochenen Thätigkeit der Gemeinden und des Staates. Allerdings fparen die Arbeiterfamilien am bereiteften in der Wohnungsmiethe und nehmen defshalb vielfach mit Räumen fürlieb, welche die Eigenfchaften menfchenwürdiger Wohngelaffe nicht befitzen. So ziehen herzlofe Hauseigenthümer nicht felten aus ihren fchlechten Gebäuden zwar für die einzelnen Gelaffe niedrige Miethen, aber im Ganzen hohe Zinserträge, die Errichtung ordentlicher Wohnungen erfchwerend und die Thätigkeit gemeinnütziger

406. Häuferbau.

Gefellfchaften lähmend. Hoffentlich wird das von *Miquel* angeregte Reichsgefetz über den Schutz des gefunden Wohnens zu Stande kommen und Wandel fchaffen [67]).

2. Kapitel.

Die Befchränkung der Baufreiheit.

407. Bau-befchränkungen und Bauverbote.

Es mag dahin geftellt bleiben, ob das Baurecht ein natürlicher Ausflufs des Eigenthumsrechtes ift, wie die Einen fagen, oder ob das Anbaurecht dem Eigenthümer des Bodens erft verliehen werden mufs, wie die Andern lehren — für den planmäfsigen Vollzug einer Stadterweiterung, für den Städtebau, ift die Befchränkung des Baurechtes als eine unbedingte Nothwendigkeit gefetzgeberifch feft zu ftellen. Eine volle Baufreiheit befteht in den Culturftaaten überhaupt nicht; gewiffen Befchränkungen in der Bebauungsart feines eigenen Grundftückes ift Jedermann durch Baupolizei-Vorfchriften unterworfen; man hält dies allgemein für felbftverftändlich. Für den Vollzug des Städtebaues ift es aber nöthig, nicht blofs hinfichtlich des »wie« die Bebauung eines Grundftückes zu befchränken, fondern auch die Fragen, »ob« und »wann« ein Grundftück bebaut werden darf, zu regeln.

Durch Gefetzgebung find von der Bebauung ausgefchloffen oder in der Bebauung wefentlich befchränkt die im erften, zweiten und dritten Feftungs-Rayon liegenden Grundftücke; hier hat der Militär-Fiscus bei Neuanlage von Feftungswerken, welche diefe Befchränkungen im Gefolge hat, den Eigenthümern eine billige Entfchädigung zu gewähren. Gefetzgeberifch geordnet oder zu ordnen find die nothwendigen Befchränkungen des Bauens im Ueberfchwemmungsgebiete der Flüffe, da es offenbar im allgemeinen Intereffe unzuläffig ift, Bauten zu errichten, welche den Hochwafferabflufs in nachtheiliger Weife verhindern. Die gleiche Nothwendigkeit liegt für die Freihaltung der durch den gefetzlich feft geftellten Stadtbauplan zu Strafsen und freien Plätzen beftimmten Flächen vor, einfchliefslich der zu etwaigen Vorgärten beftimmten Grundflächen.

In diefer Beziehung lautet die Stadterweiterungs-Thefe des »Verbandes deutfcher Architekten- und Ingenieur-Vereine« (fiehe Anhang): »Die Eigenthumsverhältniffe, welche mit Feftfetzung eines Stadterweiterungsplanes fich bilden, fo wie die Verpflichtungen der Anftöfser einerfeits und der Gemeinde andererfeits bedürfen der gefetzlichen Regelung. Auf Flächen, welche zu künftigen Strafsen und Plätzen beftimmt find, darf nach gefetzlicher Feftftellung des Planes nicht mehr oder nur gegen Revers gebaut werden. Dem Eigenthümer gebührt wegen diefer Befchränkung keine Entfchädigung, dagegen das Recht, zu verlangen, dafs Grundftücke in künftigen Plätzen angekauft werden, fobald die umliegenden Strafsen hergeftellt find. Für Zugänglichkeit und Entwäfferung von vereinzelten Neubauten mufs zunächft durch die Eigenthümer geforgt werden. Doch follte die Gemeinde fich allgemein zur vollftändigen Herftellung und Unterhaltung einer neuen Strafse verbindlich machen,

---

67) Siehe auch:

BAUMEISTER, a. a. O., Kap. 4.

Ueber Städteerweiterung, insbefondere in hygienifcher Beziehung. Deutfche Viert. f. öff. Gefundheitspfl. 1886, S. 9.

Maafsregeln zur Erreichung gefunden Wohnens. Deutfche Viert. f. öff. Gefundheitspfl. 1889, S. 9; 1890, S. 23.

fobald Sicherheit befteht, dafs ein gewiffer Theil aller angrenzender Grundftückfronten mit Häufern bebaut wird.«

408. Gefetzgebung über Freihaltung des Strafsengeländes.

Die Gefetzgebung und Uebung ift in den verfchiedenen Staaten bezüglich des in Rede ftehenden Baurechtes fehr verfchieden, zum Theile unvollkommen und nicht frei von Willkür.

In Baden und Hamburg kann die Erlaubnifs zur Bebauung des Strafsenlandes nur gegen Entfchädigung verfagt werden. Der bezügliche §. 8 des badifchen Gefetzes über die Baufluchten vom 20. Februar 1868 lautet ausdrücklich: »Bei neu anzulegenden Ortsftrafsen kann die Einhaltung der Vorfchriften des §. 7 (d. h. die Beobachtung der Fluchtlinien) nur da verlangt werden, wo die Strafse bis zum Bauplatze und längs deffelben bereits von der Gemeinde übernommen, auf mindeftens 15 Fufs Breite in der endgiltigen Strafsenhöhe für Fufsgänger und Fuhrwerk benutzbar hergeftellt und in ihrer ganzen künftigen Breite abgepfählt ift, oder wo diefen Bedingungen ohne Verzug Genüge geleiftet wird.« Die Gemeinde mufs alfo, will fie die Durchführung ihres Stadtbauplanes fichern, jedem Bauherrn fofort auf Gemeindekoften die erforderliche Zufahrtftrafse eröffnen! — Der §. 107 des Hamburger Baupolizei-Gefetzes fchliefst zwar das Bebauen des planmäfsig feft geftellten Strafsenlandes aus, gewährt aber den Eigenthümern das jederzeitige Recht, die Uebernahme und Entfchädigung der mit Bauverbot belegten Grundfläche zu verlangen.

In Sachfen läfft man zwar polizeilich die Bebauung des Strafsenlandes nicht zu; die gefetzliche Regelung fehlt aber. In Bayern find die Grundeigenthümer verpflichtet, die für Strafsen und Plätze beftimmten Flächen ohne Entfchädigung unbebaut liegen zu laffen. In der allgemeinen Bauordnung für Württemberg von 1872 heifst es: »Auf einer bisher nicht überbauten Grundfläche, welche nach dem Ortsbauplane zu einer Ortsftrafse oder einem öffentlichen Platze oder zur Anlage von Vorgärten beftimmt ift, darf von Feftftellung des Planes an kein Bauwefen mehr errichtet werden. Für diefe Befchränkung feines Baurechtes gebührt dem Eigenthümer keine Entfchädigung. Die in die projectirten Ortsftrafsen und Plätze fallende Grundfläche kann der Eigenthümer bis zur Abtretung an die Gemeinde benutzen und mit einer dem Bedürfnifs entfprechenden Einfriedigung verfehen.«

Im Grofsherzogthum Heffen ift es dem Eigenthümer geftattet, das zukünftige Strafsengelände zu bebauen; er ift jedoch verpflichtet, die Bauten ohne Entfchädigungsanfpruch zu befeitigen oder befeitigen zu laffen, fobald das Gelände zur Strafse gezogen wird.

In Preufsen ift das Bauverbot bezüglich des planmäfsigen Strafsenlandes ein unbedingtes. Eine Entfchädigung für diefe Befchränkung wird aber nach §. 13 des Fluchtlinien-Gefetzes (fiehe Anhang) gewährt in drei Fällen, nämlich: 1) fobald die Gemeinde aus eigenem Entfchlufs das zur Strafse beftimmte Land in Befitz nehmen will; 2) wenn vorhandene Gebäude abgebrochen werden, deren Grundfläche nicht mehr bebaut werden darf; 3) wenn der Eigenthümer eines an einer fertigen Strafse liegenden Grundftückes an der Bebauung deffelben durch Feftfetzung einer zukünftigen Querftrafse gehindert wird und das Grundftück in der Fluchtlinie diefer neuen Strafse bebaut. Ergänzt find diefe Beftimmungen durch höchfte Entfcheidungen dahin, dafs die Entfchädigungspflicht auch eintritt: 4) für Grundftücke, welche an einer fertigen Strafse liegen, aber ganz oder mit Ausnahme bebauungsunfähiger Refte in eine feft gefetzte neue Querftrafse fallen, und 5) für die in einen öffentlichen Platz fallenden Grundflächen, fobald die umliegenden Strafsen hergeftellt find.

Hiernach wird, der Thefe des »Verbandes deutfcher Architekten- und Ingenieur-Vereine« entfprechend, durch Feftftellung eines Stadterweiterungsplanes auf unbebautem Gelände alles von Strafsen und Plätzen in Anfpruch genommene Land mit dem Bauverbot belegt, und zwar in den meiften Fällen, ohne den Betroffenen einen Anfpruch auf Entfchädigung zuzugeftehen. Das preufsifche Gefetz berückfichtigt eben mit Recht, dafs die Wertherhöhung des verbleibenden Baugrundes die Befchränkung des Strafsenlandes in der Regel mehr als ausgleicht, und dafs die Ausnutzung einer Grundfläche als Baugrund die Freilaffung des Strafsenlandes nothwendig vorausfetzt.

Dagegen dürfte das württembergifche Gefetz, welches den Gemeinden das Recht verleiht, zu beftimmen, dafs nur eine Seite der Strafse mit Gebäuden befetzt werden darf, und zwar ohne den Eigenthümern der von der Bebauung ausgefchloffenen Seite für diefe Befchränkung ein Recht auf Schadenerfatz zuzugeftehen, zu weit gehen. Es giebt gewifs manche Fälle, wo man beifpielsweife an einer auf der Berglehne geführten Strafse aus Schönheits- und anderen Gründen nur die Bebauung der Bergfeite zulaffen darf; eine billige Entfchädigung follte indefs den im Allgemeininteresse betroffenen Eigenthümern zukommen.

409. Bauverbot an unfertigen Strafsen.

Ein dauerndes Bauverbot müffte blofs das Strafsenland und Vorgartenland treffen, während das Bauland nur Befchränkungen hinfichtlich der Fragen »wann« und »wie« unterworfen fein follte, alfo bezüglich der Zeit und der Art der Bebauung.

Nach §. 12 des preufsifchen Fluchtlinien-Gefetzes ift jede Gemeinde befugt, durch Erlafs eines Ortsftatuts vorzufchreiben, dafs Wohngebäude an den feft geftellten Strafsen des Bebauungsplanes in der Regel erft dann errichtet werden dürfen, nachdem vorher die Strafse planmäfsig, den baupolizeilichen Beftimmungen entfprechend, fertig geftellt ift. Die meiften preufsifchen Städte haben ein folches Ortsftatut erlaffen (vergl. die Ortsftatuten für Berlin und Köln im Anhange); aber wenige Städte führen daffelbe aus. Gewöhnlich läfft man den Bauluftigen in die Stadt-Caffe einen gewiffen Strafsenkoftenbeitrag zahlen und das Strafsenland an die Gemeinde unentgeltlich abtreten und hat dann gegen den Anbau an unfertigen Wegen nichts mehr zu erinnern. Durch diefes Verfahren wird, wenn auch der Schutz der Gemeinden gegen die durch das wilde Bauen erwachfenden hohen Strafsenbau-Ausgaben ein ausgefprochener Zweck des Fluchtlinien-Gefetzes ift, die Schwierigkeit nicht gelöst; fondern es wird die Entftehung von Zuftänden zugelaffen, welche nach Verkehrs- und Gefundheitsrückfichten zu beklagen find und deren Befeitigung mit neuen Geldopfern fchliefslich der Gemeinde obliegen wird. Die preufsifchen Städte follten, von der gefetzlichen Befugnifs weifen Gebrauch machend, möglichft allgemein den Strafsenbau mit Wafferverforgung, Entwäfferung und Beleuchtung dem Häuferbau vorangehen laffen, alfo das Bauverbot an unfertigen Strafsen wenigftens der Regel nach durchführen, zugleich aber auch den Strafsenbau fördern.

Auch in Bayern, Heffen und Sachfen darf der Anbau in der Regel nicht erfolgen, bevor die Strafse nicht canalifirt und hergeftellt oder bevor deren Durchführung nicht gefichert ift. In anderen Staaten und Städten fehlt meift das Verbot, an unfertigen Strafsen zu bauen, fo in Baden und Hamburg, ferner in Strafsburg, wo an den unfertigen Strafsen der Stadterweiterung Jeder bauen darf, wenn er nur das Erdgefchofs in die planmäfsige Höhe legt und das Haus parallel zur Fluchtlinie errichtet. In Mainz ift die Bauerlaubnifs unter Anderem davon abhängig, dafs die zweckmäfsige Eintheilung des ganzen von Strafsen umzogenen Baublockes durch den Einzelbau nicht verhindert wird. Die letztere, überaus empfehlenswerthe Beftimmung fehlt leider anderwärts faft allgemein; wir werden in Kap. 4 diefes Abfchnittes darauf zurückkommen.

Zweckmäfsiger Weife ermächtigt ferner das heffifche Baugefetz (fiehe Anhang) die Städte, das Bauen aufserhalb des Bereiches des Ortsbauplanes überhaupt zu unterfagen, eine Ermächtigung, welche nur in fehr vorfichtiger Weife wird angewendet werden dürfen.

410. Befchränkungen hinfichtlich der Bauart.

Bezüglich der Art der Bebauung können Befchränkungen auferlegt werden entweder im Wege des Vertrages (durch grundbuchliche Eintragung), befonders beim Verkaufe von Baugrundftücken, oder durch Ortsftatuten und Polizei-Verordnungen. Die vertraglichen Beftimmungen beziehen fich beifpielsweife auf den Ausfchlufs gewerblicher Anlagen, auf Höhe und Bauftil oder Bauftoffe der Gebäude, auf die offene Bauweife und deren Einzelheiten.

Durch Ortsftatuten auf gefetzlicher Grundlage können gewiffe Stadtgegenden überhaupt dem Bau von läftigen Fabriken und dem Betriebe ftörender oder gefundheitsfchädlicher Gewerbe entzogen werden. Die Gewerbeordnung des deutfchen Reiches hat im Abfatz 3 des §. 23 diefen Fall vorgefehen, indem fie fagt: »Der Landesgefetzgebung bleibt vorbehalten, zu verfügen, in wie weit durch Ortsftatute darüber Beftimmung getroffen werden kann, dafs einzelne Ortstheile vorzugsweife zu Anlagen der im §. 16 erwähnten Art zu beftimmen, in anderen Ortstheilen aber dergleichen Anlagen gar nicht oder nur unter befonderen Befchränkungen zuzulaffen find.« Der genannte §. 16 handelt von denjenigen namhaft gemachten Gewerbeanlagen, deren Errichtung überhaupt mit einer befonderen behördlichen Vorprüfung vor Ertheilung der Bauerlaubnifs verknüpft ift. Die Königreiche Sachfen und Württemberg, die Grofsherzogthümer Baden und Heffen und die Herzogthümer Anhalt und Braunfchweig haben die in §. 23 vorbehaltene Landesgefetzgebung erlaffen und dadurch ihren Städten die Möglichkeit geboten, fabrikfreie Stadttheile anzulegen und zu bewahren. In den übrigen deutfchen Staaten ift der Gegenftand noch nicht gefetzgeberifch geregelt; der »Deutfche Verein für öffentliche Gefundheitspflege« hat, in Uebereinftimmung mit anderen Vereinen und zahlreichen Städten, die allgemeine Regelung in neuefter Zeit wiederholt angeregt[68]). In Breslau ift es übrigens, obwohl für das Königreich Preufsen ein Landesgefetz auf Grund des §. 23 bisher nicht erlaffen wurde, durch blofse Polizei-Verordnung gelungen, läftige Fabriken und Gewerbebetriebe in einem beftimmten Stadttheile allgemein zu unterfagen. In unferem Anhang ift diefe Polizei-Verordnung, welche nach erfolglofen Anfechtungen die Beftätigung des höchften Verwaltungsgerichtshofes erfahren hat, mitgetheilt.

Eben fo ift die Frage der pflichtmäfsigen offenen Bauart, wie fchon in Art. 8 (S. 7) erörtert wurde, noch nicht hinreichend gefetzlich geordnet. Die blofse Regelung durch Ortspolizei-Verordnung, wie bezüglich zweier Theile der Kölner Stadterweiterung (fiehe Anhang), hat das Mifsliche, dafs die Beftimmungen jederzeit ohne befondere Förmlichkeiten wieder aufgehoben oder abgeändert werden können, dafs alfo derjenige, welcher die Befchränkungen der offenen Bauweife auf fich nimmt, hinfichtlich feiner Nachbarfchaft und Umgebung doch nicht völlig ficher ift; dafs ferner auch die rechtliche Tragweite folcher Polizei-Verordnungen zu vielfachen Zweifeln und möglicher Weife zu Schadenerfatz-Anfprüchen an die Gemeinde Anlafs giebt. Die Vervollftändigung der Reichs- oder Landesgefetzgebung bleibt daher dringend zu wünfchen; Sachfen, Bayern und Württemberg find in lobenswerther Weife bereits vorgegangen. Im Allgemeinen wird man für die innere Gefchäftsftadt und für die gefchäftigen Thorftrafsen die offene Bauart für ungeeignet halten, wohl aber für einzelne Wohngegenden und für die meiften Induftrie-Bezirke. Mangels gefetzlicher Verpflichtung auf die Grundbefitzer durch Empfehlung der einen oder anderen Bauweife einzuwirken, dies ift ein Ausweg, welcher fchwerlich jemals zum Ziele führt, da ein einziger Befitzer durch Errichtung eines gefchloffenen Gebäudeblockes zwifchen hohen Grenzgiebeln den Landhaus-Charakter einer ganzen Gegend vereiteln kann.

---

[68]) Siehe: Oertliche Lage der Fabriken in Städten etc. Deutfche Viert. f. öff. Gefundheitspfl. 1889, S. 42.

Die fonftigen Baubefchränkungen hinfichtlich der Gebäudehöhe, der Hofräume, der lichten Abftände, der Kellerwohnungen u. f. w. werden durch die polizeiliche Bauordnung (fiehe Kap. 8 diefes Abfchnittes) geregelt.

3. Kapitel.

Die Enteignung.

411. Gefetzgebung.

Den Gemeinden ift in faft allen Culturftaaten das Recht eingeräumt, das Strafsenland auf Grund eines gefetzlich feft gefetzten Fluchtlinien-Planes zu enteignen, d. h. dem Eigenthümer zwangsweife gegen Entfchädigung zu entziehen. Die Förmlichkeiten, welche zu diefem Behufe zu befolgen find, und die Vorfchriften für die Art der Ermittelung des Schadenserfatzes find allerdings in den verfchiedenen Ländern fehr verfchieden. Ausnahmen bilden Mecklenburg, wo das Enteignungsrecht zu Zwecken der Stadterweiterung nicht befteht, und Bayern, wo fich das Enteignungsrecht auf Staatsftrafsen, nicht auf Gemeindeftrafsen erftreckt, was die Ausführung von Stadterweiterungen auf das äufserfte erfchweren mufs.

Das preufsifche Fluchtlinien-Gefetz fagt in §. 11 kurz und bündig: »Mit dem Tage, an welchem die im §. 8 vorgefchriebene Offenlegung (des feft geftellten Planes) beginnt, tritt die Befchränkung des Grundeigenthümers, dafs Neubauten, Um- und Ausbauten über die Fluchtlinie hinaus verfagt werden können, endgiltig ein. Gleichzeitig erhält die Gemeinde das Recht, die durch die feft gefetzten Strafsenfluchtlinien für Strafsen und Plätze beftimmte Grundfläche dem Eigenthümer zu entziehen.« Die Entziehung gefchieht auf Antrag der Gemeinde durch das im Enteignungsgefetz vom 11. Juni 1874 vorgefchriebene Verfahren, ohne dafs es, wie bei anderen gemeinnützigen Unternehmungen, einer befonderen königlichen Verordnung bedarf.

412. Höhe der Entfchädigung.

Für die Beftimmung der Höhe der Entfchädigung find die Fragen entfcheidend, auf welchen Zeitpunkt der abzufchätzende Werth des der Enteignung unterliegenden Grundftückes zu beziehen und ob der Werth des Grundftückes »als Bauplatz« zu entfchädigen ift.

Die erftere Frage ift von grofser Wichtigkeit bei Städten oder Stadttheilen, wo die Grundpreife in Folge des ftarken Vorfchreitens der Bebauung oder in Folge von Eifenbahnbauten oder fonftigen die Werthe beeinfluffenden Anlagen im rafchen Steigen begriffen find. Es kommen drei verfchiedene Tage in Frage, nämlich 1) der Tag der Feftftellung und öffentlichen Bekanntmachung des Strafsenplanes, 2) der Tag des Enteignungsantrages und 3) der Tag des Eigenthums-Ueberganges. Alle drei Zeitpunkte haben eine gewiffe Berechtigung: der Tag 1, weil es unbillig erfcheint, der Gemeinde-Caffe die Zahlung von Speculationswerthen aufzubürden, welche erft nach der Feftftellung der Baubefchränkung für den Baugrund im Allgemeinen, vielleicht gerade auf Grund des Planes, entftanden find; der Tag 2, weil erft an diefem die Gemeinde ihr Enteignungsrecht wirklich ausgeübt hat, und der Tag 3, weil erft an ihm der Eigenthümer der Rechte und Pflichten an feinem Grundftücke entbunden und durch Zahlung der Entfchädigungsfumme in den Stand gefetzt wird, fich anderweitigen Erfatz zu fchaffen. Die Rechtspflege fcheint indefs vorwiegend den Tag der Planfeftftellung als den für die Werthfchätzung mafsgebenden anzunehmen.

Die zweite Frage, ob das zur Strafse beftimmte Land als Bauplatz oder als bebauungsunfähiges Land (Gartenland, Acker, Lagerftätte) zu bewerthen fei, ift noch einfchneidender. In fo weit hierüber Beftimmungen beftehen, lauten fie entgegengefetzt. Nach *Baumeifter* foll laut dem Leipziger Ortsgefetz bei Feftftellung des Werthes derjenige angenommen werden, den das Land als Bauplatz haben würde. Dagegen fagt die Wiener Bauordnung: »Der abzutretende Grund ift nur dann als Baugrund zu betrachten, wenn er entweder bereits verbaut war oder nach der bisher beftandenen Baulinie verbaut werden durfte oder in den öffentlichen Büchern als Baugrund eingetragen erfchien. War der abzutretende Grund nicht Baugrund, fo ift er nach dem Nutzen, den er mit Rückficht auf Zeit und Ort gewöhnlich und allgemein leiftet, zu bewerthen.« Im heffifchen Gefetz für die Erweiterung von Mainz heifst es: »Bei Abfchätzungen von Gelände, welches nach dem Bauplan für den neuen Stadttheil nur zur Anlage von Canälen, Strafsen und Plätzen beftimmt ift, kann folches Gelände nicht zu den etwa für Bauplätze geeigneten Preifen, fondern nur fo hoch abgefchätzt werden, als es je nach feiner Benutzungsfähigkeit als Feld, Garten oder Hofraithe gewerthet werden konnte.« In Preufsen beftehen ausdrückliche Beftimmungen über diefen Gegenftand nicht, und es kommen daher fowohl bei den Enteignungsbehörden (Bezirksausfchüffen) als bei den Gerichten — deren Anrufung den Parteien ftets frei fteht — die wunderlichften Abfchätzungsunterfchiede vor.

Dafs ein bis dahin bebautes oder nach einer früheren Baulinie bebauungsfähiges Gelände als Bauland zu entfchädigen ift, dürfte kaum zweifelhaft fein. Für fonftiges Strafsenland ift es dagegen in der Regel billig, dafs nur der wirkliche Benutzungswerth, nicht aber der Bauplatzwerth gezahlt wird, weil erft durch Verwendung der abzugebenden Fläche zum Strafsenbau der übrig bleibende Befitz wirklich ein Bauplatz wird, der Befitzer alfo im Mehrwerth des letzteren einen vollen Erfatz findet. Dies pafft aber nur fo lange, als die zu enteignenden Befitzer des Strafsenlandes zugleich die in gleichem Mafse betheiligten (beim Anbau fchliefslich die Strafsenanlagekoften erftattenden) Eigenthümer des anftofsenden Baulandes find. Anderenfalls wird den letzteren durch eine zu geringe Entfchädigung der erfteren ein unverdienter Vortheil zugewiefen. Zur Vermeidung einer derartigen Ungerechtigkeit wird oft fo verfahren, dafs das Strafsenland zwar nicht als Bauland, wohl aber mit dem durchfchnittlichen allgemeinen Bodenwerthe der Ortslage zur Zeit der Planfeftftellung unter Berückfichtigung der Zugänglichkeit, Geftalt und Tiefe des in Betracht kommenden Grundftückes entfchädigt wird. An einem Beifpiele möge — ohne grundfätzliche Billigung auszufprechen — dies erläutert werden.

Der Preis fertiger Bauftellen möge zu der für die Enteignung mafsgebenden Zeit in einer Ortslage 50 Mark für das Quadr.-Meter betragen. Gefetzt, die Grundftücke haben durchfchnittlich ein Drittel ihrer Fläche für Strafsenland abzugeben und für jedes Quadr.-Meter Bauland 5 Mark an Strafsenbaukoften aufzubringen; alsdann ergiebt fich der durchfchnittliche allgemeine Bodenwerth des rohen Landes $(50 - 5)\ ^2/_3 = 30$ Mark für das Quadr.-Meter, während der Werth derfelben Einheit für die Benutzung als Garten oder Lagerplatz vielleicht nur zu 8 bis 10 Mark abzufchätzen wäre.

Bei theilweife zu enteignenden Grundftücken von fehr geringer Tiefe oder von ungewöhnlich grofser Tiefe träfe felbftredend diefe Durchfchnittsberechnung nicht zu; bei den erfteren würde die Entfchädigung höher, bei den letzteren erheblich niedriger ausfallen müffen, da der Schaden immer nur in dem Unterfchiede zwifchen dem Werthe des urfprünglichen und dem Werthe des verbleibenden Grundftückes befteht.

413. Werthsteigerung der Grundstücke.

Nur in wenigen Staaten, z. B. in Württemberg, Frankreich, Nord-Amerika, gestatten die Enteignungsgesetze die Anrechnung eines dem verbleibenden Grundstücke erwachsenden Mehrwerthes auf die Entschädigung der Enteignungsfläche. In den meisten Staaten ist ein solches Verfahren ausdrücklich ausgeschlossen; alsdann gebührt dem Enteigneten nicht bloss die Entschädigung des vollen Werthes der ihm abgenommenen Grundfläche an sich, sondern auch die Schadloshaltung für besondere Geschäfts- und Nutzungsnachtheile, so wie für eine etwaige Werthverminderung der Restfläche. Der letztere Punkt kann bei neuen Strassenanlagen, besonders bei solchen, welche die Grundstücksgrenzen schief schneiden, sehr wichtig werden und leicht zu Ungerechtigkeiten führen.

414. Enteignung von Restflächen.

Nach dem preussischen Fluchtlinien-Gesetz kann zwar der Eigenthümer die Uebernahme des ganzen Grundstückes verlangen, wenn dasselbe durch die Fluchtlinie so weit in Anspruch genommen wird, dass das Restgrundstück nach den baupolizeilichen Bestimmungen des Ortes nicht mehr zur Bebauung brauchbar ist. Aber der Gemeinde steht das Recht der Enteignung des ungeeignet werdenden Restes gegen Entschädigung nicht zu; im Gegentheile kann der Besitzer nach freier Wahl den Rest behalten und in diesem Falle sogar die Gemeinde obendrein noch zur Schadloshaltung für die entstehende Formverschlechterung und Bebauungsunfähigkeit desselben verpflichten. Dies ist offenbar ein Unrecht und um so mehr der Abhilfe bedürftig, als die ungeeigneten Reststücke nicht bloss in hässlicher Weise selbst unbebaut liegen bleiben, sondern auch die Bebauung der Nachbargrundstücke behindern und oft eine wirthschaftlich und gesundheitlich unzweckmässige Bebauung herbeiführen. Man nennt solche Restflächen mitunter »Vexirstreifen«, weil sie in der Hand eigennütziger und rücksichtsloser Eigenthümer dazu missbraucht werden, den Nachbar absichtlich zu benachtheiligen, um von ihm einen hohen Abfindungspreis zu erzwingen.

Etwas günstiger sind die schweizerischen, badischen und braunschweigischen Enteignungsgesetze, welche wenigstens in solchen Fällen die Gemeinden zur Enteignung der Restflächen ermächtigen, in welchen die verlangte Entschädigung der Werthverminderung mehr als $^1/_4$ des Werthes beträgt. Aber eine gesetzliche Berechtigung, die Reststücke gerade wegen ihrer Bebauungsunfähigkeit zu enteignen, giebt es, so viel bekannt, bisher in deutschen Staaten nicht. Belgien, Frankreich, England und Ungarn sind uns in dieser Beziehung vor. Der »Deutsche Verein für öffentliche Gesundheitspflege« verlangte in den Beschlüssen seiner Generalversammlung zu Freiburg i. Br. ausdrücklich, dass den Gemeinden das Recht zu gewähren sei, »sich in den Besitz der zur Durchführung des Bebauungsplanes nöthigen Grundstücke einschl. der zur Bebauung ungeeigneten Grundstücksreste im Wege des Enteignungsverfahrens zu setzen«. Allerdings wird das Reststück in der Hand der Gemeinde noch nicht bebauungsfähig, es sei denn, dass dasselbe zufällig mit anderen Restflächen oder sonstigen Grundstücken der Gemeinde vereinigt werden kann oder dass der Nachbar sich sofort zur Uebernahme des Restes bereit erklärt. Die Massregel erfordert desshalb zur vollen Wirksamkeit die Verpflichtung der Gemeinde, das Reststück zur Bildung geordneter Baustellen ohne Preissteigerung wieder abzugeben und ferner die gesetzliche Ausbildung der Eineignungs- und Umlegungs-Befugniss, von welcher in Kap. 4 die Rede sein wird.

415. Zonen-Enteignung.

Die oben genannten Staaten Belgien, Frankreich, England und Ungarn besitzen noch weiter gehende Enteignungsgesetze, welche das Ziel verfolgen, ganze

Stadttheile oder Gebäude-Complexe wegen Gefundheitswidrigkeit oder Verkehrserfchwerung zu enteignen, um an ihrer Stelle einen gefunderen Stadttheil und zweckmäfsige Verkehrsftrafsen anzulegen. Zu diefem Behufe wird die ganze Zone der in Betracht kommenden Grundftücke enteignet; dann werden neue Strafsenzüge ausgelegt und kunftgerecht hergeftellt, zweckmäfsige Baugrundftücke eingetheilt und verkauft. In Paris (Decrete vom 26. März 1852 und vom 27. December 1858), in Lyon, Marfeille, Brüffel (*Boulevard central*), Antwerpen, London (fiehe die Tafel bei S. 299 und andere Strafsendurchbrüche), Budapeft (*Andraffy*-Strafse und Ringftrafse) ift diefes Verfahren in gröfserem und kleinerem Mafsftabe ausgeführt worden und hat zu fegensreichen Ergebniffen geführt[69]). Zwar koften folche Verbefferungen beftehender Stadttheile immer noch der Gemeinde hohe Summen; aber ein erheblicher Theil der Ausgaben wird durch die Einnahmen für die im Werthe gefteigerten Baugrundftücke gedeckt und eine zweckmäfsige, einheitliche Bebauung wird ermöglicht — ohne dafs den früheren Eigenthümern, welche ja für ihren Befitz voll entfchädigt werden, ein Schaden erwächst.

In Deutfchland hingegen, wo das Enteignungsrecht fich auf die Fläche der zukünftigen Strafse befchränkt, für die Formverfchlechterung der Reftftücke befondere Entfchädigungen zu leiften find und die in Folge des Unternehmens eintretende Werthfteigerung den Eigenthümern der anliegenden Grundflächen zufällt, find grofse Strafsendurchbrüche und innere Stadtregulirungen der gedachten Art wegen der unerfchwinglichen Geldopfer kaum möglich und faft nirgendwo ausgeführt, obwohl das Bedürfnifs an manchen Orten vorwaltet. Der »Deutfche Verein für öffentliche Gefundheitspflege« verlangte daher in feiner oben genannten Verfammlung zu Freiburg 1885 für die Gemeinden das Recht, »ungefunde Stadtgegenden durch ausgedehnte Enteignungsbefugniffe ohne unverhältnifsmäfsige Koften umzugeftalten«. Und in der Verfammlung zu Strafsburg wurde die Forderung wiederholt mit den Worten: »Werden . . . . . . ganze Häufergruppen oder Ortsbezirke für unbenutzbar erklärt, fo hat die Gemeinde das Recht, den vollftändigen Umbau zu veranlaffen oder vorzunehmen; es fteht ihr zu dem Zweck bezüglich aller in dem umzubauenden Bezirk befindlichen Grundftücke und Gebäude die Zwangsenteignung zu«[70]). Der internationale Congrefs zu Paris 1889 empfahl eine ähnliche Gefetzgebung zu Gunften der Erzielung gefunder Arbeiterwohnungen.

Die gleiche Forderung ift durch das Verkehrsbedürfnifs zu begründen. Denjenigen, welche einen möglichen Mifsbrauch eines folchen Rechtes in der Hand der Gemeinden befürchten, ift entgegenzuhalten, dafs fowohl die Staatsauffìcht, als die eigene Finanzforge Ausfchreitungen verhindern, dafs gegen letztere aber auch gefetzliche Sicherheitsmafsregeln leicht getroffen werden können und dafs auf alle Fälle die Enteigneten durch volle Schadloshaltung in ihren Intereffen zu fichern find.

---

69) Siehe: Wochbl. f. Baukde. 1886, S. 499 — ebendaf., S. 465.

70) Siehe: Deutfche Viert. f. öff. Gefundheitspfl. 1890, S. 60.

4. Kapitel.

Die Regelung der Baugrundftücke.

(Umlegung, Zufammenlegung, Eineignung.)

416. Lage der Bauftelle fchief zur Strafse.

In Abfchn. 2, Kap. 3 wurden die Grundfätze erörtert, welche bei der Bildung der Bauftellen, d. h. bei der Eintheilung der Baublöcke in einzelne Grundftücke anzuwenden find. Die Anwendung ift leicht, wenn der Block im Befitze eines einzigen Eigenthümers fich befindet, wird aber fchwierig und bei mangelhafter Gefetzgebung geradezu unausführbar, wenn der Block fich aus einer Vielheit von Parcellen zufammenfetzt, die nach Geftalt und Lage zum Bebauen mehr oder weniger ungeeignet find und verfchiedenen Eigenthümern gehören.

Fig. 516.

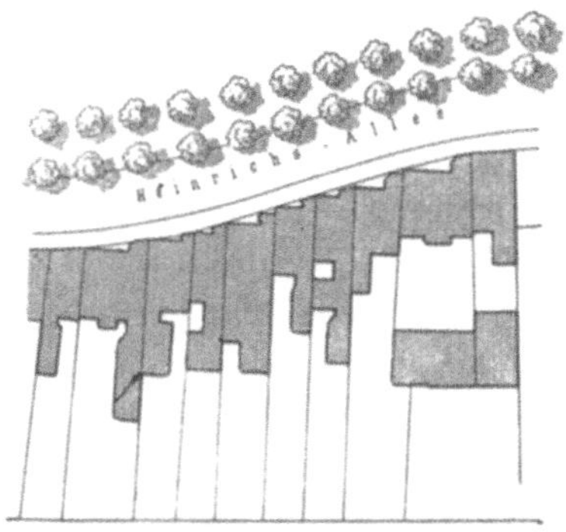

Schiefe Grundftückslage an der *Heinrichs*-Allee zu Aachen.

Befteht die Schwierigkeit nur darin, dafs die Grundftücke zwar regelmäfsige Figuren bilden, aber unter fpitzen Winkeln auf die Strafse ftofsen, fo läfft fich die gefchloffene Bebauung noch zur Noth entweder fo einrichten, dafs die Gebäudefronten in die Fluchtlinie gefetzt und die Schiefwinkeligkeit nach Möglichkeit im Grundrifs der Räume überwunden wird, oder derart, dafs rechtwinkelige Gebäude errichtet werden, deren Fronten fägeförmig oder — wie es bei der Cavallerie heifst — *en échelon* zur Strafse ftehen. Erfteres wird in den meiften Bauordnungen verlangt; Letzteres ift in alten Städten (z. B. Nürnberg) zuweilen reizvoll unter Anordnung von Erkern und Altanen ausgeführt (vergl. auch Fig. 516), ift aber im Allgemeinen für moderne Städte wegen der fich bildenden Schmutzwinkel und dunklen Rückfprünge ungeeignet. Die bei gefchloffener Bebauung vortretenden rohen Giebelmauern find empfindlich ftörend, felbft dann, wenn die Grundftückseinfriedigungen

Fig. 517.

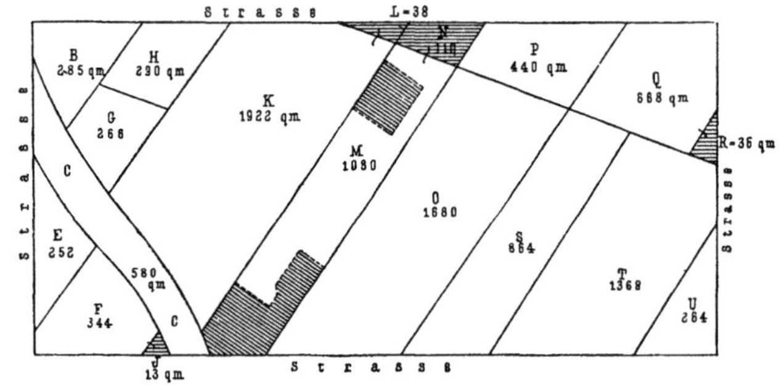

Ungeordneter Baublock.

Fig. 518.

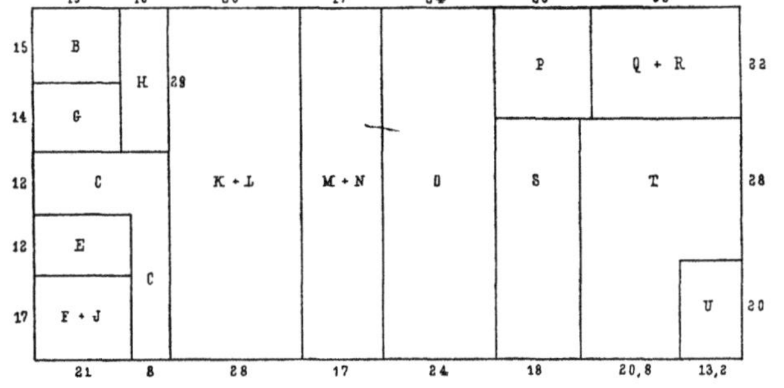

Geordneter Baublock,
erzielt durch Umlegen der in Fig. 517 angegebenen Grundftücke.

1:2000

in die durchgehende Fluchtlinie gesetzt werden. Für die offene Bauweise ist die blosse schiefwinkelige Lage der Grundstücke weniger hinderlich, aber ebenfalls unerwünscht und für die Ausnutzung und Untertheilung immer nachtheilig.

417. Regellose Lage der Grundstücke.

Grösser wird die Schwierigkeit, wenn die Grundstücksgrenzen völlig regellos im Baublock verlaufen. Einen solchen ungeregelten Block zeigt beispielsweise Fig. 517, welcher kein einziges Grundstück enthält, das ohne eigenen Nachtheil und ohne Schädigung der Nachbarn bebaut werden könnte. Würde z. B. der Eigenthümer der Parcelle *M* sich — vielleicht nach langen fruchtlosen Verhandlungen mit den Nachbarn — über die Schiefwinkeligkeit seines Grundstücks hinwegsetzen und etwa die eingezeichneten Bauten errichten, so hätten nicht bloss er und seine Rechtsnachfolger, wie Miether an den Unbequemlichkeiten, Unschönheiten und wirthschaftlichen Nachtheilen der Schiefwinkeligkeit zu leiden, sondern das Ordnen der Grenzen durch Umlegung wäre zugleich für den ganzen Block zum Theile erschwert, zum Theile unmöglich gemacht, und Jahrhunderte lang werden die Bewohner des Blocks über die unzweckmässige Gestaltung ihrer Wohn- und Geschäftsräume Klage führen. Fig. 518 zeigt hingegen diejenige Form und Lage, welche man dem einzelnen Grundstücke auf dem Wege der gegenseitigen Verständigung oder des gesetzlichen Zwanges anweisen könnte, zum Vortheile eines jeden Eigenthümers und zum Vortheile aller zukünftigen Bewohner; dabei ist die Gesammtlage und die Grösse der neuen Parcellen genau gleich derjenigen der alten. Man sollte nun glauben, der Nutzen für jeden Betheiligten läge so auf der Hand, dass es nur der Anregung bedürfte, um die freudige Zustimmung Aller zu erlangen. Aber die menschliche Natur ist leider anders geartet. Nur stellenweise gelingt die freiwillige Verständigung, wenn ein unparteiischer Sachverständiger die Angelegenheit in die Hand nimmt, zweckmässige Vorschläge ausarbeitet und sie den Betheiligten durch längeres Erläutern und Zureden mundgerecht macht.

Ein glückliches Beispiel hierfür zeigen Fig. 519 u. 520, die ausgeführte Umlegung von Grundstücken in einem Theile der Kölner Stadterweiterung darstellend. Dagegen zeigen Fig. 521 u. 522 einen misslungenen Umlegungsplan aus einem anderen Theile derselben Stadterweiterung. Vor fünf Jahren den 31 Besitzern vorgeschlagen und erläutert, nahmen 29 den Plan an, während 2 Betheiligte, nämlich die Eigenthümer der Grundstücke *11* und *16*, sich in ihrem Interesse verletzt fühlten und zum Beitritt nicht zu bewegen waren. Fast das ganze Gelände liegt seit jener Zeit, da eine Einigung der Betheiligten über Grenzregulirung und Strassenkostenvertheilung fehlt, unbenutzt und wird mit Ausnahme der Fronten am Kaiser-*Wilhelm*-Ring und an der Venloer Strasse noch auf unabsehbare Zeit unbenutzbar sein, obwohl die allgemeine Lage für die Bebauung die denkbar günstigste ist. Die Bebauung, welche inzwischen an der bestehenden Venloer Strasse erfolgt ist, erschwert die Regelung immer mehr. Fig. 523 zeigt den heutigen Zustand daselbst.

418. Schwierigkeiten der freiwilligen Umlegung.

Aehnliche Misserfolge sind in Köln, wie in anderen Städten in den meisten Fällen zu verzeichnen, wo eine Umlegung grösseren Umfanges auf dem Wege freiwilliger Zustimmung aller Betheiligten versucht wird. Die Folge ist nicht selten eine schiefe, ungeregelte, unzweckmässige und unwirthschaftliche Bebauung ganzer Blöcke oder Stadttheile. Und welche Gründe sind es, welche fast stets die Zustimmung einiger Betheiligten verhindern, obwohl der Vortheil jedem Unbefangenen einleuchtet? Die Gründe sind die Befangenheit im eigenen Interesse oder der durchdachte Eigennutz, welcher durch Zurückhaltung eine für sich noch vortheilhaftere Umlegung zu erzielen hofft, und der Neid auf den Vortheil Anderer. Fast regelmässig wird eine Ablehnung mit dem Hinweise begründet, dass irgend ein Anderer noch besser fahre! Nicht selten sind auch solche Fälle, wo ein Besitzer die Umlegung

Fig. 519.

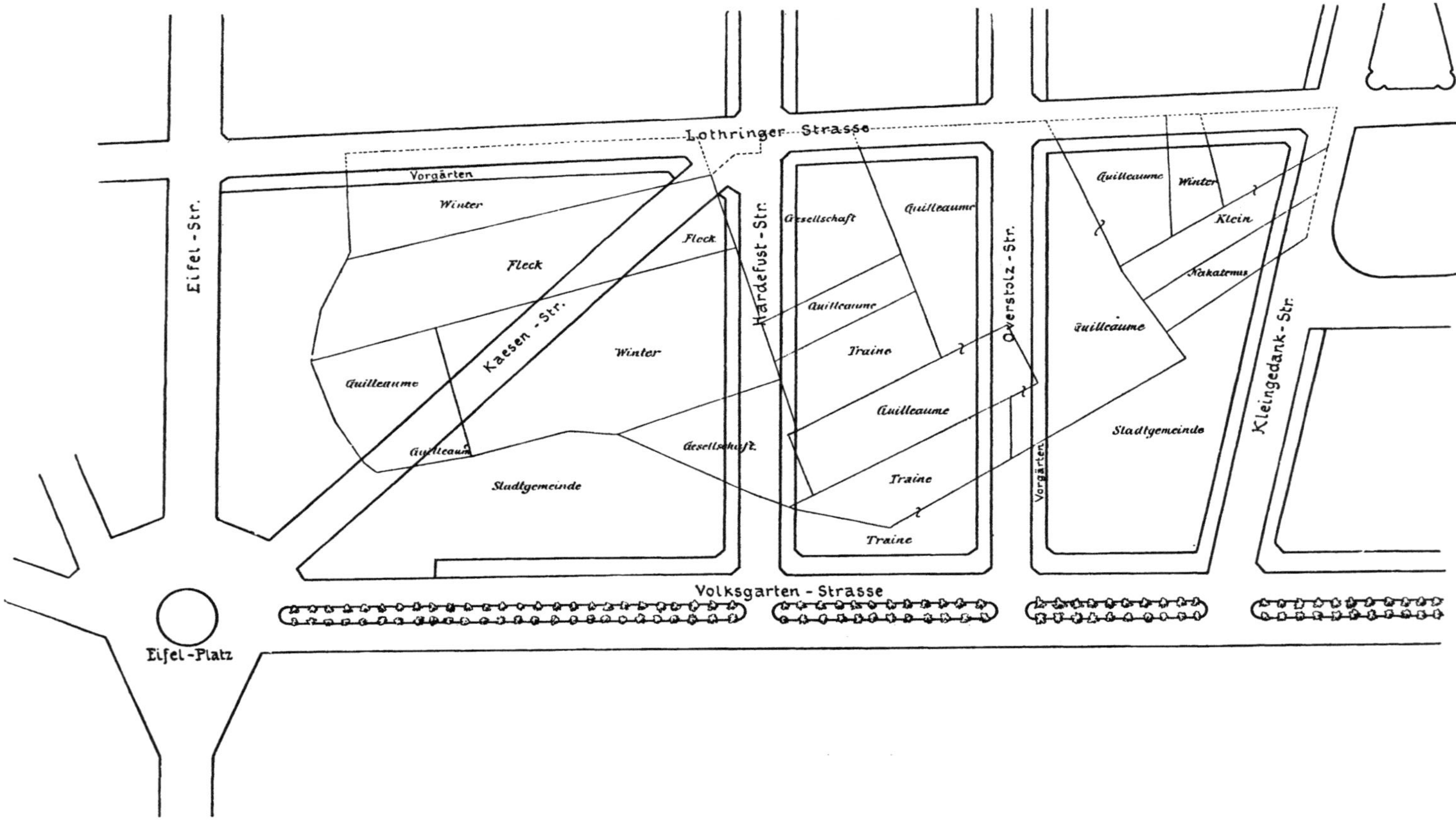

Grundstückslage zwischen der Lothringer und Volksgarten-Strasse zu Köln vor der Umlegung.

Fig. 520.

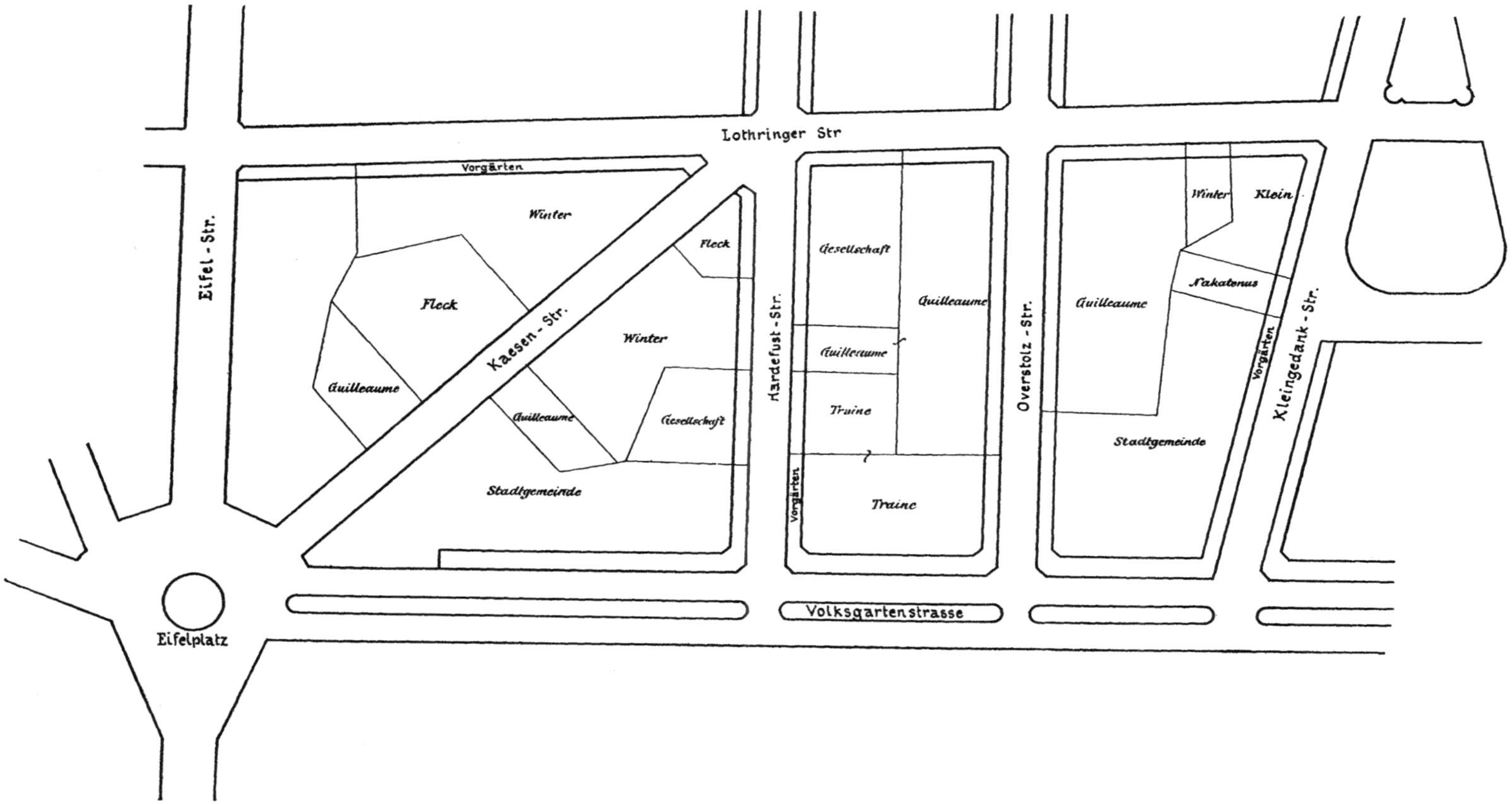

Grundstückslage zwischen der Lothringer Strasse und der Volksgarten-Strasse zu Köln nach der Umlegung.

1:3000

planmäſsig vereitelt mit Rückſicht auf ſeine an anderer Stelle liegenden Intereſſen, welche den Aufſchluſs des neuen Baublocks für ihn zur Zeit unerwünſcht machen; oder in der Abſicht, ein Hinderniſs (ein »Sperrfort«) zu bilden, welches die anderen Betheiligten, um endlich zum Ziele zu gelangen, mit theurem Gelde auskaufen müſſen! Durch ſolchen ſchmutzigen Eigennutz iſt — Mangels einer geſetzlichen Regelung — das Fortſchreiten des Städtebaues oft behindert. Der Gute leidet hilflos unter dem böſen Nachbar; und wenn ſchlieſslich Geld und Liſt die Hinderniſſe beſeitigt haben oder wenn durch koſtſpieligen Zuſammenkauf der Beſitz vereinigt iſt, dann leidet die Geſammtheit durch eine an ſich unbegründete Preisſteigerung des Baugrundes und der Miethen.

Fig. 521.

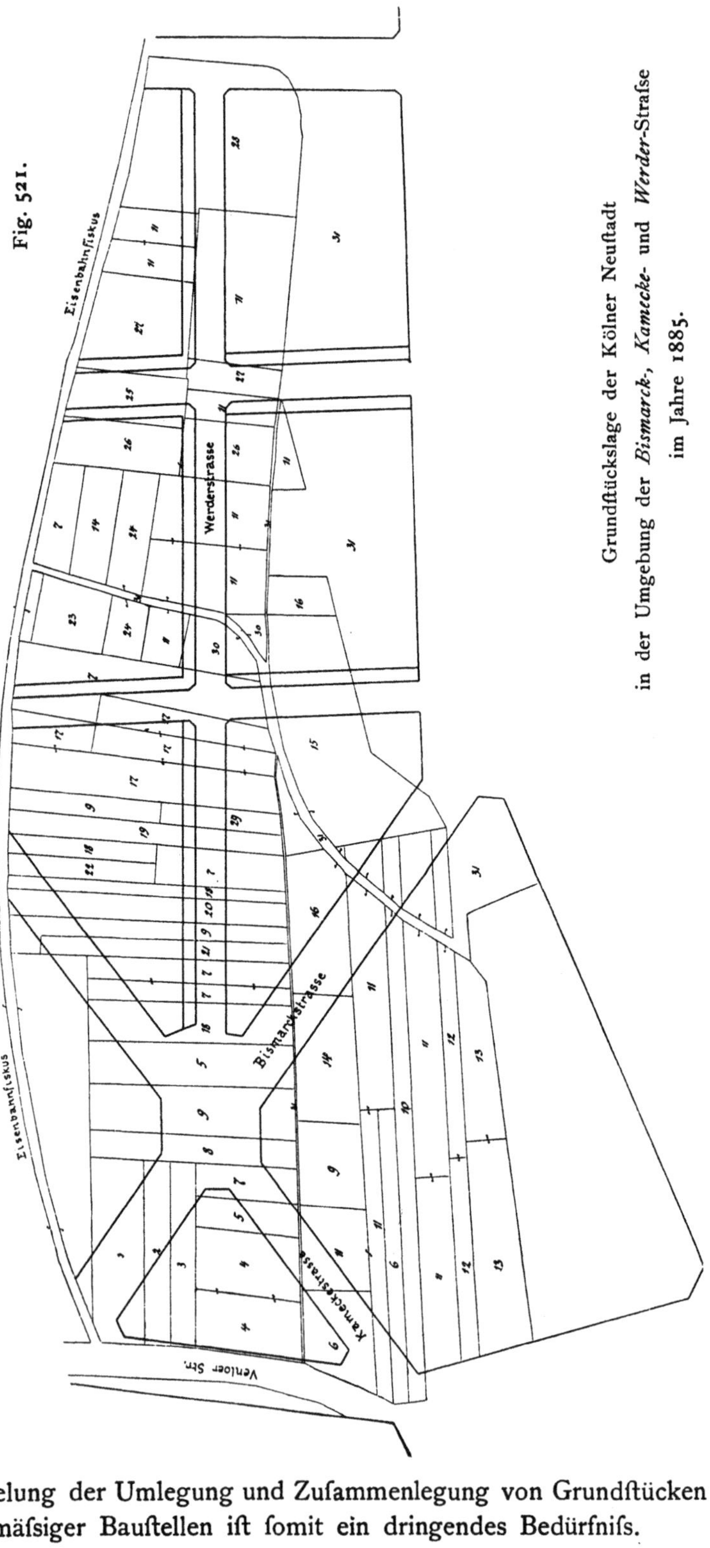

Grundſtückslage der Kölner Neuſtadt in der Umgebung der *Bismarck-*, *Kamecke-* und *Werder-*Straſse im Jahre 1885.

419. **Nothwendigkeit der geſetzlichen Umlegung.**

Zuweilen aber iſt die Uebereinſtimmung der Betheiligten für die Grenzveränderung nicht einmal ausreichend, beſonders beim Eigenthum von Minderjährigen, Verſchollenen, in Concurs Gerathenen und bei Grundflächen, deren Veräuſserung geſetzlich beſchränkt iſt. Die geſetzliche Regelung der Umlegung und Zuſammenlegung von Grundſtücken behufs Erzielung zweckmäſsiger Bauſtellen iſt ſomit ein dringendes Bedürfniſs.

420. Zusammenlegung.

Die Umlegung ist nach Sinn und Bestimmung aus Fig. 517 bis 522 ersichtlich. Grundstücke, welche im Inneren eines Blockes liegen, ohne an die Bauflucht-linien zu stofsen, können nur durch Umlegung oder Zusammenlegung bebauungsfähig gemacht werden. Die Zusammenlegung spielt im Uebrigen bei städtischen Baugrundstücken eine weit geringere Rolle, als beim landwirthschaftlichen Besitze. Während dort die Zusammenlegung (Verkoppelung) der zersplitterten Grundflächen desselben Besitzers zu einem oder mehreren gröfseren Gründen wegen der vortheilhafteren und richtigeren Bewirthschaftung angestrebt wird, kann es sich bei dem städtischen Besitze, der ja ohnehin zur Zertheilung in einzelne Bauplätze bestimmt ist, wesentlich nur da um Zusammenlegung handeln, wo die Zersplitterung so weit geht, dafs aus der einzelnen Parcelle, selbst bei der Umlegung in eine andere Form, ein brauchbarer Bauplatz nicht mehr gebildet werden kann. Zwei oder mehrere solcher Kleinflächen zusammengelegt, führen zum Ziele, zum Nutzen des Eigenthümers und zum Vortheile der Nachbarn, welche aus Rücksichten der Schönheit und der Sicherheit das Liegenbleiben

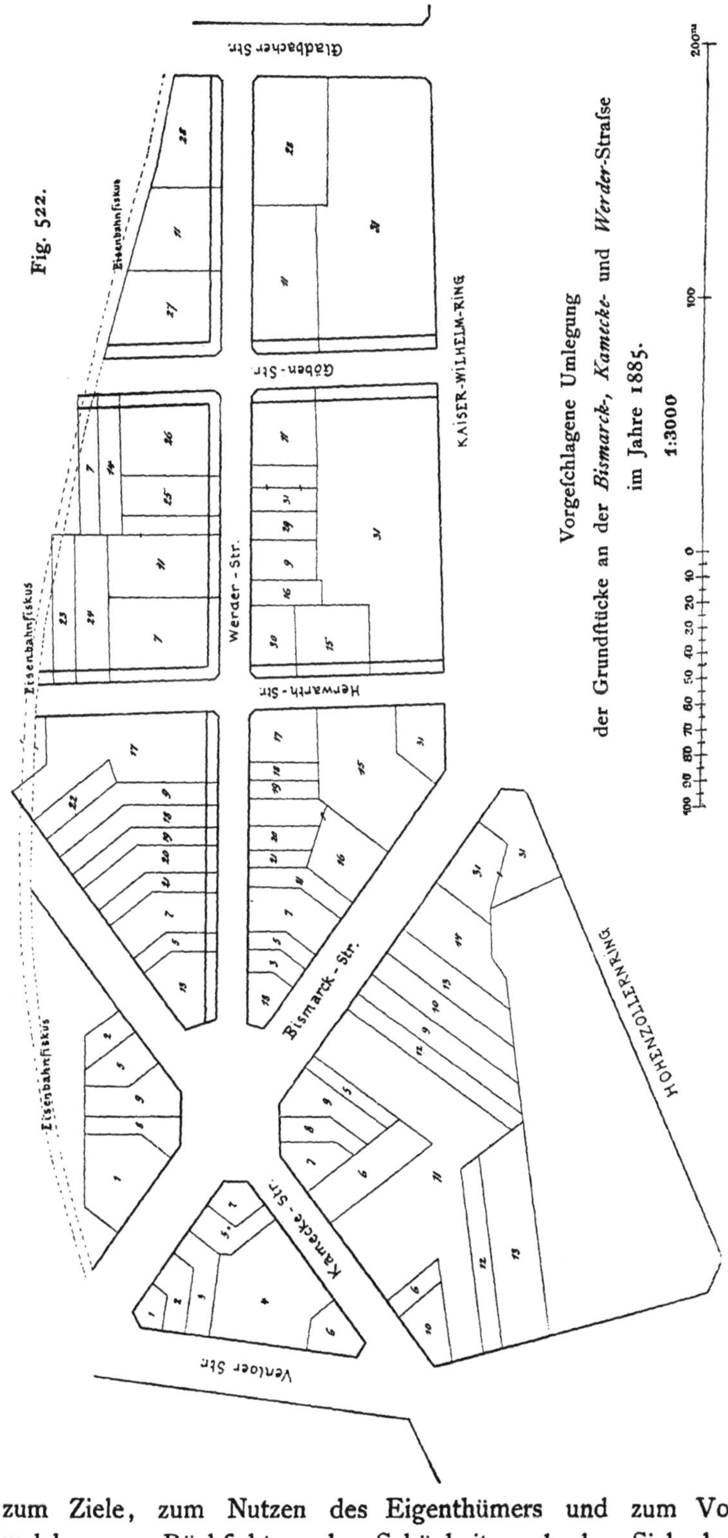

Fig. 522.

Vorgeschlagene Umlegung der Grundstücke an der *Bismarck-*, *Kamecke-* und *Werder-*Strafse im Jahre 1885.

1:3000

bebauungsunfähiger Flächentheile zwiſchen ihren Häuſern nicht wünſchen können.

421. Eineignung. Die Zuſammenlegung tritt aber namentlich als nothwendig hervor, um ſelbſtändig unbrauchbare Reſtſtücke abgetrennter Parcellen oder alter Wege und Waſſerläufe zur geregelten Bebauung nutzbar zu machen. Und zwar müſſen dieſe Reſte mit der geeignetſten Nachbar- oder Hinterparcelle vereinigt werden. Es findet alſo eine Zuſammenlegung von Grundflächen verſchiedener Eigenthümer in einen einheitlichen Beſitz ſtatt, ein Vorgang, der in den Freiburger Theſen (Abſatz *H*) mit dem Worte »Eineignung« bezeichnet iſt (ſiehe Anhang). Im Allgemeinen ſind diejenigen Reſtflächen einem Beſitzer »einzueignen«, welche vorher beim Straſsenbau einem anderen Beſitzer »enteignet« wurden. Fig. 517 u. 518 zeigen die Eineignung der Reſtflächen *L*, *N*, *J* und *R*. Es bedarf der geſetzlichen oder beſſer, der ortsſtatutariſchen Regelung, wie groſs ein Grundſtück oder ein Grundſtücksreſt ſein müſſe, um nach den Gepflogenheiten des Ortes als bebauungsfähig angeſehen zu werden; geringere Flächen ſollten der Enteignung und Eineignung unterliegen.

Fig. 523.

Bebauung an der Venloer und *Kamecke*-Straſse zu Köln im Jahre 1888.

Diejenigen, welche in dieſer zwangsweiſen Beſitzanweiſung etwas Ungeheuerliches erblicken, möchten wir darauf aufmerkſam machen, daſs es jedenfalls weit einſchneidender iſt, Jemand im öffentlichen Intereſſe durch Enteignung von ſeinem Beſitze, unter Umſtänden von Haus und Hof, zu vertreiben, als aus zwingenden Zweckmäſsigkeitsgründen eine immerhin kleine Mehrfläche gegen mäſsige Werthſchätzung und billige Zahlungsbedingungen ſeinem Beſitze hinzuzufügen. Zudem wird das Verfahren der Eineignung bei der Regelung der Baufluchten in alten Straſsen und Stadtvierteln an vielen Orten thatſächlich ohne Schwierigkeit ausgeübt. Um mit einem Neubau in die Fluchtlinie vorzurücken, muſs der Bauherr im Wege der Verſtändigung mit der Gemeinde den erforderlichen Theil des bisherigen Straſsenlandes erwerben. Wie in dieſem Falle, ſo wird auch bei der Eineignung von Reſtparcellen die Zahlung in der Regel bis zur Bebauung, d. h. bis zur wirklichen Benutzung des dargebotenen Vortheiles, geſtundet werden können.

422. Geſetzgebung. Ein Geſetz über die Eineignung ſcheint bis jetzt nur in Hamburg zu beſtehen; ein Geſetz über die Umlegung und Zuſammenlegung ganzer Baublöcke ſcheint nur im Groſsherzogthum Heſſen zu Gunſten der Mainzer Stadterweiterung und im Königreich Ungarn zu Gunſten des Wiederaufbaues der Stadt Szegedin erlaſſen worden zu ſein. In faſt allen anderen Cultur-Staaten hat der Geſetzgeber zwar das

Bedürfnifs der Zufammenlegung landwirthfchaftlicher Grundftücke, der Feldbereinigung, als zeitgemäfs erkannt und befriedigt, dagegen die noch mehr fühlbare Nothwendigkeit der Regelung ftädtifcher Baugrundftücke bisher aufser Acht gelaffen.

Fig. 524.

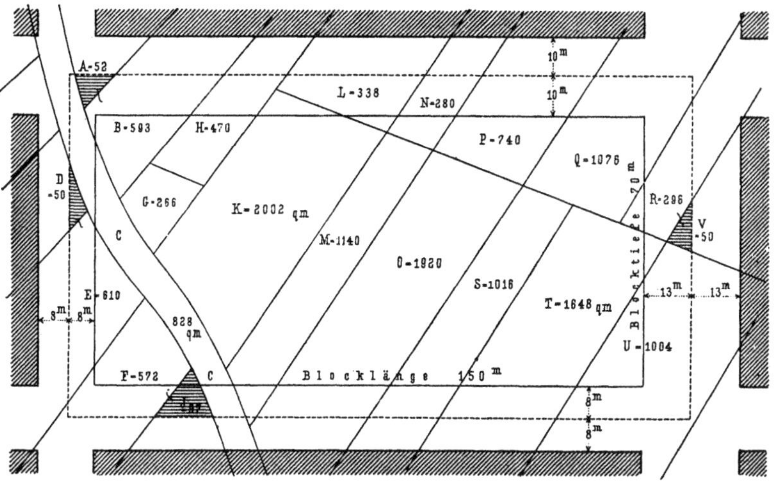

Baublock und Strafsen im ungeordneten Zuftande.

Fig. 525.

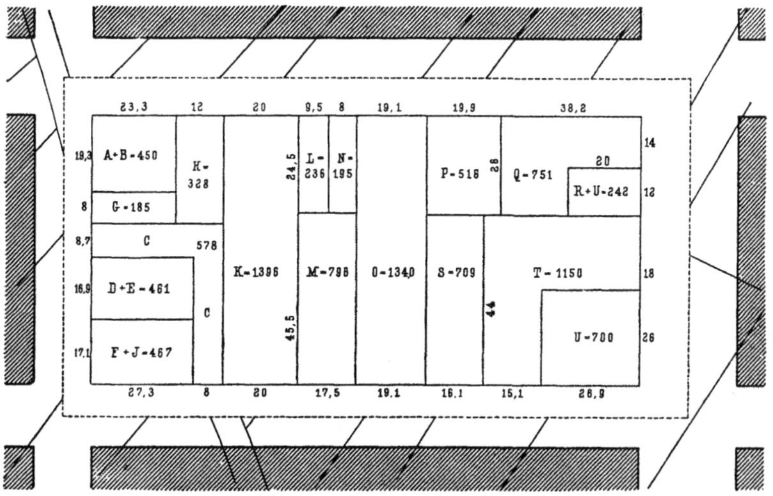

Umlegung der Grundftücke in Fig. 524 unter Freigabe der Strafsenflächen bis zur Strafsenmitte.

1:2000

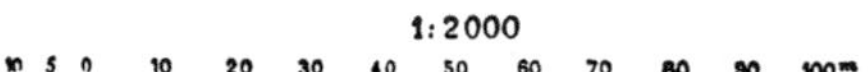

Für die Stadterweiterung von Mainz ift die Umlegung derart geordnet, dafs die Befitzer von drei Vierteln einer Gruppe von Grundflächen zum Zwecke der richtigen Eintheilung die Mitwirkung der Stadt anrufen können; jene Gruppe mufs entweder einen ganzen Block umfaffen oder — unter Zuftimmung der Stadt — wenigftens einen folchen Eckausfchnitt bilden, welcher von zwei aus dem geometrifchen Blockmittelpunkte auf zwei benachbarte Blockfronten gefällten Senkrechten begrenzt wird. Die Gemeinde hat alsdann das Recht, das in dem Block oder in dem Ausfchnitt liegende Land der die Umlegung beharrlich ablehnenden Befitzer zu enteignen und gegen Koftenerfatz den Antragftellern bei Vornahme der Umlegung auszuliefern.

Beim Wiederaufbau von Szegedin find alle Befitzverhältniffe dem neuen Bebauungsplane entfprechend zur Zufriedenheit der Betheiligten geregelt worden.

Hoffentlich nimmt fich die Gefetzgebung in Bälde allgemeiner diefes Gegenftandes an; bis dahin follte aber wenigftens der Gemeinde oder der Polizei-Behörde das Recht gewahrt fein, die Erlaubnifs zur Errichtung von Gebäuden auf den ungeregelten Grundftücken zu verfagen, weil der Beginn der Bebauung, wie bei Fig. 517 u. 523 befprochen wurde, die fpätere Regelung faft ganz vereitelt.

423. Umlegung bis zur Mittellinie neuer Strafsen.

Am zweckmäfsigften ift es, die Umlegung gleichzeitig mit dem Strafsenbau eintreten zu laffen und nicht die Baufluchtlinien, fondern die Mittellinien der den Block umfaffenden Strafsen als die Grenzen des umzulegenden Landes zu betrachten. Man berechne dann zunächft das procentuale Verhältnifs des Strafsenlandes zur Gefammtfläche, z. B. 28 Procent, und ftelle feft, dafs hiernach jedes Grundftück 28 Procent feines Inhaltes für die Strafsenanlage zu verlieren habe, alfo mit 72 Procent innerhalb der Blocklinien umzulegen fei. Die zufälligen Ungleichheiten der Antheile, welche die Strafsen von den verfchiedenen Grundftücken in Anfpruch nehmen, und die Werthfchätzungen für den gegenfeitigen Erfatz kommen dadurch in Fortfall. Auf diefer Grundlage beruhen die Umlegungen in Fig. 519 bis 522 und Fig. 524 bis 525. Ueberfchiefsende Refte von Grundftücken aus anderen Blöcken find einzueignen und zufammenzulegen; Refte alter Wege und Wafferläufe werden aus Billigkeitsrückfichten als Entgelt für die Lieferung der neuen Strafsen je nach Umftänden entweder unter die Anftöfser oder unter alle Blockgenoffen unentgeltlich oder gegen geringen Preis zu vertheilen fein. Nähere Vorfchriften über die Geftaltung der neuen Grundftücke, über Mindeftgröfse, Mindeftbreite, Mindefttiefe derfelben wären in einem zu erlaffenden Ortsftatut nach der örtlichen Bauart feft zu ftellen. In der einen Stadt mögen 200 qm Inhalt und 10 m Breite, in der anderen 60 qm und 5 m Breite (fo z. B. in Darmftadt) für die zuläffigen Mindeftmafse gelten. Es ift feft zu halten, dafs im Allgemeinen die Umlegung nur als ein Recht der betheiligten Befitzer aufzufaffen ift, zum Schutze gegen den willkürlichen oder böswilligen Widerftand Einzelner. Die Gemeinde hat bei dem Verfahren nur für das öffentliche Wohl zu forgen und die Rolle des unparteiifchen Sachverftändigen zu übernehmen, fobald eine anfehnliche Mehrheit, welche etwa mindeftens drei Viertel des Befitzes und wenigftens die Hälfte der Befitzer umfaffen müffte, die Umlegung beantragt.

424. Beifpiele.

Aus der Umlegung in Fig. 524 bis 525, welche diefelbe Feldlage betrifft, wie diejenige in Fig. 517 bis 518, ift der Unterfchied des Verfahrens in den Blockgrenzen und den Grenzen der Strafsenmittellinien erfichtlich. Im letzteren Falle find die Stücke *L*, *N* und *R* grofs genug, um durch geregelte Bauftellen erfetzt zu werden; dagegen kommen andere, gar nicht in die Blockgrenzen hineinreichende Trennftücke *A*, *D* und *V* zur Eineignung. Während die Flächengröfse innerhalb der Strafsenmittellinien 15048 qm beträgt, enthält der reine Block nur noch 10500 qm; 4548 qm oder 30,2 Procent der Gefammtfläche find alfo für die Strafsenanlage zu opfern. Es ergiebt fich fonach die folgende Verkleinerung aller betheiligten Grundftücke:

A + *B*	645 qm	450 qm		*N*	280 qm	195 qm
C	828 »	578 »		*O*	1920 »	1340 »
D + *E*	660 »	461 »		*P*	740 »	516 »
F + *J*	669 »	467 »		*Q*	1076 »	751 »
G	266 »	185 »		*R* + *V*	346 »	242 »
H	470 »	328 »		*S*	1016 »	709 »
K	2002 »	1396 »		*T*	1648 »	1150 »
L	338 »	236 »		*U*	1004 »	700 »
M	1140 »	796 »			8030 qm	5603 qm
	7018 qm	4897 qm			+ 7018 »	4897 »
				zusammen	15 048 qm	10 500 qm.

Das vorliegende Beispiel ist keineswegs unanfechtbar. So würden sich die Besitzer der Grundstücke an den schmaleren Strassen darüber beschweren können, dass sie denselben Antheil an Strassenland verlieren, wie diejenigen an den breiteren Strassen, denen der Vortheil der Mehrbreite doch allein zu Gute kommt. Es wäre desshalb gerechter, den Block durch ein Diagonalenkreuz in vier Dreiecke zu zerlegen und für jedes Dreieck das Verhältniss des Strassenlandes zur Gesammtfläche zu ermitteln. Diesen Verhältnissen entsprechend wären die in den verschiedenen Dreieckblöcken liegenden Grundstücke und Grundstückstheile bei der Umlegung zu verkleinern.

Noch andere Einwürfe bezüglich der Lage und Gestalt der durch die Umlegung gebildeten Baustellen könnten erhoben werden. Das Verfahren bedarf desshalb um so mehr der gesetzlich geordneten Unterlage, und als Nothmittel müsste es dem Grundbesitzer, welcher sich geschädigt glaubt, frei stehen, der Umlegung die Enteignung vorzuziehen, in so fern die Oberbehörde das Vorhandensein einer Schädigung anerkennt.

Die alte Wegefläche *C* ist sowohl in Fig. 518, als in Fig. 525 in Baugrund umgelegt. Verzichtet hierauf die Gemeinde aus Billigkeitsrücksichten zu Gunsten derjenigen, welche die Ersatzstrasse schaffen, so tritt wiederum eine Verschiebung und Vergrösserung der den Betheiligten zu überweisenden Baustellen ein. (Vergl. auch im Anhang den Artikel 17 des hessischen Gesetzes über die allgemeine Bauordnung.)

Die Umlegung in Fig. 518 setzt voraus, dass die Gemeinde vorher behufs Anlage der Strassen das Strassenland erwirbt, während nach Fig. 525 die Besitzer selbst das Strassenland frei legen. Im ersteren Falle haben die Baulustigen — bei der zumeist üblichen Art der Aufbringung der Strassenkosten — neben dem Strassenbau auch den Grunderwerb zu bezahlen; im letzteren Falle bleiben nur die Strassenbaukosten zu vertheilen. Diese Frage der Kostenaufbringung werden wir im folgenden Kapitel behandeln.

5. Kapitel.

Die Aufbringung der Stadterweiterungskosten.

Die Kosten, um deren Aufbringung es sich bei der Ausführung einer Stadterweiterung handelt, lassen sich in zwei Gruppen zerlegen: die eine Gruppe umfasst alle jene Ausgaben, welche geleistet werden müssen, um das Gelände überhaupt dem städtischen Anbau zugänglich zu machen, z. B. Ausgaben für Flussverlegungen, Brücken, Eindeichungen, Hauptentwässerungs-Canäle, Verlegung von Festungswerken, Aufhebung von Rayon-Beschränkungen, während die zweite Gruppe sich aus den Aufwendungen für diejenigen Arbeiten zusammensetzt, welche zur Ausführung der Strassenanlagen nebst deren Zubehör im Einzelnen erforderlich sind. 425. Art der Kosten.

Die Kosten der ersten Gruppe werden in der Regel ganz oder vorwiegend von der Gemeinde bestritten, die Kosten der zweiten Art ganz oder vorwiegend den Grundbesitzern zur Last gelegt.

426. Leiftungen der Gemeinde. Zwar wird durch Flufsverlegungen, Herftellung neuer Brücken, Aufhebung, bezw. Ablöfung von Rayon-Befchränkungen Einzelnen ein grofser Vortheil auf Koften der Gefammtheit zugewiefen, und es wäre wohl der Billigkeit entfprechend, wenn ein angemeffener Theil diefer Koften von den Bevortheilten wieder eingezogen werden könnte. Leider fehlt es hierfür faft überall an der geeigneten gefetzlichen Handhabe. Wohl kann die Gemeinde eine derartige Ausführung von freiwilligen Beiträgen der Intereffirten abhängig machen, ein Verfahren, welches der Staat beim Bau von Schifffahrts-Canälen und neuen Bahnlinien anzuwenden pflegt und welches auch den Städten für Strafsen- und Sielbauten u. dergl. oft anfehnliche Beiträge verfchafft hat. Aber bei grofsen, koftfpieligen Stadterweiterungsbauten ift mit gelegentlichen freiwilligen Gaben erfahrungsmäfsig nichts anzufangen. Jahre lang haben in Köln einzelne Grundbefitzer mit den übrigen und mit der Stadtverwaltung über freiwillige Abgaben verhandelt, um das Zuftandekommen des Stadterweiterungsunternehmens herbeizuführen. Es ift dabei nichts herausgekommen; die Gemeinde hat fchliefslich nothgedrungen die Geldforderungen der Feftungsbehörde für die Verlegung der Stadtumwallung allein befriedigen und das ganze Rifico des Unternehmens allein tragen müffen — den Befitzern von 380 ha bisherigen Rayon-Landes fiel die Verdoppelung bis Verzehnfachung ihrer Werthe als Gefchenk in den Schofs! Eine gefetzliche Beftimmung, dafs die Grundbefitzer bei Aufhebung von Rayon-Befchränkungen wenigftens denjenigen Geldbetrag zurückzuzahlen hätten, den fie bei Auferlegung der Befchränkung als Schadenerfatz empfingen, wäre doch das Geringfte, was man verlangen müffte. Zwar befteht am Rhein noch ein franzöfifches Gefetz aus dem Jahre 1807, welches vorfchreibt, dafs bei namhafter Werthfteigerung von Privatbefitzungen durch öffentliche Unternehmungen den Befitzern die Zahlung eines Beitrages auferlegt werden kann, welcher bis zur Hälfte des erlangten Vortheiles geht. Es fcheint indefs, als ob diefes halb vergeffene Gefetz für neuere Unternehmungen ganz aufser Gebrauch fteht, und die Anwendbarkeit auf den einzelnen Fall mag auch nach Lage der Sache fchwer zu erzielen fein. Somit bleibt die Summe unferer erften Koftengruppe in der Regel von der Gemeinde zu beftreiten, es fei denn, dafs der Staat oder eine Unternehmergefellfchaft oder ein Privater die Koften aus eigener Anregung zum Theile oder ganz aufwendet, wie dies beifpielsweife für die Donau-Regulirung bei Wien, für die Spree-Regulirung in Berlin und für die zu den *Prati di Caftello* führende Tiber-Brücke in Rom zutrifft. Der einzige dem Verfaffer bekannt gewordene Fall, wo eine an die Feftungsbehörde für Verlegung von Feftungswerken zu zahlende Geldfumme auf die Bevortheilten in Form einer zonenweife abgeftuften Steuer durch ein Sondergefetz theilweife umgelegt worden ift, findet fich bei der Stadterweiterung von Mainz.

427. Heranziehen der Grundbefitzer. Bezüglich der zweiten Koftengruppe beftehen in den meiften Staaten gefetzliche Feftfetzungen über die Heranziehung der Grundbefitzer. Im Allgemeinen werden die Koften der gewöhnlichen Strafsen mit allem Zubehör von den Anliegern beftritten; die Zahlungspflicht der Gemeinde beginnt erft bei Ueberfchreitung einer gewiffen Strafsenbreite und bezieht fich ferner auf die öffentlichen Plätze, Gartenanlagen, Verfchönerungen und auf die Zinfen, welche bis zu der Seitens des verpflichteten Anliegers wirklich erfolgenden Zahlungsleiftung verfallen. Die fechfte Stadterweiterungs-Thefe des »Verbandes deutfcher Architekten- und Ingenieur-Vereine« fagt hierüber das Folgende: »Der Stadtgemeinde kommt die Befugnifs zu, fich für die von ihr aufgewendeten Koften neuer Strafsen mit Zubehör Deckung

von Seiten der anstofsenden Grundeigenthümer zu verschaffen. Unter den betreffenden finanziellen Formen empfehlen sich, namentlich wenn das Verfahren der Regulirung vorausgegangen ist, besonders Normalbeiträge für das Meter der Frontlänge jedes Grundstückes.« Der §. 15 des preufsischen Fluchtlinien-Gesetzes lautet: »Durch Ortsstatut kann fest gesetzt werden, dafs bei der Anlegung einer neuen oder bei der Verlängerung einer schon bestehenden Strafse, so wie beim Anbau an schon vorhandenen, bisher unbebauten Strafsen und Strafsentheilen von dem Unternehmer der neuen Anlage oder von den angrenzenden Eigenthümern — von letzteren, sobald sie Gebäude an der neuen Strafse errichten — die Freilegung (Grunderwerbung), erste Einrichtung, Entwässerung und Beleuchtungsvorrichtung der Strafse in der dem Bedürfnisse entsprechenden Weise beschafft, so wie deren zeitweise, höchstens jedoch fünfjährige Unterhaltung, bezw. ein verhältnifsmäfsiger Beitrag oder der Ersatz der zu allen diesen Mafsnahmen erforderlichen Kosten geleistet werde. Zu diesen Verpflichtungen können die angrenzenden Eigenthümer nicht für mehr als die Hälfte der Strafsenbreite, und wenn die Strafse breiter ist als 26 m, nicht für mehr als 13 m der Strafsenbreite herangezogen werden. Bei Berechnung der Kosten sind die Kosten der gesammten Strafsenanlage und bezw. deren Unterhaltung zusammen zu rechnen und den Eigenthümern nach Verhältnifs der Länge ihrer die Strafse berührenden Grenze zur Last zu legen.« In Baden, Württemberg, Bayern, Sachsen, Hessen und Hamburg bestehen ähnliche Gesetzesbestimmungen.

Während auf Grund des preufsischen Gesetzes und der danach in den meisten Städten erlassenen Ortsstatute alle Strafsenfronten gleichmäfsig zu betheiligen, Eckhäuser also an beiden Strafsen theilzunehmen verpflichtet sind, zieht das auf Grund des badischen Gesetzes erlassene Ortsstatut für Karlsruhe die Eckhäuser nur mit einer, und zwar mit der längeren Front heran und schliefst die Vertheilung von Unterhaltungskosten aus, betheiligt auch ältere Gebäude, nicht blofs neu entstehende Gebäude, wie in Preufsen. Das bayerische Gesetz entbindet die Anlieger von den Kosten der Pflasterung, Canalisation und Gasleitung. In Gotha geschieht die Vertheilung nicht nach den Frontlängen, sondern nach dem Flächeninhalte, und zwar derart, dafs die der Tiefe nach in zehn Zonen eingetheilten Grundstücke für die der Strafse zunächst liegenden Zonen gemäfs einer fest gesetzten Zahlenreihe mehr zahlen, als für die entfernteren. In Darmstadt haben die Anlieger nur denjenigen Theil der Grunderwerbskosten zu tragen, welcher den Preis von 70 Pfennigen für 1 qm übersteigt.

Die gröfste Strafsenbreite, für welche die Anlieger je zur Hälfte heranzuziehen sind, beträgt in Preufsen nach obiger Bestimmung 26 m, in Dresden 24 m, in Leipzig 23 m, in Wien 22,8 m, in Hamburg 17 m, in Hessen 16 m.

Wie die preufsischen Städte die sonstigen bei der Kostenaufbringung hervortretenden Fragen geordnet haben, dies zeigen als Beispiele die im Anhang mitgetheilten Ortsstatute für Berlin und Köln. Das Gesetz und die Ortsstatute unterscheiden die Anlage neuer Strafsenstrecken einerseits und den Anbau an schon vorhandenen, bisher unbebauten Strafsenstrecken andererseits. 428. Anbau an vorhandenen, bisher unbebauten Strafsen.

Ueber das Wesen einer »schon vorhandenen, bisher unbebauten Strafse« herrschen vielfache Meinungsverschiedenheiten. Die Gemeinden suchen diesem Begriffe behufs Erzielung der Kostendeckung die weiteste, die Anlieger aus dem entgegengesetzten Grunde die engste Auslegung zu geben. Wird die Strafsenstrecke nicht als eine im Sinne des Gesetzes »schon vorhandene, bisher unbebaute« anerkannt, so ist der Anlieger nicht bloss von Kostenbeiträgen entbunden, sondern hat im Gegentheil von der Gemeinde Entschädigung für Landabtretung u. s. w. zu beanspruchen. Sicher hat der Gesetzgeber nicht die Beitragspflicht an alten, längst für den Anbau, wenn auch nur streckenweise, benutzten Stadtstrassen fest setzen wollen; aber es dürfte auch zu weit gehen, wenn man geltend machen wollte, der Gesetzgeber habe nur »neu entworfene, aber noch unfertige« Strassen im Auge gehabt. Ein Feldweg, ein bekiester Gemeindeweg oder auch eine Landstrasse, die nach dem fest gestellten Stadtbauplane dazu bestimmt sind, breite Stadtstrassen mit verbesserter Richtung und verbesserten Höhenverhältnissen zu werden, sind gewiss als solche Strassen zu betrachten, auf welche die Beitragspflicht des §. 15 des preussischen Gesetzes Anwendung findet. Für die Beurtheilung der Sachlage und der Kostenfrage ist es gleichgiltig, ob die neue Stadtstrasse mitten durch das Feld gezogen wird oder ob in dieselbe streckenweise ein alter, unangebauter Weg fällt.

429. Normalbeiträge.

Zur Ermittelung der Anliegerbeiträge werden die Kosten einer ganzen Strecke zusammengezählt und gleichmässig vertheilt; zugehörige Theile von Strassenkreuzungen und Strassenabzweigungen werden mit eingerechnet. So bilden sich für Erdarbeiten, Pflasterung und Bürgersteige bei annähernd gleichartigem Gelände fast von selbst Normalbeiträge nach dem laufenden Meter Frontlänge und nach der Strassenbreite. Bei der Kölner Stadterweiterung geht man bezüglich der Canalisation und der Beleuchtungs-Anlage einen Schritt weiter, indem es für den Anliegerbeitrag gleichgiltig sein soll, ob in der Strasse ein Hauptcanal von grossem oder ein Canalrohr von geringem Querschnitt, ein Hauptgasrohr von 60 cm oder ein Nebenrohr von 10 cm Weite liegt. Das Canalnetz, wie das Gasrohrnetz oder das elektrische Kabelnetz haben für jeden Anlieger den gleichen Werth, mögen die Hauptleitungen in dieser oder jener Strasse liegen.

Auf Grund dieser Erwägungen ist in Köln der Kostenbeitrag zum Canalbau allgemein (mit Einschluss der Kosten für die städtischerseits herzustellenden Hausanschlüsse) auf 40 Mark, derjenige zum Bau des Gasrohrnetzes auf 12 Mark für jedes laufende Meter Grundstücksfront fest gesetzt worden, so dass es nunmehr möglich ist, bei mittlerer Ausführungsgüte für den ganzen Strassenbau (ohne Grunderwerb) Normalbeiträge zu fordern, welche nach der Strassenbreite von 180 bis zu 100 Mark für das Front-Meter abgestuft sind.

Am einfachsten gestaltet sich die Beitragsfrage, wenn die Gemeinde selbst die Eigenthümerin des Baulandes ist, welches sie durch neue Strassen aufgeschlossen hat. Hier ist es eine blosse Zweckmässigkeitsfrage der Verkaufs-Politik, ob man durch die Verkaufsbedingungen hohe, niedrige oder gar keine Beiträge ausbedingt; durch geringere oder höhere Kaufgebote wird sich dieser Unterschied mehr oder weniger ausgleichen. In der Kölner Stadterweiterung ist für städtische Grundstücke in diesem Sinne die Beitragspflicht auf ungefähr ein Drittel des normalen Satzes ermässigt, was auf den Durchschnittsmenschen eine gewisse Anziehungskraft ausübt.

6. Kapitel.

Die Strassendurchbrüche und die Verbesserung alter Strassen.

430. Wirkung der Stadterweiterung auf die Altstadt.

Nimmt eine Festungsstadt eine plötzliche Erweiterung vor oder findet bei einer offenen Stadt zeitweise eine starke Entwickelung nach aussen statt, so hat diese Ausdehnung auch den entschiedensten Einfluss auf die Verkehrs-, Geschäfts- und

Werthverhältniſſe der inneren Stadt. Zuweilen treten zwar Verſchiebungen ungünſtiger Art ein, wie ſchon in Art. 57 (S. 33) erörtert wurde. In der Regel aber werden Verkehr und Geſchäft befruchtet, die Werthe geſteigert. Die Bauthätigkeit am äuſseren Rande der Stadt wirkt anregend auf die Bauluſt im Inneren; die Kapitalien, welche drauſsen erworben wurden, werden auch in der Altſtadt werbend und verbeſſernd angelegt. Bei den Stadterweiterungen von Magdeburg, Köln und Antwerpen iſt dieſer Vorgang beſonders klar in die Erſcheinung getreten. Die Altſtadt verjüngt ſich; der gewachſene Verkehr, die gehobenen Anſprüche fühlen ſich überall beengt und beſchränkt. Deſshalb bedarf jeder Stadterweiterungsplan nach auſsen der umſichtigen Ergänzung nach innen. Neue Radien, neue Diagonalen ſind durchzulegen (z. B. Antwerpen, Magdeburg); vorhandene, bisher aber getrennte Straſsenzüge ſind mit einander zu verbinden; alte enge Straſsen und Gaſſen ſind aus Verkehrs- und Geſundheitsrückſichten zu verbreitern; die Höhenlage einzelner Straſsen oder ganzer Stadttheile iſt zu verbeſſern; geſundheitswidrige oder verkehrswidrige Stadttheile ſind unter Umſtänden ganz niederzulegen und durch neue zu erſetzen.

431. Schwierigkeit der Straſsendurchbrüche und Verbeſſerungen.

Schon in Kap. 3 dieſes Abſchnittes wurden die Gründe beſprochen, welche den Straſsendurchbrüchen und Stadtverbeſſerungen gröſseren Maſsſtabes in Deutſchland entgegenſtehen. Das Enteignungsgeſetz, welches ſolche Maſsregeln begünſtigen ſollte, erſchwert oder verhindert ſie. Die Uebertragung der Durchbruchkoſten auf die neuen Grundſtücksfronten iſt wegen der unerſchwinglichen Höhe im Allgemeinen undurchführbar und würde im Falle der Durchführbarkeit nicht zum Ziele führen, weil die Umlegung der Grenzen (ſiehe Kap. 4) fehlt. Die wenigen Straſsendurchbrüche von Bedeutung, welche in Deutſchland ausgeführt wurden (z. B. in Frankfurt a. M., Hannover, Magdeburg, Berlin), ſind meiſt das Werk von Baugeſellſchaften, welche die Grundſtücke mit kaufmänniſcher Klugheit zuſammenkauften und ihren Plan gewöhnlich mit Unterſtützungen aus öffentlichen Mitteln durchführten. Bis zur geſetzlichen Regelung dieſer Materie dürften ſich Grundſätze über die Art der Ausführung von Straſsendurchbrüchen und Stadtverbeſſerungen der in Rede ſtehenden Art kaum aufſtellen laſſen. Die Thätigkeit der deutſchen Stadtgemeinden wird ſich im Allgemeinen auf den Durchbruch kurzer Straſsenverbindungen für Verkehrs- und Canaliſationszwecke ſo wie auf Nivellements-Verbeſſerungen beſchränken.

Ein Beiſpiel Londoner Straſsendurchbrüche und Höhenänderungen, die *Holborn-Valley-Improvements*, zeigt die neben ſtehende Tafel. Die Grundſtücke, welche die Stadt London auf Grund einer Parlaments-Acte behufs Anlage der neuen Straſsen *Holborn-Viaduct*, *Holborn-Circus*, *Snow-Hill*, *Charterhouſe-Street*, *Shoe-Lane*, *St. Andrew-Street* und *St. Bride-Street*, ſo wie zur Ueberbrückung von *Farringdon-Street* enteignete, ſind durch Schraffirung gekennzeichnet.

Auch das in Fig. 490 (S. 244) dargeſtellte neue *Quartier Ste.-Marie aux Neiges* in Brüſſel entſtand auf ähnliche Art.

432. Feſtſetzung der Fluchtlinien für alte Straſsen.

So ſelten ſolche Unternehmungen in deutſchen Städten ſind, ſo gewöhnlich iſt die allmählige Verbreiterung alter Straſsen auf Grund feſt geſetzter Baufluchtlinien. Der Zweck dieſer Fluchtlinien iſt keineswegs die Geradelegung der Straſsen, wie man aus mangelhaften Entwürfen, welche jeden concaven oder convexen Bogen in der Straſsenlinie ängſtlich abzuſchneiden ſuchen, mitunter ſchlieſsen könnte. Weder der Verkehr, noch die Schönheit verlangen durchaus eine geradlinige Richtung oder Begrenzung der Straſse. Krümmungen und Vorſprünge ſind im Gegentheile oft geeignet, das Bild der Straſse zu verſchönern (vergl. Abſchn. 2, Kap. 4, unter c); der Verkehr fordert nur hinreichende Breite und Vermeidung, bezw. Beſeitigung ſolcher

Fig. 526.

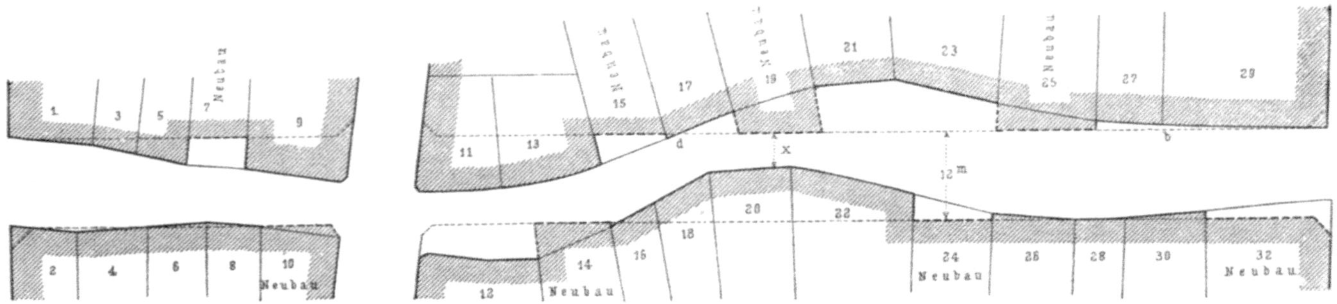

Unzuläſſige Fluchtlinien.

Fig. 527.

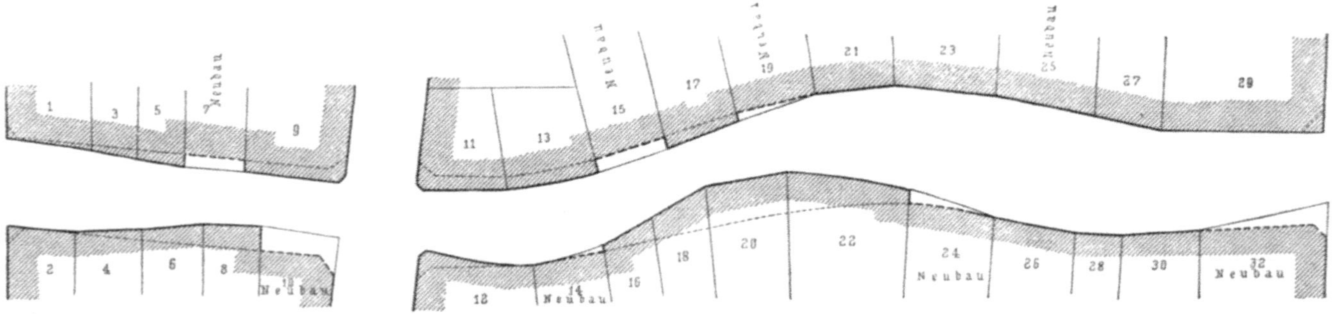

Empfehlenswerthe Fluchtlinien.

Fig. 528.

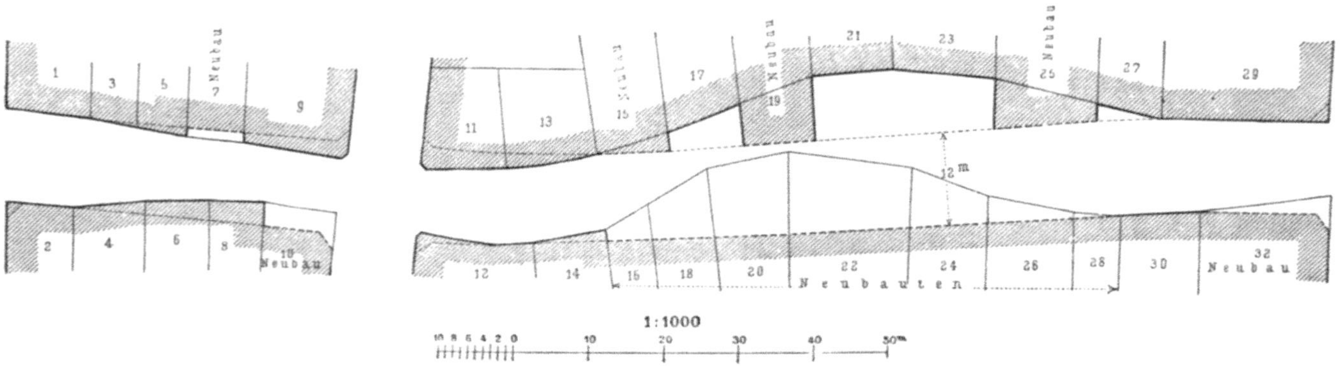

Fluchtlinien für den Fall des ſofortigen Neubaues der Häuſerreihe Nr. 16 bis 28.

Vorſprünge, Winkel und Wendungen, welche die Ueberſichtlichkeit der Straſsenfläche, beſonders der Fahrbahn, erſchweren. Es iſt daher in der Regel ein Fehler, den concaven Bogen einer Straſsenlinie durch eine die Straſse verſchmälernde, gerade Fluchtlinie erſetzen zu wollen, und die Aufopferung bisherigen Straſsenlandes zur Bebauung iſt nur ausnahmsweiſe gerechtfertigt. Der Fluchtlinien-Feſtſetzung in Fig. 526 iſt diejenige in Fig. 527 jedenfalls vorzuziehen, vorausgeſetzt, daſs die die Straſse begrenzenden Häuſer nicht etwa gleichzeitig abgebrochen werden ſollen, ſondern daſs es ſich, wie gewöhnlich, darum handelt, Linien zu beſtimmen, nach welchen die Baumeiſter ſich richten ſollen, ſobald die alten Häuſer, heute dieſes, ſpäter jenes, je nach dem Willen der Beſitzer, durch Neubauten erſetzt werden ſollen. Aus dem Umſtande, daſs die Reihenfolge der Neubauten unbekannt iſt, geht hervor, daſs die neue Baulinie *a b* in Fig. 526 doppelt unrichtig iſt, wenn der Abſtand *x* von der alten gegenüber liegenden Bauflucht für den Straſsenverkehr nicht ausreichend breit iſt. Soll die alte krumme Straſsenſtrecke dagegen mit einem einzigen Schlage beſeitigt werden oder findet wenigſtens der Abbruch und Neubau der convexen Häuſerreihe ſofort ſtatt (Fig. 528), ſo liegt kein Grund vor, von einer Geradelegung der Straſse Abſtand zu nehmen, es ſei denn, daſs die Anſchlüſſe an beiden Enden oder an einem Ende eine Biegung als zweckmäſsig erſcheinen laſſen. Im Uebrigen ſind Verkehrszweckmäſsigkeit und Schönheitsgefühl in den einzelnen Fällen entſcheidend.

Oft auch verlangt die geringe Tiefe der Grundſtücke an der einen Straſsenſeite dringend, daſs die Straſsenverbreiterung auf der gegenüber liegenden Seite erzielt werde.

Manche Gemeinden legen ſich zur Verbreiterung alter Straſsen und Gaſſen beträchtliche Opfer auf. So zahlt die Stadt Köln jährlich mehr als 150000 Mark an Grundentſchädigungen für das Zurücktreten der Neubauten in die Fluchtlinie. Auch hier führt das preuſsiſche Enteignungsgeſetz, wie die meiſten anderen, nach Anſicht des Verfaſſers eine Unbilligkeit durch die Beſtimmung herbei, daſs eine augenfällige Werthſteigerung des verbleibenden Baugrundſtückes bei Bemeſſung des Schadenserſatzes für den zur Straſsenverbreiterung abzutretenden Theil auſser Anſatz bleibt. 433. Aufbringen der Koſten.

Wenn eine durchſchnittlich 6 m breite Straſse beiſpielsweiſe auf durchſchnittlich 12 m erweitert wird, ſo ſind die, wenn auch um etwas verkleinerten Grundſtücke an der neuen Straſsenlinie in der Regel erheblich mehr werth, wie die urſprünglichen Grundſtücke an der engen Gaſſe. Denn die Straſse gewinnt an Anſehen und Verkehr, und die Ausnutzungsfähigkeit der Grundſtücke ſteigt weſentlich durch die zuläſſige gröſsere Gebäudehöhe; dem Eigenthümer erwächst deſshalb ein Nachtheil für gewöhnlich überhaupt nicht. Nichts deſto weniger hat die Gemeinde den vollen Werth des abzutretenden Grundſtückſtreifens zu entſchädigen und oft noch eine Reihe von Nebenkoſten zu beſtreiten; dabei wird irriger Weiſe meiſtens ſogar derjenige Werth geſchätzt, welcher im Grundſtückshandel vorgreifend im Hinblick auf die in Ausführung begriffene Straſsenverbreiterung ſich gebildet hat. Der Schadenserſatz ſollte billiger Weiſe höchſtens nach Maſsgabe desjenigen Werthes bemeſſen werden, den die Grundſtücke vor der Verbreiterung hatten, und mit Rückſicht darauf, daſs die den Werth beſtimmende Lage an der Straſsenfront erhalten bleibt, daſs alſo das Grundſtück nur an Tiefe — vielleicht an überflüſſiger Tiefe — verliert.

So fallen die Koſten der Straſsenverbreiterungen in den meiſten deutſchen

Städten der Gemeinde, d. h. der Gemeinſchaft aller Steuerzahler, zur Laſt, während die Anlieger den Vortheil der Werthſteigerung ihrer Grundſtücke unentgeltlich genieſsen. In Hamburg, Stuttgart und Baſel dagegen findet eine Anrechnung der Werthſteigerung auf den Schadenserſatz für abgetretene Theile ſtatt; ja in Hamburg wird ſogar ein Theil der entſtehenden Werthſteigerung bei einſeitiger Straſsenverbreiterung den Beſitzern der gegenüber liegenden Grundſtücke zu zahlen auferlegt, und zwar haben dieſe gegenüber liegenden Eigenthümer der Stadt-Caſſe ein Drittel der Verbreiterungskoſten, jedoch höchſtens den Werth eines Quadr.-Meters Boden für jedes Meter Front, zu erſetzen (§. 106 des Baupolizei-Geſetzes vom 23. Juni 1882).

434. Uebergangszuſtand.

Iſt für die Verbreiterung einer alten, bebauten Straſse eine Fluchtlinie förmlich feſt geſetzt, ſo können nach preuſsiſchem Geſetze Neubauten, Um- und Ausbauten über die Fluchtlinie hinaus ohne Anſpruch auf Schadenserſatz unterſagt werden, und zwar nicht bloſs ſolche Bauvornahmen, welche eine Verſtärkung oder eine Vergröſserung der Dauerhaftigkeit des Gebäudes herbeiführen würden. Unterhaltungs- und Ausbeſſerungsarbeiten ſind dagegen ſtatthaft; zu den letzteren gehören auch diejenigen zur Erhaltung eines Gebäudes nöthigen Erneuerungen, welche durch den Abbruch eines Nachbargebäudes veranlaſſt ſind. Die Neubauten, welche übrigens in Städten weit mehr durch die Abſicht, eine beſſere Ausnutzung des Baugrundes zu erzielen, als durch Bauloſigkeit herbeigeführt werden, treten eine nach der anderen in die Fluchtlinie, und nun entſteht während der oft ſehr langen Uebergangszeit jene häſsliche Zahnlückenform der Straſsenbegrenzung, die wir in alten Städten ſo oft zu ſehen Gelegenheit haben. Zur Verbeſſerung der Anſicht und zur Beſeitigung von Schmutzwinkeln geſtattet man wohl, die Lücke bis zur alten Häuſerlinie durch einen Erdgeſchoſs-Vorbau oder ſchräge Schaufenſter und ähnliche Einrichtungen zu ſchlieſsen, welche beim Neubau der Nachbarhäuſer wieder fortzunehmen ſind. Namentlich in franzöſiſchen Städten ſind dieſe »Lückenbüſser« ſehr üblich. Wir ſind leider genöthigt, ſolche vorübergehenden Nothbehelfe und Unſchönheiten, ſelbſt wenn ſie Jahrzehnte dauern ſollten, mit in den Kauf zu nehmen; denn die Verbreiterung der engen Straſsen iſt eine Nothwendigkeit. Wir müſſen uns aber in der Regel mit der allmähligen Erreichung des Zieles begnügen, weil die ſofortige Verbreiterung unerſchwingliche Summen erheiſchen würde.

7. Kapitel.

Die Benutzung der Straſsen durch die Anſtöſser für Privatzwecke.

435. Eigenthumsgrenze.

Theils Zweckmäſsigkeitsgründe, theils die wirthſchaftliche Nothwendigkeit bringen es mit ſich, daſs zwiſchen der öffentlichen Straſse und den Privatgrundſtücken nicht eine ſo ſcharfe Grenze des Eigenthumes und der Benutzung gezogen werden kann, wie zwiſchen zwei Privatgrundſtücken.

Die Grenze des öffentlichen Gemeindeeigenthums wird zwar bei völlig geordneten Straſsenverhältniſſen durch die Straſsenfluchtlinie klar beſtimmt. Aber einestheils ſind die Verhältniſſe vieler Straſsen durchaus nicht geregelt, und anderentheils ift felbft bei voller Ordnung die Strafsenfluchtlinie als Grenze durchaus nicht augenfcheinlich leicht erkennbar.

Es giebt ältere Strafsen, deren Bürgerfteige als Eigenthumszubehör der anliegenden Grundftücke betrachtet werden oder in deren Fläche Freitreppen, Auffahrtsrampen, Kellerfchrote und ähnliche Privatanlagen vortreten, welche entweder Eigenthum des Hausbefitzers oder doch fervitutmäfsig berechtigt find. Und auch an neueren Strafsen, welche bisher von den — befonders in England üblichen — Lichtgräben der Kellergefchoffe oder den Vorgärten der Erdgefchoffe eingefafst waren, treten oft, wenn aus gewerblichen Gründen allmählig die Lichtgräben verfüllt und die Vorgärten befeitigt werden, Grenzunklarheiten ein. Dafs folchen Unklarheiten bei der Ausführung neuer Stadttheile nach Kräften vorzubeugen ift, verfteht fich von felbft. Am wirkfamften ift dies gemeiniglich zu erreichen durch die Forderung einer unvergänglichen, bleibenden Einfriedigung aller Privatgrundftücke in der Strafsenflucht auch in denjenigen Fällen, wo die Vorderwand der Gebäude nicht bis an die Strafsenflucht herantritt. In älteren Stadttheilen ift eben fo das Beftreben der Gemeinde darauf zu richten, durch freiwilliges Uebereinkommen oder Enteignung jene in die Strafsen ftörend vortretenden Bautheile nach Möglichkeit zu befeitigen, diefelben aber bei Errichtung von Neubauten nicht mehr zuzulaffen.

Aber auch wenn eine klare Eigenthums- und Strafsengrenze vorhanden ift, pflegt man eine Benutzung des öffentlichen Grundes oder der öffentlichen Luftfäule durch gewiffe vorfpringende Gebäudetheile nicht völlig auszufchliefsen. Allgemein wird geftattet, dafs die Abfätze der Fundament-Mauern eines Neubaues in den Strafsengrund vorfpringen, während eben fo allgemein die aufgehende Vorderwand in die Lichtbreite der Strafse nicht vortreten darf. Die Ebene der aufgehenden Gebäudemauern bildet demnach in der Regel die Grenze des Strafseneigenthumes. Vor diefer Ebene jeden Einfprung in das Strafsenlicht zu unterfagen, würde offenbar zu weit führen. Gefimfe, überftehende Dächer, auch Sockelvorfprünge werden defshalb faft überall mit gewiffen Einfchränkungen als zuläffig betrachtet. Ein befonderes Intereffe für folche Einfchränkungen waltet zur Vermeidung von Verkehrsbehinderungen bezüglich des unteren, 2 bis 3 m über die Strafse fich erhebenden Gebäudetheiles vor. *Baumeifter* will in feiner »Normalen Bauordnung« hier überhaupt keine Vorfprünge geftatten, fondern verlangt, dafs die Gebäudewand um das Mafs der vorfpringenden Theile hinter der Baufluchtlinie zurückbleibe. Vielleicht ift diefe Forderung zu ftrenge und die Vorfchrift der Kölner Bauordnung empfehlenswerth, welche in der Höhenzone bis zu 2,5 m Vorfprünge von nicht mehr als 1 Procent der Strafsenbreite, jedoch von höchftens 25 cm zuläfft. Die Berliner Bauordnung erlaubt überall Sockelvorfprünge von 13 cm und in breiten Strafsen auch vortretende Treppenftufen von 20 cm Breite. Jedenfalls follten erheblich ausladende Bautheile, wie Fenfterbänke, Fenfterläden, Ladenfchilder, fefte und bewegliche Schirmdächer, in der genannten Höhenzone von ungefähr 2,5 m allgemein unzuläffig fein.

436. Vorfpringende Gebäudetheile.

Ueber diefer Höhenzone, fo wie unter der Bürgerfteigebene kann den vortretenden Gebäudetheilen eine gröfsere Freiheit gewährt werden. In der Höhe handelt es fich um Schirmdächer, Ladenfchilder, Hauslaternen, Gefchäftszeichen (wie Zunftwappen, Stiefel, Handfchuhe, Uhren, Mafskrüge), Fenfter und Fenfterläden, Balcons, Erker, Stockwerks-Ueberkragungen, Dachüberftände u. f. w.; in der Tiefe kommen Kellerhälfe, Kellerlichter, Kellereingänge und Bürgerfteig-Unterkellerungen in Frage.

In letzterer Beziehung herrſchen in den verſchiedenen Städten Gepflogenheiten von dreierlei Art. Die einen verbieten jede bauliche Anlage in oder unter der Bürgerſteigfläche, was bei engen, vom Verkehre erfüllten Straſsen berechtigt iſt. Die anderen verbieten zwar Kellereingänge mit beweglichen Thüren in der Straſsenfläche ebenfalls unbedingt, laſſen aber zur Beleuchtung des Keller-, bezw. Sockelgeſchoſſes oder zum Einbringen der Heizkohlen etc. Kellerhälſe, bezw. Bodeneinſchnitte unter der Bedingung zu, daſs ſie nicht mehr als ein beſtimmtes Maſs (20 bis 30 cm) vor die Baufluchtlinie vortreten und in der Bürgerſteigebene durch ſtarke Glasplatten, Steinplatten, geriffelte Guſseiſenplatten oder Eiſengitter ſicher überdeckt oder in anderer Weiſe ſicher umfriedigt werden, ein Gebrauch, welcher bei breiten Straſsen als eine den Hausbeſitzern willkommene Erleichterung unbedenklich ſein mag. Die dritte Claſſe von Städten, beſonders in Belgien und England, geht ſo weit, daſs ſie gegen beſtimmte Abgaben die Unterkellerung der Bürgerſteige mit Anlage ſicherer Deckenlichter (Rohglasplatten) für unbedenklich findet. In Amerika erſtreckt ſich dieſe private Ausnutzung der Bürgerſteige zugleich auf erhebliche Theile der Oberfläche, welche von Vortreppen, Vordächern, Wirthſchafts- und Verkaufsgegenſtänden eingenommen, alſo dem öffentlichen Verkehre entzogen werden. Für europäiſche Verhältniſſe iſt eine ſolche Freiheit in der Benutzung öffentlichen Eigenthumes unangebracht; nur auf beſonders breiten Bürgerſteigen pflegt in manchen Städten das Beſetzen beſtimmter Flächen mit Stühlen und Tiſchen an Bier- oder Kaffeehäuſern gegen Miethe zugelaſſen zu werden.

Was die vorſpringenden Gebäudetheile in der Höhe betrifft, ſo werden Schirmdächer, Ladenſchilder, Hausleuchten und Geſchäftszeichen ziemlich allgemein unentgeltlich oder gegen geringe Abgabe geſtattet, ſobald ſie über der Lichthöhe von 2,5 bis 3,0 m ſich befinden; durch Vorbehalt des jederzeitigen Widerrufes werden Ausſchreitungen leicht verhindert. Nach auſsen aufſchlagende Fenſterläden dürfen meiſtens als veraltet bezeichnet werden, nach auſsen aufſchlagende Fenſter werden bald zugelaſſen, bald unterſagt; das Letztere iſt zur gröſseren Sicherheit der auf der Straſse verkehrenden Perſonen vorzuziehen. Für Balcons und Erker gelten mancherlei Beſtimmungen. Die Berliner Bauordnung geſtattet ſolche Anlagen nur in Straſsen von mehr als 15 m Breite und in einer gröſsten Ausladung von 1,30 m. In Rom läſſt man ſogar Balcons bis zu 80 cm Vorſprung in Straſsen von weniger als 7 m Breite zu; in breiteren Straſsen wächst der erlaubte Vorſprung. Bei weniger als 12 m Straſsenbreite geſtattet man in Brüſſel 70 cm, bei breiteren Straſsen 90 cm Balcon-Vorſprung; dabei ſoll die freie Höhe über dem Bürgerſteig wenigſtens 3,50 m betragen. Das Kölner Ortsſtatut über Erker und Balcons hat eine abgeſtufte Reihe der zuläſſigen Ausladungen bei verſchiedenen Straſsenbreiten feſt geſetzt, und zwar von 30 cm bei 7 m bis zu 120 cm bei 20 m Breite; in Straſsen von weniger als 7 m Breite ſind Erkervorſprünge überhaupt unzuläſſig; das Ausladungs-Maximum iſt 1,20 m. Auch müſſen, wie in Berlin, die Balcons und Erker um wenigſtens das Anderthalbfache ihrer Ausladung von der Nachbargrenze entfernt ſein. (Vergl. das Kölner Ortsſtatut für Erker und Balcons im Anhang.) Durch die Beſtimmung, daſs die vortretenden Bautheile nur einen gewiſſen Bruchtheil (in Berlin $^1/_3$, in Köln $^2/_5$) der Gebäudebreite einnehmen dürfen, wird das Entſtehen ganzer Stockwerksüberbauten, die ehemals ſo beliebt und gebräuchlich waren, verhindert. Auch für die Dachgeſimſe oder Dachüberſtände finden ſich in einzelnen Städten beſchränkende Beſtimmungen.

Durch die oben erwähnte, ziemlich allgemein geltende Vorschrift, dafs die aufgehende Vorderwand der Gebäude die Ebene der Strafsenflucht bilden mufs, jedenfalls nicht über diefe hinaus vortreten darf, wird eine kräftige Maffengliederung der Gebäudefronten erfchwert. Zwar ift die Bildung von Rifaliten möglich, wenn der Bauherr um das Mafs derfelben den Haupttheil der Façade hinter die Bauflucht zurückzieht. Da aber das Streben nach möglichfter Ausnutzung des Bodens leider von diefem Opfer zurückhält, fo entftehen jene langweilig glatten Strafsenwände, durch die fo viele moderne Strafsen fich von Stadttheilen älterer Art unvortheilhaft unterfcheiden. Die Gemeinde kann diefer langweiligen Glätte dadurch entgegenwirken, dafs fie wenigftens in breiten Strafsen Rifalite vor der Strafsenfluchtlinie zuläfft, dafs fie alfo das Opfer an Boden bringt, welches der Privatmann zu bringen fich fcheut. An der neuen Ringftrafse und an öffentlichen Plätzen in Köln wurden in diefem Sinne Rifalite von 25 cm Vorfprung bis zu $^{2}/_{5}$ der Façaden-Breite unentgeltlich geftattet, was ein wohlthuendes Relief in die Strafsenwände gebracht hat. Durch die Freiheit, die Gebäude um ein beliebiges Mafs (alfo auch mehr als 25 cm) hinter die Strafsenfluchtlinie zurückftellen zu dürfen, kann ein folches Relief nicht in erwünfchter Weife erzielt werden, weil einerfeits das Intereffe des Bauherrn, der fein Grundftück in der Regel nach Kräften ausnutzen will, verletzt wird und weil andererfeits auch die Gemeinde die Entftehung von Schmutzwinkeln und unfchönen oder dunkeln Ecken, die fich bei diefer Bauart an den Zwifchengrenzen der Häufer bilden, nicht dulden kann, fondern in der Regel die Einfriedigung in der Strafsenfluchtlinie verlangen mufs. 437. Maffengliederung der Gebäude.

Gröfsere Freiheit ift natürlich zuläffig und deren Anwendung erwünfcht, wenn zwifchen der Strafsenflucht und der Baufluchtein an der Strafse eingefriedigter Vorgarten liegt. Hier können niedrige Vorbauten (von weniger als 1,00 oder 1,25 m Höhe) unter Umftänden unbedenklich bis an die Strafse herantreten, während auffteigende Vorbauten (welche nicht mehr als etwa $^{1}/_{3}$ bis $^{2}/_{5}$ der Gebäudefront bedecken) einen erheblichen Theil der Vorgartenbreite, etwa $^{1}/_{4}$ bis $^{1}/_{2}$, einnehmen dürfen. Liegt hinter den Vorgärten keine gefchloffene Bauflucht, fondern eine Reihe frei ftehender Gebäude (Villen), fo ift die Innehaltung der geraden Baulinie nicht allein unnöthig; fondern es ift im Gegentheil erwünfcht, dafs den einzelnen Bauten in ihrer Stellung hinter der Baulinie volle Freiheit gewährt werde.

Einen Gegenfatz zu den Vorgärten bilden die befonders in italienifchen Städten beliebten offenen Hallen, welche der Fahrftrafse entlang bedeckte öffentliche Gehwege unter den Obergefchoffen der Häufer bilden. Während bei Anordnung von Vorgärten die Strafsen von den Häufern abgerückt find, dringt bei Anordnung diefer »Colonnaden« die Strafse auf 4 bis 7 m Tiefe gewiffermafsen in die Häufer ein. Für die offenen Hallen entlang der neuen Tiber-Uferftrafse (*Lungo Tevere*, fiehe Fig. 235, S. 111) zu Rom find feft gefetzt: eine lichte Hallenweite von 6,0 m, ein lichter Abftand der Säulen oder Pfeiler von mindeftens 3,5 m, eine Lichthöhe der Oeffnungen von wenigftens 7,5 m bei bogenförmigem und 7,0 m bei wagrechtem Abfchlufs (Art. 18 des *Regolamento edilizio per il commune di Roma in vigore dal 14 Febbraio 1887*).

Kehren wir nach diefer Abfchweifung zur Benutzung der Strafsen durch die Anftöfser für Privatzwecke zurück, fo finden wir noch eine Gruppe hierher gehöriger Benutzungsarten, welche auf baulicher oder wirthfchaftlicher Nothwendigkeit beruhen. 438. Baugerüfte und Bauzäune.

Während der Bauausführung mufs der Bauende einen Theil des Strafsenlandes zur Aufftellung von Gerüften benutzen; der Eigenthümer mufs fowohl bei oberirdifcher, als bei unterirdifcher Entwäfferung fein Waffer auf oder in den Strafsenkörper leiten; wenn er fein Haus an öffentliche Leitungen für Waffer-, Licht-, Wärme- oder Kraftverforgung anfchliefsen will, mufs er den Strafsenkörper benutzen. Durch Ortsftatuten oder Polizei-Vorfchriften pflegen diefe Benutzungen geregelt zu werden.

Was die Baugerüfte und Abfperrungen (Bauzäune) während des Bauens oder des Niederlegens von Häufern betrifft, fo wird man jedem Eigenthümer ein Recht auf unentgeltliche Inanfpruchnahme eines gewiffen nothwendigen Mafses der Strafsenfläche (80 bis 100 cm Breite) zugeftehen müffen. Wünfcht der Bauherr zur Erleichterung feiner Arbeiten, zur Aufftellung breiterer Gerüfte, zur Lagerung von Bauftoffen eine gröfsere Strafsenbreite zu benutzen, fo kann dies, wenn der Verkehr es überhaupt zuläfft, gegen Zahlung einer Miethe geftattet werden, welche an einigen Orten nach der eingenommenen Fläche (Aachen, Köln), an anderen nach der Länge der Grundftücksfront (z. B. Brüffel) berechnet wird.

439. Anfchlufs an die öffentliche Entwäfferung.

Eben fo pflegen die Gemeinden geringe laufende Jahresabgaben für die Erlaubnifs zu erheben, Hauswaffer vermittels Rohren unter der Bürgerfteigfläche oder mittels bedeckter Rinnen oder unter Anwendung von Hauftein oder Gufseifen in der Bürgerfteigfläche in die Strafsenrinne zu leiten.

Nach ausgeführter Canalifation fallen diefe oberirdifchen Abflüffe fort; die Stadt ftellt alsdann entweder für eigene Rechnung oder für Rechnung des Hausbefitzers die Hausanfchlufsrohre her; der Befitzer aber ift verpflichtet, feine Hausentwäfferung in diefes Anfchlufsrohr einzuführen und in der Regel für die Benutzung des ftädtifchen Canalnetzes eine laufende Jahresgebühr an die Stadt-Caffe zu entrichten. Diefe Gebühr wird entweder nach dem Miethsertrag des Haufes (Stralfund 1¼ Procent), nach dem Feuerverficherungswerth (Bafel 2 Promille), als Quote der Wafferverforgungs-Abgabe (Köln 20 Promille), als Jahreszahlung für jedes Fallrohr des Haufes (Paris 24 Mark) oder als Jahresabgabe für jedes laufende Meter Grundftück-Front berechnet. Die letztere Berechnungsart ift vielleicht nicht die gerechtefte, aber die einfachfte und ficherfte; fie beträgt in verfchiedenen Städten ungefähr 2, 3, 4 Mark für das laufende Meter mit gewiffen Erleichterungen für Eckhäufer und unbebaute Fronten.

Die Canalgebühr, welche der Leiftung anzupaffen ift, beträgt dort, wo die Abortftoffe nicht aufgenommen werden, weniger als in denjenigen Städten, in welchen die volle Schwemm-Canalifation mit Spülaborten eingeführt ift. Auch ift zu berückfichtigen, ob die Gemeinde genöthigt ift, die Canalwaffer vor ihrem Einlafs in den Flufs unter Aufwendung grofser Koften zu klären. Immer aber follte als Grundfatz feft ftehen, dafs die Koften des Canalbetriebes, der Canalunterhaltung, der Baukoftenverzinfung und der Klärung nicht allein von den Hausbefitzern, fondern etwa zur Hälfte von der Gemeinde, d. h. von der Gemeinfchaft der Steuerzahler, aufzubringen feien, weil Beiden die Leiftung zu Gute kommt, den Hausbefitzern durch Erfparung von Abfuhr- und Reinigungskoften, der Allgemeinheit durch Entwäfferung der Strafsen, Plätze und öffentlichen Anlagen, fo wie durch die vermehrte Annehmlichkeit und verbefferte Gefundheit. Zudem haben die Erbauer neuer Strafsen, welche die Anlagekoften der Canäle bezahlt haben, ein Anrecht darauf, nicht auch noch diefe Koften verzinfen zu müffen, was durch die empfohlene Theilung vermieden wird.

Aehnliche Abgaben, wie für die Benutzung der Canalifation, find für die Theilnahme an der Waffer-, Licht-, Wärme- und Kraftverforgung zu zahlen, und zwar gewöhnlich auf Grund von Meffung der abgegebenen Mengen durch geeignete Vorrichtungen (Waffermeffer, Gasmeffer, Elektricitätsmeffer u. f. w.) unter Feftfetzung eines beftimmten Mindeftbetrages. Andere Verbrauchstarife, z. B. nach dem Miethsertrage des Haufes, nach der Gröfse der Liegenfchaft, nach Zapfftellen, nach der Flammenzahl u. f. w., find nicht ausgefchloffen, haben fich aber im Allgemeinen wenig bewährt. Insbefondere hat ein von der Meffung des Wafferverbrauches abfehender Waffertarif zwar Vorzüge vom gefundheitlichen Standpunkte, ift aber geeignet, die Waffervergeudung zu begünftigen, fteigert defshalb die Betriebskoften und dem gemäfs auch, trotz fcheinbarer Wohlfeilheit für das Cub.-Meter, die Jahresabgaben der Verbraucher. Die im Strafsenkörper liegenden Anfchlufsleitungen von der Hauptleitung zum Haufe werden in der Regel vom Befitzer des Waffer-, Gas-, Elelektricitätswerkes etc., gewöhnlich alfo von der Gemeinde, für Rechnung des Hausbefitzers hergeftellt. 440. Sonftige Hausanfchlüffe.

8. Kapitel.

Die Bauordnung.

Nachdem mehrere wichtige Zweige der Baugefetzgebung in Kap. 2 bis 7 diefes Abfchnittes erörtert wurden, ift das Gebiet der hier zu befprechenden eigentlichen Bauordnung auf die Art der Bebauung innerhalb der feft gefetzten Blockgrenzen eingefchränkt. Die Wahrung diefer Bauordnung im engeren Sinne liegt der Bau-Polizei ob; die letztere ift in der Regel eine communale Dienftftelle, jedoch ausnahmsweife — und zwar felten aus ftichhaltigen Gründen — eine neben der Gemeinde eingefetzte ftaatliche Behörde. Die Aufgabe der Bau-Polizei ift keine pofitive; fondern fie ift eine vorbeugende, die Verftöfse gegen die geltenden Bauordnungs-Vorfchriften nach Möglichkeit verhindernde. Zu diefem Zwecke hat die Bau-Polizeibehörde alle Bauentwürfe vor der Ausführung hinfichtlich ihrer Uebereinftimmung mit der Bauordnung zu prüfen und nöthigenfalls die Abänderung zu veranlaffen; fie hat ferner die Bauten in beftimmten Friften zu unterfuchen und fchliefslich als benutzbar zu erklären. Bauunterfuchungen aufserhalb der Friften, fei es aus freiem Antriebe, fei es aus äufserer Veranlaffung können und follen ebenfalls eintreten; aber es ift nicht Aufgabe oder Pflicht der Polizei, fog. Bauunfälle zu verhüten, deren Urfache in der Verwendung fchlechter Bauftoffe, in Ausführungsmängeln oder in folchen Conftructionsfehlern liegen, die fich der polizeilichen Vorprüfung entziehen. Wollte man den Verfuch machen, die Aufgabe der Bau-Polizei auf die Verhinderung von Bauunfällen, insbefondere von Einftürzen alter und neuer Gebäude und Gebäudetheile, zu erftrecken, fo bedürfte es einer beftändigen polizeilichen Beauffichtigung alles öffentlichen und privaten Bauwefens durch ein Heer befonderer Beamten; und doch würde diefer Verfuch fcheitern, da die Bauauffichtsbeamten fowohl, als die bauausführenden Perfonen (Beamte, Unternehmer, Private) fehlbare Menfchen find. Es würde nur zur Sorglofigkeit der Baumeifter und Bauherren führen, wollte man der Polizei die Bürgfchaft für die Sicherheit des Bau- 441. Aufgabe der Baupolizei.

wefens aufbürden. Die möglichfte Sicherheit gegen Unfälle mufs, abgefehen von der oben angegebenen befchränkteren Thätigkeit der Polizei, in der Perfon des oder der Ausführenden liegen, deren technifche Ausbildung und rechtliche Verantwortlichkeit gegenwärtig aber noch vielfach zu wünfchen übrig laffen.

442. Vielerlei der baupolizeilichen Vorfchriften.

Die Vorfchriften der verfchiedenen Bauordnungen gehen theils von der Landesgefetzgebung, theils von einzelnen ftaatlichen Behörden, theils von den Gemeinden aus; es ift befonders in Deutfchland ein reichhaltiges Kunterbunt, in welchem die Orts- und Stammesverfchiedenheiten fich mehr als nöthig ausprägen. Beftrebungen im Schofse der deutfchen Architekten- und Ingenieur-Vereine, welche eine deutfche Reichs-Bauordnung im Auge hatten, führten zu *Baumeifter*'s verdienftvollem Werke: »Normale Bauordnung nebft Erläuterungen (Wiesbaden 1880)«, felbft nicht einen Gefetzentwurf, fondern einen wiffenfchaftlichen Anhalt bildend für die Aufftellung und Umgeftaltung örtlicher Baupolizei-Vorfchriften. Zugleich aber hat *Baumeifter*'s Arbeit den Beweis geliefert, dafs es möglich ift, die wefentlichen Vorfchriften der Bau-Polizei für ganz Deutfchland einheitlich feft zu ftellen, während die weitere Ausgeftaltung den ftädtifchen Gemeinden und ländlichen Kreifen zu überlaffen fein wird. In neuerer Zeit haben die Reichstags-Abgeordneten *Kalle* und *Miquel* den Erlafs gewiffer reichsgefetzlicher Bauvorfchriften, befonders folcher zum Schutze des gefunden Wohnens, wiederholt angeregt. Aus den Anträgen *Miquel*'s und *Baumeifter*'s im »Deutfchen Verein für öffentliche Gefundheitspflege« ift der dem Reichskanzleramt überreichte Entwurf »Reichsgefetzliche Vorfchriften zum Schutz des gefunden Wohnens« entftanden, welcher im Anhange diefes Halbbandes abgedruckt ift.

Es ift bei der Wichtigkeit des Gegenftandes für die öffentliche Wohlfahrt kein Zweifel, dafs die Reichs- und Staatsgefetzgebung fich in der nächften Zeit vielfach mit Bauordnungsfragen befaffen, berechtigte Eigenthümlichkeiten fchonen, aber Willkürlichkeiten und Mängel nach Möglichkeit befeitigen wird.

443. Verfchiedenheit der Bauordnung in verfchiedenen Stadttheilen.

Nach gleicher Schablone kann alles Bauwefen in den Städten und Landfchaften Deutfchlands allerdings nicht behandelt werden; nicht einmal in derfelben Gemeinde follten die Vorfchriften ftarr und unbeweglich überall die gleichen fein. Für die Altftadt, für neue Stadttheile und für ländliche Bezirke derfelben Stadtgemeinde empfehlen fich unter Umftänden Abweichungen der Bauordnung: in der Altftadt, um gefchichtlich gewordene Wirthfchafts- und Vermögens-Intereffen zu fchonen; in der Neuftadt, um eine weiträumigere und gefundere Bebauung herbeizuführen; in Vorftadtbezirken, um nicht das weitere Entftehen vorftädtifcher und ländlicher Bauten zu Gunften der dichteren ftädtifchen Bauart zu erfchweren. Dafs die letztere Unterfcheidung fehlt, tadelt *Baumeifter* nicht ohne Recht an der neuen Berliner Bauordnung. In Budapeft giebt es Zonen mit verfchiedenen baupolizeilichen Beftimmungen; in Altona, Hamburg und anderen Städten find wenigftens die Aufsenbezirke von der Innenftadt unterfchieden.

444. Inhalt der Bauordnung.

Vor Allem aber ift es nöthig, dafs eine Bauordnung in allen Dingen fefte Grundfätze aufftelle und fo wenig als möglich das polizeiliche Ermeffen vorwalten laffe; weder dem verantwortlichen Beamten, noch dem Bauluftigen ift mit Unficherheiten, die im Einzelfalle bald fo, bald anders zu löfen find, gedient.

Der Inhalt der Bauordnung foll fich erftrecken auf Vorfchriften über die Formen des baupolizeilichen Verfahrens, über die Sicherung des Verkehres, der Gefundheit und der Standfähigkeit, über den Schutz gegen Feuersgefahr und über die nachbarlichen Beziehungen. Der Schutz der »Schönheit« ift im Allgemeinen nicht Sache der Bau-Polizei; nur in wenigen Fällen ift das amtliche Beftreben angebracht, »Verunftaltungen« zu verhüten.

Die Förmlichkeiten des baupolizeilichen Verfahrens werden von den Bauluftigen ftets ungern ertragen werden; auch Wohlthaten will man nicht aufgedrängt haben. Die Vereinfachung der Formen und die thunlichft geringe Beläftigung des Bauenden wird darum vielerorts angeftrebt, leider oft mit dem entgegengefetzten Erfolge, ähnlich wie jene bekannte Art behördlicher Verfügungen, welche zur »Verminderung des Schreibwefens« einige neue Schreibereien einzuführen pflegt. Die Bauenden find ftellenweife fo weit gegangen, zu verlangen, dafs der Beginn des Bauens nicht von einer polizeilichen »Bauerlaubnifs« abhängig gemacht werde, fondern von der Vorlage des Planes, nach deffen Prüfung nicht eine »Bauerlaubnifs«, fondern ein »Baufchein« ertheilt werden foll. Im Hinblick auf die in Kap. 2 gedachten nothwendigen Baubefchränkungen geht diefe Forderung zu weit; vielleicht aber ift es angängig, die Bauerlaubnifs, d. h. die Erklärung, dafs gebaut werden darf, im Intereffe der Bauvorbereitungen mit geringftem Zeitverlufte vorweg zu ertheilen, den Baufchein aber, d. h. die Erklärung, wie gebaut werden darf, nach Prüfung der Zeichnungen folgen zu laffen. Namentlich, wenn diefe beiden Theile der Baubeurtheilung in der Hand verfchiedener Behörden liegen (wie z. B. in den preufsifchen Städten mit ftaatlicher Bau-Polizei) dürfte die getrennte Erklärung anzuempfehlen und der Baubeginn von der »Bauerlaubnifs«, nicht aber vom »Baufchein« abhängig zu machen fein. Etwaige Aenderungen des Planes durch den Baufchein oder durch befondere Vorfchriften deffelben fallen natürlich dem Bauherrn auf alle Fälle zur Laft. Für gewerbliche Anlagen find erweiterte Förmlichkeiten, für läftige Gewerbe (vergl. Kap. 2) fogar unter Zuziehung der Oeffentlichkeit, nothwendig und meift durch ein beftimmtes Verfahren geregelt.

445.
Bauerlaubnifs.

Drei örtliche polizeiliche Prüfungen pflegen zu folgen, nämlich die Abnahme des Sockels (wegen Fluchtlinie und Höhenlage), die Abnahme des Rohbaues (wegen Conftructions-Sicherheit und Befolgung von Bauvorfchriften) und die Abnahme des fertigen Baues (wegen Erklärung der Benutzungsfähigkeit in gefundheitlicher Beziehung). Gelegentliche Zwifchenprüfungen bei unzuverläffigen Unternehmern und auf Grund befonderer Vorkommniffe find nicht ausgefchloffen. Die Privatthätigkeit erleidet hierdurch eine Reihe von allgemein nothwendigen, wenn auch im einzelnen Falle meift entbehrlichen Eingriffen, deren fachgemäfse, nicht ftörende Ausführung einen befonderen Tact und ein reifes Urtheil bei den Beamten der Bau-Polizei vorausfetzt. Staatliche und Gemeindebauten pflegen zuweilen diefem gefetzlichen Eingreifen entzogen, auch fonftigen Bauordnungs-Vorfchriften nicht unterworfen zu fein. Nach unferer Auffaffung ift dies ein *Privilegium odiofum*, welches mit dem Wefen der Bau-Polizei, die nicht aus dem Mifstrauen gegen Einzelne, fondern aus dem Schutze Aller ihre Dafeinsberechtigung herleitet, unverträglich ift.

446.
Oertliche Prüfungen.

In fo weit die Vorfchriften zur Sicherung des Verkehres die öffentliche Strafse betreffen, find fie fchon früher, befonders in Kap. 7, befprochen worden. Aufserdem handelt es fich noch um den Verkehr im Haufe und auf dem Grundftück, alfo um Vorfchriften bezüglich der Treppen und Flure, der Zugänge, der Thorfahrten und Höfe, befonders der (z. B. in Hamburg verbreiteten) Wohnhöfe, fo wie um Verkehrsmafsregeln während der Bauausführung.

447.
Verkehrsvorfchriften.

448. Gefundheitliche Vorfchriften.

Die wichtigften Baupolizei-Vorfchriften find diejenigen, welche fich auf den Schutz der Gefundheit beziehen. Wie die Rückfichten der öffentlichen Gefundheit im ganzen Städtebau die vornehmfte Rolle fpielen, fo follten fie auch in den Orts-Bauordnungen weit mehr vorherrfchend fein, als es in Wirklichkeit der Fall ift. Die in neuefter Zeit von *Miquel* betriebene einheitliche Regelung der reichsgefetzlichen Regelung der Wohnungsfrage bezieht fich gerade auf den Schutz der Gefundheit. Auf den (im Anhang mitgetheilten) Gefetzentwurf des »Deutfchen Vereins für öffentliche Gefundheitspflege« haben wir fchon oben hingewiefen. Wir wollen diefen Entwurf, der ausdrücklich nur Mindeftanforderungen enthalten und weiter gehende Landes-, Provinzial- und Ortsverordnungen keineswegs ausfchliefsen foll, hier durch wenige Bemerkungen erläutern.

Der Abfchnitt I handelt von Strafsen und Bauplätzen. Der zweite Abfatz deffelben fpricht nur einen allgemeinen Hinweis aus, weil es unthunlich erfchien, im Hinblick auf grofse Privatgärten, Bahnhöfe und ähnliche unbebaute Flächen und auf Bebauungspläne, welche nur die Hauptverkehrszüge, nicht aber die Blockeintheilung feft fetzen, einen geringften Procentfatz des Flächeninhaltes (z. B. 25 oder 30 Procent) als Mindeftmafs beftimmt vorzufchreiben. Der dritte Abfatz fordert für die Gemeinden das gefetzliche Recht, an gewiffen Strafsen Vorgärten und für gewiffe Stadttheile die offene Bauweife vorzufchreiben, welche ja nicht blofs im offen gebauten Bezirke dem Licht, der Luft und dem Sonnenfchein möglichft freien Zutritt geftattet, fondern auch den benachbarten Stadttheilen als Luftzugang und frifche Luftquelle dient. Der vierte Abfatz foll dem vielerorts üblichen Aufhöhen der Strafsen und Plätze mittels Baufchutt, Hausabfälle, pflanzlicher und thierifcher Refte entgegenwirken.

Der Abfchnitt II fpricht von der Neuherftellung von Gebäuden im Gegenfatze zur Neuherftellung von einzelnen Räumen, welche im Abfchnitt III behandelt werden. Gröfste Gebäudehöhe und geringfte Hofbreite find in §. 2 und §. 3 für Neubauten auf bisher unbebauten und auf bisher bebauten Grundftücken geregelt, und zwar für letztere Grundftücke fo wenig ftreng, dafs auch Städte mit alten engen Strafsen und kleiner Grundftückstheilung (Einzelhausftädte) damit werden auskommen können, während von Miethhausftädten mit breiten Strafsen und grofsen Grundftücken eine Verfchärfung der Beftimmungen erwartet werden mufs. Ueber der zuläffigen Maximalhöhe ift die Feftfetzung eines gröfsten Dachwinkels (45 bis 60 Grad) üblich und nothwendig. Die Hofgröfse ift von der Gebäudehöhe, nicht aber von der Grundftücksgröfse abhängig gemacht, weil Letzteres bei kleinen Grundftücken zu ungenügenden, bei geräumigen Grundftücken zu unbilligen Forderungen führt. (In Wien verlangt man z. B. die Nichtbebauung eines Sechftels, in Köln die Freihaltung eines Viertels, in Altona die Freihaltung der Hälfte des Grundftückes.) Manche Eckhäufer, deren Wohnräume fämmtlich an Strafsen liegen, können zudem den Hof ganz entbehren. §. 4 fpricht aus Gefundheitsrückfichten ein Bauverbot aus und fällt defshalb unter die bereits in unferem Kap. 2 behandelten Baubefchränkungen. §. 5 ftellt die Mindeftanforderungen feft, welche bezüglich der Aborte, der Ställe und der Gefchäftsräume (gewerblicher Betriebe) zu ftellen find. Gerade die Aborte und Hausentwäfferungs-Anlagen, fowohl folche, die an ein ftädtifches Canalnetz angefchloffen find, als auch diejenigen, welche in Gruben, Tonnen oder Strafsenrinnen führen, verlangen gefundheitlich eine überaus aufmerkfame Behandlung, welche indeffen an diefer Stelle nicht eingehend befprochen werden kann [71]).

Der Abfchnitt III unterfcheidet »Wohnräume«, d. h. Räume einer Wohnung, und »zu längerem Aufenthalt von Menfchen dienende Räume«, unter welchen aufser den Wohngelaffen auch Werkftätten, Läden, Concert-Säle u. dergl. zu verftehen find. Die Gefchofshöhe von $2{,}5^{\text{m}}$ wird man gewifs nur ausnahmsweife zulaffen und im Allgemeinen $3{,}0^{\text{m}}$ oder $3{,}2^{\text{m}}$ als lichtes Mindeftmafs vorfchreiben. Einfchneidend ift das mit der Berliner Bauordnung übereinftimmende Verbot aller Wohnungen, welche höher als im IV. Obergefchofs liegen. Es wäre ein Segen, wenn die mit dem Baugrundwucher Hand in Hand gehende Vermehrung der Gefchoffe, welche zwar nicht in Mittelftädten, wohl aber in einzelnen Grofsftädten, wie Rom, Paris, London, New-York, einen beunruhigenden Grad angenommen hat, durch ein folches Gefetz

[71]) Vergl. die nachftehenden Schriften W. P. GERHARD's: Die Einrichtung der Hausentwäfferungsanlagen. Berlin 1879. — *Houfe drainage and fanitary plumbing. Providence 1872. — Hints on the drainage and fewerage of dwellings. New-York 1884. — Sanitary drainage of tenementhoufes. Harford 1884.* — Die Haus-Kanalifation. Principien und Winke für eine rationelle Anlage von Hausentwäfferungen. Leipzig 1885. — *Guide to fanitary houfe-infpection. New-York 1885. — The drainage of a houfe. Bofton 1888.* — Ferner: PUTZEYS, F. *Du drainage domeftique etc. Liège 1885.* — SCHWARZFISCHER, K. Die Hausentwäfferungsanlagen und ihre Ausführung. München 1883. — PRIDGIN TEALE, T. Lebensgefahr im eigenen Haufe, für deutfche Verhältniffe bearbeitet von H. WANSLEBEN. Kiel 1886.

eingeschränkt würde. Der unnatürlichen und schädlichen Verdichtung der städtischen Bevölkerung nach Kräften entgegenzuarbeiten, ist eine Hauptaufgabe der öffentlichen Gesundheitspflege [72]). Eben so sind Kellerwohnungen, trotz der scheinbar entgegengesetzten oder doch zweifelhaften Ergebnisse statistischer Untersuchungen, als bedenklich zu betrachten; desshalb sollen nach §. 8 ganze Wohnungen in Kellergeschossen überhaupt nicht mehr angelegt werden dürfen und einzelne Wohn- oder Geschäftsräume nur, wenn der Fussboden höchstens 1 m unter, der Fenstersturz wenigstens 1 m über der Erdoberfläche liegt.

Der Abschnitt IV, welcher die Benutzung fertiger Räume im gesundheitlichen Interesse beschränkt, ist gesetzgeberisch im Wesentlichen neu, aber von grösster Wichtigkeit, da der gesundheitliche Zweck der Bauordnungs-Vorschriften vereitelt wird, wenn Gelasse zum Wohnen und besonders zum Schlafen benutzt werden, welche im Sinne des polizeilich genehmigten Bauentwurfes zu anderer Benutzung bestimmt waren, oder wenn durch Ueberfüllung den Bewohnern die nöthige Lebensluft genommen oder verdorben wird. Der Luftraum von 5 cbm für ein Kind und von 10 cbm für einen Erwachsenen ist ein solches Minimum, dass die Gesellschaft die Folgen des Räumens der hiernach überfüllten Wohnungen tragen, also für Vermehrung der wohlfeilen Arbeiterwohnungen sorgen muss, wenn bisher wirklich in manchen Städten Familien der ärmeren Volks-Classen durch Wohnungsmangel und Wohnungstheuerung genöthigt sind, sich in so menschenunwürdiger Weise zusammenzupferchen.

Das in Absatz 2 des §. 10 zugelassene Mindestmass von 0,1 qm Fensterfläche für ein Kind und von 0,2 qm Licht für eine erwachsene Person ist ausserordentlich gering. Absatz 2 des §. 7 sichert in der Regel eine grössere Lichtfläche; aber die dort für Dachkammerfenster gestattete Ausnahme musste bezüglich des Lichtbedarfes jeder Person in §. 10, Absatz 2, begrenzt werden.

Neu, wenigstens für Deutschland, sind auch die beiden in §. 11 verlangten Gesetzesbestimmungen, von welchen die erste gegen einzelne ungesunde Wohnungen, die zweite gegen gesundheitswidrige ganze Bezirke gerichtet ist. Alle im Bezirke liegenden Gebäude und Grundstücke sollen demnach behufs vollständigen Umbaues der Enteignung unterliegen. Es würde dadurch den Gemeinden im Interesse der öffentlichen Gesundheit diejenige, allerdings weit gehende und desshalb mit den nöthigen Vorsichtsmassregeln zu umgebende Befugniss ertheilt werden, welche in unserem Kap. 3 sowohl bezüglich gesundheitswidriger, als bezüglich verkehrswidriger Stadttheile verlangt wurde [73]).

Schulen, Versammlungsräume, gewerbliche Anstalten bedürfen hinsichtlich ihrer baulichen Einrichtung und ihrer Benutzung besonderer und erweiterter gesundheitlicher Vorschriften, deren Erörterung hier zu weit führen würde.

Die baupolizeilichen Vorschriften zu Gunsten der Standfähigkeit und Feuersicherheit bezwecken gleich den gesundheitlichen Bestimmungen, das Menschenleben zu schützen, und erweitern diese Bestrebung auf den Schutz der menschlichen Habe. Und zwar handelt es sich weniger um eine wohlwollende Bevormundung des Bauenden selbst, als um einen wirksamen, vorbeugenden Schutz der Miether und der Nachbarn gegen verkehrte oder bedenkliche Bauausführungen, mögen diese aus Unkenntniss oder aus Eigennutz entstehen. 449. Vorschriften zu Gunsten der Standfähigkeit.

Zur Sicherung der Standfähigkeit findet man in älteren und in kleinstädtischen Bauordnungen oft eingehende Vorschriften über Mauerdicken, Widerlager, Balkenstärken, Dachbinder u. s. w., während die neueren Bauordnungen sich in lobenswerther Weise vorwiegend auf die Feststellung der Grundlagen für den Nachweis der Standfähigkeit beschränken, bestehend in den Eigengewichts- und Belastungszahlen, so wie in den Grenzen der zuzulassenden Beanspruchung der ortsüblichen Baustoffe und des Baugrundes. Die für technische Fortschritte nöthige Freiheit des Baumeisters und des Bauunternehmers, welche durch allgemeine Festsetzung bestimmter Mauerstärken, Holzdicken oder Eisen-Profile in lästiger Weise behindert wird, findet durch die polizeiliche Vor- und Nachprüfung und den unbedingten Ausschluss ungeeigneter Baustoffe ihre natürliche Begrenzuug.

---

72) Vergl. WASSERFUHR. Die Gesundheitsschädlichkeiten der Bevölkerungsdichtigkeit in den modernen Miethhäusern. Deutsche Viert. f. öff. Gesundheitspfl. 1886, S. 185.

73) Siehe auch die Verhandlungen über diesen Gesetzentwurf in: Deutsche Viert. f. öff. Gesundheitspfl. 1890, S. 20—60.

450. Sicherung gegen Feuer. Die Sicherung gegen Feuersbrünſte bedingt in den Städten im Allgemeinen den Maſſivbau, ſowohl bezüglich der Umfaſſungswände, als hinſichtlich derjenigen Innenmauern, welche den Deckenbalken als Auflager und dem Treppenhauſe zum Abſchluſs dienen. Umfaſſungen in Holz-Fachwerk pflegen nur geſtattet zu werden, wenn der Abſtand von der Grenze wenigſtens ein beſtimmtes Maſs beträgt, welches in den verſchiedenen Städten zwiſchen 1 und 10 m ſchwankt! Statt des reinen Steinbaues wird vielerorts unter Umſtänden Holz-Fachwerk mit 13 cm ſtarker Vormauerung zugelaſſen. Eiſen-Fachwerk wird kaum anders zu behandeln ſein, wie Holz-Fachwerk; daſs Eiſen-Fachwerk ein gleichwerthiger Erſatz für Maſſivbau ſei, kann nach den neueren Erfahrungen nicht mehr zugeſtanden werden. Die zu verlangenden Grenzabſtände werden gröſser, ſobald die Umfaſſungswand Oeffnungen (Thüren und Fenſter) erhalten oder wenn dieſelbe ganz aus Holz hergeſtellt werden ſoll. Auch werden für Fachwerk- und Holzbauten überhaupt gröſste Höhen-, Längen- und Breitenmaſse feſt geſetzt, über welche hinaus ſtets der Steinbau (oder Eiſenbau) anzuwenden iſt. Die Dachdeckung aller ſtädtiſchen Gebäude ſoll ausnahmslos feuerſicher ſein.

Die Feuerſchutz-Vorſchriften für das Innere der Gebäude haben ſich noch zu beziehen auf Treppen, welche in Bauten gröſseren Umfanges maſſiv ſein ſollen, auf Dampfkeſſelanlagen, Schornſteine, Feuerſtätten und Gasleitungen, auf die ſichere Herſtellung der Durchfahrten und Ausgänge zur Straſse, auf die Anordnung von Brandmauern und den Schutz eiſerner Balken und Stützen.

Brandmauern, d. h. maſſive Trennungswände, welche bis über Dach gehen und möglichſt mit ſelbſt ſchlieſsenden, unverbrennlichen Thüren verſehen ſind, pflegen bei gröſseren Gebäuden in Abſtänden von 30 bis 40 m verlangt zu werden; für eiſerne Balken und Stützen, deren Feuerſicherheit ſich nicht bewährt hat, werden in neuerer Zeit vielerorts feuerſichere Umhüllungen mit zwiſchen liegender Luftſchicht verlangt. Die groſse Mannigfaltigkeit, welche auf dem Gebiete der Feuerſchutz-Vorſchriften in den verſchiedenen Städten und Ländern herrſcht, iſt in dem Gegenſtande ſelbſt nicht begründet. Durch reichsgeſetzliche oder ſonſtige Beſtimmungen und Vereinbarungen, auch durch engeren Anſchluſs an *Baumeiſter*'s »Normale Bauordnung« könnte manche Vereinfachung und gröſsere Uebereinſtimmung erzielt werden. Möge man dabei den Fachwerkbau nicht allzu ſehr erſchweren! Derſelbe hat für gewerbliche Bauten, welche für den Fall der Gefahr mit den nöthigen Rettungseinrichtungen (z. B. äuſseren Sicherheitstreppen) ausgeſtattet ſind, für die Bebauung ländlicher Bezirke und ſchlieſslich für ſtädtiſche Villenviertel eine erhebliche wirthſchaftliche und künſtleriſche Bedeutung. Ein mit Fachwerkbauten, beſonders in den Obergeſchoſſen, untermiſchter Villen-Stadttheil, in völlig offener Bauart durchgeführt, alſo mit durchwegs frei ſtehenden, nicht ſehr hohen Gebäuden, iſt gewiſs groſsen Feuersbrünſten weniger zugänglich, als die hohen maſſiven Stein- und Eiſenbauten, mit welchen das Innere unſerer Groſsſtädte ſo dicht bedeckt iſt. Im erſten Rayon von Feſtungen, wo nur 7 m hohe Holzgebäude und im zweiten Rayon, wo nur 13 m hohe Fachwerkbauten geſetzlich zuläſſig ſind, iſt die Vorſchrift der offenen Bauweiſe mit anſehnlichen Zwiſchenräumen der beſte und wohl allein mögliche Feuerſchutz. (Vergl. im Anhang die Polizei-Verordnung für die Feſtung Köln.)

451. Regelung nachbarlicher Beziehungen. Als eine fernere Aufgabe der Bauordnung haben wir oben die Regelung gewiſſer nachbarlicher Beziehungen genannt. Die Freiheit der baulichen Ausnutzung eines Grundſtückes iſt gegenüber den Anſprüchen des Nachbars nur wenig beſchränkt.

Luft und Licht dürfen ihm beeinträchtigt werden, ohne dafs er einen Anfpruch geltend machen könnte. Im Geltungsbereiche des franzöfifchen Rechtes kann fogar jeder ftädtifche Grundbefitzer feinen Nachbarn auf dem Wege Rechtens nöthigen, zu dulden, dafs die Grenzmauer und die Gebäudeumfaffung zur Hälfte auf das eine, zur Hälfte auf das andere Grundftück gefetzt werden, und in fo fern Jemand die Umfaffungsmauer feines Haufes auf feinem Eigenthum, aber an der Grenze errichtet haben follte, ift der Nachbar jederzeit berechtigt, die Hälfte diefer Mauer zwangsweife gegen Erftattung des Werthes zu erwerben. Andere deutfche Rechtsgebiete kennen diefes Recht der Gemeinfchaftlichkeit nicht, fo dafs viele Bauordnungen die letztere überhaupt ausfchliefsen konnten. Eine allgemein berechtigte Forderung ift es jedenfalls, dafs in gemeinfchaftlichen Mauern keine Höhlungen (Nifchen, Schränke) oder gar Schornfteine enthalten fein follen, welche zur Schwächung der Standfähigkeit führen, fo wie zu Verwechfelungen und gegenfeitigen Beläftigungen faft immer Anlafs geben.

Müffen die Gebäude wegen Feuerfchutzes oder wegen der vorgefchriebenen offenen Bauweife gewiffe Abftände von einander haben, fo ift eine gemeinfchaftliche Grenzeinfriedigung erwünfcht und unbedenklich; ein Zweifel kann indefs eintreten, wie der geforderte Gebäudeabftand auf beide Grundftücke zu vertheilen ift. Regel follte fein, dafs das vorgefchriebene Mafs des Abftandes für jeden Bauenden gilt, dafs alfo, nachdem beide Nachbarn gebaut haben, der doppelte Abftand gewonnen ift und dafs nur dann geringere Grenzabftände zugelaffen werden, wenn der erforderliche gröfsere Grenzabftand auf dem Nachbargrundftück rechtsgiltig gewährleiftet wird.

Eine fchwierige Frage ift fchliefslich das nachbarliche Ausfichtsrecht. Während nach alt-lübifchem Recht kein Grundbefitzer zu dulden braucht, dafs fein Nachbar Fenfter anlegt, aus denen, gleich viel in welchem Abftande, derfelbe eine Einficht in fein Grundftück gewinnt, geftattet das preufsifche Landrecht fogar Fenfter unmittelbar an der Grenze; in anderen Rechtsgebieten wird nur ein Abftand von 50, 60, 80, 100 cm verlangt. Das Verftändigfte dünkt uns die rheinifch-franzöfifche Beftimmung zu fein, welche Ausfichtsfenfter in Mauern, welche der Grenze näher als 1,90 m (= 6 Fufs) ftehen, verbietet. Indefs darf hieraus nicht gefolgert werden, dafs die Bauordnung ihrerfeits Fenfter in allen nur 1,90 m von der Grenze entfernten Gebäudemauern, ohne Rückficht auf die Höhe derfelben, zu dulden habe.

Sonftige Nachbarbeziehungen kommen bezüglich der Entwäfferungs-Anlagen und der Aborte in Frage. Die oberirdifche Abwäfferung des einen Grundftückes über andere ift für Neubauten, weil zu unvermeidlichem Zwift führend, als unzuläffig zu erklären; auch bei unterirdifchem Anfchlufs an das ftädtifche Sielnetz foll jedes Haus für fich felbftändig entwäffert werden. Eben fo ift hinfichtlich der Aborte und Abortgruben nicht blofs jede Gemeinfchaftlichkeit zu unterfagen; fondern es müffen diefe Einrichtungen auch eine zur Verhütung nachbarlicher Beläftigungen ausreichende Entfernung von der Grenze (60 bis 100 cm) beobachten.

Einen befonderen Einflufs auf benachbarte Grundftücke üben die Locomotiv-Eifenbahnen aus, in fo fern als fie fowohl durch Erfchütterungen, wie durch Funken den Gebäuden gefährlich werden können. Der erfteren Gefährdungsart kann nur durch die Standfeftigkeit der Bauten, der letzteren durch feuerfichere Bauart vorgebeugt werden; aufserdem find in verfchiedenen Ländern verfchiedenerlei Abftände der Neubauten von Eifenbahnen vorgefchrieben. *Baumeifter* fchlägt die allgemeine

Feftfetzung geringfter Abftände von 3 m für gefchloffene Maffivmauern, 8 m für gewöhnliche feuerfichere Bauten, 30 m für feuergefährliche Bauten und Stoffe vor, und zwar gemeffen von der Mitte des nächften Geleifes.

452. Polizeiliche Sorge für die Schönheit.

In früheren Zeiten wurde fchliefslich auch die »Aefthetik«, die Sorge für das »fchöne« Ausfehen der Gebäude mit Vorliebe als ein Gebiet baupolizeilicher Thätigkeit angefehen. So verkehrt aber auch die Anficht ift, durch polizeiliche Einwirkung könne man fchöne Façaden und fchöne Strafsen fchaffen, und fo gründlich die in der erften Hälfte unferes Jahrhundertes fehr beliebte baupolizeiliche Schematifirung der Höhe, der Stockwerkszahl, der Gefimfe, des Bauftils, kurzweg der Hausanfichten gegenüber unferen heutigen Anfchauungen und Schönheitsbegriffen fich verirrt hat, fo mag es doch Fälle geben, wo die Polizei zwar nicht Schönes zu fchaffen, aber doch augenfcheinliche »Verunftaltungen« mit Recht zu verhindern fucht. Ift doch auch bei Feftfetzung von Fluchtlinien nach §. 3 des preufsifchen Fluchtlinien-Gefetzes darauf Bedacht zu nehmen, dafs eine Verunftaltung der Strafsen und Plätze nicht eintritt.

Es laffen fich drei Fälle aufzählen, in welchen gegen grobe Unfchönheiten polizeiliches Einfchreiten am Platze fein dürfte. Wenn ein Hauseigenthümer aus Geiz oder Böswilligkeit fein Gebäude verkommen läfft, fo follte die Polizei ihn zur Ausbefferung des Putzes, der Fenfter, des Daches u. f. w., auch zur Erneuerung des Anftriches, anhalten können; diefer Fall ift felten, aber er kommt vor. Die Polizei follte ferner nicht genöthigt fein, die Errichtung beliebiger verunftaltender Neubauten in der unmittelbaren Nachbarfchaft unferer alten Baudenkmale zuzulaffen; der Eigenthümer wäre gegebenenfalls fchadlos zu halten. Auch wäre die Möglichkeit eines baupolizeilichen Verbotes folcher Bauten erwünfcht, welche in einem Block mit ungeregelten Grundftücksgrenzen mit Sicherheit die Verunftaltung der Strafsenanficht und der ganzen Blockbebauung befürchten laffen (vergl. Fig. 517 bis 523, S. 286 u. 292); durch gefetzliche Grenzumlegung würde allerdings diefem Uebelftande beffer und wirkfamer vorgebeugt werden.

453. Bauvorfchriften Seitens des bisherigen Grund-eigenthümers.

Eine etwas weiter gehende Einwirkung auf die äfthetifche Ausbildung der Gebäude, als die Polizei, kann der Eigenthümer gröfserer Grundflächen ausüben, indem er beftimmte Bauvorfchriften zur Bedingung des Verkaufes macht. Sowohl Baugefellfchaften, als Gemeinden haben diefes Mittel mit vielem Erfolge angewendet, fo in Berlin, München, Köln. Aber vor eigentlichen Architektur-Vorfchriften mufs auch in folchen Fällen gewarnt werden; auf gefundheitliche Rückfichten (Verbot zu grofser Höhen, zu fchmaler Bauftellen, zu dichter Bebauung), auf die Sicherung eines beftimmten Strafsencharakters (Villen, Ausfchlufs von Gewerben) und auf die Vorfchrift echter Bauftoffe (Hausteine, Blendziegel) werden fich folche Vertrags-Vorbehalte in der Regel befchränken. Im Uebrigen führt bei gefunden Zuftänden der Wettbewerb unter den Baumeiftern am beften zur Schönheit, zur Mannigfaltigkeit. Den Wettbewerb durch Ausfchreibung von Preifen für die in einer beftimmten Zeit entftehenden beften Wohnhäufer anzueifern, könnten fich manche Gemeinden, nach dem Vorbilde von Brüffel, angelegen fein laffen.

Wir wollen diefe Erörterungen, deren weitere Ausdehnung den Zweck des vorliegenden Halbbandes überfchreiten würde, durch Hinzufügung der neben ftehenden tabellarifchen Zufammenftellung einiger Hauptanforderungen befchliefsen, welche wir, mit freundlicher Unterftützung mehrerer Fachgenoffen, den Bauordnungen von 16 gröfseren Städten entnommen haben.

Additional information of this book

(Der Städtebau; 978-3-322-80318-4; 978-3-322-80318-4_OSFO6) is provided:

EXTRA MATERIALS extras.springer.com

http://Extras.Springer.com

Literatur
über »Bauordnung«.

LUKOMSKI, T. & J. PÉRIN. *Police des conftructions etc.* Paris 1869.

Verhandlungen des deutfchen Vereins für öffentliche Gefundheitspflege zu München, Freiburg i. B., Frankfurt a. M. und Strafsburg. Deutfche Viert. f. öff. Gefundheitspfl. 1875, S. 1; 1886, S. 10; 1889, S. 12; 1890, S. 20.

Münchener Thefen des deutfchen Vereins für öffentliche Gefundheitspflege. Deutfche Viert. f. öff. Gefundheitspfl. 1876, S. 132.

BAUMEISTER, R. Stadterweiterungen in technifcher, baupolizeilicher und wirthfchaftlicher Beziehung. Berlin 1876. Abfchn. III.

BAUMEISTER, R. Normale Bauordnung nebft Erläuterungen. Wiesbaden 1880.

SCHÜLKE, H. Gefunde Wohnungen. Berlin 1880.

PUTZEYS, F. & E. PUTZEYS. *L'hygiène dans la conftruction des habitations privées.* Brüffel 1882. — 2. Aufl.: Lüttich 1885.

Verhandlungen des VI. Congreffes für Hygiene und Demographie zu Wien 1887. Deutfche Viert. f. öff. Gefundheitspfl. 1887, S. 114.

KALLE. Die Wohnungsgefetzgebung. Gegenwart, Bd. 32, S. 433.

GRUBER, F. v. Die Verforgung der Gebäude mit Sonnenwärme und Sonnenlicht. Berichte über den VI. Internationalen Congrefs für Hygiene und Demographie zu Wien 1887. Heft Nr. XI. — Wochfchr. d. öft. Ing.- u. Arch.-Ver. 1888, S. 261, 269, 277, 285.

4. Abfchnitt.

Die baulichen Anlagen unter und auf der Strafse.

1. Kapitel.

Die Wafferverforgungs- und Entwäfferungs-Anlagen.

Es kann nicht Aufgabe diefes Kapitels fein, einen Abrifs über »Wafferverforgung, Entwäfferung und Reinigung der Städte« zu bieten. Zum Theile würde der Umfang des vorliegenden Halbbandes in ungebührlicher Weife wachfen; zum anderen Theile würde dadurch zu weit in das Sondergebiet des Ingenieurs eingegriffen werden. Zwar läfft fich bei Behandlung des »Städtebaues« das letztere Gebiet in keiner Weife völlig meiden; doch wird daffelbe in diefem »Handbuch« nur in fo weit zu betreten fein, als es zum Städtebau in unmittelbarer Beziehung fteht.

a) Wafferverforgungs-Anlagen.

454. Befchaffung des Waffers.

Es ift bereits in Theil III, Band 4 (Abth. IV, Abfchn. 4, c: Wafferverforgung der Gebäude) gefagt worden, dafs die Grundfätze, auf welche fich die Befchaffung einer gewiffen Waffermenge ftützt, fich vollkommen gleich bleiben, ob diefelbe zur Verforgung einer ganzen Stadt oder einer kleinen Gemeinde oder nur eines einzelnen Gehöftes oder eines Haufes dienen foll. Was defshalb an der angeführten Stelle, insbefondere in Kap. 1 (Befchaffung des Waffers, S. 274 bis 291 [74]) über die verfchiedenen Arten des Wafferbezuges, über die Gröfse des Wafferbedarfes, über die etwa nothwendig werdende Reinigung des Waffers etc. gefagt worden ift, gilt in den Hauptzügen auch für die Wafferverforgung der Städte. Bezüglich der einfchlägigen Einzelheiten mufs auf die betreffende Sonder-Literatur, welche im genannten Bande gleichfalls (hauptfächlich auf S. 280) angeführt ift, verwiefen werden.

455. Zuführung des Waffers zur Stadt.

Die Zuführung des gewonnenen Waffers zur Stadt gefchieht felten mit natürlichem Gefälle, zumeift unter Druck mittels Pumpwerken. Im erfteren Falle fliefst das Waffer entweder in gemauerten Canälen, Cement- oder Thonrohren, auf Aquäducten etc., falls das Gefälle ein continuirliches und innerer Druck nicht vorhanden, bezw. gering ift, oder in Gufseifenrohren, falls ftarker Innendruck vorhanden, befonders wenn das Längenprofil ein wellenförmiges ift, alfo Gefäll- und Steigungsftrecken wechfeln. Beförderung unter künftlichem Drucke mittels Pumpmafchinen ift

[74]) 2. Aufl.: S. 376 bis 397.

erforderlich, wenn die oberen Gefchoffe der Häufer in den höchft gelegenen Stadttheilen unter Berückfichtigung des Reibungswiderftandes vom Wafferfpiegel der Gewinnungsftelle nicht mehr bedient werden können. Beffer ift es noch, wenn der Anfpruch befriedigt wird, dafs am höchften Punkte der Stadt der aus einem Hydranten gefpeiste Schlauch der Feuerwehr wirkfam die Dächer beftreichen kann.

Um einen gleichmäfsigen Betrieb eines ftädtifchen Wafferwerkes zu erzielen, fchaltet man einen, unter Umftänden auch mehrere Vorrathsbehälter ein, welche während der Tagesftunden des fchwachen Wafferverbrauches den geförderten Ueberfchufs aufnehmen und denfelben in den Stunden des ftarken Verbrauches abgeben. Für die meiften Städte genügt ein derartiger Vertheilungs- oder Hochbehälter (Vertheilungs- oder Hochrefervoir; vergl. auch das über folche Behälter in Theil III, Bd. 4, Art. 326, S. 286 Gefagte [75]), welcher bald in der Nähe der Waffer-Gewinnungsftelle, bald in der Nähe der Stadt, bald jenfeits letzterer angeordnet wird.

1) Anlagen unter der Strafse.

456. Brunnen.

Die unter den ftädtifchen Strafsen, d. h. im Strafsenkörper verdeckt auszuführenden Anlagen beftehen aus den Brunnen für die Strafsenpumpen und aus dem Rohrnetz mit feinen Einzelheiten für die allgemeine Verforgung.

Die Brunnen in der öffentlichen Strafse einer dichten ftädtifchen Bevölkerung haben ftets den Verdacht gegen fich, dafs ihr Waffer durch menfchliche Abgänge oder fonftige faulende Flüffigkeiten verdorben wird. Bei der Neuanlage ftädtifcher Pumpbrunnen wird man defshalb enge Strafsen vermeiden, vielmehr die Brunnen auf öffentlichen Plätzen oder in ftädtifchen Pflanzungen abzuteufen fuchen, möglichft fern von allen Quellen der Verunreinigung. Ueber Anlage und Conftruction der Brunnen ift in dem fchon mehrfach genannten Bande diefes »Handbuches« (Art. 322, S. 281 [76]) das Erforderliche zu finden.

457. Stadt-Rohrnetz.

Das an das Fallrohr des Hochbehälters fich anfchliefsende Stadt-Rohrnetz, welches meift nach dem Kreislauf-Syftem (zum mindeften im Inneren der Stadt) angeordnet wird, hat den Ringftrang, die Radial- und Nebenftränge zu feinen Hauptbeftandtheilen. Zu den Einzelheiten des Rohrnetzes gehören die an den Knotenpunkten der Rohraxen anzulegenden Theilkaften, die Abzweige, die Abfperrfchieber und die Hydranten.

Hydranten (fiehe hierüber Theil III, Band 4 diefes »Handbuches«, 2. Aufl., Art. 424, S. 430) zur Entnahme von Feuerlöfchwaffer, zum Rinnfteinfpülen, Strafsenfprengen etc. werden in Entfernungen von 50 bis 100 m angebracht, aufserdem an allen Rohrenden und an folchen Punkten, wo das Ausfpülen der Rohrleitung felbft zeitweilig erforderlich ift, oder wo Spüleinläffe der Entwäfferungs-Canäle angebracht find. Hydranten mit feften Standrohren find in verkehrsreichen Strafsen hinderlich. In grofsen Städten pflegt man daher die Hydranten (Unterflur-Hydranten) fowohl, als auch die Schieber in der Strafsenfläche durch gufseiferne Kaften (Kappen) abzudecken, deren Lage durch Schilder an Häufern, Laternenpfoften u. dergl. bezeichnet wird.

Ueber die verfchiedenen gebräuchlichen Rohrmaterialien, über die Hausanfchlüffe, die Hauswafferleitungen und die damit im Zufammenhange ftehenden

---

75) 2. Aufl.: Art. 413, S. 402.

76) 2. Aufl.: Art. 400 bis 404, S. 390 bis 393.

Einzelheiten ift in dem eben gedachten Bande diefes »Handbuches« das Nöthige zu finden.

Für Städteanlagen und Stadterweiterungen ift das Verlegen der Wafferleitungsrohre im Strafsenkörper befonders wichtig. Die Frage, an welcher Stelle im Strafsenkörper der Breite nach das Wafferrohr zu legen ift, läfft fich allgemein nicht beantworten, da eine ftädtifche Strafse aufser der Wafferleitung manche andere unterirdifche Leitungen (Gasrohr, Telephon- und Telegraphen-Kabel, Lichtkabel, Entwäfferungs-Canal, Kraftleitung, Fäcalrohr u. f. w.) aufzunehmen hat. In englifchen Städten hat man für fehr verkehrsreiche Strafsen vielfach einen befonderen *Subway* als Tunnel im Strafsendamm hergeftellt, in welchem alle unterirdifchen Leitungen Platz finden.

London befitzt ungefähr 10^{km} folcher unterirdifcher Gänge. Ein Beifpiel ift der Untergrundweg der *Shaftesbury-Avenue*; derfelbe hat $3{,}60^{m}$ Sohlenbreite und ift im Scheitel des Tonnengewölbes $2{,}05^{m}$ hoch; unter der Sohle des Ganges, welcher 7 Gas- und Wafferrohre und mehrere elektrifche Kabel enthält, liegt in deffen Mitte das eiförmig gemauerte Strafsenfiel. Einfteigeöffnungen von $1{,}41 \times 2{,}84^{m}$ Gröfse find in den Bürgerfteig-Infeln auf der Strafsenmitte angebracht; fie dienen, da fie mit Gitterroften zugedeckt find, zugleich zur Lüftung. Ein begehbarer Stich-Canal führt zur Frontmauer eines jeden Haufes, fo dafs Strafsenaufbrüche gänzlich verhütet find.

Fig. 529.

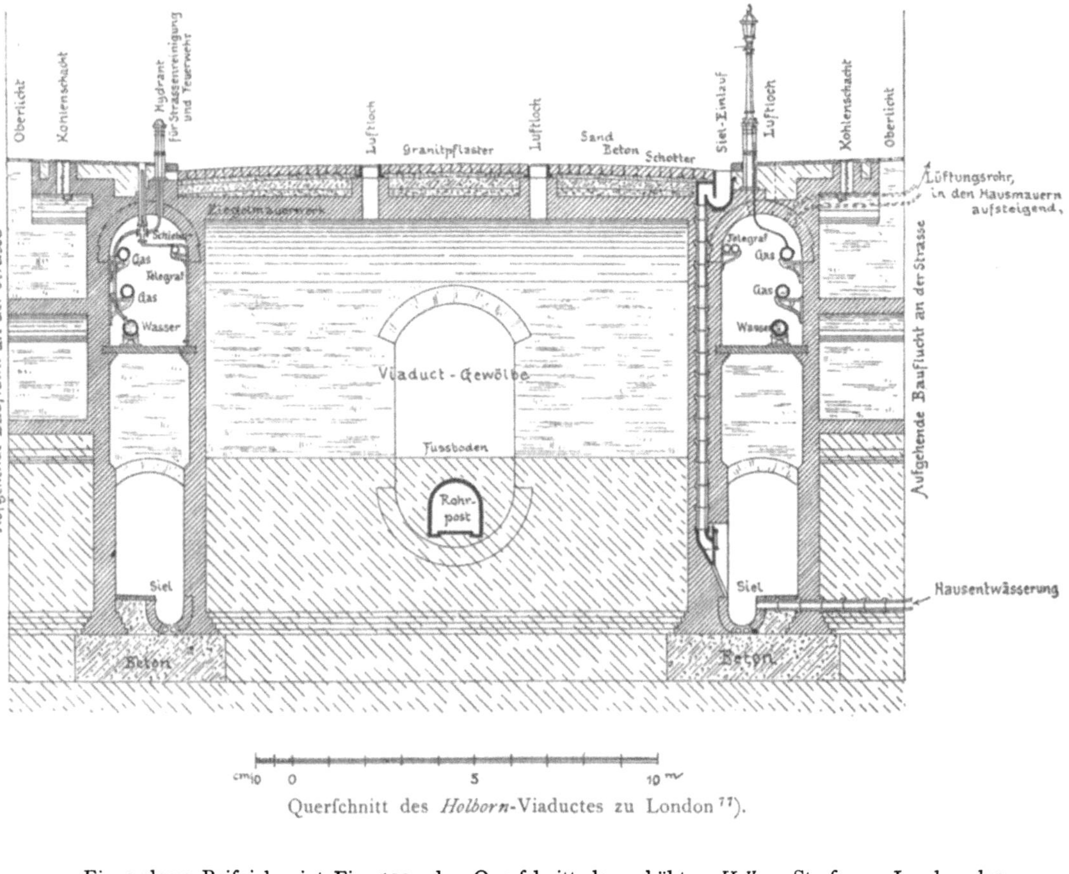

Querfchnitt des *Holborn*-Viaductes zu London [77]).

Ein anderes Beifpiel zeigt Fig. 529, den Querfchnitt der erhöhten *Holborn*-Strafse zu London darftellend. Telegraphen-, Gas-, Waffer- und Sielleitungen find hier in einem »Unterwege« an jeder Strafsen-

[77]) Nach: *W. Haywood.*

ſeite untergebracht; ſowohl der Straſsendamm, als die ſeitlich verbleibenden Bürgerſteigſtreifen ſtehen nach engliſcher Sitte mit den Hauskellern in Verbindung, ſo daſs die Rohrleitungen nicht bloſs leicht zugänglich, ſondern auch die Anſchlüſſe leicht herzuſtellen ſind [78]).

Nöthigt die Entwickelung der Städte auſserdem noch zur Herrichtung eines oberen oder unteren »zweiten Verkehrs-Stockwerkes« (wie *Werner Siemens* ſagt [79]), ſo wird die Anlage von »Unterwegen«, welche eineſtheils für die Lagerung der verſchiedenen Leitungen und anderentheils zur Aufnahme elektriſcher und anderer Stadtbahnen geeignet ſind, vorausſichtlich in Bälde ſich mehr verbreiten. In den meiſten Straſsen aber wird man ſich auch in Zukunft bis auf Weiteres damit begnügen, die Leitungen in die Straſsenerde zu betten, wobei es leicht iſt, ſie alle in den erwünſchten, verſchiedenen Tiefen anzuordnen, nämlich Kabel und Gasrohre mit 1,0 m, Waſſerrohre (in Rückſicht auf die erforderliche Froſtſicherheit) mit 1,5 bis 2,0 m, Canäle mit 3,0 bis 4,0 m Deckung.

Eine oft befolgte Regel iſt die, daſs man den Entwäſſerungs-Canal in die Mitte, das Waſſerrohr auf die rechte und das Gasrohr auf die linke Seite legt; die Entwäſſerungsanſchlüſſe von den Häuſern zum Canal müſſen alsdann allerdings unter den Gas- und Waſſerrohren hindurch geführt werden (Fig. 530), und die Gas- und Waſſeranſchlüſſe kreuzen die ganze Straſsenbreite. Eine andere, bei einigermaſsen Raum gewährenden Bürgerſteigen empfehlenswerthe Anordnung iſt die in Fig. 531 dargeſtellte, wornach unter jedem Bürgerſteig ein Gas- und ein Waſſerrohr liegt. Schon bei Straſsen von 15 m Breite ſind ſolche Doppelleitungen wegen der Erſparniſs an Anſchluſsleitungen und wegen der Vermeidung von Straſsendamm-Aufbrüchen von Vortheil.

Fig. 530.

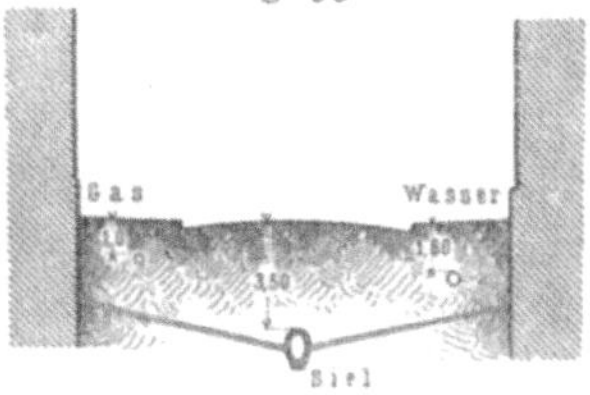

Fig. 531.

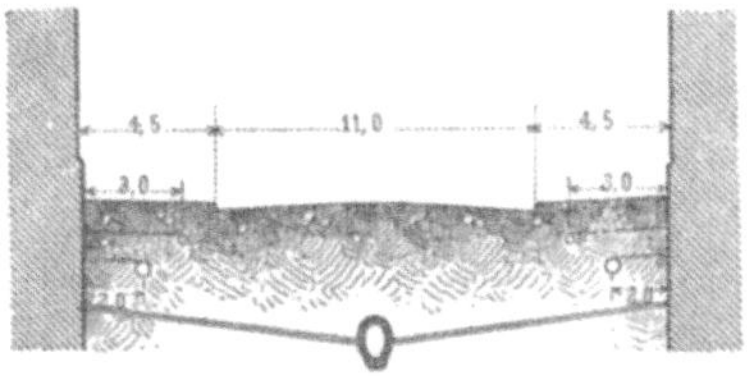

Fig. 532.

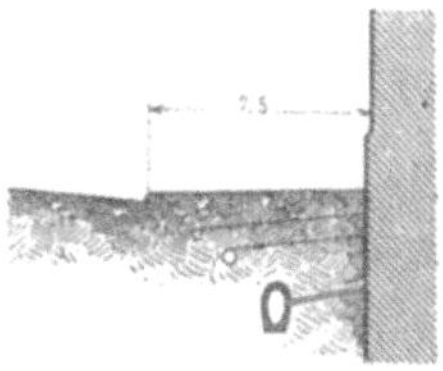

Fig. 533.

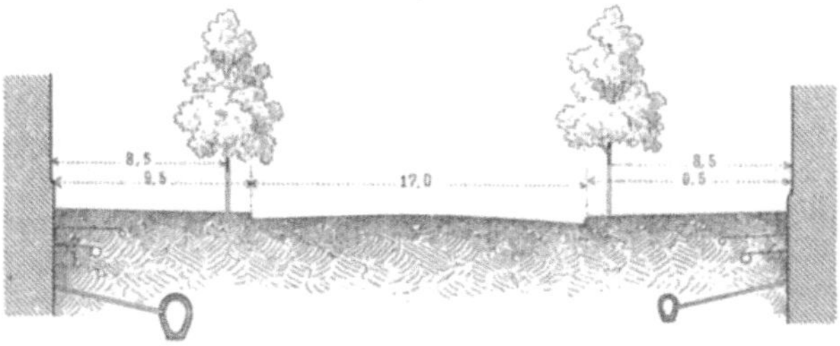

1/500 n. Gr.

Fig. 534

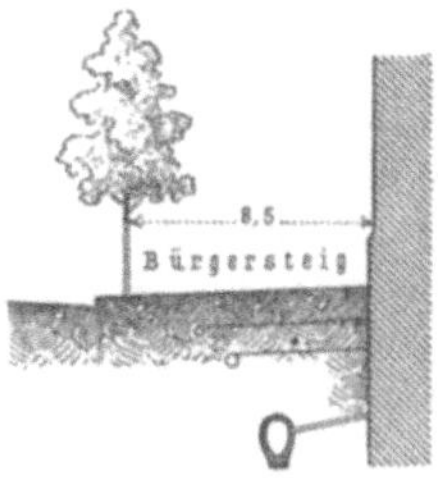

Für ſehr breite Straſsen und Promenaden kommt oft die Anordnung in Fig. 533 zur Anwendung; noch zweckmäſsiger iſt die Anordnung in Fig. 534 in ſolchen Fällen, wo nach den örtlichen Verhältniſſen der geringe Abſtand zwiſchen

78) Siehe auch: Leonhardt, O. Die Anordnung von Gas-, Waſſer- und elektriſchen Leitungen in den Bürgerſteigen der Groſsſtädte. Journ. f. Gasb. u. Waſſ. 1890, S. 4.

79) Vergl. auch: Rosenbusch, H. Zukunftsſtraſsen der Groſsſtädte. München 1890.

Entwäfferungs-Canal und Häufer-Fundament keine Bedenken erregt und wo auch der Verderb der Bäume durch die Nähe der Gasleitung nicht zu befürchten ift, weil jede Unterfahrung einer Hauptleitung durch die Hausanfchlüffe der Canalifation fortfällt. Wird auf eine Baumreihe an der Kante des Bürgerfteiges verzichtet, fo ift die in Fig. 532 gezeichnete Anordnung ganz unbedenklich.

Auf die Wahl der Baulinie für die verfchiedenen Leitungen ift fchliefslich die Art der Aufeinanderfolge der verfchiedenen Rohrlegungen von Einflufs. »Das Siel zuerft, das Waffer drauf, das Gas zuletzt — fo hat es die Vernunft gefetzt; das Gas vorab, das Waffer dann, der Sielbau hinterher — fo macht's gewöhnlich forgenfchwer der Ingenieur!« Meiftens allerdings ohne eigene Schuld. Denn die Gefchichte des modernen Städtebaues hat uns faft überall die Gasbeleuchtung, Wafferverforgung und Canalifation in diefer die Bauausführung erfchwerenden Reihenfolge gebracht; die letztere auf neue Stadttheile zu übertragen, ift in faft allen Fällen Thorheit. Ift man durch die Umftände genöthigt, die tieferen Leitungen nach den weniger tiefen zu verlegen, fo wird man, um Betriebsftörungen und Rohrbrüche zu vermeiden, den Abftand möglichft grofs wählen und die Unterfahrungen möglichft unter rechtem Winkel vornehmen. Läfft die gefährliche Annäherung der Leitungen oder die Unterfahrung im fpitzen Winkel fich nicht umgehen, fo find ftets aufmerkfame Vorfichtsmafsregeln und oft koftfpielige Sicherungen des oberen Rohrnetzes nothwendig.

Fig. 535.
Boulevard Ney.

Fig. 536.
Boulevard Sebaftopol.

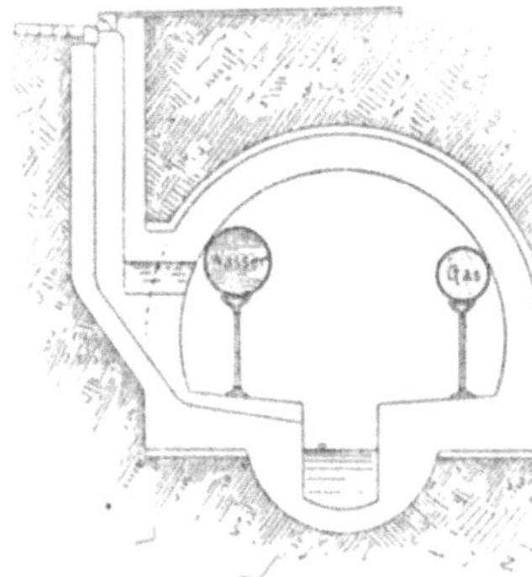

Fig. 537.
Rue de Puebla.

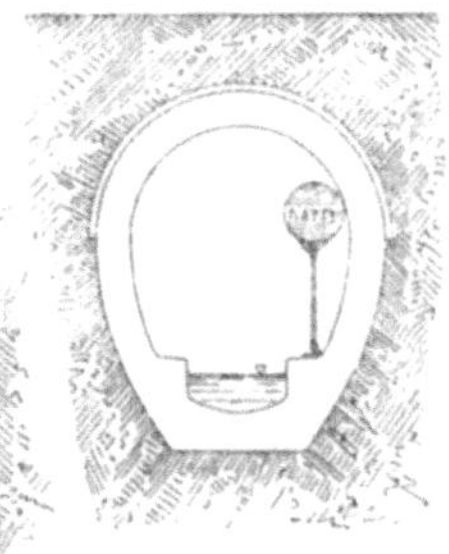

Verlegen von Gas- und Wafferleitungen in den Entwäfferungs-Canälen zu Paris. — 1/200 n. Gr.

In Paris, wo man den Entwäfferungs-Canälen einen begehbaren, oft fehr geräumigen Querfchnitt zu geben pflegt, ift es gebräuchlich, diefe grofsen Hohlräume nach Art der Londoner *Subways* zugleich zur Unterbringung von Waffer- und Gasrohren, von Kraftleitungen und Kabeln aller Art zu benutzen (Fig. 535 bis 537). Auch in Deutfchland, wo diefe Verlegungsart unferes Wiffens bislang nicht angewendet worden ift, wird diefelbe zuweilen mit Vortheil nachgeahmt werden können.

2) Anlagen über der Strafse.

458. Einfache Brunnen.

Bei der Wafferverforgung aus einzelnen Strafsenbrunnen beftehen die Anlagen über der Strafse aus der Brunnenabdeckung und aus der Pumpe mit Pumpenpfoften, Pumpengeftell oder Pumpengehäufe. Ziehbrunnen in Städten find heute Seltenheiten; diefelben find uns meift aus früherer Zeit erhalten worden. Wie fehr aber folche Ziehbrunnen zur künftlerifchen Behandlung fich eignen, zeigen viele noch beftehende Anlagen diefer Art aus dem Mittelalter und der Renaiffance-Zeit.

Bei den Pumpbrunnen befindet fich die Brunnenabdeckung in der Strafsenebene unmittelbar über dem Schöpfbrunnen oder, falls die Pumpe nicht lothrecht über dem letzteren fteht und die Hubhöhe den Atmofphärendruck überfteigt, auf dem fog. Beibrunnen. Die aus Steinplatten oder beffer aus einem verfchliefsbaren Gufseifendeckel mit Rahmen beftehende Abdeckung foll der Verkehrsficherheit wegen nicht im Fahrwege liegen, fondern in einem feitlichen Fufswege oder in einer Fufsweg-Infel. Auf oder neben der Brunnenabdeckung erhebt fich die Pumpe, am beften an der Kante des Bürgerfteiges oder der Fufsweg-Infel, fo dafs das Tropfwaffer unmittelbar in die Strafsenrinne fällt und ohne Störung abfliefst, in fo weit es nicht von einem Canaleinlauf fofort aufgenommen wird. Das Anbringen der Pumpe an der die Strafse begrenzenden Gebäudemauer oder in einer Mauernifche ift zwar durch die Rückficht auf den Verkehr oft begründet, aber wegen des über den Fufsweg fliefsenden Tropfwaffers immer mifslich. In engen Strafsen find auch aus diefem Grunde (vergl. Art. 456, S. 317) Pumpen überhaupt zu vermeiden; in breiten Strafsen mit Baumreihen finden Pumpen einen paffenden Platz in der Baumlinie.

Das Geftänge wird an einem gemauerten oder Haufteinpfeiler befeftigt, auch in einem fchmiedeeifernen Gerüft, in einem Holzkaften oder einer gufseifernen Säule. Aus vergangenen Jahrhunderten befitzen wir auf alten Plätzen und Strafsen noch viele maffive Pumpenpfeiler, zum Theile von hübfchem Ausfehen; fie find im Allgemeinen eben fo, wie die hölzernen Gehäufe, veraltet. Um den Verkehr fo wenig als möglich zu beeinträchtigen, find gufseiferne Hohlpfoften heute faft allgemein üblich. Unter den Bewegungsarten, Kurbel, Fufshebel und Schwengel, ift letzterer die gebräuchlichfte.

In manchen Städten fieht man Strafsenpumpen mit der Auffchrift »Ungeniefsbares Waffer« oder einer ähnlichen warnenden Bezeichnung, und es liegt die Frage nahe, warum folche Brunnen nicht gefchloffen oder befeitigt werden. Die Antwort lautet dahin, dafs ein Brunnenwaffer wegen feiner Beftandtheile zum Trinken ungeeignet, für Haushaltungszwecke aber noch wohl brauchbar fein kann und dafs man defshalb vorzieht, die Pumpe im Betrieb zu laffen, um im Nothfalle darüber verfügen zu können. Denn eine unbenutzte Pumpe roftet, und ihre Ventile verderben.

Die Strafsenbefeftigung foll über den Wafferrohren und Gasrohren keine völlig gefchloffene Decke bilden, fondern fo befchaffen fein, dafs die bei Rohrbrüchen oder Undichtigkeiten entftehenden Entweichungen von Gas oder Waffer fich an der Oberfläche bemerkbar machen, bevor fie in das Innere der Häufer eindringen. Dennoch wird man nicht aus diefem Gefichtspunkte auf Afphalt- oder Holzpflafter, welche auf dichter Beton-Decke zu verlegen find, überhaupt verzichten. Aber man wird gut thun, dafür Sorge zu tragen, dafs die Bürgerfteige neben diefen dichten Pflafterungen ganz oder zum Theile durchläffig hergeftellt werden, am beften unter Anwendung einer Mofaik- oder Flachfteinpflafterung in Sand oder eines Belages aus natürlichen oder künftlichen Steinplatten, bezw. Plättchen. Dichte Bürgerfteige aus Cement oder Afphalt neben einer dichten Dammpflafterung find jedenfalls nicht unbedenklich. 459. Strafsenbefeftigung.

Die bis zur Strafsenoberfläche hinaufragenden Theile des Stadtrohrnetzes werden durch fog. Strafsenkappen verdeckt (vergl. Fig. 291, S. 295 in Theil III, Band 4 diefes »Handbuches« [80]). Die Mafse und die Geftalt diefer Kappen follen den Beftandtheilen der Strafsenbefeftigung entfprechen. Während ovale Kappen von beifpielsweife 27×36 cm Gröfse in Steinfchlagbahnen und Afphaltftrafsen unbedenklich fein 460. Strafsenkappen, Hydranten etc.

[80]) 2. Aufl.: Fig. 363 (S. 410) u. 377 (S. 427).

mögen, ſind ſie im Stein- oder Holzpflaſter wegen des an Steinen und Holzklötzen entſtehenden, die Straſsendecke ſchädigenden Verhaues ungeeignet. Hier ſind vielmehr rechtwinkelige Straſsenkappen, dem Stein-, bezw. Blockformat entſprechend und in der Reihenrichtung verlegt, erforderlich. In Bürgerſteigen mit diagonal verlaufenden Plaſterſteinreihen ſind auch die Hahnkappen über Ecke zu verſetzen und dem Steinformat anzupaſſen.

Ueber die Straſsenoberfläche ragen die loſen oder feſten Standrohre zum Anſchrauben der Schläuche für Feuerwehr und Straſsenbeſprengung, ferner Ventilbrunnen, Laufbrunnen und Springbrunnen hervor. Die Hydranten mit feſten Standrohren, Ueberflur-Hydranten genannt, werden gewöhnlich durch die bereits erwähnten Unterflur-Hydranten erſetzt, weil erſtere für den Verkehr auf der Straſse unerwünſcht und öfteren Beſchädigungen ausgeſetzt ſind. Bezüglich der conſtructiven Einzelheiten ſolcher Hydranten und der Ventilbrunnen muſs wieder auf Theil III, Band 4 dieſes »Handbuches« und auf die einſchlägige Sonder-Literatur verwieſen werden.

461. Laufbrunnen.

Laufbrunnen, welche ununterbrochen Waſſer ſpenden und in Folge deſſen einen ſtarken Waſſerverbrauch bedingen, erfüllen wichtige Zwecke, ſei es, daſs ſie nur dazu dienen, ſolchen Waſſerbedarf zu liefern, welcher in den Häuſern nicht zweckmäſsig befriedigt werden kann, ſei es, daſs ſie zugleich eine Zierde der öffentlichen Straſsen und Plätze bilden. Zum bloſsen Nutzen dienen beiſpielsweiſe viele Marktbrunnen, Trinkwaſſer und Reinigungswaſſer für den Marktverkehr liefernd; viele Auslaufbrunnen von Quellwaſſerleitungen in Dörfern und kleinen Städten, wo der müde Wandersmann aus hohler Hand oder mit angekettetem Zinnbecher den kühlen Trank ſchöpft und Abends Frauen und Mädchen, plaudernd und ſchäkernd, das Haushaltungswaſſer holen; endlich die in engliſchen und belgiſchen Städten verbreiteten Tränkebrunnen für das liebe Vieh, beſonders für durſtige Droſchkenpferde und Karrenhunde.

In Fig. 538 iſt ein ſolcher Tränkebrunnen aus London ſkizzirt. Sowohl das obere für Pferde, als das untere für Hunde beſtimmte Becken beſtehen nebſt den Stützen aus Granitquadern. In dem Auffatz an einem Kopfende befindet ſich der Verſchluſs- und Stellſchieber; der Ueberlauf des oberen Beckens ſpeiſt das untere. Für Droſchkenhalteplätze ſind ſolche Tränken eine wahre Wohlthat.

Einige Laufbrunnen, die zugleich Zierbrunnen ſind, wurden im vorhergehenden Halbbande dieſes »Handbuches« (Abth. VIII, Abſchn. 2) mitgetheilt. Dieſe

Fig. 538.

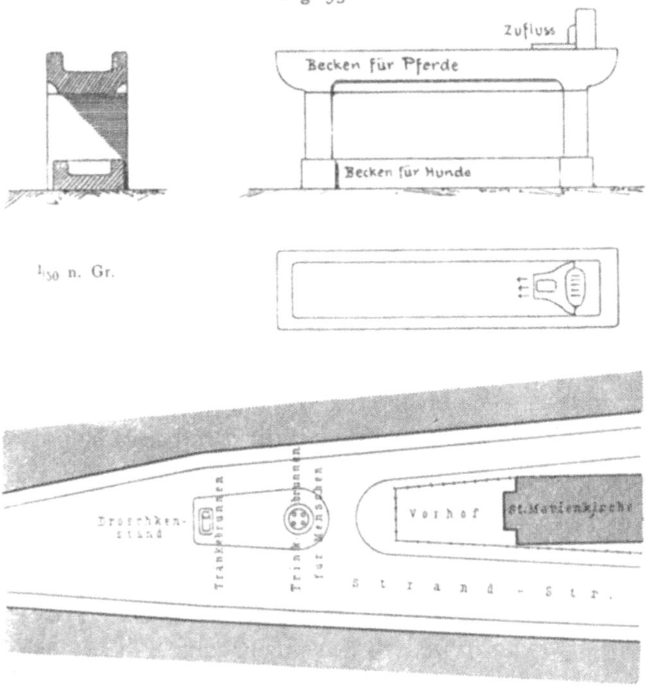

Laufbrunnen zum Viehtränken in London.

Beifpiele zeigen, wie die Laufbrunnen in Verbindung mit architektonifchen oder figürlichen Werken zu hervorragenden Kunftfchöpfungen fich geftalten können, deren Wirkung gerade durch den belebenden Wafferfprudel in anfprechendfter Weife gefteigert wird. Es liegt nahe, hier auf eine Reihe bekannter Laufbrunnen des Mittelalters und der Renaiffance in deutfchen und franzöfifchen Städten hinzuweifen (befonders in Augsburg, Nürnberg, Braunfchweig, Bafel, Nancy, Rouen); aber alle Städte der Erde überflügelt in diefer Beziehung Rom. Nicht blofs öffentliche Plätze, auch Strafsenfchlufspunkte, Strafsenecken und ganze Gebäudefronten finden wir dort mit Lauf- (und Spring-) Brunnen gefchmückt, oft in riefigen Abmeffungen. Pferde und Maulefel fchlürfen an den Becken ihren Labetrunk; Helden und Götter zieren den Aufbau. Wie anderwärts Erker, fo fchmücken hier vier Laufbrunnen *Quattro Fontane* die Strafsenkreuzung in der Nähe des Quirinal, und die Hauptfchaufeite des *Palazzo Poli* bildet die figurenreiche *Fontana di Trevi*. Ihr verwandt, aber weit weniger monumental ift der eben fo bekannte *St. Michaels*-Brunnen zu Paris, welcher die 15 m breite, 26 m hohe Schaufeite des Eckhaufes des *Boulevards St. Michel* und des *Boulevards St. André* einnimmt. In ähnlicher Art find an die Wand eines Eckhaufes angelehnt der *Molière*-Brunnen und der *Cuvier*-Brunnen zu Paris.

Die Unterfcheidung zwifchen Laufbrunnen und Springbrunnen befteht darin, dafs aus erfteren das Waffer unter mäfsigem Drucke ausläuft, während bei letzteren ein oder mehrere Wafferftrahlen unter einem gröfseren Drucke emporfpringen. Viele Brunnen, befonders unter den gröfseren Werken, find daher zugleich Lauf- und Springbrunnen. 462. Springbrunnen.

Die einfachften Springbrunnen find diejenigen, welche aus einem einzigen, aus der Mitte eines Beckens entfpringenden Strahle beftehen. Nach der Höhe des Strahles richtet fich der erforderliche Halbmeffer des Beckens, welcher mindeftens gleich der Strahlhöhe fein follte, damit bei leichtem Winde das Waffer nicht über den Rand geweht werde. Bei ftarkem Winde ift der Zuflufsfchieber zu fchliefsen. Sowohl um die übergewehten Waffertropfen von der Strafse fern zu halten, als des befferen Ausfehens wegen pflegt man das etwas vertieft in der Erde liegende Becken mit einem Kranze von Rafen, Blumen und Zierfträuchern zu umgeben, welcher die Tropfen auffängt. Diefe Kranzfläche follte ftets von der Umfaffung nach dem Becken hin abfallen, damit der auf dem Bürgerfteig ftehende Beobachter die Pflanzung und den Wafferfpiegel von oben voll überfchauen kann. Da hoch fpringende Strahlen fehr grofse Becken erfordern, für welche auf der Strafse oder auf freien Plätzen felten ein ausreichender Raum vorhanden ift, fo liebt man es, das in der Regel durch Grottenfteine verdeckte oder auch figürlich ausgebildete Mundftück des Strahles abwechfelnd mit allerlei Auffätzen zu verfehen, welche eine Braufe, eine Glocke, ein Strahlenbüfchel oder in Folge hydraulifcher Drehung fogar bewegliche Strahlenfiguren hervorrufen. Bezüglich verfchiedener Mundftück-Conftructionen, durch die man bald einen fparfamen Wafferverbrauch, bald befonders geftaltete Wafferftrahlen erzielt, fei gleichfalls auf Theil III, Band 4 diefes »Handbuches« verwiefen.

Von der formalen Ausbildung und von der architektonifchen, häufig bis zur Monumentalität gefteigerten Geftaltung der Springbrunnen war bereits im vorhergehenden Halbbande (Abth. VIII, Abfchn. 2) die Rede. Zu den zahlreichen dort vorgeführten Beifpielen fei hier noch die Gefammtanlage des Springbrunnens auf dem Kaifer-*Wilhelm*-Ring zu Köln (Fig. 539) hinzugefügt.

Fig. 539.

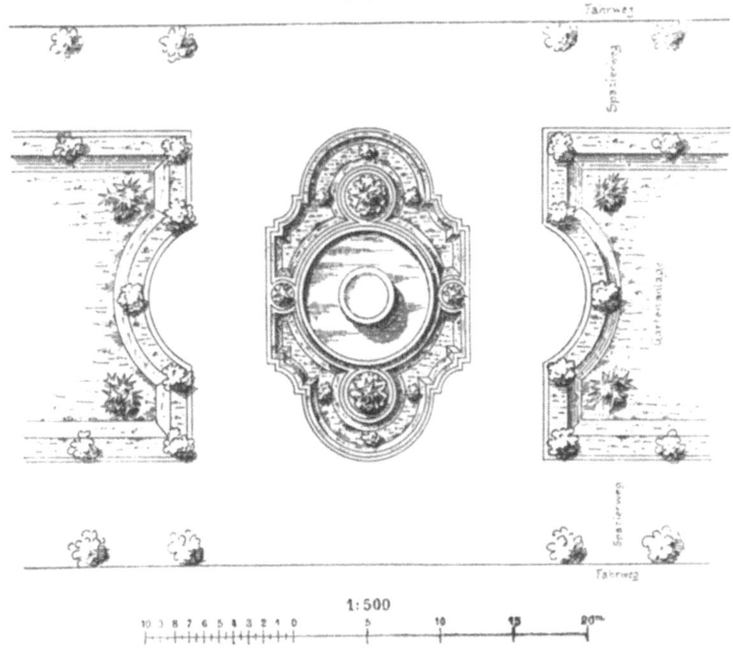

Springbrunnen-Anlage auf dem Kaiſer-*Wilhelm*-Ring zu Köln.

Mit der Verbreitung der ſtädtiſchen Waſſerleitungen und dem wachſenden Beſtreben, Plätze und Straſsen der Städte nach Möglichkeit zu verſchönern, kommt auch die alte Freude an künſtleriſch ausgebildeten Brunnenwerken wieder zu ihrem Rechte. Laufbrunnen und Springbrunnen, breit gelagerte Becken und reich gegliederte Aufbauten werden mit mythologiſchen Figuren, mit Helden der Sage und der Geſchichte in künſtleriſche Verbindung gebracht. Und ſelbſt dem mächtigſten Helden der Neuzeit, unſerem verewigten Kaiſer *Wilhelm*, gedenkt man gegenwärtig an mehreren Orten würdige Brunnendenkmäler zu errichten, wie Kaiſer *Auguſtus* zu Augsburg, Herzog *Otto* zu München und Kaiſer *Franz* zu Prag durch Brunnendenkmäler geehrt wurden. (Vergl. auch den eben gedachten Halbband dieſes »Handbuches«.)

b) Entwäſſerungs- und Reinigungs-Anlagen.

463. Ueberſicht. So weit das Grundſätzliche über die Entwäſſerung und Reinigung der Städte zum Verſtändniſs der nachfolgenden Darlegungen erforderlich iſt, wurde davon bereits in Theil III, Band 5 dieſes »Handbuches« das Nothwendigſte geſagt. Bezüglich weiter gehender Einzelheiten muſs auf die betreffende Sonder-Literatur verwieſen werden, welche im gedachten Bande (insbeſondere auf S. 134 und an einigen anderen Stellen) gleichfalls angeführt iſt.

Im genannten Bande iſt (in Abſchn. 5, B, Kap. 7 bis 9) zunächſt vom Weſen und von der Art der fortzuſchaffenden Abfallſtoffe und hierauf von den Mitteln zu deren Fortſchaffung die Rede; alsdann ſind die wichtigeren Syſteme der Canaliſation vorgeführt, und endlich iſt auch in den Hauptzügen der Reinigung und Verwerthung der Canalwaſſer gedacht. Hieran ſchlieſst ſich eine kurze Beſprechung der ſog. Abfuhr-Syſteme, insbeſondere in Rückſicht auf die Abfuhr der feſten Haus- und Gewerbeabfälle, ſo wie auch des Straſsenkehrichts, des Schnees und der menſchlichen Abgänge.

1) Anlagen unter der Straſse.

Die nachfolgenden Betrachtungen werden ſich hauptſächlich nur auf die Schwemm-Canäle beziehen; das Allerwichtigſte über deren Form und Conſtruction, ſo wie über den Anſchluſs der Leitungen von den Straſsen und aus den Häuſern iſt bereits in Theil III, Band 5 (in Abſchn. 5, B, Kap. 8, unter b) geſagt. 464. Canäle, Schächte, Einläufe etc.

Um Canäle revidiren und Ausbeſſerungen daran vornehmen zu können, an Straſsenkreuzungen und Vereinigungspunkten verſchiedener Canalſtrecken, an den Punkten, von denen aus die Spülung ſtattfinden ſoll etc., werden Einſteig-, Reviſions- und Spülſchächte angeordnet. Die Rohr-Canäle werden von Schacht zu Schacht in geraden Linien verlegt, damit ſie behufs Feſtſtellung ihrer richtigen Lage und Reinhaltung durchleuchtet werden können. Iſt es nöthig, zwiſchen zwei Einſteigeſchächten, deren Abſtand gewöhnlich 60 bis 100 m beträgt, die Canallinie zu knicken, ſo wird auf dem Knickpunkte ein Lampenſchacht angebracht; auch ordnet man wohl Lampenſchächte, d. h. Standrohre, in denen man ein Licht hinunterlaſſen kann, zwiſchen je zwei Einſteigeſchächten an, wenn man deren Abſtand aus Sparſamkeitsrückſichten vergröſsert.

Die bereits erwähnten Spüleinrichtungen hier näher zu beſchreiben, würde zu weit führen; die einſchlägigen Sonderſchriften geben hierüber die erwünſchte Auskunft. Das Gleiche gilt bezüglich der Straſseneinläufe oder Sinkkaſten (*Gullies*), in welche das Straſsenwaſſer zunächſt einflieſst und die (mittels Senkſchächten und Waſſerverſchlüſſen) ſo einzurichten ſind, daſs die Sinkſtoffe zurückbehalten werden und die Luft des Straſsen-Canals auszutreten verhindert iſt. Die gewöhnliche Lage dieſer Einläufe iſt in der Sohle der Straſsenrinne neben der erhöhten Bordſchwelle des Bürgerſteiges; in engen Straſsen jedoch zieht man es vor, den Sinkkaſten unter den Bürgerſteig zu ſetzen und einen ſeitlichen Einlauf in der Bordſchwelle anzubringen.

Da die unterirdiſchen Canäle möglichſt auch alle Kellerſohlen entwäſſern ſollen, ſo muſs man für den (unter Umſtänden angeſtauten) Canal-Waſſerſpiegel wenigſtens 3,0 m Tiefe unter der Straſsenoberfläche verlangen; ſomit kommt die Sohle in der Regel mindeſtens auf 3,5 bis 4,0 m Tiefe zu liegen (vergl. auch Art. 457, S. 318). 465. Lage der Canäle.

Der Canal wird meiſtens in der Mitte der Straſse angeordnet (Fig. 540). In Straſsen von mehr als etwa 20 m Breite pflegt man zwei Canäle unter die Bürgerſteige zu legen, um die Länge der Anſchluſsrohre und das Aufbrechen der Straſse zu vermindern; beſonders in ſolchen Fällen, wo man groſsen Werth darauf legt, daſs bei Ausführung der Häuſeranſchlüſſe das nachträgliche Aufbrechen des Fahrdammes vermieden werde, empfiehlt ſich dieſe Anordnung (Fig. 541).

Fig. 540.

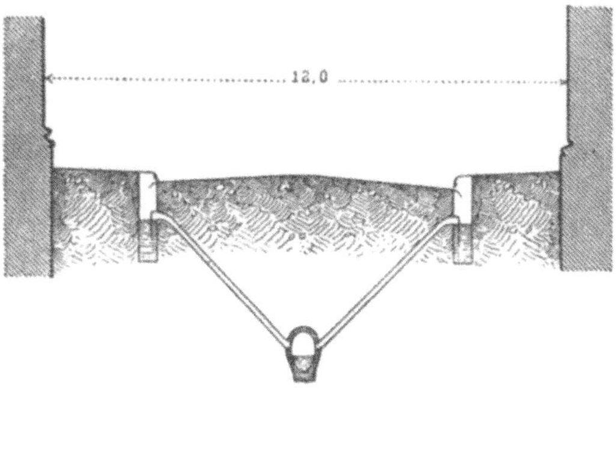

Die Ausführung des Canalnetzes kann ſehr beſchwerlich werden und erfordert groſse Aufmerkſamkeit, wenn dieſelbe nach dem Gas- und Waſſer-Rohrnetz ausgeführt wird, wie dies in alten Stadttheilen leider die Regel iſt. Wie ſchon in Art. 457 (S. 320) geſagt 466. Ausführung.

wurde, iſt in ſolchen Fällen der Abſtand der Canallinie von den höher liegenden Rohren, um Brüche und Betriebsſtörungen zu vermeiden, möglichſt groſs und der Unterfahrungswinkel möglichſt rechtwinkelig zu nehmen.

Fig. 541.

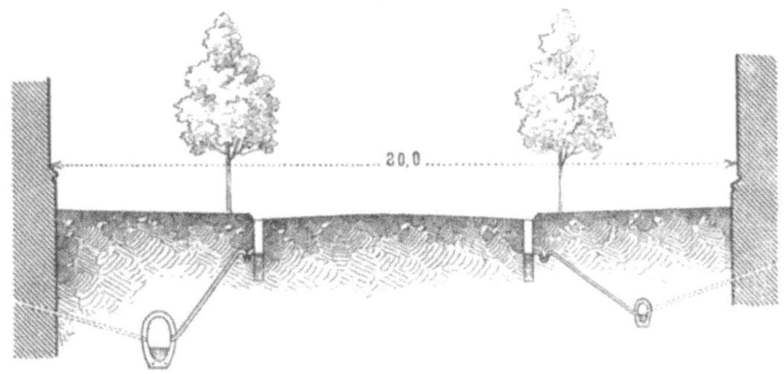

2) Anlagen über der Straſse.

467. Rinnen.

Die in der Straſsenoberfläche oder über derſelben befindlichen Theile der ſtädtiſchen Entwäſſerungs-Anlagen ſind: die offenen und geſchloſſenen Rinnen, die Einläufe, die Schachtabdeckungen und die Lüftungs-Einrichtungen des Canalnetzes. Die Straſsenrinnen ſind hohl (Fig. 542 u. 543) oder flach (Fig. 544). Bei ſehr ſchwach gewölbten Straſsen (z. B. Aſphaltſtraſsen) fällt die Rinne ganz weg, indem die Oberfläche des Fahrdammes unmittelbar an die Bordſchwelle des Bürgerſteiges anſtöſst (Fig. 548). Hohlrinnen neben den erhöhten Bürgerſteigen nach Fig. 543 ſind zwar noch vielfach vorhanden, aber wegen der Unbequemlichkeiten für den Verkehr verwerflich. Es iſt zweckmäſsig, die aus Pflaſterſteinen gebildeten Rinnen nicht einfach in Sand, ſondern in hydrauliſchem Mörtel anzuſetzen oder die Fugen mit ſolchem flüſſigen Mörtel oder beſſer mit Aſphaltpech auszugieſsen.

In uncanaliſirten Städten oder Stadttheilen ſind Hohlrinnen auch an Straſsenkreuzungen und Straſsenabzweigungen nicht zu vermeiden; ſie ſind für den Verkehr ſehr ſtörend und ſollten deſshalb je eher je lieber durch unterirdiſche Entwäſſerung entbehrlich gemacht werden. Mangels der letzteren werden die Querrinnen wohl durch Steinwände eingefaſst und mit Stein-, Holz- oder Guſseiſenplatten überdeckt; daſſelbe geſchieht oft mit den Längsrinnen, welche die Einfahrt in Thorwege behindern. Aber alle dieſe Rinnſteinbrücken ſind für den Verkehr und Waſſerabzug unerwünſchte Einrichtungen; bei der Ausführung der Canaliſation fallen ſie fort.

Fig. 542.

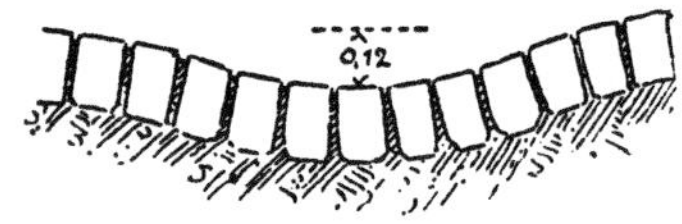

Fig. 543.

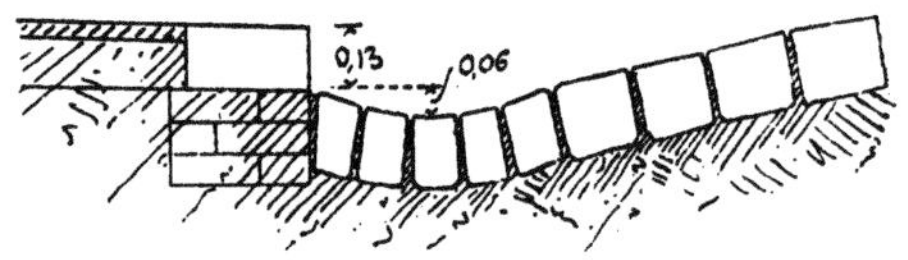

Fig. 544.

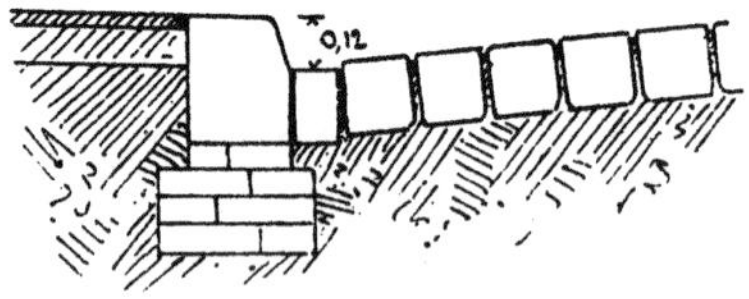

Fig. 545.

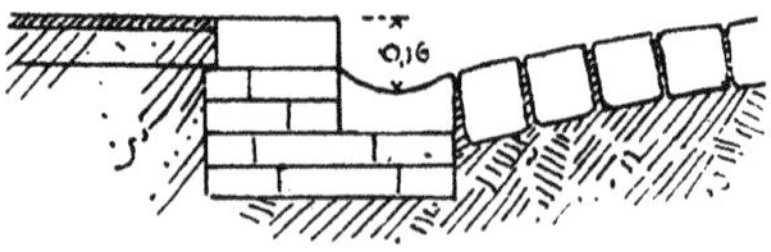

Fig. 546.

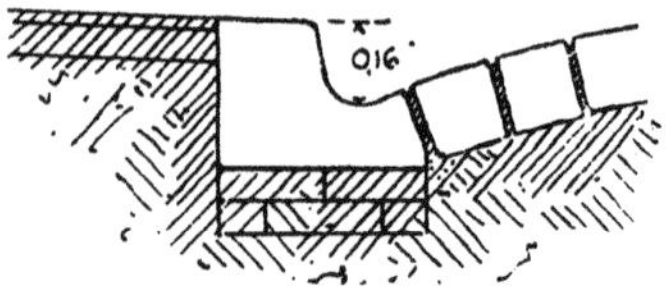

Straſsenrinnen.

Fig. 547.

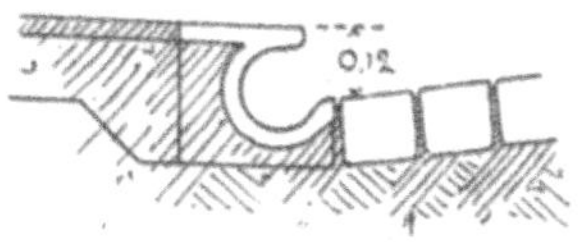

Fig. 548.

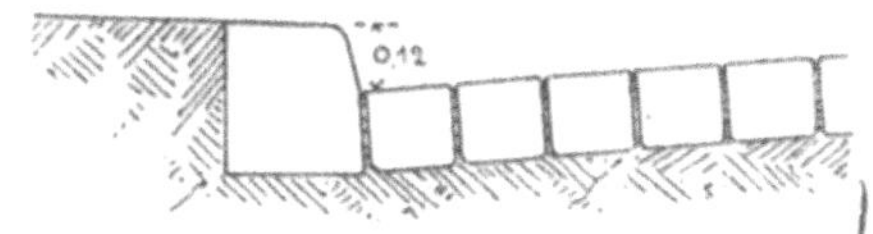

Fig. 549.

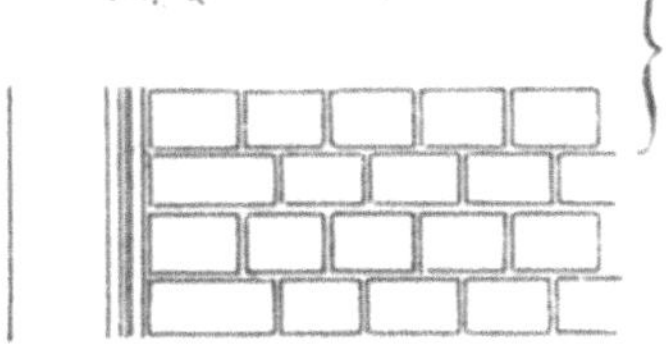

Straſsenrinnen.

Fig. 545 bis 547 zeigen Profile von Straſsenrinnen in Hauſtein und Guſseiſen, welche noch mitunter angewendet werden, auf verkehrsreichen Straſsen aber wenig empfehlenswerth ſind, weil ſie in ihrer Lage und Beſchaffenheit ſich bald von der aus anderem Material beſtehenden Umgebung hinderlich unterſcheiden.

Andere Rinnen ſind diejenigen, welche in Form offener Kandeln, bedeckter Hauſteinrinnen, geſchloſſener Eiſenrohre oder Schlitzrohre das Hauswaſſer oder das Regenwaſſer der Dachrohre quer über den Bürgerſteig in die Straſsenrinne führen. Offene Kandeln gelten für dieſen Zweck in den meiſten Orten als unzuläſſig; die Schlitzrohre oder Schlitzrinnen (ſiehe die Darſtellung einer ſolchen in Theil III, Band 5 [Fig. 238, S. 197] dieſes »Handbuches«), welche der beſſeren Reinhaltung wegen erfunden wurden, werden im Gegentheile vom Staub und Schmutz der Straſse leicht verſchlämmt; es ſollten daher nur geſchloſſene Rohre oder Rinnen zugelaſſen werden. Wegen der Unterbrechung der Gangfläche und der Uebelſtände bei Froſtwetter ſind alle dieſe Einrichtungen unerwünſcht und deſshalb bei Durchführung der unterirdiſchen Entwäſſerung zu beſeitigen.

468. Straſsen-einläufe.

Bezüglich der Straſseneinläufe wurde ſchon oben auf den Unterſchied in der Anbringung derſelben hingewieſen; die ſeitlich in der Bordſchwelle des Bürgerſteiges befindliche Einlauföffnung hat den Vortheil, daſs ſie den Verkehr in keiner Weiſe ſtört und daſs ſie nicht vergittert zu ſein braucht. Der Gitterroſt der in der Rinne liegenden Einläufe verſetzt ſich leicht durch Stroh und Schmutz, während die ſeitliche Oeffnung ſich zuverläſſiger frei hält und auch gröſsere Waſſermaſſen ſchlucken kann. Auch ſteht der zeitweilig zu reinigende Sinkkaſten beſſer unter dem Bürgerſteig, als unter dem Fahrdamm, wo er leichter Beſchädigungen ausgeſetzt iſt. In Mulden, wo das Waſſer von beiden Seiten zuſammenflieſst, oder am Anfang einer Canalſtrecke, wo erhebliche Waſſermengen aufzunehmen ſind, iſt für groſse Sinkkaſten mit weiten Einlauföffnungen und weiten Abfluſsrohren Sorge zu tragen; auch ſetzt man der Einfachheit wegen zwei oder drei Einläufe neben einander. Die Anordnung der Einläufe an einer Straſsenkreuzung zeigt Fig. 550; die Verdoppelung der Einläufe *a*, *a* fällt fort, wenn die Canaliſation vollſtändig iſt. Die Pfeile bedeuten die Gefällsrichtung; die Anordnung von Einläufen in den Eckcurven der Bürgerſteige iſt wegen der leichten Beſchädigung

Fig. 550.

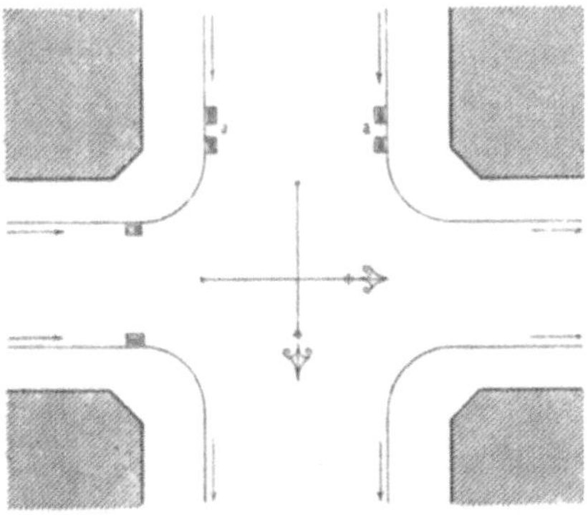

Vertheilung der Einläufe an einer Straſsenkreuzung.

Fig. 551.

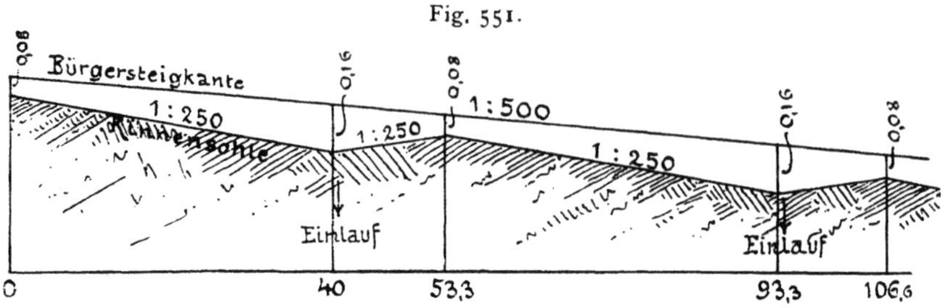

Gebrochenes Gefälle der Strassenrinne.

durch aufstossendes Fuhrwerk nicht zu empfehlen. Die Abstände der Einläufe pflegen auf freier Strasse 40 bis 60 m zu betragen. Auf sehr flachen Strassen werden geringe Abstände gewählt, um die Bildung von Wasserlachen zu verhüten. Ist das Längengefälle der Strassen geringer als 1 : 250, so erhalten die Rinnen zur Beförderung des Wasserabflusses ein gebrochenes Gefälle (Fig. 551).

469. Abdeckung der Einsteigeschächte.

Die Abdeckungen der Einsteigeschächte bestehen in der Regel aus viereckigen oder runden Platten, welche in einem meist quadratischen Rahmen ruhen; sie haben entweder eine gerippte gusseiserne Oberfläche oder sind in Theilflächen asphaltirt oder mit Holzklötzen ausgesetzt. Für den Fahrdamm sind die Deckel und Rahmen schwerer herzustellen, als für die Bürgersteige. In letzteren sind am angenehmsten die asphaltirten Deckplatten, welche im Fahrwege leicht zerstört werden und desshalb besser durch Gussrippen oder Holzeinlagen zu ersetzen sind. Nach Möglichkeit sucht man die Abdeckungen, auch wenn das Siel im Fahrdamm liegt, in den Gehwegen oder Bürgersteig-Inseln anzubringen, weil sie dort weniger stören und minder leicht beschädigt werden, als im Fahrdamme. Die rechteckige Form der Rahmen ist behufs Erzielung eines guten Pflasteranschlusses zweckmässig.

Sollen die Deckplatten zugleich zur Lüftung dienen, so müssen sie durchbrochen sein, was aber das Anhängen eines besonderen Bodens bedingt, um das Hinabfallen des Strassenschmutzes zu verhüten. Auch die durchbrochenen Deckel der besonderen Luftschächte bedürfen einer solchen Anordnung, durch welche der Strassenschmutz aufgefangen wird und entfernt werden kann.

3) Oeffentliche Bedürfniss-Anstalten.

470. Ueberficht.

Die öffentlichen Bedürfniss-Anstalten (siehe Theil III, Band 5, Art. 248, S. 202 u. Art. 398, S. 310 dieses »Handbuches«) sind entweder nur für die flüssigen Abgangsstoffe oder auch für die festen bestimmt. Erstere werden in Ermangelung einer besseren deutschen Bezeichnung »Pissoirs«, letztere »Aborte« genannt. Es läuft ungefähr auf dasselbe hinaus, wenn man die fraglichen Anstalten in solche für Männer und solche für Frauen eintheilt, da bei der letztgedachten Art die Trennung der Bedürfnisse fortfällt und die Sitze für Frauen und Männer sich nicht unterscheiden; indess können mit den öffentlichen Aborten Pissoir-Stände für Männer verbunden sein oder nicht.

Fig. 552.

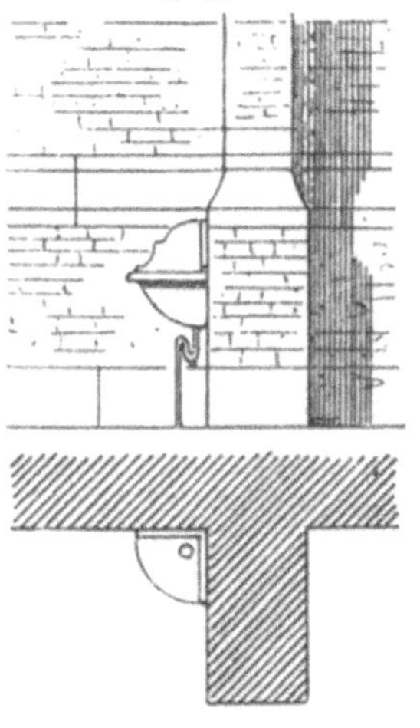

471. Ganz freie Pissoirs.

Die öffentlichen Pissoirs sind entweder frei oder umwandet, und im letzteren Falle entweder oben offen oder

Fig. 553.

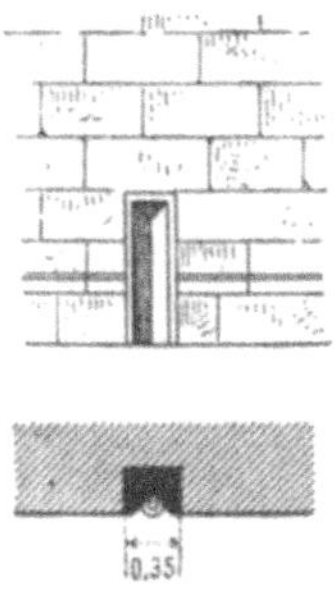

Fig. 554.

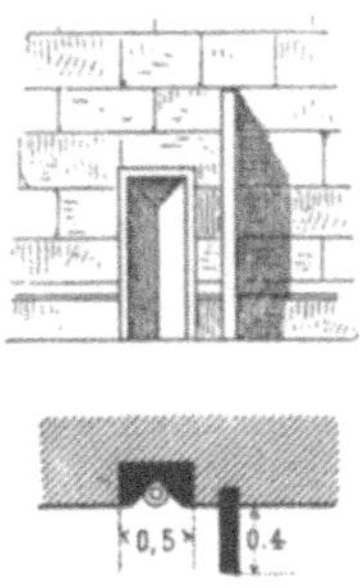

Fig. 555.

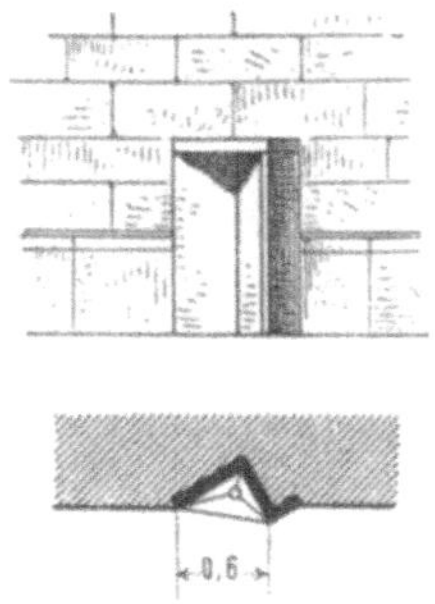

Fig. 556.

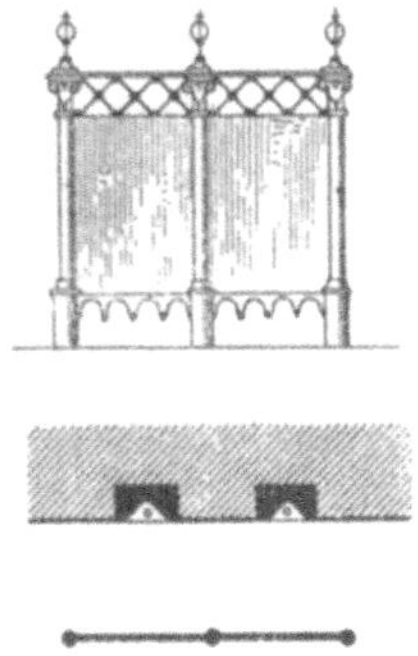

Oeffentliche Piſſoirs zu Florenz.

1/100 n. Gr.

Fig. 557.

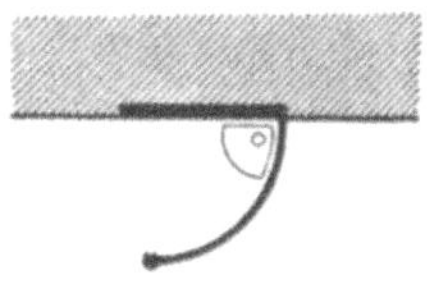

Fig. 558.

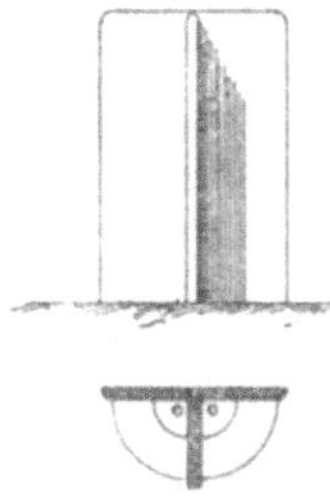

Fig. 559.

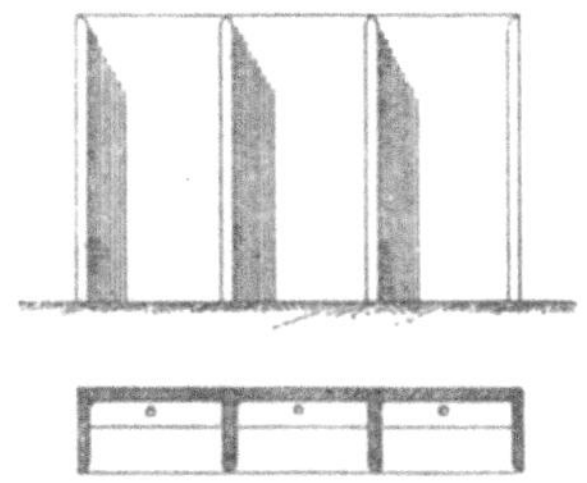

Granitplatten-Piſſoirs zu Mailand.

überdeckt. Ganz freie Piſſoirs ſind nur in den romaniſchen Ländern gebräuchlich, beſonders in Italien. Ein zum Uriniren »einladender« und deſshalb unbefugter Weiſe benutzter Mauer- oder Gebäudewinkel wird durch Anbringen zweier Marmorplatten und eines Ablaufes zum erlaubten öffentlichen Bedürfniſsort gemacht. Hierher gehören auch die beliebten Piſſoir-Becken an den Strebepfeilern belgiſcher Kirchen (Fig. 552). Eine in Italien ſowohl an der Straſse, als in den Höfen von Gaſthäuſern und öffentlichen Gebäuden verbreitete Einrichtung zeigt Fig. 553; ſie beſteht nur aus einem eingekerbten, in die Mauer eingelaſſenen Marmorblock mit einer Abfluſsöffnung am Fuſse deſſelben. Vervollkommnungen weiſen die Einrichtungen nach Fig. 554 mit 30 bis 40 cm breiter ſeitlicher Schutzwand, Fig. 555 für ſchräge und deſshalb geſchütztere Stellung des Benutzers, ſo wie Fig. 556 mit ſchützender Rückwand für einen oder zwei Stände und Fig. 557 mit gebogenem Schutzſchirm auf. Die Anordnungen in Fig. 558 u. 559 ſind auf den Mailänder Promenaden üblich. Für nordeuropäiſche Verhältniſſe ſind indeſs dieſe harmloſen Einrichtungen ganz ungeeignet. Auch die in einigen Städten verſuchte Anordnung der Laternenpfoſten in ſolcher Art,

Fig. 560.

Fig. 561.

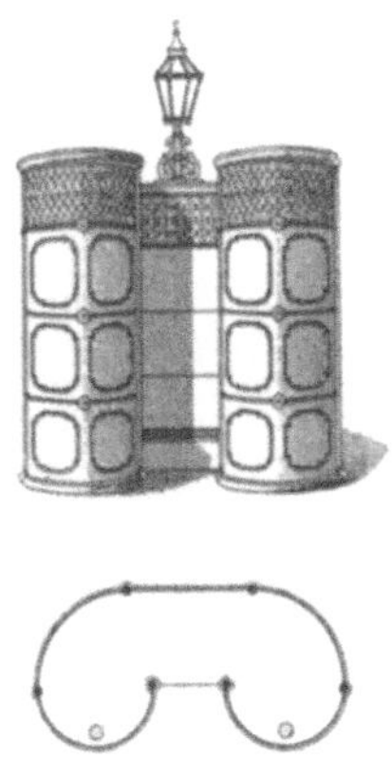

Englische Piſſoirs.

Fig. 562.

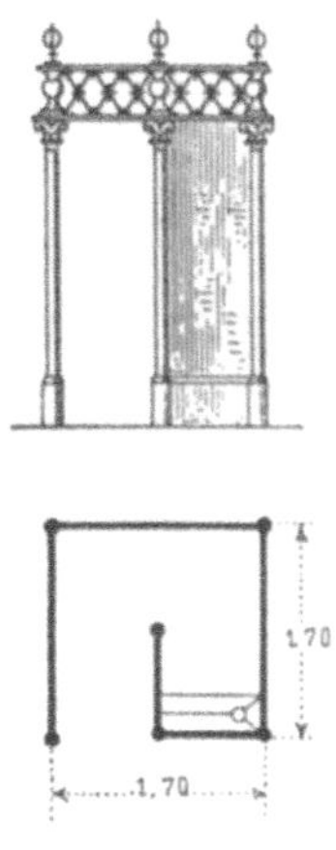

Fig. 563.

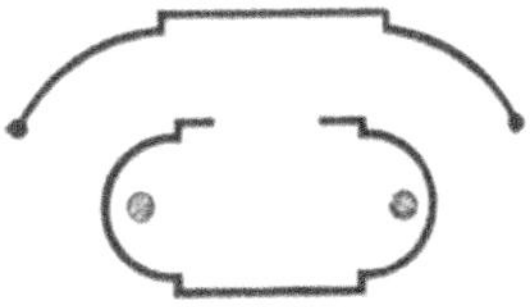

Fig. 564.

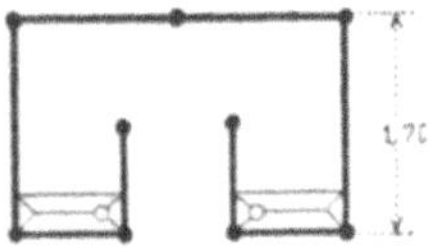

Fig. 565.

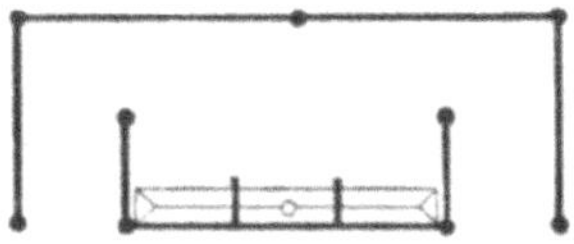

Fig. 566.

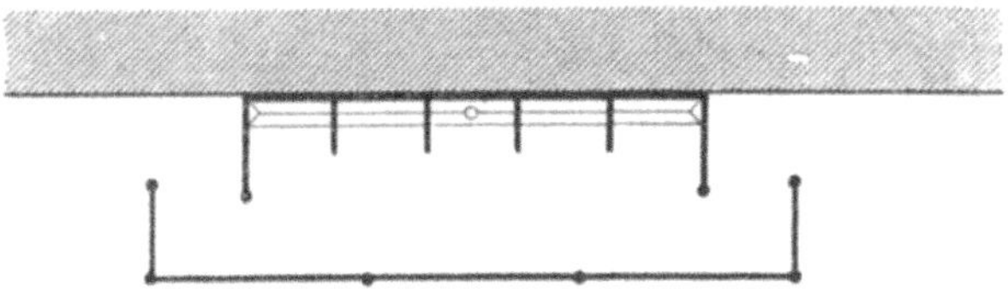

Fig. 567.

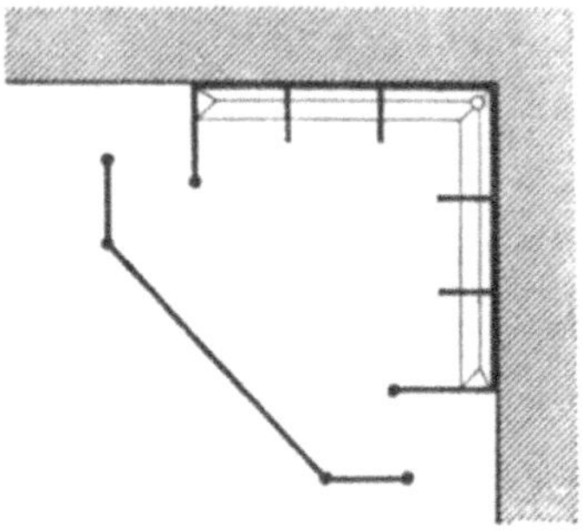

Fig. 568.

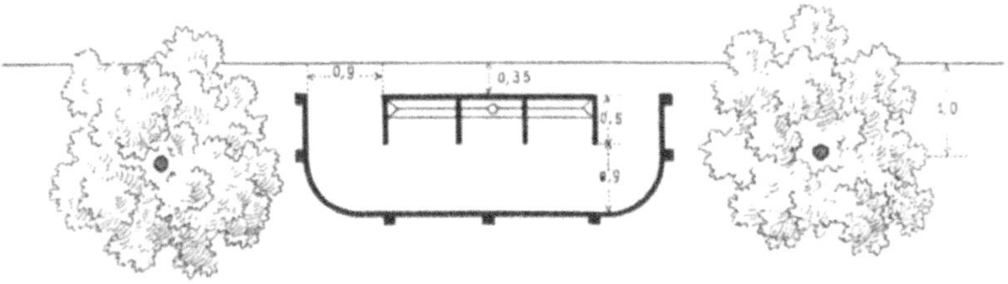

Unbedecktes Piffoir zu Rouen.

Fig. 569

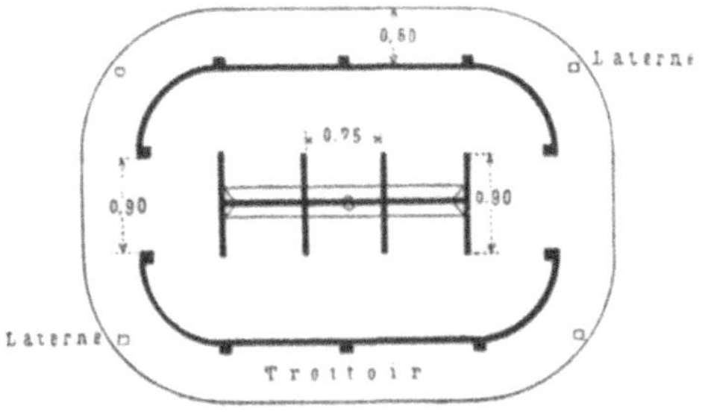

Unbedecktes Piffoir zu Rouen.

Fig. 570.

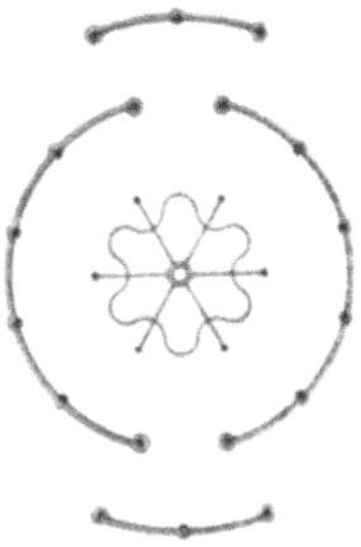

Unbedecktes Fächer-Piffoir.

Fig. 571.

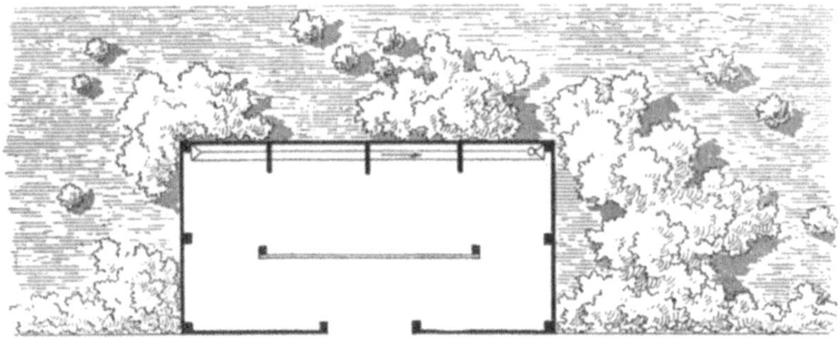

Fig. 572.

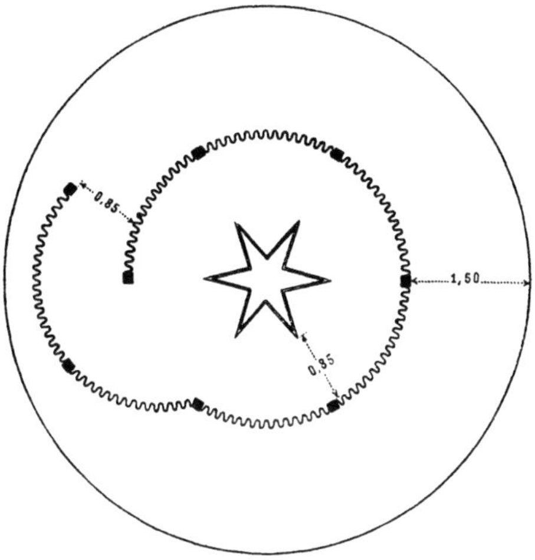

Unbedecktes Piſſoir mit Wellblechumwandung zu Lille. — $^1/_{100}$ n. Gr.

daſs ihre dem Fahrdamm zugekehrte, als 50 cm weite Niſche ausgebildete Seite als Piſſoir-Stand dient, hat nur wenig Nachahmung gefunden.

472. Umwandete, aber unbedeckte Piſſoirs.

Die umwandeten, aber unbedeckten Piſſoirs ſind beſonders in Frankreich und waren früher auch in England gebräuchlich. Die guſseiſernen Häuschen nach Fig. 560 bis 562 ſind heute als unzweckmäſsig erkannt, weil die ganze Wandfläche der Benutzung preisgegeben iſt und daher zur Beſchmutzung der Kleider führt, ſelbſt wenn die Durchmeſſer recht groſs genommen werden. Etwas beſſer ſind die in Fig. 563 bis 565 ſkizzirten Anſtalten, weil das deutlichere Erkennen der Benutzungsſtelle und die gröſsere Geräumigkeit die Kleider mehr vor Beſchmutzung ſchützen. Auf ausreichende Weitenmaſse iſt bei dieſen Piſſoirs ein Hauptgewicht zu legen; die Stände und Eingänge ſollten nicht unter 85 cm, beſſer 90 bis 95 cm breit ſein. Die Umfaſſungen beſtehen aus Guſseiſentafeln zwiſchen Guſseiſenſäulen oder aus verzinktem Wellblech oder glattem Eiſenblech zwiſchen Stützen aus quadratiſchem Stab- oder ſonſtigem Walzeiſen. Das Anbringen eines Daches (Fig. 573) iſt leicht. Die mehrſtändige Anordnung in Fig. 565 führt zu den Reihen-Piſſoirs, wie ſie nach Fig. 566 an einer die Straſse begrenzenden Mauer, nach Fig. 567 in einem Mauerwinkel, nach Fig. 568 auf dem von einer Baumreihe in Anſpruch

Fig. 573.

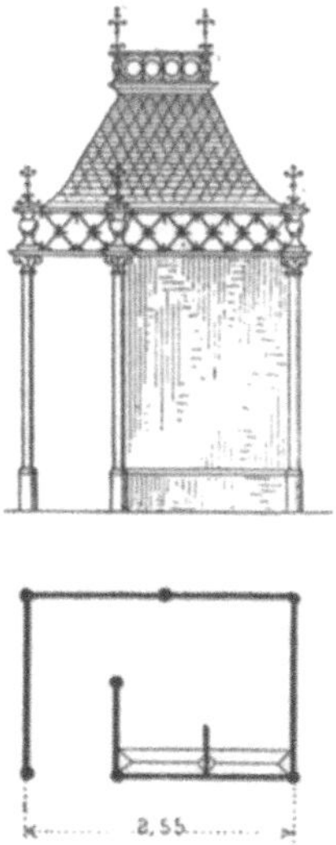

Fig. 574.

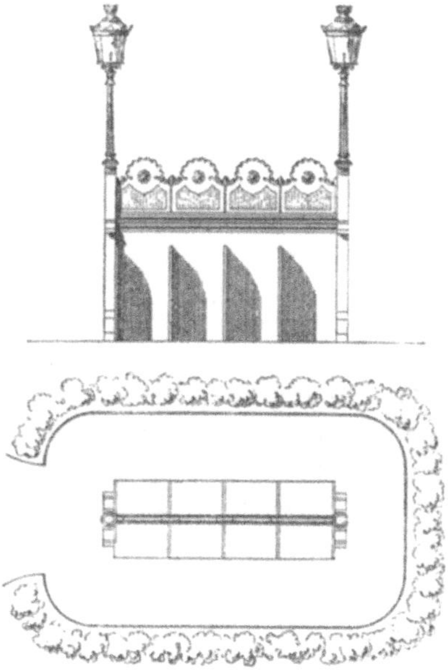

Unbedecktes achtſtändiges Piſſoir in den *Champs-Élyſées* zu Paris.

Fig. 575.

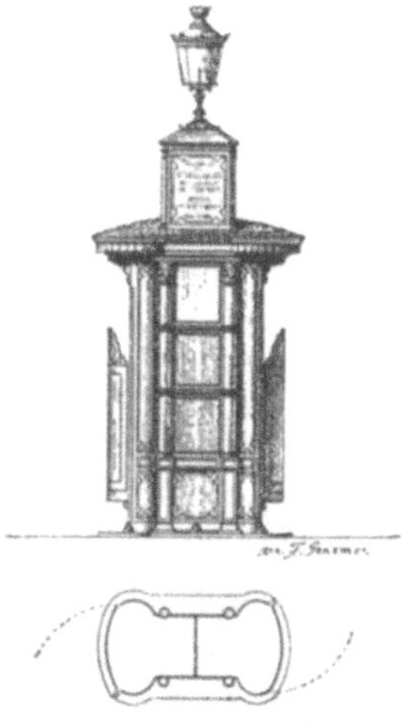

Zweiſtändiges Straſsen-Piſſoir zu Paris.

$^1/_{100}$ n. Gr.

genommenen Strafsenftreifen, nach Fig. 569 auf einer befonderen Bürgerfteig-Infel, nach Fig. 571 neben einem Bürgerfteig in einer Pflanzung, endlich nach Fig. 574 in einem öffentlichen Garten aufgeftellt werden können. Von den Reihen-Piffoirs unterfcheiden fich die Fächer-Piffoirs (fiehe Art. 399, S. 310 in Theil III, Band 5 diefes »Handbuches«) nach Fig. 570 u. 572, fo wie nach Fig. 466 bis 469 (S. 311) im gedachten Bande, welche den Vortheil der einheitlichen Ableitung des Urins und des geringeren Raumbedarfes für fich haben. Ein Mittelding zwifchen bedecktem und unbedecktem Piffoir ift die in Fig. 575 abgebildete zweiftändige Parifer Anftalt, welche fo eingerichtet ift, dafs der Benutzer die Thür feines Standes öffnet und fchliefst, felbft aber mit den Füfsen und von den gegenüber liegenden Häufern aus auch mit dem Kopfe fichtbar bleibt. Alle diefe unverdeckten oder halb verdeckten Piffoirs find nach unferem Schicklichkeitsgefühl für öffentliche Strafsen und Plätze ungeeignet; nur für Parks und Promenaden, wo die Benutzer nicht von oben gefehen werden, find fie zu empfehlen.

Fig. 576.

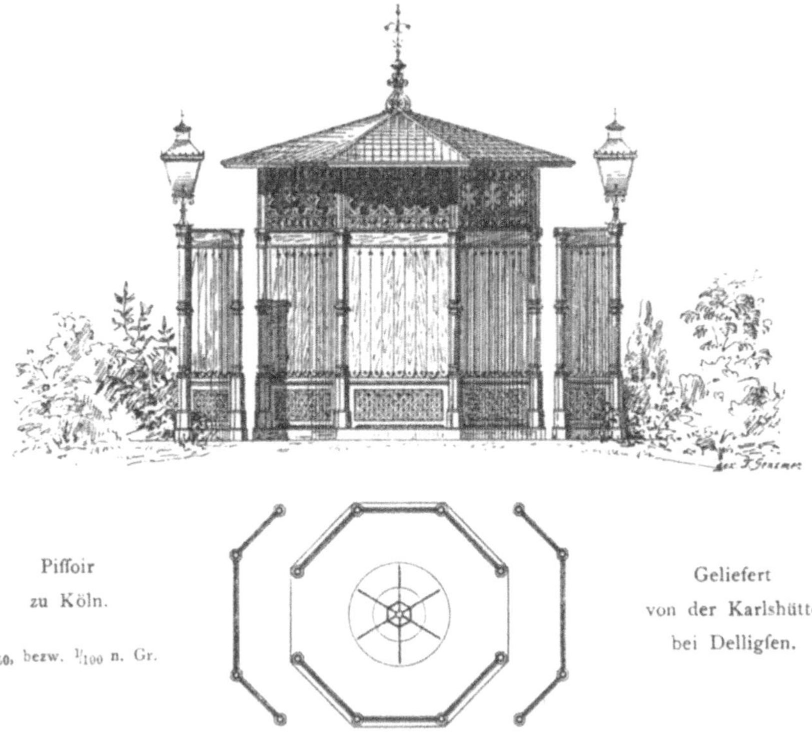

Piffoir zu Köln.

$^1/_{50}$, bezw. $^1/_{100}$ n. Gr.

Geliefert von der Karlshütte bei Delligfen.

473. Umwandete und bedeckte Piffoirs.

Durch Hinzufügung eines mehr oder weniger architektonifch ausgebildeten Daches entftehen die umwandeten und bedeckten Piffoirs, wie fie für das Innere der Städte faft allgemein erforderlich find. Auch bei diefen findet Reihenftellung (Fig. 581) oder Fächerftellung (Fig. 576 bis 578) ftatt. Die fehr verbreitete Grundrifsanordnung in Fig. 576 wird oft auch nur mit einem Eingange verfehen. Fig. 579 u. 582 zeigen abweichend hiervon die Vertheilung der Stände ringsum an der Umfaffungswand; diefe Anordnung hat den Vortheil, dafs die ganze Anftalt beim Eintritt zu überfehen, dafs der Tafchendiebftahl erfchwert und der Platz beffer zum Ausweichen benutzbar ift. Dem gegenüber ftehen die Nachtheile, dafs gröfsere

Flächen vom Urin benetzt werden und daſs eine etwaige Undichtheit oder Schadhaftigkeit der Urinirwand und der Urinrinne ſich auſsen häſslich bemerkbar macht. Dieſe Umfang-Piſſoirs ſollten daher ſtets mit einer Anpflanzung umgeben ſein.

Für alle überdachten und unbedachten öffentlichen Piſſoirs gelten die folgenden Conſtructions-Regeln. **474. Conſtructions-Regeln.**

Bewegliche und verſchlieſsbare Thüren ſind ungeeignet; die Eingänge müſſen ſtets offen, aber mit Schirmwänden ſo verſtellt ſein, daſs der Blick von der Straſse in das Innere der Anſtalt geſperrt iſt. Die ehemalige Meinung, es ſei zweckmäſsig,

Fig. 577.

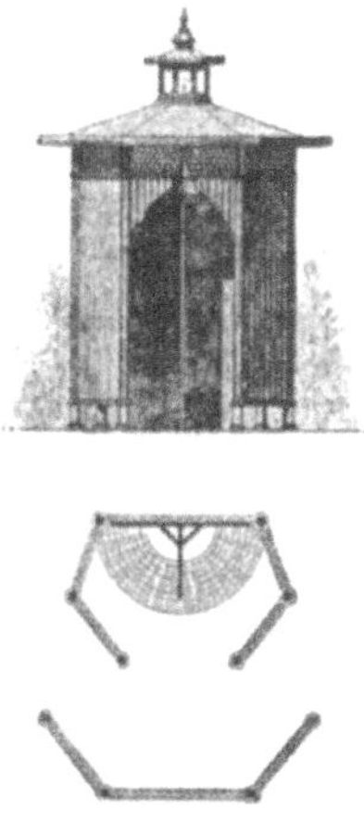

Fig. 578.

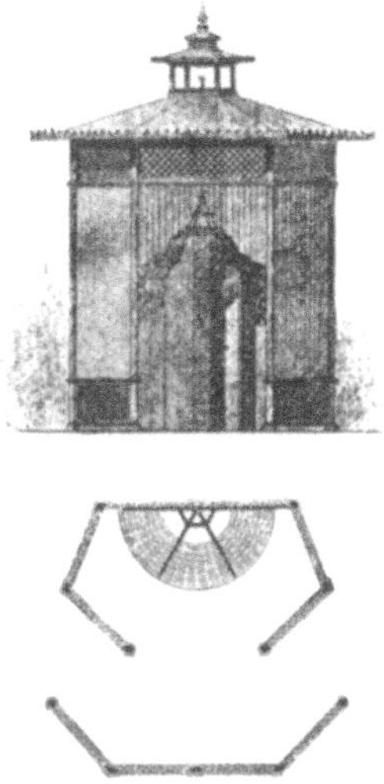

Fig. 579.

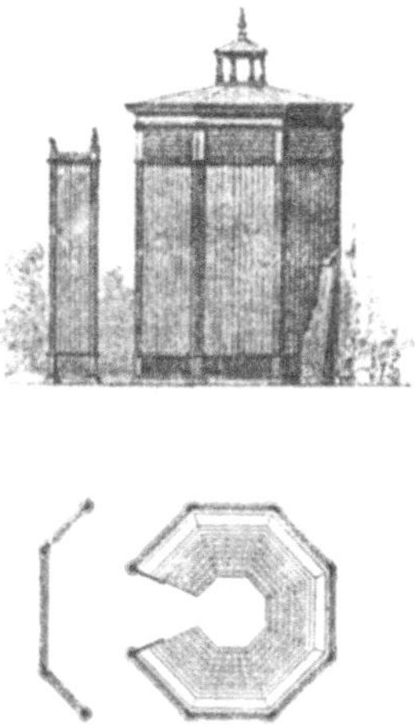

Straſsen-Piſſoirs von *Kullmann & Lina* zu Frankfurt a. M.

Umfang-Piſſoir.

Fig. 580.

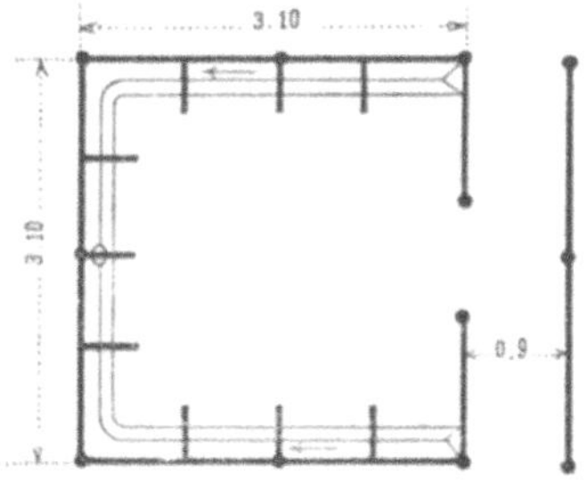

Fig. 581.

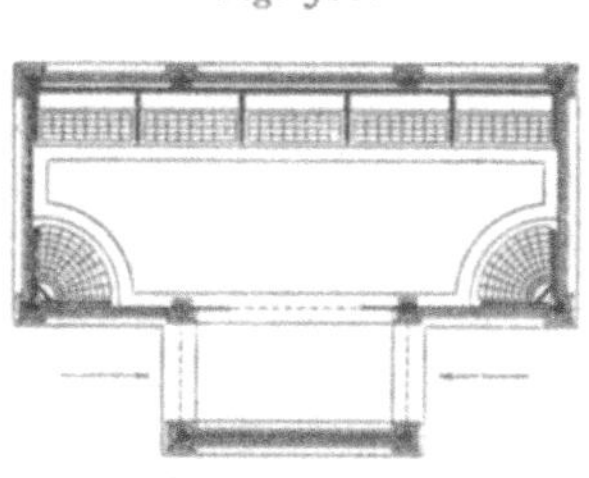

Straſsen-Piſſoir von *Kullmann & Lina* zu Frankfurt a. M.
1/100 n. Gr.

Fig. 582.

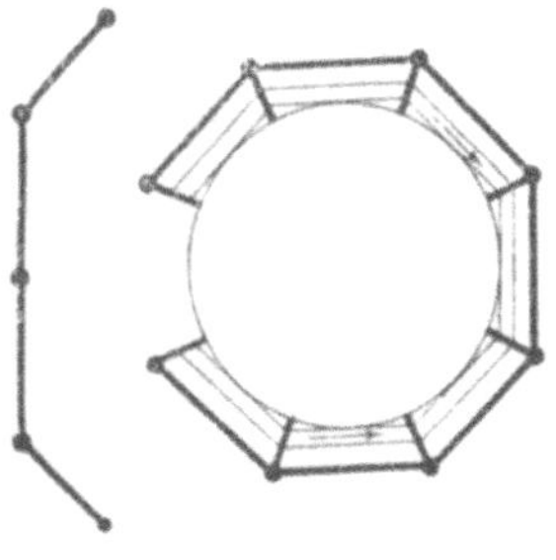

die Umfaſſungswände nicht ganz bis auf den Fuſsboden und nicht ganz bis zur Kopfhöhe reichen zu laſſen, damit etwaiger Unfug von auſsen bemerkt werden könne, hat gegenüber dem Anſtandsgefühle, welches die Bedürfniſsverrichtung ganz den Blicken der auf der Straſse Verkehrenden zu entziehen ſucht, zurücktreten müſſen. Wohl hält man es der Lüftung wegen auch heute noch für gut, die geſchloſſene Wandung nicht an den Boden und nicht an das Dach anzuſchlieſsen; aber man ſetzt hier durchbrochene Füllungen ein, welche den Einblick verwehren, ohne den wichtigen Luftwechſel zu ſtören, eine Anordnung, welche am einfachſten bei Fächer-Piſſoirs durchführbar iſt.

Die Standbreite beträgt 75 bis 90 cm; bei Fächerftänden darf der Winkel nicht kleiner als 60 Grad werden. Die Trennungswände zwifchen den einzelnen Ständen find 38 bis 45 cm breit und ungefähr 140 cm vom Boden hoch, damit jede Perfon möglichft für fich ftehe; es ift nicht nöthig, dafs die Trennungen völlig bis zum Boden hinabreichen.

Die Gänge follen, damit das Ausweichen möglich fei, mindeftens 1,20 m, beffer 1,60 m breit, zwifchen zwei Standreihen aber 2,40 m breit fein. Die lichte Höhe der überdachten Anftalten foll bis zur Dachtraufe wenigftens 2,5 m, beffer 2,8 bis 3,0 m betragen.

Dem Anbringen von Urinbecken (fiehe Fig. 446 u. 449 [S. 305] in Theil III, Band 5 diefes »Handbuches«), deren Rand nicht höher als 55 bis 65 cm über dem Fufsboden fein foll, ift die Anordnung einer Rinne vorzuziehen, und zwar einer Rinne am Boden (fiehe Fig. 477, S. 314 ebendaf.), weil die für den Privatgebrauch gewifs empfehlenswerthen Becken hier der Befchädigung, Verftopfung und Befchmutzung ausgefetzt find. Das Anbringen einer Schutzplatte aus Stein oder Metall vor der Bodenrinne (wie in Fig. 491, S. 317 ebendaf.) ift überflüffig und der Reinhaltung hinderlich; dagegen ift die in derfelben Abbildung angedeutete Luftfchicht zwifchen der Urinirwand und der Umfaffung ftets zweckmäfsig. Bei den Fächer-Piffoirs ift die Rinne fchraubenförmig um den erhöhten Mittelpunkt gewunden, am tiefften Punkte liegt der Ablauf (fiehe Fig. 492, S. 318 ebendaf.). Die Centralbecken bei Fächerftänden (fiehe Fig. 508, S. 326 ebendaf.) mit beftändigem Waffer-Zulauf und beftändigem Ueberlauf in ein mittleres Standrohr haben fich nicht bewährt, weil der Inhalt diefes Beckens bald demjenigen eines grofsen Nachtgefchirrs gleicht und die Bedürfnifsverrichtungen der Mitbenutzer fich ekelhaft anhören.

Die Spülung der öffentlichen Piffoirs mufs eine beftändige fein. Ift die Einrichtung einer folchen unthunlich, fo foll man lieber auf das Piffoir verzichten, da der auftrocknende Urin einen äufserft läftigen Geruch verbreitet. Die Spülung gefchieht durch Beriefelung der Urinirwand (beffer auch noch der Trennungsplatten) bei Reihen- und Umfang-Piffoirs, bezw. des Mittelpfoftens und der Scheidewände bei Fächerftänden, und zwar von oben mittels eines Riefelrohres, welches zahlreiche feine Anbohrungen hat, oder mittels einer kleinen Ueberlaufrinne (fiehe Fig. 499 u. 500, S. 320 ebendaf.). Riefelrohr und Ueberlaufrinnchen werden am beften mit einem kupfernen Spritzblech überdeckt; auch das Riefelrohr befteht am beften aus Kupfer. Die Erzielung eines gleichmäfsig feinen Spülfchleiers erfordert grofse Aufmerkfamkeit, wenn der Wafferverbrauch nicht über 45 bis 50 l für jeden Stand ftündlich gefteigert werden foll. Eine fchwache Neigung der Urinirwand nach rückwärts liefert für die Spülung den Vortheil, dafs das Waffer etwas langfamer hinabriefelt. Für Becken-Piffoirs ift Spülung und Ableitung aus Fig. 507 (S. 324) in Theil III, Band 5 diefes »Handbuches« erfichtlich; unter den Becken ift übrigens eine Bodenrinne wegen des beim Uriniren vorkommenden Tropfwaffers und zur Waffer-Ableitung bei der täglich nöthigen Reinigung der ganzen Anftalt unentbehrlich.

Gewöhnlich wird in das zum Strafsen-Canal führende Abflufsrohr (fiehe Fig. 492, S. 318 ebendaf.) ein Wafferverfchlufs eingefchaltet; in der Regel ift dies nicht zu empfehlen, weil eine öffentliche Bedürfnifs-Anftalt eine erwünfchte Gelegenheit zur Canallüftung darbietet. Glaubt man aber den Benutzern diefer Anftalt das Bemerken der Canalluft ganz erfparen zu müffen, fo follte man jedenfalls vom Anfchlufsrohr hinter dem Wafferverfchlufs ein über das Piffoir-Dach gehendes Lüftungsrohr derart abzweigen, dafs letzteres mit dem Canal in freier Verbindung fteht. Oft läfft fich diefe Lüftung durch eine Gasflamme, welche die Anftalt beleuchtet, zweckmäfsig verftärken. Die ausreichende innere und äufsere Beleuchtung der Piffoirs ift zur Verhütung von Befchmutzung und Unfug durchaus nothwendig.

Als Bauftoff dienen für die Umwandung gewöhnlich glatte oder gewellte Eifenblechtafeln zwifchen gufseifernen Pfoften; auch werden wohl zwifchen letztere verzierte Holztafeln eingefügt (Fig. 576); feltener wird ausgemauertes Eifen- oder Holz-Fachwerk verwendet. Die Dachdeckung pflegt aus Eifen oder Zink zu beftehen. Alle Eifentheile werden mit einem erhaltenden Anftrich verfehen oder verzinkt. Der Fufsboden befteht aus natürlichem Geftein (z. B. fauber bearbeiteten Granitpflafterfteinen), Afphalt oder gerillten Thonplättchen, die Urinrinne aus feftem Hauftein (Granit, Marmor, Dolomit) oder einer Betonfchicht mit Afphaltüberzug, die Urinirwand aus einer polirten Steinfläche (Granit, Schiefer, Marmor) oder aus Glasplatten. Fufsboden, Rinne und Wand verlangen eine befonders vorfichtige Dichtung. Die Trennungstafeln an den Wänden beftehen am beften aus demfelben Material wie die Urinirwand, find aber dann leicht der Zertrümmerung durch Unfugtreibende ausgefetzt; um Lezteres möglichft zu vermeiden, werden auch Eifenbleche oder fauber geftrichene Holztafeln als Scheidewände benutzt. In England hat man auch Piffoir-Stände in Nifchenform aus je einem einzigen Stück Steinzeug von 5 cm Dicke hergeftellt, was fehr nachahmenswerth erfcheint (fiehe Fig. 494, S. 319 im mehrfach genannten Bande diefes »Handbuches«). 475. Bauftoffe.

Befonderer Werth ift fchliefslich bei allen Piffoirs auf Trockenhaltung der Standplätze zu legen. Dies gefchieht durch Anordnung von Rillen im Fufsboden, welche das Reinigungs-, Spritz- und Tropfwaffer ftets fchnell zur Abflufsrinne leiten, oder beffer durch Anbringen durchbrochener gufseiferner Standplatten, wie in Fig. 584 u. 508 (S. 326) im genannten Bande; in der letztgenannten Abbildung bildet der Hohlraum unter den Bodengittern zugleich die Abzugsrinne. Aeufserfte Sauberkeit aller Beftandtheile, aufmerkfamftes Reinhalten des Inneren und Aeufseren und mahnende Auffchriften: »Um Reinlichkeit wird gebeten«, »Man ordne die Kleider in der Anftalt« u. dergl. erziehen bald auch den weniger ordnungsliebenden Theil der Befucher zu Reinlichkeit und Schicklichkeit.

Fig. 583.

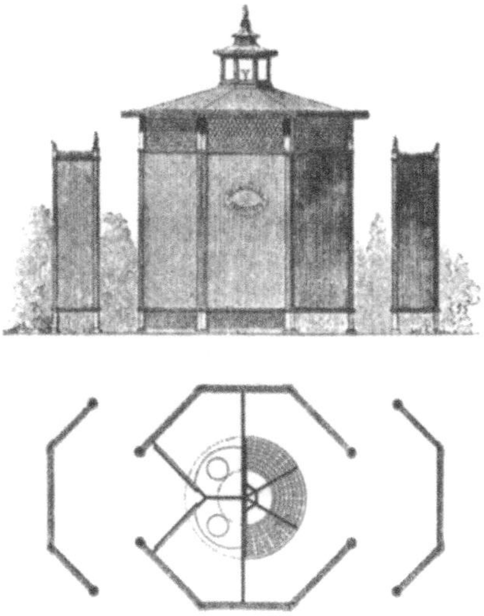

Strafsen-Piffoir mit zwei Aborten.
1/100 n. Gr.

Die öffentlichen Aborte find aus verfchiedenen Gründen noch wenig verbreitet. Sie erfordern nämlich eine beftändige Wartung durch eine ftets anwefende Perfon und die fofortige Ableitung der Fäcalien durch das Canalnetz, da die Aufbewahrung der Stoffe zu grofsen Unannehmlichkeiten führt; in kleineren und mittleren Städten entfchliefsen fich zudem die Damen des Ortes fchwer, Aborte auf öffentlicher Strafse zu befuchen. Oeffentliche Aborte, insbefondere folche für Frauen, find hiernach auf grofse, verkehrsreiche, canalifirte Städte befchränkt. 476. Oeffentliche Aborte.

Die Anordnung in Fig. 583 ift nicht zu empfehlen, weil ein Raum für die Wärterin fehlt, auch das Gefühl der Frauen zu wenig geſchont wird. Beſſer iſt der Grundriſs in Fig. 584: die Wärterin hat ihren Sitz neben dem Waſchtiſch im Vorraume (zugleich Warteraum) der Frauen. Dieſelben Abortzellen können auch von der Herrenſeite aus benutzt werden, wenn der Hilfeſuchende die Wärterin durch die im Piſſoir-Raum angebrachte Klingel herbeiruft; der Einblick in den Piſſoir-Raum von auſsen iſt indeſs eben ſo wenig, wie in Fig. 581 hinreichend verſperrt (vergl. die Sehſtrahlen). Aehnlich iſt die Anordnung in Fig. 587; die freundliche Ausbildung der Auſsenſeiten wird dazu beitragen, das peinliche Gefühl der Damen zu verſcheuchen. Auch hier reicht die Schirmwand *A* des Piſſoirs nicht aus; ſie iſt zweckmäſsig durch die Anordnung *B* zu erſetzen.

Fig. 584.

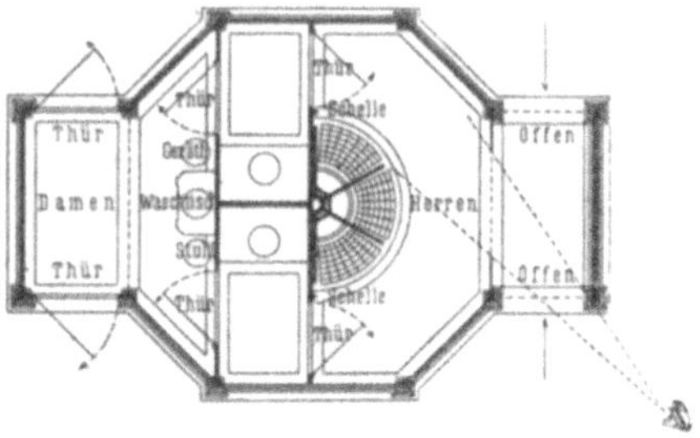

Fig. 585.

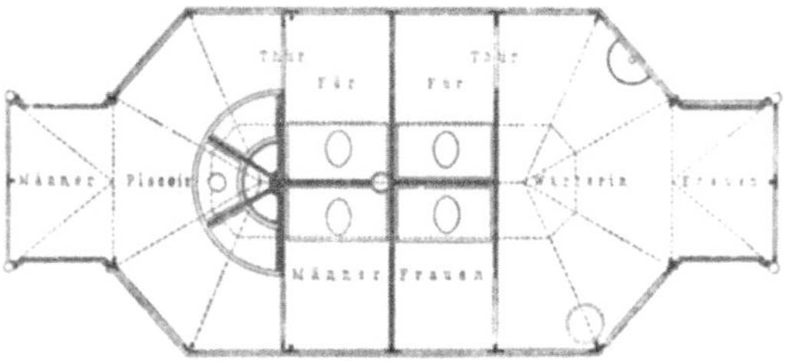

Oeffentliche Bedürfniſs-Anſtalten für Männer und Frauen. — $^1/_{100}$ n. Gr.

Fig. 586.

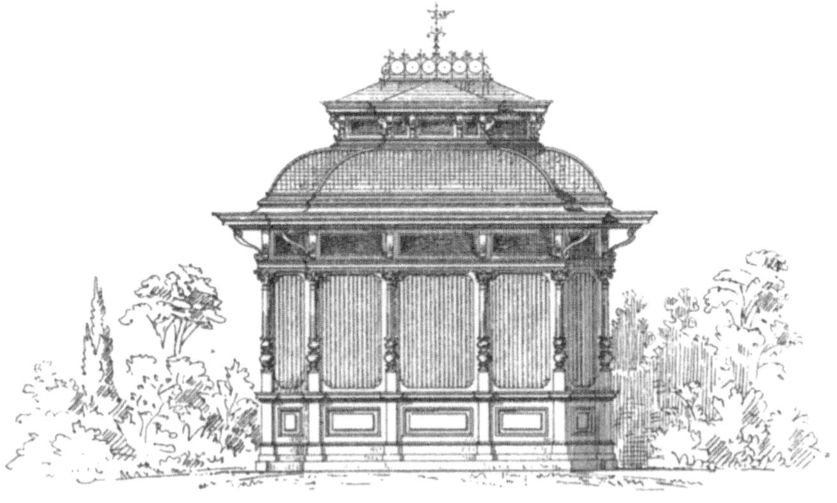

Oeffentliche Bedürfniſs-Anſtalt für Männer und Frauen.

$^1/_{100}$ n. Gr.

a. Aborte I. Claſſe für Herren.
b. Aborte II. Claſſe für Herren.
c. Aborte I. Claſſe für Damen.
d. Aborte II. Claſſe für Damen.
e. Raum für die Wärterin.
f. Vorplatz.
g. Piſſoir.

Befondere Sitze für Frauen und Männer zeigt Fig. 585; aber die Wärterin kann hier nur mit Schwierigkeiten beide Hälften der Anftalt bedienen. Diefe Bedienung ift in Fig. 586 dadurch erleichtert, dafs der Raum der Wärterin die Mitte des von *Roffel* entworfenen Gebäudes einnimmt; hier find die Aborte zudem fowohl auf der

Fig. 587.

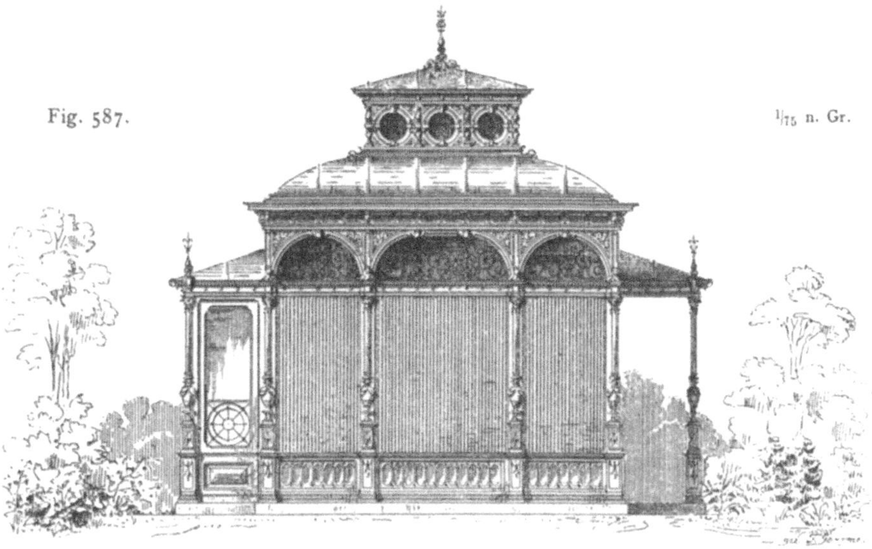

1/75 n. Gr.

1/100 n. Gr.

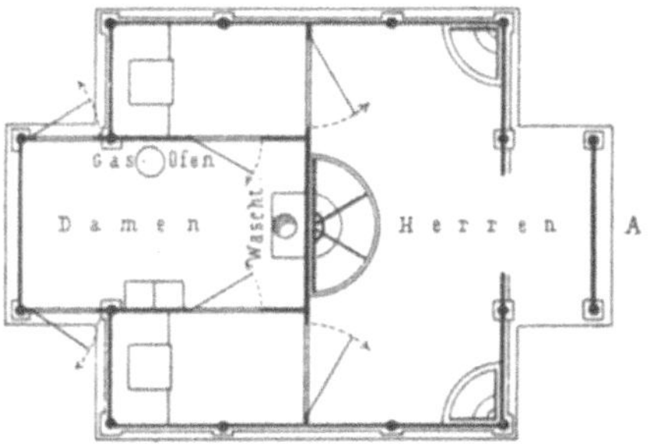

Oeffentliche Bedürfnifs-Anftalt für Männer und Frauen von *Kulmann & Lina* zu Frankfurt a. M.

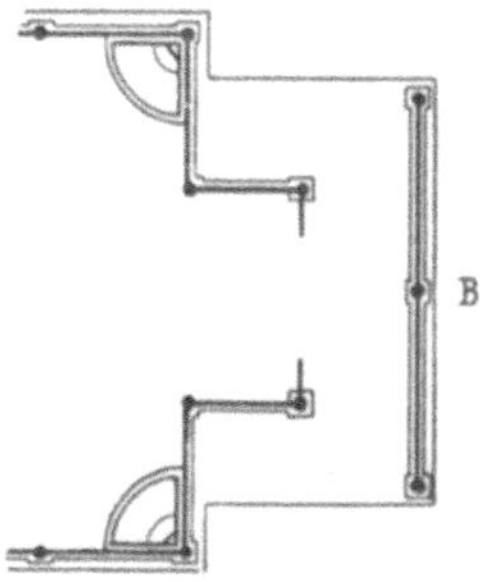

Männer-, als auf der Frauenfeite in zwei Claffen eingetheilt; die II. Claffe wird hierbei in der Regel für nicht zahlende Perfonen beftimmt fein, während im Uebrigen bei allen befchriebenen Anftalten das Benutzungsgeld zur Beftreitung der Unkoften dient. Ob es nöthig und zweckmäfsig ift, die Eingänge I. und II. Claffe zu fondern, mag dahin geftellt bleiben; der Raumgewinn dürfte werthvoller fein.

Die Reinlichkeit ift bei öffentlichen Aborten noch forgtältiger zu handhaben, als bei öffentlichen Piffoirs. Die Becken werden zweckmäfsig aus hellfarbigem Porzellan mit einfachem, fiphonförmigem Wafferverfchlufs hergeftellt. Empfehlenswerth ift eine im Becken angebrachte Zunge, welche die Fäces dem Anblick fofort entzieht. Die Spülung ift am beften eine dauernde. Bei Waffermangel genügt aber auch zur Spülung an der Aufsenfeite jeder Zelle ein Durchgangshahn, welchen die Wartefrau beim Oeffnen der Zelle zum Theile aufdreht. Nach gefchehener Benutzung nimmt die Wärterin durch gänzliches Oeffnen des Spülhahns eine Nachfpülung vor. Letztere kann auch felbftthätig durch das Oeffnen und Schliefsen der Thür beim Verlaffen der Abortzelle bewirkt werden, was aber fchon zufammengefetzte, leicht der Befchädigung unterliegende Vorrichtungen bedingt, die in folchen Anftalten nach Möglichkeit zu vermeiden find. Der Einfachheit wegen find unmittelbar in das Canalnetz mündende Becken den Trogaborten vorzuziehen.

Das zum Strafsen-Canal führende Anfchlufsrohr ift an geeigneter Stelle als Lüftungsrohr bis über das Dach der Anftalt zu verlängern. Die letztere bedarf im Winter der Erwärmung durch einen Ofen, welcher mit Leuchtgas oder Coke geheizt wird. Die Zwifchenwände der Abortzellen werden nicht bis zur Dachfläche, fondern der Lüftung, Erwärmung und Controle wegen nur auf 2,5 bis 2,8 m Höhe emporgeführt. Es empfiehlt fich, den Unterbau ganz oder theilweife zu unterkellern, um alle Zu- und Ableitungen leicht zugänglich zu machen. Näheres über die Herftellung und Einrichtung der Abortzellen, der Abortbecken und deren Zubehör wolle man in Theil III, Band 5 (D, Kap. 15 bis 23) diefes »Handbuches« nachfehen.

477. Wahl des Platzes.

Die Platzwahl für die Errichtung öffentlicher Piffoirs und Aborte ruft gewöhnlich allerlei Bedenken hervor, weil oft Umwohnende oder Spaziergänger fich verletzt fühlen. Im einzelnen Falle ift es mitunter fchwierig, den verfchiedenen Bedenken Rechnung zu tragen; man mufs trotz der Unannehmlichkeit für die Nachbarfchaft die in Rede ftehenden, für verkehrsreiche Städte unentbehrlichen Anftalten als unvermeidliches Uebel in den Kauf nehmen. Der Verkehr verlangt für diefelben die Aufftellung auf oder nahe bei den Hauptftrafsen, felbftredend an neutralen Punkten, wie auf geräumigen Bürgerfteig-Infeln (Fig. 569 u. 572), in Pflanzungen halb verfteckt, in Baumreihen, am Rande öffentlicher Gärten u. dergl. Sehr zweckmäfsig find folche Anftalten, welche in öffentliche Gebäude derart eingebaut find, dafs fie unmittelbaren Zugang von der Strafse, mit dem Inneren aber keinen Zufammenhang haben. Die auf den Strafsen und Plätzen errichteten Piffoir- oder Abortgebäude follen nach Möglichkeit weder dem auf der Strafse Verkehrenden, noch den Umwohnern den Ausblick verfperren; keinesfalls darf man von irgend einem Punkte der Strafsen oder der Häufer in die Anftalt hineinfehen können. Die Platzwahl und bauliche Einrichtung verlangt daher ftets eine forgfältige Ueberlegung.

478. Bedürfnifs-Anftalten unter der Strafsenfläche.

Am wenigften beeinträchtigen fowohl den Verkehr, als den Ausblick diejenigen öffentlichen Bedürfnifs-Anftalten, welche nach englifcher Art unter der Strafsenfläche hergeftellt und in grofsen Städten fehr empfehlenswerth find. Fig. 588 u. 589 zeigen als Beifpiel die Piffoir- und Abort-Anlage unter einer Bürgerfteig-Infel in der Mitte der *Farringdon*-Strafse zu London, Fig. 590 u. 591 die noch gröfsere Anftalt unter dem *Manfionhoufe*-Platze dafelbft rings um den Unterbau des *Wellington*-Reiterftandbildes.

Die innere Ausftattung diefer Anftalten ift faft koftbar zu nennen; weifse Porzellanbecken und kupferne Rohrleitungen find an Rückwänden aus rothem Granit befeftigt; die Trennungsplatten der Stände beftehen aus fchwarzem Marmor. Eben fo elegant ift die Abort-Einrichtung; die Spülung ift eine beftändige. Ein Wärter ift dauernd anwefend; die *Wellington*-Anftalt wird fogar von zwei Wärtern beftändig bedient. Eingangs- und Ausgangstreppe find dort getrennt, fo dafs alle Befucher die ganze Bau-

Fig. 588.

Oberanficht.

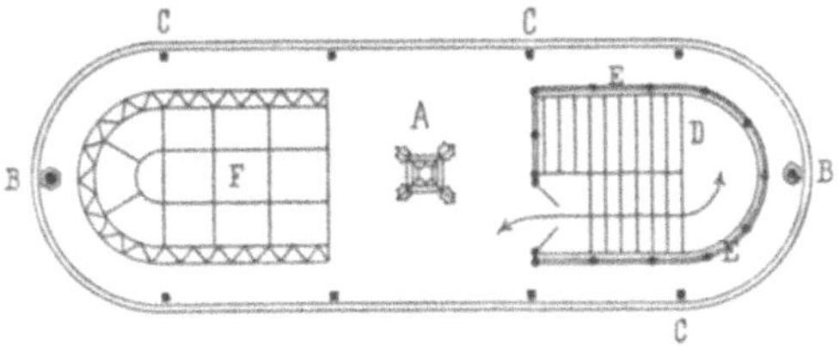

A. Fünfflammiger Candelaber.

B. Laternenpfoften.

C. Schutzpfoften.

D. Ein- und Ausgangstreppe.

E. Einfriedigungsgitter.

F. Begehbares Deckenlicht mit Lüftung.

G. 9 Piffoir-Stände.

H. 5 Aborte.

J. Wärter.

K. Schrank.

Fig. 589.

Grundrifs.

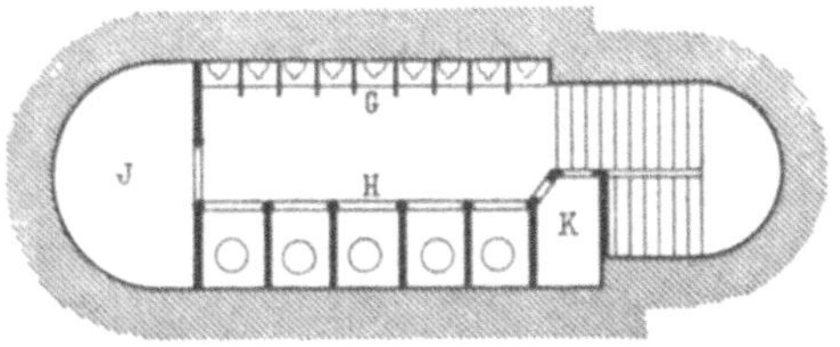

Unterirdifche Bedürfnifs-Anftalt
in einer Infel der *Farringdon-ftreet* zu London.

1:250

Fig. 590.

Oberanficht.

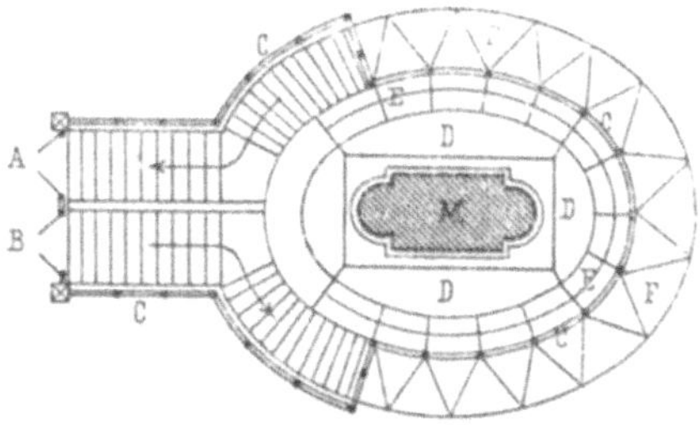

A. Ausgangstreppe.

B. Eingangstreppe.

C. Einfriedigungsgitter.

D. Deckengitter aus Gufseifen (Lüftung).

E. Verglastes Deckenlicht.

F. Begehbares Deckenlicht.

G. 20 Piffoir-Stände.

H. 12 Aborte.

J. Wärter.

K. Schränke.

L. Lüftungsraum.

M. Reiter-Standbild.

Fig. 591.

Grundrifs.

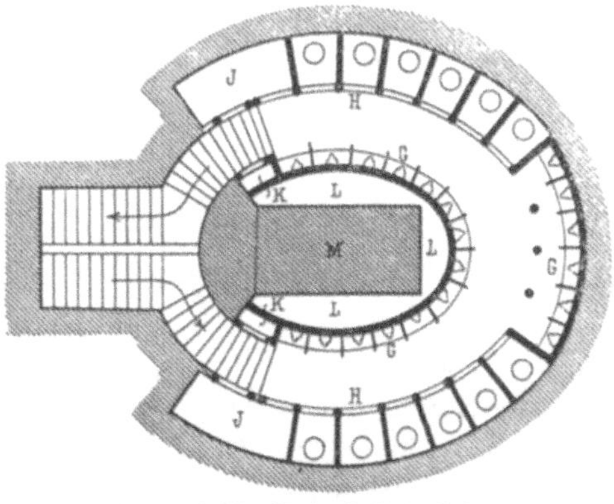

Unterirdifche Bedürfnifs-Anftalt
um den Sockel des *Wellington*-Denkmals
zu London.

lichkeit in gleicher Richtung ohne Begegnung durchfchreiten. Die Tagesbeleuchtung und die Lüftung gefchehen durch Deckenlichtgläfer und durchbrochene Gufseifenplatten in der Strafsenebene. Für die Abendbeleuchtung hat jede Abortzelle über der Thür, welche oben nicht an die Decke und unten nicht ganz an den Fufsboden reicht, eine Laterne.

Ordnung, Reinlichkeit, Licht und Luft laſſen in dieſen Londoner Anſtalten nichts zu wünſchen übrig; dagegen ſind ſie nur für Männerbeſuch beſtimmt — *Men only* ſteht an der Eingangstreppe. Das Herauswachſen eines monumentalen Reiterſtandbildes aus der Mitte einer öffentlichen Bedürfniſs-Anſtalt dürfte allerdings deutſchem Gefühle nicht entſprechen; auf dieſe Beſonderheit bezieht ſich deſshalb die obige Empfehlung nicht.

Literatur

über »Oeffentliche Bedürfniſs-Anſtalten«.

Zur Frage der Errichtung öffentlicher Bedürfniſsanſtalten für Frauen und Männer in Berlin. Deutſche Bauz. 1875, S. 261.

Pariſer Bedürfniſsanſtalten. Baugwks.-Ztg. 1875, S. 304.

Urinoirs de la ville de Paris. *La ſemaine des conſt.* 1876—77, S. 304, 341.

Urinoirs Jennings à 6 ſtalles. *La ſemaine des conſt.* 1876—77, S. 376.

Urinoir en fonte à deux ſtalles. *La ſemaine des conſt.* 1876—77, S. 413.

Urinoirs à trois ſtalles. *La ſemaine des conſt.* 1876—77, S. 438.

Urinoir à 6 ſtalles en bois et ardoiſe. *La ſemaine des conſt.* 1876—77, S. 510.

Chalet de toilette de la place de la bourſe. *La ſemaine des conſt.* 1877—78, S. 246.

PHILBRICK. *Sanitary engineering.* New-York 1881. S. 124.

STÜBBEN, J. Die Entwäſſerung und Reinigung der Städte auf der Gewerbe-Ausſtellung in Düſſeldorf. Oeffentliche Bedürfniſsanſtalten. Geſundh.-Ing. 1881, S. 741.

Colonne-urinoir lumineuſe à une ſtalle. *La ſemaine des conſt.* 1881—82, S. 29.

BARRÉ, L. A. *Latrines publiques et privées avec écoulement direct à l'égout à Paris.* *La ſemaine des conſt.* 1884—85, S. 486.

Oeffentliche Abortanlage. Baugwbe., Jahrg. 1, S. 29.

Nouveaux types de latrines publiques et privées avec écoulement direct à l'égout. Syſtème Durand-Claye. Nouv. annales de la conſt. 1885, S. 86.

Ueber Cloſet-Häuschen. Wiener Bauind.-Ztg., Jahrg. 3, S. 454.

DIETRICH, E. Ueber öffentliche Uriniranſtalten. Wochbl. f. Baukde. 1886, S. 411.

HERZBERG, E. Oeffentliche Bedürfniſsanſtalten. Baugwks.-Ztg. 1888, S. 522, 637.

Oeffentliche Bedürfniſsanſtalten. Deutſches Baugwks.-Bl. 1889, S. 439.

New ſanitary conveniences, Picadilly circus. Builder, Bd. 57, S. 103.

New ſanitary convenience and ſtreet refuge, Hammerſmith. Building news, Bd. 58, S. 901.

---

2. Kapitel.

Die Beleuchtungs-Anlagen.

a) Allgemeines.

479. Wettbewerb zwiſchen Leuchtgas und Elektricität.

Zur künſtlichen Beleuchtung der Städte, und zwar ſowohl zur Straſsenbeleuchtung als zur Lieferung von Licht für das Innere der Gebäude, befinden ſich gegenwärtig zwei Arten der Lichterzeugung im Wettbewerb, nämlich diejenige mittels Leuchtgas und diejenige mittels des elektriſchen Stromes. Dabei gewinnt das elektriſche Licht dem Gaslicht beſtändig neue Gebiete ab.

1) Gasbeleuchtung.

480. Gasanſtalt.

Das Leuchtgas wird bekanntlich durch trockene Deſtillation von Holz, Torf, Petroleum- oder Paraffin-Rückſtänden, in der weit überwiegenden Menge jedoch von

Steinkohlen hergeftellt. Letzteres gefchieht in den fog. Gasanftalten, welche das erzeugte Gas in den Gasbehältern (Gafometern) auffpeichern, aus denen es der Stadt zugeführt wird. Vor dem Eintritt in das Stadtrohrnetz paffirt das Gas den Druckregler, wo ihm ein normaler Druck von 40 bis 60 mm Wafferfäule mitgetheilt wird.

Die Lage der Gasanftalt ift in der Nähe der Eifenbahn zu wählen, wenn möglich mit Anfchlufsgeleis für den Kohlenbezug, ferner in nicht zu grofser Entfernung vom Hauptverbrauchsorte und an einer nicht hoch gelegenen Stelle.

Der Bedarf an Gas berechnet fich nach der Zahl und Brenndauer der durchfchnittlich 150 bis 175 l ftündlich verbrauchenden Strafsenlaternen, nach dem Verbrauche der Privatbeleuchtung (durchfchnittlich etwa 50 cbm jährlich oder 125 l ftündlich für jede Flamme) und nach dem zu erwartenden Gasverlufte (10 bis 15 Procent). Der Tagesverbrauch fchwankt zwifchen 1/200 und 1/1000 des Jahresverbrauches; in einer Abendftunde fteigt der Verbrauch bis auf 1/7 der Tagesmenge. Die öffentliche Beleuchtung verbraucht 8 bis 15 Procent der ganzen Gaserzeugung. Der Flächeninhalt des Grundftückes foll für jede 1000 cbm tägliche Erzeugung etwa 0,1 ha betragen; die Gasbehälter follen die Hälfte, beffer drei Viertel des gröfsten Tagesbedarfes aufzunehmen vermögen. 481. Gasbedarf.

2) Elektrifche Beleuchtung.

Die gewerbliche Ausnutzung der Elektricität für verfchiedene Zwecke, insbefondere für die Stadtbeleuchtung, beginnt mit der elektrifchen Beleuchtung der *Avenue de l'opéra* zu Paris im Jahre 1878, welche die Geifter fo mächtig anregte, dafs bereits 1881 auf der Parifer Fachausftellung überrafchende, wenn auch noch unvollkommene Löfungen der elektrifchen Beleuchtungsfrage für häusliche und öffentliche Zwecke vorgeführt werden konnten. Das Auftreten der Elektrotechnik hat aber zugleich emfige Verbefferungen in der Gastechnik zur Folge, fo dafs die allgemeinere Einführung des elektrifchen Lichtes, welcher fchon der Umftand, dafs die meiften Stadtgemeinden im Befitze eigener Gasanftalten find, hemmend im Wege fteht, nur langfam fortfchreitet. 482. Entwickelung der elektrifchen Beleuchtung.

Die Vorzüge des elektrifchen Lichtes beruhen wefentlich darauf, dafs der elektrifche Strom nicht an den Verbrauch fchädlich oder unangenehm wirkender Stoffe geknüpft ift, fondern ohne eigene ftoffliche Eigenfchaften nur eine befondere Art von Kraft darftellt, welche in todten Metallverbindungen weiter geleitet wird. 483. Vorzüge des elektrifchen Lichtes.

Die Gasbeleuchtung ift weder gefahrlos, noch gefundheitsunfchädlich[81]). Ihre Nachtheile beftehen in der Explofions-Gefahr bei Knallgasbildung, in der Feuersgefahr, in der Verunreinigung und Erhitzung der Zimmerluft, in der Vergiftungsgefahr durch den hohen Kohlenoxyd-Gehalt des Leuchtgafes, im Verderben des Stadtuntergrundes in Folge Durchläffigkeit aller Rohrnetze, in der Tödtung der Baumwurzeln und Behinderung des Pflanzenwuchfes. Gefahrlos find allerdings auch elektrifche Ströme nicht; denn Bogenlampen und fchlecht ifolirte Leitungen können feuergefährlich, hoch gefpannte Ströme fogar lebensgefährlich werden. In diefer Beziehung ift die technifche Entwickelung der Mafchinen und Leitungen keineswegs abgefchloffen. Aber im Ganzen liegt doch jetzt fchon vom Sicherheits- und Ge-

---

81) Siehe: VI. Internationaler Congrefs für Hygiene und Demographie zu Wien 1887. Arbeiten der hygienifchen Sectionen. Heft Nr. VI: Die Fortfchritte der Gas- und elektrifchen Beleuchtung und die Anwendung des Waffergafes in hygienifcher Beziehung. Bericht von K. HARTMANN — ferner die einfchlägigen Referate über die genannten Congrefsverhandlungen in: Deutfche Viert. f. öff. Gefundheitspfl. 1888, S. 220 — und: Centralbl. f. allg. Gefundheitspfl. 1887, S. 443.

fundheitsftandpunkte aus der Vortheil entfchieden auf Seiten des elektrifchen Lichtes, welches zudem an Annehmlichkeit und Helligkeit dem Leuchtgafe weit überlegen ift.

484. Block-beleuchtungen und elektrifche Central-ftationen.

Die Vorzüge des elektrifchen Lichtes für Verkaufs-, Gefchäfts- und Verfammlungsräume haben an fehr vielen Orten »Blockbeleuchtungen« in das Leben gerufen, deren Erzeugungsftelle innerhalb eines von den Leitungen bedienten Häuferblocks liegt; das Eigenthum der Gemeinde an Strafsen und Plätzen wird hierdurch nicht berührt. Eben fo haben die Vortheile des Bogenlichtes viele Einzelerzeugungen für Fabrikhöfe, Fabrikräume, Bahnhöfe u. f. w. hervorgerufen, während für die öffentliche Strafsenbeleuchtung die Elektricität noch verhältnifsmäfsig wenig angewendet ift. Aber auch auf diefem, uns vorzugsweife befchäftigenden Gebiete ift der Fortfchritt unaufhaltfam.

Elektrifche »Centralftationen« oder »Hauptanlagen« verforgen fchon in zahlreichen Städten entweder einzelne Stadttheile oder das ganze Weichbild mit Licht und Kraft.

485. Elektrifches und Gaslicht neben einander.

Obfchon der elektrifchen Beleuchtung im verkehrs- und gefchäftsreichen Stadtkern ohne Zweifel die Zukunft gehört, fchliefst fie die Verwendung des Leuchtgafes nirgendwo aus; am wenigften ift letztere in den äufseren Stadttheilen entbehrlich. Elektrifches und Gaslicht haben neben einander ihre Berechtigung, und die Vereinigung beider Beleuchtungsbetriebe in einer Hand, fei es in der Hand der Gemeinde oder in der eines Unternehmers, ift wirthfchaftlich das Richtige.

486. Gleichftrom-Betrieb.

Gleichftrom [82]) ift bekanntlich Strom von gleich bleibender Richtung, nicht von gleich bleibender Stärke. Sowohl die Mafchinen mit Ringanker und Trommelanker, als diejenigen, deren Ankerbewickelung aus mehreren getrennten Stromleitern befteht (*Brufh* und *Thomfon-Houfton*), geben Ströme von fchnell wechfelnder Kraft in die Aufsenleitungen ab. Die Aufsenwirkung ift nur ein Mittelwerth aus den in der Mafchine entftehenden Kräften. Der Gleichftrom ift verwendbar für alle Zwecke der elektrifchen Beleuchtung, für Kraftübertragung und Wärmeerzeugung, für galvanoplaftifche und elektrolytifche Zwecke und zum Laden chemifch wirkender Sammler (Accumulatoren [82]). Dagegen läfft der Gleichftrom fich mittels der bisherigen Hilfsmittel nicht auf gewerblich brauchbare Weife »transformiren«, d. h. bezüglich der Spannung [82]) und der Strommenge [82]) beliebig umwandeln. Das Gleichftrom-Bogenlicht [82]) erzeugt eine einfeitige Helle in der Richtung vom pofitiven zum negativen Pol, ift daher zur Bodenbeleuchtung fehr geeignet, weniger zur Raumbeleuchtung.

487. Wechfelftrom-Betrieb.

Der mit der einfacheren Form der Stromerzeuger hervorgebrachte Wechfelftrom [82]) hat wechfelnde Richtung und wechfelnde Stärke. Schwankungen der Lichtwirkungen, die fich 4000- bis 5000-mal in der Minute wiederholen, werden vom menfchlichen Auge nicht mehr bemerkt. Man giebt defshalb den Stromerzeugern eine folche Gefchwindigkeit, dafs die Stromrichtung mindeftens 5000-mal in der Minute wechfelt. Dadurch entfteht auch hier eine nach aufsen fcheinbar gleich bleibende Wirkung, welche dem Mittelwerthe der wirklichen Kräfte entfpricht. Die inductionsfreie Ifolirung der Hochftrom-Leitungen macht keine Schwierigkeiten mehr. Der Wechfelftrom ift verwendbar für alle Zwecke der Beleuchtung, für Kraftübertragung und Wärmeerzeugung, zum Schweifsen von Metallen und zum Laden von Sammlern, welche auf thermo-elektrifchem Wege wieder Strom erzeugen. Der Wechfelftrom läfft

---

82) Ueber die für die elektrifche Beleuchtung mafsgebenden »elektrifchen Grundbegriffe«, fo wie über die Arten und die Erzeugung des elektrifchen Lichtes, insbefondere auch über die Verfchiedenheiten in den Dynamo-Mafchinen, fiehe Theil III, Band 4 (2. Aufl., Art. 53 u. ff., S. 53 u. ff.) diefes »Handbuches«.

ſich in vollkommen wirthſchaftlicher und gewerblich brauchbarer Art »transformiren«. Der Wechſelſtrom iſt nicht brauchbar für chemiſch wirkende Accumulatoren; er liefert bei gleicher Kraft etwa 20 Procent weniger Fuſsbodenlicht, als Gleichſtrom-Lampen. Dagegen erzeugt das Wechſelſtrom-Bogenlicht eine allgemeine Helligkeit ringsum, eignet ſich ſomit ſehr zur Raumbeleuchtung.

Beide Stromarten haben bei hoher Spannung gleich gefährliche Eigenſchaften, obwohl Wechſelſtrom unangenehmer empfunden wird. Es iſt daher rathſam, Strom von mehr als 100 *Volt* Spannung an den Verbrauchsſtellen überhaupt nicht zuzulaſſen.

Nach dem heutigen Stande der Technik iſt Gleichſtrom-Betrieb für Block-beleuchtung vortrefflich, für Stadtbeleuchtung aber nur, in ſo fern es ſich um ein eng begrenztes Gebiet von nicht mehr als 750 m Halbmeſſer handelt, in deſſen Mitte die Hauptanlage (Centrale [83]) zu errichten iſt; gröſsere Stadtgebiete ſind in einzelne Beleuchtungsbezirke zu theilen, welche je eine beſondere Erzeugungsanlage erhalten (Berlin). Schon die hohen Grunderwerbskoſten im Inneren der Groſsſtädte und die für die Nachbarſchaft der Erzeugungsſtellen entſtehenden Beläſtigungen ſind unter Umſtänden für die Errichtung einer einzigen Hauptanlage auſserhalb der Stadt entſcheidend, am zweckmäſsigſten in Verbindung mit den Keſſelanlagen vorhandener Pump- oder Gaswerke. Dies führt mehr und mehr zum Wechſelſtrom-Betrieb mit indirecter Stromvertheilung: hoch geſpannte Ströme (bis 5000 *Volt*) werden im ganzen Gebiete auf faſt unbegrenzte Entfernungen vertheilt und an den Verbrauchsſtellen mittels Transformatoren [84]) in Schwachſtrom (35 bis 110 *Volt*) umgeſetzt. Zwar iſt die Einſchaltung einer die überſchüſſige Energie aufſpeichernden Accumulatoren-Batterie nicht, wie bei Gleichſtrom, ausführbar; ſtatt deſſen entſpricht dem veränderlichen Verbrauche die veränderliche Zahl und Gröſse der in Thätigkeit ſtehenden Dynamo-Maſchinen. In Anlage und Betrieb ſtellt ſich zudem für groſse Städte die Wechſelſtrom-Beleuchtung wohlfeiler, als die Gleichſtrom-Beleuchtung. Die Anordnung und Regulirung iſt bequemer, der Leitungsverluſt iſt kleiner, das Netz iſt einfacher, die Inanſpruchnahme der ſtädtiſchen Straſsen iſt geringer. Rom, Mailand, Odeſſa, London, Stockholm, Amſterdam u. ſ. w. haben Wechſelſtrom-Anlagen, Köln [85]) und Frankfurt a. M. folgen gegenwärtig nach.

488. Anwendbarkeit beider Betriebe.

b) Anlagen unter der Straſse.

1) Gasbeleuchtung.

489. Rohrnetz.

Die Verſorgung mit Leuchtgas hat theils als Privatgewerbe, theils als ſtädtiſcher Selbſtbetrieb in faſt allen Städten der Culturſtaaten Einführung gefunden. Nur in wenigen Fällen, z. B. in Curorten und in neugegründeten amerikaniſchen Städten, bildet ſomit das elektriſche Licht die erſte öffentliche Beleuchtung. Der Regel nach haben die Städte, welche zur elektriſchen Beleuchtung ſchrittweiſe übergehen, dem vorhandenen Gasrohrnetz das Lichtkabelnetz hinzuzufügen.

Von der Gasanſtalt führt ein Hauptrohr, führen ſicherer zwei Hauptrohre, zur Stadt, wo ſie ſich in Ringrohren und Durchmeſſerrohren zu vertheilen pflegen, von welchen die Nebenleitungen abzweigen. Die Haus Anſchluſsleitungen werden oft, zur gröſseren Sicherheit gegen Bruch, durch gezogene ſchmiedeeiſerne Rohre gebildet,

---

83) Siehe die eben angezogene Stelle (insbeſondere Art. 83 u. ff., S. 74 u ff) dieſes »Handbuches«.

84) Siehe ebendaſ. (Art. 86 u. 87, S. 77 u. 78).

85) Siehe: Deutſche Bauz. 1890, S. 243.

welche bekanntlich für die Leitungen in den Gebäuden allgemein gebräuchlich ſind. Der geringſte Druck ſoll am entfernteſten Straſsenpunkte beim Anzünden ſämmtlicher Flammen nicht unter 25 mm ſinken.

490. Verlegen der Rohre.

Das Verlegen der Gasrohre geſchieht in mittlerer Tiefe von 1,0 bis 1,2 m unter der Straſsenoberfläche und mit 1/100 bis 1/200 Gefälle; etwa 30 cm unter den Tiefpunkten des Rohrnetzes werden Waſſertöpfe mit Standrohren zum Auspumpen und mit Verſchlüſſen im Straſsenpflaſter eingebaut. Durch Schieber, welche im Gegenſatze zu den Waſſerſchiebern wagrecht liegen und in gemauerten Schächten untergebracht zu werden pflegen, laſſen ſich ganze Straſsenrohre, durch Abſperrhähne (Fig. 592) die einzelnen Hauszuleitungen abtrennen. Ueber die Verlegung der Gasrohre im Straſsenkörper gilt das in Art. 457 (S. 318) bei Beſprechung des Waſſer-

Fig. 592.

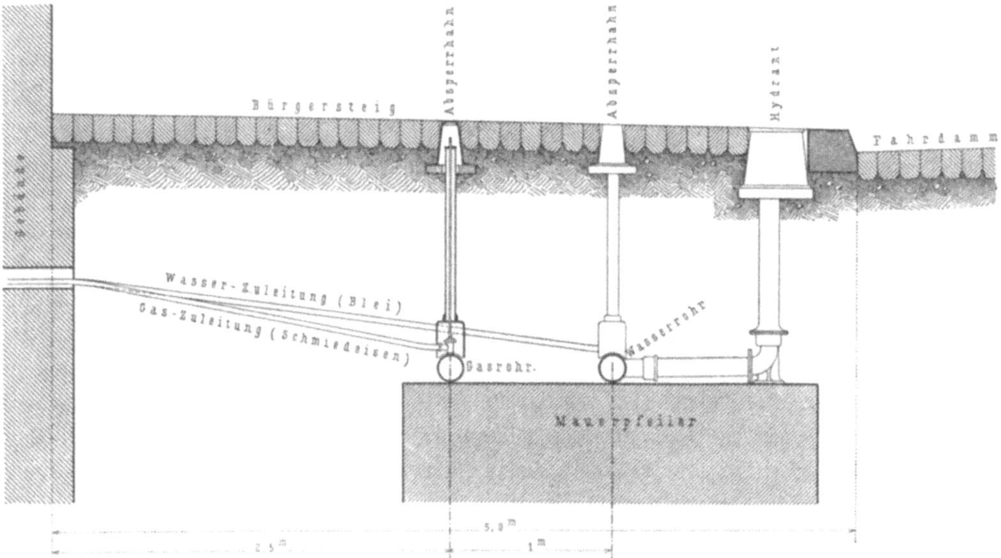

Gas- und Waſſeranſchlüſſe in breitem Bürgerſteig (bei aufgeſchüttetem Boden).
1/50 n. Gr.

Rohrnetzes Geſagte. Eine beſondere Schwierigkeit ſowohl für Gas-, als auch für Waſſerrohre bildet beweglicher (aufgeſchütteter) Boden. Eingerammte Pfahljoche zur Unterſtützung der Rohre ſind hierbei nicht unbedenklich; denn die Rohre müſſen, da ſie dem ſinkenden Boden nicht zu folgen vermögen, mit ihrer Belaſtung ſich von Joch zu Joch frei tragen und brechen deſshalb leicht, ſobald ein Joch wegen ſchlechten Rammens oder wegen Abfaulens als Auflager verſagt. Auch liegende Roſte werden verwendet; beſſer ſind Unterſtützungen durch Mauerpfeiler (Fig. 592).

2) Elektriſche Beleuchtung.

491. Straſsenleitungen.

Die Vertheilung der elektriſchen Kraft über das Stadtgebiet erfolgt in Deutſchland ausſchlieſslich mittels unterirdiſcher Leitungen. Die in Amerika vielfach angewendeten, ſelbſt in London noch benutzten oberirdiſchen Leitungen, welche an Stangen oder Gerüſten befeſtigt ſind, ſtören nicht bloſs den Straſsenverkehr; ſie ſind auch nicht genügend geſchützt und bringen für das Betriebs-Perſonal Gefahren mit ſich. Bei unterirdiſchen Gleichſtrom-Leitungen werden entweder iſolirte Kabel oder blanke Kupferleitungen in Cement- oder *Monier*-Canälen verwendet. Die Canäle follen möglichft nahe an den Häufern entlang in die Bürgerfteige eingebaut und zweckmäfsig abgedeckt werden.

Bei Wechfelftrom-Transformatoren-Anlagen werden ausfchliefslich concentrifche Doppelkabel angewendet, weil hierdurch die Einwirkungen der Starkftröme auf Schwachftrom-Betriebe verhindert und Verlufte durch Nebenwirkungen vermieden werden.

492. Hausanfchlüffe.

Von den Muffen, welche in die Ausgleich- und Speifeleitungen vor den Verbrauchsftellen eingefetzt werden, führen dünnere Kabel in die Grundftücke. Bezüglich der in letzteren aufzuftellenden Elektricitätszähler, der Einrichtung der Hausleitungen, Accumulatoren, Transformatoren etc. ift in dem mehrfach genannten Bande (2. Aufl.: Art. 75 u. ff., S. 66 u. ff.) dieses »Handbuches« das Erforderliche zu finden.

c) Anlagen über der Strafse.

1) Gasbeleuchtung.

493. Brenner.

Die öffentliche Beleuchtung der Strafsen und Plätze mittels Gaslicht gefchieht meift durch Schnittbrennerflammen (Fledermausflammen), welche ftündlich 150 bis 200 l verbrauchen; auch Fifchfchwanzbrenner, aus zwei unter einem Winkel gebohrten Oeffnungen beftehend, kommen vor. Für hervorragende Stellen der Städte werden Zwillingsbrenner oder Gruppenbrenner, d. h. Verbindungen zweier oder mehrerer Schnittbrenner, oder fonftige Intenfiv-Brenner angewendet. Zu letzteren gehören der *Bray*-, der *Lacarrière*- und der *F. Siemens*'fche Regenerativ-Brenner. Das Princip des letzteren befteht bekanntlich darin, dafs in Folge der Anheizung des Leuchtgafes und der Luft durch die abziehenden Verbrennungsgafe der Flamme eine möglichft hohe Temperatur verliehen und dadurch die Kohlenftofftheilchen derfelben in Weifsglühhitze verfetzt werden; der Gasverbrauch beträgt je nach der Gröfse 340 bis 4000 l in der Stunde bei einer Leuchtftärke von 50 bis 880 Kerzen; im Allgemeinen wächst mit dem Gasverbrauche auch die verhältnifsmäfsige Lichtftärke, d. h. die Lichtftärke, bezogen auf die Einheit der verbrauchten Gasmenge [86]. Die Intenfiv-Brenner des Mainzer Gasapparat- und Gufswerkes follen gegenüber gewöhnlichen Laternen 84 Procent Mehreffect an Lichtftärke bei gleichem Gasverbrauche erzielen, und zwar ähnlich wie vorhin dadurch, dafs die atmofphärifche Luft nur in erwärmtem Zuftande zur Flamme tritt und nur in folcher Menge, als je zur Verbrennung erforderlich ift; bei 850 l ftündlichem Gasverbrauche werden 126 Kerzen Lichtftärke in Ausficht geftellt.

494. Form und Anordnung der Laternen.

Die Anwendung der Intenfiv-Brenner pflegt fich auf die Vorplätze öffentlicher Gebäude und auf fonftige Hauptplätze und Hauptftrafsen zu befchränken; im Uebrigen fteht der gewöhnliche Schnittbrenner im Gebrauche.

Der Grundrifs der zu demfelben gehörigen Laternen ift ein Quadrat, Sechseck, Achteck oder Kreis; die quadratifche Form ift plump; die Kreisform ift elegant, aber wegen des gebogenen Glafes koftfpielig. Am verbreitetften ift defshalb die fechseckige Form bei ungefähr 60 bis 70 cm Höhe und 25 bis 35 cm unterer, 50 bis 60 cm oberer Weite (Fig. 593). Für geregelte Luft-Ab- und -Zuleitung ift zu forgen; die enge Luft-Eintrittsöffnung liegt unten, die weitere Aus-

86) Siehe: Deutfche Bauz. 1888, S. 568

trittsöffnung oben, letztere in der Regel in einem cylindriſchen Auffatze mit Haube, dem ſog. Halſe, welcher auch bei entgegengeſetzten Windſtrömungen den Austritt der Verbrennungsgaſe zuläſſt. Die Decke der Laternen ſoll lichtundurchläſſig ſein und die Lichtſtrahlen der Flamme auf die Straſse zurückwerfen.

Beliebte Formen zeigen die in den Fig. 594 u. 595 dargeſtellten Mainzer Straſsenlaternen für einfache und für Gruppenbrenner; ein Muſter künſtleriſcher Durchbildung iſt die *Puls*'ſche Wandarm-Laterne in Fig. 596.

Die Höhe der Flammen über der Straſsenfläche pflegt $3{,}8^{m}$ bis $4{,}0^{m}$, die Entfernung von den Häuſern mindeſtens 1^{m} zu betragen. In engen Straſsen, deren Bürgerſteige weniger als 2^{m} breit ſind, befeſtigt man die Laternen auf Conſolen an die Häuſer (ſiehe die reichen *Sipf*'ſchen Muſter in Fig. 599 bis 601). Auf Bürgerſteigen von mehr als 2^{m} Breite ſtellt man guſseiſerne Pfoſten (Candelaber) auf, welche die Gas-Zuleitung umſchlieſsen und die Laternen tragen. Der Abſtand der Laternen von einander beträgt, je nach dem gewünſchten Beleuchtungsgrade, 20 bis 50^{m}; die üblichſten Entfernungen liegen zwiſchen 25 und 30^{m}. Auf Straſsen bis zu ungefähr 16^{m} Fahrbahnbreite kann man die Laternen abwechſelnd auf den einen oder den anderen Bürgerſteigrand ſtellen, ſo daſs der ſchräg zur Straſsenaxe gemeſſene Abſtand obige Maſse ergiebt; man liebt es indeſs, ſchon von einer Fahrbahnbreite von 12^{m} ab die Laternen paarweiſe einander gegenüber zu ſtellen, des ſchöneren Ausſehens und der beſſeren Beleuchtung wegen (Fig. 597 u. 598). Man beachte, daſs die Pfoſten unmittelbar am Randſteine ſtehen, während die Stämme der Bäume 70 bis 100^{cm} davon entfernt ſind; dadurch löſen ſich die Laternen beſſer aus der Baumreihe ab. Mitunter werden auch die Laternenpfoſten genau in die Reihe der Baumſtämme geſtellt; dann aber ſind die Laternen auf Arme zu befeſtigen, welche von den Pfoſten nach der Straſse hin vortreten (z. B. in Mailand). Die Leuchtſtänder ſollen ferner ſtets ſo errichtet werden, daſs ſie vor

Fig. 593.

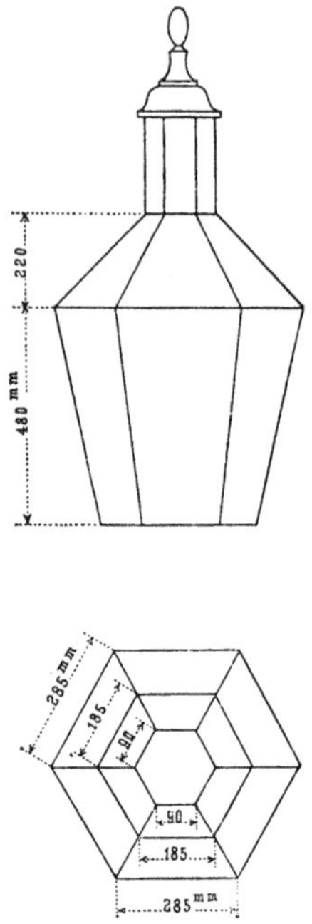

Normalmaſse einer Straſsenlaterne. — 1/25 n. Gr.

Fig. 594.

Stündl. Gasverbrauch: 120 bis 180 l.

Fig. 595.

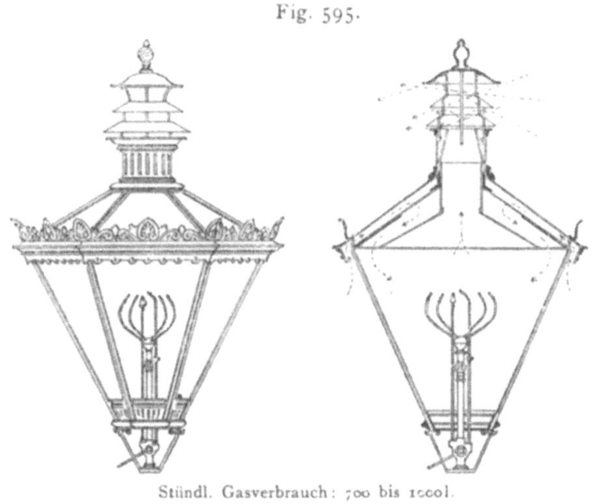

Stündl. Gasverbrauch: 700 bis 1000 l.

Straſsenlaternen des Gasapparat- und Guſswerkes zu Mainz. — 1/20 n. Gr.

Fig. 596.

Straſsenlaterne von *E. Puls* zu Berlin.

dem Fuhrwerk geſchützt ſind; ſie ſind ſomit auf den Bürgerſteigen hinter den Randſtein zu rücken, auf den freien Straſsen- oder Platzflächen aber von kleinen Bürgerſteig-Inſeln zu umgeben.

Die angegebenen Laternenabſtände ſind auch für ſehr breite Fahrdämme und freie Plätze maſsgebend. Wird jedoch die hiernach unter Umſtänden erforderliche groſse Zahl von Leuchtſtändern dem Verkehre hinderlich, ſo faſſt man mehrere Flammen zu zwei-, drei- bis ſiebenflammigen Kronen zuſammen, welche einen gröſseren Abſtand erhalten können. Immerhin iſt mit der Errichtung mehrflammiger Candelaber eine mangelhafte Ausnutzung der Leuchtkraft verbunden, da die Intenſität des Lichtes mit dem Quadrate der Entfernung abnimmt, alſo die gleiche Zahl von Einzellaternen in gleichen Abſtänden heller beleuchtet, als die Gruppirung mehrerer auf einzelne Punkte. Die mehrflammigen Candelaber haben aber nicht bloſs den Zweck der Beleuchtung, ſondern ſind zugleich wirkſame Verſchönerungen der Straſsen bei Tage und bei Abend.

Beurtheilt man die Straſsenbeleuchtung nach der Helligkeit, welche durch ſie der ungünſtigſt gelegene Punkt der zu beleuchtenden Fläche empfängt, ſo findet man, daſs die Laternen weit höher, als üblich angebracht werden müſſten; denn das Licht-Maximum für den ungünſtigſten Punkt tritt nach *Köpcke*[87]) ein, wenn die Laternenhöhe $h = \frac{F}{\sqrt{2}}$ iſt, wobei F die wagrechte Entfernung des ungünſtigſten Punktes bedeutet. Für einen Laternenabſtand von 30 m findet man hiernach die beſte Höhe zu 10,6 m, eine Höhe, welche für die Anſchaffungskoſten und die Bedienung der gewöhnlichen Straſsenlaternen ungeeignet iſt, daher nur bei Regenerativ-Brennern oder elektriſchen Lichtern würde angeſtrebt werden können. *Coglievena* bekämpft übrigens die *Köpcke*'ſchen Ausführungen zu Gunſten der gebräuchlichen Laternenhöhe[88]).

Fig. 597.

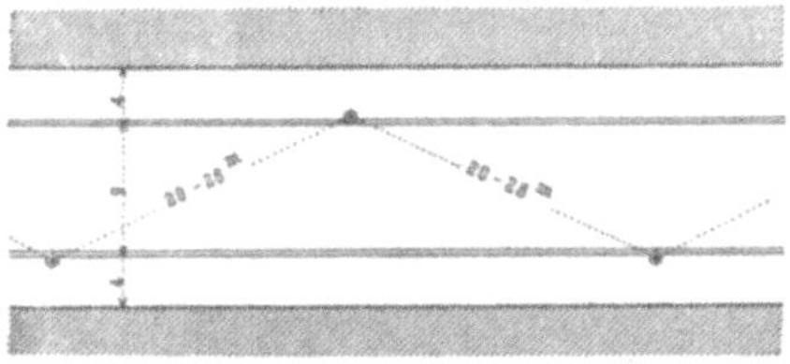

Fig. 598.

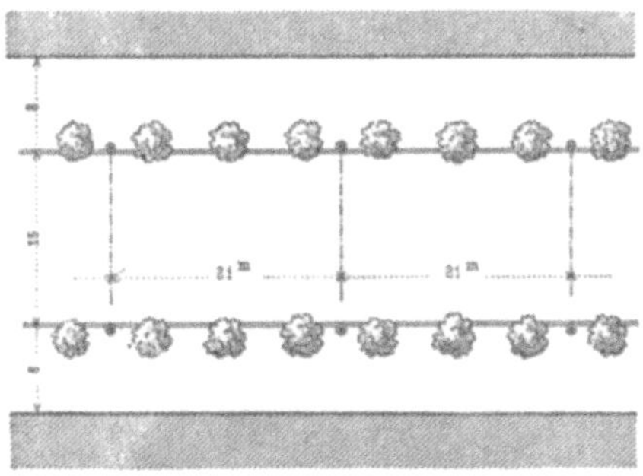

1/100 n. Gr.

Die Leuchtſtänder werden in der Regel aus Guſseiſen angefertigt, ſeltener aus Schmiedeeiſen. Auch kommen Verbindungen von Hauſtein und Schmiedeeiſen vor. Die Gasanſtalten legen in der Mehrzahl nicht das wünſchenswerthe Gewicht auf eine gefällige, künſtleriſch befriedigende Ausbildung der Laternen und Candelaber, deren Ausſehen wegen ihrer tauſendfachen Zahl auf die Erſcheinung der Stadt einen nicht unerheblichen Einfluſs ausübt. Einige Städte, wie Hamburg und Antwerpen, verdienen dagegen in dieſer Beziehung rühmende Anerkennung. 495. Leuchtſtänder.

87) Siehe: Civiling. 1887, S. 68.

88) Siehe: Journ. f. Gasb. u. Waſſ. 1889, S. 457.

Fig. 599.

Fig. 600.

Fig. 601.

Strafsenlaternen auf Wandarmen von *Peter Sipf* zu Frankfurt a. M.

Fig. 602.

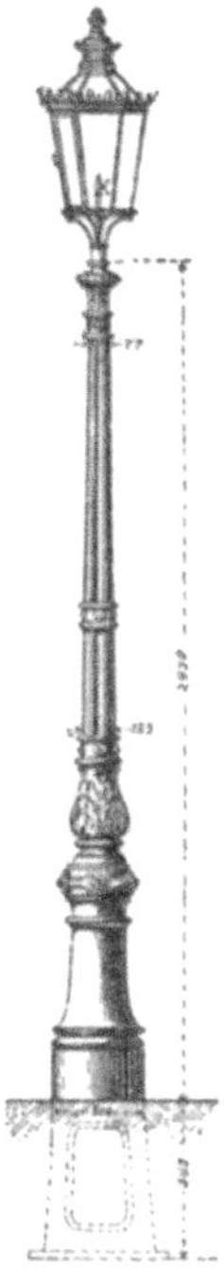

Candelaber von
E. v. Koeppen & *Co.* zu Köln.

Fig. 603.

Gufseiferner Candelaber des Gasapparat- und Gufswerkes zu Mainz.

Fig. 604.

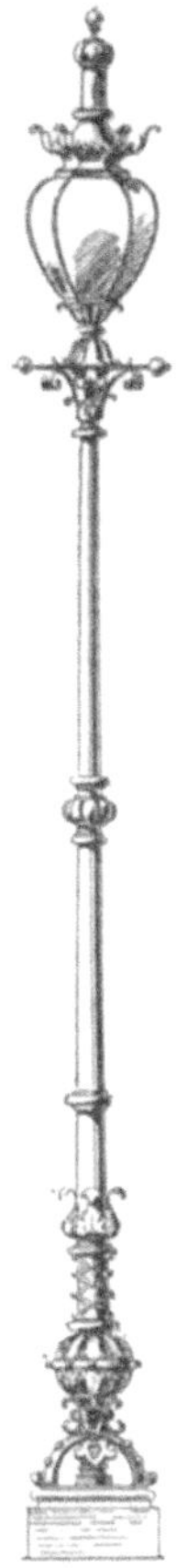

Fig. 605.

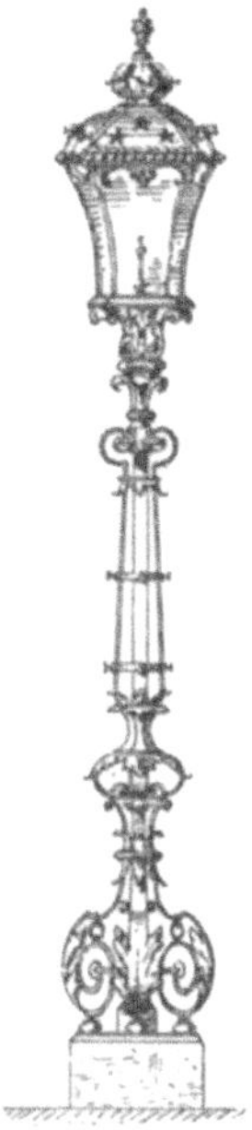

Schmiedeeiferne Candelaber
von *E. Puls* zu Berlin.

Fig. 606.

Gufseiferner Candelaber zu Köln.

Fig. 607.

Schmiedeeiferner Candelaber zu Köln.

1/50 n. Gr.

Fig. 608.

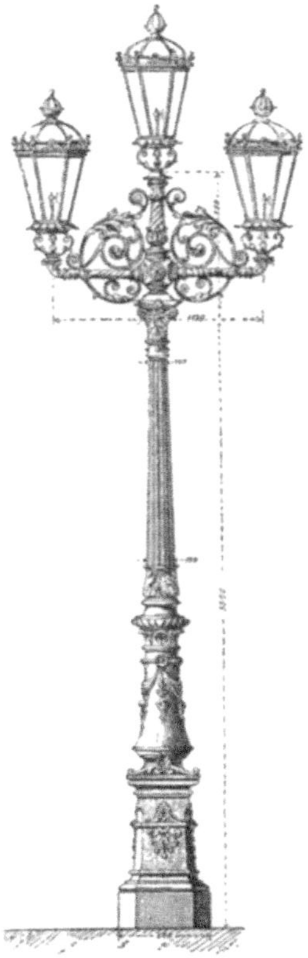

Candelaber von
E. v. Koeppen & Co. zu
Köln-Ehrenfeld.

Fig. 609.

Obertheil
eines Candelabers von
Dregerhoff & Schmidt
zu Berlin.

Arch.: *Rauschenbach.*

Fig. 610.

Candelaber von
Dregerhoff & Schmidt zu Berlin.

$^{1}/_{50}$ n. Gr.

Fig. 611.

Candelaber des Gasapparat- und
Gufswerkes zu Mainz.

Fig. 612.

Gufseiferner Candelaber zu Köln.
Arch.: *Dörr & Crecelius.*

Fig. 613.

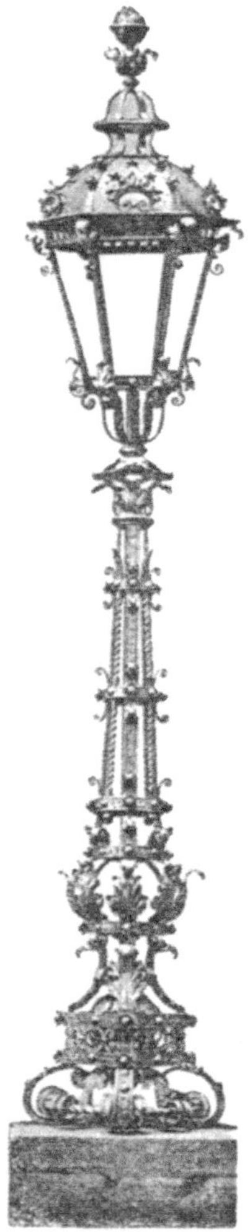

Schmiedeeiferner Candelaber
von *E. Puls* zu Berlin.

Fig. 614.

Laterne auf einem
Steinpfeiler.

Fig. 615.

Stein-Candelaber am Brückenkopf der *Stefanie*-Brücke zu Wien. — $^1/_{75}$ n. Gr.

Fig. 616.

Vierflammiger ſchmiedeeiſerner Candelaber mit Steinſockel zu Hamburg.

Fig. 617.

Dreizehnflammiger ſchmiedeeiſerner Candelaber mit Steinſockel auf dem Holſtenplatz zu Hamburg.

Einige neuere Laternenmufter enthielten bereits Fig. 596 bis 601. Wenn diefelben auch nicht zu allgemeiner Verwendung fich eignen, fo follte man doch wenigftens an einzelnen befonders bemerkten Punkten, namentlich an öffentlichen Gebäuden, das übliche Einerlei durch folche beffere Laternen unterbrechen.

Der überall gebräuchliche Leuchtftänder ift der einflammige aus Gufseifen. Fig. 602 u. 603 ftellen zwei Formen befferer Art dar. In neuerer Zeit kommen auch fchmiedeeiferne Formen zur Anwendung (Fig. 604, 605 u. 613); wegen der geringen Maffe eignet fich indefs Schmiedeeifen beffer für mehrflammige Candelaber. Eine Strafsenlaterne auf einem Steinpfeiler zeigt Fig. 614.

Fig. 618.

Stein-Candelaber auf dem Opernplatz zu Frankfurt a. M.

Arch.: *Lucae.*

Zweiflammige Leuchtftänder eignen fich befonders für die Aufftellung auf Infeln in der Mitte breiter Fahrftrafsen, auch zur Anbringung in Park- oder Springbrunnen-Einfriedigungen. Es kommt jedoch auch vor, dafs man der ftattlichen Erfcheinung wegen folche Doppellaternen auf den Bürgerfteigen prächtiger Strafsen in ununterbrochener Reihe errichtet, was natürlich nur da angängig ift, wo die Strafsenverhältniffe eine angemeffene Breitenentwickelung der Sockel geftatten. Fig. 606 u. 607 zeigen ein gufseifernes und ein fchmiedeeifernes Mufter aus Köln.

Von den mehrflammigen Candelabern find die fünfflammigen am gebräuchlichften, aber auch drei- und vierflammige find nicht felten. Eine Reihe von Beifpielen ift in Fig. 608 bis 616 abgebildet. In Bezug auf künftlerifche Durchbildung, fo wie auf Haltbarkeit und Feftigkeit verdienen die fchmiedeeifernen Herftellungen den Vorzug; fie find gewöhnlich mit einem Steinfockel verbunden. Ein noch monumentaleres Ausfehen befitzen die Stein-Candelaber, wovon Fig. 615 u. 618 zwei bekannte Beifpiele geben. Einen ausnahmsweife reichen dreizehnflammigen fchmiedeeifernen Candelaber aus Hamburg zeigt fchliefslich Fig. 617; das Zünden der 13 Laternen gefchieht durch elektrifchen Strom von einer Batterie aus, welche im Sockel untergebracht ift.

Befondere Leuchtftänder find in folchen Fällen entbehrlich, in welchen die Strafsenlaternen an Springbrunnen, Pumpen, Warnungstafeln, Anfchlagfäulen, Uhrhäuschen u. dergl. angebracht werden, wovon in den betreffenden Kapiteln diefes Abfchnittes die Rede ift.

Literatur
über »Gasbeleuchtung«.

HUGHES, S. *The conftruction of gas works and the manufacture and diftribution of coal gas.* London 1853. — 6. Aufl. von W. RICHARDS: 1880.

SCHILLING, N. H. Handbuch der Steinkohlengas-Bereitung. München 1860. — 3. Aufl. 1878.

ILGEN, F. H. W. Die Gasinduftrie der Gegenwart etc. Halle 1873.

TIEFTRUNK, F. Die Gasbeleuchtung. Stuttgart 1874.

GERMINET, G. *Chauffage et éclairage par le gaz.* Paris 1876.

SCHAAR, G. F. Die Steinkohlengasbereitung. Leipzig 1877. — 2. Aufl. 1880.

MENDLIK, A. Die Gasbeleuchtung. Budapeft 1879.

VI. Internationaler Congrefs für Hygiene und Demographie zu Wien 1887. Arbeiten der hygienifchen Sectionen. Heft Nr. VI: Die Fortfchritte der Gas- und elektrifchen Beleuchtung und die Anwendung des Waffergafes in hygienifcher Beziehung. Bericht von K. HARTMANN. Wien 1887.

---

2) Elektrifche Beleuchtung.

Bei der öffentlichen Strafsenbeleuchtung durch elektrifches Licht ift die künftlerifche Ausbildung der Lichtträger von noch gröfserer Bedeutung, da diefelben höher find und mehr in das Auge fallen, als die Gas-Candelaber. Zur Verwendung gelangt faft ausfchliefslich Bogenlicht. Nur bei öffentlichen Gebäuden, Vergnügungsorten etc. kommt das Anhängen der Bogenlampen an Wandarme (Fig. 619 u. 620) in Frage; auch werden, wie z. B. in Mailand, die Bogenlampen an Ketten aufgehängt, welche von Haus zu Haus quer über die Strafse gezogen find. Meiftens aber handelt es fich um Lampenpfoften von bedeutender Höhe, welche, wie die Leuchtftänder beim Gaslicht, frei auf die Strafse, und zwar an die Kante von Bürgerfteigen und Fufswegen oder auf befondere erhöhte Infeln der Platzfläche, geftellt werden. 496. Wandarme.

Die Höhe der Lampen beträgt zweckmäfsig 8 m, ihr Abftand 40 bis 60 m. Fig. 621 bis 623 zeigen an den beiden hohen Maften die feitliche, Fig. 624 die minder gebräuchliche, in Luzern angewendete axiale Aufhängung. 497. Leuchtftänder.

Nach Fig. 626 find die von *Schupmann* entworfenen Lichtträger auf den Bürgerfteigen der Strafse »Unter den Linden« zu Berlin hergeftellt[89]).

Der Blendfchirm, in welchem die 2000 Normalkerzen ftarke Lampe aufgehängt ift, fteht mit dem Ständer in fefter Verbindung. Die Lampe mit ihrer Regulir-Vorrichtung wird durch ein im Inneren des Ständers fich bewegendes Gegengewicht ausgeglichen. Zum Auswechfeln der Kohlenftücke wird die Lampe mittels eines telefkopartigen Stabes hinuntergezogen.

---

[89]) Nach: Centralbl. d. Bauverw. 1888, S. 195. — Siehe auch: Deutfche Bauz. 1887, S. 480, 491.

Fig. 619.

Fig. 620.

Elektrische Bogenlampen an Wandarmen.

Fig. 624.

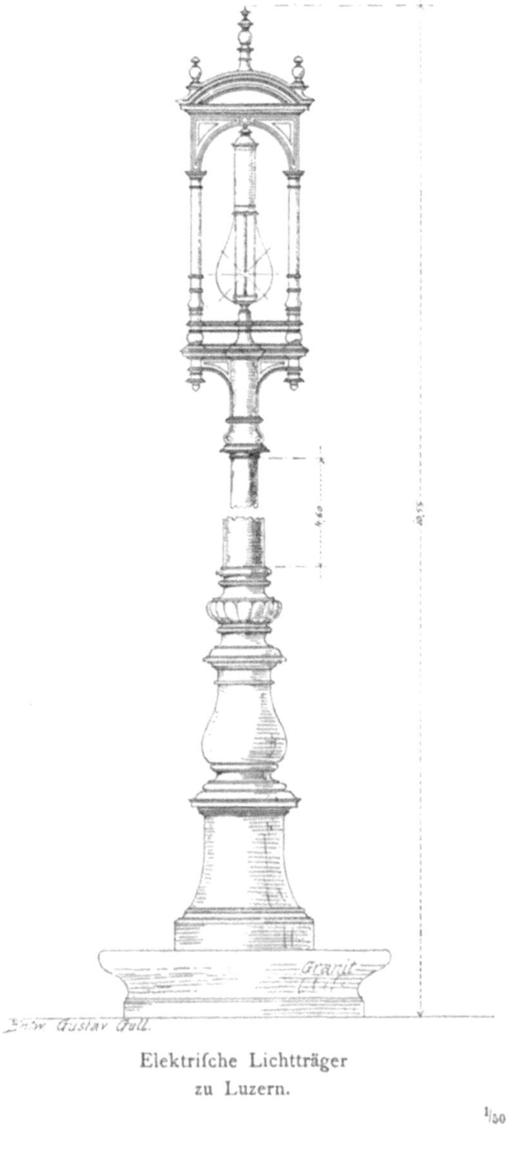

Elektrische Lichtträger
zu Luzern.

Fig. 621, 622 u. 623.

Elektrische Lichtträger von *E. v. Koeppen & Co.*
zu Köln-Ehrenfeld.

$^1/_{50}$ n. Gr.

Für die Beleuchtung der Baumgänge find die Lampen, damit die ftarke Schattenwirkung derfelben nicht zu fehr ftöre, zwifchen den Baumreihen über der Wegemitte aufgehängt, und zwar (wie in Mailand) mittels Ketten, die hier jedoch an den in den Baumreihen ftehenden 12 m hohen Maften befeftigt find (Fig. 627 u. 628 [89]); aufserdem hat fich indefs eine Abfteifung der Ketten durch Streben von den Maften aus als nothwendig erwiefen. Die Sockel der Maften oder Lichtträger beftehen aus Gufseifen, während die Schafte der Sicherheit wegen aus fchmiedeeifernen Rohren zufammengefetzt find; Einzelheiten find aus Fig. 628 zu erfehen.

Fig. 625. 1/25 n. Gr.

Arch.: *Jacobsthal.*

Flaggenmaft mit zwei Laternen
für elektrifches Bogenlicht
auf dem Bahnhofsplatz zu Strafsburg.

1/100 n. Gr.

Fig. 626. Fig. 627.

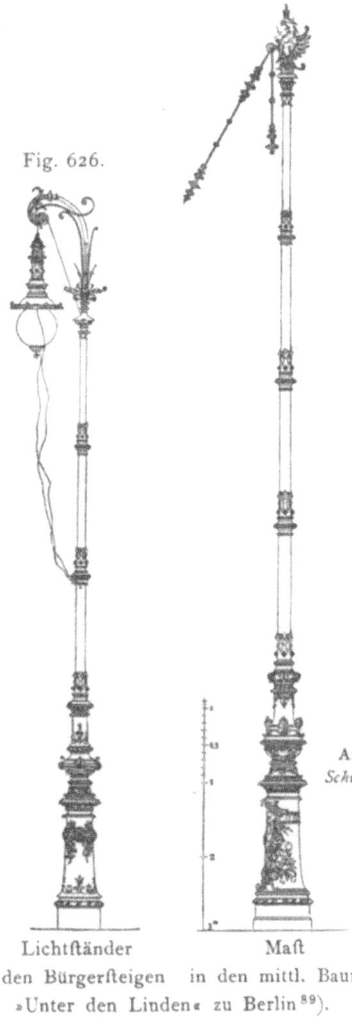

Arch.: *Schupmann.*

Lichtftänder in den Bürgerfteigen — Maft in den mittl. Baumreihen
»Unter den Linden« zu Berlin [89]).

Fig. 628.

Untertheil des Lichtmaftes in Fig. 627 [89]).

Einen mehrflammigen, der Form nach etwas fonderbaren, elektrifchen Candelaber, welcher für ein Brückengeländer am Kaiferpalaft in Tokio angefertigt wurde, zeigt Fig. 622. Befonders prächtig find die zugleich als Flaggenhalter dienenden, von *Jacobsthal* entworfenen Maften auf dem Vorplatze des Bahnhofes zu Strafsburg, welche an Seitenarmen je zwei elektrifche Bogenlampen tragen (Fig. 625).

498. Leuchtthürme.

In amerikanifchen Städten, wo das elektrifche Licht wegen des theueren Gaspreifes — das Leuchtgas fteht etwa dreimal fo hoch im Preife, als in Deutfchland — weit mehr verbreitet ift, als bei uns, find mehrere Städte dazu übergegangen, ftatt der zahlreichen Laternen wenige Leuchtthürme von 45 bis 55 m Höhe zu errichten, von welchen befonders kräftige, einzeln oder paarweife angeordnete Bogenlampen gröfsere Flächen beleuchten; diefe Leuchtthürme beftehen aus mehreren nach oben fich verjüngenden, aus fchmiedeeifernen Rohren zufammengefetzten Säulen, welche durch ein Netzwerk mit einander verbunden find. Die Wirkung wird indefs nicht als eine befriedigende bezeichnet, weil nur diejenigen Strafsen voll beleuchtet werden, welche genau in der Richtung des Hochlichtes verlaufen, während alle anderen Strafsen theilweife oder gar in ganzer Breite in tiefem Schatten liegen.

Literatur

über »Elektrifche Beleuchtung«.

FONTAINE, H. *Éclairage à l'électricité.* Paris 1877. — 2. Aufl. 1879. — Deutfch bearbeitet von F. ROSS. 2. Aufl. Wien 1880.

KILLINGWORTH HEDGES. *Ufeful information on practical electric lighting.* London u. New-York 1879.

HIGGS, P. *The electric light in its practical application.* London 1879.

HEPWORTH, T. C. *The electric light: its paft hiftory and prefent pofition.* London 1879.

SHOOLBRED, J. N. *Electric lighting and its practical application.* London 1879.

SCHELLEN, H. Die magnet- und dynamo-elektrifchen Mafchinen, ihre Entwickelung, Conftruction und praktifche Anwendung. Köln 1879.

SCHELLEN, H. Die neueften Fortfchritte auf dem Gebiete der elektrifchen Beleuchtung und der Kraftübertragung. Köln 1880.

BERNSTEIN, A. Die elektrifche Beleuchtung. Berlin 1880.

URQUHART, J. W. *Electric light. Its production and ufe etc.* London 1880.

CROMPTON, R. E. *The electric light for induftrial ufes.* London 1880. — Deutfch von F. UPPENBORN. München 1881.

HOSPITALIER, E. *Les principales applications de l'électricité.* Paris 1881.

ARMENGAUD. *Manuel de l'éclairage électrique etc.* Paris 1881.

HOLTHOF, F. Das elektrifche Licht in feiner neueften Entwickelung etc. Halle 1882.

ALGLAVE, E. & J. BOULARD. *La lumière électrique etc.* Paris 1882.
ROUTLEDGE, R. *Electric lighting.* London 1882.
MERLING, A. Elektrotechnifche Bibliothek. 1. Bd.: Die elektrifche Beleuchtung etc. Braunfchweig 1882. — 2. Aufl. 1884.
BEHREND, G. Das elektrifche Licht. Halle 1883.
ZACHARIAS, J. Die elektrifchen Leitungen und ihre Anlage für alle Zwecke der Praxis. Wien 1883.
UHLAND, W. H. Das elektrifche Licht und die elektrifche Beleuchtung. Leipzig 1883.
KRÜSS, H. Die elektrifche Beleuchtung in hygienifcher Beziehung etc. Hamburg 1883.
URBANITZKY, A. Die elektrifchen Beleuchtungs-Anlagen mit befonderer Berückfichtigung ihrer praktifchen Ausführung. Wien 1883. — 2. Aufl. 1890.
URBANITZKY, A. Das elektrifche Licht und die hierzu angewendeten Lampen, Kohlen und Beleuchtungskörper. Wien 1883.
GRAETZ, L. Die Elektricität und ihre Anwendungen zur Beleuchtung etc. Stuttgart 1883. — 2. Aufl. 1885.
HOLMES, A. B. *Practical electric lighting.* London 1883. — 3. Aufl. 1887.
VIVAREZ, H. *Notions générales fur l'éclairage électrique.* Paris 1884. — 2. Aufl. 1886.
GORDON, J. E. H. *A practical treatife on electric lighting.* London 1884.
SWINTON, A. A. C. *The principles and practice of electric lighting.* London 1884.
HAGEN, E. Die elektrifche Beleuchtung etc. Berlin 1885.
MAISONNEUVE, S. *La lumière électrique et fes applications.* Paris 1886.
MAIER, J. *Arc and glow lamps: a practical treatife on electric lighting.* London 1886.
SWINTON, A. A. C. *The elementary principles of electric lighting.* London 1886. — 2. Aufl. 1889.
SCHILLING. Ueber den gegenwärtigen Stand der elektrifchen Beleuchtung. München 1888.
MAY, O. Anweifung für den elektrifchen Lichtbetrieb etc. Frankfurt a. M. 1888.
WETTER, B. VAN. *Les applications de la lumière électrique.* Paris 1888.
SCHRADER, W. Die elektrifche Beleuchtung im Verhältnifs zur Stadtverwaltung etc. 2. Aufl. Magdeburg 1889.

---

3. Kapitel.

Die Wärme-, Kraft- und Telegraphen-Leitungen.

Aufser den in die Strafsen verfenkten Leitungen für die Wafferverforgung, Entwäfferung und Beleuchtung finden wir in manchen Grofsftädten in Folge der fortfchreitenden Bedürfniffe unferer Zeit noch mehrere andere unterirdifche Leitungsnetze zur Beförderung von Wafferdampf, Waffergas, Heifswaffer, Prefsluft, Elektricität. Zweck diefer Leitungen ift theils die Verforgung der Stadt, und zwar der Gebäude, mit Wärme oder mit Kraft, theils der Poft- und Telegraphen-Verkehr. Zur Wärmeverforgung, d. h. Heizung, dienen neben dem Leuchtgafe die Dampf-, Waffergas- und Heifswafferleitungen; zur Kraftverforgung werden aufser dem Leuchtgafe Dampf-, Prefsluft- und Elektricitäts-Leitungen benutzt; die beiden letztgenannten Leitungen dienen fchliefslich auch dem Poftverkehr und der Telegraphie. Die Leuchtgas-Leitungen und die Elektricitäts-Leitungen für Licht- und Kraftverforgung find bereits im vorigen Kapitel befprochen worden. Einige Mittheilungen über Central-Dampf-, Waffergas-, Heifswaffer-, Prefsluft- und Telegraphen-Leitungen mögen hier Platz finden. 499. Verfchiedene Leitungsnetze.

Städtifche Central-Dampfleitungen find befonders in New-York ausgeführt. Von einer Centralftelle aus, welche mit 64 Röhrenkeffeln in vier Stockwerken ausgeftattet ift und ftündlich 3400 kg Waffer in Dampf von 6 Atmofphären Spannung zu verwandeln vermag, werden zehn oder mehr umfangreiche Bezirke mit Dampf verforgt. 500. Central-Dampfleitungen.

Für die Gröfse der Bezirke ift mafsgebend, dafs die einzelnen Zweigleitungen nicht länger als 1200 m werden. Die Röhrenleitungen, welche aus Dampfröhren und Rücklaufröhren für das Condenfationswaffer beftehen, liegen der Tiefe nach zwifchen den Leitungen der Gas- und der Wafferverforgung; trommelartige, mit gewölbten Kupferblechböden gefchloffene »Variators« ermöglichen die Längenveränderungen; der Wärmeverluft wird durch Einbettung der Röhren in ausgehöhlte Baumftämme und Umpackung mit Schlackenwolle vermindert. Für weite Röhren werden die Holzmäntel durch Mauerwerk erfetzt; an Biegungen, Abzweigkaften, Sperrfchiebern und Variator-Trommeln ift kräftige Verankerung nöthig. Die 15 bis 40 cm weiten Röhren beftehen aus Schmiedeeifen; die Kuppelung gefchieht bei kleinen Röhrenweiten durch Auffchrauben von Muffen, bei den gröfseren Weiten, für welche befte Keffelröhren verwendet werden, durch Einpreffen des einen Röhrenendes in den Flanfch des anderen und Einfchieben eines gewellten Kupferblechringes zur Dichtung.

Auch zu Feuerlöfchzwecken follen diefe Central-Dampfleitungen benutzt werden, indem man entweder in gewiffen Häufern Dampfpumpen aufftellt, welche jederzeit fofort angefchloffen und in Thätigkeit gefetzt werden können, oder indem man, ähnlich den Hydranten der Wafferleitung, Strafsenpfoften zur Dampfentnahme für die Speifung von Dampffpritzen anordnet, oder endlich indem man den Dampf unmittelbar in gefchloffene brennende Räume einleitet.

Aufser New-York, wo die Central-Dampfverforgung für Heiz-, Koch-, Kraft- und Feuerlöfchzwecke grofse Fortfchritte zu machen fcheint, befitzen ähnliche Veranftaltungen die amerikanifchen Städte Springfield, Dubuque, Denver, Hartford u. a. Die ältefte diefer Anlagen ift die von *Birdfil Holly* im Jahre 1877 in der Stadt Lockport ausgeführte Central-Dampfleitung, welche nur Heizungszwecken dient, über 7 km lang ift und mittels eigenthümlicher Regiftrir-Vorrichtungen mehr als 200 Häufer verforgt [90]).

501. Waffergas. Die Dampfheizung von Lockport war überhaupt die erfte Städteheizung der Welt. In neuerer Zeit gehen die Beftrebungen mehr dahin, das Waffergas als Material für Städteheizung einzuführen, da das Leuchtgas fich hierfür als zu koftfpielig erwiefen hat und die für Leuchtgasheizung conftruirten Gasöfen, Gaskamine und Gasherde fich noch wenig bewährt haben. Das Waffergas ift ein vorwiegend aus Wafferftoff und Kohlenoxyd beftehendes Gasgemenge, welches man erhält, indem man Wafferdampf über glühende Holzkohlen, Coke oder Braunkohlen leitet und das fich bildende Gasgemifch durch Kalk von der Kohlenfäure befreit. Es ift nicht unmöglich, dafs die Städteheizung mit Waffergas eine grofse Zukunft hat; denn die Heizung mit Waffergas ift nicht blofs finanziell vortheilhaft, fondern in Bezug auf Reinlichkeit und Gefundheit von hohem Werthe. *H. Fifcher* berechnet die Koften von 10000 nutzbaren Wärmeeinheiten bei Dampfheizung zu 46, bei Leuchtgasheizung zu 26, bei Kohlenheizung in Kachelöfen zu 13, bei Waffergasheizung zu 11 Pfennigen. Bei der Dampfheizung betragen die theueren Leitungskoften etwa $^3/_4$ der Gefammtkoften; fie ift daher nur für kleinere Bezirke, alfo als fog. Diftrict-Heizung, ausführbar. Beim Waffergas bietet dagegen die Leitung und Vertheilung über ausgedehnte Bezirke, da grofse Gefchwindigkeiten ftatthaft und Umhüllungen entbehrlich find, keine Schwierigkeit. *H. Fifcher* und *A. Pütfch* find daher der Anficht, dafs die Städteheizung mittels Waffergas nur eine Frage der Zeit ift. Bis jetzt hat in Europa das Waffergas nur in Fabriken Anwendung gefunden; als die befte derartige Heizanlage wird diejenige von *Schultz, Knaudt & Co.*

---

90) Ueber Central-Dampfheizungen fiehe auch: Deutfche Bauz. 1881, S. 76. — Centralbl. d. Bauverw. 1881, S. 374; 1883, S. 128, 76; 1884, S. 99. — Wochbl. d. öft. Ing.- u. Arch.-Ver. 1884, S. 87. — *Scientific American* Bd. 45, S. 319. — Techniker 1883, S. 65; 1884, S. 92. — *Transactions of the American inftitute of mining engineers*, Bd. 13. — Rohrleger 1879, S. 205. — Mafchinenb. 1879, S. 41.

in Effen bezeichnet, wo die Herftellungskoften des Waffergafes wenig mehr als 1 Pfennig betragen follen.

In Amerika foll die Waffergasheizung fich einer gröfseren Entwickelung erfreuen und bereits in 80 Städten eingeführt fein.

Auch für Beleuchtungszwecke wird dort das Waffergas brauchbar gemacht, und zwar durch einen Zufatz von fchweren Kohlenwafferftoffen, welcher die Leuchtkraft erhöht. Um das unvermifchte Waffergas als Lichtquelle benutzen zu können, läfft man die an fich kurze und blaue Flamme über einen Magnefiakamm ftreichen, welchen fie unter Entwickelung eines ruhigen, weifsen Lichtes in Glühhitze verfetzt. Andererfeits wird jedoch auf die Gefahr aufmerkfam gemacht, die damit verbunden ift, dafs das Waffergas zu einem Drittel aus dem giftigen Kohlenoxyd befteht und zugleich geruchlos ift. Zwar kann man die Gefahr beffer erkennbar machen, indem man dem Gafe Carbolfäure oder Naphta zufetzt; aber der Uebelftand felbft ift dadurch nicht befeitigt[91]).

Ein Beifpiel der Städteheizung mit heifsem Waffer bietet Bofton. Waffer von durchfchnittlich 200 Grad Wärme wird durch Pumpen in das Ringlaufnetz der 10 cm weiten Strafsenleitungen getrieben. Die nach den Häufern abzweigenden Röhren geben das gebrauchte Waffer an eine gleichfalls ringförmige, 20 cm weite Rückleitung ab. Beide Leitungen liegen auf Rollen in gemauerten Canälen und können fich in Stopfbüchfen ausdehnen. Die Wärmelieferung ift ergiebiger, als bei Dampfleitungen; aber der hohe Betriebsdruck von 25 Atmofphären und die hohe Temperatur find nicht unbedenklich[92]). 502. Heifswaffer.

Prefsluft-Leitungen zur Vertheilung von Kraft in Städten haben grofse Vortheile gegenüber Gas-, Waffer-, Dampf- und Elektricitäts-Leitungen, befonders in ficherheitlicher und gefundheitlicher Beziehung. Die Druckluft ift verwendbar in Fabriken, in Werkftätten, auf Bauplätzen, in der Haushaltung, zum Feuerlöfchen, zur Lüftung und Kühlung; fie verbreitet keine läftigen Nebenproducte, kein ftörendes Geräufch und ift leicht vertheilbar. Bis jetzt fcheinen indefs Birmingham und Paris die einzigen Städte zu fein, wo eine ftädtifche Druckluft-Verforgung in gröfserem Mafsftabe ausgeführt ift. 503. Prefsluft.

Offenbach ift die erfte deutfche Stadt, welche eine Central-Prefsluft-Anlage befchloffen hat und beim Erfcheinen des vorliegenden Halbbandes vielleicht fchon hergeftellt haben wird; dem Entwurfe liegen das Syftem *Popp* und die mit demfelben in Paris gemachten Erfahrungen zu Grunde.

In Birmingham hat die *Compreffed-Air-Company* eine Centralanlage von 3000 Pferdeftärken nach einheitlichem Plane gefchaffen und deren Erweiterung auf 30 000 Pferdeftärken vorgefehen. Die gröfste Spannung foll $3^1/_2$ Atmofphären, die Länge des unter die Bürgerfteige zu verlegenden Röhrennetzes 14 km betragen. Die Herftellung der Röhrenleitungen aus gewalzten fchmiedeeifernen Röhren, deren Dichtungen aus Schnüren mit verftemmten Bleikränzen in Muffen beftehen, die Abzweigungs- und Sicherheitsvorkehrungen u. f. w. werden als mufterhaft gelobt; dagegen find die Einrichtungen für die Vertheilung und Benutzung der Druckluft noch unentwickelt.

Vorgefchrittener find die Anlagen zur Kraftvertheilung durch Druckluft in Paris. Die dortige Centralanlage verfügt nur über 2500 Pferdeftärken und verforgt bereits ein Leitungsnetz von 60 km Länge; die 7 km lange Hauptröhre ift 300 mm weit; der Ueberdruck beträgt in den Luft-Comprefforen der Centralftation 6 Atmofphären. Als Vorrathsbehälter dienen aufser dem Leitungsnetze 8 Windkeffel von je 32 cbm und ein in 80 m Tiefe ausgeführter, unter einem natürlichen Wafferdruck von 8 Atmofphären ftehender unterirdifcher Stollenbehälter. Die Leitungen beftehen aus gufseifernen Röhren ohne Flanfche oder Muffen und ohne Bearbeitung; über die mit Spielraum verlegten Röhrenenden ift eine gefchloffene Muffe gefchoben und durch zwei Ringe mit vier Schrauben gedichtet, indem an beiden Seiten der Muffe

---

91) Ueber Waffergasheizung fiehe auch:

FISCHER, H. Ueber Städte-Beheizung. Die Stadt 1880, S. 185.

Die Fortfchritte der Gas- und elektrifchen Beleuchtung und die Anwendung des Waffergafes in hygienifcher Beziehung. Bericht von K. HARTMANN für den hygienifchen Congrefs zu Wien 1887.

92) Ueber centrale Heifswafferheizung fiehe auch: ABBOT, A. V. *Town heating by hot water. A defcription of the plant of the Bofton heating company. Engng.*, Bd. 48, S. 259 — ferner: Zeitfch. d. Ver. deutfch. Ing. 1889, S. 538.

ein Gummiring eingeklemmt ift. An den Zweigleitungen ift eine ftopfbüchfenartige Verbindung mit nur zwei Befeftigungsfchrauben angewandt.

Diefe Conftructionen wurden gewählt, einerfeits um die Leitungen bequem in den Parifer Entwäfferungs-Canälen zufammenfetzen und am Gewölbe aufhängen, andererfeits um leicht beliebige Auswechfelungen und Einbauten vornehmen zu können. In Entfernungen von je 100 m find felbftthätige Entwäfferungsvorrichtungen angebracht. Die Anfchlufsleitungen der Gebäude beftehen meiftens aus Blei; fie erhalten einen Abfperrhahn, ein Sieb (für etwaige fremde Körper), einen Windbeutel zur Milderung von Druckfchwankungen und einen mit leichtem Flügelrade arbeitenden Luftmeffer, ferner einen Druck-Regulator, welcher den Leitungsdruck von 6 Atmofphären auf 4 bis $4^1/_2$ Atmofphären reducirt. Für diefen geringeren Ueberdruck find die Luftmafchinen eingerichtet, jedoch fo, dafs gelegentlich eine Druckfteigerung zur Erhöhung der Leiftungsfähigkeit vorgenommen werden kann. Wichtig ift die Einfchaltung des Vorwärmeofens, in welchem die Druckluft einen Gufseifencylinder, ein Kohlen- oder Cokefeuer enthaltend, umftreicht, um die Eisbildung bei der Ausdehnung der Luft im Betriebe zu verhüten und zugleich den Luftverbrauch herabzumindern.

Die Druckluft dient in Paris entweder unmittelbar zum Betriebe pneumatifcher Uhren, Aufzüge, Rohrpoften und pneumatifcher Bäder, fo wie zur Hinaufbeförderung von Wein und Bier in Reftaurants, oder mittelbar durch Luftmafchinen für Druckereien, Werkftätten aller Art und elektrifche Beleuchtung; die Auspuffluft endlich, welche in faft beliebiger Temperatur erzielt werden kann, dient zur Heizung, zur Lüftung, zur Eisbildung, zur Lebensmittel-Aufbewahrung u. f. w.

Riedler fchlägt zwar Vervollkommnungen für die Centralftation behufs Erhöhung der Leiftung vor, fo dafs 1 Pferdeftärke 10 cbm Luft auf 6 Atmofphären verdichten könne, erkennt aber dem Druckluftbetrieb die allergröfsten Ausfichten für die Zukuft zu, befonders für die Hebung des Kleingewerbes und für die Zwecke der gewöhnlichen Haushaltung. Die kleinen Luftmafchinen laffen fich überall leicht anbringen und bedienen; fie find gefahrlos, bequem und wenig empfindlich; die Luftleitungen find billiger, als elektrifche Kabel oder Druckwaffer-Leitungen, und eben fo ift die Centralifirung der Krafterzeugung in der Regel mit erheblichen Erfparniffen verbunden. Daneben hat aber die Entfernung der Dampfkeffel und Rauchfchlote aus dem Inneren der Städte an den Rand derfelben in Bezug auf Gefundheit und Annehmlichkeit Vorzüge von unabfehbarer Tragweite. Es ift defshalb mit der Anficht zu rechnen, dafs Druckluft-Leitungen in Bälde in unferen gröfseren Städten eine ähnliche Verbreitung finden, wie Gas-, Waffer-, Kabel- und Entwäfferungs-Leitungen [93]).

504. Telegraphen-Leitungen.

Telegraphen-Leitungen in Städten haben mehrfache Zwecke zu erfüllen. Sie dienen nicht blofs der allgemeinen Poft-Telegraphie, fondern auch dem befonderen Nachrichtenwefen für die Feuerwehr, für militärifche und Gemeindebehörden. Hauptftrafsen find daher oft von drei- oder viererlei Telegraphenkabeln durchzogen. Das oberirdifche Anbringen folcher Leitungen in Form einzelner Drähte an hölzernen oder fchmiedeeifernen Stangen und Gerüften ift zwar entlang von Eifenbahnen und Landwegen zuläffig, wenn auch weniger als die für Hauptkabel ftets vorzuziehende unterirdifche Lagerung; dagegen find in Städten die Drahtleitungen an leichten, hübfchen Eifengerüften nur ausnahmsweife als ftatthaft zu betrachten; das unterirdifche Verlegen ift hier fowohl im Intereffe des Strafsen- als des Telegraphen-Verkehres dringend zu empfehlen.

Die Drähte werden, mit den erforderlichen Ifolirungen zu einem oder mehreren Kabeln vereinigt oder als einfache Guttapercha-Adern ohne Panzerung lofe neben einander liegend, innerhalb gufseiferner Röhren von 80 bis 150 mm Durchmeffer

93) Ueber Prefsluft-Leitung fiehe auch:

RIEDLER, A. Die Kraftverforgung von Paris durch Druckluft. Berlin 1889.

Verwendung von komprimirter Luft in Städten. Gefundh.-Ing. 1886, S. 212.

PROELL, R. Project einer ftädtifchen Druckluftanlage in Dresden etc. Dresden 1890.

in ungefähr 1 m Tiefe unter dem Straſsenpflaſter oder dem Bürgerſteig verlegt. An den durch die Straſsenrichtung veranlaſsten Knickpunkten werden die Röhren in gemauerte, mit guſseiſernen Deckeln in der Straſsenoberfläche verſehene Schächte eingebaut, in welchen die Kabel oder Adern loſe aufgehängt werden. In jeder Röhre liegt ein ſtarker verzinkter Eiſendraht, um beſchädigte Kabel oder Adern auswechſeln, neue einziehen zu können. Die Schächte werden zugleich für die Unterſuchung der Leitung bei Störungen benutzt. Die Verlegung der Kabel ohne Röhren unmittelbar in den Straſsenkörper iſt nicht empfehlenswerth, weil einestheils die Kabel bei Straſsenbauarbeiten leicht Beſchädigungen ausgeſetzt und anderentheils häufige Straſsenaufbrüche zur Unterſuchung, Auswechſelung und Vermehrung der Kabel unvermeidlich ſind. Für ausnahmsweiſe ohne Schutzröhren verlegte Kabel ſind geräumigere Unterſuchungsſchächte erforderlich.

Fig. 629.

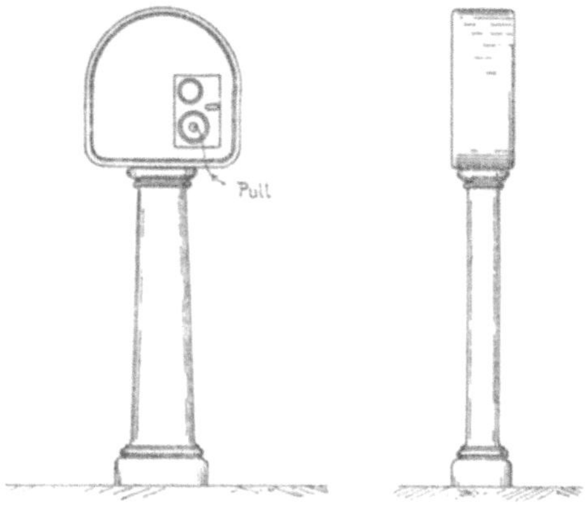

Feuermelder zu London. — 1/30 n. Gr.

Fig. 630.

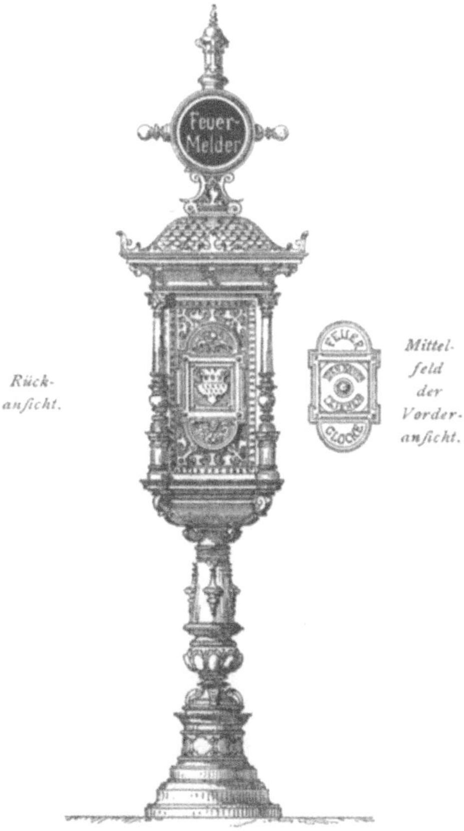

Feuermelder zu Köln. — 1/30 n. Gr.

Für den Feuerſchutz ſind über der Straſse Feuermelder nöthig, welche in Abſtänden von 500 bis 600 m, ſo daſs überall eine Feuermeldeſtelle von Jedermann in 2 bis 3 Minuten erreicht werden kann, an Gebäuden oder in ſelbſtändigen kleinen Gehäuſen aus Guſs- und Schmiedeeiſen angebracht werden. Den üblichen Londoner Feuermelder, ſchlicht und formlos, zeigt Fig. 629; ein herauszuziehender Knopf vollzieht die elektriſche Meldung des Brandes nach der Feuerwache. Mehr ausgebildet iſt der in Fig. 630 dargeſtellte Kölner Feuermelder; hier iſt vorher eine Glasſcheibe zu zertrümmern, um durch Anziehen eines Hebels das gewünſchte Zeichen zu geben. Bei Ruheſtrom wird durch Unterbrechung des Feder-Contactes mittels Bewegung eines Triebwerkes und eines entſprechend hergerichteten Typenrades im Feuermelder das Feuerzeichen hervorgerufen und in der Feuerwache auf dem Papierſtreifen des *Morſe*-Apparates aufgeſchrieben. 505. **Feuermelder und Feuerwehr-Stationen.**

Feuerwehr-Stationen nach Londoner Art, aus Wellblechhäuschen, Brandleitern und ſonſtigen Geräthen beſtehend, welche in der Mitte breiter Straſsen oder auf freien Plätzen in beträchtlicher Zahl aufgeftellt find, find auf dem Continent nicht beliebt. Hier pflegen eine Hauptfeuerwache und die erforderlichen Zweigwachen in verfchiedenen Stadtvierteln vertheilt zu fein.

506. Fernfprechleitungen.

Fernfprechleitungen find auf dem Lande und in den europäifchen Städten bisher faft ausfchliefslich oberirdifch an Geftängen, welche entlang der Wege, und an Gerüften, welche auf Dächern hoher Gebäude errichtet find, aufgehängt. Manchen Bauwerken dienen diefe Telephongalgen mit ihren Drahtnetzftrahlen geradezu zur Unzierde. Aus Rückfichten der Schönheit, mehr aber noch der Betriebsficherheit, beginnt daher das unterirdifche Verlegen der Fernfprechleitungen, welches in amerikanifchen Städten in neuerer Zeit obligatorifch ift, an manchen Orten Eingang zu finden. In Berlin ift man mit der Anlage unterirdifcher Fernfprechkabel befchäftigt. Für ihr Verlegen gilt das bezüglich der Telegraphenleitungen Gefagte. Schutzröhren und Unterfuchungsfchächte find auch hier unentbehrlich. Gemeinfchaftliche Röhren für Leitungen verfchiedener Verwaltungen und verfchiedener Art find im Intereffe des Strafsenbaues zu wünfchen, im Hinblick auf Betriebsunzuträglichkeiten aber nicht unbedenklich.

Je mehr übrigens die Zahl der Leitungen aller Art wächst, welche im Strafsenkörper unterzubringen find, defto wichtiger wird die Frage nach tunnelartigen Untergrundwegen (*Subways*), welche bereits in Art. 457 (S. 318) angeregt wurde.

---

4. Kapitel.

Die Strafsendecke.

507. Ueberficht.

Die Lehre von der Befeftigung der Strafsen hat ein fo ausgedehntes Gebiet des Wiffens und der Technik zu behandeln, dafs an diefer Stelle die Herrichtung der Strafsendecke, gleich den übrigen, in den vorhergegangenen 3 Kapiteln behandelten Zweigen des eigentlichen ftädtifchen Ingenieurwefens, nur in der Befchränkung auf kurze, vom allgemeinen Standpunkte des Städtebaues wichtige Hauptfätze vorgetragen werden kann. Zu diefem Zwecke ift vorab eine Theilung der Strafsenflächen vorzunehmen in Fahrwege, Reitwege und Fufswege, deren Beziehungen zu einander bereits in Abfchn. 1, Kap. 2 u. Abfchn. 2, Kap. 5 erörtert wurden [94]. Neben der Herftellung diefer Wege haben wir mit wenigen Worten auch die Unterhaltung und Reinigung derfelben zu befprechen.

a) Fahrwege.

508. Strafsenarten.

Die ftädtifchen Fahrwege zeigen viele Verfchiedenheiten, je nachdem fie eigentliche Laftftrafsen find (Thorftrafsen, Werftftrafsen, Bahnhofftrafsen u. f. w.) oder hauptfächlich dem leichteren Fuhrwerk dienen (Ringftrafsen, Promenaden- und Parkftrafsen etc.), je nachdem fie ferner im inneren Gefchäftsviertel, in vornehmen Wohngegenden, an öffentlichen Gebäuden oder aber in Fabrikvierteln, in Vororten u. f. w. liegen. Die Verfchiedenheit prägt fich, wie in der fonftigen Behandlung, fo auch in der Fahrftrafsen-Befeftigung aus.

---

[94]) Ausführlicheres über Strafsenbau fiehe in den am Schluffe diefes Kapitels angegebenen Werken.

Die Arten der ftädtifchen Fahrftrafsen-Befeftigung unterfcheiden fich in zwei grofse Gruppen, nämlich in Chauffirung und Pflafterung. Die Chauffirung, d. h. die Umwandelung eines unbefeftigten Weges in eine »Chauffee«, gefchieht durch Aufbringen einer Kiesbahn oder einer Steinfchlagdecke. Die aus Steinen in Naturgröfse hergeftellte Kiesbahn befteht aus einem (etwa 15 cm ftarken) Lager von fchwerem Kies, welcher mit einer Schicht leichteren Kiefes, fchwach untermifcht mit einem fandigen Bindemittel, bedeckt wird. Als Sohle der Kiesbahn wird zuweilen eine Packlage aus groben Geröllfteinen oder aus Bruchfteinen (von 10 bis 13 cm Gröfse in jeder Richtung), welche aufrecht geftellt werden, angeordnet. Selten auch wird das Kiesbett mit einer Lage zerkleinerten Hartgefteins (Bafalt, Granit, Gabbro) bedeckt. Die einzelnen Lagen werden durch fchwere Walzen verdichtet. Die Steinfchlagbahn befteht entweder nur aus mehreren Schichten zerkleinerten Hartgefteines (von 3 bis 5 cm Gröfse) und heifst dann »Macadam« oder es wird — und dies ift das Gewöhnlichere — zuerft eine Packlage aus aufrecht geftellten Bruchfteinen von 10 bis 13 cm Höhe angefertigt und nach Auszwicken derfelben der Kleinfchlag aufgebracht. Beim Abwalzen dient Quarzfand oder das aus dem Kleinfchlag ausgefiebte Steingefplitter als Dichtungsmaterial für die Oberfläche. Auch Eifenfchlacken werden zur Chauffirung der Wege mit Erfolg benutzt. Als befondere Vervollkommnung der Steinfchlagbahnen find fchliefslich der »Cement-Macadam« (mit hydraulifchem Bindematerial in den Oberfchichten) und der »Afphalt-Macadam« (mit bituminöfer Bindung) anzuführen; der Cement-Macadam fcheint fich nicht zu bewähren. 509. Kiesbahn und Steinfchlagdecke.

Den Pferdewalzen find die Dampfwalzen vorzuziehen, fowohl wegen des fortwährenden Aufreifsens der Steindecke durch die Hufe der Walzenpferde, als wegen der durch die Vergröfserung des Druckes und der Druckfläche zu erzielenden gröfseren Leiftung.

Die Chauffirung ift eine geeignete Befeftigungsart für Landftrafsen, für ftädtifche Strafsen jedoch nur bei erheblicher Breite und geringem Verkehre. Bei gröfserem Verkehre find Staub und Schmutz, ftarke Abnutzung und fchlechtes hygienifches Verhalten fo grofse Schattenfeiten der Chauffirung, dafs die Pflafterung zur Nothwendigkeit wird.

Die Befeftigung einer Fahrftrafse durch Pflafter gefchieht entweder durch Stein-, Afphalt- oder Holzpflafterung. Das Steinpflafter ift rauhes Pflafter, aus Findlingen oder rauhen Bruchfteinen mit geringer Sortirung regellos zufammengefetzt, oder Mofaik-Pflafter, aus wenig bearbeiteten Kopffteinen einigermafsen fugenrecht gebildet, oder Reihenpflafter, aus mehr oder weniger regelmäfsig bearbeiteten und reihenweife verfetzten Pflafterfteinen beftehend. Das mit Ausnahme ganz untergeordneter oder nur vorläufig befeftigter neuer Strafsen in deutfchen Städten allgemein gebräuchliche ift gegenwärtig das Reihenpflafter. Die Steine werden gewöhnlich parallelepipedifch, feltener würfelförmig bearbeitet. Ringsum bearbeitete Steine können nach Verfchleifs der oberen Seite gewendet werden. Ueblich ift es aber, nur die Kopf- und die anftofsenden Seitenflächen bearbeiten zu laffen. Wichtig ift eine gleich grofse Kopffläche und eine thunlichft geringe Verjüngung nach unten; noch wichtiger eine gleiche Höhe, da bei ungleichem Widerftande der einzelnen Steine gegen die Räder der Laftfuhrwerke die Anfangs ebene Strafse fehr bald holperig wird. Befonders für anfteigende Strafsen ift es zweckmäfsig, die Steine in der Fahrrichtung nicht breiter als 8 bis 12 cm zu machen, um das Mafs der Unebenheit, 510. Steinpflafter.

d. h. die Pfeilhöhe der Wölbung der einzelnen abgenutzten Steinköpfe, einzuſchränken und den Pferdehufen beſſeren Halt zu gewähren. Groſse Würfelſteine von 18 cm und mehr Seite ſind in der Regel verwerflich, weil ſie bei dem unabwendbar eintretenden Verſchleiſs einen kugeligen Kopf von groſser Pfeilhöhe erhalten und dann eine ſehr holperige Oberfläche bilden. Je härter das Geſtein, deſto unebener wird die Straſsenfläche nach der Abnutzung, deſto kleiner iſt ſomit die Kopfbreite der einzelnen Steine zu wählen. Beliebte Maſse ſind 8 × 16 cm, 10 × 16 cm, 12 × 18 cm Kopffläche bei 14, 16, 18 cm Höhe. Das Ausfüllen der Fugen geſchieht durch Sand, beſſer durch hydrauliſchen Mörtel oder ein aſphaltartiges Verguſsmittel (Pflaſterkitt). Die Reihen ſollen ſtets ſenkrecht zur Fahrrichtung laufen. Die vielerorts beliebte Schrägpflaſterung iſt für den Verkehr und den Verſchleiſs gleich unzweckmäſsig; nur auf den Straſsenkreuzungen iſt ſie zum Ausgleich der verſchiedenen Verkehrsrichtungen angebracht.

Dem Pflaſter aus natürlichen Steinen ſtehen die künſtlichen Steinpflaſter aus Klinkern, Cementſteinen, Schlackenſteinen u. ſ. w. gegenüber. Von dieſen erfreuen ſich nur die Klinkerſtraſsen, und zwar in Holland, Flandern und Oſtfriesland, einer dauernden und zufriedenſtellenden Verwendung; auch in Ungarn iſt das »Keramit-Pflaſter« in neueſter Zeit verſucht werden. Ohne dauernde Ueberſandung wird aber kein Backſtein auf eigentlichen Laſtſtraſsen den Angriffen des Verkehres lange widerſtehen. Die ausgedehnteſte Anwendung und die erfreulichſten Fortſchritte ſind jedoch bezüglich einer anderen Art künſtlicher Steinſtraſsen, nämlich bezüglich der Fahrſtraſsen aus geſtampftem Aſphalt zu verzeichnen.

511. Aſphaltſtraſsen und Holzpflaſter.

Der Aſphaltſtein, bituminöſer Kalkſtein, zerfällt bei Erhitzung auf etwa 130 Grad (90 bis 150 Grad) in ein Pulver, welches ungefähr 6 cm ſtark auf einer Beton-Unterlage ausgebreitet und mittels erhitzter Walzen zuſammengedrückt wird (Stampfaſphalt).

Der Vorzug des Aſphaltpflaſters vor allen anderen Pflaſterungsarten iſt die Ebenheit, Fugenloſigkeit, Reinlichkeit und Undurchdringlichkeit; als Nachtheil macht ſich bei ſchwachem Regen und bei der Beſprengung die Schlüpfrigkeit bemerkbar. Gemeinſam mit dem Holzpflaſter iſt dem Aſphaltpflaſter die Geräuſchloſigkeit; auf letzterem macht ſich jedoch das Aufklappen der Pferdehufe noch unangenehm hörbar. Dies fällt beim Holzpflaſter fort; die Schlüpfrigkeit iſt zwar auch vorhanden, aber geringer. Reinlichkeit und Undurchdringlichkeit laſſen aber bei dem Holzpflaſter, da das Hirnholz alle Feuchtigkeit einſaugt und die Sonnenſtrahlen ſchädliche Zerſetzungen hervorrufen, zu wünſchen übrig, ſo daſs der geſundheitliche Vorzug und die gröſsere Dauerhaftigkeit auf Seiten des Aſphalts, die gröſsere Verkehrsſicherheit und Geräuſchloſigkeit auf Seiten des Holzes liegen. Das Holzpflaſter beſteht aus parallelepipediſchen Klötzen (Kiefern, Cypreſſen, *Pitchpine,* Buchen), ähnlich wie die Pflaſterſteine 6 bis 10 cm breit, 12 bis 22 cm lang, 8 bis 13 cm hoch, welche mit dem Hirnholz auf die Beton-Unterbettung geſtellt, nach verſchiedenen Herſtellungsarten mit Theeraſphalt, Aſphaltfilz oder hydrauliſchem Mörtel in den Fugen verfüllt und mit einer eingewalzten Kiesſchicht überdeckt werden.

Holz und Aſphalt ſtreiten an vielen Orten als Pflaſtermaterial um den Vorrang. Die Aſphaltdecke iſt auf ſteigenden Straſsen (von 2 Procent und mehr) unanwendbar, auch mit Straſsenbahngeleiſen ſchwierig zu verbinden. Holz ſollte nur da benutzt werden, wo ein geräuſchloſer, raſcher Verkehr verlangt wird und der Verkehr ſo groſs iſt, daſs dieſer, nicht aber die Fäulniſs das Material verzehrt, beſonders aber wo, wie in Pferdebahngeleifen, Afphalt unanwendbar oder unzweckmäfsig ift. Wegen der Geräufchlofigkeit erobern fich die Holz- und Afphaltpflafterungen immer mehr die verkehrsreichen inneren Gefchäftsviertel und die vornehmen Wohnungsftrafsen der grofsen und mittleren Städte. Der häufige Wechfel verfchiedenartiger Strafsendecken ift indefs wegen der ungleichen Abnutzung und wegen der an den Wechfelftellen eintretenden Unficherheit der Pferde zu vermeiden.

Die Frage der Unterbettung des Pflafters ift eben fo wichtig, wie diejenige des Pflaftermaterials felbft. Der Mifserfolg vieler Pflafterungen beruht auf der mangelhaften Bettung. Nur auf durchaus feftem Untergrunde ift ein Sandbett ausreichend. Beffer ift eine abgewalzte Kiesfchüttung, noch folider eine mehrfach abgewalzte Steinfchlagbettung mit Sandfchicht darüber. Für Steinpflafter genügt dies bei weniger hohen Anfprüchen. Steinpflafter befter Befchaffenheit aber und Afphaltpflafter, wie Holzpflafter verlangen eine Beton-Unterlage von 15 bis 20 cm Stärke auf vorher geebnetem Planum. Die Beton-Unterlage kann allerdings das Steinpflafter aufserordentlich hart (unelaftifch) und lärmend machen, was durch ein ftarkes Sandbett über dem Beton einigermafsen gemildert wird. 512. Unterbettung.

Fahrbahnpflafterungen aus Haufteinplatten, wie in Italien gebräuchlich, oder aus gufseifernen Façonftücken haben fich bei uns nicht bewährt.

Nach den Anlagekoften aufwärts fteigend, ftellt fich die Reihe der genannten Befeftigungsarten in der Regel wie folgt: Kiesbahn, Steinfchlagbahn oder Macadam, rauhes oder Mofaik-Pflafter, Reihenpflafter, Holzpflafter, Afphaltpflafter; bei hohen Steinpreifen bildet oft ein gutes Reihenpflafter die theuerfte Strafsendecke. Unter Berückfichtigung der Unterhaltungskoften kann indefs je nach der Lage der Strafsen, dem Verkehre und den Anfprüchen der Bevölkerung eine ganz verfchiedene Reihenfolge eintreten; bei ftarkem Verkehre werden fich Chauffirung und Holzpflafter als die koftfpieligften Strafsendecken erweifen. Die Wahl der Befeftigungsart ift daher auch vom Koftenftandpunkte aus oft eine fchwierige Aufgabe. 513. Koften.

Sehr häufig, befonders bei breiten Strafsen, wechfelt die Befeftigung der Fahrftrafse ftreifenweife. Beifpielsweife wird die Mitte der Fahrbahn macadamifirt, was angenehm für Equipagen und fonftiges leichtes Fuhrwerk ift, während die Seitenftreifen für Frachtfuhrwerk und zur befferen Abwäfferung Steinpflafter erhalten (Fig. 631). Auch befchränkt fich wohl das Steinpflafter auf eine 60 bis 100 cm breite Rinne zu beiden Seiten der Macadam-Fahrbahn; die letztere unmittelbar an den erhöhten Bürgerfteig anftofsen zu laffen, verbietet fich wegen der durch den Wafferlauf entftehenden Schmutzbildung. In italienifchen Städten legt man vielfach Plattenbahnen (aus Marmor oder ähnlichem Material) für die Räder der Fuhrwerke in die rauhe Feldfteinpflafterung der Strafsenfläche. (Vergl. Art. 96, S. 100 u. Fig. 199, 200, 203, 205 bis 207 u. 210.) In London findet man auf Brücken Radfahrftreifen aus Granit und aus Eifen, eben fo Rinnen dem Bürgerfteig entlang aus Walzeifen und aus Eifenblöcken in Geftalt von Pflafterfteinen. In Paris kommen der Reinlichkeit wegen afphaltirte Rinnen vor neben Fahrbahnen aus Steinfchlag, Stein- oder Holzpflafter. Alle diefe Combinationen haben den Nachtheil, dafs die Uebergangsgrenze von der einen auf die andere Befeftigungsart fich in Folge verfchiedenartiger Abnutzung bald als ftörende Unebenheit kennzeichnet, welche die eine oder die andere Ausgleichung nöthig macht. In Paris pflegt man z. B. den Uebergang von Holzpflafter auf Macadam durch mehrere Reihen Steinpflafter zu bilden. 514. Streifenbildung.

Fig. 631.

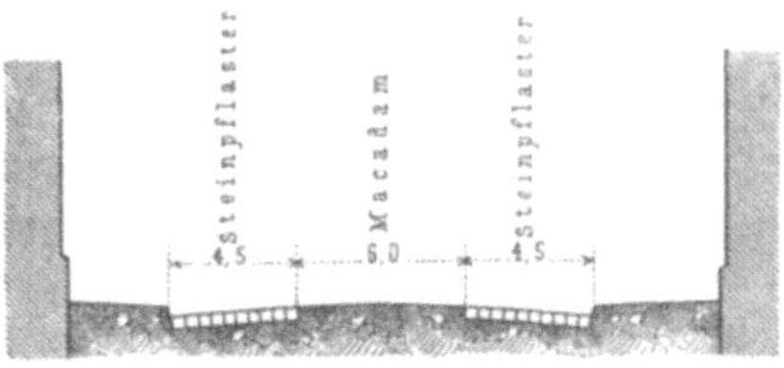

$^1/_{500}$ n. Gr.

Fig. 632.

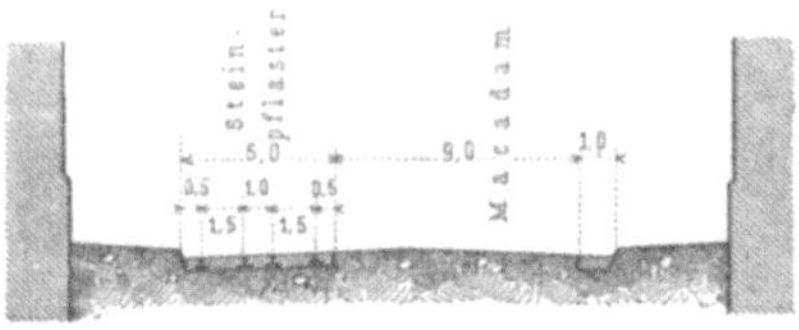

Fig. 633.

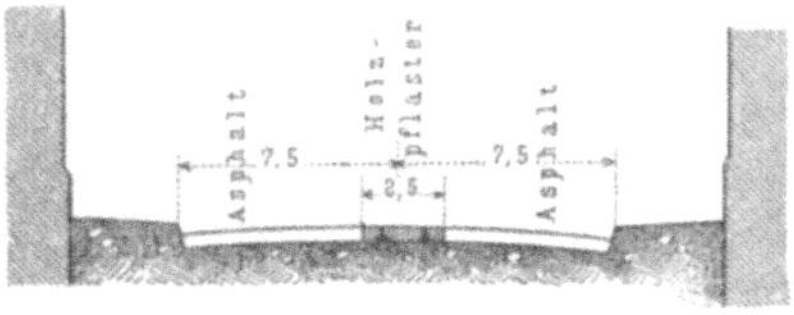

Eine nothwendige Streifenbildung ergiebt fich bei Strafsenbahngeleifen, welche in Steinfchlag- oder Afphaltftrafsen verlegt find. Der Steinfchlag zwifchen den Schienen kommt wegen der fehlenden Abwäfferung und der beftändigen, gleichförmigen Angriffe der Pferdehufe bald in einen unleidlichen Zuftand; die Afphaltdecke läfft fich an die Schienen fchlecht anfchliefsen und ift für das Anziehen der Pferde ungeeignet. In beiden Fällen ift man defshalb meift genöthigt, den Innenraum der Geleife und zwei feitliche Anfchlufsftreifen von etwa 50 cm Breite mit Stein- oder Holzpflafter zu verfehen (Fig. 632 u. 633). Das Einlegen von Hauſteinfchwellen in der Strafsenebene zwifchen die Strafsenbahnfchienen und die anfchliefsende Afphaltdecke hat fich nicht als zweckmäfsig erwiefen.

Fig. 634.

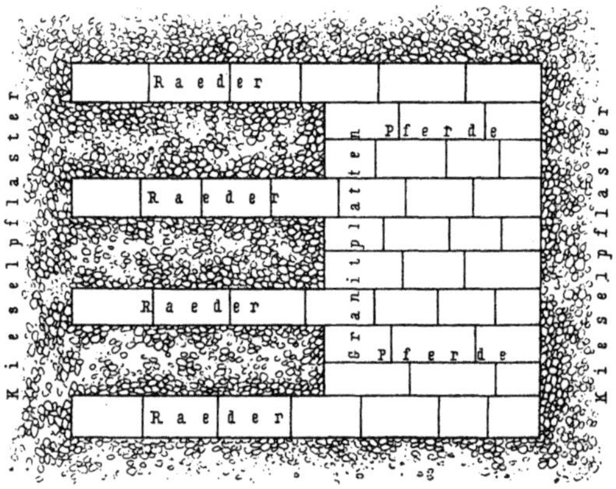

Omnibus-Halteplatz zu Mailand. — $^1/_{125}$ n. Gr.

Aehnliche Ungleichheiten der Strafsendecke ergeben fich, wo man Macadam-Fahrwege glaubt beibehalten zu müffen, den Fufsgängern aber einen reinlichen Querübergang vom einen Bürgerfteig zum anderen zu fchaffen fucht, was befonders an Strafsenkreuzungen nöthig ift. Hier pflegt man einen 2 bis 3 m breiten Querftreifen über den Fahrweg zu pflaftern oder zu afphaltiren und für die Reinhaltung deffelben, fo wie den guten Anfchlufs der Steinfchlagdecke beftändig Sorge zu tragen. Eine befondere Dichtung der Fugen durch Cement- oder Afphaltvergufs pflegt man oft in den Rinnen und auf den Halteplätzen von Drofchken und Omnibuffen anzuwenden. Auch werden zuweilen die letztgenannten Halteplätze, abweichend von der fonftigen Strafsendecke, mit Afphalt oder Steinplatten belegt (Fig. 634).

515. Seitengefälle.

Ueber das Längengefälle der ftädtifchen Strafsen ift in Abfchn. 2, Kap. 5 bereits das Erforderliche erörtert worden. Wie in diefer Hinficht, fo werden auch bezüglich des Seitengefälles und bezüglich der Höhenverhältniffe bei Strafsenabzweigungen und Strafsenkreuzungen an Stadtftrafsen andere Anforderungen geftellt, wie an Landwege. Das Seitengefälle foll bei Steinpflafterung nicht mehr als 1 : 40 betragen, jedoch auf fteigenden und fehr breiten Strafsen auf 1 : 60 ermäfsigt werden. Die Pflafterfteindecke foll nicht etwa wie ein Gewölbe wirken; fondern das Quer-

Additional information of this book

(Der Städtebau; 978-3-322-80318-4; 978-3-322-80318-4_OSFO7) is provided:

EXTRA MATERIALS extras.springer.com

http://Extras.Springer.com

Fig. 635.

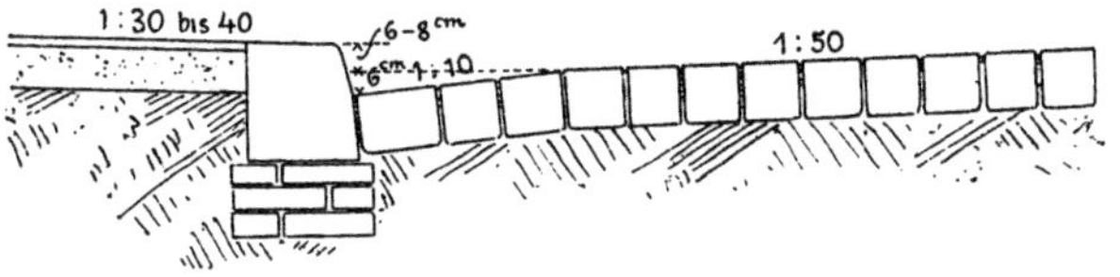

gefälle dient nur zur Anſammlung des Waſſers in den Rinnen; ſtatt der beſſer abwäſſernden Sattelform wird nur aus Schönheitsgefühl meiſtens eine Bogenlinie gewählt. In einigen Städten, ſo namentlich in Paris, iſt es üblich, das Quergefälle in der Nähe der Rinne zu verſtärken (Fig. 635). Bei Holzpflaſter ſinkt das Quergefälle auf 1 : 80, bei Aſphalt auf 1 : 100 und weniger hinab. Für Steinſchlagſtraſsen iſt ein ſtärkeres Quergefälle, nämlich 1 : 40 bis 1 : 25, letzteres bei geringem Längengefälle, erforderlich.

An den Straſsenabzweigungen oder -Kreuzungen bilden ſich, da beide zuſammentretende Straſsen nach der Quere zu profiliren ſind, kreuzkappenähnliche Straſsenoberflächen von regelmäſsiger Geſtalt, ſo lange beide Straſsen wagrecht ſind; einhüftig, ſo bald die eine Straſse anſteigt; windſchief und verſchoben, wenn beide Straſsenkronen ſteigend ſind. Schon, wenn die eine der Straſsen anſteigt, z. B. auf 10 m Länge um 20 cm, ſo muſs die Seitenrinne eines einmündenden, 10 m breiten wagrechten Fahrweges in der Nähe der Kreuzung nach der Bergſeite hin um 10 cm gehoben, nach der Thalſeite hin um 10 cm geſenkt werden. Verwickelt werden die Höhenverhältniſſe der Kreuzung, wenn beide Straſsen anſteigen, daher beide in der Nähe der Kreuzung allmählig ihr Querprofil verändern müſſen. Die neben den Fahrwegen liegenden Bürgerſteigflächen erhalten hierbei an der Kreuzung eine ſpiralförmige Geſtalt. Auch das Längenprofil einer der beiden Straſsen verlangt zuweilen Hebungen und Senkungen, um ſich den Höhenverhältniſſen der Kreuzungsfläche anzuſchlieſsen. Näheres ergiebt ſich aus dem auf der neben ſtehenden Tafel dargeſtellten Beiſpiel, ſowohl aus den Horizontal-Curven des Grundriſſes, als aus den verzerrten Längenprofilen der Bürgerſteig-Hinterkanten, der Bürgerſteig-Vorderkanten und der Fahrrichtungen. 516. Kreuzungen.

Werden bei einer derartigen Ausbildung der Straſsenkreuzung die in den einzelnen Theilen der Straſsenoberfläche entſtehenden Gefälle für den Verkehr zu ſtark, ſo iſt es unerläſslich, die Gradiente entweder beider Straſsen oder einer derſelben ſo zu ändern, daſs in der Kreuzung ſelbſt ein ſchwächeres Gefälle oder eine Horizontale eingelegt wird. Dies giebt aber der Straſse, wenn ſie geradlinig über die Kreuzung fortgeht, ein unſchönes Ausſehen und muſs daher bei durchgehenden Hauptſtraſsen vermieden werden.

Die Straſsenvermittelungen und Verkehrsplätze (vergl. Abſchn. 2, Kap. 7 u. 8) ſind bezüglich ihrer Befeſtigung wie die Straſsenkreuzungen zu behandeln; nur die Fuſsweginſeln ſind ausgenommen. Bei den Markt-, Garten- und Architektur-Plätzen werden nur diejenigen Flächen mit der Fahrſtraſsendecke verſehen, welche ausdrücklich zur Benutzung durch das Fuhrwerk beſtimmt ſind; vorwiegend kommen alſo bei dieſen gröſseren Platzanlagen die gärtneriſche Behandlung und die nachſtehend beſprochenen Arten der Fuſswegbefeſtigung zur Anwendung. 517. Platzflächen.

b) Reitwege.

Zur Benutzung als Reitweg eignet ſich Steinpflaſter und Aſphalt überhaupt nicht; der Reiter muſs auf den ſo befeſtigten Fahrſtraſsen ſein Pferd Schritt gehen laſſen. Holzpflaſter und Steinſchlag ſind für den Reiter weniger ſtörend; hier darf 518. Allgemeines.

er ſchon einen leichten Trab wagen. Lieber iſt ihm die Kiesbahn, obwohl auch dieſe für ſtark bewegte Pferde noch zu hart iſt.

Hiernach iſt es erwünſcht, auf den breiten, von Reitern viel benutzten Hauptſtraſsen, namentlich ſolchen in den äuſseren Stadtbezirken, beſondere Reitwege anzulegen, entweder auf dem allgemeinen Fahrwege ohne eine eigentliche Trennung, ſo daſs die Fuhrwerke im Bedarfsfalle den Reitweg mit benutzen können (hauptſächlich zum Ausweichen und Anfahren), oder aber auf völlig abgetrennter Bahn. Das Letztere iſt zwar das vollkommenere, aber leider in den meiſten Fällen nicht ausführbar.

519. Abgetrennte Reitwege

Ein völlig abgetrennter Reitweg kann nur bei beſtimmten Straſsen-Profilen ausgeführt werden, da man die Wohnhäuſer vom allgemeinen Fuſs- und Fahrwege nicht durch einen Reitweg trennen darf. Somit iſt der abgeſonderte Reitweg auf beiderſeits bebauten Straſsen nur dann zuläſſig, wenn demſelben ein mittlerer Streifen angewieſen werden kann, während auf einſeitig bebauten Straſsen die nicht bebaute Seite zur Anlage eines Reitweges ſich eignet. Fig. 638 bis 641 zeigen vier derartige Straſsenprofile. In Fig. 639 u. 640 iſt in der Baumlinie eine Grenzſcheidung zwiſchen Reitweg und Fuſsweg erwünſcht, welche durch hübſch ausgebildete Schranken, durch Pfoſten mit Ketten (Fig. 636) oder dadurch hergeſtellt werden kann, daſs die Baumreihen auf ein 1,6 bis 2,0 m breites Raſenband mit entſprechender Einfaſſung geſetzt werden (Fig. 637). Die Decke ſolcher Reitwege iſt ſo einzurichten, daſs die Pferde einige Centimeter tief weichen Boden finden. Zweckmäſsig iſt eine Miſchung von Sand, Gerberlohe und Sägemehl in annähernd gleichen, durch Verſuch zu ermittelnden Theilen. Je nach der Beſchaffenheit genügt auch bloſser Kiesſand. Wichtig iſt eine durchläſſige, gut entwäſſerte Unterbettung, welche am beſten aus Steinſchotter hergeſtellt wird.

Fig. 636.

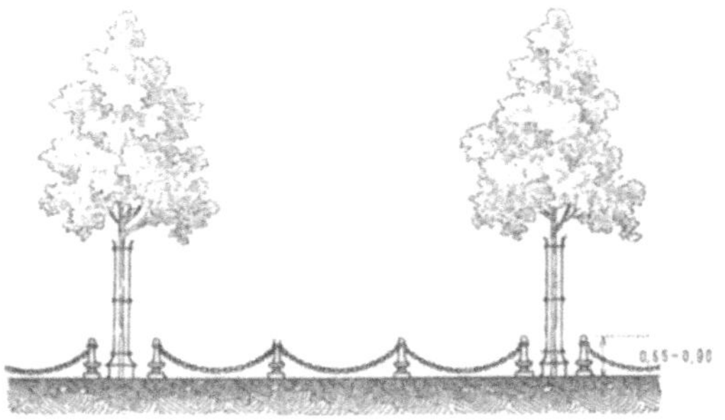

520. Nicht abgetrennte Reitwege.

Die nicht abgetrennten Reitwege, d. h. ſolche, welche in der Ebene des allgemeinen Fahrweges liegen, ſind im Inneren der Stadt und überhaupt bei ſtarkem Fahrverkehre nicht haltbar. Sie müſſen zwar ſo beſchaffen ſein, daſs man zur Noth darüber fahren kann; immerhin aber ſind ſie für den Fuhrwerksverkehr wegen der geringen Tragfähigkeit und für den Fuſsverkehr quer über die Fahrſtraſse wegen der Schmutzbildung mit Störungen verbunden. Sie werden zweckmäſsig als Kiesbahnen, deren oberſte Schicht ſehr ſandreich iſt, auf einem Schotterbette hergeſtellt (Fig. 642). Meiſt iſt die Anlage ſolcher im Fahrdamm liegender Reitwege beſchränkt auf breite Ring- und Promenaden- oder Parkſtraſsen, ſo wie auf beſonders gepflegte Landwege. Auf letzteren ſollte der Reitweg wenigſtens durch eine Baumreihe begrenzt werden (Fig. 643). Am wenigſten ſtörend ſind ſie auf Macadam- oder Kiesſtraſsen, weil ſich

Fig. 637.

Raſenband zwiſchen Reitweg und Fuſsweg.

Fig. 638.

Fig. 639.

Fig. 640.

Fig. 641.

Fig. 642.

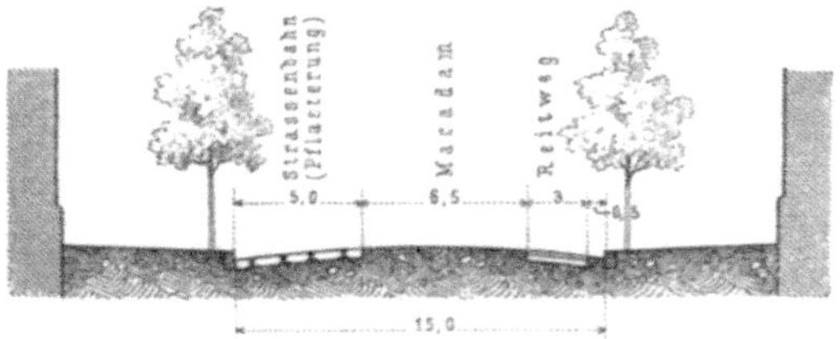

Fig. 643.

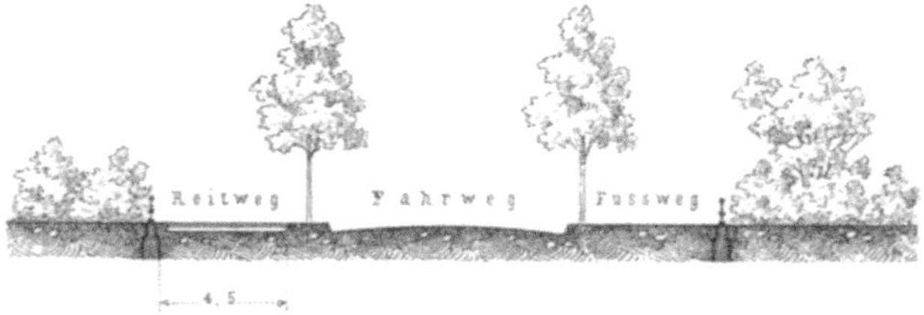

Fig. 644.

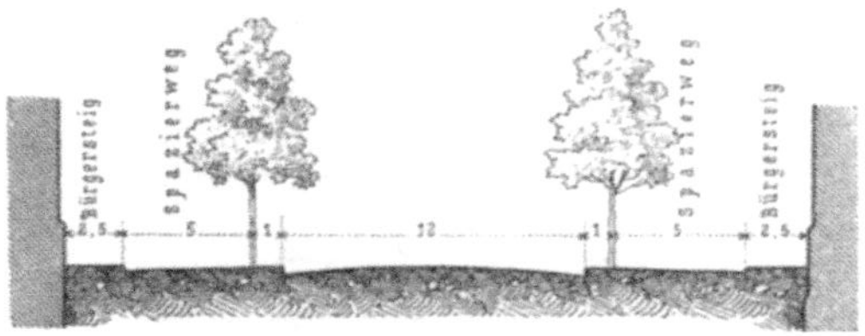

Fig. 645.

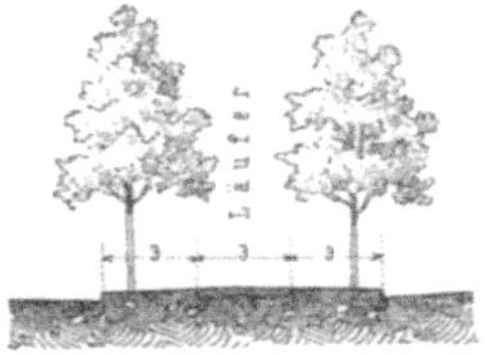

Fig. 646.

hier die oben befprochenen Unebenheiten an der Grenze der verfchiedenen Arten der Strafsendecke am wenigften fühlbar machen.

521. Reitwege im Park. Nur felten findet man Reitwege, welche ausfchliefslich den Reitern zu Gebote ftehen, fo im Thiergarten zu Berlin, im Boulogner Wäldchen zu Paris, im Hyde-Park zu London. Der *Rotten Row* benannte Reitweg im letztgenannten Park ift nicht weniger als 25 m breit.

522. Breite. Auf dem allgemeinen Fahrwege beträgt die geringfte brauchbare Breite des nicht abgetrennten Reitweges für einen Reiter (ein Huffchlag) 1,5 m, für zwei Reiter 3,5 m. Die abgetrennten Reitwege bedürfen der Sicherheit wegen eine etwas ausgiebigere Breite, und zwar mindeftens 3, bezw. 5 m. Die Vergröfserung diefer geringften Mafse ift indefs in allen Fällen wünfchenswerth.

c) Fufswege.

523. Arten. Die ftädtifchen Fufswege find zu unterfcheiden in Spazierwege (Promenaden-Wege) und Bürgerfteige (Trottoirs). Eine dritte, uneigentliche Art ftädtifcher Fufswege find die an alten oder unfertigen Strafsen vielfach vorhandenen gepflafterten oder bekiesten Seitenftreifen, deren Betrachtung hier fortbleiben kann, weil diefelben nur als vorläufige, durch geordnete Bürgerfteige zu erfetzende Anlagen anzufehen find.

524. Spazierwege. Spazierwege werden auf breiten Strafsen (meift als Baumgänge, Fig. 644 u. 646), auf öffentlichen Plätzen und in Parkanlagen hergeftellt. Die Breite der doppelreihigen Baumgänge (Fig. 646) fchwankt zwifchen 5 und 9 m; ein angenehmes Mafs ift 6,5 bis 7,0 m; die einreihigen Baumgänge (Fig. 644) find zweckmäfsig 4,0 bis 6,0 m breit. In Frankreich find auch an den Strafsenfeiten zwifchen Fahrdamm und Bürgerfteig zweireihige Baumgänge (Gegenalleen, *Contreallées*) beliebt. (Vergl. Fig. 179, S. 98; Fig. 186 u. 187, S. 101; Fig. 191, S. 102.)

Auf öffentlichen Plätzen findet man Fufswege von 3,0 bis 10,0 m und mehr Breite; in Stadt- und Volksgärten pflegt die Breite der Fufswege je nach ihrer Bedeutung 4,0 bis 7,0 m zu betragen.

Die Decke diefer Wege befteht gewöhnlich aus reinem Kies, der Unterbau aus Steinfchlag. Der Untergrund ift profilmäfsig zu ebnen und zu ftampfen. Auf der fo gebildeten Fläche wird der aus natürlichen Steinen oder hart gebrannten Ziegelbrocken etwa in Fauftgröfse beftehende Steinfchlag fo ausgebreitet, dafs Stein an Stein zu ftehen kommt und gröfsere Fugen durch kleinere Stücke gefchloffen werden. Nach dem Abftampfen diefer Grundfchicht wird feines Steingefplitter, z. B. Bafaltgrus, in dünner Schicht aufgebracht und unter Begiefsen mit gering lehmhaltigem Waffer in die Fugen gekehrt, fo lange, bis fich eine fefte, gleichartige Steinlage gebildet hat. Dann erft wird die 2 bis 3 mm ftarke Decklage aus reinem, feinem Kies übergeworfen und nafs eingewalzt.

Da folche Kieswege eine aufmerkfame Unterhaltung verlangen, bei ftarkem Verkehre fchwer rein zu halten find, vom Regen aufgeriffen, auch durch Froft und und Thau mitunter aufgeweicht werden, fo pflegt man ftark begangene Strecken durch Mofaik-Pflafter, Cement-Beton oder Afphalt zu befeftigen. Nimmt diefe härtere Fläche nicht die ganze Wegebreite ein, wie es befonders in Baumgängen zur Schonung der Baumwurzeln üblich ift (Fig. 645), fo nennt man den harten Streifen einen »Läufer«. Die Mofaik-, Cement- oder Afphaltläufer find den Bürgerfteigen in ihrer technifchen Herftellung gleich, wefshalb letztere hier nicht befonders zu befprechen ift.

Additional information of this book

(Der Städtebau; 978-3-322-80318-4; 978-3-322-80318-4_OSFO8) is provided:

EXTRA MATERIALS
extras.springer.com

http://Extras.Springer.com

Die Bürgerſteig-Befeſtigung erſtreckt ſich nicht bloſs auf die eigentlichen Bürgerſteige, ſondern auch auf die ſtark begangenen Wege und Flächen der öffentlichen Plätze, auf die Fuſsweginſeln innerhalb breiter Fahrwege, Kreuzungs- und Verkehrsplätze, ſo wie auf die vorgenannten Promenaden-Läufer. Die Befeſtigung geſchieht durch natürliches oder künſtliches Steinmaterial. 525. Bürgerſteig-Befeſtigung.

Die natürlichen Steinarten, von welchen eine groſse Auswahl ſich im Gebrauch befindet, werden theils als Pflaſter, theils als Plattenbelag verwendet. Erſteres iſt entweder Moſaik- oder Reihenpflaſter. Die aus kleinen Steinen von 3 bis 5 cm Gröſse (Granit, Porphyr, Marmor, Sandſtein, Baſalt) beſtehende Fuſsweg-Moſaikpflaſterung wird entweder aus einheitlichem Material und einfarbig angefertigt oder aus verſchiedenen Steinſorten und alsdann mehrfarbig in Muſtern gelegt. Beiſpiele letzterer Art zeigt die neben ſtehende Tafel, und zwar zwei Inſeln, einen Läufer, ein Muſter vom Domplatz zu Köln und den vierten Theil des *Amalieborg*-Platzes zu Kopenhagen. Die Steinchen werden entweder in bloſsem Sand oder beſſer in hydrauliſchem Mörtel verſetzt und naſs abgerammt.

Die Reihenpflaſterung wird auf Bürgerſteigen, des beſſeren Ausſehens wegen, in der Regel mit diagonal laufenden Fugenlinien ausgeführt (ſiehe Fig. 200 u. 201 [S. 149] in Theil III, Band 6 dieſes »Handbuches«). Die Steine haben eine Höhe von nur 7 bis 10 cm und quadratiſche Kopfflächen von 10 bis 13 cm Seite; zum Anſchluſs an die Häuſer und an den Randſtein ſind dreieckige oder fünfeckige Paſsſtücke erforderlich. Im Gegenſatz zu den Pflaſterſteinen des Fahrweges werden diejenigen des Bürgerſteiges mit der Kopffläche nicht ſenkrecht zur natürlichen Schichtung des Geſteins, ſondern parallel zum Schichtenlager gearbeitet und verlegt, um möglichſt ebene Gehflächen zu erzielen; die Steine werden entweder bloſs in ein Mörtelbett oder auf einer gemauerten Unterſchicht verlegt. Wegen der ebenen Steinköpfe wird dieſes aus Belgien ſtammende, äuſserſt dauerhafte Bürgerſteigpflaſter »Platinenpflaſter« genannt.

Plattenbeläge für Bürgerſteige ſind nur bei ſehr hartem Material, z. B. Granit, zu empfehlen, weil ſonſt ein raſches und meiſt ein ungleiches Ausſchleiſsen der 6 bis 10 cm ſtarken Platten eintritt. Glatt werdende Steinſorten ſind ungeeignet. Die Platten bedecken entweder die ganze Bürgerſteigfläche oder bilden auf derſelben nur einzelne Bahnen zwiſchen einer minderwerthigen Befeſtigung.

Die verbreitetſten künſtlichen Bürgerſteig-Beläge ſind diejenigen aus Klinkern, beſonders in Holland üblich, aus gerieften Thonflieſen, die bei ſtarkem Verkehre aber leicht abſchleiſsen und dann ſehr unanſehnlich werden, aus Cement-Beton mit einer Cement-Feinſchicht als Decke, aus Guſsaſphalt, Stampfaſphalt und Aſphaltplatten. Ausnahmsweiſe werden auch gemuſterte Thonplatten, beſonders Mettlacher, an öffentlichen Gebäuden, an Denkmälern u. ſ. w. zur Herſtellung von Bürgerſteigen verwendet.

Die Cement-Bürgerſteige ſehen in neuem oder wenig benutztem Zuſtande wegen ihrer hellen Farbe ſehr freundlich aus und halten ſich auch ſehr reinlich; ſie leiden aber an dem Nachtheil, daſs ſie, ſowohl in zuſammenhängenden Flächen als in einzelnen abgetrennten Platten verlegt, leicht in Folge des Froſtes, der Hitze und der Bodenbewegungen aufreiſsen und dann abzubröckeln beginnen, daſs ferner die Fläche nach dem Abſchleiſsen der Fugen- und Muſterzeichnung recht unſchön ausſieht.

Am meiſten angewendet iſt der Aſphalt, zwar wenig als Aſphaltplatten (wegen deren Unzuverläſſigkeit) oder als Stampfaſphalt (welcher ſehr dauerhaft, aber koſtſpielig iſt), dagegen faſt überall in Form von Guſsaſphalt. Eine Miſchung von fettem und magerem Aſphalt mit 10 Procent Mineraltheer und 25 bis 35 Procent reinem Quarzkies oder Hartſteingeſplitter wird in flüſſig heiſsem Zuſtand in zwei, je 10 bis 15 mm dicken Schichten auf einer Unterlage von magerem Beton ausgebreitet und abgerieben. Die Maſſe erſtarrt und wird nach dem Erkalten ſogleich begehbar; das völlige Abbinden des Betons braucht vor dem Aufbringen des Aſphalts nicht abgewartet zu werden [95].

Nach den Anlagekoſten wird die Reihe der angegebenen Befeſtigungsarten ungefähr wie folgt aufſteigen: gewöhnliches ein- oder zweifarbiges Moſaik-Pflaſter, Thonplatten, Klinker, Cement-Beton, Guſsaſphalt, Steinplatten, Aſphaltplatten, Platinen, Stampfaſphalt. Das gemuſterte Moſaikpflaſter kann in allen Preislagen, als Terrazzo bis zu ſehr hohen Sätzen, hergeſtellt werden. Unter Berückſichtigung der Unterhaltungskoſten tritt eine ganz andere Reihenfolge ein; namentlich das Platinenpflaſter kann wegen ſeiner faſt unbegrenzten Dauer bei ſtarkem Verkehre als das wohlfeilſte ſich herausſtellen.

526. Breite und Gefälle der Bürgerſteige.

Ueber die Breite der Bürgerſteige ſind ſchon in Art. 182 (S. 81), bei Beſprechung der Straſsenquerſchnitte, die erforderlichen Angaben gemacht. Aus den mitgetheilten Straſsen-Profilen geht auch hervor, daſs die Breite keineswegs in allen Fällen an beiden Seiten der Straſse die gleiche ſein muſs, daſs vielmehr ein mannigfacher Wechſel je nach Beſtimmung, Verkehr und Bepflanzung ſtatthaft iſt. Zuweilen, z. B. wenn nur die eine Straſsenſeite für die Bebauung dient, die andere aber von einer Parkanlage gebildet wird, fällt ſogar der Bürgerſteig auf der letztgenannten Seite ganz fort, indem dort der Fuſsweg in gleicher oder veränderter Höhenlage in die Anpflanzung verlegt wird (Fig. 647).

Fig. 647.

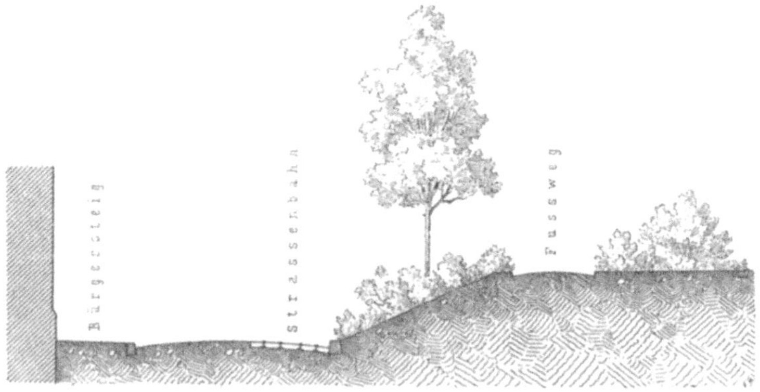

Straſsen-Querſchnitt mit einſeitigem Bürgerſteig zu Hamburg.

Das Quergefälle der Bürgerſteige ſoll in der Regel 1 : 40 nach der Straſsenrinne hin betragen; nur ausnahmsweiſe kommt an Berglehnen, Fluſsufern und Parkanlagen ein umgekehrt gerichtetes Gefälle vor. Bei ſehr breiten Bürgerſteigen und ſtark ſteigenden Straſsen wird das Gefälle bis auf 1 : 50 ermäſsigt, bei ſchmalen Fuſswegen und wagrechten Straſsen auf 1 : 30 verſtärkt.

527. Abtrennen der Bürgerſteige und Reitwege vom Fahrweg.

Die Bürgerſteige, die Spazierwege und die nur für den Fuſsverkehr beſtimmten Platzflächen ſind von der übrigen Straſse derart abzutrennen, daſs ſie vor Fuhrwerk geſchützt ſind. Dies geſchah in früherer Zeit durch Prellſteine oder guſseiſerne Prellpfoſten, die nach Bedarf durch Eiſenſtangen oder Ketten, unter Freilaſſung der erforderlichen Zugänge, mit einander verbunden wurden. Der Baumgang der Straſse »Unter

[95] Siehe auch das in Theil III, Bd. 6 (Abth. V, Abſchn. 3, Kap. 1, unter a: Behandlung der Trottoire) dieſes »Handbuches« über Befeſtigung der Bürgerſteige Geſagte.

den Linden« in Berlin, viele öffentliche Plätze in alten Städten, befonders aber die Bürgerfteige in Trieft liefern noch heute hierfür bezeichnende Beifpiele. In Trieft find die Bürgerfteige nicht über den Fahrdamm erhöht, aber durch runde Steinpfoften in geringen Abftänden eingefafft; diefe Pfoften dienen zugleich als Laternenfockel und als Stützen für die überall angebrachten Marquifen. Bilden letztere nicht blofs einen Schirm nach oben, fondern auch einen Abfchlufs nach dem Fahrdamm hin, fo wandelt man in einem faft gefchloffenen, aber luftigen Raume, vor den Sonnenftrahlen gefchützt, an den Schaufenftern und Kaffeehäufern entlang. Diefe in Italien vielfach gebräuchlichen Marquifen-Gänge find als Uebergänge zu betrachten einerfeits zu den mit Tüchern und Teppichen gegen die Sonne faft vollftändig verdeckten orientalifchen Strafsen und andererfeits zu den Colonnaden (Säulengängen, Bogenhallen), von welchen fo zahlreiche Strafsen in italienifchen und anderen füdlichen Städten auf ganzer Länge eingefafft find. Schon an mehreren früheren Stellen diefes Halbbandes ift von diefen Bogenhallen, welche dem Wanderer Schutz vor Sonne und Regen, der Strafsenanficht ein lebendiges Relief verleihen, die Rede gewefen. Noch inniger wachfen die öffentliche Strafse und die Gebäude in einander, wenn der Fufsverkehr in offenen Hallen quer unter den Gebäuden oder durch diefelben hindurchführt, wie z. B. unter den Rathhäufern von Trieft und Lübeck, durch das *Palais Royal* zu Paris, das Schlofs zu Berlin, die Börfe zu Antwerpen u. f. w. An manchen Orten führt fogar der ganze Strafsenverkehr mit Einfchlufs des Fuhrwefens durch Thorfahrten unter den Gebäuden her, wie beim Rathhaus zu Emden, bei der Univerfität zu Breslau, beim alten Rathhaus zu München, bei der Hofburg zu Wien, den Tuilerien zu Paris, auf den Uferftrafsen zu Zürich und Bellagio u. f. w. Für die Anlage neuer Städte oder Stadttheile find folche Durchdringungen nur durch zwingende örtliche Gründe gerechtfertigt, obwohl fie oft geeignet find, feffelnde architektonifche Löfungen und malerifche Strafsenbilder hervorzurufen.

Kehren wir hiernach zu der Frage der Abtrennung der Bürgerfteige von den Fahrwegen auf ftädtifchen Strafsen zurück, fo ift es heute allgemein gebräuchlich, den Schutz der Gehenden gegen das Fuhrwerk dadurch zu erzielen, dafs man den Gehweg eine Stufe höher legt als den Fahrweg. Die gewöhnliche und paffende Stufenhöhe beträgt 12 cm; ein gröfseres Mafs ift für das Auf- und Abfteigen unbequem; eine geringere Höhe gewährt neben Fahrwegen von etwas ftarkem Quergefälle keinen ausreichenden Schutz. Neben Holz- und Afphaltftrafsen, welche der Quere nach fehr fchwach geneigt find, ift es zweckmäfsig, die Stufenhöhe auf 10 cm zu ermäfsigen. Bei fchmalen Afphaltftrafsen kann man fogar des befferen Ausfehens wegen auf 9 oder 8 cm hinabgehen, da eine fchmale, faft wagrechte Fahrwegfläche zwifchen hohen Gehwegrändern einen unfchönen, grabenartigen Eindruck macht. Andererfeits pflegt man neben fehr breiten Steinpflafter- oder Macadam-Fahrwegen, z. B. auf baumbefetzten Ring- und Promenaden-Strafsen, die Bürgerfteigftufe bis auf 14 cm zu erhöhen.

Noch aus einem anderen Grunde tritt eine Verfchiedenheit der Stufenhöhe ein, nämlich dann, wenn das Längengefälle der Strafse fehr fchwach ift und defshalb die Strafsenrinne zur guten Ableitung des Niederfchlagwaffers ein ftärkeres Gefälle erhalten mufs. Bei Stein- und Holzpflafter tritt diefes Bedürfnifs fchon ein, wenn die Strafse weniger als 1 : 250 fällt, bei Afphaltirung erft, wenn fie weniger als 1 : 400 fällt. In folchem Falle pflegt man die Rinne fo zu legen, dafs die Stufenhöhe des Bürgerfteiges wenigftens 8, höchftens 16 cm beträgt; an den Tiefpunkten ift ein Einlauf in das Canalnetz oder eine fonftige Waffer-Abführung nöthig (vergl. Fig. 551, S. 328).

528. Thoreinfahrten. Eine Aenderung erleidet die Bürgerfteigfläche an der Ueberfchneidung mit Thoreinfahrten. Liegt die Strafse ziemlich wagrecht, fo tritt keine Schwierigkeit ein, indem es leicht und für den Fufsverkehr faft unmerklich ift, den Rand des Bürgerfteiges durch eine fanfte Rampeneinfenkung bis auf 6 oder 5 cm Stufenhöhe zu erniedrigen und die Bürgerfteigfläche in entfprechender Breite muldenförmig anzufchliefsen. Unbequem aber kann diefe Ueberfchneidung auf ftark anfteigenden Strafsen werden. Da die Bürgerfteigfläche in der Quer- und Längsrichtung geneigt, die Thorfchwelle aber wagrecht ift, fo erhält die Ueberfchneidungsfläche eine windfchiefe Geftalt; fie bildet neben dem Fahrwege eine Einmuldung, neben der Thorfchwelle eine Auframpung des Trottoirs (vergl. die verzerrte Darftellung in Fig. 198 [S. 148] in Theil III, Band 6 diefes »Handbuches«); zur Ueberwindung der entftehenden Schwierigkeiten ift indefs eine gefchickte Ausmittelung an Ort und Stelle ftets im Stande. Keinesfalls dürfen lothrechte Abfätze im Bürgerfteig zur bequemeren Herftellung der Thoreinfahrt zugelaffen werden, weil fie geradezu dem Fufsgänger gefährlich find; und auch die Ueberbrückung der Strafsenrinnen ift verwerflich, weil fie fowohl dem Fahrverkehre auf der Strafse hinderlich ift, als Störungen und Verftopfungen im Wafferabflufs hervorruft.

Von der Höhenveränderung und der fpiralförmigen Windung der Bürgerfteigfläche an Strafsenecken, insbefondere an der Kreuzung ftark fteigender Strafsen, ift fchon in Art. 516 (S. 369) die Rede gewefen; die Tafel bei S. 369 giebt darüber nähere Auskunft. Eine gefchickte Vermittelung ift auch hier das Wefentliche.

529. Randfteine. Der ftufenförmige Rand des Bürgerfteiges ift durch einen Quaderftein zu bilden (fiehe Fig. 202 [S. 149] in Theil III, Band 6 diefes »Handbuches«), welcher in der Oberfläche wenigftens 23 cm (auf breiten Strafsen 26 bis 30 cm) breit und dem Trottoir-Gefälle entfprechend geneigt wird und eine Höhe von 28 bis 35 cm erhält. Untermauerung oder Beton-Unterlage ift nothwendig. Es fieht gut aus und dient zur Schonung des Randfteines, wenn die vordere Stufenfläche etwa im Verhältnifs 1 : 4 abgefchrägt und die Kante etwas gerundet wird. Die Verzahnung der Stofsfugen wird oft ausgeführt, ift aber bei hinreichender Länge des Steines entbehrlich. Die Länge follte mindeftens 1 m betragen; in Belgien find Längen bis zu 3 m in Gebrauch. Randfteine aus flachen Quadern nach Art der Treppenftufen (Fig. 648) und aus lothrecht geftellten Platten (Fig. 649) find unzweckmäfsig, weil fie durch Räder fchwerer Karren, durch Froft und Erddruck aus ihrer Lage gebracht werden.

Fig. 648.

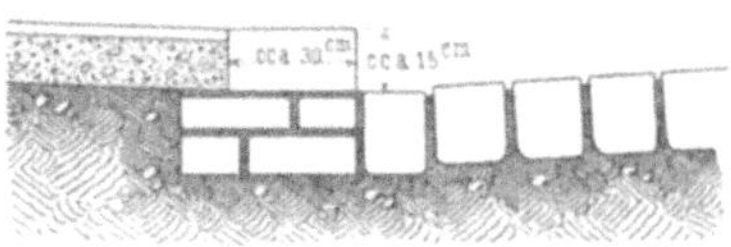

Fig. 649.

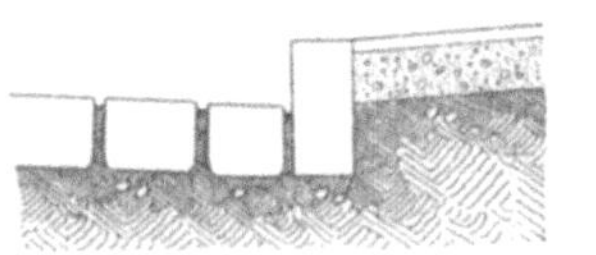

Unzweckmäfsige Bordfteine.

530. Bürgerfteig-Infeln. Die erhöhten Infeln, welche zur Sicherheit der querüber fchreitenden Fufsgänger auf breiten Fahrwegen und auf Verkehrsplätzen angebracht werden, find als vereinzelte Bürgerfteigtheile aufzufaffen. Wegen ihrer befonderen Gefährdung pflegt man eine Erhöhung von 13 bis 16 cm anzuordnen und aufserdem oft noch Schutzpfoften an den Rändern zu errichten. Fig. 654 zeigt eine Parifer, Fig. 650 bis 653 zeigen vier Londoner Infeln; auf der Tafel bei S. 373 wurden bereits einige Bürgerfteig-Infeln aus Köln mitgetheilt. Bei den Londoner Infeln (*Refting places* oder *Saving places*) ift der Schutz nicht auf die Randerhöhung befchränkt, fondern aufserdem

Fig. 650.

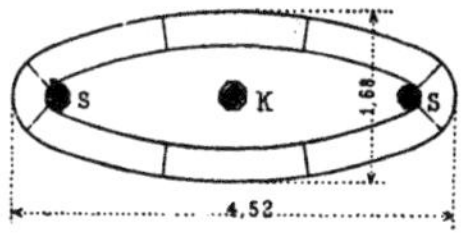

Fig. 651.

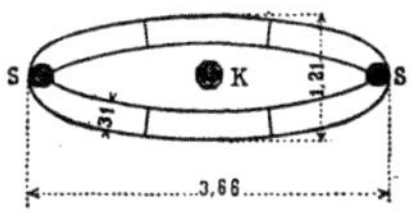

Fig. 654.

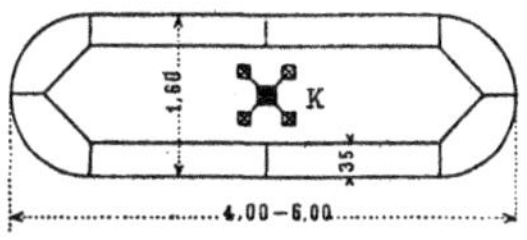

1/150 n. Gr.

Bürgerſteig-Inſel (*Refuge*) auf den *Boulevards* zu Paris.

Fig. 652.

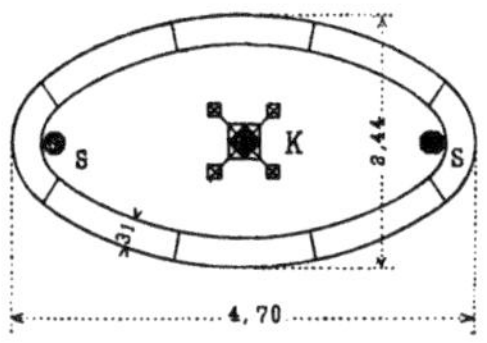

Fig. 653.

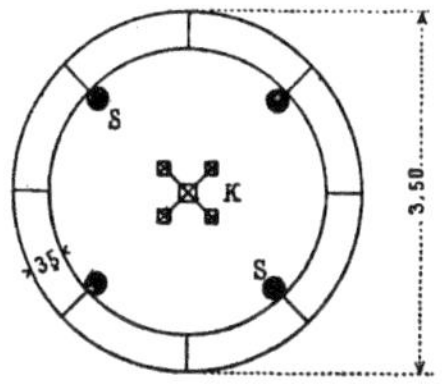

S. Guſseiferner Schutzpfoſten.
K. Candelaber.

Bürgerſteig-Inſeln (*Saving places*) zu London.

durch Prellpfoſten (meiſt aus Guſseiſen) verſtärkt. Sowohl die Pariſer, als die Londoner Hauptverkehrsſtraſsen ſind mit ſolchen Schutzinſeln, beſonders an den Kreuzungen, reichlich ausgeſtattet; der 35 m breite Fahrweg der *Champs Élyſées* iſt ſogar in Abſtänden von etwa 60 m durch je zwei Schutzinſeln getheilt, ſo daſs die Fuſsgänger nur 10 m breite Fahrſtreifen zu kreuzen haben.

531. Bürgerſteig-Brücken.

An den beſonders verkehrsreichen Straſsenkreuzungen von London und Paris ſind aber auch dieſe Vorrichtungen für den Schutz der Fuſsgänger nicht ausreichend. Hat doch der Pariſer Volkswitz die Kreuzung des *Boulevards* an der *Porte Montmartre* den *Carrefour des écraſés* getauft! Und ſo beſchäftigt man ſich in neuerer Zeit in den genannten Groſsſtädten mit Plänen, die lebhafteſten Straſsenkreuzungen durch Brückenſtege oder Tunnel, welche die Bürgerſteige in Verbindung ſetzen, für die Fuſsgänger ungefährlich zu machen. Fig. 655 zeigt, daſs wenigſtens drei ſolcher Verbindungen nöthig wären, um das Ueberſchreiten des Fahrdammes entbehrlich zu machen. Aber die Eckhäuſer würden erheblich geſchädigt, und es wäre zweifelhaft, ob dieſe unbequem zu erſteigenden Brücken mehr benutzt würden, als die bekannten, über ſtark befahrene Eiſenbahn - Niveauübergänge geſpannten Fuſswegbrücken, welche meiſt nur als Spielplätze der Straſsenjugend dienen, während das Volk unten auf der Straſse wartet, bis die Schranken wieder geöffnet werden. Wir würden es hier im Hinblick auf die Untergrundwege für Stadtbahnen und Rohrleitungen mit

Fig. 655.

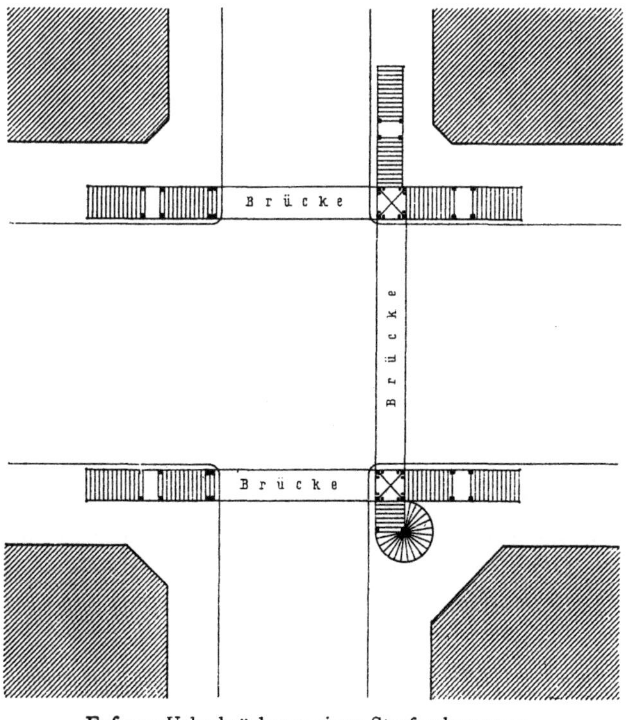

Fuſsweg-Ueberbrückung einer Straſsenkreuzung.

1/500 n. Gr.

einem dritten Verkehrsftockwerk zu thun haben, was auf die zukünftigen Strafsenbilder unferer Grofsftädte keinen fehr erfreulichen Ausblick eröffnet. Unterirdifche Fufswegkreuzungen unter lebhaft benutzten Fahrdämmen würden zwar weniger verlorene Steigung erfordern, aber wegen Dunkelheit und befürchteter Unficherheit eben fo wenig zur Benutzung einladen, zudem mit den vielen fonftigen unterirdifchen Anlagen leicht in Conflict kommen.

Fig. 656.

Beifchläge zu Danzig[96]).

532. Beifchläge in alter Zeit.

Die gute alte Zeit! Während heute die ganze Strafsenfläche von Hausfront zu Hausfront den verkehrsluftigen Menfchen nicht mehr genügt, fondern überirdifch und unterirdifch neue Wege für das raftlofe Hin und Her erdacht werden, konnte man ehemals die neben der Rinne vor den Häufern liegenden Seitenftreifen der Strafse den Bewohnern für ihren Privatgebrauch überlaffen. Hier fpannen und klöppelten die Weiber; hier ruhten die Männer nach der Vesper aus, und auf der Steinbank vor der Hausthür plauderten Alt und Jung. Unter folchen Verhältniffen konnte man auch das, was man heute Bürgerfteig nennt, fchwarz afphaltirt und im Sturmfchritt überrennt, behaglich ausbilden und mit Freitreppen, Vordächern, Lauben, Ruhefitzen u. dergl. künftlerifch ausftatten. Möge defshalb ein Theil der Danziger »Beifchläge« in Fig. 656[96]) den beruhigenden Schlufs diefer Erörterung bilden.

d) Unterhaltung und Reinigung.

533. Unterhaltung der Fahrwege.

Die Unterhaltung und die Reinigung der Strafsen gehören zu den läftigen Aufgaben des Städtebauwefens. Wegen des wichtigen Antheiles am Gemeinde-Budget, den diefe Arbeiten bilden, wird es aber angemeffen fein, diefelben wenigftens mit einigen Worten zu berühren.

Die Unterhaltung der Fahrwege erfordert eine ftete Aufmerkfamkeit, eine unausgefetzte Thätigkeit. Die nöthigen Erfatzmaterialien müffen ftets auf Lager gehalten

96) Facf.-Repr. nach: Architektonifche Rundfchau 1889, Taf. 52.

werden, geübte Arbeiter, zweckmäfsige Geräthe und Werkzeuge immer zur Verfügung ftehen. Bei einiger Ausdehnung des Unterhaltungsgebietes ift ein wohl eingerichteter »Bauhof« unentbehrlich. Die Bauleitung und Materialbefchaffung mufs einheitlich, nach gleichen Grundfätzen betrieben werden; Steinforten und Steinformate, Holzarten und fonftige Materialien dürfen nicht mehr wechfeln, als in den Strafsen- und Verkehrsverhältniffen begründet ift, damit nicht Unterhaltung und Erfatz unnöthig erfchwert werden. Es ift vom Uebel, wenn in derfelben Stadt Staats-, Provinzial-, Gemeinde- und Privatftrafsen durch einander liegen und verfchiedenartig behandelt werden. Die Ablöfung aller Strafsen oder wenigftens die Uebernahme der Unterhaltung Seitens der Gemeinde ftellt fich in der Regel als dringendes Bedürfnis heraus, welches je eher je beffer befriedigt werden follte.

Bei den Chauffirungen unterfcheidet man Flickarbeit an einzelnen Stellen und gänzliche Erneuerung der Decke. Die erftere wird möglichft vermieden; die letztere findet nach Bedürfnifs unter Wiederverwendung des vorher gefiebten Deckmaterials ftatt, und zwar unter Benutzung einer fchweren Walze (am beften Dampfwalze) bei beftändigem Feuchthalten der Strafse.

Die Unterhaltungsarbeit am Steinpflafter zerfällt in einzelne Ausbefferungen, in Umpflafterungen und Neupflafterungen. Bei Ausbefferungen und Umpflafterungen wird die Sandbettung, abgefehen vom Grundbett (Beton, Steinfchlag, Kies), erneuert, und die unbrauchbar gewordenen Steine werden entweder durch Behauen (Zurichten) wieder verwendbar gemacht oder durch neue von entfprechender Befchaffenheit erfetzt. Unter Umftänden kommen bis 50 Procent neue Steine zum Gebrauch. Ift indefs die Abnutzung fo befonders ftark, fo hat man zu erwägen, ob es nicht beffer fei, die Pflafterung ganz zu erneuern und die noch verwendbaren alten Steine an anderer Stelle zu verwerthen. Für das Aufbewahren der Werkzeuge und Geräthe bedarf es aufser dem Hauptlager auf dem Bauhof verfchiedener verfchliefsbarer Räume in den Stadttheilen; find folche überirdifch nicht zu haben, fo bleibt nichts übrig, als fie unterirdifch im Strafsenkörper an geeigneten Punkten anzulegen. Fig. 657 zeigt einen folchen Werkzeugraum unter der Strafse aus Paris.

Fig. 657.

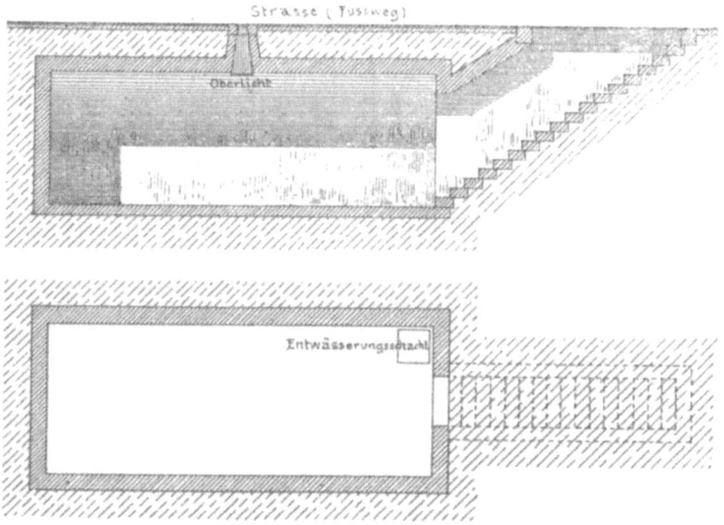

Werkzeugraum unter der Strafse zu Paris. — 1/125 n. Gr.

Die Afphaltftrafsen bedürfen der anhaltenden Wartung, namentlich der beftändigen Befeitigung des Pferdedüngers, um das Schlüpfrigwerden der Oberfläche und das Ausgleiten der Pferde zu verhüten. Bei leichtem Regen mufs zu demfelben Zwecke ein dünner Wurf fcharfen Sandes ausgebreitet werden; derfelbe ift entweder in offenen

Haufen, was häfslich ausfieht, oder in Kiften oder in verfchloffenen Gruben auf der Strafse in Vorrath zu halten. Das Ausbefferen fchadhafter Stellen ift leicht: die Decke wird an den Rändern der Flickftelle fcharf durchgefchlagen; der Afphalt läfft fich ohne Mühe vom Betonbett ablöfen; frifches Pulver wird heifs aufgebracht und mit einiger Ueberhöhung gegen die vom Verkehre bereits verdichtete ältere Decke eingewalzt, und nach kurzer Zeit hat die Fläche wieder ein einheitliches Ausfehen.

Sehr mifslich ift das Ausbefferen des Holzpflafters, da die neu eingefetzten Theile, feien es einzelne Klötze, feien es ganze Flächen, von den älteren Theilen der Strafsendecke nach Höhe und Befchaffenheit abweichen; auch das Abhobeln der Ausbefferungsftelle, um fanfte Uebergänge zu erzeugen, mildert den Uebelftand nur, ohne ihn zu befeitigen. Bezüglich des Reinhaltens macht Holzpflafter diefelben Anfprüche, wie Afphalt; aufserdem foll allmonatlich eine Schicht groben, reinen Kiesfandes über die Holzdecke ausgebreitet werden, damit der Verkehr in das Hirnholz der Klötze ftets von Neuem die Kieskörner eindrücke.

Das beftändige Reinigen des Holz- und Afphaltpflafters verlangt das Anbringen geeigneter Behälter am Fahrwege entlang, in welchen die Schmutzmaffen bis zur Abfuhr untergebracht werden. Es find Gefäfse in verdeckten Gruben im Bürgerfteig oder aufrecht ftehende Hohlpfoften aus Brettern oder Eifenblech, etwa $1{,}5^{m}$ hoch, 40^{cm} oder 35×45^{cm} weit, oben offen und unten mit verfchlufsfähiger Entleerungsklappe verfehen (Fig. 658).

Fig. 658.

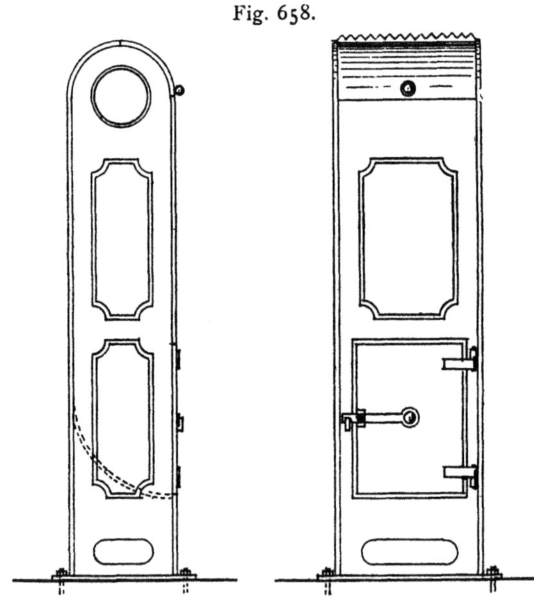

Sammelbehälter für Strafsenfchmutz zu Berlin.
$^{1}/_{80}$ n. Gr.

534. Unterhaltung der Bürgerfteige.

Die Unterhaltung der Bürgerfteige liegt in vielen Städten den Hausbefitzern ob, was zu Mifslichkeiten aller Art führt. Wie bei den Fahrwegen, fo kann auch bei den Fufswegen eine befriedigende Unterhaltung nur dann erwartet werden, wenn diefelbe von der Gemeinde einheitlich nach feften Grundfätzen beforgt wird.

535. Strafsenreinigung.

Die regelmäfsige Reinigung, das Kehren, der ganzen Strafsenfläche, der Bürgerfteige fowohl als der Fahrwege, gefchieht entweder durch die Anwohner, indem jeder an beftimmten Tagen zu beftimmten Stunden »vor feiner Thür kehrt«, und und zwar den Schmutz in Häuflein bringt, welche der Abfuhrunternehmer auf feinen Wagen ladet — wenn nicht inzwifchen Regen und Wind die Schmutzftoffe wieder ausgebreitet haben —, oder beffer durch die Gemeindeverwaltung mittels leiftungsfähiger Mafchinen unter fofortiger Abfuhr in den Nacht- oder frühen Morgenftunden. In weitaus den meiften Städten ift leider immer noch die unvollkommene Einzelreinigung im Gebrauch und defshalb der Sauberkeitsgrad der Strafsen ein recht befcheidener. Die Anfprüche find eben in diefer Beziehung verfchieden. Wie man die Cultur der Städtebewohner nach der Menge des verbrauchten Waffers oder der benutzten Seife, nach der Kleinheit der Sterblichkeitsziffer oder der Häufigkeit der Kurzſichtigen glaubt beurteilen zu können, ſo ſind auch eben ſo ſichere Schlüſſe aus der Pflege des Pflaſters, der Bürgerſteige, der Bäume und Gartenpflanzungen und aus der Reinlichkeit der öffentlichen Straſsen zu ziehen [97]).

5. Kapitel.

Die Kundmachungs-Einrichtungen.

Die auf der Straſse anzubringenden Kundmachungen ſind theils amtliche, theils private. Zu erſteren gehören die Grenz-, Orts- und Straſsenſchilder, die Hausnummern, Warnungstafeln, Uhren und Wetterſäulen; für private Kundmachungen dienen Anſchlagtafeln, Anſchlagſäulen, Annoncen-Uhren, Transparente u. dergl.

a) Amtliche Kundmachungen.

Grenzſchilder werden an ſolchen Punkten errichtet, wo unbebaute Straſsen- 536. Grenz-
ſtrecken von der Stadtgrenze geſchnitten werden und die Kennzeichnung der Unter- ſchilder.
haltungspflicht, der Polizei-Hoheit, des Verwaltungsbezirkes von Wichtigkeit iſt. Fig. 660 zeigt ein Grenzſchild von Köln: ein Zinkguſsſchild auf eine Eiſenplatte genietet, mit Rahmen und Pfoſten aus Schmiede- oder Walzeiſen.

Iſt die Straſse an der Gemeindegrenze bebaut, ſo iſt wegen des am erſten Hauſe 537. Orts-
anzubringenden Ortsſchildes ein beſonderes Grenzſchild entbehrlich. Die Ortsſchilder ſchilder.

Fig. 659.

Ortsſchild.

1/20 n. Gr.

---

97) Bezüglich weiterer Einzelheiten über Conſtruction, Herſtellung, Unterhaltung und Reinigung der Straſsen muſs auf die einſchlägige Sonder-Literatur verwieſen werden, aus der hervorgehoben ſeien:

AHLBURG. Der Straſsenbau etc. Braunſchweig 1870.

NIEDEN, J. ZUR. Der Bau der Straſsen und Eiſenbahnen etc. Berlin 1878.

STÜBBEN, J. Paris in Bezug auf Straſsenbau und Stadterweiterung. Berlin 1879.

KRÜGER, R. Handbuch des geſammten Straſsenbaues in Städten. Jena 1880.

MÜLLER, E. Der Chauſſéebau und ſeine Hülfswiſſenſchaften. Jena 1881.

DIETRICH, E. Die Aſphaltſtraſsen. Berlin 1882.

Handbuch der Ingenieurwiſſenſchaften. Bd. I. Leipzig 1880. (2. Aufl. 1884.) Kap. 6: Straſsenbau. Von F. LAISSLE.

Deutſches Bauhandbuch. Bd. III. Berlin 1879. Der Straſsenbau. Von F. W. BÜSING & A. MEYER.

Auſser dieſen Sonderwerken ſei auch vieler werthvoller Zeitſchriftenauſſätze gedacht, aus denen nur angeführt ſei:

PINKENBURG. Vergleichende Betrachtungen über Steinpflaſter — Aſphaltpflaſter — Holzpflaſter. Deutſche Bauz. 1889, S. 154, 175, 189.

werden aus Holz oder Zinkblech mit Oelfarbeſchrift, oder beſſer aus emaillirtem Guſs- oder Schmiedeeiſen mit Email-Schrift, oder noch beſſer aus Zinkguſs mit erhaben gegoſſenen, mit Oelfarbe geſtrichenen Buchſtaben angefertigt. Die anſcheinende Dauerhaftigkeit der Email-Schilder verwirklicht ſich nicht, weil der Schmelzüberzug durch Zufall oder Muthwillen (Steinwürfe), vielleicht auch durch phyſikaliſche Einflüſſe, leicht verletzt wird. Die Zinkguſsſchilder werden entweder frei oder in ſchmiedeeiſernen Rahmen angeheftet (Fig. 659).

538. Bezirksſchilder. Mit den Ortsſchildern ſtimmen bezüglich der Herſtellungsart die Bezirksſchilder überein, welche die Eintheilung der Stadt in Verwaltungs- oder Polizei-Bezirke u. ſ. w. anzeigen. Mit kleineren Schildern werden die Wohn-, bezw. Amtsgebäude der Bezirksvorſteher, der Polizei-Commiſſäre und ſonſtiger, für die Bevölkerung wichtiger Beamten und Behörden gekennzeichnet (Fig. 661).

539 Straſsenſchilder. Die Straſsenſchilder werden allgemein an den Straſsenecken angebracht; falſche Sparſamkeit führt oft dazu, nicht alle vier Ecken einer Straſsenkreuzung mit $4 \times 2 = 8$ Schildern zu verſehen oder an unbedeutenden Abzweigungen die Schilder der Hauptſtraſse überhaupt fehlen zu laſſen. So ſtatthaft dies für den Kundigen ſcheinen mag, der ja für ſich überhaupt keines Straſsenſchildes bedarf, ſo ſtörend und ärgerlich iſt es für den Fremden, dem man unnöthiger Weiſe ein mühſames Zurechtſuchen oder Zurechtfragen auferlegt. Von den vielfältigen Herſtellungsarten ſind drei als zweckmäſsig hervorzuheben: die Steinſchilder, die Zinkguſs- und die Eiſenſchilder.

Erſtere beſtehen aus Hauſteinplatten, in welche die Straſsennamen eingemeiſselt werden, um alsdann in die Umfaſſungsmauer des Hauſes mit Cement-Mörtel eingeſetzt zu werden.

Fig. 660.

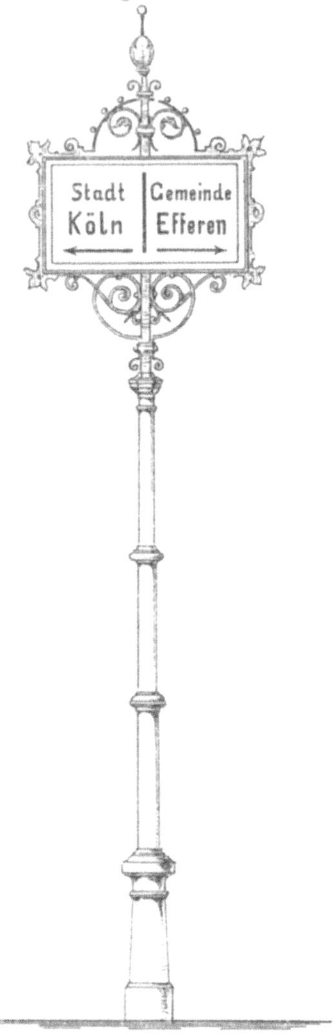

Grenzſchild. — 1/30 n. Gr.

Fig. 661.

Bezirksvorſteherſchild. — 1/10 n. Gr.

Befteht die Hausmauer aus Hauftein, fo wird wohl die Strafsenbezeichnung unmittelbar eingemeifselt. Diefe Steinfchilder haben zwar eine unzweifelhafte Dauerhaftigkeit, aber den Nachtheil, dafs das Einfetzen in das Mauerwerk befchwerlich ift und dafs durch Staub und Schmutz, durch das Bleichen oder Dunkelwerden des Steines der Name bald unleferlich wird. Zwar kann durch öfteres Anftreichen der Buchftaben der letztere Uebelftand gemildert werden; aber die Leferlichkeit läfft doch faft ftets zu wünfchen übrig, fo dafs die Steinfchilder im Allgemeinen nicht zu empfehlen find, es fei denn, dafs man etwa in der Lage ift,

Fig. 662.

Strafsenweifer.

fo grofse und deutlich befchriebene Platten von weifsem Marmor anzubringen, wie fie in Italien üblich find.

Die Zinkgufsfchilder mit erhabenen Buchftaben laffen fich leicht anbringen und find fehr dauerhaft; die Leferlichkeit mufs aber zeitweilig durch Neuanftrich der Buchftaben verbeffert werden.

Hauptfächlich das deutliche Erkennen der Buchftaben hat in jüngfter Zeit die Verbreitung der emaillirten Eifenfchilder veranlafft, gewöhnlich mit weifsen lateinifchen Buchftaben auf dunkelblauem Grunde. Wegen der einfacheren Form und des leichteren Erkennens durch Ausländer wird im Allgemeinen der lateinifchen Blockfchrift vor der deutfchen Schrift der Vorzug eingeräumt; die Buchftaben werden 9 bis 12 cm hoch (die kleinen Buchftaben 6 bis 8 cm), die Schilder dem gemäfs 17 bis 21 cm breit angeordnet. Die Höhe der Schilder über der Strafsenfläche foll 3 bis 4 m betragen. An entlegenen Punkten, z. B. einzelnen Häufern, Gartenmauern und Stadtthoren, find Stein- oder Zinkgufsfchilder vorzuziehen, weil der Schmelzüberzug, wie oben erwähnt, der abfichtlichen Zerftörung leicht ausgefetzt ift.

In manchen Städten hat man durch die Farbe der Schilder oder der Buchftaben dem Fremden einen Hinweis auf die Lage der Strafse geben wollen; fo hat man z. B. in rheinifchen Städten die Strafsen, welche parallel zum Rhein laufen, mit fchwarz, die auf das Rheinufer fenkrecht gerichteten Strafsen mit roth befchriebenen Schildern bezeichnet. Wenn man nicht zugleich dafür forgt, dafs alle Fremden vor dem Eintritt in die Stadt über die Bedeutung der Farben aufgeklärt werden, fo hat diefe Mafsregel wenig Werth; fie ift in zweckmäfsig angelegten neuen Stadttheilen, deren Strafsennetz vom Rechteck-Schema fehr verfchieden ift, überhaupt nicht durchführbar.

Ausnahmsweife werden auch die Strafsenfchilder an den Laternenpfoften, und zwar mit diefen in einem Stück, angebracht; oder es werden die Strafsennamen auf die Scheiben der Gaslaternen aufgefchrieben, fo dafs fie auch Abends leicht erkenntlich find.

540. Strafsenweifer.

Für neu angelegte, noch wenig angebaute Strafsen find Strafsenbezeichnungen nach Art der Wegweifer, aus Holz oder Schmiedeeifen beftehend, im Gebrauch (Fig. 662). An alten Staatsftrafsen, befonders in Frankreich und im Elfafs, findet man noch Strafsenweifer monumentaler Art, aus Renaiffance-Säulen mit Sockel und Kapitell-Auffatz oder gothifchen Spitzfäulen u. dergl. beftehend. In unferer Zeit fcheint ein derartiger »Luxus« ausgeftorben zu fein.

541. Strafsennamen.

Vielleicht ift es hier am Platze, einige Worte über die Feftfetzung von Strafsennamen einzufchalten. Das Einfachfte ift, die Strafsen nach einer vorhandenen Oertlichkeit zu benennen, z. B. Bahnhofsftrafse, Rheinftrafse, Hafengaffe, Vogteiplatz, oder hergebrachte Wege- und Flurbezeichnungen für die neuen Stadtftrafsen feft zu halten, z. B. Breslauer Strafse, Trierer Strafse, Heckftrafse, Grüner Weg, Am Sandberg, Im Thalacker. Da diefe Bezeichnungen nicht ausreichen, oft auch unanwendbar find, fo kommt man zu anderen geographifchen Benennungen, und zwar nach anderen Städten, z. B. Glogauer Strafse in der Nähe der Breslauer, Luxemburger Strafse in der Nähe der Trierer Strafse; oder nach Flüffen: Oderftrafse bei der Breslauer und Glogauer, Mofelftrafse bei der Trierer und Luxemburger Strafse, oder nach Meeren, Gebirgen u. f. w.

Eine andere Art von Strafsennamen find die gefchichtlichen, meift an Orte, Volksftämme und Perfonen erinnernd, welche in der örtlichen oder vaterländifchen Gefchichte eine hervorragende Rolle fpielten. So folgt z. B. die Bezeichnung der einzelnen Strecken der Kölner Ringftrafse den Namen der deutfchen Kaifergefchlechter von den Carolingern bis zu den Hohenzollern; fo find in allen europäifchen Hauptftädten die Orte und Feldherren der fiegreichen Schlachten des betreffenden Landes in den Strafsennamen wieder zu finden.

Strafsenbezeichnungen einer vierten Art find die rein perfönlichen, indem fie fich beziehen auf Herrfcher und Mitglieder des Herrfcherhaufes, auf berühmte Männer der Kunft und Wiffenfchaft, auf Wohlthäter der Stadt u. dergl. Damit verwandt find die Heiligen-Namen, nach Kirchen, Klöftern, Schutzpatronen gebildet und befonders in alten Städten reichlich vertreten; zwar foll es auch vorkommen, dafs Vornamen ohne Beziehung dem Kalender entnommen und für die Strafsentaufe verwendet werden, eine Denkträgheit, die fchwerlich Nachahmung verdient. Schliefslich find in früherer Zeit mit Vorliebe, gegenwärtig feltener, Handwerke, Gewerbe, Berufsftände etc. für die Strafsenbezeichnungen mafsgebend: Fleifchergaffe, Glockengiefserwall, Jägerftrafse, Technikerftrafse, Pionierplatz, Judengaffe u. f. w. Was für die Namen der Strafsen gilt, ift felbftredend auch auf die Benennung von Plätzen, Brücken und Thoren anzuwenden.

Wie es für den Fremden ftörend und verwirrend ift, wenn die Strafsenbezeichnung in zu kurzen Abftänden und ohne fichtliche Veranlaffung wechfelt, fo ift es auch für Jeden, der ein Haus in einer Strafse fucht, unangenehm, wenn die Strafse zu lang ift und er fomit eine unabfehbare Häuferreihe feiner Nachforfchung unterziehen mufs. Sind zu lange Strafsen, wie in Art. 169 (S. 74) erörtert wurde, aus Schönheitsrückfichten nicht zu empfehlen, fo find fie es erft recht nicht aus Zweckmäfsigkeitsgründen. Strafsen von mehr als 1 km Länge find für das Auffuchen einer Hausnummer, wenn man nicht die Nummernordnung vorher kennt, fchon recht unbequem. Allerdings genügt es nicht, blofs den Namen zu wechfeln, fondern auch die ganze Ausbildung der Strafse (Breite, Richtung, Profilirung, Gefälle) mufs wo möglich mit dem Namen fich ändern, damit jede Strafse für fich als ein abgetrenntes Ganze erkennbar fei.

Für die Numerirung der Häufer find zwei Methoden in Anwendung. Nach der einen folgen fich die Zahlen 1, 2, 3, 4, 5 u. f. w. auf der einen Strafsenfeite bis zum Ende, z. B. bis 68, und kehren dann, mit Nr. 69 beginnend, auf der anderen Strafsenfeite bis zum Strafsenanfang, alfo bis ungefähr 136, zurück. Nach der anderen Art erhält die eine (linke) Strafsenfeite die ungeraden Nummern 1, 3, 5 u. f. w., die andere (rechte) Seite die geraden Hausnummern 2, 4, 6 u. f. w. Die letztere Methode ift zweckmäfsiger, fowohl weil die Verlängerung einer voll numerirten Strafse ohne Nummernänderung erfolgen kann, als weil es genügt, den Anfangspunkt der Numerirung zu kennen, um jedes Haus mit Leichtigkeit ohne Umweg zu erreichen. Der Anfang, bezw. die Reihenfolge der Nummern richtet fich in jeder Stadt nach irgend einem Grundfatze; beifpielsweife dem Flufslaufe folgend und zum Fluffe hinzielend, oder vom Stadtmittelpunkte allgemein nach aufsen gerichtet, oder füd-nördlich und weft-öftlich. Ift es auch bei den diagonalen und fonft verfchobenen Strafsenrichtungen zuweilen unficher, ob der Nummernanfang an das eine oder andere Strafsenende zu legen fei, fo gewährt doch die möglichfte Fefthaltung eines beftimmten Grundfatzes dem Suchenden ftets willkommenen Anhalt.

542. Hausnummern.

Die Hausnummern werden, wie die Strafsenfchilder, aus Steinplatten, Zinkgufs oder emaillirtem Eifen gefertigt und meift neben oder über der Hausthür an einer auffälligen Stelle in etwa 2,5 bis 3,0 m Höhe befeftigt. Es genügen indefs Schildchen aus gewöhnlichem, weifs geftrichenem Zinkblech, auf welche die Zahlen mit Oelfarbe gemalt werden. Bei Haufteinmauern ift es zweckmäfsig, die Zahl unmittelbar auf den Stein zu malen. Der Anftrich ift von Zeit zu Zeit zu erneuern. Die Ziffern werden 9 bis 12 cm, die Schildchen fomit 14 bis 17 cm hoch und bei zwei Ziffern 14 bis 16 cm, bei drei Ziffern 20 bis 22 cm breit. Zuweilen werden die Hausnummern einer Blockfeite zur fchnelleren Unterrichtung Fremder auch auf den Strafsenfchildern angebracht; trägt ein folches Feld zugleich eine Bezirksbezeichnung, fo lautet es beifpielsweife wie folgt:

Fig. 663.

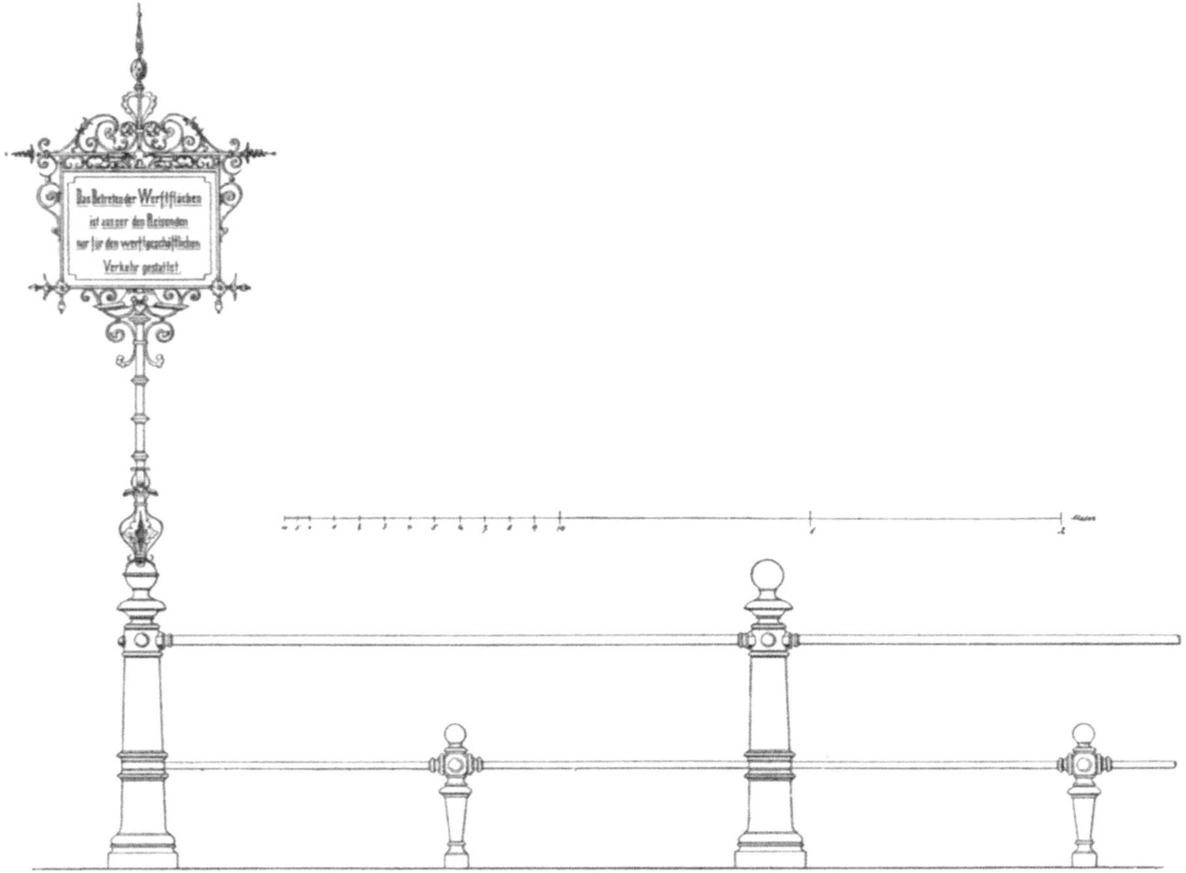

Fig. 664.

Merk- und Warnungstafeln.

Fig. 665.

Wetterhäuschen
des Königl. Hüttenamtes
Wafferalfingen.

Ortsbezirk 15.
Oefterreichifche Strafse.
Nr. 23—49.

Auf Strafsen, welche erft im Bau begriffen oder welche noch nicht vollftändig bebaut find, empfiehlt es fich zwar, den Neubauten fchätzungsweife die ihnen nach dem fertigen Ausbau der Strafse zukommende Nummer zu ertheilen, der Zahl aber das Zeichen »vorl.«, d. h.:

Fig. 666.

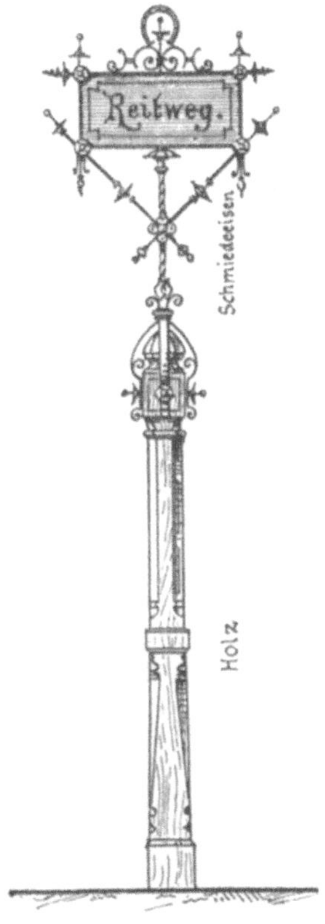

1/30 n. Gr.

vorläufig, hinzuzufügen, damit die Befitzer, Bewohner und Käufer auf den Empfang einer anderen bleibenden Hausnummer vorbereitet find, falls die Schätzung, wie es die Regel ift, mit der zukünftigen Zahl der Häufer nicht genau übereinftimmt.

Merk- und Warnungstafeln haben den Zweck, auf eine befondere Beftimmung eines Strafsentheiles, auf ein polizeiliches Verbot, auf eine Strafandrohung u. dergl. 543. Merk- und Warnungstafeln.

Fig. 667.

Oeffentliche Uhr zu Breslau [98]).

Arch.: *Rieth.*

Fig. 668.

Oeffentliche Uhr auf dem Jungfernſtieg zu Hamburg.

aufmerkſam zu machen. In ſo fern ſie an Häuſern oder Mauern angebracht ſind, unterſcheidet ſich ihre Herſtellung nicht von derjenigen der Orts- und Bezirksſchilder; ſollen ſie jedoch auf freier Straſse oder öffentlichen Plätzen errichtet werden, ſo ſind ſie mit Holz- oder Eiſenpfoſten zu unterſtützen und architektoniſch auszubilden. Fig. 663, 664 u. 666 zeigen drei Beiſpiele. Die Pfoſten werden an Punkten errichtet, wo ſie den Verkehr möglichſt wenig beeinträchtigen, alſo in Baumreihen, auf der Bürgerſteigkante, auf einer Bürgerſteiginſel u. ſ. w. Stütze und Rahmen werden am beſten aus Schmiedeeiſen, die Tafel aus Zinkguſs oder emaillirtem Eiſen angefertigt.

Auch Uhren und Wetterſäulen gehören zu den öffentlichen Kundmachungs-Einrichtungen auf unſeren ſtädtiſchen Straſsen. Die Uhren (Fig. 667 bis 669) werden elektriſch oder pneumatiſch betrieben; ſie bedürfen, wie die Wetterſäulen oder Wetterhäuschen (Fig. 665, 670 bis 673) der dauernden fachmänniſchen Aufſicht. 544. Uhren und Wetterſäulen.

Die Uhr vom Hamburger Jungfernſtieg (Fig. 668) zeichnet ſich nicht bloſs durch Schönheit, ſondern auch durch die Einrichtung aus, daſs der untere Theil des Aufbaues auf ſeinen vier Seitenflächen eine groſse Zahl nützlicher Mittheilungen über Gröſse des Stadtgebietes, Einwohnerzahl, Eiſenbahn-, Dampfboot-, Straſsenbahnverbindungen u. ſ. w. enthält, daſs ferner auf der Oberfläche des niedrigen Steinſockels, überfaſſt von den vier Uhrfüſsen, unter ſtarkem Glaſe ein die Oertlichkeit enthaltender Ausſchnitt des Stadtplanes in zweckentſprechender Zeichnung und Darſtellung angebracht iſt, umgeben von einer geographiſchen Strahlenroſe, deren Linien die Richtungen nach den Hauptſtädten Europas bezeichnen. Der Uhrbau iſt deſshalb zugleich eine dem Fremden ſehr dienliche »Orientierungs-Säule«.

[98]) Facſ.-Repr. nach: Entwürfe erfunden und herausgegeben von Mitgliedern des Architekten-Vereins zu Berlin.

Fig. 669.

Oeffentliche Uhr zu Wien,
verbunden mit Piffoir und Laterne. — $^1/_{60}$ n. Gr.

Fig. 669a.

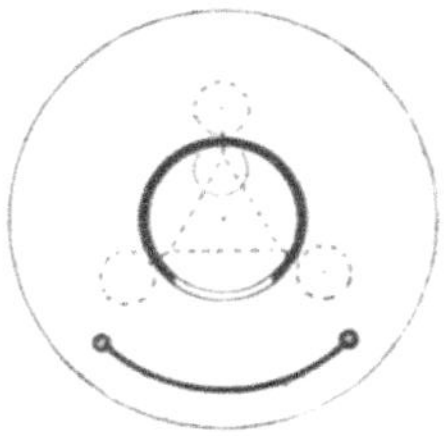

Grundrifs
zu Fig. 669.

$^1/_{125}$ n. Gr.

Fig. 670.

Wetterhäuschen.
Arch.: *Luthmer*.

Fig. 671.

Fig. 672.

Wettbewerb-Entwürfe für eine Wetterſäule zu Berlin [99]).

Arch.: *Schmitz.*

Aehnliche Stadtplan-Ausfchnitte find zur willkommenen Unterweifung des Fremden in Hamburg auch mit mehreren, auf Steinfockeln errichteten Strafsen-Candelabern verbunden, eine Einrichtung, welche auch in anderen Grofsftädten Nachahmung verdient.

Die Wiener Strafsenuhr (Fig. 669 u. 669a) zeigt eine bemerkenswerthe Verbindung von Uhr, Strafsenlaterne, Anfchlagfäule und Piffoir. Fig. 667 ift eine Abbildung des flotten Entwurfes *Rieth's* zu einem Uhrgehäufe für Breslau.

Fig. 673.

Wettbewerb-Entwurf für ein Wetterhäuschen zu Berlin [99]).

Arch.: *Schupmann.*

Die innere Einrichtung einer meteorologifchen Säule zeigt Fig. 665. Wie die Uhr-, fo werden auch die Wetterfäulen oder Wetterhäuschen vielfach zur Anbringung mannigfacher Orientierungs-Nachrichten mit Vortheil benutzt.

Zu amtlichen Kundmachungen dienen fchliefslich auch die Anfchlagtafeln und Anfchlagfäulen, welche unter b befprochen werden.

99) Facf.-Repr. nach: Architektonifche Rundfchau. Stuttgart 1888.

b) Private Kundmachungen.

545. Anfchlagtafeln und Anfchlagfäulen.

Für die Gefchäftsanzeigen von Privatperfonen dienen die Anfchlagtafeln und Anfchlagfäulen, welche entweder von der Gemeinde hergeftellt und im Ganzen oder von Fall zu Fall theilweife vermiethet werden, oder deren Herftellung und Ausnutzung die Gemeinde unter beftimmten Bedingungen einer Buchdruckerei oder einer fonftigen Gefchäftsfirma überläfft.

Fig. 674.

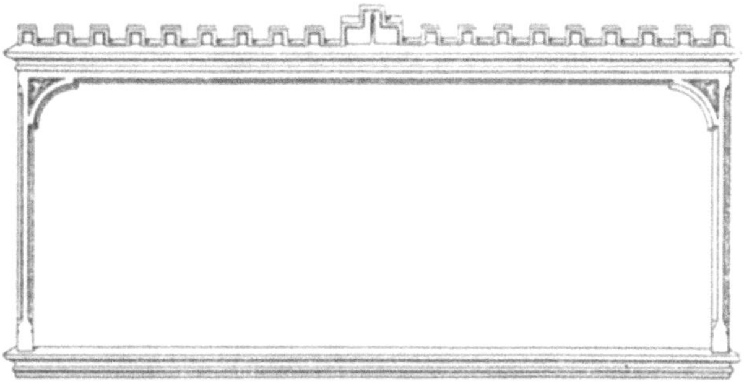

Anfchlagtafel an einer Mauer. — $^{1}/_{100}$ n. Gr.

Die Anfchlagtafeln werden entweder an Gebäuden, bezw. Umfaffungsmauern, oder an Laternenpfoften oder an felbftändigen Stützen angebracht. Die erftgenannte Art wird felten aus Brettern, beffer aus Cementputz angefertigt (Fig. 674); ihre Gröfse richtet fich nach dem Bedürfnifs. Die Kölner Tafeln find meiftens ungefähr 2×6 m grofs. Die z. B. in Mailand gebräuchlichen Anfchlagtafeln aus Eifenblech an einem befonderen, auch zum Auffetzen einer Strafsenlaterne geeigneten Pfoften zeigt Fig. 676; fie haben den Vortheil, dafs fie von zwei Seiten benutzbar und, wenn mit Strafsenlaternen verbunden, Abends leferlich find. Fig. 678 ftellt eine kleinere Bekanntmachungstafel ähnlicher Art aus Paris dar.

Den Vorzug der Doppelfeitigkeit befitzen auch die felbftändig an zwei Pfoften errichteten eifernen Anfchlagtafeln (Fig. 675), welche indefs, wenn fie auch in der Baumreihe oder Laternenreihe nahe dem Bürgerfteigrande aufgeftellt werden, doch den Querverkehr und die Ueberficht der Strafse fehr beeinträchtigen.

Fig. 675.

Frei ftehende Anfchlagtafel zu Strafsburg.

Fig. 676.

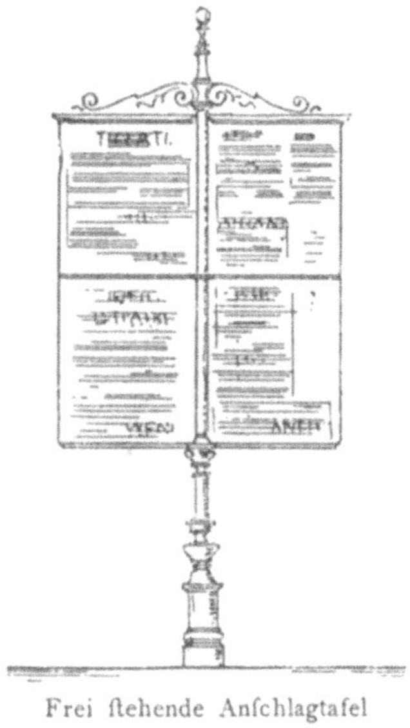

Frei ftehende Anfchlagtafel zu Mailand.

$^{1}/_{60}$ n. Gr.

In der Querrichtung bedeutend weniger, in der Längenrichtung jedoch etwas mehr Verkehrsraum nehmen die Anſchlagſäulen in Anſpruch. Fig. 677 zeigt ein Pariſer, Fig. 679 ein Kölner Muſter. Die Herſtellung geſchieht aus Holz mit Leinwandüberklebung oder beſſer aus Backſteinen mit Cementputz oder noch beſſer aus einzelnen Trommeln von Cement-Beton. Das Innere iſt natürlich hohl. Der Durchmeſſer beträgt $1{,}0$ bis $1{,}5^{m}$, die Schafthöhe $3{,}0$ bis $4{,}5^{m}$. Die Abdeckung wird aus Metall, Cementputz oder Hauſtein gebildet. Den oberen Ring pflegt die Stadtbehörde ſich für ihren Gebrauch vorzubehalten. Bei der Kölner Säule enthalten

Fig. 677.

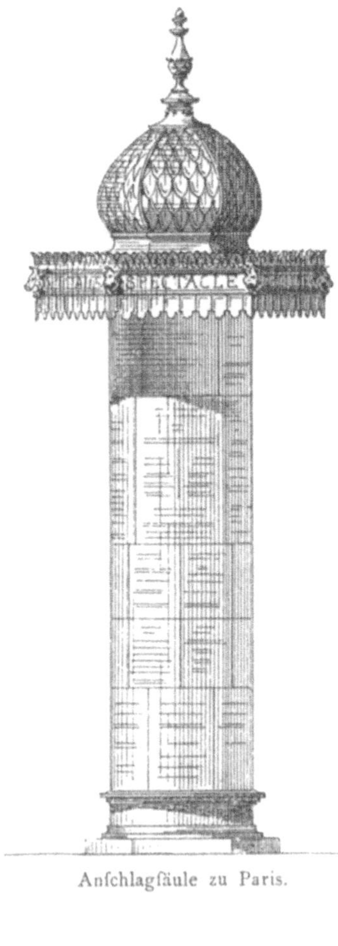

Anſchlagſäule zu Paris.

$^{1}/_{50}$ n. Gr.

Fig. 678.

Laternenpfoſten mit Anſchlagtafel zu Paris.

Fig. 679.

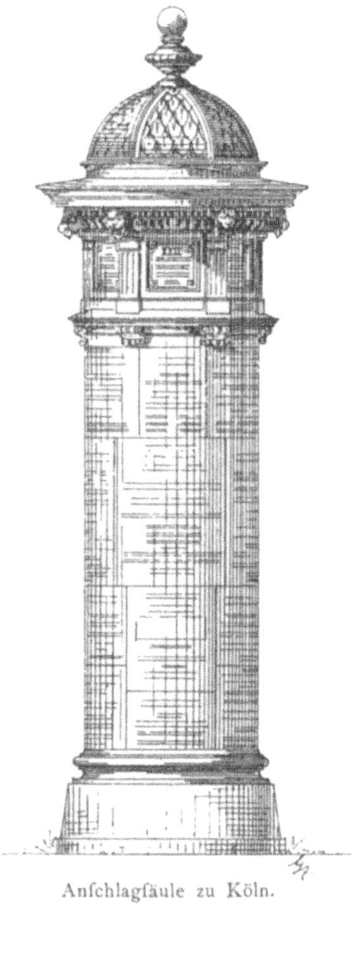

Anſchlagſäule zu Köln.

beiſpielsweiſe die ſechs Metopenfelder unter dem Kranzgeſims die Bezeichnungen des Orts-, Poſt-, Polizei-, Bau-, Schul- und Feuerwehr-Bezirkes.

Schon in Fig. 575 (S. 331) wurde eine Verbindung von Anſchlagſäule und Bedürfniſs-Anſtalt mitgetheilt. Eine ähnliche Combination zeigt Fig. 680, welche eine auf den Pariſer *Boulevards* in groſser Zahl vertretene Baulichkeit darſtellt: die fünf Seiten des Baues werden in der oberen Hälfte von Glasplatten gebildet, deren Beſchreibung bei Abend in Folge der inneren Beleuchtung beſonders auffallend und leſerlich iſt; die untere Hälfte des Bauwerkes enthält an der Bürgerſteigſeite drei Piſſoir-Stände, welche von einer oben und unten der Luft freien Zutritt gewährenden

Schirmwand umgeben ſind, während der Eingang neben den beiden geſchloſſenen Fünfeckſeiten vom Fahrdamm her ſtattfindet.

Die Anſchlagſäulen werden in den Baumreihen breiter Bürgerſteige, auf den Trottoir-Rundungen von Straſsenecken, auf Trottoir-Inſeln und freien Plätzen möglichſt an neutralen Verkehrspunkten, aber doch dem Verkehrsſtrom thunlich nahe, aufgeſtellt. Da für die öffentlichen Bedürfniſs-Anſtalten die Ortswahl nach ähnlichen Geſichtspunkten erfolgt, ſo liegt es nahe, beide Anſtalten in der angegebenen oder in anderer Weiſe zu vereinigen; dem deutſchen Gefühle dürfte indeſſen dieſe Vereinigung wenig entſprechen.

Fig. 680.

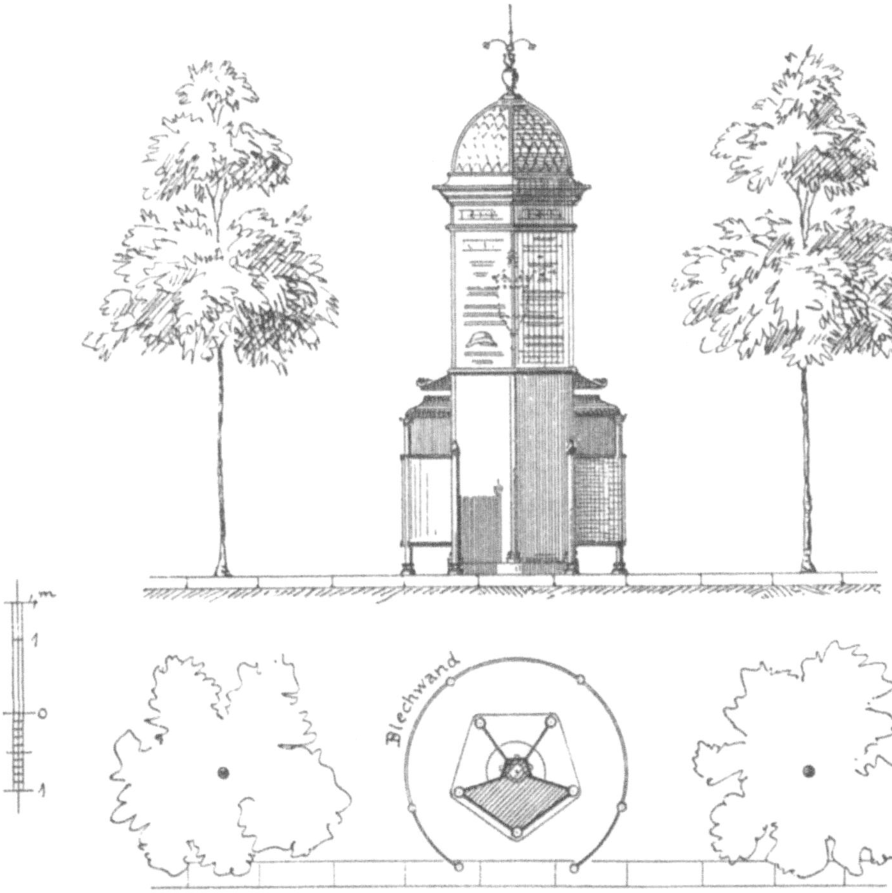

Transparente Anſchlagſäule in Verbindung mit einem Piſſoir zu Paris.

Sonſtige Einrichtungen für private Kundmachungen ſind folgende: ſog. Annoncen-Uhren, d. h. öffentliche Uhren, deren Räderwerk zugleich dazu dient, in einem Glasgehäuſe eine Walze zu drehen, auf welcher eine gröſsere Zahl von Kundmachungen aufgewickelt iſt; mit der Drehung der Walze fällt ein Zettel nach dem anderen hinab und kann einige Minuten lang von den erſtaunten Neugierigen geleſen werden; ferner Transparente, welche nach Art der Straſsenlaternen auf den Bürgerſteigrand geſtellt werden; Gasſterne, welche in Flammenſchrift die abendlichen Vergnügungsorte angeben, z. B. *Jardin des fleurs;* in die Straſse hinausragende Firmenſchilder, wehende Fahnen, Geſchäftszeichen, wie z. B. Stiefel oder Manſchetten, welche den Wanderer 546. **Annoncen-Uhren, Transparente etc.**

ſchon von fern auf die beſte Bezugsquelle aufmerkſam machen. Dieſe Dinge gehören übrigens ähnlich wie die *Sandwich*-Männer, welche auf ihrer Rück- und Vorderſeite Tafeln mit Geſchäfts- und Vergnügungsanzeigen ſpazieren tragen, oder wie die mit Anzeigen aller Art bedeckten Wagen, welche nur dieſer Anzeigen wegen durch die Straſsen fahren, mehr in das Gebiet der Reclame, als in dasjenige des Städtebaues und bedürfen daher hier keiner weiteren Erörterung.

6. Kapitel.

Die Baulichkeiten für Verkaufs-, Erholungs- und Verkehrszwecke.

547. Verkaufsbuden. Obwohl der Verkauf der Lebensbedürfniſſe in der Regel in Markthallen, auf offenen Marktplätzen oder in den Läden der Wohnhäuſer ſtattfindet, hat es ſich doch als zweckmäſsig herausgeſtellt, nicht bloſs den Verkauf mancher Gegenſtände in den Thorwegen, auf den Bürgerſteigen vor den Läden und im freien Straſsenverkehre zuzulaſſen, ſondern ſogar für dieſen Zweck eigene Baulichkeiten auf der Straſse zu errichten. Auch in den kleinſten Städten ſind die Hökerweiber zu ſehen, wie ſie auf dem Stuhle hocken und ihre Waaren vor ſich auf dem Boden, auf Brettgeſtellen oder auf leinenüberſpannten Tiſchen ausgebreitet feil halten. Etwas

Fig. 681.

$^1/_{60}$ n. Gr.

Verkaufsbude im *Jardin du Luxemburg* zu Paris.

Fig. 682.

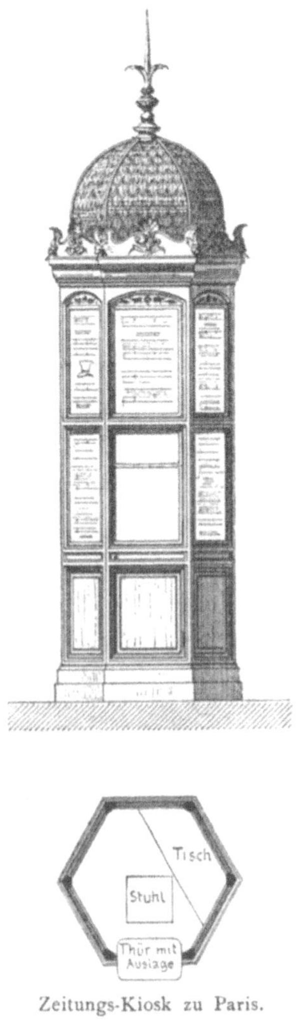

Zeitungs-Kiosk zu Paris.

Fig. 683.

Trinkhäuschen zu Köln. — $^{1}/_{60}$ n. Gr.

Arch.: *Eberlein.*

Fig. 684.

Trinkhäuschen zu Köln.

Arch.: *Schreiber & Schreiterer.*

entwickelter ift die Krambude des Jahrmarktes. Das Stadtleben verfeinert auch diefe urfprünglichen Vorrichtungen. Von unferen Abbildungen zeigen Fig. 682 einen Zeitungs-Kiosk der Parifer *Boulevards*, Fig. 681 einen Verkaufsftand im Luxemburg-Garten zu Paris, Fig. 685 eine Verkaufsbude mit öffentlicher Uhr in Frankfurt a. M., Fig. 683 u. 684 Häuschen für den Verkauf von Mineralwaffer in Köln.

Fig. 685.

Verkaufsbude mit öffentlicher Uhr zu Frankfurt a. M.

In dem fechseckigen Glas-Kiosk fitzt der Verkäufer oder die Verkäuferin auf einem Stuhle, auf dem Tifche zur Linken den Vorrath an Zeitungen und fonftigen Druckfachen, vor fich den Auslage- oder Gefchäftstifch, welcher einen Theil der Eingangsthür bildet. Mit Ausnahme der Thüröffnung dienen alle anderen, verglasten Seiten des Kioskes zu Reclamen, welche Abends von innen beleuchtet find. (Siehe auch Theil IV, Halbbd. 4 [Abth. IV, Abfchn. 7, Kap. 4: Gartenhäufer, Kioske und Pavillons] diefes »Handbuches«.)

Fig. 686.

Promenaden-Bank mit einfeitiger Rückenlehne.

Die Verkaufshäuschen in Fig. 681, 683 bis 685 können zur Feilhaltung von Mineralwaffer, Limonade, Obft, Backwerk, Cigarren u. f. w. benutzt werden. Wenn fie gut verwaltet, fauber gehalten und an nicht ftörenden Punkten aufgeftellt find, fo dienen fie oft nicht blofs dem Wanderer zur Labung, fondern auch der Strafse zur Verfchönerung.

548. Sitze.

Zum Ausruhen und zur Erholung ordnet man auf breiten Strafsen, befonders zwifchen Baumreihen, fo wie auf freien Plätzen Sitzbänke an, ohne oder mit Lehnen; im letzteren Falle find fie entweder von einer Seite (Fig. 686) oder von beiden Seiten (Fig. 687) benutzbar. Die Stützen folcher Bänke werden aus Stein, Gufseifen oder Schmiedeeifen, die Sitze und Lehnen aus Holz hergeftellt. In der Regel genügt eine Länge von 2,5 m, weil man es doch nicht liebt, fich zu mehreren Fremden heranzufetzen. Ift das Bedürfnifs vorliegend, vielen Sitzenden Platz zu bieten, fo kommen Längen bis zu 4 m und bei halbkreisförmigem Grundrifs bis zu 10 m vor. Auch ift hier der Stibadien und Exedren zu gedenken, von denen an der eben angezogenen Stelle diefes »Handbuches« (Kap. 3: Stibadien und Pergolen etc.) bereits die Rede war.

Fig. 687.

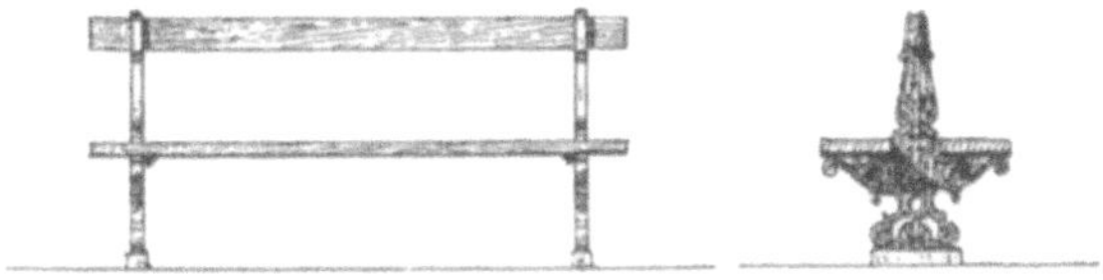

Promenaden-Bank mit Mittellehne.

$^1/_{60}$ n. Gr.

Die Bänke werden feft auf eingerammte Pfähle oder eingefetzte Steine verfchraubt. Genügen fie zu gewiffen Gelegenheiten oder Stunden nicht, fo pflegt man aufserdem lofe Gartenftühle aufzuftellen, befonders auf Promenaden und in umfriedigten Gartenplätzen. Die Stühle werden gewöhnlich gegen eine kleine Abgabe vermiethet und Abends wieder befeitigt.

549. Mufikplätze.

Namentlich auf öffentlichen Concert-Plätzen ift für ausreichende Sitzgelegenheit zu forgen. In den deutfchen Städten könnte in diefer Beziehung weit mehr gefchehen, als bisher. Würde ähnlich, wie in belgifchen und franzöfifchen Städten, wo jede Garnifon ihre *Place d'armes* und jede *Place d'armes* ihren Mufik-Pavillon hat, wo oft fogar fünf bis fechs öffentliche Plätze mit Mufiktempeln gefchmückt find, auch bei uns die Stadt- und Militär-Mufik dem Volke mehr zugänglich gemacht durch Errichtung von Baulichkeiten zur Aufftellung der Mufik-Capelle, durch Anlage geeigneter Mufik-Plätze oder Mufik-Promenaden, durch Herrichtung von Sitz- und Spaziergelegenheiten während des Mufikvortrages, fo würde das Strafsenleben an Reiz und Gefittung zunehmen und das Strafsenbild an Freundlichkeit gewinnen. Gute Strafsenmufik von militärifchen oder ftädtifchen Capellen follte nicht blofs den Leidenden und Müfsiggängern in Badeorten zukommen, fondern auch ab und zu die Gefunden und Arbeitenden in der Heimathftadt erfreuen. Für die Mufik-Pavillons kommt dabei weniger die fonft in gefchloffenen Gärten übliche Mufchelform zur Anwendung, als die Geftalt eines nach allen Seiten offenen, überdachten Podiums, da angenommen wird, daſs die Zuhörer und Spaziergänger ſich ringsum aufhalten und bewegen. Näheres hierüber und auch Beiſpiele dafür ſind in dem oben genannten Halbband (Abth. IV, Abſchn. 7, Kap. 2: Orcheſter-Pavillons) zu finden.

550. Erfriſchungs-baulichkeiten. Auch für Erfriſchungsbaulichkeiten mit Sitz- und Erholungsgelegenheit könnte auf den Straſsen und Plätzen unſerer Städte beſſer geſorgt ſein. Kaffee, Wein, Bier, Limonade, Backwerk, Butterbrot, ſchattige Sitze, freundliche Ausſicht, kühlende Luft, luſtige Sprüchlein und fröhliche Geſichter entſchädigen hier für vielen Straſsenſtaub und manche Straſsenrohheit. Wie wohl thuend iſt doch der Aufenthalt im Alſter-Pavillon und mehr noch in der Alſterluſt zu Hamburg — Erfriſchungsbaulichkeiten, von Spaziergängern und Kahnfahrenden, von Pflanzungen und Waſſer umgeben. Die Beſprechung ſolcher Baulichkeiten und Beiſpiele derſelben ſind in dem mehr-

Fig. 688.

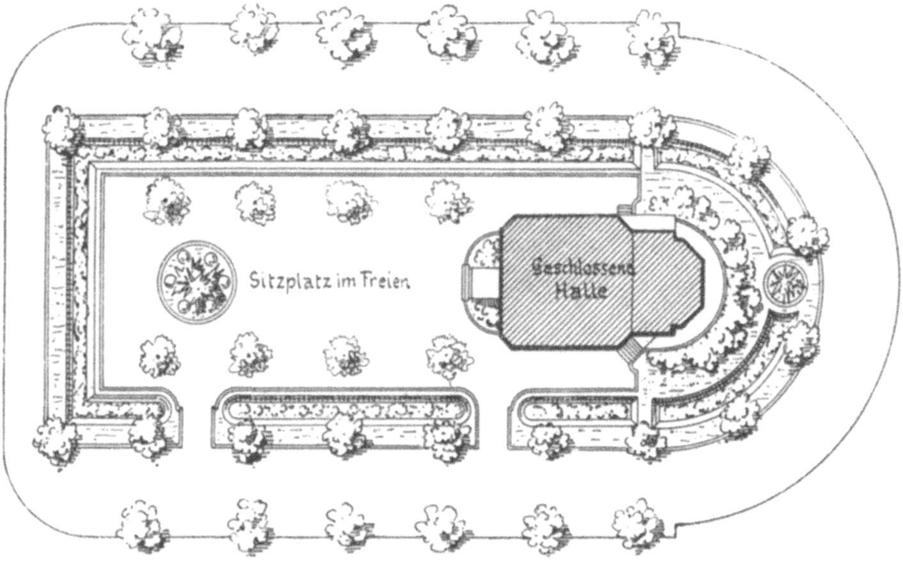

Lageplan des Kaiſer-*Wilhelm*-Cafés zu Köln.

1/500 n. Gr.

fach angeführten Halbbande (Abth. IV, Abſchn. 1, Kap. 1, a: Erfriſchungshäuschen, Trink- und Koſthallen — ſo wie b: Buffets und Bars) zu finden; an dieſer Stelle ſei nur noch in Fig. 688 der Lageplan des Kaiſer-*Wilhelm*-Cafés zu Köln, mit Sitzplatz im Freien verbunden, vorgeführt.

551. Verkehrs-baulichkeiten. Als Hilfsmittel des Straſsen- und Stadtverkehres ſind endlich die Wartehallen zu betrachten, welche an den Haltepunkten der Straſsenbahnwagen, Omnibuſſe und Dampfſchiffe errichtet werden. Zuweilen werden mit dieſen Baulichkeiten noch Bedürfniſs-Anſtalten, Verkaufsſtellen für Poſtwerthzeichen und Poſtkarten, Fernſprechſtellen und Anſchlagtafeln verbunden. Eine kleine Wartehalle, welche nur 1,6 m Breite in Anſpruch nimmt und deſshalb ohne Verkehrsſtörung in den Baumreihen aufgeſtellt werden kann, zeigt Fig. 689; zahlreiche Hallen dieſer Art in Längen von 8, 6, 4 und 3 m, erbaut von *R. Ph. Waagner*, finden ſich an den Straſsenbahnſtrecken zu Wien. Eine etwas gröſsere Wartehalle, 2,8 × 3,8 m groſs und mit Piſſoir verbunden, paſſend für Pferdebahn-, Omnibus- und Bootverkehr, zeigt Fig. 690. Beſonders reizvoll ſind unter *Meyer*'s Leitung die Halteſtellen der Hamburger Alſter-

Fig. 689.

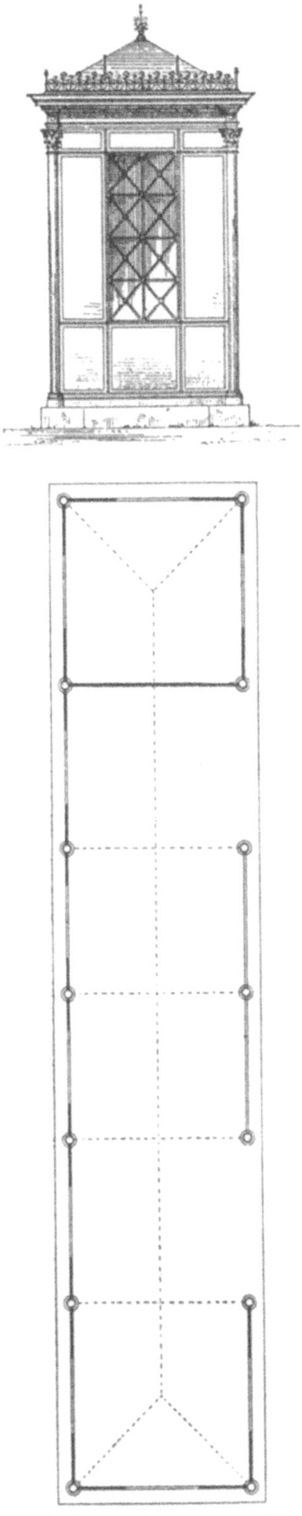

Strafsenbahn-Wartehalle zu Wien.

$^{1}/_{60}$ n. Gr.

Fig. 690.

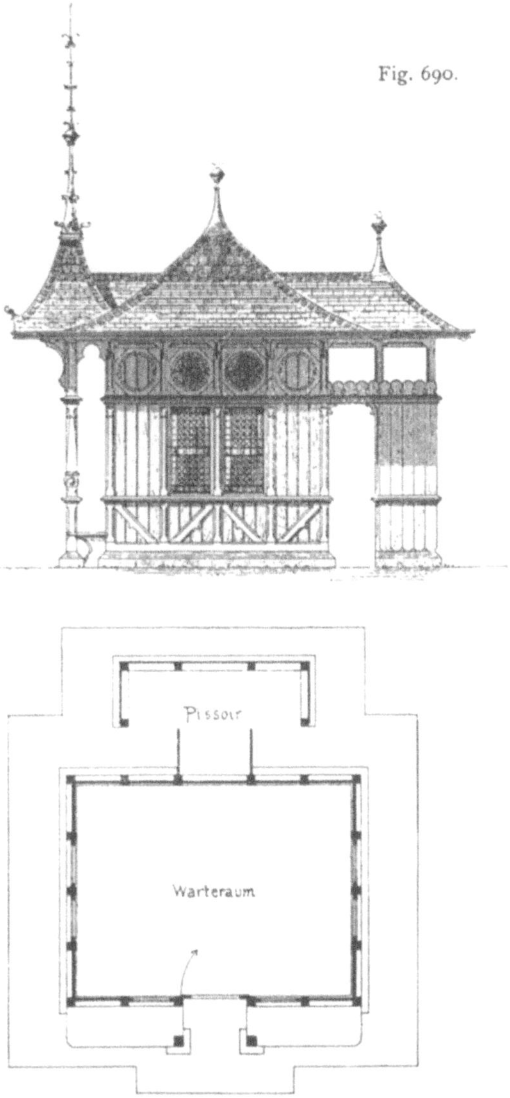

Wartehäuschen zu Hamburg.

$^{1}/_{100}$ n. Gr.

boote ausgebildet; eine folche mit einer Wartehalle von 3,2 × 4,1 m Gröfse ift in Fig. 691 u. 692 dargeftellt. Für den Einheimifchen, wie für den Fremden ift es eine wahre Freude, zu beobachten, mit welcher Sorgfalt und Liebe derartige Nebenanlagen des Städtebaues an einigen Orten, befonders aber in Hamburg, erdacht und unterhalten werden [100]).

100) Siehe auch: ALPHAND, A. *Les promenades de Paris* etc. Paris 1873.

Fig. 691.

$^1/_{100}$ n. Gr.

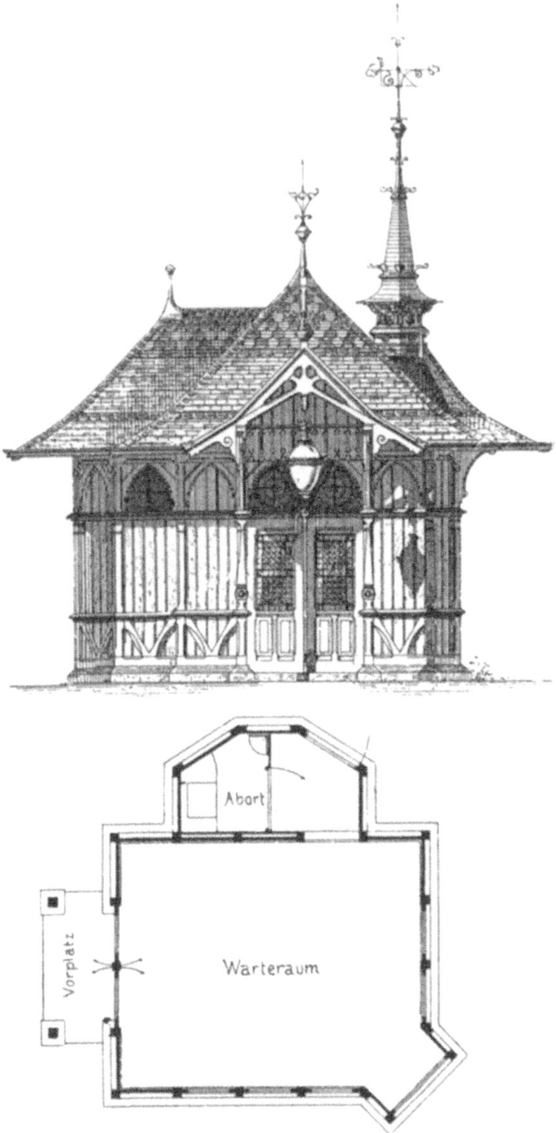

Dampfboot-Wartehalle zu Hamburg.

Fig. 692.

$^1/_{1500}$ n. Gr.

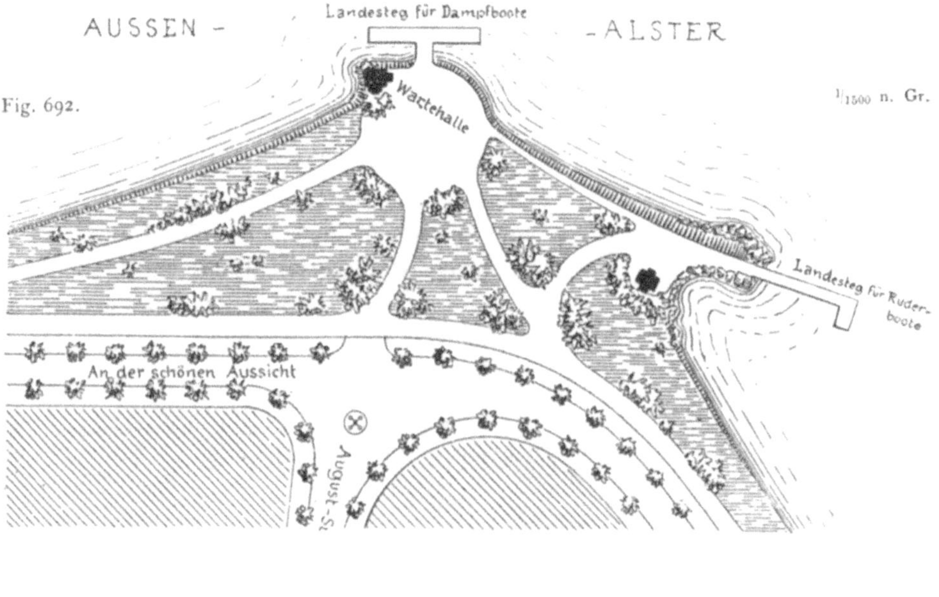

7. Kapitel.

Die Denkmäler.

a) Arten und Standorte der Denkmäler.

Unter »Denkmälern« in unferem Sinne verftehen wir diejenigen auf den öffentlichen Strafsen und Plätzen errichteten Werke der Bau- und Bildhauerkunft, welche einem Nützlichkeitszwecke nicht dienen, fondern ihre Bedeutung und ihren Werth in fich felbft tragen. Wie fchon im vorhergehenden Halbbande (Abth. VIII, Abfchn. 2 u. 3 diefes »Handbuches«) gefagt wurde, haben wir nach ihrem Wefen architektonifche und bildnerifche Denkmäler und Verbindungen von Sculptur und Architektur zu unterfcheiden. Nach der örtlichen Stellung läfft fich eine Eintheilung in abfchliefsende (wandbildende, thorbildende) Denkmalbauten, in Rand- und in Mittelpunkt-Denkmäler durchführen. Sowohl die erftere, als die letztere Art der Stellung kann zugleich ein Schlufsbild (*Point de vue*) für den Blick aus der Ferne liefern. 552. Arten.

Architektonifche Denkmäler im fraglichen Sinne find, wie aus der angezogenen Stelle diefes »Handbuches« gleichfalls hervorgeht, u. a. Triumphthore (Ehrenthore, Strafsenthore, Stadtthore), Säulenhallen, Denkfäulen, Obelisken, Sarkophage, auch monumentale Brunnen, Felspyramiden und Ausfichtsthürme. Einige diefer Bauwerke entfprechen allerdings nicht vollftändig der Forderung, dafs fie einem Nützlichkeits-

Fig. 693.

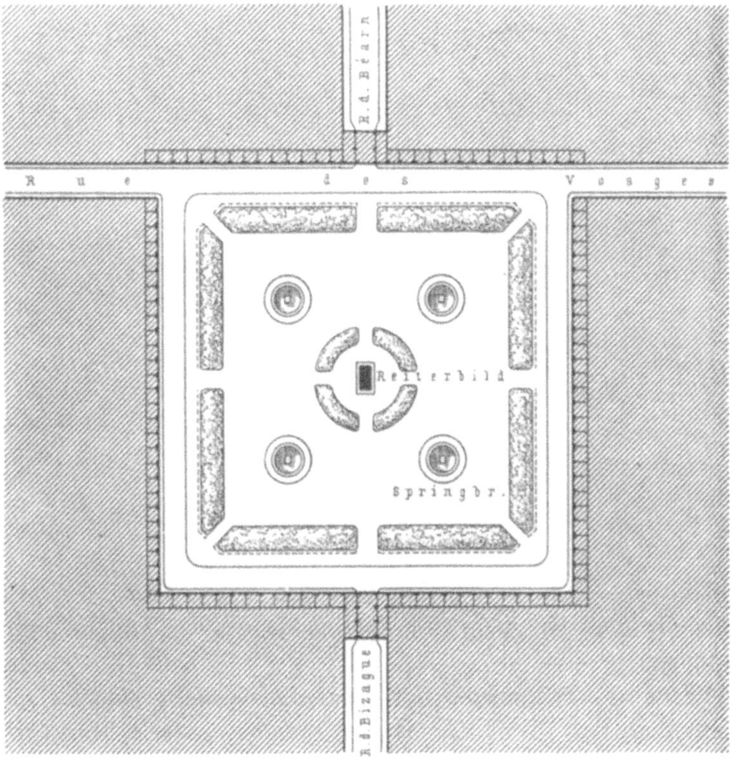

Vogefen-Platz zu Paris.

Fig. 694.

Nicolai-Thor zu Eifenach [101]).
Wiederhergeftellt und ergänzt von *Stier*.

zwecke nicht dienen follen. Die bildnerifchen Denkmäler find Reliefs, Büften, Standbilder, Reiterbilder und Gruppen. Die Verbindungen von Sculptur und Architektur find fehr mannigfaltig.

Für die Kunft des Städtebaues find nicht blofs diefe Denkmäler an fich, bezüglich deren Geftaltung und Ausbildung auf den eben genannten Halbband diefes Werkes

101) Facf.-Repr. nach: Architektonifche Rundfchau. Stuttgart 1889. Taf. 24.

hingewiefen werden mufs, fondern mehr noch deren Auffſtellungsart und Verhältnifs zu den Gebäuden, Platzflächen und Strafsen der Umgebung von Wichtigkeit.

553. Abfchliefsende Denkmalbauten.

Die abfchliefsenden Denkmalbauten find für die Erzielung einer angemeffenen Gefchloffenheit der monumentalen Plätze wefentlich (fiehe Abfchn. 2, Kap. 9, unter b). Die Platzwand an Strafsenunterbrechungen kann durch den überbauten, weit gefpannten oder eingetheilten Thorbogen hergeftellt werden, deffen Anwendung, obwohl fie zahlreichen Plätzen des Mittelalters und der Renaiffance einen grofsen Reiz verlieh, heute fehr felten geworden ift. Beifpiele find der *Kerkboog* am Marktplatz zu Nymwegen, die Dreikönigen-Pforte am Kirchplatz von St. Maria im Capitol zu Köln, das von *Napoleon* befeitigte gothifche Portal am Vorplatze des Münfters zu Aachen, die mächtigen Portalbauten am Vogefen-Platze zu Paris (Fig. 693), die den *Stanislaus*-Platz zu Nancy abfchliefsende *Porte royale* (fiehe Fig. 408, S. 172), die Thorbauten am *Amalieborg*-Platz zu Kopenhagen, die Arcaden-Thore des *Carl Felix*- und des *Victor Emanuel*-Platzes zu Turin (fiehe Fig. 363 u. 337, S. 153 u. 142), der Thorbau zwifchen *Piazza acquaverde* und *Via Doria* zu Genua (fiehe Fig. 440, S. 185), die Thorbogen der Uhrthürme zu Rouen und am *Marcus*-Platz zu Venedig, der Abfchlufs-Porticus der Uffizien zu Florenz u. a. Auch Stadtthore können in diefer Art den künftlerifchen Abfchlufs freier Platz- und Strafsenflächen bilden, z. B. das Brandenburger Thor zu Berlin (fiehe Fig. 437, S. 184), das Efchenheimer Thor zu Frankfurt a. M. (fiehe Fig. 429, S. 182), das ehemalige *Nicolai*-Thor, jetziges Bahnhofsthor zu Eifenach (Fig. 694 u. 695), das Altpörtel zu Speier, das Hahnenthor zu Köln (fiehe Fig. 436, S. 184), das Spalenthor zu Bafel (fiehe Fig. 431, S. 182), die *Porta del popolo* zu Rom (fiehe Fig. 341, S. 143) und viele andere. Solche Thorabfchlüffe öffentlicher Plätze und Strafsenflächen find in der Gefchichte bis zu den Römern, Griechen und Aegyptern aufwärts zu verfolgen. Forderungen des Verkehres, und zwar fehr oft mifsverftandene oder anders zu befriedigende, haben leider viele Thorbauten noch in unferer Zeit ohne Noth aus künftlerifcher Unkenntnifs dem Untergange geweiht.

Fig. 695.

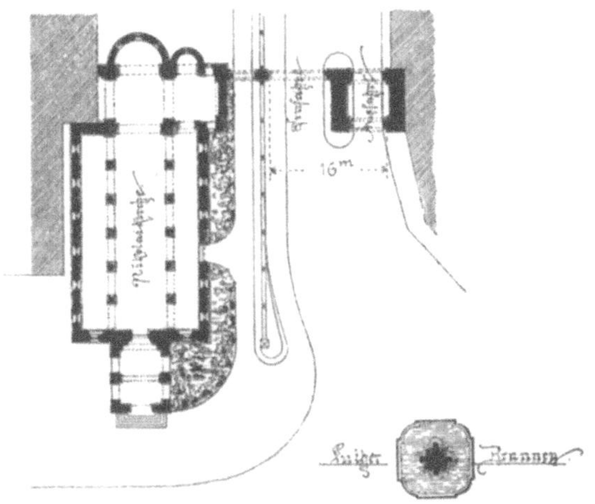

Grundrifs zu Fig. 694.

Verwandt mit diefen wand- und thorbildenden Bauwerken find die blofs wandbildenden Säulenftellungen und fonftigen monumentalen Abfchlufsmauern, welche die Strafsenfronten an folchen Stellen fchliefsen, wo ein unfchöner Ausblick verdeckt werden foll. Schöne Beifpiele hierfür find die Brücken-Colonnaden in der Mohren-, Leipziger und Königsftrafse zu Berlin, welche die Häuferreihe fchliefsen und dem Wanderer den Blick auf die überbrückten Spreearme, in Hinterhöfe u. f. w. entziehen.

Säulenhallen von hinreichender Ausdehnung können auch dazu verwendet werden, ganzen Platzfeiten als Rahmen zu dienen; fo in kleinem Mafsftabe an der *Piazza della Signoria* zu Florenz (*Loggia dei Lanzi*) und am Domplatz zu Salzburg, in gröfserem

Fig. 696.

St. Peters-Platz zu Rom.

Maſsſtabe am *Friedrich-Wilhelms*-Platz zu Aachen (Hallen des *Eliſen*-Brunnens) und am Plebiscit-Platz zu Neapel, in allergröſstem Maſsſtabe am *St. Peters*-Platz zu Rom, deſſen ſeitliche Umrahmungen nur von Säulenhallen mit Thordurchfahrten gebildet werden (ſiehe Fig. 392, S. 164 u Fig. 696). Zuweilen werden ſolche Architektur-Abſchlüſſe durch Laufbrunnen wirkſam belebt, wie z. B. die Rampen und Terraſſen an beiden Seiten der *Piazza del popolo* zu Rom (ſiehe Fig. 341, S. 143) und die Gitter des *Stanislaus*-Platzes zu Nancy (ſiehe Fig. 408, S. 172).

554. Denkmäler in Randſtellung.

Iſt der umrahmte Platz zu Raths-, Feſt- oder Volksverſammlungen beſtimmt, wie die Agora der Griechen und das Forum der Römer, muſs demnach die Mitte frei gehalten werden, ſo erhalten die auf dem Platze zu errichtenden Denkmäler ihre Stellung am Rande deſſelben, wobei die Längen- und Queraxe in entſprechender Weiſe betont werden können. Lehrreiche Beiſpiele bieten das *Forum civile* zu Pompeji (Fig. 697), das *Forum romanum* zu Rom und andere antike Plätze dar. Von modernen Anlagen ſind hier der *Wilhelms*-Platz zu Berlin (ſiehe Fig. 369, S. 156), deſſen Umfaſſungslinien von den ſechs Standbildern der Generäle des *Alten Fritz* eingenommen werden, der Waterloo-Platz zu London, der *Trafalgar-Square* zu London (ſiehe Fig. 427, S. 181) und beſonders

Fig. 697.

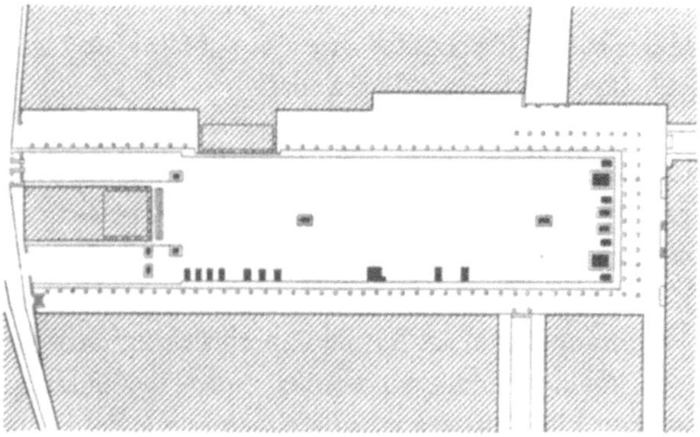

Forum civile zu Pompeji.

der von Staatsmänner-Bildniffen umgebene *Parliament-Square* dafelbft, ferner der Parifer Eintrachtplatz (fiehe Fig. 419, S. 177) zu nennen. Den Rand des *Marcus*-Platzes zu Venedig bilden der *Campanile* und die drei Maften (Fig. 698), den Rand der *Piazetta* die beiden Dogen-Säulen (fiehe Fig. 409, S. 173), welche in ähnlicher Weife an der *Piazza de' Signori* zu Vicenza erfcheinen. Eine entfchiedene Randftellung zur Verkehrsftrafse behaupten auch die fünf *Rauch*'fchen Standbilder zu beiden Seiten des Opernplatzes zu Berlin, die beiden Standbilder neben der Strafse auf dem Leipziger Platz dafelbft (fiehe Fig. 438, S. 185), das *Columbus*-Denkmal auf der *Piazza acquaverde* zu Genua (fiehe Fig. 440, S. 185) u. f. w. Paarweife können die Rand-Denkmäler auch thorbildend auftreten, fo die beiden Dioskuren am Eingang des Capitol-Platzes zu Rom und die Roffebändiger fowohl am Quirinal, als am Berliner Schlofs.

Fig. 698.

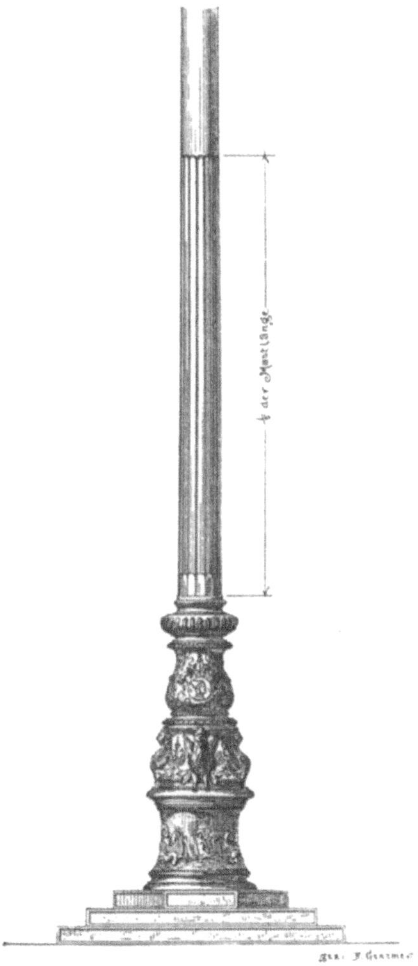

Venetianifcher Flaggenmaft.
1/60 n. Gr.

Auf Plätzen von grofsen Abmeffungen hat die Randftellung der Denkmäler die befondere äfthetifche Bedeutung, dafs denfelben ein nicht zu entfernter Hintergrund gefichert ift, dafs das einzelne Denkmal nicht den ganzen Platz zu beherrfchen und nicht zu beanfpruchen braucht, nach allen Seiten wirkfam zu fein, dafs alfo der Beobachtungskreis eingefchränkt und die Gelegenheit geboten wird, eine gröfsere Zahl von Kunftwerken dem Volke eindrucksvoll vorzuführen.

Sitte klagt[102]) mit Recht darüber, dafs unfere öffentlichen Plätze an Werken der Bildhauerkunft arm feien, während die Façaden unferer Gebäude und die Säle unferer Mufeen zuweilen damit überladen find, und zwar oft in einer für den Kunftgenufs ganz ungeeigneten Stellung. Eine reichere Ausftattung der Stadtplätze mit Denkmälern follte gerade von unferer fo unternehmenden und geldreichen Gegenwart erwartet werden, wenn auch die Verwerthung der Stadtplätze für das öffentliche Leben heute eine geringere ift, als im Mittelalter und Alterthum. Die Standbilder können defshalb, wie auf dem Berliner *Wilhelms*-Platz und vielen anderen Plätzen, mit Gartenanlagen verbunden werden, oder es können Springbrunnen hinzutreten, wie auf dem *Trafalgar-Square,* oder es kann zu der Randftellung der Denkmäler die Axen- und Mittelpunktftellung hinzutreten.

555. Denkmäler in Axenftellung.

Während am Parifer Eintrachtplatz die acht Städtefiguren mit Brüftungen und Candelabern die Umrahmung bilden, ift die Hauptaxe durch die Springbrunnen und den Obelisk ausgeprägt.

102) In: Der Städtebau nach feinen künftlerifchen Grundfätzen. Wien 1889.

Aehnliche Axenſtellungen ſehen wir auf dem Schloſsplatz zu Stuttgart (ſiehe Fig. 375, S. 158), dem Promenaden-Platz zu München (Fig. 700) mit fünf Denkmälern in der Hauptaxe, der *Piazza Navona* zu Rom (ſiehe Fig. 353, S. 149) mit drei Brunnen in derſelben Anordnung, dem *St. Peters*-Platz zu Rom (ſiehe Fig. 392, S. 164) mit Brunnen und Obelisk in der Längenaxe der Ellipſe, der *Piazza Erbe* zu Verona (Fig. 701) und an vielen anderen Orten.

Daſs der Mittelpunkt ſolcher Plätze, wenn er überhaupt beſetzt wird, nur von

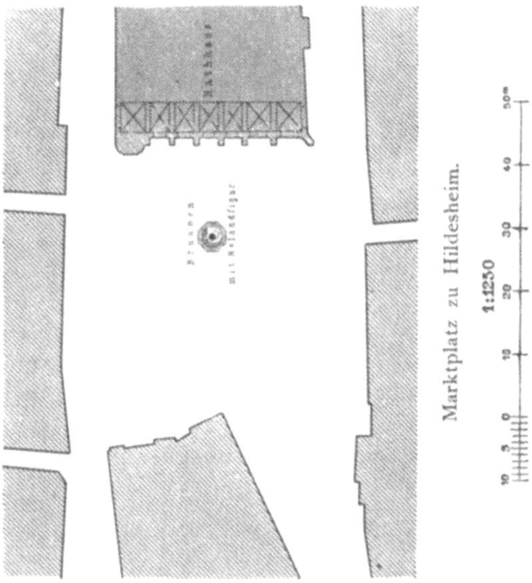

Fig. 699.

einem Werke eingenommen werden kann, das an Abmeſſung und Bedeutung eine entſchiedene Ueberlegenheit beſitzt, iſt eine Forderung des künſtleriſchen Gefühles, die wir in unſeren Beiſpielen erfüllt ſehen. Aber es iſt nicht nöthig und in Ermangelung eines ſehr hervorragenden Gegenſtandes nicht räthlich, die Mitte zu beſetzen. *Wilhelms*-Platz und Pariſer Platz zu Berlin, ferner *Trafalgar-Square, Piazza acquaverde, Statuto*-Platz (ſiehe Fig. 418, S. 177) und *Marcus*-Platz haben eine freie Mitte, wie die römiſchen Fora. Aeſthetiſche und Zweckmäſsigkeitsgründe machen oft das Freihalten der Mitte zur unerläſslichen Bedingung. *Piazza dell' Annunziata* (ſiehe

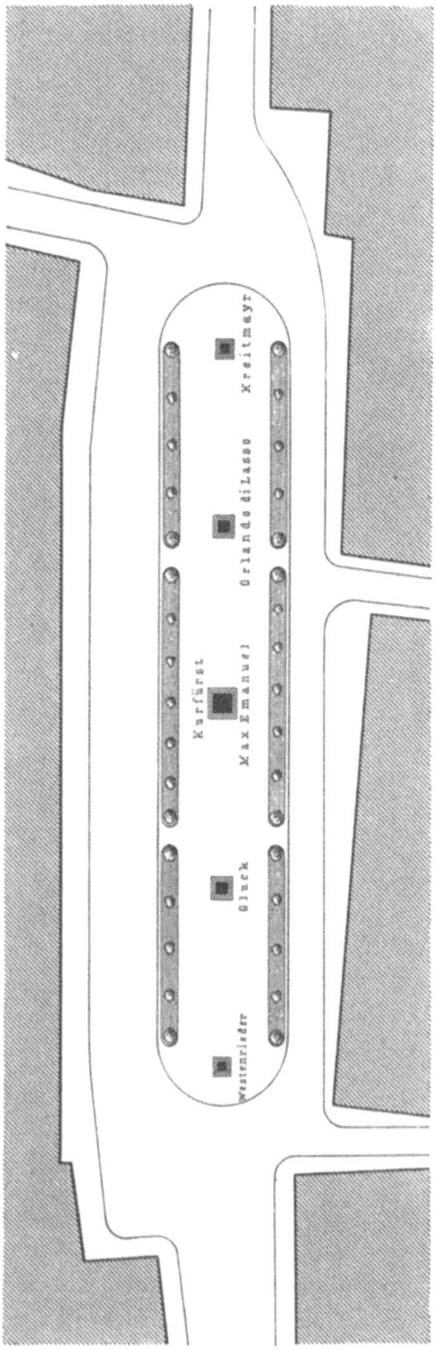

Fig. 700.

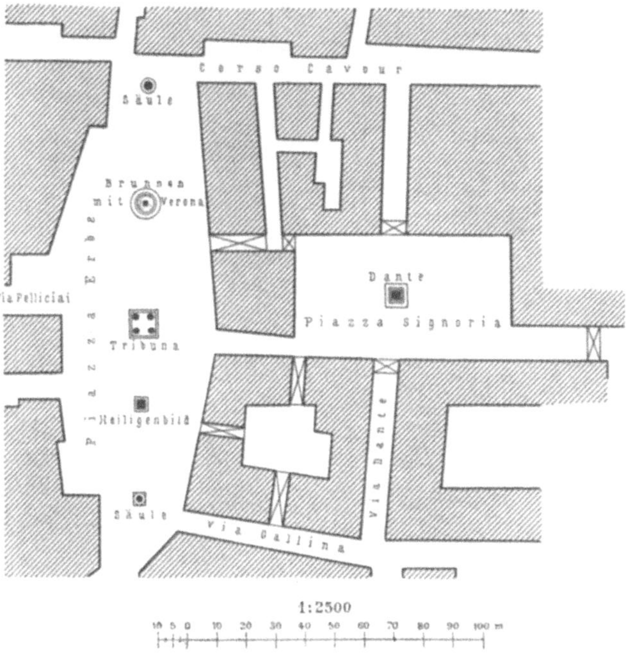

Piazza Erbe und *Piazza Signoria* zu Verona.

Fig. 410, S. 174) zeigt eine reizvolle Gruppirung des Reiterbildes und der Brunnen um den freien Mittelpunkt.

Sobald es ſich um die Aufſtellung eines einzigen Kunſtwerkes handelt, iſt bei regelmäſsigen Plätzen in der Regel die Axenbeziehung, bei unregelmäſsigen Platzflächen das Maleriſche beſtimmend. Die Axe kann ſich auf die Platzfigur ſelbſt, auf ein Gebäude, auf eine oder mehrere Straſsenmündungen beziehen; auf kleineren Plätzen wird die Axenſtellung leicht zur Mittelpunktſtellung, oft mehr aus Gewohnheit, als aus Ueberlegung. In den bereits mitgetheilten Platzbildern finden wir gute Axenſtellungen bei freier Mitte auf dem *Statuto-* und dem *Carl Felix*-Platze zu Turin (ſiehe Fig. 418, S. 177 u. Fig. 363, S. 153), der *Piazza Grande* zu Trieſt (ſiehe Fig. 439, S. 185), dem *Thiers*-Platz zu Nancy (ſiehe Fig. 421, S. 178), dem Kranzplatz zu Wiesbaden (ſiehe Fig. 326, S. 138) und beim *Max*-Denkmal in München (ſiehe Fig. 425, S. 179); andere Beiſpiele ſind der Waterloo-Platz zu Hannover, das *Otto*-Standbild auf dem Altenmarkte zu Magdeburg, das *Moltke-* und das *Bismarck*-Denkmal zu Köln, die beiden Herzogs-Denkmäler vor dem Schloſſe zu Braun-

Fig. 702.

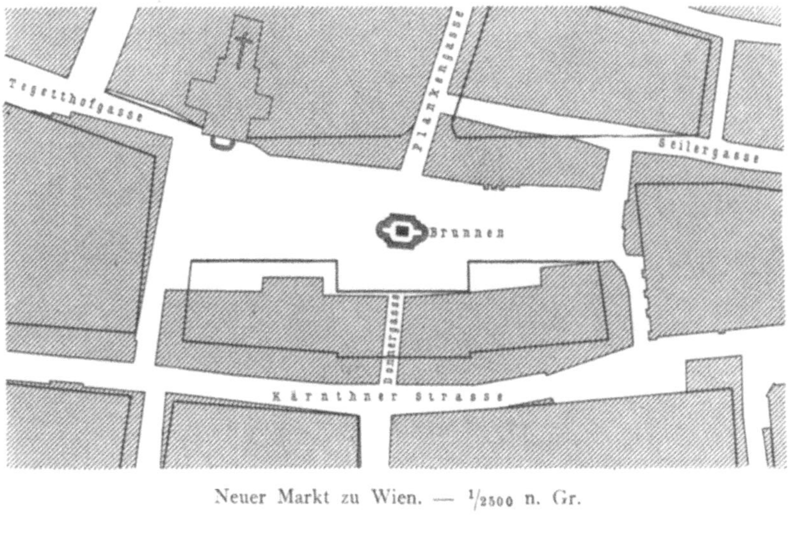

Die kräftig gezogenen Linien ſind die feſt geſtellten neuen Bauſluchten.

Neuer Markt zu Wien. — $^1/_{2500}$ n. Gr.

Fig. 703.

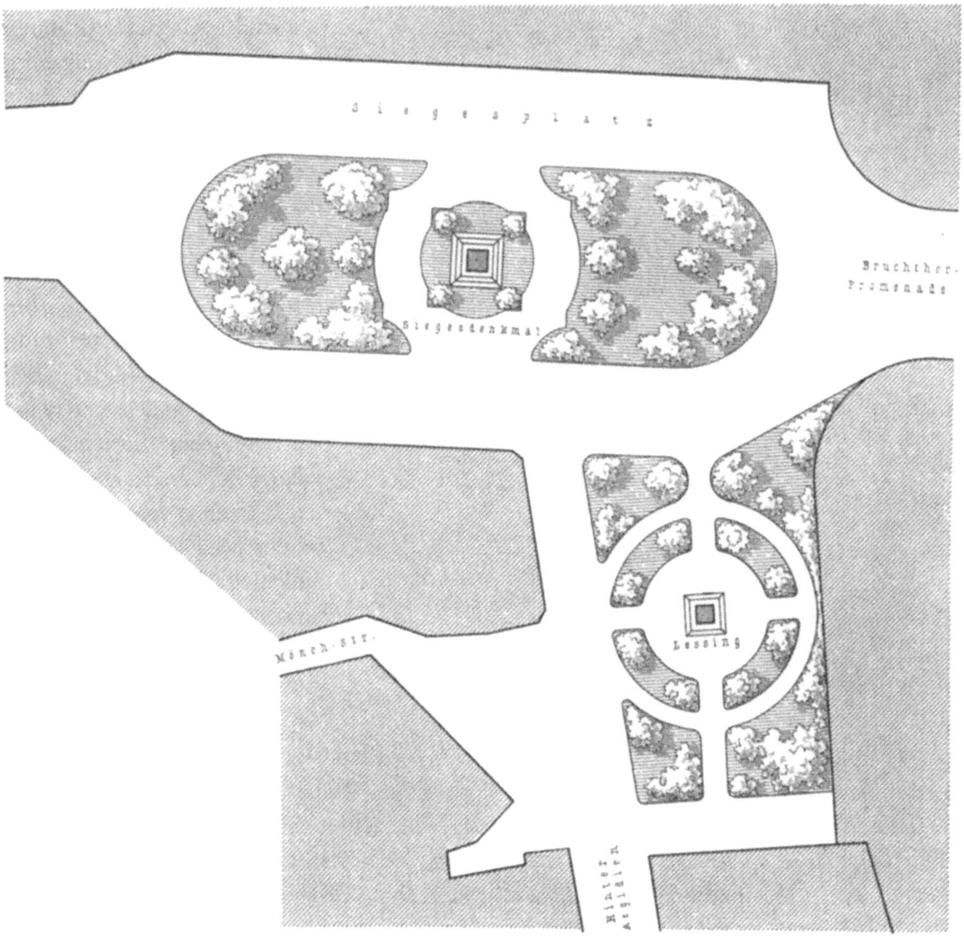

Siegesdenkmal und *Leſſing*-Denkmal zu Braunſchweig.

1:1250
10 5 0 10 20 30 40 50m

Fig. 704.

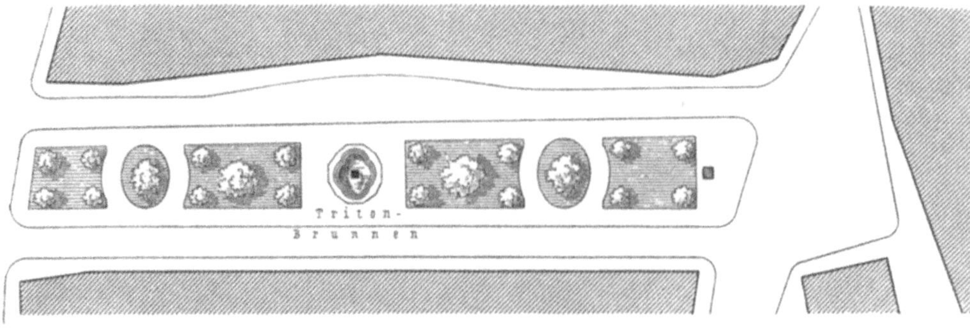

Maximilians-Platz zu Nürnberg.

fchweig, der *Roland*-Brunnen auf dem Marktplatz zu Hildesheim (Fig. 699) u. f. w. Der *Jan-von-Werth*-Brunnen auf dem Altenmarkt zu Köln (fiehe Fig. 350, S. 149) ftände viel wirkfamer im Schlufspunkte der Längenaxe an der breiteren Querfeite des Platzes, als in der hier unbegründeten Mittelpunktftellung gegenüber einer unwefentlichen Strafsenmündung.

Die Mittelpunktftellung ift indefs auf vielen alten und neuen Plätzen das Natürliche und künftlerifch Gebotene; es wäre unrichtig, das Freihalten der Platzmitte an fich als Lehrfatz aufftellen zu wollen. Zahlreiche vortreffliche Aufftellungen der Vorzeit und der Gegenwart beweifen das Gegentheil. Wir nennen: den *Heinrichs*- 556. Denkmäler in Mittelpunktftellung.

Fig. 705.

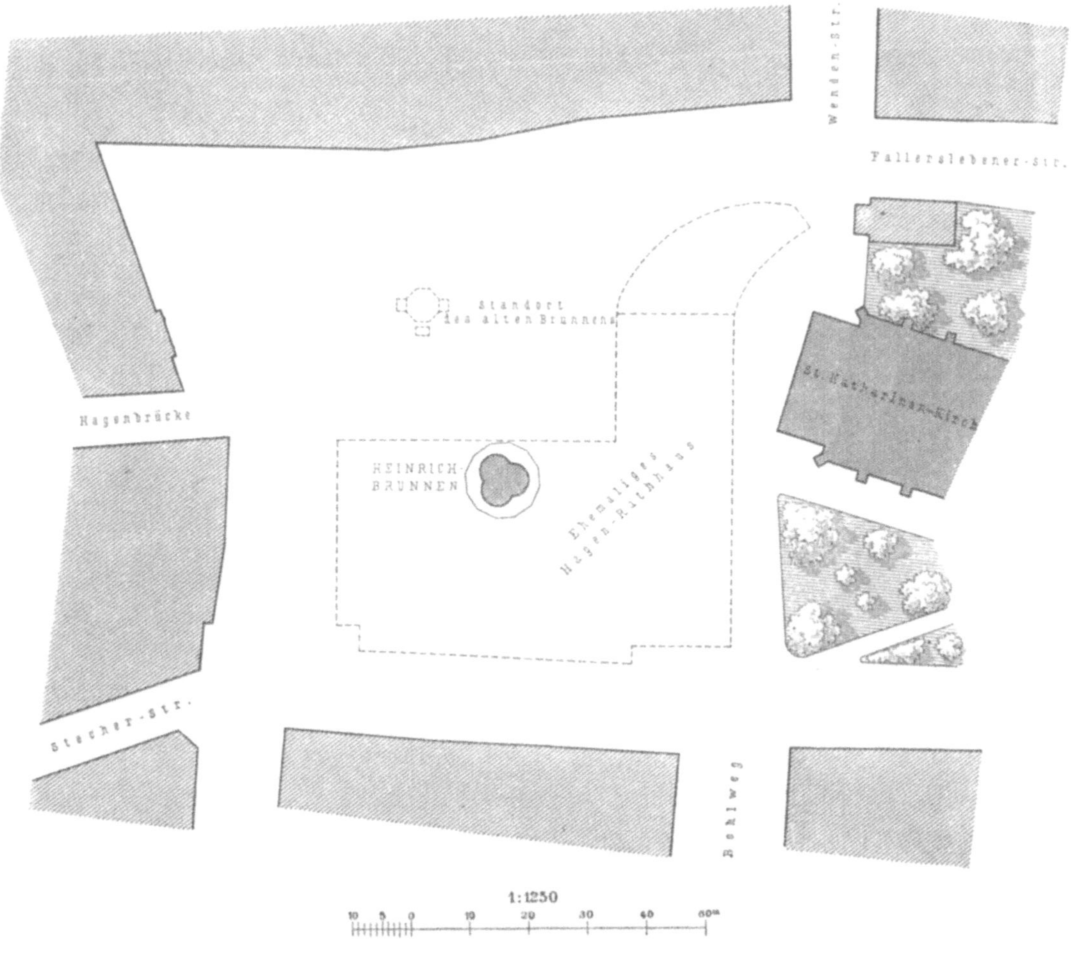

Heinrichs-Brunnen auf dem Hagenmarkt zu Braunfchweig.
Heinrichs-Brunnen auf dem Hagenmarkt zu Braunfchweig.

Brunnen des Hagenmarktes zu Braunfchweig auf feinem früheren und feinem gegenwärtigen Standorte (Fig. 705), das Sieges- und das *Leffing*-Denkmal zu Braunfchweig (Fig. 703), die Marktbrunnen zu Goslar und Lübeck (fiehe Fig. 403, S. 171), das Reiterftandbild auf dem Marktplatz zu Düffeldorf (fiehe Fig. 351, S. 149), den Triton auf dem *Maximilians*-Platz zu Nürnberg (Fig. 704), den Fifchmarktbrunnen zu Bafel, das *Kleber*- und das *Gutenberg*-Denkmal zu Strafsburg, das *Stanislaus*-

Denkmal zu Nancy (siehe Fig. 408, S. 172), die *Vendôme*-Säule zu Paris (siehe Fig. 414, S. 177), *Marc Aurel* auf dem Capitol-Platze und die Säule auf der *Piazza Colonna* zu Rom (siehe Fig. 406, S. 171 u. Fig. 387, S. 162), den Obelisk auf dem *Popolo*-Platze daselbst (siehe Fig. 341, S. 143), *Dante* auf der *Piazza S. Croce* zu Florenz (siehe Fig. 388, S. 162) und auf der *Piazza de' Signori* zu Verona (Fig. 701), *Victor Emanuel* auf dem *Corvetto*-Platz zu Genua (siehe Fig. 348, S. 146), den figurenreichen Brunnen auf dem Neuen Markt (Fig. 702) und das *Tegethoff*-Denkmal auf dem Praterstern zu Wien (Fig. 707), das *Maria Theresia*-Denkmal auf dem Burgplatz daselbst, die Siegessäulen auf dem Königsplatz und dem *Belle-Alliance*-Platz zu Berlin (siehe Fig. 374, S. 158; Fig. 441, S. 186 u. Fig. 706), den Triumphbogen

Fig. 706.

Belle-Alliance-Platz zu Berlin.

und den Republikplatz zu Paris (siehe Fig. 345, S. 145 u. Fig. 708), den *Amalieborg*-Platz zu Kopenhagen (siehe Fig. 411, S. 175) und *Prinz Albert* auf dem *Holborn-Circus* zu London (siehe Fig. 283, S. 129).

Die grofse Zahl folcher Mittelpunktftellungen darf aber doch nicht zu dem Gedanken führen, diefe Stellung fei überhaupt der Regel nach die geeignetfte; es ift vielmehr in jedem Falle, wo über den Standort eines Denkmales Entfcheidung getroffen werden foll, die Erwägung aller Umftände nothwendig. Die Mittelpunktftellung fetzt eigentlich eine annähernde Gleichwerthigkeit der Denkmalfeiten und der Platzumgebung, fernerhin aber eine forgfältige Abwägung der Gröfsenverhältniffe voraus. Manches Denkmal in Rand- oder Axenftellung, wie die *Nelfon*-Säule am *Trafalgar-Square*, die *York*-Säule auf *Waterloo-Place*, das Mont-Cenis-Denkmal auf dem *Statuto*-Platz, das *Stein*-Denkmal auf dem *Dönhoff*-Platz, würde, in die Mitte gerückt, einen unleidlichen Eindruck machen; viele andere, wie die Berliner Siegesſäulen oder das Standbild der Republik zu Paris oder das *Tegethoff*-Denkmal zu

Fig. 707.

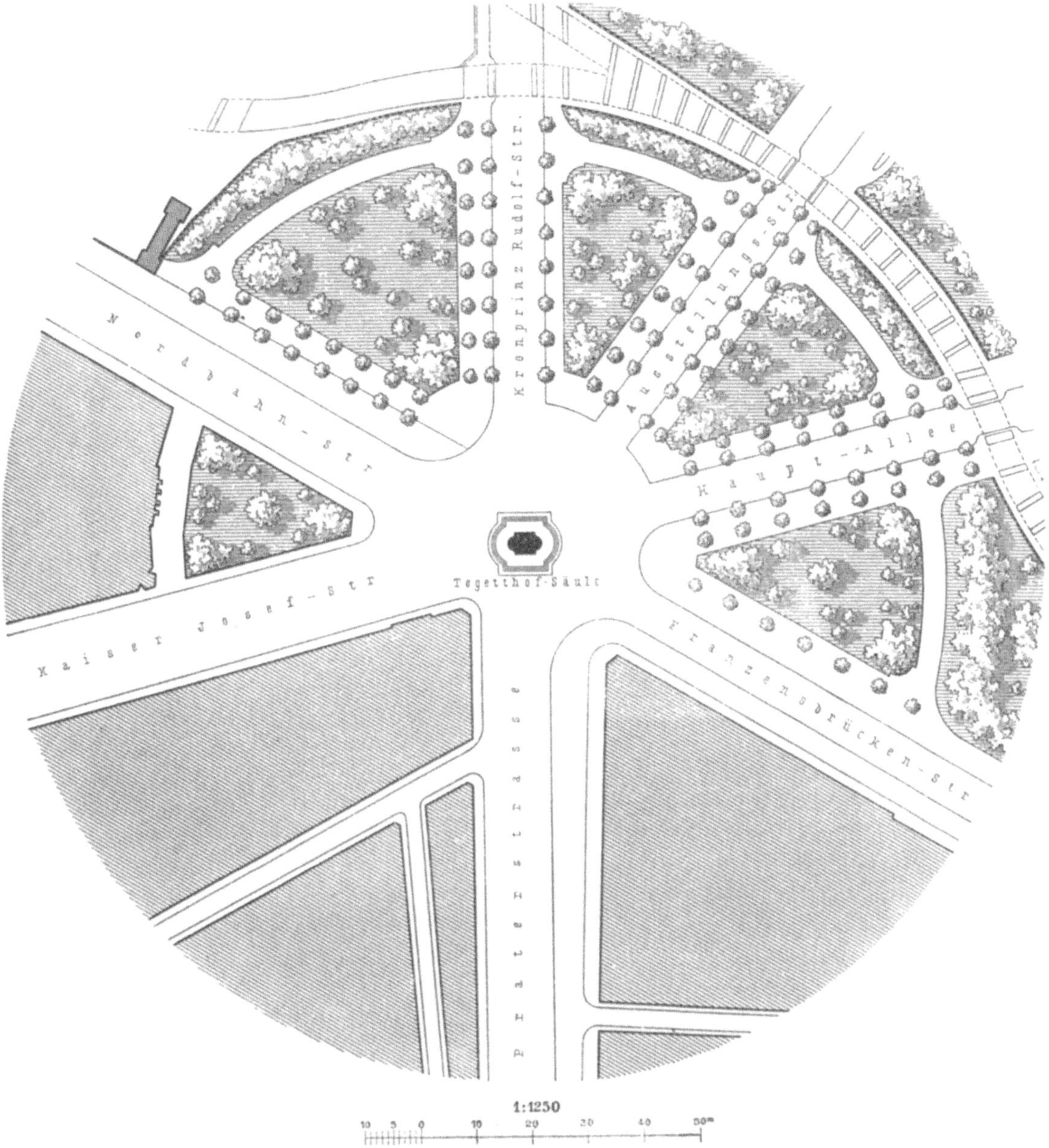

Praterſtern zu Wien.

Wien, können wegen der ausgeprägt centralen Geſtalt des Platzes und der Umgebung überhaupt nur im Platzmittelpunkt gedacht werden.

Die Aufſtellung von Standbildern und Reiterbildern in der Platzmitte hat ſtets mit dem Uebelſtande zu kämpfen, daſs die menſchliche Figur, wie das Pferd eine Rückſeite beſitzen, deren Betrachtung weniger einladet und weniger befriedigt, als die

Vorderanficht; die Randftellung auf einem Platze mit gefchloffener Umrahmung ift defshalb für Stand- und Reiterbilder im Allgemeinen vortheilhafter, als der Mittelpunkt eines offenen. Verkehrs- oder Gartenplatzes. Hier find hohe Säulen, wie die *Columna roftrata* auf dem Praterftern, die *Napoleons*-Säule auf der *Place Vendôme*, die Siegesfäule auf dem Königsplatz, mächtige Obelisken oder Brunnenaufbauten in der Regel paffender. Aber dennoch wirkt der *Marc Aurel* auf dem Capitol edel und ergreifend, weil die Umrahmung eng ift und die Auffstiegrampe den Befchauer unmittelbar vor die Hauptanficht führt; und die Figur der Republik zu Paris wirkt trotz der freien Umgebung grofsartig wegen ihrer gewaltigen Gröfse und ihres kraftvollen Unterbaues.

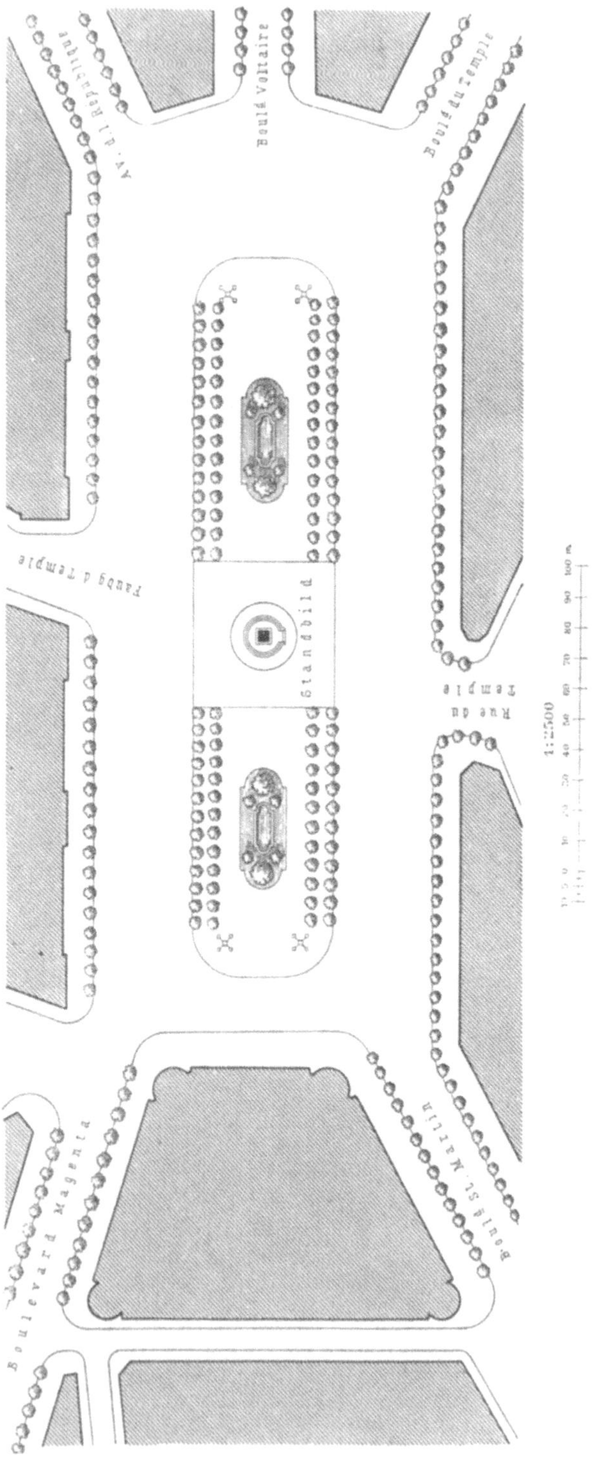

Fig. 708.

Place de la République zu Paris.

In vortrefflicher Weife läfft fich die Verfchiedenheit des Werthes der Vorder- und Rückanficht eines Denkmals durch eine Aufftellung berückfichtigen, welche den gröfseren Theil der Platzfläche vor der Hauptanficht anordnet: das Standbild oder Brunnenwerk wird etwa auf zwei Drittel der Platztiefe errichtet. Auf anfteigenden Plätzen wird das Denkmal den Rücken nach dem Berge hin wenden, weil die Betrachtung von unten die vortheilhaftere und wirkfamere ift; der obere Rand ift daher für Denkmäler mehr geeignet als der untere.

Auf den unregelmäfsigen Plätzen des Mittelalters fpielten die Axenbeziehungen eine geringe Rolle. Gebäude, Standbilder und Brunnen wurden, zufällig oder überlegt, nicht nach ftrengen Linien, fondern nach der Empfindung oder nach Verkehrsrückfichten und anderen praktifchen Bedürfniffen errichtet. Hieraus haben fich vielfach malerifche Stadtbilder entwickelt, von denen indefs nur wenige als einheitliche Schöpfung aufzufaffen find. Die Gefchichte der Jahrhunderte machte folche Plätze allmählig zu dem, was fie heute find, und die fcheinbar zwecklofen oder auch abfichtlichen Unregelmäfsigkeiten werden urfprünglich ihren triftigen, wenn auch heute 557. Malerifche Denkmal-Aufftellung.

Fig. 709.

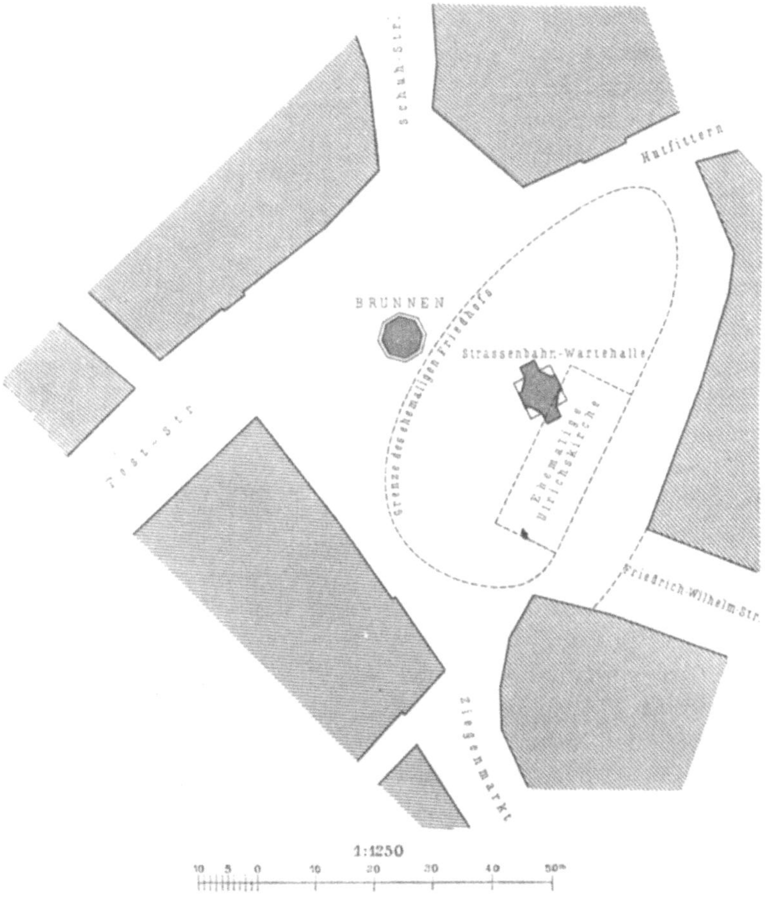

Kohlmarkt zu Braunfchweig.

nicht mehr erkennbaren örtlichen Grund gehabt haben. Eben fo wenig wie man einen Platz mit beliebig unregelmäfsigen Umfaffungslinien heute willkürlich neu fchaffen kann (vergl. Art. 293, S. 195), eben fo wenig kann man eine willkürlich unregelmäfsige Denkmal-Aufftellung durchführen. Auf regelmäfsigen Plätzen ift man in der Randftellung zwar wenig befchränkt; aber gewiffe Axenrückfichten laffen fich nicht verleugnen. Ift der Platz von Alters her unregelmäfsig oder geftaltet fich derfelbe in Folge zwingender Rückfichten des Bebauungsplanes unregelmäfsig, fo ift die künftlerifche Empfindung bei der Wahl des Standortes weit freier. Die Offenhaltung der Verkehrslinien, die Bewahrung des freien Blickes auf ein Bauwerk, das künſtleriſche Gleichgewicht der Maſſen, nicht die geometriſche Symmetrie — dies ſind alsdann die leitenden Geſichtspunkte. Die freie Anwendung derſelben in modernen Städten iſt ſelten; ſie läuft Gefahr, in jedem Falle Widerſpruch und Angriffe hervorzurufen. Die überkommenen unregelmäſsigen Denkmal-Aufſtellungen würden wir vielfach nicht wiederholen können; die Geſchichte iſt es, welche deren Standort geheiligt hat. Bekannte Beiſpiele ſind der Brunnen auf dem Kohlmarkte zu Braunſchweig (Fig. 709), die Brunnen an der *Lorenz*-Kirche zu Nürnberg (Fig. 710), der Schöne Brunnen und das Gänſemännchen daſelbſt (Fig. 712), die *Roland*-Säule auf dem Markte zu Bremen (ſiehe Fig. 407, S. 172) das *Gutenberg*-Standbild auf dem Roſsmarkt zu Frankfurt, der *Quentin Maſſys*-Brunnen zu Antwerpen, der Brunnen auf *Piazza della Signoria* zu Florenz, das Reiterſtandbild des *Gattamelata* auf der *Piazza del Santo* zu Padua. Auch die beiden Königsdenkmäler auf dem Ring zu Breslau gehören in gewiſſer Weiſe hierher. Der ſeit dem Jahre 1408 auſserhalb der Platzmitte geſtandene Brunnen auf dem Altſtadtmarkte zu Braunſchweig (Fig. 711) iſt erſt i. J. 1847 in den Mittelpunkt verſetzt worden.

Im Allgemeinen iſt die maleriſch unregelmäſsige Aufſtellung eines Denkmals in unſerer Zeit eine ſeltene Aufgabe. Selbſt in Gärten und Parkanlagen, die in Abſchn. 5 näher behandelt werden, iſt die ſcheinbare Willkür der Denkmal-Aufſtellung von landſchaftlichen und axialen Beziehungen abhängig.

Fig. 710.

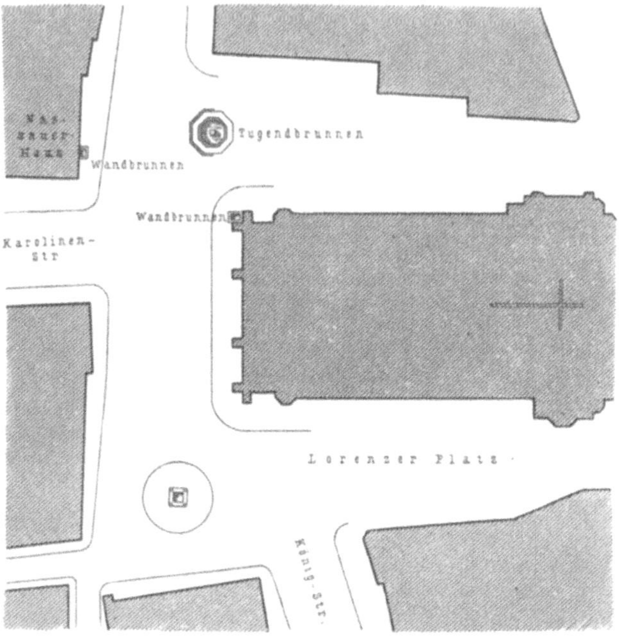

Aufſtellung von Brunnen an der *Lorenz*-Kirche zu Nürnberg.

1:2500

Fig. 711.

Altſtadtmarkt zu Braunſchweig.

Fig. 712.

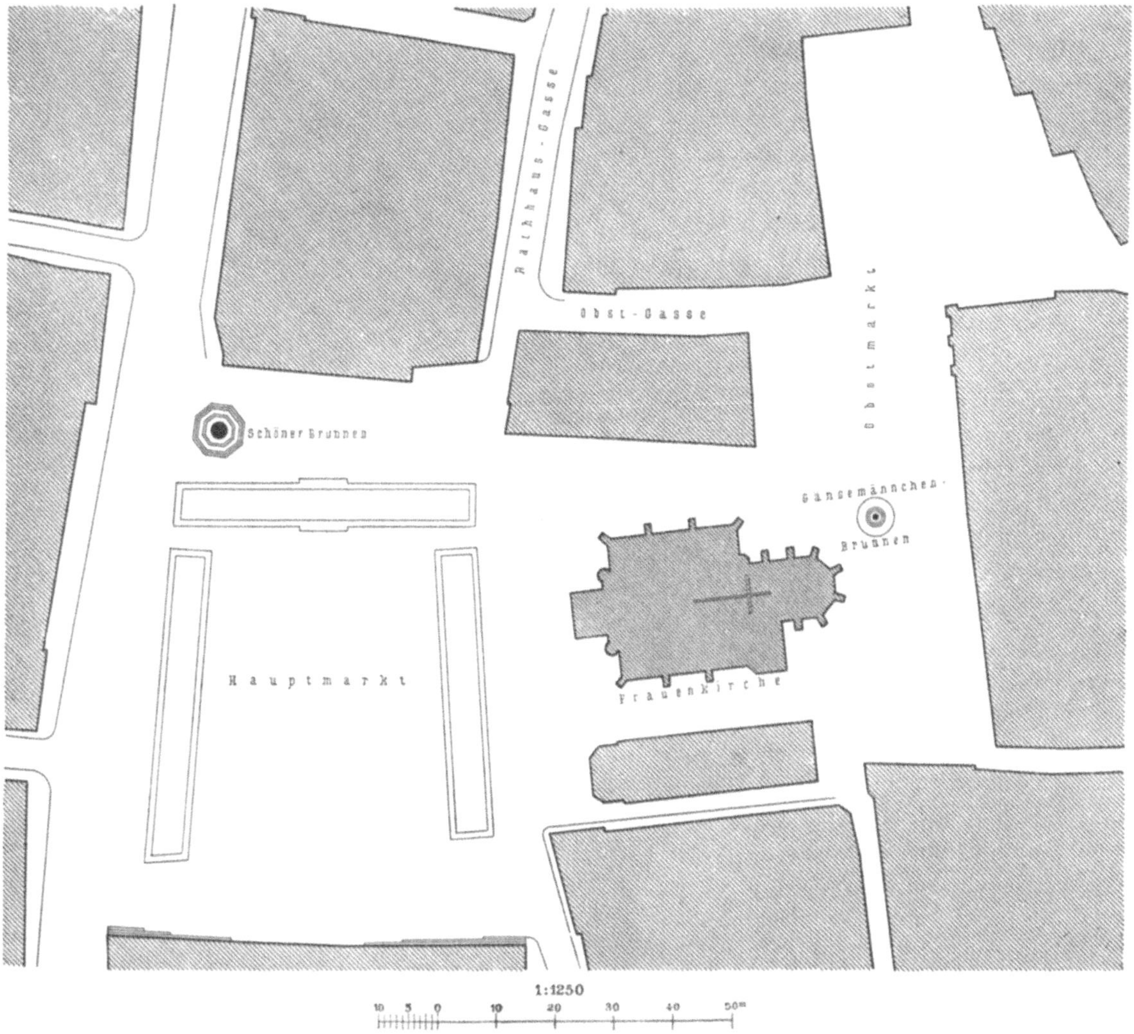

Aufftellung von Brunnen-Denkmälern zu Nürnberg.

Fig. 713.

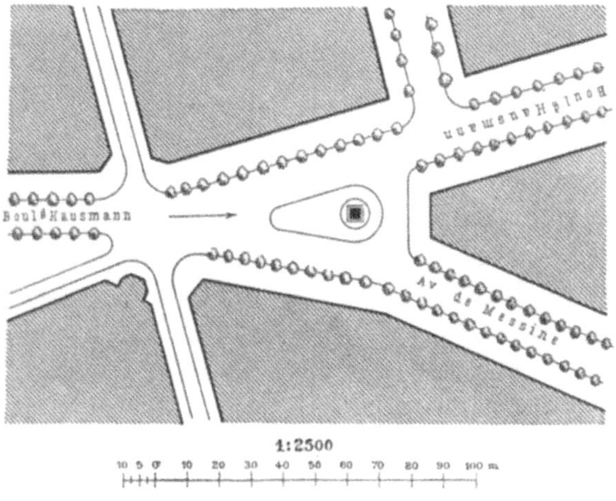

Aufftellung des *Shakefpeare*-Denkmals zu Paris.

558. Straſsen-denkmäler.

Oft hat auch die Mittellinie der freien, breiten Straſsenfläche einen paſſenden Standort dargeboten, ſo für das Reiterdenkmal *Friedrich's des Groſsen* zu Berlin, für das *Temple Bar Memorial* zu London, für die Brunnendenkmäler zu Freiburg i. Br. und Augsburg, für die Denkmäler der *Carl-Friedrich*-Straſse zu Karlsruhe (Fig. 714); oder es wurde der Endpunkt einer Straſse an einer Gabelung oder Verzweigung gewählt, z. B. für das *König-Wilhelm*-Standbild am Ende der gleichnamigen Straſse und das *Peel*-Denkmal am Ende der *Cheapſide*-Straſse zu London, für das *Shakeſpeare*-Standbild an der Abzweigung der Meſſina-Straſse vom *Boulevard Hauſsmann* zu Paris (Fig. 713), für das *Werder*-Denkmal am Schluſs der Kaiſerſtraſse zu Freiburg i. Br. u. ſ. w. Ein ſolches Denkmal erhält ſeine beſondere künſtleriſche Beziehung, wenn der Straſsenſchluſspunkt mit dem Vorplatz eines öffentlichen Gebäudes zuſammenfällt, wie *Queen Anna* am Ende der *Ludgate*-Straſse vor der *St. Pauls*-Kirche und das Reiterbild *Wellington*'s vor der Börſe zu London (ſiehe Fig. 286, S. 129). Immerhin dürften ſolche vom Verkehre und Lärm der Straſse umgebene Standorte für Denkmäler (»Straſsendenkmaler«) nur unter beſonderen Verhältniſſen gerechtfertigt ſein, wie beim *Alten Fritz* Unter den Linden und bei Königin *Anna* vor der *St. Pauls*-Kirche, wie auch beim *Victor-Emanuel*-Denkmal auf der *Riva degli Schiavoni* zu Venedig im Angeſicht der ankommenden Schiffe. Im Groſsen und Ganzen aber verlangen Standbilder, welche mit Sammlung zu betrachten ſind, ruhigere Orte und paſſendere Umrahmung.

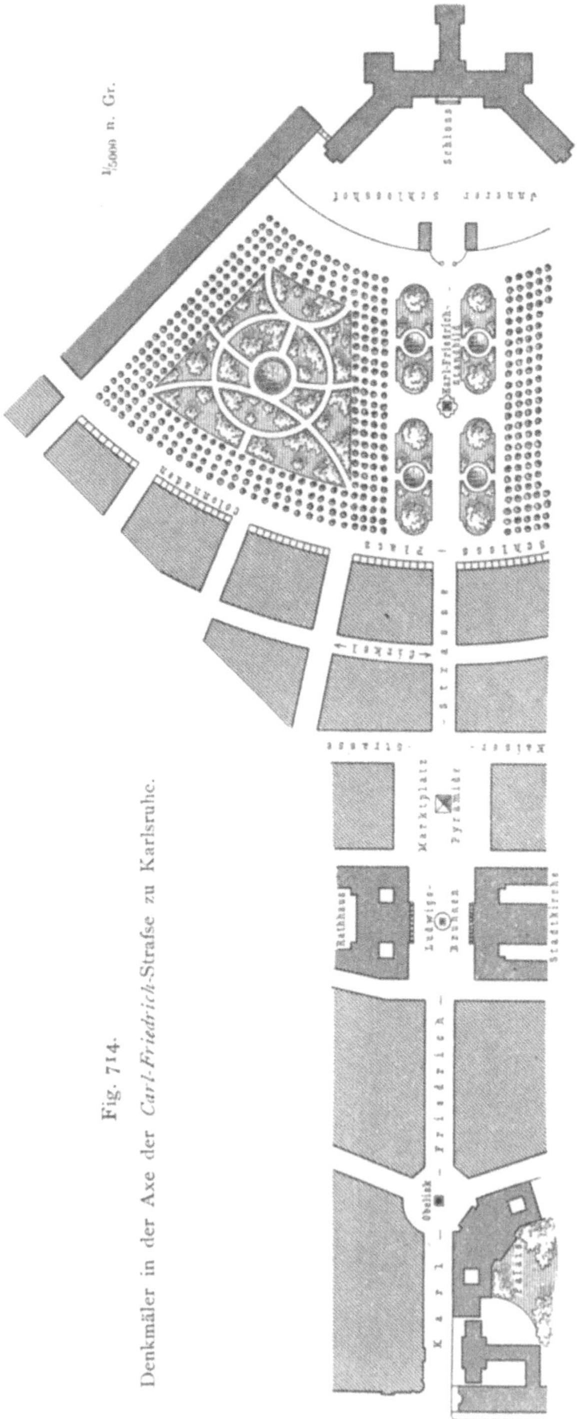

Fig. 714. Denkmäler in der Axe der *Carl-Friedrich*-Straſse zu Karlsruhe. $^1/_{5000}$ n. Gr.

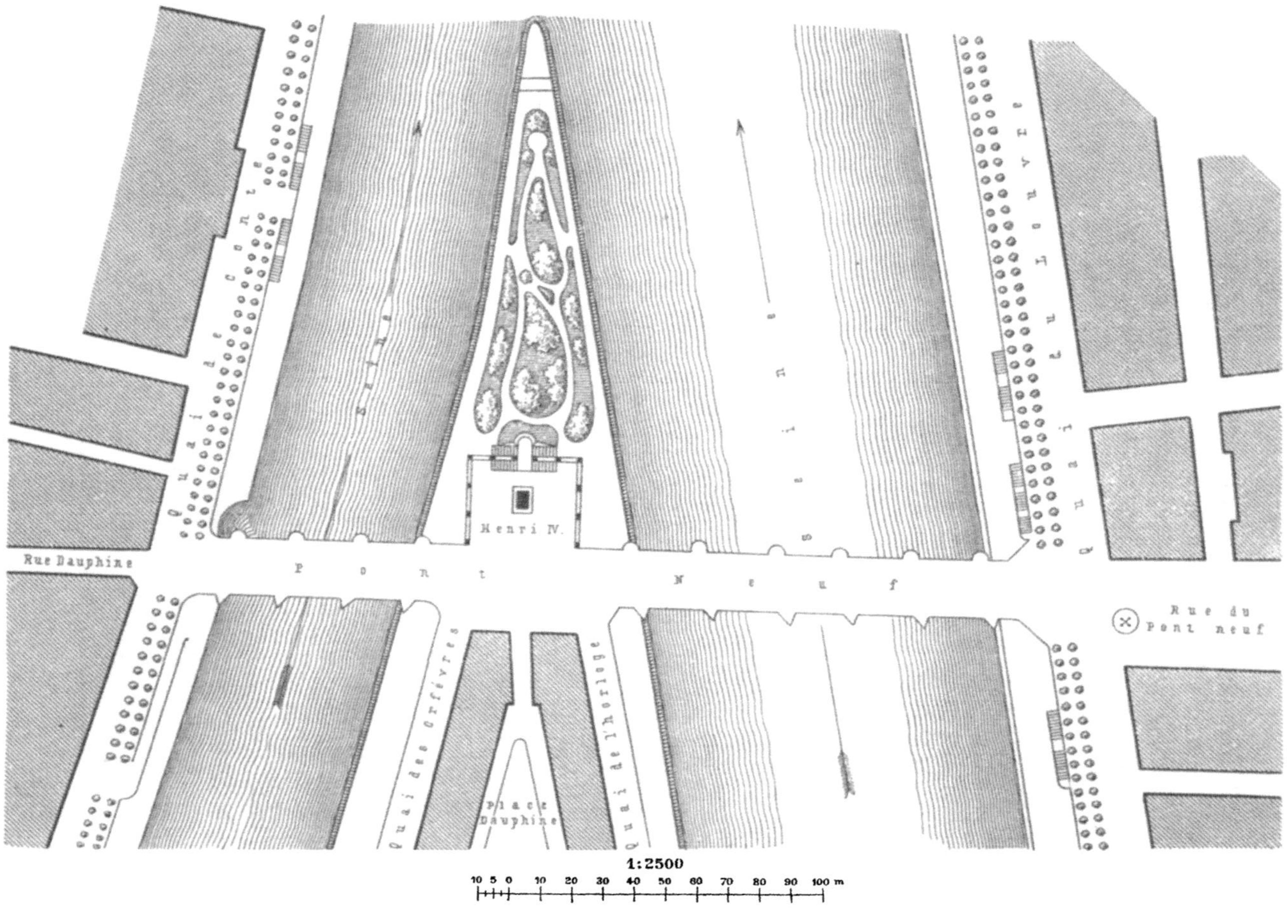

Denkmal *Heinrich*'s IV. neben dem *Pont neuf* zu Paris.

559. Brücken-denkmäler. Aehnliches gilt, wenn auch gemildert, für die in jüngster Zeit wieder mehr in Aufnahme kommenden »Brückendenkmäler«. Die Heiligen-Statuen, besonders diejenige des heil. *Nepomuk* sind, nach Art der Prager Moldau-Brücke, in alten Städten vielfach zur Seite der Brückenfahrbahn auf den Pfeilern errichtet worden. Eine ähnliche Ausstattung zeigt die Main-Brücke bei Würzburg. Aus der Renaissance-Zeit sind die Engelsbrücke zu Rom und die *Herkules*-Brücke zu Berlin, aus neuerer Zeit die Schlofsbrücke zu Berlin und die Freiheitsstatue auf dem *Pont de Grenelle* zu Paris bekannte Beispiele für Brückenfiguren. Auch die Reiterbilder der Könige *Friedrich Wilhelm IV.* und *Wilhelm I.* auf dem linksseitigen und dem rechtsseitigen Portal der Kölner Rheinbrücke gehören hierher. Die Stellung der Brückenfiguren hat den Vorzug, dafs sie die nähere Betrachtung der Kunstwerke nur von der Vorderseite gestattet, ein Umstand, der auch bei selbständigen Denkmälern, wie bei demjenigen des *Pierre Corneille* auf dem Knickpunkte der Seine-Brücke zu Rouen, *Heinrich's IV.* auf der Mittelinsel des *Pont Neuf* zu Paris (Fig. 715), des Grofsen Kurfürsten auf dem Mittelpfeiler der Langen Brücke zu Berlin u. a., in das Gewicht fällt. Besonders für Reiterstandbilder pflegt das Ausschliefsen der Rückansicht von der näheren Betrachtung erwünscht zu sein. Aber auch an und für sich wird ein Denkmal, umrauscht vom Strome, hinabschauend auf die über die Brücke eilende Menge und auf die im Flusse treibenden Schiffe, stets einen dem menschlichen Gemüthe zusagenden Reiz besitzen. Kein Wunder defshalb, dafs die Stellung des berühmten Meisterwerkes *Schlüter*'s Nachahmung finden soll für ein Kaiser-*Wilhelm*-Denkmal in Hamburg und ein Kaiser-*Friedrich*-Denkmal in Berlin.

560. Denkmäler als Schlufspunkte. Viele Uebertreibungen hat man sich dadurch zu Schulden kommen lassen, dafs man Standbilder und Reiterbilder, Brunnendenkmäler und Säulen glaubte in eine Strafsenaxe rücken zu müssen, um dieselben als *Points de vue*, als Schlufsbilder langer Perspectiven, zu benutzen. Dies ist passend und schön, wenn die Verhältnisse des Denkmals zu denjenigen der Strafse richtig abgewogen werden können; sehr oft aber leidet hierbei die Erscheinung des Denkmals und verschwindet fast vor den riesigen Abmessungen der Strafse. »In der Kunst des Raumes,« so sagt *Sitte* [103]) mit Recht, »kommt alles auf die gegenseitigen Verhältnisse an, sehr wenig dagegen auf die absolute Gröfse. Es giebt Zwergbildnisse in Gartenanlagen von 2 m Gröfse und darüber, dagegen *Herkules*-Statuetten von blofs Daumenlänge, und doch ist der Grofse der Zwerg und der Däumling der Heros.« *Robert Peel* und *Queen Anna, Carl I.* und Prinz *Albert* sind in Folge ihrer Stellung zu den Londoner Strafsen fast zu Statuetten geworden, obwohl die beiden zuletzt Genannten hoch zu Rofs sitzen; das Gleiche gilt für das *Shakespeare*-Standbild auf dem *Boulevard Haufsmann* und das Reiterbild der *Jeanne d'Arc* am Schlufs der Pyramidenstrafse zu Paris und von vielen deutschen Denkmälern. Selbst der Riesen-Obelisk des *Gambetta*-Denkmals in den Tuilerien zu Paris wirkt als Strafsenschlufs kleinlich, und wir hegen die Besorgnifs, dafs das Reiterdenkmal Kaiser *Wilhelm*'s, welches die Karlsruher am Ende der sehr langen Kaiserstrafse errichten wollen, trotz des schönen Aufstellungsplatzes (Fig. 716), durch die lange Strafsen-Perspective an Wirkung verlieren wird; hier wäre ein mächtig aufstrebendes Architektur-Denkmal weit mehr am Ort gewesen.

Grofsartig und ergreifend wirken die in gewaltigen Massen sich erhebenden Strafsenschlufsbilder der Statue der Republik am Ende von sieben und des Triumph-

---

103) A. a. O.

Fig. 716.

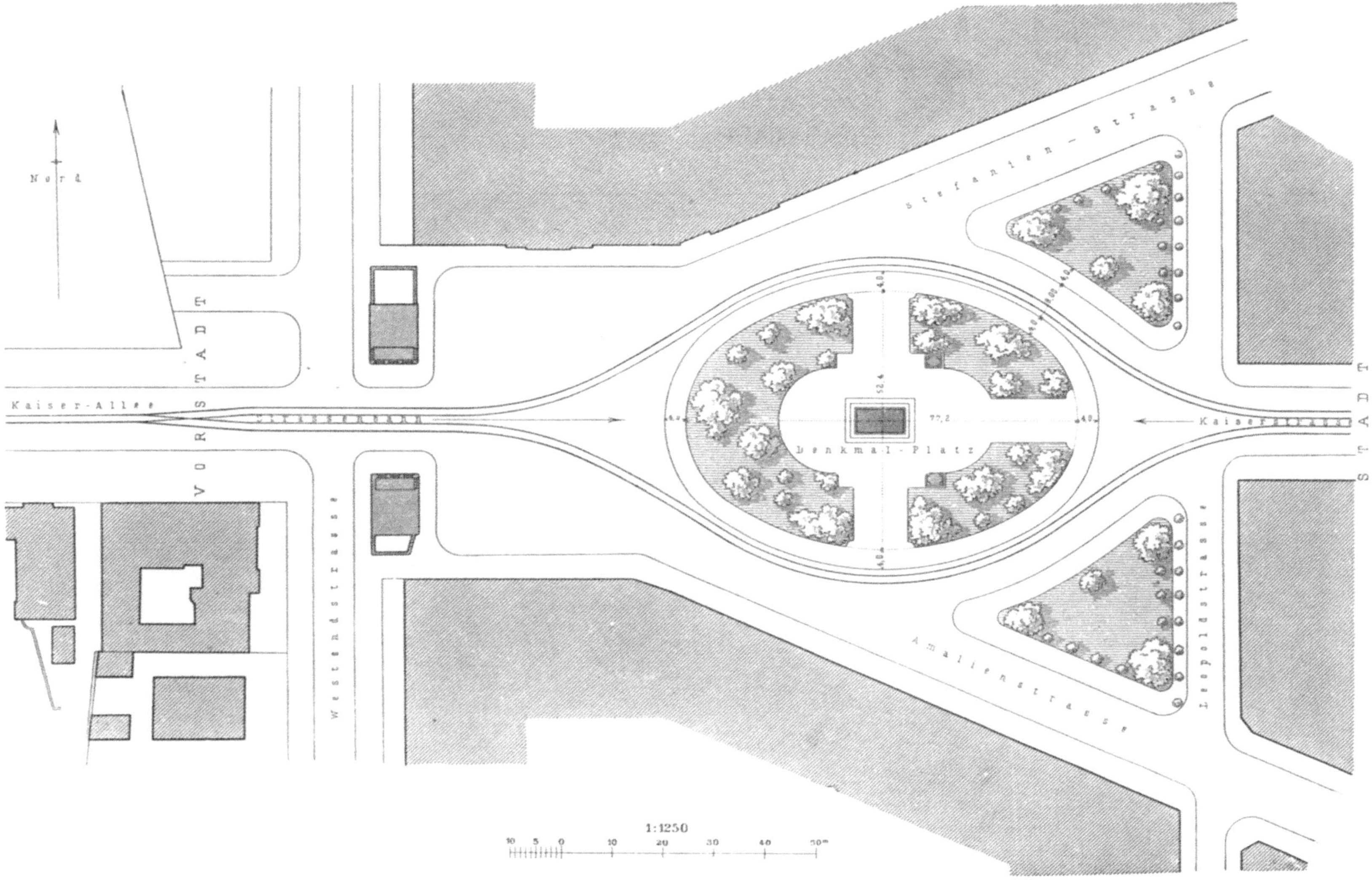

Aufstellung des Kaiser-*Wilhelm*-Denkmals am Schlußpunkte der Kaiserstraße zu Karlsruhe.

Fig. 717.

Triumphbogen zu Paris,

gefehen aus der *Avenue du Bois de Boulogne* (früher *Avenue de l'Impératrice*).

[Vergl. Fig. 345, S. 145.]

Fig. 718.

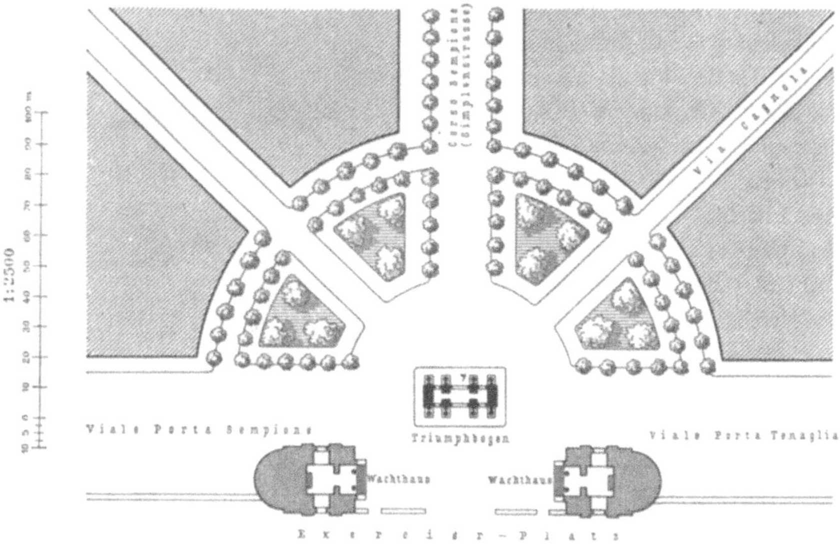

Arco del Sempione zu Mailand.

bogens (fiehe Fig. 345, S. 145 u. Fig. 717) am Ende von zwölf Strafsenlinien, der 22 m hohen Mont-Cenis-Pyramide auf dem *Statuto*-Platze zu Turin, des *Tegethoff*-Denkmals auf dem Praterftern zu Wien (Fig. 707) u. a. Der *Arco del Sempione* zu Mailand wirkt prächtig fowohl in unmittelbarer Nähe, wie als Schlufsbild der an der Nordfeite auf ihn gerichteten Strafsen, erfcheint dagegen fehr unbedeutend, wenn man ihn von Süden, über den grofsen Exercierplatz hinaus, erblickt (Fig. 718). Wir werden im Folgenden etwas näher auf folche Gröfsenverhältniffe eingehen [104]).

b) Gröfsenverhältniffe.

Schon in Abfchn. 2, Kap. 9 wurden die Gröfsenverhältniffe öffentlicher Plätze im Vergleich zu den daran und darauf ftehenden Gebäuden kurz erörtert. *Maertens* hat das Verdienft, durch feine Lehre vom optifchen Mafsftab [105]) auch auf die Gröfsenverhältniffe der öffentlichen Denkmäler mit befonderem Erfolge hingewiefen zu haben. Er unterfcheidet auch hier beftimmte Beobachtungsftandpunkte in verfchiedenen Entfernungen; befonders einen Standpunkt, bei welchem fich der beobachtete Gegenftand mit feiner nächften Umgebung zu einem Gefammtbilde abrundet, worin der Gegenftand felbft die herrfchende Hauptfache ift; dann einen folchen, bei welchem das Bild des beobachteten Gegenftandes für fich allein das Sehfeld beherrfcht und als Ganzes wirkt; fchliefslich einen dritten Standpunkt, bei welchem die Wirkung des Gegenftandes als eines Ganzen aufhört, dagegen der Genufs der Einzelheiten fich darbietet. Diefe Standpunkte find etwa um das Dreifache, das Zweifache und das Einfache der Höhe des Gegenftandes von diefem entfernt, fo dafs der Augen-Auffchlagswinkel ungefähr 18, 27 und 45 Grad beträgt. Aus gröfseren Entfernungen gefehen, wirkt das Denkmal nicht mehr als die Hauptfache des Bildes, fondern als Staffage oder Ausfchmückung.

561. Verhältniffe nach *Maertens*.

104) Siehe auch: *Our public monuments and their pofitions. Builder,* Bd. 1874, S. 671

105) MAERTENS, H. Der optifche Mafsftab oder die Theorie und Praxis des äfthetifchen Sehens in den bildenden Künften. Berlin 1877. (2. Aufl. Bonn 1884.) — Ferner: MAERTENS, H. Optifches Mafs für den Städtebau. Bonn 1890.

562. Abſchlieſsende Stellung.

Wenden wir dieſe Sätze auf die verſchiedenen Denkmal-Stellungen an, ſo würden die abſchlieſsenden Bauwerke eine Höhe von etwa einem Drittel der Platzbreite oder Platztiefe beanſpruchen oder wenigſtens in der Theilung und Einzelbehandlung mit Gebäuden dieſer Höhe übereinſtimmen müſſen, um nicht bloſs als Theil der Umrahmung, ſondern auch als Kunſtwerke für ſich zu erſcheinen. Sind die Platzabmeſſungen ſelbſt richtig gewählt, ſo iſt die äſthetiſche Forderung leicht zu erfüllen. Man wird Triumphbogen u. dergl. durch gröſsere Erhebung hervortreten, Verbindungshallen und ſonſtige untergeordnete Rahmentheile durch Anwendung beſcheidenerer Maſse zurücktreten laſſen.

563. Randſtellung.

Von den Denkmälern, insbeſondere Bildſäulen, in Randſtellung wird gewöhnlich eine beherrſchende Wirkung nicht verlangt werden; es iſt alſo nicht nöthig, Bildſäulengröſse und Platzbreite in das Verhältniſs 1 : 3 zu bringen; ſondern geringere Denkmalhöhen, bezw. gröſsere Platzabmeſſungen ſind die Regel. Zur Würdigung und Betrachtung der Bildſäulen hat man ſich denſelben zu nähern; für geeignete nähere Standpunkte iſt deſshalb durch Anlage von beſonderen Bürgerſteigen, erhöhten Platzflächen, Umpflanzungen u. ſ. w. zu ſorgen. Selbſt Denkmäler von ſo beſcheidener Höhe, wie diejenigen an den Rändern des Berliner *Wilhelms-* und des Londoner Parlamentsplatzes von $4{,}6$ bis $5{,}0$ m Höhe können hierdurch zu voll befriedigender Wirkung gebracht werden. Die (einſchl. Sockel) $5{,}7$ und $7{,}1$ m hohen Bildſäulen neben der Schluſs-

Fig. 719.

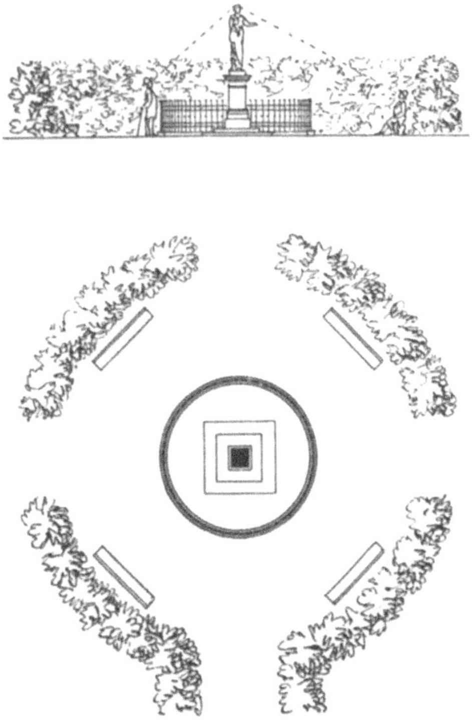

Umrahmung eines Standbildes auf freiem Platze, behufs Erzielung günſtiger Betrachtungspunkte [106]).

Fig. 720.

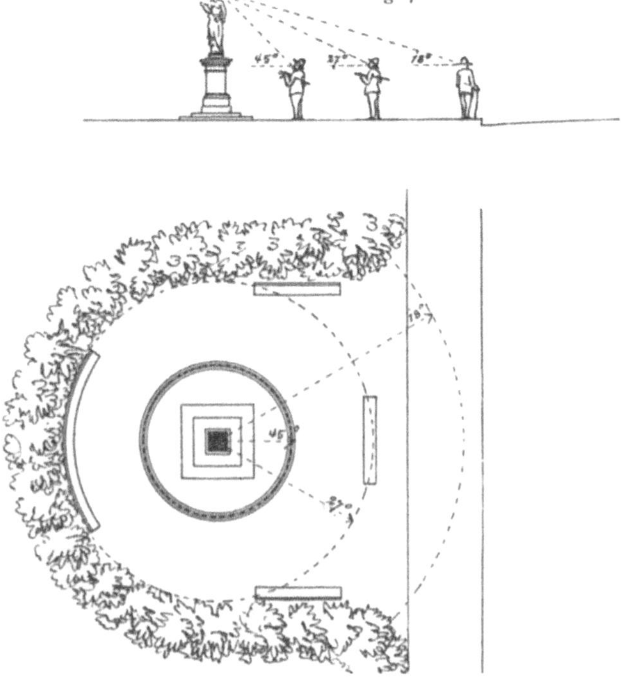

Umrahmung eines Standbildes an einem Bürgerſteig, behufs Erzielung günſtiger Betrachtungspunkte [106]).

[106]) Nach: MAERTENS, H. Der optiſche Maſsſtab etc. 2. Aufl. Bonn 1884.

Fig. 721.

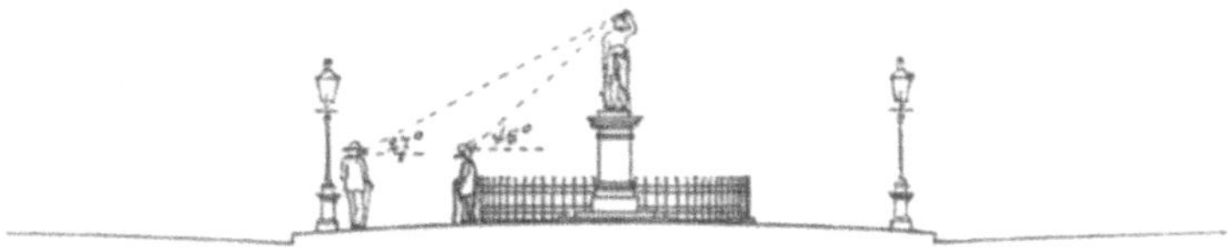

Standpunkt auf einer Candelaber-Inſel [106]).

ſtrecke von »Unter den Linden« ſind nicht zur Betrachtung von der gegenüber liegenden Straſsenſeite beſtimmt, paſſen aber der Höhe nach vortrefflich zu der ſie umgebenden Bürgerſteigfläche. Auf dem Pariſer Eintrachtplatze giebt die Eintheilung der Fläche ziemlich angemeſſene, wenn auch immer noch weite Betrachtungsabſtände. Beſonders aber iſt die Umpflanzung geeignet, das Bild des Denkmals zu Ruhe und Ausdruck zu bringen. Erwünſcht iſt hierbei die von *Maertens* angegebene Abſtufung der Abſtände nach Fig. 719 u. 720: dreifache Entfernung vom Bürgerſteig, zweifache von den Sitzbänken, einfache von der Umfriedigung. Dazu kommt, daſs Baumſchlag und Strauchwerk dem Denkmal den beſten Hintergrund verleihen. Die geringſte, allerdings dürftige Abgrenzung des Denkmalplatzes iſt die Herſtellung einer erhöhten Inſel nach Fig. 721.

Fig. 722.

Wilms-Denkmal
auf dem *Mariannen*-Platz zu Berlin.

564.
Axenſtellung.

Bei der Axenſtellung haben wir zu unterſcheiden, ob ein allein ſtehendes Denkmal für die ganze Platzwirkung die Hauptſache oder wenigſtens eine Hauptſache ſein ſoll oder ob das Intereſſe des Beſchauers ſich beim Anblick des ganzen Platzes auf eine Reihe, eine Gruppe von Denkmälern vertheilt. Im erſteren Falle wird man ein ſolches Gröſsenverhältniſs fordern dürfen, daſs an den Hauptzugängen des Platzes ein Augen-Aufſchlagswinkel von etwa 18 Grad, an den Hauptbeobachtungsſtellen ein ſolcher von 27 Grad erzielt werde, während bei mehreren Bildwerken die Beobachtungsabſtände ſich vertheilen.

Schöne Verhältniſſe zeigen der Promenaden-Platz in München (ſiehe Fig. 700, S. 408), deſſen Rand um etwas mehr als das Zweifache der Höhe von den ungefähr 6 m hohen, kleineren Denkmälern entfernt iſt, während das Mitteldenkmal wirkſam hervorragt; eben ſo das Denkmal *Max' II.* daſelbſt, welches bei 12,6 m. Höhe vom umgebenden Bürgerſteig etwa unter 27 Grad betrachtet wird (ſiehe Fig. 425, S. 179). Auch die Aufſtellung der *Navona*-Brunnen in Rom (ſiehe Fig. 353, S. 149), der Mont-Cenis-Pyramide in Turin (ſiehe Fig. 418, S. 177), des *Ernſt-Auguſt*-Denkmals in Hannover (ſiehe Fig. 340, S. 143) u. ſ. w. beſitzt gute Verhältniſſe. Das nur 5,2 m hohe *Schiller*-Standbild in Berlin wird dagegen trotz der Umpflanzung in Folge des groſsen Maſsſtabes der Platzanlage (ſiehe Fig. 402, S. 169) und der Gebäude ſtets als unbedeutend erſcheinen. Vortrefflich angeordnet erſcheint das *Wilms*-Denkmal auf dem *Mariannen*-Platz vor dem Krankenhaus Bethanien zu Berlin (Fig. 722).

Die Mittelpunktſtellung verlangt die aufmerkſamſte Innehaltung eines angemeſſenen Sehabſtandes; für die Beobachtung vom Platzrande iſt der Winkel von 27 Grad der erwünſchte; der Abſtand des Randes von der Mitte müſste alſo ungefähr das Doppelte der Bildſäulenhöhe betragen. Iſt die Mittelpunktſtellung eines Hauptdenkmales mit der Randſtellung anderer verbunden, ſo erſetzt die Aufſtellungslinie der letzteren den Platzrand.

Auf dem *Vendôme*-Platz (ſiehe Fig. 414, S. 177) iſt der Randabſtand nur das 1 1/2-fache der 47 m hohen Säule; der Platz erſcheint daher beſchränkt, und die Säule wirkt mehr als Straſsenbild. Der 35 m hohe Obelisk auf dem *Popolo*-Platz zu Rom (ſiehe Fig. 341, S. 143) iſt um das Doppelte ſeiner Höhe ſowohl von der *Porta del popolo,* als von den Aufſtiegrampen am Ende der Längsaxen des Platzes entfernt. Den 47 m hohen Obelisken in der Mitte des *Peters*-Platzes zu Rom ſieht man von den Enden der Längsaxe und von der *Piazza Ruſticucci* in ungefähr 100 m Entfernung. Der Halbmeſſer des *Karolinen*-Platzes zu München (ſiehe Fig. 420, S. 178) beträgt etwa das Doppelte der Höhe des Obelisken. Die 5,8 m hohen Standbilder von *Bismarck* und *Moltke* zu Köln werden in der zwei- bis dreifachen Entfernung betrachtet. Der mittelalterliche, 8 m hohe Brunnen auf dem Altſtadtmarkt zu Braunſchweig (Fig. 711, S. 416) iſt von den Häuſern 22 m entfernt. In ähnlich günſtigem Verhältniſs zum Platzhalbmeſſer ſteht das 10 m hohe Prinz-*Albert*-Reiterbild auf *Holborn-Circus*; für die Straſsenfernſicht bewährt ſich daſſelbe dagegen nicht (ſiehe Fig. 283, S. 129).

Auf dem Capitol-Platz zu Rom wäre das *Marc-Aurel*-Reiterbild, welches nur 6,8 m hoch iſt, gröſser zu wünſchen, da der Abſtand vom Platzrande ca. 28 m beträgt; der innere Platzkreis aber führt den Beſchauer in die richtige Entfernung und die Wirkung des Kunſtwerkes wird durch den von *Michel Angelo* nur 2,3 m hoch angeordneten Sockel geſteigert.

Der mit dem Sockel 32 m hohe Obelisk von Luxor auf dem Eintrachtplatze zu Paris iſt von der Platzeinfaſſung 80 bis 120 m entfernt; kommt ſeine Gröſse deſshalb ſchon auf dem Platze nicht recht zur Wirkung, ſo iſt ſie als Schluſsbild der langen *Avenue des Champs Élyſées* entſchieden unzureichend.

Die 61 m hohe Siegesſäule auf dem Berliner Königsplatze ſteht in der Mitte einer 200 × 400 m groſsen Platzfläche; die Höhe ſteht alſo zwiſchen der Hälfte des kürzeren und dem Drittel des längeren Randabſtandes. Das Geſammtverhältniſs iſt deſshalb ein völlig befriedigendes; der Tadel der Beurtheiler richtet ſich nur gegen die Theilungsverhältniſſe der Säule ſelbſt. Anders iſt es mit der nur 17 m hohen *Belle-Alliance*-Säule daſelbſt, welche als Mittelpunkt eines Platzes von 90 m Halbmeſſer und mehr noch als Straſsenſchluſsbild den Eindruck des Winzigen macht; ſie hätte etwa doppelt ſo hoch ſein müſſen.

Soll bei der Wahl eines Standortes auf unregelmäſsigem Platze die Rückſicht auf das Malerifche beftimmend fein, fo ift die Abwägung der Abftände von den verfchiedenen Platzfeiten und Beobachtungspunkten das befte Hilfsmittel. Nahe bei der einen, weit von der anderen Platzfeite, für den Hauptftandpunkt in einer 27-Grad-Stellung, entwickelt das Kunftwerk gewiffermafsen alle feine Reize.

Bei der vortrefflichen, malerifchen Wirkung mancher alter Brunnen und Standbilder, welche fcheinbar willkürlich auf unregelmäfsigen Platzflächen errichtet find, kommt man zu der Annahme, dafs die alten Meifter die vortheilhaftefte Stellung vielleicht am Orte felbft durch Verfuche ermittelt haben.

Schwierig dagegen find die Strafsen- und Brückendenkmäler und folche, die als Schlufspunkt einer Fernficht dienen follen, den Beobachtungsabftänden anzupaffen. Auf der freien Strafsenfläche, am Strafsenrande, auf Brückenpfeilern und Brückengeländern mufs man fich damit begnügen, die Gröfsenverhältniffe für die Betrachtung aus der Nähe, d. h. vom gegenüber liegenden Bürgerfteig, von einem befonderen Ruhefitz und ähnlichen Beobachtungspunkten auf das forgfältigfte abzuwägen und fie mit den Architekturverhältniffen etwaiger Monumentalgebäude in Einklang zu fetzen. In gröfserer Entfernung wirken Bildfäulen auf Strafsen und Brücken immer nur als Staffage oder decorativ, können aber gerade in diefer Eigenfchaft mit dem Ganzen zu einem reizvollen, künftlerifch fehr erfreulichen Stadtbilde verfchmelzen. Die Brunnen auf der Kaiferftrafse zu Freiburg und auf der *Maximilians*-Strafse zu Augsburg, die Denkmäler auf der nach Art einer breiten Strafse geformten *Piazza Erbe* zu Verona (fiehe Fig. 701, S. 409), in gewiffer Weife auch die Monumente im Zuge der *Carl-Friedrich*-Strafse zu Karlsruhe, ferner die Standbilder an den Rändern der Oftftrecke der Strafse »Unter den Linden«, nicht minder die Brückenfiguren in Prag, Würzburg, Rom und Berlin find Beifpiele hierfür. Aber in allen diefen Fällen ift es die Mehrzahl der Bildwerke, welche in ihrer Gruppirung auch von fern wirkt; das einzelne Denkmal (wie *Robert Peel* in London, *Shakefpeare* und *Henri IV.* in Paris) erfcheint leicht vereinfamt und unbedeutend. Soll das einzelne Denkmal die Strafse oder die Brücke zieren, ohne feine felbftändige Wirkung zu verlieren, fo find entweder mächtige Abmeffungen des Werkes (wie beim Reiterbild des *Alten Fritz*, deffen Höhe ungefähr die Hälfte des Abftandes vom feitlichen Bürgerfteig beträgt) oder befchränkte Beobachtungsentfernungen (wie bei *Schlüter*'s Grofsem Kurfürft) nothwendig. *Henri IV.* auf dem *Pont neuf* dagegen hat eine geringe Höhe bei grofsen Sehabftänden (Fig. 715). 565. Strafsen- und Brückendenkmäler.

Zu Schlufsbildern von Fernfichten eignen fich figürliche Denkmäler nur höchft ausnahmsweife. Ein gewaltiger architektonifcher Aufbau und Maffe nach allen Seiten ift hierfür Vorbedingung; Triumphpforten, Stadtthore, Brunnenwerke, Obelisken, Pyramiden, Säulen mit mächtigen Unterbauten, kurz architektonifche Denkmäler find, wie monumentale Schöpfungen der Baukunft überhaupt, die geeigneten Strafsenfchlufsbilder. Auf den Denkfäulen, an den Ehrenpforten, Obelisken, Brunnen u. f. w. tritt alsdann die Figur in eine befcheidenere Rolle; fie krönt oder fchmückt nur das architektonifche Werk, welches felbft den eigentlichen Abfchlufs bildet, fo bei der Berliner Siegesfäule, der *Vendôme*-Säule, dem *Gambetta*-Obelisk, dem *Tegethoff*-Denkmal. Die *Belle-Alliance*-Säule in Berlin (fiehe Fig. 706, S. 412) ift dagegen weder felbft, noch mit ihrer Victoria maffig genug, um als Strafsenabfchlufsbild wirken zu können. Sollen figürliche Darftellungen als Stand- oder Reiterbilder felbft den Abfchlufs einer Strafsen-Perfpective darftellen, fo darf die Strafsenlänge nur gering (etwa das Achtfache der Denkmalhöhe) fein; oder es mufs die Figur in dem dahinter ftehen- 566. Schlufsbilder.

den Gebäude gewiffermafsen ihre künftlerifche Ergänzung finden (wie z. B. das Reiterbild *Gottfried von Bouillon*'s, von fern gefehen, im Portalbau des Juftizpalaftes zu Brüffel, ähnlich auch das brunnenartige *Efcher*-Standbild im Portalbogen des Bahnhofsgebäudes zu Zürich den wirkfam umrahmenden Hintergrund finden); oder endlich es mufs die Figur ganz gewaltige Abmeffungen erhalten, was für allegorifche Figuren — wie das Standbild der Republik in Paris oder dasjenige der Freiheit zu New-York — zuläffig fein mag, für die Darftellung wirklicher Menfchen aber nicht ftatthaft ift.

567. Figürliche Denkmäler.

Als äufserfte Denkmalgröfse des menfchlichen Körpers ift für ftädtifche Denkmäler ungefähr das Mafs von 5,5 m zu betrachten. Von diefer nur für Heroen-Standbilder in grofsartiger Umgebung anwendbaren Höhe fteigen die Körpermafse abwärts bis ungefähr 2,7 m; nur in Gärten und Parkanlagen kann man bis auf 1,9 m hinabgehen. Ein mittleres Mafs für Bildfäulen mittlerer Bedeutung in einer Umgebung mittleren Mafsftabes ift 2,7 m auf 3,0 m hohem Sockel. Es mufs defshalb zu befonderen Hilfsmitteln gegriffen werden, wenn menfchliche Figuren als Mittelpunkt oder Hauptwerke auf gröfseren Plätzen verwendet werden follen bei gleichzeitiger Berückfichtigung des Entfernungs-Mafsftabes.

568. Betrachtungs-abftände.

Schon in Art. 563 (S. 424) wurden als leicht anwendbare Mittel zur Befchränkung der Betrachtungsftandpunkte die Umpflanzung der Denkmäler und die architektonifche Eintheilung der Platzfläche angegeben (vergl. auch Fig. 703, S. 410). Gärtnerifche Anlagen find indefs nicht immer zuläffig, und die Platztheilung durch Erhöhungen, Infeln, Candelaberftellungen, Baluftraden, Pfoften und Ketten u. f. w. (fiehe Fig. 419, S. 177 u. Fig. 427, S. 181) ift felten wirkfam genug, um ein vorhandenes Mifsverhältnifs ganz auszugleichen. Auf grofsen Plätzen und für folche figürliche Denkmäler, welche aus beträchtlicher Entfernung gefehen werden follen, ift daher die Zuhilfenahme eines maffigen, architektonifchen Aufbaues unerläfslich.

569. Verbindung von Standbildern mit architektonifchen Aufbauten.

So entfteht die Verbindung von Standbildern mit Brunnen, wie auf den Renaiffance-Plätzen zu Rom, mit Baldachinen (wie am 23 m hohen *Franzens*-Denkmal zu Prag und am 20 m hohen »Schönen Brunnen« zu Nürnberg), mit Obelisken (wie beim *Gambetta*-Denkmal zu Paris und beim Kriegerdenkmal zu Indianopolis [107]), mit hohen Säulen, Terraffenbauten (Denkmal des Herzogs von Braunfchweig in Genf), mit Hallen und Triumphthoren (wie beim *Victor-Emanuel*-Denkmal in Rom [108]). Hier kann die monumentale Malerei mit Bau- und Bildhauerkunft in Verbindung treten, um in gemeinfamer Arbeit das Befte hervorzubringen, was die Zeit zu leiften vermag.

Für uns Deutfche fchwebt gegenwärtig (Frühjahr 1890) die Aufgabe der monumentalen Verherrlichung des erften deutfchen Kaifers feit der Wiederaufrichtung des Reiches. Wie in Rom, fo kann zu diefem Zwecke auch in Berlin ein wahrhaft würdiges Denkmal am beften durch Zufammenwirken der drei bildenden Künfte hervorgebracht werden. Die Schaffung des Unterbaues, der Umrahmung, des Hintergrundes und die Wirkung in die Ferne ift Aufgabe der Baukunft; die Verkörperung der Perfon des Helden, vielleicht auch feiner bedeutendften Berather, oder beffer die Allegorifirung feiner Herrfchertugenden ift Sache des Bildhauers; dem Maler follen gefchützte Wandflächen zur Verherrlichung der grofsen Thaten des Gefeierten zu Gebote ftehen. Die Platzwahl follte fo getroffen werden, dafs der grofse Lärm des Alltagsverkehres

[107]) Siehe: Deutfche Bauz. 1888, S. 216.

[108]) Siehe ebendaf. 1882, S. 100, 112, 124, 166, 305; 1884, S. 125, 161, 173, 197, 497.

nicht das ruhige Befchauen vereitele. Der Königsplatz hat in diefer Beziehung die entfchiedenften Vorzüge und bietet zugleich die willkommene Verbindung mit Siegesfäule und Reichstagshaus. Wir glaubten die unfer Vaterland bewegende Frage hier nicht übergehen zu dürfen und verweifen auf die Wettbewerb-Entwürfe von *Rettig & Pfann*, von *Specht* und von *Schmitz*, welche in den unten genannten Zeitfchriften [109]) veröffentlicht find.

Sehen wir aus diefen Kunftwerken und Entwürfen, wie die baukünftlerifche Ausgeftaltung der Denkmäler auch den gröfsten Mafsftabsverhältniffen gerecht werden kann, fo vermag andererfeits auch die Gruppirung mehrerer Bildfäulen zu einem Gefammtbilde (wie auf dem Münchener Promenaden-Platze und auf der *Piazza Erbe* zu Verona) oder der Aufbau eines eigentlichen Gruppendenkmals (wie das *Luther*-Denkmal zu Worms) das zwifchen den einzelnen Figuren und dem ganzen Platze auftretende Mifsverhältnifs zu mildern oder zu befeitigen. Leider herrfcht beim Wormfer *Luther*-Denkmal der Uebelftand, dafs man auf der Terraffe, welche den einzelnen Figuren als Aufftellungsplatz dient, denfelben zur Betrachtung zu nahe fteht, dafs man aber, wenn man die Terraffe verlaffen hat, kaum einen Standpunkt findet, für welchen die Gruppe als künftlerifches Ganze erfcheint. 570. Gruppendenkmäler.

Eine faft unlösbare Aufgabe ift es, die Nachbildung menfchlicher Figuren auf Anhöhen oder gar auf Bergen, an grofsen Wafferflächen u. dergl. mit der Landfchaft, mit dem weiten Bilde der Natur in mafsftäbliche Uebereinftimmung zu bringen. Zwar nennt uns das Alterthum mehrere derartige Riefenwerke, fo das 16 m hohe Standbild der Minerva auf der Akropolis zu Athen und den 32 m hohen Kolofs am Hafeneingang zu Rhodus. Aber wie uns die 23 m hohe *Carl-Borromäus*-Figur (mit Sockel 35 m hoch) auf einer Anhöhe am *Lago Maggiore* und unfere 10 m hohe Germania-Figur auf dem Niederwald (mit Sockelaufbau 38 m hoch) zeigen, find felbft folche Riefenmafse nicht im Stande, die Landfchaft zu beherrfchen. Wenn die 16 m hohe Bavaria diefe Eigenfchaft mehr befitzt, fo mag dies einestheils der ebenen Umgebung zu danken fein, anderentheils aber nicht vergeffen werden, dafs diefer Kolofs in der Nähe faft abfchreckend wirkt. Weniger ift Letzteres der Fall bei dem 17 m hohen *Hermann* im Teutoburger Walde, weil er fich auf beträchtlich hohem Unterbau erhebt. Als fchön und wirkungsvoll wird die Erfcheinung des *Bartholdi*'fchen Riefenftandbildes der Freiheit am New-Yorker Hafeneingang gerühmt. Die 46 m hohe Figur erreicht mit dem Sockel eine Gefammthöhe von 99 m; vielleicht ift ihre Wirkung fo bedeutend, weil der Unterbau unmittelbar aus dem Waffer emporwächst [110]). 571. Denkmäler in der Landfchaft.

Für wirkliche Bildniffe find derartige Riefenformen natürlich unanwendbar. *Maertens*, dem wir die obigen Höhenangaben zum Theile entnahmen [111]), verlangt, unter Vergleichung mit den Mafsen der rheinifchen Burgen, für Standbilder, welche die Landfchaft beherrfchen follen, wenigftens 9 m Breite bei etwa 20 m geringfter Höhe. Rechnet man hierzu den nothwendigen Sockel, deffen Höhe der Figurenhöhe ungefähr gleich ift oder gar das Mehrfache derfelben beträgt; erwägt man ferner, dafs die Einzelheiten der menfchlichen Figur auf eine Entfernung, welche das 15-fache der Höhe überfchreitet, nicht mehr deutlich erkennbar find — fo leuchtet

109) Centralbl. d. Bauverw. 1889, S. 375, 383, 420 — ferner: Deutfche Bauz. 1889, S. 515, 522, 535 — endlich: Blätter f. Arch. u. Kunfthdw. 1889, S. 45.

110) Siehe auch: Deutfche Bauz. 1884, S. 285.

111) Siehe auch: Ueber Gröfsenverhältniffe an Denkmälern. Wochbl. f. Arch. u. Ing. 1883, S. 186. Deutfche Bauz. 1884, S. 506.

es ein, dafs die Aufgabe aufhört, mit den Mitteln der Bildhauerkunft fich löfen zu laffen, vielmehr wefentlich der architektonifchen Ausbildung bedarf. Es ift dann auch nicht mehr nöthig, die Figur felbft als in die Ferne wirkend auszubilden; fondern fie kann in der Gefammtform des Denkmals zurücktreten, um erft in gröfserer Nähe betrachtet zu werden; fie kann fogar in das Innere des Bauwerkes verfetzt werden, um dort gewiffermafsen in ihrem Heiligthume verehrt zu werden. So tritt die Geftaltung des Koloffal-Denkmals in den Rahmen des Städtebaues zurück, wie wir ihn beim *Victor-Emanuel*-Denkmal und beim Kaifer-*Wilhelm*-Denkmal kennen lernten. In die ferne Landfchaft oder in die Fernficht der ftädtifchen Strafsen und Plätze hinein verkünden die architektonifchen Formen des Bauwerkes (Kuppel, Pyramide, Thurm, Halle u. f. w.) den auffchauenden Menfchen den Ort, welcher auserfehen ift, um die Bedeutung des Helden zu feiern.

8. Kapitel.

Der Feftfchmuck.

572. Vergleich mit den Denkmälern.

Die Ausfchmückung der Strafsen und Plätze bei öffentlichen Feftlichkeiten, insbefondere beim Einzug eines Fürften, bei der Heimkehr fiegreicher Truppen, bei kirchlichen Aufzügen, Volksfeften und Trauerfeftlichkeiten, ftimmt in ihren wefentlichen Grundlagen mit den im vorigen Kapitel befprochenen Denkmal-Anordnungen überein. Durch rahmen- und thorbildende Motive wird die Feftftrafse hervorgehoben; andere Schmuckwerke am Rande der Feftftrafse treten zu monumentalen Gebäuden, Strafsenabzweigungen u. f. w. in Axenbeziehung; die Feftplätze erhalten Umrahmung und Randfchmuck, oft auch einen bedeutfamen Aufbau im Mittelpunkte; Brückenfchmuck und Schlufsbilder für Fernfichten bilden oft Gegenftände von befonderem Reize.

Fig. 723.

Pforte zur Weltausftellung in Paris 1889, errichtet am *Quai d'Orfay*.

Wegen des vorübergehenden, meift nur einen oder wenige Tage dauernden Zweckes ift der Künftler in der Wahl feiner Bauftoffe auf wohlfeile, leicht in Maffe käufliche Stoffe befchränkt, namentlich auf Holz und Leinwand, Stroh und Gyps, Tücher und Bänder, Blumen und Strauchwerk. Aber gerade defshalb kann die Farbe in wirkfamfter Weife zu Hilfe gezogen werden, und das baukünftlerifche Schaffen wird auf das innigfte von Bildhauerei, Malerei und Gartenkunft unterftützt.

Fig. 724.

Ehrenpforte beim Grofsherzoglichen Jubelfefte zu Karlsruhe im Jahre 1885 [112]).

Arch.: *Götz.*

112) Facf.-Repr. nach: Architektonifche Rundfchau. Stuttgart 1889.

Fig. 725.

Ehrenpforte vom Wettiner Jubelfest zu Dresden 1889.

573. Seitliche Abgrenzung des Feſtweges.

Iſt ſchon die Feſtſtraſse mit hellfarbigem Sande, mit Laub, Tannengrün und Blumen beſtreut, ſind ſchon die Häuſer mit Fahnen und Flaggen, mit Laubgehängen und farbigen Stoffen, mit hell bunten Teppichen und ſonſtiger Fenſterzier ausgeſtattet, ſo findet doch oft das Beſtreben, den Jubelweg zu verſchönern, in der Errichtung von fortlaufenden ſeitlichen Abgrenzungen ſeinen beſonderen Ausdruck. Hierzu dienen vorwiegend Maſtenreihen, Flaggen und Banner tragend, mit Schilden, Kränzen und Blumenvaſen geſchmückt, durch Laubgewinde verbunden. Auch Baumreihen und geſchloſſene Linien von Zierpflanzen ſind als Umrahmung geeignet. Sind lange Straſsenzüge einzufaſſen, ſo bedarf es eines wohl abgewogenen Wechſels, der bei der Menge der zur Verfügung ſtehenden Motive leicht herbeizuführen iſt.

Fig. 726.

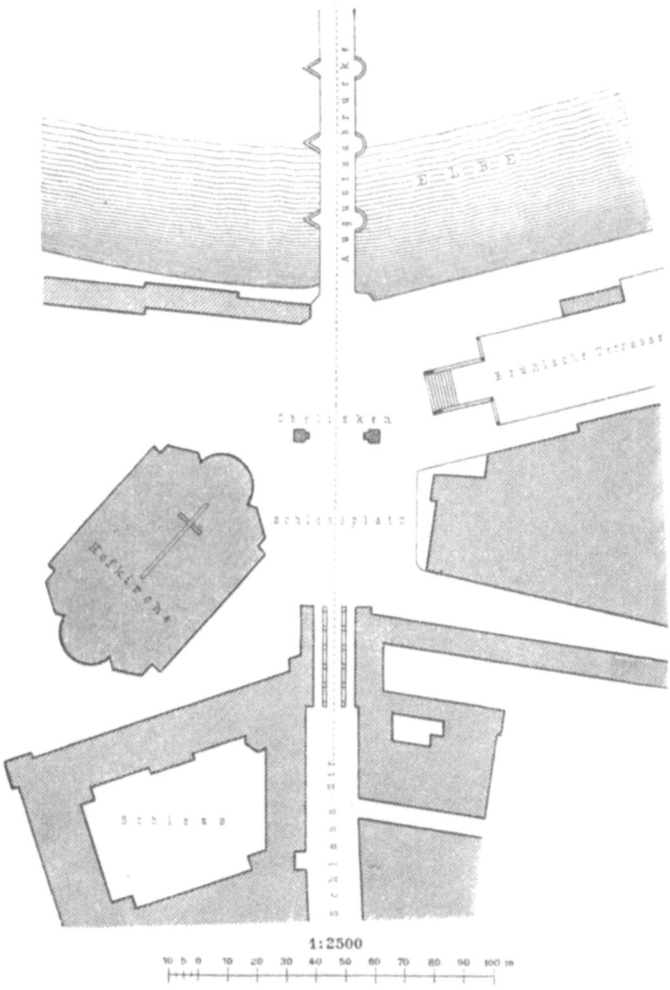

Aufſtellung von Obelisken als Feſtſchmuck bei der Wettiner Jubelfeier zu Dresden 1889.

574. Ehrenpforten, Obelisken etc.

Thorbauten unter dem Namen von »Triumphbogen« und »Ehrenpforten« pflegen die Feſtſtraſse an den Anfangs- und Endpunkten, auch an beſonders wichtigen Zwiſchenſtellen, an Kreuzungen und Plätzen, hervorzuheben. Dieſe Ehrenpforten können aus einfachem Stangenwerk mit Laub-, Blumen- und Fahnenſchmuck hergeſtellt, aber auch feſter, reicher und maſſiger aufgebaut und mit vollendeter architektoniſcher und figürlicher Decoration ausgeſtattet werden, ſo daſs mitunter eine faſt monumentale Wirkung erzielt wird. Bemalte Prachttücher, bekränzte Wappenſchilde, Banner und flatternde Wimpelleinen geben Farbe und Bewegung. Die in Fig. 724 dargeſtellte Ehrenpforte der Stadt Karlsruhe, welche beim groſsherzoglichen Jubelfeſte im Jahre 1885 errichtet wurde, iſt ein Beiſpiel beſter Art. Minder monumental, aber kennzeichnend für eine leichte, freudige Auffaſſung iſt der Pariſer Thorbau in Fig. 723, welcher den Anfang der zur 1889-er Weltausſtellung führenden Quai-Straſse bildete. Eigenartige Ehrenpforten ſind in Berlin »Unter den Linden«

Fig. 727.

Tribune mit Königszelt vom Wettiner Jubelfest zu Dresden 1889.

beim Einzug des Königs *Humbert* von Italien aus den in Fig. 627 (S. 357) mitgetheilten Gerüften der elektrifchen Beleuchtung hergerichtet worden.

Die eifernen Maften wurden durch Vergoldung der Ziertheile belebt; die von Maft zu Maft die Promenade überfpannenden Kabel und Streben wurden mit Blumengewinden umflochten und durch vergoldetes Netzwerk mit rofettenartig eingelaffenen grünen Kränzen verbunden; die Lampenkuppeln wurden von mächtigen Blumenkronen verdeckt, von welchen Wappenfchilde herabhingen; Rundfchilde und Fahnengruppen zierten auch die feitlichen Maften.

Eine köftliche Ehrenpforte von der Wettiner Jubelfeier in Dresden zeigt fchliefslich Fig. 725.

Thorbildend werden auch Paare von Pylonen, Säulen, Obelisken und dergl. verwendet; in befonders fchöner Weife gefchah dies bei der vorhin genannten

Fig. 728.

Trauerfchmuck der Schlofsbrücke zu Berlin bei der Beifetzungsfeier Kaifer *Wilhelm's* I. [113]).

Dresdener Feier durch das von *Schilling & Gräbner* zwifchen dem Königsfchlofs und der *Auguftus*-Brücke errichtete Obeliskenpaar (Fig. 726).

Den Rand der Strafsen- und Platzflächen, befonders vor öffentlichen Gebäuden, an Querftrafsen und am Schauplatz von Fefthandlungen, fchmückt man durch Aufftellung von Zierfäulen und Candelabern, Roftral-Säulen, Trophäen und Standbildern, auch durch Gruppen von Bannermaften, Fahnenbüfcheln und Pflanzen. Opferfchalen und Feuerbecken, Blumenkörbe und Palmenbüfchel vervollftändigen den feftlichen Rahmen. Die Hauptplätze des Feftes oder der Feierlichkeit können auf diefe Weife, wenn fie auch in ihrer baulichen Anlage recht zerriffen find, faalartig abge- 575. Randfchmuck.

113) Facf.-Repr. nach: HOSSFELD, O. Die Trauerftrafse vom 16. März 1888. Berlin 1889.

fchloffen und dadurch erft zu einem brauchbaren Feftort umgewandelt werden. Auch Zufchauer-Tribunen, mit Laubgewinden und Blumen, Flaggen und bunten Tüchern geziert, architektonifch geftaltet und ausgebildet (Fig. 727), von geputzten frohen Menfchen befetzt, find als feftlicher Randfchmuck zu betrachten.

576. Zierbauten in Mittelpunkt-, Axen- und Schlufsftellung.

Soll ein feierlicher Vorgang auf einem Platze fich abfpielen, fo bedarf es in noch höherem Grade des Schmuckes für die innere Platzfläche, fei es unter Betonung des Mittelpunktes, fei es unter Hervorhebung der Hauptaxe mit künftlerifchem Schlufspunkt. Ein mächtiger, reicher Baldachin oder ein glänzendes Feftzelt find zur Begrüfsung fürftlicher Gäfte, zur Huldigung von Herrfchern und für ähnliche

Fig. 729.

Stele vom Trauerfchmuck »Unter den Linden« zu Berlin bei der Beifetzungsfeier Kaifer *Wilhelm*'s I.[113]).

hohe Veranlaffungen eine entfprechende Stätte; altarähnliche Aufbauten dienen für kirchliche Feierlichkeiten. Maftengruppen und Trophäen, allegorifch-vaterländifche Standbilder, kranzwerfende und pofaunenblafende Victorien find in dem einen, Statuen des Erlöfers und der Schutzheiligen, Fahnen und Kränze find in dem anderen Falle der angemeffene Schmuck.

Oft wird auch ein Platz, ohne dafs er für einen befonderen Feftvorgang auserfehen ift, feine Rand- und Mittelpunkt-Decoration erhalten. Zelt und Baldachin werden hier durch eine Bildſäule, eine Figurengruppe, einen Springbrunnen erſetzt. So dienen auch mächtige Obelisken, Pylonenpaare oder ſonſtige maſſige Aufbauten als Schluſspunkte langer Straſseneinblicke [114]).

Brücken eignen ſich für vorübergehende Feſtzier faſt noch mehr, als für dauernde Denkmäler. Zum Schmuck der beiderſeitigen Auffahrten oder Zugänge und der Brüſtungen geſellt ſich hier naturgemäſs die feſtliche Aufſtellung der Schiffe. Es giebt kaum ein luſtigeres Bild, als die Flaggen-Parade groſser und kleiner Fahrzeuge mit weiſs leuchtenden, vom Winde geblähten Segeln, mit bunt flatternden Wimpelleinen zwiſchen den Maſten, mit Kränzen und Laub-Guirlanden. Daſs aber auch eine tiefernſte Stimmung aus den Trauerflaggen und ſchwarzen Segeltüchern 577. Brückenzier.

Fig. 730.

Umrahmung des Pariſer Platzes zu Berlin bei der Beiſetzungsfeier Kaiſer *Wilhelm*'s I. [113]).

einer Schiffs-Parade hervorgehen kann, hat *Orth*'s Ausſchmückung der Schloſsbrücke beim Leichenbegängniſs Kaiſer *Wilhelm*'s I. gelehrt (Fig. 728).

Dies führt uns auf die eigenartigſte Zier der Stadt, auf die Schaffung einer Trauerſtraſse, wie wir ſie in Berlin vor nicht langer Zeit beim genannten Anlaſs erlebt haben [115]). Weniger in den eigentlichen Beſtandtheilen des Straſsenſchmuckes, als in deren Ausbildung liegt der weſentliche Unterſchied des Trauerſchmuckes von froher Feſtzier. Der Verzicht auf Verwendung reicherer Farbe, das Vorherrſchen des tiefen Schwarz neben ernſtem Grün, ſparſames Einfügen von Weiſs und Silber, Trauerflore auf Wappen und Fahnen, ſo wie auf allem Gold und Bunt, ſtumme Ruhe gegenüber der vorhin betrachteten lauten Freude in luſtig bewegter Um- 578. Trauerſchmuck.

[114]) Während des Druckes des vorliegenden Kapitels erſchien: Unger, Schaumann & Ritscher. Die Feſtſtraſse für den Einzug des Kaiſerpaares in Hannover. Zeitſchr. d. Arch.- u. Ing.-Ver. zu Hannover 1890, S. 601.

[115]) Siehe: Hossfeld, O. Die Trauerſtraſse vom 16. März 1888. Centralbl. d. Bauverw. 1888, S. 285, 293, 405, 425, 477, 513, 519. (Auch als Sonderabdruck erſchienen: Berlin 1889.) — Vergl. ferner: Deutſche Bauz. 1888, S. 134; 1889, S. 245, 254, 269, 292, 303, 333.

gebung — dies entſpricht der laſtenden Trauer und ſtimmt den Beſchauer zu ernſter Andacht. In Fig. 729, 730 u. 731 ſind eine Stele (entworfen von *Martens*), eine Platzumrahmung (entworfen von *Schulze & Klutmann*) und ein Schirmzelt über einer Straſsenkreuzung (entworfen von *Cremer & Wolffenſtein*) dargeſtellt, welche von dem ſtimmungsvollen Schmuck der Berliner Trauerſtraſse bei Kaiſer *Wilhelm*'s I. Beiſetzungsfeier eine Vorſtellung geben ſollen.

Fig. 731.

Trauerzelt über der Kreuzung der Straſse »Unter den Linden« und der *Friedrich*-Straſse zu Berlin bei der Beiſetzungsfeier Kaiſer *Wilhelm*'s I. [113]).

Das über einem verzimmerten Holzgerüſt hergeſtellte, 12,5 m im Quadrat groſse Schirmzelt in Fig. 731 beſtand aus acht ſchweren, mit Silberborten beſetzten Shawls von ſchwarzem Tuch in doppelter Raffung, einem Oberbehang aus ſchwarzem Sammt mit ſilbernen Sternen und Reichsadlern und Hermelinbeſatz, einem Zeltdach aus ſchwarzem Stoff mit grünen Laubgewinden, einer umflorten goldenen Kaiſerkrone, von welcher breite Hermelindecken, aus weiſsem Wollſtoff mit aufgenähten ſchwarzen Wollzöpfchen angefertigt, herabhingen; die Geſimsecken waren mit Engelsköpfen und kreuzblumenartigen Federbüſcheln, aus Krepp und Drahtgeflecht beſtehend, beſetzt [115]).

5. Abfchnitt.

Die ftädtifchen Pflanzungen.

1. Kapitel.

Die bepflanzten Strafsen.

Die verbreitetfte Art der Bepflanzung von Strafsen befteht in Baumreihen; feltener find Rafenbeete und Gruppen von Ziergefträuch. Mit diefer weniger gebräuchlichen Bepflanzungsart pflegen Baumreihen faft ftets verbunden zu fein. Eine dritte Art der Bepflanzung von Strafsen, welche fowohl mit Baumreihen vereinigt, als ohne diefelben angewendet werden kann, ift das Anlegen von Vorgärten zwifchen der Strafsenfluchtlinie und der Baufluchtlinie. 579. Vorbemerkungen.

a) Baumreihen.

Die Baumreihen kommen in ein-, zwei- oder mehrfachen Linien vor, welche der Strafsenrichtung entfprechen, daher meift geradlinig verlaufen und in regelmäfsigen Abftänden mit Bäumen bepflanzt find. Zwar ift es richtig, dafs blofse Baumreihen einen eigentlich künftlerifchen Eindruck überhaupt nicht darzubieten vermögen, um fo weniger, wenn die Bäume kränkeln, wenn die Lücken nicht nachgepflanzt und überhaupt Nachläffigkeiten und Fehler in der Pflanzung und Unterhaltung begangen werden; auch mufs zugeftanden werden, dafs die beftgepflegten Baumreihen im Stande find, den Verkehr zu ftören und fchöne Gebäudeanfichten zu verdecken. Andererfeits aber find Baumreihen in fehr vielen Fällen das befte Mittel, ftädtifche Strafsen zu verfchönern, die öde Fläche zu beleben, fchattenfpendend und ftaubmildernd zu wirken, Anklänge der Natur in die Steinmaffen der Stadt zu bringen. Nicht das Verdrängen der Baumreihen, fondern deren mafsvolles, fachgemäfses Anbringen und ihre aufmerkfame Pflege ift defshalb Aufgabe des Städtebaues. 580. Allgemeines.

In beiderfeits gefchloffen bebauten Strafsen von weniger als 20 m Breite können Bäume nicht gedeihen; der Abftand des Stammes von Häufern mufs mindeftens 5 m betragen, wenn eine gefunde Krone fich entwickeln foll. Beträgt die Strafsenbreite zwifchen 20 und 25 m, fo wird man fich in der Regel mit einer einzigen Baumreihe begnügen müffen, was einen unfymmetrifchen Strafsenquerfchnitt vorausfetzt (vergl. Art. 184, S. 82). Erft bei 26 m Strafsenbreite beginnt die unbedenkliche Zuläffigkeit von zwei, bei 33 m Breite von drei Baumreihen. Die Zahl der 581. Strafsenbreite.

Reihen kann bis auf ſechs und mehr wachſen; dadurch und durch die verſchiedenartige Vertheilung derſelben auf den Straſsenflächen entſtehen die mannigfaltigſten Straſsenprofile, von welchen wir in Abſchn. 2, Art. 184 bis 202 (S. 83 bis 115) eine gröſsere Auswahl mitgetheilt haben. Vorgärten zur Seite der Straſsen und Lücken in der Häuſerreihe (offene Bebauung) kommen der Baumpflanzung vortheilhaft zu ſtatten.

582. Berückſichtigung von Monumentalbauten.

Vor monumentalen Gebäuden pflegt man die den Anblick ſtörenden Baumreihen fortzulaſſen, nach Bedarf ſogar die ganze Straſsenanordnung zu unterbrechen, indem man entweder eine nur mit Bürgerſteig-Inſeln, Candelabern, Maſten u. dergl. ausgeſtattete Fläche anordnet (Opernplatz in Paris) oder die Baumreihen durch Raſenfelder mit Blumenbeeten und niedrigen Zierpflanzen erſetzt (Fig. 732). So ſchlieſsen mit Recht die Baumreihen »Unter den Linden« zu Berlin an der Stelle, wo die bedeutenderen Bauten beginnen, und auf der Ringſtraſse zu Wien ſind die Baumreihen vor der Oper und anderen Monumentalbauten unterbrochen. Andere Beiſpiele zeigen der Appellhof-Platz zu Köln (Fig. 261, S. 121), der *Boulevard de Strasbourg* zu Le Hâvre u. ſ. w.

Fig. 732.

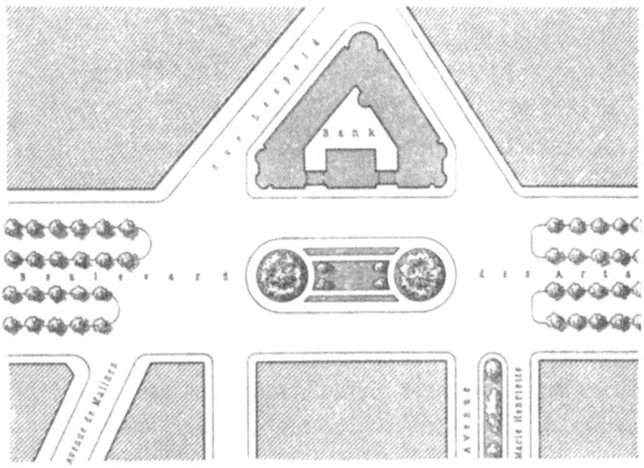

Boulevard des arts zu Antwerpen.

583. Abſtand der Bäume.

Der Abſtand der Straſsenbäume von einander beträgt 5 bis 10 m, durchſchnittlich 7 m. Für die Pflanzung in 5 m Abſtand wird geltend gemacht, daſs für junge Bäume mit unentwickelten Kronen dieſe Entfernung angemeſſener ſei, um ſchneller eine gewiſſe Fülle und einen ſchattigen Weg zu erzielen, daſs es ferner leicht ſei, durch Herausnehmen jedes zweiten Baumes für die Entwickelung gröſserer Kronen Luft zu ſchaffen, ſobald das fortgeſchrittene Wachsthum dies verlange. Wenn man dennoch bei neuen Straſsenalleen von vornherein meiſt den Abſtand von annähernd 7 m einführt, ſo leitet dabei die Erwägung, daſs bei nur 5 m Entfernung die mit Schutzkörben umgebenen Bäumchen dem Verkehre als hinderlich ſich erweiſen und daſs ſpäter der doppelte Abſtand von 10 m auf lange Zeit und vielleicht auf immer den Eindruck der Leere hervorruft, da eine üppige und regelmäſsige Entwickelung der Stämme und Baumkronen bis in hohe Altersjahre auf ſtädtiſchen Straſsen nur ausnahmsweiſe zu erwarten ſteht. Man thut deſshalb wohl, ſich auf verhältniſsmäſsig junge, ohne allzu groſse Auffälligkeit zu erſetzende Bäume einzurichten. Paris mit ſeinen ſtets geſunden und friſchen, allerdings auch in beſtändiger Auswechſelung begriffenen *Boulevard*-Bäumen iſt hierfür ein lehrreiches Vorbild.

584. Entfernung der Reihen

Für die Entfernung der Reihen von einander gilt annähernd daſſelbe, wie für den Baumabſtand in der Reihe. Sowohl für Fuſsgänger-, als für Reiteralleen iſt das Breitenmaſs von 6 bis 8 m das gebräuchliche (vergl. Fig. 107 bis 242, S. 83 bis 115). Sehr zweckmäſsig iſt es, bei drei- oder mehrreihigen Alleen die Reihen gegen ein-

Fig. 733.

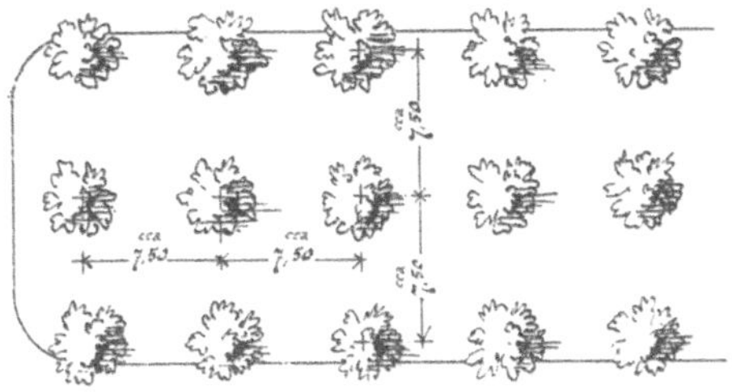

Gewöhnliche Baumſtellung.

Fig. 734.

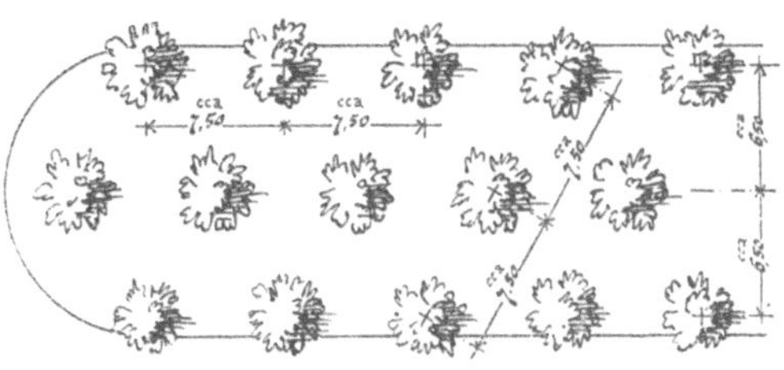

Verſchobene Baumſtellung.

ander zu verſchieben, d. h. die Bäume nach der Rautenform (*en quinconce*) zu pflanzen, um den einzelnen Kronen mehr Luft zu geben und das Bild etwas mannigfaltiger zu machen (Fig. 733 u. 734). In dieſem Falle kann die Entfernung der Reihen unter Umſtänden und nach Bedarf bis auf 5 m eingeſchränkt werden, da der Baumabſtand diagonal zu meſſen iſt; für das Benutzen zum Spazierengehen und Reiten ſind indeſs Alleen von weniger als 6 m Breite unerwünſcht.

Soll die Allee befahren werden, ſo treten für die Breitenbeſtimmung die in Art. 183 (S. 81) u. 342 (S. 230) erörterten Rückſichten ein, welche in der Regel breitere, unter Umſtänden zwei- bis dreimal breitere Reihenentfernungen verlangen, als vorhin beſprochen wurden. Eben ſo ſind gröſsere Abſtände erforderlich, wenn man zwiſchen den Baumreihen Raſen- und Pflanzenfelder anlegen will; in dieſem Falle kann der Reihenabſtand von 10 m als Mindeſtmaſs angeſehen werden.

585. Baumſorten.

Die Frage, welche Baumſorten für Straſsenalleen zu wählen ſeien, wird oft mehr vom Standpunkte individueller Liebhaberei, als von demjenigen ſachlicher Zweckmäſsigkeit behandelt. Jede Baumſorte, welche ſo zähe und kräftig iſt, daſs ſie in ungeſchützter Stellung Sturm und Froſt, Trockenheit und Hitze, den Staub der Straſse und die fortwährenden Berührungen des Verkehres ertragen, daſs ſie auch den Wurzelangriffen im Untergrunde einigen Widerſtand entgegenſetzen kann, eignet ſich bei vernünftiger Pflanzung und aufmerkſamer Pflege zur Verwendung als Straſsenbaum. Obwohl hiernach die Auswahl nicht groſs iſt, ſo iſt doch in langen Straſsenzügen der Wechſel der Bäume eben ſo nöthig, wie der Wechſel des Straſsenquerſchnittes und der Architektur, wenn die einander folgenden Straſsenbilder nicht einförmig wirken ſollen.

Als beſter, zäheſter Straſsenbaum wird die gewöhnliche kleinblätterige Ulme (*ulmus campeſtris* oder *ulmus effuſa*) bezeichnet, die ſich ſogar in Belgien des Namens *Reine des avenues* erfreut und auch bei vielen deutſchen Straſsenanlagen trotz ſchlechten Untergrundes ſich vorzüglich bewährt hat. Eine zweite vortreffliche, wenn auch nicht ganz ſo zähe Baumgattung ſind die Linden (*tilia grandifolia*, *tilia parvifolia* und *tilia americana alba* [Silberlinde]). Es folgen die Platanen (*platanus occidentalis*), welche ſtattliche, ſchattige Alleen bilden, aber bezüglich der Froſtbeſtändigkeit nicht immer als ausreichend ſich bewieſen haben, daher eine den Nord- und Oſtſtürmen nicht zu ſehr ausgeſetzte Stellung verlangen; die Roſskaſtanien (*aesculus hippocaſtanum*), weiſs blühende und roth blühende, beſonders diejenigen, welche keine Früchte bringen und ſomit die Wurfgeſchoſſe der Straſsenjugend nicht anreizen; die Ahorne (*acer platanoides*, *acer pſeudoplatanus*, *acer daſycarpum*, *acer Schwedleri*), ferner der Götterbaum (*ailanthus glanduloſa*), der

Weiſs- und der Rothdorn (*crataegus oxyacantha fl. albo pleno* und *fl. rubr. pl.*), die Eiche (*quercus robur* und *quercus pedunculata*), der Wallnuſsbaum (*juglans nigra*) u. a. m. Weniger anzurathen ſind Akazien (*robinia pſeudacacia*), es ſei denn, daſs ſie in der Form von Kugelakazien für einen beſtimmten Zweck (Einfaſſung eines Springbrunnens, Umrahmung eines Sitzplatzes u. ſ. w.) dienen ſollen.

Selbſtredend iſt auch das Klima in hohem Maſse für die Wahl der Baumſorten maſsgebend; Eucalypten, Oelbäume, Cedern und ſelbſt Pyramidenpappeln (*populus italica*) eignen ſich für deutſche Städte nicht.

Ein Nachtheil der Ulmen iſt, daſs ſie leicht vom Borkenkäfer befallen werden; ein Mangel bei den Akazien iſt die geringe Schattenbildung. Die Kaſtanien entwickeln im Frühjahr ſehr frühzeitig ihren Blätterſchmuck, verlieren denſelben aber auch im Herbſt vor anderen Baumſorten. Linden und Ulmen belauben ſich ſpät; erſtere entblättern ſich meiſt ſehr früh, während letztere ihr Laub etwas länger zu behalten pflegen. Am längſten währt der Blätterſchmuck bei Platanen und Ahornen.

586. Wechſel.

Wie die Verſchiedenartigkeit, ſo bietet auch die Verſchiedenzeitigkeit der Kronenbildung in langen Straſsenzügen einen angenehmen Wechſel dar. Es empfiehlt ſich jedoch, dieſen Wechſel auf längere Strecken zu beſchränken, nicht aber in derſelben Baumreihe einzuführen, was oft verſucht und ausgeführt iſt, ſelten aber auf die Dauer befriedigt.

So hat man lange Ulmenreihen an Straſsenkreuzungen, an Anfangs- und Endpunkten mit Kaſtanien unterbrochen, Kaſtanien mit rothen amerikaniſchen Eichen, Götterbäume mit Rothdornen; man ſah ſich aber genöthigt, die Ungleichheit nachträglich durch Auswechſelung der Fremdlinge zu beſeitigen, ſobald das verſchiedenartige Wachsthum ungünſtig auffiel. Als vortheilhaft hat ſich in Hamburg der Wechſel von Eichen und Vogelbeeren erwieſen; die letzteren wurden beſeitigt, ſobald die Eichen, deren Kronen ſehr in die Breite gingen, ſich ſtark genug entwickelt hatten. Im Allgemeinen iſt es bedenklich, Bäume von verſchiedenem Laub einzeln oder paarweiſe mit einander abwechſeln zu laſſen, z. B. je zwei dunkle Ulmen und einen hellen Ahorn; ſolche faſt als Spielerei zu bezeichnende Anordnungen pflegen nur ſo lange gut auszuſehen, bis die ſtark wachſenden Arten die ſchwächeren zu unterdrücken beginnen.

587. Pflänzlinge.

Das gröſste Gewicht iſt auf die Beſchaffung der jungen Bäume in tadelloſer Geſundheit und in ausreichender Stammdicke zu legen. Kränkelnde Pflänzlinge und zu dünne Stämmchen entwickeln ſich unter den ſtets unvortheilhaften Bedingungen des Straſsenverkehres und der Bodenbeſchaffenheit, wenn ſie nicht gar abſterben, ungleich und vermögen dann den freundlichen Eindruck einer geſchloſſenen Allee nicht hervorzubringen. Der geringſte zuläſſige Stammumfang des zu pflanzenden Bäumchens, 1^{m} hoch über dem Boden gemeſſen, iſt 12^{cm}; beſſer ſind 15, am beſten 18 bis 20^{cm}. Der Preis ſollte hierbei keine Rolle ſpielen, da es Angeſichts der viel bedeutenderen Koſten des Pflanzens und der Pflege nicht maſsgebend ſein kann, ob ein Stämmchen 1,5 oder 5,0 Mark koſtet. Am beſten iſt es, 20- bis 25-jährige Pflänzlinge in einer Baumſchule ſtets vorräthig zu halten.

588. Das Pflanzen.

Von Wichtigkeit iſt ferner die Pflanzmethode. Nur ſelten wird die Bodenbeſchaffenheit des Straſsenkörpers eine ſolche ſein, daſs ein Baum ohne Weiteres eingepflanzt werden könnte. Im gewöhnlichen Straſsenboden iſt man genöthigt, eine Grube von etwa $2{,}0^{m}$ im Geviert und $1{,}5^{m}$ Tiefe auszuheben und mit fruchtbarer Erde wieder anzufüllen. Zweckmäſsig iſt eine Miſchung von ſchwarzem Mutterboden (Gartenerde) und lehmigem Feldboden. Diefe Verfüllung foll wo möglich überwintern, bevor die Pflanzung vorgenommen wird, damit das Gemenge inniger werde und das Setzen und Reifsen des lofen Füllbodens die Wurzelbildung der Bäumchen nicht ftöre. In fehr fchlechtem, befonders fandigem oder nafskaltem Boden genügt das Herftellen einzelner Pflanzgruben nicht; es find Vorkehrungen zu treffen, um den Baumwurzeln eine genügende Menge Nährftoffe zu fichern und eine ausreichende Entwäfferung des Nährbodens herbeizuführen. Für erfteren Zweck kann man die Pflanzgruben in gröfserer Länge und Breite, etwa 3 m im Geviert aufwerfen; beffer aber ift es, nicht einzelne Gruben, fondern einen zufammenhängenden Graben von etwa 2,0 bis 2,5 m Breite und 1,5 bis 2,0 m Tiefe anzulegen und in den Füllboden deffelben, nachdem er fich hinreichend gefetzt hat, die Baumreihe zu pflanzen. Zur Entwäfferung dient ein mit lofem Geftein verpackter, hinreichend grofser Schlitz in der Sohle des Pflanzgrabens, an deffen Tiefpunkten für Vorfluth (durch Verbindung mit einem Strafsenfiel oder auf andere Art) geforgt werden mufs. Einzelne Pflanzgruben werden in undurchläffigem Strafsenkörper zweckmäfsig fo entwäffert, dafs man deren Sohle und Wandungen beim Einbringen des Nährbodens mit Bruchftein lofe auskleidet und dadurch eine wafferführende Ifolirung bildet, welche mit irgend einer Vorfluth zu verbinden ift. Das Pflanzen gefchieht am beften im Herbfte.

Der gefährlichfte, leider auch verbreitetfte Gegner der Strafsenbäume ift das Leuchtgas, da die Verlufte an Gas in den ftädtifchen Rohrnetzen, befonders in Folge undichter Muffenverbindungen, 10 bis 20 Procent der Erzeugung zu betragen pflegen, das Leuchtgas aber, wenn es die feinen Wurzelfafern angreift, tödtlich wirkt. Die Sicherheitsmafsregeln, welche mitunter gegen den Angriff durch Leuchtgas angewendet werden, beftehen in der Umfchliefsung der Gasleitungen durch einen Afphaltmantel, in der Unterbringung der Gasrohre in den Entwäfferungs-Canälen (Paris) oder in der Herftellung einer fonftigen undurchdringlichen Wand aus Beton, Mauerwerk u. dergl. zwifchen der Gasleitung und den Baumwurzeln (Fig. 735). Das zuerft und das zuletzt genannte Hilfsmittel find im Erfolge ftets zweifelhaft, da das Leuchtgas auch durch geringe Haarriffe im Rohrmantel oder im Mauerwerk feinen Weg findet und dann doch das ganze Erdreich leicht durchfetzt. Als Ergänzung ift defshalb eine lockere Ueberfchüttung des Rohres mit trockenem Kies (Fig. 735) und die durchläffige Anlage eines geeigneten Streifens der Strafsenoberfläche (vergl. Art. 459, S. 321) zu empfehlen, damit nicht die lockere Umgebung des Baumftammes die Gasftrömung befonders anziehe. 589. Gefährdung durch Leuchtgas.

Fig. 735.

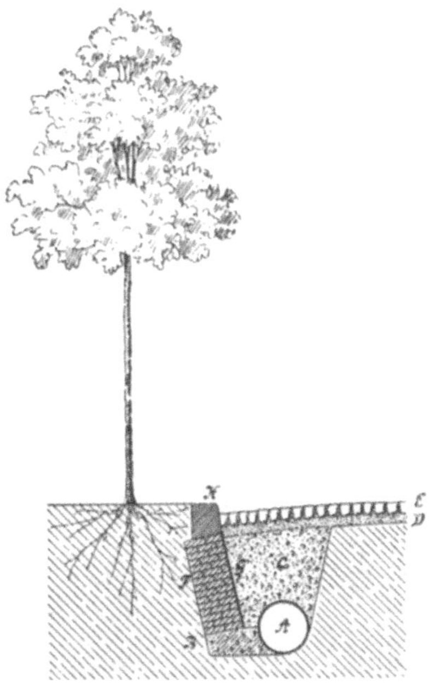

Schutzmauer gegen Leuchtgas.

A. Gasrohr. *B.* Beton. *C.* Grober Kies. *D.* Sandbett. *E.* Steinpflafter. *F.* Backfteinmauerwerk in Cement-Mörtel. *G.* Cementputz. *H.* Bordftein.

Eine Baumreihe oder Pflanzengruppe, in deren Wurzelbereich Gasleitungen liegen, ift ſtets als gefährdet zu betrachten; die kleinen Zweigleitungen zu den Laternenpfoſten können dabei eben ſowohl die Quelle der Zerſtörung bilden, wie die Hauptrohre. Deſshalb beſeitigt auch die Pariſer Art des Verlegens der Rohre in Entwäſſerungs-Canäle, ſelbſt wenn die Hausanſchluſsleitungen ebenfalls in gemauerten Quer-Canälen untergebracht ſind, die Gefahr nicht ganz. Jedenfalls muſs bei ſtädtiſchen Straſsen- und Promenade-Pflanzungen in erſter Linie dafür geſorgt werden, daſs alle Gasleitungen wenigſtens 3, beſſer 5 m von den Pflanzſtellen entfernt liegen. Am beſten aber iſt der Erſatz der Gasbeleuchtung durch elektriſches Licht.

Fig. 736.

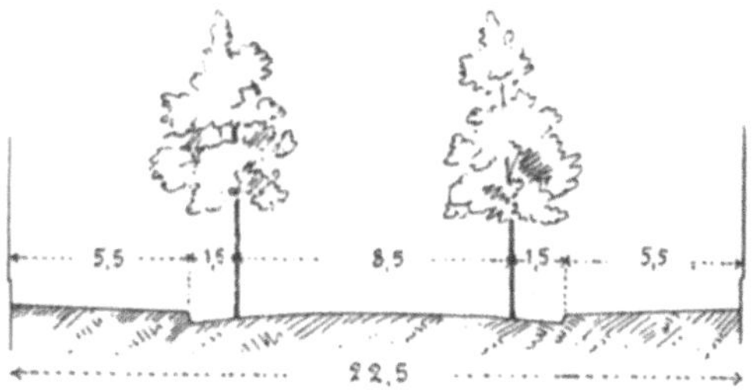

Bepflanzung der *Karl*-Straſse zu Karlsruhe.

590. Beeinträchtigung durch ſonſtige Baugegenſtände.

Eben ſo iſt ein angemeſſener Abſtand (mindeſtens etwa 2 m) nöthig zwiſchen den Baumſtämmen und den Einlauf-, Einſteig- und Lüftungsſchächten der Canaliſation, den Schiebern und Hydranten der Waſſerleitung und allen ſonſtigen auf der Straſsenfläche oder im Straſsenkörper befindlichen Gegenſtänden, weil deren Nähe, Errichtung, Bedienung und Unterhaltung das Wachsthum des Baumes beeinträchtigen können. Ein Raum von ungefähr 4 m Höhe unter der Krone iſt für den Verkehr frei zu halten.

591. Bäume nicht auf den Fahrdamm.

Bäume dürfen nicht auf dem Fahrdamm ſtädtiſcher Straſsen errichtet werden, weil ſie dort in ſteter Gefahr ſchweben, von Fuhrwerken umgeworfen zu werden oder aber dadurch allmählig verkrüppeln und abſterben, daſs ſie durch das Anfahren und Reiben der Radnaben an Rinde und Stamm beſtändig verletzt werden. Die leider noch vielfach angewandte, auch ſchon bei Fig. 143 u. 144 (S. 91 u. 93) getadelte Baumſtellung in Fig. 736 iſt deſshalb unrichtig. Aufrecht ſtehende Prellſteine oder liegende Schutzſteine (Fig. 737) gewähren erfahrungsmäſsig bei ſtarkem Verkehre keine genügende Sicherheit, ſind aber auch unſchön, für den Verkehr unbequem und veranlaſſen die Anſammlung von allerlei Straſsenſchmutz.

Fig 737

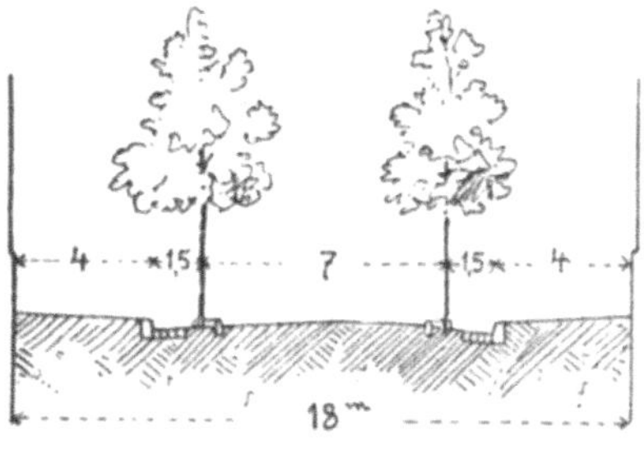

Querſchnitt.

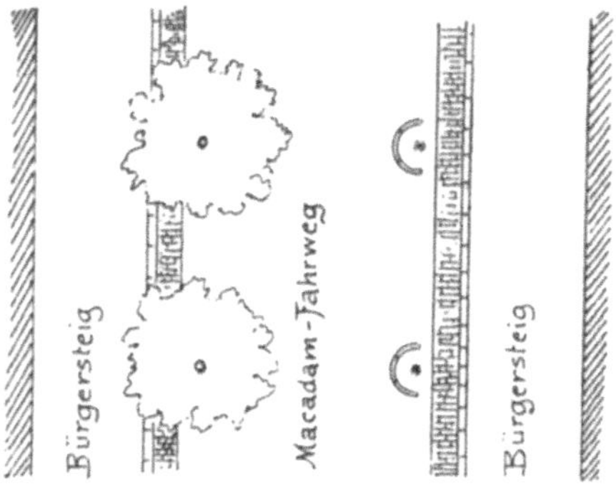

Grundriſs.

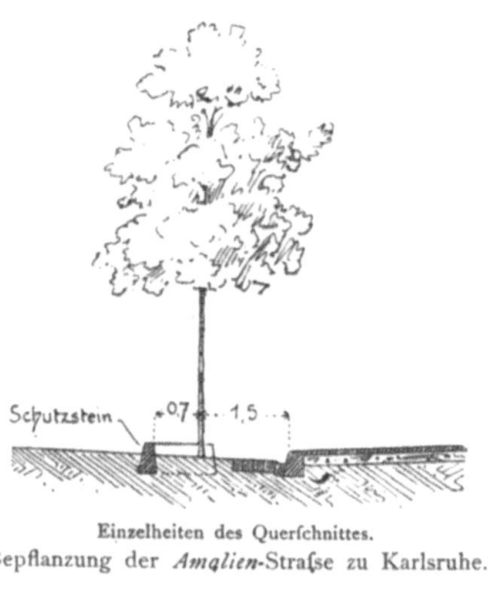

Einzelheiten des Querſchnittes.

Bepflanzung der *Amalien*-Straſse zu Karlsruhe.

Fig. 738.

Querschnitt.

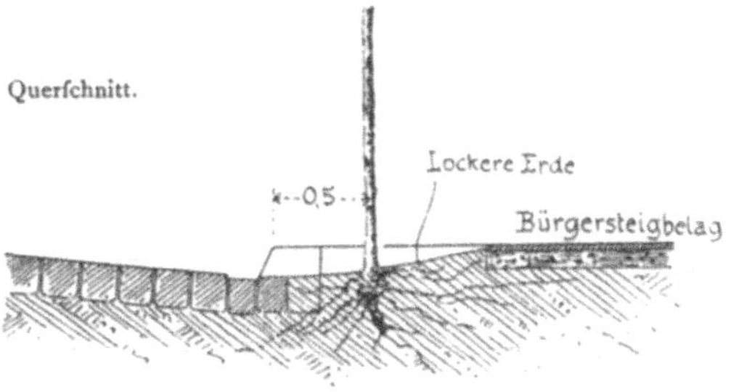

Fig. 739.

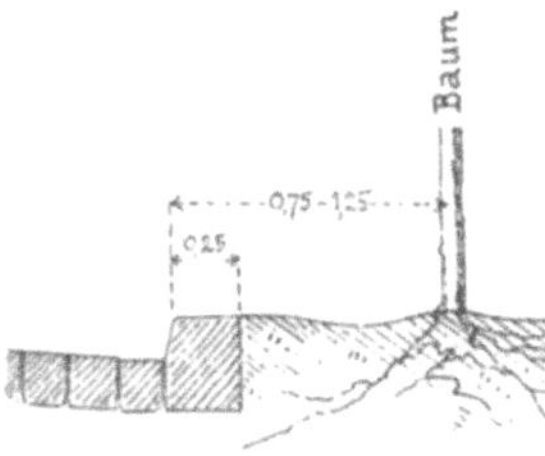

Grundrifs.

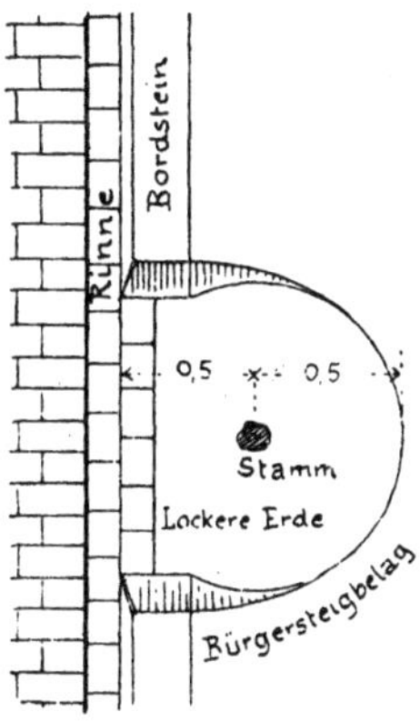

1/50 n. Gr.

592. Bäume auf Fufs- und Reitwegen.

Die Bäume find daher auf befonderen, dem Verkehre entzogenen Strafsenftreifen oder wenigftens am Rande der Fufs- und Reitwege zu pflanzen. Eine Rinne zwifchen den letztgenannten Wegen und dem Fahrdamm reicht zum Schutz der Bäume nicht aus, da diefelbe leicht überfahren wird; es ift vielmehr eine Abtrennung des Fahrdammes durch erhöhte Kantenfteine nothwendig, hinter welchen die Bäume in einem folchen Abftande Platz finden, dafs fie von den Radnaben oder der Ladung der Fuhrwerke nicht berührt werden. Da auch ein 20 bis 30 cm entfernter Kantenftein die Wurzelentwickelung ftört, fo beträgt die geringfte Entfernung des Baumes von der Bordfteinkante 75 cm; beffer ift fie 1,00 m (Fig. 739), in Paris 1,25 bis 1,50 m grofs. Sieht man fich ausnahmsweife genöthigt, die Baumftämme näher an die Kante heranzurücken, fo kann man die Wurzeln dadurch fchonen, dafs man in der Bordfteinlinie eine Lücke von 1,0 bis 1,5 m Länge läfft (Fig. 738).

Fig. 740.

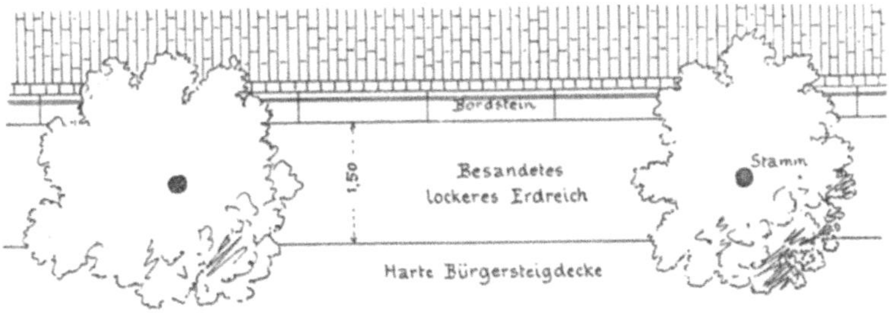

1/100 n. Gr.

Fig. 741.

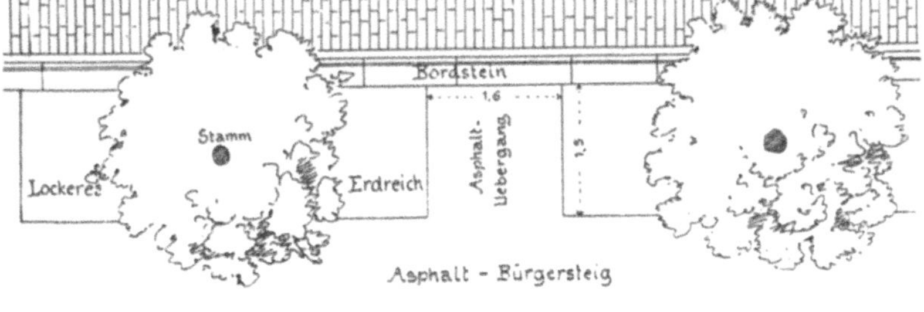

Fig. 742.

$^1/_{200}$ n. Gr.

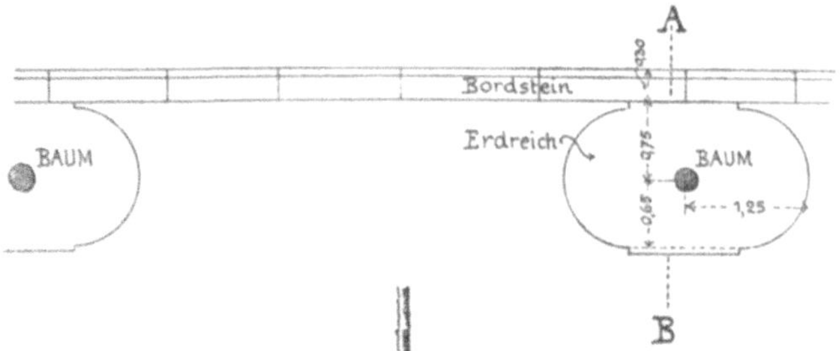

Lücken in der Bürgerſteig-Decke für die Bäume.

Fig. 743.

$^1/_{50}$ n. Gr.

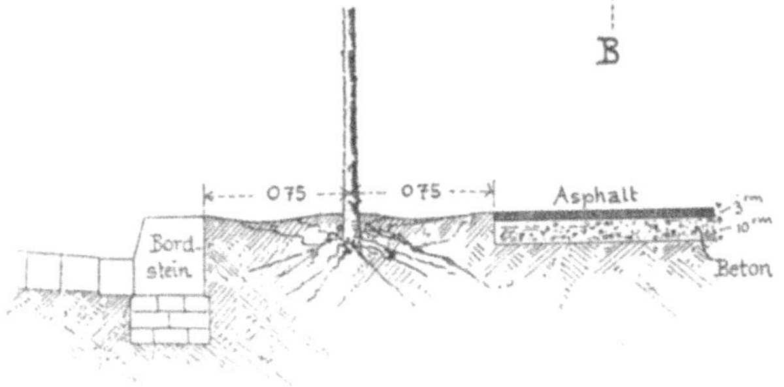

Schnitt *A B* in Fig. 742.

593. Lockere Umgebung der Baumſtämme.

Die Erhaltung einer lockeren Erdoberfläche über der Wurzelkrone des Baumes iſt nothwendig, damit Luft und Feuchtigkeit an die Wurzeln dringen können. Zweckmäſsig iſt deſshalb die Anordnung eines 1,5 bis 2,5 m breiten Wegeſtreifens ohne harte Bedeckung zwiſchen Fahrdamm und Bürgerſteig (Fig. 740); um auch bei naſſem Wetter dem zarteſten Damenſchuh Rechnung zu tragen, können kleine, mit Platten, Aſphalt oder dergl. belegte Uebergänge in den Baumlücken die Bürgerſteig-Decke mit dem Fahrdamm verbinden (Fig. 741). Bei Bürgerſteigen von beſchränkter Breite iſt man aber genöthigt, ſich mit dem Ausſparen einer lockeren Lücke um jeden Baum zu begnügen (Fig. 742). Die Erdoberfläche um den Baumſtamm ſoll in allen Fällen etwas vertieft und ſo geſtaltet werden, daſs das Waſſer nicht in der Fuge zwiſchen Stamm und Erdreich, ſondern in einer kleinen Entfernung vom Stamme einſickert und ſo den Wurzelfaſern beſſer zugeführt wird (Fig. 743).

Die unbefeſtigte Umgebung des Baumes ſoll wenigſtens 3, beſſer 4 bis 5 qm betragen; ſie muſs ſtets locker und ſauber erhalten werden. Umſchlieſst die Bürger-

Fig. 744.

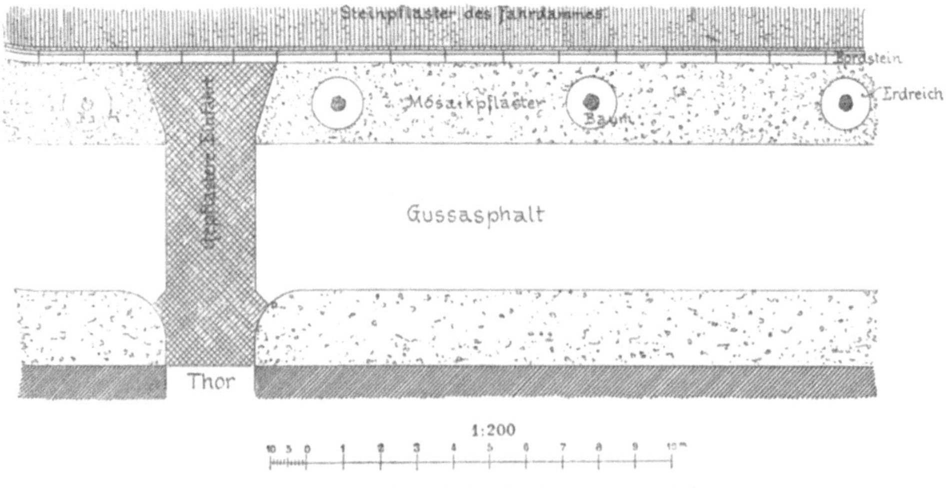

Bürgerſteig in der Neckar-Straſse zu Darmſtadt.

Fig. 745.

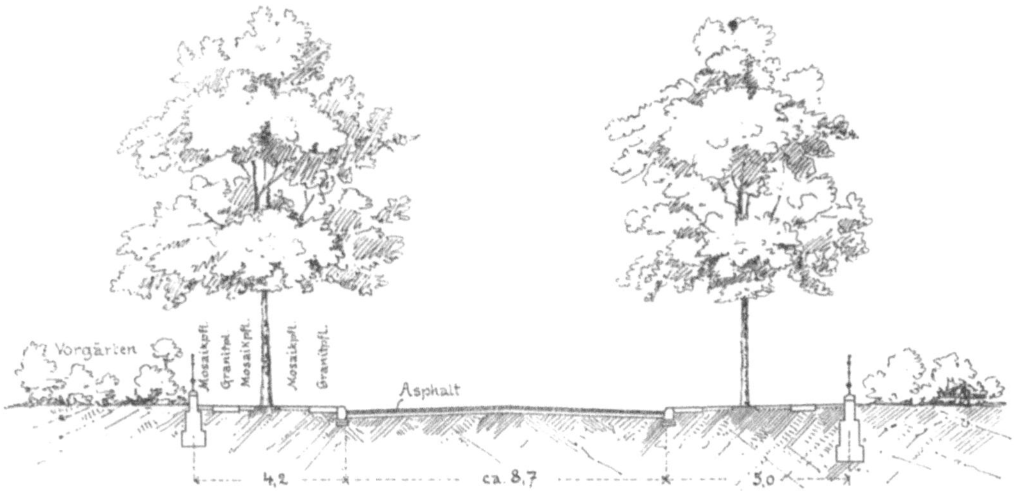

Bepflanzung und Befeſtigung der Bellevue-Straſse zu Berlin.

1/200 n. Gr.

ſteig-Decke den Baumſtamm enger, ſo kann man vielfach beobachten, wie die Wurzeln das Pflaſter oder den Aſphaltbelag emporheben, um ſich von dem läſtigen Zwange zu befreien. Zweckmäſsig iſt es, auch die weitere Umgebung des Stammes, wenn ſchon eine Befeſtigung derſelben des Verkehres wegen unvermeidlich iſt, doch mit einer luft- und waſſerdurchläſſigen Decke zu verſehen, wozu das in Berlin, Breslau, Leipzig, Dresden, Darmſtadt und anderen Städten übliche in Sand verlegte Moſaikplaſter (vergl. Art. 525, S. 373) ſehr geeignet iſt. Die Bürgerſteig-Anlage der Neckarſtraſse zu Darmſtadt zeigt Fig. 744, jene der Bellevue-Straſse zu Berlin Fig. 745. Die ungewöhnliche Stellung der Baumreihe in der Mitte des Bürgerſteiges in letzterem Falle rührt von einem nachträglichen Umbau der Straſse her.

Fig. 746.

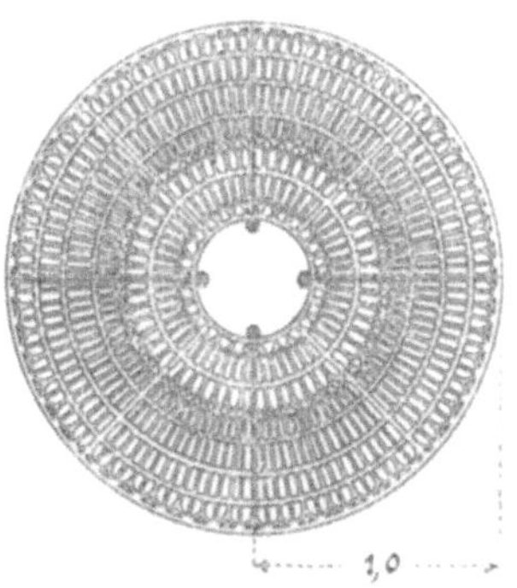

Viertheiliger Baumroſt zu Paris.

Fig. 747.

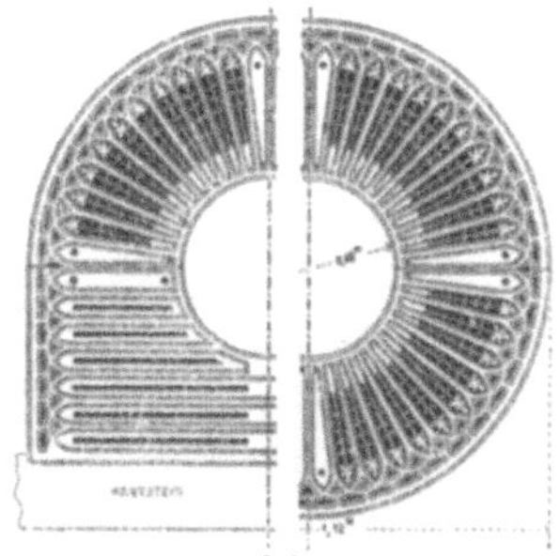

Viertheilige Baumroſte zu Hamburg [116]).

Fig. 748.

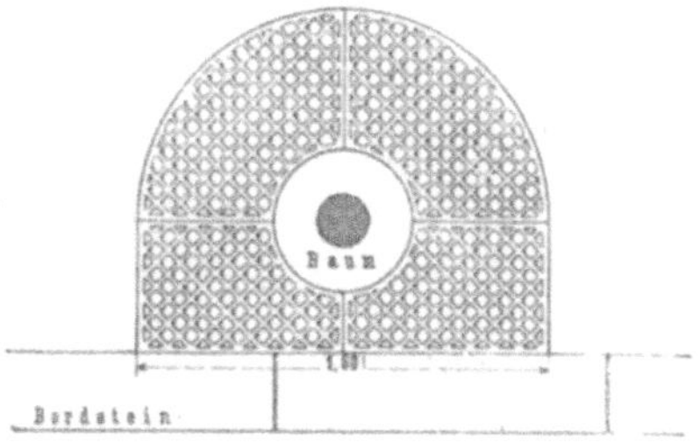

1/50 n. Gr.

Viertheiliger Baumroſt zu Leipzig.

Iſt der Verkehr ſo ſtark, daſs die Lockerhaltung der unmittelbaren Umgebung der Baumſtämme vereitelt wird, ſo bleibt nichts Anderes übrig, als um jeden Stamm 594. Baumroſte.

116) Nach: Deutſche Bauz. 1876, S. 397.

eine geringe Vertiefung auszuſparen, dieſe mit einem Randſtein oder einem kleinen Mäuerchen einzufaſſen und ſie mit einem guſseiſernen, begehbaren Roſte abzudecken. Die Roſte können kreisrund ſein von 0,8 bis 1,2 m Halbmeſſer (Fig. 746) oder beſſer länglich, d. h. oval oder rechteckig; ihr Gewicht beträgt 150 bis 300 kg. Zweckmäſsige Formen für den Anſchluſs an die Bordſteine zeigen Fig. 747 (links) u. 748. Der Raum unter dem Roſte muſs oftmals gereinigt und in trockener Jahreszeit regelmäſsig bewäſſert werden.

595. Bewäſſerung. Bei beſonders dürrem Boden empfiehlt es ſich, eine mechaniſche Tränkung der Bäume durch ein die Pflanzgruben durchſtreichendes, periodiſch oder beſtändig nach den Baumwurzeln rieſelndes Waſſerrohr einzurichten. Auch werden Drainrohre in der Umgebung des Stammes eingeſetzt, mit Blechkapſeln geſchloſſen und zeitweiſe mit Waſſer gefüllt, um ſo das Befeuchten der Wurzeln ſicherer zu erzielen, als durch bloſses oberirdiſches Tränken. Mitunter iſt ſchon das Anbringen von Regen-Einlaufſchächten ohne Boden in der Baumreihe ein geeignetes Mittel, die Bewäſſerung zu unterſtützen. Neben der Bewäſſerung iſt das Auflockern der Bodenfläche unerläſslich. Schlieſslich iſt bei langer Dürre das Beſprengen der mit Staub bedeckten Zweige und Blätter erwünſcht, um das Gedeihen des Baumes zu fördern.

Fig. 749.

Schutzmantel aus vier Brettern.

Fig. 750.

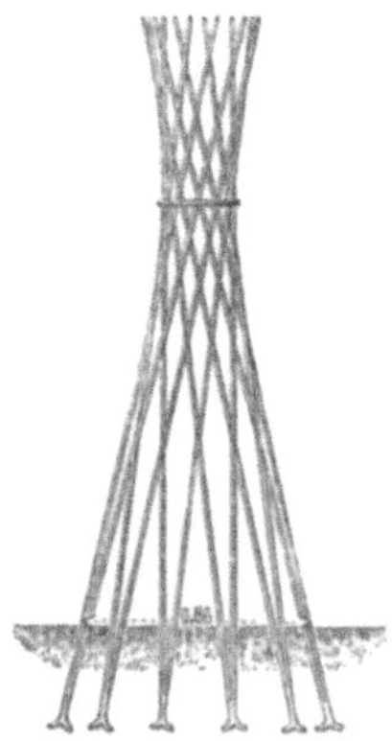

Baumkorb aus Hamburg [116]).

Fig. 751.

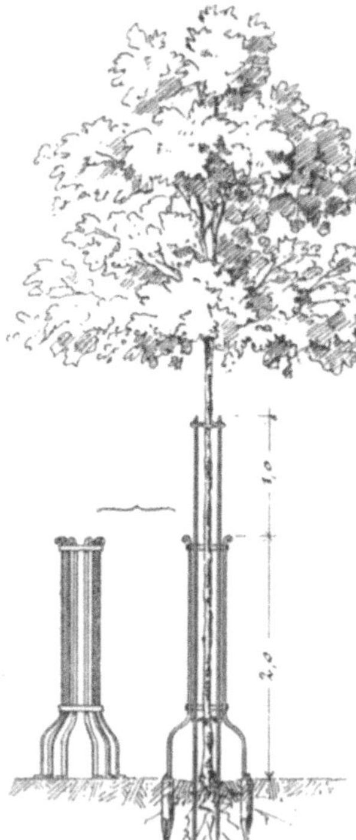

Eiſerner Schutzkorb (aus Hohleiſen).

1/75 n. Gr.

596. Schutzkörbe. Der junge Baum wird ſo lange an eine kräftige Stütze oder beſſer an zwei oder drei mit einander verbundene, etwa 1 m tief in die Erde eingegrabene Stöcke oder Stangen von ungefähr 6 bis 8 cm Dicke und 4 m Höhe befeſtigt, bis er dem Sturmwinde allein widerſtehen kann. Auſserdem iſt gegen zufälliges oder böswilliges Verletzen ein ſtarker, aber luftiger Schutzkorb nothwendig. Dieſe Körbe werden viel-

Fig. 752.

Raſenkranz um die Bäume auf der Ringſtraſse zu Wien.

1/50 n. Gr.

a. Erdreich.
b. Raſen ohne Einfriedigung.

fach aus Korbweiden oder aus verzinktem Eiſendraht geflochten, auch wohl aus vier ausgeſchnittenen Brettern zuſammengeſetzt (Fig. 749). Ein anderer Schutzmantel wird ſo hergeſtellt, daſs man die drei etwas geneigt ſtehenden Haltepfähle mit Tafeln von verzinktem Drahtnetz von auſsen benagelt. Das gefälligſte Ausſehen haben indeſs die Schutzkörbe aus Stangen von Hohleiſen oder aus ſonſtigen Eiſenſtäben, welche unten auf Holzpflöcke aufgeſchraubt werden (Fig. 750 u. 751); ſolche Gitterkörbe wiegen etwa 12 bis 18 kg und koſten 7 bis 10 Mark.

597. Raſeninſeln und Raſenbänder.

Das Leben der Bäume wird gefördert, wenn man die unmittelbare Umgebung des Stammes nicht bloſs nach Fig. 743 zur Aufnahme des Regenwaſſers etwas muldenförmig geſtaltet, ſondern auſserdem mit einer Grasnarbe verſieht, welche die Feuchtigkeit feſt und das Erdreich locker hält. So entſtehen Raſeninſeln um jeden Baum, wie auf der Wiener Ringſtraſse (Fig. 752) oder Raſenbänder unter ganzen Baumreihen, wie in Breslau, Baſel, Zürich, Straſsburg und auf verſchiedenen Strecken der Ringſtraſse zu Köln (Fig. 753 u. 754; vergl. auch Fig. 166, S. 97 u. Fig. 223, 224, S. 109). Die Raſeninſeln werden, wenn

Fig. 753.

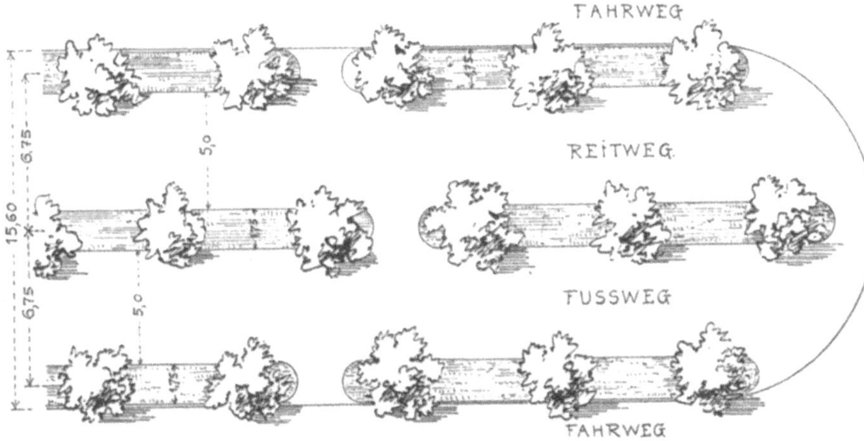

Anordnung der Raſenbänder in den Baumreihen des Hanſa-Ringes zu Köln.

1/300 n. Gr.

Fig. 754.

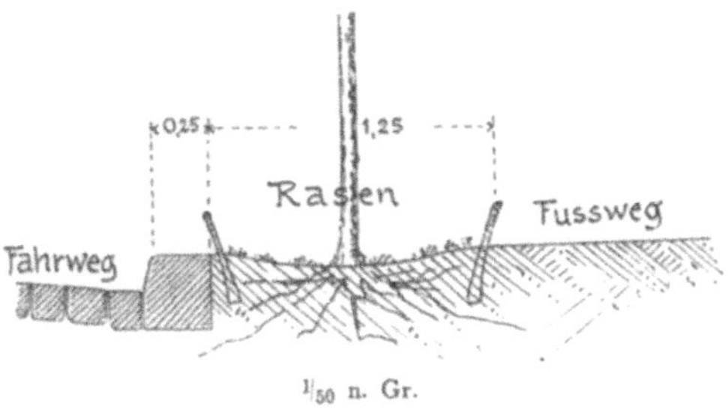

1/50 n. Gr.

Fig. 755.

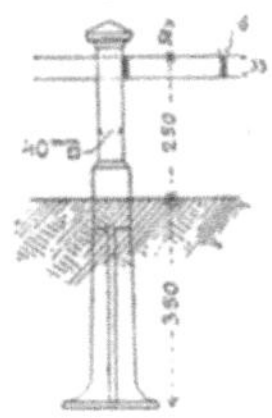

Fig. 756.

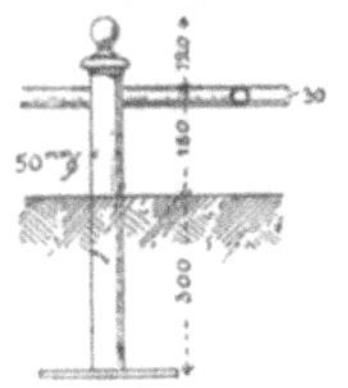

Raſen-Einfaſſung aus

Kanteiſen. ſchmiedeeiſernen Rohren.

1/25 n. Gr.

überhaupt, ſo nur mit einem ſtehenden Flacheiſen umrahmt; die Raſenbänder können, da ſie den Querverkehr überhaupt unterbrechen, mit einer entſchiedeneren Einfaſſung, z. B. Eiſenſtangen oder Guſsbogen (Fig. 755 bis 758), verſehen werden. Die einzelnen guſseiſernen Bogenſtäbe werden mittels Draht unter einander verbunden. Statt der Guſsbogen werden auch andere Guſseiſenmuſter oder ſchmiedeeiſerne Bogenformen aus ſtarkem Draht angewendet (Fig. 757). Innerhalb dieſer Schutzeinfriedigung wird die Raſeninſel oder das Raſenbeet oft noch mit einem Kranz oder einem Streifen aus Epheu oder ſonſtigen Kriechpflanzen umrändert.

Fig. 757.

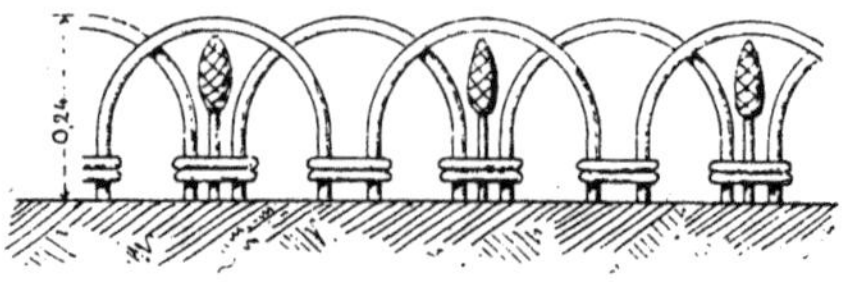

Raſen-Einfaſſung aus verſchieden gefärbten Rundeiſenſtäben zu Livorno. — $^1/_{30}$ n. Gr.

Fig. 758.

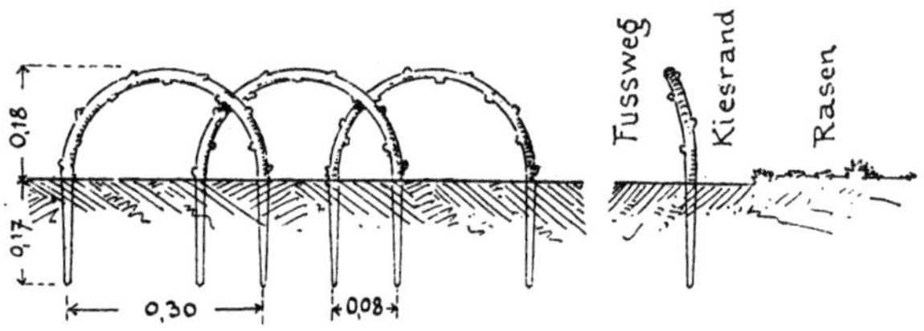

Raſen-Einfaſſung aus guſseiſernen Aſtbogen. — $^1/_{30}$ n. Gr.

598. Guirlanden. Die auf einem Raſenbande ſtehende Baumreihe kann in ſehr anſprechender Weiſe dadurch verſchönert werden, daſs zwiſchen je zwei Bäume eine Schlingpflanze (Weinrebe, Clematis u. ſ. w.) gepflanzt wird, welche an Drähten, die nach der Kettenlinie von Baum zu Baum gezogen ſind, emporwächst. Die ganze Baumreihe iſt dann ſchnell, mit Ausnahme der Durchgangslücken, guirlandenartig verbunden, und der Weg iſt mit Gartengrün auf das angenehmſte eingerahmt (Fig. 759).

599. Stutzen der Baumkronen. Eine andere Art von Allee-Verſchönerung wurde früher vielfach und wird heute noch zuweilen durch das Stutzen der Baumkronen beabſichtigt. Dem gerad-

Fig. 759.

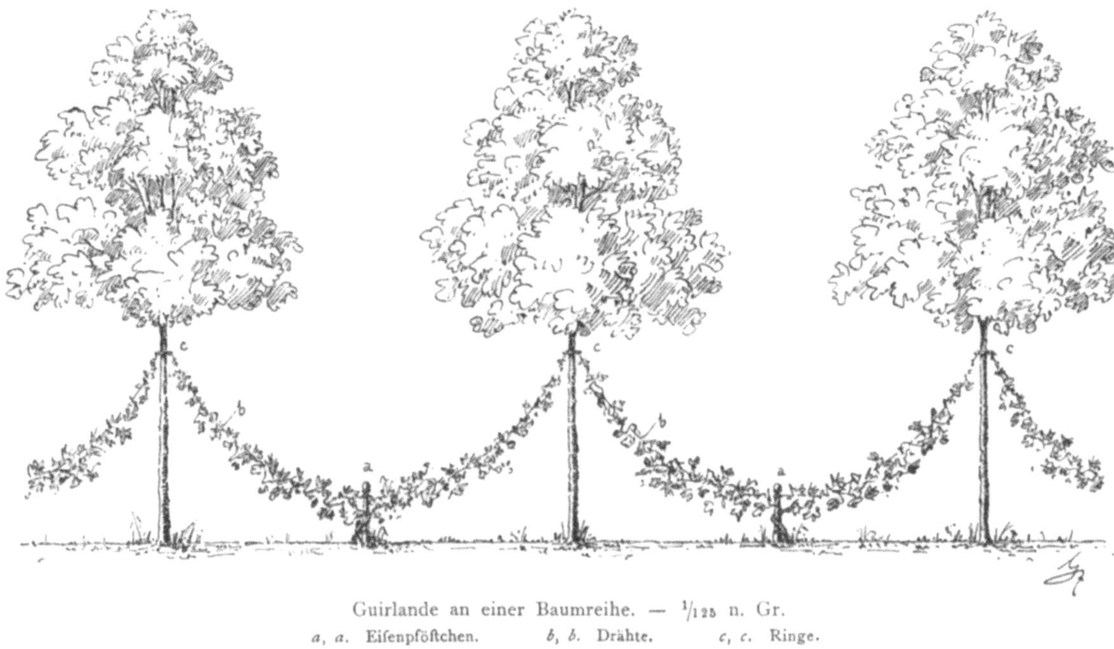

Guirlande an einer Baumreihe. — $^1/_{125}$ n. Gr.

a, a. Eiſenpföſtchen. *b, b.* Drähte. *c, c.* Ringe.

Fig. 760.

Rechteckig befchnittene Baumhecke.

$^1/_{200}$ n. Gr.

Fig. 761.

Bogenförmig befchnittene Baumhecke.

$^1/_{200}$ n. Gr.

Fig. 762.

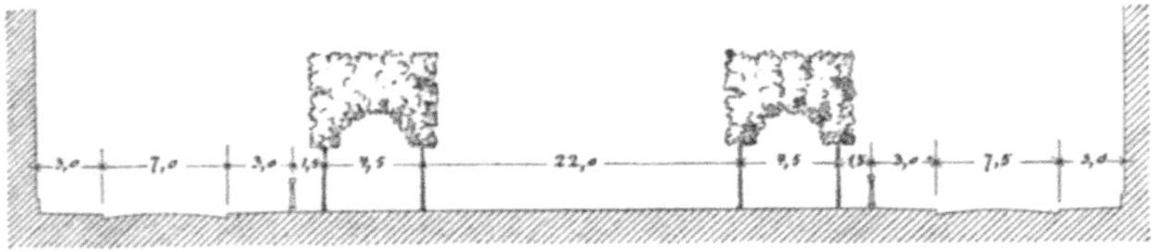

Befchnittene Baumgänge auf der *Place de la Carrière* zu Nancy.

ca. $^1/_{350}$ n. Gr.

Fig. 763.

Unten beſchnittene Kaſtanienallee im Park zu *St. Germain-en-Laye.*
$^1/_{125}$ n. Gr.

linigen Gartenſtil des XVII. Jahrhundertes und dem Geſchmack *Lenôtre*'s widerſprach die freie Entfaltung des Baumwuchſes. Drei Sorten künſtlichen Beſchneidens zeigen Fig. 760 bis 763, zwei Baumhecken aus dem *Parc* zu Brüſſel, die rechteckige Zuſtutzung der Baumgänge auf dem *Carrière*-Platz zu Nancy und eine nur in den unteren Theilen der Kronen beſchnittene Allee des Parks zu St. Germain-en-Laye darſtellend. Durch unſere heutige Auffaſſung der Gartenkunſt iſt das künſtliche Zuſtutzen der Bäume, beſonders aber die Bildung geometriſch regelmäſsiger Kronenformen, faſt gänzlich verbannt. Nur ausnahmsweiſe mag das Zurückſchneiden der Zweige und die künſtliche Erzeugung einer niedrigen Laubdecke über Baumreihen gerechtfertigt ſein, wenn man den Obergeſchoſſen der Häuſer die freie Ausſicht ſichern will, wie man dies in Curorten und in vielen Städten am Rheinufer mannigfach beobachten kann.

b) Gartenflächen.

600. Bedeutung der Gartenflächen auf den Straſsen.

Raſenflächen mit Blumenbeeten und Gruppen von Zierpflanzen bilden, faſt ſtets in Verbindung mit Baumreihen, den wohlthuendſten Schmuck breiter Stadtſtraſsen. Sie liefern die Augenweide und die Gemüthsruhe, deren der Wanderer

Fig. 764.

Querſchnitt und Einfaſſung der Gartenbeete auf dem Opernplatz zu Berlin.
$^{1}/_{50}$ n. Gr.

bedarf, um von der nervenerregenden Arbeit des Geiſtes ſich zu erholen; Raſen und Sträucher ſind nothwendig, um die Alleeſtraſse zur »Promenade« zu machen. Schon in Fig. 125 (S. 87), 127 (S. 88), 132 (S. 90), 133 (S. 90), 144 (S. 91), 154 (S. 94), 156 (S. 95), 182 (S. 99), 225 (S. 109) u. 226 (S. 109) haben wir Beiſpiele ſolcher Promenaden-Straſsen aus Dortmund, Aachen, Mainz, Mannheim, München, Haag, Breda, Lille und Zürich kennen lernen; eben ſo zeigt uns die Tafel bei S. 252

Fig. 765.

$^{1}/_{500}$ n. Gr.

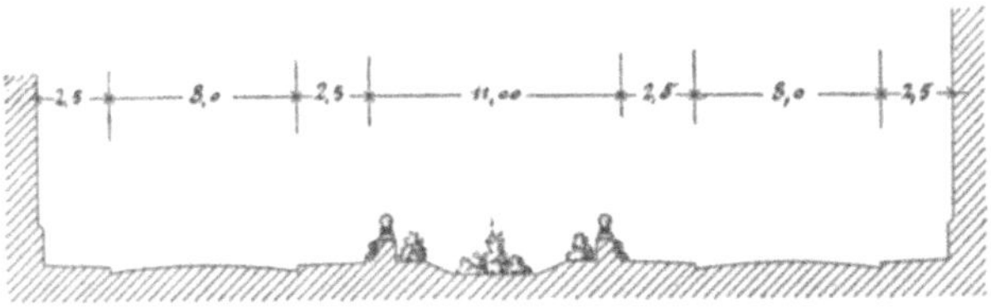

Querſchnitt des *Boulevard Léopold* zu Oſtende.

Fig. 766.

$^{1}/_{50}$ n. Gr.

Querſchnitt und Einfaſſung der Gartenflächen in Fig. 765.

die Gartenflächen der neuen Ringſtraſse zu Köln. Solche Gartenflächen werden entweder nach geometriſchen Muſtern oder nach freieren, ſog. natürlichen Linien angeordnet. Letztere ſind nur bei gröſseren Breiten ausführbar; es überwiegen daher die geometriſchen Felder.

Fig. 767.

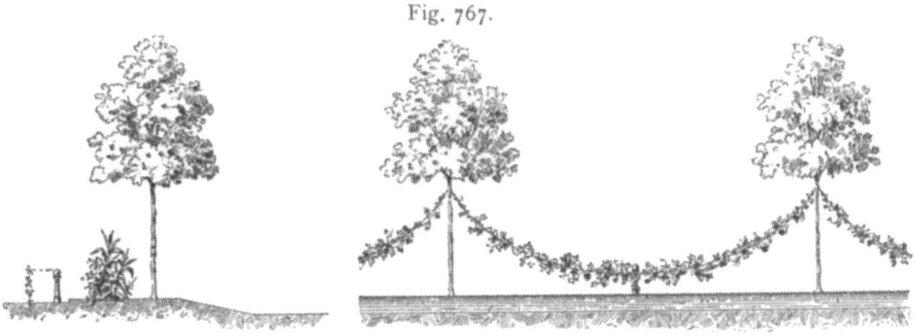

Einfaſſung der Gartenflächen auf dem Königsplatz zu Berlin.
$^{1}/_{75}$ n. Gr.

601. Geometrische Felder.

Diese verlangen eine ebene Oberfläche, welche, des besseren Aussehens wegen, um ein Geringes, 20 bis 40 cm, unter die umgebenden Strassenflächen zu senken ist (Fig. 764 bis 770). Mitunter wird auch das Rasenfeld selbst nochmals durch Erhöhungen und Senkungen profilirt, wie z. B. auf der Kaiser-*Wilhelm*-Strasse zu Breslau (Fig. 771). Solche Gartenflächen legen dem Gärtner die Pflicht der sorgsamsten Unterhaltung und zugleich der Selbstbeschränkung auf, weil allzu grosse Künstlichkeit sich leicht in Spielerei verliert. Der mittlere Spiegel ist der geeignete Ort für Blumenbeete, Pflanzengruppen, Marmor- oder Bronze-Figuren, Vasen, Springbrunnen u. dergl. Der ansteigende Rand hat Epheustreifen, Moosbänder, architektonische Linienmuster aus Kriechpflanzen und Blumen und ähnliche umrahmende Motive aufzunehmen. Der obere Rand kann mit wirklichen Strassenbäumen oder Zwergbäumchen, auch hochstämmigen Rosen bepflanzt, durch Guirlanden und sonstige Mittel verschönert werden. Das Ganze beansprucht eine feste, architektonische Einfriedigung. Die *Parterres* der französischen Gärten finden so eine passende Uebertragung auf die städtische Strasse.

602. Freie Anlagen.

Die freiere, landschaftliche Linienführung der auf Strassen anzulegenden Gartenfelder verlangt auch eine freiere Bodenbewegung. Wenn diese auch den Anforderungen des englischen Parkes, wegen der engen und steifen Umgrenzung, nicht Genüge leisten kann, so sind doch die Grundsätze der Thal- und Höhenbildung leicht zu befolgen. Schöne Rasenmulden, bepflanzte Bodenschwellungen, übersichtlich geschwungene Rasenbahnen lassen sich bei einiger Ausdehnung des Geländes wohl erzielen. Leider liegt die Anlage solcher »freien« Gartenflächen nicht immer in der Hand kunstverständiger Gärtner. Desshalb sieht man oft hohe Grashügel statt sanfter Mulden, dichte Strauchgruppen statt offener Durchblicke und eine Härte der Linienführung, die das künstlerische Empfinden beleidigt.

603. Beispiele.

Während in Fig. 769 und auf der Tafel bei S. 252 der Kaiser-*Wilhelm*-Ring zu Köln die besprochenen geometrischen Felder zeigt, sind der Sachsenring und der Deutsche Ring daselbst mit freien, »englischen« Anlagen geschmückt, welche von Baumgängen umfasst werden; der Ubierring dagegen zeigt freie Gartenflächen zu beiden Seiten einer Allee. Die Art der Bepflanzung ist bei Fig. 769 u. 770 erläutert.

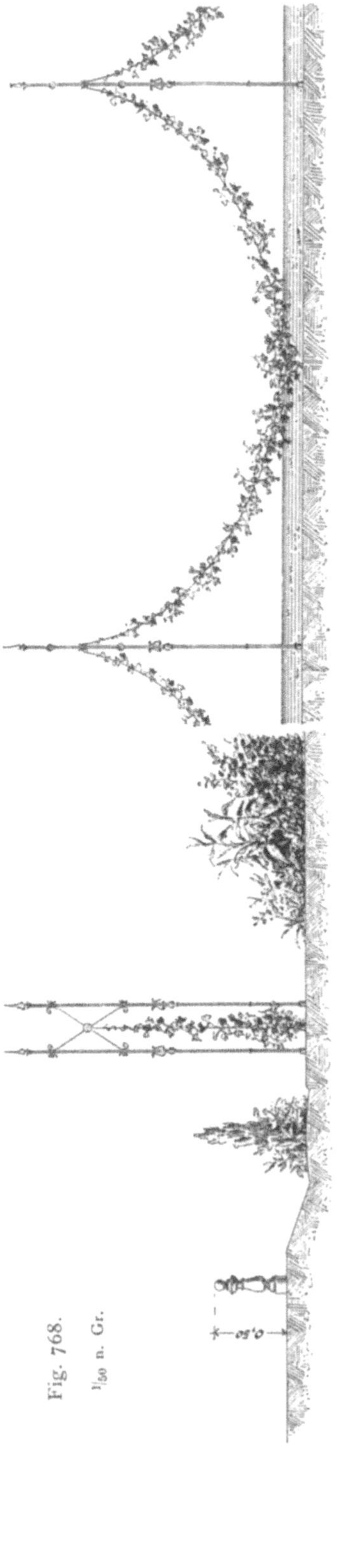

Einfassung der Gartenflächen vor der National-Galerie zu Berlin.

Fig. 768.

1/50 n. Gr.

Fig. 769.

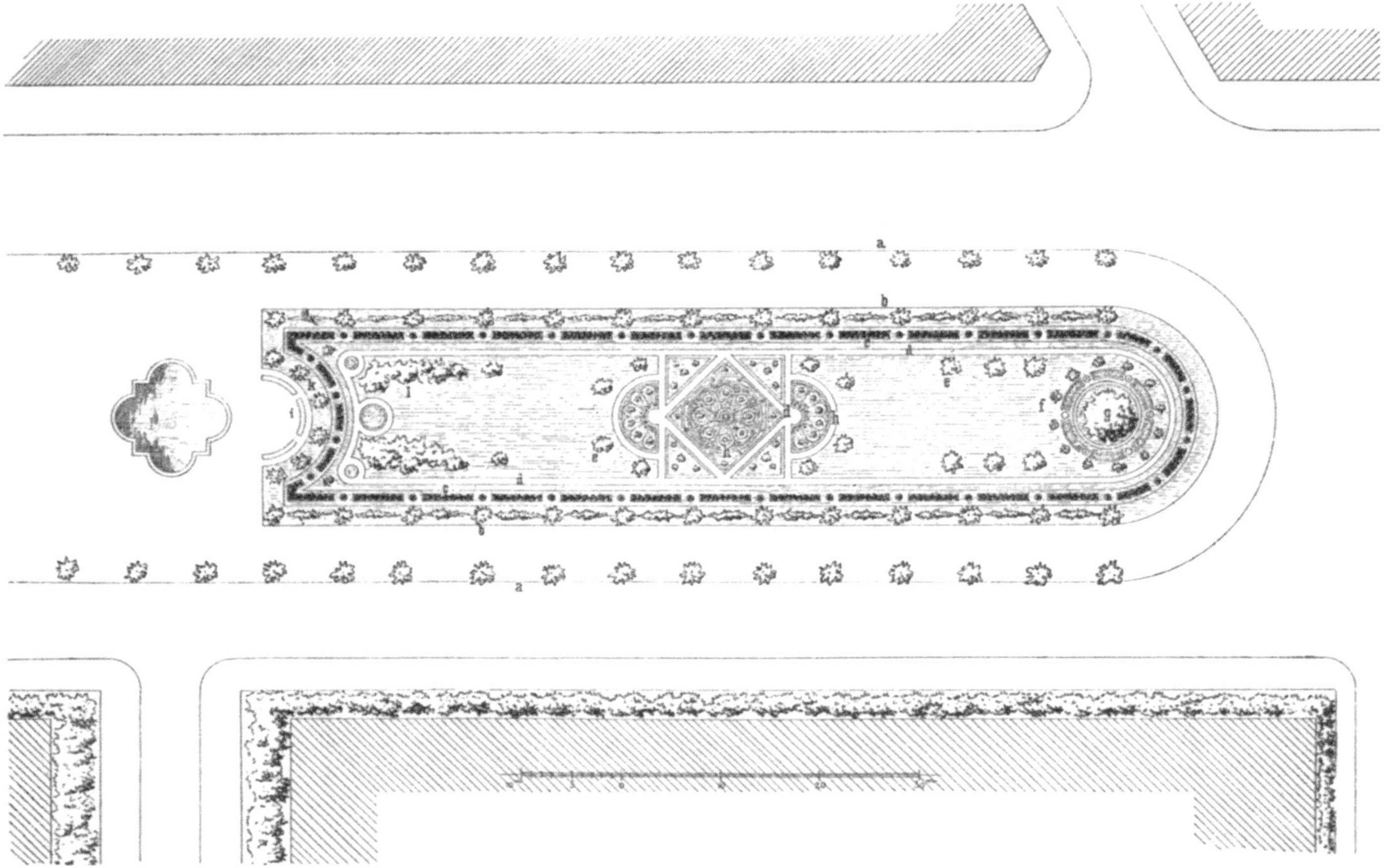

Bepflanzung der Gartenflächen des Kaiſer-*Wilhelm*-Ringes zu Köln.

a. Baumreihen. *b.* Baumreihen mit Guirlanden. *c.* Epheubeete auf den Böſchungsflächen. *d.* Kieswege. *e.* Coniferen. *f.* Stammroſen. *g.* Blattpflanzengruppen. *h.* Blumenbeete. *i.* Sitzbänke. *k.* Akazien.

Fig. 770.

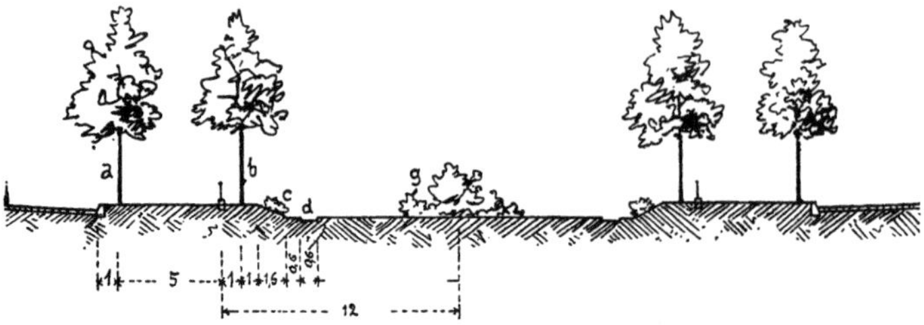

Gartenflächen des Kaiſer-*Wilhelm*-Ringes zu Köln. — $^1/_{500}$ n. Gr.
(Querſchnitt zu Fig. 769.)

Fig. 771.

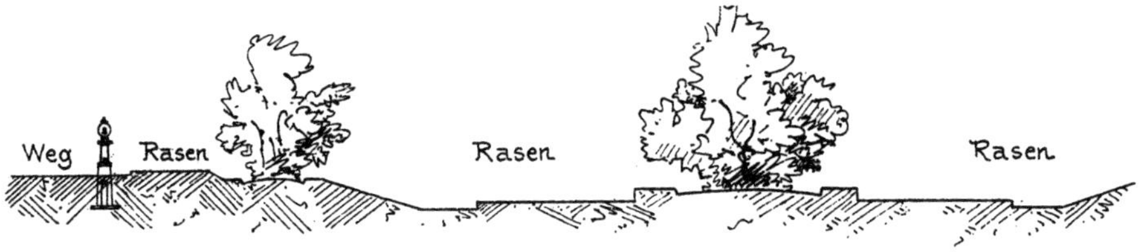

Profilirung von Gartenflächen auf der Kaiſer-*Wilhelm*-Straſse zu Breslau.
$^1/_{100}$ n. Gr.

Eine reizvolle, vielgeſtaltige Straſsenanlage mit geradliniger und landſchaftlicher Bepflanzung, den alten Feſtungswällen folgend, beſitzt Baſel. Die neben ſtehende Tafel giebt ein Bild von der Hauptſtrecke zwiſchen Spalenthor und *St. Alban*-Thor.

Die weſtliche, 33,6 m breite Strecke des Schützengrabens (vergl. das Querprofil) beſitzt eine breitere und eine ſchmalere Fahrbahn, welche eine 11,7 m breite, eingefriedigte Gartenanlage umſchlieſsen; die Eingänge der letzteren ſind offen, ſo daſs die Spazierwege, Sitzplätze und Spielplätze frei zugänglich ſind; der ſüdliche Bürgerſteig iſt mit Bäumen beſetzt; die angrenzenden Grundſtücke haben 9 m tiefe Vorgärten. Die Oſtſtrecke des Schützengrabens (vergl. das Querprofil) iſt, auſser dem einſeitigen, 15 m tiefen Vorgarten, 27 m breit und beſteht nur aus einer Fahrbahn mit zwei baumbeſetzten Bürgerſteigen; je 2 bis 3 der Bäume ſtehen auf einem Raſenbeet. Der Steinengraben zeigt auf der weſtlichen Strecke (vergl. das Querprofil) bei geringerer Breite dieſelbe Anordnung; die Vorgärten fehlen jedoch gänzlich. Der öſtliche Theil des Steinengrabens führt an der Stadtſeite auf, an der Auſsenſeite um ein altes, in eine Parkanlage umgewandeltes Feſtungs-Baſtion. Auf der Höhe des Baſtions, welche einen herrlichen Blick auf die Stadt, beſonders auf die *St. Eliſabeth*-Kirche, gewährt, endigt der eine Gartenfläche umſchlieſsende Doppelfahrweg. Am Steinenthorberg iſt ein zweites Baſtion erhalten. Die *Eliſabethen*-Anlage iſt ſtadtſeits von einem öffentlichen Park, auſsenſeitig von 19 m tiefen Vorgärten eingefaſst. Dieſelbe Anordnung ſetzt ſich auf der Anfangsſtrecke des Aeſchengrabens fort; dann folgt wieder eine Doppelfahrbahn mit mittlerer Gartenanlage (vergl. das Querprofil), wie auf der Weſtſtrecke des Schützengrabens, jedoch in gröſseren Abmeſſungen, da hier die Straſsenbreite ohne Vorgärten zwiſchen 38,5 m und 41,8 m wechſelt. Aehnlich iſt nach einer kurzen Uebergangsſtrecke die bis zum *St. Alban*-Thor führende *St. Alban*-Anlage eingerichtet (vergl. das Querprofil).

Fig. 772.

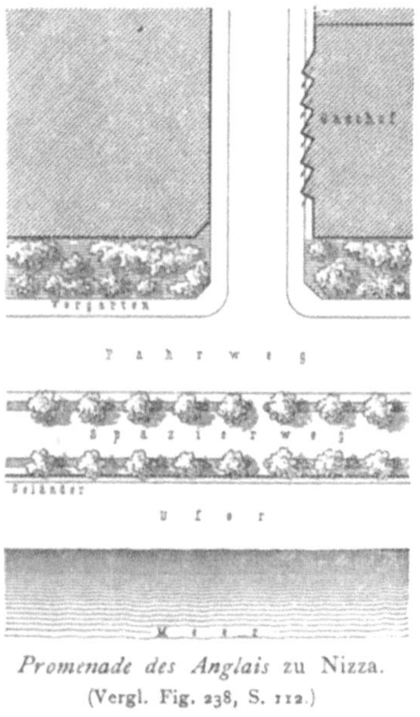

Promenade des Anglais zu Nizza.
(Vergl. Fig. 238, S. 112.)

Die Kriegsſtraſse zu Karlsruhe beſitzt die in Fig. 773 mitgetheilte Eintheilung und Bepflanzung;

Additional information of this book

(Der Städtebau; 978-3-322-80318-4; 978-3-322-80318-4_OSFO9) is provided:

EXTRA MATERIALS extras.springer.com

http://Extras.Springer.com

Fig. 773.

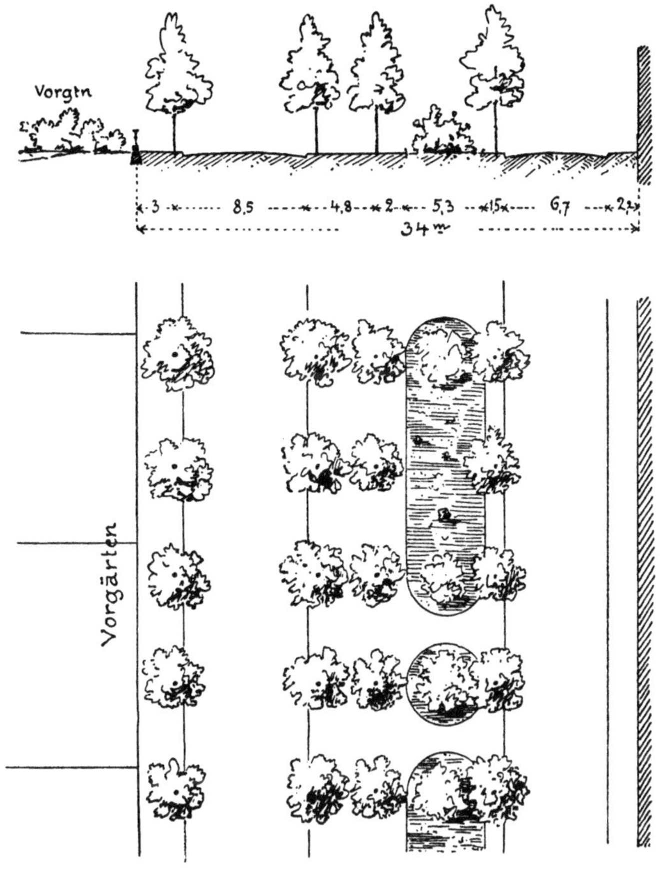

Von der Kriegsſtraſse zu Karlsruhe.
1/500 n. Gr.

es wäre wohl beſſer gewefen, den Nebenfahrweg um etwa 1,5 m zu Gunſten der bepflanzten Fläche einzuſchränken. Auch ſind die mit Strauchwerk beſetzten Gartenflächen zu oft durchtheilt und zu wenig durchſichtig.

Die dem Mainzer Stadtplane entnommene, auf der umſtehenden Tafel dargeſtellte Straſsengruppe zeigt vier verſchiedene Bepflanzungsarten: zwei Alleen, eine Gartenfläche umfaſſend auf der Kaiſerſtraſse; drei Baumreihen auf dem Mittelfelde der ſüdlichen *Bonifacius*-Straſse, Vorgärten und baumbeſetzte Bürgerſteige auf der nördlichen *Bonifacius*-Straſse, bloſse Vorgärten an der Schulſtraſse.

Die prächtige alte Poppelsdorfer Allee zu Bonn (Fig. 774) beſitzt ein 19 cm breites Raſenfeld zwiſchen den beiden Doppelbaumreihen; die Anordnung der Wege wäre für lebhaften Stadtverkehr ungeeignet.

Dreierlei Bepflanzung zeigt der auf der umſtehenden Tafel dargeſtellte

Fig. 774.

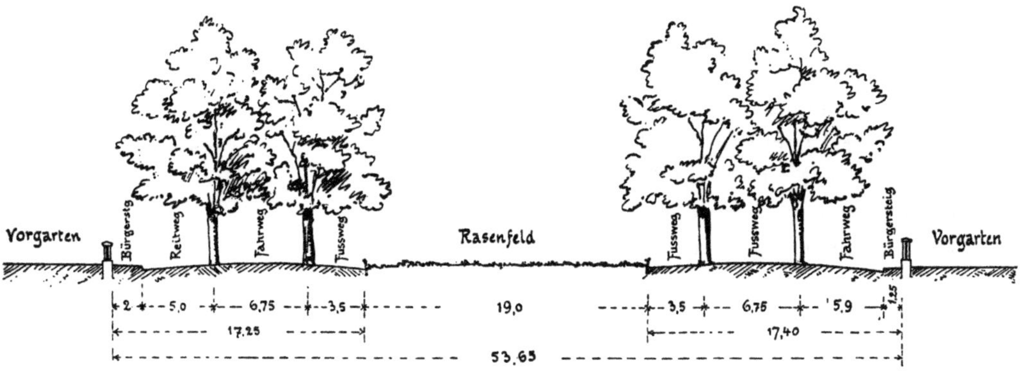

Poppelsdorfer Allee zu Bonn. — 1/500 n. Gr.
(922 m lang.)

Ausſchnitt der Wallſtraſse (Ringſtraſse) zu Krefeld; die Anlage iſt von ſchöner Wirkung; für lebhaften Verkehr ſind indeſs die Fahrwege zu ſchmal.

Fig. 772 zeigt die in den Baumreihen der *Promenade des Anglais* zu Nizza angebrachten, nur 80 cm breiten Gartenflächen, welche hier nicht als Raſenbänder, ſondern als dichte Hecken ſüdlicher Zierpflanzen ausgebildet ſind; ungewöhnlich iſt die Art, durch ſägeförmigen Vorbau der ſeitlichen Hotelfenſter Ausblicke auf Promenade und Meer zu ſchaffen.

Schlieſslich iſt auf der neben ſtehenden Tafel noch die Bepflanzung der *Avenue du Bois de Boulogne* zu Paris dargeſtellt, ohne Vorgärten 110 m breit. Die neben der 36 m breiten, freien Hauptſtraſse liegenden ſeitlichen Pflanzungen, welche nach den Häuſern hin etwas anſteigen, ſind von herrlicher Wirkung. Von den meiſten Querſtraſsen ſind nur die Fuſswege durch die Gartenanlage geführt, ſo daſs letztere beiderſeits ein möglichſt zuſammenhängendes Ganze bildet.

604. Springbrunnen. Die wirkſamſte Belebung der gärtneriſch behandelten Straſsenfläche bildet das flieſsende, ſprudelnde oder ſpringende Waſſer, das flieſsende Waſſer in Geſtalt natürlicher Bäche (vergl. Art. 313, S. 211) oder künſtlicher Rinnſale, ſprudelndes und ſpringendes Waſſer in künſtlichen Quellen, Grotten und Springbrunnen. Letztere werden auch vielfach von den Gartenflächen abgelöſt und für ſich allein als Straſsenſchmuck ausgebildet; aber auch in dieſem Falle iſt das kreisförmige oder nach einer ſonſtigen architektoniſchen Umfaſſungslinie geſtaltete Becken der Regel nach von einem Gartenbeete umgeben. Es iſt wichtig, daſs der Rand des Beckens nicht höher, beſſer etwas tiefer liege, als die Straſse, damit der Beſchauer den

Fig. 775.

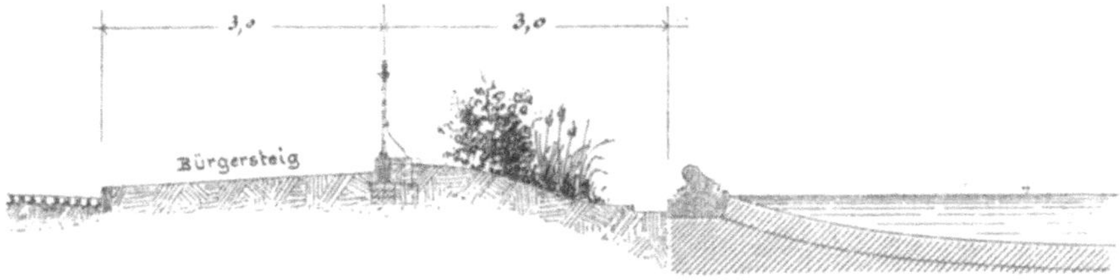

Springbrunnen-Einfaſſung. — 1/100 n. Gr.

Waſſerſpiegel in günſtigem Anblick vor ſich habe. Das mit einzelnen Pflanzengruppen und geometriſchen oder architektoniſchen Blumenmuſtern zu bepflanzende Raſenbeet erhält deſshalb zweckmäſsig eine nach dem Becken hin geneigte Lage (Fig. 775).

605. Einfriedigungen. Die ſchützenden Einfriedigungen, welche die Gartenflächen von den Wegen ſcheiden, ſind ſowohl hinſichtlich der Linienführung, als hinſichtlich der Ausbildung wichtig. Die Linienführung muſs ſich der Straſsengeſtaltung und den Verkehrsrichtungen aufs engſte anſchlieſsen. Unſchöne Härten ſind unvermeidlich, wenn Straſsentechniker und Gartenkünſtler, wie es leider oft der Fall iſt, ſelbſtändig neben einander arbeiten; die einheitliche Leitung iſt unerläſslich. Iſt die Einfriedigung entbehrlich, ſo iſt dies für den landſchaft-

Fig. 776.

Raſen-Einfaſſung aus ſchmiedeeiſernem Rohr.

Additional information of this book

(Der Städtebau; 978-3-322-80318-4; 978-3-322-80318-4_OSFO10) is provided:

EXTRA MATERIALS
extras.springer.com

http://Extras.Springer.com

Fig. 777.

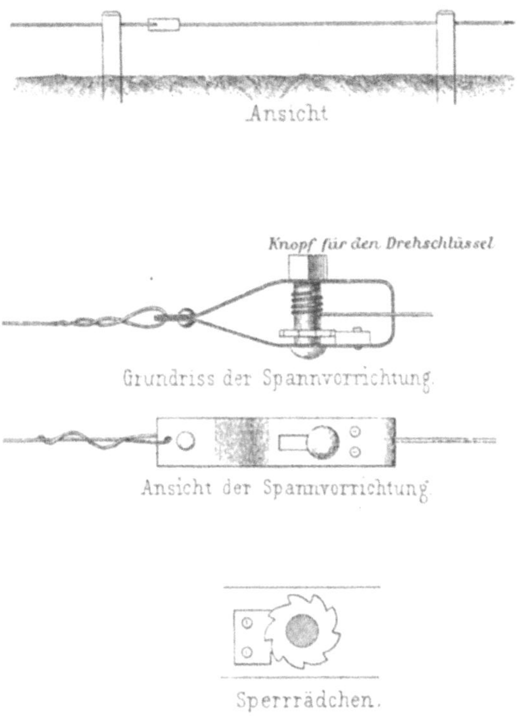

Drahtumzäunung mit Spannſchloſs.

lichen Eindruck um ſo vortheilhafter.

Die einfachſte Einfaſſung iſt ein an Holzpflöcken geſpannter Draht; Spannvorrichtungen ſind nöthig, wenn nicht der Draht bald loſe und unordentlich werden ſoll (Fig. 777). Auch bringt man 2 bis 3 Drähte über einander an; aber ſelbſt wenn man die Holzpflöcke durch Eiſenpföſtchen erſetzt, verſprechen ſolche Drahtzäune keinen dauernden Beſtand. Eine Verbeſſerung iſt der Erſatz des Drahtes durch ein mit den Pflöcken oder Pföſtchen verſchraubtes Flacheiſen. Widerſtandsfähiger noch iſt ein Rundeiſen, ein Kanteiſen, ein Rohr (Fig. 776), ein gedrehter Stab (Fig. 778 u. 781). Auch die in Fig. 755 bis 758 angegebenen Einfaſſungen ſind hier anwendbar. Höher als 30 bis 50 cm können dieſe einfachen Umwährungen nicht

Fig. 778.

Raſen-Einfaſſung zu Hamburg.

1/25 n. Gr.

Fig. 779.

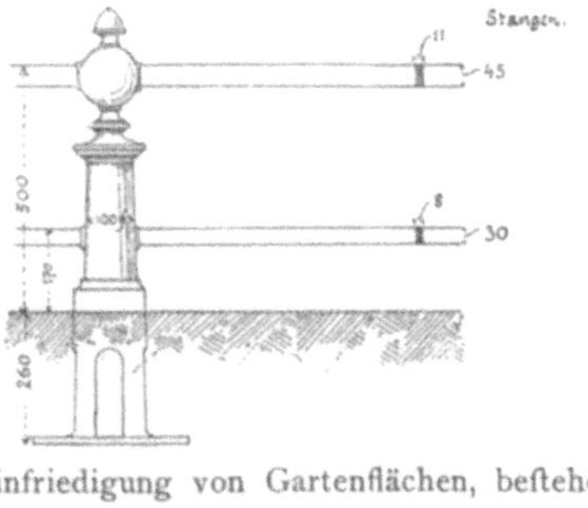

Einfriedigung von Gartenflächen, beſtehend aus guſseiſernen Pfoſten und ſchmiedeeiſernen Stangen. — 1/25 n. Gr.

Fig. 780.

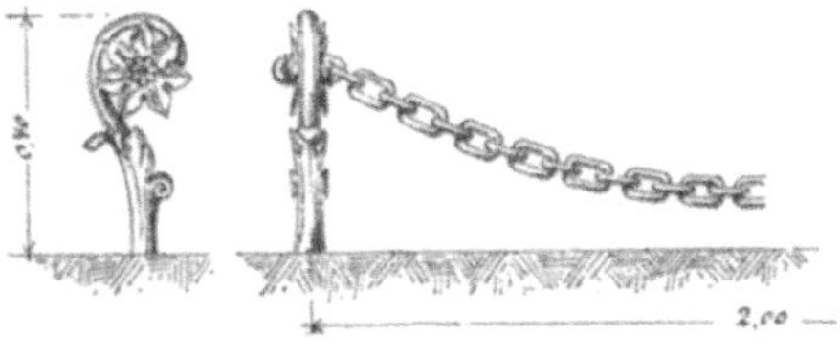

Fig. 781.

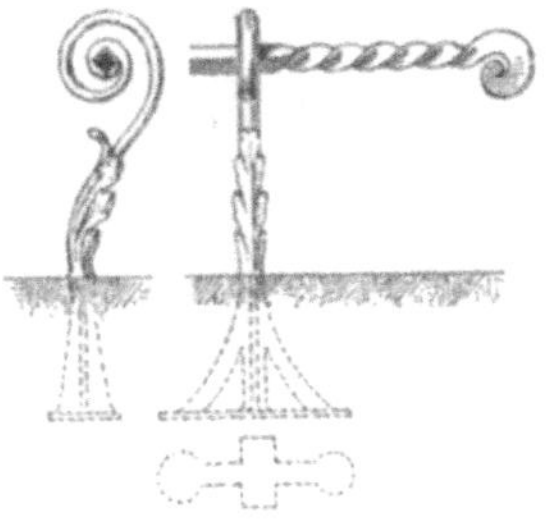

Raſen-Einfaſſungen zu Hamburg. — 1/25 n. Gr.

wohl angeordnet werden. Absichtliche Ueberschreitungen und das Ueberspringen der Hunde vermögen sie nicht zu verhindern; dies ist aber auch für gewöhnlich nicht nöthig.

Fig. 782.

Gusseiserne Garteneinfassung auf Steinsockel zu Paris.
1/50 n. Gr.

Andere niedrige Einfriedigungen kommen in Kettenform (Fig. 780) oder als massiver Rand aus Haustein oder Cement vor (Fig. 766). Sehr häufig sind ferner Steinsockel mit einem darauf stehenden niedrigen Randmuster aus Gusseisen oder Schmiedeeisen (Fig. 782). Eine kräftigere, ebenfalls niedrige Einfassung zeigt endlich Fig. 779.

Höhere Gitter, welche das Einsteigen erschweren, auch die Hunde zurückhalten, sind nur für grössere Gartenflächen passend; sie werden entweder auf einzelnen Knotensteinen oder auf durchlaufenden Steinsockeln befestigt und nach rückwärts verstrebt. Oft erheben sie sich bis auf 1,30 m und mehr über die Wegefläche; indess ist eine Höhe von mehr als 80 cm nicht zu empfehlen, weil die Umwährungen sonst den Genuss der Pflanzung zu sehr stören und den an Ausdehnung immerhin beschränkten Gartenflächen ein zwingerhaftes Aussehen geben. Spitzen und Kanten, an welchen Kinder oder Erwachsene sich leicht verletzen könnten, sind zu vermeiden. Im Uebrigen sei bezüglich solcher Einfriedigungen auf Theil III, Band 2, Heft 2 (unter C) dieses »Handbuches« verwiesen.

Die sauberste Ausführung und Unterhaltung der Einfriedigungen und Rasenkanten ist für den guten Eindruck der Strassenpflanzungen unerlässlich. Sind die Einfassungen niedrig oder fehlend, so können Blumenbeete zum Schutze gegen Hunde mit einem besonderen leichten Drahtgeflecht umgeben werden.

c) Vorgärten.

606. Eigenschaften der Vorgärten.

Vorgärten sind ein Schmuck der Strasse und ein Schmuck des Hauses, zugleich aber eine gesundheitliche Massregel von hervorragender Bedeutung. Sie vergrössern den freien, unbebauten Raum, ohne den Schmutz, Staub und Lärm der Strasse zu vermehren; den Augen und Lungen sind sie durch ihren Pflanzenwuchs wohlthuend und begünstigen zugleich das Gedeihen von Baumreihen auf der Strasse. Sie trennen die Wohnungen vom Staub und Lärm und von der unmittelbaren Berührung mit dem öffentlichen Verkehre ab. Sie liefern bei einiger Tiefe sogar angenehme Sitzplätze, mit der Wohnung in Form von Terrassen oder Balcons zusammenhängend, oder auch selbständig, angenehm besonders an schönen Abenden und im Luftraume weniger beengt, als Binnenhöfe und kleine Hintergärten.

607. Tiefe der Vorgärten.

Die Tiefe der Vorgärten, d. h. den Abstand zwischen der Strassenfluchtlinie und der Baufluchtlinie, findet man wechselnd zwischen 2 und 30 m. Das preussische Fluchtlinien-Gesetz schreibt unzweckmässiger Weise vor, dass die Tiefe in der Regel nicht mehr als 3 m sein soll, obwohl die erwähnten Vorzüge erst bei Vorgärten eintreten, welche wenigstens etwa 5 m tief sind. Die vielfache Anwendung geringerer Masse und die mitgetheilte gesetzliche Vorschrift hängen mit einem zuweilen beabsichtigten Nebenzwecke der Vorgärten zusammen, welcher darin besteht, dass die Möglichkeit bleiben soll, die Strassenfläche bei wachsendem Verkehre auf die ganze Breite zwischen den beiderseitigen Häuserfluchten, also unter Beseitigung der Vorgärten,

Fig. 783.

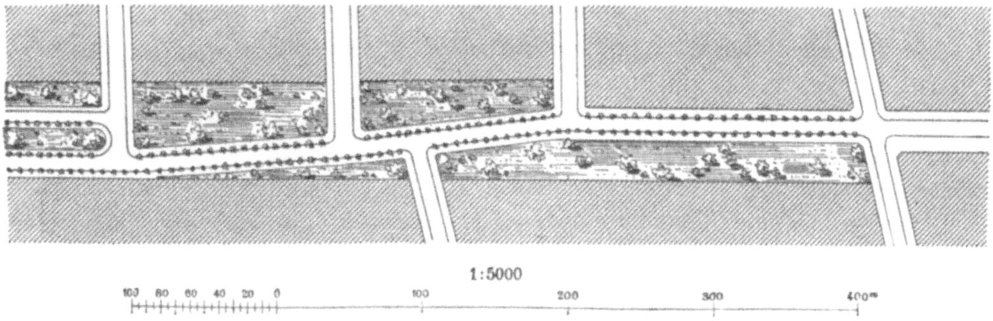

Vorgärten in der Kaiser-*Wilhelm*-Strafse zu Breslau.

auszudehnen. Abgefehen hiervon, liegt die für Strafse und Haus angenehmfte Vorgartentiefe zwifchen 6 und 12 m; gröfsere Tiefen find felten und können nur bei fehr grofsen Grundftückstiefen in Frage kommen. Das ungewöhnliche Mafs von 30 m und mehr, welches an der Kaifer-*Wilhelm*-Strafse zu Breslau erfcheint, hat feine Urfache darin, dafs zu beiden Seiten einer gekrümmten alten Strafse die Baufluchtlinien annähernd parallel gezogen find, während die Strafsenfluchtlinien der Wegekrümmung folgen (Fig. 783).

Fig. 784.

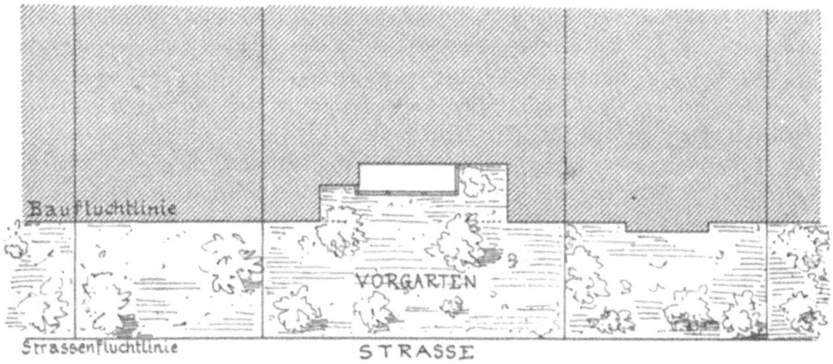

Rückfprünge eines Haufes hinter der Baufluchtlinie bei Anordnung von Vorgärten.

1:400

10 9 8 7 6 5 4 3 2 1 0 5 10m

Fig. 785.

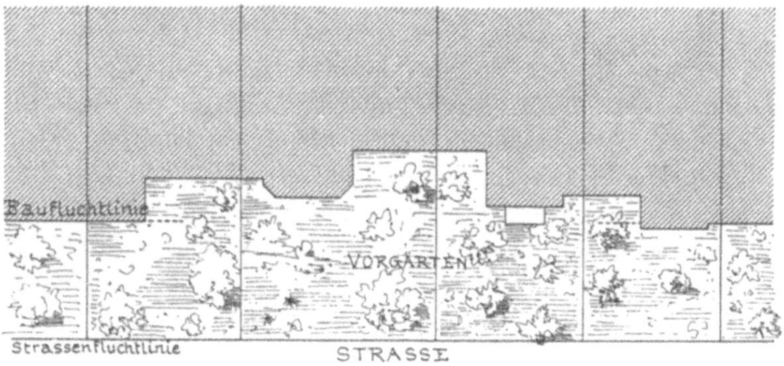

Rückfprünge mehrerer Häufer hinter der Baufluchtlinie bei Anordnung von Vorgärten.

608. Vor- und Rückfprünge der Gebäude: Für Vorgärten, welche im Falle des Verkehrsbedürfniffes mit der Strafse vereinigt werden follen, müffen hinfichtlich der Vor- und Rückfprünge der Gebäudefronten diefelben ftrengen baupolizeilichen Vorfchriften gelten wie an der offenen Strafse. Austritte, Terraffen u. f. w. vor der Baufluchtlinie können, wenn überhaupt, fo nur als vorübergehende Anlagen geduldet werden. Anders liegt die Sache in dauernd beizubehaltenden Vorgärten, wobei die Fälle der gefchloffenen und der offenen Bebauung zu unterfcheiden find.

609. Bei gefchloffener Baureihe. Bei gefchloffener Baureihe ift zwar, wenn nicht ein befonderes Abkommen zwifchen den Nachbarn getroffen wird, die ftrenge Innehaltung der Baufluchtlinie zu fordern, damit das häfsliche Vortreten nackter Giebelmauern vermieden wird. Dagegen können innerhalb der Front deffelben Haufes und, auf Grund nachbarlicher Verftändigung, auch innerhalb der Front mehrerer Häufer Rückfprünge beliebig (Fig. 784 u. 785) und Vorfprünge mit gewiffen Befchränkungen geftattet werden. Leider find nachbarliche Verftändigungen folcher Art äufserft fchwierig und felten. Der Regel nach handelt es fich defshalb nur um Vorfprünge, welche nach Länge, Höhe und Tiefe zu befchränken find, damit nicht der Zweck der Vorgärten vereitelt und der eine Nachbar vom anderen benachtheiligt werde.

Die befchränkenden Vorgarten-Vorfchriften, welche die Stadt Köln beim Verkauf von Baugrundftücken anwendet, lauten wie folgt:

1) Niedrige Vorbauten von nicht über 1 m Höhe, als Rampen, Freitreppen, Terraffen, Lichtfchächte u. f. w., dürfen fich bis an die Strafsenfluchtlinie erftrecken.

2) Auffteigende Vorbauten, als Rifalite, Portale, Veranden, Erker, Vordächer, Vortreppen u. f. w., dürfen zwei Fünftel der Gebäudefront einnehmen, bis zum I. Obergefchofs emporgeführt werden und bis zu ein Drittel der Vorgartentiefe vor die Baufluchtlinie vorfpringen. Balcons find in allen Stockwerken, Erker, welche nicht von unten auf emporgeführt werden, find im I. und II. Obergefchofs geftattet; die Ausladung und der Grenzabftand richten fich nach dem Ortsftatut. (Letzteres ift im Anhang unter XI abgedruckt.)

3) Die zu Vorbauten nicht verwendete Fläche zwifchen Bau- und Strafsenfluchtlinie ift durch den Eigenthümer als Garten- und Wegefläche einzurichten und ftets in geordnetem Zuftande zu erhalten.

4) An der Strafsenfluchtlinie, fo wie an den Nachbargrenzen ift ein Eifengitter auf einem Steinfockel zu errichten; der Sockel foll 20 bis 50 cm, das Gitter 1,0 bis 1,5 m über dem Trottoir hoch fein.

5) Ausnahmen von vorftehenden Beftimmungen bedürfen eines befonderen Vertrages mit der Stadtverwaltung.

6) Die Benutzung der Vorgartenfläche zu gewerblichen Zwecken unterliegt der Genehmigung der Stadtverwaltung, welche die Bedingungen feft ftellt.

Die uneingefchränkte Erlaubnifs zu den unter 1 genannten Anlagen hat zu Schwierigkeiten bisher nicht geführt. Die Höhenbefchränkung der Bautheile unter 2 hat den Zweck, die Nachbarn gegen allzu grofse Beeinträchtigung der freien Ausficht zu fchützen. Mit Einwilligung derfelben find daher auf Grund der Beftimmung 5 mannigfache Abweichungen geftattet worden.

610. Bei offener Bauweife. Bei offener Bauweife und einzeln ftehenden Häufern ift das beliebige Zurücktreten hinter die Baufluchtlinie, deren geringfter Abftand von der Strafsenfluchtlinie feft zu fetzen ift, ohne Bedenken. Werden Gruppen von zwei (oder ausnahmsweife drei) an einander ftofsenden Häufern geftattet, fo haben die Befitzer derfelben Gruppe fich natürlich, wie bei der gefchloffenen Bebauung, zu verftändigen. Für Vorfprünge, welche über die feft gefetzte Baufluchtlinie hinaustreten, find bei der offenen, wie bei der gefchloffenen Bauweife aus den gleichen Gründen Befchränkungen erforderlich. Diejenigen, welche in den Kölner Villenbezirken üblich find, finden fich im Anhang (unter XVII); da hiernach Vorfprünge von 1 bis 2 m über die Baufluchtlinie hinaus geftattet werden, fo ift der Phantafie des Architekten ein ziemlich

freier Spielraum gewährt, den er durch Zurückſchieben der Hauptbaumaſſen hinter die Baufluchtlinie faſt beliebig erweitern kann. Eine erhebliche Freiheit in der Gebäudegeſtaltung iſt aber auch nothwendig, weil man von den Villenbezirken eine an Abwechſelung reiche Architektur mit Recht erwartet.

Die Bepflanzung der Vorgärten, welche ſich in den üblichen Tiefenmaſsen von 3 bis 10 m halten, wird ſich gewöhnlich in ſtreng architektoniſchen Linien halten; 611. Bepflanzung.

Fig. 786.

Fig. 787.

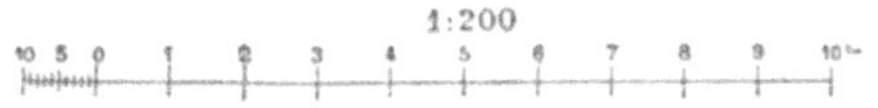

Städtiſche Vorgärten bei geſchloſſener Bebauung.

erſt bei gröſserer Tiefe pflegt eine landſchaftliche Behandlung einzutreten. Schon in Fig. 2 u. 3 (S. 6) ſind einige Bepflanzungsformen angedeutet worden. Aehnliche Anlagen zeigen Fig. 786 bis 788. Die Zuſammenſetzung ſolcher geometriſcher Formen iſt eine unerſchöpfliche, da hier die eigentlich gärtneriſchen Rückſichten untergeordnet ſind. Ein Beiſpiel landſchaftlicher Bepflanzung iſt Fig. 789. Der zur Hausthür führende Weg wird gewöhnlich beplattet, auch aſphaltirt oder mit Moſaik-Pflaſter befeſtigt (vergl. Art. 525,

Fig. 788.

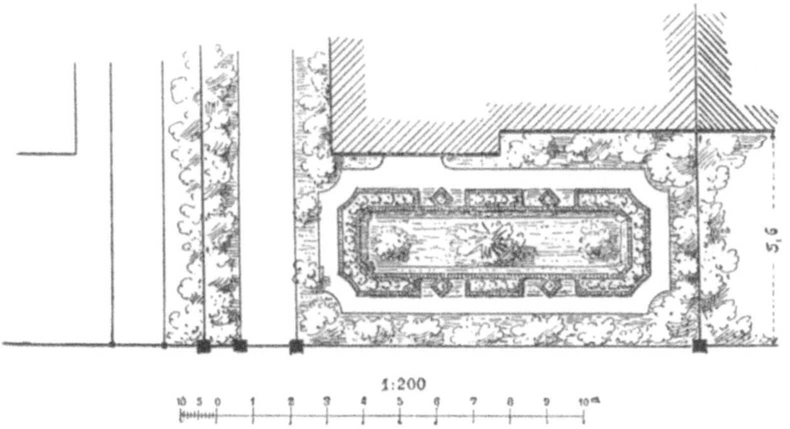

Geometriſch angelegter Vorgarten zu Köln mit vertieftem Mittelfelde und erhöhten Randſtücken.

S. 373); die übrigen, schmal zu haltenden Wege, welche nur zur Trennung der Beete dienen, erhalten eine feine, unter Umständen farbige Kiesdecke. Die Ränder werden gewöhnlich mit immergrünen Pflanzen (Aucuben, Ilex, Rhododendron, Mahonien etc.), seltener mit eigentlichen Ziersträuchern besetzt; die oft etwas eingesenkten Innenfelder erhalten meistens wechselnden Blumenschmuck je nach der Jahreszeit, mitunter sogar kostbare Teppichbeete. Schlingpflanzen (Epheu, Clematis, Glycinen, wilder und echter Wein etc.) können die Einfriedigungen an der Strafse und an den Grenzen der Nachbargrundstücke verschönern, auch an der Hausfront emporgeführt werden, wo sie Austritte, Terrassen und Erker oft in reizvollster Weise umranken. Die Verwendung von Vasen, Figuren, Grotten, Springbrunnen, Lauben u. s. w. ist nicht ausgeschlossen; dagegen ist die Anpflanzung hochstämmiger Bäumchen selbstredend nur in sehr beschränktem Mafse statthaft, es sei denn, dafs der Vorgarten, was oft vorkommt, als Sitzplatz für Wirthshäuser benutzt wird. In allen Fällen ist die sorgfältigste Unterhaltung unerläfslich.

Fig. 789.

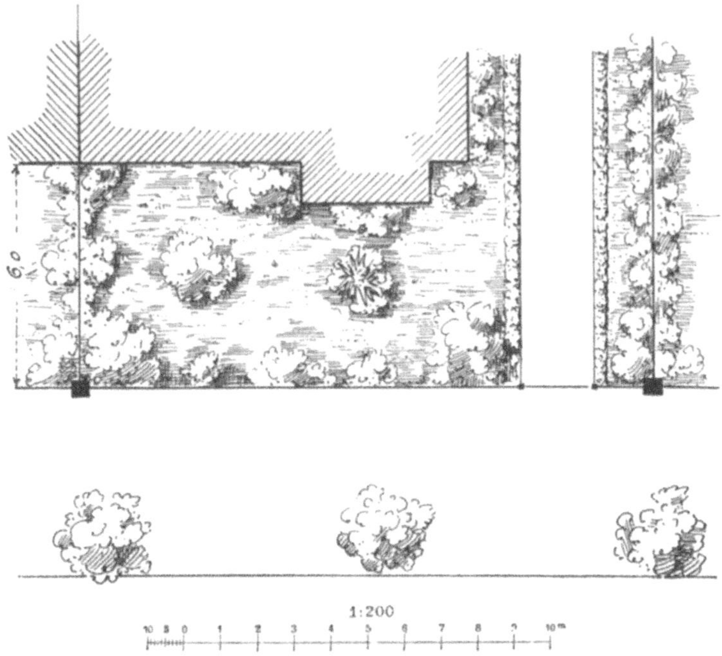

Landschaftlich bepflanzter Vorgarten zu Köln.

Die Behandlung eines nach dem Hause hin ansteigenden Vorgartens (an der Berglehne) zeigt Fig. 790. Dem Treppenanstieg links entspricht die bequemere Wegerampe rechts, während der Schnitt durch die Hausthür terrassenförmig gestaltet ist, so dafs also drei Charaktere in der einfachen kleinen Anlage vertreten sind, welche eine reizvolle Mannigfaltigkeit hervorrufen.

Auch die landschaftliche Behandlung von Vorgärten gröfserer Tiefe hält sich naturgemäfs in be-

Fig. 790.

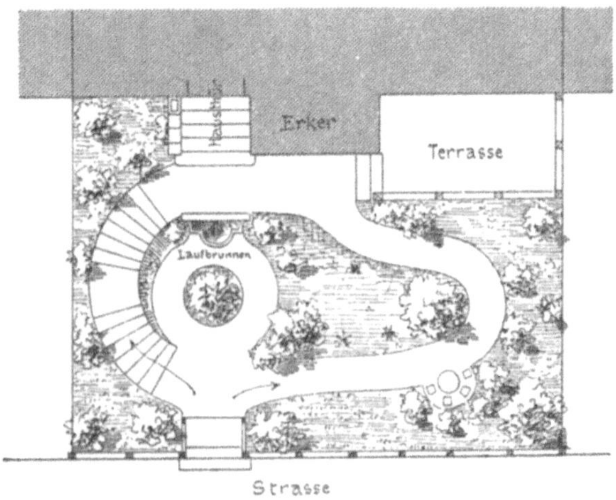

Kleiner landschaftlicher Vorgarten zu Aachen.

Arch.: *Henrici.*

Fig. 791.

Vor- und Hausgarten[117]). — ca. $^1/_{1250}$ n. Gr.

a. Wohnhaus.
b. Stallgebäude.
c. Glashalle.
d. Cabinet.
e. Pavillon.
f. Becken mit Springbrunnen.
g. Vorgarten.
h. Ablauf des Springbrunnens.
i. Turn- und Spielplatz.
k. Nafchgarten etc.
l. Teich.
m. Laube.
n. Bach.
p. Figur.

fcheidenen Grenzen. Eine freiere Geftaltung wird erft möglich, wenn auf breiteren Grundftücken der Vorgarten mit dem Hausgarten oder Park in Verbindung tritt. Fig. 791 u. 792 mögen hierfür als Beifpiele dienen, obwohl die Einrichtung der Hausgärten den Rahmen des Städtebaues überfchreitet.

Fig. 792.

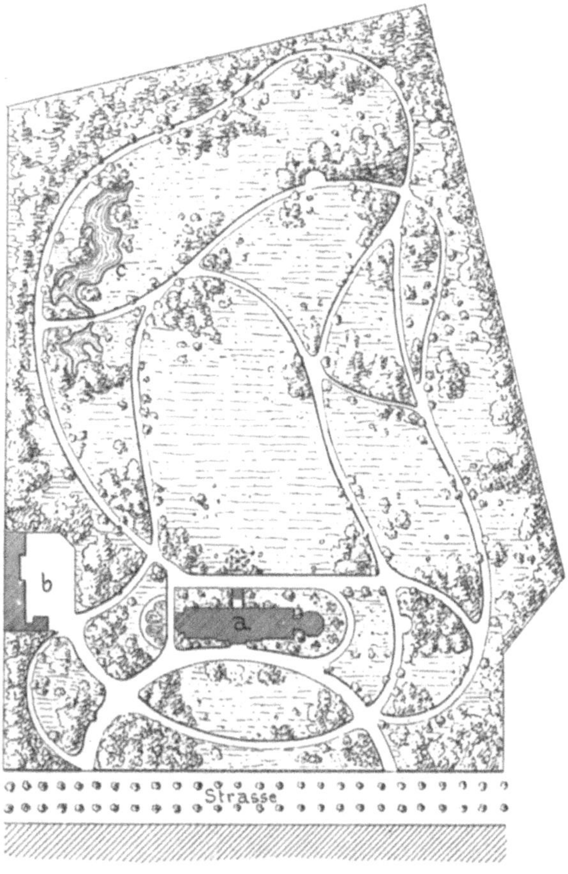

Vor- und Hausgarten[117]). — $^1/_{3000}$ n. Gr.

Die Einfriedigung der Vorgärten 612. Einfriedigungen
owohl nach der Strafse als nach den Nachbargrundftücken hin mufs durchfichtig fein, wenn der Zweck, nicht blofs dem Haufe, fondern auch der Strafse als Verfchönerung zu dienen, erreicht werden foll. Mauern, fowohl maffive,

[117]) Unter Benutzung von: MEYER, G. Lehrbuch der fchönen Gartenkunft etc. Berlin 1873.

als durchbrochene, ſind deſshalb ungeeignet; Holzgitter, welche aus Geldrückſichten mitunter angewendet werden, ſind wegen ihrer Vergänglichkeit und Verletzbarkeit unerwünſcht. Eiſengitter ſind das allein Richtige. Sie werden zweckmäſsig auf Sockeln aus Hauſtein oder Mauerwerk errichtet, ſowohl der Feſtigkeit und Reinlichkeit wegen, als um einen geordneten Anſchluſs des Bürgerſteiges zu erzielen.

Fig. 793.

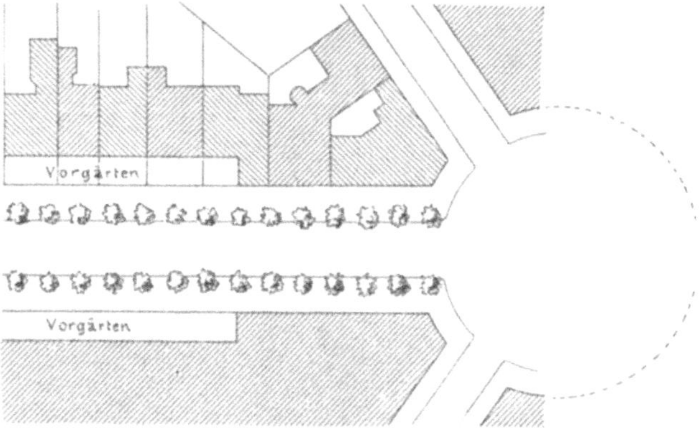

Vorgärten, beiderſeits vor dem Straſsenſchluſs endigend.

Hohe Sockel und hohe Gitter beeinträchtigen den Eindruck des Vorgartens. Es iſt daher rathſam, die Höhe des Sockels auf 20 bis 40 cm, die Höhe des Gitters (vom Bürgerſteig gemeſſen) auf 1,0 bis höchſtens 1,5 m zu beſchränken. Speereiſen, Harpunen oder ähnliche Spitzformen ſind zur Verhütung von Verletzungen auszuſchlieſsen; eine wirkliche Sicherheit gegen böswilliges Ueberſteigen können ſolche Einfriedigungen ohnehin nicht gewähren. In Theil III, Band 2, Heft 2 dieſes »Handbuches« iſt eine groſse Zahl geeigneter Einfriedigungen vorgeführt. Erhalten die Gitter eine gewiſſe Länge, beiſpielsweiſe mehr als 10 m, ſo iſt eine Unterbrechung des Muſters zu empfehlen, welche auſserdem an den Eingangsthüren oder -Thoren einzutreten pflegt. In einzelnen Fällen, z. B. in Altona, hat man die Anwendung eines beſtimmten Muſters für die Vorgartengitter einer ganzen Straſse einheitlich vorgeſchrieben; für gewöhnlich dürfte indeſs die Mannigfaltigkeit ſich nicht als ſtörend herausſtellen.

Fig. 794.

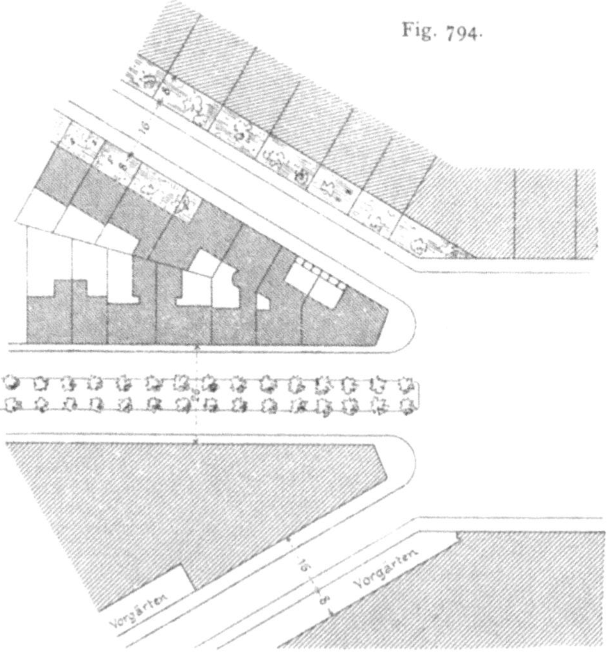

Vorgärten, auf einer Straſsenſeite vor dem Straſsenſchluſs endigend

613. Endigung der Vorgärten. Mitunter führt es zu Unbequemlichkeiten oder Unſchönheiten, die Vorgärten bis zum Straſsenſchluſs durchzuführen. Man kann alsdann die Vorgärten beiderſeits (Fig. 793) oder auf der einen Straſsenſeite vor dem Straſsenſchluſs endigen laſſen (Fig. 794), indem man zugleich dafür ſorgt, daſs der letzte Vorgarten nicht an einer kahlen Grenzmauer, ſondern innerhalb eines Grundſtückes an einem ent-

ſprechend ausgebildeten Bautheile ſeinen Abſchluſs findet (vergl. Fig. 793 u. 794 oben).

Fig. 795.

Vorgärten auf der öffentlichen Straſse bei geſchloſſener Bauweiſe.

1:400

Fig. 796.

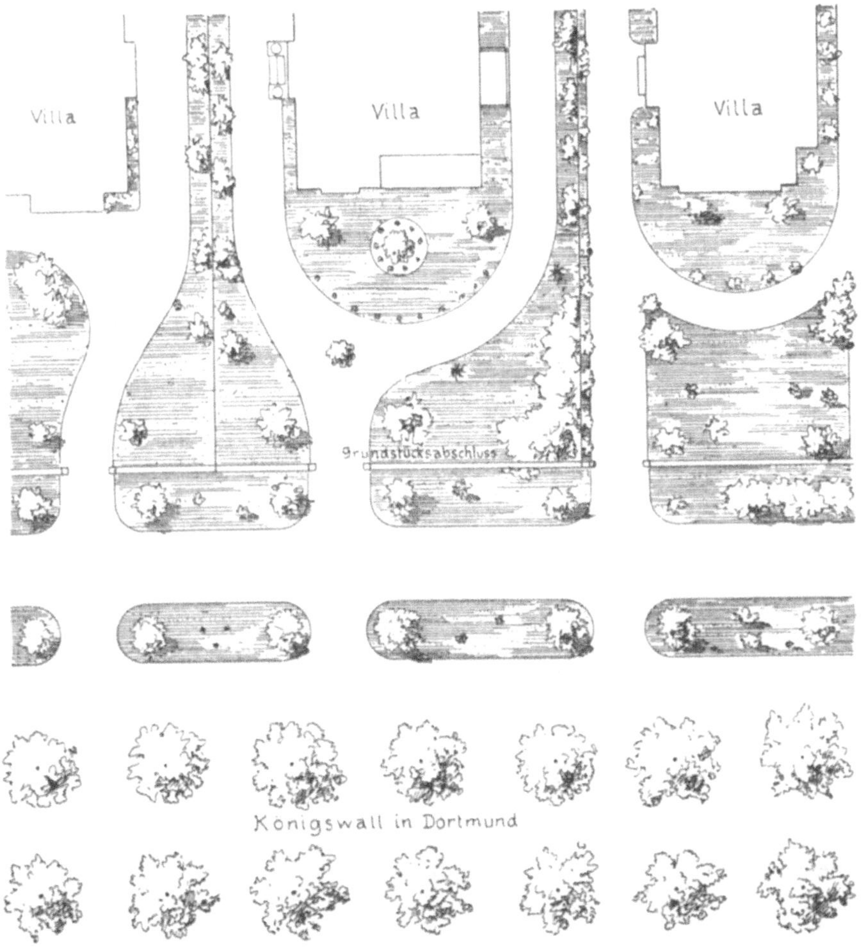

Vorgärten auf der öffentlichen Straſse bei offener Bauweiſe.

Während die bisher betrachteten Vorgärten Theile des Privatgrundſtückes bildeten, iſt auch die umgekehrte Anordnung, daſs der Vorgarten dem Grundſtück entlang als Theil der öffentlichen Straſse angelegt wird, nicht ausgeſchloſſen. Fig. 795 zeigt dieſen bei uns ſeltenen, in Amerika oft vorkommenden Fall bei ge-

614. Vorgärten als Theile der öffentlichen Straſsenfläche.

fchloffener Bebauung; die Vorgartenflächen find nur an den Hauseingängen unterbrochen, mit niedrigen Einfaffungen verfehen oder gar nicht umfriedigt und werden von der Gemeinde unterhalten. Eben fo kann zum Privatvorgarten eine öffentliche Vorgartenfläche treten, wie dies z. B. in Fig. 796 der Fall ift, welche die Bepflanzung des Königswalles in Dortmund vor den Villen-Grundftücken dafelbft darftellt.

---

2. Kapitel.

Die bepflanzten Plätze.

a) Allgemeines.

615. Möglichkeit der Bepflanzung bei verfchiedenen Platzarten.

Zur Bepflanzung find faft alle öffentliche Stadtplätze mehr oder minder geeignet; die Bepflanzung derfelben ift das verbreitetfte, bei der Mehrzahl der Plätze auch das geeignetfte Verfchönerungsmittel. Die Verkehrsplätze (vergl. Abfchn. 2, Kap. 8, unter a) können an den Bürgerfteig-Rändern, oft auch an den Rändern der Mittelinfeln, Baumreihen aufnehmen; grofse, aus dem Verkehre ausgefchaltete Mittelinfeln find mitunter zur Ausfchmückung mit Gartenflächen, Springbrunnen u. f. w. geeignet. Die Nutzplätze (Marktplätze) find gewöhnlich ohne Beeinträchtigung des Gebrauches mit Baumreihen zu umpflanzen oder zu bepflanzen. Die eigentlichen Schmuckplätze find in erfter Linie auf die Verfchönerung mit Gartenflächen und Baumgängen angewiefen. Bei den monumentalen Plätzen tritt die Anwendung der Baumreihen, weil fie den Anblick der Gebäude ftören, mehr zurück; dagegen ift die Ausfchmückung der Vorplätze durch Gartenanlagen, innerhalb deren auch einzelne hohe Baumgruppen nicht ausgefchloffen find, um fo empfehlenswerther, und zwar bis zu dem Mafse, welches die Verkehrsbewegungen geftatten. Den letzteren darf kein fühlbarer Zwang angethan werden.

616. Hinderniffe der Platzbepflanzung.

Platzbepflanzungen, welche den Verkehr ftören, find eben fo wenig berechtigt, wie folche, welche von den nothwendigen Verkehrslinien, insbefondere den Fahrwegen, allzu fehr durchfchnitten werden (vergl. Pelikanplatz zu Zürich in Fig. 295, S. 131 und *Georgs*-Platz zu Hannover in Fig. 372, S. 156). Das Verdecken von Gebäudeanfichten und das Verfperren von Verkehrswegen find zwei Hauptfehler, welche bei der Bepflanzung von Stadtplätzen vermieden werden müffen. Bei manchen Plätzen wird man, um diefe Fehler zu vermeiden oder um nicht zu einer unruhigen Zerftückelung der Anlage genöthigt zu fein, auf Pflanzungen, befonders auf Gartenflächen, verzichten müffen.

617. Verallgemeinerung des gärtnerifchen Schmuckes.

Unrichtig wäre es, den gärtnerifchen Schmuck nur auf grofse und bedeutfame Plätze befchränken zu wollen; jeder Raum vielmehr, welcher ohne Beeinträchtigung des Verkehres den Strafsen und Plätzen abgewonnen werden kann, follte bepflanzt und wo möglich gärtnerifch behandelt werden; es ift dies eine Verfchönerung der Stadt und eine Wohlthat, welche allen Schichten der Bevölkerung zu ftatten kommt. Bei dem vielfach üblichen Rechteckfchema für ftädtifche Bebauungspläne fteht man allerdings oft vor der Frage, ob ein ganzer Block für Schmuckanlagen »geopfert« werden foll; es ift ein Vorzug des natürlichen Bebauungsplanes, in welchem die Strafsen in erfter Linie den Verkehrsrichtungen angepafft werden, dafs kleinere dreifeitige oder mehrfeitige oder längliche Flächen fich oft von felbft ergeben, welche, zwifchen den Verkehrsrichtungen liegen bleibend, auf gärtnerifchen Schmuck gewiffermafsen angewiefen find.

Nach Möglichkeit find folche Schmuckanlagen regelmäfsig zu geftalten. Da aber die Form wefentlich von den auf den Platz mündenden und ihn umgebenden Strafsen abhängig ift, fo müffen die Richtungen, die Breite und Eintheilung der Strafsen im Zufammenhang mit der Gröfse und Geftalt des Schmuckplatzes feft geftellt werden. Beides ift Aufgabe des Bebauungsplanes. Es wäre ein Fehler, wollte man die Strafsen- und Platzgrenzen zwar bei Aufftellung des Bebauungsplanes entwerfen, die Sorge für Pflanzungen und Gartenanlagen aber dem Gärtner überlaffen. So unentbehrlich die Thätigkeit des letzteren in der endgiltigen Bearbeitung der Einzelheiten und in der technifchen Ausführung ift, eben fo wichtig ift es, die Gefammtanlage der Pflanzungen, Schmuckplätze und öffentlichen Gärten nach Gröfse, Geftalt und Anordnung beim Entwurf des Stadtbauplanes vorzufehen.

618. Zufammenhang der Pflanzungen mit dem Bebauungsplane.

b) Baumreihen.

Die einfachfte Art der Platzbepflanzung, wie der Strafsenbepflanzung befteht in Baumreihen. Zu unterfcheiden find Baumreihen, welche nur den Rändern des Platzes folgen, und folche, welche auch die ganze Platzmitte hainartig bedecken. Die erftere Art ift die gewöhnliche; die Baumreihen werden mitunter einfach, meift aber zweifach oder mehrfach gepflanzt, damit fich fchattige Gänge bilden; fechs, acht, ja zehn Baumreihen kommen vor. Die zweite Art, die Hainpflanzung, ift feltener. Beifpiele find Theile des Stuttgarter Schlofsplatzes und der Bafeler *Peters*-Platz; in beiden Fällen find übrigens die regelmäfsigen Baumreihen mit Rafenbeeten, Sitzplätzen u. f. w. verbunden. Ueber die Baumforten, das Pflanzen, den Schutz gegen Leuchtgas und Verletzungen, die Unterhaltung und Bewäfferung gilt das in Kap. 1 diefes Abfchnittes (unter a) Gefagte. Die Baumabftände und Reihenentfernungen find zweckmäfsig, um den Platz luftig zu halten, etwas gröfser anzuordnen, als bei der gewöhnlichen Strafsenbepflanzung. Auch Rafenkränze um den einzelnen Stamm, Rafenbänder unter den die Hauptwege einfaffenden Baumreihen kommen vor; das Stutzen der Baumkronen war auf franzöfifchen Plätzen des vorigen und vorvorigen Jahrhundertes fehr beliebt.

619. Randpflanzung und Hainpflanzung.

In der Wahl der Baumforten ift bei der Bepflanzung von Plätzen noch gröfsere Vorficht nöthig, als bei der Strafsenbepflanzung, da eine möglichft gleichmäfsige Entwickelung der Kronen eine Vorbedingung für das gute Ausfehen der ganzen Pflanzung ift. Aus diefem Grunde wird man in der Regel auch auf die Verwendung verfchiedener Arten, alfo auf einen Wechfel in der Gröfse, Bildung und Färbung der Kronen, verzichten müffen.

620. Baumforten.

Die Pflanzung ift ftets eine regelmäfsige; die Reihen follen nicht blofs in den Längsrichtungen, fondern auch in der Quere und Diagonale regelmäfsige Figuren, gewöhnlich gerade Linien bilden. Hieraus folgt die Schwierigkeit der Hainpflanzung und fogar der Randpflanzung für unregelmäfsige Plätze, welche der erforderlichen militärifchen Geradheit der Reihen widerftreben, dagegen einer Verfchönerung durch freiere Gartenflächen befonders fähig find.

621. Anordnung der Reihen.

Die Befeftigung der Platzfläche zwifchen den Baumreihen ift gewöhnlich die einfache Bekiefung oder die von uns in Art. 524 (S. 372) befchriebene Wegedecke. Ift es nothwendig, den Platz der Benutzung halber, z. B. wegen des Marktverkehres, mit einem Steinpflafter oder einer fonftigen undurchläffigen Decke zu verfehen, fo

622. Befeftigung der Platzfläche.

werden die Bäume, auch wenn jeder Stamm eine lockere Umgebung hat (vergl. Art. 593, S. 446), in der Regel Noth leiden. Im Intereffe der Pflanzung liegt es fomit, die harte Befeftigung durch Mofaikpflafter, Cement- oder Afphaltläufer (vergl. Art. 524, S. 372) auf die am meiften begangenen Platzflächen zu befchränken.

623. Einfaffung der Platzfläche.

Um die Bäume zu fchützen und das Fuhrwerk vom Platze abzuhalten, pflegte man früher an den Platzrändern verfchiedene Arten von Sperrmafsregeln auszuführen. Man errichtete eine Reihe von Prellpfoften aus Stein, Holz oder Gufseifen; man ordnete fefte Schranken (Barrièren) an, aus Eifen oder Holz beftehend oder aus Steinpfoften, welche mittels hölzerner Holme oder eiferner Stangen verbunden wurden; auch Ketten, welche zwifchen Eifen- oder Steinpfoften gefpannt waren, ja Mauern und Gräben wurden angewendet. Man hat mitunter fogar die Platzfläche beträchtlich über die Strafsenfläche emporgehoben und an den Rändern böfchungsmäfsig abgepflaftert. Heute befchränkt man fich in der Regel darauf, dafs die Platzfläche, ähnlich wie die gewöhnlichen Bürgerfteige, mit einem erhöhten Randftein eingefafft wird, welcher den Wagenverkehr abhält, ohne den Fufsverkehr zu erfchweren. So fehr diefe Vereinfachung, gegenüber den oft recht unfchönen und ftörenden Sperrpfoften, Holzgerüften und Pflafterböfchungen, als ein Fortfchritt zu begrüfsen ift, fo ift es andererfeits doch zu bedauern, dafs hierdurch eine Gelegenheit zur monumentaleren Ausbildung der Strafsen und Plätze verloren geht. Wo die Mittel und die Oertlichkeit es erlauben, follte man auch heute nicht auf eine mehr körperliche Platzumrahmung mittels fchöner Ketten-Barrièren, künftlerifch durchbildeter Brüftungen, verbunden mit Sitzplätzen, Candelabern, Laufbrunnen, figürlichem Schmuck u. dergl. verzichten.

c) Gartenftile.

624. Regelmäfsige und natürliche Stile.

Bevor wir uns mit der gärtnerifchen Behandlung der Plätze weiter befchäftigen, ift es nöthig, einen gedrängten Ueberblick auf die verfchiedenen Gartenftile zu werfen.

Die Gartenftile, welche fich gefchichtlich entwickelt haben, find im Wefentlichen: der arabifche (maurifche), der römifche (italienifche), der holländifche, der franzöfifche, der chinefifche und der englifche Stil. Die erftgenannten vier Arten nennt man auch regelmäfsige oder geometrifche Stile; die Formen derfelben ftimmen mit denjenigen der entfprechenden Bauftile überein. In gleicher Weife fpricht man auch von griechifchen, gothifchen, befonders aber von Renaiffance- und Barock-Gartenanlagen. Einen Gegenfatz hierzu bilden der chinefifche und englifche Gartenftil, welche als unregelmäfsige oder natürliche bezeichnet und hauptfächlich mit dem Namen »Landfchaftsftil« belegt werden, weil fie ihre Formgebung nur nach Rückfichten natürlicher Schönheit richten, indem fie die Natur nachzuahmen und zu idealifiren ftreben und in erfter Linie die Schaffung landfchaftlich wirkfamer Bilder bezwecken.

625. Beifpiele regelmäfsiger Gartenkunft.

Fig. 797, dem *Tuscum* des *Plinius* entnommen, ift ein Beifpiel römifcher Gartenkunft; Fig. 798, Theil der *Villa d'Efte* zu Tivoli, möge als Gartenbeifpiel der italienifchen Renaiffance gelten. Regelmäfsige, architektonifche Linien, Hallen, Brunnen, Nifchen, Figuren, Wafferfälle, Terraffen und Freitreppen beherrfchen diefe Anlagen; befonders Terraffen und Freitreppen fpielen in den Renaiffance-Gärten eine hervorragende Rolle. Baukunft und Gartenkunft durchdringen fich; die letztere erfcheint nicht felbftändig, fondern als Begleiterin der erfteren.

Fig. 797.

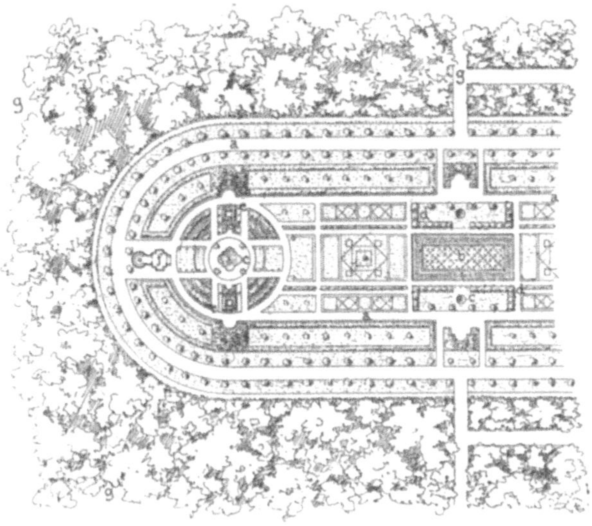

Aus dem *Tuscum* des *Plinius* [118]).

a. Weg. *b.* Zierſtück. *c.* Springbrunnen. *d.* Platanenhecken. *e.* Roſenpflanzung. *f.* Gartenhaus. *g.* Wald.

Fig. 798.

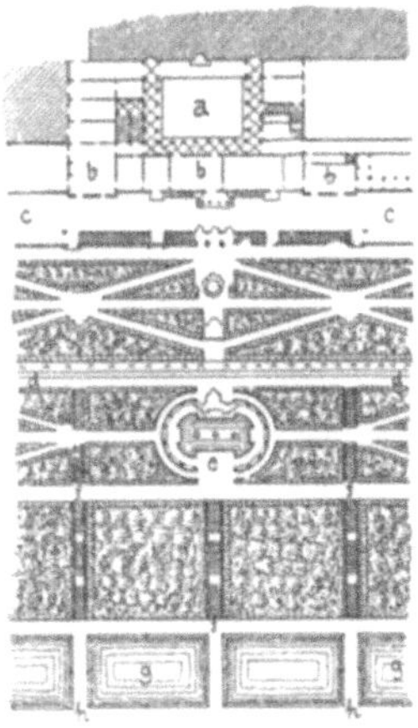

Mittelſtück der *Villa d'Eſte* zu Tivoli. — $^1/_{200}$ n. Gr.

a. Säulenhof. *b.* Wohnzimmer.
c. Obere Terraſſe mit Blick auf Rom und die Campagna.
d. Untere Terraſſe mit Waſſerkünſten.
e. Groſser Springbrunnen mit halbkreisförmigen Treppen nach oben.
f. Freitreppen, eingefaſſt von caſcadenförmigen Waſſerrinnen.
g. Waſſerbecken, von einer ſeitlichen Caſcade geſpeiſt.
h. Brücke.

Der holländiſche und der franzöſiſche Gartenſtil gehören ebenfalls der Renaiſſance an, die ſich nach der Eigenart der Länder entwickelte. Hier tritt indeſs die Architektur mehr zurück und die Gartenkunſt wird ſelbſtändiger. Die geraden Linien und geometriſchen Figuren der Wege, Baumreihen, Raſenflächen, Caſcaden, Terraſſen und Blumenbeete werden beibehalten, in Holland recht ſteif und wunderlich behandelt, von dem einfluſsreichen franzöſiſchen Gartenkünſtler *Le Nôtre* auf die zugeſtutzten Baumkronen, Strauchhecken u. ſ. w. übertragen. Viele franzöſiſche Gärten zeigen indeſs groſsartige Auffaſſung und edlen Geſchmack. Dieſer im vorigen Jahrhundert auch bei uns herrſchende Stil, der ſich ſchlieſslich in barocke Spielereien und Sonderbarkeiten verirrte, hat zwar im groſsen Ganzen der engliſchen Gartenkunſt das Feld räumen müſſen, findet aber doch noch gelegentliche Anwendung im Groſsen und eignet ſich, in moderner Form und unter Fortlaſſung des Unnatürlichen, beſonders für unſere kleineren ſtädtiſchen Schmuckanlagen. Seine ſchönſte Zier ſind die ſog. *Parterres* (wagrechte regelmäſsige Raſen- und Blumenfelder [119])), Teppichbeete, Borduren, Blumen-, bezw. Roſengärten, Rundtheile u. ſ. w. Wegen der Wichtigkeit dieſer Ziermittel für ſtädtiſche Plätze ſind in Fig. 799 bis 807 mehrere ältere und neuere *Parterres* und Teppichbeete dargeſtellt und erläutert. Fig. 808 zeigt einen Blumengarten als Rundſtück; Fig. 809 bis 812 ſind Randmuſter (Borduren); Fig. 813 ſtellt den Roſengarten beim Marmor-Palais zu Potsdam dar, eine regelmäſsige Beetanlage mit einem erhöhten Umgange.

118) Nach: MEYER, a. a. O.

119) Dieſes Wort *Parterre* bedeutet nicht etwa »Erdgeſchoſs« oder »zu ebener Erde«, ſondern iſt abgeleitet vom lateiniſchen Worte *partiri* (d. i. theilen), heiſst alſo ſo viel wie »eingetheilte Fläche«.

120) Unter Benutzung von: ABEL, L. Garten-Architektur. Wien 1876.

Fig. 799.

Parterre de broderie [120]).

Die dunkeln Streifen find Blumen-Rabatten; die Laub- und Ranken-Ornamente find von gefchnittenem Bux.

Fig. 800.

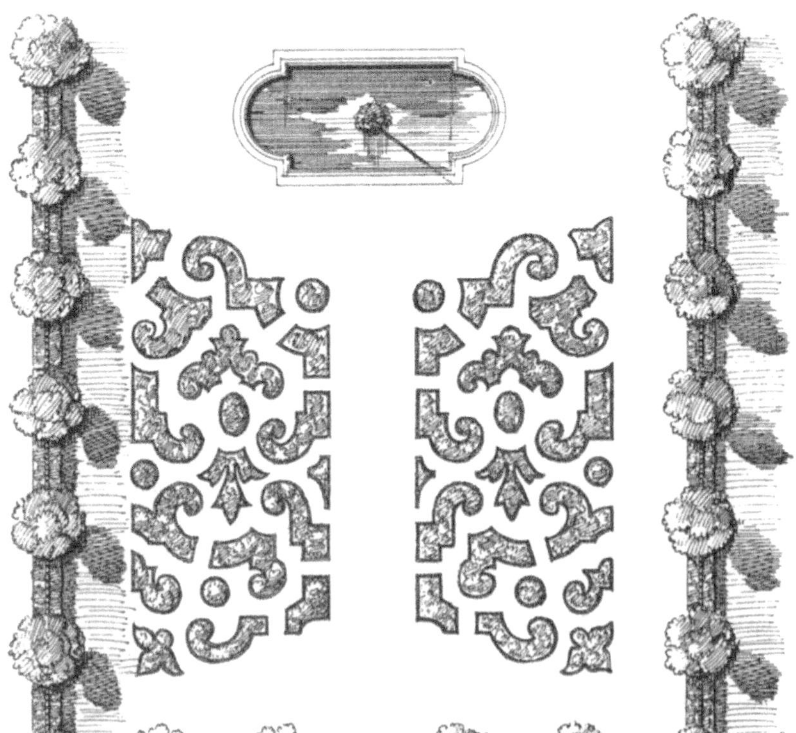

Befteht aus Blumenfiguren mit Sandwegen.

Parterre de pièces coupées [120]).

Fig. 801.

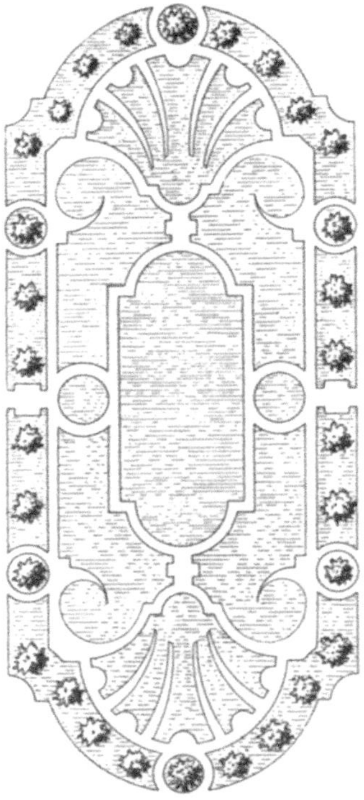

Französisches *Parterre*[118]),
aus Bux, Rasen- und Blumenstücken zusammengesetzt.

$^1/_{250}$ n. Gr.

Fig. 802.

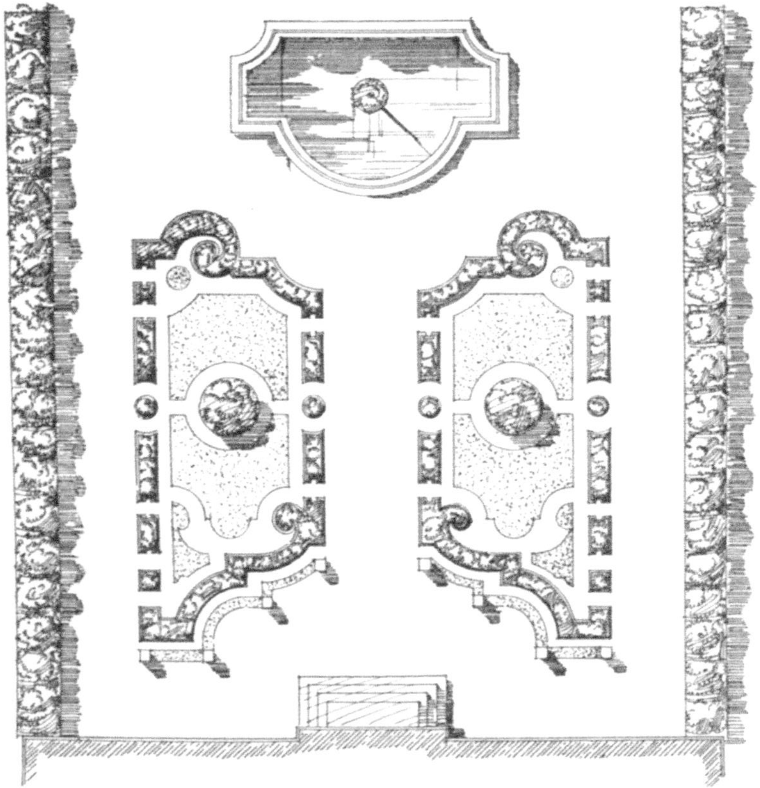

Renaissance-Parterre à l'anglaise[120]).
(Rasen mit Blumen-Rabatten.)

Fig. 803.

Französisches *Parterre*[118]),
von einer mit Bux eingefassten Blumen-Rabatte umzogen.

$^1/_{250}$ n. Gr.

Fig. 804.

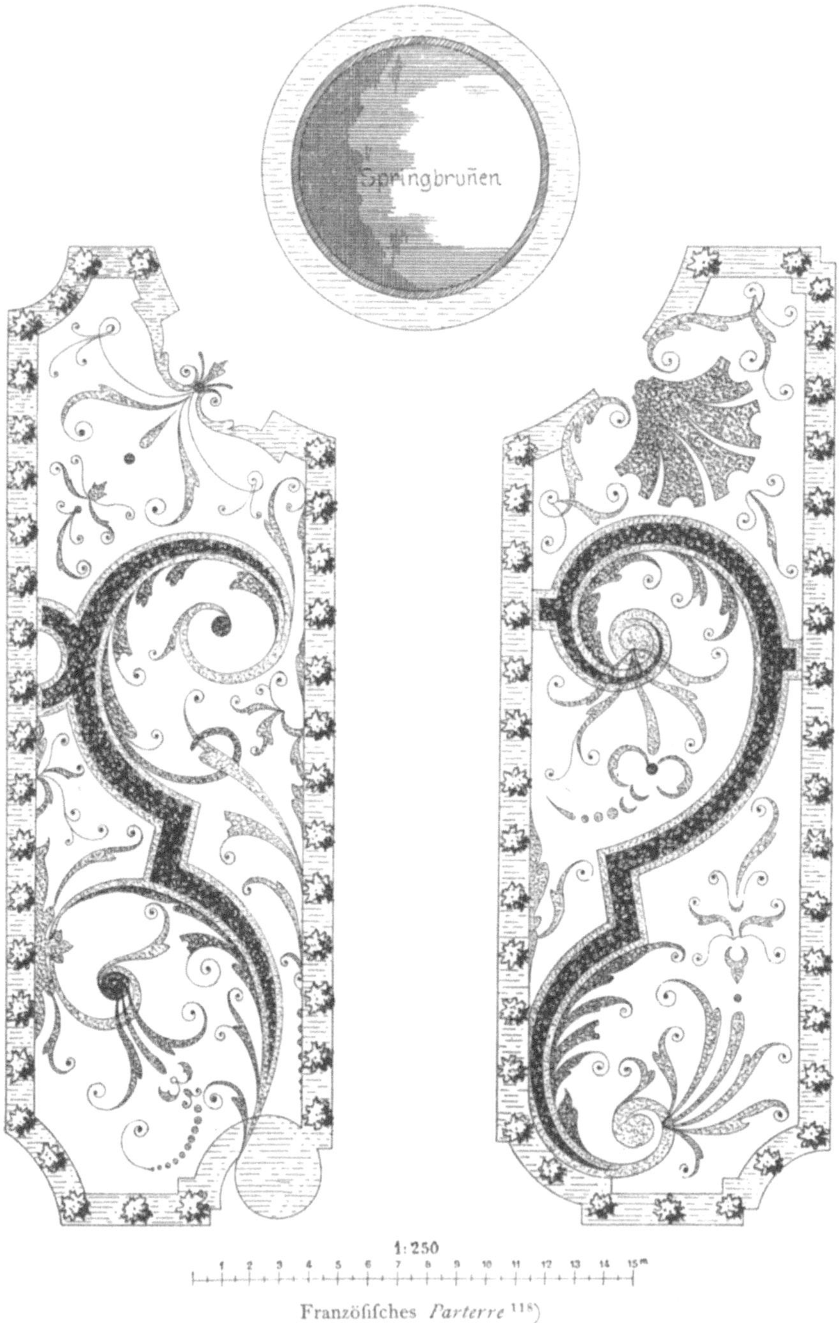

Franzöfifches *Parterre* [118])

aus Bux auf einem Kiesgrund, von Blumen-Rabatten umgeben und durchzogen.

Die Teppichbeete werden oft mit ftarkem Relief in Form von flachen Kegeln, Wappenfchildern, Cartouchen u. dergl. reich und koftbar ausgebildet.

626. Englifche Gartenkunft. Die englifche Gartenkunft, welche ihr Entftehen zum Theile dem Studium der alten, labyrinthifch verfchlungenen Gartenanlagen Chinas verdankt, ift von der

[121]) Nach: NIETNER, T. Gärtnerifches Skizzenbuch. Berlin 1883.

Fig. 805.

Die Einzelpflanzen in den drei Rundtheilen ſind decorative Blattpflanzen. Der Umgang iſt abwechſelnd mit hochſtämmigen und niedrigen Roſen beſetzt. Die Gruppen beſtehen aus feinen Ziergehölzen.

1:1000

Ovales *Parterre* oder Teppichgarten [121]).

Fig. 806.

a. Kiesweg.

b. Raſen.

c. Blumen Rabatten.

d. Einzelpflanzen.

1:300

Fig. 807.

a. Kiesweg.

b. Raſen.

c. Blumen-Rabatten.

d. Blattpflanzen.

Moderne *Parterres* oder Blumengärten [121]).

Fig. 808.

Rofengarten in Form eines Rundtheiles im englifchen Park [115]).

Fig. 809.

Fig. 810.

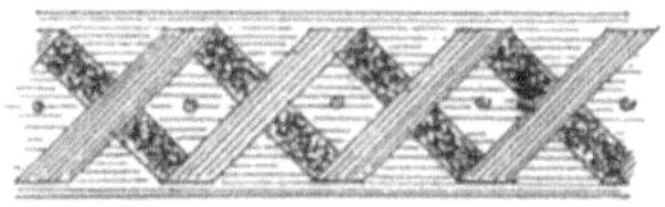

Fig. 811.

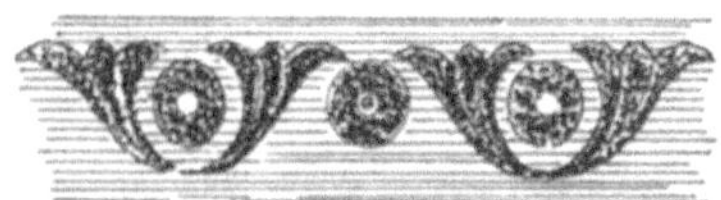

Randmufter (Borduren).

Fig. 812.

Randmufter (Bordure) eines Blumengartens [120]).

Fig. 813.

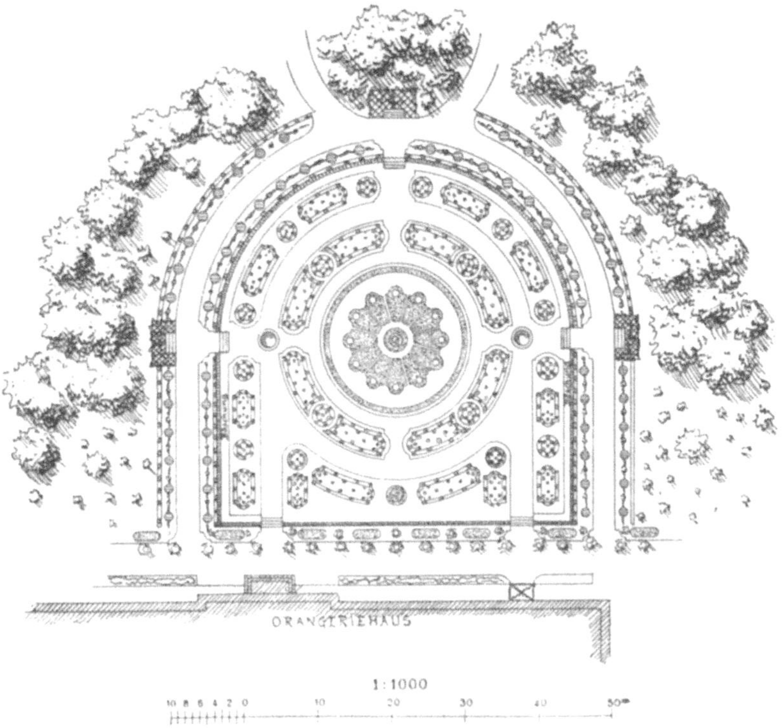

1:1000

Rofengarten beim Marmor-Palais zu Potsdam[121]).
(Von der fchraffirten Böfchung ab um 50cm vertieft.)

Fig. 814.

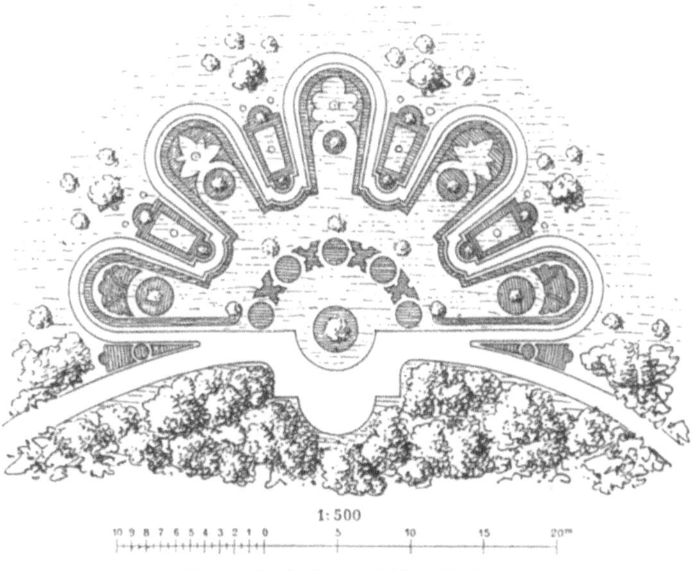

1:500

Blumenftück im englifchen Park.

Architektur unabhängiger. Was fie zu fchaffen beabfichtigt, ift die Nachbildung oder die künftlerifche Verfchönerung der Natur. Sie ift unter der Führung des Fürften

122) Nach: CZULLIK, A. Behelfe zur Anlage und Bepflanzung von Gärten. Wien 1882—85.

Fig. 815.

Theil einer englifchen Parkanlage [122]).

1:1000

Fig. 816.

Gartenanlage im englifchen Stil [122]).

Fig. 817.

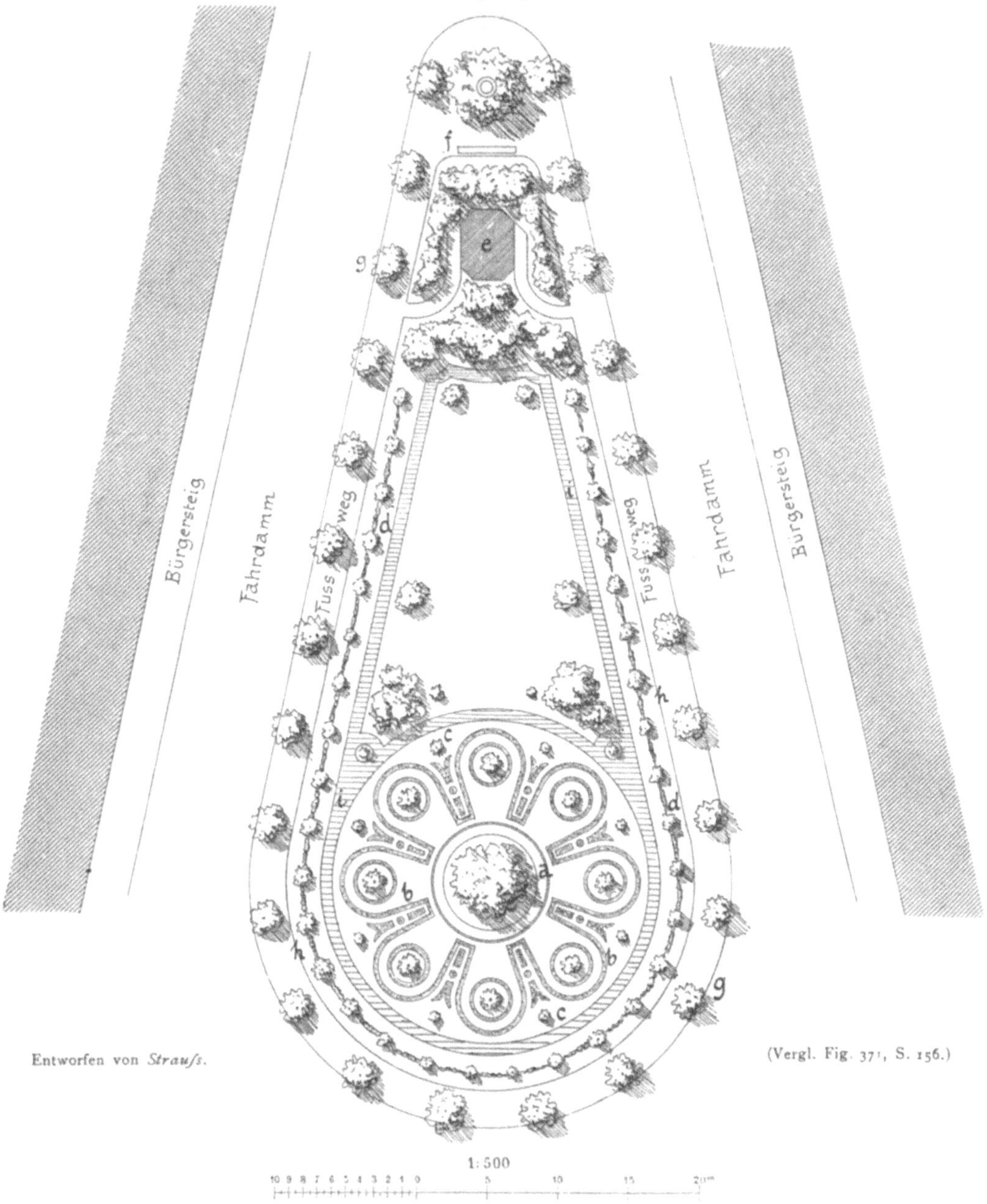

Entworfen von *Strauß*.

(Vergl. Fig. 371, S. 156.)

Bepflanzung des Friesenplatzes zu Köln.

a. Rundtheil mit Ziergehölz.
b. Epheustreifen, dazwischen Blumen, das Ganze nach der Mitte ansteigend.
c. Blattpflanzen.
d. Hochstämmige Rosen, verbunden durch Clematis-Guirlanden.
e. Bedürfniss-Anstalt (nicht ausgeführt), umgeben von Ziergesträuch.
f. Bank.
g. Linden.
h. Einfriedigung.
i. Kiesweg.

Pückler-Muskau auch die Grundlage der heutigen deutschen Landschaftsgärtnerei geworden. Auch sie ist oft mit Werken der Bau- und Bildhauerkunst vereinigt; aber hier ist im Gegensatz zu den italienischen Gärten die Architektur und Sculptur der Gartenkunft dienftbar: Pavillons, Lauben, Statuen, Springbrunnen u. f. w. dienen zur Belebung der Landfchaft. Nur in der Umgebung des Hauptgebäudes (des Schloffes, des Concerthaufes u. f. w.) geht die Landfchaft in den Blumengarten (*Pleafure-ground*) und ftrengere Linientheilung über. Theile englifcher Parkanlagen

Fig. 818.

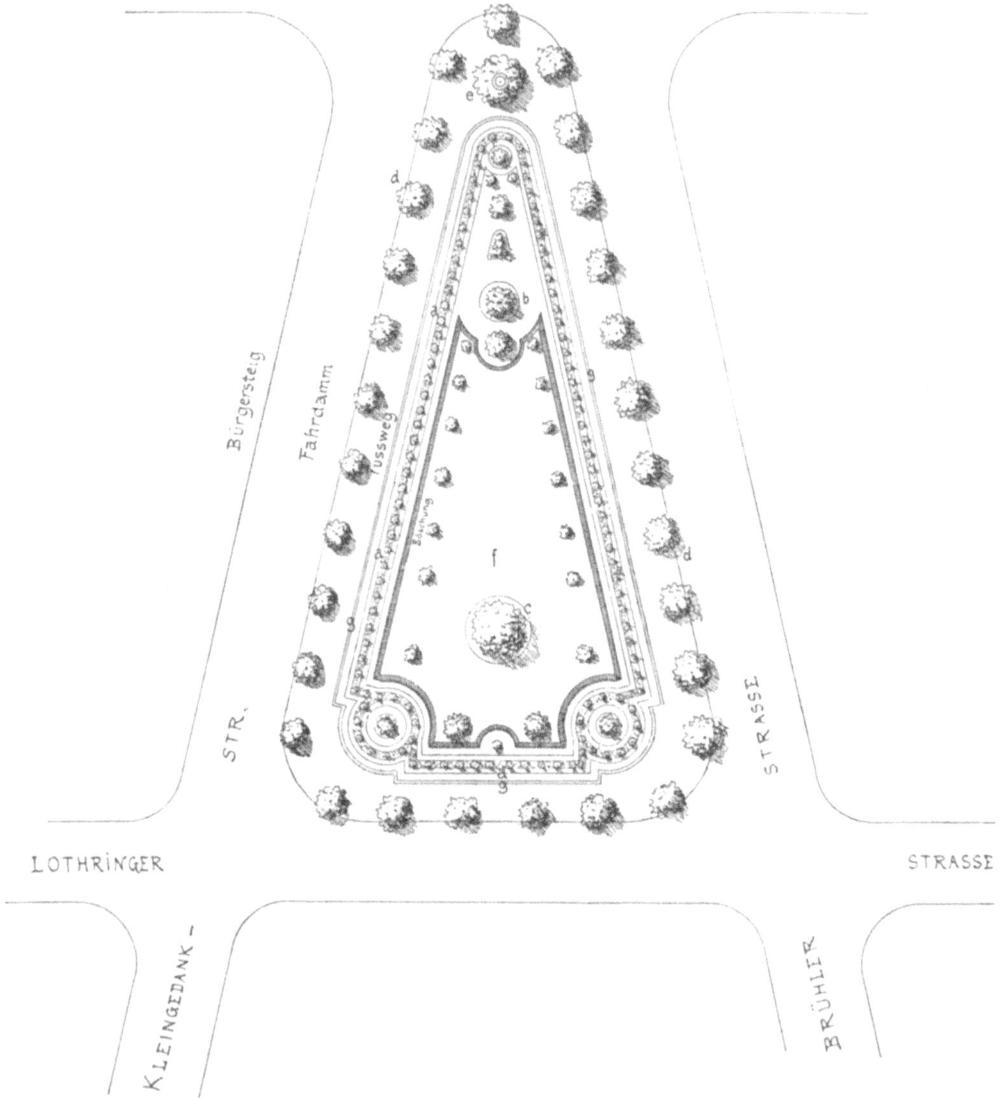

Bepflanzung eines Schmuckplatzes zu Köln. — $^1/_{750}$ n. Gr.
Entworfen von *Kowallek.*

a. Hochftämmige Rofen auf einem Streifen von Kriechrofen. *b.* Mahonien. *c.* Rhododendron.
(Die fonftigen Sträucher find immergrüne Pflanzen, bezw. Coniferen.)
d. Platanen. *e.* Baum mit Kreisbank. *f.* Vertiefter Mittelfpiegel. *g.* Eiferne Umzäunung.

im fog. modernen Stil zeigen uns Fig. 815 u. 816, fo wie die neben ftehende Tafel, während Fig. 816 eine Blumenanordnung aus einem *Pleafure-ground* darftellt. Auf der neben ftehenden Tafel liegt das Hauptgebäude erhöht und gewährt einen Ueberblick über den ganzen Park; der Blumengarten ift durch eine 2 m hohe Hecke

Additional information of this book

(Der Städtebau; 978-3-322-80318-4; 978-3-322-80318-4_OSFO11) is provided:

EXTRA MATERIALS extras.springer.com

http://Extras.Springer.com

abgetrennt, welche an denjenigen Stellen, wo Durchfichten fich befinden, auf 50 bis 60 cm erniedrigt und im Uebrigen möglichft durch Pflanzungen von aufsen verdeckt ift; die Sitzplätze find von Hainbuchenhecken umfchloffen und zur Aufftellung von Vafen, Hermen und anderen Bildwerken geeignet.

d) Schmuckanlagen.

Nach diefer Vergleichung der verfchiedenen Gartenftile ift es einleuchtend, dafs für die ftädtifchen Plätze, deren Schmuck fich nicht auf blofse Baumreihen befchränken, fondern in einer eingehenden gärtnerifchen Behandlung beftehen foll, deren Einrichtung aber von den umgebenden Bauten und Strafsen abhängig ift, vorwiegend die regelmäfsigen Formen der italienifchen und franzöfifchen Gartenkunft fich eignen, felbftredend ohne Befchränkung der modernen Zweckmäfsigkeit und des individuellen Schaffens. Erft bei gröfserer Ausdehnung der zu behandelnden Flächen wird der Landfchaftsftil anwendbar. 627. Stil.

Die zum Schmuck öffentlicher Plätze dienenden Gartenanlagen find entweder gefchloffene oder offene. Die erfteren haben ringsum eine fefte Einfriedigung, welche nur der Gärtner zeitweilig überfteigt, um feine Pflanzungs- und Unterhaltungsarbeiten vorzunehmen. Die offenen Gartenanlagen dagegen werden nach Bedarf von öffentlichen Fufswegen (Spazierwegen) durchkreuzt. Der Unterfchied liegt hauptfächlich in der Gröfse des zu fchmückenden Platzes, weniger in der Pflanzung und in der allgemeinen gärtnerifchen Anordnung. Die gefchloffenen Anlagen auf Plätzen unterfcheiden fich wenig von den in Art. 601 (S. 454) befprochenen geometrifchen Gartenfeldern auf breiten Strafsen; was dort gefagt ift, gilt auch hier. Zwei Kölner Beifpiele zeigen Fig. 817 u. 818. 628. Gefchloffene Anlagen.

Die offenen Schmuckplätze find in der Anlage mannigfaltiger, da fie aus einer kleineren oder gröfseren Zahl gefchloffener Beete zufammengefetzt find, welche durch die den Platz kreuzenden Wege gebildet werden. Um eine unnöthige Zerftückelung zu vermeiden, befchränke man die Wege auf das Nothwendigfte. Fahrwege follten aus einer Schmuckanlage überhaupt ausgefchloffen fein; diefem Verlangen mufs indefs bereits beim Entwerfen des Stadtbauplanes Rechnung getragen werden, damit nicht für den Ausfchmückungsplan eine Zwangslage gefchaffen werde, welche fich nur unter Hervorrufung von Verkehrsfchwierigkeiten oder gar nicht befeitigen läfft. Die von Fahrwegen gekreuzten Schmuckplätze büfsen durch die Trennung der Gartenflächen an Annehmlichkeit und Schönheit wefentlich ein (vergl. Art. 215 u. 244, fo wie Fig. 295, 296 u. 372, S. 131 u. 156). Beifpiele fchöner Schmuckplätze mit Fufswegen zeigen hingegen Fig. 369 (S. 156), Fig. 370 (S. 156), Fig. 375 (S. 158), auch Fig. 819 bis 822. Das Beftreben, den Einflufs der den Platz durchfchneidenden Strafsen zu mildern, erkennt man in Fig. 823 (S. 484), wo zwifchen den fechs Strafsenrichtungen nicht fünf, fondern nur drei Gartenflächen angelegt find, ohne damit übrigens eine einheitliche, befriedigende Wirkung zu erzielen. 629. Offene Anlagen.

Für einige fchattige Gänge und ruhige Sitzplätze, wo möglich mit dem Ausblick auf fchöne Gebäude oder auf befondere Verzierungen des Platzes, wird man gern Sorge tragen, eben fo für Springbrunnen, Bildfäulen, Vafen und ähnliche Schmuckgegenftände. Baumreihen können den Platz umgeben, jedoch nur bei grofser Ausdehnung denfelben kreuzen. Auch müffen folche Baumarten gewählt werden, welche frühzeitig austreiben, durch Blüthe fich auszeichnen, keine die Wege

Fig. 819.

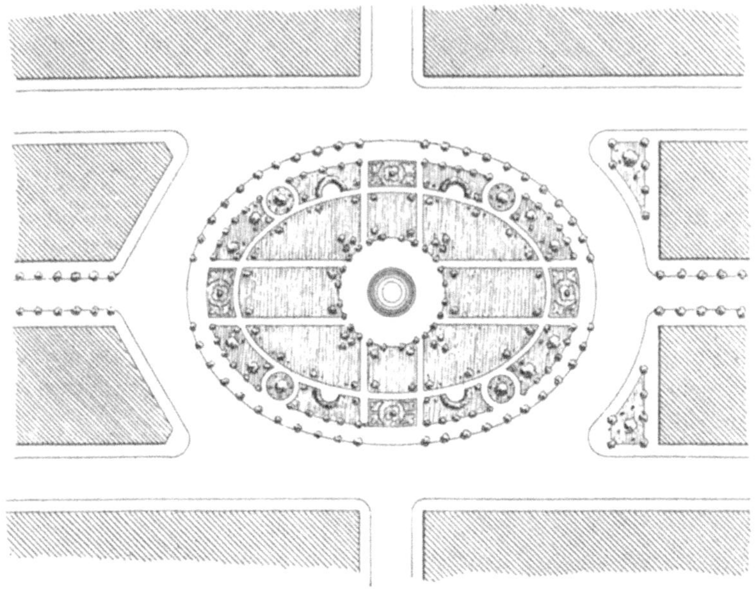

Ovaler Gartenplatz [117]).

1:250

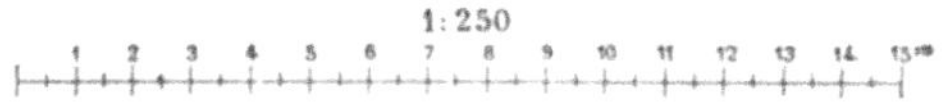

Fig. 820.

Bepflanzung eines rechteckigen öffentlichen Platzes im regelmäfsigen Stil [117]).

1—6. Sitzplätze.

a. Blattpflanzen und immergrüne Sträuche.

b. Ganz niedrige Hecke. *c.* Zierftücke aus Sinngrün und Epheu.

d. Mittelgruppe.

Fig. 821.

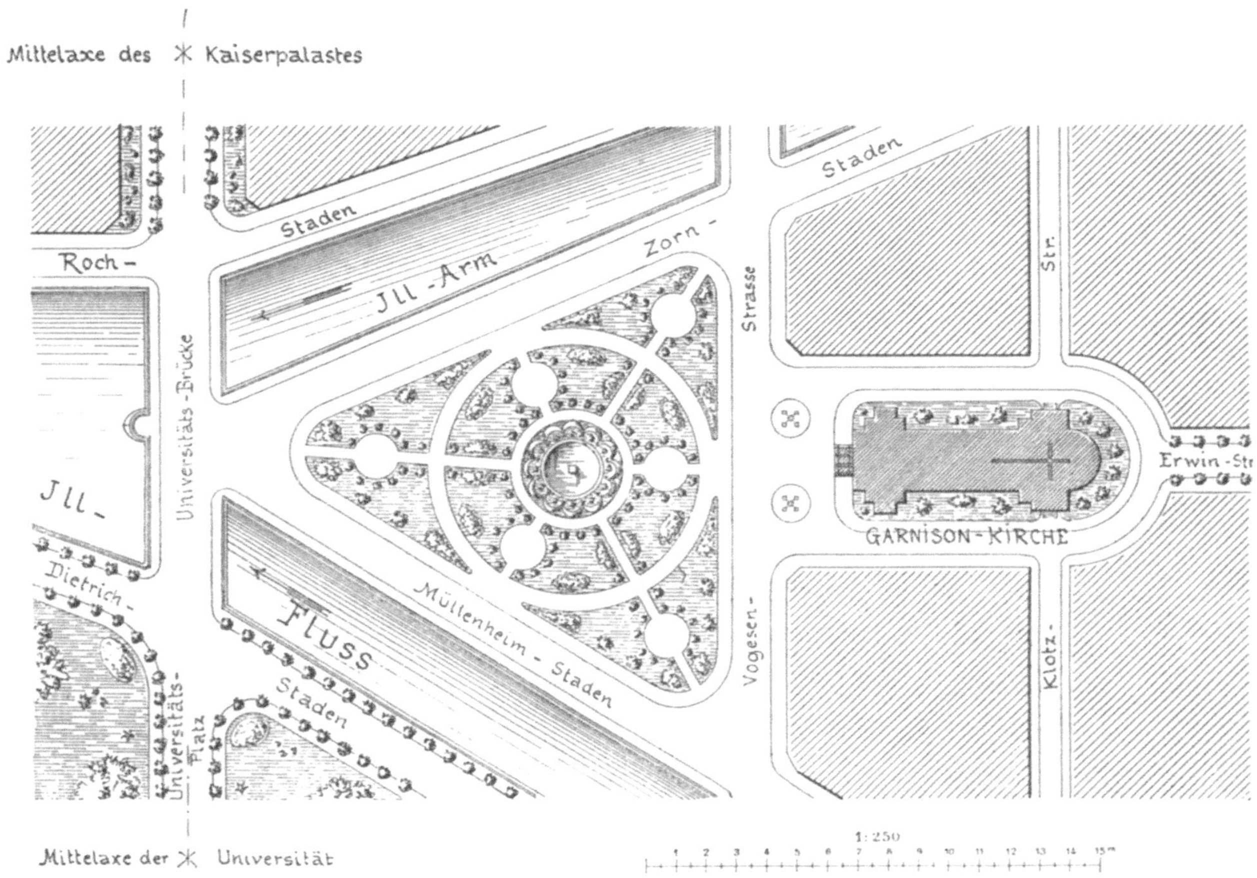

Bepflanzung des Vorplatzes der Garnifons-Kirche auf der *Helenen*-Infel zu Strafsburg.

Fig. 822.

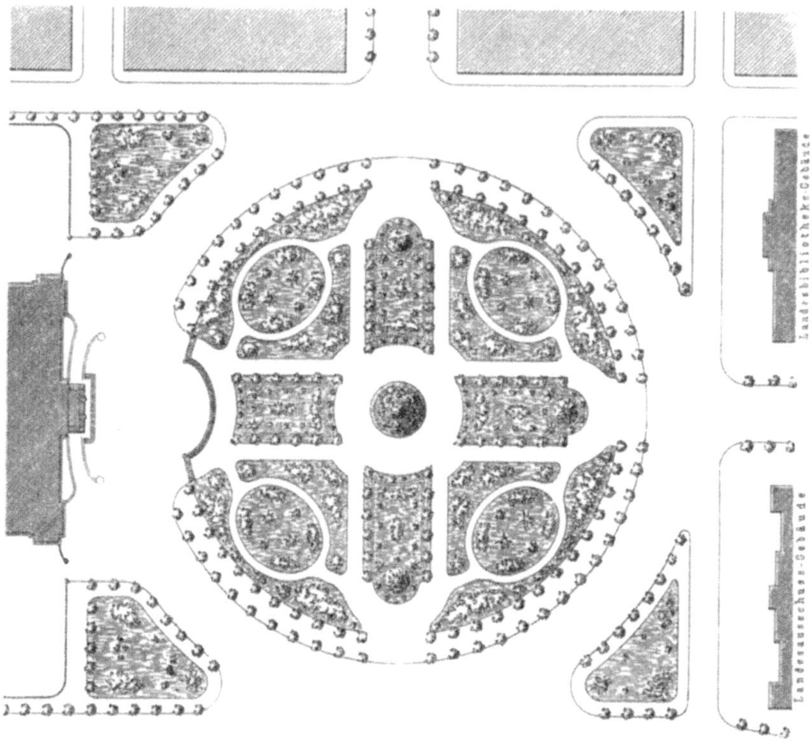

Bepflanzung des Kaiferplatzes zu Strafsburg.

1:2000

Fig. 823.

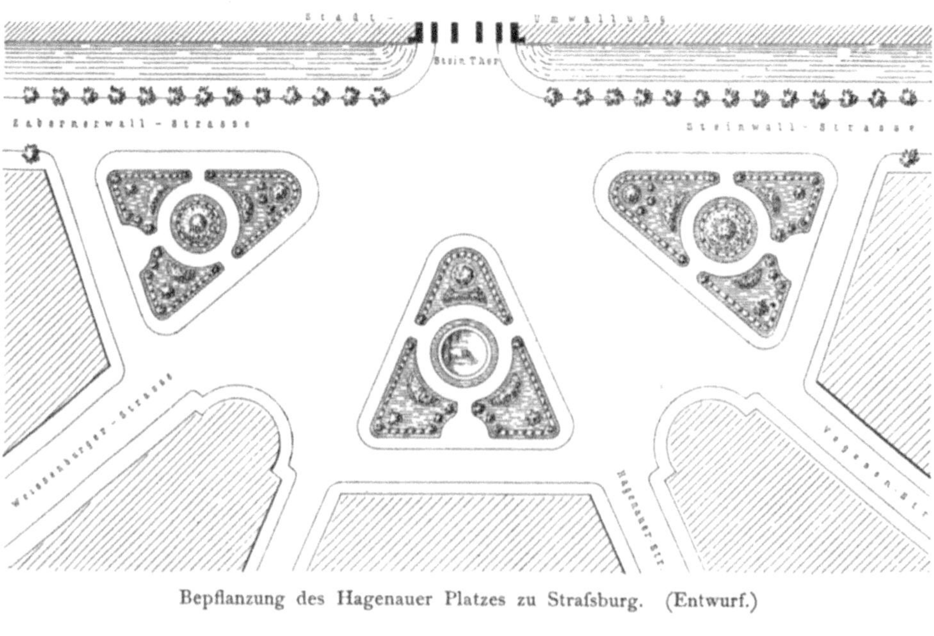

Bepflanzung des Hagenauer Platzes zu Strafsburg. (Entwurf.)

verunreinigenden Früchte tragen und im Herbfte möglichft lang ihr Laub behalten. Der innere Raum ift mit Rafen, immergrünen Pflanzen, Zierftrauchgruppen und regelmäfsigen Blumenbeeten auszufchmücken, deren Lage und Charakter von der Art des Platzes überhaupt und insbefondere von der Aufftellung der vorgenannten Schmuckgegenftände abhängen [123]). Als immergrüne Pflanzen find Aucuben, Mahonien, Ilex, Evonymus, Rhododendron, Kirfchlorbeer zu empfehlen, als Zierfträucher Ribes, Spiräen, Weigelien, Deutzien, Ligufter, Philadelphus, Cornus, Berberitzen, Flieder, Hollunder, Goldregen etc. Coniferen haben den Nachtheil, dafs ihre Ausfchwitzungen den Staub feft halten; jedenfalls find nur diejenigen Arten geeignet, welche den Witterungseinflüffen widerftehen.

Wird an paffendem Orte der landfchaftliche Gartenftil angewendet, fo müffen die Wege erft recht auf das nöthigfte Mafs eingefchränkt werden, um wenigftens einigermafsen Landfchaftsbilder von einer gewiffen Ausdehnung zu erzielen; die Bodenbewegungen müffen mäfsig und befcheiden gehalten werden, um nicht ftörende Gegenfätze zu den regelmäfsigen Formen der Gebäude und Strafsen und zu den ftarren Linien der Umwährung hervorzurufen. Befonders auf franzöfifchen Gartenplätzen find oft die künftlichen mulden- und hügelförmigen Bodenbewegungen in unnatürlicher Weife übertrieben.

Fig. 824.

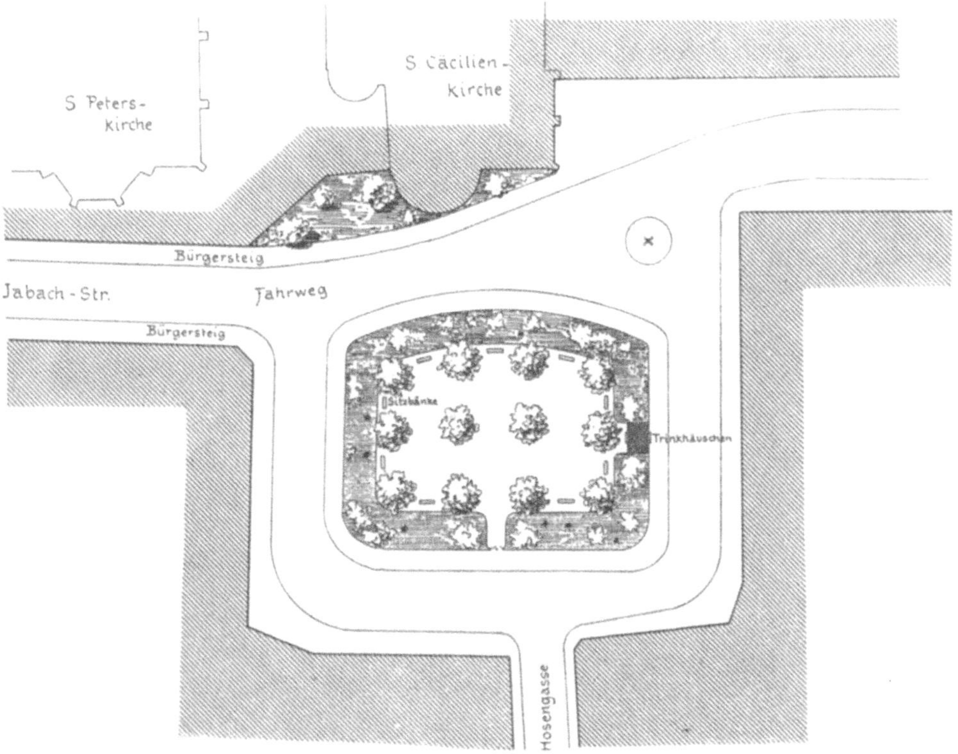

Erholungsplatz »*Cäcilien*-Klofter« zu Köln.

1/750 n. Gr.

[123]) Vergl.: Meyer, a. a. O., Abfchn. IV.

Fig. 825.

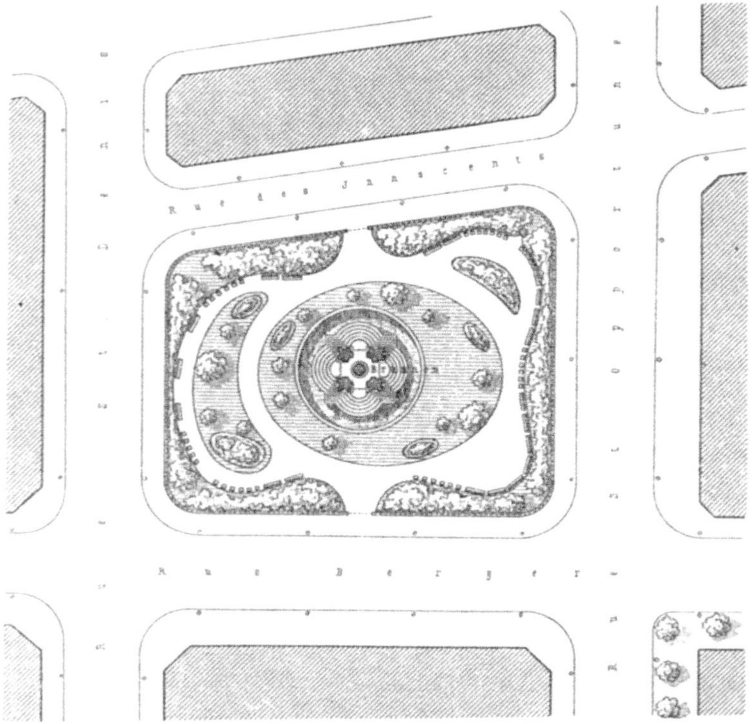

Square des Innocents zu Paris.

Fig. 826.

Square Ste.-Clotilde zu Paris.

1:1000

e) Erholungsplätze.

Wir bezeichnen mit diefem Namen folche Gartenplätze, deren Bepflanzung 630.
nicht, wie bei den vorhin behandelten Anlagen, allein oder im Wefentlichen die Zweck.
Verzierung, die Ausfchmückung der Platzfläche, fondern vorwiegend die Schaffung

Fig. 827.

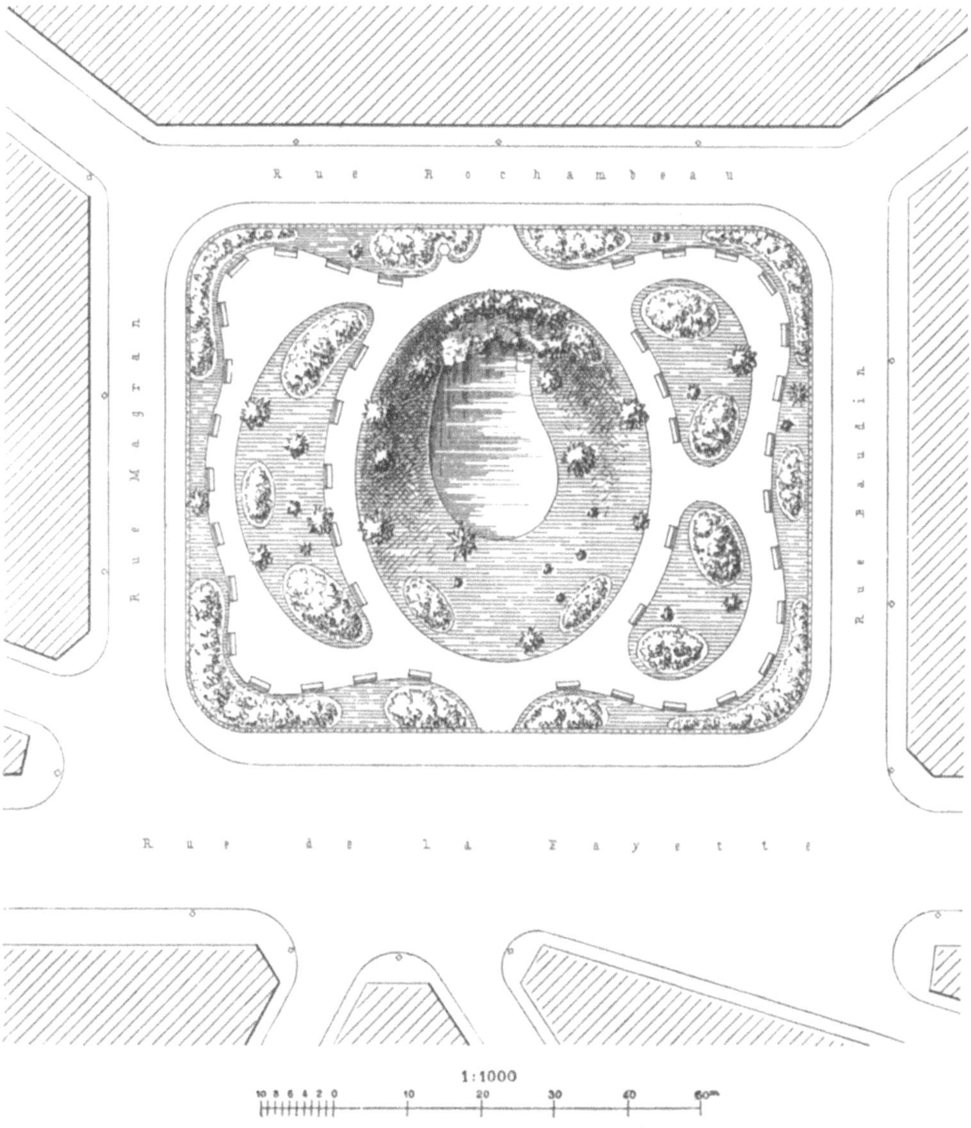

Square Montholon zu Paris.

ruhiger, fchattiger, angenehmer Orte zum Ausruhen, zum Spielen, zum einfamen oder gefelligen Aufenthalte bezweckt. Diefe Erholungsplätze find in Deutfchland noch wenig verbreitet, während fie in Frankreich, England und Ungarn reichlich angetroffen werden. In Fig. 379 u. 380 (S. 160) haben wir zwei unbedeutende deutfche Anlagen kennen gelernt; Fig. 824 ift ein Beifpiel aus der Altftadt Köln;

Fig. 828.

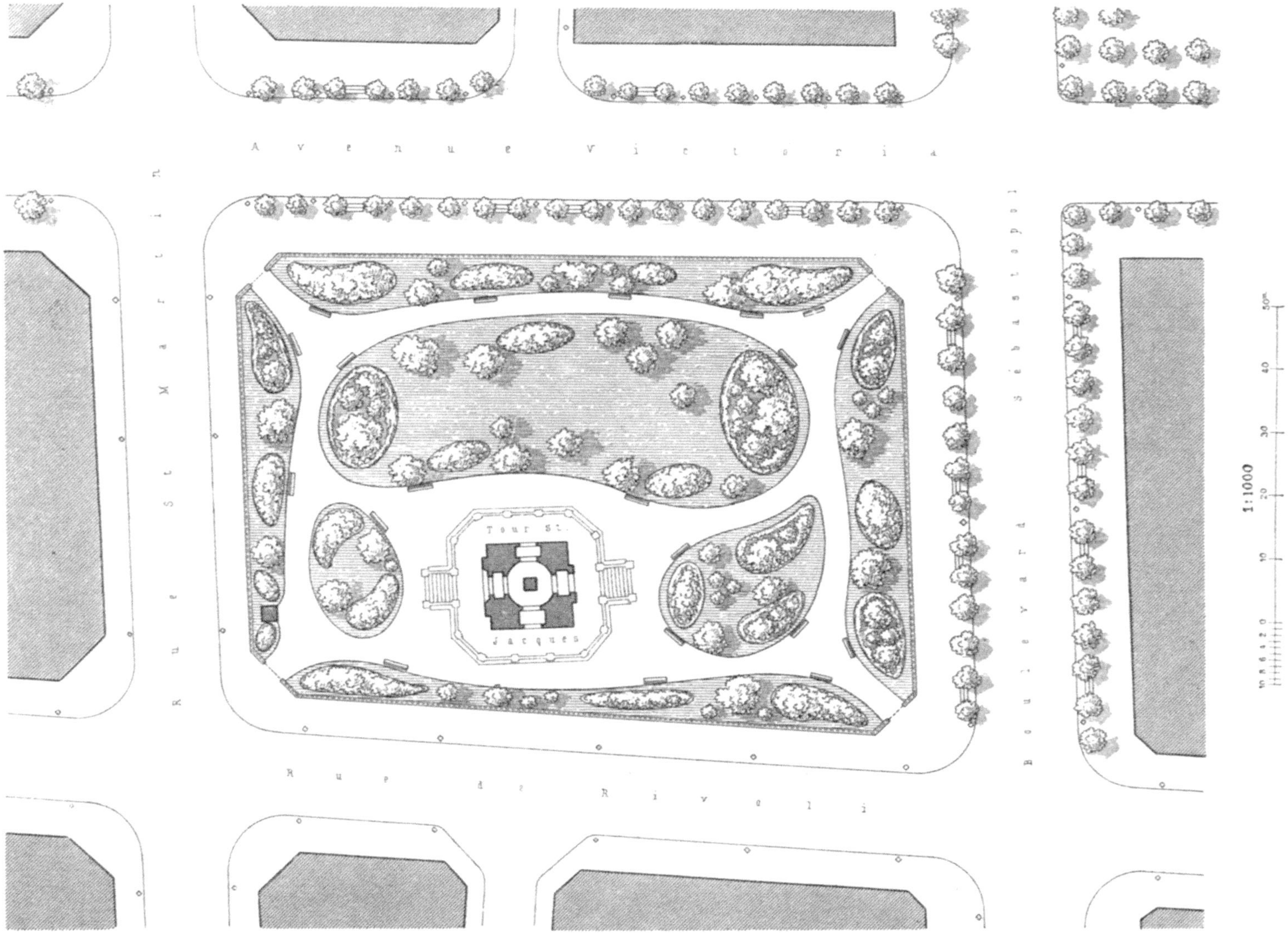

Square St.-Jacques zu Paris [124]).

Fig. 829.

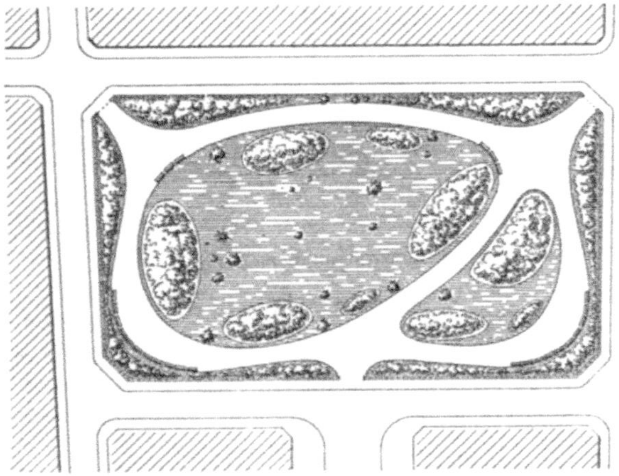

Square Popincourt zu Paris [124]). — $^1/_{2000}$ n. Gr.

Fig. 830.

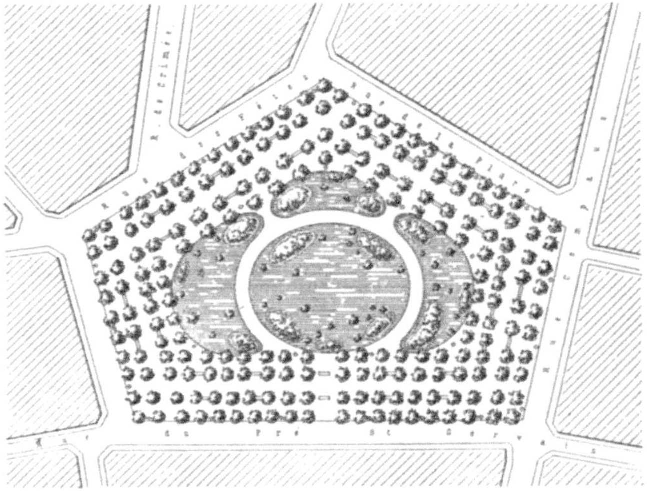

Place Ste.-Geneviève zu Paris-Belleville [124]). — $^1/_{2000}$ n. Gr.

Fig. 831.

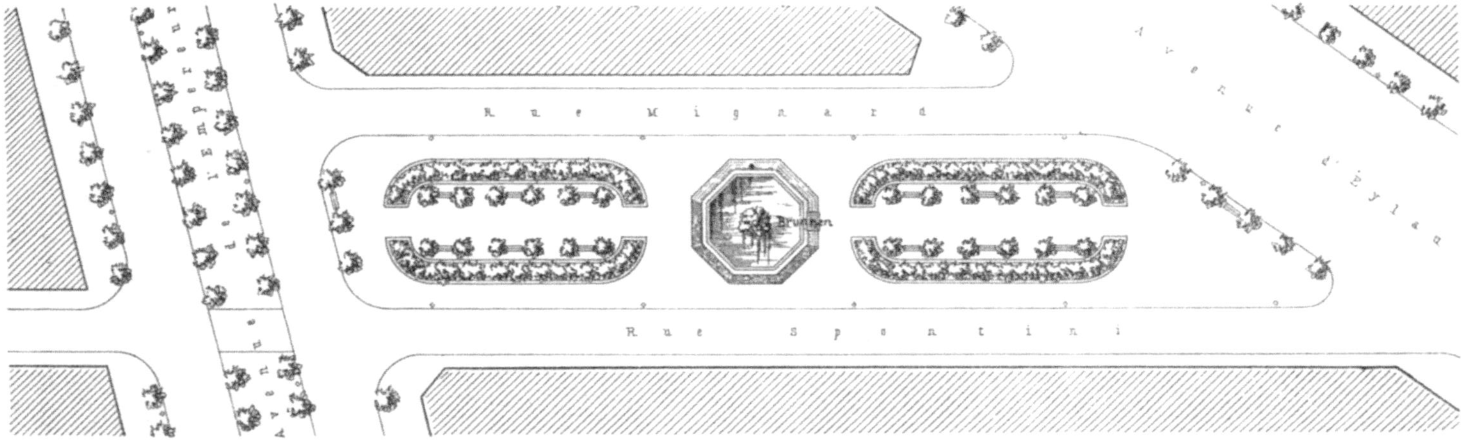

Baumgänge mit Ruhesitzen zwischen der *Mignard-* und der *Spontini*-Strasse zu Paris. — $^1/_{1000}$ n. Gr.

hübſche Einrichtungen dieſer Art beſitzt Hamburg. Fig. 825 bis 830 ſind Pariſer Erholungsplätze.

631. Einrichtung. Das *Cäcilien*-Kloſter zu Köln (Fig. 824) zeigt einen rechteckigen Sitz- und Spielplatz innerhalb einer regelmäſsigen Umrahmung. Die 6 Pariſer Plätze: *Ste.-Clotilde, Montholon, Popincourt, Innocents, St.-Jacques* und *Ste.-Geneviève* ſind durchaus landſchaftlich angelegt, mit Stühlen und Bänken reichlich ausgeſtattet, bieten auch auf den Erweiterungsflächen der Wege einigen Raum für Kinderſpiel. *Ste.-Clotilde* und *Popincourt* machen einen vielleicht etwas zu ſteifen und geſuchten Eindruck; prächtig aber ſind die *Squares Montholon, Innocents* und *St.-Jacques*, welche einen ungemein behaglichen Aufenthalt inmitten des lauten, groſsſtädtiſchen Treibens gewähren. Der Grottenteich im *Square Montholon*, der groſse Brunnen im *Square des Innocents*, der alte *Jacobs*-Thurm im *Square St.-Jacques* verleihen den Gartenanlagen beſonderen Reiz. Der Platz *Ste.-Geneviève* in Belleville bietet zwiſchen den ihn rings umſchlieſsenden vier Baumreihen dem fröhlichen Spiele der Jugend den erwünſchten Raum, während die gärtneriſch bepflanzte Mitte angenehme Sitzplätze gewährt.

Fig. 832.

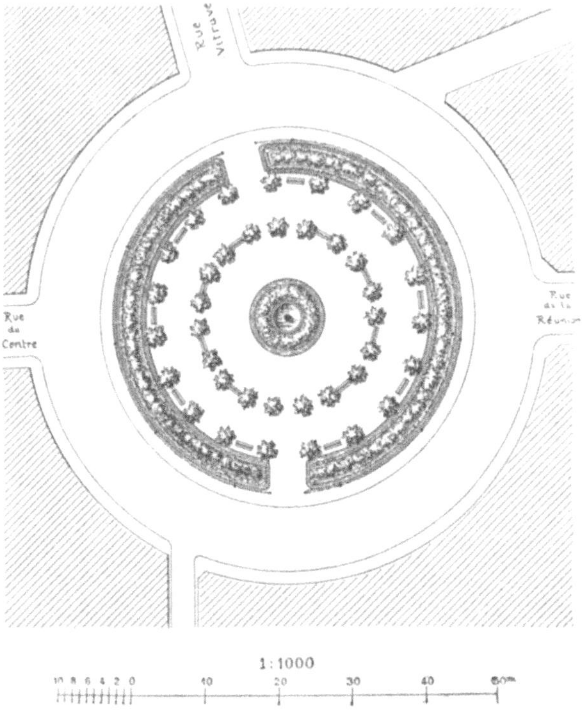

Bepflanzung des *Square de la Réunion* zu Paris [124]).

Dem *Cäcilien*-Kloſter ähnlich, aber kreisrund, iſt der *Square de la Réunion* zu Paris (Fig. 832), beſtehend aus einer baumbeſetzten doppelten Ringfläche mit einem umpflanzten Springbrunnen in der Mitte und einer dichten Garteneinfaſſung ringsum. Beſonders nachahmenswerth aber ſind die Erholungsplätze zu beiden Seiten des umpflanzten Springbrunnenbeckens zwiſchen den Straſsen *Mignard* und *Spontini* (Fig. 831); obwohl es ſich hier eigentlich nur um eine bepflanzte breite Straſse handelt, ſind doch innerhalb der heckenartigen Umfaſſungen zwei Reihen behaglicher Ruheſitze gewonnen.

Die vorwiegend zum Aufenthalte der Kinder beſtimmten Erholungsplätze (Kinder-Spielplätze) erhalten eine entſprechende Ausſtattung mit Geräthen aller Art (vergl. Art. 248, S. 160); auch eine bedeckte Halle zum Schutze bei plötzlichem Regen,

Fig. 833.

Einfriedigung des *Square des Innocents* zu Paris [124]). — $^1/_{50}$ n. Gr.

124) Nach: ALPHAND, A. *Les promenades de Paris* etc. Paris 1867—73.

Fig. 834.

Einfriedigung vom *Square des Arts et Métiers* zu Paris[124]).

$^{1}/_{50}$ n. Gr.

eine Trinkgelegenheit und eine Bedürfnifs-Anftalt dürfen bei gröfserer Ausdehnung nicht fehlen.

Hinfichtlich der Einfriedigungen unterfcheiden fich die Erholungsplätze wefentlich von den (gefchloffenen und offenen) Schmuckplätzen. Die Wege durch die letzt- 632. Einfriedigungen.
genannten find ftets zugänglich, die Wege in den erftgenannten nur zu beftimmten Zeiten. Die Erholungsplätze find nämlich mit ftarken äufseren Einfriedigungen verfehen und können an den Eingängen durch Thore und Thüren verfchloffen werden; die ganzen inneren Anlagen ftehen während der Benutzung unter dem Schutze eines Beamten oder Auffehers, fo dafs es den inneren Wegen entlang nur eines fehr geringen Rafenfchutzes bedarf. Der letztere kann aus einem blofsen Bandeifen beftehen, welches die Rafenkante, auf dem Boden ftehend und an einzelne Pflöcke befeftigt, einfafft, oder aus niedrigen Eifenftangen, Gufsbogen u. f. w. (vergl. Fig. 755 bis 758, S. 449 u. 450 u. Fig. 778 bis 781, S. 459). Die äufseren Einfriedigungen der gefchloffenen und offenen Schmuckplätze können fich auf ähnliche niedere Schutzmittel befchränken; oft werden indefs auch zierliche Zäune aus geriffenem Eichenholz (z. B. jene von *Schliefsmann* in Kaftel-Mainz) oder höhere Eifengitter angewendet. Ift die äufsere Einfaffung niedrig, gewährt fie alfo gegen Hunde und Kinder keinen Schutz, fo pflegt man wohl die Blumenbeete oder fonftige edlere Pflanzungen innerhalb des Rafenfeldes noch mit einer befonderen höheren Einfriedigung aus leichtem Drahtmufter zu verfehen. (Vergl. Art. 605, S. 460.)

Zwei fefte Einfriedigungen Parifer Erholungsplätze zeigen Fig. 833 u. 834; die letztere Figur zeigt auch das Eingangsthor. Da es fich hier um einen wirklichen Verfchlufs handelt, fo find die Einfriedigungen wenigftens $1{,}10$ m, beffer $1{,}25$ bis $1{,}35$ m hoch anzuordnen; auch kommen Höhen von $1{,}35$ bis $2{,}50$ m vor. Solche höhere Umwährungen haben den Nachtheil, dafs fie den Einblick in die Gartenanlagen erfchweren oder verhindern, die Vorübergehenden alfo am Genufs der Pflanzungen nicht theilnehmen laffen.

3. Kapitel.

Die Parkanlagen.

a) Parkgärten und Parkwälder.

633. Parkgarten, Parkwald und Park-Promenade.

Unter den Begriff der Parkanlagen fallen einestheils die über eine zusammenhängende, einheitliche Grundfläche von etwa 5 bis 200 ha Grösse sich erstreckenden Parkgärten und Parkwälder, anderentheils die nach der Längenrichtung sich ausdehnenden, landschaftlich verschönerten Spaziergänge oder Park-Promenaden. In ersterer Beziehung kommen für uns nur diejenigen Anlagen in Betracht, welche unter den Bezeichnungen: Stadtgarten, Volksgarten, Stadtpark, Bürgerpark, Stadtwald u. s. w. der städtischen Bevölkerung allgemein zugänglich sind, indem sie derselben Gelegenheit zur Bewegung im Freien, zum Genusse der Natur, zur Erholung und geselligen Unterhaltung bieten.

634. Grösse der Parkgärten.

Je grösser solche künstliche Landschaften angelegt werden können, um so besser — jedoch mit einer bestimmten Einschränkung, welche sich darauf gründet, dass der Werth des Parkes oder des Waldes mit dessen Entfernung von der Stadt sinkt, dass also für ausgedehnte Städte eine Theilung in mehrere kleinere Anlagen einem einzigen grossen Park oder Wald vorzuziehen ist. Die Grösse von 5 ha wurde oben als untere Grenze angegeben; auf kleineren Flächen sind landschaftliche Scenen mit Spaziergängen und Aufenthaltsorten für grössere Volksmengen kaum erreichbar. Besser ist es, nicht unter 8 ha Grösse hinabzugehen.

Wie keine Stadt von Belang, von 20,000 Einwohnern etwa, des öffentlichen städtischen Gartens entbehren sollte, so bedürfen hiernach grosse Städte mehrerer Parkanlagen, um allen Theilen der Bevölkerung die Benutzung möglichst nahe zu legen. Als normal dürfte ein Verhältniss zu betrachten sein, nach welchem auf je 50 000 Einwohner eine Parkanlage von 10 ha Grösse entfällt. Bei einer Bevölkerungsdichtigkeit von 250 Personen auf 1 ha würde sich dann die öffentliche Gartenfläche zur Stadtfläche wie 1 : 20 verhalten, wobei die gärtnerisch behandelten Strassen und Plätze nicht eingerechnet sind. Mit Einschluss der letzteren wird man das Verhältniss von 1 : 10 als ein normales annehmen dürfen, so dass 100 ha Stadtfläche bei fertigem Ausbau etwa in 30 ha gewöhnliche Strassen und Plätze, 10 ha Pflanzungen und 60 ha Bauland zerfallen [125]). Ist das Verhältniss der Pflanzungen grösser, um so besser. Daneben geht die Schaffung eines oder mehrerer grösserer Waldparke ausserhalb des städtischen Weichbildes. Die Flächengrösse von ungefähr 30 bis 40 ha wird den Uebergang vom Parkgarten zum Parkwald bezeichnen.

635. Umwährung.

Der Stadtpark ist entweder ein offener oder ein geschlossener, je nachdem er frei von allen Seiten zugänglich ist oder nur bestimmte Thore in einer übrigens geschlossenen Umwährung besitzt. Die letztere Art entspricht mehr dem Gutspark auf dem Lande; sie ist für städtische Zwecke nur da erwünscht, wo in Folge örtlicher Verhältnisse der öffentliche Garten nicht von Stadtstrassen und Wohngrundstücken umgeben ist, sondern in einer gewissen Entfernung von der bebauten Stadt,

[125]) Vom Hamburger Stadtgebiete entfallen nach *Meyer*'s Mittheilung auf der Versammlung des »Deutschen Vereines für öffentliche Gesundheitspflege« zu Braunschweig (1890) gegenwärtig 12,3 Procent auf öffentliche Strassen und Plätze, 5,6 Procent auf Pflanzungen und 6,4 Procent auf Wasserflächen.

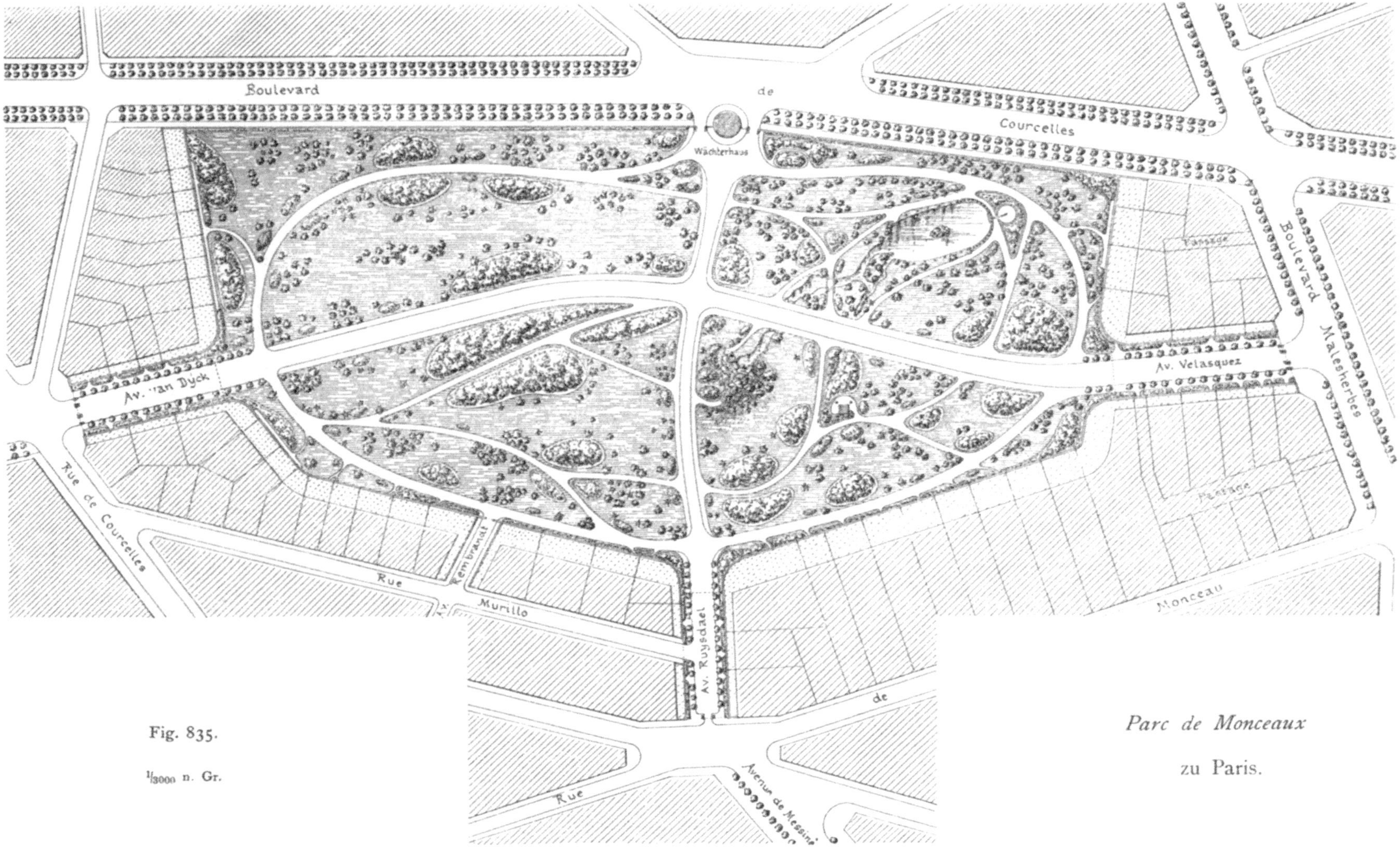

Fig. 835.

$^1/_{3000}$ n. Gr.

Parc de Monceaux

zu Paris.

gewiſſermaſsen auf dem Lande, angelegt werden muſs und daher des erhöhten Schutzes bedarf. Die offenen, überall zugänglichen Park- und Waldanlagen, wie der Thiergarten zu Berlin, der Hofgarten zu Düſſeldorf, die Wallanlagen zu Hamburg, entſprechen mehr dem ſtädtiſchen Bedürfniſſe. Dabei ſteht nichts im Wege, beſondere Theile (Reſtaurationsgarten, Concertgarten, Blumengarten, botaniſcher Garten, Treibhäuſer) vom freien Park durch beſondere Umfriedigung abzutrennen.

Unſchön iſt es im Allgemeinen, den öffentlichen Garten von den Rückſeiten der Baugrundſtücke begrenzen zu laſſen, weil der Blick in Höfe und Hinterhäuſer gewöhnlich nicht geeignet iſt, den Spaziergänger zu erfreuen oder das landſchaftliche Bild zu vervollſtändigen. Eine Ausnahme, und zwar eine ſehr nachahmungswürdige Ausnahme, iſt diejenige Anordnung, bei welcher der Park zwar unmittelbar an die Baugrundſtücke anſtöſst, dieſe aber die Zugangsberechtigung zum Park beſitzen und mit Rückſicht auf den Park bebaut ſind. Ein prächtiges Beiſpiel hierfür bietet der *Parc de Monceaux* in Paris (Fig. 835), welcher an drei Seiten von Gebäuden umgeben iſt, und zwar derart, daſs zwiſchen der Parkeinfriedigung und den geſchloſſenen Häuſerfronten noch 10 bis 13 m tiefe Privatgärten liegen, welche mit dem öffentlichen Park durch Thürchen verbunden ſind. Auf dieſe Weiſe ſind Parkwohnungen gebildet, die zu den ſchönſten Wohnungen in Paris gehören.

Aehnlichkeit hiermit hat der von *Neumann* angelegte und von *Bertram* vervollkommnete Blaſewitzer Waldpark bei Dresden (ſiehe die neben ſtehende Tafel), deſſen öffentliche Straſsenfronten durch einen Kranz von Landhäuſern eingefaſſt ſind, welche an der Rückſeite Privatzugänge zum Park beſitzen. Dieſe Anordnung iſt von groſsem wirthſchaftlichem Vortheil, da ſie durch die bauliche Ausnutzung der Straſsenfronten die Anlagekoſten des Parkes ermäſsigt und eine beſondere Umſchlieſsung, welche wegen der entfernten Lage ſonſt unerläſslich geweſen wäre, entbehrlich macht; die landſchaftliche Wirkung wird nicht geſtört, da der Blick in den Wald und aus demſelben in Folge der beträchtlichen Lücken in der Häuſerreihe hinreichend offen ſteht.

636. Stil.

Für die gärtneriſche Ausbildung des Parkes wird faſt allgemein der natürliche oder engliſche Stil angewendet, weil dieſer dem beabſichtigten Zwecke, ein Stück Natur innerhalb der Stadtgrenzen oder in der Stadtnähe in veredelter Weiſe nachzubilden und zu erhalten, am beſten entſpricht. Oeffentliche Gärten nach franzöſiſcher oder italieniſcher Art werden in der Gegenwart nur ausnahmsweiſe neu angelegt werden; wohl aber finden einzelne regelmäſsige Theile dieſer Art, wie Alleen, Terraſſen, Blumengärten u. ſ. w., an den Eingängen, an den Gebäuden und Verſammlungsplätzen angemeſſene Verwendung. Der Park ſoll eben nicht bloſs ein ſchönes Stück Natur ſein, ſondern auch die künſtlichen Einwirkungen der menſchlichen Hand und des menſchlichen Gedankens in berechtigter Weiſe erkennen laſſen. Eine gewiſſe Miſchung von Landſchaftsanlage und geometriſchen Linien werden wir daher ſtets beobachten.

Die Ausbildung des Parkes zerfällt in die Wegeführung, die Geſtaltung der Bodenoberfläche, die Bepflanzung, die Erholungs- und Geſelligkeits-Einrichtungen und den künſtleriſchen Schmuck. Der letztere wird in der Unterabtheilung c dieſes Kapitels beſprochen werden.

637. Wege.

Die Wege ſollen einestheils die nöthigen, möglichſt nahen Verbindungen zwiſchen den zu beſuchenden Punkten des Gartens bilden, anderentheils aber den Wanderer unbewuſſt derart führen, daſs ſich ihm die landſchaftlichen Bilder in wirkſamſter Weiſe nach einander darbieten. Die Richtung und Lage der Wege ſoll

Additional information of this book

(Der Städtebau; 978-3-322-80318-4; 978-3-322-80318-4_OSFO12) is provided:

EXTRA MATERIALS extras.springer.com

http://Extras.Springer.com

ftets eine natürliche fein; es dürfen alfo nicht grofse Umwege verlangt werden, wo die natürlichen Verhältniffe das unmittelbare Erreichen eines Zieles erlauben; der Weg darf nicht über einen Hügel geführt werden, wenn die Linie in der Ebene ohne Hindernifs ift. Auch einer auf dem Papiere anfcheinend fchönen Curve zuliebe dürfen unbequeme Steigungsverhältniffe nicht ausgeführt werden; felbft die Erfteigung eines Hügels, um eine Ausficht zu geniefsen, ift auf thunlichft ungezwungene Art anzuordnen. Geradlinige Wege find in Parkanlagen nur ausnahmsweife ftatthaft, weil die ftarre Richtung zu der natürlichen Bewegung und Mannigfaltigkeit des Bodens und der Pflanzung nicht pafft und weil die Bilder, welche fich dem auf dem geradlinigen Wege Gehenden darbieten, zu wenig wechfeln. Nur für grofse, den Park durchfchneidende Verkehrswege, deren Zweck ein anderer ift, als die Betrachtung der Landfchaftsbilder, fo wie für Zugänge zu bedeutfamen Werken der Kunft, welche als beherrfchende Schlufspunkte dienen können, endlich in der Umgebung von Gebäuden ift die geradlinige Richtung, jedoch in mäfsiger Ausdehnung, gerechtfertigt. Im Uebrigen aber find die Wege in angenehmen, fchlanken Bogenlinien derart zu entwerfen, dafs es dem Auge Vergnügen gewährt, fie zu verfolgen,

Fig. 836.

Alte Allee im Park zu Verfailles. — $^1/_{500}$ n. Gr.

dafs auch die von den Wegelinien umfchloffenen Parkfiguren, in fo fern man diefelben mit den Augen verfolgen kann, eine wohl geformte, gefällige Zeichnung ergeben. Die grofse Verkürzung, in welcher folche Figuren dem nur wenige Meter über der Fläche erhabenen Auge erfcheinen, ift durch eine folche Anordnung zu berückfichtigen, dafs die Gartenflächen möglichft in ihrer Längenrichtung, nicht in der Querrichtung überfehen werden. Die allzu grofse Zertheilung der Anlagen durch Wege ift zu vermeiden; Wege ohne beftimmten Zweck find überflüffig und verwerflich. Die Wege find niemals als Hauptfache, fondern nur als untergeordnete Theile des Parkes zu betrachten; die Hauptfache befteht ftets in der Wahl und Gruppirung der Pflanzen und in der Erzeugung fchöner Landfchaftsbilder.

Die Breite der Fufswege beträgt ihrem Zwecke nach 3 bis 10 m; fie wechfelt nach dem Verkehrsbedürfnifs. Die Bepflanzung der Wege mit Baumreihen darf nur in den Fällen gefchehen, wo das landfchaftliche Bild dadurch nicht beeinträchtigt wird; für fchattige Spazierwege, Seufzeralleen, Philofophengänge u. dergl. find daher die Ränder der Landfchaft oder das Innere dichter Gruppen auszufuchen. Fahr- und Reitwege find in Volksgärten nur bei beträchtlicher Gröfse, von jedenfalls über 10 ha, zuläffig. Aufserdem empfiehlt es fich, die Fufswege von den Fahr- und Reitwegen abzutrennen und wo möglich auch noch die beiden letztgenannten Wegearten zu fondern. Die Trennung wird durch fchmale Parkfelder oder wenigftens durch Rafenbänder mit oder ohne Baumreihen nach Fig. 836 gebildet. Die Kreuzung verfchiedenartiger Wege in gleicher Höhe foll thunlichft vermieden werden; es gewährt jedoch Gelegenheit zu landfchaftskünftlerifcher Ausbildung und unter Umftänden grofsen Reiz, wenn die Bodenform es geftattet, ohne Zwang den einen Weg, am beften den Fufsweg, vermittels Brücke oder Tunnel über den anderen hinwegzuführen. Die Anordnung von Sammelpunkten des Wegenetzes ift erwünfcht, um leicht einander treffen und fich bequem zurecht finden zu können; folche Treffpunkte find zweckmäfsig mit Ausfichtspunkten, fchattigen Sitzplätzen oder kleinen Ziergebäuden zu verbinden.

638. Geftaltung der Bodenoberfläche.

Die Geftaltung der Bodenoberfläche ift fowohl beim regelmäfsigen, als beim natürlichen Gartenftil die nothwendige Ergänzung der im Wefentlichen durch den Entwurf der Wege bedingten Anordnung der Lage. Die letztere und die Oberflächengeftaltung find fchon in der Erfindung des Entwerfers genau fo auf einander angewiefen, wie der Grundrifs und der Aufbau eines Haufes. Dafs eine bewegte, hügelige Parkbodenfläche fchöner und wirkfamer ift, als eine ebene oder gleichmäfsig anfteigende, beruht auf der gröfseren Verfchiedenheit der Bilder, auf der anziehenderen Gruppirung der auf bewegtem Boden angeordneten Pflanzungen und Rafenfelder; beruht ferner auf dem natürlichen Umftande, dafs eine Gartenanlage um fo reizvoller dem Auge fich darftellt, je mehr Gelegenheit geboten ift, diefelbe von erhöhtem Standpunkte zu geniefsen. Daher die Terraffen und Treppen in den italienifchen Gärten; defshalb die hoch liegenden Randwege und die muldenförmige Geftaltung der Flächen in englifchen Parkanlagen. Eine in der Entfernung anfteigende Rafenfläche oder Gartenanlage erfcheint dem Auge des Befchauers unter einem weit günftigeren Winkel, als die wagrechte oder gar die in der Entfernung finkende Fläche.

Niemals darf jedoch der Gartenkünftler der natürlichen Bodenoberfläche Gewalt anthun; er darf fie nur verfchönernd, veredelnd umgeftalten, und zwar nur in fo weit, als es der natürlichen Bodenbildung nicht widerfpricht. Die künftliche Oberfläche des Parkes mufs ftets fo befchaffen fein, dafs die Möglichkeit nicht ausgefchloffen ift, die Natur habe felbft das Gelände fo gefchaffen. Das Künftliche darf als folches nicht auffallen; Widernatürliches mufs vermieden werden. Wafferflächen und Rinnfale gehören an die tiefften Punkte, Felsgrotten an Abhänge oder ähnliche Stellen, wo auch die Natur fie zu bilden pflegt, Wiefen in die Thäler, Wälder oder Haine auf die Höhen u. f. w. Dafs Ausfichtspunkte und Ausfichtswege an oder auf Anhöhen ihren Platz finden, verfteht fich von felbft; dabei find jedoch nicht blofs die Theile des Parkes als Ausfichtsgegenftände zu betrachten, fondern die ganze umgebende Landfchaft, fo wie hervorragende Bauwerke; Berge und fonftige Fernfichten find in aufmerkfamfter Weife zu berückfichtigen. Sowohl für den Entwurf, als für die Ausführung ift der vollftändige Horizontal-Curvenplan der Gartenanlage unentbehrlich; die Geftaltung der Landfchaftsbilder und befonders die perfpectivifche Wirkung find von der gefchickten Anordnung der Horizontalen vorwiegend abhängig. Ift die Bodenbewegung für den ganzen Park feft gefetzt, fo folgt das Durcharbeiten im Einzelnen, wie in der Architektur das Detailliren auf den Gefammtentwurf folgt. Die einzelnen Rafenfelder und Beete müffen dabei in ihrer Oberflächengeftaltung an die Hauptbewegung forgfam angefchloffen werden; fchematifche Ausmuldungen mit gewohnheitsmäfsigen Rand- und Gebüfcherhöhungen genügen durchaus nicht. Bei den engen Beziehungen, welche nothwendig zwifchen dem Park und der gegebenen Natur obwalten, läfft fich nicht die eine Anlage an anderer Stelle nachbilden; jeder neue Park mufs vielmehr eine Veredelung und Ergänzung des Vorhandenen fein.

Da die Bepflanzung eines Parkes erft nach längeren Jahren diejenigen Landfchaftsbilder darbieten kann, welche der Entwerfende beabfichtigt, fo kann fie von vornherein nur als eine vorbereitende betrachtet werden. Ein Park ohne alte Bäume ift erft ein werdender; ohne Waffer ift er ein mangelhafter Park. Die jungen Pflanzungen find im Waldcharakter zu halten und müffen in der Regel aus den vorherrfchenden Bäumen der Landfchaft beftehen. Die Gruppirung verlangt natürliche, freie Linienzüge, unter aufmerkfamer Berückfichtigung von Licht und Schatten, heller und dunkler Töne, und unter Zufammenftellung landfchaftlicher Scenen von beftimmten Betrachtungs- oder Ruhepunkten aus. In diefer Beziehung wird die Thätigkeit des Landfchaftsgärtners mit Recht derjenigen des Landfchaftsmalers an die Seite gefetzt. Beide müffen der Natur die Art des Schaffens ihrer Schönheiten ablaufchen und, der eine im Bilde, der andere in Wirklichkeit, ideale Darftellungen der Natur von Neuem hervorrufen. 639. Bepflanzung.

Der Hauptunterfchied von Licht und Schatten drückt fich in der hellen Rafenfläche und den dichten, dunklen Gehölzgruppen aus. Die Höhenzüge find zu bewalden, und die Dichtigkeit der Bewaldung pflegt nach der Thalfohle hin abzunehmen. Ein richtiges Verhältnifs zwifchen Wald und Rafen ift daher für die freundliche, ruhige oder finftere, zerriffene Erfcheinung der Landfchaft mafsgebend. Scharfe Umrifslinien der Gehölze derart, dafs die Gehölztheile fich dem Auge des Befchauers couliffenartig vorfchieben, find ein zweites Mittel der Farbenwirkung, durch welches eine malerifche Abtönung und Abftufung der Landfchaftsbilder erzeugt wird; einzelne lofe vor die Umrifslinie des Gehölzes gepflanzte Bäume oder Gruppen befeitigen jede Härte und verftärken den Eindruck der leichten Ungezwungenheit. Und wie der Maler noch zuletzt einzelne helle Lichter aufträgt oder befonders tiefe Schattenpunkte einfetzt, fo vermag auch der Gärtner durch Lichtpunkte aus dem hellften und Drucker aus dem dunkelften Grün, durch Lichtung der einen und Verdichtung der anderen Baumgruppe die beabfichtigte Wirkung fchliefslich zu verftärken oder zu vollenden. Dabei beftehen die Gegenfätze, durch welche fowohl der Gärtner, als der Maler mitunter auf das entfchiedenfte wirkt, nicht in der Vermifchung oder Vereinigung des Widerftrebenden, fondern in der Entgegenftellung des Rauhen und Zarten, des Schroffen und Milden, des Hellen und Dunkeln.

Das Hauptbild des Parkes foll fich von dem Punkte aus entwickeln, wo das Volk fich zu verfammeln pflegt, alfo vom Hauptruheplatze, vom Reftaurations-Gebäude oder dergl. Auch der erfte Eindruck auf den in den Park Eintretenden ift befonders zu berückfichtigen. Man pflegt an folchen Punkten durch Teppichbeete oder Blumengärten im regelmäfsigen Stil den Vordergrund zu verfchönern, auch Wafferkünfte und figürlichen Schmuck dem Auge nahe zu rücken; aber die Hauptfache bleibt der Einblick in den ganzen Park. In grofsen Zügen, in künftlerifch gefteigerter Perfpective mufs das Landfchaftsbild in voller Tiefe vor uns liegen. Und wenn wir das Hauptbild verlaffen und auf den Wegen in die Landfchaft hineinwandern, fo bieten fich ftets neue Bilder in forgfältig überlegten Umrahmungen dar; Fernfichten find an Punkten von Bedeutung frei gehalten, und mitunter überrafcht den Wanderer im Dickicht ein Lichtftreifen mit völlig freier Durchficht, ein fogenanntes Aha.

Es würde über den Zweck dieſes Halbbandes hinausgehen, wollten wir uns hier noch näher auf die Grundſätze und Einzelheiten der ſchönen Gartenkunſt einlaſſen. Für den Architekten, für den »Stadtbaumeiſter« mögen dieſe Hinweiſungen ausreichen; es iſt ja nicht ſein Beruf, ohne beſondere gartenkünſtleriſche Unterſtützung Parkanlagen zu ſchaffen. Wohl aber muſs er ſein Urtheil auch auf dieſem Gebiete bilden und ſchärfen; ſein künſtleriſches Empfinden wird ihn dann auch in das Verſtändniſs der Einzelheiten einführen. Sind doch die Wahl der Oertlichkeit, ſowohl für kleinere gärtneriſche Anlagen, als für Parkanlagen und die Aufſtellung des Programms vorwiegend ſeine Aufgabe. Es ſei darum nochmals, unter Hinweis auf Art. 246 (S. 159), betont, daſs beſonders die tief liegenden Theile des ſtädtiſchen Weichbildes zu Pflanzungen geeignet ſind. Wie die Werke der Baukunſt am beſten betrachtet werden, wenn ſie auf der Höhe ſtehen oder auf anſteigender Fläche ſich erheben, alſo mit dem Blicke nach oben, ſo wirken die Werke der Gartenkunſt am ſchönſten und reichſten, wenn das Auge des Beſchauers auf ſie hinabblickt. Von hohem Werthe iſt es, wenn die auf ſolche Weiſe für einen Volksgarten oder Stadtpark ausgeſuchte Oertlichkeit bereits einen Baumbeſtand oder gar einen vollen Waldbeſtand aufweiſt, wie ſolches beiſpielsweiſe im Thiergarten zu Berlin, im Boulogner Gehölz bei Paris und im *Bois de la Cambre* bei Brüſſel der Fall war. Schattige Promenaden, herrliche naturwüchſige Haine ſind dann leicht herzuſtellen, welche künſtlich erſt nach Jahrzehnten erzielt werden können.

640. Geſelligkeits-Einrichtungen.

Die Erholungs- und Geſelligkeits-Einrichtungen ſind im Volksgarten, welcher nicht, wie der Herrſchaftspark, nur Wenigen angehören, ſondern Tauſenden Genuſs bereiten ſoll, von maſsgebender Bedeutung. Eine Wieſe für Volksfeſte und Kinderſpiele, beſonders abgetrennte Kinder-Spielplätze, ein Platz für Ball- oder Croquet-Spiel, ein Turnplatz, eine Reit- oder Rennbahn, ein Schützenſtand und ähnliche Veranſtaltungen dienen zur Erholung und Unterhaltung der Menge. Ein Teich, theils mit flachen Wieſenufern, theils mit ſteilen, ſchattigen Waldbuchten ladet im Sommer zum Gondeln, in der Winterszeit zum Schlittſchuhlaufen ein. Auſser dieſen Geſelligkeits-Einrichtungen im Freien werden halb verdeckte Baulichkeiten, wie Lauben, Wandelhallen, Ausſichts-Terraſſen u. dergl. errichtet, und ſchlieſslich iſt ein geräumiges, geſchloſſenes Reſtaurations-Gebäude faſt ſtets unentbehrlich, ſowohl als allgemeiner Anziehungspunkt während der ſchlechten und zweifelhaften Jahreszeiten, wie als Zufluchtsort bei plötzlichen Regengüſſen und Gewittern. Iſt man aber genöthigt, ein derartiges bedecktes Unterkommen zu ſchaffen, ſo liegt es nahe, einen Schritt weiter zu gehen und den Reſtaurations-Raum zugleich zur Concerthalle einzurichten, die in den halbverdeckten Ruheſitzen und Terraſſen ihre naturgemäſse Ergänzung findet. Wird dieſes Hauptgebäude des Parkes in reicher, monumentaler Weiſe ausgebildet, wie im Stadtpark zu Wien, im Palmengarten zu Frankfurt a. M., im Stadtgarten zu Karlsruhe und an anderen Orten, ſo nimmt daſſelbe zum Volkspark faſt dieſelbe Stellung ein, wie das Landhaus oder Schloſs zum Gutspark. Von regelmäſsigen Blumenbeeten mit Waſſerkünſten und Figurenſchmuck am Fuſse des Gebäudes ausgehend, entwickelt ſich der öffentliche Garten in weiten Zügen, in Gröſse und Freiheit, indem er, vom Hauptgebäude aus betrachtet, ſein ſchönſtes und tiefſtes Landſchaftsbild darbietet. Kleinere Baulichkeiten, wie Gärtnerwohnung, Vermehrungshäuſer, eine Molkerei, eine Unterſtandshalle für Reiter u. dergl. werden

126) Nach: Jäger, H. Gartenkunſt und Gärten ſonſt und jetzt. Berlin 1887—88.

Fig. 837.

$^1/_{10000}$ n. Gr.

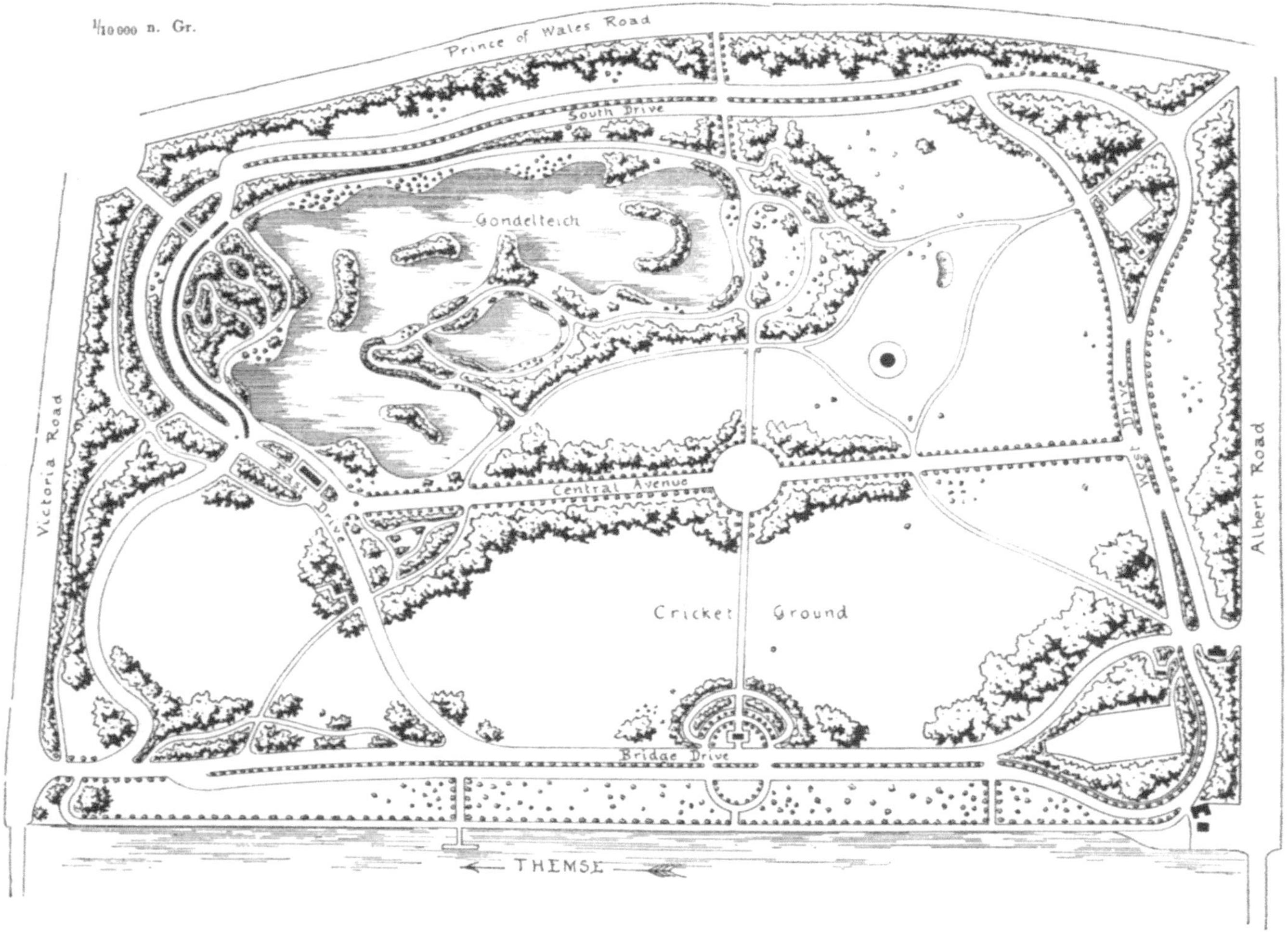

Batterfea-Park zu London [126]).

an eingeschlossseneren Stellen des Parkes angeordnet, wo sie zur Erzielung freundlicher Einzelbilder benutzt werden können. Denn gerade auf den hellen Wandflächen der Gebäude hebt sich das Laub und Gezweig besonders wirksam und reizend ab. Allerdings soll man sich hüten, ganz weisse Baulichkeiten zu errichten, welche von ferne zu leicht den störenden Eindruck ausgehängter Wäsche machen, sondern einen lichtgrauen oder hellbräunlichen Ton wählen, der mit dem Grün harmonisch wirkt und die Farben der Landschaft noch satter erscheinen lässt. Für die Dächer ist, da die schwarze Schieferfläche fast wie ein Loch in der Landschaft wirkt, eine röthliche Farbe zu empfehlen, wie sie gewisse Schieferarten, besser aber die meisten Dachziegel besitzen.

641. Wald.

Was wir hier von der Ausbildung der Parkgärten gesagt haben, gilt in übertragener Weise auch von den Parkwäldern, mit dem naturgemässen Unterschiede, dass hier die Verhältnisse grösser, die Wege seltener sind, die ganze Anlage weniger im Einzelnen durchgeführt wird und die dichtere Masse des Waldes und Haines mit wenigen Wiesen und Durchblicken den sorgsam gepflegten, offenen Charakter des Gartens verdrängt. Die Grenze ist keine scharfe; Garten und Wald gehen in manchen ausgeführten Parkanlagen unbemerkt in einander über.

642. Beispiele.

Die englischen Parks pflegen vorwiegend aus ländlichen Scenen mit weiten Grasflächen und wenig Wald zu bestehen; es scheint sogar oft an Bäumen zu mangeln. Man lagert sich oder spielt auf dem Rasen, kommt daher mit wenig Wegen aus; der Blumenschmuck ist gewöhnlich gering, Hausthiere weiden frei. Fig. 837 zeigt den an Blumen und Blattpflanzen zwar ungewöhnlich reichen, im Uebrigen aber durch die beliebten weiten Wiesenfelder sich auszeichnenden, 75 ha grossen *Battersea-Park* zu London. *Hyde-Park* (158 ha), *Regents-Park* (190 ha) und besonders der neue, 117 ha grosse *Victoria-Park* zeigen die englische Eigenart breiter Fahrwege, ausgedehnter Wiesenflächen, zahlreicher Plätze und Wiesen für Turn- und Spielzwecke (*Lawn-tennis, Cricket-grounds* etc.) in vielleicht noch ausgeprägterem Masse.

In Nordamerika finden die Parkanlagen nach englischer Art in neuester Zeit die grossartigste Verbreitung, besonders in New-York, Boston, Chicago und Washington. Auf Grund eines Sondergesetzes sind einem städtischen Ausschusse in New-York 40 Millionen Mark zur Vermehrung der öffentlichen Gärten, und zwar vorwiegend in den ärmeren Stadttheilen, zur Verfügung gestellt. Chicago besitzt ausser einer Anzahl kleinerer Pflanzungen gegenwärtig bereits 10 grössere Volksgärten in einer Gesammtgrösse von 2847 Morgen [127]).

Die französischen Parks leiden oft an einer übertriebenen Zerkleinerung der Landschaftsscenen, an einer unnatürlichen Vielheit von Hügelchen, Thälchen und Wegen, an einer Ueberfülle von Blumen und Blattpflanzen. Dies gilt besonders für den bereits besprochenen *Parc de Monceaux* zu Paris (Fig. 835), wo die Umfassung der Baumstämme und Gebüsche mit regelmässigen Blumen-Rabatten, das Uebermass gärtnerischer und architektonischer Motive, die Ueberladung mit buntblätterigem Gehölz zwar den unstreitigen Eindruck der Pracht, aber auch der unnatürlichen, überschwänglichen Künstlichkeit hervorruft. Aehnliches gilt für einige der in Art. 631 (S. 490) besprochenen Pariser Erholungsplätze. Weniger gekünstelt und reich an grossartigen Landschaftsbildern und Wasserflächen sind dagegen die Parkwälder von Boulogne und Vincennes; wildromantische Landschaften weisen die neuen Bergparks am Mont-

---

127) Siehe: *New Review* 1890, Mai.

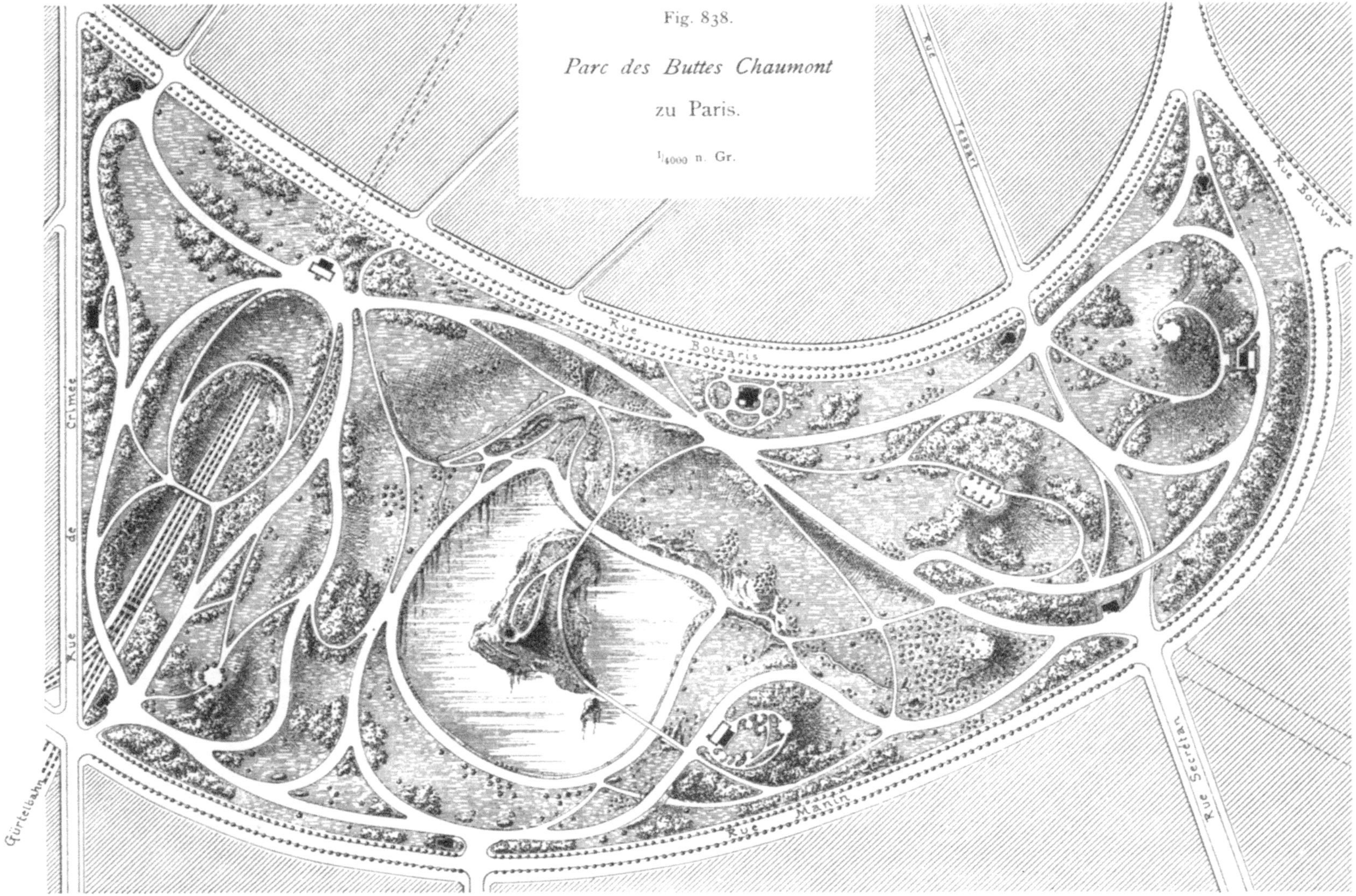

Fig. 838.

Parc des Buttes Chaumont

zu Paris.

$^{1}/_{4000}$ n. Gr.

Fig. 839.

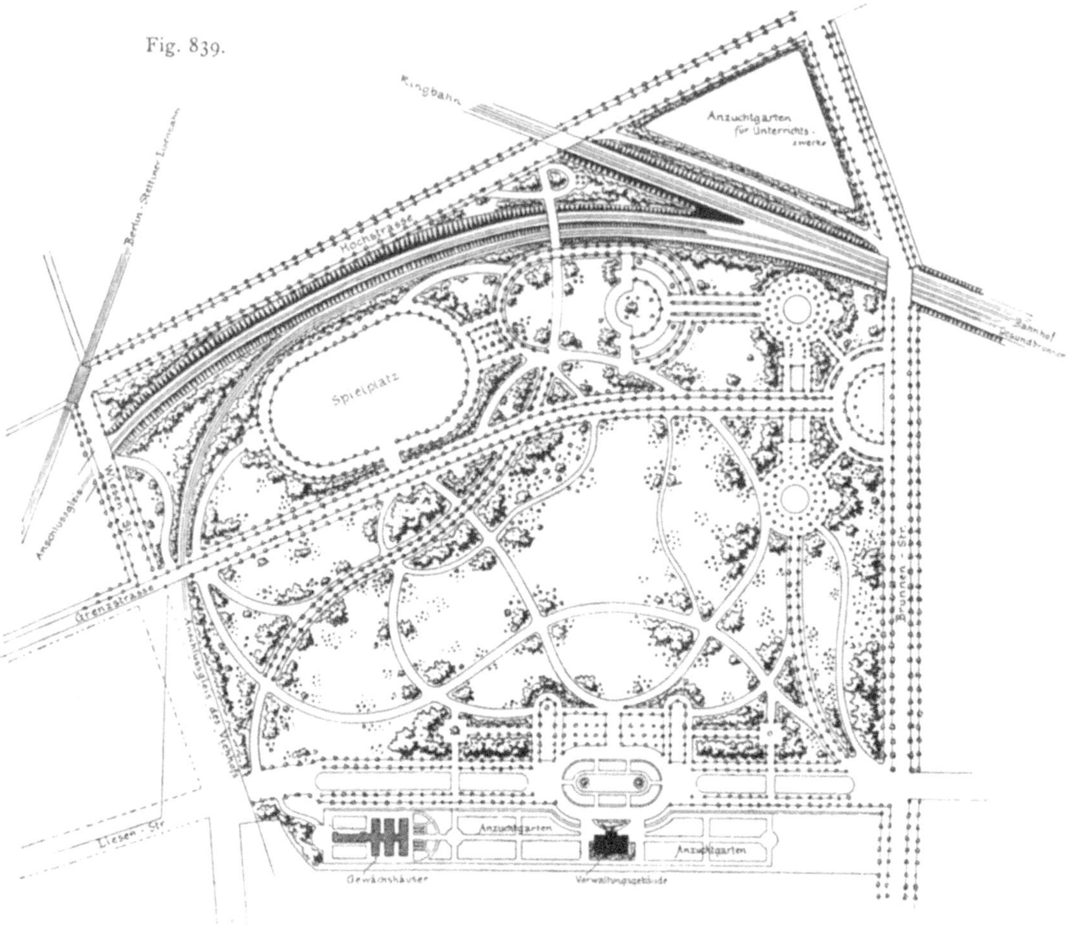

Humboldt-Hain zu Berlin. — $^1/_{5000}$ n. Gr.

Fig. 840.

Oersted-Park zu Kopenhagen. — $^1/_{4000}$ n. Gr.

Fig. 841.

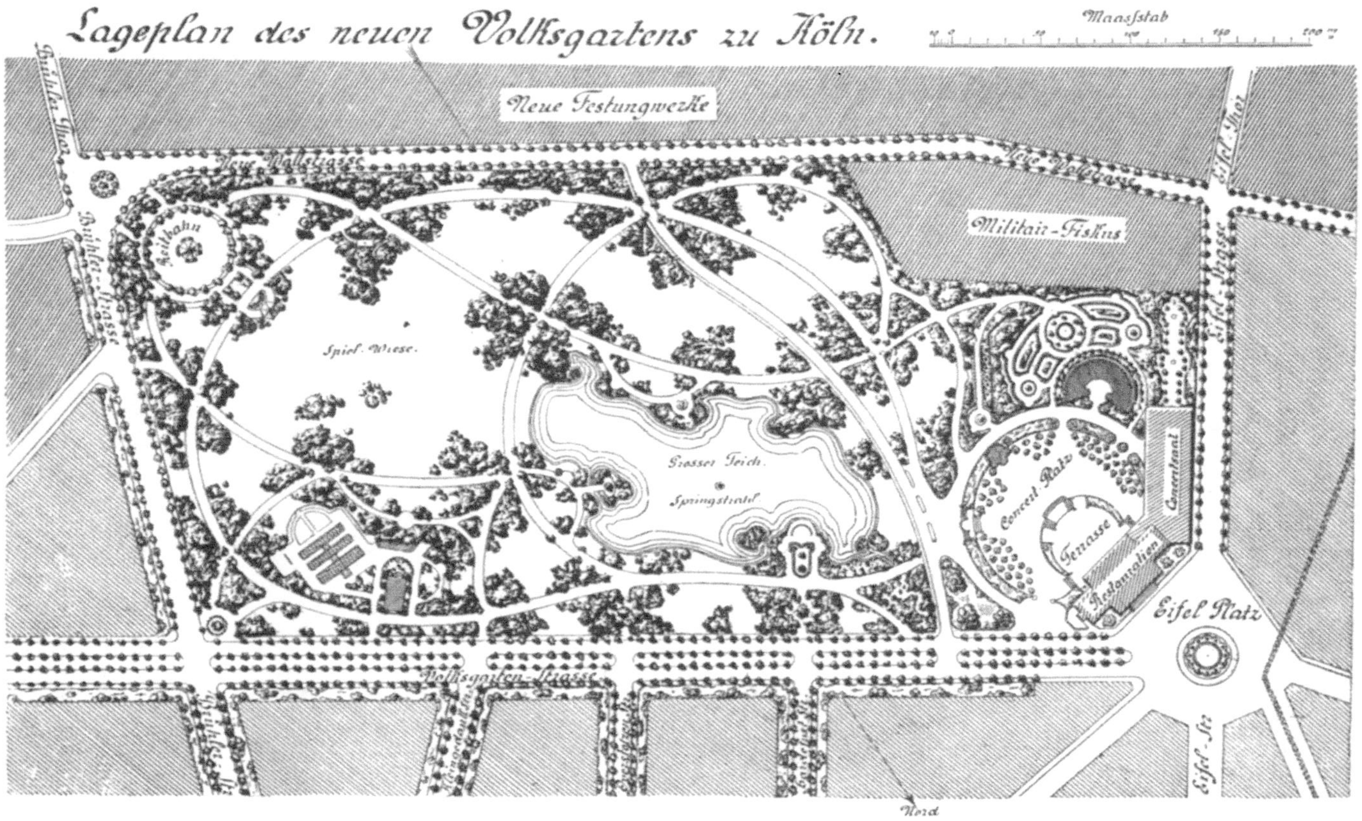

Lageplan des neuen Volksgartens zu Köln.
Maassstab
Neue Festungwerke
Militair-Fiskus
Reitbahn
Spiel-Wiese
Grosser Teich
Springstrahl
Concert Platz
Terrasse
Restauration
Concertsaal
Eifel Platz
Eifel-Str
Eifel-Thor
Bühler-Thor
Bühler-Strasse
Volksgarten-Strasse
Nord

martre und in den *Buttes Chaumont* (Fig. 838) auf. Im letztgenannten, nur 27 ha grofsen Park find unter Benutzung alter Steinbrüche förmliche Gebirgsfcenen gefchaffen mit 50 m hohen, fteilen Felfen, Grotten, Wafferfällen, einer 30 m hohen Steinbrücke und einer 64 m weit gefpannten Hängebrücke, welche fich hoch in der Luft von Fels zu Fels fchwingt, See und Strafse überfpannend. So ift bei den franzöfifchen Parkanlagen die Kühnheit und Grofsartigkeit des Entwurfes, die gefchmackvolle Decoration und vorzügliche technifche Ausführung der Wege, Wafferleitungen, Einfaffungen u. f. w. rühmend anzuerkennen, während leider die ruhige, einfache Schönheit der Natur oft durch allzu vielen Schmuck verloren geht.

Fig. 842.

Cascaden-Treppe im *Victoria*-Park zu Berlin [128]).

Die neueren Parkanlagen in deutfchen Städten fuchen fich von englifchen und franzöfifchen Uebertreibungen fern zu halten; fie find verfeinerte Landfchaften, verbunden oder durchfetzt mit regelmäfsig geformten Gartenftücken. Sie verbergen ihr künftliches Entftehen nicht und fuchen fich ihrem Zwecke, der Erholung im Freien, auf das engfte anzufchliefsen. Als Beifpiele theilen wir in Fig. 839 u. 841 die Grundriffe des *Humboldt*-Haines in Berlin und des Volksgartens in Köln mit, welche der weiteren Erläuterung kaum bedürfen. Ihre Gröfse beträgt bezw. 35 und 15 ha. Der *Humboldt*-Hain, entworfen und ausgeführt von *G. Meyer*, ift zugleich durch die pflanzengeographifche Anordnung und botanifche Bezeichnung der Pflanzen belehrend. Dem von *Kowallek* angelegten Kölner Volksgarten kommen

128) Facf.-Repr. nach: Deutfche Bauz. 1880, S. 241.

die bis zu 10 m betragenden Nivellements-Unterſchiede und die hohe Lage der den Park umfaſſenden Straſsen wirkſam zu ſtatten. Noch ſei auf einige in Theil IV, Halbband 4 dieſes »Handbuches« vorgeführte Beiſpiele von Volksbeluſtigungs-Gärten (Tivoli zu Kopenhagen, Palmengarten zu Frankfurt a. M., Stadtpark zu Mannheim etc.) verwieſen, ſo wie auf den *Innocentia*-Park und den Eppendorfer Park zu Hamburg[129]).

Den Vorzug der Einmuldung zwiſchen höher liegenden Straſsen beſitzt auch der *Oerſted*-Park in Kopenhagen (Fig. 840), deſſen Seegeſtaltung und Bepflanzung indeſs zu wünſchen übrig laſſen. Nichts ſchöner, als Parkanlagen, die ſich aus dem Thale am Gehänge, an Berglehnen emporziehen, mit Blicken hinab und in die Ferne! Die Umgebungen von Rom, Neapel, Florenz, die Gartenſtädtchen an der Riviera, das Parkgehänge an der Hofburg zu Ofen, die *Wilhelms*-Höhe bei Kaſſel ſind hierfür bekannte Beiſpiele. Dem Kreuzberg zu Berlin iſt eine ähnliche, gärtneriſche Verſchönerung durch den Entwurf *Mächtig*'s[130]) zugedacht, welcher die Umwandelung des ganzen Bergabhanges in einen öffentlichen Park mit groſsartiger Cascadentreppe (Fig. 842) in der Axe der Groſsbeerenſtraſse und des National-Kriegerdenkmales beabſichtigt.

b) Park-Promenaden.

Ein Mittelding zwiſchen den beſprochenen Parkgärten und den in Kap. 1 dieſes 643.
Abſchnittes behandelten, durch Baumreihen und Gartenflächen verſchönerten Stadt- Begriff.
ſtraſsen bilden die parkähnlich bepflanzten Spazierwege von der Stadt in das Freie oder in der ſtädtiſchen Umgebung: die Park-Promenaden. Mit den Parkgärten haben ſie die mehr oder weniger ungezwungene Wegeführung und die freiere Bepflanzung, mit den Stadtſtraſsen die Längenentwickelung gemein. Während aber letztere ihre

Fig. 843. Landſchaftliche Bepflanzung eines Spazierweges[131]).

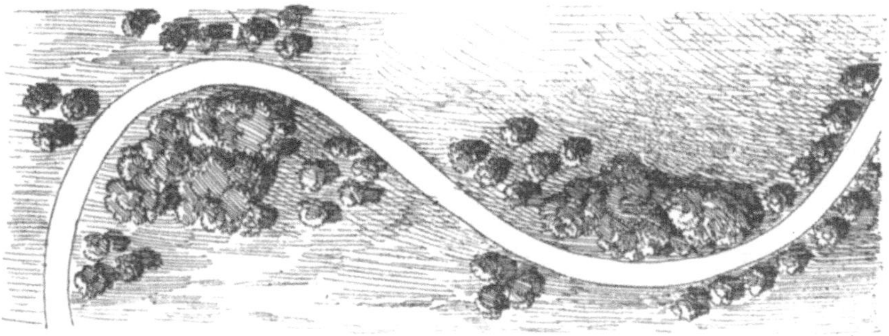

129) Siehe: Hamburg und ſeine Bauten. Hamburg 1890. S. 286, 287.
130) Siehe dieſen Entwurf in: Deutſche Bauz. 1880, S 237.
131) Nach: Abel, a. a. O.

Umrahmung in der ftädtifchen Bebauung finden, foll die Park-Promenade möglichft den freien Blick in die Natur, über Thal und Stadt gewähren, wovon nur die Unfchönheiten künftlich zu verdecken find — im Gegenfatze zu den Parkgärten und Parkwäldern, die ihre Landfchaftsbilder gewöhnlich in fich felbft darbieten follen.

644.
Ring-
Promenaden.

Nicht ausgefchloffen ift es übrigens, dafs die eine Seite der Promenade von Landhäufern oder ftädtifchen Villen eingefafft wird. Somit würden wir in erfter Linie hierher zu zählen haben die Ring-Promenaden an der Stelle alter Feftungswälle, die wir bereits in Art. 372 (S. 250) befprochen und durch Fig. 494 bis 496 (S. 249 bis 251), Theile von Bremen und Frankfurt a. M. darftellend, erläutert haben. Möchten die Gemeindeverwaltungen in folchen Städten, deren Wälle und Feftungsmauern noch ganz oder theilweife vorhanden find, nicht blofs in den gröfseren Städten, wie Nürnberg und Stettin, fondern auch in kleineren Orten, wie Hildesheim, Emden, Paderborn, Höxter, Geldern, Andernach, Worms u. f. w., auf die möglichfte Erhaltung und gärtnerifche Ausbildung der Ring-Promenade ihre aufmerkfame Fürforge verwenden!

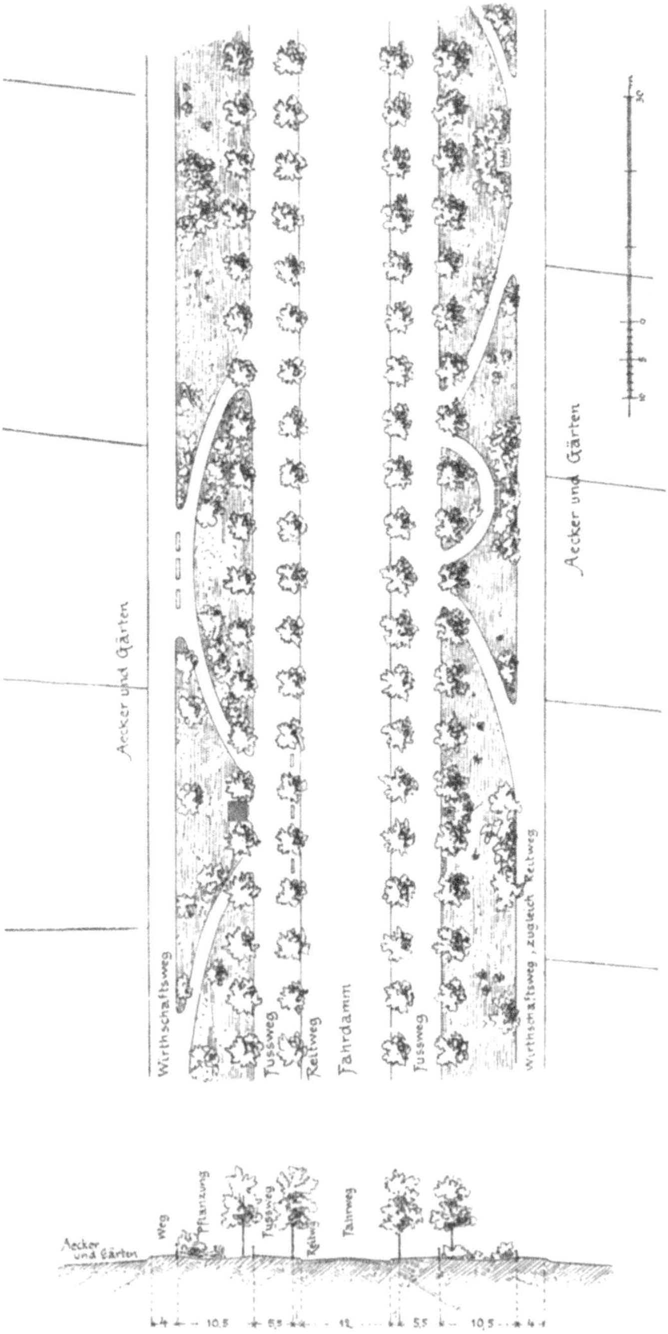

Fig. 844.

Aachener Strafse bei Köln. — Strafse zum Friedhofe. (Entwurf.)

Additional information of this book

(Der Städtebau; 978-3-322-80318-4; 978-3-322-80318-4_OSFO13) is provided:

EXTRA MATERIALS extras.springer.com

http://Extras.Springer.com

Die Wegeführung der von der Stadt in das Freie führenden Promenaden ift die eines Parkweges oder einer Landftrafse; im erfteren Falle findet eine freie landfchaftliche, im letzteren eine mehr regelmäfsige Bepflanzung ftatt. Fig. 843 u. 844 find zwei Beifpiele. Solche Spazierwege, die entweder für Fufsgänger allein oder auch für Wagen und Reiter dienen können, pflegen zu einem fchönen Ausfichtspunkte, zu einem Erholungs- oder Badeorte, zu einem Parke, einem Walde oder einem Friedhofe zu führen. Namentlich an manchen Hauptzugängen ftädtifcher Friedhöfe wäre eine verfchönernde, zweckentfprechende Thätigkeit der Gemeinde fehr am Platze. Zwei Endigungen von Promenadenwegen an Ausfichtspunkten zeigen Fig. 845 u. 846. 645. Spazierwege nach aufsen.

Fig. 845.

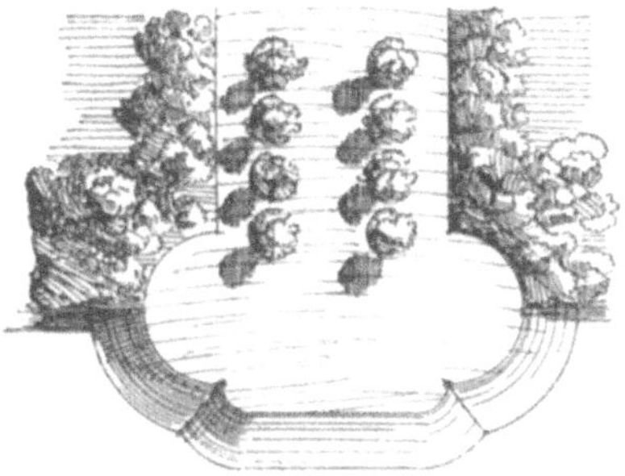

Fig. 846.

Terraffenförmige Endigung von Promenaden-Strafsen [131]).

Einer der fchönften ftädtifchen Spazierwege ift die von der Kaiferin *Augufta* gefchaffene, fog. Rheinanlage bei Koblenz, welche fich am Rheinufer oberhalb der Stadt auf 3 km Länge erftreckt. Die neben ftehende Tafel giebt mit den zugefetzten Erläuterungen ein ungefähres Bild davon. Es ift im Allgemeinen ein Fahr- und Gehweg zwifchen Reihen hochftämmiger Bäume (meift Ulmen und Platanen), landfeitig und wafferfeitig mit gärtnerifchem und künftlerifchem Schmuck in faft überreicher Weife geziert und ftreckenweife zu gröfseren Pflanzungen verbreitert.

Bei Badeorten und Refidenzen, mitunter auch bei anderen Städten, kommen Wegeverfchönerungen durch Anpflanzungen und künftlerifchen Schmuck auch in der weiteren Umgebung vor. Wenn man folche Park-Promenaden rings um die Stadt ausdehnt und mit einander in Verbindung fetzt, fie auch wohl gelegentlich mit Bächen und Zierteichen zufammenlegt, fo wird gewiffermafsen die ganze Gegend in ein einziges Parkgelände umgewandelt, deffen Charakter durch vereinzelte Gebäude und Gehöfte und die landwirthfchaftliche Benutzung weiter Flächen beeinflufft, aber nicht zerftört wird. So kann eine eintönige Landfchaft verfchönert, eine an und für fich fchöne Landfchaft veredelt werden. Manche Beifpiele giebt es hierfür in der Umgebung englifcher Landfitze, aber auch im Umkreife unferer Badeorte und Refidenzftädte. Zu erfteren gehören Baden-Baden, Harzburg und San Remo, zu letzteren Potsdam und Wörlitz bei Deffau. Die Behandlung eines folchen Parkgeländes ift aus Fig. 847 erfichtlich. 646. Spazierwege in der weiteren Umgebung.

Als Beifpiele von Park-Promenaden in der weiteren Umgebung grofser Städte fei hier fchliefslich noch auf die fchöne *Viale dei Colli*, welche Florenz an der hügeligen Südfeite umgiebt und herrliche Ausfichten auf Stadt und Thal eröffnet, fo wie auf den *Nuovo Paffeggio del Gianicolo* hingewiefen. Die letztere liegt am

Fig. 847.

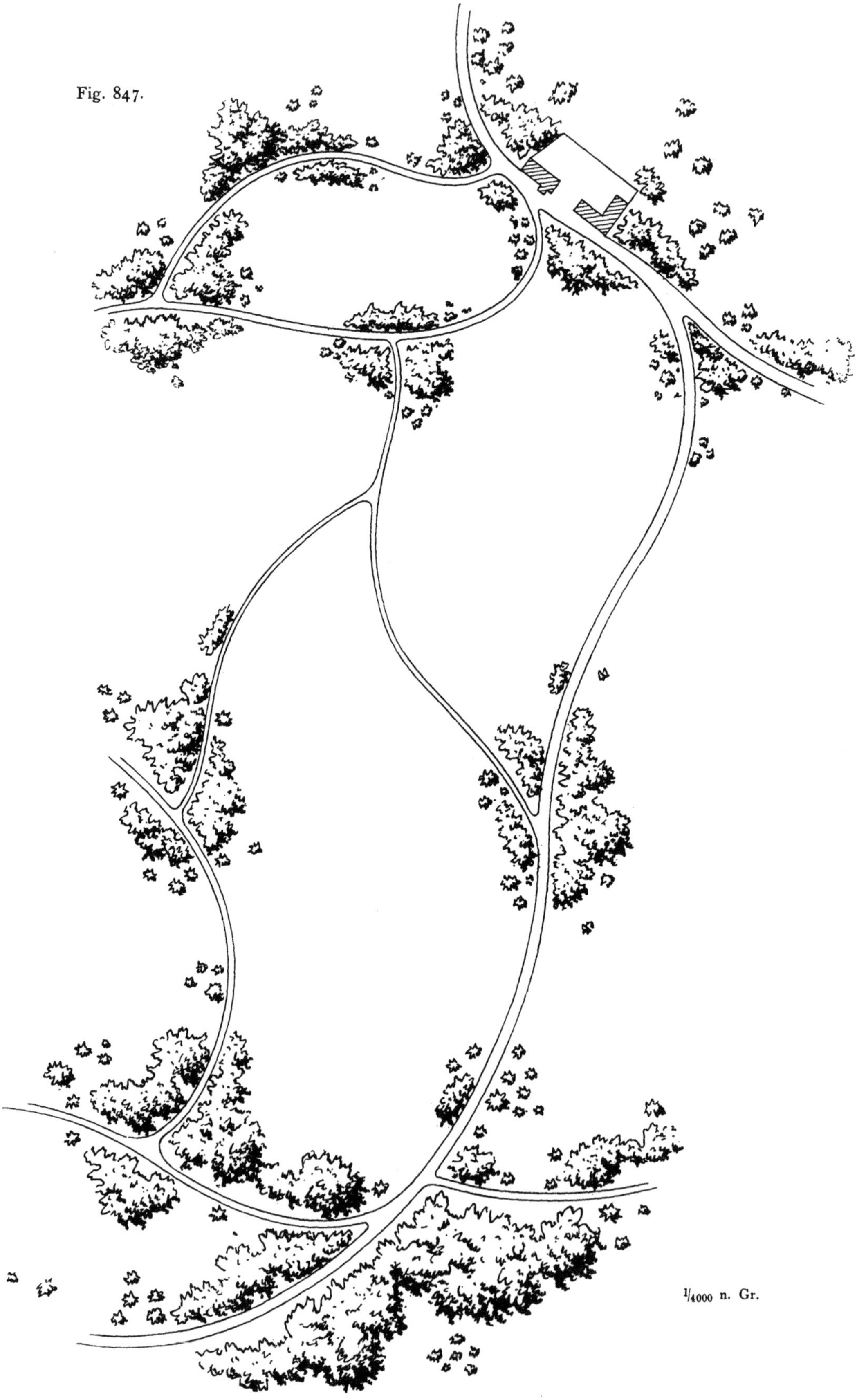

Landweg-Verſchönerung in der Umgebung der Stadt.

Berghange des *Janiculus,* umfaſſt einen Theil des transtiberiſchen Rom und bietet, namentlich bei Sonnenuntergang, ſchöne und weite Ausblicke auf die ewige Stadt, auf Campagna und Gebirge.

c) Ausſtattung.

647. Art der Ausſtattung.

Wie die Wohnungen und die Stadtſtraſsen der praktiſchen und künſtleriſchen Ausſtattung bedürfen, um den Anforderungen der Zweckmäſsigkeit und der Schönheit zu entſprechen, ſo nicht minder die Parkanlagen. Bei letzteren iſt die aufmerkſame Ausſtattung um ſo mehr am Platze, je geringer die Ausdehnung der Anlage, je weniger in Folge deſſen die wirkliche Nachbildung der freien Natur möglich iſt, beſonders alſo bei den eigentlichen Stadtgärten und bei den unter d und e des vorigen Kapitels beſprochenen Schmuck- und Erholungsplätzen.

Fig. 848.

Fig. 849.

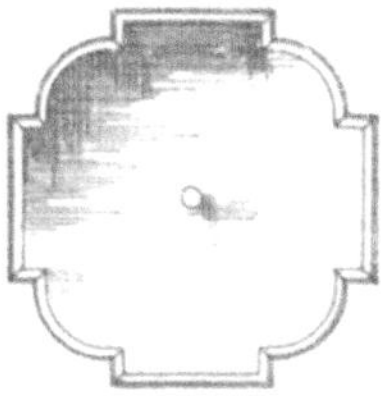

Fig. 850.

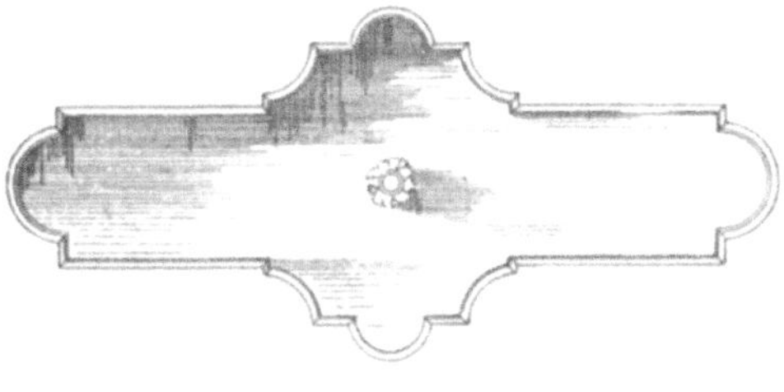

Fig. 851.

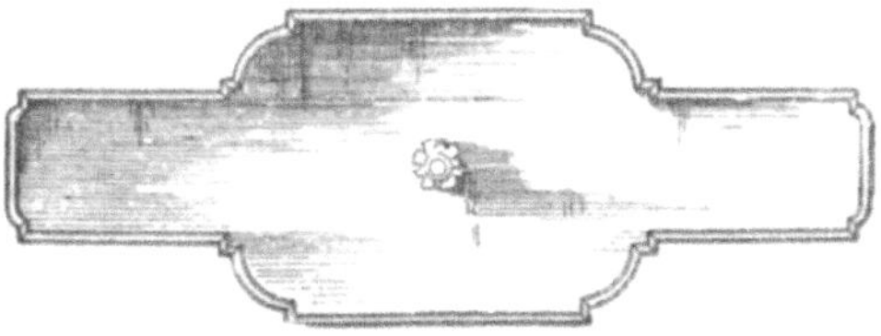

Springbrunnenbecken im Park.

Die der Naturnachbildung hinzuzufügenden Ausſtattungsſtücke ſind entweder gärtneriſcher oder baukünſtleriſcher und figürlicher Art. Erſtere werden ihre erſchöpfende Darſtellung in einem Lehrbuch der Gartenkunſt, letztere in einem Werke über Garten-Architektur finden. An dieſer Stelle handelt es ſich nur um eine kurze Kennzeichnung derſelben.

648. Gärtneriſche Ausſtattung.

Zur gärtneriſchen Ausſtattung gehören Blumenſtücke aller Art (vergl. Art. 625 u. 626, Fig. 797 bis 814, S. 471 bis 477 u. 842), Zierteiche und Waſſerkünſte, Grotten und Irrgänge, Lauben und Sitzplätze; ferner Blumenſtänder aus Eiſen und Holz, aus todten Baumſtümpfen und Felsſtücken; vereinzelte Felsſtücke und Findlinge, mit Farren, Moos und Schlingpflanzen bewachſen; auch Schlinggewächſe an Mauern und Bäumen.

649. Architektoniſche und figürliche Ausſtattung.

Die Architektur kommt zur Geltung an Gartenmöbeln aller Art, an Treppen und Terraſſen, an Laufbrunnen und Springbrunnen (Fig. 848 bis 851), an Waſſerleitungs- und Beleuchtungsgegenſtänden (Fig. 852 u. 853), an Brücken, Cascaden, Ruheſitzen, Wandelhallen und Veranden, an Warnungs- und Anzeigetafeln (Fig. 854, 855 u. 856), an Schildern und Wegweiſern (Fig. 857), an Einfriedigungen und Thoren, an Pavillons, Schutzdächern, Säulenhallen, Ausſichtstempeln und ſonſtigen Belvederen, an Behauſungen für Schwäne, Enten und ſonſtige Vögel, an kleinen und groſsen Gebäuden für die Zwecke des Wohnens, der Erfriſchung, der Unterhaltung [132]).

[132]) Siehe auch Theil IV, Halbband 4 dieſes »Handbuches« (Abth. IV, Abſchn. 2, Kap. 2: Volksbeluſtigungs-Gärten und ſonſtige gröſsere Anlagen für öffentliche Luſtbarkeit).

Werke des Bildhauers finden wir in Standbildern und fonftigen Figuren, in Vafen und Fontänen, in Nachbildungen antiker und moderner Sculpturen.

Es würde zu weit führen und den Rahmen diefes Halbbandes überfchreiten,

Fig. 852.

Park-Candelaber zu Hamburg.

wollten wir in eine Erörterung aller diefer Dinge eintreten. Hier mufs der Hinweis genügen, dafs durch die Gartenanlage wie durch ihre gefammte Ausftattung ein einheitlicher Grundzug, eine gleiche Auffaffung, ein gemeinfamer Stil hindurch gehen mufs und dafs die Ueberladung mit künftlichen Schmuckgegenftänden faft noch mehr zu befürchten ift, als die zu geringe Zahl derfelben. Nirgend wo aber finden Werke der Kunft eine paffendere, wirkfamere Aufftellung, als in öffentlichen Gärten, wo fie mit Mufse und Genufs betrachtet werden können und wo das menfchliche

Fig. 853.

Park-Candelaber mit Blumenfockel zu Hamburg.

Gemüth, beruhigt und gehoben durch die freie Natur, den Eindrücken der Kunft am meiften zugänglich ift.

In Parkanlagen italienifchen und franzöfifchen Stils ift die Aufftellung und Anordnung des künftlerifchen Schmuckes mehr oder weniger ftreng von axialen

Fig. 854.

Anzeigetafel im zoologifchen Garten zu Köln.

1/25 n. Gr.

Fig. 855.

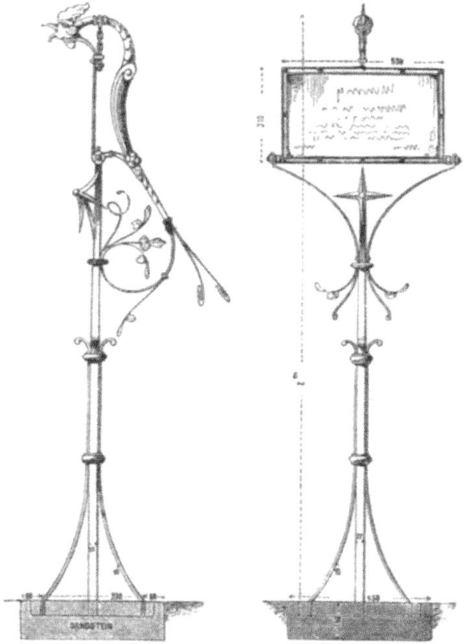

Anzeigetafel zu Hamburg.

1/25 n. Gr.

Fig. 856.

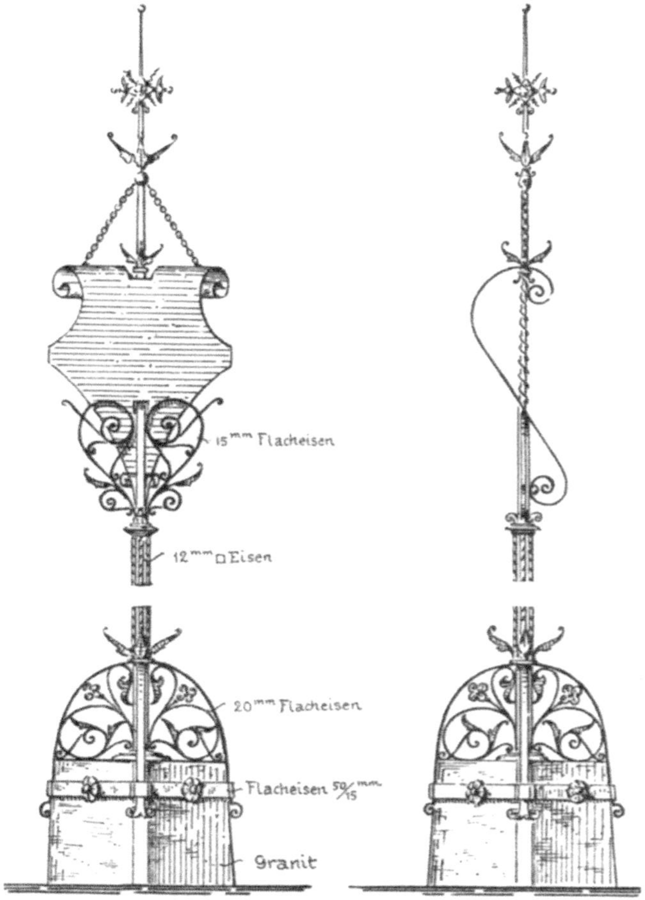

Promenaden-Anzeigetafel zu Altona.

1/25 n. Gr.

Fig. 857.

Wegweifer im Park.
1/20 n. Gr.

Beziehungen abhängig. Aber auch in freien Landfchaftsgärten herrfcht bezüglich der Aufftellung von Kunftgegenftänden keineswegs Willkür. Das Offenhalten oder Schliefsen der beabfichtigten Sehlinien, das forgfame Abwägen der erwünfchten Betrachtungsabftände (vergl. Art. 561 bis 564, S. 423 bis 427), die Wahl oder das Hervorbringen eines wirkfamen Hintergrundes, das Hineinpaffen eines jeden Gegenftandes in das Landfchaftsbild (vergl. Art. 557, S. 416) — alles diefes find Rückfichten, welche die Phantafie des Aufftellers wohlthuend einfchränken und leiten.

650. Waffer-verforgung und Beleuchtung.

Eine künftliche Wafferverforgung ift in der Regel unentbehrlich, entweder durch Anfchlufs an ein beftehendes Wafferwerk oder durch Herftellen eines folchen für den Park befonders. Durch fein Leben und durch feinen Gegenfatz zu Pflanzen und Wegen bildet das Waffer die vornehmfte Ausftattung des Parkes: ein See oder klarer Teich wird mit Recht das Auge der Landfchaft genannt.

Hinfichtlich der Herftellung der Wege kann auf Art. 518 bis 525 (S. 369 bis 373), hinfichtlich der Beleuchtung auf Abfchn. 4, Kap. 2 verwiefen werden. Zwar ift die elektrifche Beleuchtung ohne Frage dem Gaslicht für das Pflanzenleben vorzuziehen; aber ein gänzliches Verdrängen des letzteren ift nicht zu erwarten. Ein befonders vorfichtiges Verlegen aller Rohre, das befonders aufmerkfame Verftemmen aller Muffen, der befonders fichere Anfchlufs aller Zweigleitungen für Laternen und Gebäude ift wegen der giftigen Wirkungen des in den Erdboden eindringenden Leuchtgafes dringend von nöthen. Um dem Gafe das unfchädliche Entweichen in die freie Luft zu erleichtern, pflegt man die Rohre in möglichft geringe Tiefe zu legen, alfo unmittelbar unter den Rafen oder unter die Wegedecke; noch beffer ift es, das Gasrohr frei auf den Boden zu verlegen, wo gärtnerifche oder Verkehrsrückfichten nicht entgegen ftehen.

Der offene Park und die offenen Schmuckanlagen bedürfen der Beleuchtung in derfelben Zeitdauer und in derfelben Ausdehnung, wie die öffentlichen Strafsen und Plätze; die gefchloffene Schmuckanlage (fiehe Art. 628, S. 481) bedarf der abendlichen Beleuchtung überhaupt nicht oder nur bei befonderen feftlichen Veranlaffungen; der umfriedigte Park oder Erholungsplatz kann die Beleuchtung entbehren, fobald die Thore in vorgerückter Stunde gefchloffen werden.

Literatur

über »Städtifche Pflanzungen«.

Public park, Hampftead-heath. Builder, Bd. 11, S. 417.

Note fur les plantations d'alignement pour routes, canaux, allées, avenues, promenades, parcs et quinconces. Nouv. annales de la conft. 1856, S. 37.

Die Anlage und Umwandlung der neuen öffentlichen Gärten und Squares in Paris. Allg. Bauz. 1862, S. 96.

Squares. Gaz. des arch. et du bât. 1863, S. 5, 46, 59.

Promenades et plantations. Parcs. Jardins publics. Squares et boulevards de Paris. Revue gén. de l'arch. 1863, S. 128, 173, 245.
The parks of Paris. Building news, Bd. 16, S. 498.
ALPHAND, A. *Les promenades de Paris, bois de Boulogne et de Vincennes, parcs, ſquares, boulevards de la ville de Paris.* Paris 1867—73.
The parks of London. Building news, Bd. 17, S. 195.
HAUSSMANN. Stadtpark und Reſervegarten des Stadtparks in Wien. Allg. Bauz. 1872, S. 325.
JEANNEL. Ueber Anpflanzung von Bäumen im Innern der Städte vom Geſichtspunkte der öffentlichen Hygiene. *Rec. de mém. de méd. etc. milit.* 1872, S. 596.
Peabody-ſquare, Blackfriars-road. Builder, Bd. 30, S. 26.
The exact relation between the food of plants and the refuſe of towns. Builder, Bd. 30, S. 817.
MEYER, G. Lehrbuch der ſchönen Gartenkunſt etc. Berlin 1873.
The ſquares of Bloomsbury. Builder, Bd. 31, S. 857.
Les nouvelles plantations d'arbres à Paris. Nouv. annales de la conſt. 1876, S. 134.
Le ſquare de la place Saint-Pierre à Montmartre. Nouv. annales de la conſt. 1876, S. 181.
HEATH, F. G. Nutzen von freien Plätzen und Bäumen in den Städten. *Sanit. record*, Bd. 4, S. 36, 101, 121, 173, 210; Bd. 5, S. 308.
Le nouveau ſquare de l'école polytechnique. La ſemaine des conſt. 1876—77, S. 126.
Town parks. Builder, Bd. 37, S. 1352.
DIETRICH, E. Städtiſche Baumpflanzungen. Baugwks-Ztg. 1880, S. 517, 532, 548.
Sammlung gemeinnütziger Original-Vorträge und Abhandlungen auf dem Gebiete des Gartenbaues. Heft 16: Welches iſt der Zweck der Straſsenbäume im Innern der Groſsſtadt und wie erfüllen ſie denſelben? Von G. A. SCHULZE. Berlin 1881.
LEHMANN, O. Behandlung von Alleebäumen. Deutſche Bauz. 1881, S. 233 (auch S. 47 u. 131).
ABEL, L. Die Baumpflanzungen in der Stadt und auf dem Lande. Wien 1882.
RIEDEL, J. Ueber Baumpflanzungen auf Straſsen in gröſseren Städten. Wochſchr. d. öſt. Ing.- u. Arch.-Ver. 1883, S. 238.
JÄGER, H. Gartenkunſt und Gärten ſonſt und jetzt. Berlin 1887—88.
ABEL, L. Garten-Architektur. Wien 1876.
CZULLIK, A. Behelfe zur Anlage und Bepflanzung von Gärten. Wien 1882 u. 1885.
NIETNER, T. Gärtneriſches Skizzenbuch. Berlin 1883.
FALKE, J. v. Der Garten. Seine Kunſt und Kunſtgeſchichte. Stuttgart 1884.
TUCKERMANN, W. P. Die Gartenkunſt der italieniſchen Renaiſſance-Zeit. Berlin 1884.
JÜRGENS, R. Praktiſche und äſthetiſche Anforderungen an neue landſchaftliche Anlagen. Leipzig 1886.
OMPTEDA, L. v. Rheiniſche Gärten von der Moſel bis zum Bodenſee etc. Berlin 1886.
HAMPEL, W. Die moderne Teppichgärtnerei. Berlin 1887.

Schluſs.

Werfen wir am Ende unſerer Betrachtungen einen Rückblick auf das ganze durchwanderte Gebiet des Städtebaues, ſo werden wir freudig erkennen, daſs die Bedeutung dieſes Wortes doch noch eine gröſsere iſt, als diejenige, welche aus der Einleitung hervorleuchtete. Der Städtebau iſt nicht bloſs die Geſammtheit derjenigen Bauanlagen, welche der ſtädtiſchen Bevölkerung den Wohnungsbau und den Verkehr, ſo wie dem Gemeinweſen die Errichtung der öffentlichen Gebäude ermöglichen; der Städtebau ſchafft nicht bloſs den Boden und den Rahmen für die Entwickelung der baulichen Einzelthätigkeit: ſondern er iſt zugleich eine umfaſſende, fürſorgende Thätigkeit für das körperliche und geiſtige Wohlbefinden der Bürgerſchaft; er iſt die grundlegende praktiſche öffentliche Geſundheitspflege; er iſt die Wiege, das Kleid, der Schmuck der Stadt. Einem ſehr groſsen Theile der Bevölkerung wird erſt durch das, was wir Städtebau nennen, ein groſser Theil der äufseren Annehmlichkeiten des Lebens zugeführt; feine Schöpfungen find für den Armen eben fo, wie für den Reichen. Wir erblicken im Städtebau eine Bethätigung der ausgleichenden Gerechtigkeit, eine Mitwirkung an der Befeitigung focialer Mifsftände und fomit eine einflufsreiche Mitarbeit an der focialen Beruhigung und Wohlfahrt. Es ift noch nicht lange her, dafs der Deutfche, wenn er aus der Fremde, befonders aus belgifchen und franzöfifchen Städten heimkehrte, mit Betrübnifs wahrnahm, wie die grofse Mehrzahl der heimathlichen Städte hinter jenen auf den verfchiedenften Gebieten des Städtebaues zurückftand, wie fie aber ihre eigene Vernachläffigung kaum bemerkten, wie fie der Pflege von Kunft und Wiffenfchaft mit vieler Liebe und vielem Ernfte fich hingaben, ohne zu empfinden, dafs mit folchen Beftrebungen der Boden, auf dem fie lebten, und die Umgebung, in welcher fie Erfrifchung und Erholung fuchten, in fchreiendem Widerfpruche ftanden. Sie waren zu vergleichen mit dem Gelehrten in zerriffenem Rock auf ftaubiger Dachkammer. Die beiden letzten Jahrzehnte haben in diefen Verhältniffen vielfach entfchiedenen Wandel gefchafft; der politifche Auffchwung des Volkes ift auch der Entwickelung und dem Bau der Städte zu gute gekommen. Aber fehr viel ift noch zu thun, um die alten Uebel zu befeitigen, und neue Generationen, wie neue Aufgaben verlangen immer erneutes Schaffen. Nicht blofs der Architekt, beffer gefagt der Techniker, ift es, dem diefes Schaffen obliegt; ihm ift der Form nach überhaupt nicht, der Wirklichkeit nach nur felten die leitende Stellung angewiefen; er ift vorwiegend der Arbeitende, aber zugleich der Anregende. Mit ihm müffen zufammen wirken die politifchen Vertreter der Bürgerfchaft und vor Allem einfichtige und thatkräftige Verwaltungsbeamte. An fie alle ergeht das Schlufswort, ftets der hohen Anforderungen eingedenk zu fein, welche der Städtebau an fie ftellt, in welchem Mancher bisher nur das Strafsenpflafter und die Baufluchtlinien erkannte, der aber für den Sachkundigen die Form und das Gewand bedeutet, in welchem die Stadt fich unferen Blicken darbietet, und der für den Menfchenfreund zugleich als eine der vornehmften Arbeiten am Wohle der Mitmenfchen fich darftellt.

Anhang.

A. Reichs- und Landesgefetze.

I.

Auszug aus der Deutfchen Reichs-Gewerbe-Ordnung vom 21. Juni 1869.

§. 16.

Zur Errichtung von Anlagen, welche durch die örtliche Lage oder die Befchaffenheit der Betriebsftätte für die Befitzer oder Bewohner der benachbarten Grundftücke oder für das Publicum überhaupt erhebliche Nachtheile, Gefahren oder Beläftigungen herbeiführen können, ift die Genehmigung der nach den Landesgefetzen zuftändigen Behörde erforderlich. Es gehören dahin:

Schiefspulverfabriken, Anlagen zur Feuerwerkerei und zur Bereitung von Zündftoffen aller Art, Gasbereitungs- und Gasbewahrungs-Anftalten, Anftalten zur Deftillation von Erdöl, Anlagen zur Bereitung von Braunkohlentheer, Steinkohlentheer und Coaks, fofern fie aufserhalb der Gewinnungsorte des Materials errichtet werden, Glas- und Rufshütten, Kalk-, Ziegel- und Gypsöfen, Anlagen zur Gewinnung roher Metalle, Röft-Oefen, Metall-Giefsereien, fofern fie nicht blofse Tiegel-Giefsereien find, Hammerwerke, chemifche Fabriken aller Art, Schnellbleichen, Firnifsfiedereien, Stärke-Fabriken, mit Ausnahme der Fabriken zur Bereitung von Kartoffelftärke, Stärkefyrups-Fabriken, Wachstuch-, Darmfaiten-, Dachpappen- und Dachfilz-Fabriken, Leim-, Thran- und Seifen-Siedereien, Knochen-Brennereien, Knochendarren, Knochen-Kochereien und Knochenbleichen, Zubereitungs-Anftalten für Thierhaare, Talgfchmelzen, Schlächtereien, Gerbereien, Abdeckereien, Poudretten- und Düngpulver-Fabriken, Stauanlagen für Waffertriebwerke (§. 23), Hopfenfchwefeldörren, Afphaltkochereien und Pechfiedereien, foweit fie aufserhalb der Gewinnungsorte des Materials errichtet werden, Strohpapierftoff-Fabriken, Darmzubereitungs-Anftalten, Fabriken, in welchen Dampfkeffel oder andere Blechgefäfse durch Vernieten hergeftellt werden, Kalifabriken und Anftalten zum Imprägniren von Holz mit erhitzten Theerölen, Kunftwolle-Fabriken, Anlagen zur Herftellung von Celluloid und Dégrasfabriken, die Fabriken, in welchen Röhren aus Blech durch Vernieten hergeftellt werden, fo wie die Anlagen zur Erbauung eiferner Schiffe, zur Herftellung eiferner Brücken oder fonftiger eiferner Bauconftructionen, die Anlagen zur Deftillation oder zur Verarbeitung von Theer und von Theerwaffer.

Nachtrag.

Anlagen, in welchen Albuminpapier hergeftellt wird, Cellulofefabriken, Einrichtungen zum Trocknen und Einfetzen gegerbter Thierfelle, Thonröhrenfabriken, welche Röhren aus Ziegel- oder Töpferthonmaffe mit erdigem Bruch, z. B. Drainröhren, in Ziegelöfen brennen.

§. 17.

Dem Antrage auf die Genehmigung einer folchen Anlage müffen die zur Erläuterung erforderlichen Zeichnungen und Befchreibungen beigefügt werden.

Ift gegen die Vollftändigkeit diefer Vorlagen nichts zu erinnern, fo wird das Unternehmen mittels einmaliger Einrückung in das zu den amtlichen Bekanntmachungen der Behörde beftimmte Blatt zur öffentlichen Kenntnifs gebracht, mit der Aufforderung, etwaige Einwendungen gegen die neue Anlage binnen vierzehn Tagen anzubringen. Die Frift nimmt ihren Anfang mit Ablauf des Tages, an welchem das die

Bekanntmachung enthaltende Blatt ausgegeben worden, und ist für alle Einwendungen, welche nicht auf privatrechtlichen Titeln beruhen, präclusivisch.

§. 18.

Werden keine Einwendungen angebracht, so hat die Behörde zu prüfen, ob die Anlage erhebliche Gefahren, Nachtheile oder Belästigungen für das Publicum herbeiführen könne. Auf Grund dieser Prüfung, welche sich zugleich auf die Beachtung der bestehenden bau-, feuer- und gesundheitspolizeilichen Vorschriften erstreckt, ist die Genehmigung zu versagen, oder, unter Festsetzung der sich als nöthig ergebenden Bedingungen, zu ertheilen. Zu den letzteren gehören auch diejenigen Anordnungen, welche zum Schutze der Arbeiter gegen Gefahr für Gesundheit und Leben nothwendig sind. Der Bescheid ist schriftlich auszufertigen und muss die festgesetzten Bedingungen enthalten; er muss mit Gründen versehen sein, wenn die Genehmigung versagt oder nur unter Bedingungen ertheilt wird.

§. 19.

Einwendungen, welche auf besonderen privatrechtlichen Titeln beruhen, sind zur richterlichen Entscheidung zu verweisen, ohne dass von der Erledigung derselben die Genehmigung der Anlage abhängig gemacht wird.

Andere Einwendungen dagegen sind mit den Parteien vollständig zu erörtern. Nach Abschluss dieser Erörterung erfolgt die Prüfung und Entscheidung nach den im §. 18 enthaltenen Vorschriften. Der Bescheid ist sowohl dem Unternehmer, als dem Widersprechenden zu eröffnen.

§. 20.

Gegen den Bescheid ist Recurs an die nächstvorgesetzte Behörde zulässig, welcher bei Verlust desselben binnen vierzehn Tagen, vom Tage der Eröffnung des Bescheides an gerechnet, gerechtfertigt werden muss.

Der Recursbescheid ist den Parteien schriftlich zu eröffnen und muss mit Gründen versehen sein.

§. 23.

Bei den Stauanlagen für Wassertriebwerke sind ausser den Bestimmungen der §§. 17 bis 22 die dafür bestehenden landesgesetzlichen Vorschriften anzuwenden.

Der Landesgesetzgebung bleibt vorbehalten, für solche Orte, in welchen öffentliche Schlachthäuser in genügendem Umfange vorhanden sind oder errichtet werden, die fernere Benutzung bestehender und die Anlage neuer Privat-Schlächtereien zu untersagen.

Der Landesgesetzgebung bleibt ferner vorbehalten, zu verfügen, in wieweit durch Ortsstatuten darüber Bestimmung getroffen werden kann, dass einzelne Ortstheile vorzugsweise zu Anlagen der im §. 16 erwähnten Art zu bestimmen, in anderen Ortstheilen aber dergleichen Anlagen entweder gar nicht oder nur unter besonderen Beschränkungen zuzulassen sind.

§. 24.

Zur Anlegung von Dampfkesseln, dieselben mögen zum Maschinenbetriebe bestimmt sein oder nicht, ist die Genehmigung der nach den Landesgesetzen zuständigen Behörde erforderlich. Dem Gesuche sind die zur Erläuterung erforderlichen Zeichnungen und Beschreibungen beizufügen.

Die Behörde hat die Zulässigkeit der Anlage nach den bestehenden bau-, feuer- und gesundheitspolizeilichen Vorschriften, so wie nach denjenigen allgemeinen polizeilichen Bestimmungen zu prüfen, welche von dem Bundesrath über die Anlegung von Dampfkesseln erlassen werden. Sie hat nach dem Befunde die Genehmigung entweder zu versagen, oder unbedingt zu ertheilen, oder endlich bei Ertheilung derselben die erforderlichen Vorkehrungen und Einrichtungen vorzuschreiben.

Bevor der Kessel in Betrieb genommen wird, ist zu untersuchen, ob die Ausführung den Bestimmungen der ertheilten Genehmigung entspricht. Wer vor dem Empfange der hierüber auszufertigenden Bescheinigung den Betrieb beginnt, hat die im §. 147 angedrohte Strafe verwirkt.

Die vorstehenden Bestimmungen gelten auch für bewegliche Dampfkessel.

Für den Recurs und das Verfahren über denselben gelten die Vorschriften der §§. 20 und 21.

§. 27.

Die Errichtung oder Verlegung solcher Anlagen, deren Betrieb mit ungewöhnlichem Geräusch verbunden ist, muss, sofern sie nicht schon nach den Vorschriften der §§. 16 bis 25 der Genehmigung bedarf, der Ortspolizeibehörde angezeigt werden. Letztere hat, wenn in der Nähe der gewählten Betriebsstätte Kirchen, Schulen oder andere öffentliche Gebäude, Krankenhäuser oder Heilanstalten vorhanden sind, deren bestimmungsmäsige Benutzung durch den Gewerbebetrieb auf dieser Stelle eine erhebliche Störung erleiden würde, die Entscheidung der höheren Verwaltungsbehörde darüber einzuholen, ob die Ausübung des Gewerbes an der gewählten Betriebsstätte zu untersagen oder nur unter Bedingungen zu gestatten sei.

II.

Auszug aus dem Reichsgesetz vom 21. December 1871,

betreffend die Beschränkungen des Grundeigenthums in der Umgebung von Festungen.

(Reichs-Rayon-Gesetz.)

§. 1.

Die Benutzung des Grundeigenthums in der nächsten Umgebung der bereits vorhandenen, so wie der in Zukunft anzulegenden permanenten Befestigungen unterliegt nach Maſsgabe dieses Gesetzes dauernden Beschränkungen.

§. 2.

Behufs Feststellung dieser Beschränkungen wird die nächste Umgebung der Festungen in Rayons getheilt, und je nach der Entfernung von der äuſsersten Vertheidigungslinie ab als erster, zweiter, dritter Rayon bezeichnet.

Wenn bei Festungen mehrere zusammenhängende Befestigungslinien vor einander liegen, so bildet der Raum zwischen denselben die Zwischen-Rayons.

Bei Festungen mit einer Citadelle heiſst der Rayonbezirk vor den stadtwärts gewendeten Werken derselben Esplanade.

§. 4.

Der erste Rayon umfaſst bei allen Festungen und neu zu erbauenden detachirten Forts das im Umkreise derselben von 600 m belegene Terrain, auſserdem bei Festungen, welche an Gewässern belegen sind und besondere Kehlbefestigungen haben, das Terrain zwischen diesen und dem Ufer.

§. 5.

Der zweite Rayon begreift das Terrain zwischen der äuſseren Grenze des ersten Rayons und einer von dieser im Abstande von 375 m gezogenen Linie.

Detachirte Forts haben keinen zweiten Rayon; bei diesen unterliegt jedoch das Terrain von der Grenze des ersten Rayons bis zu einer Entfernung von 1650 m den für den dritten Rayon gegebenen Beschränkungen.

§. 6.

Der dritte Rayon umfaſst bei allen Festungen das Terrain von der äuſseren Grenze des zweiten Rayons bis zu einer Entfernung von 1275 m.

§. 7.

Die Zwischenrayons zerfallen in strenge und einfache.

Die ersteren enthalten das Terrain in einem Abstande von 75 m von der zurückliegenden oder inneren Befestigungslinie; darüber hinaus liegt der einfache Zwischenrayon.

§. 13.

Innerhalb sämmtlicher Rayons sind nicht ohne Genehmigung der Commandantur zulässig, vorbehaltlich der Bestimmung in §. 30:

1) jede dauernde Veränderung der Höhe der Terrainoberfläche, insbesondere die Anlage und der Betrieb von Lehm- und Sandgruben, Stein- und Kalkbrüchen, die Anlage von Plätzen zur Ablagerung von Ballast, so wie eine jede solche Ablagerung an nicht dazu bestimmten Plätzen;
2) alle Neuanlagen oder Veränderungen von Dämmen, Deichen, Gräben, so wie in den Vorfluthverhältnissen, Ent- und Bewässerungsanlagen und sonstigen Wasserbauten; desgleichen alle Neuanlagen oder Veränderungen von Chaussen, Wegen und Eisenbahnen;
3) die Anlage von gröſseren Parkanlagen, Baumschulen und Waldungen;
4) die Errichtung und Veränderung von Kirch- und Glockenthürmen, so wie alle thurmartigen Constructionen.

Die Genehmigung darf nicht versagt werden, wenn durch die bezeichneten Neuanlagen, beziehungsweise Veränderungen keine nachtheilige Deckung gegen die rasante Bestreichung der Werke, kein nachtheiliger Einfluſs auf das Wasserspiel der Festungsgräben, auf Inundation des Vorterrains und auf die Tiefe der mit den Festungsanlagen in Beziehung stehenden Fluſsläufe entsteht, und keine vermehrte Einsicht in die Werke des Platzes gewonnen wird.

§. 14.

Im dritten Rayon ist bei etwaiger Feststellung von Bebauungsplänen rücksichtlich der Breite und Richtung der Straſsen die Genehmigung der Reichs-Rayoncommission (§. 31) erforderlich.

§. 15.

Innerhalb des zweiten Rayons sind:

A. unzulässig:

1) alle Massivconstructionen von Gebäuden oder Gebäudetheilen mit Ausnahme massiver Feuerungsanlagen und solcher massiver Fundamente, die das umliegende Terrain nicht über 30 cm überragen;

2) jede Art von Gewölbebauten, so wie Eindeckungen von Kelleranlagen mit steinerner und eiserner Construction;

3) die Anlage von bleibenden Ziegel- und Kalköfen, so wie überhaupt massiver zu Fabrik- und sonstigen gewerblichen Zwecken bestimmter Oefen von grösseren Abmessungen;

B. nicht ohne Genehmigung der Commandantur zulässig:

1) die Anlage von Beerdigungsplätzen;

2) Die Errichtung von Grabhügeln von mehr als 50 cm Höhe, so wie von Denkmälern aus Stein oder Eisen, welche in den mehr als 50 cm über der Erdoberfläche liegenden Theilen eine grössere Stärke haben als 15 cm für Stein, bezüglich 2 cm für Eisen;

3) die Errichtung von Gebäuden, welche nicht schon nach den Bestimmungen von A. unzulässig sind;

die Genehmigung darf bei Einhaltung nachstehender Bestimmungen nicht versagt werden:

a. die Gebäude dürfen nur von Holz, oder einer nach dem Urtheil der Militärbehörde leicht zerstörbaren Eisenconstruction, oder in ausgemauertem Fachwerk von nicht mehr als 15 cm Stärke erbaut sein; doch dürfen sie eine Ziegelbedachung, massive Feuerungsanlagen, soweit solche nicht nach A. Nr. 3 unzulässig sind, und massive Fundamente haben, welche das umliegende Terrain nicht über 30 cm überragen;

b. die Höhe des Gebäudes bis zum Dachfirst darf 13 m nicht übersteigen;

c. Keller dürfen nur hölzerne oder leichte eiserne Balken, mit gewöhnlichem Balkenzwischenraum und hölzernem Fussboden darüber, haben;

4) die Anlage massiver Dampfschornsteine;

die Genehmigung darf nicht versagt werden, wenn die Höhe 20 m nicht übersteigt.

§. 16.

Für den einfachen Zwischenrayon gelten die in §. 15 für den zweiten Rayon gegebenen Vorschriften, jedoch mit folgenden Abweichungen:

Zu A. Unter besonderen Verhältnissen kann die Herstellung massiver Bauten und gewölbter Anlagen gestattet werden.

Zu B. 3. b. Die Höhe des Gebäudes bis zur Dachfirst darf 8 m nicht übersteigen.

§. 17.

Im ersten Rayon ist:

A. unzulässig:

1) Alles, was im zweiten Rayon unzulässig ist; massive Fundamente dürfen jedoch das umliegende Terrain nicht über 15 cm überragen;

2) Wohngebäude jeder Art;

3) Baulichkeiten von anderen Materialien, als Holz oder einer nach dem Urtheil der Militärbehörde leicht zerstörbaren Eisenconstruction; Keller- oder mit dem Grund und Boden fest zusammenhängende Feuerungsanlagen; Baulichkeiten von grösserer Höhe, als 7 m bis zur Dachfirst; andere Bedachungsmaterialien, als Holz, Stroh, Rohr, Dachpappe, Dachfilz, Zink oder Schiefer;

4) die Aufstellung von Locomobilen in fester Verbindung mit Baulichkeiten, oder auf Terrain, aus welchem dieselben nicht sofort entfernt werden können;

5) Denkmäler von Stein oder Eisen, welche in den mehr als 50 cm über der Erdoberfläche liegenden Theilen eine grössere Breite haben, als 30 cm;

6) Einhegungen durch Neuanlage von lebendigen Hecken;

B. nicht ohne Genehmigung der Commandantur zulässig:

1) die Anlage von Beerdigungsplätzen;

2) die Errichtung von Grabhügeln von mehr als 50 cm Höhe, so wie von Denkmälern aus Stein oder Eisen, welche in den mehr als 50 cm über der Erdoberfläche liegenden Theilen eine grössere Stärke haben als 15 cm für Stein, bezüglich 2 cm für Eisen;

3) die Anlage hölzerner Windmühlen;

die Genehmigung darf nicht versagt werden, wenn die Entfernung von den Festungswerken 300 m oder mehr beträgt;

4) alle vorstehend nicht als unzulässig bezeichneten Baulichkeiten; bewegliche Feuerungsanlagen; hölzerne und eiserne Einfriedigungen, letztere, wenn sie ohne Schwierigkeit beseitigt werden können; Brunnen.

Die Genehmigung darf nur versagt werden, wenn es sich um wohnliche Einrichtungen irgend einer Art handelt. Jedoch darf bei nachgewiesener Nothwendigkeit der Anwesenheit eines Wächters die Aufstellung einer mit einem transportabeln eisernen Ofen versehenen Wächterhütte auf je einem Grundstück nicht verweigert werden, sofern dieselbe im Grundflächenmass 20 qm nicht überschreitet, mit anderen Baulichkeiten nicht in Verbindung gesetzt ist, und der Ofen mit blecherner Rauchröhre versehen ist.

§. 18.

Das Alignement der im ersten und zweiten Rayon und einfachen Zwischenrayon zu errichtenden Gebäude in Beziehung auf die Festungswerke, insofern dasselbe nicht von der Richtung vorhandener öffentlicher Wege oder Strafsen abhängig ist, unterliegt der Genehmigung der Commandantur.

§. 19.

Innerhalb des strengen Zwischenrayons sind alle baulichen Anlagen unzulässig.

§. 23.

Ob und in wie weit aus örtlichen Rücksichten Einschränkung der räumlichen Ausdehnung der Rayons oder Ermäfsigungen der gesetzlichen Beschränkungen zulässig seien, bestimmt die Reichs-Rayoncommission.

§. 30.

Die Projecte gröfserer Anlagen (Chausseen, Deiche, Eisenbahnen u. s. w.) in den Rayons der Festungen und festen Plätze werden durch eine gemischte Commission erörtert, deren Mitglieder von dem zuständigen Kriegsministerium im Verein mit den betreffenden höheren Verwaltungsbehörden berufen werden, und in welcher auch die von der Anlage betroffenen Gemeinden durch Deputirte vertreten werden.

Das hierüber aufzunehmende Protokoll wird der Reichs-Rayoncommission übersandt, welche in Gemeinschaft mit der betreffenden Centralverwaltungsbehörde die Entscheidung trifft oder erforderlichen Falls herbeiführt.

§. 31.

Die Reichs-Rayoncommission ist eine durch den Kaiser zu berufende ständige Militärcommission, in welcher die Staaten, in deren Gebieten Festungen liegen, vertreten sind.

III.

Preufsisches Gesetz vom 2. Juli 1875,

betreffend die Anlegung und Veränderung von Strafsen und Plätzen in Städten und ländlichen Ortschaften.

(Fluchtlinien-Gesetz.)

§. 1.

Für die Anlegung oder Veränderung von Strafsen und Plätzen in Städten und ländlichen Ortschaften sind die Strafsen- und Baufluchtlinien vom Gemeindevorstande im Einverständnisse mit der Gemeinde, bezüglich deren Vertretung, dem öffentlichen Bedürfnisse entsprechend, unter Zustimmung der Ortspolizeibehörde festzusetzen.

Die Ortspolizeibehörde kann die Festsetzung von Fluchtlinien verlangen, wenn die von ihr wahrzunehmenden polizeilichen Rücksichten die Festsetzung fordern.

Zu einer Strafse im Sinne dieses Gesetzes gehört der Strafsendamm und der Bürgersteig.

Die Strafsenfluchtlinien bilden regelmäfsig zugleich die Baufluchtlinien, d. h. die Grenzen, über welche hinaus die Bebauung ausgeschlossen ist. Aus besonderen Gründen kann aber eine von der Strafsenfluchtlinie verschiedene, jedoch in der Regel höchstens 3 m von dieser zurückweichende Baufluchtlinie festgesetzt werden.

§. 2.

Die Festsetzung von Fluchtlinien (§. 1) kann für einzelne Strafsen und Strafsentheile, oder, nach dem voraussichtlichen Bedürfnisse der näheren Zukunft, durch Aufstellung von Bebauungsplänen für gröfsere Grundflächen erfolgen.

Handelt es sich in Folge von umfassenden Zerstörungen durch Brand oder andere Ereignisse um die Wiederbebauung ganzer Ortstheile, so ist die Gemeinde verpflichtet, schleunigst darüber zu beschliefsen, ob und in wie fern für den betreffenden Ortstheil ein neuer Bebauungsplan aufzustellen ist, und eintretenden Falls die unverzügliche Feststellung des neuen Bebauungsplanes zu bewirken.

§. 3.

Bei Festsetzung der Fluchtlinien ist auf Förderung des Verkehrs, der Feuersicherheit und der öffentlichen Gesundheit Bedacht zu nehmen, auch darauf zu halten, dafs eine Verunstaltung der Strafsen und Plätze nicht eintritt.

Es ist defshalb für die Herstellung einer genügenden Breite der Strafsen und einer guten Verbindung der neuen Bauanlagen mit den bereits bestehenden Sorge zu tragen.

§. 4.

Jede Festsetzung von Fluchtlinien (§. 1) mufs eine genaue Bezeichnung der davon betroffenen Grundstücke und Grundstückstheile und eine Bestimmung der Höhenlage, so wie der beabsichtigten Entwässerung der betreffenden Strafsen und Plätze enthalten.

§. 5.

Die Zuſtimmung der Ortspolizeibehörde (§. 1) darf nur verſagt werden, wenn die von derſelben wahrzunehmenden polizeilichen Rückſichten die Verſagung fordern.

Will ſich der Gemeindevorſtand bei der Verſagung nicht beruhigen, ſo beſchlieſst auf ſein Anſuchen der Kreisausſchuſs.

Derſelbe beſchlieſst auf Anſuchen der Ortspolizeibehörde über die Bedürfniſsfrage, wenn der Gemeindevorſtand die von der Ortspolizeibehörde verlangte Feſtſetzung (§. 1, Alinea 2) ablehnt.

§. 6.

Betrifft der Plan der beabſichtigten Feſtſetzungen (§. 4) eine Feſtung, oder fallen in denſelben öffentliche Flüſſe, Chauſſeen, Eiſenbahnen oder Bahnhöfe, ſo hat die Ortspolizeibehörde dafür zu ſorgen, daſs den betheiligten Behörden rechtzeitig zur Wahrung ihrer Intereſſen Gelegenheit gegeben wird.

§. 7.

Nach erfolgter Zuſtimmung der Ortspolizeibehörde, bezüglich des Kreisausſchuſſes (§. 5) hat der Gemeindevorſtand den Plan zu Jedermanns Einſicht offen zu legen. Wie letzteres geſchehen ſoll, wird in der ortsüblichen Art mit dem Bemerken bekannt gemacht, daſs Einwendungen gegen den Plan innerhalb einer beſtimmt zu bezeichnenden präcluſiviſchen Friſt von mindeſtens vier Wochen bei dem Gemeindevorſtande anzubringen ſind.

Handelt es ſich um Feſtſetzungen, welche nur einzelne Grundſtücke betreffen, ſo genügt ſtatt der Offenlegung und Bekanntmachung eine Mittheilung an die betheiligten Grundeigenthümer.

§. 8.

Ueber die erhobenen Einwendungen (§. 7) hat, ſoweit dieſelben nicht durch Verhandlung zwiſchen dem Gemeindevorſtande und den Beſchwerdeführern zur Erledigung gekommen, der Kreisausſchuſs zu beſchlieſsen. Sind Einwendungen nicht erhoben oder iſt über dieſelben endgiltig (§. 16) beſchloſſen, ſo hat der Gemeindevorſtand den Plan förmlich feſtzuſtellen, zu Jedermanns Einſicht offen zu legen und, wie dies gehen ſoll, ortsüblich bekannt zu machen.

§. 9.

Sind bei Feſtſetzung von Fluchtlinien mehrere Ortſchaften betheiligt, ſo hat eine Verhandlung darüber zwiſchen den betreffenden Gemeindevorſtänden ſtattzufinden.

Ueber die Punkte, hinſichtlich deren eine Einigung nicht zu erzielen iſt, beſchlieſst der Kreisausſchuſs.

§. 10.

Jede, ſowohl vor als nach Erlaſs dieſes Geſetzes getroffene Feſtſetzung von Fluchtlinien kann nur nach Maſsgabe der vorſtehenden Beſtimmungen aufgehoben oder abgeändert werden.

Zur Feſtſetzung neuer oder Abänderung ſchon beſtehender Bebauungspläne in den Städten Berlin, Potsdam, Charlottenburg und deren nächſter Umgebung bedarf es Königlicher Genehmigung.

§. 11.

Mit dem Tage, an welchem die in §. 8 vorgeſchriebene Offenlegung beginnt, tritt die Beſchränkung des Grundeigenthümers, daſs Neubauten, Um- und Ausbauten über die Fluchtlinie hinaus verſagt werden können, endgiltig ein. Gleichzeitig erhält die Gemeinde das Recht, die durch die feſtgeſetzten Straſsenfluchtlinien für Straſsen und Plätze beſtimmte Grundfläche dem Eigenthümer zu entziehen.

§. 12.

Durch Ortsſtatut kann feſtgeſtellt werden, daſs an Straſsen oder Straſsentheilen, welche noch nicht gemäſs den baupolizeilichen Beſtimmungen des Orts für den öffentlichen Verkehr und den Anbau fertig hergeſtellt ſind, Wohngebäude, die nach dieſen Straſsen einen Ausgang haben, nicht errichtet werden dürfen.

Das Ortsſtatut hat die näheren Beſtimmungen innerhalb der Grenze vorſtehender Vorſchrift feſtzuſetzen und bedarf der Beſtätigung des Bezirksrathes. Gegen den Beſchluſs des Bezirksrathes iſt innerhalb einer Präcluſivfriſt von einundzwanzig Tagen die Beſchwerde bei dem Provinzialrathe zuläſſig.

Nach erfolgter Beſtätigung iſt das Statut in ortsüblicher Art bekannt zu machen.

§. 13.

Eine Entſchädigung kann wegen der nach den Beſtimmungen des §. 12 eintretenden Beſchränkung der Baufreiheit überhaupt nicht, und wegen Entziehung oder Beſchränkung des von der Feſtſetzung neuer Fluchtlinien betroffenen Grundeigenthums nur in folgenden Fällen gefordert werden:

1) wenn die zu Straſsen und Plätzen beſtimmten Grundflächen auf Verlangen der Gemeinde für den öffentlichen Verkehr abgetreten werden;

2) wenn die Straſsen- oder Baufluchtlinie vorhandene Gebäude trifft und das Grundſtück bis zur neuen Fluchtlinie von Gebäuden freigelegt wird;

3) wenn die Straſsenfluchtlinie einer neu anzulegenden Straſse ein unbebautes, aber zur Bebauung geeignetes Grundſtück trifft, welches zur Zeit der Feſtſtellung dieſer Fluchtlinie an einer bereits beſtehenden und für den öffentlichen Verkehr und den Anbau fertig geſtellten anderen Straſse belegen iſt, und die Bebauung in der Fluchtlinie der neuen Straſse erfolgt.

Die Entfchädigung wird in allen Fällen wegen der zu Strafsen und Plätzen beftimmten Grundfläche für Entziehung des Grundeigenthums gewährt. Aufserdem wird in denjenigen Fällen der No. 2, in welchen es fich um eine Befchränkung des Grundeigenthums in Folge der Feftfetzung einer von der Strafsenfluchtlinie verfchiedenen Baufluchtlinie handelt, für die Befchränkung des bebaut gewefenen Theiles des Grundeigenthums (§. 12 des Gefetzes über Enteignung von Grundeigenthum vom 11. Juni 1874) Entfchädigung gewährt.

In allen obengedachten Fällen kann der Eigenthümer die Uebernahme des ganzen Grundftücks verlangen, wenn daffelbe durch die Fluchtlinie entweder ganz oder fo weit in Anfpruch genommen wird, dafs das Reftgrundftück nach den baupolizeilichen Vorfchriften des Ortes nicht mehr zur Bebauung geeignet ift.

Bei den Vorfchriften diefes Paragraphen ift unter der Bezeichnung Grundftück jeder im Zufammenhange ftehende Grundbefitz des nämlichen Eigenthümers begriffen.

§. 14.

Für die Feftftellung der nach §. 13 zu gewährenden Entfchädigungen und die Vollziehung der Enteignung kommen die §§. 24 ff. des Gefetzes über Enteignung von Grundeigenthum vom 11. Juni 1874 zur Anwendung.

Streitigkeiten über Fälligkeit des Anfpruchs auf Entfchädigung gehören zur gerichtlichen Entfcheidung.

Die Entfchädigungen find, fo weit nicht ein aus befonderen Rechtsmitteln Verpflichteter dafür aufzukommen hat, von der Gemeinde aufzubringen, innerhalb deren Bezirk das betreffende Grundftück belegen ift.

§. 15.

Durch Ortsftatut kann feftgefetzt werden, dafs bei der Anlegung einer neuen, oder bei der Verlängerung einer fchon beftehenden Strafse, wenn folche zur Bebauung beftimmt ift, fo wie bei dem Anbau an fchon vorhandenen, bisher unbebauten Strafsen und Strafsentheilen von dem Unternehmer der neuen Anlage oder von den angrenzenden Eigenthümern — von letzteren, fobald fie Gebäude an der neuen Strafse errichten — die Freilegung, erfte Einrichtung, Entwäfferung und Beleuchtungsvorrichtung der Strafse in der dem Bedürfniffe entfprechenden Weife befchafft, fo wie deren zeitweife, höchftens jedoch fünfjährige Unterhaltung, bezw. ein verhältnifsmäfsiger Beitrag oder der Erfatz der zu allen diefen Mafsnahmen erforderlichen Koften geleiftet werde. Zu diefen Verpflichtungen können die angrenzenden Eigenthümer nicht für mehr als die Hälfte der Strafsenbreite, und wenn die Strafse breiter als 26 m ift, nicht für mehr als 13 m der Strafsenbreite herangezogen werden.

Bei Berechnung der Koften find die Koften der gefammten Strafsenanlage und bezw. deren Unterhaltung zufammen zu rechnen und den Eigenthümern nach Verhältnifs der Länge ihrer die Strafse berührenden Grenze zur Laft zu legen.

Das Ortsftatut hat die näheren Beftimmungen innerhalb der Grenze vorftehender Vorfchrift feftzufetzen. Bezüglich feiner Beftätigung, Anfechtbarkeit und Bekanntmachung gelten die im §. 12 gegebenen Vorfchriften.

Für die Haupt- und Refidenzftadt Berlin bewendet es bis zu dem Zuftandekommen eines folchen Statuts bei den Beftimmungen des Regulativs vom 31. December 1838.

§. 16.

Gegen die Befchlüffe des Kreisausfchuffes fteht dem Betheiligten in den Fällen der §§. 5, 8, 9 die Befchwerde bei dem Bezirksrathe innerhalb einer Präclufivfrift von einundzwanzig Tagen zu.

In den Fällen, in denen es fich um Wiederbebauung ganzer durch Brand oder andere Ereigniffe zerftörter Ortstheile handelt, tritt an die Stelle diefer Präclufivfrift eine folche von einer Woche.

§. 17.

Die durch die §§. 5, 8 und 9 dem Kreisausfchuffe und in höherer Inftanz dem Bezirksrathe beigelegten Befugniffe und Obliegenheiten werden (in den einem Landkreife angehörigen Städten mit mehr als 10 000 Einwohnern, oder wenn unter mehreren betheiligten Gemeinden [§. 9] fich eine folche Stadt befindet) von dem Bezirksrathe und in höherer Inftanz von dem Provinzialrathe, in den Stadtkreifen, (oder wenn unter mehreren betheiligten Gemeinden [§. 9] fich ein Stadtkreis befindet) von dem Provinzialrathe und auf Anfuchen der Gemeinde in höherer Inftanz von dem Minifter für Handel wahrgenommen.

In den Hohenzollern'fchen Landen tritt an die Stelle des Kreisausfchuffes der Amtsausfchufs und fteht auch diefem die Beftätigung der Ortsftatuten (§§. 12 und 15) zu. Die Befchwerde-Inftanz bildet der Landesausfchufs.

§. 18.

Bis dahin, dafs in den verfchiedenen Provinzen der Monarchie die Kreisausfchüffe und die Bezirks- und Provinzialräthe gebildet find, hat die Bezirksregierung (Landdroftei) die denfelben durch diefes Gefetz überwiefenen Gefchäfte wahrzunehmen.

Die Befchlufsfaffung in der höheren Inftanz fteht in den Fällen der §§. 5, 8 und 9 dem Minifter für Handel, im Falle der §§. 12 und 15 dem Oberpräfidenten zu.

Für die Stadt Berlin liegt bis zur Bildung einer besonderen Provinz Berlin die Wahrnehmung der in den §§. 5, 8 und 9 dem Kreisausschusse beigelegten Functionen dem Minister für Handel etc., die Bestätigung der Statuten nach den §§. 12 und 15 dem Minister des Innern ob.

§. 19.

Alle den Bestimmungen dieses Gesetzes entgegenstehenden allgemeinen und besonderen gesetzlichen Vorschriften werden hierdurch aufgehoben.

Alle Bestimmungen der im Verwaltungswege erlassenen Bauordnungen, sonstigen polizeilichen Anordnungen und Ortsstatuten, welche mit den Vorschriften dieses Gesetzes in Widerspruch stehen, treten ausser Kraft.

§. 20.

Der Minister für Handel wird mit der Ausführung dieses Gesetzes beauftragt.

Zu vorstehendem Gesetze wurden unter dem 28. Mai 1876 Seitens des Ministers für Handel, Gewerbe und öffentliche Arbeiten die folgenden Ausführungsvorschriften erlassen:

Vorschriften für die Aufstellung von Fluchtlinien- und Bebauungs-Plänen.

Auf Grund des §. 20 des Gesetzes, betreffend die Anlegung von Strassen und Plätzen in Städten und ländlichen Ortschaften, vom 2. Juli 1875 (Ges.-S. 561 ff.) werden zur Herbeiführung eines zweckentsprechenden und möglichst gleichförmigen Verfahrens bei Festsetzung von Fluchtlinien, so wie zur Beschaffung genügender Grundlagen für die Beurtheilung der Zweckmässigkeit der beabsichtigten Fluchtlinien-Festsetzung nachstehende Ausführungs-Vorschriften erlassen.

§. 1.

Allgemeine Bestimmungen.

Für die Festsetzung von Fluchtlinien (§§. 1—4 des Gesetzes vom 2. Juli 1875) sind der Regel nach und so weit nicht nachstehend (§. 13) Ausnahmebestimmungen getroffen werden, folgende Vorlagen zu machen:

I. Situations-Pläne, und zwar
  a) Fluchtlinien-Pläne, sofern es um die Festsetzung von Fluchtlinien bei Anlegung oder Veränderung von einzelnen Strassen oder Strassentheilen sich handelt,
  b) Bebauungs-Pläne, sofern es um die Festsetzung von Fluchtlinien für grössere Grundflächen und ganze Ortstheile sich handelt,
  c) Uebersichts-Pläne.

II. Höhen-Angaben. Hierunter werden verstanden:
  a) Längen-Profile,
  b) Quer-Profile,
  c) Horizontal-Curven und Höhenzahlen in den Situations-Plänen.

III. Erläuternde Schriftstücke.

§. 2.

Diese Vorlagen sollen:
A. den gegenwärtigen Zustand,
B. den Zustand, welcher durch die nach Massgabe der beabsichtigten Fluchtlinien-Festsetzung erfolgende Anlegung von Strassen und Plätzen herbeigeführt werden soll,

klar und bestimmt darstellen.

Dieselben müssen durch einen vereidigten Feldmesser aufgenommen oder als richtig bescheinigt und durch einen geprüften Baumeister oder einen im Communaldienste angestellten Baubeamten, durch welche die Richtigkeit der Aufnahme gleichfalls bescheinigt werden kann, mindestens unter der Mitwirkung eines solchen bearbeitet und dementsprechend unterschriftlich vollzogen sein.

§. 3.

A. Darstellung des gegenwärtigen Zustandes.

I. Situations-Pläne.

Der Massstab, in welchem die Situations-Pläne (Fluchtlinien- und Bebauungs-Pläne) entworfen werden, darf in der Regel nicht kleiner sein, als 1 : 1000. Zusammenhängende Strassenzüge sind im Zusammenhange zur Darstellung zu bringen. Erhalten in Folge dessen grössere Bebauungs-Pläne eine für ihre Benutzung unbequeme Ausdehnung (§. 12), so darf für dieselben zwar ein kleinerer Massstab, bis 1 : 2500, angewendet werden, es ist in diesem Falle aber für jede Strasse, deren Fluchtlinien festgesetzt werden sollen, ein besonderer Fluchtlinien-Plan im Massstabe von mindestens 1 : 1000 beizubringen.

Jedes Project erfordert die Beifügung eines Uebersichts-Planes, für welchen ein vorhandener gedruckter oder gezeichneter Plan oder auch ein Auszug aus einem folchen verwendet werden kann.

§. 4.

Durch die Situations-Pläne foll das in Betracht zu ziehende Terrain mit feinen Umgebungen in folcher Ausdehnung dargeftellt werden, dafs die im Intereffe des Verkehrs, der Feuerficherheit und der öffentlichen Gefundheit zu ftellenden Anforderungen (§. 3 des Gefetzes vom 2. Juli 1875) ausreichend beurtheilt werden können.

Alle vorhandenen Baulichkeiten, Strafsen, Wege, Höfe, Gärten, Brunnen, offene und verdeckte Abwäfferungen etc., ferner alle Gemarkungs-, Befitzftands- und Cultur-Grenzen müffen in den Plänen mit fchwarzen Linien dargeftellt und, fo weit es zur Deutlichkeit erforderlich, mit charakterifirenden Farben, jedoch nur blafs angelegt fein. In die Situations-Pläne find ferner die Nummern oder fonftigen Bezeichnungen, welche die einzelnen Grundftücke im Grundbuche, bezw., wo Grundbücher nicht vorhanden find, im Grundfteuerkatafter führen und die Namen der Eigenthümer einzufchreiben.

Die auf den gegenwärtigen Zuftand bezüglichen Schriftzeichen und Zahlen find fchwarz zu fchreiben. Jeder Plan ift mit der geographifchen Nordlinie und einem Mafsftabe zu verfehen.

§. 5.

II. Höhen-Angaben.

Die Höhenangaben müffen fich auf einen fpeciell zu bezeichnenden, möglichft allgemein bekannten feften Punkt, etwa auf den Nullpunkt eines in der Nähe befindlichen Pegels, am Beften auf den Nullpunkt des Amfterdamer Pegels beziehen und ausfchliefslich in pofitiven Zahlen erfcheinen.

Von jeder in einem Fluchtlinien- oder Bebauungs-Plan projectirten Strafse ift, in fo weit nicht nach den Ausnahmebeftimmungen des §. 13 davon abgefehen werden darf, ein Längenprofil im Längen-Mafsftabe des dazu gehörigen Situations-Planes und im Höhen-Mafsftabe von 1 : 100 beizubringen.

Die Linie des in der Regel durch die Mitte des Strafsendammes zu legenden und in Stationen von je 100 m Länge mit den erforderlichen Zwifchen-Stationen von mindeftens je 50 m Entfernung einzutheilenden Nivellements-Zuges ift mit ihrer Stationirung in den zugehörigen Situations-Plänen roth punktirt anzugeben.

Wo erhebliche Aenderungen in der Terrain-Oberfläche in Ausficht genommen werden, oder wo nahe liegende Gebäude, Mauern, abgehende Wege u. f. w. eine befondere Berückfichtigung verlangen, find Querprofile aufzunehmen. Diefe find in einem Mafsftabe, der nicht kleiner als 1 : 250 fein darf, zu zeichnen und zur Numerirung, fo wie zu den Ordinaten des Längen-Profils überfichtlich in Beziehung zu bringen. Sind diefelben nicht rechtwinkelig zum Hauptnivellement aufgenommen, fo ift ihre Lage auch im Situations-Plane anzugeben.

In den Bebauungs-Plänen ift aufserdem bei hügeligem oder gebirgigem Terrain auf Grund eines Nivellements-Netzes die Geftaltung der Terrain-Oberfläche durch Horizontal-Curven in Höhenabftänden von je 1 m bis 5 m mittels fchwarz punktirter Linien und beigefchriebenen Höhenzahlen überfichtlich darzuftellen.

Alle Höhenzahlen werden in Metern angegeben und auf zwei Decimalftellen abgerundet.

§. 6.

Aus den Höhenangaben mufs die Höhenlage fowohl der vorhandenen Strafsen und Wege, als auch ihrer Umgebungen in folcher Ausdehnung hervorgehen, dafs die Forderungen des Verkehrs und der zukünftigen Entwäfferung, nicht minder die Bedingungen einer etwaigen fpäteren Fortfetzung vollftändig beurtheilt werden können.

Die höchften und niedrigften Stände aller Gewäffer, welche auf die projectirten Anlagen von Einflufs fein können, fo wie vorhandene Fachbäume und Pegel, insbefondere die Grundwafferftände, fo weit deren Ermittelung bereits ausgeführt ift oder im fpeciellen Falle nothwendig erfcheint, die Tiefen der etwa vorkommenden Moore oder fonftiger, die Strafsenanlegung benachtheiligender Bodenfchichten, die Thürfchwellen der vorhandenen Gebäude, die Schienenhöhe nahe liegender Eifenbahnen u. f. w., eben fo alle Feftpunkte, an welche das Nivellement angefchloffen worden, müffen in den Profilen vollftändig bezeichnet fein. In denfelben werden die Wafferfpiegel blau ausgezogen und befchrieben, dagegen alle fonftigen beftehenden Gegenftände, nicht minder die Ordinaten in fchwarzer Farbe und Schrift angegeben, die Terrainlinien braun unterwafchen, die Bodenfchichten mit charakterifirenden Farben angelegt.

§. 7.

B. Darftellung des Zuftandes, welcher durch die nach Mafsgabe der beabfichtigten Fluchtlinien-Feftfetzung erfolgende Anlegung von Strafsen und Plätzen herbeigeführt werden foll.

Allgemeines.

Die Aufftellung der Projecte bedingt eine forgfältige Erwägung des gegenwärtig vorhandenen, fo wie des in der näheren Zukunft vorausfichtlich eintretenden öffentlichen Bedürfniffes unter befonderer Berückfichtigung der in dem §. 3 des Gefetzes vom 2. Juli 1875 hervorgehobenen Gefichtspunkte.

Im Intereffe der Förderung der öffentlichen Gefundheit und Feuerficherheit ift auch auf eine zweckmäfsige Vertheilung der öffentlichen Plätze fo wie der Brunnen Bedacht zu nehmen.

Betreff der Strafsenbreiten empfiehlt es fich, bei neuen Strafsenanlagen die Grenzen, über welche hinaus die Bebauung ausgefchloffen ift,

a) bei Strafsen, welche als Hauptadern des Verkehrs die Entwickelung eines lebhaften und durchgehenden Verkehrs erwarten laffen, nicht unter 30 m,

b) bei Nebenverkehrsftrafsen von beträchtlicher Länge nicht unter 20 m,

c) bei allen anderen Strafsen nicht unter 12 m

anzunehmen.

Bei den unter a und b bezeichneten Strafsen ift ein Längengefälle von nicht mehr als 1 : 50, bezw. von 1 : 40, bei Rinnfteinen ein folches von nicht weniger als 1 : 200 nach Möglichkeit anzuftreben.

§. 8.

Befonderes.

I. Situations-Pläne.

Die anzulegenden oder zu verändernden Strafsen und Plätze find in dem Ueberfichts-Plane mit rother Farbe deutlich zu bezeichnen.

In die Situations-Pläne find die projectirten Baufluchtlinien mit kräftigen zinnoberrothen Strichen einzutragen. Fallen diefelben mit den Strafsenfluchtlinien nicht zufammen, fo find die letzteren mit minder kräftigen Strichen auszuziehen und ift der Raum zwifchen beiden blafsgrün anzulegen. Die projectirten Rinnfteine werden durch fcharfe dunkelblaue Linien, verdeckte Abwäfferungen punktirt, unter Bezeichnung der Gefäll-Richtung mittels blauer Pfeile, angedeutet, die Strafsen und öffentlichen Plätze blafsroth, diejenigen Strafsenfeiten, welche nicht bebaut werden follen, grün angelegt. Vorhandene Gebäude oder Theile derfelben, welche bei der fpäteren nach Mafsgabe der Fluchtlinien-Feftfetzung erfolgenden Freilegung nicht befeitigt zu werden brauchen, find in ihren charakterifirenden Farben dunkler anzulegen, als die abzubrechenden.

Die Namen, Nummern oder fonftigen Bezeichnungen der projectirten Strafsen und Plätze, ingleichen die Breiten derfelben werden mit zinnoberrothen Schriftzeichen und Zahlen in die Situationspläne eingefchrieben.

§. 9.

II. Höhen-Angaben.

In den Längen-Profilen werden die projectirten Höhenlagen der Strafsenzüge, fpeciell die Kronenlinien der künftigen Strafsenbefeftigung mit zinnoberrothen Linien ausgezogen, und die Aufträge blafsroth, die Abträge grau angelegt. In diefelben find ferner die Brücken, Durchläffe, unterirdifchen Wafferabzüge etc. unter Angabe der lichten Weiten und Höhen einzutragen.

An allen Brechpunkten der Gefälle, an fämmtlichen Kreuzungs- oder Abzweigungs-Punkten von Strafsen und an fonft charakteriftifchen Stellen werden die betreffenden Ordinaten zinnoberroth ausgezogen und mit den zugehörigen Zahlen eben fo befchrieben. Dagegen erhalten die auf die Abwäfferung bezüglichen Höhenzahlen die blaue Farbe.

Die Längen der Strafsenzüge von einem Brechpunkte des Gefälles bis zum nächftfolgenden werden, zufammen mit der Verhältnifszahl des Gefälles, in zinnoberrother Farbe über das Profil, die Namen, Nummern oder fonftigen Bezeichnungen der Strafsen, übereinftimmend mit dem Situations-Plane, über oder unter daffelbe gefchrieben.

Wenn zu einem Situations-Plane mehrere Längenprofile gehören, fo ift auf eine deutliche und übereinftimmende Bezeichnung der Anfchlufspunkte unter fchärferer Hervorhebung der Anfchlufs-Ordinaten zu achten.

§. 10.

Von jeder Strafse, deren Fluchtlinien feftgefetzt werden follen, find mindeftens fo viele Querprofile zu entwerfen, wie diefelbe von einander abweichende Breiten enthält. Wo die im §. 5 angegebenen befonderen Verhältniffe obwalten, find die Querprofile entfprechend zu vermehren und zu erweitern.

Die graphifche Behandlung der Querprofile entfpricht derjenigen der Längenprofile.

§. 11.

III. Erläuternde Schriftftücke.

Den Fluchtlinien- und Bebauungs-Plänen find fchriftliche Erläuterungen beizufügen, in welchen unter Darlegung der bisherigen Befchaffenheit, Benutzungsart und Entwäfferung des zu bebauenden Terrains und der Veranlaffung zur Aufftellung des Projects die bezüglich der Lage, Breite und fonftigen Einrichtung der Strafsen, der Entwäfferung derfelben etc. beabfichtigten Anordnungen zu befchreiben und, wo es erforderlich ift, eingehend zu motiviren find.

Dem Erläuterungsbericht find beizufügen:

1. Ein Strafsen-Verzeichnifs, d. i. eine tabellarifch geordnete Ueberficht der Strafsen und Plätze, welche verändert, verlängert oder neu angelegt werden follen.

In das Verzeichnifs find aufzunehmen:

a) die Namen, Nummern und fonftigen Bezeichnungen,

b) die Breiten jeder Strafse zwifchen den Bau-flucht-, bezw. den Strafsen-Fluchtlinien,

c) die Gefäll-Verhältnisse und Längen-Ausdehnung der Strassen nach ihren verschiedenartigen Abschnitten und im Ganzen.

2. Ein Vermessungs-Register des von der Feststetzung der neuen Fluchtlinien betroffenen Grundeigenthums.

Dasselbe muss gleichfalls tabellarisch geordnet, unter angemessener Bezugnahme auf den Situations-Plan und das Strassen-Verzeichniss enthalten:

a) den Namen, Wohnort etc. des betheiligten Eigenthümers,
b) die Nummer oder sonstige Bezeichnung, welche das Grundstück im Grundbuche bezw. im Grundsteuerkataster führt,
c) die Grösse der zu Strassen und Plätzen für den öffentlichen Verkehr abzutretenden Grundflächen,
d) deren Benutzungsart,
e) die Bezeichnung und Beschreibung der vorhandenen Gebäude oder Gebäudetheile, welche von einer Strassen- oder Baufluchtlinie getroffen werden oder sonst zur Freilegung derselben beseitigt werden müssen,
f) die Grösse der Restgrundstücke,
g) die Angabe, ob dieselben nach den baupolizeilichen Vorschriften des Orts noch zur Bebauung geeignet bleiben oder nicht.

§. 12.

Die Zeichnungen und Schriftstücke sind nicht gerollt, vielmehr in einer Mappe oder in actenmässigem Formate zur Vorlage zu bringen. Den einzelnen Plänen, welche auf Leinwand zu ziehen, mindestens aber mit Band einzufassen sind, ist kein grösseres Format, als dasjenige von 0,50 zu 0,66 m zu geben, und sind dieselben erforderlichen Falls klappenartig an einander zu fügen.

§. 13.

Ausnahme-Bestimmungen.

Die beizubringenden Vorlagen können auf einen Situations-Plan mit den erforderlichen Erläuterungen beschränkt bleiben:

a) bei einer einfachen Regulirung oder Veränderung vorhandener Strassen, mit der eine Veränderung in der Höhenlage des Strassendammes nicht verbunden ist;
b) bei einer nicht erheblichen Erweiterung ländlicher Ortschaften und kleiner Städte, die nicht in unmittelbarer Nähe grosser Städte liegen, so fern die Erweiterung nicht zu grösseren Fabrikanlagen, zu Eisenbahnhöfen, Begräbnissstätten oder sonstigen Anlagen, die auf die Feuersicherheit, die Verkehrsverhältnisse und die öffentliche Gesundheit von Einfluss sein können, in Beziehung steht;
c) bei einer Fluchtlinien-Feststetzung, die wegen besonderer Dringlichkeit schleunig zu erfolgen hat, und für die nach dem übereinstimmenden Urtheile des Vorstandes und der Vertretung der Gemeinde, so wie der Ortspolizeibehörde die Beibringung ausführlicherer Vorlagen entbehrlich erscheint.

Ausserdem bleibt es derjenigen Behörde, welche zunächst über die Fluchtlinien-Feststetzung zu befinden hat, vorbehalten, in sonstigen, besonders motivirten Fällen die Vereinfachung der Vorlagen ausnahmsweise für zulässig zu erklären und zu bestimmen, welche Theile der vorstehenden Vorschriften (§§. 1 bis 12) unausgeführt bleiben dürfen.

In allen diesen Ausnahmefällen einschliesslich der unter a, b und c aufgeführten kann von den Behörden, die über die Fluchtlinien-Feststetzung nach dem Gesetze vom 2. Juli 1875 zu beschliessen haben, in jedem Stadium des Verfahrens die weitere Vervollständigung der Vorlagen nach Massgabe der in den §§. 1 bis 12 gegebenen Vorschriften gefordert werden.

IV.

Auszug aus dem Hessischen Gesetz vom 13. Juli 1875,

die Ausführung des Bauplans für die Erweiterung der Provinzial-Hauptstadt Mainz betreffend.

I. Leistungen der Grundbesitzer.

Artikel 1.

Die an die neu anzulegenden Strassen, wie solche in dem genehmigten Bebauungsplan verzeichnet sind, angrenzenden Grundbesitzer des Gartenfeldes haben, sobald der betreffende Strassentheil eröffnet wird, im Verhältniss der Façadenlänge ihrer Grundstücke

1) die Kosten des Grunderwerbs für die zur Entwässerung des Gartenfeldes herzustellenden Sammelcanäle zu tragen und an die Stadt zu ersetzen;
2) die Herstellungskosten der in den neuen Strassen anzulegenden Nebencanäle zur Aufnahme des Regen- und Abfall-Wassers zu tragen, und an Strassen, in welchen ein Sammelcanal gelegt

wird, einen Beitrag hierzu an die Stadt zu leiften, welcher derjenigen Summe entfpricht, die für Herftellung eines gemauerten Nebencanals zu zahlen wäre, wenn die betreffende Strafse keinen Sammelcanal erhalten würde;

3) das zur Herftellung der planmäfsigen Strafsen, einfchliefslich der Strafsenkreuzungen, erforderliche Gelände zu ftellen und der Stadt unentgeltlich und frei von Hypotheken und Privilegien in Eigenthum zu überweifen;

4) die Koften der Erdarbeiten zur Herftellung des Strafsenkörpers, einfchliefslich der Strafsenkreuzungen, nach dem genehmigten Nivellirungsplan zu tragen, bezw. an die Stadt zu erfetzen.

Die Erdarbeiten können fowohl von der Stadt als auch von den Grundbefitzern felbft nach Angabe und unter Auffícht des ftädtifchen Bauamts gefchehen;

5) die Koften der vorläufigen Chauffirung der Strafsen und der Pflafterung der Trottoirs und Rinnen zu tragen.

Artikel 2.

Wenn die nach der Façadenlänge zu berechnende Mehrheit der Anlieger einer urfprünglich chauffirten Strafse die Pflafterung derfelben verlangt und das Strafsenterrain als hierzu genügend befeftigt von dem ftädtifchen Bauamt anerkannt ift, fo haben die Anlieger die Koften der von dem ftädtifchen Bauamt in folidefter Weife vorzunehmenden Pflafterung der Strafse und Herftellung des Trottoirs in der durch die Stadtverordneten-Verfammlung zu beftimmenden Art und Weife (z. B. durch Afphalt) nach Verhältnifs ihrer Façadenlänge an die Stadt zu erfetzen. Sollte aber die Stadt, ohne dafs darüber ein folcher Antrag der Anlieger geftellt ift, die Pflafterung einer urfprünglich chauffirten Strafse vornehmen laffen, fo hat dies nur auf Koften der Stadt zu gefchehen, ohne dafs diefelbe einen desfallfigen Erfatz von den Anliegern beanfpruchen könnte.

Die Grundbefitzer find zu der ihnen für die Pflafterung der Strafsen und die Herftellung der Trottoirs obliegenden Leiftung nur mittels Geldbeiträgen zuzulaffen, zu deren Sicherung fie bei Stellung des Antrags auf Pflafterung der Strafsen und Herftellung der Trottoirs der Stadt nach Mafsgabe des Artikels 12 Caution zu leiften haben.

Artikel 3.

Bei Fertigftellung der Strafsen und Trottoirs geht das zu deren Herftellung verwendete Material in das Eigenthum der Stadt über, welche dagegen die fernere Unterhaltung auf ihre Koften übernimmt.

Artikel 4.

Die Koften der Erwerbung des Terrains für Strafsenkreuzungen, die Herftellungskoften für die in die Strafsenkreuzungen zu legenden Canalftücke und die Koften der Erdarbeiten, fo wie der Chauffirung und Pflafterung von Strafsenkreuzungen find nicht von den Befitzern der Eckbauplätze allein zu tragen, fondern per Meter Façadenlänge der innerhalb zweier Strafsenkreuzungen liegenden Baufiguren auszufchlagen und von den Befitzern der verfchiedenen Bauplätze im Verhältnifs der Façadenlänge ihrer Bauplätze zu erfetzen.

Artikel 5.

Wird ein bereits beftehender Weg verbreitert, fo find die auf beiden Seiten an die neue Strafse angrenzenden Grundbefitzer verpflichtet, die Koften der Geländeftellung für die Verbreiterung zu gleichen Theilen zu tragen.

Die Koften der Erdarbeiten, fo wie der Chauffirung und etwaigen Pflafterung der Strafsen find von den Befitzern der Grundftücke an beiden Seiten der Strafse zur Hälfte zu zahlen, fo weit diefe Koften nicht durch den etwa nach Art. 8 von der Stadt unter Umftänden dazu zu leiftenden Beitrag gedeckt werden, oder hinfichtlich der Pflafterung von der Stadt zu übernehmen find.

Artikel 6.

Wenn die nach den vorhergehenden Artikeln zur Stellung von Gelände verpflichteten Grundbefitzer fich mit dem Eigenthümer des zu ftellenden Geländes über die Abtretung oder den Kaufpreis nicht gütlich einigen können, fo ift das nach dem Bebauungsplan erforderliche Gelände, in fo weit eine folche gütliche Einigung nicht erreicht werden konnte, von der Stadt auf dem Weg der Expropriation zu erwerben, und die zur Stellung des Geländes verpflichteten Grundbefitzer haben dann die Obliegenheit, an der Stelle der Stadt die in dem Expropriationsverfahren feftgefetzte Entfchädigung nebft den Koften der Expropriation zu bezahlen.

Artikel 7.

Bei Abfchätzungen von Gelände, welches nach dem Bauplan für den neuen Stadttheil nur zur Anlage von Canälen, Strafsen oder Plätzen beftimmt ift, kann folches Gelände nicht zu den etwa für Bauplätze geeigneten Preifen, fondern nur fo hoch abgefchätzt werden, als es je nach feiner Benutzungsweife als Feld, Garten oder Hofraithe gewerthet werden könnte. Für hierbei zu expropriirende Gebäude mufs der Werth, welchen fie zur Zeit der Expropriation haben, befonders vergütet werden.

II. Leiftungen der Stadt.

Artikel 8.

Von Seiten der Stadt ift

1) das zur Herftellung der Sammelcanäle erforderliche Gelände, in fo weit es bisher zu öffentlichen, der Stadt angehörigen Wegen und Strafsen benutzt wurde, fo wie das Gelände der zur Zeit der Stellung des Antrags auf Eröffnung einer planmäfsigen Strafse der Stadt gehörigen Wege und Strafsen, in fo weit diefelben nach dem Bebauungsplan in die zu eröffnende planmäfsige Strafse hineinfallen, unentgeltlich zu ftellen, doch wird deffen Flächeninhalt an dem von der Stadt in Gemäfsheit der nachfolgenden Pof. 3 zu leiftenden Beitrag in Abzug gebracht.

2) Für ftädtifches Terrain (einfchliefslich des in die Strafsenkreuzungen fallenden), welches bisher nicht zu öffentlichen Wegen und Strafsen benutzt wurde, aber zur Herftellung der Sammelcanäle und zu planmäfsigen neuen Strafsen erforderlich ift, kann die Stadt von den angrenzenden Grundbefitzern nur die Vergütung des durch drei Sachverftändige zu beftimmenden Schätzungswerthes deffelben verlangen und die Grundbefitzer find verpflichtet, diefen Schätzungswerth im Verhältnifs der Façadenlänge ihrer Strafsen zu bezahlen. (Art. 13.)

Diefe Sachverftändigen werden auf Antrag der Stadt oder der betheiligten Grundbefitzer von dem zuftändigen Gericht ernannt.

3) Die Stadt hat bezüglich folcher Strafsen, welche keinen Platz umgeben (gewöhnliche Strafsen), wenn die Strafsenbreite mehr als 16 m beträgt, den Befitzern der angrenzenden Bauplätze zum Erwerb der Hälfte des zur Mehrbreite erforderlichen Geländes folgende Beiträge zu leiften:

in der erften der nach Mafsgabe des Gefetzes vom 28. November 1872, die Erhebung einer aufserordentlichen Communalfteuer für die Stadt Mainz betreffend, gebildeten Befteuerungszonen 16 Mark per Quadr.-Meter, in der zweiten diefer Befteuerungszonen 11 Mark per Quadr.-Meter, in der dritten 8 Mark per Quadr.-Meter, in der vierten 5,50 Mark per Quadr.-Meter, in der fünften 4 Mark per Quadr.-Meter, in der fechften 2,75 Mark per Quadr.-Meter.

Nach denfelben Sätzen hat die Stadt auch bei folchen Strafsen, welche einen freien Platz umgeben (Platz-Strafsen), wenn die Strafsenbreite mehr als 12 m beträgt, an die Befitzer der angrenzenden Bauplätze zum Erwerb der Hälfte des zu diefer Mehrbreite erforderlichen Geländes Beiträge zu leiften.

Als Strafsenbreite gilt bei Platz-Strafsen die Breite der Fahrbahn zuzüglich der Breite des an der Baulinie herziehenden Trottoirs und der Breite eines diefer Trottoirbreite gleichen Geländeftreifens auf der anderen Seite der Fahrbahn.

4) Die Verpflichtung der Stadt gegenüber den Grundeigenthümern zur Zahlung ihres Beitrags zum Terrainerwerb für die Mehrbreite über 16 m bei gewöhnlichen Strafsen tritt ein, fobald drei Viertheile der beiden fich gegenüber liegenden Façadenlinien zweier planmäfsigen Baufiguren mit zur Bewohnung fertig hergerichteten Häufern bebaut find.

Die gleiche Verpflichtung der Stadt betreffend die Mehrbreite über 12 m bei Platz-Strafsen tritt ein, fobald drei Viertheile einer Façadenlinie des betreffenden Platzes mit zur Bewohnung fertig hergerichteten Häufern bebaut find.

Die Zahlung wird nur an diejenigen Grundbefitzer geleiftet, welche gebaut haben und nur im Verhältnifs der fertigen Bauten.

5) Zu den Koften der Erdarbeiten und der Chauffirung und Pflafterung hat die Stadt bei gewöhnlichen Strafsen von mehr als 16 m Breite und bei Platz-Strafsen von mehr als 12 m Breite die Hälfte der Koften für die Mehrbreite beizutragen.

6) Die Koften der Erwerbung des eigentlichen Platz-Terrains, fo weit folche nicht nach den vorhergehenden Beftimmungen den Anliegern zur Laft fallen, fo wie die Koften der Nivellirung und Anlage des eigentlichen Platz-Terrains find von der Stadt allein zu tragen.

Die Verpflichtung der Stadt zur Erwerbung des eigentlichen Platz-Terrains tritt ein, fobald der Antrag auf Eröffnung der den Platz umgebenden Strafsen von den betreffenden Grundbefitzern geftellt worden ift. (Art. 10.)

III. Die Eröffnung neuer Strafsen.

Artikel 9.

Die Eröffnung der planmäfsigen Strafsen erfolgt auf Antrag fämmtlicher Befitzer der einander gegenüber liegenden Façadenlinien zweier planmäfsigen Baufiguren.

Sie kann auch auf Antrag der Befitzer der Façadenlinie von nur einer planmäfsigen Baufigur erfolgen, wenn diefe Befitzer fich zur vorlagsweifen Tragung der durch die Eröffnung der Strafse in ihrer ganzen Breite und in der Länge der betreffenden Façaden entftehenden fämmtlichen Koften (Grunderwerb,

Canalanlage, Strafsenbau und Trottoir — letzteres nur an ihrer Façade —) dem Stadtvorftande gegenüber verpflichten.

Die Befitzer von nur einer Façadenlinie find berechtigt, von den ihrem Terrain gegenüber liegenden Grundbefitzern die Erftattung der Hälfte diefer Koften (mit Ausnahme der durch die Trottoiranlage entftandenen), nachdem die über jene Koften von ihnen aufzuftellende genaue Rechnung von dem ftädtifchen Bauamt und der Bürgermeifterei geprüft und nach Rechtbefinden beglaubigt worden ift, nach Verhältnifs der Façadenlänge ihrer Grundftücke zu verlangen, fobald die ihnen gegenüber liegenden Grundbefitzer ihre Grundftücke bebauen.

Auf Vergütung von Zinfen für die ihnen zu erfetzenden Koften haben fie indefs keinen Anfpruch. Den hiernach zahlungspflichtigen Grundbefitzern kann kein Baubefcheid ertheilt werden, fo lange fie nicht die ftattgehabte Zahlung nachgewiefen haben.

Artikel 10.

Die Eröffnung von Strafsen, welche öffentliche Plätze umgeben, findet ftatt, fobald fämmtliche Befitzer der ganzen Façadenlinie einer Seite des Platzes darauf antragen und fich verpflichten, fofort die Koften der Herftellung einer mit ihrem Terrain gleich langen, vorfchriftsmäfsigen Strafse, in planmäfsiger Breite, nebft Canal und einem Trottoir, an die Stadtkaffe zu bezahlen.

Artikel 11.

Wünfcht der Befitzer von nur einem Bauplatz, denfelben zu bebauen, ohne dafs er fich mit feinen Nachbarn den Beftimmungen der Artikel 9 und 10 entfprechend zu verftändigen vermag, fo foll ihm dies geftattet werden, wenn er die Exiftenz eines fahrbaren Weges zu dem projectirten Bau nachweist oder einen folchen fofort herftellt und durch den projectirten Bau die Eintheilung der betreffenden Baufigur in zweckmäfsige Bauplätze nicht gehindert wird. (Art. 16.)

Er mufs fich ferner verpflichten, feinen Antheil an den Herftellungskoften der fein Grundftück berührenden planmäfsigen Strafsen, Canäle und Trottoirs zu zahlen, fobald folche eröffnet werden, und eine wafferdichte Grube zur Aufnahme des Abfallwaffers herftellen.

Artikel 12.

Zur Sicherung der pünktlichen Einhaltung der ihnen nach dem gegenwärtigen Gefetz obliegenden Verpflichtungen haben die betreffenden Grundbefitzer, fobald fie eine Strafse oder einen Platz ganz oder theilweife zu eröffnen beantragen, eine von der Stadt zu beftimmende genügende Caution zu ftellen, in fo fern diefes Gefetz nicht ausdrücklich einen anderen Zeitpunkt beftimmt, in welchem die vorgefchriebene Caution zu leiften ift.

Vor Stellung der vorgefchriebenen Caution kann kein Baubefcheid ertheilt werden.

Artikel 12a.

Die Beftimmungen des Artikels 12 finden auch auf die Verpflichtungen Anwendung, welche den Grundbefitzern nach Artikel 11, Abfatz 2 des Gefetzes obliegen.

Artikel 13.

In Fällen, in welchen fich Leiftungen und Beiträge nach der Façadenlänge einer Strafse zu richten haben, wird diefe Façadenlänge von der Mitte der die betreffende Strafse zunächft durchkreuzenden beiden Querftrafsen begrenzt.

Artikel 13a.

Schreitet die Stadt zur Eröffnung einer planmäfsigen Strafse ohne vorgängigen Antrag der Befitzer der diefelbe berührenden Grundftücke (Art. 9 und 10), fo ift fie berechtigt, von den betreffenden Grundbefitzern die Erftattung der durch die Eröffnung der Strafse entftehenden, bezw. entftandenen Koften (Art. 1) nach Verhältnifs der Façadenlänge ihrer Grundftücke zu verlangen, fobald diefe Grundbefitzer ihre Grundftücke bebauen.

Auf Vergütung von Zinfen für die zu erfetzenden Koften hat die Stadt keinen Anfpruch. Den hiernach zahlungspflichtigen Grundbefitzern kann kein Baubefcheid ertheilt werden, fo lange fie nicht die ftattgehabte Zahlung nachgewiefen haben.

IV. Die Schliefsung beftehender Gemeindewege.

Artikel 14.

Die Stadt hat das Recht und ift auf Verlangen des betreffenden Grundbefitzers verpflichtet, folche Grundftücke, welche an einem dermalen beftehenden Gemeindewege gelegen find, fpäter aber von keiner planmäfsigen Strafse berührt werden und deren Befitzer nicht auf die Benutzung des alten Weges verzichten wollen, zu expropriiren, fobald fie in Rückficht auf die das Bauquartier, in welchem das betreffende Grundftück gelegen ift, umgebenden neu hergerichteten Strafsen zur Schliefsung jenes Gemeindewegs zu fchreiten veranlafft ift.

Artikel 15.

Bevor fie zur Expropriation eines derartigen Grundftückes fchreitet, hat die Stadt fämmtliche angrenzenden Grundbefitzer zu befragen, ob einer von ihnen jenes Grundftück auf dem Expropriationswege, unter ausdrücklicher Verzichtleiftung auf die fernere

Benutzung des bestehenden Weges und unter vorheriger Stellung der Stadt genügend erscheinender Caution erwerben will.

Erfolgt binnen 14 Tagen auf die städtische Anfrage bejahende Antwort eines Angrenzers, so hat die Erwerbung auf dessen Rechnung und auf dessen Kosten Seitens der Stadt zu erfolgen.

Erklären sich zwei oder mehrere Angrenzer zur Erwerbung bereit, so erfolgt die Expropriation Seitens der Stadt für Rechnung und auf Kosten derjenigen Angrenzer, welche diese Erklärung abgegeben haben, unter deren solidarischer Haftbarkeit, und wird das Grundstück nach Austrag des Expropriationsverfahrens zwischen den Angrenzern versteigert. Den Mehrerlös erhält der expropriirte frühere Besitzer des Grundstückes.

V. Eintheilung der Grundstücke in Bauplätze.

Artikel 16.

Ist die Eintheilung der Grundstücke eines Bauquartiers in Bauplätze, welche den durch die Bauordnung festzusetzenden Bestimmungen über die Minimalmasse für die Façaden, die Tiefe und die Grundfläche der Bauplätze entsprechen, durch Verständigung der Betheiligten auf gütlichem Wege nicht herzustellen, so kann der Baubescheid für einen in der betreffenden Baufigur projectirten Bau im öffentlichen Interesse versagt werden, wenn durch die Ausführung dieses Baues eine zweckmässige Eintheilung der Bauplätze in derselben Baufigur verhindert wird, wenn namentlich in Folge der Ausführung des projectirten Baues unmittelbar daran stossende Bauplätze die vorgeschriebene Minimalausdehnung nicht würden erhalten können.

Es ist jedoch den Besitzern von mindestens drei Viertheilen der Grundfläche der betreffenden Baufigur gestattet, zum Zweck der Eintheilung derselben in Bauplätze die Mitwirkung der Stadt anzurufen, in so fern sie selbst sich bereit erklären, die Eintheilung ihrer Grundstücke vorzunehmen und einen hierauf bezüglichen, von der Bürgermeisterei zu genehmigenden Parcellirungsplan der fraglichen ganzen Baufigur ihrem Antrage beilegen.

Artikel 17.

Wird ein im Artikel 16 vorgesehener Antrag an die Stadt gestellt, so hat solche das in der betreffenden Baufigur gelegene Terrain der die richtige Eintheilung verhindernden Grundbesitzer auf dem Wege der Expropriation zu erwerben und gegen baare Erstattung des so festgesetzten Kaufpreises und aller Kosten an die Antragsteller auszuliefern. Die Antragsteller müssen sich bei der Einbringung ihres Gesuchs solidarisch zur Zahlung dieser Summe verpflichten, und es ist die Stadt berechtigt, von denselben die Stellung einer Caution zu verlangen (Artikel 12), ehe sie zur Expropriation schreitet.

Artikel 18.

Der Artikel 16 kann auch angerufen werden von denjenigen Grundbesitzern, deren Territorium nur einen bestimmten Theil einer planmässigen Baufigur bildet. Dieser Theil wird gebildet, indem von dem geometrischen Mittelpunkt dieser Figur gerade, senkrecht auf jede der Façadenlinien derselben aufstossende Linien gezogen werden, welche die Baufigur in eben so viele Ausschnitte theilen, als sie Façadenlinien besitzt. Haben sich die Besitzer von mindestens drei Viertheilen der Grundfläche eines solchen Ausschnittes über die Eintheilung dieser Grundfläche in Bauplätze geeinigt, ihrem Antrage einen von der Bürgermeisterei zu genehmigenden Parcellirungsplan des betreffenden ganzen Ausschnittes beigelegt, sich solidarisch zur Erstattung des Kaufwerthes und der Kosten des Verfahrens verpflichtet, so kann die Stadt zur Expropriation des in diesem Ausschnitt liegenden Terrains derjenigen Grundbesitzer schreiten, welche die Eintheilung verhindern.

Zur Vornahme dieser Expropriation ist indessen die Stadt nicht verpflichtet, sondern es bleibt von der jedesmaligen Entschliessung der Stadtverordneten-Versammlung abhängig, ob dem Antrage Folge geleistet werden soll oder nicht. Geht die Stadt auf den Antrag ein, so ist die Stellung einer Caution (Artikel 12) von den Antragstellern zu verlangen.

V.

Elfafs-Lothringifches Gefetz vom 21. Mai 1879,

betreffend Befchränkungen der Baufreiheit in den neuen Stadttheilen von Strafsburg.

§. 1.

Nach der Bekanntmachung des feftgeftellten Bebauungsplanes für das durch die Erweiterung der Umwallung von Strafsburg der Stadt zutretende Terrain dürfen auf demfelben Gebäude nur unter Beobachtung des Alignements und der befonderen Bedingungen errichtet werden, welche im Gefundheits- und Entwäfferungs-Intereffe in einer von dem Bürgermeifter zu erlaffenden und zugleich mit der Bekanntmachung des Bebauungsplanes in zwei der für gefetzliche Publicationen bezeichneten Zeitungen zu veröffentlichenden Verordnung vorgefchrieben werden.

§. 2.

Alle Neubauten, fo wie Um- und Ausbauten, welche vom Tage der Bekanntmachung des Bebauungsplanes (§. 1) ab auf den zur Anlegung von Strafsen und öffentlichen Plätzen beftimmten Grundflächen errichtet werden, bleiben, wenn die für die Strafse oder den öffentlichen Platz beftimmte Grundfläche dem Eigenthümer im Wege der Zwangsenteignung entzogen wird, bei Feftftellung der Entfchädigung unberückfichtigt.

Diejenigen im Bebauungsplane verzeichneten Parzellen, welche ganz in die planmäfsigen Strafsen oder Plätze fallen, fo wie diejenigen, welche von letzteren fo durchfchnitten werden, dafs der hinter der Fluchtlinie verbleibende Reft kein bebaubares Grundftück mehr bildet, hat die Stadt bis zum 31. December 1885 zu erwerben.

In die Strafsen oder Plätze fallende Grundftückstheile müffen erworben werden, fobald auf den innerhalb der Fluchtlinie befindlichen Theilen der betreffenden Parzellen Wohnhäufer oder fonftige gröfsere Gebäude errichtet werden.

§. 3.

Die Eröffnung und Inftandfetzung einer Strafse erfolgt auf Befchlufs des Gemeinderaths. Diefelbe mufs erfolgen, fobald die nach der Façadenlänge zu berechnende Mehrheit der an die betreffende Strafse angrenzenden Grundeigenthümer fich verpflichtet, ihre Grundftücke zu überbauen.

§. 4.

Die an eine Strafse angrenzenden Grundeigenthümer haben im Verhältnifs der Façadenlänge ihrer Grundftücke, aufser der Bezahlung des Werthes des zur Strafse erforderlichen Grund und Bodens, die Koften der erften Anlage der Strafse, der Einebnung, Entwäfferung, des Pflafters und der Trottoirs zu tragen.

Dabei kann der einzelne Eigenthümer nicht für mehr als die Hälfte der Strafsenbreite, und, wenn die Strafse breiter als 20 m ift, nicht für mehr als 10 m herangezogen werden.

Die Stadt ift nicht berechtigt, von den in die Stadterweiterung fallenden Grundeigenthümern auf Grund des Artikels 30 des Gefetzes vom 30. September 1807 eine Entfchädigung für den ihren Grundftücken durch die Anlegung der Strafsen und Plätze erwachfenden Mehrwerth zu verlangen.

Die Zahlung der auf die einzelnen Grundftücke entfallenden Koften hat zu erfolgen, fobald auf denfelben Gebäude errichtet werden.

Die Beitreibung erfolgt in den Formen der Beitreibung der directen Gemeindefteuern.

VI.

Auszug aus dem Heffifchen Gefetz vom 30. April 1881,

die allgemeine Bauordnung betreffend.

Artikel 4.

Für die Anlage oder Veränderung von Strafsen und Plätzen in Städten und Landgemeinden find die Strafsen- und Baufluchtlinien von dem Gemeindevorftand, worunter in diefem Gefetze ftets Bürgermeifter und Stadtverordneten-Verfammlung, bezw. Gemeinderath zu verftehen find, dem öffentlichen Bedürfniffe entfprechend, aufzuftellen.

Diefe Aufftellung kann in umfaffenderen Ortsbauplänen für ganze Orte oder Ortstheile, bezw. für ganze Strafsen oder Strafsentheile ftattfinden, und hat dies namentlich zu gefchehen, wenn die Ueberbauung gröfserer, noch unbebauter Grundflächen in Ausficht fteht, oder wenn ein Bedürfnifs oder eine geeignete Gelegenheit zur Regulirung oder Verbreiterung beftehender Strafsen und öffentlicher Plätze vorliegt.

Jede Feftfetzung von Fluchtlinien (Art. 4 und 9) mufs eine genaue Bezeichnung der davon betroffenen Grundftücke und der etwa darauf ftehenden Gebäude und eine Beftimmung der Höhenlage, fo wie der beabfichtigten Entwäfferung der betreffenden Strafsen und Plätze enthalten.

Handelt es fich in Folge von umfaffenden Zerftörungen durch Brand oder andere Ereigniffe um die Wiederbebauung ganzer Ortstheile, fo ift der Gemeindevorftand verpflichtet, fchleunigft darüber zu befchliefsen, ob und in wie fern für den betreffenden Ortstheil ein neuer Bauplan aufzuftellen ift, und eintretenden Falls die unverzügliche Feftftellung des neuen Bauplans zu bewirken.

Für einzelne Strafsentheile hat die Feftfetzung der noch mangelnden Fluchtlinien jedenfalls dann zu erfolgen, wenn an oder in der Nähe einer Ortsftrafse oder eines öffentlichen Platzes ein neues Gebäude aufgeführt oder ein beftehendes Gebäude erneuert oder wefentlich verändert werden foll.

Artikel 5.

Nach Aufftellung eines Ortsbauplans, bezw. einer Strafsen- oder Baufluchtlinie ift der Plan von dem Bürgermeifter offen zu legen und dies in ortsüblicher Art mit dem Bemerken bekannt zu machen, dafs Einwendungen, bei Vermeidung des Ausfchluffes, innerhalb einer beftimmt zu bezeichnenden Frift, welche je nach dem Umfange des Planes fich auf 14 Tage bis 4 Wochen zu erftrecken hat, bei der Bürgermeifterei anzubringen find.

Handelt es fich um Feftfetzungen, welche nur einzelne Grundftücke betreffen, fo genügt ftatt der Offenlegung und Bekanntmachung eine Mittheilung des Planes an die betheiligten Grundeigenthümer.

Erftreckt fich der Plan der beabfichtigten Feftfetzungen auf die Rayons der Feftung Mainz oder auf öffentliche Flüffe, Chauffeen, Eifenbahnen oder Bahnhöfe, Eigenthum des Fiscus oder öffentlicher Anftalten, oder find bei der Feftfetzung der Fluchtlinien mehrere Gemeinden betheiligt, fo hat die Bürgermeifterei dafür zu forgen, dafs den betheiligten Behörden oder Verwaltungen rechtzeitig zur Wahrung der ihnen anvertrauten Intereffen Gelegenheit gegeben wird.

Artikel 6.

Ueber die gegen den Plan erhobenen Einwendungen hat, foweit diefelben nicht nach vorgängiger Verhandlung mit den Betheiligten durch Befchlufs des Gemeindevorftands ihre Erledigung gefunden haben, diejenige Behörde zu befchliefsen, welche die Genehmigung des Plans zu ertheilen hat; und zwar find Ortsbaupläne und Baupläne von ganzen Ortsftrafsen, nach vorgängiger Begutachtung durch den Kreisausfchufs, dem Minifterium des Innern und der Juftiz zur Genehmigung vorzulegen. Handelt es fich nur um die Feftfetzung von Fluchtlinien für einzelne Strafsentheile, fo ift lediglich die Genehmigung des Kreisamts zu erwirken.

Artikel 7.

Auf Grund der erfolgten Genehmigung hat der Bürgermeifter den Plan ohne Verzug feftzuftellen und ortsüblich bekannt zu machen, dafs für den ganzen Ort oder für welche Theile deffelben ein Ortsbauplan feftgeftellt worden ift, deffen Einficht bei der Bürgermeifterei Jedermann freiftehe. — Handelt es fich um Feftfetzungen, welche nur einzelne Grundftücke betreffen, fo kann auch hier an die Stelle der Bekanntmachung die befondere Mittheilung an die Betheiligten treten.

Jede fowohl vor als nach Erlafs diefes Gefetzes getroffene Feftfetzung von Plätzen, Strafsen und Fluchtlinien kann nur nach Mafsgabe der vorftehenden Beftimmungen aufgehoben oder abgeändert werden.

Artikel 8.

Die in Art. 10, letzter Abf., 20, letzter Abf., 21 und 29, zweiter Abf. erwähnten ftatutarifchen Beftimmungen gelten als Beftandtheile, bezw. Nachträge des Ortsbauplans und find nach Mafsgabe der Artikel 5 bis 7 zu behandeln.

Artikel 9.

Die in Gemäfsheit der Artikel 4 bis 7 feftgeftellten Strafsenfluchtlinien bilden zugleich die Baufluchtlinien, d. h. die Grenzen, bis zu welchen die an der Strafse aufzuführenden Bauten vorzurücken find und über welche hinaus die Errichtung von Bauten gegen die Strafse hin unftatthaft ift (Art. 30). Aus befonderen Gründen können aber von der Strafsenfluchtlinie verfchiedene Baufluchtlinien behufs Anlage von Vorgärten feftgefetzt werden.

Artikel 10.

Bei Feftfetzung der Fluchtlinien ift auf Förderung des Verkehrs, der Feuerficherheit und der öffentlichen Gefundheit Bedacht zu nehmen, auch darauf zu halten, dafs eine Verunftaltung der Strafsen und Plätze nicht eintritt.

Es ift defshalb für die Herftellung einer genügenden Breite und Entwäfferung der Strafsen, fo wie einer guten Verbindung der neuen Bauanlagen mit den bereits beftehenden Sorge zu tragen.

Ortsſtraſsen, welche neu angelegt oder verlängert und auf beiden Seiten mit Gebäuden beſetzt werden, ſollen in Städten nicht unter 12,5 m und auf dem Lande nicht unter 10 m Breite, Trottoirs mitgerechnet, haben. Eine geringere Breite kann bei neuen Straſsen nur da zugelaſſen werden, wo örtliche Verhältniſſe dies unvermeidlich machen.

Ob und in wie weit eine Straſse nur auf einer Seite mit Gebäuden beſetzt werden ſoll, iſt in dem Ortsbauplan, bezw. in dem dazu gehörigen Ortsſtatut zu beſtimmen.

Artikel 11.

Mit dem Tage der in Art. 7 vorgeſchriebenen Bekanntmachung tritt die Beſchränkung des Grundeigenthümers hinſichtlich der Einhaltung der Baufluchtlinien (Art. 9) bei Neubauten, Um- und Ausbauten endgiltig ein. Gleichzeitig erhält die Gemeinde das Recht, die durch die feſtgeſetzten Straſsenfluchtlinien für Straſsen und Plätze beſtimmte Grundfläche dem Eigenthümer gegen volle, nach Maſsgabe des Geſetzes über Abtretung von Privateigenthum für öffentliche Zwecke zu leiſtende Entſchädigung zu entziehen; und zwar, ſo fern nicht die Beſtimmungen der Art. 12 und 13 Platz greifen, jeder Zeit und auf einmal oder ſtückweiſe, ſowohl der Länge als der Breite nach.

So lange die Gemeinde nicht zur Expropriation ſchreitet, kann der Eigenthümer das in die projectirten Straſsen und Plätze fallende Gelände mit einer dem Bedürfniſſe entſprechenden Einfriedigung verſehen und benutzen.

Zu Culturveränderungen, welche eine Wertherhöhung des Geländes zur Folge haben, muſs jedoch der Eigenthümer die Genehmigung der Gemeinde einholen, widrigenfalls für die Wertherhöhung eine Entſchädigung demnächſt nur in ſo weit verlangt werden kann, als die Veränderung auch für den öffentlichen Zweck ſelbſt, für welchen die Abtretung geſchieht, den Werth des Geländes erhöht. Wird dem Eigenthümer die Genehmigung zu der Veränderung verſagt, ſo iſt die Gemeinde verpflichtet, das Gelände binnen drei Jahren zu erwerben, oder bei ſpäterer Erwerbung den durch etwaige Culturveränderungen erhöhten Werth des Grundſtücks zu vergüten. Dem Eigenthümer iſt zu geſtatten, Bauten (Art. 23 des Geſetzes) auf dem Gelände zu errichten; er iſt jedoch verpflichtet, dieſelben, wenn das Gelände zur Straſse gezogen wird, ohne irgend einen Anſpruch auf Entſchädigung ſelbſt zu entfernen oder deren Entfernung auf ſeine Koſten zu dulden.

Artikel 12.

Der Eigenthümer kann die Entſchädigung für unbebautes in den Straſsenzug fallendes Gelände, bezw. die Einleitung des Expropriationsverfahrens erſt dann verlangen, wenn die Gemeinde nach Maſsgabe des Art. 20 veranlaſſt iſt, zur Herſtellung der betreffenden Straſse zu ſchreiten.

Iſt jedoch das in den Straſsenzug einer neuen Straſse fallende Gelände zwar unbebaut, aber zur Bebauung ſchon geeignet, weil es zur Zeit der Feſtſtellung der Fluchtlinie für die neue Straſse an der Fluchtlinie einer anderen in den Bauplan aufgenommenen und mit Häuſern theilweiſe beſetzten Straſse gelegen iſt, ſo iſt die Entſchädigung ſchon dann zu leiſten, wenn in der Fluchtlinie der neuen Straſse, bis zur nächſten Querſtraſse gerechnet, ein Gebäude errichtet iſt.

Wenn Gelände zu einem öffentlichen Platz beſtimmt iſt, ſo kann die Entſchädigung für das ganze Gelände verlangt werden, ſobald die Grundfläche zu den den Platz umgebenden Straſsentheilen erworben, an einer der Platzſtraſsen ein Gebäude errichtet iſt und dieſe Straſse an eine bereits eröffnete Straſse anſchlieſst.

Fällt ein vorhandenes Gebäude in den Straſsenzug oder in die zu einem öffentlichen Platz beſtimmte Fläche, ſo kann der Eigenthümer von der Gemeinde die Uebernahme des Gebäudes nebſt in die Straſse fallenden zugehörigen Geländes gegen volle Entſchädigung ſchon dann verlangen, wenn ihm die nachgeſuchte Genehmigung zum Um- oder Ausbau des fraglichen Gebäudes verſagt wird.

Artikel 13.

Trifft die Straſsenfluchtlinie ein vorhandenes Gebäude in der Weiſe, daſs nur ein Theil des Gebäudeareals zum Straſsengelände zu ziehen iſt, ſo kann der Eigenthümer doch die Expropriation des ganzen Gebäudes nach Maſsgabe der Art. 11 und 12 verlangen.

Das entſprechende Verlangen kann er ſtellen hinſichtlich eines zwar unbebauten, aber zur Bebauung geeigneten Grundſtücks (Art. 12, Abſ. 2), wenn der durch den Straſsenzug nicht in Anſpruch genommene Theil deſſelben zur Benutzung als Bauplatz ſich nicht mehr eignet und auch nicht mit anderem bebauten oder bebaubaren Grundbeſitze deſſelben Eigenthümers unmittelbar zuſammenhängt.

Durch Ortsſtatut kann beſtimmt werden, welche Fläche zur Benutzung als Bauplatz nicht mehr geeignet iſt.

Artikel 14.

Bei Abſchätzung von unbebautem, an keiner beſtehenden Straſse gelegenen Gelände, welches nach dem Bauplane zur Herſtellung neu anzulegender Straſsen oder Plätze erforderlich iſt, kann daſſelbe nicht zu dem Werthe, welchen es als Bauplatz haben würde, ſondern nur ſo hoch abgeſchätzt werden, als es, je nach ſeiner Beſchaffenheit, nach den geſetzlichen Grundſätzen über die Ausmittelung der Entſchädigungsſumme bei Abtretung von Privateigenthum zu öffentlichen Zwecken gewerthet werden kann.

War dem Eigenthümer in Gemäfsheit des Schlufssatzes des Art. 11 die Erlaubnifs zu einem Neubau ertheilt worden, fo kann aus dem alfo entftandenen Mehrwerth des Geländes ein Anfpruch auf Entfchädigung nicht abgeleitet werden.

Artikel 15.

Wird für eine Strafse oder einen öffentlichen Platz eine neue Baufluchtlinie feftgefetzt, welche von der zugehörigen Strafsenfluchtlinie verfchieden ift, fo kann wegen Befchränkung der Baufreiheit hinfichtlich des betroffenen, dem Grundeigenthümer verbleibenden Grundeigenthums eine Entfchädigung nach den für die Entziehung des Grundeigenthums mafsgebenden Grundfätzen nur verlangt werden:

1) wenn die Baufluchtlinie vorhandene Gebäude fchneidet und das Grundftück auf Verlangen der Gemeinde bis zur neuen Fluchtlinie freigelegt werden foll, oder dem Eigenthümer die nachgefuchte Genehmigung zum Um- oder Ausbau des fraglichen Gebäudes verfagt wird;
2) wenn und fobald in Folge der endgiltigen Befchränkung der Baufreiheit (Art. 11) eines unbebauten, aber bisher fchon zur Bebauung geeigneten (Art. 12, Abf. 2) Grundftücks, der unbefchränkt bleibende Theil deffelben zur Benutzung als Bauplatz fich nicht mehr eignet und auch nicht mit anderem bebauten oder zur Bebauung geeigneten Grundbefitze desfelben Eigenthümers unmittelbar zufammenhängt.

Im Falle des Abfatzes 2, fo wie auch dann im Falle des Abfatzes 1, wenn der unbefchränkt bleibende Theil des Grundftücks fich zur Benutzung als Bauplatz nicht mehr eignet, ift der Eigenthümer befugt, ftatt der Entfchädigung für die Befchränkung, die Expropriation des ganzen Grundftücks zu fordern.

Artikel 16.

Soweit in Folge der Durchführung der in einem Orts- oder Strafsen-Bauplane feftgefetzten Höhenlage der Strafsen (des Nivellements, Art. 4) die Befitzer von Gebäuden oder Hofraithen, welche fchon vor der Feftftellung der Höhen an der zu regulirenden Strafse errichtet waren, in der feitherigen Benutzung ihres betreffenden Eigenthums beeinträchtigt werden, oder, um diefelbe fich zu erhalten, zu baulichen Aenderungen gezwungen find, können fie von der Gemeinde den Erfatz ihres Schadens beanfpruchen. — Bei Feftfetzung der Entfchädigung ift zu Gunften der Gemeinde die etwaige Wertherhöhung in Berückfichtigung zu ziehen, welche durch die neue Einrichtung der betreffenden Liegenfchaft erwächst.

Ueber Anfprüche der Grundeigenthümer auf Grund der Art. 12, 13, 15 und 16 entfcheiden die Gerichte.

Artikel 17.

Ift in dem Ortsbauplan die Schliefsung eines beftehenden Gemeindewegs vorgefehen, fo ift die Gemeinde berechtigt und auf Verlangen des betreffenden Grundbefitzers verpflichtet, folche Grundftücke, welche an diefem Gemeindewege gelegen find, demnächft aber nach Schliefsung deffelben von keinem öffentlichen Wege berührt werden, nöthigen Falles durch Expropriation zu erwerben, fobald fie in Rückficht auf die das betreffende Bauquartier umgebenden neu hergerichteten Strafsen zur Schliefsung jenes Gemeindewegs zu fchreiten veranlafft ift.

Nach erfolgter Expropriation ift der beftehende Gemeindeweg zu fchliefsen, und find die exproprirten Grundftücke an die angrenzenden Grundbefitzer auf deren Verlangen gegen Erfatz der Koften in Eigenthum abzutreten. Die Bedingungen, unter welchen dies zu gefchehen hat, müffen durch Ortsftatut feftgefetzt fein.

Artikel 18.

In Gemeinden, in welchen für die Anlegung neuer Strafsen in dem Ortsbauplane ausreichend Vorfehung getroffen worden ift, kann durch Ortsftatut beftimmt werden, dafs aufserhalb des Bereichs des Ortsbauplanes Gebäude nicht errichtet werden dürfen. Ausnahmen hiervon können im Einzelfalle, mit Rückficht auf die Beftimmung, örtliche Lage oder fonftige Verhältniffe der beabfichtigten Bauten, nach Anhörung des Gemeindevorftandes von dem Minifterium geftattet werden.

Artikel 19.

Die Herftellung und Unterhaltung der im öffentlichen Intereffe nothwendigen Ortsftrafsen und öffentlichen Plätze liegt der Gemeinde ob, in fo weit nicht eine befondere Verpflichtung Dritter hierzu befteht und in fo weit es fich nicht von im Zuge der Kunftftrafsen liegenden Ortsdurchfahrten handelt, hinfichtlich deren die desfallfigen befonderen gefetzlichen Beftimmungen mafsgebend find.

Oeffentliche Plätze und Strafsen, welche nicht Gemeindeeigenthum find, aber dem öffentlichen Verkehre dienen, müffen, in fo weit nicht eine Verpflichtung Dritter hierzu befteht, von der Gemeinde fachgemäfs hergerichtet und unterhalten werden.

Zur Herftellung neu anzulegender Ortsftrafsen und öffentlicher Plätze für den Verkehr gehört, dafs diefelben der durch den Bauplan beftimmten Höhenlage gemäfs geebnet, mit den erforderlichen Einrichtungen für die Wafferableitung und mit einem dem Bedürfnifs entfprechenden Stein- oder Kieskörper oder Pflaſter, ſo wie mit Seitenpfaden für die Fuſsgänger (Trottoirs) verſehen werden.

Artikel 20.

Die Vorausſetzungen, unter welchen die Eröffnung und Herſtellung einer Straſse zu erfolgen hat, ſo wie die Reihenfolge, in welcher die nach dem Ortsbauplane anzulegenden Straſsen oder Bauquartiere zu eröffnen ſind, können durch Ortsſtatut näher beſtimmt werden. Die Gemeinde iſt jedoch zur Herſtellung der im Ortsbauplane vorgeſehenen Straſsen jedenfalls dann verpflichtet, wenn an ſolchen zu beiden Seiten oder, wo nur eine Straſsenſeite zum Bebauen beſtimmt iſt (Art. 10), an dieſer Seite neue oder ältere Gebäude an beſtehende Straſsen ſich in ſolcher Weiſe anreihen, daſs der gröſsere Theil der neuen Straſse, bis zur nächſten Querſtraſse gerechnet, als bebaut anzuſehen iſt.

Iſt die alsbaldige Ausführung einer ſolchen Gebäudereihe geſichert, ſo hat die Gemeinde die Straſsenfläche in ſo weit zu erwerben und zu ebnen, als erforderlich iſt, um eine Zufahrt zu jener zu eröffnen, und hat weiter die für den Ablauf des Waſſers erforderlichen proviſoriſchen Einrichtungen zu treffen.

Werden, abgeſehen von dem im vorigen Abſatze bemerkten Falle, auſserhalb der angelegten Ortsſtraſsen und Plätze an den in den Ortsbauplan aufgenommenen Baulinien oder überhaupt auſserhalb des Ortsbauplans Gebäude errichtet, ſo hat der Bauende die für die Erbauung und Benutzung ſolcher Gebäude oder im öffentlichen Intereſſe unentbehrliche Zufahrt von der nächſten Straſse oder dem nächſten öffentlichen Wege aus, und die für den Ablauf des Waſſers erforderlichen Einrichtungen nach den bei der Genehmigung ertheilten Anordnungen auf eigene Koſten herzuſtellen.

Dem zum Ortsbauplan gehörigen Ortsſtatut bleibt vorbehalten, dahin Beſtimmung zu treffen, daſs in Straſsen oder Straſsentheilen, welche noch nicht den baupolizeilichen Beſtimmungen gemäſs für den öffentlichen Verkehr und den Anbau fertig hergeſtellt ſind, Gebäude, die nach dieſen Straſsen ihren Ausgang haben, nicht errichtet werden dürfen.

Artikel 21.

Durch zum Ortsbauplan gehöriges Ortsſtatut kann feſtgeſetzt werden, daſs bei der Anlegung einer neuen oder bei der Verlängerung einer ſchon beſtehenden Straſse, ſo wie bei dem Anbau an ſchon vorhandenen, bisher unbebauten Straſsen und Straſsentheilen, der Aufwand für die Erwerbung des zur Straſse nöthigen Geländes, für die Herſtellung der zur Aufnahme des Regen- und Abfallwaſſers in der Straſse anzulegenden Canäle, für die Erdarbeiten zur Herſtellung des Straſsenkörpers und für die den Bedürfniſſen des Verkehrs entſprechende erſte Einrichtung der Straſse mittels Chauſſirung der Fahrbahn und Pflaſterung der Goſſen (Rinnen), von den an die Straſse angrenzenden Grundbeſitzern ganz oder theilweiſe zu tragen oder zu erſetzen iſt, ſobald auf ihren betreffenden Grundſtücken neue oder ältere Gebäude an die neue Baufluchtlinie zu ſtehen kommen, oder ihren Ausgang nach der neuen Straſse erhalten. Zu dieſen Verpflichtungen können die an einer Straſsenſeite angrenzenden Eigenthümer nicht für mehr als die Hälfte der Straſsenbreite, und wenn dieſe Breite mehr als 16 m beträgt, nicht für mehr als 8 m Breite herangezogen werden.

Bei Berechnung der Koſten ſind die Koſten der geſammten Straſsenanlage, einſchlieſslich der auf die Straſsenkreuzungen fallenden, zuſammen zu rechnen und den Eigenthümern nach Verhältniſs der Länge ihrer die Straſse berührenden Grenze zur Laſt zu legen. In dieſe Berechnung iſt jedoch eine Vergütung für das Gelände der in die neu anzulegende Straſse fallenden, der Gemeinde gehörigen Wege und Straſsen nicht aufzunehmen, ſolches vielmehr von der Gemeinde unentgeltlich zur Straſsenanlage zu verwenden.

Durch Ortsſtatuten kann die in Abſatz 1 erwähnte Verpflichtung der Grundbeſitzer hinſichtlich der vor ihren Grundſtücken herziehenden unterirdiſchen Abzugscanäle auch auf die neue Herſtellung ſolcher Canäle in bereits beſtehenden Straſsen, ſo wie auf den Aufwand für Herſtellung ſchon beſtehender Canäle dann ausgedehnt werden, wenn auch ſeither die Anlieger zu dieſen Koſten ſchon herangezogen wurden.

Durch zum Ortsbauplan gehöriges Ortsſtatut kann ferner feſtgeſetzt werden, daſs die Beſitzer von an neu anzulegenden Straſsen angrenzenden Grundſtücken die Koſten der Herſtellung und der Unterhaltung der vor ihren Grundſtücken hinziehenden öffentlichen Fuſswege (Trottoirs) ganz oder theilweiſe zu tragen oder zu erſetzen haben und die Grundbeſitzer zu dieſen Leiſtungen nur mittels Geldbeiträgen zuzulaſſen ſind. Die gleiche Anordnung kann auch für bereits beſtehende Straſsen getroffen werden.

Das Ortsſtatut hat die näheren Beſtimmungen innerhalb der Grenzen vorſtehender Vorſchriften feſtzuſetzen und kann dabei anordnen, daſs die betreffenden Grundbeſitzer für pünktliche Einhaltung derſelben eine von dem Gemeindevorſtand zu beſtimmende Caution zu ſtellen haben, bevor ſie die Genehmigung zur Errichtung von Gebäuden an der neu anzulegenden oder bereits eröffneten Straſse erhalten können. Auf die Unterhaltung der Trottoirs kann die Cautionspflicht nicht ausgedehnt werden.

Artikel 22.

Die Anlage von Straſsen, für welche kein öffentliches Bedürfniſs vorliegt (Privatſtraſsen), welche aber doch dem öffentlichen Verkehre unbeschränkt übergeben werden sollen, ist den betreffenden Grundbesitzern nur mit Zustimmung des Gemeindevorstands und Genehmigung der Polizeiverwaltungsbehörde unter Einhaltung der von derselben ertheilten Vorschriften gestattet.

Artikel 31.

Die gröfste zuläfsige Höhe der Privatgebäude an beiderseits angebauten oder anzubauenden Ortsstrafsen von normalmäfsiger Breite (Art. 10) soll, von der Oberfläche der Strafse bis zur Dachtraufe gemessen, die Breite der Strafse mit Einschlufs der Trottoirs und der Vorgärten in der Regel nicht um mehr wie 2 m übersteigen.

Ist die Strafse längs des Gebäudes nicht gleich breit oder ist die Höhenlage der Strafse eine ansteigende, so sind die Durchschnittsgröfsen für die Höhe der Gebäude mafsgebend.

Von Stockwerken in gebrochenen Dächern (Mansardenstockwerken), Zwerchhäusern und gegen die Strafse gerichteten Giebeln wird die halbe Höhe der Höhe des Gebäudes bis zur Dachtraufe zugerechnet.

Auf Privatgebäude an öffentlichen Plätzen und Strafsen, welche nur auf einer Seite bebaut werden dürfen, finden vorstehende Bestimmungen keine Anwendung.

Localpolizeireglements können nähere Bestimmung treffen über die im Allgemeinen zuläfsige gröfste Höhe von Privatgebäuden, die an engen oder an mehreren Strafsen von ungleicher Breite gelegen sind.

Artikel 38.

Gebäude aller Art dürfen an Eisenbahnen nicht in geringerer Entfernung als 7,50 m von der Kante des Bahnkörpers oder von der Grenze eines Bahnhofs errichtet werden.

Bei Gebäuden, welche äufsere Wandbekleidungen oder Bedachungen von brennbaren Stoffen erhalten, oder in welchen leicht entzündliche Stoffe zubereitet oder aufbewahrt werden sollen, mufs die Entfernung mindestens 20 m betragen. Auf die zum Betrieb der Eisenbahn erforderlichen Gebäude finden diese Bestimmungen keine Anwendung.

In Fällen, in welchen keine Bedenken hinsichtlich der Feuersgefahr oder des Betriebs der Eisenbahn bestehen, oder in welchen umgekehrt die bezeichneten Entfernungen nicht als ausreichend erscheinen, können geringere Entfernungen zugelassen, bezw. gröfsere Entfernungen verlangt werden.

Den Ortsstatuten bleibt es überlassen, zu bestimmen, in welcher Entfernung von Friedhöfen Wohngebäude errichtet und Brunnen gegraben werden dürfen.

Ueber die Entfernung neuer Bauten von Landstrafsen, Wasenplätzen und Lagerplätzen, so wie von öffentlichen Wassern ist durch allgemeine Verordnung oder Localpolizeireglements oder im einzelnen Falle durch polizeiliche Verfügung Bestimmung zu treffen. In dieser Richtung bestehende Bestimmungen werden durch gegenwärtiges Gesetz nicht aufgehoben.

Aufserhalb des geschlossenen Wohnbezirks oder des Ortsbauplans kann die Errichtung von Gebäuden im einzelnen Falle aus feuer- oder sicherheitspolizeilichen Gründen untersagt werden.

B. Ortsstatute.

VII.

Ortsstatut für die Stadt Berlin vom 8. October 1875,

betreffend Bauverbot an unfertigen Strafsen.

Auf Grund des §. 11 der Städte-Ordnung vom 30. Mai 1853 und des §. 12 des Gesetzes vom 2. Juli 1875 (Gesetzsammlung S. 561) wird für den hiesigen Gemeindebezirk Folgendes bestimmt:

§. 1.

Wohngebäude dürfen an Strafsen oder Strafsentheilen, nach welchen sie einen Ausgang haben, nur errichtet werden, wenn diese Strafsen oder Strafsentheile den baupolizeilichen Vorschriften gemäfs befestigt, entwässert und mindestens mittels einer regulirten Strafse zugänglich sind.

§. 2.

Ausnahmen in Einzelfällen mit Rücksicht auf Umfang, Bestimmung, örtliche Lage etc. der beabsichtigten Bauten können vorbehaltlich der Zustimmung der Baupolizeibehörde von der städtischen Bauverwaltung bewilligt werden.

VIII.

Ortsſtatut für die Stadt Berlin vom 7. März 1877,

betreffend Aufbringung der Straſsenanlagekoſten.

Auf Grund des §. 11 der Städte-Ordnung vom 30. Mai 1853 und des §. 15 des Geſetzes vom 2. Juli 1875 (Geſ.-S. S. 651) wird für den hieſigen Gemeindebezirk Folgendes beſtimmt:

A. Anlage neuer Straſsen durch die Stadtgemeinde.

1. Verpflichtung der Adjacenten zur Erſtattung der Anlagekoſten.

§. 1.

Bei der Seitens der Stadtgemeinde erfolgenden Anlage einer neuen, oder bei der Verlängerung einer ſchon beſtehenden Straſse, welche zur Bebauung beſtimmt iſt, ſind die Beſitzer der angrenzenden Grundſtücke, ſobald auf denſelben Gebäude an dieſen Straſsen errichtet werden, verpflichtet, der Stadtgemeinde diejenigen Koſten zu erſtatten, welche ihr für die Freilegung, erſte Einrichtung, Pflaſterung und Entwäſſerung der Straſse erwachſen.

§. 2.

Zu den Koſten der Freilegung gehören auch die Koſten der Erwerbung des Grund und Bodens der Straſse einſchlieſslich des Bürgerſteiges.

Iſt das Straſsenland zum Theil unentgeltlich von angrenzenden Grundſtücken abgetreten worden, ſo wird behufs Feſtſtellung des auf die einzelnen adjacirenden Grundſtücke entfallenden Antheils an den Grunderwerbskoſten das unentgeltlich abgetretene Terrain mit dem vom Magiſtrat, unter Berückſichtigung des Preiſes des entgeltlich erworbenen Terrains, feſtgeſtellten Werthe bei der Ermittelung der Geſammtkoſten in Rechnung geſtellt, demnächſt aber denjenigen Adjacenten auf ihren Beitrag zu den Geſammtkoſten in Abzug gebracht, von deren Grundſtücken das Straſsenland unentgeltlich abgetreten iſt.

§. 3.

Zu den Koſten der erſten Einrichtung und Pflaſterung gehören insbeſondere auch diejenigen der Herſtellung des Anſchluſſes an Nebenſtraſsen, ſo wie der Ueberfahrts- und Uebertrittsbrücken.

Als Koſten des zur erſten Pflaſterung verwendeten Materials incl. Arbeitslohn wird ein alljährlich durch Communalbeſchluſs pro Quadrat-Meter feſtzuſtellender Preis in Rechnung geſtellt. Derſelbe ſoll für Haupt- und Nebenſtraſsen verſchieden ſein und den Preis der nach Communalbeſchluſs für derartige Straſsen zuläſſigen geringſten Qualität Pflaſter nicht überſteigen.

Ob eine Straſse als Haupt- oder Nebenſtraſse zu erachten, wird durch den Magiſtrat feſtgeſtellt.

Die Koſten der Herſtellung von Promenaden, Baum- und anderen Pflanzungen ſind nicht zu erſtatten.

2. Feſtſtellung und Vertheilung der Anlagekoſten auf die zur Erſtattung Verpflichteten.

§. 4.

Für Vertheilung der Geſammtkoſten gilt derjenige zuſammenhängende Straſsentheil als Einheit, deſſen Regulirung zu derſelben Zeit erfolgt iſt.

§. 5.

Bei Straſsen von mehr als 26 m Breite iſt von den Koſten der Geſammtanlage ein, nach dem Verhältniſs von 26 m zu der Geſammtbreite der Straſsen berechneter Beitrag von den Adjacenten zu erſtatten, der Ueberreſt fällt der Stadtgemeinde zur Laſt.

§. 6.

Der nach §. 1 bis 5 zur Einziehung gelangende Betrag wird durch den Magiſtrat vorbehaltlich des Beſchwerdewegs endgiltig feſtgeſtellt und auf die angrenzenden Grundſtücke nach Verhältniſs der Länge ihrer, die Straſse berührenden Grenze vertheilt.

§. 7.

Die Zahlung der nach §. 1 bis 6 zu leiſtenden Beiträge hat gegen Ertheilung der Bauerlaubniſs zur Errichtung von Gebäuden an neuen Straſsen reſp. Straſsentheilen zu erfolgen.

Steht zur Zeit der Ertheilung derſelben der Beitrag des betreffenden Adjacenten noch nicht feſt, ſo iſt von demſelben, ſo fern es der Magiſtrat für erforderlich und angemeſſen erachtet, eine von Letzterem der Höhe nach zu beſtimmende Caution in baarem Gelde oder in depoſitalmäſsigen Papieren zu beſtellen, aus welcher die Tilgung des demnächſt ermittelten Beitrags in erſter Linie erfolgt. Für den etwaigen Ueberreſt bleibt das Grundſtück verhaftet.

§. 8.

Der Magiſtrat iſt befugt, mit Rückſicht auf die Vermögenslage der Zahlungspflichtigen für die Entrichtung der Beiträge Ratenzahlung oder Zahlungsfrift bis zu höchftens 2 Jahren von der Fälligkeit ab zu bewilligen.

B. Anlagen und Unterhaltung neuer, im Bebauungsplan feftgeftellter Strafsen durch Unternehmer oder Adjacenten.

1. Anlage der Strafsen.

§. 9.

Wenn Unternehmer oder Adjacenten eine im Bebauungsplan feftgeftellte Strafse oder einen Theil einer folchen anlegen wollen, fo ift die Genehmigung dazu bei dem Magiftrat nachzufuchen, abgefehen von der aufserdem erforderlichen Genehmigung der Baupolizei.

Zu dem Behufe ift ein Situationsplan und ein Nivellementsplan derfelben, aus welchen insbefondere auch der Anfchlufs der herzuftellenden Entwäfferungsanlagen an die beftehenden öffentlichen Anlagen erfichtlich ift, und zwar in je 5 Exemplaren einzureichen.

Den Unternehmern etc. ftehen für die Ausarbeitung der betreffenden Pläne die bei dem Magiftrat befindlichen einfchlagenden Materialien zur Benutzung auf ihre Koften durch ihre Sachverftändigen offen, fo weit das Verwaltungsintereffe es geftattet.

Der Situationsplan mufs die in die Strafse fallenden und an diefelbe angrenzenden Grundftücke bis auf 30 m Entfernung von den Strafsenfluchtlinien, deren Grundbuch-Bezeichnung und Befitzer erfichtlich machen.

Die Genehmigung kann nur verfagt werden, wenn Gründe des öffentlichen Intereffes der Herftellung der Strafse entgegen ftehen.

Die betreffenden Gründe find in dem Verfagungs-Befcheide anzugeben.

§. 10.

Erklären fich die Unternehmer refp. Adjacenten zur Ausführung der Strafsenanlage gemäfs der ertheilten Genehmigung bereit, oder nehmen fie die Ausführung thatfächlich in Angriff, fo find fie verpflichtet, die Strafsenanlage innerhalb der in der Genehmigung geftellten Frift zu vollenden, widrigenfalls die erforderlichen Arbeiten von der Stadtgemeinde für Rechnung der Unternehmer refp. Adjacenten ausgeführt werden können. Das zur Strafsenanlage erforderliche Terrain ift vor Beginn der Arbeiten zur Herftellung derfelben an die Stadtgemeinde zu übereignen und auf deren Verlangen pfandfrei zu ftellen.

Ob die Herftellung bedingungsmäfsig erfolgt ift, entfcheidet der Magiftrat, bei welchem die Abnahme, abgefehen von der baupolizeilichen Abnahme, beantragt werden mufs.

2. Unterhaltung.

§. 11.

Die Unterhaltung der gemäfs §. 9 ff. angelegten Strafsen geht, fobald diefelben bedingungsmäfsig hergeftellt find, auf die Stadtgemeinde über, dagegen haben die Unternehmer refp. Adjacenten — letztere fo weit fie nach diefem Statute zu den Koften der neuen Strafsenanlage beitragspflichtig find — entweder

a) die Koften diefer Unterhaltung oder
b) einen alljährlich durch Communalbefchlufs feftzufetzenden Beitrag zu denfelben

bis zum Ablauf des auf das Jahr des Beginnes der Unterhaltung folgenden v i e r t e n Kalenderjahres zu tragen.

In dem Falle a wird der Betrag der Koften durch den Magiftrat definitiv feftgeftellt.

Die Koften der Unterhaltung oder der Beiträge zu diefen werden erforderlichen Falls im Wege der adminiftrativen Execution eingezogen.

§. 12.

Es foll geftattet fein, die im §. 11 auferlegte Unterhaltungspflicht durch Zahlung eines Kapitals abzulöfen, welches nach dem Flächen-Inhalte der zu unterhaltenden Strafsenftrecke und nach dem pro Quadrat-Meter alljährlich durch Communalbefchlufs feftzuftellenden Einheitsfatze zu berechnen ift.

C. Anlage neuer, im Bebauungsplane noch nicht feftgeftellter Strafsen durch Unternehmer.

§. 13.

Den Anträgen auf Genehmigung von Strafsenanlagen in Abänderung oder Ergänzung des Bebauungsplans find Situations- und Nivellementspläne in der vom Magiftrat für nothwendig erachteten Anzahl und Befchaffenheit beizufügen.

Auch ift auf Erfordern der Nachweis zu führen, in welcher Weife die Ausführung der Anlagen gefichert ift.

D. Anbau an vorhandenen unbebauten Strafsen.

§. 14.

Von den Grundftücken, welche an einer zur Zeit des Erlaffes diefes Statuts fchon vorhandenen, bisher unbebauten Strafse oder einem folchen Strafsentheile liegen, ift, fobald diefe Grundftücke an der Strafse bebaut werden, das zur Freilegung der Strafse in der durch den Bebauungsplan oder fonft in vorgefchriebener Weife feftgeftellten Breite erforderliche Terrain bis zur Mittellinie der Strafse unentgeltlich abzutreten, freizulegen, in das vorgefchriebene Niveau zu bringen und zu pflaftern. Bei Strafsen von mehr als 26 m Breite erftreckt fich diefe Verpflichtung auf 13 m der Strafsenbreite.

E. Allgemeine Vorschriften.

§. 15.

Der Stadtgemeinde steht das Recht zu, in den Fällen der §§. 9 und 13 dieses Statuts die Ausführung der Strassenanlagen im öffentlichen Interesse selbst für Rechnung der Unternehmer zu übernehmen. In diesem Falle finden, so weit nicht besondere Vereinbarungen getroffen sind, die Vorschriften der §§. 1 bis 8 dieses Statuts Anwendung.

§. 16.

Als Anlage einer neuen Strasse im Sinne dieses Statuts gilt auch die Umwandlung eines unregulirten Weges oder einer Landstrasse in eine städtische Strasse.

IX.

Ortsstatut vom 13. März 1890,

betreffend die Bebauung in dem Stadtbezirk Köln.

Auf Grund der §§. 12 und 15 des Gesetzes betreffend die Anlegung von Strassen und Plätzen in Städten und ländlichen Ortschaften vom 2. Juli 1875 wird für den Stadtbezirk Köln unter Aufhebung der bisher innerhalb desselben geltenden Ortsstatute, welche denselben Gegenstand betreffen, nachstehendes Ortsstatut erlassen:

I. Vom Bauen an neuen oder an schon vorhandenen, aber noch unbebaut gewesenen Strassen und Strassentheilen.

1. Verpflichtung der Grundeigenthümer.

§. 1.

Wird an einer von der Stadt nach dem 21. November 1878, dem Tage des Inkrafttretens des bisherigen Ortsstatuts betreffend die Bebauung für Alt-Köln, neu angelegten, verlängerten oder damals zwar schon vorhandenen aber unbebaut gewesenen Strasse bezw. Strassenstrecke ein Gebäude errichtet, so ist der Eigenthümer verpflichtet, die antheiligen Kosten der Freilegung, der ersten Einrichtung, Entwässerungs- und Beleuchtungs-Vorrichtung der Strasse, so wie der Unterhaltung während der ersten fünf Jahre zu tragen.

§. 2.

Die Kosten der Freilegung begreifen die Grunderwerbskosten in sich.

Ist das Strassenland zum Theil unentgeltlich oder zu einem geringeren Preise von Eigenthümern angrenzender Grundstücke abgetreten worden, so werden behuf Feststellung des auf die einzelnen angrenzenden Grundstücke entfallenden Antheils an den Erwerbskosten die unentgeltlich oder zu einem billigern Preise abgetretenen Bodenflächen mit ihrem vollen Werthe unter Berücksichtigung des Preises der zum vollen Werthe erworbenen Bodenflächen bei der Ermittelung der Gesammtkosten in Rechnung gestellt, demnächst aber denjenigen Anliegern auf ihren Beitrag zu den Gesammtkosten in Abzug gebracht, von deren Grundstück das Strassenland unentgeltlich oder zu einem geringeren Preise abgetreten ist. Der Werth vorhandener, der Stadt zugehöriger, in die Strasse gefallener Wegeflächen bleibt hierbei ausser Ansatz.

Die Festsetzung des Werthes der zu einem geringeren Preise oder unentgeltlich abgetretenen Flächen erfolgt durch drei im einzelnen Falle von der Stadtverordneten-Versammlung zu ernennende Sachverständige.

§. 3.

Zu den im §. 1 erwähnten Kosten gehören insbesondere:

1) Die Kosten der Erdarbeiten, die Herstellung der Strassendecke und der Bürgersteige in der von der Stadtverordneten-Versammlung zu bestimmenden Weise, die Kosten des geordneten Anschlusses an andere Strassen, so wie diejenigen der Einwölbung von im Zuge der Strasse liegenden Wasserläufen.

   In der Regel ist für die Strassendecke das beste ortsgebräuchliche Steinpflaster, für die Bürgersteige Asphalt oder Pflaster aus flachköpfigen, ebenen, quadratischen Steinen gleicher Grösse zu verwenden;

2) Die Kosten der Canalisation mit Ausschluss derjenigen der Klärstation.

2. Vertheilung der Koften auf die Zahlungspflichtigen.

§. 4.

Für die Vertheilung der Anlage- und Unterhaltungskoften, mit Ausnahme derjenigen der Canalifation, gilt jede Strafse in ganzer Länge oder in der von der Stadtverordneten-Verfammlung feftzufetzenden Theilftrecke mit Einfchlufs der Strafsenkreuzungen als ein Ganzes. Die Vertheilung auf die einzelnen Grundftücke gefchieht nach der Länge ihrer Strafsenfront.

Die Koften der Canalifation werden dagegen für das Frontmeter nach einem Einheitsfatze von der Stadtverordneten-Verfammlung feftgefetzt, welcher die Höhe desjenigen Betrages nicht überfchreiten darf, der fich ergiebt, wenn die Gefammtkoften der Strafsenleitungen, der Regenausläffe und der Zuleitung bis zur Klärftation, fo wie die Koften der Hausanfchlüffe, fo weit fie ftädtifcherfeits hergeftellt werden, durch die Gefammtlänge der an den Strafsenleitungen liegenden bebauungsfähigen Fronten dividirt werden.

Eckgrundftücke zahlen ihre entfprechenden Antheile für die Strafsen, an welchen fie liegen.

§. 5.

Erhält eine Strafse eine Breite von mehr als 26 m, fo befchränkt fich die Beitragspflicht der Anlieger auf die Breite von 13 m.

3. Fälligkeit der Beiträge und deren Einziehung.

§. 6.

Die Zahlung der nach §§. 1 bis 5 zu leiftenden Beiträge hat zu erfolgen, fobald Gebäude an der Strafse oder Strafsenftrecke errichtet werden.

§. 7.

Die Einziehung der Beiträge als öffentliche Wegebaulaft erfolgt im Wege des Verwaltungs-Zwangsverfahrens.

II. Anlegung neuer Strafsen durch Unternehmer.

§. 8.

Die Genehmigung zur Anlegung neuer Strafsen durch Unternehmer erfolgt nur, wenn die Anlegung dem öffentlichen Intereffe nicht widerfpricht. Die näheren, ficher zu ftellenden Verpflichtungen folcher Unternehmer werden durch fchriftlichen Vertrag feftgefetzt. In allen Fällen hat der Unternehmer die zur Strafsenanlage erforderliche Bodenfläche der Stadt eigenthümlich zu überweifen und die in den §§. 1 bis 4 feftgeftellten Verpflichtungen zu erfüllen.

§. 9.

Es fteht der Stadtverordneten-Verfammlung im Einzelfalle frei, zu befchliefsen, dafs die Arbeiten zur Herftellung einer Strafse dem Unternehmer nicht überlaffen, fondern ganz oder theilweife für deffen Rechnung vom ftädtifchen Bauamte ausgeführt werden. Die Canalifation wird in allen Fällen von der Stadt ausgeführt und nach dem Einheitsfatze des §. 4 dem Unternehmer in Rechnung geftellt.

III. Vom Bauen an noch nicht fertig geftellten Strafsen und Strafsentheilen.

§. 10.

An Strafsen oder Strafsentheilen, die noch nicht in Gemäfsheit der baupolizeilichen Beftimmungen für den öffentlichen Verkehr und den Anbau fertig geftellt find, kann die Errichtung von Wohngebäuden, die nach diefen Strafsen einen Ausgang haben, nur ausnahmsweife von dem Gemeindevorftande, vorbehaltlich der Zuftimmung der Polizeibehörde geftattet werden.

IV. Befchränkung der Anforderungen beim Bauen in den Vororten.

§. 11.

Für die Vororte gelten die vorftehenden Beftimmungen mit folgenden Ausnahmen:

1. Der im §. 1 angegebene Zeitpunkt beftimmt fich in den Vororten nach dem Tage des Inkrafttretens der dort bisher beftandenen Ortsftatute betreffend die Bebauung, das ift für:
   a) die ehemalige Gemeinde Ehrenfeld der 24. Mai 1876,
   b) die ehemalige Gemeinde Kriel der 18. Juli 1876,
   c) die ehemalige Gemeinde Nippes (die Ortfchaften Nippes, Mauenheim und Riehl) der 7. October 1876,
   d) den eingemeindeten Theil von Rondorf der 25. November 1876,
   e) die ehemalige Gemeinde Müngersdorf der 2. September 1877.

   Soweit in den Vororten bisher Ortsftatute betreffend die Bebauung nicht beftanden, ift der Tag des Inkrafttretens diefes Statuts mafsgebend.
2. Für die ehemaligen Gemeinden Deutz, Rondorf, Efferen, Ehrenfeld, Nippes, fo weit folche mit der Stadt Köln vereinigt find, für den Theil der ehemaligen Gemeinde Kriel öftlich der militärifchen Ringftrafse, für die Katafterfluren 35, C, D, E, F und G der ehemaligen Gemeinde Müngersdorf und für die Katafterflur O der ehemaligen Gemeinde Longerich

kann bei Nebenftrafsen ein geringeres als das im §. 3 vorgefehene Pflafter zugelaffen werden.

3. Für die ehemalige Gemeinde Poll und die unter 2 nicht benannten Theile der ehemaligen Gemeinden Kriel, Müngersdorf und Longerich befchränkt fich die Leiftungspflicht eines bauenden Anliegers auf die unentgeltliche Abtretung des Strafsenlandes und einen Geldbeitrag, welcher der Befeftigung des Fahrweges mit Bafaltkleinfchlag, der Herftellung einer gepflafterten Rinne und eines erhöhten, mit Randfteinen eingefafften, bekiesten Fufsweges entfpricht. Wird eine andere Art der Entwäfferung und eine Beleuchtung für geboten erachtet, fo kommen die desfallfigen Koften in Rechnung.

X.

Auszug aus dem Orts-Bauftatut für Darmftadt vom 26. Mai 1886.

§. 1.

Die Grenzen der Bebauung find durch den Stadtbauplan gegeben.

In diefem Plane, welcher auf Grofsherzoglicher Bürgermeifterei in den Gefchäftsftunden zur Einficht offen liegt, find die Strafsen in nachftehender Weife eingetragen:

a) ausgebaute Strafsen ohne befondere Farbe mit Begrenzung durch die roth angelegten Gebäude,
b) eröffnete Strafsen gelb,
c) noch nicht eröffnete Strafsen braun,
d) bei Strafsen mit Vorgärten find letztere grün angedeutet,
e) bei Strafsen, die nur auf einer Seite bebaut werden dürfen, ift die nicht zu bebauende Seite ebenfalls durch eine grün angelegte Fläche bezeichnet.

§. 2.

Als Strafsen, welche nur auf einer Seite bebaut werden dürfen, find vorerft folgende beftimmt:

1. Beckftrafse zwifchen Soder- und Blumenftrafse;
2. Blumenthalftrafse zwifchen Pallaswiefenftrafse und Frankfurterftrafse;
3. Innere Ringftrafse zwifchen Frankfurter- und Erbacherftrafse.

§. 3.

Zur Benutzung als Bauplatz ift eine Fläche nicht mehr geeignet:

a) wenn fie weniger als 60 qm enthält, oder
b) wenn auf ihr kein Gebäude von 5 m Front und 9 m Tiefe mit zweifeitiger Beleuchtung unter Wahrung der Vorfchriften des Art. 37 der allgemeinen Bauordnung, Abf. 1 und 3, fo wie der Beftimmungen des Local-Polizei-Reglements zu diefem Artikel errichtet werden kann.

§. 4.

Sind zum Zwecke der Schliefsung eines Gemeindewegs Grundftücke Seitens der Stadt erworben worden, fo werden diefelben auf Verlangen der unmittelbar angrenzenden Grundbefitzer an diefe in Eigenthum abgetreten, unter folgenden Bedingungen:

a) Das Verlangen mufs innerhalb einer Frift von 6 Monaten nach erfolgter Erwerbung diefer Grundftücke fchriftlich bei Grofsherzoglicher Bürgermeifterei kundgegeben werden.
b) Die Anlieger müffen fich bereit erklären, für das an fie abzutretende Gelände der Stadt die vollen Koften der Erwerbung der Grundftücke zurückzuzahlen.

Aus dem Preife des Geländes und den Unkoften bei der Erwerbung berechnet fich mit Rückficht auf die Gröfse der Fläche der Einheitspreis, welcher pro Quadrat-Meter von den Anliegern zu zahlen ift. Der zur Abtretung kommende Gemeindeweg ift mit dem gleichen Preis pro Quadrat-Meter der Stadt zu vergüten, wie die Grundftücke. War der Preis bei der Erwerbung mehrerer Grundftücke an der neuen Strafse verfchieden, fo wird ein Mittelpreis für den Verkauf aus den Gefammtkoften der Erwerbung feftgeftellt.

Den Gefammtkoften der Erwerbung werden auch Zinfen zu 4 Procent des Erwerbspreifes von der Zeit des Erwerbs durch die Stadt zugefchlagen, im Falle fich die Erwerbung Seitens der Anlieger durch ihre Schuld über 8 Monate, von der Zeit der Erwerbung an gerechnet, verzögert.

§. 5.

Aufserhalb der durch den Stadtbauplan feftgeftellten Bauquartiere follen in der Regel keine neuen Gebäude errichtet werden.

§. 6.

In den noch nicht eröffneten Strafsen soll das Bebauen nur an den Enden, welche auf schon eröffnete Strafsen aufstofsen, gestattet werden. Der Bauende hat aber dann das zur neuen Strafse erforderliche Gelände, so weit sein Besitzthum reicht, an die Stadt um den Preis von 70 Pfennig pro Quadrat-Meter abzutreten und zwar frei von allen Lasten.

Zur Zahlung des Kaufschillings ist die Stadt erst verpflichtet, wenn der gröfsere Theil der neuen Strafse, bis zur nächsten Querstrafse gerechnet, als bebaut anzusehen ist oder wenn die Strafse früher eröffnet wird. In diesem Falle erfolgt die Zahlung alsbald nach dieser Eröffnung.

§. 7.

Soll ein Gebäude, welches nicht Eckhaus an einer schon eröffneten Strafse ist und sich nicht an schon erbaute Häuser in der uneröffneten Strafse unmittelbar anreiht, in einer noch nicht eröffneten Strafse errichtet werden, so kann dieses gestattet werden, wenn der Stadt das ganze Strafsengelände — von dem projectirten Baue an bis zur nächsten eröffneten Querstrafse — kosten- und lastenfrei in Eigenthum abgetreten wird. Nach der Eröffnung der Strafse leistet die Stadt eine Rückvergütung von 70 Pfennig pro Quadrat-Meter Strafsengelände.

§. 8.

a) Bis zu dem Zeitpunkte, an welchem eine Strafse Seitens der Stadt eröffnet wird, sind alle diejenigen Vorkehrungen, welche durch die Ortspolizeibehörde in Bezug auf Wasserabführung, Fahrbarmachung etc. gefordert werden sollten und zwar bis zur nächsten hierzu geeigneten Querstrafse von dem betreffenden Eigenthümer und, wenn es mehrere sind, unter gegenseitiger solidarischer Haftbarkeit derselben auf eigene Kosten und Gefahr zu bewirken. Entstehen der Stadt aus einer etwaigen Versäumnifs Kosten, so ist dieselbe jederzeit befugt, den Zugang über ihr Eigenthum zu verbieten und zu verhindern.

b) So lange die Strafse nicht vollständiges Eigenthum der Stadt und nicht eröffnet ist, kann weder auf Chaussirung, noch Pflasterung der Gossen, noch auf Canäle, Wasserleitung oder Beleuchtung Anspruch gemacht werden.

§. 9.

Sobald der gröfsere Theil der neuen Strafse, bis zur nächsten Querstrafse gerechnet, als bebaut anzusehen ist und die Stadt das Gelände in Eigenthum hat, soll die Strafse eröffnet und fahrbar gemacht, so wie die Pflasterung der Gossen und die Wasser- und Gaszuleitung bewirkt werden.

Die Herstellung der Strafsencanäle kann erst beansprucht werden, wenn die bezüglichen Haupt- und Sammelcanäle des fraglichen Bauquartiers vollendet sind.

§. 10.

Die Lasten, welche die Anlieger bei den Strafsenherstellungen zu tragen haben, bestehen:

a) In der Hälfte der Kosten der Anlage des Trottoirs, jedoch nicht über eine Gesammtbreite von 2,50 m. Die Anschaffung und das Versetzen der Wandsteine geschieht auf Kosten der Stadt. Hierbei wird der Preis einer Asphaltirung auf Beton, einer Cementirung oder einer Pflasterung mit gutem Melaphyr oder einer Herstellung aus gleichwerthigem Material, je nachdem die Ausführung in dem einen oder anderen Materiale erfolgt, bei der Berechnung zu Grunde gelegt.

Bei Ausführung feineren Pflasters (Mettlacher Plättchen u. dergl.), welches mehr als die genannten kostet, tragen die Anlieger nur die Kosten einer Herstellung in Asphalt und die Mehrkosten bezahlt die Stadt. Der Stadtvorstand bestimmt nach Anhörung der betreffenden Hausbesitzer einheitlich für die ganze Strafse das Material zu den Trottoirs und läfst die Ausführung durch das Stadtbauamt bewirken.

Die auf die Besitzer entfallenden Kosten für die Trottoirherstellungen werden im Verhältnifs der Länge der Grundstücke an der Strafse ausgeschlagen und von den Besitzern innerhalb 6 Monaten nach Vollendung der Arbeit durch die Stadtkasse erhoben. Bei Zahlungssäumigkeit erfolgt die Beitreibung nach den Vorschriften über Einbringung der Communal-Intraden. Die Kosten der an den Enden und Kreuzungen der Strafsen über die Hauptflucht vortretenden Trottoirflächen sind von dem Besitzer des bezüglichen Eckgrundstücks nach der Eingangs angegebenen Berechnungsweise zu tragen.

b) In den Mehrkosten der Erwerbung von Strafsengelände über den Preis von 70 Pfennig pro Quadr.-Meter. Wenn insbesondere bei der Eröffnung der Strafse die Expropriation von Privatgelände neben der Strafse nothwendig wird, so werden die Kosten dieser Erwerbung, abzüglich des Erlöses aus diesem Gelände, auf die Anlieger im Verhältnifs der Länge ihrer Grundstücke an der Strafse ausgeschlagen. Zu dem Ende werden die expropriirten Grundstücke versteigert. Ein etwaiger Mehrerlös fällt dem früheren Eigenthümer des expropriirten Grundstückes zu.

§. 11.

Wenn die Stadt vor beſtehenden Hofraithen, ſo wie vor Neubauten, Gärten und Bauplätzen, welche noch keine feſten Trottoirs beſitzen, ſolche Trottoirs herrichten will, dann ſind die Anlieger verpflichtet, die Koſten der ganzen Herſtellung einſchlieſslich der Wandſteine zu tragen, jedoch nicht über eine Breite von 2,50 m.

§. 12.

Die Unterhaltung der beſtehenden Trottoirs übernimmt die Stadt; die Umlegung und Neuherſtellung geſchieht dagegen auf Koſten der Anlieger durch die Stadt und zwar nach §. 10 a. Wird das Aufreiſsen und Wiederherſtellen von Trottoirs durch die Anlieger veranlaſſt, ſo werden die erforderlichen Arbeiten auf Koſten derſelben ebenfalls durch die Stadt vorgenommen.

Die Nothwendigkeit der Umlegung oder Neuherſtellung eines Trottoirs unterliegt der Beſchluſsfaſſung der Stadtverordneten-Verſammlung und zwar kommt es hierbei nicht darauf an, ob ſich die Trottoirs vor dem einen oder anderen Hauſe in einem Zuſtande befinden, welcher die Erneuerung nicht unbedingt nothwendig erſcheinen läſſt.

Die Beitragspflicht regelt ſich nach §. 10.

§. 13.

Die Koſten werden bei dieſen Trottoirherſtellungen von den Hausbeſitzern innerhalb 6 Monaten nach der Ausführung durch die Stadtkaſſe erhoben und erforderlichen Falls nach den Vorſchriften des §. 10 beigetrieben.

Die Vorlage an die Bauhandwerker leiſtet die Stadt.

Detaillirte Berechnungen für den Beitrag werden für die Betheiligten auf dem Stadtbauamt zur Einſicht offen gelegt.

§. 14.

Der Werth des alten Materials wird den Anliegern nicht zu Gute gerechnet. Die Stadt, welche die Unterhaltung bis zur nächſten Neuherſtellung übernimmt, verwendet oder veräuſsert das Material zu eigenem Nutzen.

§. 15.

In jedem Falle der Neuherſtellung oder Umlegung eines Trottoirs wird von den Anliegern nur Erſatz für die wirklich von der Stadt geleiſteten Auslagen nach §. 10 a verlangt.

§. 16.

Die Benutzung des Trottoirgeländes Seitens eines Anliegers zur Anlage von Ventilations-, Licht- oder Einfüllöffnungen für Kellerräume kann Seitens der Stadt nur in ſtets widerruflicher Weiſe geſtattet werden, wenn ſich der Anlieger zur Zahlung einer Recognitionsgebühr von zwei Mark pro Jahr und Oeffnung verpflichtet.

§. 17.

In den Trottoirs, ſo wie in den Floſsrinnen und dem Straſsenpflaſter dürfen Gerüſtſtangen, Sprieſsen, Bauzäune etc. nicht eingegraben werden.

§. 18.

Die Stadt iſt nicht früher verpflichtet, in neu eröffneten oder vollſtändig ausgebauten Straſsen Canäle zu erbauen, als bis ſich ſämmtliche Grundbeſitzer zur gleichzeitigen Ausführung und zum Anſchluſs der Entwäſſerungen für ihre Liegenſchaften auf eigene Koſten nach den von der Stadtverordneten-Verſammlung hierfür aufgeſtellten Bedingungen verpflichtet haben und die ſtädtiſche Hochdruckwaſſerleitung vorher in ihre Hofraithen haben einführen laſſen. Die Hausentwäſſerungen bis an die Hausgrenze werden durch die Stadt gleichzeitig mit dem Bau des Straſsencanals ausgeführt und die Selbſtkoſten unter Vorlage ſpecieller Rechnung von den Beſitzern durch die Stadtkaſſe zurückerhoben und erforderlichen Falles nach der Vorſchrift des §. 10 a beigetrieben.

§. 19.

Werden durch die Stadt alte Canäle beſeitigt und neue erbaut, ſo ſind ſämmtliche Hausbeſitzer in den betreffenden Straſsen verpflichtet, ihre alten Hausentwäſſerungen den aufgeſtellten Bedingungen für die neuen Canalanlagen entſprechend umzuändern.

§. 20.

In denjenigen Straſsen, in welchen der Bau von Canälen Seitens der Stadt vorerſt nicht beabſichtigt iſt, können Straſsencanäle nur dann gebaut werden, wenn die Intereſſenten die nach dem Voranſchlag des Stadtbauamts erforderlichen Koſtenbeträge an die Stadtkaſſe vorlegen. Der Bau geſchieht alsdann als ſtädtiſcher Canal durch die Stadt, die Uebernahme erfolgt ſofort, die Rückzahlung der Vorlage aber innerhalb 5 Jahren nach Vollendung ohne Zinſen, nachdem den Vorſchriften des §. 18 von Seiten der Grundbeſitzer genügt iſt.

§. 21.

In den Straſsen, welche Canäle beſitzen, die zur Aufnahme von Hausabwaſſer geeignet ſind, worüber das Stadtbauamt vorbehältlich des Recurſes an die Stadtverordneten-Verſammlung zu entſcheiden hat, giebt die Stadt die Entwäſſerung der betreffenden Liegenſchaften mittels Anſchluſſes an die Canäle nur dann zu, wenn keinerlei Flüſſigkeiten aus denſelben auf die Straſse geleitet und auch die Regenabfallröhren direct in die Canäle geleitet werden.

§. 22.

Stallungen, Scheunen, Speicher, Remifen, Wafchküchen, Abtritte und ähnliche Anlagen dürfen nicht an die öffentlichen Strafsen und Plätze geftellt werden.

Eine Ausnahme hiervon kann wegen befonderer Verhältniffe unter der Bedingung zugelaffen werden, dafs derartige Nebengebäude mit dem Hauptgebäude in eine gefällige architektonifche Verbindung gebracht werden oder für fich das Ausfehen eines Wohngebäudes haben. Eben fo find die zur öffentlichen Benutzung aufgeftellten Bedürfnifshäuschen von obiger Beftimmung ausgefchloffen.

§. 23.

Räume, in denen mit lautem Geräufch verbundene Gewerbe betrieben werden oder in denen Rauch, Dampf, übelriechende oder ungefunde Luft erzeugt wird, dürfen in der Regel Oeffnungen nach der Strafse nicht haben.

Liegen diefe Räume hinter der Baufluchtlinie, fo mufs die Entfernung der Oeffnungen von derfelben mindeftens 5 m betragen.

§. 24.

Die dem §. 16 der deutfchen Gewerbe-Ordnung unterliegenden Anlagen follen in der Regel auf die weftlich der Main-Neckar-Bahn liegenden Stadtquartiere befchränkt bleiben.

Ausgenommen hiervon find Vergröfserungen beftehender Anlagen.

§. 25.

Das Zurücklegen der Gebäude hinter die Baufluchtlinie kann unter folgenden Bedingungen geftattet werden:

a) Wenn die durch das Zurückweichen hinter die Baufluchtlinie von der Strafse aus fichtbaren Grenzmauern der Nachbarhäufer auf Koften des Befitzers des zurückliegenden Haufes mit Genehmigung des Nachbars entfprechend decorirt oder mindeftens glatt geputzt und angeftrichen werden.

b) Wenn das zwifchen der Baufluchtlinie und der Front des zurückgelegten Gebäudes befindliche Land mit Gartenanlagen oder fonft nicht mifsftändigen Anlagen verfehen und wie die Vorgärten §. 26 abgefchloffen wird.

c) In der Regel mufs die zurückverlegte Bauflucht parallel mit der Bauflucht der Strafse liegen. Mit Genehmigung der Stadtverordneten-Verfammlung kann diefes Vorterrain auch in gewiffen Fällen zur Verbreiterung des Trottoirs herangezogen und wie diefes befeftigt werden.

§. 26.

Das zwifchen den Baufluchtlinien und den Trottoirs liegende Vorgartenland ift entweder in der feft gefetzten Vorgartenflucht mit metallenem Gitter auf im Maximum 0,75 m hohen, maffiven Sockeln oder auch ganz ohne letztere einzufriedigen und mit Gartenanlagen zu verfehen. — Bei geneigten Strafsen hängt die Höhenbeftimmung der Strafsen- refp. Vorgärten-Einfriedigung von der Baupolizeibehörde ab.

An Stelle der Gartenanlage kann das Vorterrain mit Einwilligung der Baupolizeibehörde zur Verbreiterung des Trottoirs frei gelegt und wie diefes befeftigt werden. — Scheidemauern und nicht durchbrochene Wände im Vorgartenterrain dürfen die Höhe von 1,75 m nicht überfteigen.

§. 42.

Ein Gebäude an der Strafse mufs mindeftens eine Façadenlänge (Länge an der Strafse) von 5 m haben.

Bei Eckhäufern mufs die eine Front wenigftens 9 m betragen, bei folchen, wo die Bauffluchten keinen rechten Winkel bilden, foll die Ecke ftets abgefchrägt fein.

Unter diefem Mafs kann der Bau nur geftattet werden, wenn er als Theil eines fchon beftehenden Haufes deffelben Befitzers angebaut wird, auch in der äufseren Erfcheinung fich nicht als felbftändiges Haus geltend macht.

XI.

Kölner Ortsftatut vom 9. Auguft 1888,

betreffend die Anlage von Erkern und Balconen über den ftädtifchen Strafsenflächen.

Auf Grund des §. 10 der Städteordnung für die Rheinprovinz vom 15. Mai 1856 wird in Betreff der Bedingungen, unter welchen im Bezirk der Stadtgemeinde Köln die Anlage von Erkern und Balconen, welche in die Luftfäule über den öffentlichen Strafsenflächen vortreten, geftattet ift, das nachfolgende Ortsftatut erlaffen:

§. 1.

Strafsenbreite.

Die Anlage von Erkern und Balconen über der Strafsenfläche wird nur geftattet in Strafsen, deren Breite nach dem feftgeftellten Fluchtlinienplan wenigftens 7 m beträgt.

§. 2.

Ausladung.

Die Ausladung der Erker und Balcone darf an Straſsen und Straſsentheilen von

	7 bis	7,5 m	Breite nicht mehr als	30 cm,
über	7,5 »	8 »	» » » »	50 »
»	8 »	10 »	» » » »	70 »
»	10 »	12 »	» » » »	80 »
»	12 »	14 »	» » » »	90 »
»	14 »	17 »	» » » »	100 »
»	17 »	20 »	» » » »	110 »
»		20 m	Breite nicht mehr als	120 cm betragen.

Die Ausladung wird gemeſſen von der Bauſluchtlinie bis zum äuſserſten Vorſprung des Balcons oder Erkers, jedoch ohne Anrechnung der Geſimſe. Die Ausladung der letzteren darf indeſs 20 cm nicht überſchreiten.

§. 3.

Abſtand von der Nachbargrenze.

In ſo fern nicht Rechte des Nachbargrundſtücks einen gröſseren Abſtand verlangen, müſſen Balcone und Erker mit Ausnahme ihrer Geſimſe wenigſtens um das anderthalbfache Maſs ihrer Ausladung von der Grenze des Nachbargrundſtücks entfernt ſein.

§. 3a (in Vorbereitung).

Die Breite der Balcone und Erker darf, an der breiteſten Stelle gemeſſen, nicht mehr betragen, als $^2/_5$ der betreffenden Gebäudefront.

§. 4.

Abgaben.

Für die Benutzung der Luftſäule über der öffentlichen Straſse ſind pro Quadratmeter der Ausladung in der Altſtadt und Neuſtadt im Allgemeinen folgende einmaligen Abgaben zu entrichten:

a) für einen einfachen Balcon 100 Mark;

b) für jeden Balcon über demſelben 50 Mark;

c) für einen nur an einem Stockwerk angebrachten Erker 200 Mark;

d) für jedes weitere Stockwerk eines Erkers 100 Mark;

e) für einen Balcon auf oder über dem Erker 50 Mark.

Die anderthalbfachen Abgaben werden erhoben an folgenden Straſsen und Plätzen der Altſtadt: Antonsgaſſe, Auguſtinerplatz, Bechergaſſe, Breiteſtraſse, Brückenſtraſse, Bürgerſtraſse, Domhof, Dominikaner, Domkloſter, Unter-Fettenhennen, Friedrich-Wilhelmſtraſse, Gereonſtraſse, Glockengaſſe, Unter-Goldſchmied, Herzogſtraſse, Hohepforte, Unter-Hutmacher, Unter-Käſten, Columbaſtraſse, Comödienſtraſse, Kreuzgaſſe, Ludwigſtraſse, Marsplatz, Martinſtraſse, Marzellenſtraſse, Minoritenſtraſse, Neumarkt, Unter-Sachſenhauſen, Salomonsgaſſe, Unter-Seidmacher, Unter-Taſchenmacher und Wallrafsplatz.

Die doppelten Abgaben werden erhoben an der Hoheſtraſse, Obenmarspforten und Schildergaſſe.

Die halben Abgaben werden erhoben in der Neuſtadt einſchlieſslich beider Seiten der alten Wallſtraſse.

Der vierte Theil der Abgaben wird erhoben in den Vororten.

§. 5.

Eigenthumsrecht.

Das Eigenthum der vom Balcon oder Erker überragten Straſsenfläche und der vom Balcon oder Erker eingenommenen Luftſäule geht nicht an den Hauseigenthümer über. Dieſer erlangt durch Zahlung der Abgaben nur das Recht, das Straſseneigenthum in der gedachten Weiſe ſo lange zu benutzen, als die Straſsenfronte des Hauſes keine weſentliche Aenderung erleidet.

§. 6.

Erhebung der Abgaben.

Die Erhebung der Abgaben geſchieht im Weigerungsfalle auf dem Wege des adminiſtrativen Zwangsverfahrens.

§. 7.

Inkrafttretung.

Dieſes Ortsſtatut tritt ſofort nach ſeiner Verkündigung in Kraft.

XII.

Kölner Ortsſtatut vom 18. December 1884,

betreffend den Anſchluſs der bebauten Grundſtücke an die ſtädtiſche Waſſerleitung.

Auf Grund des §. 10 der Städte-Ordnung für die Rheinprovinz vom 15. Mai 1856, wird in Betreff des Anſchluſſes der bebauten Grundſtücke an die Waſſerleitung im Bezirk der Stadt Köln unter Bezugnahme auf die hierunter aufgenommene, den gleichen Gegenſtand betreffende Polizei-Verordnung vom 10. October d. J. folgendes Ortsſtatut erlaſſen:

§. 1.

Die Besitzer derjenigen Grundstücke, auf welche die Bestimmung des §. 1 Anwendung findet, haben wegen des Anschlusses derselben an die öffentliche Wasserleitung die erforderlichen Anträge bei der Direction der städtischen Wasserwerke zu stellen und ist der Anschluss nach den bei der Verwaltung dieser Werke bestehenden Vorschriften zu bewirken.

Wird ein solcher Antrag bei bestehenden Gebäuden nicht binnen einer Frist von vier Wochen nach Erlass dieses Ortsstatuts, oder bei erst künftig zu errichtenden Gebäuden binnen einer gleichen Frist nach deren Vollendung gestellt, so wird der Anschluss von Amtswegen durch Vermittelung der städtischen Wasserwerke auf Kosten des Eigenthümers nach Massgabe des für diese Arbeiten bei der Verwaltung der städtischen Wasserwerke bestehenden Tarifs bewirkt.

§. 2.

Die Beitreibung der Kosten für die Anlage der Zuleitung und des vierteljährlich fälligen Wasserzinses erfolgt im Weigerungsfalle im Wege des administrativen Zwangsverfahrens.

§. 3.

Dieses Ortsstatut tritt sofort nach seiner Genehmigung und Verkündigung in Kraft.

Polizei-Verordnung vom 10. October 1884.

In Betreff des Anschlusses der bebauten Grundstücke innerhalb des Polizei-Bezirks der Stadt Köln an die städtische Wasserleitung wird auf Grund der §§. 5 und 6 des Gesetzes vom 11. März 1850 über die Polizei-Verwaltung, nach Anhörung des Gemeinde-Vorstandes und mit Genehmigung der Königl. Regierung, folgende Polizei-Verordnung erlassen:

§. 1.

Jedes Grundstück, auf welchem ein zum dauernden Aufenthalt von Menschen bestimmtes Gebäude errichtet ist, muss an die städtische Wasserleitung angeschlossen werden.

§. 2.

Ausgenommen von diesem Zwange sind nur diejenigen Grundstücke, von denen festgestellt wird, dass durch einen auf denselben befindlichen Brunnen für die ausreichende Beschaffung von dauernd gutem Wasser zum menschlichen Genuss gesorgt ist.

§. 3.

Die Verpflichtung, den Anschluss der Grundstücke an die städtische Wasserleitung zu bewirken, liegt den Eigenthümern oder Verwaltern der Grundstücke ob.

§. 4.

Wer es unterlässt, das eigenthümlich besessene oder verwaltete Grundstück an die städtische Wasserleitung binnen einer von dem Gemeinde-Vorstande zu bestimmenden Frist anzuschliessen, bezw. derjenige Eigenthümer oder Verwalter, welcher den Anschluss des Grundstücks an die Wasserleitung nicht duldet, verfällt — abgesehen von der Seitens des Gemeinde-Vorstandes im Wege der Execution zu bewirkenden Herbeiführung des Anschlusses — in eine Geldstrafe von 3 bis 30 Mark, an deren Stelle im Unvermögensfalle verhältnissmässige Haft tritt.

§. 5.

Diese Polizei-Verordnung tritt mit dem Tage ihrer Verkündigung in Kraft.

XIII.

Ortsstatut vom $\frac{\text{25. November 1884}}{\text{3. Februar 1887}}$,

betreffend den Anschluss der bebauten Grundstücke an die Strassencanäle im Bezirke der Stadtgemeinde Köln.

Auf Grund des §. 10 der Städte-Ordnung für die Rheinprovinz vom 15. Mai 1856 wird in Betreff des Anschlusses der bebauten Grundstücke an die Strassencanäle im Bezirke der Stadtgemeinde Köln unter Bezugnahme auf die hierunter aufgenommenen §§. 1 und 2 der den gleichen Gegenstand betreffenden Polizei-Verordnung vom 23. September d. J. folgendes Ortsstatut erlassen:

§. 1.

Die Herstellung des Anschlussrohres von dem Strassencanal bis auf eine Entfernung von 0,25 m von der Grenze derjenigen Grundstücke, auf welche die Bestimmung des §. 1 Anwendung findet, erfolgt Seitens der Stadt für städtische Rechnung.

§. 2.

Von jedem an einen Strassencanal angeschlossenen Grundstück ist für die Benutzung der öffentlichen Entwässerungs-Anlagen eine jährliche Gebühr in Höhe von 20 Procent des nach der Liegenschaft berechneten, beziehungsweise zu berechnenden jeweiligen Wasserpreises zu entrichten, wobei jedoch die Gartenflächen ausgeschlossen bleiben.

Für gewerbliche Betriebe wird die Gebühr durch Beschluss der Stadtverordneten-Versammlung festgesetzt; jedoch soll dieselbe 20 Procent des Preises für das zum gewerblichen Betriebe gelieferte Wasser, beziehungsweise, wenn das zum Betriebe benöthigte Wasser auf der Anlage selbst gefördert wird, 20 Procent des fingirten Wasserpreises nicht übersteigen.

Bezüglich vorstehender Gebühr findet dieses Ortsstatut auch auf die im Bezirke der Altstadt bereits bestehenden Canalanschlüsse Anwendung.

§. 3.

Die Beitreibung der auf Grund dieses Ortsstatuts zu entrichtenden Gebühren erfolgt im Weigerungsfalle im Wege des administrativen Zwangsverfahrens.

§. 4.

Dieses Ortsstatut tritt sofort nach seiner Genehmigung und Verkündigung in Kraft.

Polizei-Verordnung vom 23. September 1884.

Auf Grund der §§. 5 und 6 des Gesetzes über die Polizei-Verwaltung vom 11. März 1850 wird in Betreff des Anschlusses der bebauten Grundstücke an die Strassencanäle im Bezirke der Stadtgemeinde Köln nach Anhörung des Gemeinde-Vorstandes und mit Genehmigung der Königl. Regierung folgende Polizei-Verordnung erlassen:

§. 1.

In denjenigen Strassen der Stadt, welche bereits mit einer unterirdischen Entwässerungs-Anlage versehen sind oder in denen demnächst Strassencanäle angelegt werden, ist jedes bebaute Grundstück durch ein in dasselbe einzuführendes Rohr (Anschlussrohr) an das Strassenrohr, resp. an den Strassencanal anzuschliessen. Durch das Anschlussrohr ist das Haus- und Wirthschaftswasser, so wie das Regenwasser in den Canal abzuführen. Feste Stoffe, insbesondere Küchenabfälle, Kehricht, Schutt, Asche und Fäcalien, ferner feuer- und explosionsgefährliche Stoffe, so wie solche Stoffe, welche die Canalwandungen beschädigen können, dürfen in das Anschlussrohr (den Canal) nicht abgeführt werden.

Die Einleitung von Fabrik-Abwässern und Condensations-Wässern in die öffentlichen Canäle (das Anschlussrohr), so wie die Bedingungen der Einleitung unterliegen der besonderen Erlaubniss der Königl. Polizei-Direction und des Gemeinde-Vorstandes.

(Bemerkung. Gegenwärtig werden diese Bestimmungen dahin geändert, dass nach Eröffnung der städtischen Kläranlage auch die Fäcalstoffe den Canälen zuzuführen sind.)

§. 2.

Auf welchen Strassen die Verbindung der bebauten Grundstücke durch Anlage von Anschlussröhren an den Strassencanal herzustellen ist, bestimmt die Königl. Polizei-Direction im Einvernehmen mit dem Gemeinde-Vorstand durch öffentliche Bekanntmachung.

§. 3.

Innerhalb vier Wochen nach erfolgter Bekanntmachung sind die Eigenthümer, resp. Verwalter der in den betreffenden Strassen belegenen bebauten Grundstücke gehalten, der Königl. Polizei-Direction eine vollständige Zeichnung des Entwässerungs-Projects mit vorgeschriebenen Massen in zweifacher Ausfertigung mittels schriftlichen Antrages auf Consens-Ertheilung vorzulegen. Erst nach ertheilter Erlaubniss ist die Entwässerungs-Anlage nach den vorgeschriebenen Bedingungen und innerhalb der zu bestimmenden Zeit auszuführen. Die Entwässerungs-Anlage darf nicht eher in Benutzung genommen werden, bis die Königl. Polizei-Direction auf Grund einer technischen Revision die Erlaubniss dazu ertheilt hat.

§. 4.

Die auf den Grundstücken der betreffenden Strassen vorhandenen Abtrittsgruben dürfen in keiner Weise mit der Hausentwässerung in Verbindung stehen oder gesetzt werden. Jede Verbindung einer Abtrittsgrube mit einer Entwässerungs-Anlage ist innerhalb vier Wochen nach geschehener Aufforderung zu beseitigen. (Siehe Bemerkung zu §. 1.)

§. 5.

Ueberall, wo die allgemeinen Strafgefetze keine anderen Strafbeftimmungen enthalten, follen Ueberfchreitungen diefer Verordnung mit einer Geldbufse von 3 bis 30 Mark, oder im Falle des Unvermögens mit verhältnifsmäfsiger Haft geahndet werden.

Unabhängig von der Beftrafung kann die executivifche Durchführung der Vorfchriften diefer Verordnung erfolgen.

§. 6.

Vorftehende Polizei-Verordnung tritt mit dem Tage ihrer Bekanntmachung in Kraft.

XIV.

Ortsftatut vom 5. Februar 1878,

die Feftftellung von Fabrikbezirken in der Stadt Dresden betreffend.

Auf Grund von §. 23 und §. 27 der Reichs-Gewerbeordnung, fo wie von §. 17 der Königl. Sächf. Ausführungsverordnung vom 16. September 1869 und von §. 30 der Königl. Sächf. Verordnung, die polizeiliche Beauffichtigung der Dampfkeffel betr., vom 6. Juli 1871, werden über die Errichtung von Fabriken und anderen gewerblichen Anlagen innerhalb des Gemeindebezirks der Stadt Dresden folgende Beftimmungen getroffen:

§. 1.

Fabrikfreie Stadttheile.

Folgende gewerbliche Anlagen, nämlich:

a) diejenigen, welche in §. 16 der Reichs-Gewerbeordnung und in dem Nachtrage dazu vom 2. März 1874 aufgeführt find, oder künftig noch unter die Beftimmungen von §§. 16 ffg. der Reichs-Gewerbeordnung werden geftellt werden,

b) alle unter die Beftimmung von §. 27 der Reichs-Gewerbeordnung fallenden gewerblichen Anlagen, dafern deren lärmender Betrieb nicht lediglich innerhalb gefchloffener Räume erfolgt,

bleiben von der Errichtung in denjenigen (auf dem beigefügten Stadtplane rothumränderten) Stadttheilen, welche öftlich und beziehentlich nordöftlich von einer Linie gelegen find, die

rechts der Elbe

entlang der Sächfifch-Schlefifchen Eifenbahn bis zur Marienbrücke und

links der Elbe

von letzterer längs der Verbindungsbahn bis an deren Kreuzung mit der Falkenftrafse, diefer, fo wie der Verbindungsftrafse entlang bis zur Chemnitzer Strafse und letzterer folgend bis zur Grenze des Gemeindebezirks gegen Plauen läuft, fo wie innerhalb des Grofsen Oftrageheges nördlich der grofsen auf Uebigau zu führenden Allee ausgefchloffen.

§. 2.

Befchränkung gröfserer Dampfkraftanlagen auf gewiffe Bezirke.

Innerhalb der in §. 1 geordneten fabrikfreien Stadttheile dürfen überdies Dampfkeffel, welche für mehr als vier Atmofphären Ueberdruck beftimmt find, und folche, bei welchen das Product aus der feuerberührten Fläche in Quadratmetern und der Dampffpannung in Atmofphären Ueberdruck mehr als zwanzig beträgt (vergl. §. 14 der Bekanntmachung des Reichskanzlers, allgemeine polizeiliche Beftimmungen über die Anlegung von Dampfkeffeln betr., vom 29. Mai 1871 und §. 5 der Königl. Sächf. Ausführungsverordnung vom 6. Juli 1871) lediglich in folgenden (auf dem beigefügten Stadtplane rothlafirten und mit A I und A II bezeichneten) Stadttheilen errichtet werden, nämlich in denjenigen

rechts der Elbe gelegenen Stadttheilen,

die von einer Linie begrenzt find, welche von der nördlichen Stadtflurgrenze herein, entlang der Sächfifch-Schlefifchen Eifenbahn bis zu deren Kreuzung mit der Löfsnitzftrafse, diefer und der Louifenftrafse entlang bis zur Einmündung in die Priefsnitzftrafse, von diefer bis an die Forftftrafse und diefer entlang bis zur Flurgrenze hinläuft, fo wie auf dem Grundftücke der Societäts-Brauerei nördlich der Schillerftrafse.

§. 3.

Gänzlicher Ausfchlufs von Dampfkraftanlagen von gewiffen Stadttheilen.

Dampfkraftanlagen jeder Art find ganz ausgefchloffen in folgenden (auf dem beigehefteten Stadtplan grünlafirten und mit B I, B II und B III bezeichneten) Stadttheilen, als

rechts der Elbe

in demjenigen, welcher durch den Priefsnitzbach von deffen Mündung in die Elbe ab nach Norden herauf bis zur Schillerstrafse, von dieser ab durch die Forststrafse bis zur Stadtgrenze und von letzterer nach Osten hin bis wieder an die Elbe umgrenzt wird, mit Ausnahme jedoch des Grundstücks der Societäts-Brauerei nördlich der Schillerstrafse (vergl. §. 2), so wie

links der Elbe

innerhalb des grofsen Ostrageheges nördlich der grofsen auf Uebigau zu führenden Allee und in demjenigen Stadttheile, welcher durch eine Linie begrenzt wird, die sich von der Sächsisch-Böhmischen Eisenbahn bei deren Kreuzung mit der Gemeindegrenze zwischen Dresden und Strehlen ab nach Westen bis zur Kreuzung mit der Pragerstrafse, dieser entlang nördlich bis zur Wienerstrafse, letzterer entlang östlich bis zur Lüttichaustrafse, dieser und, die Bürgerwiese überschneidend, der Langestrafse bis zur Pirnaischen Strafse folgend, in letzterer östlich nach der Albrechtsgasse, in dieser nördlich bis zur Grunaer Strafse, dieser entlang bis zur Blochmannstrafse und in dieser bis zur Striesener Strafse laufend, die letztere bis zu der im Bebauungsplane, Nr. IVb April 1873 (vergl. Bauregulativ vom 30. October 1874) mit 8 bezeichneten Strafse, und letzterer, so wie den Platz E überschreitend, der Strafse 10 desselben Bebauungsplanes folgend bis zur Grenze gegen Striesen hinzieht.

§. 4.

Alle älteren ortsstatutarischen Bestimmungen, welche nicht mit den gegenwärtigen übereinstimmen, werden hiermit aufgehoben, jedoch bleibt das Regulativ über das theilweise Verbot von Weifsgerbereien in Kraft.

Die bestehenden Anlagen werden von den Beschränkungen gegenwärtigen Ortsstatuts nur in so weit betroffen, als es auch bei ihnen innerhalb der in §. 1 bezeichneten Stadttheile nicht zulässig ist, neue Dampfkessel von der in §. 2 angegebenen Gröfse zu errichten.

C. Polizei-Verordnungen.

XV.

Preufsische Polizei-Vorschriften vom 4. December 1847,

betreffend die Errichtung von Gebäuden und die Lagerung von Materialien in der Nähe von Eisenbahnen.

Bei Errichtung von Gebäuden und Lagerung von Materialien in der Nähe von Eisenbahnen sind zur Beseitigung der Feuersgefahr die nachstehenden Vorschriften zu befolgen.

1) Liegt die Eisenbahn mit dem anstofsenden Terrain gleich hoch (oder im Einschnitt), so dürfen Gebäude, welche nicht mit einer feuersicheren Bedachung versehen sind, so wie Gebäude, in denen leicht entzündbare Gegenstände aufbewahrt werden sollen, nur in einer Entfernung von mindestens zehn Ruthen von der nächsten Schiene (in der Horizontale gemessen) errichtet werden; auch darf innerhalb der gleichen Entfernung die Aufbewahrung leicht entzündbarer Gegenstände auf freiem Felde nicht stattfinden.

   Alle anderen Gebäude dürfen nur in einer Entfernung von mindestens fünf Ruthen von der nächsten Schiene aufgeführt werden.

2) Liegt die Eisenbahn auf einem Damme, so müssen die unter 1 festgesetzten Entfernungen um das Anderthalbfache der Höhe des Dammes über dem Terrain vergröfsert werden. Bei einem 20 Fufs hohen Damm z. B. mufs die Entfernung eines Gebäudes der zuerst gedachten Kategorie $10^0 + 1^1/_2 \cdot 20' = 10^0 + 30' = 12^1/_2$ Ruthen, die Entfernung eines anderen Gebäudes aber $5^0 + 1^1/_2 \cdot 20' = 5^0 + 30' = 7^1/_2$ Ruthen von der nächsten Schiene betragen.

3) Die Regierungen sind ermächtigt, in einzelnen Fällen, in welchen durch die örtlichen Verhältnisse auch bei einer geringeren Entfernung eine Feuersgefahr ausgeschlossen wird, Ausnahmen eintreten zu lassen; sie haben jedoch zuvor die gutachtliche Aeufserung der betreffenden Eisenbahn-Direction zu erfordern.

4) Wer diesen Bestimmungen zuwider in der Nähe von Eisenbahnen Gebäude errichtet oder Materialien niederlegt, hat deren Fortschaffung auf seine Kosten zu gewärtigen,

wird aber aufserdem mit einer Geldftrafe von 6 bis 30 Mark oder im Unvermögensfalle mit verhältnifsmäfsiger Gefängnifsftrafe belegt.

5) Auf die zu dem Betriebe der Eifenbahn erforderlichen Gebäude und Materialien findet die vorftehende Polizeiverordnung keine Anwendung.

XVI.

Auszug aus der Bau-Polizei-Verordnung für Wiesbaden.

Befondere Vorfchriften für die Landhausquartiere.

§. 61.

Die Vorfchriften diefes Abfchnittes gelten für alle Bauten in den Stadttheilen und Strafsen, welche durch Befchlufs der Gemeindebehörde zu Landhausquartieren, bezw. Landhausftrafsen erklärt find oder fchon bisher als folche angefehen und bebaut wurden.

1) Entfernung der Gebäude von einander.

§. 62.

a) In Landhausftrafsen darf nicht gefchloffen gebaut werden, auch darf die Frontlänge der einzelnen Gebäude in der Regel das Mafs von 30 m nicht überfteigen.

b) Die kürzefte Entfernung zwifchen zwei benachbarten Hauptgebäuden foll nicht unter 6 m betragen und es mufs bei noch nicht erfolgter Bebauung des Nachbargrundftücks jeder einzelne Gebäudetheil eines Neubaus, mit Ausnahme der Freitreppen, überall mindeftens 3 m von der Nachbargrenze entfernt bleiben. Diefer Zwifchenraum ift jedoch nach Mafsgabe der Beftimmungen des §. 63 entfprechend zu vergröfsern, wenn an dem Zwifchenraum Wohnräume liegen, welche nur von diefer Seite her Luft und Licht erhalten. Auch darf diefer Zwifchenraum nicht durch geringfügige Bauwerke u. f. w. verbaut werden.

c) Hinter- und Seitengebäude, fo fern fie nicht mehr als ein Stockwerk aufser dem Erdgefchofs erhalten und nur zur Aufnahme von Wohnräumen für Dienftboten dienen, können vorbehaltlich der Beftimmungen über Brandmauern unmittelbar auf die Grenze geftellt oder der letzteren bis auf eine Entfernung von 2,50 m nahe gerückt werden, wenn die localen Verhältniffe eine andere Stellung wefentlich erfchweren. In die Bauflucht des Hauptgebäudes dürfen folche Gebäude nicht geftellt werden.

d) Die Tiefe der Hofräume zwifchen den Haupt- und Nebengebäuden mufs wenigftens der Höhe der letzteren gleichkommen.

2) Höhe der Gebäude.

§. 63.

Für die Höhe der Landhäufer find die allgemeinen Beftimmungen unter folgenden Modificationen mafsgebend:

a) Kein Landhaus darf mehr als ein Erdgefchofs und zwei Obergefchoffe erhalten.

b) Die Höhe darf die kürzefte Entfernung zwifchen dem Landhaufe und dem Nachbargebäude unter Hinzurechnung von 3 m nicht überfchreiten, wenn dem Nachbargrundftück gegenüber Wohnräume zu liegen kommen, welche ihr Licht nur von diefer Seite her erhalten, oder wenn die gegenüberliegende Umfaffungswand des Nachbargebäudes mit Fenftern verfehen ift, welche bewohnten Räumen Licht und Luft zuführen.

Ift das Nachbargrundftück noch nicht bebaut, fo ift in diefem Falle der doppelte kürzefte Abftand von der Nachbargrenze unter Hinzurechnung von 3 m für die Höhe mafsgebend.

3) Aeufsere Herftellung und Einfriedigungen.

§. 64.

Nicht allein die der Hauptftrafse zugekehrte Façade, fondern auch die übrigen Seiten der Gebäude müffen ein gefälliges Aeufsere erhalten.

Jede Landhausbefitzung ift längs der Strafse mit einer paffenden Einfriedigung zu verfehen.

XVII.

Polizei-Verordnung für die Stadt Köln vom 14. Januar 1888,

betreffend die offene Bebauung.

Zur Herbeiführung einer fog. offenen Bebauung einzelner Bauquartiere der Stadt Köln wird nach Anhörung des Gemeindevorftandes auf Grund der §§. 5 und 6 des Gefetzes über die Polizei-Verwaltung vom 11. März 1850 mit Genehmigung der Königl. Regierung nachftehende Polizei-Verordnung erlaffen:

§. 1.

Eine offene Bebauung, d. h. eine Bebauung mit Zwifchenräumen mufs ftattfinden:

a) In den Bauquartieren zwifchen dem neuen Volksgarten, der Brühlerftrafse, der Lothringerftrafse und der Eifelftrafse, wobei indefs die in den Fluchtlinien der Brühler- und Eifelftrafse belegenen Bauftellen gefchloffen bebaut werden können;

b) auf den Grundftücken zwifchen der Riehlerftrafse, der neuen Umwallung, dem Rhein und dem Deutfchen Ring.

§. 2.

Auf diefen für die offene Bebauung beftimmten Grundftücken dürfen nicht mehr als zwei Wohnhäufer dicht aneinander gebaut werden; im Uebrigen find Zwifchenräume unbebaut zu laffen, welche bis zur Nachbargrenze mindeftens 5 m und bis zum benachbarten Gebäude mindeftens 10 m breit fein müffen. Die fo gebildeten Zwifchenräume dürfen mit niedrigen Vorbauten von weniger als $1^1/_4$ m Höhe (cf. §. 60 der Bauordnung für die Stadt Köln vom 14. Januar 1885) unter der Bedingung, dafs diefelben höchftens 2 m vor dem Hauptgebäude vorfpringen, fo wie mit auffteigenden Vorbauten (cf. §. 60 a. a. O.) unter der Bedingung, dafs diefelben höchftens 1 m vor dem Hauptgebäude vorfpringen und nicht mehr als zwei Fünftel der Gebäudelänge einnehmen, befetzt werden. Die bebauten Flächen dürfen indefs im Ganzen nicht mehr als zwei Drittel der Baufläche, d. h. derjenigen Fläche betragen, welche nach Abzug der feitlichen freien Streifen und eines etwa durch den Baufluchtlinienplan vorgefchriebenen Vorgartens übrig bleiben.

§. 3.

Auf den für die offene Bebauung beftimmten Baugrundftücken darf kein Gebäude höher als ein Erdgefchofs und zwei Obergefchoffe erbaut werden.

§. 4.

Uebertretungen diefer Vorfchriften werden mit einer Geldftrafe von 3 bis 30 Mark beftraft.

Verantwortlich find der Bauherr, wie der Bauunternehmer.

§. 5.

Vorftehende Polizei-Verordnung tritt mit der Publication im Stadt-Anzeiger der Kölnifchen Zeitung in Kraft.

XVIII.

Polizei-Verordnung vom 20. December 1889,

betreffend die Bauten im erften und zweiten Rayon der Feftung Köln auf der linken und rechten Rheinfeite.

Im feuerpolizeilichen und gefundheitlichen Intereffe wird auf Grund der §§. 5 und 6 des Gefetzes über die Polizeiverwaltung vom 11. März 1850 und in Gemäfsheit der §§. 143 und 144 des Gefetzes über die allgemeine Landesverwaltung vom 30. Juli 1883 unter Zuftimmung des Gemeinde-Vorftandes bezüglich der Gebäude, welche auf Grund des Reichs-Rayongefetzes Seitens der Feftungsbehörde im erften und zweiten Feftungsrayon zugelaffen werden, nachftehende Polizei-Verordnung erlaffen:

§. 1.

Auf den Grundftücken im erften und zweiten Rayon der Feftung Köln, fowohl auf dem linken als auf dem rechten Rheinufer, mufs jedes Gebäude in einem Abftand von der Grundftücksgrenze errichtet werden, welcher wenigftens 5 m beträgt. Dies gilt nicht für die Strafsengrenzen; an denfelben find vielmehr die feftgefetzten Strafsen- und Baufluchtlinien-Pläne, beziehungsweife die Vorfchriften im §. 13 der Bau-Polizeiordnung für die Bauten in den Städten vom 6. Juni 1888, fo wie die gefetzlichen Vorfchriften über das Anbauen an ehemalige Staatsftrafsen mafsgebend.

§. 2.

Die nach §. 1 entftehenden Zwifchenräume dürfen mit niedrigen Vorbauten von weniger als $1^1/_4$ m Höhe (vergl. §. 14 der Bau-Polizeiordnung für die Bauten in Städten vom 6. Juni 1888) unter der Bedingung, dafs diefelben höchftens 2 m vor dem Hauptbau vorftehen, fo wie mit auffteigenden Vorbauten (vergl. §. 14 a. a. O.), welche höchftens 2 m vor dem Hauptbau vortreten und nicht mehr als zwei Fünftel der Gebäudelänge einnehmen, befetzt werden.

§. 3.

Die bebauten Theile eines jeden Grundftücks dürfen nicht mehr als zwei Drittel der Baufläche, d. h. derjenigen Fläche betragen, welche nach Abzug der feitlichen freien Streifen und eines etwa durch den Baufluchtlinienplan vorgefchriebenen Vorgartens übrig bleibt.

§. 4.

Im erften Rayon ift die Herftellung von Gebäuden, welche mehr als ein Erdgefchofs und ein Dachgefchofs enthalten, unzuläffig. Die Räume des letzteren müffen aufser durch die im Inneren befindliche Treppe noch durch eine äufsere, wenigftens 90 cm breite Freitreppe zugänglich fein, welche ebenfalls in den nach §. 1 entftehenden Zwifchenräumen angebracht werden darf.

§. 5.

Im zweiten Rayon ift die Herftellung von Gebäuden, welche mehr als ein Kellergefchofs, ein Erdgefchofs, ein Obergefchofs und ein Dachgefchofs enthalten, unzuläffig.

§. 6.

Uebertretungen diefer Vorfchriften werden mit einer Geldftrafe von 3 bis 30 Mark beftraft.

Verantwortlich find der Bauherr, wie der Bauunternehmer.

§. 7.

Vorftehende Polizei-Verordnung tritt mit der Publication im Stadt-Anzeiger der Kölnifchen Zeitung in Kraft.

XIX.

Polizei-Verordnung für die Stadt Köln vom 1. November 1889,

betreffend die Befchaffenheit derjenigen Strafsen und Strafsentheile, welche für den öffentlichen Verkehr und den Anbau als fertig geftellt anzufehen find.

Auf Grund der §§. 5 und 6 des Gefetzes vom 11. März 1850 über die Polizei-Verwaltung und in Gemäfsheit der §§. 143 und 144 des Gefetzes über die allgemeine Landesverwaltung vom 30. Juli 1883 werden für den Polizeibezirk der Stadt Köln unter Zuftimmung des Gemeindevorftandes folgende baupolizeiliche Beftimmungen erlaffen.

§. 1.

Unbebaute Strafsen und Strafsentheile, und zwar fowohl beftehende Wege als neu angelegte Strafsen und Plätze, find erft dann für den öffentlichen Verkehr und den Anbau fertig geftellt, wenn fie

1) von dem Punkte, an welchem der Anbau ftattfinden foll, bis zu einer bereits angebauten oder fertig geftellten Strafse, der vorgefchriebenen Höhenlage und den Fluchtlinien entfprechend in ganzer Breite an die Gemeinde abgetreten, geebnet und mit einer für den ftädtifchen Verkehr geeigneten Decke, fo wie mit Bürgerfteigen verfehen;
2) in planmäfsiger Weife unterirdifch entwäffert;
3) in ortsüblicher Weife hinreichend beleuchtet find.

§. 2.

In der ehemaligen Gemeinde Poll, in dem weftlich der militärifchen Ringftrafse gelegenen Theile der ehemaligen Gemeinde Kriel, in der ehemaligen Gemeinde Müngersdorf, mit Ausnahme der Katafterfluren 35, C, D, E, F und G, fo wie in der ehemaligen Gemeinde Longerich, mit Ausnahme der Katafterflur O, find die in Rede ftehenden Strafsen und Strafsentheile als fertig geftellt anzufehen, wenn fie der vorgefchriebenen Höhenlage und den Fluchtlinien entfprechend in ganzer Breite an die Gemeinde abgetreten, geebnet, mit Bafaltkleinfchlag befeftigt und mit einem erhöhten, mit Randfteinen eingefafften, bekiesten Fufsweg verfehen find. Statt der unterirdifchen Entwäfferung genügt eine geregelte oberirdifche Entwäfferung durch gepflafterte Rinnen.

§. 3.

Die Errichtung von Wohngebäuden an folchen Strafsen und Strafsentheilen, welche den Beftimmungen der §§. 1 und 2 nicht entfprechen, unterliegt, fo fern die Bauten nach diefen Strafsen einen Ausgang erhalten follen, der befonderen Erlaubnifs des Gemeindevorftandes, welcher diefelbe nur ausnahmsweife im Einverftändnifs mit der Ortspolizeibehörde ertheilt, unbefchadet der der letzteren zuftehenden baupolizeilichen Prüfung.

§. 4.

Ob und wann eine Strafse oder ein Weg im Sinne der §§. 1 bis 3 für den Verkehr und den Anbau fertig geftellt ift, wird von der Ortspolizeibehörde im Einvernehmen mit dem Gemeindevorftande öffentlich bekannt gemacht werden.

§. 5.

Derjenige, welcher den vorftehenden Beftimmungen zuwiderhandelt, verwirkt eine Geldbufse von 3—9 Mark, an deren Stelle im Unvermögensfalle verhältnifsmäfsige Haft tritt. Aufserdem werden die ohne giltige Erlaubnifs aufgeführten Baulichkeiten auf Koften des Schuldigen polizeilich befeitigt.

§. 6.

Die denfelben Gegenftand betreffenden Polizei-Verordnungen für die Stadt Köln vom 8. October 1881, für die vormalige Stadtgemeinde Ehrenfeld vom 23. September 1887 und fonftige mit diefen Beftimmungen in Widerfpruch ftehende Ortspolizei-Verordnungen der in die Stadtgemeinde Köln aufgenommenen Vororte werden hierdurch aufgehoben.

XX.

Auszug aus der Breslauer Polizei-Verordnung vom 15. Februar 1887,

betreffend Befchränkung des Baues von Fabriken.

Auf Grund der §§. 5 und 6 des Gefetzes über die Polizeiverwaltung vom 11. März 1850 und der §§. 143 und 144 des Gefetzes über die allgemeine Landesverwaltung vom 30. Juli 1883 wird hiermit unter Zuftimmung des Gemeindevorftandes für die Stadt Breslau nachftehende Polizeiverordnung erlaffen:

§. 1.

Auf dem Terrain der früheren Feldmark Alt-Scheitnig, welches im Weften von der alten Oder, im Norden vom Schwarzwaffer, im Often von der Weichbildgrenze der Stadt und im Süden von der Oder begrenzt wird, dürfen Fabrikgebäude und folche Anlagen, welche beim Betriebe durch Verbreitung fchädlicher Dünfte, bezw. ftarken Rauches oder durch Erregung eines ungewöhnlichen Geräufches Gefahren, Nachtheile oder Beläftigungen des Publicums herbeiführen würden, nicht errichtet werden.

D. Vereinsbefchlüffe und Gutachten.

XXI.

Grundzüge für Stadterweiterungen nach technifchen, wirthfchaftlichen und polizeilichen Beziehungen.

Befchloffen auf der Verfammlung des »Verbandes deutfcher Architekten- und Ingenieur-Vereine« zu Berlin am 25. September 1874.

1.

Die Projectirung von Stadterweiterungen befteht wefentlich in der Feftftellung der Grundzüge aller Verkehrsmittel: Strafsen, Pferdebahnen, Dampfbahnen, Canäle, die fyftematifch und defshalb in einer beträchtlichen Ausdehnung zu behandeln find.

2.

Das Strafsennetz foll zunächft nur die Hauptlinien enthalten, wobei vorhandene Wege thunlichft zu berückfichtigen, fo wie folche Nebenlinien, welche durch locale Umftände beftimmt vorgezeichnet find. Die untergeordnete Theilung ift jeweils nach dem Bedürfnifs der näheren Zukunft vorzunehmen oder der Privatthätigkeit zu überlaffen.

3.

Die Gruppirung verfchiedenartiger Stadttheile foll durch geeignete Wahl der Situation und fonftiger charakteriftifcher Merkmale herbeigeführt werden, zwangsweife nur durch fanitarifche Vorfchriften über Gewerbe.

4.

Aufgabe der Baupolizei ift die Wahrung nothwendiger Intereffen der Hausbewohner, der Nachbarn und der Gefammtheit gegenüber dem Bauherrn. Solche Intereffen find: Feuerficherheit, Verkehrsfreiheit, Gefundheit (einfchliefslich Zuverläffigkeit der Conftruction gegen Einfturz). Dagegen find alle äfthetifchen Vorfchriften verwerflich.

5.

Es ift für Stadterweiterungen wünfchenswerth, dafs die Expropriation und Inpropriation von Grundftückreften in angemeffener Weife gefetzlich erleichtert werde. Noch wichtiger würde der Erlafs eines Gefetzes fein, welches die Zufammenlegung von Grundftücken behufs Strafsendurchlegungen und Regulirung der Bauplatzformen erleichtert.

6.

Der Stadtgemeinde kommt die Befugnifs zu, fich für die von ihr aufgewandten Koften neuer Strafsen mit Zubehör Deckung von Seiten der anftofsenden Grundeigenthümer zu verfchaffen. Unter den betreffenden finanziellen Formen empfehlen fich, namentlich wenn das Verfahren der Regulirung vorausgegangen ift, befonders Normalbeiträge pro Meter der Frontlänge jedes Grundftücks.

7.

Die Eigenthumsverhältniffe, welche mit Feftfetzung eines Stadterweiterungsplanes fich bilden, fo wie die Verpflichtung der Anftöfser einerfeits und der Gemeinde anderfeits bedürfen der gefetzlichen Regelung. Auf Flächen, welche zu künftigen Strafsen und Plätzen beftimmt find, darf nach gefetzlicher Feftftellung des Planes nicht mehr oder nur gegen Revers gebaut werden. Dem Eigenthümer gebührt wegen diefer Befchränkung keine Entfchädigung, dagegen das Recht zu verlangen, dafs Grundftücke in künftigen Plätzen angekauft werden, fobald die umliegenden Strafsen hergeftellt find. Für Zugänglichkeit und Entwäfferung von vereinzelten Neubauten mufs zunächft durch die Eigenthümer geforgt werden. Doch follte die Gemeinde fich allgemein zur vollftändigen Herftellung und Unterhaltung einer neuen Strafse verbindlich machen, fobald Sicherheit befteht, dafs ein gewiffer Theil aller angrenzenden Grundftücksfronten mit Häufern verfehen wird.

XXII.

Thefen über Städteerweiterung, befonders in hygienifcher Beziehung.

Befchloffen vom »Deutfchen Verein für öffentliche Gefundheitspflege« auf der Verfammlung zu Freiburg i. Br. am 15. September 1885.

1. Plan.

a) Jede in der Entwickelung begriffene Stadt bedarf für die äufsere Erweiterung und die innere Verbefferung eines einheitlichen, umfaffenden Stadtbauplanes, in welchem auf angemeffene Strafsenbreiten, zweckmäfsige Orientirung der Strafsen, freie Plätze, Verkehrsmittel, Pflanzungen (Baumreihen, Vorgärten, Squares) und öffentliche Gärten, eine entwäfferungsfähige, hochwafferfreie oder gegen Hochwaffer gefchützte Lage, Be- und Entwäfferungseinrichtungen, Reinhaltung der natürlichen Wafferläufe, angemeffene Gröfse der Baugrundftücke, Bauplätze für öffentliche Gebäude und fonftige Gemeindeanftalten Rückficht zu nehmen ift.

b) Die Feftfetzung und Offenlegung des Planes hat in der Regel nur für feine Hauptftrafsen und nach Bedürfnifs für diejenigen Untertheilungen zu erfolgen, deren Bebauung für die nächfte Zukunft zu erwarten ift oder angeftrebt wird.

2. Ausführung.

c) Bei der Ausführung des Bebauungsplanes find die Strafsen mit Be- und Entwäfferungsanlagen, fo wie die Mafsregeln zur Reinhaltung der natürlichen Wafferläufe foweit irgend thunlich vor der Bebauung auszuführen.

d) Die Verwendung faulender oder fäulnifsfähiger Stoffe ift bei der Anfchüttung von Strafsen und Baugründen zu vermeiden. Früher zur Ablagerung derartiger Stoffe benutzte Felder find, fobald die Bebauung sie erreicht, zu reinigen, so fern nicht diese Stoffe ihre fäulnissfähige Eigenschaft bereits verloren haben.

e) Eine möglichst zusammenhängende Ausdehnung der Stadt ist anzustreben.

3. Polizeiliche, statutarische, gesetzliche Bestimmungen.

f) Durch baupolizeiliche Bestimmungen ist zugleich Fürsorge zu treffen, dass den hygienischen Anforderungen bei allen Neu- und Umbauten genügt wird; die auf der dritten Versammlung des Deutschen Vereins für öffentliche Gesundheitspflege in München im Jahre 1875 für Neubauten zunächst in neuen Quartieren grösserer Städte angenommenen Thesen sind dabei zu berücksichtigen.

g) Durch statutarische und gesetzliche Bestimmungen ist den Gemeinden das Recht zu gewähren:

α) die Genehmigung zu Bauten, welche gegen den Bebauungsplan der Stadterweiterung verstossen, ohne Entschädigung zu versagen,

β) sich in den Besitz der zur Durchführung des Bebauungsplanes nöthigen Grundstücke einschliesslich der zur Bebauung ungeeigneten Grundstücksreste im Wege des Enteignungsverfahrens zu setzen,

γ) die Anbauer zur Erstattung der Kosten der Strassenanlagen bis zu einer gewissen Breite zu verpflichten,

δ) in einzelnen Stadtgegenden den Betrieb besonders lästiger Gewerbe zu untersagen,

ε) den Anschluss aller bebauten Grundstücke an die Be- und Entwässerungsanlagen vorzuschreiben,

ζ) ungesunde Stadtgegenden durch ausgedehnte Enteignungsbefugnisse ohne unverhältnissmässige Kosten umzugestalten,

η) in einer Strasse Vorgärten anzuordnen, ferner entweder die geschlossene oder die offene Bauweise vorzuschreiben, letztere jedoch unter Wahrung eines gewissen Mitbestimmungsrechtes der Grundbesitzer.

h) Endlich ist das Recht der Eineignung nicht bebauungsfähiger Grundstückstheile, so wie das Recht, behufs der Ermöglichung einer zweckmässigen Bebauung die Umlegung (Zusammenlegung) von Grundstücken im Zwangsverfahren herbeizuführen, den Interessenten gesetzlich zu verleihen.

4.

i) Es ist dringend zu wünschen, dass die hygienisch-technischen Fragen der Stadterweiterung auf unseren Hochschulen mehr als bisher behandelt und zum Gegenstande vollständiger Lehrcurse gemacht werden.

XXIII.

Beschlüsse des „Deutschen Vereins für öffentliche Gesundheitspflege“ auf der Versammlung zu Breslau am 14. September 1886, betreffend Städtereinigung.

1.

Jede grössere, namentlich mit Wasserleitung versorgte Stadt kann der geregelten Entwässerung durch eine unterirdische Canalisation nicht entbehren, da die Schmutzwasser so rasch als thunlich aus dem Bereiche der Wohnungen entfernt werden müssen.

2.

Die Canäle sollen zur Aufnahme und sicheren Abführung der gesammten Schmutzwasser, einschliesslich der Closetabgänge und des Regenwassers, geeignet sein, in so weit nicht die örtlichen Verhältnisse die besondere Ableitung des Regenwassers als zweckmässig erscheinen lassen.

3.

Die Reinigung der städtischen Abwässer vor ihrer Zuführung in die Flussläufe bleibt vor wie nach anzustreben. Bei dem jetzigen Stande der Technik und den erheblichen, mit jeder Reinigung verbundenen Kosten empfiehlt es sich jedoch, die Forderung der Reinigung nur in denjenigen Fällen zu erheben, wo gesundheitliche Missstände zu befürchten sind oder sonstige erhebliche Uebelstände sich fühlbar machen, und nur in einem solchen Umfange, als zur Beseitigung dieser Uebelstände geboten ist.

4.

Zur Unschädlichmachung der städtischen Schmutzwasser und zur gleichzeitigen Verwerthung der in denselben enthaltenen Dungstoffe ist bis jetzt die Berieselung von Feld- und Wiesenflächen das geeignetste Mittel.

XXIV.

Befchlüffe des „Deutfchen Vereins für öffentliche Gefundheitspflege"

auf der Verfammlung des Vereins zu Frankfurt a. M. am 13. September 1888, betreffend Befchränkung des Baues von Fabriken.

1.

Die öffentliche Gefundheitspflege verlangt für gröfsere Gemeinden eine gefetzliche Handhabe, um von beftimmten Theilen des Gemeindebezirks gewerbliche und induftrielle Anlagen, welche durch Ausdünftungen, Rauch oder durch lärmenden Betrieb die Gefundheit der Bewohner oder die Annehmlichkeit des Wohnens beeinträchtigen, fern zu halten.

2.

Die §§. 18 und 19 der deutfchen Gewerbeordnung haben in vielen deutfchen Städten nicht ausgereicht, um diefe Forderung der öffentlichen Gefundheitspflege zu erfüllen.

3.

Der Abfatz 3 des §. 23 der deutfchen Gewerbeordnung bietet die Gelegenheit, diefer Forderung im Wefentlichen gerecht zu werden. Es ift daher das Verlangen, durch Landesgefetzgebung in den deutfchen Bundesftaaten den Gemeinden die Möglichkeit der Erfüllung jener Forderung zu gewähren, durchaus gerechtfertigt.

XXV.

Entwurf reichsgefetzlicher Vorfchriften zum Schutze des gefunden Wohnens.

Befchloffen auf der Verfammlung des »Deutfchen Vereins für öffentliche Gefundheitspflege« zu Strafsburg am 14. September 1889.

I. Strafsen und Bauplätze.

§. 1.

1) Die Anlage, Verbreiterung oder Veränderung einer Strafse darf nur auf Grund eines von der zuftändigen Behörde feft gefetzten Bebauungsplanes erfolgen.

2) Bei Feftfetzung des Bebauungsplanes für einen Ortsbezirk mufs ein angemeffener Theil des ganzen Flächeninhaltes als unbebaubarer Grund für Strafsen, Plätze oder öffentliche Gärten frei gehalten werden.

3) Der Bebauungsplan kann für beftimmte Strafsen oder Strafsentheile das Zurücktreten der Baufluchtlinien hinter den Strafsenfluchtlinien (Vorgärten), fo wie die Einhaltung feitlicher Mindeftabftände zwifchen den Gebäuden (offene Bauweife) vorfchreiben.

4) Zur Aufhöhung der Strafsen und Bauplätze dürfen nur Bodenarten verwendet werden, welche frei von gefundheitsfchädlichen Beftandtheilen find.

II. Neuherftellung von Gebäuden.

§. 2.

1) Die Höhe eines Gebäudes darf an der Strafse nicht gröfser fein, als der Abftand deffelben von der gegenüber liegenden Baufluchtlinie.

2) Die zuläffige gröfste Höhe der an Höfen gelegenen Gebäudewände, welche mit den im §. 7 vorgefchriebenen Fenftern verfehen find, beträgt das Anderthalbfache des mittleren Abftandes von der gegenüber liegenden Begrenzung des unbebauten Raumes.

3) Die mittlere Breite eines Hofes, auf welchen Fenfter gerichtet find, darf nicht unter 4 m bemeffen werden.

4) Ein Zufammenlegen der Hofräume benachbarter Grundftücke behuf Erzielung des vorfchriftsmäfsigen Abftandes oder der vorfchriftsmäfsigen Mindeftbreite ift ftatthaft, in fo fern die Erhaltung der Hofräume in unbebautem Zuftande gewährleiftet wird.

5) Jeder unbebaut bleibende Theil eines Grundftückes mufs zum Zweck feiner Reinigung mit einem Zugang von mindeftens 1 m Breite und 2 m Höhe verfehen fein.

§. 3.

1) Auf Bauftellen, welche bereits höher, bezw. dichter bebaut gewefen find, als die Vorfchriften in

§. 2 zulaffen, treten im Falle eines Neubaues folgende erleichternde Beftimmungen ein:

Die Höhe eines Gebäudes darf an der Strafse das Anderthalbfache des Abftandes bis zur gegenüber liegenden Baufluchtlinie und an den Höfen das Dreifache der Hofbreite betragen.

Die Hofbreite darf bis auf 2,50 m eingefchränkt werden.

2) Bei Anwendung diefer Beftimmungen darf jedoch eine Verfchlechterung der früher vorhanden gewefenen Luft- und Lichtverhältniffe des betreffenden Grundftückes keinesfalls herbeigeführt werden.

§. 4.

Ein Neubau ift nur dann zuläffig, wenn für die genügende Befchaffung von gefundem Trinkwaffer, fo wie für den Verbleib der Abfallftoffe und Abwäffer auf gefundheitlich unfchädliche Art geforgt ift.

§. 5.

1) Die Zahl der erforderlichen Aborte eines Gebäudes ift nach der Anzahl der regelmäfsig in demfelben fich aufhaltenden Menfchen zu beftimmen. In der Regel ift für jede Wohnung ein befonderer, umwandeter, bedeckter und verfchliefsbarer Abort anzulegen.

2) Jeder Abort mufs durch ein unmittelbar in das Freie gehendes bewegliches Fenfter lüftbar fein.

3) Aborts-Fallrohre müffen aus undurchläffigen Bauftoffen hergeftellt und in der Regel als Luftrohre über das Dach hinaus verlängert werden.

4) Die Fufsböden und Decken der Ställe, fo wie deren Trennungswände gegen Wohnräume find undurchläffig herzuftellen.

5) Das Gleiche gilt für die Fufsböden, Decken und Trennungswände folcher Gefchäftsräume, hinfichtlich derer erhebliche gefundheitliche Bedenken vorliegen.

6) Die Verwendung gefundheitsfchädlicher Stoffe zur Ausfüllung der Fufsböden und Decken ift verboten.

III. Neuherftellung der zu längerem Aufenthalt von Menfchen dienenden Räume.

§. 6.

1) Räume, welche zu längerem Aufenthalt von Menfchen dienen, müffen eine lichte Höhe von mindeftens 2,5 m haben.

2) Höher als in dem vierten Obergefchofs, d. h. im vierten der über dem Erdgefchofs liegenden Stockwerke, dürfen Wohnungen nicht hergeftellt werden.

§. 7.

1) Alle zu längerem Aufenthalt von Menfchen dienenden Räume müffen bewegliche Fenfter erhalten, die unmittelbar in das Freie führen. Erleichternde Ausnahmen find zuläffig, wenn auf andere Weife eine genügende Zuführung von Luft und Licht gefichert ift.

2) In jedem folchen Raume foll die lichtgebende Gefammtfläche der nach der Vorfchrift in Abfatz 1 nothwendigen Fenfter mindeftens ein Zwölftel der Grundfläche betragen. Für Gefchäftsräume und Dachkammern find Erleichterungen zuläffig.

§. 8.

1) Der Fufsboden aller Wohnräume mufs über dem höchften Grundwafferftande, im Ueberfchwemmungsgebiete über Hochwaffer liegen.

2) Die Fufsböden und Wände aller zu längerem Aufenthalt von Menfchen dienenden Räume find gegen Bodenfeuchtigkeit zu fichern.

3) Wohnungen in Kellern, d. h. in Gefchoffen, deren Fufsboden unter der Erdoberfläche liegt, find nicht zuläffig.

4) Zu längerem Aufenthalt von Menfchen dienende Räume, insbefondere einzelne Wohnräume, dürfen in Kellern nur unter der Bedingung hergeftellt werden, dafs der Fufsboden höchftens 1 m unter, der Fenfterfturz mindeftens 1 m über der Erdoberfläche liegt. — Erleichterungen find ftatthaft, in fo fern die gewerbliche Verwendung der Räume eine gröfsere Tieflage erfordert.

IV. Benutzung der zu längerem Aufenthalt von Menfchen dienenden Räume.

§. 9.

1) Alle zu längerem Aufenthalt von Menfchen beftimmten Räume dürfen nur nach ertheilter Genehmigung zu diefem Zweck in Gebrauch genommen werden.

2) Diefe Genehmigung ift bei Neu- und Umbauten insbefondere dann zu verfagen, wenn die betreffenden Räume nicht genügend ausgetrocknet find.

§. 10.

1) Gelaffe, deren Fenfter den in §. 7 gegebenen Vorfchriften nicht entfprechen, dürfen als Wohnräume nicht benutzt werden.

2) Vermiethete, als Schlafräume benutzte Gelaffe müffen für jedes Kind unter zehn Jahren mindeftens 5 cbm, für jede ältere Perfon mindeftens 10 cbm Luftraum enthalten. In Miethsräumen, für welche nach §. 7, Abf. 2 Erleichterungen zugelaffen find, müffen immerhin, wenn fie als Schlafräume benutzt werden, auf jedes Kind unter zehn Jahren mindeftens 0,1 qm, auf jede ältere Perfon mindeftens 0,2 qm lichtgebende Fenfterfläche entfallen. Kinder unter einem Jahre werden nicht mitgerechnet.

3) Diefe Beftimmungen treten für beftehende Gebäude erft nach fünf Jahren in Kraft, können

jedoch nach Ablauf von zwei Jahren bei jedem Wohnungswechfel in Wirkfamkeit gefetzt werden.

4) Angemeffene Räumungsfriften, deren Beobachtung nöthigenfalls im Zwangsverfahren zu fichern ift, find von der zuftändigen Behörde vorzufchreiben.

§. 11.

1) Räume, welche durch Verftöfse gegen die vorftehenden Beftimmungen in §§. 2 bis 8 oder fonftwie durch ihren baulichen Zuftand gefundheitswidrig find, follen auf Grund eines näher anzuordnenden Verfahrens für unbrauchbar zum längeren Aufenthalt von Menfchen erklärt werden.

2) Werden aus diefen Gründen ganze Häufergruppen oder Ortsbezirke für unbenutzbar erklärt, fo hat die Gemeinde das Recht, den vollftändigen Umbau zu veranlaffen oder vorzunehmen. Es fteht ihr zu dem Zweck bezüglich aller in dem umzubauenden Bezirk befindlichen Grundftücke und Gebäude die Zwangsenteignung zu. Für das Enteignungsverfahren find die Landesgefetze mafsgebend.

* * *

Die Vorfchriften diefes Gefetzes gelten als Mindeftanforderungen und fchliefsen weitergehende Landes-, Provinzial- und Localverordnungen nicht aus.

Der Erlafs von Ausführungsbeftimmungen fteht den Landesbehörden zu.

Die Handhabung diefes Gefetzes liegt überall den Baupolizei- und Gefundheitspolizeibehörden ob, fo fern nicht durch die Landesgefetzgebung anderweitige Beftimmung getroffen ift.

XXVI.

Technifches Gutachten,

betreffend den Bebauungsplan von Düffeldorf.

Die zur Begutachtung des von Herrn Stadtbaumeifter Buch aufgeftellten Vorprojects der Stadterweiterung von Düffeldorf berufenen unterzeichneten Techniker haben das Project einer eingehenden Prüfung unterzogen und fprechen folgende allgemeine und befondere Anfichten zur Sache aus.

Ausdehnung.

Die im Vorproject des Herrn Stadtbaumeifters Buch angenommene Ausdehnung des Bebauungsplanes auf eine Gefammtfläche von ca. 2400 ha wird als angemeffen anerkannt.

Diefelbe entfpricht bei einer durchfchnittlichen Bevölkerungsdichtigkeit von 250 Perfonen pro Hektar einer Einwohnerzahl von 600 000.

Schon lange vor der Erreichung diefer Einwohnerzahl werden fich die von dem Bebauungsplan bedeckten Flächen im vollen Anbau befinden, und fchon nach 50 Jahren wird man auf eine Einwohnerzahl von 500 000 zu rechnen haben, wenn die jetzt fchon feit längerer Zeit beobachtete Bevölkerungszunahme von durchfchnittlich über 3 Procent jährlich auch ferner anhalten wird.

Obfchon diefer Zeitraum als ein fehr langer erfcheint, fo kann doch die Feftlegung der Hauptlinien in den äufseren Bezirken des Projects nicht aufgefchoben werden, weil jetzt fchon eine mehr oder weniger ftarke Bebauung in jenen Bezirken theils vereinzelt, theils gefchloffen (Letzteres in den zur Bürgermeifterei gehörigen Vororten) ftattfindet. Auch erfcheinen die Grenzen des Bebauungsfeldes den örtlichen Verhältniffen entfprechend richtig gewählt.

Grundzüge.

Für das ganze Netz von Strafsenlinien und fonftigen Anlagen, welche den wefentlichen Inhalt des Bebauungsplanes bilden, find beftimmend folgende Grundzüge: a) die Hauptradialftrafsen, b) die Ringftrafsen, c) diagonale Verkehrsrichtungen, d) die Eifenbahnanlagen, e) Werft- und Hafenanlagen, f) öffentliche Anlagen, Plätze, Zierteiche und Wafferläufe.

Hauptradialftrafsen.

Die Hauptftrafsen, welche aus der Mitte der Stadt nach aufsen führen und meiftens den vorhandenen Wegen entfprechen, find in dem Plane richtig benutzt, aber bei der weiteren Bearbeitung deffelben mit gröfserer Beftimmtheit durchzubilden.

Hervorzuheben find:

die Kaiferswertherftrafse;

der Zug der Nord-, Kollenbach- und Ulmenftrafse;

die Münfterftrafse;

die Richtungslinie der Düffelthalerftrafse am Zoologifchen Garten, welche über die Eifenbahnbrücke in die Stadt hinein und nach aufsen in der Richtung auf die Fahnenburg zu verlängern fein wird;

die Grafenbergerftrafse;

die Gerresheimer Linie, welche im Plane auf der einen oder anderen Seite der Eifenbahn fchärfer zu betonen ift oder auf beiden Seiten zugleich durchgeführt werden kann; insbefondere ift zu empfehlen, das Verkehrscentrum am Strafsenftern des Wehrhahn, fo wie die Strafsenbreite vom Wehrhahn bis zur

Eisenbahn durch Alignementsfestsetzung bedeutend zu erweitern und die Eisenbahnkreuzungen bequemer zu gestalten;

die Kloster- und Erkratherstrasse;

die Kölnerstrasse;

die mit der vorigen sich vereinigende Ellerstrasse, welche gemeinschaftlich mit der Eisenstrasse unter dem Personenbahnhofe in einer der Verkehrsrichtung besser anzupassenden Weise durchzuführen und mit der auf dem bisherigen Bahnhofsgelände anzulegenden inneren Ringstrasse (Haroldstrasse) organisch zu verbinden ist;

die Hüttenstrasse und Oberbilkerallee, von denen die erstere schräg durch das jetzige Bahnhofsgelände an die Königsallee anzuschliesen ist;

die Corneliusstrasse mit Verlängerung nach dem Oberbilker Kirchhofe;

die Friedrichs- und Himmelgeisterstrasse;

die Cavallerie- und Försterstrasse.

Ringstrassen.

Die im Vorproject vorgesehenen drei Ringlinien sind zweckmäsig angelegt, müssen aber auf einigen Strecken consequenter durchgeführt und durch eine grose Verkehrsstrasse, welche vor der alten Stadt am Rhein anzulegen ist, geschlossen werden.

Der innere Ring ist vom neuen Central-Personenbahnhofe nicht auf den Güterbahnhof, sondern unter Benutzung der Kölnerstrasse über den Knotenpunkt am Wehrhahn und durch die Pempelforterstrasse mit Beseitigung der davorliegenden katholischen Capelle und von da womöglich direct nach der Kreuzung der Rosenstrasse in die zu diesem inneren Ringe gehörige Verlängerung der Duisburgerstrasse weiter zu führen. Von der Kreuzung dieser letzteren mit der Nordstrasse ist der Ring auf das Rheinufer zu richten.

Die Verlängerung der Haroldstrasse über das gegenwärtige Bahnhofsgelände ist die hervorragendste neue Strasse der nächsten Zukunft; sie ist deshalb grosartiger zu gestalten und so zu richten, dass sie sich nach dem Centralbahnhof hin und nach der Ellerstrasse in schöner und zweckmäsiger Weise gabelt.

Der mittlere Ring ist an mehreren Stellen einfacher und directer durchzubilden; die Spaltung desselben zwischen Oberbilk und Unterbilk dürfte zu unterlassen sein. Das fehlende Stück zwischen der Münster- und Kollenbachstrasse ist zu ergänzen. Für den äuseren Ring dürfte am Grafenberg die auf dem Plane bereits punktirte, die Fabriken einschliesende Trace zu wählen sein; der Anschluss desselben an die Volmerswertherstrasse ist durch zwei von der Försterstrasse abzweigende Diagonalen zu vermitteln.

Als Anhalt für die weitere Bearbeitung sind die Hauptradialen mit blauen, die Ringstrassen mit rothen Linien in der anliegenden Pause skizzirt.

Diagonalstrassen.

Die diagonalen Verkehrsrichtungen, welche zwischen diesen Hauptlinien für den Bebauungsplan unentbehrlich sind, finden sich in dem Vorprojecte nicht erschöpfend behandelt.

Für die weitere Bearbeitung des Planes empfehlen wir die in der obigen Pauszeichnung mit Bleistift angegebenen Richtungen zur näheren Erwägung.

Eisenbahn-Anlagen.

In Betreff der Eisenbahn-Anlagen empfehlen wir wiederholte sorgfältige Prüfung aller Strassenkreuzungen mit Bezug auf alle jetzigen und zukünftigen Anforderungen des Bebauungsplanes; ein groser Theil der Kreuzungsbauwerke erscheint nach Lage und Abmessungen keineswegs auskömmlich und befriedigend. Ferner dürfte eine nochmalige Durcharbeitung der Zufuhrstrassen der Centralstation mit diagonaler Richtung der Seitenstrassen nothwendig sein. Auch die im Plane angedeutete Offenhaltung einer Geleisverbindung von dem Güterbahnhofe nach dem zukünftigen Hafenterrain am Rheine durch Reservirung eines der projectirten Strassenzüge ist dringend zu empfehlen.

Hafen- und Werftanlagen.

Die Aufstellung des Hafen- und Werftprojectes ist ein nothwendiges Zubehör des Bebauungsplanes, wobei sich die obenerwähnte unerläsliche Durchführung der Ringstrasse am Rheinufer mit erledigt.

Auf Grund der uns bekannt gegebenen Hafenprojecte halten wir mit Rücksicht auf die Durchführung der Ringstrasse und den engeren Anschluss der neuen Hafenanlagen an die Altstadt die Verschüttung der Mündung des jetzigen Sicherheitshafens mit Umwandlung desselben in einen Binnenteich für zweckmäsig.

Wenn auch die Durchführung der Ringstrasse als Quaianlage schwierig erscheint, so wird dieselbe doch unserer Ansicht nach mit der Zeit ein unabweisliches Bedürfniss werden und sich voraussichtlich durch Beseitigung alter Baulichkeiten auf der einen und Hinausschiebung der Werftkante auf der anderen Seite ermöglichen lassen. Auch die Frage einer Stromcorrection zum Zweck eines besseren Schutzes der jetzt in fast bedenklichem Stromangriff liegenden Werftstrecken wird dabei in Erwägung zu ziehen sein.

Oeffentliche Anlagen, Plätze, Zierteiche, Wasserläufe.

Für die Anordnung der bestehenden und zu projectirenden öffentlichen Anlagen sind die die Stadt durchströmenden Bäche von masgebendem Einfluss. Es wird sowohl aus diesem Grunde, wie aus gesundheitlichen Rücksichten erforderlich sein, dieselben thunlichst rein zu halten. Vollkommen läßt sich dies nur dadurch erreichen, dafs man die Wasserläufe den Privatgrundstücken entzieht und sie mit öffentlichen Plätzen, Strafsen und Gartenanlagen zusammenlegt.

Für den Fall, dafs man diese Freilegung bei dem südlichen bereits stark mit Fabriken und sonstigen Bauten besetzten Düffelbach nicht vollständig erreichen könnte, erscheint es rathsam, denselben nicht mehr zur Speisung der vorhandenen südlichen Zierteiche (Spee'scher Graben, Schwanenspiegel und Kaiserteich) zu verwenden, sondern oberhalb derselben direct in den Rhein münden zu lassen und die besagten Teiche durch ihre Verbindung mit den nördlichen Teichen (Landskrone) aus der nördlichen Düffel zu speisen.

So fern in Zeiten gröfserer Trockenheit diese letztere zur Speisung der sämmtlichen Teiche nicht ausreichen sollte, kann man die Pumpstation im Hofgarten, welche für Canalisationszwecke nur periodisch gebraucht wird, mit verwenden.

Bei dem nördlichen Düffelbach wird es ohne allzu grofse Schwierigkeiten erreichbar sein, denselben in einer theils an die Ringstrafsen, theils an andere bestehende und in Aussicht zu nehmende Verbindungsstrafsen anzuschliefsenden öffentlichen Parkanlage aufzunehmen, welche einen fortlaufenden Promenadenzug von der inneren Stadt bis zum Zoologischen Garten und weiter bis zum Grafenberg bilden würde. Die niedrige Lage und sonstige Beschaffenheit des Geländes oberhalb des Zoologischen Gartens würde es ermöglichen, am Fufse des Grafenberges einen grofsen Teich mit landschaftlichen Umgebungen anzulegen.

Auf der südöstlichen Hälfte der Stadterweiterung werden sich einige gröfsere grüne Plätze und öffentliche Gärten an den der Bebauung bis jetzt noch nicht zugänglich gewordenen Stellen leicht reserviren lassen.

Für die allgemeine Anordnung der öffentlichen Plätze dürfte als Grundsatz anzunehmen sein, dafs dieselben besser nicht in die Achse, sondern auf die Seiten der Radialstrafsen gelegt werden, dagegen sehr passend als Erweiterungen der Ringstrafsen projectirt werden können, indem die ersteren wesentlich den Charakter von Verkehrswegen haben, während die Ringstrafsen aufserdem vorwiegend auch als Promenaden dienen sollen. Aus dem gleichen Grunde wird auch bei den Radialstrafsen viel weniger auf Vorgärten Bedacht zu nehmen sein. Letztere sind besonders empfehlenswerth in allen stillen Wohnvierteln.

Ausbildung der Strafsen.

Für die Strafsenzüge des Bebauungsplanes sind die Breiten von 12, 20 und 26 m vorgesehen, bezw. in Aussicht zu nehmen; die Breite von 26 m ist an die Stelle derjenigen von 25 m zu setzen, weil bis zur Breite von 26 m die Anlieger nach dem Fluchtliniengesetz die Anlagekosten zu tragen haben, die Bepflanzung mit Bäumen aber durch Vermehrung der Trottoirbreite begünstigt wird.

Die Ringstrafsen sind zum Theil in noch gröfserer Breite ausgelegt. Es dürfte dringend anzurathen sein, bei einem Bebauungsplan, der auf eine Bevölkerung von 500000 Köpfen berechnet werden mufs, für die Ringstrafsen nirgends unter die Breite von 30 m hinunterzugehen, und dieselben an geeigneten Stellen bis auf 60 m Breite anzulegen, in möglichst wechselnder Profilirung und Bepflanzung.

Da Reitwege erfahrungsmäfsig nur in solchen Strafsen zweckmäfsig sind, deren Breite so grofs ist, dafs der Reitweg nicht an den Häusertrottoirs zu liegen braucht, sondern sich an die Mittelpromenade anreihen kann, so werden sie meist auf die Ringstrafsen zu beschränken sein.

Für die Radialstrafsen ist eine Breite von 26 m zu empfehlen, mit 7 oder 7½ m breiten Trottoiren, um stattliche Baumreihen auf den letzteren zu erzielen.

Für die übrigen Strafsen von Bedeutung erscheint es, besonders mit Rücksicht auf die Entwickelung des Strafsenbahnwesens, gerathen, nicht ohne zwingenden Grund unter das Breitenmafs von 17 m hinunterzugehen, da eine zweigeleisige Pferdebahn eine Minimalfahrbahnbreite von 10 m erheischt, wenn man die ungestörte Vorfahrt von Strafsenfuhrwerk längs den Häusern beibehalten will.

Die Theilung der Strafsenbreiten in Fahrwege und Fufswege ist für alle Strafsen mit einer Fahrbahn, bei welchen nicht besondere Verkehrsverhältnisse obwalten, am zweckmäfsigsten so zu treffen, dafs die Summe der Trottoirbreiten nirgends geringer ist, als die Breite der Fahrbahn.

Auftheilung der Baublöcke.

Nachdem die radialen, peripherischen und diagonalen Hauptlinien festgelegt sind, sollte man bei der Durcharbeitung des Gesammtplanes für die Stadterweiterung nicht zu weit in die Auslegung von Localstrafsen und Auftheilung einzelner Baublöcke hineingehen, vielmehr diese Detailgestaltung besser von dem Auftreten des jeweiligen Localbedürfnisses abhängig machen, da man die Anforderungen der Zukunft im Detail nicht vorherzusehen vermag, auch die zweckmäfsige Verbindung der Localstrafsen mit den gröfseren Verkehrszügen in sehr verschiedener Weise erreichen kann, sobald man nur an den für alle Stadttheile gemeinsamen Grundlagen festhält. Die Detaillirung der Neben- und Localstrafsen dürfte hiernach vorwiegend zu beschränken sein auf die Flächen innerhalb des mittleren Ringes. In der

Zone zwifchen dem mittleren und äufseren Ring empfiehlt die Detaillirung fich zur Zeit nur da, wo bereits der Anbau wirklich ftattfindet. Bei diefer Ausgeftaltung der Baublöcke ift neben naturgemäfser und einfacher Theilung die künftlerifche Schönheit der Platz- und Bauformen ganz befonders zu berückfichtigen.

Nivellements.

Zu den Grundlagen des Planes gehört fchliefslich die genaue Fefthaltung einer folchen Höhenlage, welche die Freihaltung der Keller, Strafsen und Höfe vom Grundwaffer fichert und die frühere oder fpätere Ausführung einer fyftematifchen Canalifation nicht beeinträchtigt.

Nach den uns vorgelegten Grundwafferbeobachtungen und Rheinwafferftänden ift die Höhe von 10 m über Null überall als Minimalhöhe für die Strafsen zu betrachten.

Oeffentliche Gebäude.

Wenn auch zur Zeit der Aufftellung des Bebauungsplanes Niemand die Zahl und Art der in Zukunft erforderlichen öffentlichen Gebäude (Kirchen, Schulen, Verwaltungsgebäude, Markthallen, Vergnügungslocale u. f. w.) vorherzufehen vermag, fo ift es doch eine Thatfache, dafs faft jede Stadt in jedem Jahre nach einem geeigneten Platze für eine öffentliche Bauanlage fucht, und dafs die gefchickte Stellung folcher Bauten das Bild und den Eindruck der Stadt wefentlich verfchönert. Defshalb ift bei Projectirung der Strafsenzüge darauf Bedacht zu nehmen, dafs recht viele Punkte und Blöcke gebildet werden, welche zur Errichtung hervorragender oder ausgedehnter Bauanlagen benutzt werden können. Dabei kommen befonders in Betracht die freien Plätze (und zwar fowohl deren Fläche felbft, als deren Hauptfronten); die Lage an oder in öffentlichen Gärten; die Schlufspunkte folcher Strafsen, deren Verkehr nicht über jene Punkte hinaus in gleicher Richtung fich fortfetzt; endlich die hochgelegenen Stellen der Stadt. Die Anhöhen eignen fich für öffentliche Gebäude um fo mehr, als letztere dort am beften zur Orientirung beitragen und am wirkfamften in die Erfcheinung treten.

Düffeldorf, den 10. Juni 1884.

J. G. Conrath. F. Andr. Meyer. J. Stübben.

Berichtigungen.

S. 4: Dem Literatur-Verzeichniſs ſind einzufügen:

Karlsruhe im Jahre 1870. Karlsruhe 1872.

WINKLER, E. Techniſcher Führer durch Wien. Wien 1873. (2. Aufl. 1874.)

Bautechniſcher Führer durch München. München 1876.

Berlin und ſeine Bauten. Berlin 1877.

Die Bauten, techniſchen und induſtriellen Anlagen von Dresden. Dresden 1878.

Stuttgart. Führer durch die Stadt und ihre Bauten. Stuttgart 1880.

Hannover. Führer durch die Stadt und ihre Bauten. Hannover 1882.

Milano tecnica dal 1859 al 1884. Mailand 1885.

Frankfurt und ſeine Bauten. Frankfurt 1886.

BÖTTCHER, E. Bauten und Denkmale des Staatsgebiets der freien und Hanſeſtadt Bremen. Bremen 1887.

ADLER, H. Hygieniſcher Führer durch Wien etc. Wien 1887.

SPIESS. Die hygieniſchen Einrichtungen von Frankfurt am Main. Frankfurt a. M. 1888.

Köln am Rhein und ſeine Bauten. Köln 1888.

Hamburg und ſeine Bauten, unter Berückſichtigung der Nachbarſtädte Altona und Wandsbeck. Hamburg 1890.

BLASIUS, R., W. CLAUSS & J. LANDAUER. Die Stadt Braunſchweig in hygieniſcher Beziehung etc. Braunſchweig 1890.

S. 80, Zeile 6 v. u.: Statt »Fig. 347« zu leſen: »Fig. 345«.

S. 111, bei Fig. 232: Statt »Rôhne« zu leſen: »Rhône«.

S. 249, unter Fig. 494: Statt »Eſchenheimer« zu leſen: »Bockenheimer«.

S. 267, Zeile 7 v. u.: Statt »*publics*« zu leſen: »*publiques*«.

S. 293, in Fig. 525 (rechts): Statt »$R + U = 242$« zu leſen: »$R + V = 242$«.

S. 447, in Fig. 745 (links): Statt »Granitpfl.« zu leſen: »Granitpl.« (Granitplatten).

GPSR Compliance

The European Union's (EU) General Product Safety Regulation (GPSR) is a set of rules that requires consumer products to be safe and our obligations to ensure this.

If you have any concerns about our products, you can contact us on ProductSafety@springernature.com

In case Publisher is established outside the EU, the EU authorized representative is:

Springer Nature Customer Service Center GmbH
Europaplatz 3
69115 Heidelberg, Germany

Batch number: 08573770

Printed by Printforce, the Netherlands